中国消防协会学术工作委员会消防科技论文集（2024）

中国消防协会学术工作委员会
中国人民警察大学防火工程学院 编

中國石化出版社
·北 京·

图书在版编目(CIP)数据

中国消防协会学术工作委员会消防科技论文集. 2024 / 中国消防协会学术工作委员会, 中国人民警察大学防火工程学院编. -- 北京 : 中国石化出版社, 2024. 10.
ISBN 978-7-5114-7689-0

Ⅰ. TU998. 1-53

中国国家版本馆 CIP 数据核字第 2024NV3969 号

中国石化出版社出版发行

地址:北京市东城区安定门外大街 58 号
邮编:100011　电话:(010)57512500
发行部电话:(010)57512575
http://www. sinopec-press. com
E-mail:press@ sinopec. com
北京鑫益晖印刷有限公司印刷
全国各地新华书店经销

*

880×1230 毫米 16 开本 23. 25 印张 1064 千字
2024 年 10 月第 1 版　2024 年 10 月第 1 次印刷
定价:240. 00 元

前　言

为了活跃消防学术氛围、加强消防学术交流、提高消防科研水平、促进消防科技发展，由中国消防协会学术工作委员会和中国人民警察大学防火工程学院联合发布了《中国消防协会学术工作委员会消防科技论文集（2024）》征稿通知。

经前期征稿、专家评审，本次会议论文集共收录论文215篇，这些论文涵盖了建筑火灾防治技术、火灾风险评估技术、工业企业火灾防治技术、新能源火灾防治技术、交通火灾防治技术、智慧消防、消防安全管理、材料阻燃技术、火灾调查技术、其他等十个领域。这些论文，有些是消防工作者对实际消防问题及解决方法的真知灼见，有些是消防教学与科研单位潜心研究取得的高水平研究成果。汇编的论文理论联系实际、内容翔实、观点鲜明，具有很高的学术水平和参考价值。希望该论文集的出版发行能为促进消防科技发展和服务消防队伍建设发挥一定的积极作用。

论文集的出版得到了消防各界同仁的大力支持，在此深表感谢。

中国消防协会学术工作委员会
中国人民警察大学防火工程学院
2024年8月

目 录
CONTENTS

建筑火灾防治技术

火灾风险评估技术

工业企业火灾防治技术

新能源火灾防控技术

交通火灾防治技术

智慧消防

消防安全管理

材料阻燃技术

火灾调查技术

其他

建筑火灾防治技术

高层住宅小区火灾隐患分析和防火对策

宋久壮

（辽宁省阜新消防救援支队，辽宁　阜新）

摘　要　近年来，高层住宅建筑火灾频发，其火灾危险性大、扑救困难，给人民生命财产安全带来极大挑战。充分分析其火灾危险性和消防安全管理的现状，提出建设性的解决建议和措施，为进一步做好高层住宅小区防火工作奠定基础。

关键词　高层住宅　物业公司　疏散逃生

1　高层住宅小区的火灾危险性

1.1　人员疏散困难

对于高层住宅小区，一旦发生火灾事故，人们疏散逃生十分困难。高层住宅发生火灾后，烟气会迅速蔓延至整个楼梯间，堵住疏散逃生的通道[1]。楼内居民在恐惧慌乱的火灾场景下，很难做出正确的逃生选择，而很多人也是由于逃生方式选择的错误，导致在火场死亡。2015 年湖北武汉某小区电缆竖井发生火灾，烟气蔓延至楼梯间内，部分居民盲目选择沿充满有毒烟气的楼梯间向下逃生，结果造成 7 人死亡的惨剧。

1.2　火灾扑救困难

高层住宅小区一旦发生火灾，扑救困难的原因有以下几个方面，一是外部灭火条件和环境受限。高层住宅小区建筑高度高，城市举高消防车的举高高度无法满足灭火需要。以某五线城市为例，高层建筑最高达 99.98m，而配备的举高消防车的最大高度仅为 53m。举高消防车的作业场地受限，很难有效施展。针对车长达到 19m 的巨型消防车，其举升高度高达 112m，展开支腿后的跨度达到 8m，整车的重量达 75t。为了确保这款消防车能够有效地执行灭火救援任务，并且保证操作过程中的安全性，我们一般会建议灭火救援场地的平面面积不应小于 20m×10m 的规模。此外，场地的承载能力也需要达到不小于 10kgf/cm^2 的标准，以满足消防车对场地承载力的要求。同时，为了确保消防车能够顺利转弯，避免潜在的碰撞风险，我们还需要考虑场地的转弯半径，这个半径应不小于 18m。这样，消防车在执行紧急任务时，才能保证迅速、稳定地展开救援工作，确保救援任务的顺利进行。而实际场地上，由于后期的破坏和维护不到位，原有设计的灭火救援场地被绿化、停车位等占用，导致火场中，举高消防车的施展空间受限。

二是内攻灭火难度大。高层住宅小区按照现行规范要求，超过 33m 的高层住宅，需要设置消防电梯。但由于对消防设施的维护保养不到位，出于安全考虑，消防员在内攻灭火时，使用消防电梯的频率和效率并不高，而是采用从内部攀登疏散楼梯到达着火楼层灭火的方法。经过消防指战员们的严谨实地测试，救援人员在佩戴专业的空气呼吸器，并携带沉重的灭火装备的情况下，通过楼梯从 1 层持续攀升至 15 层，经过精确计时，整个上升过程所需的时间大约为 150s。然而，在真实的火灾现场，救援人员将面临更为严峻的挑战。高温、浓烟、火光，这些环境因素会极大地消耗他们的体力和精力，使得每一次行动都变得异常艰难。此外，他们还需要时刻保持高度警惕，随时应对可能出现的各种突发情况。因此，对于消防指战员而言，这不仅是对他们身体素质的巨大考验，更是对他们专业技能和心理素质的严峻挑战。

2　高层住宅小区的火灾情况分析

高层住宅小区的火灾原因纷繁复杂，粗略地分一下类的话，大致可以概括为外墙保温材料起火、居民户内可燃物质起火、楼梯间内杂物或电动自行车起火等。

2.1　外墙保温材料起火

回顾过去的火灾事故，我们注意到 2009 年 2 月 9 日央视新址大楼发生的火灾，以及 2011 年 2 月 3 日沈阳皇朝万鑫酒店所遭遇的火灾，这两起事故均被查明是由于外墙保温材料的起火所引发的。2009 年央视新址大楼火灾事件之前，对于外墙保温材料的燃烧性能，相关法律法规并未给出明确的规范与要求。因此，在当时的建筑施工过程中，外墙保温材料普遍采用了易燃或可燃材料。一旦这些易燃可燃材料裸露，燃放烟花爆竹、施工产生的火花、外挂空调等电器故障都会造成外墙保温材料的着火并快速大面积蔓延。

2.2　户内可燃物起火

户内居民的用火不慎和电气火灾是住宅火灾高发的主要原因。电气火灾主要是购买的电器产品质量不合格、违规使用大功率电器、用电习惯不规范，私拉乱接电气线路等原因导致。

用火不慎则主要是由于厨房用火操作不当、生活照明用火疏忽以及吸烟等不当行为，这些情况均可能引发火灾风险。厨房用火操作不当是指在做饭时，当离开烹饪区域时未熄灭火源或未关闭燃气阀门，使用煤气灶时，因油锅过热导致起火，由于锅壶内盛水过满，加热后水溢出导致火焰熄灭，以及煤气与空气混合后，遇明火引发爆炸等现象；生活照明用火疏忽，主要是指在日常生活中，使用蚊香、蜡烛等照明工具时，由于不小心引燃了周边的可燃物，从而引发的火灾；吸烟不慎，主要是指在吸烟过程中，由于一些不注意的行为，如酒后卧床吸烟，或者乱扔烟头等，导致火灾的发生。这种情况下，吸烟者因为酒精的影响，可能会失去对火灾危险的警觉性，从而导致火灾的发生。

2.3　楼道内电动自行车和杂物起火

近年来，随着电动自行车数量的激增，楼道内违规停放电动自行车以及进行电动自行车充电所导致的火灾事故数量呈现显著增长的趋势。这一趋势不仅威胁了居民的生命安全，也影响了社区的和谐稳定。电动车引发的火灾事故有高达 80%左右是在充电过程中发生的。这些事故给人们的生命财产安全带来了巨大的威胁。这种情况的出现，根源在于部分居民安全意识的不足，他们未遵守相关规定，擅自将电动自行车停放在楼道内，并使用不规范的充电设备进行充电，从而导致了火灾事故的发生。这些不规范的充电设备可能存在电路老化、短路等问题，一旦遇到高温、潮湿等不利条件，极易引发火灾。2020 年 8 月 8 日，位于南京市鼓楼区金陵村小区 405 号的一楼道内，发生了一起电动自行车火灾事故，此次事故导致 3 人不幸遇难，其中包括一名年仅 11 岁的儿童。电动自行车火灾之所以具有极大的危害性，主要源于其起火迅速、火势猛烈以及燃烧产生的有毒气体等特征。

3　高层住宅小区火灾隐患分析

本文以某五线城市 382 个高层住宅小区为样本，从外墙保温材料、消防车道、消防设施和安全疏散等四个重点方面进行了系统的调研，并深入问题背后的原因，提出具体解决办法。

3.1　外墙保温材料方面隐患

统计样本中共 36 栋高层住宅外墙保温材料采用的是易燃可燃材料，发生火灾风险极大。见表 1。

表 1　外墙保温材料方面

小区名称	投入使用时间	建筑高度/m	建筑层数	外墙保温类型
富丽 **	2005. 9	33. 5~76. 8	10~27	B2
威尼斯 **	2015. 6	31. 2~57. 75	9~18	B2
华泰 **	2009. 11	49. 9	15	B2
阳光 **	2009. 8	31. 9	11	B2
金域 **	2008. 1	36. 05	10~11	B2
福鑫 **	2009. 12	35. 5	11	B2

主要原因是 2009 年央视新址大楼火灾前，相关法律法规对外墙保温材料的燃烧性能没有明确规定。在 2009 年9 月 25 日，中华人民共和国住房和城乡建设部与公安部共同颁布了公通字〔2009〕46 号文，即《民用建筑外保温系统及外墙装饰防火暂行规定》。根据该规定，为确保民用建筑的安全性能，对于外保温材料的燃烧性能有明确要求：民用建筑外保温材料的燃烧性能宜为 A 级，且不应低于 B2 级。居住建筑高度达到 100m 及以上、公共建筑高度达到 50m 及以上、幕墙式建筑高度达到 24m 及以上的，保温材料的燃烧等级应为 A 级。2011 年 3 月 14 日，公安部消防局正式发布了公消〔2011〕65 号《关于进一步明确民用建筑外保温材料消防监督管理有关要求的通知》。此通知的出台，旨在确保民用建筑在消防安全方面达到更高的标准，切实保障人民群众的生命财产安全。

根据通知的具体要求，为进一步消除火灾隐患，在新标准的正式发布之前，对于所有民用建筑而言，其外部保温材料的选用必须严格遵循燃烧性能为 A 级的不燃材料标准。这一措施的实施，旨在显著提升建筑材料的耐火性能，有效降低火灾风险。此外，65 号文件还进一步明确了消防监督管理的范围，将民用建筑外保温材料纳入建设工程消防设计审核、消防验收和备案抽查的范围之内。通过加强这一领域的监管力度，确保消防设计与实际施工的一致性，从而保障建筑工程的消防安全性能达到规定要求。

3.2　消防设施方面隐患

统计样本的 104 个小区均设置有固定消防设施。经排查，有 30 个高层住宅小区、127 栋建筑存在上述消防设施类的 212 项问题。统计样本内的小区在消防设施方面的隐患主要表现为消防设施无人维护保养，设施损坏和器材缺失现象严重等，见表 2。

表 2　窗体底端消防设施方面

小区名称	投入使用时间	建筑高度/m	建筑层数	消防设施
六合 **	2015. 9	89. 1~99. 2	28~31	消火栓无水
水岸 **	2017. 6	70	18	消防水箱漏水
阜华 **	2004. 11	64	20	消防设施不好用
殊景 **	2009. 8	54. 58	17	消火栓压力不足
兴东 **	2008. 1	51	17	消火栓无水
宝地 **	2015. 7	99. 5	24~29	消防设施损坏
盛世 **	2013. 9	38~54	11~17	消火栓无水
奥林 **	2012. 6	97. 5	32	消火栓压力不足
现代城 **	2014. 6	53. 6~78. 4	16~25	消防控制室未投入使用

具体存在的安全隐患表现为：消火栓配套的水带和水枪存在遗失现象，消火栓管道遭受严重腐蚀或处于无水状态；楼道内部的防火门存在损坏或被擅自拆除，且应急照明设施缺失；自动喷水灭火系统的报警阀组与消防水泵长期处于故障状态，缺乏必要的维修与维护，导致系统当前处于瘫痪状态，无法执行正常的消防功能。如火灾自动报警系统长期存在大量故障点位，火灾情况下，消防设施无法有效发挥作用，后果不堪设想[2]。

住宅小区的消防设施之所以问题隐患较多，主要原因还是没有解决维护保养的经费问题。物业条例虽然规定物业企业要对公共消防设施进行维护保养，但是具体的物业合同则由业主委员会和物业企业签订，合同中如果没有将消防设施纳入服务范围，也没有相关的措施处理，存在政策的空白点。由于消防设施维护保养费用高、专业性强，大部分物业企业都不愿意承接这部分业务；即使愿意承接，也会提出很高的维护费用，业主委员会又不愿意承担高额的费用，因此，矛盾交织，问题始终得不到很好的解决。

3.3　消防车道和消防作业场地方面

以统计样本为例，经阶段性排查，共有 205 栋高层住宅，存在 240 项上述问题，见表 3。

表 3　消防车道方面隐患

小区名称	投入使用时间	建筑高度/m	建筑层数	消防车道
六合 **	2015.9	89.1～99.2	28～31	消防车道经常被占用
水岸 **	2017.6	70	18	消防车道经常被占用
阜华 **	2004.11	64	20	消防车道经常被占用
殊景 **	2009.8	54.58	17	消防车道经常被占用
兴东 **	2008.1	51	17	消防车道经常被占用
宝地 **	2015.7	99.5	24～29	消防车道经常被占用
盛世 **	2013.9	38～54	11～17	消防车道经常被占用
奥林 **	2012.6	97.5	32	消防车道经常被占用
现代城 **	2014.6	53.6～78.4	16～25	消防车道经常被占用

鉴于私家车辆数量的持续增长，停车设施的发展滞后，致使众多私家车主将车辆违规停放在消防车通道上，此举严重阻碍了消防车辆的通行。在 2020 年 12 月 2 日，沈阳一高层住宅发生火灾，由于一辆私家车停在了消防车通道上，阻碍了消防车辆的进入。由于消防车辆无法及时到达火灾现场，错过了最佳灭火时机，火灾得以蔓延，造成了更加严重的后果。这个事件凸显了消防车通道畅通的重要性，同时也提醒了广大车主，不要随意占用消防车通道，以确保公共安全。

3.4　安全疏散设施

在高层住宅建筑中，封闭楼梯间、防烟楼梯间、电梯前室以及合用前室均被设计为火灾发生后的主要疏散逃生通道，对于保障居民生命安全具有重要意义。然而，根据统计数据发现，居民在日常生活中，普遍存在将杂物、电动自行车等物品随意堆放在这些关键楼梯间内的行为，此类现象极为普遍且严重。此外，常闭防火门的闭门器损坏或未保持常闭状态、应急照明灯和疏散指示标志出现故障等安全隐患亦屡见不鲜，问题较为突出。这些问题都可能对火灾疏散逃生造成不利影响，危及居民的生命安全。具体情况见表 4。

表 4　安全疏散设施

小区名称	投入使用时间	建筑高度/m	建筑层数	安全疏散
康桥 **	2015.10	46.45	12	楼梯间堆放杂物
福源 **	2011.6	36.6	11	楼梯间堆放杂物
贡源 **	2010.6	36	11	单元门内停放电动自行车
六合 **	2015.9	54.58	17	防火门损坏
正阳 **	2016.9	51.5	17	楼梯间堆放杂物
惠唱 **	2012.3	38	11	应急照明灯、疏散指示标志损坏
星河 **	2014.11	54	17	楼梯间堆放杂物
金悦 **	2014.8	31.5	11	楼梯间堆放杂物
金湾 **	2014.6	35.5	11	楼梯间堆放杂物

将生活用品或杂物无序地堆放在疏散楼梯间内或者电梯前室，这种行为不仅显著增加了火灾的潜在风险，使火势更容易扩散和蔓延，而且还严重阻碍了被困人员在紧急情况下的疏散逃生，可能导致人员伤亡和财产损失。此外，这种行为也对消防指战员实施灭火救援行动构成了极大的阻碍，增加了救援难度和风险。

4　解决措施

4.1　进一步加强政府统一主导

各市县级政府应将高层建筑的消防安全整治纳入平安建设体系，年度工作考核范畴，定期召开会议，分析研判本地高层建筑火灾形势，组织研究解决瓶颈性问题，加大经费投入，保障高层灭火救援的器材装备的采购。

各基层乡镇街道、社区要指导无物业管理的高层小区组建业主委员会或者由政府责成相关部门牵头成立物业管理团队，担负起消防安全管理的职责，做到隐患有人管、责任有人担。其次，要利用好现行政策，在国家倡导的老旧小区改造过程中，将消防车道划线、电气线路改造、设置电动自行车充电设施、外墙保温材料更换等内容纳入改造项目中，提升硬件水平。同时，要充分发挥好基层五级网格平台的监管作用（见图 1），经常性地开展好日常检查工作，将发现的隐患问题及时通报，做好与相关部门的联动，协助处理。积极开展系统化的宣传教育活动。通过集中讲解或上门宣传的形式，向居民们传播消防知识，并定期组织应急疏散演练，以提高居民们的应急反应能力和自救互救水平。同时积极倡导居民摒弃不良习惯，将学习消防安全知识转化为日常生活中的自觉行动习惯，确保每一位居民都能熟练掌握并应用消

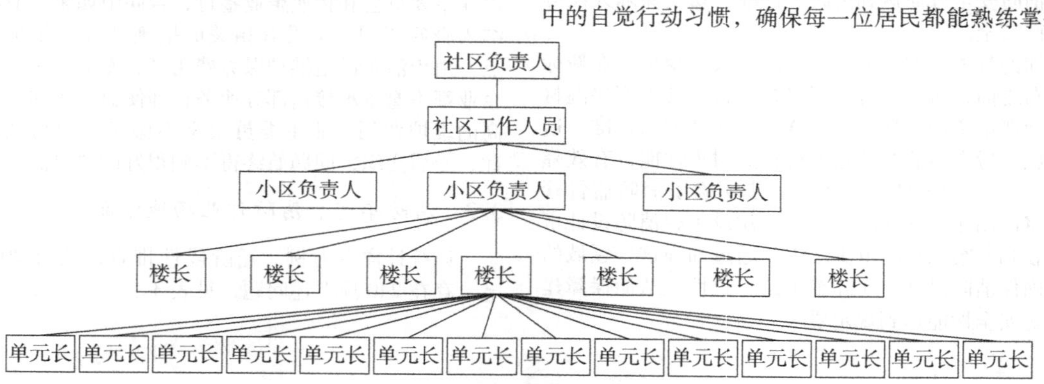

图 1　社区基层网格管理图

防安全知识，共同维护社区的安全稳定。

4.2 进一步加强部门齐抓共管

住建部门严把审核验收源头关，从源头上保证高层住宅小区的消防设施设计符合标准，投入使用时好使好用。外墙保温材料采用符合要求的材料，消防车通道和作业场地得到保证，留有充足的私家车停车场地。确保新建小区均设有电动自行车充电设施，并符合相关标准要求。在物业公司设立的审批流程中，应严格将消防管理人员配比数作为资质审核的重要一环，明确规定物业企业须配置一定数量的持证消防工程技术人员，以满足消防管理的专业性和安全性要求。同时，将物业企业履行消防安全职责的情况纳入物业管理企业资质申领、等级评定及年度审查的考量范围，以确保其在日常运营中能够持续有效地履行消防安全职责。为确保物业服务的规范性和安全性，需对物业企业与业主委员会签订的物业合同内容进行详尽的审核。在此过程中，需特别关注合同中关于消防设施维护的具体条款，确保各项责任和义务得以明确。同时，应就费用问题进行充分的沟通与协调，以确保物业服务费用中包含专项资金，专门用于消防设施的维护与保养。

为确保居民社区的安全，消防救援机构应与公安交管部门紧密合作，对堵占消防车道的行为实施严格的处罚措施，并将此类行为与车辆年检及个人计分系统直接挂钩。同时，消防救援机构与公安派出所应严格履行对高层居民住宅区的消防监督职责，全面指导、协助并支持物业公司有效执行消防工作，以确保消防安全得到切实保障。持续开展联合检查工作，对于物业公司所反映和移交的违法行为，必须实施严格且果断的惩罚措施，以此为目的，旨在严厉打压和警示那些违反法律的行为，这不仅是对违法行为的惩戒，更是对社会正义的维护。同时，为确保工作的有序进行，应定期召开联席会议，深入研判分析当前形势，共同探讨并解决具体问题。在此过程中，坚持联勤联动，采取多措并举的方式，以确保工作的全面性和有效性。

消防救援机构要和住建部门共同研究，针对启动维修基金来维修自动消防设施相关事项进行深入细致的分析研究，形成可行性方案，以有效解决高层住宅小区自动消防设施维修困难的问题。

4.3 进一步强化物业主体责任

物业企业必须严格履行高层住宅消防安全管理的主体责任，配齐配强管理人员，建立专业管理团队。管理团队应包括初期控火团队，即微型消防站，站点依据既定标准配备完善的器材装备及专业人员，定期进行系统训练和灭火演练，以确保在火情发生时，能够迅速作出响应，实现高效灭火。宣传培训和巡查团队，可以构建一个由志愿者和物业管理人员共同组成的宣传培训与巡查团队。该团队可以通过充分利用小区内的固定橱窗、宣传板及楼道文化设施等，定期开展消防安全常识的宣传与培训活动。同时，应经常开展楼道的“三清”行动，清理楼道内的杂物和消防安全隐患，以确保疏散通道的畅通无阻。设施维护维修团队，对消防电梯、消防水泵等关键消防设施实施严格的日常巡检制度。一旦发现任何潜在问题，立即与维保单位取得联系，确保设施得到及时、有效的修理与维护，以保障在火灾等紧急情况下能够正常、高效地发挥其应有的功能。

参考文献

[1] 闫树彬．高层建筑消防隐患与防火监督探析［J］．科技创新与应用，2021，28（6）：191-192.

[2] 尹传山．浅析高层住宅防火安全及对策［J］．低温建筑技术，2021，36（6）：149-151.

[3] 黄凯．高层建筑消防安全排查情况及处理对策［J］．低碳世界，2021，25（6）：317-318.

高层建筑火灾蔓延原理及防控措施

仲镜鸿

（中国人民警察大学研究生三队，河北　廊坊）

摘　要　高层建筑火灾因具有扑救难度大、火势蔓延快、易形成大面积火灾造成群死群伤等特点，成为国内外的研究热点。本文从高层建筑火灾蔓延原理入手，对单个房屋进行 PyroSim 火灾模拟，并选取阻燃材料、防火设计、疏散和扑救三个方面，对现有的高层建筑火灾防控方法进行分析。结果表明高层建筑火灾具备较多可燃物，热传递效果明显，室内烟气在顶棚处大量聚集，“烟囱”效应使火灾及烟气加速蔓延扩散。火灾防控的最终目标为研发环境友好型、高效型的防火阻燃材料，智能化、科学化进行防火设计、疏散及扑救。希望通过对高层建筑火灾蔓延原理及防控措施的总结，为下一步的研究提供参考。

关键词　高层建筑　疏散与扑救　阻燃　火灾蔓延　PyroSim

1　引言

我国高层建筑数量随着现代化城镇化的发展而不断攀升。2022 年度共接报高层建筑火灾 1.7 万起，死亡 260 人，受伤 252 人，与 2021 年相比，起数上升 276%，死亡人数上升 44.4%，受伤人数上升 53.7%，特别是接报 2 起高层建筑重大火灾、13 起较大火灾，同比分别增加 2 起、7 起。高层建筑具有火灾隐患大，防控困难，起火因素多，涉及人员成分复杂等特点，使其极易发生大规模火灾造成群死群伤事件和巨大的财产经济损失，例如 2017 年英国格伦费尔公寓大楼“6·14”火灾，造成 71 人死亡。高层建筑火灾的传导原理是产生和蔓延的关键，包含材料和空气流动。大多数建筑

作者简介：仲镜鸿（1998，04—　），女，中国人民警察大学在读研究生。

材料及内部装修是可燃的，当它们接触到火源时，容易燃烧释放出大量热量，并通过热传导作用迅速向周围其他材料传递，这种传导效应会使火势快速蔓延到更大的范围。对于空气流动来说，火灾会产生“烟囱效应”，卷吸在烟雾中的火焰颗粒和灰尘会随着空气流动扩散到周围区域，引发新的火源，最终造成火势大范围蔓延。因此了解高层建筑火灾传导的基本原理对预防及应对火灾起到至关重要的作用。

2 高层建筑火灾蔓延原理

高层建筑为满足多功能需求，采用复杂的建筑结构，内部安装较多的电气设备。当火源点燃可燃物时，若未及时对初起火灾进行有效控制，使其演变为大规模大面积火灾，产生的大量烟雾会沿着楼梯间、楼梯井、水管井、电缆井、水管道、垃圾道等竖直通道及楼层内部的水平通道蔓延，形成较高的烟气蔓延现象，并成为一条快速蔓延火苗的通道，另外，风力的影响，促进了高层建筑大火快速扩散，楼的风速越大，火势就会迅速扩散[1]。同时由于高层建筑装饰物多为可燃物，虽然提升了大楼整体的美观性，但一旦发生火灾，大量的装饰物极大的增加了火势蔓延速度，并产生有毒有害物质，极易造成人员伤亡和财产损失。

2.1 热传递

在高层建筑火灾的热传递有三种方式，如表1所示，分别为热传导、热对流、热辐射。卫文彬等对火灾载荷进行了分析，并以高层建筑办公室为实验对象，建立了火灾热传递模型，进行数值模拟，发现着火房间与共享空间的温度差异明显[2]。由此我们可以看出，在不同条件下，火灾的效果不同，产生的室内热量由周围墙壁导热而散失，若房间有开口部分，热量还会被烟气卷吸带走，剩余热量则会在室内聚集，使温度进一步升高。高层建筑火灾产生的热传递效应会加速火势蔓延、造成人员伤亡和财产损失，威胁周围建筑物安全。经验表明火灾初期或发生火灾后3~8min，如果人员不能逃离火灾区，则生命安全就会受到严重威胁[3]。因此，应采取有效措施预防高层建筑火灾的发生。

2.2 “烟囱”效应

“烟囱”效应的本质是由内部的气压差和空气流动产生的，因高层建筑的管道竖井和可燃物多，容易形成“烟囱”效应造成火灾大范围蔓延，如图1所示。高温烟气沿竖直通道流动，形成了气压差，并进一步加速了这种流动，烟气更容易在建筑内部扩散，使上层空间的温度升高，加快了火势蔓延。当今绝大多数建筑均进行了外保温工程，易燃可燃外保温材料成为高层建筑火灾的重要“帮凶”，起火后燃烧速度快，烟气使能见度变差，人员逃生较困难。从建筑外部救援时，从建筑开口处溢出的大量浓烟也会阻挡观察人员视线，对救援工作造成了极大的困难。

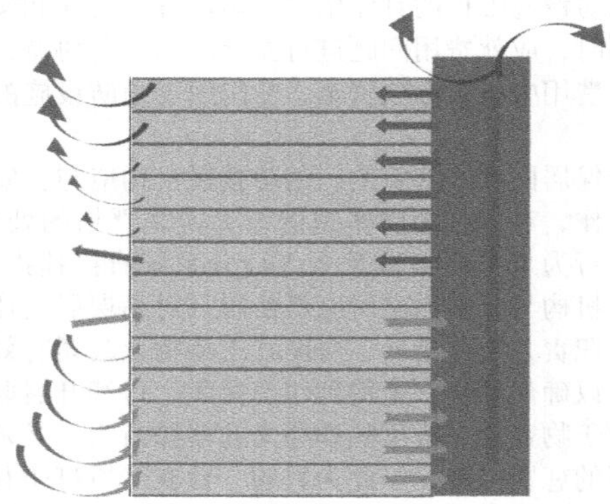

图1 高层建筑火灾烟气蔓延示意图

表1 热传递方式

热传递方式	形成机理	计算公式	造成后果
热传导	高温火焰和烟气通过热传导方式传递热量，使建筑物的可燃物表面温度升高，达到着火点	$Q_1=kA_1\Delta T/L$	造成火灾的大范围蔓延，对建筑结构和内部设施产生严重的破坏，导致人员伤亡和财产损失
热对流	火灾中的热烟气通过热对流方式向上运动，使上层空间的温度升高，进一步加速火势蔓延	$Q_2=hA_2\Delta T$	高温烟气在极短的时间内在建筑内部蔓延扩散，严重影响建筑室内人员的疏散，造成群死群伤
热辐射	高温火焰和热烟气通过热辐射方式向周围可燃物传递热量，使其温度升高，达到着火点	$Q_3=\sigma\varepsilon A_3T^4$	可能会对被困人员及救援人员造成烫伤和烧伤并对呼吸系统产生影响，造成救援迟滞和人员伤亡。还会威胁周围建筑物的安全，使周围可燃物的表面温度升高，达到着火点，引起更大范围的火灾
A_1为导热面积；A_2为传热面积；A_3为物体表面积；T为表面温度；ΔT表示温度差。 k为材料的热传导系数；σ为斯托克斯常数；ε为表面反射率；h表示传热系数。 Q_1为单位时间内通过导热面积的热量；Q_2表示单位时间内传递的热量；Q_3为物体表面发射或吸收的辐射能量			

2.3 PyroSim火灾模拟

以高层建筑中较常见的一室一厅为例，设计外墙以石膏为材料，高3m的建筑模型，默认门窗全部为打开状态，2D及3D效果如图2a、图2b所示。房屋内可燃物为泡沫材质，将着火点设置在客厅的沙发上，热释放速率为1000kW/m²，在客厅中设置5组热电偶进行温度测量，采用PyroSim软件对火灾烟气及温度进行模拟。

根据PyroSim火灾模拟结果，可见在火灾初期，如图3a所示，沙发刚开始燃烧时，主要为热传导作用，烟气沿垂直方向上升，并受顶棚影响，开始水平扩散。在模拟第10s时，如图3b所示，以泡沫为材料的沙发不断燃烧，周围温度开始上升，并向外辐射热量，释放出大量烟气，受客厅门窗影响，顺沿顶棚两侧扩散。

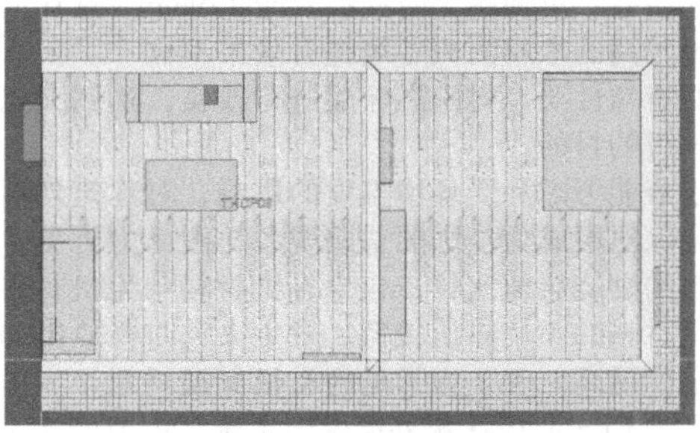

图 2a 2D 示意图

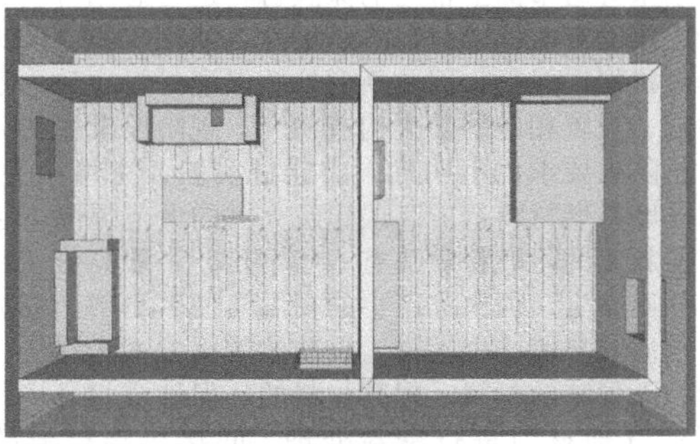

图 2b 3D 示意图

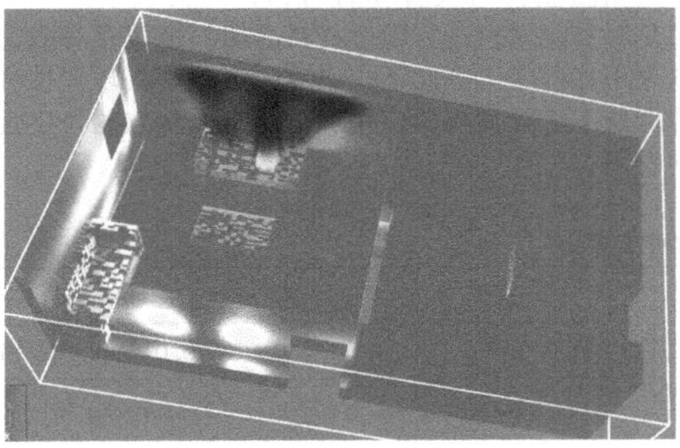

图 3a PyroSim 火灾模拟第 3s

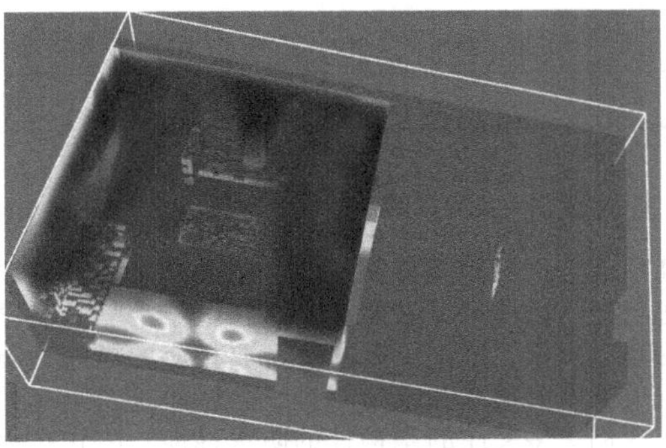

图 3b PyroSim 火灾模拟第 10s

模拟过程表明，在火灾初期，烟气主要聚集在顶棚四周，并未向房屋中心扩散，房屋中心的可见度良好。由于空气卷吸原理，靠近门窗一侧的烟气聚集尤为明显，客厅窗户处的温度上升明显，考虑到窗户距离火源较近，且空气流通较好。室内由于温度上升，气体膨胀，导致火风压大于进风口的压力，从而使烟气大量聚集，并沿门窗向外扩散，模拟进行到第 20s 时，客厅内部已经充满烟气，开始通过门窗向外部和卧室扩散，同时卧室中的物品受到热辐射影响，温度开始上升，如图 3c 所示。

随着沙发的继续燃烧，烟气通过客厅与卧室的连接门，不断向卧室中扩散。与之前所分析的客厅烟气扩散规律相同，烟气沿卧室顶棚的四周向窗口扩散积聚，并从 30s 开始向外部扩散，如图 3d 所示。由于沙发燃烧能量不足以将其他的可燃物点燃，未造成火灾范围的进一步扩大，自模拟开始后第 48s，沙发的可燃部分已经全部燃烧完毕，房屋失去火源。将 PyroSim 软件中的家具及墙面全部隐藏，仅对残留烟气进行观察，如图 4 所示。

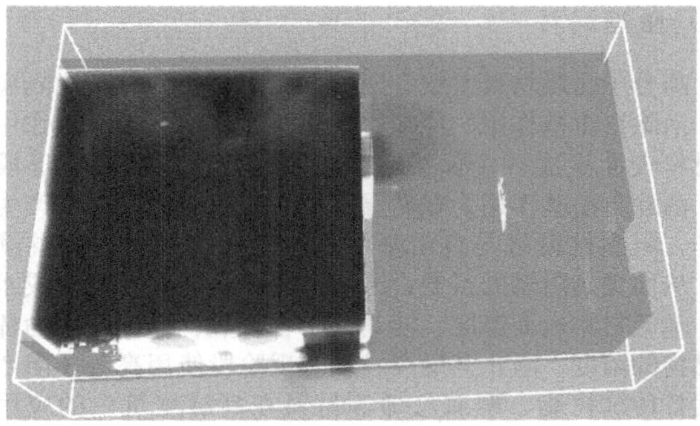

图 3c PyroSim 火灾模拟第 20s

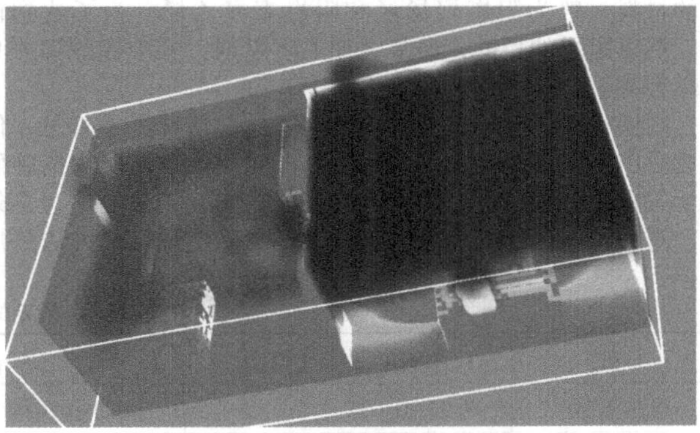

图 3d PyroSim 火灾模拟第 30s

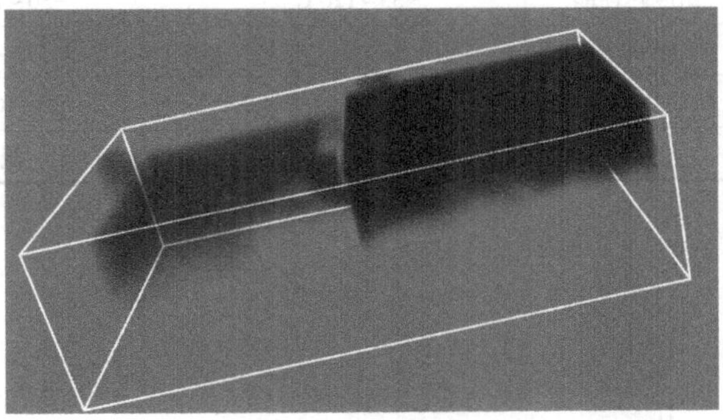

图 4 PyroSim 火灾模拟第 48s

房屋内残留烟气开始以自然通风的形式，向外部扩散，但消散速度较慢，直到模拟终止 600s 时，室内烟气仍未完全消散。客厅与卧室均残留部分顶棚烟气，其中客厅残留烟气相对较多。此次模拟为最基础的房屋模型，未设置消防设施及机械排烟通道，燃烧物释放出的热量较小，无法将周围物体点燃，但此模型仍能表明若未加以防控措施，高层建筑发生火灾时，大量烟气会在室内积聚，阻挡逃生者和救援人员的视线，造成生命财产的损失。

3 高层建筑火灾防控方法

《建筑防火通用规范》（GB 55037—2022）规定特定场

所的耐火等级及内部装修材料的燃烧性能等级要求，例如一类高层民用建筑的耐火等级应为一级，消防控制室地面装修材料的燃烧性能不应低于B1级，顶棚和墙面内部装修材料的燃烧性能均应为A级，建筑内部和外部的防火分隔应能在设定时间内阻止火灾蔓延至相邻看建筑或建筑内的其他防火分隔区域[4]。这就要求我们要采取一定的措施，使建筑的防火要求达到相应标准，从而预防高层建筑火灾、减少火灾危害、保障人身和财产安全。

3.1 阻燃材料

高分子阻燃材料大致有四个方面的作用，分别为隔离作用、消除自由基作用、冷却作用和稀释作用[5]。隔离作用为在材料表面生成一个保护膜，阻止热源进入材料，形成火灾；消除自由基作用为在高温环境下普通材料会分解产生自由基，阻燃材料可与自由基结合，阻止链式反应的继续进行，从而达到阻燃的目的；冷却作用为阻燃材料分解或水解等，降低材料表面温度，使其低于着火点；稀释作用为稀释可燃物的浓度，阻止其继续燃烧。现阶段使用高分子阻燃材料代替传统树脂、聚氯乙烯等材料在高层建筑中的应用较多，已经是较为成熟的技术，目前研究较多的为阻燃型铝塑复合板和阻燃电缆的研发。张娟等总结发现目前制造阻燃电缆的材料一般为阻燃聚烯烃和阻燃聚氟乙烯，为了达到低烟、低毒阻燃的目的，通常会加入阻燃剂，其中硼酸锌兼具阻燃和抑烟功能获得广泛应用[6]。

高层建筑搭建过程中大量使用木材的情况并不常见，但建成后内部存有较多的木制物品，因此对于木材防火措施研究至关重要。Qingfeng Xu 等使用不同的方法对木材进行预处理，观察耐火等级的改变，证明了木材阻燃最好的办法是用矿棉填充空腔，可使耐火时间提升至179min，膨胀阻燃涂层对含水量较高的木材耐火等级提升效果不佳[7]。下一步可针对木材的特殊性质，对阻燃涂层进行改良，达到大幅提高木材耐火等级的目的。

出于节能考虑和受环境温度的影响，对建筑外墙进行改造并加装保温层成为全国的普遍现象，图5为常见建筑外墙保温材料的燃烧热值比较，包含有机材料与无机材料，可以看出无机材料的燃烧热值较低，发生火灾时释放出的热量也小，安全性更高。表2为常见的有机保温材料，国内推广使用的技术为EPS薄板抹灰外墙保温系统，占节能建筑的90%以上，其最大的缺陷是防火性差、燃烧时产生大量有毒有害物质。李京等对市面上常见的保温材料进行总结分析，发现目前所使用的有机保温材料的承重性、使用年限、防火性能均不如无机保温材料，因此新型外墙保温材料应致力于提高防火性能、设置相应的防火构造物[8]。现阶段国家对于外墙保温材料防火要求仍不明确，应通过实验，完善相关标准，防止因外墙易燃材料造成高层建筑火灾的大范围快速蔓延。

目前新型的阻燃材料还有一些不足，一般高分子材料在常温下性质稳定，但火灾产生的高温会使其分解，释放出有毒有害物质对环境产生污染，目前的解决方式为尽量选择使用无毒、无异味的材料，提高材料的环保性或将环境污染的材料利用其他材料进行密封处理，间接提高材料的环保性[9]。高层建筑物应用新型阻燃材料的方式可分为两种：一是直接使用阻燃材料代替原有材料，但会大幅提高建设成本；二是对传统材料进行阻燃材料涂覆，但保存有效时长和防火效果不如前者。因此下一步应向着提高其环保性和阻燃性、降低成本进行大规模应用、重点防火部位的特定性研究等方向发展。

表2 常见的有机保温材料性能

性能	聚氨酯泡沫（PU）	膨胀聚苯乙烯泡沫（EPS）	岩棉	挤塑聚苯乙烯泡沫（XPS）
导热系数	0.02~0.03W/（m·K）	0.03~0.04W/（m·K）	0.03~0.04W/（m·K）	0.028~0.035W/（m·K）
密度	20~600kg/m^3	10~45kg/m^3	60~200kg/m^3	250~400kg/m^3
耐冷热性能	-35~120℃	-50~75℃	-200~650℃	-200~90℃
吸水率	5%	0.2%~2%	3%~5%	5%
使用寿命	15年以上	30~40年	20~30年	15~20年
价格	高	低	中	中

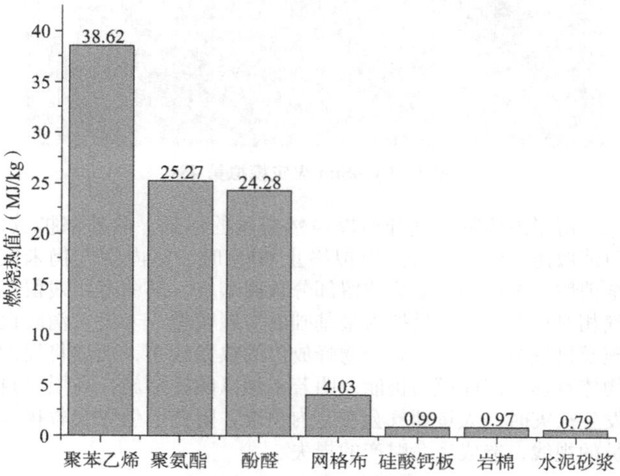

图5 建筑外墙保温材料的燃烧热值比较

3.2 防火设计

高层建筑火灾因其特殊性，易造成群死群伤等严重后果，进行防火设计十分必要，表3列出了常见的高层建筑火灾隐患，根据此表，我们可以采取相应的措施，防止或减少火灾发生的概率和损失。对于高层建筑物本身的防火设计，我们更多关注的是构件的防火性能，防止在火灾中出现大面积倒塌的情况，给建筑内人员疏散提供了宝贵的时间。钢结构防火涂料按防火机理分为膨胀型钢结构防火涂料和非膨胀型钢结构防火涂料，区别为在高温时是否膨胀发泡。膨胀性会形成耐火隔热保护层的钢结构防火涂料，非膨胀性自身成为耐火隔热保护层的钢结构防火涂料。Bilotta，Antonio 等对涂有膨胀性防火涂料的钢构件进行防火性能测试，发现30年后，有必要对钢构件进行再次保护，以改善防火性能[10]。

表 3　高层建筑物的火灾隐患

序号	隐患	原因
1	高层建筑本身结构及缺陷	高层建筑楼层高、体量大。防火设计存在问题，发生火灾后出现倒塌问题，造成疏散通道封堵、无法逃生等问题
2	高层建筑内消防设施无法正常使用	室内消火栓箱缺乏消防器材、消防设施不能保持完整好用、消防疏散通道上堆放杂物、居民随意占用消防设施、排烟送风口被堆放的杂物阻挡
3	人员众多、疏散困难	可燃物多、人员聚集、进行火灾逃离的时候人员素质的参差不齐导致耽误逃生的时间
4	高层建筑规范局限性、滞后性	不管是设计规范多么完善，在具体的执行过程中都可能因为材料以及施工技术的问题而不能得完全遵守且建筑规章制度存在滞后性

同时由于火势的快速蔓延，形成“烟囱”效应，为避免形成大规模灾难，需要按照标准设立防火分区。防火分区主要是指利用耐火的建筑物材料将建筑内部的空间进行分隔，火灾时可以起到一定的阻止火势及烟气蔓延的作用，避免在火灾出现时产生较多的人员伤亡和财产损失[11]。高层建筑要有足够的防火间距，从而达到防火安全要求。目前的高层民用建筑通常都会设置 13m 以上的防火间距，裙楼与主楼之间也要超过 9m 的防火间距，从而达到安全要求[12]。

Milan Hajduković等采用渲染的方法对不同材料燃烧后在两个立体面（例如不同楼层的窗户）的火灾蔓延效果进行了分析，发现火焰传播不仅与应用的材料相关，还与立体面的形状密切相关，为后续人员建立立体面火灾模型提供了参考[13]。Wen Xi Shi 等通过改变 12 层建筑顶部通风口状态和底部通风口大小，以甲醇为可燃物研究了相邻隔室烟囱效应对火灾的影响，研究表明点火后受烟囱效应影响，火焰倾斜角发生改变，堆叠效应显著增大[14]。Linjie Li 等通过实体火灾实验计算，提出了空气夹带模型描述第一阶段喷射出的火焰羽流的质量流量，可以将火羽流作为矩形火源，预测第二阶段屋檐以上的温升[15]，为防火分区的设计提供了理论依据。根据国家相关标准，进行防火分区分隔和补充措施，可以有效降低火灾发生时造成的人员伤亡和财产损失。同时要明确责任制度，构建高层建筑消防安全隐患排查系统和高层建筑消防安全综治平台，宜大面积推广智能化消防系统，进行火灾隐患实时监控，大大减少了火灾的发生率。

3.3　疏散及扑救

高层建筑人员密度大、电力负荷大、可燃物质多易发生大规模火灾。现有文献研究表明，高层建筑一旦发生火灾，不仅火势控制难度大、灭火救援效能需求高，而且对于人员疏散、消防用水、车辆布置等也有特殊的要求[16]。因此需要采取一系列的措施和策略，确保人员安全和财产安全。

高层建筑楼层高，救援困难，供水困难，通风困难。在设计高层建筑时，要对疏散安全通道做出相应规划，设置两种以上的疏散通道，以便在火灾发生时，人员可以及时有效地逃生。冯成吉提出要加大资金投入，配置灭火设备；保障出警力量，提高灭火效率；控制建筑烟气，增加救援时间；做好疏散指挥，避免延误救援；利用消防电梯，做好救援工作；混合疏散方法，快速疏散人群；加强公众教育，提高自救能力等方法来进行高层建筑火灾灭火救援和安全疏散[17]。

扑救时应确定周围环境及火势火源，可利用附近消防设施对初期火灾进行扑救，及时疏散人员，全程保持冷静，按照现场安全标识进行有序疏散。如果火势无法控制，应在现场布置相应的灭火战术，各部门进行协调配合，保证灭火救援的有序性、科学性和规范性。

4　结论

4.1　高层建筑火灾蔓延原理总结

（1）高层建筑装饰物多为可燃物，一旦发生火灾，大量的装饰物会极大地增加火势蔓延速度，并产生有毒有害物质，极易造成人员伤亡和财产损失。（2）热传递是高层建筑火灾蔓延的重要方式之一，主要有三种方式：热传导、热对流和热辐射。（3）根据 PyroSim 火灾模拟过程，烟气会在门窗处大量聚集，向外逸散，由于高层建筑内部存在大量管道竖井，容易形成“烟囱”效应，高温烟气沿建筑内部竖直通道流动，形成气压差，进一步加速了流动，使上层空间的温度升高，加快火势蔓延。（4）为了预防高层建筑火灾的发生，需要采取有效措施来控制火势的蔓延，降低烟气在高层建筑内部扩散的可能性。

4.2　高层建筑火灾防控方法总结

（1）优先选用阻燃建筑材料并不断研发新型阻燃材料，以减少火势的传导能力。（2）加强防火分区的设计，合理设置通风孔和疏散通道，及时排除烟气和提供人员疏散通道，必要时还应增加避难层和防烟楼梯，提高大楼内部的防火隔离性，降低火灾蔓延及人员伤亡的风险。（3）安装相应的火灾自动报警系统和消防设备，能够及早发现和扑灭初期火灾，有效遏制火势蔓延。（4）高层建筑火灾人员疏散要依赖设计的疏散通道和相应的消防设施，要加强日常消防知识教育，提高自救能力。（5）进行火灾扑救时，要遵从科学性，规范性要求，及时根据现场实际情况对灭火技战术进行调整。

4.3　总结与分析

基于以上总结，可得出未来高层建筑火灾防控的发展趋势应向着设计特殊结构、采用阻燃处理、成本低廉、适用性广泛的方向发展。建设过程中应考虑火灾防控要求，对特殊场所重点部位采取额外的保护措施，采用阻燃材料、进行防火设计和使用智能化消防监控系统，以降低火灾发生概率和人员财产损失。对于高层建筑火灾疏散和扑救要遵从科学性，有效性的原则，充分利用高层建筑物内的消防设施，内外结合，以降低人员和财产的损失。未来对于高层建筑火灾防控的研究应向着设计科学化、智能化，研发环保型阻燃材料，科学疏散及扑救等方向发展。

参考文献

[1] 石彬彬．高层公共建筑火灾特点分析［J］．大众标准化，2023（14）：87-89.

[2] 卫文彬，刘松涛，刘文利．高层建筑典型房间及共享空间火灾温度场分布规律［J］．河南科技大学学报，2015，36（05）：68-72+8.

[3] 邹德斌．火灾房间的热环境与传热方式的分析研究［J］．建筑安全，2004（06）：41-43.

[4] GB 55037—2022 建筑防火通用规范［S］.

[5] 胡红丹．高层建筑用高分子材料的环保阻燃研究［J］．建材与装饰，2018（09）：43.

[6] 张娟，贾立荣．高层建筑内装修阻燃技术研究［J］．武警学院学报，2007，23（10）：11-14.

［7］ Xu Q，Wang Y，Chen L，Gao R，Li X. Comparative experimental study of fire-resistance ratings of timber assemblies with different fire protection measures ［J］. Advances in Structural Engineering，2016，19（3），500-512.

［8］ 李京，战峰．建筑外墙保温材料的火灾危险性与防火措施［J］. 安全、健康和环境，2009，9（11）：16-18.

［9］ 刘永刚，杨海维．高层建筑用高分子材料的环保阻燃应用探析［J］. 建材与装饰，2019（08）：51-52.

［10］ Bilotta Antonio，de Silva Donatella，Nigro Emidio. Tests on intumescent paints for fire protection of existing steel structures ［J］. Construction and Building Materials，2016，121（1），410-422.

［11］ 张海峰．超高层建筑防火设计存在的问题以及解决对策分析［J］. 工程建设与设计，2022（18）：45-47.

［12］ 杨洋．建筑防火技术在高层建筑设计中的应用［J］. 工程建设与设计，2023（15）：86-88.

［13］ Hajduković Milan，Knez Nataša，Knez Friderik，Kolšek Jerneja. Fire Performance of External Thermal Insulation Composite System（ETICS） Facades with Expanded Polystyrene（EPS） Insulation and Thin Rendering ［J］. Fire Technology，2017，53（1），173-209.

［14］ Shi Wen Xi，Ji Jie，Sun Jin Hua，Lo S M.，Li Lin Jie，Yuan Xiang Yong. Experimental study on influence of stack effect on fire in the compartment adjacent to stairwell of high rise building ［J］. Journal of Civil Engineering and Management，2014，20（1），121-131.

［15］ Li Linjie，Gao Zihe，Li Yilin，Xu Pai，Zhao Ningyu，Liu Jialiang. Maximum temperature rise of fire plume ejected out of the compartment window with a horizontal eave ［J］. Fire and Materials，2020，44（8），1108-1117.

［16］ 翟晓非．高层建筑的火灾原因、特点与灭火救援策略［J］. 今日消防，2023，8（04）：47-49.

［17］ 冯成吉．高层公寓建筑火灾灭火救援行动及安全疏散［J］. 中国住宅设施，2023（06）：86-88.

商用厨房防火分隔措施和厨房灭火装置设置分析

张　博

（山东省聊城市消防救援支队，山东　聊城）

摘　要　从典型事故和统计数据分析了商用厨房引发火灾的主要原因。梳理了现行标准中关于厨房防火分隔措施的冲突，通过食用油温度失控、油烟管道起火两方面风险分析，对防火分隔设置场所要求进行补充完善。总结了关于厨房灭火装置设置要求，对设置场所性质、规模、面积等方面进行了对比分析，提出扩大厨房灭火装置应用场所，并与相关行业标准相对应的建议。

关键词　商用厨房　防火分隔措施　厨房灭火装置

1　引言

据有关统计公布数据，厨房火灾约占全国每年发生火灾总数的五分之一[1]。近年来，餐饮场所更是发生过多起亡人和有影响火灾事故。

2023 年 6 月 21 日，宁夏银川市兴庆区富洋烧烤店因液化石油气泄漏引发爆炸，造成 31 人死亡、7 人受伤。

2022 年 9 月 28 日，吉林省长春市高新园区宏禹小油饼百姓餐厅因违规进行“气改油”改造，违章动火作业引发火灾事故，造成 17 人死亡、3 人受伤。

2022 年 6 月 3 日，陕西省榆林市靖边县一烤鸭店因烤鸭炉失火引发起火爆炸，造成 3 人死亡。

2022 年 6 月 1 日，湖南省长沙市长沙县一家餐饮门店因燃气泄漏发生起火爆炸，造成 1 名消防员牺牲、13 人受伤。

2017 年 7 月 21 日，浙江省杭州市西湖区一餐馆因液化石油气泄漏发生爆燃事故，造成 3 人死亡、44 人受伤，

2015 年 12 月 16 日，福建省龙岩市新罗区阿古餐厅餐饮有限公司城市桂冠分店厨房油锅火苗上窜引起排气管燃爆，发生爆炸并引发火灾，造成 7 人死亡，5 人受伤。

2015 年 10 月 10 日，安徽省芜湖市镜湖区杨家巷一私人小餐馆发生液化气罐爆炸起火，造成 17 人死亡。

综合典型火灾事故案例，结合商用厨房易燃可燃物多、高温点火源多、用电设备多等火灾危险性，梳理分析引发火灾的原因主要有四个方面：

（1） 食用油温度失控起火；

（2） 排烟管道内油垢被点燃起火；

（3） 燃油燃气泄漏遇火源起火；

（4） 人员违规操作、违章作业引发火灾。

商用厨房火灾热释放速率高、蔓延速度快、扑救难度大，极易造成重大人员伤亡和财产损失。后疫情时代背景下，餐饮行业由于门槛低、前期投入小等特点而迅猛发展，容易出现燃油燃气器具安装使用不规范、占用堵塞消防疏散通道、从业人员安全意识淡薄等问题。本文主要从防火分隔措施、厨房灭火装置设置等物防技防措施进行分析研究。

2　商用厨房防火分隔有效性分析

2.1　现行标准中的冲突

根据现行的国家标准《建筑防火通用规范》（GB 55037—2022，以下简称《通规》）[2]《建筑设计防火规范》（GB 50016—2014，2018 年版，以下简称《建规》）[3]、行业标准《饮食建筑设计标准》（JGJ 64—2017，以下简称《饮规》）[4]等规定，商用厨房防火分隔要求如表 1 所示。

《建规》《通规》是国家标准，《饮标》是行业标准，当同一问题存在差异时，执行标准的原则应当是“国家标准优先、从严要求优先”。无明火厨房是否必然比有明火厨房火

作者简介：张博（1990—　），男，硕士，山东省聊城市消防救援支队工程师，主要从事消防监督、应急管理工作。

灾危险性小，防火分隔措施能否取消值得商榷。

表 1　厨房防火分隔规范要求

规范	《建筑设计防火规范》（GB 50016—2014，2018 年版）	《饮食建筑设计标准》（JGJ 64—2017）	《建筑防火通用规范》（GB 55037—2022）
要求	6.2.3　除居住建筑中套内的厨房外，宿舍、公寓建筑中的公共厨房和其他建筑内的厨房应采用耐火极限不低于 2.00h 的防火隔墙与其他部位分隔，墙上的门、窗应采用乙级防火门、窗，确有困难时，可采用防火卷帘	4.3.10　厨房有明火的加工区应采用耐火极限不低于 2.00h 的防火隔墙与其他部位分隔，隔墙上的门、窗应采用乙级防火门、窗。 条文解释：对于采用电加热的无明火的敞开式、明档类厨房可以不受此限制。 4.3.11　厨房有明火的加工区（间）上层有餐厅或其他用房时，其外墙开口上方应设置宽度不小于 1.0m、长度不小于开口宽度的防火挑檐；或在建筑外墙上下层开口之间设置高度不小于 1.2m 的实体墙	4.1.3　下列场所应采用防火门、防火窗、耐火极限不低于 2.00h 的防火隔墙和耐火极限不低于 1.00h 的楼板与其他区域分隔： 2 除居住建筑中的套内自用厨房可不分隔外，建筑内的厨房

2.2　食用油温度失控风险分析

餐饮业的繁荣，促使厨具向多样化、复杂化、专业化、多功能化的方向发展，出现了诸如燃油燃气两用灶具、大型电烤架等许多新型厨具设备。其中应用最多的是电磁灶。

根据现行标准《商用电磁灶》（QB/T 4499—2013）[5]和使用情况了解，电磁灶功率 200～600W，使用温度大约在 80～120℃，700～1600W 大约在 170～200℃，1700～2100W 大约在 280～300℃，大功率电磁灶温度超过 350℃。根据相关实验研究，食用油的自燃温度一般为 350～380℃，在烹饪中一旦温度失控就会发生火灾，且易复燃[6]。

因此使用电磁灶同样能够因操作不慎等原因导致食用油温度失控起火。

2.3　油烟管道起火风险分析

食品烹饪、加工过程中挥发的油脂、有机质及其加热分解或裂解产物，统称为油烟。烹调时，当温度达到食用油的发烟点 170℃时，出现初期分解的烟雾，当温度达 250℃时，出现大量油烟，并伴有刺鼻的气味。

根据《饮标》5.2.4 条规定，厨房区域产生油烟的设备，应设机械排风系统，且应设油烟净化装置。2001 年，国家发布了《饮食业油烟排放标准（试行）》（GB 18483—2001）[7]，对饮食业单位油烟排放浓度等作了具体规定。近年来，北京、河北、四川、山东等省市先后出台各地餐饮业油烟污染物排放标准规定，提高了油烟浓度排放标准，要求各餐饮单位应配备排烟罩、排气筒和风机，安装油烟净化器设备。

不管是从现实需求还是国家要求，电加热厨房同样需要安装油烟排放设施，火灾危险性与使用明火厨房没有本质区别。

2.4　小结

无明火厨房没有燃油燃气泄漏失控引发火灾的风险，但也会存在食用油温度失控、油烟管道油垢积累等风险。因此，厨房防火分隔措施能否取消，应综合考虑厨房烹调方式，限定为“无明火且在烹饪过程中不产生油烟的厨房加工区”。

3　商用厨房自动灭火设施设置分析

3.1　现行标准和规定中的要求

根据国家标准和相关规定，一定规模或者符合一定条件的餐饮场所厨房应设自动灭火设施。见表 2。

表 2　厨房自动灭火设施设置要求

规范	《建筑设计防火规范》（GB 50016—2014，2018 年版）	《大型商业综合体消防安全管理规则》（XF/T 3019—2023）[8]	《建筑设计防火规范》（GB 50016—2006，已废止）[9]
要求	8.3.11　餐厅建筑面积大于 1000m² 的餐馆或食堂，其烹饪操作间的排油烟罩及烹饪部位应设置自动灭火装置，并应在燃气或燃油管道上设置与自动灭火装置联动的自动切断装置。食品工业加工场所内有明火作业或高温食用油的食品加工部位宜设置自动灭火装置	9.2　大型商业综合体内餐饮场所的管理： f）使用燃气的厨房内应设置可燃气体探测报警装置及独立的事故通风系统，通风系统应与可燃气体探测报警装置联动；排油烟罩及烹饪部位应设置能够联动切断燃气输送的可燃气体探测报警装置和自动灭火装置，并能够将报警信号反馈至消防控制室；建筑内燃气阀组接口部位宜设置可燃气体探测报警装置； g）设置在地下的餐饮场所烹饪操作间的排油烟罩及烹饪部位应设置自动灭火装置	8.5.8　公共建筑中营业面积大于 500m² 的餐饮场所，其烹饪操作间的排油烟罩及烹饪部位宜设置自动灭火装置，且应在燃气或燃油管道上设置紧急事故自动切断装置

对于厨房自动灭火装置的具体设置，已有《厨房设备灭火装置技术规程》（CECS 233：2017）[10]等标准进行明确规定。因此需要探讨的问题是什么样的餐饮场所应设。

3.2　对设置场所性质的分析

《建规》8.3.11 条条文解释明确，本条规定的餐馆根据国家现行标准《饮食建筑设计规范》JGJ 64 的规定确定，餐厅为餐馆、食堂中的就餐部分，“建筑面积大于 1000m²”为餐厅总的营业面积。而根据《饮规》1.0.2、1.0.3 条等规定，按经营方式、饮食制作方式及服务特点划分，饮食建筑可分为餐馆、快餐店、饮品店、食堂等四类。《建规》中的限定范围为“餐馆或食堂”，不包括快餐店。

根据《饮规》和相关文件[11]，餐馆的定义为接待消费者就餐或宴请宾客的营业性场所，或者是指以饭菜（包括中餐、西餐、日餐、韩餐等）为主要经营项目的单位，包括火锅店、烧烤店等。快餐店的定义为能在短时间内为消费者提供方便快捷的餐点、饮料等的营业性场所，食品加工供应形式以集中加工配送，在分店简单加工和配餐供应为主，另一种定义是以集中加工配送、当场分餐食用并快速提供就餐服务为主要加工供应形式的单位。

但从实际监督检查看，黄焖鸡米饭、米村拌饭、兰州拉面等快餐店头部连锁品牌的厨房中，同样会使用燃气和明火，设置油烟排出设施，火灾危险性与中型、小型餐馆并无明显区别，甚至由于出餐速度快、翻台率高，厨房更为忙碌，在同一时间内比同等规模的餐馆能够容纳更多的顾客。

因此，在设置场所中未将“快餐店”纳入其中存在不妥当之处。

3.3 对设置场所规模的分析

根据《饮规》1.0.3 条等规定，通过建筑面积和用餐区域座位数两个指标，将饮食建筑规模划分为小型、中型、大型和特大型，其中食堂按服务的人数划分规模，见表3、表4。

表3 《饮规》中餐馆、快餐店、饮品店建筑规模划分

建筑规模	建筑面积（m^2）或用餐区域座位数（座）
特大型	面积>3000 或座位数>1000
大型	500<面积≤3000 或 250<面积≤1000
中型	150<面积≤500 或 75<面积≤250
小型	面积≤150 或座位数≤75

表4 《饮规》中食堂的建筑规模划分

建筑规模	小型	中型	大型	特大型
食堂服务的人数/人	人数≤100	100<人数≤1000	1000<人数≤5000	人数>5000

在参照指标数量方面，《饮规》和餐饮行业主管部门出台的规章文件中，通常设定建筑面积和用餐区域座位数两个指标，满足座位数或建筑面积两个指标中的一项即认为达到该规模的要求，并且明确指出，食堂的用餐形式、饮食制作、服务特点与餐馆不同，用餐时间短，每餐时间段可以多人次使用同一张餐桌，因此利用服务人数划分规模更直接。而《建规》仅采用了建筑面积这一个指标，对餐馆和食堂两类不同场所同等适用。对于餐馆等场所，范围为部分大型和特大型餐馆；对于食堂，《饮规》要求食堂用餐区域每座最小使用面积不宜小于 $1m^2$/座，可以换算出通常情况下，用餐区域面积超过 $1000m^2$ 的食堂服务人数应大于 1000 人，即大型及以上食堂。因此，采用了建筑面积这一个指标，对餐馆和食堂建筑规模的划分与《饮规》中对规模的划分不一致。

在具体指标适用方面，《饮规》中对规模的划分采用的建筑面积，是指与食品制作供应直接或间接相关区域的建筑面积，包括用餐区域、厨房区域和辅助区域。而《建规》中限定为“就餐部分”。在实际监督检查中，也会发现，餐饮企业经营者、管理者对于整个餐馆的建筑面积有比较明确的数字，但单独计算用餐区域面积往往需要现场估算和测量，这一指标不方便应用。并且，有的餐馆设置了展示区、游玩区等吸引客流的区域，有的餐馆有一些空闲区域或户外空地，在客流量大的时候临时摆放桌椅供顾客用餐，这些区域的面积是否算入就餐区域面积也存在一定的争议。

3.4 对设置场所面积的分析

根据餐饮行业有关统计，超过 85%的餐饮商户为个体工商户，约 13.5%的餐饮商户为连锁商户；95.9%的餐饮商户员工数量在 10 人以下，呈现出大体量、小规模的特征。从日常监督检查情况看，90%以上的餐饮场所都是“九小场所”，就餐区域建筑面积超过 $1000m^2$、需要设置厨房自动灭火装置的占比极少。这就意味着厨房自动灭火装置的应用率很低，但这些规模小、数量多的小餐馆、小门店，往往更容易发生火灾事故，

美国 NFPA 96《商业厨房设施通风控制和火灾防范标准》（Standard for Ventilation Control and Fire Protection of Commercial Cooking Operations）[12]将厨房灭火设施分为起到主要保护作用（primary protection）的自动灭火设施和作为次要备用（secondary backup）的便携式灭火器。商用厨房内产生油烟蒸汽的烹饪设施，可能引燃油烟机、除油设施和管道的油烟的点火源，应采用灭火设施保护。燃料焚烧炉、热回收装置、空气污染控制系统或安装在排气管道的其他装置，应采用自动灭火系统保护。

考虑到商用厨房火灾的多发性，应适当扩大厨房灭火装置的应用范围，推广在中小型餐饮场所的应用。考虑到厨房致灾因素的多样性，餐饮场所设置厨房自动灭火装置应综合考虑多种因素，不应仅参照建筑规模这一个指标。考虑到规范之间的统一性，对应设置建筑规模的限定应尽量与《饮规》和主管部门的划分标准相统一。从厨房燃料使用方面考虑，使用液化石油气、醇基燃料的餐饮场所往往没有自动切断装置，危险性相对较高，也应统筹考虑。

因此，建议调整为，除设置无明火且在烹饪过程中不产生油烟厨房的餐饮场所外，大型及以上餐馆、快餐店和食堂应设厨房灭火装置，使用液化石油气、醇基燃料等非管道燃气作为燃料的中小型饮食场所宜设厨房灭火装置。

4 结束语

2023 年以来，国家多次出台支持餐饮服务消费的相关政策，做好餐饮企业消防安全管理工作的重要性毋庸置疑。在防火分隔设置上，综合考虑火灾风险，建议明确“无明火且在烹饪过程中不产生油烟的厨房”不需设置防火分隔措施。在厨房自动灭火装置设置上，综合考虑性质、规模、面积等因素，建议明确大型及以上餐馆、快餐店和食堂应设厨房灭火装置，使用液化石油气、醇基燃料等非管道燃气作为燃料的中小型饮食场所宜设厨房灭火装置。

参考文献

[1] 国家应急广播网．日常防火看哪里—厨房篇［EB/OL］．http：//www.cneb.gov.cn/special/sjxw/pa428610/2018010PAGE1515737380279838/index.shtml.2023-10-19.

[2] GB 55037—2022 建筑防火通用规范［S］.

[3] GB 50016—2014（2018）建筑设计防火规范［S］.

[4] JGJ 64—2017 饮食建筑设计标准［S］.

[5] QB/T 4499—2013 商用电磁灶［S］.

[6] 黄晓家，吴易平．厨房火灾危险性分析与专用灭火装置［J］．消防科学与技术，2007（04）：406-408.

[7] GB 18483—2001 饮食业油烟排放标准（试行）［S］.

[8] XF/T 3019—2023 大型商业综合体消防安全管理规则［S］.

[9] GB 50016—2006 建筑设计防火规范［S］.

[10] CECS 233：2017 厨房设备灭火装置技术规程［S］.

[11] 国家食品药品监督管理局，关于做好《餐饮服务许可证》启用及发放工作的通知（国食药监许［2009］257 号）［Z］.

[12] NFPA 96. Standard for Ventilation Control and Fire Protection of Commercial Cooking Operations，2021 Edition［S］.

关于高层建筑火灾防控问题的研究及对策

李晓峰

（荆门市消防救援支队，湖北 荆门）

摘 要 随着我国新型城镇化建设稳步实施，城镇空间和人口规模急剧扩张，促使城市建筑开始向“上”发展，建筑高度不断增高，综合性越来越强，形式越来越多样化，高层建筑消防安全管理和防火技术措施已成为消防救援机构面临的重点、难点问题。为贯彻落实新发展理念，统筹发展和安全，本文结合当前高层建筑存在的消防安全问题，分析研究了高层建筑在火灾预防方面的对策，最大限度地避免高层建筑火灾的发生。

关键词 高层建筑 火灾防控 研究

1 引言

随着我国经济的飞速增长、城镇化进程不断加快，城市人口高度聚集，城市土地资源日益紧张，高层建筑在集约利用土地资源、促进城市经济社会发展等方面发挥了积极作用，其在现代城市中占据着重要地位。尤其是一些超高层建筑，作为结合了社会需求、科技进度、经济发展和城市文化要素的产物，对于一座城市而言具有重要的现实意义和价值。伴随着高层建筑的蓬勃发展，与之而来的一些问题也不断凸显，高层建筑的消防安全就是其中之一。近年来，高层建筑火灾事故频频发生，给人民群众生命财产安全带来巨大损失。如何做好高层建筑火灾防控是一个重要课题。本文就高层建筑火灾的特点为基础，结合当前高层建筑存在的一些消防安全问题，提出针对性的防火措施与防火技术，切实保障、提升高层建筑消防安全。

2 高层建筑火灾特点

2.1 火势蔓延迅速

高层建筑内各种管道井、电梯井、采光井以及竖向通道、共享空间、玻璃幕墙缝隙等部位，容易在火灾发生时产生“烟囱”效应，致使烟火流动速度加快，火灾蔓延速度加剧。

2.2 人员疏散困难

高层建筑功能用途广泛，经营业态复杂，建筑内人员数量较多，相对密集。但其建筑内部的疏散途径较为有限，除了竖向疏散通道外，绳索、软梯、滑梯、滑袋等缓降逃生器材以及屋顶停机坪等设施设备运用均具有较多局限性。登高平台消防车、云梯消防车的有效高度不足以满足较高楼层人员疏散需求，紧急情况下快速疏散人员有较大难度。

2.3 致灾因素较多

高层建筑大多体量庞大、功能复杂、人员密集、危险源多，潜在的消防安全风险类型、数量不容易辨识，电气火灾、违规施工、易燃可燃装修装饰等诸多因素给火灾防控带来巨大压力与挑战。

2.4 火灾扑救困难

由于高层建筑结构形式和火灾蔓延规律特点，导致灭火救援难度极大，如不能在初期阶段有效控制火势，将很可能造成重大生命财产损失[1]。且部分高层建筑登高扑救场地兼作停车场使用，缺乏有效的作业场地和作业面，增加了施救难度。

3 高层建筑消防安全问题

3.1 技术标准规范执行不严格

高层建筑施工建设阶段的一些不规范做法，影响了高层建筑本身消防安全系数的提高。如部分高层建筑防火区域和隔离设施之间并没有采取有效的安全隐患防范措施，一些防火区域在间隔方面存在不合理和不可靠的行为，这使得在火灾发生之后火势会迅速地加快蔓延[2]。此外，部分高层建筑大多数都会使用易燃、可燃的装饰装修材料，也在一定程度上增加了火灾发生概率。

3.2 消防安全设计理念有短板

主要表现为高层建筑内部在“纵向”安全疏散、灭火处置等方面的设计理念较为薄弱，相应的消防设施配备存在盲区，如一些管道管井和新风空调设置缺乏完善的消防设施融入。加之，部分高层建筑“竖向”防火分隔设施及灭火、控火等技术措施在设计阶段先天较为薄弱，对高层建筑火灾烟囱效应、立体燃烧等中后期火灾的抑制缺乏有效的技术手段。

3.3 消防安全责任落实有差距

通过日常监督检查、调研发现，部分高层建筑使用单位数量多，管理混乱，没有清晰明确的安全责任划分；个别独栋高层住宅存在无物业服务公司或物业服务公司消极履职情况，消防安全责任人和管理人、消防控制室、微型消防站、专职消防安全经理人和消防安全“楼长”等各项高层建筑消防安全制度未落地见效，依法履行消防安全主体责任无从谈起，高层建筑自身的消防安全基本处于“无人抓、无人管、不会抓、不会管”的状态。

3.4 消防设施设备完整好用率较低

由于缺乏维护和保养，高层建筑内建筑消防设施设备（如自动喷水灭火系统、防排烟系统、火灾自动报警系统等）长期处于非完好有效状态，建筑内消防设施故障率高，初期火灾的防护作用发挥不明显。此外，一些高层建筑消防设备管理人员不熟悉消防设备主要的消防原理和本身的使用方法，缺乏设备操作、检查、维保等经验，一定程度上导致了消防设施设备完好率不高。

作者简介：李晓峰，男，荆门市消防救援支队防火监督科科长。

3.5 智慧消防科技规模化运用程度不高

目前，由于缺乏强制性标准要求，一般高层建筑自动消防设施普遍未接入物联网监控平台，普通高层建筑火灾防控的技防平台建设基本还未起步，尤其是利用高精度传感器来实现高效预警、自动报警或者先期扑救的设计理念还未在实际中深入运用，高层建筑火灾防控和灭火救援装备科技水平含量总体较低。

4 高层建筑火灾防控对策和建议

4.1 加强标准优化和落实，提升本质消防安全能力

4.1.1 针对性优化标准规范设置

根据建筑的功能分区、容纳人数，确定建筑内人员疏散所需的最低时间。参照这个最低疏散时间边界值，优化疏散通道设计，加强竖向疏散通道建设，配套改造防排烟系统、火灾报警系统和自动灭火系统，使人员疏散时间内建筑内所有自动消防设施能保证不间断运行。

4.1.2 改进分隔避难设计

从竖向疏散楼梯的安全性、可靠性入手，将防烟楼梯间前室防火门强制设置为常开防火门，火灾情况下能自行关闭，无法关闭的将发出警报。创新建立“阶梯式”避难疏散模式，每层设避难间、每10~12层设避难区、每20~30层设避难层，实现避难逃生由“分层集中”向“梯次过渡”转变。

4.1.3 对保温材料进行内外防控

建筑内部在外窗（或外墙开口部位）设置独立的供水系统，用边墙型喷头或水幕喷头进行保护，防止外部烟火蔓延至建筑内部；在建筑外墙上，沿防火挑檐或楼板水平方向设置水幕喷头，确保火灾时开启喷头对外保温材料进行冷却保护，系统可采用开式系统类型。

4.2 加强责任落实，提升消防安全管理水平

4.2.1 压实主权主责

高层建筑产权单位拥有建筑改扩建及装修装饰所有权，应当承担消防管理主体责任[3]。重点要建立管理机构，明确人员，制定制度，进行工作考核。同时，要与使用方、管理方签订协议，明确消防安全责任，定期督促检查；要制定灭火和应急疏散预案，开展灭火和疏散演练。

4.2.2 明确多方责任

坚持“谁使用、谁负责”原则，高层建筑使用单位对使用区域内消防安全负责，实行自主管理。涉及分租、转租的，要同步明确其消防安全责任。推动具有注册消防工程师资格或经过消防安全培训合格人员担任高层建筑专职消防安全经理人或“楼长”，做到火灾早预警、早发现、早处置。

4.2.3 加大制度保障

推动《物业管理条例》修订，将公共区域的消防设施、建筑内部公共区域的电气燃气设备维护管理纳入物业企业服务范围，量化物业企业防火巡查、消防宣传、疏散演练、外保温材料等职责任务。同时，将产权不清、物业缺失的老旧高层建筑纳入政府“惠民工程”，定期列支专项经费进行消防安全改造；指导自建业主委员会或招募物业企业加强消防安全管理，确保“隐患有人管、责任有人担”。

4.3 强化管治同频，提升消防设施完好状态

4.3.1 完善高层建筑工作机制

从消防安全市场准入、巡查检查、隐患整治、动火用电、维修保养等方面入手，出台高层建筑消防安全管理地方标准。对物业企业建立消防管理准入标准，对企业内从事消防安全工作人员的技能水平进行明确，达不到规定数量要求的，不能承揽物业服务；完善消防移交和有条件撤离等制度，将消防安全项目清单纳入移交清查内容；将物业企业履行消防管理职责情况纳入社会信用体系、评星评级内容，利用市场化手段进行强制淘汰。

4.3.2 规范高层建筑管理机制

加强高层建筑消防控制室建设，落实消防设施年度检测制度，由具备资质的专业维保企业每年对自动消防设施进行全面整体联动检测[4]；落实高层建筑重要部位月度巡查机制，涉及水、电、油、气及通道、出口等关键部位，参考特种设备管理制度，由经消防培训合格的消防安全管理人每月检查一次，做好记录存档；简化住宅维修基金在消防设施设备使用方面的审批程序，纳入绿色通道，经申请、审查、审核等简易程序，可直接拨付使用。

4.3.3 加强违法违规行为查处

依据《消防法》《高层民用建筑消防安全管理规定》，对单位法人和消防安全责任人、管理人不履行法定消防责任的，坚决予以查处。加大屡纠累犯行为查处，对消极整改的，应果断采取“关、停、罚、拘”等强制措施；整改期间，应采取临时调整功能、改变服务范围、限定人员数量等方式，确保高层建筑消防安全。

4.4 加强科技应用，提升火灾防控壁垒

4.4.1 加大新兴材料运用使用

探索将航空航天领域的形状记忆合金应用于火灾自动报警和灭火系统，发挥其物理特性使系统具备高温报警、开启和低温复位、关闭等功能，实现重复利用，减少水渍损失，提升系统可靠性。在保温材料上，选用生物纳米阻燃科技和保温材料进行混合，利用生物菌吸附氧分子降低热量，提升其阻燃性能。

4.4.2 从工艺改良上提升防控效果

改良超高层建筑部分区域自动喷水灭火系统设置，提高细水雾灭火系统等精细防控水平，在保持冷却、窒息的灭火效果时，兼顾减少用水量，解决高位水箱体积过大等问题；改良建筑外墙施工工艺，建立网格式方法，以不燃材料搭建网格，再在网格中填充保温材料，确使火灾后能控制外保温材料在单个网格内燃烧，一定程度上避免蔓延扩大。

4.4.3 加强智慧消防系统运用

利用物联感知技术，实现独立感烟火灾报警装置联网接入消防联动报警控制平台；利用穿梭电梯垂直疏散技术，应急情况下辅助疏散人员，提高建筑内人员疏散效率；运用智能楼宇人流监测统计系统，实时评估建筑内人员数量、分布、流动情况，为救援提供准确信息；安装可寻址消防警报系统，确保紧急情况下准确定位着火点、远程快速启动消防设施、观测灾情发展，实时引导人员疏散。

5 结束语

高层建筑消防安全形势日益严峻，需要从“本质安全、管理水平、设施设备、科技应用”等方面加强高层建筑火灾防控体系建设，逐步实现高层建筑火灾防控系统化、规范化，有效防范和化解高层建筑火灾风险。

参考文献

[1] 马文丽．论高层住宅建筑火灾危险性及防范措施［J］．山西建筑，2018，44（21）：213-214.

[2] 刘诗瑶，赵利宏，卫文彬．高层建筑防火技术研究［J］．消防科学与技术，2019，038（009）：1244-1247.

[3] 仲宇山．高层建筑消防新特点及对策分析［J］．消

防科学与技术，2019，8（8）：737-739.

［4］何海星．高层民用建筑消防设施管理探讨［J］．山东化工，2020，49（23）：145-146.

从火灾案例浅析加强居民住宅小区消防安全的几点意见

赵文陈

（聊城市茌平区消防救援大队，山东 聊城）

摘 要 总结近几年的居民小区亡人火灾案例，分析造成火灾的具体原因及严重后果，以此为基础，提出当前居民住宅小区的消防安全现状，并从物业管理、隐患排查、宣传培训等方面浅谈几点具体的解决方法，提高居民小区消防安全管理，增强人民群众的消防安全素质，以达到提升城市整体抗御火灾的能力的目的。

关键词 消防 居民住宅 火灾 案例

1 引言

2019年1月30日凌晨5时35分，吉林省长春市绿园区一居民小区发生火灾，造成8人死亡、3人受伤。

2022年12月1日13时21分，陕西省西安市未央区凤鸣华府小区发生火灾，造成5人死亡。

2023年3月15日22时12分，湖北省黄冈市浠水县清泉镇天泽富贵家园小区发生火灾，3人经抢救无效死亡，另外2人受伤。

2023年5月7日中午12时许，山西省吕梁市临县湫河花苑小区发生火灾，造成5人死亡。

2024年2月23日4时39分，南京市雨花台区明尚西苑小区发生火灾，造成15人死亡，44人受伤……

随着经济的快速发展，居民城镇化水平不断提高，生活水平不断改善，大量电器设备不断增加，居民住宅类火灾也随之提升，火灾隐患日益突出。据中国消防网不完全统计，2023年1至10月份，全国各类住宅发生火灾24.4万起，造成979人死亡、1244人受伤，分别占总数的32.8%、70.9%和60.3%。当前居民小区住宅类亡人火灾事故，已成为亡人火灾事故的主要方面。

2 居民小区住宅火灾原因分析

2.1 电动自行车起火引发火灾

2024年2月23日4时39分，南京市雨花台区明尚西苑小区发生火灾，造成15人死亡，44人受伤，火灾原因系电动自行车充电起火。近年来，我国电动自行车年产量达3000万辆，社会保有量接近3亿辆，据不完全统计，2023年全国发生电动车火灾事故6000余起，因电动自行车引发的火灾造成人员伤亡和财产损失逐年上升。主要由于：电动自行车在楼道或室内公共场所充电，无人看管，充电期间由于电气线路短路、蓄电池故障自燃等原因，引发火灾；电动自行车车身多为塑胶制品、坐垫多为聚氨酯材料，加之周边违规堆放可燃易燃杂物，一旦发生火灾，迅速蔓延燃烧，并释放有毒烟气；电动自行车充电时大多停放在1层疏散通道或公共场所，发生火灾后，火势及有毒烟气往往通过疏散楼梯间或电梯井向上蔓延，造成被困人员疏散时吸入有毒烟气伤亡；居民委员会、物业管理单位等基层组织网格化排查不到位，对在疏散通道违规停放电动自行车充电，以及堆放易燃可燃杂物等问题，未能及时发现并制止、清理，以致遗患成灾。

2.2 电线线路及电器设备故障引发火灾

2004年1月11日，安徽省临泉县一居民住宅发生火灾，造成6人死亡，1人受伤，火灾原因为电线短路，造成电视机起火，并引发火灾。电气火灾在居民住宅火灾占有很大的比例。随着居民物质文化生活水平的逐步提升，各类家用电器成倍增加，很容易造成电器线路过载运行，发生火灾；老旧小区，电气线路老化、破损严重，不及时维修更换，造成线路打火引发火灾；居民私拉乱接电线线路，导致电线短路引发火灾；使用不合格插线排及其他电器设备，造成设备故障引发火灾；在使用一些电器时，比如电视、机顶盒、路由器等设备时，不及时将开关关闭，使电器长期处于通电状态中，长期蓄热引发火灾。

2.3 家庭用火不慎引发火灾

2019年1月30日，吉林省长春市绿园区杨家小区一户居民家中发生火灾，造成8人死亡、3人受伤，经调查火灾原因系燃气泄漏所致。居民在做饭、烧水、熬油等生活用火的时候，因其他原因离开现场，造成锅灶等炊具加热时间过长，引发火灾；居民家中使用瓶装液化石油气，使用后麻痹大意不及时关闭减压阀、角阀或瓶体长期使用不进行维护损坏，造成液化石油气泄漏，引发火灾；居民安全意识淡薄，未通过燃气专业人员，私自外接炉灶，造成燃气泄漏，爆炸起火。

2.4 吸烟不慎引发火灾

2013年11月11日，北京市房山区某小区住宅发生火灾，造成3人死亡，火灾原因为84岁老人李某因卧床吸烟不慎，引燃床上被褥，并蔓延成火灾。居民住宅小区发生的亡人火灾事故中，造成老年人伤亡的原因很大一部分是由于抽烟，烟头的表面温度是300～450℃，中心温度可达700～800℃，随意丢弃烟头或者是吸烟的过程中睡着了，烟头及烟灰掉落在易燃物体表面，极易引发火灾。

2.5 烧香拜佛引发火灾

2019年12月22日凌晨，广东省中山市古镇镇江南海岸花园发生火灾，造成房内6人死亡，火灾原因为房内入户玄关神龛处遗留火种引发大火。由于风土习俗，有些市民为了

作者简介：赵文陈，男，山东省聊城市茌平区消防救援大队，中级专业技术职称。

祈福、求好运，会在家中拜佛、烧香、烧纸、设置神龛等，经测验，平时使用的香烛，温度高达400+℃，掉落的香烛引燃纸钱仅需3s。特别是节日期间，部分市民还会在楼梯间等公共区域烧纸，一些住户将纸箱、陈旧家具等杂物随意堆放在楼梯间和通道，一旦接触火源，极易发生火灾。此外大量杂物堆积，严重堵塞疏散逃生通道，也存在极大安全隐患。

3 居民住宅小区消防安全现状

3.1 物业管理不到位，消防设施作用甚微

近几年来，随着相关单位对物业公司监管的不断加强，消除了一些隐患，但是仍存在很多的问题，主要有：消防控制室值班人员未持证上岗，大部分小区的消防控制室值班人员，都是一些年龄偏大、文化素质较低的弱势群体，仍停留在看看大门，搞搞清洁，维护治安上，不涉及消防安全管理，发生火灾等突发情况后，不懂消防设施操作，无法开展有效的初期火灾扑救；消防安全管理经费得不到落实，部分小区物业费不包括消防安全管理经费，业主对加收物业费不理解、不信任，另外一些棚改小区、老旧小区无物业服务或者是村集体负责，物业管理费用极低，消防安全管理经费得不到落实，消防设施维保无法进行，消防设施损坏后，无法及时进行维修。

3.2 停车位十分紧张，消防车通道堵塞

随着人民生活水平的不断提高，私家车不断增加，一些住宅小区的停车位非常紧张，再加上停车位的价格较高，导致许多业主将私家车辆随意停放在小区院落，造成消防车通道、消防车登高作业面占用现象十分普遍，加上人民群众消防安全意识淡薄，根本不配合物管人员的管理，造成消防车通道长期被堵塞严重。

3.3 私拉乱接线路多，电动车火灾风险大

居民小区内乱接乱拉电线随处可见，车库、墙角、一楼过道旁等场地成为电瓶车充电的场所，电线从几十米高的住户一顺而下，有些小区配置了专门的充电桩，因充电价格或安全方面造成长期无人使用而废弃，另有群众将电动自行车推至车库或者户内进行充电，物业管理人员无法制止。

3.4 经营性场所涌入，消防安全隐患增多

近年来，一些居民住宅楼里面，常常会见到大大小小的咨询公司、美容院、小饭桌、培训班、外卖店……这些公司及经营场所进入居民楼，主要原因是房租低，用水用电成本低，或者躲避执法人员检查。居民住宅楼在进行消防设计的时候，不管是在水电还是在安全疏散等方面其标准比公共建筑就低，大量经营性场所的涌入，一方面大量的装修及家具增加了住宅楼的火灾荷载；另一方面大量的人流、客流以及经营过程中出现的消防安全隐患也大幅增加。

3.5 消防监管不到位，隐患整改困难

消防改革转隶后，消防法进行了修订，部分公安派出所的同志认为其不再具备消防执法权，因此对住宅小区的消防安全检查指导弱化。另外，部分老旧小区缺乏物业，居民社区或街道工作人员对住宅小区的排查工作不到位或者缺少发现火灾隐患的能力，造成居民住宅存在的消防安全隐患长期累积。加之，部分老旧小区自动消防设施损坏需要维修费用较高，部分业主对小区存在消防安全隐患整改需要动用维修基金不理解，不同意，造成存在的消防安全隐患长期得不到整改。

4 加强居民小区消防安全管理的几点建议

4.1 加强对物业公司的监督管理，提高市场准入门槛

严格落实习近平总书记“管行业必须管安全、管业务必须管安全、管生产经营必须管安全”的重要指示精神，相关部门应当加强对物业公司的监管力度，消防、街道、派出所等相关单位应该依法定期组织专项治理，主要针对物业公司依法履责情况进行检查，确保消防安全责任落到实处。同时物业管理部门应提高物业公司市场准入门槛，将是否配备足够的消防专业技术人员作为前置条件，对未落实消防安全责任造成火灾事故的物业公司进行追责，停止执业资格，同时纳入信用体系。

4.2 明确消防安全主体责任，抓好物业公司火灾隐患自查

小区的消防安全由物业管理公司负责，物业管理公司要建立逐级防火岗位责任制，层层明确责任，建立全方位的监督体系，从而建立健全消防安全制度和安全操作制度；要定期组织消防安全检查，要加强对居民小区消防重点部位、重点消防设施日常巡查，禁止擅自挪用、损毁消防设施的行为，及时清理私家车占用消防通道的现象，将发现的住宅内的违法设立的商业经营场所及时通知相关部门进行依法查处，做到发现隐患立即消除。

4.3 加强基础设施建设，在源头把控消防安全隐患

针对新建住宅小区，设计单位进行规划时，严格按国家有关消防技术规范进行消防设计，充分考虑停车位的问题，同时将电动车集中充电区域纳入总体规划，相关部门进行验收时，应严格把关，对于未按要求建设的小区严禁交付使用；针对老旧小区，政府部门应积极介入，将电气线路改造纳入老旧小区总体改造工作中去，将不符合规划，私自建设的车库、储藏室等违法建筑统一拆除，同时应统一规划停车场，有条件的可加大投入力度，建设立体式停车位，在源头上治理消除安全隐患。

4.4 落实网格化管理，强化消防安全隐患排查

落实乡镇、街道属地管理责任，将消防安全隐患排查整治纳入网格化管理体系，以社区、村（居）民委员会为依托，住宅小区每栋住宅建筑至少明确1名消防安全楼栋长作为网格管理单元，明确各级网格化管理责任。加强对网格员的业务培训，提高网格员发现整改隐患的能力。楼栋长每月对负责的楼栋开展一次消防安全义务检查，特别是对楼道、楼梯内堆放杂物，设置鞋架占用疏散通道，停放电动车、为电动车充电等问题及时提醒劝导业主进行整改，并报物业管理单位。对于发现的隐患拒不整改的，及时通报相关部门，做到火灾隐患有检查。能整改，切实消除火灾隐患。

4.5 从法制宣传入手，加强消防宣传教育力度

近年来，消防救援机构和社会新闻媒体在消防宣传方面做了大量的工作，使得广大人民群众的消防安全意识有所增强，但由于受财力、物力、人力以及群众文化素质等因素的制约，群众消防安全知识的普及还远远不够，居民缺乏系统的消防安全教育，特别是消防法制教育，消防、派出所、物管单位等相关职能部门可依托消防宣传加强消防法制宣传教育，使人民群众明确占用、堵塞消防车通道等行为是违法的，明确火灾隐患举报投诉电话的作用，在心理上对违法行

为起到震慑作用。同时大力开展消防宣传“五进”活动，广泛深入地宣传消防法律法规，普及防火、灭火和自救逃生知识，切实提高人民群众的消防安全素质。

参考文献

[1] 程其中．浅谈如何加强住宅小区消防安全管理[J]．江西化工，2017（01）：66-68.

[2] 孙锐．住宅小区消防安全管理存在的问题及对策[C]．2015中国消防协会科学技术年会论文集，2015：497-498.

[3] 王峰．老旧小区综合整治难点问题分析及对策探讨[J]．地下水，2017（06）：156-157.

[4] 李智超，刘建伟．住宅小区电动自行车消防安全的探讨[J]．消防界，2018（24）：33-34.

[5] 陈吉洋，王鹏峰．浅析居民住宅火灾风险及防范对策[J]．中华建设，2017（12）：150-151.

[6] 董逵逵．居民住宅小区消防安全管理现状分析[J]．江西化工，2017（01）：95，96.

[7] 周敬民．高层居民住宅小区消防安全管理探讨[J]．消防技术与产品信息，2016（03）：60-61.

[8] 王辉，袁克霞．居民区物业消防安全管理现状研究[J]．中国西部科技，2014（06）：93-99.

[9] 蒋永波．浅析如何加强高层住宅建筑小区的消防安全管理[J]．山西建筑，2017（30）：255-257.

[10] 方国．如何加强居民小区消防安全管理的思考[J]．建设科技，2017（20）：139.

浅析高层居民住宅楼火灾现场供水技战术

田 津

（天津市东丽区消防救援支队，天津 东丽）

摘 要 随着高层居民住宅数量的逐渐增多，扑救难度的逐渐增大，研究出针对高层居民住宅楼火灾扑救过程中确保消防水源的针对性技战术已经迫在眉睫。本文根据车辆和建筑特点，研究采用启动固定消火栓供水、沿高层居民住宅楼的外立面墙垂直铺设供水干线、沿高层居民住宅楼的内楼梯蜿蜒铺设供水干线、利用水泵接合器或底层墙式消火栓向楼内管网供水等技术，以及利用单车实现向上供水、双车耦合向上供水、利用A类泡沫向上供液、利用单车与手抬机动泵接力向上供水等技术，实现快速高效的供水措施，确保最短时间将火势扑灭，更好地保卫人民生命和财产安全。

关键词 消防 高层住宅 供水 技战术

高层居民住宅楼，因其楼层高耸、功能繁杂，一旦发生火灾，不仅给灭火工作带来巨大挑战，也极大增加了人员疏散的难度。然而，当前对于高层住宅火灾的扑救技术与战术，尚缺乏全面而深入的研究。这导致在实际灭火过程中，我们往往面临效率低下、作战困难、损失惨重等问题。

鉴于目前天津市范围内高层居民住宅楼数量的逐渐增多，高度的逐步攀高，火灾发生形式、蔓延途径的变化多样，扑救难度的增大和愈来愈重的人民生命财产损失，研究出针对高层居民住宅楼火灾扑救过程中确保消防水源稳定的针对性供水技术与战术已迫在眉睫。这就要求我们一线指战员必须及时通过分析高层居民住宅楼的建筑特点、火灾特点与处置难度[1]，及时指出消防队伍进行此类火灾扑救过程中对于水源供给实施过程中的相对不足之处，研究出针对高层居民住宅楼火灾扑救过程中的专项供水技术与战术，提高高层居民住宅楼火灾扑救的效率，在扑救此类火灾方面为消防队伍提供技术手段与战术方法。

1 高层居民住宅楼火灾扑救中对固定消防设施的技术要求

1.1 启动固定消火栓供水

一直以来，高层居民住宅楼火灾因其扑救难度大，易造成人员伤亡和家庭财产损失等原因而成为火灾扑救中的一道难题。此类火灾扑救的关键取决于在最短时间内能否完成向上供水，而坚持“以固为主、固移结合”的供水原则是扑救高层居民住宅楼火灾应遵循的首要原则。高层居民住宅楼各层的走廊内设有报警器、消火栓和送风排烟机等设施，一旦发生火灾，首先要启动消防泵向室内管网供水，利用墙式消火栓实施快速出水灭火，这样即可大大提高初战的成功率。通过调研发现，常态情况下，高层居民住宅楼通过室内管网从墙式消火栓出水，都能实现5min内出水的要求。但不可否认，不少高层居民住宅楼内的固定消火栓因先天建设不完善，后天管理不到位，致使在关键时刻无法发挥其应有的作用，这样基层消防队伍到场后，采用移动设备向上供水。

1.2 沿高层居民住宅楼的外立面墙垂直铺设供水干线

由于高层居民住宅楼外立面墙不设玻璃幕墙，故相对而言，水带比较容易固定，所以沿外立面墙垂直铺设水带向上供水也是基层消防救援站灭火中经常采取的一种供水方法。当基层消防救援站到场后，通过了解现场情况确定起火点后，迅速组织攻坚组携带水带、水枪，乘坐电梯（若高层居民住宅楼内未设消防专用电梯，一般情况下在火灾中不提倡使用普通电梯）或沿内楼梯攀登到起火层或起火层的下一层，并从房间内的凉台或楼道间窗户快速向地面施放水带，在施放过程中要先放引绳，然后地面和楼上相互配合将下放的水带接口连接到地面供水口上，同时要在水带线路经过的不同楼层上设置固定点，并安排专人看护。沿外墙铺设水带供水干线，虽然方法灵活，快速简便，但要求也较高，首先是水带各个接口要连接牢靠，承压能力要有保证；其次是水带干线的固定点要绑扎牢固，否则一旦出现松动或水带外破，更换起来费时费力；此外，选择沿住宅楼外墙垂直铺设供水干线时，一定要充分考虑住宅楼的高度、外部的条件等

作者简介：田津，男，现任天津市东丽区消防救援支队灭火救援指挥部作战训练科副科长，初级专业技术职务。

情况，否则一旦发生意外造成火场供水中断，将影响整个火场扑救工作的顺利进行。

1.3 沿高层居民住宅楼的内楼梯蜿蜒铺设供水干线

基层消防救援站到场后，根据火势的燃烧情况、起火建筑本身的内外部条件、装备器材的配备情况，也可选择利用内楼梯蜿蜒铺设供水干线向上供水。此种方法相对沿外墙垂直铺设供水干线而言，战斗展开的速度略慢，且使用的水带数量较多，投入的战斗力量大。但沿内楼梯铺设水带干线好的一面，而且被广大基层指战员在实战中普遍认可的是：稳定性、安全性好；容易捆绑固定；一旦出现水带脱扣、爆破等意外情况，更换起水带来比较方便快捷。如果遇到燃烧面积大、战斗时间长、供水量大、随车水带可靠性差等的情况时，提倡选择此种供水方法更为妥当。

1.4 利用住宅楼水泵接合器向楼内管网供水[2]

高层居民住宅楼都应安装有室内消火栓供水系统，但由于小区物业对消防设施管理不严格，特别是对供水系统长年维护、保养不到位，往往会出现消防设施损坏、丢失不全和供水系统运转故障等状况，致使在关键时刻无法启动消防设施或消防泵供水量不能满足火场的用水量。因此，当基层消防救援站到达火场遇有类似情况时，指挥员必须果断决策，利用原有的固定消防设施进行补充供水。进行战斗时，一方面迅速组织内攻组经内部通道到达起火点附近设立水枪阵地；另一方面立即利用消防车连接水泵接合器和低层室内的墙式消火栓通过竖管向楼内供水。此种方法比较直接实用，但在使用操作中技术要求高，消防人员必须准确掌握和判断供水时的压力，尤其是在开启消火栓阀门时要控制好上下的压差，否则就会造成管网水倒流，甚至对供水车辆造成损伤。

2 高层居民住宅楼火灾扑救中对移动供水（液）装备的技术要求

移动供水（液）装备的选用主要由到场车辆器材装备的性能、质量、建筑内外部条件、火势燃烧的程度以及其他战斗力量等因素决定。

2.1 单车实现向上供水

目前基层消防救援站配备的主战车，大部分配备的为斯太尔车底盘改装的水罐、泡沫消防车。根据车辆新旧程度和随车器材性能的综合情况考虑，通常情况下装备中低压消防泵，直径 80mm 水带，单干线无论是垂直还是沿楼梯铺设都可以实现向上供水 100m 的目标（实际测试：出 2 支水枪，供水高度可达 150m）。但前提是必须使用能够承受足够压强的水带，通过调研发现，不少基层消防救援站均已配备 50m×2 长的高压供水水带，同时在购置时就严格要求厂家对接口等部位做了特殊处理，确保供水的安全有效。

2.2 双车耦合向上供水

由于地区经济的差别，不少基层消防救援站配备的执勤战斗车辆，不仅功率小，而且年久老化，车况较差，遇有情况需要高层供水时，单车往往难以实现，从而因供水不利贻误战机。如果采用双车耦合的方式实施向上供水，则能较好地解决这一问题。双车耦合在操作过程中对前后驾驶员的技术要求较高，后车向前车水泵进水口供水时一定要按要求控制好压力，一般情况下，每泵提高压力为 8kg/cm^3 左右，50~100m 采用双泵串联供水，实现余压叠加的工作原理。技术要求：

（1）供水干线尽可能选择使用耐高压水带[3]；

（2）在地面设置二道分水器，以利于停水时泄压；

（3）水带铺设可采用分层登高施放、原地施放吊升、一次性登高施放三种；

（4）水带铺设除沿外墙或疏散楼梯外，还可利用电梯井、竖井等；

（5）供水干线水带固定要可靠，摩擦处应使用软垫保护；

（6）停水顺序：前方泵（靠近火场）——中间泵——后方泵。

2.3 利用 A 类泡沫向上拱液

A 类泡沫车是近几年来基层消防救援站装备的新型主战车，除具备泡沫环保、覆盖好等优点外，主要以在灭火救援中能实现远距离和高层供液为特长。通过调研发现，A 类泡沫消防车由于采用压缩空气泡沫系统，水带内灭火剂空气含量高达 85%，水带重量非常轻，且能维持足够的压强，由此大大提高了供应灭火剂的长度和高度，水平供液距离可达 2000m，高层供液距离可达 140m。在加装涡喷增压系统后[4]，高层供液距离可达 370m，并能保持 15m 的有效射程，所以正确使用 A 类泡沫车将达到事半功倍的效果。

2.4 利用单车与手抬机动泵接力向上供水

目前，我国仍有个别的政府和企业专职基层消防救援站是单车执勤，而且执勤车辆性能差、功率小，面对高层居民住宅楼火灾，根本无法实现向上供水。通过调研发现，采用手抬机动泵配合消防车实行单车接力供水，也可较好地实现向高层居民住宅楼供水的任务。一般情况下，中等型号的手抬机动消防泵，如 BJ25 型，当流量为 660L/min、出水口压力为 8.5kg/cm^2 时，理论上可供 40m 高度。消防车与手抬机动泵串联的技术要求与双车耦合供水基本相同。基层消防救援站到达现场后，组织战斗人员迅速将手抬机动泵放置于适当的高度，或串联或利用储水池与地面消防供水水带相连完成供水。

对高层居民住宅楼的灭火救援工作必须高度重视，统计汇总高层居民住宅楼的火灾情况，认真分析高层居民住宅楼的火灾规律、火灾特点，力求在登高装备、供水技术和战术对策等方面有新的突破和发展[5]，以适应现今社会高层居民住宅楼大量涌现的发展趋势的需要，更好地保卫人民生命和财产安全，完成社会赋予消防队伍的责任和使命。

参考文献

[1] 乔国柱．固定消防设施在高层建筑灭火救援中的应用分析［J］．水上安全，2024（04）：112-114.

[2] 赵洪兴．高层建筑灭火救援现存问题及解决对策［J］．水上安全，2024（03）：97-99.

[3] 杨晨．建筑消防设施在灭火救援中的应用技术研究［J］．劳动保护，2023（12）：87-89.

[4] 吕超．高层建筑火灾灭火救援策略分析［J］．大众标准化，2023（21）：75-77.

[5] 欧阳粤龙．探讨灭火救援中战术指挥现状及安全作战对策［J］．水上安全，2023（13）：110-112.

超高层建筑消防水系统中转输水泵的电气控制分析

吴荣刚

（徐州市消防救援支队，江苏　徐州）

摘　要　超高层建筑火灾由于扑救难度大、火灾损失大，消防水系统的可靠性变得尤为重要。转输水泵作为消防水系统中的重要组成部分，其电气控制的稳定性和可靠性直接关系到消防供水的连续性和充足性。因此，本文研究转输水泵的电气控制问题，确保其能够在火灾等紧急情况下稳定可靠地运行，对于保障超高层建筑的消防安全具有重要意义。

关键词　超高层建筑　消防水系统　转输水泵　电气控制

1　引言

超高层消防给水系统分为临时高压消防给水系统和高压消防给水系统两大类。高压消防给水系统没有消防水泵，能始终保持火灾扑救所需的工作压力和流量，但在实际工程中较难实现，因此当前大多数超高层建筑采用临时高压消防给水系统。因为超高层建筑高度一般高于100m，一台消防水泵往往无法满足最高层的最不利点所需要的水流压力和流量，所以超高层建筑临时高压消防给水系统一般情况下采用分区给水的方式，设置多级消防水泵和多级转输水泵，进行分区给水。通过转输水箱和转输水泵，消防水池中的消防用水被转输水泵逐级运输到相应的转输水箱中，再由各级消防水泵将转输水箱中的消防用水输送到着火区域以供灭火使用，相当于各级消防转输水箱是用水管和水泵串联的方式连接起来的。因此，临时高压系统给水方式中，对消防转输水泵的电气控制是一个突出的难点和重点。

2　转输水泵设置方式

2.1　消火栓和自喷系统分设

这种方式下，消防水池与各级转输水箱被消防转输水泵和水管连接起来。火灾发生后，消火栓泵由高位消防水箱出水管上的流量开关动作信号启动，消防转输水泵由消火栓泵的启动信号连锁启动，消防转输水泵启动信号又会逐级启动着火层以下的楼层的转输水泵，而每一级消防转输水泵会从本级转输水箱中抽取消防用水，然后运输到上一级消防转输水箱中，最终输送到着火楼层以供灭火使用。如图1所示。消防水泵和消防转输水泵，按照规定，设置有一用一备两台泵。

此种设施方式下，转输水泵的控制要求：

（1）低区转输水泵启动信号能联锁控制启动高区串联消火栓泵，自喷系统中喷淋泵类似；

（2）消火栓泵的出水干管上的低压压力开关以及高位消防水箱出水管上的流量开关可以是直接控制低区消火栓泵启动的控制信号，自喷系统中喷淋泵类似；

（3）高区消火栓泵运行信号可以连锁本级转输水泵延时启动，自喷系统中喷淋泵类似；

（4）转输水泵启动运行信号可以直接连锁下一级转输水泵启动；

（5）本级转输水箱液位低于设置的最低水位时发出的报警信号可以启动本级转输水泵。

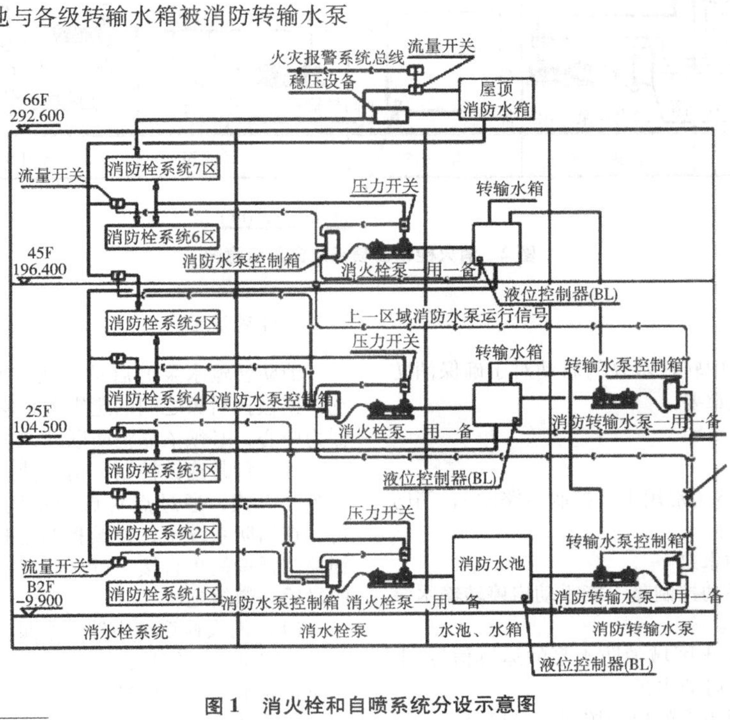

图1　消火栓和自喷系统分设示意图

作者简介：吴荣刚，男，现为徐州市消防救援支队法制与社会消防工作科中级专业技术干部，专业技术8级。

2.2 消火栓和自喷系统合用

在这种方式下，各级的消火栓泵与喷淋泵共同使用一个转输水箱和转输水泵。在火灾发生时，消防水泵被联动起动，消防水泵的运行信号可以连锁启动本级转输水泵中的一台，同第一种情况类似，最终输送到着火楼层以供灭火使用。每层消防水泵根据规定，设置为一用一备，但是由于消防转输水泵需要同时承担消火栓泵与喷淋泵的消防用水，要求可靠性与给水能力更高，因此消防转输水泵需要设置为二用一备。

按照规定当建筑高度达到100m以上时，超高层建筑设置高位消防水箱一般在楼顶，而且水箱内的水量应使得最不利点静水压力大于0.15MPa，否则，就需要设置增压稳压设施[1]。在发生火灾时，最上一级转输水泵必须被首先启动，用来确保楼顶高位消防水箱内的水量，满足火灾刚刚开始阶段的灭火需要。然后最上一级消防转输水泵的启动信号将逐级启动下层的转输水泵，将消防用水逐级运输到楼顶消防水箱。如图2所示。

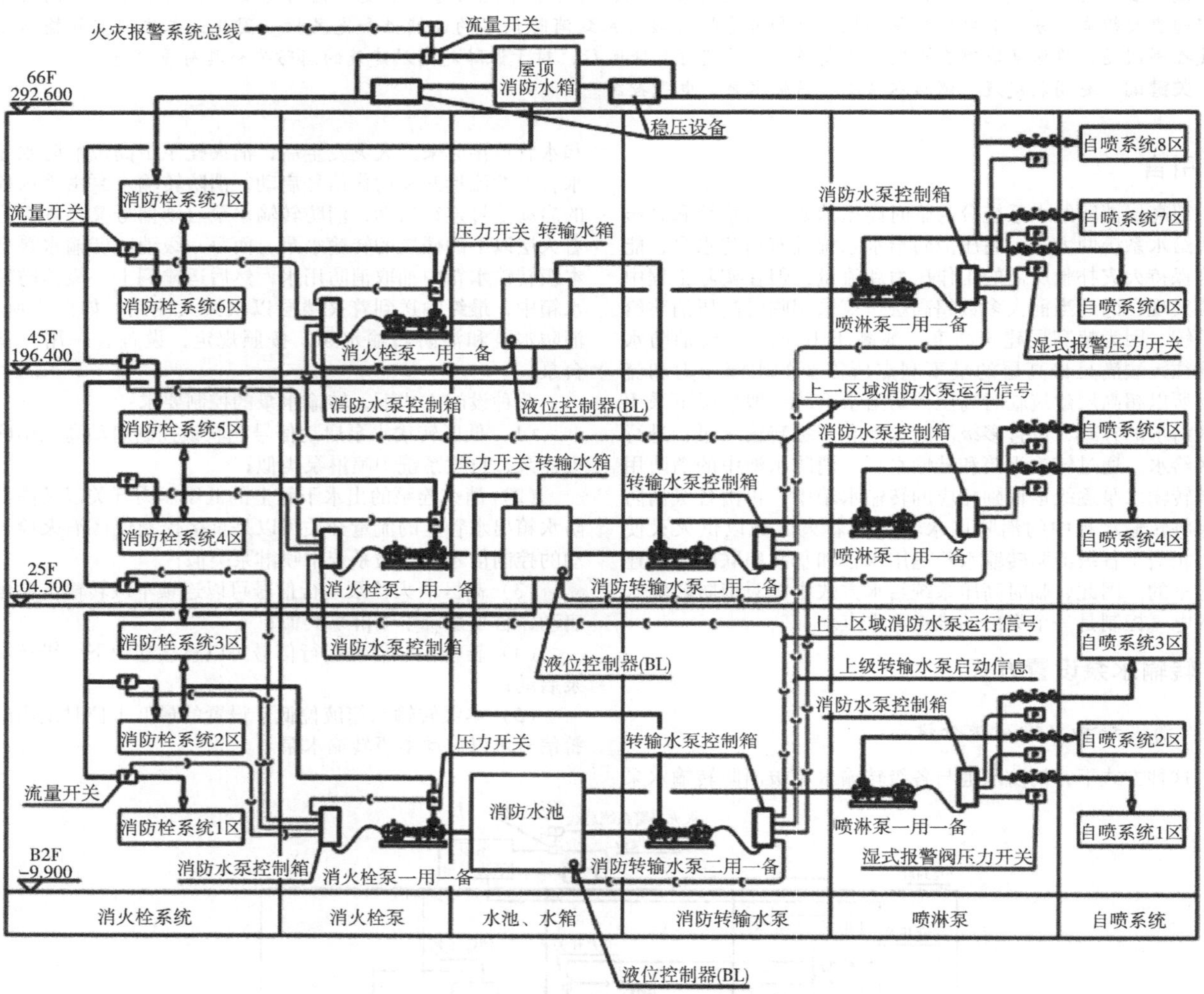

图2 消火栓和自喷系统合用示意图

3 转输水泵的启泵

超高层建筑消防水系统中转输水泵的启动对于确保消防供水的及时性和可靠性至关重要。

3.1 启动方式

根据国标图集16D303-3《常用水泵控制电路图》，消防转输水泵有4种启动方式[3]：

（1）消防联动信号启动水泵。

（2）消防控制室设置手动控制盘，能手动启停转输水泵的手动直接启泵、停泵按钮。

（3）连锁信号控制（着火区域消防水泵的运行信号/上一级转输水泵的启动信号）启动水泵。

（4）消防转输水泵控制箱上的启动按钮直接启泵。

3.2 启动流程

消防转输水泵的启动模式有两种。一种是联动控制[2]，它根据被控对象之间的逻辑关系实现启动，以消防联动控制器为中心，必须依靠消防联动控制器实现，适应各类逻辑关系。另一种是连锁控制，指一种点对点（设备对设备）的直接控制方式，通过点对点的专用线路实现，不依赖中间设备。在消防系统中，连锁控制也称为“直接自动启动”。连锁控制强调简单直接、可靠性高，常用于作为消防设备启动的最后一道措施。

（1）消火栓系统中转输水泵控制

①连锁触发信号：上一区域消火栓泵启动信号或上一级相应转输水泵启动信号。

②联动触发信号：上一区域消火栓泵启动信号“与”该

消火栓泵的联动触发信号的逻辑判断；上一级相应转输水泵启动信号“与”第一条所列的信号的逻辑判断。

（2）自喷系统中转输水泵的控制

①连锁触发信号：上一区域喷淋泵启动信号或上一级相应转输水泵启动信号。

②联动触发信号：上一区域喷淋泵启动信号“与”该喷淋泵的联动触发信号的逻辑判断；上一级相应转输水泵启动信号“与”第一条所列的信号的逻辑判断。

需要注意的是，不同超高层建筑的消防水系统设计可能存在差异，因此转输水泵的具体启动方式和流程也可能有所不同。

4 消防转输水泵的电气控制

超高层建筑消防转输水泵启动方式有全压启动和星三角降压启动两种。由于篇幅有限，本文仅分析消防转输水泵启动方式为全压启动的电路原理，如图3所示。

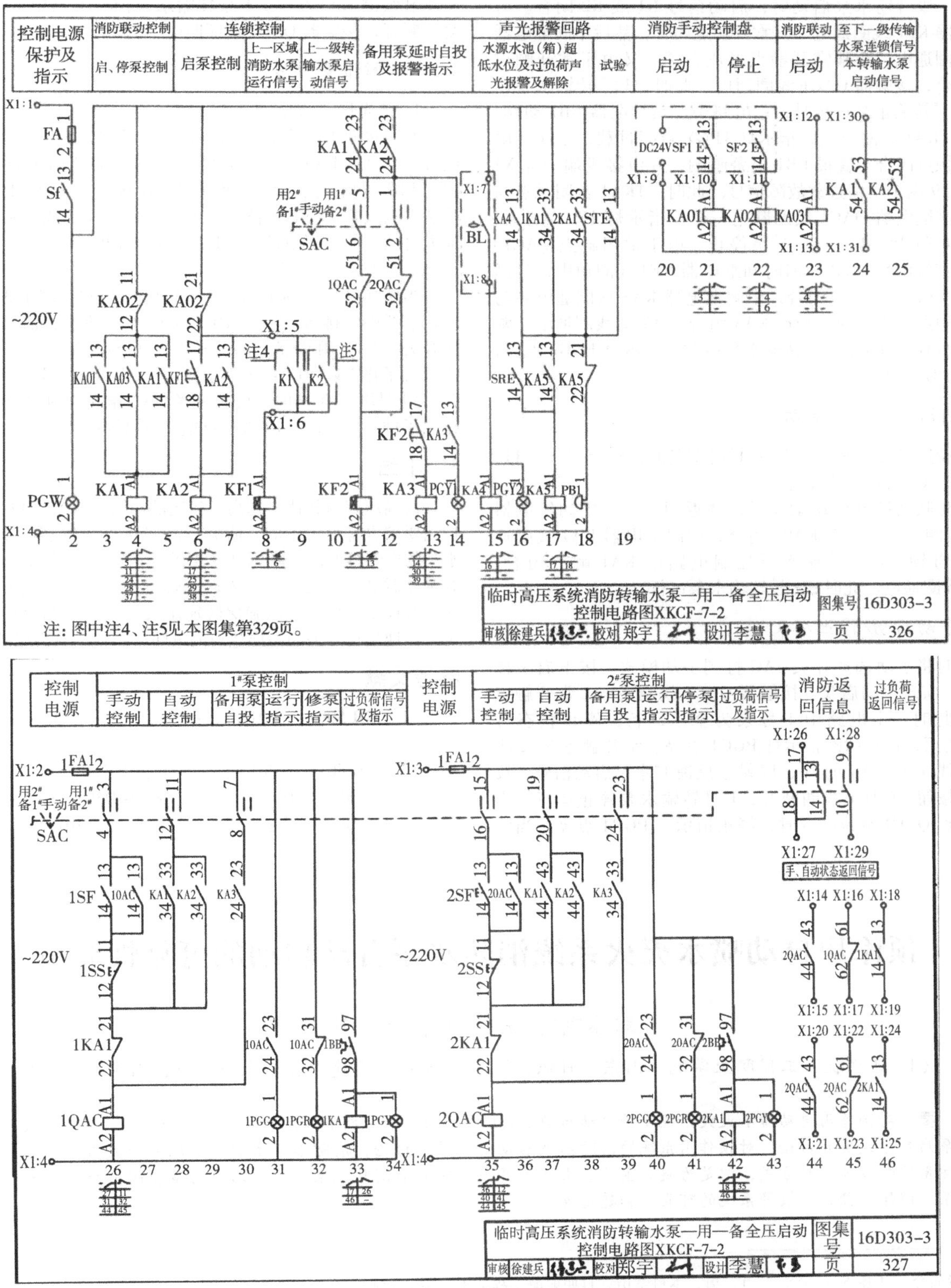

图3 消防转输水泵全压启动电路图

图内的 K1、K2 为上一区域消防水泵运行信号和上一级转输水泵启动信号，BL 为液位计，在正常情况下，检修按钮 S 处于闭合状态，低压断路器 QA1、QA2 处于常闭状态。

4.1 连锁信号启动

手动选择开关 SAC 设置为 1#用 2#备时，5、6 端子，11、12 端子，17、18 端子接通，K1、K2 为上一区域消防水泵运行信号和上一级转输水泵启动信号，当上一区域消防水泵运行或上一级转输水泵启动时，启动信号 K1 或 K2 闭合。时间继电器 KF1 线圈通电，其常开触点闭合，然后中间继电器 KA2 线圈通电，与其常开触点形成自锁。又由于常开触点 KA2 闭合，接触器 QAC1 线圈通电，此时，1 号转输水泵运行。当 1#转输水泵过载时，主电路中，热继电器 BB1 动作，继电器 1KA1 线圈通电，指示灯 1PGY 点亮过载，中间继电器常开触点闭合，警报 PB1 报警鸣响，并由接线端子排 X1 的 18、19 端子反馈过载故障信号。此时，1KA1 常闭触点断开，交流继电器 QAC1 线圈断电，运行指示灯 1PGG 熄灭，停止指示灯 PGR1 点亮，1#泵停止。由于常闭触点 QAC1、QAC2 复位闭合，所以延时时间继电器 KF2 线圈通电，且经延时后 KF2 常开触点闭合，中间继电器 KA3 线圈通电并与其常开触点形成自锁。触点 KA3 闭合，QAC2 线圈通电，常开触点 QAC2 自锁，2 号转输水泵启动，指示灯 PGG2 点亮，指示灯 PGR2 熄灭。

4.2 消防联动信号启动

手动选择开关 SAC 设置为 1#用 2#备时，5、6 端子，11、12 端子，17、18 端子接通。

消防联动控制模块动作后，并返回信号，中间继电器 KA03 线圈通电，触点 KA03 闭合，中间继电器 KA1 线圈通电闭合自锁，1 号转输水泵控制电路中 KA1 触点闭合。QAC1 线圈通电。此时，1 号转输水泵运行。

4.3 手动启动/停止水泵

此时将手动选择开关 SAC 打到手动模式。按下启泵按钮 SF1。实现手动启泵。接触器 QAC1 线圈通电，常开触点自锁。此时，主电路中 1 号泵为全压运行，停止状态灯 PGR1 熄灭，运行状态指示灯 PGG1 点亮。常开触点 KA2 闭合，接线端子排 X1 的 16、17 端子反馈 1#水泵启动信号。按下停止按钮，QAC1 线圈断开，1 号转输水泵停止运行。当常闭触点 QAC1 复位闭合时，停止指示灯 PGR1 点亮，当常开触点 QAC1 复位断开时，运行指示灯 PGG1 熄灭。

4.4 消防手动控制盘直接启动/停止水泵

按下手动控制盘中的启泵按钮 SF1，中间继电器 KA01 线圈通电，常开触点闭合，中间继电器 KA1 线圈通电，1 号转输水泵控制电路中 KA1 常开触点闭合，接触器 QAC1 线圈通电。按下消防手动控制盘中的停泵按钮 SF2，线圈 KA02 通电，回路 4 和 6 中，线圈 KA02 常闭触点断开，使线圈 KA1 和线圈 KA2 断电。1 号转输水泵控制电路中 KA1 触点复位断开，接触器 QAC1 线圈断电。

4.5 故障报警回路

1. 声光报警信号

水源水池水位低于液位计 BL 设定值时，液位计常开触点闭合，继电器 KA4 线圈通电并自锁，故障状态灯 PGY1 点亮，警铃 PB1 鸣响。按下 ST，警铃 PB1 鸣响，松开 ST，PB1 停止鸣响，测试 PB1 是否可能正常工作。按下 SR，线圈 KA5 线圈通电自锁，KA5 常闭触点，断开，警铃 PB1 消音。

2. 消防返回信号

当转换开关打到手动档时，转换开关 SAC 端子 3 和 4 接通，接线端子排 X1 的 9、10 端子反馈手动状态信号。当转换开关打到 1#用 2#备档时，转换开关 SAC 端子 11 和 12 接通，端子排 X1 的 17、18 端子反馈 1#用 2#备信号。当转换开关打到 2#用 1#备档时，转换开关 SAC 端子 7 和 8 接通，接线端子排 X1 的 17、18 端子反馈 2#用 1#备信号。

5 小结

与高层建筑相比，超高层建筑的消防给水系统更为复杂，控制要求也有很大不同。研究超高层建筑消防水系统中转输水泵的电气控制问题，对于提升高层建筑的消防安全水平具有重要意义。本文通过深入研究转输水泵电气控制方式、要求以及控制实现，可以确保转输水泵在火灾等紧急情况下稳定可靠地运行并为超高层建筑的消防安全提供有力保障。

参考文献

[1] GB 50974—2014 消防给水及消火栓系统技术规范 [S].

[2] GB 50116—2013 火灾自动报警系统设计规范 [S].

[3] 中国建筑标准设计研究院 .16D303-3 常用水泵控制电路图 [M]. 北京：中国计划出版社，2016：10.

预作用自动喷水灭火系统消防水泵自动启动的可靠性分析

郑滕飞[1]，王春梅[2]，秦 帅[1]

（1. 日照航海工程职业学院，山东 日照；2. 日照城投集团建设发展有限公司，山东 日照）

摘 要 对预作用自动喷水灭火系统 4 种自动启动方式进行了可靠性分析和风险分析。针对预作用自动喷水灭火系统的消防水泵启泵方式展开讨论，对预作用系统的消防水泵启动时机展开讨论，消防水泵主管道上压力开关启动消防水泵是预作用消防系统的最佳启动方式，但是为避免主干管上压力开关延时开启消防水泵，应辅助使用报警阀报警管路上压力开关进行启泵。以保证预作用报警系统的可靠性和稳定性。

作者简介：郑滕飞（1988— ），男，本科学历，日照航海工程职业学院，教师，高级工程师，主要从事消防工程教学、施工、维保和验收工作和研究。

关键词 消防 预作用自动喷水灭火系统 消防水泵 压力开关 启泵方式

目前预作用自动喷水灭火系统广泛应用于工程施工中，尤其北方地区，预作用自动喷水灭火系统既解决了湿式自动喷水灭火系统为防止管道冰需要管道保温增加施工成本的弊端，又解决了干式自动喷水灭火系统充水速度慢，灭火响应时间长的弊端。预作用系统根据其启动方式分为单连锁启动和双连锁启动，两者启动逻辑稍有不同，双连锁预作用自动喷水灭火系统主要应用在严禁充水区域，如冷库中使用，由于其应用范围很小，这里暂不做讨论。

国家标准 GB 50084—2017《自动喷水灭火系统设计规范》[3]中要求预作用自动喷水灭火系统的消防水泵具有 4 种启动方式，但是在实际工程应用及维护过程中，仍有较多的问题出现，深入探究其内在原因，我们发现自动喷水灭火系统存在 5 种启动方式。这些启动方式在实际工程应用中的安全性与可靠性，以及其是否完全符合自动喷水灭火系统及时启动、有效扑灭初期火灾的设计要求，尚存在若干设计问题值得进一步探讨与研究。

1 预作用自动喷水灭火系统消防水泵启动方式的相关国家标准规定

涉及预作用自动喷水灭火系统消防泵启动方式的相关国家标准和图集主要有四个，分别是 GB 55036—2022《消防设施通用规范》[1]，GB 50084—2017《自动喷水灭火系统设计规范》[3] GB 50261—2017《自动喷水灭火系统施工及验收规范》[4] 04S206《自动喷水与水喷雾灭火设施的安装》[5]分别从性能要求、施工、管理等环节进行规定。但是由于各个规范局限性，均未对消防水泵的启动方式进行完整的描述，如最新出版的通用规范仅对消防水泵的启泵时间做出了要求，未明确指出如何启动消防水泵。GB 50084—2017《自动喷水灭火系统设计规范》[3]第 11.0.2 条规定了预作用系统应由火灾自动报警系统、消防水泵出水干管上设置的压力开关、高位消防水箱出水管上的流量开关和报警阀组压力开关直接自动启动消防水泵。GB 50261—2017《自动喷水灭火系统施工及验收规范》[4]中未对预作用系统的自动启动做出明确的验收要求，但是在调试和验收过程中的联动试验均是利用报警阀组压力开关和高位消防水箱出水管上的流量开关来自动启动消防水泵。04S206《自动喷水与水喷雾灭火设施的安装》[5]中消防水泵的启动是由火灾自动报警控制器（联动型）的直起盘启动的。GB 5135.10—2006《自动喷水灭火系统第 10 部分：压力开关》[6]第 6.3.1 条规定普通型压力开关的动作压力为 0.035~0.050MPa。显然此处规定的是压力开关动作压力，不是自动喷水灭火系统的系统压力变化值，满足此压力值的只能是安装在湿式报警阀处的压力开关，非消防水泵出水干管上设置的压力开关。

报警管路的压力开关设置在预作用报警阀中上部报警管路上，如图 1 所示。

预作用报警阀由两大部分组成，底部为雨淋阀组，上部为湿式报警阀组，报警管路设置在湿式报警阀上。湿式报警阀阀板平时关闭，报警管路内平时为空管，与大气相通，压力开关水室平时无水；当火灾自动报警系统接收到两个独立感烟探测器或一个感烟探测器加手动报警按钮信号后，向预作用报警阀下部雨淋阀组的电磁阀发出信号，启动电磁阀，雨淋阀阀瓣打开，水由于压力的作用冲入湿式报警阀，向管道充水，充水过程水进入报警管路，压力不小于 0.05MPa 的报警水流进入压力开关水室，压力开关上点动开关动作，分别向火灾自动报警控制器和消防水泵控制柜发出信号，启动消防水泵。

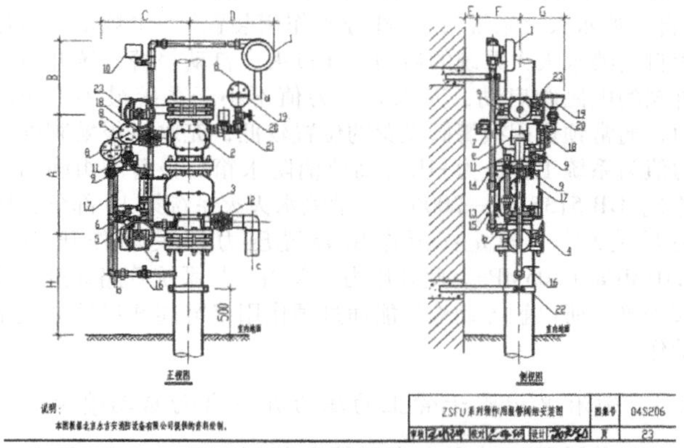

图 1 报警管路的压力开关设置

当前压力开关无专门的消防产品标准，常用的压力开关一般为点动开关，平时开路，压力大于额定值后转为短路状态。其广泛应用于仪表行业，但是消防产品具有特殊性，厂家虽然大量使用，却缺少相关专门的压力开关和标准，没有设备产品标准支撑，难以保证设备性能。

2 不同启动方式在预作用报警系统中的作用

2.1 符合规范要求的启动方式

GB 50084—2017 第 4.1.3 款第 2 条规定："湿式系统干式系统应在开放 1 只洒水喷头后自动启动，预作用系统雨淋系统和水幕系统应根据其类型由火灾探测器、闭式洒水喷头作为探测元件，报警后自动启动。"由此可见系统自动启动是指预作用报警阀在火灾报警初期即可迅速启动，能否自动启动是反应预作用自动喷水灭火系统可靠性的基本特性，对有效扑救初期火灾起着决定性作用。

该规定是为了保证系统能及时、有效扑救初期火灾，系统"自动启动"是指报警阀组能在系统开放 1 只喷头时，自动开启报警阀，启动喷淋泵。系统的自动启动是自动喷水灭火系统可靠性的基本特性，自动启动的可靠性取决于系统中自动触发器件的可靠性。而 3 种触发器件启动方式中哪一种与本条规定最吻合，需要充分认识自动喷水灭火系统的作用原理。

2.2 预作用自动喷水灭火系统的作用原理

预作用自动喷水灭火系统一般采用临时高压供水系统，平时由高位消防水箱及消防稳压设施维持系统所需工作压力和初起火灾灭火用水量；发生火灾时消防水泵启动从消防水池吸水并向未系统持续供水，维持灭火所需的工作压力和灭火用水量。当消防水泵启动出现异常时，可采用消防车自带消防泵对消防水泵接合器进行供水。

消防水泵接合器供水方式是在前边两种供水出现异常时的必要设计，是不得已之选，此处暂时不讨论。当预作用系统工作时，报警阀报警管路上的压力开关，高位消防水箱出水管上设置的流量开关、消防水泵主干管上压力开关等三种通过自动触发启动的器件以及通过火灾自动报警系统间接启动消防水泵的两种方式，哪一个启动信号能快速可靠地启动消防喷淋泵，我们来逐一进行分析。

2.3 预作用报警阀组报警管路上配置的压力开关自动启动消防泵

预作用自动喷水灭火系统的启动与湿式自动喷水灭火系

统的原理不同，湿式系统中单个喷头（$K=80$）的标准流量仅为 80L/s，此时湿式报警阀打开后出水压力波动值在 0.05MPa，满足压力开关启动的要求。而 GB 5135.14—2011《自动喷水灭火系统第 14 部分预作用装置》[7] 中规定，预作用自动喷水灭火系统的启动是通过火灾自动报警系统开启雨淋阀的电磁阀启动，充水时压力值不小于系统最小工作压力，通常预作用报警阀设置的位置较低，充水时报警阀处压力值为系统工作压力+H_1（高位消防水箱与报警阀组间的高差）。GB 5135.10—2006《自动喷水灭火系统第 10 部分：压力开关》[6] 中规定：预作用装置压力开关动作压力为 0.03MPa-0.05MPa。此处压力开关由于与系统管路通过雨淋阀隔绝，所以触点动作只能通过预作用报警阀开启的方式来动作。

2.4 喷淋泵出水干管上的压力开关自动启动喷淋泵

目前设置喷淋泵出水干管上的压力开关并不适用 GB 5135.10—2006 对消防用压力开关的动作性能要求。究其原因是因为出水干管的位置通常设置在整个系统管网的最低点，其静水压力值在系统内最高，GB 5135.10—2006《自动喷水灭火系统第 10 部分：压力开关》[6] 规定的压力开关动作压力均在 0.05MPa 以下，无法承受此处的长期高水压环境。因此目前市面上的消防厂家均是采用电接点压力表或者压力传感器来感知消防管网内的压力波动，电接点压力表和压力传感器均为工业行业的通用仪表。其工作可靠性有待商榷。

由于预作用系统的单连锁系统，是在电磁阀开启后向系统管网进行快速充水，GB 50261—2017[4] 验收规范第 8.0.8 条规定："干式系统、由火灾自动报警系统和充气管道上设置的压力开关开启预作用装置的预作用系统，其配水管道充水时间不宜大于 1min；雨淋系统和仅由火灾自动报警系统联动开启预作用装置的预作用系统，其配水管道充水时间不宜大于 2min。"管道充水后，喷头爆裂前，预作用系统可看作一个湿式系统。根据 GB 50016—2018《建筑防火设计规范》[2] 规定，预作用自动喷水灭火系统大部分设置了高位消防水箱，水箱储存了前 10min 的消防灭火用水量，并且高位消防水箱的出水管道管径均应大于 *DN*100，因此充水过程中主要动用高位消防水箱内的水，喷淋泵出水干管内的压力波动主要来自高位消防水箱水位下降，这个量是非常小的，官网上的电接点压力表或者压力传感器几乎无法感知，当更换灵敏度更高的电接点压力表或者压力传感器也可能因为过于敏感产生误动作，所以喷淋泵出水干管上的电接点压力表和压力传感器的敏感度决定了预作用系统的安全度，为避免过于敏感造成的误报警，施工过程中通常施工敏感度较低的电接点压力表，而在最终的系统功能调试过程中也经常发现，想要测试喷淋泵出水干管上的压力开关功能时，将报警管路上的压力开关和高位消防水箱上的流量开关都屏蔽时需要将高位消防水箱内的水量全部放完后喷淋泵出水干管上的压力开关才会动作，启动消防水泵。

2.5 高位消防水箱出水管上的流量开关自动启动消防泵

流量开关设置于高位消防水箱出水管。当水流量大于 11L/min 时，磁芯受水流影响位移，引发磁控作用，传感器输出开关信号。流量开关的这种工作原理使其能够准确地监测和控制消防水箱出水管的流量。一旦水流量超过设定的阈值，流量开关会立即发出开关信号，以触发相应的警报或控制机制。这样，消防系统可以及时响应，确保在紧急情况下有足够的消防用水供应。

由于流量开关需要检测水流的大小，所以流量开关是有源设备，需要为流量开关提供 DC24V/1A 直流电源，启泵信号线是无源开关量输出，平时常开，动作后短路闭合。由于流量开关设置位置一般在屋顶，甚至部分小区高位消防水箱设置位置和消防水泵房不在同一座楼上，传输线路非常长，直接启动消防水泵的无源线路在传送过程中损耗非常大，因此现在工程中常采用信号放大设备进行信号增强传输，信号放大设备也需要消防电源进行支撑。

预作用自动喷水灭火系统的启动依靠火灾自动报警系统或者传动杆闭式喷头，雨淋阀开启后 2min 内向系统充水管网充水，其流量远大于流量开关设置的 1.5L/s 的额定信号输出值。系统动作后向消防水泵输送信号的过程却存在巨大风险，长距离信号传输过程中信号丢失或失真是困扰工程施工质量的重点问题，另外由于流量开关没有相关消防的国家标准，产品质量无法保障，尤其信号输出过程技术要求比较高，对施工、维保环节造成很大的困扰。

2.6 火灾自动报警控制器自动启动消防水泵

由于目前大部分预作用自动喷水灭火系统都是与火灾自动报警系统联动启动的，消防控制室内设置有消防设备直接启动盘和总线操作盘均可以启动消防水泵，但是目前常规的火灾自动报警控制器厂家均没有设置消防水泵自动启动的逻辑功能。究其原因是喷淋泵的启动时间上无法把控，若依照"同一防火分区两个独立烟感或者一个烟感加一个手报"的逻辑启动消防水泵，则喷淋泵与预作用报警阀同时开启，一旦预作用报警阀的开启速度低于消防水泵的打开速度，水泵产生的瞬时压力将有可能破坏系统管网。此方法不能采用，目前常规的办法是采集报警管路上压力开关的信息，一旦压力开关动作，压力开关上设置 2 组触点，两组线路，一组直接接到消防水泵控制柜的继电器上；另一组通过总线和输入输出模块接到火灾自动报警控制器中，由火灾自动报警控制器自动启动喷淋泵。此种设计依然是依靠压力开关的动作，一旦压力开关出现故障，将会影响系统的正常运行。

3 四种启动方式在预作用系统中的风险分析

3.1 预作用报警阀报警管路压力开关启动的风险分析

预作用报警阀组报警管路上的压力开关设置在预作用报警阀系统侧，上部的湿式报警阀起到单向阀组的作用，其动作的原因只能是下部雨淋阀动作，阀瓣打开，供水侧水源进入系统侧，因此导致报警管路上压力开关动作的原因只能是雨淋阀组打开。雨淋阀组打开的原因可能有三个：一是需要火灾自动报警系统开启电磁阀；二是雨淋阀控制管路渗水，阀瓣打开；三是水中杂质过多，阀瓣密封不严，渗水进入系统侧。第一种是正常信号，另外两种为非正常信号，是引起压力开关误动作的主要风险所在。

工程施工维保过程中，雨淋阀报警管路渗水，阀瓣打开的这种情况经常出现，一旦阀瓣打开供水侧的高压水冲入系统侧，预作用系统的系统管道内冲的气体是检漏用的，压力一般维持在 0.03~0.05MPa。远低于供水侧的压力，湿式报警阀阀板自动打开，水进入报警管路中，压力开关报警。另外由于水质问题导致阀瓣关闭不严，供水侧的水渗入系统侧，同样会引起报警管路压力开关报警。

另外预作用喷淋系统的喷头均为闭式喷头，单连锁预作用系统充水后，喷头并不会马上爆裂，喷淋泵过早地启动，将有可能引起管道压力过高，引发其他危害。

3.2 喷淋泵出水干管上的压力开关启动风险分析

喷淋泵出水干管上的压力开关启动消防水泵的方式是检测系统主干管上压力下降至设定值后启动消防水泵，因此其启泵时间具有一定的迟滞性，必须将高位消防水箱内的水放完，喷淋泵主干管上压力开关才有可能检测出水压波动，启动水泵。另外与报警管路上的压力开关不同，管网渗水漏水的过程都比较慢，主要消耗的是高位消防水箱和稳压设施提供的压力，无法引起喷淋泵主干管上压力开关启动。所以其误动作启动的风险较小，并且如果预作用系统喷头未开启状态下，系统管网可以仅仅依靠高位消防水箱内的水即可充满。也就是说在喷头爆裂前，喷淋泵无法通过喷淋泵出水干管上压力开关启动消防水泵。

3.3 高位消防水箱出水管上的流量开关启动方式

无论是正常雨淋阀开启还是雨淋阀控制管路漏水，都会使管网内水大量涌入系统侧管网，使管网流量超过系统设定的流量数据要求。高位消防水箱出水管上流量开关发出启泵信号，导致系统启动。雨淋阀阀瓣闭合不严渗水的情况，由于其流量较小，反而不会引起流量开关报警。

与报警管路上压力开关类似，流量开关能较为迅速地启动消防水泵，但是喷头爆裂前，整个系统由于消防水泵的供水导致压力骤增，可能导致大规模漏水事故。

3.4 火灾自动报警控制器自动启动消防水泵的风险分析

如前文2.6所述，当前大部分火灾自动报警系统的启动逻辑是报警管路上压力开关发出信号至火灾自动报警系统。所以其风险分析与报警管路上压力开关信号启动消防水泵一致，后续不再单独赘述。

4 预作用系统不同启泵方式的可靠性分析

4.1 预作用报警阀报警管路上压力开关启泵可靠性分析

4.1.1 报警管路上压力开关工作环境

因预作用报警阀组分为上下两部分，压力开关在上部湿式报警阀部分，虽然系统侧管道内充气，但因为湿式报警阀阀板关闭，所以平时压力开关不承受压力，在充水过程中时阀板打开，压力开关可以快速动作，及时启泵。另外个别报警阀室距离消防水泵房的距离较远，压力开关至消防水泵控制柜的接线问题是困扰多数工程施工单位的难题。

4.1.2 压力开关启泵时间的可靠性分析

由于预作用报警阀组上的压力开关前置无延迟器，所以一旦管道充水，将迅速启动报警管路上的压力开关并联动消防水泵启动。在启泵时间上是所有启动方式中最快的，但是一旦火灾未蔓延，闭式喷头未爆裂，那么过早的启泵可能对管道造成较大的冲击。

4.2 消防水泵出水干管上的压力开关自动启泵可靠性分析

4.2.1 喷淋泵出水干管上压力开关的工作环境分析

喷淋泵出水干管上的压力开关一般为电接点压力表，或者压力传感器一直处于高静水压强范围内，对电接点压力表和压力传感器来说其故障风险较高。

喷淋泵出水干管上的压力开关是保障系统正常运行的关键部件之一。这些压力开关通常采用电接点压力表或压力传感器来监测管道内的水压变化，一旦水压超过或低于设定值，压力开关就会发出信号，从而控制喷淋泵的启停，确保系统的稳定运行。

然而，这些压力开关长时间处于高静水压强范围内，其故障风险相对较高。对于电接点压力表而言，高静水压强可能导致其内部的触点发生氧化、烧蚀，进而影响其测量精度和稳定性。此外，电接点压力表还可能受到电磁干扰、温度变化等因素的影响，导致其误动作或失效。

对于压力传感器而言，高静水压强同样可能导致其内部的敏感元件受损，进而影响其测量精度和稳定性。此外，压力传感器还可能受到安装不当、环境振动等因素的影响，导致其误动作或失效。

4.2.2 喷淋泵出水干管上压力开关的启泵时间可靠性分析

大量的工程实践表明，喷淋泵出水干管上的压力开关在使用过程中具有滞后性，必须高位消防水箱内的水位降低到一定量后，预作用喷淋泵出水干管上的压力开关才会动作。而正是这种滞后性反而因祸得福，避免了预作用系统充水完成至喷头爆开这一段时间消防水泵启动，压力冲击管网的缺陷。另外消防水泵出水管上压力开关设置在消防水泵房内，距离消防水泵控制柜距离较近，便于布线，可靠性增加。

4.3 高位消防水箱出水管上的流量开关自动启泵可靠性

在高位消防水箱的出水管上，流量开关的安装位置通常位于最高点，因此与消防水泵房的距离相对较远。这种布局导致信号在传输过程中需要经过多次放大，以确保其能够准确到达目的地。然而，放大电路和检测电路的正常运作均依赖于稳定的DC24V电源供电。一旦电源出现问题，整个系统的可靠性将受到严重影响。

在实际工程施工中，高位消防水箱往往与多个环网设备串联连接。这种连接方式虽然在一定程度上提高了系统的覆盖范围，但同时也增加了信号传输的复杂性和不稳定性。因此，当高位消防水箱与多个环网设备串联时，其报警准确性可能会大大降低，从而影响到整个消防系统的效能和安全性。

5 结论

经过对预作用自动喷水灭火系统喷淋泵四种启动方式的深入研究，从系统的安全性和可靠性角度出发，以及结合相关国家标准的对比，我们认为，消防水泵出水干管上的压力开关是最理想的预作用自动喷淋系统喷淋泵启动方式。然而，在消防设计中，冗余原则同样重要，因此我们不能完全排除其他消防水泵启动方式的使用。为确保系统的稳定运行，我们需要在国家标准、设计、施工及保养等各个环节中加强管理和监督。

参考文献

[1] GB 55036—2022 消防设施通用规范［S］.

[2] GB 50016—2018 建筑防火设计规范［S］.

[3] GB 50084—2017 自动喷水灭火系统设计规范［S］.

[4] GB 50261—2017 自动喷水灭火系统施工及验收规范［S］.

[5] 04S206 自动喷水与水喷雾灭火设施的安装［S］.

[6] GB 5135.10—2006 自动喷水灭火系统第10部分：压力开关［S］.

[7] GB 5135.14—2011 自动喷水灭火系统第14部分预作用装置［S］.

浅谈消防应急疏散标志灯功率选择

邵珠虹[1] 李 欣[2]

（1. 日照航海工程职业学院，山东 日照；2. 日照市建筑设计研究院有限公司，山东 日照）

摘 要 工业与民用建筑通常需要设置消防应急照明和疏散指示系统，本文结合规范要求及工程实例，讨论消防应急疏散标志灯功率的选择，为建设方、设计方及验收方提供参考。

关键词 应急标志灯 功率

1 引言

随着社会的发展和科技的进步，建筑的智能化水平越来越高，人们不仅关注建筑外观和内部设施的现代化，也越来越重视人员的安全疏散。消防应急照明及疏散指示系统作为建筑物消防设计中必不可少的部分，为建筑物内的人员疏散提供了有力保障。消防应急照明和疏散指示系统为发生火灾时仍需工作的场所和人员疏散、消防救援提供必要的疏散指示和应急照度。当发生火灾时，消防应急照明和疏散指示系统在人员疏散及消防救援中起到非常重要的作用，甚至有可能成为火灾现场滚滚浓烟中唯一的光源。传统应急照明及疏散指示系统虽然功率较大、应急照度较高，但因不是安全电压，存在隐患，易发生消防救援触电事故，这也是国家标准《消防应急照明和疏散指示系统技术标准》（以下简称《消防标准》）制定的重要原因之一。自该标准实施以来，消防应急照明和疏散指示系统相较于之前的系统有非常大的变化，新标准对应急照明和疏散设备的安全可靠、经济合理、节能环保都提出了更高的要求。本文结合建筑物消防设计实例及市场产品参数，对消防疏散标志灯功率选择进行探讨。

2 消防应急照明及疏散指示系统主要类型

根据灯具的应急电源供电方式以及灯具的控制系统的差异，主要分为四种类型[1]。

第一种为非集中电源模式非集中控制型系统，系统主要由应急照明配电箱和消防疏散指示灯和应急照明灯组成。主电源由应急配电箱供电，灯具自带蓄电池作为备用电源，手动独立控制系统或者通过区域火灾报警控制器。

第二种为非集中电源模式集中控制型系统，主要由应急照明配电箱、消防疏散指示灯和应急照明灯，以及应急照明控制器组成。主电源由应急配电箱供电，指示灯和应急灯自带蓄电池作为备用电源，应急照明控制器则主要控制应急灯具的工作状态及其转换，属于集中控制。

第三种为集中电源模式非集中控制型系统，主要由 A/B 型集中电源、消防疏散指示灯和应急照明灯组成。主电源由集中电源供电，标志灯和应急灯不自带蓄电池，手动独立控制系统或者通过区域火灾报警控制器。

第四种为集中电源模式集中控制型系统，主要由 A/B 型集中电源、消防疏散指示灯和应急照明灯，以及应急照明控制器组成。因灯具不自带蓄电池，故设置集中电源作为应急照明系统的主电源，应急照明控制器主要是控制集中电源、灯具工作状态及其应急转换，属于集中控制。

在进行具体的工程设计时，应根据不同工程类别及专业配合需求，确定适合的系统电源模式和控制方式。

3 消防应急标志灯具一般要求

《消防标准》第 3.2 节，详细规定了消防应急标志灯的有关要求。

其中第 3.2.1 条对节能光源、蓄电池电源、电压、灯具面板或灯罩的材质及防护等级选择进行了规定。

第 3.2.1.6 条对标志灯的规格选择进行要求：

1）室内高度大于 4.5m 的场所，应选择特大型或大型标志灯[1]；

2）室内高度为 3.5~4.5m 的场所，应选择大型或中型标志灯[1]；

3）室内高度小于 3.5m 的场所，应选择中型或小型标志灯[1]。

传统消防疏散标志灯设置要求主要根据《建筑设计防火规范》及《民用建筑电气设计标准》要求，灯光疏散指示标志的间距不应大于 20m，对于袋形走道，不应大于 10m[6]。按照《消防标准》第 3.2.9 条相关规定：对于有围护结构的疏散走道，当疏散指示标志灯的标志面与疏散方向垂直时，设计时需注意的是相邻疏散指示灯具的间距不应大于 20m；当疏散指示标志灯的标志面与疏散方向平行时，疏散指示标志灯的间距不应大于 10m；营业厅、展厅、候车厅、大型商店等敞开大空间场所，疏散指示标志灯的安装高度应结合标志灯的类型确定疏散距离[1]。《消防标准》对于疏散方向和疏散距离要求更加严格。图 1 为某办公楼疏散走道设置小型疏散指示灯，柱距 8.4m 情况下，按照传统布置方式可以间隔一个柱子，而按照《消防标准》的规定，需每个柱子布置一个消防疏散标志灯。此布置增加了疏散指示灯数量，更利于在险情发生时快速疏散人员。

4 消防疏散标志灯功率设置规定及选择

根据《消防标准》第 2.0.5 条规定，消防应急标志灯具是用图形、文字指示疏散方向，指示疏散出口、安全出口、楼层、避难层（间）、残疾人通道的灯具[1]。其设置的用途和作用是“指示”疏散方向的，而提供照明的是消防应急照明灯具。纵观《消防标准》全文，对消防疏散标志灯的额定功率从未有限制，并未给出最小功率要求，反而在总则中对节能环保提出了要求，这也与国家低碳节能要求相一致。

《消防标准》第 3.3.6 条，对灯具额定功率作出的规定如下：任一应急照明及疏散指示配电回路，所配接灯具的额定功率总和不应超过该配电回路额定功率的 80%[1]，同时要求 A 型灯具回路额定电流不超过 6A。以 36V 供电系统为例，回路的额定功率为 216W，这样可以推算出每个应急照明配电回路所接灯具的最大数量。但同时也应根据现状产品的技术特点，在确保系统运行稳定、可靠的前提下，对配电回路额定功率和额定电流做出合理的规划设计[1]。限制配电回路

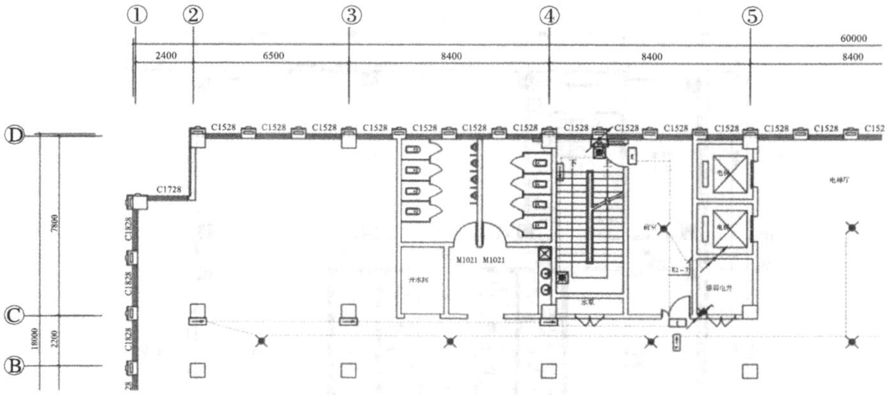

图 1　某办公楼标准层应急照明及疏散指示部分平面图

总功率，并不是对单个标志灯进行限制，结合《消防标准》第 3.3.5 条对配接灯具数量的要求，单个标志灯功率应该是越小越好，这样能保证系统运行更加稳定。国标 GB 17945—2010《消防应急照明和疏散指示系统》同样没有对消防应急标志灯的功率提出规定，但对其表面亮度提出了相应要求：

a）禁用绿色或红色图形构成标志的标志灯，标志表面最小亮度不应小于 50cd/m²，其最大亮度不应大于 300cd/m²[7]；

b）用白色与绿色组合，白色与红色组合构成图形作为标志的标志灯表面最小亮度不应小于 5cd/m²，最大亮度不应大于 300cd/m²，对于白色、绿色或红色本身最大亮度与最小亮度的比值规定为不应大于 10。白色与相邻绿色或红色交界两边对应点的亮度比不应小于 5 且不应大于 15[7]。

从以上的规范条文可以看出，国家标准对消防应急标志灯的亮度有相应的限制要求，其目的是保证疏散时分辨疏散方向。标志灯上图案，太暗不容易看清楚，影响疏散；太亮会刺眼，造成灯具表面亮度不均匀、亮度超标，因而才有上述规定。由此可见，消防应急标志灯表面亮度在规定要求正常范围内，功率越小越省电，越符合节能减排的要求。

笔者通过与目前市场部分厂家的沟通中了解到，主流厂家都采用 LED 灯珠作为消防应急标志灯的光源，但是各厂家采用的 LED 灯珠品质、光学结构、导光效率有优劣，导致标志灯实际功率差异较大。以设计中最常用的小型消防应急标志灯为例，图 2 为 19D702-7 某消防疏散标志灯技术参数，从中可以看出，当采用优质 LED 灯珠，光学结构更科学时，灯具功率完全可以做到 1W 以下，甚至可以达到 0.25W，只有双向指示和出口吊装等情况的标志灯功率可适当调高。曾经有建设单位同行咨询笔者，市场上有 3W 标志灯，是不是可以购买大功率的，更有利于疏散，并且价格还比小功率的便宜。笔者对这种情况也给出了解释。在选择时，应正确认知标志灯功率参数，避免盲目跟风选大，首选低功耗节能产品。以某 22 层办公楼为例，图 3 和图 4 分别给出了办公楼标准层应急疏散标志灯平面图及部分系统图。标准层共计 18 盏消防应急疏散标志灯，按照全年常亮，0.25W/盏，电费 0.8 元/度计算，每年电费约为 694 元，如果采用 3W/盏，每年电费约为 8325 元，按照 12 年寿命期计算，本办公楼可以节省 91572 元电费成本。对于一个有十几栋高层住宅的较大规模小区而言，后期运营成本节省效果会更加明显。

疏散标志灯技术参数									
类别	产品型号	额定功率（W）	额定电压（V）	光源	防护等级	指示方式	安装方式	外形尺寸（mm）高x宽x厚	产品材质
A类小型	HY-BLJC-1LROEI 1W	1	DC24 或 DC36	LED	IP30	出口、楼层、单向、双向	壁挂式安装	160x350x16	
	HY-BLJC-1OEI 0.25WB	0.25			IP67	出口	壁挂式安装	150x350x16	
	HY-BLJC-1LREI 0.25WJM	0.25			IP67	双向	壁挂式安装	150x350x16	
	HY-BLJC-1LROEI 1W/Q	1			IP30	出口、楼层、单向、双向	嵌地式安装	150x 350x 30	
	HY-BLJC-1LEI 0.15W-DB15	0.15			IP67	单向、双向	嵌地式安装	ø165x34	
	HY-BLJC-1LEI 0.15W-DB19	0.15			IP67	单向、双向	嵌地式安装	ø196x 34	
	HY-BLJC-1LEI 0.15W-DB23	0.25			IP67	单向、双向	嵌地式安装	ø230x 34	
	HY-BLJC-1LREI 1WEx	1			IP67	出口、楼层、单向、双向	防爆壁挂式	163x 373x 65	
	—	—			—	—	—	—	

图 2　消防应急疏散标志灯技术参数表

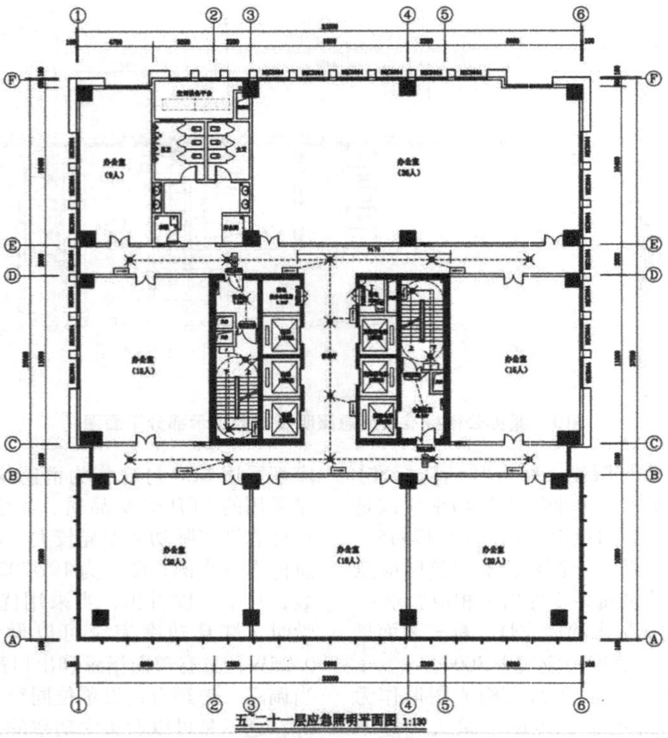

图 3 某办公楼标准层应急疏散标志灯平面图

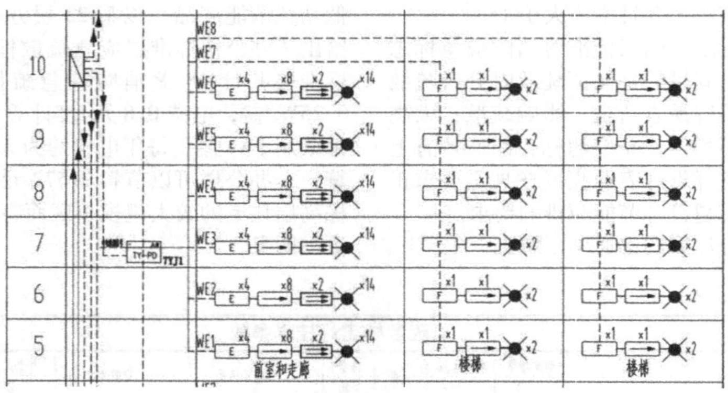

图 4 某办公楼部分应急照明系统图

设计院在进行应急照明设计时，应积极关注消防应急疏散标志灯等产品的技术动态和市场实际产品现状，多与规模较大生产厂家交流沟通，避免惯性套用多年前低功效 LED 标志灯功率参数，错误地或不科学地标注设计参数，严重的话还可能误导整个行业产品选型。作为建设投资及消防验收方，同样不能把标志灯的功率作为采购选型依据和最终消防验收使用的指标。为此作为设计单位应注意以下几点：

a）设备材料表中规格及功率栏应标明为“参考功率”；

b）注明标志灯满足 3C 认证要求前提下，应优选更低功耗的节能产品；

c）可适当限定最大功率，如：优先选用≤0.5W（中小型），或≤1.0W（大型），在保证选型灵活性的前提下，引导行业向低功耗节能降碳方向发展。

5 结束语

消防应急照明及疏散指示系统因其重要性和特殊性越来越受到人们的重视，本文仅对消防应急疏散标志灯的功率选择做了一些探讨，供大家参考。

参考文献

［1］GB 51309—2018 消防应急照明和疏散指示系统技术标准［S］.

［2］19D702-1 应急照明设计与安装［S］.

［3］GB 50016—2014（2018 版）建筑设计防火规范［S］.

［4］陆萍．智能消防疏散应急照明系统的分析与应用［J］．光源与照明，2019（3）：4.

［5］王永光，袁力．集中电源集中控制型应急照明在住宅建筑中的应用［J］．建筑技艺，2019（S1）：2.

［6］GB 51348—2019 民用建筑电气设计标准［S］.

［7］GB 17945—2010 消防应急照明和疏散指示系统［S］.

地下建筑火灾扑救策略的深度分析

肖　立

（四川省宜宾市消防救援支队，四川　宜宾）

摘　要　随着城市化的加速，地下空间被广泛开发利用，地下建筑因其封闭性强、通风系统复杂和逃生通道限制，一旦发生火灾，其蔓延速度快，疏散困难，后果严重。本文全面分析了地下建筑火灾的特点和潜在风险，并深入探讨和总结了地下建筑火灾扑救策略的研究现状及未来发展方向，尤其强调了智能化技术和跨部门协作的重要性。研究结果旨在为地下建筑火灾扑救策略提供科学的参考和建议，以降低火灾发生的风险并提高灾害应对能力。

关键词　地下建筑　火灾　潜在风险　扑救策略　灾害

1　引言

地下建筑是建造在地表面以下或岩石中的建筑物，既有地面建筑附建的地下建筑，也有单建的地下建筑，包括人防工程、地下商场、地下旅馆、地下车库、地下铁路、交通隧道、电缆隧道等工程设施。近年来，随着城市化进程的加速，地下空间的利用日益增多，地下建筑作为城市建设的重要组成部分，不仅扩展了城市的空间，提高了土地使用效率，还城市运营提供了重要的基础设施和商业空间。然而，地下建筑的安全问题，尤其是火灾安全，也随之突显。地下建筑的封闭性、通风条件复杂以及逃生路线的限制性，使得一旦发生火灾，其蔓延速度快，疏散困难，后果极为严重[1-3]。

因此，研究和优化地下建筑的火灾扑救策略显得尤为重要。这不仅关系到人员安全，也直接影响到财产损失的控制与救灾效率的提高。目前虽有多种高效的灭火技术和设备被开发和应用，但针对地下建筑的特殊环境和条件，如何选择和调整最适合的扑救策略，仍然是一个亟待解决的问题。本文旨在深入分析地下建筑火灾的危险性，评估现有的扑救技术和方法，并探讨未来可能的技术创新和策略优化，以提供更为有效的解决方案，增强地下空间的火灾安全性。

2　地下建筑火灾的潜在风险

目前，地下建筑火灾仍是世界上最难扑救的火灾之一。大规模的地下建筑火灾，往往会造成极其严重的后果。全面了解和评估这些风险，对于提高地下建筑的火灾预防和应对能力至关重要。

2.1　结构和材料的潜在风险

2014年中国北京大兴机场地下停车场发生火灾，造成严重破坏。火势在地下停车场中蔓延，导致钢筋混凝土结构受损，建筑完整性受到威胁。这一事件突出了地下建筑中结构和材料的脆弱性，以及火灾对其可能造成的损害。

首先，地下建筑只有内部空间，不存在外部空间，没有外门、窗与大气连通，只有与地面连接的通道才有出入口。发生火灾时，空气的供给和烟热流出，完全依赖与地面相连通的出口和机械通风系统[4]，二者的状态决定了火场的燃烧状态。因此，发生火灾后电力供应一旦中断，火灾烟气将在短时间内扩散至整个地下空间，造成视线受阻，大幅增加疏散难度。其次，地下建筑的材料选择和使用也是导致火灾风险增加的因素之一。许多地下空间为了达到美观或功能性，可能会使用大量的新型施工材料，这些材料一旦燃烧会产生更多的分解物，释放大量烟雾和有毒气体，对人员安全构成严重威胁。例如，地下商场和停车场常用的防水涂料和密封剂，这些材料在火灾中可能产生氰化氢等高毒性气体。最后，地下建筑的结构设计通常更为复杂，具有多层或多区域的特点，火灾发生时，火焰和烟雾的扩散路径不同于地面建筑，其扩散模式更难以预测，这直接影响到火灾应急响应的效率和效果[5]。大量的混凝土和钢筋的结构设计虽然保证了地下建筑的高强负载能力，且具有较高的耐火性在一定程度上可以阻隔火焰的蔓延，但在火势扩散和高温暴露的情况下，这增加了救援的难度，增加了救援的难度。

2.2　烟雾和有毒气体的潜在风险

2003年香港地铁荃湾线的火灾，由于狭小的通道和地铁车厢中的烟雾扩散，最终造成了8人死亡和数十人受伤。这一事故突出了地下建筑火灾中烟雾和有毒气体对生命和财产安全的威胁。

在2.1中提到，地下建筑发生火灾时材料分解释放大量高温烟雾和有毒气体[6][7]，由于通风系统的限制，地下空间的温度持续上升，内部空气体积发生膨胀，压力增大，导致地下建筑空间环境整体温度不断提高且氧气含量逐渐降低。其中，烟雾是火灾中最主要的致命因素之一。一方面，烟雾由燃烧不完全产生的微小颗粒物组成，能迅速填充整个地下空间，减少可见度增加人员疏散的难度，另一方面，烟雾中悬浮的微粒会造成呼吸系统的严重刺激或伤害，对人体呼吸系统构成直接威胁，极大程度影响人员的安全疏散和救援。

有毒气体主要包括一氧化碳、氰化氢和氯化氢等。一氧化碳是一种无色无味的气体，能迅速导致人体缺氧，而氰化氢和氯化氢则对人体的呼吸系统和皮肤造成严重伤害。在地下环境中，由于通风不畅，这些气体很难被有效稀释，容易在空间内聚集到高浓度，极大增加了中毒的风险。此外，地下空间的温度和压力条件也可能影响气体和烟雾的扩散速度和方向，增加了火灾时的不确定性和难以预测性。

2.3　其他潜在风险

除上述的显著威胁外，还有其他多种潜在危险，如火场防爆、照明不足以及个人防护等问题，这些因素同样对火灾应急响应和消防救援人员的火灾扑救构成重大挑战[8]。

火场防爆问题主要是由于建筑常用的一些材料，如燃气和化工产品中引发的爆炸。这类物质的存储和使用需要严格遵守安全规范，在火灾情况下，高温和火焰可能触发这些材料的化学反应，导致突发的爆炸，增加火灾的破坏性。此外，由于地下空间的封闭性，爆炸产生的冲击波和碎片可以迅速传播，对人员和结构安全造成极大威胁。火灾发生后，电力系统可能会被破坏，导致照明失效，使人员定位、移动和逃生变得极其困难，这将直接影响到疏散效率和安全。另外，地下建筑火灾对消防救援人员的个人防护提出了更高的挑战，需要满足保护救援人员在极端条件下安全作业，防止吸入有毒气体和防止高温热伤害。

3 地下建筑火灾扑救策略概述

3.1 火灾探测和警报系统

在地下建筑火灾的扑救策略中，火灾探测和警报系统的作用至关重要。这些系统的主要任务是在火灾发生初期迅速检测到火情并及时通知人员，从而最大限度地减少伤亡和财产损失。地下环境的特殊性要求这些系统不仅要高效，还要能够适应复杂的地下结构和环境变化[9]。

火灾探测器主要分为烟雾探测器和温度探测器两大类，可以在火灾产生烟雾的早期阶段迅速发出警报。烟雾探测器通常分为光电式和离子式，其中光电式探测器因其对可见烟雾颗粒的高灵敏度而被广泛应用于地下空间。然而，离子式探测器对于检测火焰燃烧产生的隐形烟雾同样有效，尤其是在空间较大的地下环境中。温度探测器则是在温度异常升高时触发警报。在地下环境中，这种探测器可以帮助确定火源的具体位置，特别是在机械设备易发生过热的区域。但是，单靠温度探测在一些情况下响应可能较慢，因此通常与烟雾探测器结合使用以提高检测效率。

3.2 自动灭火和排烟系统

自动灭火系统可以在火灾发生初期通过热量的检测到自动触发，迅速在火源区域释放水雾，不仅减缓火势的蔓延，同时降温和湿润空气，减少了烟雾的生成。对于电气火灾或特定化学品火灾，地下建筑也可能配备气体灭火系统，如使用二氧化碳或清洁气体的灭火系统，这些系统可以在不损害电子设备的情况下迅速扑灭火焰。排烟系统主要用于控制和引导烟雾的流动，强制排风扇将烟雾从建筑内部排出，同时通过压力控制防止烟雾回流到已经清除烟雾的区域，从而保持逃生通道和重要区域的视线清晰。二者对水源和水压的依赖性强，水压维持需依赖于额外的泵系统，这在电力供应中断时可能导致系统失效。

3.3 现场应急响应措施

消防指挥员进行有效的现场指挥对应对地下建筑火灾扑救至关重要，需要对火灾现场的各种信息有快速的反应和高效的决策能力，这包括火势的发展、人员的安全状况，以及各种应急资源的配置。在地下建筑发生火灾时，消防队伍的迅速到达和有效介入是控制火势和救援人员的关键。地下环境的复杂性要求消防人员不仅要装备先进的消防设备，如具有高耐热性和机动性的防火服、呼吸器等，还需具备特殊的战术训练，以熟悉地下建筑的特定布局，能够在复杂的通道中迅速有效地定位火源，并进行烟雾控制和人员搜索救援。

消防队伍一般使用高压水雾技术以最小化水损控制烟雾的扩散，应用热像仪等先进技术来通过烟雾识别被困人员的位置和火源的范围。然后开展进行疏散工作，需考虑到地下建筑独有的结构特点和潜在的危险因素，对所有的疏散路线和安全出口进行疏通，尽量使应急照明和指示标志依然运作。此外，应定期进行应急疏散演练，以确保每个人都熟悉逃生路线和应急程序。这种演练对提高人员在实际火灾中的自我保护能力至关重要，可以显著降低因恐慌和不熟悉环境而导致的伤亡[10]。

另外，现场指挥官需要对火灾现场的各种信息有快速的反应和高效的决策能力，这包括火势的发展、人员的安全状况，以及各种应急资源的配置。在实际救援中，常使用如无线通信设备、实时数据传输系统等现代通信和信息技术，可以显著提高指挥效率和应急响应的协调性。现场指挥还需要与120急救、公安和地方政府等部门进行密切合作，确保火灾应急响应的各方面都能得到充分的支持。这种跨机构的协作对于处理大规模的地下建筑火灾事件尤为重要。

3.4 地下建筑火灾扑救策略的未来发展方向

现代地下建筑越来越倾向于使用集成的安全系统，这些系统将火灾探测、警报系统、自动灭火和排烟系统等结合在一起。这种集成化不仅可以确保在火灾初期迅速反应，而且通过中央控制系统协调各个安全系统的操作，提高整体的火灾应对效率。例如，当火灾探测器触发时，集成系统可以自动切断通风系统，防止烟雾扩散，同时解锁所有出口门，确保逃生路径畅通无阻。

此外，随着技术的发展，智能火灾探测和警报系统开始得到应用。这些系统通过算法分析环境数据，能够更准确地识别火灾迹象，减少误报的发生。智能系统还可以根据建筑的实际使用情况和人流动态调整警报的策略，如在人流密集的时间自动提高警报敏感度[11]。利用人工智能（AI）和机器学习技术，可以开发出更智能的火灾探测系统，这些系统能够通过分析环境数据来预测火灾风险并优化响应策略。此外，物联网（TOT）技术的应用可以实现各种安全设备的实时监控和管理，如烟雾探测器、自动灭火系统和排烟设备，这将极大提升地下建筑的安全管理效率。无人机技术也将在地下建筑火灾扑救中扮演重要角色，用于火灾现场的空中侦察、评估火势和搜索被困人员。无人机可以搭载热成像和高清摄像头，为消防指挥中心提供第一手的现场数据，帮助决策者更准确地了解火场情况并制定救援策略

此外，地下建筑火灾的扑救不仅是技术问题，也是协调问题。未来的扑救策略需要更强的跨部门协同机制，包括政府、消防、医疗救援、城市规划和建筑管理等部门的紧密合作。通过建立综合应急响应平台，各部门可以共享信息，统一指挥，实现快速、有序的应急响应。

4 结论

本研究通过深入分析地下建筑火灾的特点和潜在风险，系统评估了当前地下建筑火灾扑救策略及未来展望。研究表明，虽然现有火灾扑救策略已具备较高的应对能力，但地下建筑的复杂性仍面临多方面的挑战。未来地下建筑火灾的扑救策略应更加注重系统的集成与优化，以及人员培训和跨部门协作的加强，提高消防人员对地下建筑特性的了解和救援技能的培训，引入智能化和信息化技术，将为火灾预防和应对提供新的可能性，使得地下建筑火灾的管理更加科学、高效。针对这些发展趋势，相关部门应相应更新法规政策，完善应急响应体系，为地下空间的安全管理提供坚实的支持。

参考文献

［1］林熙，施晓文．地下空间火灾特点及防火对策的初步探讨［J］．安全与健康，2009（8）：2.

［2］张璐．火灾情况下地下商场人员安全疏散研究［D］．沈阳航空工业学院，2010.

［3］寇东涛，杨眉．浅析地下空间公众聚集场所的突出消防安全隐患现状及整治对策［C］//中国消防协会．中国消防协会，2014.

［4］肖磊，梅旭．地下建筑防排烟系统设计研究［J］．科技创新导报，2017，14（28）：2.

［5］王姣．地下建筑防排烟系统设计常见问题及对策探讨［J］．建筑工程技术与设计，2018.

[6] 欧凯．建筑材料燃烧烟雾毒性测试及综合伤害评价研究［D］．华南理工大学，2015.

[7] 林绍铃，罗祖获，陈丹青，等．无卤阻燃硬质聚氨酯泡沫塑料研究进展［J］．材料导报，2021，35（1）：7.

[8] Fridolf K，Nilsson D，Frantzich H. Fire Evacuation in Underground Transportation Systems：A Review of Accidents and Empirical Research［J］. 2011.

[9] 卢红岩，孙小伟．智能建筑火灾自动报警系统的设计与研究［J］．百科论坛电子杂志，2020（007）：93.

[10] 曾胜，马晓茜，廖艳芬．城市地下商业建筑中人员疏散模型的研究［J］．建筑科学，2008，24（5）：6.

[11] 盛杰，向志权．一种基于虚拟现实技术的建筑火灾逃生演练系统：CN201811494069.9［P］．CN109389877A［2024-04-16］.

内廊型建筑火灾中移动送风机排烟模拟研究

吕杰龙　门佳楠　丁泽聪

（中国人民警察大学研究生院，河北　廊坊）

摘　要　建筑火灾中产生的高温有毒烟气对人员危害最大，快速有效地进行火场排烟有利于消防救援人员灭火战斗。同时，正压送风控烟是高层建筑火灾中烟气控制的重要方式，因此有必要开展正压送风设备排烟战术研究，这将对消防救援人员在灭火救援战斗有一定的意义。本文在理论分析的基础上，针对内廊式建筑火灾，利用FDS火灾模拟软件，建立模型、设置测试点、测量温度变化和可视距离变化情况。设置不同情况的工况，对比不同情况下，走廊温度变化和可视距离变化情况，得出正压送风机在火场排烟中的最优使用工况。模拟结果表明：在火场排烟工作中，排烟口位置和数量、风机摆放位置和风机风速都会影响送风机的排烟效果。其排烟效果随着排烟口接近火源位置而提高，随着风机位置的提高使排烟效果提高，随着风机风速的增大使排烟效果增强。

关键词　消防　移动正压送风机　FDS　排烟效果

1　引言

火灾烟气是阻碍消防救援人员进行火场人员搜救、内攻灭火的最大障碍。据统计，火灾死亡人数中70%～75%是死于火灾烟气窒息和中毒[1]。内廊式布局是建筑布置中的一种重要形式，内廊式建筑是指内设一条贯穿整层的公共长廊，房间布置在走廊两侧的建筑，由于其面积比较集中，所以一旦发生火灾，室内人员受到高温有毒烟气的危害程度将更严重，因此研究在火场排烟中，移动送风机对内廊式建筑的走廊排烟效果对火场排烟工作有重要的现实意义。

移动式正压送风（Positive Pressure Ventilation，PPV）是指通过在建筑外部或安全出口处设置风机向建筑内送入大量的风，使得建筑内部充满正压的新鲜空气，将建筑内部由火灾产生的火灾烟气从预先设计好的排烟口排出[2]。霍昭磐[3]通过FDS模拟，研究空间建筑送风口与排烟口比例关系对排烟的影响。Klote[4]总结前人研究成果，结合自身理论，系统阐述了烟气流动和正压送风烟控等基本概念，为高层建筑内防排烟系统的设计提供了理论依据。高阳等人[5]，通过FDS模拟研究了有无移动式排烟风机作用下地铁站站厅火灾烟气的排放状况以及对于人员疏散的利弊。

从以上研究看，随着建筑物和建筑材料的不断深入发展，仅靠少数实验中获取火灾参数是不够的，全尺寸实验研究条件有限，所以进行数值模拟研究对于获取火灾基础理论有重大意义。

2　数值模拟及模型建立

2.1　PyroSim软件介绍

PyroSim是由美国国家标准与技术研究院（NIST）研发的适用于火灾动态模拟（FDS）的软件，该软件以计算流体力学为依据，模拟预测火灾中烟气、CO等流动，火灾温度的分布，具有广泛的火灾模拟范围。PyroSim包含FDS和Smokeview，通过PyroSim可以方便用户进行可视化火场模型的建立，之后运行FDS，得出的结果可以通过Smokeview进行相应的动画展示，能够让用户直观地理解其发生发展的过程。

2.2　模型建立及参数设置

（1）网格划分：模型网格主要利用PyroSim正交网格系统，所有模拟物体通过划分多个长方体型进行处理计算，在模拟计算过程中，网格单元尺寸数值的设置是计算的基础，网格单元尺寸的大小决定了模拟研究的精确性。通过网格敏感性分析表明，网格尺寸的经验值在特征火焰直径的1/4～1/16之间较为合适，网格大小公式计算得出的特征火焰直径设置，模型网格共计设置9万个，如图1所示。

（2）模型建立：火灾模拟场景参考原型为长27m，宽20.4m，高3m的某一高层宾馆中的某一楼层，数值模拟的着火房间设为左上角的房间，着火房间长度为9m，宽度为6.9m，高度为3m，着火房间设置排烟口，尺寸为1m×1m，同时走廊也设置尺寸为1m×1m的排烟口，用于研究开启不同个排烟口时，走廊内的排烟效果。走廊长度为27m，宽度为24m，高度为3m，如图2所示。

（3）边界参数设置：在着火房间中心位置设置火源，火源采用正庚烷，火源采用1m×1m的油盘火源。其设计的火源单位面积热释放速率为1.5MW。在走廊中，测点沿走廊中线布置，用于测量走廊中火灾烟气的温度变化趋势和可视距离的变化趋势。测点贯穿于走廊，走廊中每隔2m设置一个测点。

作者简介：吕杰龙，男，中国人民警察大学研究生院。

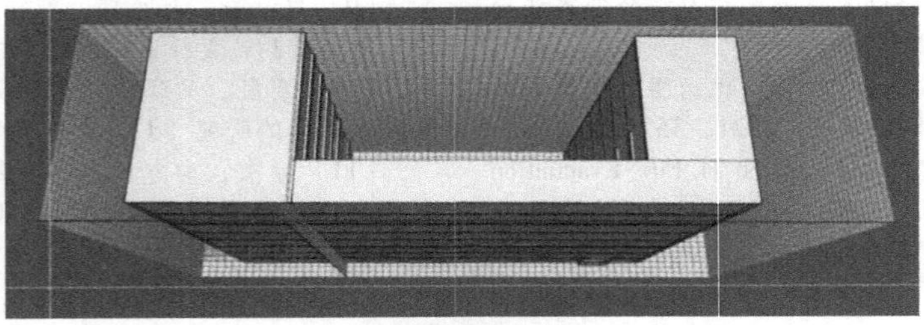

图 1　网格示意图

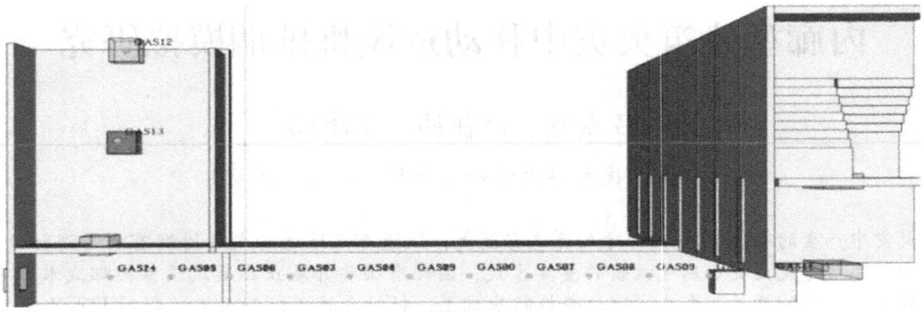

图 2　模型示意图

3　数值模拟结果处理与分析

3.1　工况设计

通过预先设计移动正压送风机相关参数，进行数值模拟计算，确定其风机排烟效果，走廊内温度和能见度的变化，分析内廊式建筑中移动送风机的排烟效果，研究其在火场排烟中最佳使用情况，为消防救援队伍提供一定的理论支撑。本文主要从三个方面展开模拟研究：排烟口位置和数量、风机摆放位置、风机风速。

模拟工况设置如表 1 所示，工况运行时间均为 200s，选取 2m 处的测量点去测量各项数据。

表 1　模型工况设计

模拟序号	风机风速	风机位置	排烟口位置
1	3.16m/s	着火层楼梯口	走廊和着火房间内
2	3.16m/s	着火层楼梯口	走廊
3	3.16m/s	着火层楼梯口	着火房间内
4	3.16m/s	着火层楼梯口 1m 高度处	走廊和着火房间内
5	3.16m/s	着火层楼梯口 1m 高度处	着火房间内
6	5.60m/s	着火层楼梯口	走廊和着火房间内
7	5.60m/s	着火层楼梯口	走廊

3.2　排烟口对移动正压送风机排烟效果的影响

根据前边的工况设计，按照工况 1、2、3，利用计算机软件进行数值模拟，得出走廊内温度和可视距离变化图。从走廊温度变化中可以看出，当着火房间发生火灾时，开启着火房间排烟口时，走廊的烟气温度最低，同时在走廊内可视距离变化图中也可以发现开启着火房间排烟口时，走廊内的能见度要高于另外两种情况，并且此时的可视距离在 10m 以上，可以满足人员疏散要求以及消防救援人员内攻需要，同时也可以在图 3 及图 4 中可以较为直观地看出，当着火房间窗户作为排烟口时，走廊的温度和可视距离变化也符合上述分析，从此时可以得出结论，排烟口位置和数量会在一定程度上影响内廊式建筑中移动正压送风机的排烟效果，并且当着火房间窗户作为排烟口时，此时的排烟效果较好。见图 5 和图 6。

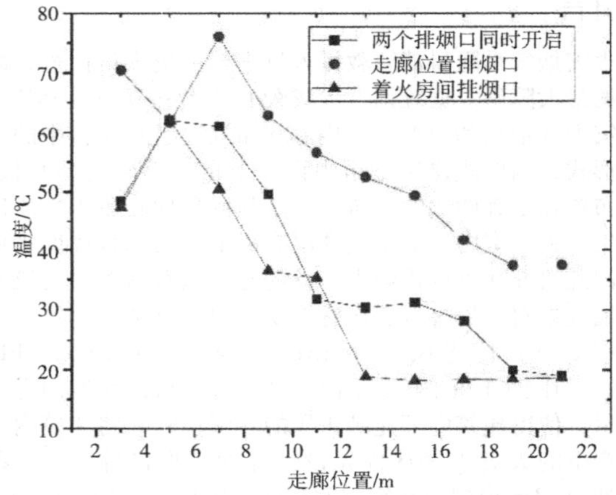

图 3　开启不同排烟口走廊温度变化图

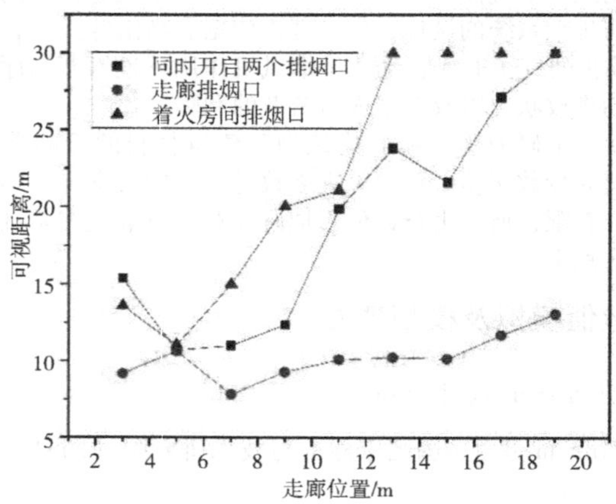

图 4　不同排烟口时走廊可视距离变化图

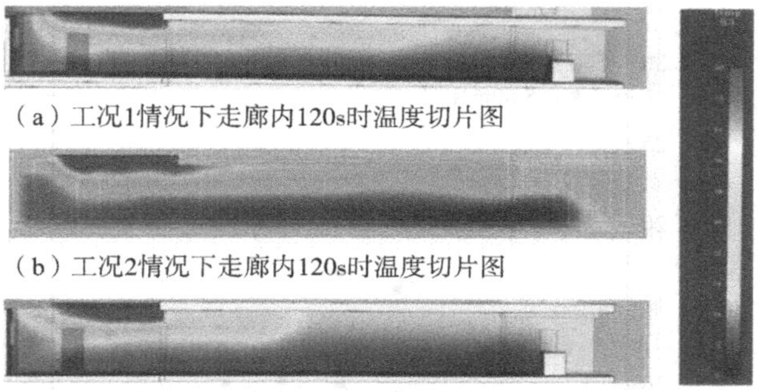

（a）工况1情况下走廊内120s时温度切片图

（b）工况2情况下走廊内120s时温度切片图

（c）工况3情况下走廊内120s时温度切片图

图 5　开启不同排烟口 120s 时温度切片图

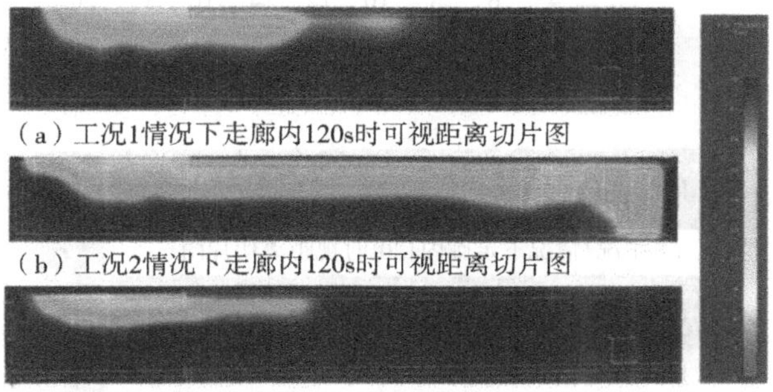

（a）工况1情况下走廊内120s时可视距离切片图

（b）工况2情况下走廊内120s时可视距离切片图

（c）工况3情况下走廊内120s时可视距离切片图

图 6　开启不同排烟口 120s 时温度切片图

3.3　风机位置对移动正压送风机排烟效果的影响

风机摆放在走廊时，能够很快对一段区域内达到降温作用，但也会使火场下风向方向热量有所升高，且无法形成火场正压环境，因此导致走廊内的上层热烟气和下方冷空气不断进行卷吸，使得烟气层紊乱并下沉，一时间无法进入火场。当风机在烟气层下方时，效果不是很好，同时从走廊温度变化图可以看出，当提高风机的摆放位置，走廊内温度降低，此时的排烟效果较好，利于消防救援人员进行灭火救援战斗。在结合图 7~图 10 可以直观地看出，当提高风机摆放位置时，走廊温度较低。对以上数据分析，在进行内廊式建筑走廊排烟时，风机的放置位置会对走廊排烟效果有影响，而且当风机位置设置在走廊高度 1m 处时的排烟效果较好。

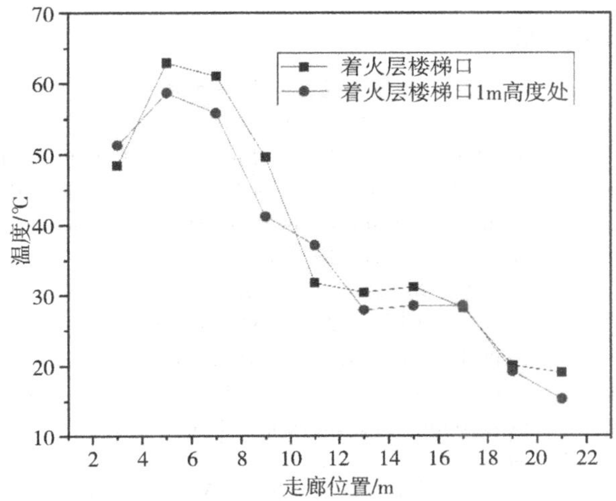

图 7　120s 时走廊位置温度情况图

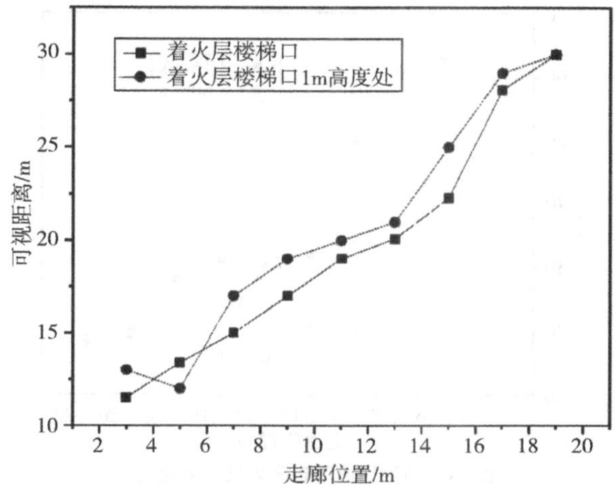

图 8　风机位置不同时走廊可视距离变化图

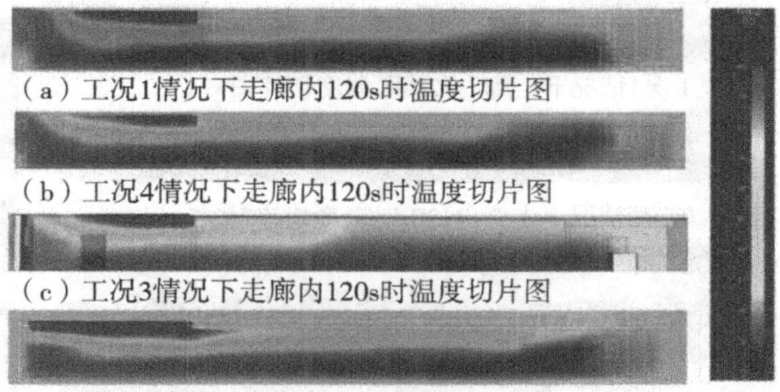

（a）工况1情况下走廊内120s时温度切片图

（b）工况4情况下走廊内120s时温度切片图

（c）工况3情况下走廊内120s时温度切片图

（d）工况5情况下走廊内120s时温度切片图

图 9　风机位置不同时走廊温度切片图

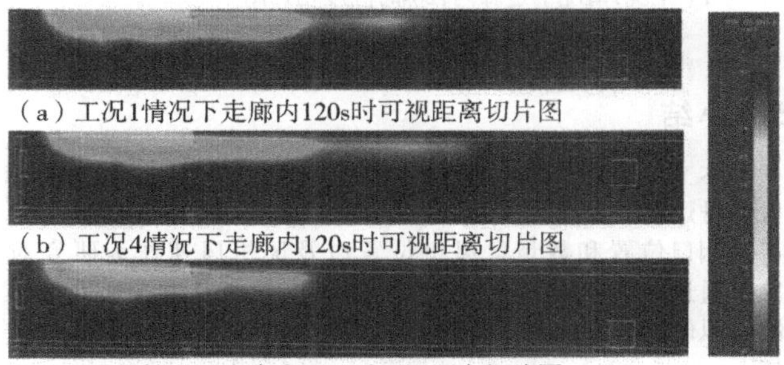

（a）工况1情况下走廊内120s时可视距离切片图

（b）工况4情况下走廊内120s时可视距离切片图

（c）工况3情况下走廊内120s时可视距离切片图

图 10　风机位置不同时走廊可视距离切片图

3.4　风机风速对移动正压送风机排烟效果的影响

图 11 和图 12 是根据工况 1、工况 6 选取了两种风机风速对比模拟的结果，从图 11 和图 14 可以看出，风速为 5.60m/s 时，走廊内温度要比 3.16m/s 时低，分析点线图和切片图可知，当风速增大时，空气流动越快，带走的热量越多，降温效果较好，当风速较低时，由于较慢的空气流动带走的热量较小，同时较小的风速使火焰与氧气接触得更加充分，风速增大到某种程度后，由于火场环境的不同情况，温度有可能不会再有大幅度地下降，风速过大时，火势很可能会突破排烟口，增大了在垂直方向上蔓延的可能性，因此，风速能够在一定程度上达到对火场降温的作用，同时风速低于一定值时也将会助长火势，说明风速设置为 5.60m/s 时，正压送风机对于走廊内的排烟效果较好。

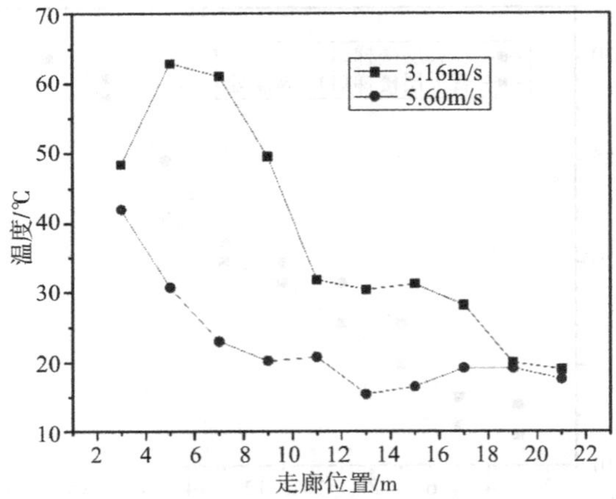

图 11　两种风速下走廊内温度变化图

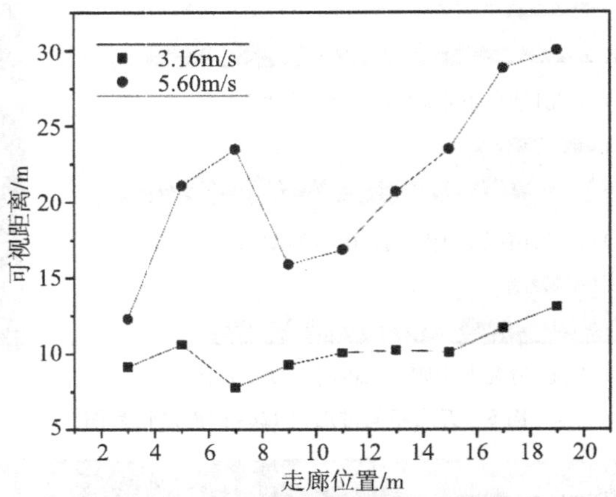

图 12　两种风速下走廊内温度变化图

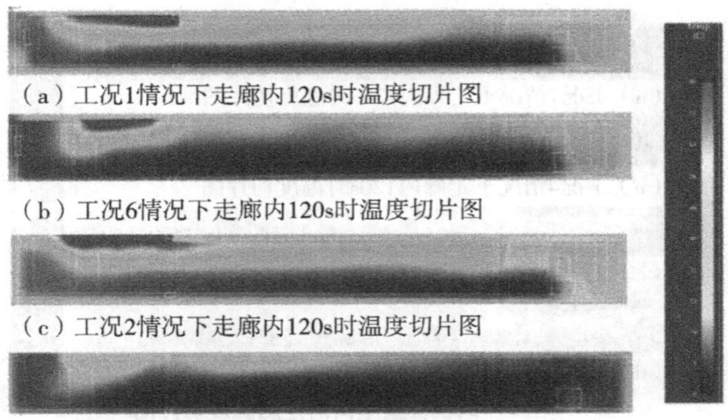

（a）工况1情况下走廊内120s时温度切片图

（b）工况6情况下走廊内120s时温度切片图

（c）工况2情况下走廊内120s时温度切片图

（d）工况7情况下走廊内120s时温度切片图

图 13　两种风速下走廊内温度切片图

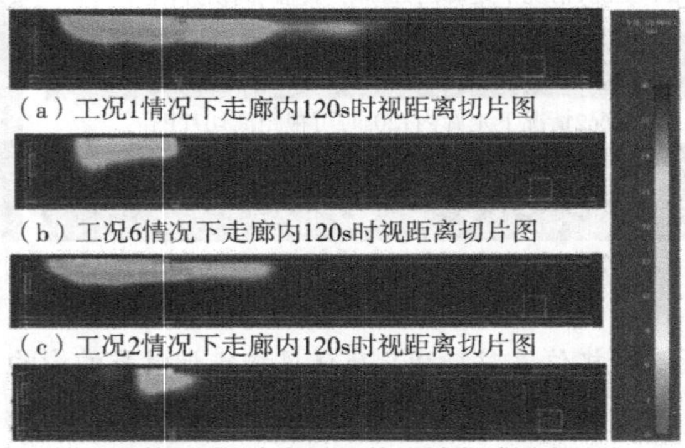

（a）工况1情况下走廊内120s时视距离切片图

（b）工况6情况下走廊内120s时视距离切片图

（c）工况2情况下走廊内120s时视距离切片图

（d）工况7情况下走廊内120s时视距离切片图

图 14　两种风速下走廊内可视距离切片图

5　小结

本文主要研究内廊型建筑火灾中使用移动正压送风进行火场排烟时，排烟效果的影响因素，结合国内外研究现状，将排烟口位置和数量，风机位置以及风机风速作为研究对象，通过设置不同工况，对正压送风机在走廊内排烟进行数值模拟研究，得出在火场排烟工作中的最优工况，模拟结果如下：

（1）移动正压送风机的排烟效果受到排烟口开启数量和位置的影响，通过模拟结果发现，当排烟口设置在火源附近即当着火房间内的窗户作为排烟口时，此时的排烟效果最好，因此在进行火场排烟工作时，最好将火源附近的窗户打开作为排烟口，来提高正压送风机的排烟效率。

（2）风机设置位置是火场排烟工作中的重要影响因素之一，通过对模拟结果的对比发现当风机位置放置在烟气层位置时，此时的走廊温度较低，能见度较高，说明这种情况下，移动正压送风机的排烟效果最好，因此，在技术条件允许的条件下，进行火场排烟过程中，应尽可能地将风机放置在烟气层高度处，此时的排烟效果最好，更加有利于消防救援人员后续灭火战斗工作的开展。

（3）通过模拟结果，对两种风速下的模拟结果进行对比，可以发现，走廊内温度随风速增大而降低，可知，风速越大，对走廊内的降温效果和排烟效果也越好。同时，风速增大，空气流动越快，氧气更加充足，走廊内的环境也更加适合消防救援人员进行灭火战斗，因此在风速 5.6m/s 时，排烟效果最佳，继续研究风机风速的影响对其在现实中的应用具有重要的指导意义。

通过数值模拟结果发现，移动正压送风机在内廊式建筑中可以做到有效排烟，从而保障消防救援人员可以有较好的作业环境，在排烟过程中发现，风机摆放位置和风机风速都是影响排烟效果的重要因素，在实际火场排烟过程中，应优先考虑这两个因素，其他因素可适当选择和改变。

参考文献

[1] 李思成．火场送风排烟技战术研究［M］．廊坊：中国人民武装警察部队学院，2016.

[2] G. D. Lougheed’ P. J.，Bride and D. W. Carpenter Research report 102 Positive Pressure Ventilation for High-Rise Buildings August 2002 Instit ute for Research in Construction National Research Council Canada Otta wa，Canada.

[3] 霍昭磬，李思成．大空间建筑正压送风排烟效果的模拟研究［J］．建筑科学，2016，32（6）：96-101

[4] Klote J H，Fothergill J W. Design of smokecontrol systems forbuildings［M］．Washington：US Department of Commerce，NationalBureau of Stan dards ，1983.

[5] 高阳，李胜利．地铁站人群疏散影响因素计算机模拟研究［J］．消防科学与技术，2015，34（2）：177-181.

消防改造中性能化思路应用探讨

涂俊杰

（江苏启成防火工程有限公司，江苏　苏州）

摘　要　现实改造工程实践中，常常碰到既有建筑客观情况无法满足新的现行规范要求，而当初建设时按照当时执行的标准规范验收合格，这给工程改造工作带来困扰。本文从性能化角度出发，以某购物村项目改造为例，采用软件模拟等手段，探讨在改造工程中利用性能化思路解决实际问题的方法。

关键词　消防　消防改造　机械排烟　二次装修

在消防改造工程实践中，经常会碰到因为新老技术规范存在不同要求，需要对以往已验收合格的消防设施按现行规范进行重新改造，以满足新规范的要求。某些时候，因为特殊原因，现场条件不具备或不允许对原有的部分消防设施进行改动，此时，就需要用性能化思路对具体工程项目进行消防安全论证，以保证在沿用原有消防设施时保证项目的消防安全。

下面以具体项目为例，探讨性能化思路在消防改造工程中的应用。

1　项目情况介绍

该项目为某购物村二次装修，设计、施工过程中遇到了一个难题，有关情况介绍如下：

1.1　购物村系列

“购物村系列”由某国际知名集团精心打造，涵盖了位于欧洲和中国的11家各具特色的时尚购物目的地。

“购物村系列”的每一家购物村融萃当地的文化与环境，塑造出其独一无二的个性。作为“购物村系列”的中国成员，该购物村让所有中国宾客不出国门，尽享精致愉悦的欧式购物体验。

该购物村位于风景秀丽的某湖畔，是“购物村系列”在中国成立的首家精品旅游购物村，该购物村的建筑采用了中西合璧的风格，设计灵感源自13世纪从威尼斯远道而来的传奇旅行家马可波罗，意在向促进东西方文化交流的丝绸之路遥相致敬。

该购物村项目总建筑面积30000余 m^2，共有近20个单体建筑，地上大部分为单层，局部二层，业态为商业零售和餐饮店铺（餐饮店铺面积约占总建筑面积的15%），地下一层为车库，耐火等级为地上二级，地下一级。立面图见图1。

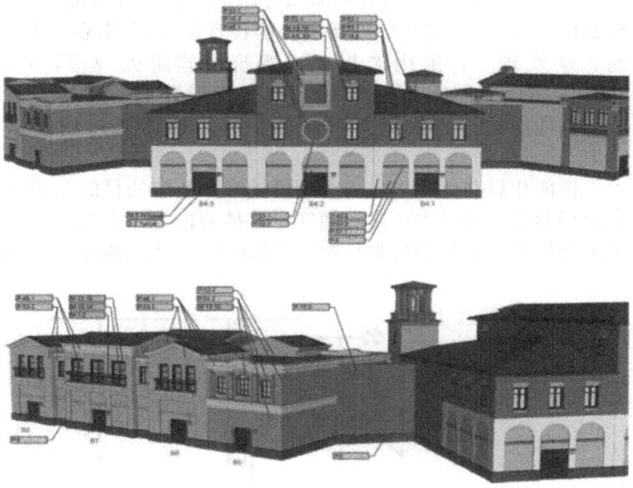

图1　立面图

所有建筑很低，仅在局部高度加高作为装饰。所有窗户为固定窗。

所有店铺进深大约在20m左右，并且都有前后不少于两个直通室外的安全出口，一旦发生火灾，人员均有足够的疏散时间。每个店铺的分隔单元用防火墙分隔，每个单元的面积在150~350m^2。部分单元有夹层，夹层面积在50~100m^2。建筑高度5.5~10m，80%以上建筑高度均在8m以下。

该项目于2014年5月正式开业，原建筑防排烟系统按《建筑设施防火规范GB 50016—2006》设计、施工，根据原规范，各商户的消防排烟风机选型都在20000~50000m^3/h之间，排烟风机安装在各商户建筑内部。

1.2　项目实景

该项目于建成后由消防主管部门按照《建筑设施防火规范》GB 50016—2006进行消防验收，验收意见为合格。

该购物村自开业以来，得到了有关部门的大力支持。经过多年的发展，部分陈旧的装修已经严重影响到购物村的发展，为了给顾客营造良好的购物环境，提升顾客的购物体验，部分商户需要重新装修或进行调整。实景照片见图2。

图2　实景照片

作者简介：涂俊杰，男，管理学学士，一级注册消防工程师，机电工程建造师，工程师职称，江苏启成防火工程有限公司技术负责人，中国消防协会个人会员（E640003313M）。

2 现实问题

在新装修的设计过程中，设计单位对消防防烟排烟系统依据现行规范《建筑防烟排烟系统技术标准》GB 51251—2017 的相关条文“4.4.5 排烟风机应设置在专用机房内”的要求，机械排烟系统需要新建独立的风机房。原项目建设时消防设计按当时的规范未考虑设置独立的排烟风机房，而且现场客观上不具备新建风机房的条件。

在实际新装修施工中，若按新的设计重新设置独立的排烟风机房，这将会对原有建筑结构安全造成重大影响，并且对建筑外观造型造成较大破坏，影响整体风格，也会对购物村内的商户运营造成不利的负面影响。

3 解决思路

依照现行的新规《建筑防烟排烟系统技术标准》GB 51251—2017 对于消防防排烟系统的设计因实际情况不具备而无法实现。若沿用老规（《建筑设施防火规范》GB 50016—2006），新装修不设置或按老规设置消防防排烟系统，其他消防设计满足规范要求，成为值得探讨的解决方案。

性能化思路就此引入：设置机械排烟系统的目的在于降低火场温度，减少火场高温烟气对人员的伤害，为人员安全疏散提供安全视觉条件和足够的疏散时间。从性能化的思路出发，如果在能达到上述目的前提下，机械排烟系统是否可以执行老版规范，这个问题可以推敲。

选取购物村典型单体建筑，假设该建筑内发生火灾，在灭火系统正常发挥作用和灭火系统失效两种情形下，通过火灾烟气 FDS 模拟软件和 Pathfinder 疏散模拟软件，模拟出火灾发生时的人员疏散结果，得出安全疏散目标是否可以实现。

4 人员疏散安全论证

典型建筑物情况见表 1。

表 1 典型建筑物情况

建筑物单元	使用性质	营业面积	高度
B4	商业	213.4m²	7m

4.1 火灾模型参数

本项目论证区域主要为商铺，参考《建筑防烟排烟系统技术标准》（GB 51251—2017）中对于商店、展览厅的规定，在火灾自动灭火系统正常工作条件下和火灾自动灭火系统失效条件下设计，火灾发展模式为超快速火灾。模型见图 3、图 4 和表 2。

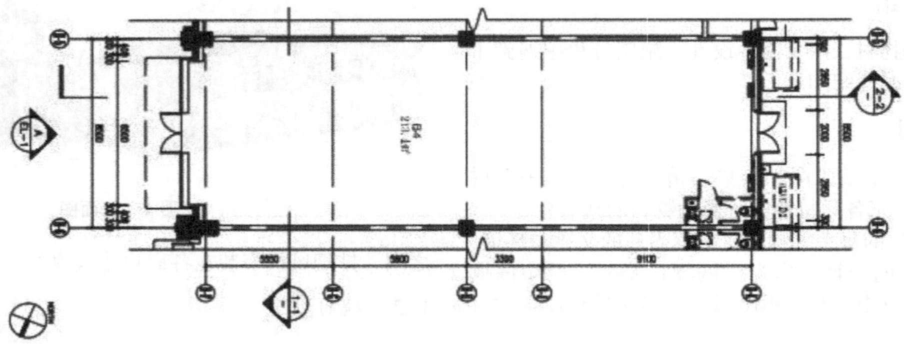

图 3 论证范围（典型情况：B4 单元）

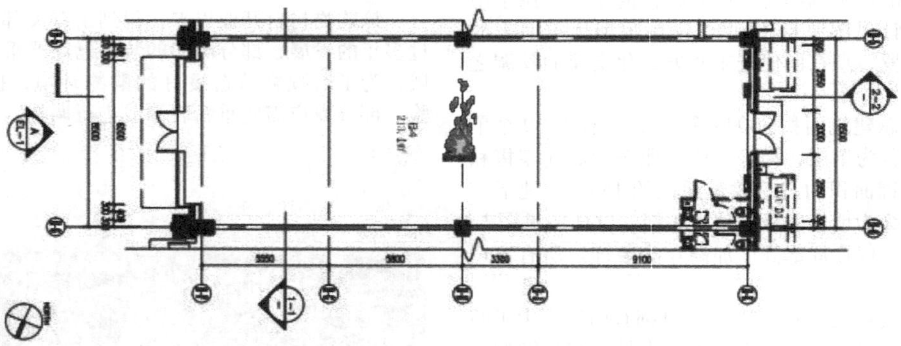

图 4 着火位置：B4 单元商铺营业区火灾

（选择这一着火位置，是为了考察 B4 单元营业区发生火灾，火灾烟气蔓延至整个商铺，直接影响商铺人员，人员的疏散时间最长这一最不利情况。）

表 2 火灾模型参数

序号	起火位置	起火物	增长速率	最大火灾功率/MW	备注
1	B4 单元商铺营业区火灾	商品	超快速	3.0	商铺起火，灭火系统正常
2	B4 单元商铺营业区火灾	商品	超快速	10.0	商铺起火，灭火系统失效

4.2 人员疏散安全论证

疏散人数确定：针对商业部分，区别于商场，每个商铺的面积有限，商铺人数较少，但基于保守考虑，疏散人数计算参照《建筑设计防火规范》GB 50016—2018“表 5.5.21-2 商店营业厅中的人员密度”要求进行。如表 3 和表 4 所示。

表 3　B4 单元疏散范围疏散指标

建筑单元	区域	使用性质	建筑面积/m²	疏散人数
B4	营业区	商业	213.4	92

表 4　人员种类表分布表

人员种类	成年男性	成年女性	小孩	老人
人员比例	40%	40%	5%	15%

本项目采用的人员耐受极限性能判据总结如表 5 所列，这些判据在其它公共建筑的消防设计分析中也得到了采用。

表 5　人员耐受极限标准

指标	耐受极限标准
烟气层高度	烟气层降低到安全高度
热辐射（热烟层）	热烟层温度达到 180℃或热烟层对人员的辐射通量达到 2.5kW/m²
对流热	安全高度以下气体温度达到 60℃
能见度	商铺安全高度以下能见度下降到 10m
有害燃烧产物	安全高度以下的气体中 CO 浓度达到 1400ppm
注：安全高度 $h=1.6\text{m}+0.1H$，H 为建筑空间高度，单位为 m	

采用 FDS 软件模拟，结果如图 5~图 7 所示。

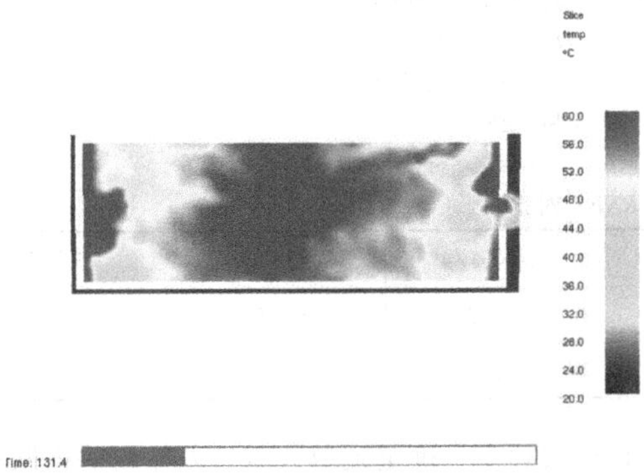

图 5　温度：在 131s，商铺营业区安全出口处温度大于 60℃

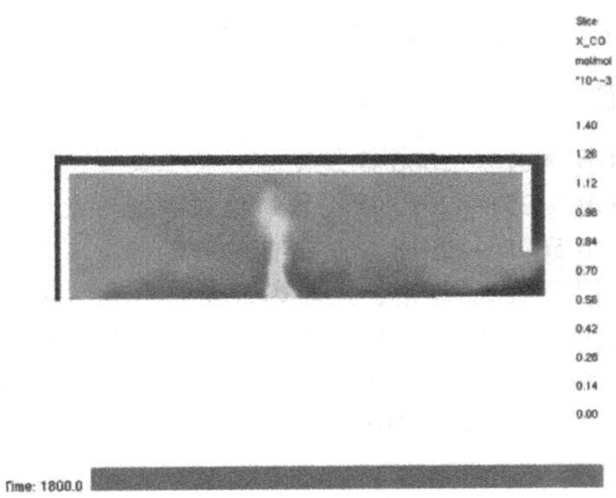

图 6　CO 浓度：在模拟时间 1800s 内，商铺内 CO 浓度小于 1400ppm

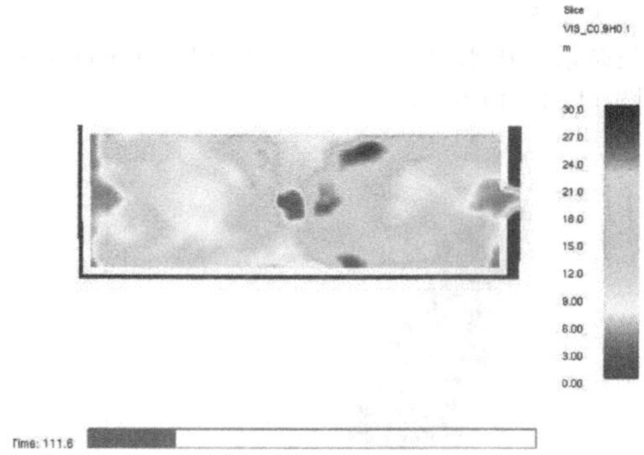

图 7　安全高度能见度：在 112s，营业区安全出口能见度低于 10m

由此判定，在火源功率为 3.0MW，按照 t^2 超快速火增长，灭火系统有效条件下，B4 单元商铺可用安全疏散时间（ASET）为 112s。见图 8~图 10。

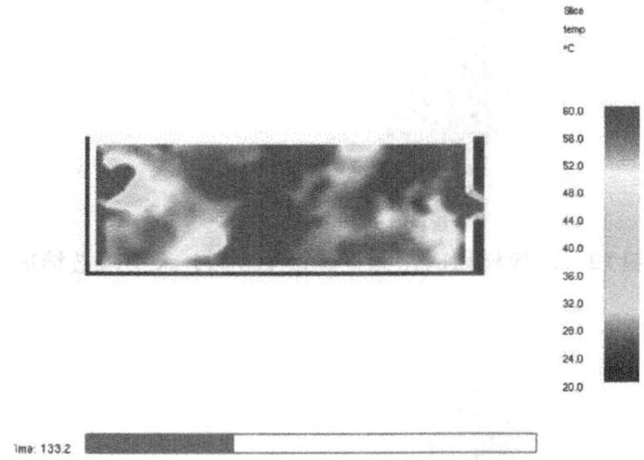

图 8　温度：在 133s，商铺营业区安全出口处温度大于 60℃

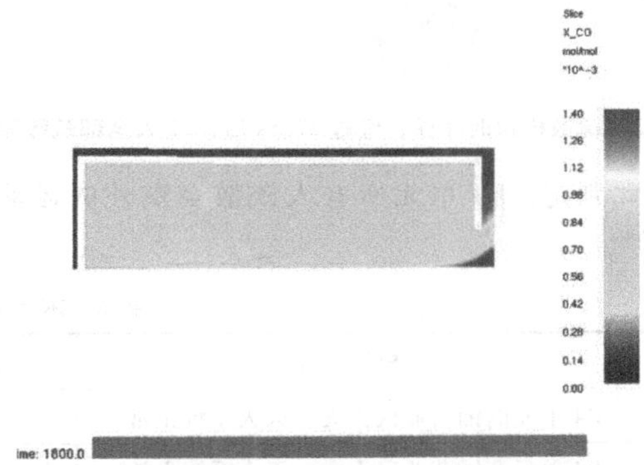

图 9　CO 浓度：在模拟时间 1800s 内，商铺内 CO 浓度小于 1400ppm

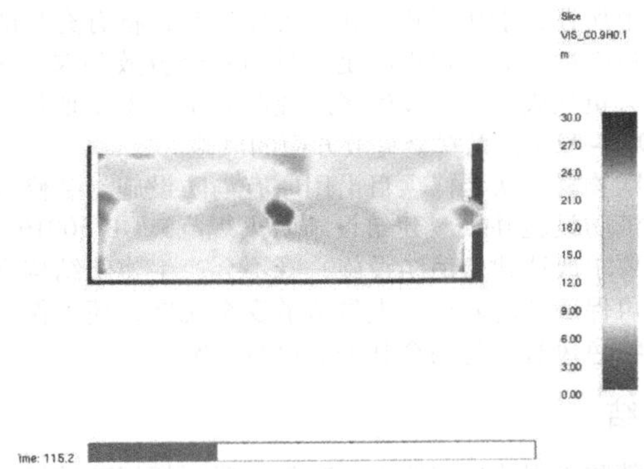

图 10　安全高度能见度：在 115s，营业区安全出口能见度低于 10m

由此判定，在火源功率为 10.0MW，按照 t^2 超快速火增长，灭火系统失效条件下，B4 单元商铺可用安全疏散时间

（ASET）为 115s。

人员疏散采用水力疏散模型，选用 Pathfinder 软件模拟，结果如图 11~图 14 所示。

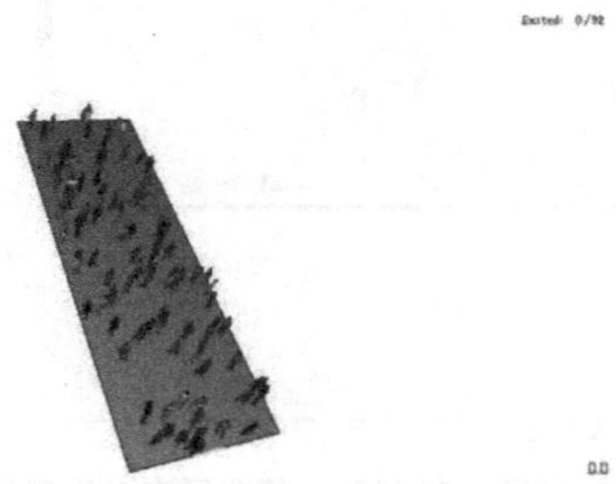

图 11　疏散模拟时序图：第 0s，总疏散人数为 92 人

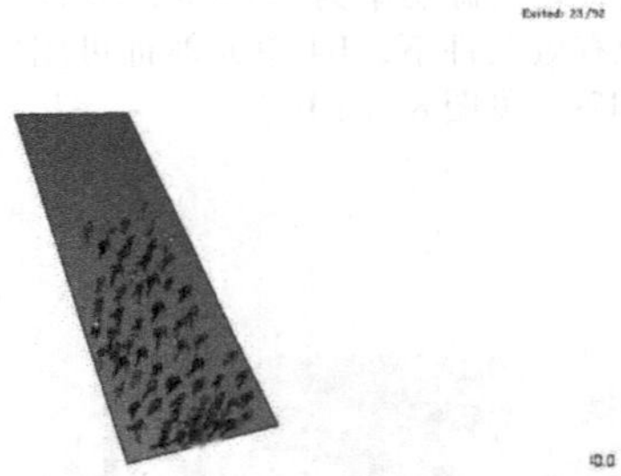

图 12　疏散模拟时序图：经过 10s 后，人员疏散情况

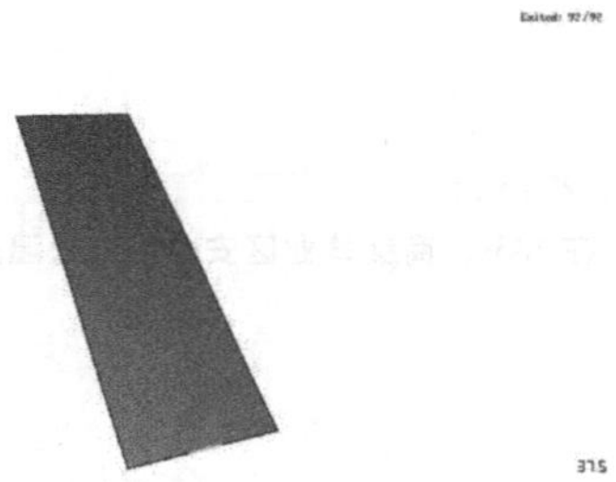

图 13　疏散模拟时序图：经过 37.5s 后，92 人全部疏散完毕

由此判定，B4 单元所有人疏散至室外的运动时间为 37.5s。

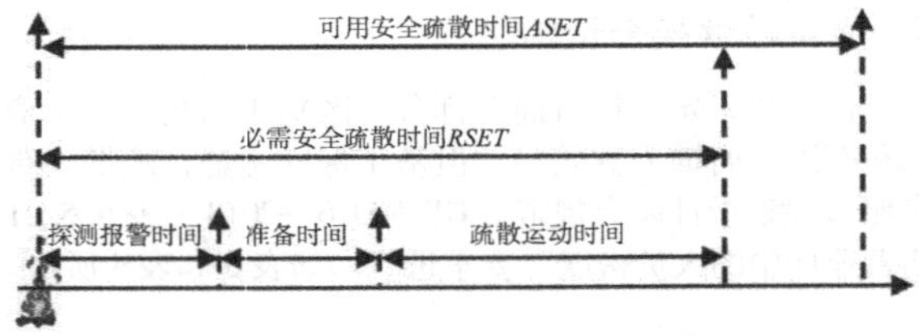

图 14　必需安全疏散时间（*RSET*）组成及其与可用安全疏散时间（*ASET*）关系

应确保在火场环境未达到人员耐受极限之前人员疏散到相对安全的区域，即要求必需安全疏散时间（*RSET*）<可用安全疏散时间（*ASET*）。比对见表 6。

RSET：由探测报警时间（t_{alarm}）、人员反应时间（t_{resp}）和运动时间（t_{move}）三部分组成，并可用式（1）表示。

$$RSET = t_{alarm} + t_{resp} + \alpha t_{move} \tag{1}$$

式中：

t_{alarm}为探测报警时间（从火灾发生到火灾探测与报警装置发出报警信号的时间），单位 s；

t_{resp}为人员反应时间（人员从火灾警报之后到疏散运动开始之前的这段时间间隔，人员反应时间与建筑物所采用的报警系统有关），单位 s；

t_{move}为运动时间（从疏散开始至所有人员进入安全区域的时间，一般通过计算机模拟得到），单位 s；

α 为安全系数，此处取 1.5。

英国 BSI 标准给出了不同用途的建筑内采用各种报警系统时的人员反应时间数据。本项目属于公共建筑，这些人通常处于清醒状态，但对建筑物、报警系统和疏散措施通常不太熟悉，但由于商铺面积小，商铺内视野较为开阔，且沿街布置，人员能迅速发现并处置火灾，无需通过报警系统来提醒人员疏散，但考虑到安全裕量，将报警系统与人员反应时间总和保守设为 30s。

则必需安全疏散时间：

$$\begin{aligned} RSET &= t_{alarm} + t_{resp} + \alpha t_{move} \\ &= 30 + 1.5 * 37.5 \\ &= 86.25\text{s} \end{aligned}$$

表 6　不同火灾场景 *ASET* 和 *RSET* 对比

序号	模拟工况	最大火灾功率/MW	*ASET*/s	*REST*/s	安全判定
1	B4 单元商铺营业区火灾，灭火系统正常	3.0	112	86.25	安全
2	B4 单元商铺营业区火灾，灭火系统失效	10.0	115	86.25	安全

综上所述，沿用老规，在火灾发生时，将有充足的时间用于人员疏散，完全可以满足人员的安全疏散要求。在此前提下，人员从火灾事故发生场所疏散到室外安全地带，时间富余 29%~32%，无安全疏散方面的风险。

该购物村二次装修项目沿用原有消防设施，装修过程结合原有消防设施并按《建筑设施防火规范》GB 50016—2006 的相关要求改造建筑消防设施，既不会产生建筑结构安全隐患，又可保障消防安全，人员疏散安全无虞，还可保持购物村原有特色风貌，是两全其美的可行方案。

5　总结

在消防工程改造实践中，时常会碰到超规范的情况，采用性能化思路，许多问题可以迎刃而解。通过选取典型场景，假设火灾模型，确定疏散人数，人体耐受极限标准设定，进行软件模拟，将可用安全疏散时间和必需安全疏散时间进行对比，得出最终结论。在确保人员安全疏散的前提下，探讨采用性能化解决方案，还是具有实际意义的。

参考文献

[1] GB 50016—2006 建筑设施防火规范 [S].

[2] GB 51251—2017 建筑防烟排烟系统技术标准 [S].

[3] GB 50016—2018 建筑设计防火规范 [S].

[4] 倪照鹏，王志刚，沈奕辉．性能化消防设计中人员安全疏散的确证 [J]．消防科学与技术，2003，22.

[5] 公安部消防局．消防安全技术综合能力 [M]．北京：机械工业出版社，2016.

浅谈对于建筑电气消防系统设计的理解

李 欣[1] 邵珠虹[2] 秦 帅[2]

(1. 日照市建筑设计研究院有限公司，山东 日照；2. 日照航海工程职业学院，山东 日照)

摘 要 随着科技的进步，现代建筑功能越来越复杂，对消防的要求也越来越高。为了保障人们的生命安全，我们电气设计师们应该及时跟进学习关于消防系统配电、控制的知识，以保证设计出来的图纸能够满足相应的联动、手动控制要求，能够使消防系统在火灾第一时间报警、作用、引导人们远离危险环境，将火灾对人们生命财产的危害降到最低。本文主要讨论了应急照明及疏散指示系统及火灾自动报警设备的相关配电与控制设计。

关键词 消防 应急照明与疏散指示系统 火灾自动报警系统 配电与控制

1 引言

对于任何建筑来说，电气安全都是不可忽视的一个问题。随着电气设备的日益普及，在给人们带来方便的同时，也加深了电气火灾可能带来的危害。因此，做好电气消防设计，是整个建筑用电安全的重要前提。

2 我国电气火灾现状

2022年的11月9日是我国的第31个119消防日，根据应急管理部消防救援局发布的2022年度1~10月份全国火灾形势报告，显示与2021年同期相比，2022年全国火灾形势呈现出“一升三降”的特点。1~10月，全国共接报火灾70.3万起，死亡1557人，受伤1769人，直接财产损失58.5亿元，火灾起数有所上升（上升9.7%）、死亡人数、受伤人数和损失同比均有所下降（下降1.6%、13.2%和1.2%），火灾形势总体平稳。从起火的原因来看，排在前4位的火灾类型分别是电气起火（30.7%）、用火不慎（23.6%）、遗留火种（16.2%）和吸烟（11.7%）。由此可见，电气火灾至今仍然在火灾中占着最大的比重，用电安全的形势依旧严峻。

3 消防设计中需要注意的问题

3.1 消防系统的电源

3.1.1 负荷等级

为保证消防系统在火灾时的正常运行，消防电源的设计自然是最主要的。在设计时我们应该与各专业人员确定好工程中各单体的建筑性质、高度、室外消防用水量等条件，来定义消防负荷等级。当所设计项目为宿舍、车库、旅馆等有单独规范要求的建筑时，则应将其特殊的要求与民标中的要求相结合，综合确定建筑物的负荷等级。其中若是有消防控制室、消防水泵房等为整个建筑群消防系统服务的房间，则应按照其所服务范围内的最高负荷等级供电。重要的消防负荷如消防水泵、排烟风机、消防电梯等，应采用独立的回路供电。根据其负荷等级为三、二、一、特级时，再考虑采用单电源、双回路电源、双重电源或者双重电源+应急电源的供电方式。

3.1.2 进线方式

对于建筑群体来说，消防电源与非消防电源的分界点应该设置在配电室中，通过设置独立的消防柜，来保证消防出线回路的可靠性；对于一个单体建筑而言，消防与非消防的区分点应在单体进线柜的出线侧。若是建筑内的消防设备种类繁多，功能复杂，为避免支线跨越防火分区的问题，笔者认为在进线端设置两台单电源消防专用配电箱/柜，在消防设备的末端配电箱实现末端切换是个不错的办法；但对于消防电梯、消防控制室、消防水泵房等重要消防负荷，则仍应采取单独进线的方式配电。

3.2 消防系统的控制

其实为了确保消防设备的可靠性，一般消防设备都要求设置一种以上的控制方式，但是在设计中却经常会出现疏漏。最为常见的应该是忽略了防、排烟风机、预作用阀组、快速排气阀入口前的电动阀、消防泵控制柜的手动控制线等，手动控制线按照规范要求应连接至消防控制室的手动控制盘上[3]。其中风机若采用220V直接启动，通常采用7芯控制电缆；若为24V直接启动则跟预作用喷淋系统和消防泵控制柜同样，选用2~3根控制电线即可。联动启动方式更应选择相应的模块，与火灾自动报警系统实现联动、监控功能。都应有表序和表题

3.3 消防线路的导体选择

根据耐火极限选择导体：我国规范中对于消防用电设备火灾时持续时间有着明确的要求，设计中却往往无法达到。如表1、表2和表3所示[8]，对于甲、乙、丙类厂房/仓库、一类高层建筑、建筑体积大于100000m^{2}的公共建筑和一、二类城市交通隧道的火灾自动报警装置以及消火栓、消防泵及水幕泵来说，设计时就应满足火灾发生时最少持续供电180min的要求，目前仅有矿物绝缘电缆能够满足。对于火灾持续时间不小于120min的场所，应明确标注电缆型号为NJ型，如表4所示[1]，以避免出现建设方错误采购的现象；对于火灾持续时间不小于90min及以下的场所，则可以根据场所对低烟无卤的要求，选用合适的有机耐火电缆即可。

表1 消防用电设备火灾发生期的最少持续供电时间

消防用电设备名称	持续供电时间/min
火灾自动报警装置	≥180（120）
消火栓、消防泵及水幕泵	≥180（120）
自动喷水系统	≥60

作者简介：李欣，男，硕士，日照市建筑设计研究院有限公司，团委副书记、分院总工程师，高级工程师，国家注册电气工程师，国家注册咨询工程师，研究方向建筑消防技术、建筑设备智能化。

续表

消防用电设备名称	持续供电时间/min
水喷雾和泡沫灭火系统	≥30

表 2　消防用电设备火灾发生期的最少持续供电时间

消防用电设备名称	持续供电时间/min
CO_2 灭火和干粉灭火系统	≥30
防、排烟设备	≥90、60、30
火灾应急广播	≥90、60、30
消防电梯	≥180（120）

表 3　不同建筑的设计火灾延续时间

建筑类别	具体类型	设计火灾延续时间/h
仓库	甲、乙、丙类仓库	3.0
	丁、戊类仓库	2.0
厂房	甲、乙、丙类厂房	3.0
	丁、戊类厂房	2.0
公共建筑	一类高层建筑、建筑体积大于 100000m^3 的公共建筑	3.0
	其他公共建筑	2.0
住宅建筑	一类高层住宅建筑	2.0
	其他住宅建筑	1.0
平时使用的人民防空工程	总建筑面积不大于 3000m^2	1.0
	总建筑面积大于 3000m^2	2.0
城市交通隧道	一、二类	3.0
	三类	2.0
城市轨道交通工程		2.0

根据电压要求选择导体：不论是应急照明系统或者火灾自动报警系统，均要求额定工作电压为 50V 以下，在选择导体时应选择电压等级不低于交流 300/500V 的线缆[3]。其中前面的 300V 表示线缆额定电压，后面的 500V 表示线缆能短时间承受的供电电源的电压。而根据笔者查阅资料发现，之前常用的 RVS/RVVP 等线缆电压等级为 300/300V，并不满足规范要求，可能存在着过负荷时电路烧断，影响消防系统正常运行的危险。因此在人员密集场所中，建议大家在 50V 以下的消防回路中，选用 WDZBXN-RYJS（X＝1，2，根据实际使用场所确定）等满足规范要求的线缆，降低火灾危险性。

4　对消防设计的几点建议

4.1　应急照明与疏散指示系统

在集中电源集中控制型系统中，集中电源应引自就近的消防配电箱或是专门的消防应急回路；在集中电源非集中控制型系统中，集中电源则可以引自就近的正常照明回路，断电后由集中电源的市电监测模块动作，转为集中电源为灯具供电[8]。其出线应保证线缆电压等级不低于交流 300/500V。

在集中电源集中控制型系统中，集中电源应引自就近的消防配电箱或是专门的消防应急回路；在集中电源非集中控制型系统中，集中电源则可以引自就近的正常照明回路，断电后由集中电源的市电监测模块动作，转为集中电源为灯具供电。其出线应保证线缆电压等级不低于交流 300/500V。

应注明选用的 EPS、UPS 产品采用与其同寿命周期的安全环保电池，安全性需经过国家认证的第三方安全测试[8]。

说明中明确写出集中控制型系统和非集中控制型系统在非火灾状态下与火灾状态下的自动、手动控制要求，以方便产品功能的配置。

应急照明灯具的布置应考虑工程现场的情况，壁装灯具避免与消火栓箱设置在同侧、吊装灯具设置在人员可视范围内等[9]。以减少施工时不必要的困难，并确保在紧急状况下能够起到引导人们疏散的作用。

4.2　消防常用设备

消防水泵房、消防控制室、消防电梯采用独立的消防专用回路供电。

消防风机控制箱应在平面、系统图中体现出与排烟阀、防火阀、送风口等设备的联动以及风机到消防控制室的手动控制线路。

消防电梯应明确具有自动平层功能。

消防双电源监控点应设置在双电源进线开关后 2 个点以及双电源切换后一个点。

应根据工程实际情况综合选用符合规范要求的电力电缆。

4.3　火灾自动报警系统

应根据工程实际情况，考虑是否设置火灾自动报警系统、电气火灾监控系统、消防电源监控系统以及防火门监控系统等，然后对消防配电系统进行分级，保证火灾自动报警系统的正常可靠运行。

应根据线路类型，选用相应电压等级的线缆。

在设置火灾自动报警设备时，应充分考虑建筑物内部空间结构情况，确保在火灾时系统能够及时掌握火灾发生的位置、现场情况以及蔓延趋势等，通过消防控制室的监控与专业人员的操作，将火灾带来的不利影响控制在最小范围内。

对于切断正常照明电源、火灾警报器、消防广播发出报警等容易引起人们恐慌的动作，建议在确认火情属实的情况下，由消防控制室发出确认指令或者现场手动操作，再进行动作，以免影响火灾时的疏散以及造成不必要的意外。同时，切断非消防电源应及时/准确，以免变压器过负荷致使跳闸，影响其他消防负荷的使用。

5　结语

在建筑类型逐渐复杂的当下，消防系统设计的重要性不言而喻。设计人员应高度重视消防系统的设计，积极与其他专业配合，实现整体消防的可靠运行。只有不断提高建筑电气消防设计的水平，设计出越来越好的方案，才能使人们的生命财产安全得到有效的保障。

表 4 电缆耐火性能

代号	适用范围	试验时间	试验电压	合格指标	试验方法
N	0.6/1kV 及以下电缆	90min 供火+15min 冷却	额定电压	(1) 2A 熔断器不断; (2) 指示灯不熄灭	GB/T 19216.21
	数据电缆	90min 供火+15min 冷却	110V+10V	(1) 2A 熔断器不断; (2) 指示灯不熄灭	GB/T 19216.23
	光缆	90min 供火+15min 冷却		最大衰减增量由产品标准规定或由供需双方协商确定	GB/T 19216.25
NJ	0.6/1kV 及以下外径小于或等于 20mm 电缆	120min	额定电压	(1) 2A 熔断器不断; (2) 指示灯不熄灭	IEC 60331-2
	0.6/1kV 及以下外径大于 20mm 电缆	120min	额定电压	(1) 2A 熔断器不断; (2) 指示灯不熄灭	IEC 60331-1
NS	0.6/1kV 及以下外径小于或等于 20mm 电缆	120min, 最后 15min 水喷淋	额定电压	(1) 2A 熔断器不断; (2) 指示灯不熄灭	附录 A IEC 60331-2
	0.6/1V 及以下外径大于 20mm 电缆	120min, 最后 15min 水喷射	额定电压	(1) 2A 熔断器不断; (2) 指示灯不熄灭	附录 B IEC 60331-1

参考文献

[1] GB 51348—2019 民用建筑电气设计标准 [S].
[2] GB 50016—2014(2018 年版)建筑设计防火规范 [S].
[3] GB 50016—2013 火灾自动报警设计规范 [S].
[4] GB 50034—2013 低压配电设计规范 [S].
[5] GB 55024—2022 建筑电气与智能化通用规范 [S].
[6] GB 55036—2022 消防设施通用规范 [S].
[7] GB 55037—2022 建筑防火通用规范 [S].
[8] GB 51309—2018 消防应急照明和疏散指示系统技术标准 [S].
[9] 19D702-1 应急照明设计与安装 [S].

从某"三合一"场所火灾案例看骑楼消防安全整治策略

苏辰雅　莫亚杰

(海南省海口市龙华区消防救援大队,海南　海口)

摘　要　近年来,全国经营性自建房、电动自行车、电气线路、燃气等火灾呈现多发突发态势。各镇街和村(居)民委员会是消防安全治理的"最后一公里",但在老旧小区、城中村、经营性自建房密集的区域,火灾隐患依旧突出,按照当前基层管理手段和技术水平,难以实时把控消防安全现状,监管难度较大,消防安全治理任务仍十分艰巨。

关键词　"三合一"场所　骑楼　消防安全　火灾　智慧化　策略

为深入贯彻落实各级政府关于加强基层应急管理体系和能力建设要求,不断完善镇街火灾防控体系,夯实基层消防力量基础建设,笔者将根据海南省海口市龙华区建筑分布和火灾防控整体情况,结合中山街道解放东路某临街铺面"9·18"火灾案例,通过采取智慧化措施加强骑楼老街火灾风险防控和治理,打造符合骑楼老街特色的消防安全治理模式,探索消防社会化服务的可行性,以此来解决消防安全治理难题,增强社会单位自主评估风险、自主检查安全、自主整改隐患的意识和能力。

1　火灾情况

2023 年 9 月 18 日 0 时 48 分许,海口市龙华区中山街道解放东路某临街铺面发生火灾,过火面积约 180m²,主要着火物质为日杂百货,火灾共搜救出被困人员 7 名,造成 1 人死亡。火灾原因和火灾损失正在调查统计中。

2　老街消防安全现状

海口骑楼老街位于海口市海甸溪南岸,长堤路以南,龙华路以东,和平路以西,解放西路、文明中路以北,地处旧城区中心地带,主要有得胜沙路、博爱北路、中山路、新华路、长堤路等五条老街,是海口城市的重要发源地。其中最古老的建筑四牌楼建于南宋,至今有 700 多年历史,是国内现今保留规模最大、保存基本完好,极富中西建筑特色的具有南洋风情骑楼建筑群,现存骑楼 600 余栋,主要集中在 12 条街道上,面积 121.3 公顷($1.21km^2$)。2009 年被国家文化部授予"首批十大中国历史文化名街"的称号。

作者简介:苏辰雅,女,海口市龙华区消防救援大队,工程师。
莫亚杰,男,海口市龙华区消防救援大队,助理工程师。

2.1 火灾风险因素

2.1.1 建筑火灾荷载大、耐火等级低。骑楼老街的临街商铺建筑大多已有上百年历史，其中存有不少的木质建筑，建设初期的结构设计早已不满足当前防火要求，后经多年违规改建、扩建、加建等，不仅原有结构遭破坏，又新增很多安全隐患，房屋年老多病现象十分严重。加之店铺内摆放的货品大多是可燃物品，品类多、数量大，一旦发生火灾，将产生大量的燃烧热量和热辐射。

2.1.2 火灾蔓延风险大。商铺之间的防火分隔墙耐火极限不足，室外广告牌和装饰材料采用可燃材料制作，室内多采用木板隔断和可燃的装饰材料。居民楼间防火间距严重不足，几乎外墙贴外墙，墙体上多开设相对的门窗洞口。任一处发生火灾，极易产生火烧连营的现象。

2.1.3 人员安全疏散条件差。多数居民自建房中，房屋纵深十多米，仅有一个出口，从房屋内部到达门口的疏散途中，杂乱摆放着各类家具和物品，火灾时在没有应急照明条件下路径十分昏暗，严重影响人员疏散。夹在两条大路中间的自建房，室外疏散通道宽度仅一米多，有些甚至不足一米，有时还会停放电动自行车，一旦发生火灾，居民逃生十分困难。许多房屋外窗、疏散走道安装防盗网、广告牌、铁栅栏等设施，严重影响疏散逃生和灭火救援行动。

2.1.4 “多合一”场所多。临街商铺不少是集生产、经营、储存和租住多种功能的“多合一”场所。在密集的自建房中，还经营着一些家庭小旅馆，小餐馆，群租房。群租房的房东为满足租户的日常生活需求，通常在狭小的租房内通过随意隔断，设立起居室、厨房与卫生间。多数租户为了节约电费仍会选择使用液化气钢瓶，餐馆厨房使用液化气钢瓶总重超过100kg时，未设立单独的气瓶间。液化气钢瓶使用过程中极其容易发生液化气泄漏，引发一氧化碳中毒、火灾甚至爆炸事故。

2.1.5 电动车违规停放和充电问题突出。电动自行车、电动摩托车、电动平衡车及其蓄电池存放在自建房室内，临街“多合一”商铺内公共区域、疏散走道、楼梯间、安全出口或房间内停放电动车并进行充电。

2.1.6 电气火灾安全隐患大。不少经营者和居民存在使用不合格电器，电器接线头接触不良，电器长时间超负荷运行，线路敷设未使用保护管，线路老化等现象。群租房中的住户通常是多户家庭，私拉电线安装单户电表的现象严重，容易造成电线短路，电线超负荷运载，导致火灾发生。这些住户没有实时监控的技术措施，对于线路是否超载、过温、漏电等情况并不清楚。

2.1.7 居民消防意识淡薄，自救能力弱。主要表现在自建房改仓库储存可燃物品，楼梯间摆放杂物，私拉乱接电线和使用不合格电器，祭拜等宗教活动场所使用香烛时未采取防火措施，无证电焊且电焊作业时未对旁边可燃物进行隔挡。大部分人从未使用过灭火器，不懂正确的使用方法和步骤。发生火灾时不知如何判断是逃还是等待救援。

2.2 消防设施情况

2.2.1 消防车道。骑楼老街区域除长堤路、新华北路、博爱北路、中山路和解放东路的路面较宽可通行消防车外，其余道路十分狭窄，大部分居民楼仅能通过宽度一米左右的窄巷到达，不仅消防车难以到达现场，也不利于救援力量的顺利展开。

2.2.2 消防设施。骑楼老街区域内的养老院、幼儿园、妇幼保健院、影院等火灾危险性较高的单位虽然按照规定分别装有火灾自动报警系统，室内消火栓系统和自动喷水灭火系统、消防防排烟系统以及应急照明和疏散指示系统等消防设施，但多数存在设施损坏缺失、报警线路故障、水系统压力不足、未设置消防标识等问题。其余建筑除配置灭火器外，基本未设置任何消防设施。

2.2.3 消防水源。距离骑楼老街区域500m处有1座景观湖，水量充沛，可作为消防车应急取水点。

2.3 街道办事处、社区居委会消防安全责任落实情况

街道、社区虽然在消防安全责任落实、防火巡查巡检、消防宣传培训等消防工作上做了大量的工作，但面对繁重严峻的基层消防执法任务，在消防安全应急管理方面仍然存在比较明显的短板和漏洞，主要表现在以下几个方面：

2.3.1 消防监管力量不足。骑楼老街区域内的建筑点多面广，消防监管工作需要工作人员长期且深入地不间断开展。居民既有危房和违章建筑存量较大，消防隐患整改需要耗费大量时间和精力，且往往效果欠佳。大量的“多合一”场所存在很强的隐蔽性和动态性，很容易发生失控漏管现象。以中山街道办事处为例，街道办的武装部负责安全生产和消防安全管理工作，消防工作是其中很小的一项职能，消防安全监管力量被削弱，投入到消防安全监管工作的力量严重不足。

2.3.2 缺少专业消防安全管理能力。中山街道办没有确定专职消防安全管理人员，兼职人员对消防工作掌握不到位，工作业务水平较低，加之其有本职工作，无法定人定责，又不具备消防执法权限，导致消防监督检查工作开展成效不高，造成消防管理工作“不懂管”“不敢管”“不会管”。

2.3.3 缺乏先进的管理工具和手段。街道综治、社区、网格等信息化管理平台并未开发消防安全管理模块，消防工作不能有机融入基层综合治理体系，基层部门管理服务资源和社会治理“人、地、事、物”等关联数据信息得不到综合运用。当前街道仍然采用实地检查，纸质记录，电脑手动收录和整理等较为传统的工具和手段来开展消防安全管理工作。易存在检查不全面、信息记录不详细、效率低下和信息不共享等问题。发生火灾事故后，由于缺少工作痕迹化管理，责任难倒查，问题难整改。

2.4 消防救援力量

居仁坊社区设有微型消防站，站内人员皆由社区工作人员兼任。站内配置的1辆消防摩托车，行驶速度较慢。当火灾事故发生时，微型消防站的救援力量很难在第一时间到场进行有效处置，容易错过最佳救援时间。加之存在缺乏完善的监控预警机制、初期事故不易发现、应急救援装备不足、社区居民和服务人员应急技能不足等方面问题，很难对辖区

发生的火灾进行有效处置。政府长堤消防救援站位于骑楼老街1km以内，配有水罐车、泡沫车等多辆消防车，可有效处置街区火灾。但基于骑楼老街火灾时火势蔓延快和道路通行难的情况，大中型消防车难以在火灾初期阶段到达现场。

3 解决方案

为全面提升海口市骑楼老街消防安全管理能力，在现有条件下逐步完善消防安全现状，破解消防安全治理“最后一公里”的难题。在历史遗留问题逐步解决完善的过程中或者无法完善的情况下，通过尝试新的治理格局，推进消防责任履职能力，做到系统性开展隐患排查治理和防范化解风险，全面形成政企协同、专兼互补的消防力量格局，真正提高社会公众应急意识和自救互救能力，切实提升社会消防治理体系和治理能力现代化水平。

3.1 消除现有火灾隐患

修复消防设施故障，使其合规运行。使用防火隔墙或防火门窗对建筑之间进行防火分隔，阻挡火势蔓延。普及灭火器的配置，培训使用方法。增加使用自来水为灭火水源的轻便消防水龙配置数量，作为初期灭火的设施。设置消防安全标识，对消防车通道逐一划线、标名、立牌，实行标识化管理，确保消防车通道畅通。在自然水源处建设消防车取水点，保障火灾时的不间断供水。室外设置电动自行车集中停放、充电区域，或其停车雨棚与自建房建筑外窗、安全出口距离不小于2m，停放电动车的位置适当选用悬挂式超细干粉灭火器作为灭火设施。在设有防盗网的地方开设不低于1m×1m的逃生窗口或逃生通道。

3.2 构建街道消防安全治理体系

基于政府监管力量不足和专业水平程度不高的现实情况，可引入社会力量开展消防社会化服务，利用第三方企业先进的平台产品和专业的技术能力，通过“技防、物防、人防”相结合的方式，补充政府监管的薄弱环节，构建街道消防安全治理体系的双循环运行机制，协助街道落实消防安全责任，降低火灾风险，提升消防安全管理效能，增强火灾风险精准防控能力。服务企业将针对骑楼老街区域的风险特点，协助街道办和社区建立常态化全员消防培训制度，落实重点人群分级分类培训，提升全民消防安全意识和自防自救能力。推进消防疏散演习，保障在极端情况下现场人员的专业素养，小火及时扑灭，大火及时疏散，压低火灾造成的人员财产损失隐患。

3.3 前端搭建消防物联网监测设备

在各类场景安装前端无线传感器，构建无线传感网络，结合建筑现有的自动报警系统和自动灭火系统等消防设施，实现检测报警和自动灭火的无缝衔接。在经营场所内安装无线探测设器、无线手报通信、视频监控等前端探测设备；针对燃气使用场所，加装可燃气体报警装置；针对商户和居民用电负荷不同，在各商户和居民电气线路加装电气火灾监测装置；针对水系统管网，加装水压监测装置；使用视频识别技术，监控消控室离岗、消防通道堵塞、现场明火等火灾安全隐患。通过安装各类消防物联网检测设备，对各类消防隐患区域及消防设施系统运行进行远程、集中、实时、联网监测，及时发现和处理各类漏电、过载、温度升高等电气火灾隐患。

3.4 架设云端服务平台

以消防安全科技为核心，以物联网、云计算、大数据等技术为支撑，打造涵盖消防安全评估、消防设施监测报警、消防工作执行情况管理、维保检测、消防培训等多项业务在内的全链条、消防安全管理服务平台。平台接收各类前端设备实时采集的数据并运用大数据分析技术进行深入挖掘和分析，数据经过处理后发送到相应的应用客户端。

3.5 多终端的软件应用

各类别的消防安全工作人员可通过电脑网页或手机客户端实时掌握自身消防安全态势，执行日常巡查、隐患管理、报表分析等消防安全管理工作。基于信息化手段的支撑，实现日常消防工作的数字化，所有线下工作、消防安全信息等都可转换成数字指标呈现在系统上，为管理者进行日常巡查监管、考核评价等提供数据支撑，全过程留痕、可回溯管理，使消防管理及风险防范更加高效、精细、便捷。

3.6 建立消防安全数据体系

建立科学完备的消防安全数据体系，形成有价值的数据汇聚平台，积累和提供标准化数据辅助决策，实现实时化、智能化的消防安全风险评估，提高了预测、预警能力，形成消防设施实时监测、工作人员规范管理、火情信息及早预警、安全隐患精准排查、突发事故及时处置等闭环管理体系，使风险隐患可防可控，以市场管理的精细化、标准化、可视化、便捷化和规范化管理助力提升骑楼老街的核心竞争力。

3.7 “保险+消防”新模式

搭建风险管理平台、建立风险管理体系，实现消防安全风险管理从“灾后追责”到“事前防范+灾后补偿”的转变。按照“保险+服务”模式，将临街商铺、企业单位、住宅小区的消防设施设备维护管理职能推向市场，由专业机构帮助业主单位共同担起消防设施维护责任。保险内容包含消防设施财产损失险、人身险和家财险。如因自然灾害（例如台风、暴雨等）或意外事故（火灾、爆炸、盗窃等）、设计、制造或安装错误、铸造和原材料缺陷造成的消防设施财产损失和机器损坏，工人、技术人员操作错误、缺乏经验、技术不善、疏忽、过失、恶意行为导致的消防损坏；因离心力引起的断裂；超负荷、超电压、碰线、电弧、漏电、短路、大气放电、感应电及其他电气原因等引起被保险的消防设施发生损坏都可以进行赔付。另外，在消防托管服务区域范围内发生火灾事故，致使服务对象及第三者遭受人身损害或直接财产损失的也可以得到保险赔偿。

3.8 配置微型应急服务站

微型应急服务站以救早灭小、三分钟到场、扑救初起火灾为目标，完成突发事故初期救援任务。应急服务站除配备齐全的消防救援和应急抢救物资外，还可将饮水机、共享充电宝等集成为一体装置，为社区居民带来多样化的贴心服务，以满足社区安全治理、消防处置、日常生活等不同应急需求。服务站内常备灭火器材、人员防护、医疗救助等不同类型应急救援设备，具体包括水枪、灭火器、照明灯、水带、防护服、安全绳、医疗急救箱等近二十种产品，折叠梯、电钻、电锤等居民家中不太常备的应急工具也可以配备在内。服务站使用智能化管理系统，实现扫码开柜、物资溯源、人员管理、视频监控、应急播报等功能。当紧急情况发生时，市民可以通过扫描二维码，获取、归还物资；支持远程开锁和位置定位，为提升第一响应能力，及信息共享、协调联动提供可能；嵌入式LED显示屏可服务于安全宣教工作，及时发布应急、消防等相关动态信息，极大提高社区服务的智能性和灵活性。

4 结束语

本文结合海口市龙华区中山街道解放东路某临街铺面“9·18”火灾案例，以火灾为出发点，以问题为导向，阐述了如何通过科学、合理、可操作性的智慧化消防整治策略，加强顶层设计、源头把控，压实主体责任，确保骑楼老街区火灾形势持续平稳，筑牢辖区安全防线。

参考文献

［1］中华人民共和国消防法，2019.

［2］建筑防火通用规范，GB 55037—2022.

［3］消防设施通用规范，GB 55036—2022.

［4］住宿与生产储存经营合用场所消防安全技术要求，XF 703—2007.

混合（水和惰性气体）灭火系统标准分析研究

王悦倩 王延旭

（中国人民警察大学研究生院，河北 廊坊）

摘 要 近年来，细水雾系统中作为雾化介质的气体用量逐渐增加，已经无法确定该双流体系统为细水雾系统还是气体系统，而国际 FM5580 标准通过干基氧浓度将双流体系统划分为细水雾系统、气体系统和混合系统。因此，本文将对 FM5580 混合（水和惰性气体）灭火系统标准进行解读分析，为国内的双流体细水雾系统提供参考依据。该标准通过一系列的试验预测和测量，将干基氧浓度作为系统分类的标准，当氧浓度低于 12.5% 时为气体系统，氧浓度高于 16% 时为细水雾系统，氧浓度在 12.5%~16% 之间时为混合系统。并且该标准对混合系统提出要求，对于系统持续释放时间不低于 10min，灭火时间在 5~8min 内的安全系数为 20%。

关键词 FM5580 双流体系统 混合系统 氧浓度 持续释放时间 安全系数

1 引言

随着消防技术的发展，细水雾系统最开始加入惰性气体与水结合形成双流体系统，其中气体的作用是实现水滴雾化的效果，但是随着越来越多的惰性气体加入，该系统逐渐变得像一个气体灭火系统。由于细水雾系统和气体系统的灭火特性以及它的安全系数和系统释放时间要求差异较大，因此需要有一个标准去评定这些系统是属于细水雾系统、气体系统还是混合系统。

双流体系统的灭火机理是依赖水进行表面冷却、窒息和隔热，加入的惰性气体不帮助灭火，仅作为一种雾化水的方式[1]。而混合系统是在水本身的灭火效果基础上，气体也是促成灭火的一个因素。英国伦敦在 2009 年的第九届国际细水雾会议介绍提出了新的标准 FM5580 混合（水和惰性气体）灭火系统，该标准是一种含细水雾和惰性气体的双流体灭火系统进行分类的试验方案和对应的系统分类标准，并讨论了混合灭火系统所需要的系统安全系数和持续释放时间[2]。

FM5580 标准是参考 FM5560 细水雾系统标准的机械外壳试验模型来进行试验设计，为试验每个测试的规范提供具体的标准，并在细水雾标准的基础上提高地板的保护措施，在试验测试性能方面有所区别。NFPA 770 也是一个混合灭火系统标准，该标准主要是基于 FM5580 的标准提出的一个新标准，经过一系列的修订和完善最终在 2020 年批准为美国国家标准，其中包括混合系统的定义、设计、安装、操作和维护等要求，此标准不用于惰性气体作为雾化水方式的灭火系统[3]。因此，FM5580 标准中的试验测试是所有混合灭火系统研究的基础，本文将对该标准中的试验测试进行分析总结，为国内的双流体系统区分为细水雾系统、气体系统和混合系统提供参考依据。

2 FM5580 中的试验测试

2.1 试验模型设计

标准 FM5580 是根据细水雾系统标准的试验模型进行试验测试，仅适用于保护外壳内机械和燃烧涡轮机的全淹没应用[4]。火灾试验是在 260m^3 的机械外壳模型中进行，外壳模型的具体结构如图 1 所示，外壳采用四个双流体喷嘴系统进行保护，喷嘴的间距为 3.66×3.66m，以天花板为中心对称地安装在外壳天花板下方。

试验使用柴油和庚烷作为燃料，以 1MW 和 2MW 的火灾热释放率进行测试。试验中的屏蔽喷雾的灭火装置如图 2 所示。在燃料喷嘴前方的 0.25m 处放置一个三热电偶树用于火焰温度的测量，三个热电偶分别位于地板上方的 1.62m、3.26m 和 4.82m 处。

2.2 试验结果

2.2.1 系统灭火时间与灭火时的氧浓度

在四个火灾场景下进行试验测试，分别控制火焰的热释放速率、燃料类型以及门是否打开三个因素来测量点火后灭火系统释放的时间和灭火的时间，表 1 给出了不同的试验场景下的试验结果。

作者简介：王悦倩，女，中国人民警察大学，硕士，资源与环境专业防火工程方向。

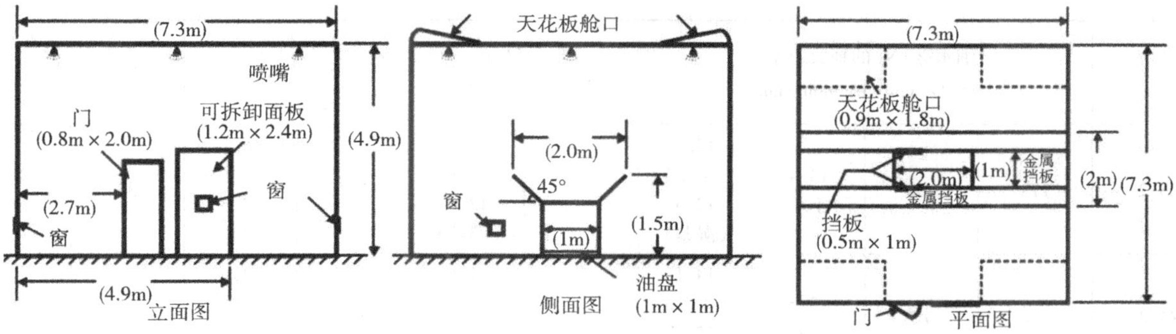

图 1 260m³ 的系统特性测试外壳

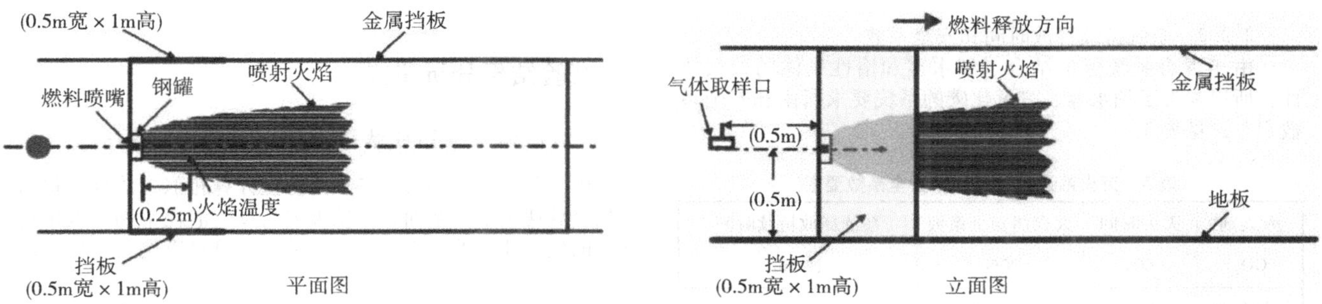

图 2 屏蔽喷雾灭火装置

表 1 试验的不同火灾场景与结果

试验	喷射火焰的热释放速率/MW	燃料	0.9×2.2m 门是否打开	点火后系统释放时间（预燃烧）/s	点火后灭火时间/s
D3.2	1	柴油	否	18	125
D3.4	2	柴油	是	21	65
E3.2	1	庚烷	否	20	173
E3.4	2	庚烷	是	21	86

表 2 列出了在四种火灾试验场景下，双流体系统（细水雾+N_2）、双流体系统中仅释放 N_2 和仅释放细水雾的情况下的灭火时间和灭火时的 O_2 浓度，以及与双流体系统（细水雾+N_2）的灭火时间 72s 相匹配的仅细水雾系统所需的用水量和预测灭火时的 O_2 浓度，该情况下的细水雾释放速率为 45L/min，以下用仅细水雾（与其匹配）来表达。在仅细水雾（与其匹配）的情况下要达到细水雾+N_2 的灭火效果所需的用水量远远高于双流体系统所需的用水量。

表 2 试验测量和预测的灭火结果

	细水雾+N_2 的释放速率：15.1L/min+16.98m³/min				假设仅有 16.98m³/minN_2		假设仅有 15.1L/min 细水雾		假设仅细水雾与其匹配的情况（细水雾和 N_2 的灭火时间）	
试验	测量灭火时间/s	预测灭火时间/s	测量灭火时的 O_2 浓度/%	预测灭火时的 O_2 浓度/%	预测灭火时间/s	测量灭火时的 O_2 浓度/%	预测灭火时间/s	预测灭火时的 O_2 浓度/%	所需的用水量/L/min	预测灭火时的 O_2 浓度/%
D3.2	125	101	—	14.6（干基）12.3（湿基）	113	12.3（干基）12.0（湿基）	124	16.1（干基）12.5（湿基）	35	18.0（干基）
D3.4	65	73	—	14.0（干基）12.2（湿基）	84	12.5（干基）12.0（湿基）	88	14.9（干基）12.4（湿基）	45	16.7（干基）

续表

	细水雾+N_2 的释放速率：15. 1L/min+16. 98m^3/min				假设仅有 16. 98m^3/minN_2		假设仅有 15. 1L/min 细水雾		假设仅细水雾与其匹配的情况（细水雾和 N_2 的灭火时间）	
E3. 2	173	100	14. 4 （干基）	14. 6 （干基） 12. 3 （湿基）	112	12. 4 （干基） 12. 0 （湿基）	122	16. 2 （干基） 12. 6 （湿基）	35	18. 0 （干基）
E3. 4	86	72	13. 5 （干基）	14. 1 （干基） 12. 3 （湿基）	83	12. 6 （干基） 12. 1 （湿基）	87	14. 9 （干基） 12. 4 （湿基）	45	16. 8 （干基）

2. 2. 2　系统持续释放时间和安全系数

由于混合系统保护结合了细水雾和惰性气体的灭火特性，所以参考了细水雾、二氧化碳的系统要求指南和安全系数[5][6]，见表 3。

表 3　灭火系统释放时间和安全系数要求

灭火剂	灭火时间	灭火剂安全系数	系统释放持续时间
CO_2	60s	20%	10min
惰性气体	60s	20%～30%	10min
细水雾	无要求	无要求	2 倍灭火时间或 10min

但同时考虑到混合系统的灭火效率远远高于传统的细水雾系统，因此根据所有试验中最长的灭火时间，确定了混合系统的系统释放持续时间和安全系数，见表 4。

表 4　混合系统释放时间和安全系数要求

灭火时间	释放时间	灭火剂安全系数
0～5min	10min	无要求
5～8min	10min	20%
大于 8min	无要求	

表 5 列出了试验中最长灭火时间小于 5min、5～8min 和大于 8min 时，细水雾系统和混合系统所需释放的持续时间以及试验测试所安装的喷头数量。

表 5　灭火剂安全系数为 20%的试验结果

	水	N_2	测试喷头数量	最长灭火时间	系统所需释放持续时间	安装的喷头数量
细水雾系统	3. 8L/min	—	4	4min 7min 9min	10min 14min 18min	4 4 4
混合系统	3. 8L/min	4. 25m^3/min	4	4min 7min 9min	10min 10min 不允许/试验失败	4 5 不允许/试验失败

3　试验结果分析研究

3.1　双流体系统划分结果分析

由于柴油和庚烷火灾场景的模型计算相似，并且在相同的热释放速率下，柴油和庚烷火灾的氧气消耗率和二氧化碳和水的生产速率差异不大，因此试验中只对庚烷火灾场景进行讨论[7]。

图 3 中（a）是在场景 E3. 2 下分别比较了预测的气体温度与测量的热电偶温度，预测和测量的氧浓度和灭火时间。在火焰燃烧的前 20s 内，预测的气体温度与 3. 26m 和 4. 82m 处测得的气体温度大致相同。在 20s 时系统释放，预测的气体温度持续升高，直到 100s 后预测的气体温度迅速降低，测量的灭火时间是 173s，而测量的热电偶温度在灭火期间保持相对稳定。

由于系统释放后热电偶表面淋湿，因此预测的外壳内实际气体温度会高于热电偶温度。预测的灭火时间为 100s，灭火时的干基氧浓度为 14. 6%，而测量的灭火时间为 173s，灭火时的干基氧浓度为 14. 4%。两者在灭火时间上相差较大，但对于灭火时的氧浓度是具有可比性的。

图 3 中（b）是在场景 E3. 4 下进行比较，预测的气体温度与系统释放前的热电偶温度时基本一致，在系统释放后，预测的气体温度始终高于灭火前测量的热电偶温度。在系统释放后，热电偶温度持续升高，说明在系统释放后，释放细水雾的量不足以降低气体温度。在该场景下预测的灭火时间为 72s，灭火时的干基氧浓度为 14. 1%，测量的灭火时间为 86s，灭火时的干基氧浓度为 13. 5%，两者相差不大。

图 3 中（c）是在场景 E3. 4 下对比双流体系统中仅 N_2、仅细水雾、仅细水雾（与其匹配）和细水雾+N_2 的四种释放方式的灭火情况。对于灭火前的气体温度四种情况分别为仅 N_2>仅细水雾>细水雾+N_2>仅细水雾（与其匹配），其中预测灭火时的干基氧浓度仅细水雾（与其匹配）达到了 16. 8%，然后是仅细水雾的 14. 9%，细水雾+N_2 的 14. 1%和仅 N_2 的 12. 6%，细水雾+N_2 在灭火时间、干基氧浓度都是处于仅细水雾和仅 N_2 两者之间，这就再次证明了在试验中的双流体系统同时释放细水雾+N_2 在灭火方面具有水气混合的灭火特性。

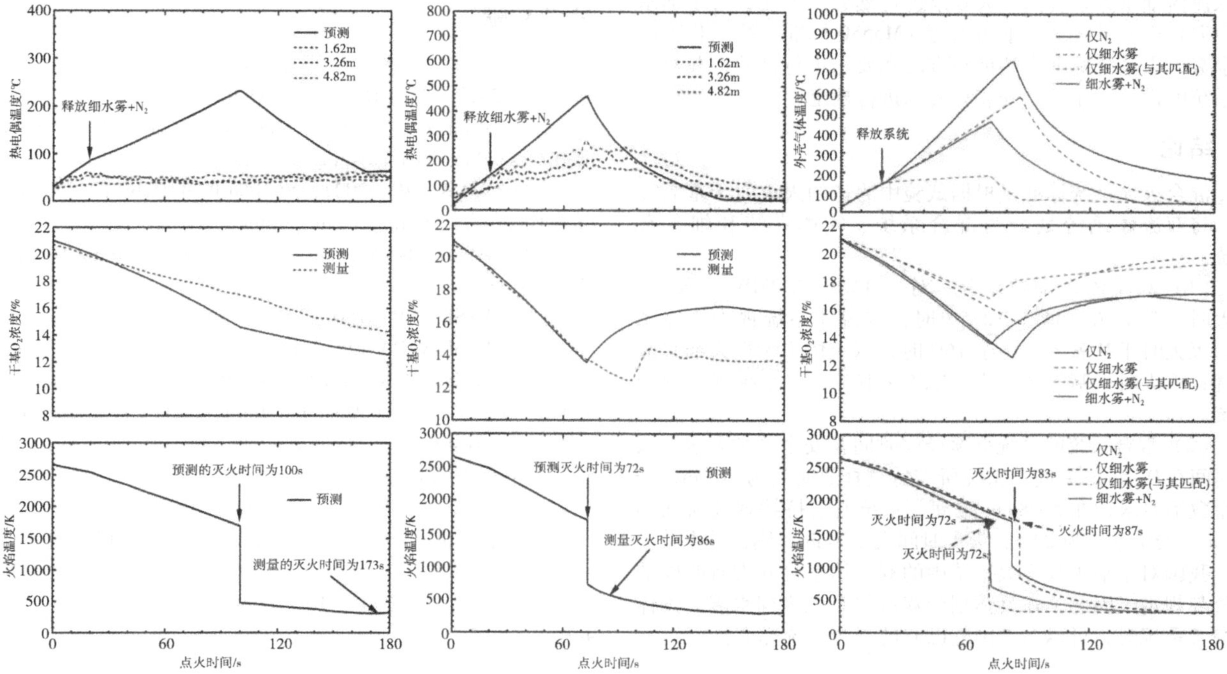

图 3　双流体系统的灭火情况

从以上试验预测和测量数据可以得出，细水雾+N_2 表现出的灭火效果介于 N_2 系统和细水雾系统，在火焰熄灭时的外壳的气体温度和灭火时的干基氧浓度二者都是介于 N_2 系统和细水雾系统之间的中间值。由于在有细水雾存在的情况下难以测量外壳气体温度，因此干基氧浓度是区分混合系统与气体系统和水雾系统的最佳的参数。

对于 D3.2 和 D3.4 或 E3.2 和 E3.4 四种试验场景，如表 2 所示，在仅 N_2 释放的情况下，灭火时的干基氧浓度在 12.3%~12.6%之间。因此，12.5%的干基氧浓度是确定双流体系统是混合系统还是气体系统。对于细水雾系统，灭火时的氧浓度由细水雾的冷却量和外壳内燃烧产物对空气的破坏程度决定。因此有效的细水雾系统氧浓度预测是在门关闭的情况下进行的。在 D3.2 和 E3.2 的场景中的灭火前的干基氧浓度没有下降到 16%以下。由于饱和水蒸气浓度较高，所以灭火时的干基氧浓度会高于 16%。

在 E3.2 场景中，双流体系统测量的灭火时干基氧浓度为 14.4%，情景 E3.4 中干基氧浓度为 13.5%。在 D3.2 和 D3.4 或 E3.2 和 E3.4 场景下，双流体系统在灭火时预测的干基氧浓度分别为 14.6%、14.0%、14.6%和 14.1%。而对于仅细水雾系统，为了匹配在不同火灾试验场景下测量的双流体系统的灭火时间，预测的干基氧浓度为 16.7%~18%，远高于双流体系统。

3.2　系统持续释放时间和安全系数结果分析

对于气体系统，CO_2 的安全系数为 20%，惰性气体的安全系数为 20%~30%。细水雾系统不需要对灭火时间和安全系数做要求，但系统持续释放的时间需为灭火时间的两倍但不小于 10min。混合系统与气体系统和细水雾系统的灭火时间和系统持续释放的时间不同，因此标准规定混合系统的持续释放时间为 10min，灭火剂安全系数确定为 20%。

灭火时间在 0~5min 之间的，灭火时间与系统释放持续时间的相差较大，因此对于灭火剂的安全系数不做要求，且系统释放持续时间为最低要求 10min，见表 4。

灭火时间在 5~8min 之间的，混合系统需要遵循 20%的灭火剂安全系数，但系统持续释放时间为 10min，达不到灭火时间的要求。因此可以通过减少喷嘴的间距、减少受保护的外壳面积、或增加喷头数量来提高安全系数，而不能仅通过增加单个喷头的 N_2 或细水雾水的释放量，试验中采用增加一个喷头数量来确保灭火剂的安全系数。

如果灭火时间超过 8min，则灭火时间与所需的 10min 系统释放时间之间的差值大大缩短，已经无法遵循 20%的灭火剂安全系数，因此此次试验失败。

最后，试验中混合系统释放的时间最低为 10min，灭火剂的安全系数为 20%，且安全系数不适用于试验的灭火时间小于 5min 和灭火时间超过 8min。

4　讨论

在我国现行的细水雾灭火系统标准中，细水雾按照流动介质的类型分为单流体细水雾和双流体细水雾，且双流体灭火系统中的气体仅作为雾化水滴的作用，并不实现灭火效果。因此，对于加入的气体量过多，使细水雾既有细水雾的灭火特性又有气体灭火特性的情况没有明确的划分。

在我国细水雾灭火系统标准中，氧浓度的要求为试验中空气的含氧量不能低于正常条件下的 0.5%，且细水雾释放前燃烧引起的氧浓度变化不能超过 1.5%。由于细水雾喷射进火焰时，随着水滴的迅速汽化，导致水蒸气含量迅速的增大，因此细水雾灭火后的氧浓度减少到 16%~18%，该氧浓度含量与 FM5580 中的仅细水雾灭火的含量一致[8]。

在我国现行的气体灭火系统标准中，对于全淹没式的二氧化碳灭火系统对于释放时间的要求为不应大于 1min，在固体深位火灾时，释放的时间不应大于 7min 且在 2min 内二氧化碳的浓度应达到 30%。惰性气体灭火主要在于窒息，在惰性气体中二氧化碳的惰化效果比其他的惰性气体更佳。二氧化碳的阻爆临界氧浓度为 14.6%，灭火的临界氧浓度为 11.5%，而氮气的阻爆临界氧浓度为 12%，灭火的临界氧浓度为 9.5%[9]。FM5580 标准中的气体系统灭火时氧浓度规定为 12.5%以下，我国惰性气体灭火的临界氧浓度在此范围内。

我国在双流体细水雾系统的标准还处于空白阶段，并无对双流体细水雾系统的灭火效果进行划分。因此，对于细水雾中混合灭火系统的标准可参考 FM5580 标准，按照我国的细水雾灭火系统标准中的试验方法和要求进行试验，并对混合系统的设计、布置、安装等要求进行规定。

5 结论

混合灭火系统标准是根据试验中测量的灭火时干基氧浓度，将双流体系统划分为混合系统、气体系统和细水雾系统。

（1）双流体系统的划分：对于 1MW 和 2MW 的火灾，灭火时干基氧浓度低于 12.5%时，双流体系统视为气体系统；灭火时干基氧浓度高于 16%时，双流体系统视为细水雾系统；灭火时干基氧浓度在 12.5%～16%，将系统视为混合系统。

（2）混合系统的系统持续释放时间及安全系数要求：灭火时间在 0~5min 之间，系统所需持续释放时间为 10min，安全系数不要求；在 5～8min 之间，系统所需持续释放时间为 10min，安全系数为 20%；灭火时间大于 8min，则试验失败。

我国对于细水雾灭火系统中的双流体系统并没有明确的划分与规定，因此，在具体划分双流体系统为细水雾、气体或混合系统时，可以参考国外已有的混合系统标准。

参考文献

［1］李勇．细水雾灭火机理及应用探讨［J］．化工安全与环境，2022，35（18）：13-16+20.

［2］Number C. Approval Standard for Hybrid（Water and Inert Gas）Fire Extinguishing Systems［J］.

［3］NFPA 770—2021，Standard on Hybrid（Water and Inert Gas）Fire-Extinguishing Systems.

［4］Approvals A. American National Standard for Water Mist Systems［J］.

［5］ANSI/NFPA 750—2010 水雾防火系统的标准［S］.

［6］ANSI/NFPA 12—2011 二氧化碳灭火系统标准［S］.

［7］Yu H Z，Kasiski R，Daelhousen M. Characterization of Twin-Fluid（Water Mist and Inert Gas）Fire Extinguishing Systems by Testing and Modeling［J］. Fire Technology，2015，51（4）：923-950.

［8］梁清水，梁清泉，徐文毅．细水雾特性及其灭火机理分析［J］．消防科学与技术，2005（04）：447-451.

［9］张春华，王继仁，张子明，等．液态二氧化碳防灭火装备及其工程应用［J］．科技导报，2013，31（18）：44-48.

地下电动汽车库防火单元水幕阻烟效果的数值模拟研究

王延旭　王悦倩

（中国人民警察大学研究生院，河北　廊坊）

摘　要　近年来，电动汽车普及率在全国范围内迅速上升，地下车库作为其停放和充电的重要场所，其安全问题受到社会的广泛关注。一旦电动汽车在车库内起火，其后果将比室外火灾更为严重。本文采用 FDS 建立了电动汽车地下停车库某防火单元（40m×25m×3.5m）模型，在相邻防火单元边界处施加不同喷水强度的水幕，研究被保护防火单元的烟气温度、CO 浓度和能见度变化，重点分析不同喷水强度对水幕阻烟效果的影响。结果表明，在地下电动汽车库防火单元边界处，按规范规定值设置水幕，CO 浓度、能见度会对人员疏散带来较大影响；在不低于喷头最小工作压力的条件下，适当降低喷水强度可以实现较好的阻烟效果，为人员疏散争取时间。因此，根据不同场所下的不同火灾场景，水幕参数的设置存在一个合适范围，在进行水幕系统设计时需综合考虑和具体对待。

关键词　地下电动汽车库　防火单元　水幕系统　喷水强度　阻烟隔热

1 引言

随着现代城市建设的发展和电动汽车（EVs）普及率的上升，大量电动汽车都停放在配备充电设施的地下车库中。电动汽车一旦在地下车库内起火，有毒烟气蔓延迅速，给疏散和扑救带来极大的困难。《电动汽车分散充电设施工程技术标准》[1]规定，地下汽车库内集中布置的分散充电设施区需设置单独的防火单元最大允许建筑面积为 1000m^2，每个防火单元应采用耐火极限不小于 2.0h 的防火隔墙或防火卷帘、防火分隔水幕等进行分隔。然而《汽车库、修车库、停车场设计防火规范》[2]规定，设置自动灭火系统的汽车库，其每个防火分区的最大允许建筑面积不应大于 4000m^2，即一个防火分区可以设置 4 个防火单元，每个防火单元都要进行防火分隔，从安全疏散的角度分析，防火单元之间如用防火隔墙或防火卷帘隔开，会造成某些防火单元内没有楼梯或疏散距离易超过 60m，不满足规范要求。因此考虑疏散、排烟等消防要求，防火分隔水幕是防火单元经济可行的防火分隔措施。

针对水幕系统阻烟隔热的效果，部分学者进行了相关研究。方珊珊等[3]通过实验得出水幕系统能有效阻止有毒气体的扩散；孙佳韵等[4]研究隧道内水幕应用，发现当喷头排距为 3m 时，设置两排喷头烟气阻隔效果最好。杨丙杰等[5]通过大空间实验，发现当喷头安装高度为 18m 时，需将防火分隔水幕系统的喷水强度提高至 2.2L/（m·s）。姜学鹏等[6]采用数值模拟的方法研究水幕系统在城市地下道路应用，发现随着喷水强度的增加，降温效果提高，但隧道能见度变低，其挡烟效率也出现下降。

对于防火分隔水幕系统设计的基本参数，《自动喷水灭火系统设计规范》[7]仅规定了水幕安装高度不超于 12m 时的系统工程应用参数，地下电动汽车库的高度通常在 3.2~4m，按规范值设计水幕能否实现较好的阻烟效果，因此，有必要对水幕系统在该场景下的阻烟效果进行研究。

作者简介：王延旭，男，中国人民警察大学在读硕士研究生。

2 数值模拟计算

2.1 物理模型

物理模型是某商业综合体地下一个长 40m×宽 25m×高 3.5m 的地下电动汽车库，如图 1 所示，在 X=40 处设置线形水幕系统，右侧边界开放。模拟火灾发生时，水幕系统对火灾烟气的阻隔效果，即水幕对背火侧的保护效果。

2.2 火源场景设定

热释放速率是火源场景设定的重要参数，Sungwook 等[8]通过全尺寸试验测得纯电动汽车的热释放速率为 5.99～7.66MW。本文考虑一辆小型电动汽车起火的情况，取热释放速率为 6MW，火源位置位于防火单元中心处，火源设为超快速 t^2 火，火灾增长系数为 0.187。

2.3 水幕参数设置

《自动喷水灭火系统设计规范》要求，喷头间距应该介于 1.8～3.6m 之间，喷头与端墙的距离介于 0.1～1.7m 之间；采用开式洒水喷头时，喷头不应少于 2 排。本文将水幕设置在防火单元边界（$X=40$）处，采用 K=80 的开式洒水喷头，喷头距端墙 0.8m 布置两排，排距 3m，喷头间距 1.8m 交错均匀布置，喷头喷射角度设置为 80°，在烟气开始侵入相邻防火单元时（100s）启动水幕。

2.4 测点及切片布置

测点的空间布置如图 1 所示，共设 A、B、C、D、E 组及其两侧测点，在垂直方向上，距地面 0.5m 处起，每隔 0.5m 设一个测点，自上而下编号为 R1-R7，分别测量不同高度上的烟气温度、CO 浓度和能见度。在横向 $Y=5.5$m、12.5m、22.5m 处、纵向 $X=35$m、45m、55m、65m 处和水平方向 $Z=0.5$m、1.5m、2.5m、3.5m 处设置温度、CO 浓度和能见度切片。

2.5 模拟工况设定

为研究不同喷水强度作用下水幕的阻烟效果，需要进行多种工况的数值模拟计算。喷水强度改变，喷头工作压力、流量都随之变化，以规范规定的喷水强度 2.0L/（s·m）为基准，喷头最低工作压力 0.1MPa，分别降低和提高喷水强度设计工况，各工况设置如表 1 所示。

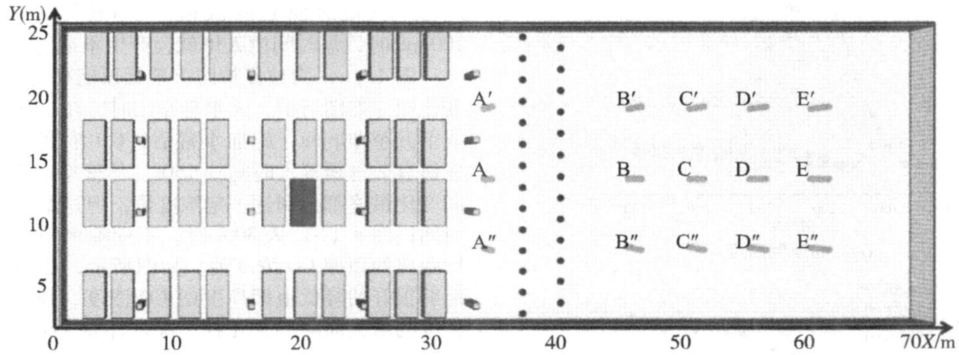

图 1 模型示意图

表 1 数值模拟工况

工况序号	火源功率/MW	水幕系统	工作压力/MPa	喷水强度/［L/（m·s）］	备注
1	6（一辆车燃烧）	—	—	—	无水幕
2		K=80 安装高度 3.5m 双排交错布置	0.10	1.4	降低喷水强度
3			0.13	1.6	降低喷水强度
4			0.20	2.0	水幕系统规范规定值
5			0.27	2.4	提高喷水强度

3 模拟结果讨论

3.1 空间烟气温度分析

燃烧产生大量烟气，烟气温度分布随工况的改变而变化。无水幕作用时，被保护防火单元内烟气温度垂直分布见图 2（a），水平温度分布见图 2（b）。

由图 2（a）可知，在被保护防火单元一侧，上层空间烟气的温度高于下层烟气空间，温度基本上随着时间的推移呈现上升趋势并最终稳定，中低层温度上升不明显。这说明高温烟气积聚在上部顶棚空间，符合烟气的流动及分布规律。图 2（b）表明，离火源位置越近，烟气温度越高，在距离火源相同距离的垂直面上烟气温度变化趋势接近一致。

图 3 为不同工况下，水幕右侧不同高度烟气温度分布图。当 100s 水幕启动后，热电偶树温度自上至下沿竖向高度呈现先急剧下降再缓慢抬升至相对稳定的规律[9]。对比四种不同的工况，如图 3（a）和（b）所示，中上层高度的烟

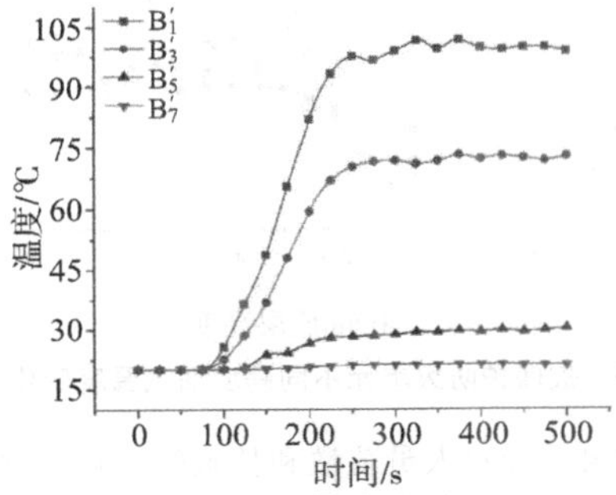

(a)烟气垂直分布图

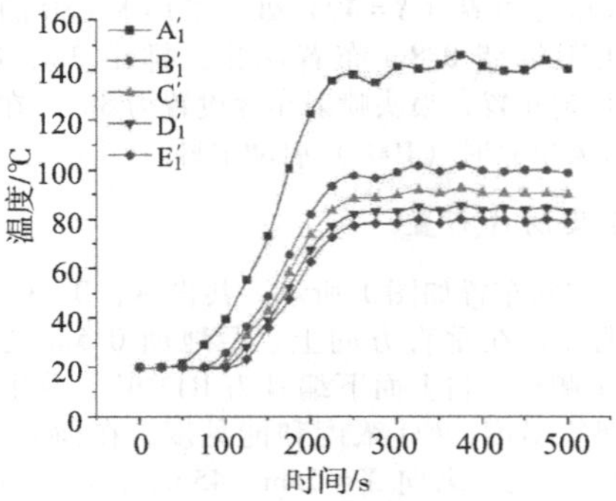

(b)烟气水平分布图

图 2 无水幕作用时，空间烟气温度分布图

气温度随着喷水强度的增大而降低，但最终均能被抑制在20~25℃的范围内。这是因为水幕系统喷出大量快速的水滴能够有效吸收顶棚烟气和环境中的热量，阻碍了热量向水幕右方的传递。

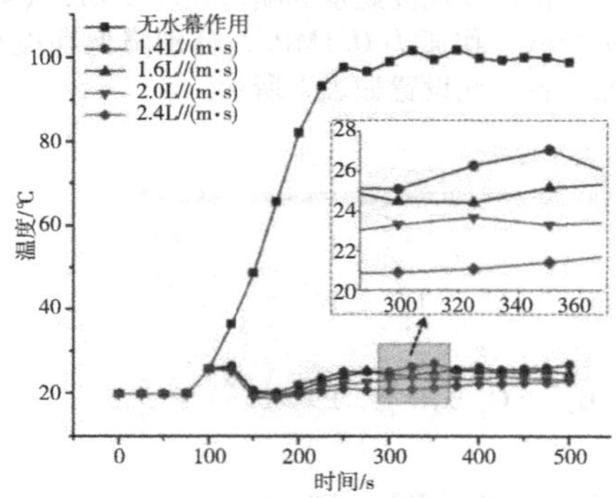

(a)3.5m顶棚高度

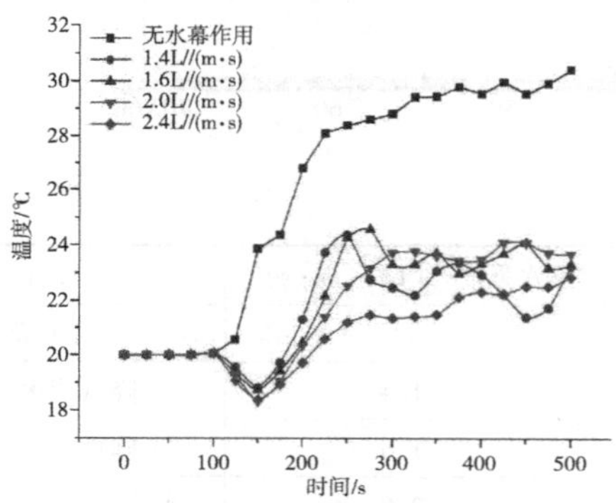

(b)1.5m中层高度

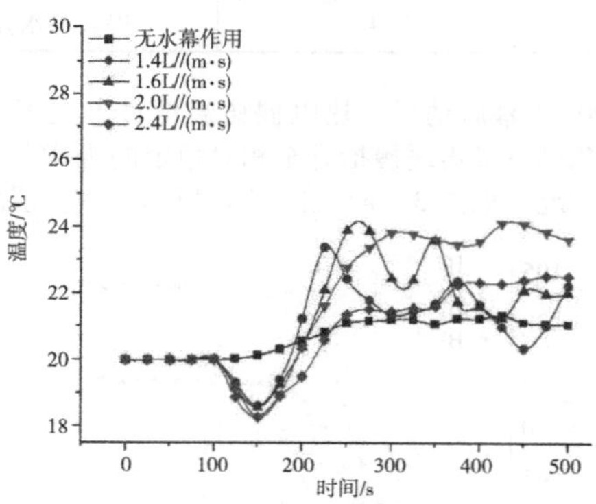

(c)0.5m低层高度

图 3 被保护防火单元不同高度烟气温度变化

考虑到水幕系统对人员疏散和扑救的影响，对中低层烟气温度分析可知，在水幕开启后，烟气温度出现略微上升的趋势，如图 3（c）所示，水幕对车库底层高度温度的变化起反向作用。施加水幕后，底层烟气温度反而高于无水幕作用的工况，这是由于水幕对烟气的阻挡、拖曳作用会导致原本沿顶棚流动的烟气层下沉，造成下层区域温度升高，但升高后的温度对人员危害较小。在底层高度上，当喷水强度降至 1.6L/（m·s）和 1.4L/（m·s）时，降温效果优于规范规定值，底层温度基本能与无水幕作用时该测点的温度一致。

四种工况的模拟结果表明，与标准规定值相比，升高或降低喷水强度作用下的降温效果相差不大，若考虑在保证降温性能基础上降低消防用水量，可适当降低喷水强度。

3.2 空间 CO 浓度分析

电动汽车以锂离子电池作为动力来源，其燃烧过程涉及复杂的化学反应。当电动汽车发生火灾时，电池的高温燃烧会导致锂及其化合物、电解液以及各种有机材料释放出独特的有毒烟气成分。Lecocq 等[10]对电动汽车火灾烟气中的有毒气体进行检测并做进一步分析，为模拟封闭受限空间的有毒气体扩散提供相关数据支撑。由于地下车库空间受限，火灾发生时，CO 会由于不完全燃烧大量产生，作为该场所火灾烟气的典型成分，本文对其浓度变化进行分析。受限空间内一氧化碳的允许暴露限值为 50ppm（时间加权平均值）和 100ppm（短时间暴露限值），当环境中 CO 的浓度超过 100ppm时，短时间内人体就会产生不适的无力感。

图 4（a）为被保护防火单元顶棚高度的 CO 浓度随时间变化图。如图所示，无水幕作用时，在 110s 室内 CO 浓度直线上升至 80ppm，施加水幕后，CO 浓度在 230s 开始上升，能够有效延缓侵入时间约 150s。尽管空间内 CO 浓度随着时间变化最终都会到达一定浓度值，但这给人员疏散带来更多时间；图 4（b）为 300s 时，不同喷水强度下，水幕右侧不同距离的顶棚 CO 浓度值。如图所示，在同一时间下，水幕能够很好的降低顶棚高度的 CO 浓度，顶棚 CO 浓度随喷水强度的增大而降低，几种工况均能将 CO 浓度抑制在 50ppm 以下。

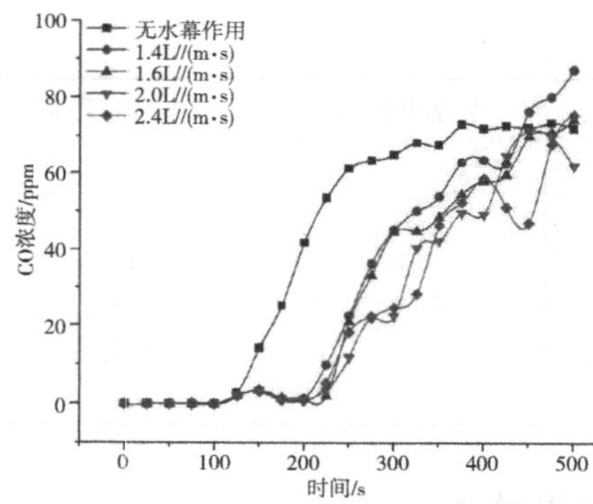

（a）测点E顶棚CO浓度值

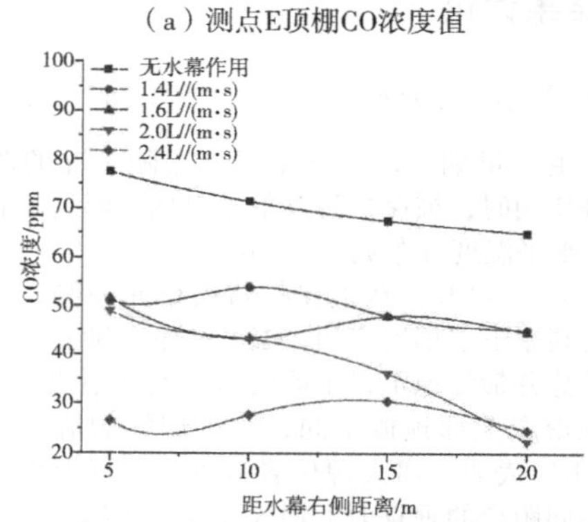

（b）水幕右侧不同距离的顶棚CO浓度值

图 4 顶棚高度处 CO 浓度变化

图 5 是被保护防火单元测点 B 底层 CO 浓度变化图，如图所示，与烟气温度规律相似，水幕系统对车库底层高度 CO 浓度起反向作用，施加水幕后，底层 CO 浓度反而高于无水幕作用的工况。由于 CO 一般是随着热烟气在空间内流动，导致这种现象的原因与烟气温度在底层变化的原因是一致的，即 CO 穿过水幕底部后，仍会因密度低于空气而重新流动至车库顶部，这也是上图 4（a）所示 CO 浓度升高延迟的原因。对比四种不同的工况，中低层的 CO 浓度随着喷水强度的降低而降低，按照规范要求设置水幕的阻烟效果较差，因此，适当降低喷水强度，中低层空间的 CO 浓度值更低且浮动更平稳。

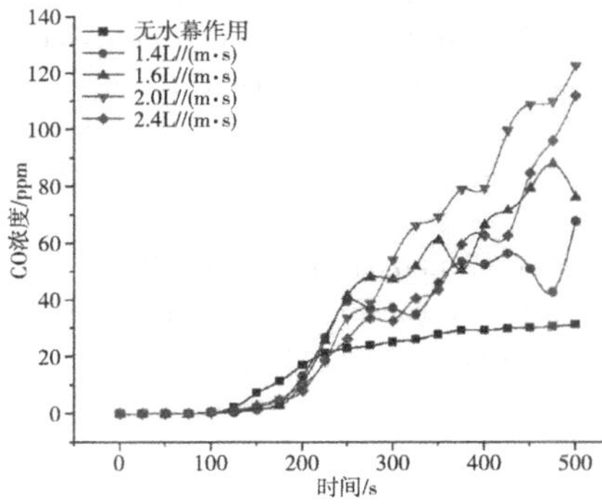

图 5　测点 B 中低层 CO 浓度变化

3.3　空间能见度分析

在无水幕作用时，燃烧产生的烟气经过羽流阶段、顶棚射流阶段、烟气层发展阶段扩散进入另一防火单元，能并稳定聚集在地下车库顶棚处，不会大量沉降在中低高度。施加水幕后，烟气受到水幕向下的拖拽，会在一定程度上降低被保护单元的能见度。这是由于在水幕底部，水滴的贯穿力减弱，阻挡烟气的能力降低，被拖拽下来的烟气容易穿透水幕，缓慢蔓延至被保护的防火单元。

为讨论水幕系统对人群高度的能见度影响，聚焦在车库中层的位置。地下电动汽车库耐火等级为一级，其允许疏散的时间为 5~7min（300~420s），图 6（a）~图 6（d）为不同的喷水强度下，被保护防火的横断面（Y=12.5）的能见度分布图。

按照规范设定时，如图 6（c）所示，浓烟已大面积侵入被保护防火单元 10m，阻烟效果不佳；当提高喷水强度至 2.4L/（m·s）时，如图 6（d）所示浓烟已大面积侵入被保护防火单元 15m，即随着喷水强度的增加，能见度变低，这与姜学鹏等人在隧道内的研究规律一致。

当降低喷水强度至 1.6L/（m·s）、1.4L/（m·s）时，如图 6（a）和图 6（b）所示随着喷水强度的减小，中层烟气基本能被阻隔在水幕右侧 5~7m 范围内，被水幕保护的防火单元右端能见度越来越高，且喷水强度 1.4L/（m·s）作用下的阻烟效果最佳。因此适当降低喷水强度可以更好的阻止烟气入侵被保护区域，但水幕系统对能见度的影响较大，要想实现阻烟效率最大化，仍需开展相关实验研究，以期最大限度地阻止烟气扩散。

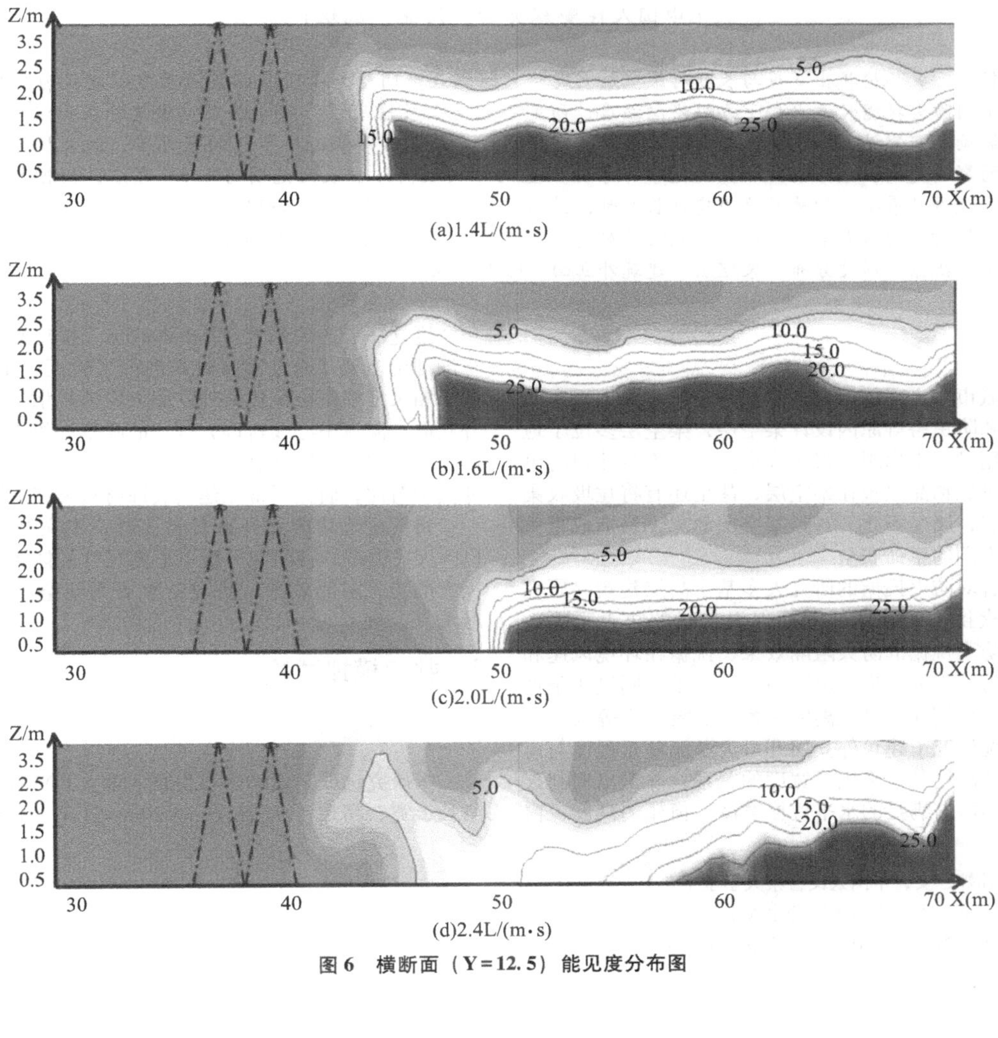

图 6　横断面（Y=12.5）能见度分布图

4 结论及建议

针对地下电动汽车库防火单元边界施加水幕，分析不同喷水强度作用下水幕系统的阻烟隔热效果，得出以下结论。

（1）按照规范要求的喷水强度布置水幕，水幕对车库上层空间高温烟气的隔热降温作用明显，但 CO 浓度、能见度变化对人员疏散带来较大影响。

（2）在不低于喷头最不利工作压力的条件下，适当降低喷水强度可以实现较好的阻烟效果，测得烟气温度、CO 浓度和能见度均能控制在一定理想范围内。

（3）根据不同的火灾场景，水幕参数的设置存在一个合适范围，后续研究可将重点转移在喷头类型、布置方式等参数的设置。在对该类场所进行水幕系统的设计时需综合考虑阻烟效果、经济性等因素，根据具体车库进行设计确定。

参考文献

[1] GB/T 51313—2018 电动汽车分散充电设施工程技术标准［S］.

[2] GB 50067—2014 汽车库、修车库、停车场设计防火规范［S］.

[3] 方珊珊，华敏，皮晓玥，等．水幕阻挡有毒有害气体扩散的实验研究［J］. 化学工程，2014，42（09）：42-47.

[4] 孙佳韵．通风隧道内设置细水雾幕系统进行阻火隔烟的性能研究［D］. 武汉大学，2020.

[5] 杨丙杰，倪照鹏，尹亮，等．水幕系统防火分隔性能试验研究［J］. 消防科学与技术，2017，36（10）：1382-1384.

[6] 姜学鹏，王宝伟．城市地下道路水幕系统挡烟效果研究［J］. 消防科学与技术，2020，39（02）：149-154.

[7] GB 50084—2017 自动喷水灭火系统设计规范［S］.

[8] Sungwook Kang，Minjae Kwon，Joung Yoon Choi，Sengkwan Choi，Full-scale fire testing of battery electric vehicles［J］，Applied Energy，2023，Volume 332，

[9] 李涛，谢玮，苏紫敏，等．受限空间水幕隔热阻烟性能的试验研究［J］. 中国安全生产科学技术，2016，12（12）：154-159.

[10] Lecocq A，Bertana M，Truchot B，et al. Comparison of the fire consequences of an electric vehicle and an internal combustion engine vehicle［C］，2012.

挑檐尺寸对架空层火灾的防火阻隔作用研究

孙 婷 李 东 杨心怡

（中国人民警察大学，河北 廊坊）

摘 要 针对防火挑檐挑出宽度与长度对架空层火灾防火阻隔效果问题，本研究以某活动中心建筑为原型建立 FDS 模型，通过分析不同防火挑檐尺寸火焰上方纵横向温度，研究不同防火挑檐尺寸下架空层火灾建筑外立面温度分布规律、开关窗对温度的影响。研究结果表明：在起火点位置、架空层高度、火灾热释放速率不变的情况下，防火挑檐长度比挑出宽度对防火阻隔的影响更大；该活动中心按规范临界条件设置的防火挑檐防护最大范围为 1.6m 左右；挑檐长度为窗户长度时，火源正上方危险性最小，挑檐长度为建筑长度时，横向温度分布最均匀。根据研究结果，本文进一步提出对带有架空层的既有建筑性针对性的防火策略。本文研究结果对建筑挑空层火灾防治及救援具有重要意义。

关键词 防火挑檐 温度分布 架空层 建筑外立面 防火阻隔

1 引言

随着我国城市化进程的加快，越来越多的建筑出于空间连接性、防潮和防虫害等原因设计架空层，架空层多位于地面层，在其使用过程中出现了很多火灾隐患，不少住户将电瓶车、杂物等可燃物品放置在架空层，甚至还有将垃圾收集点设置在架空层，屡禁不止。一旦架空层起火，易造成重大损失以及威胁人们的生命安全[1]。

近年来学者对防火挑檐的研究大多基于高层建筑，研究方向大多为防火挑檐对外墙外立面保温材料的防火阻隔效果、不同尺寸防火挑檐的防火阻隔效果、挑檐在环境风速和不同风向下的防火阻隔效果。敬晓岗[1]研究了不同风速条件下挑檐尺寸与火焰侧向蔓延距离的关系。邢雪飞[3]等人结合外立面开口情况研究了建筑外立面开口火溢流蔓延程度与窗口宽度、窗槛墙高度及水平挑檐宽度的关系，并提出抑制火溢流向上层蔓延所需满足的水平挑檐宽度、窗槛墙高度、窗户宽度这三者的关系式。Delichatsios[4]提出竖直火蔓延的无量纲理论模型并通过实验对其进行了验证。Himoto 等人[5,6]基于缩尺寸模型研究建筑外立面火溢流扩散现象，建立建筑外立面火溢流中心线轨迹方程。胡隆华[7]等人基于高斯分布研究了室内外部温度衰减规律。徐亮[8]通过对缩尺寸和全尺寸实验对比，研究了常见建筑装饰材料火灾特性。

目前建筑功能和外形日益多样，本文结合架空层利用 FDS 火灾模拟软件研究分析了不同尺寸的防火挑檐对架空层火灾的防火阻隔效果，研究结果可为架空层火灾预防提供参考。

2 数值模拟试验

2.1 模型建立

本研究选取某活动中心为原型建立 FDS 模型，该活动中心长、宽、高尺寸为 26.6 m×20m×21m，其中架空层高为

作者简介：孙婷，女，中国人民警察大学学生。
李东，男，中国人民警察大学学生。
杨心怡，女，中国人民警察大学学生。

3.2m，其上各层高为3.9m，窗户长、高尺寸为1.8m×2.1m，当其完全开启时玻璃遮挡部分为0.9m＊2.1m，火源上方及其右侧窗户均为开启状态，左侧窗户为关闭状态。我国对于防火挑檐挑出宽度及长度范围有着明确的规定，根据《建筑设计防火规范》GB 50016—2014（2018年版）[9]中规定，当建筑外墙上、下层开口之间的实体墙高度不足1.2m时，应设置挑出宽度不小于1.0m、长度不小于开口宽度的防火挑檐。本文设计的建筑及其防火挑檐模型，见图1。测点布置示意图见图2。

2.1.1 模型网格设置

一般来说网格尺寸越小，模型精度越高，越接近真实情况。选取较小网格会在提高仿真程度的同时增加运算时间。本文火源燃料为丙烷，其设置功率最小为1MW，最大为5MW，网格尺寸选择根据式（1），将 $D^*/5$ 作为初始网格尺寸的估算值。当火源功率为1MW时，计算得到火源特征直径 D^* 为0.96m，选取 $D^*/5$ 为0.19m，向下近似取0.15m；当火源功率为5MW时，计算得到火源特征直径 D^* 为1.83m，选取 $D^*/5$ 为0.37m，向下近似取0.35m。本文设置4种不同精度的网格尺寸开展网格独立性分析：0.15、0.2、0.3、0.35。通过比较运算结果，考虑到时间因素，本文数值模拟网格尺寸选取0.2m×0.2m×0.2m。

$$D^* = \left(\frac{Q}{\rho_\infty c_p T_\infty \sqrt{g}}\right)^{\frac{2}{5}} \tag{1}$$

2.1.2 模型初始条件设定

该活动中心外立面材料为墙砖，防火挑檐材料为混凝土，窗户材料为钢化玻璃且不考虑其在火灾燃烧过程中的破裂现象。模型所处环境的空气密度为1.204kg/m^3，空气比热容为1.005kJ/（kg·K），环境温度为293K，大气压为101325Pa。

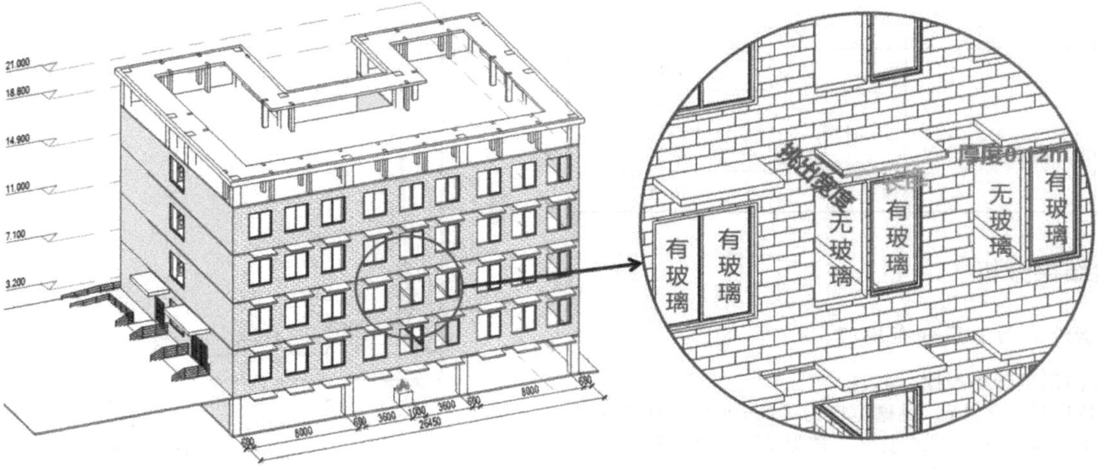

图1 模型设置示意图

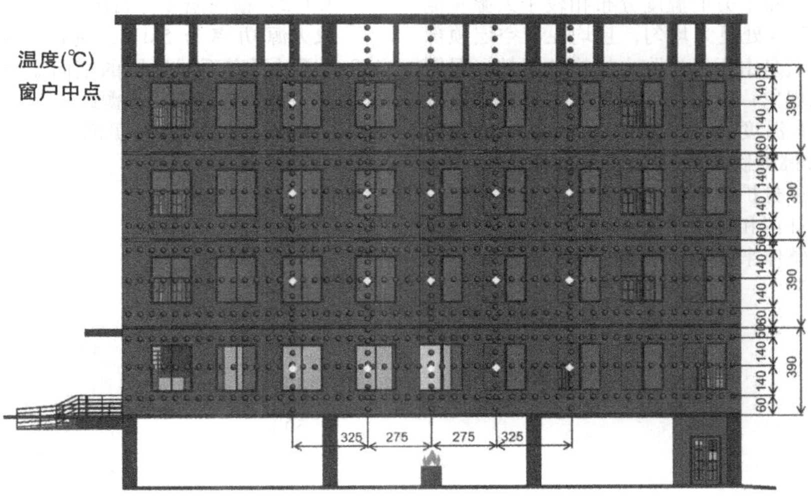

图2 测点布置示意图

2.2 工况设置

为研究防火挑檐尺寸对架空层火灾防火阻隔作用，本文根据防火挑檐的不同挑出宽度和长度，结合不同火灾热释放速率分别设置了23种工况，具体工况设置见表1。其中窗户宽度为工况1、工况2、工况3为不设置防火挑檐的场景，作为对照组用以说明防火挑檐的防火阻隔作用；挑檐长度为26.4时挑檐为整个建筑长度；工况4~7、工况8~11、工况12~15每组第一个工况对应的挑檐长度为1.8m，第二个工况对应的挑檐长度为2.2m，以此类推。

表1　工况设置表

序号	火灾热释放速率/（$MW \cdot m^{-2}$）	挑檐挑出宽度/m	挑檐长度/m
1	1	0	0
2	3		
3	5		
4~7	1	1	1.8-2.2-2.6-26.4
8~11	3		
12~15	5		
16	5	1.2	1.8
17			2.2
18			2.6
19			26.4
20	5	1.4	1.8
21			2.2
22			2.6
23			26.4

3　试验结果分析

3.1　外墙外立面温度分布规律

3.1.1　竖向温度分布规律

对比挑出长度为1m，挑檐宽度为1.8m时候不同火源功率起火点上方垂直于地面的温度。选取200~800s稳定燃烧时候的温度平均数，见图3。

对比不同火源功率下不同相对位置竖向温度分布可看出：架空层部分位于火源正上方的温度分布相较于火源左侧2.75m处与火源右侧2.75m处更为均匀，且均在架空层顶部挑檐处达到温度峰值，这是由于经过防火挑檐的阻挡，温度在挑檐下出现顶棚射流现象，故该处为温度峰值；在防火挑檐上方1.6m处几乎没有温度升高，超过1.6m后温度骤然增加，说明该尺寸防火挑檐防护距离为防火挑檐上方1.6m内，超过该范围，烟气经过扩散，将升高实体墙温度；窗户处的温度分布通过对比开窗和关窗，关窗相较于开窗温度分布更均匀，但开关窗户整体来说最高温度基本一致。

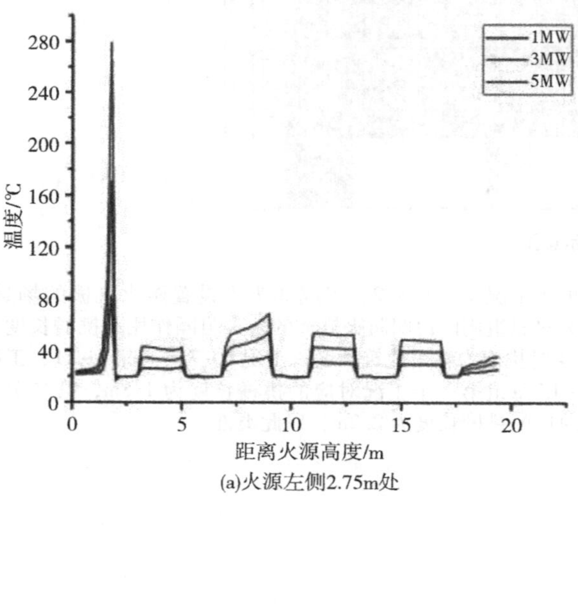

(a)火源左侧2.75m处

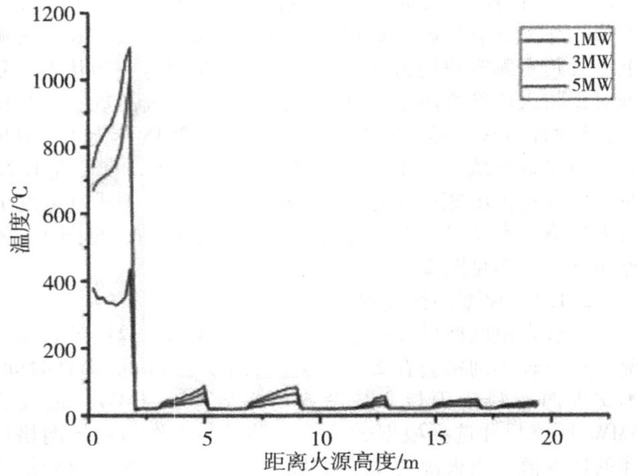

(b)火源正上方

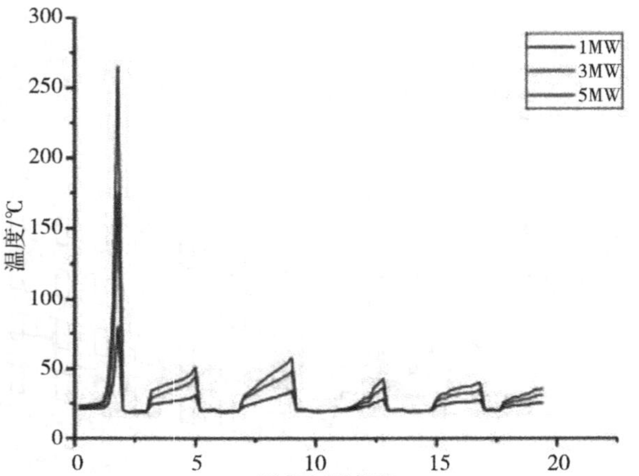

(c)火源右侧2.75m处

图3　火源功率对竖向温度分布的影响示意图

3.1.2　横向温度分布规律

取火源功率为5MW，挑出长度为1m，挑檐宽度为1.8m，通过研究不同楼层的横向温度分布，分析火源位置、开关窗、距挑檐高度、火源距离对温度分布规律的影响，见图4，该工况下温度切片见图5。

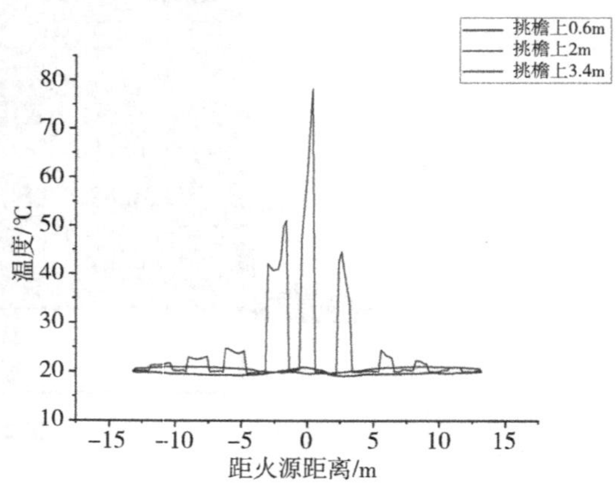

(a)1层温度横向分布

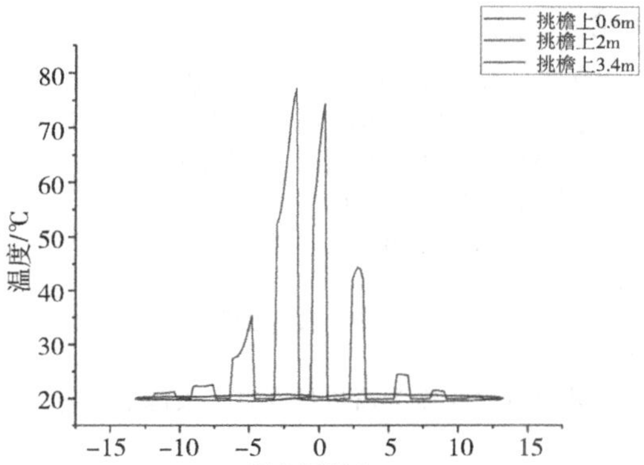

(b)2层温度横向分布

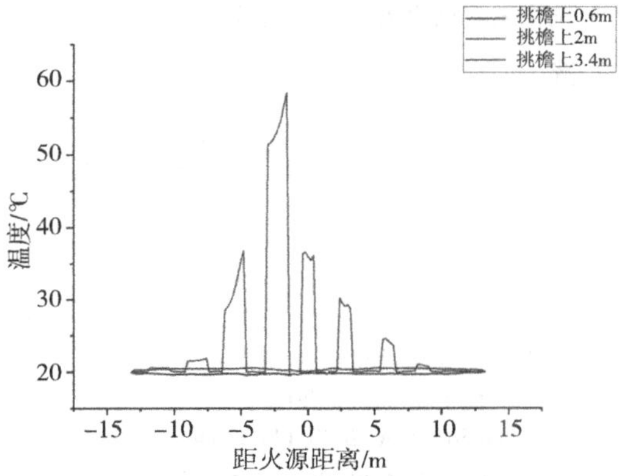

(c)3层温度横向分布

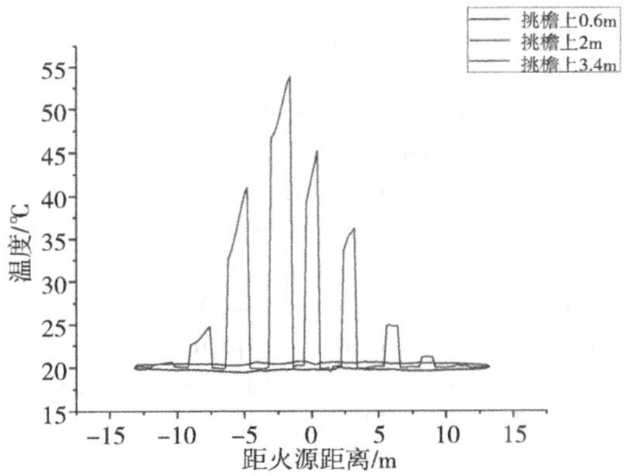

(d)4层温度横向分布

图 4　一层横向温度变化

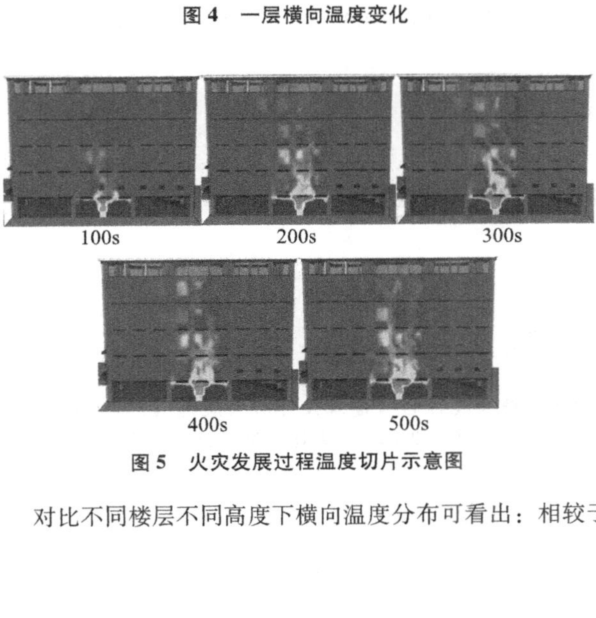

图 5　火灾发展过程温度切片示意图

对比不同楼层不同高度下横向温度分布可看出：相较于挑檐上 0.6m 处和挑檐上 3.4m 处，挑檐上 2m 处即窗户部位温度最高，且挑檐上 0.6m 处和挑檐上 3.4m 处温度基本不升高；在较低楼层时，开窗相较关窗部位温度较低，但在较高楼层时，开窗相较关窗部位温度较高，这是由于卷吸作用导致的。

3.2　不同火源功率下挑檐防火阻隔效果

3.2.1　挑檐挑出宽度不同阻隔效果

选取对比 5MW 下，挑檐长度均为 1.8m 且挑出宽度分别为 1m、1.2m、1.4m 时候的工况进行对比，选取最危险的纵横向温度测点束，即火源正上方纵向温度变化以及一层距挑檐上 2m 高度处的横向温度变化，研究挑檐挑出宽度对防火挑檐防火阻隔效果的影响规律，见图 6、图 7。

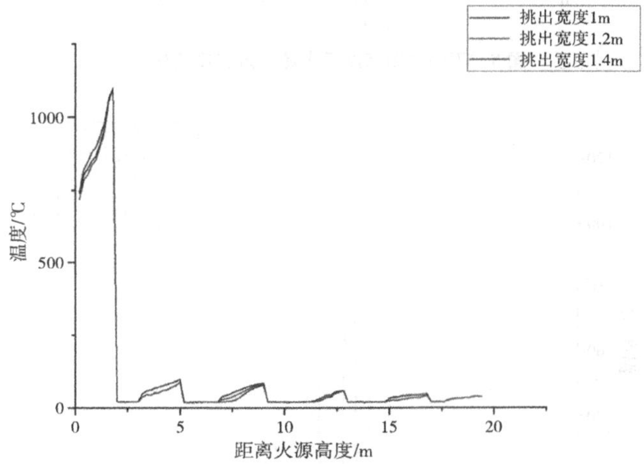

图 6　不同挑出宽度下火源上方温度变化图

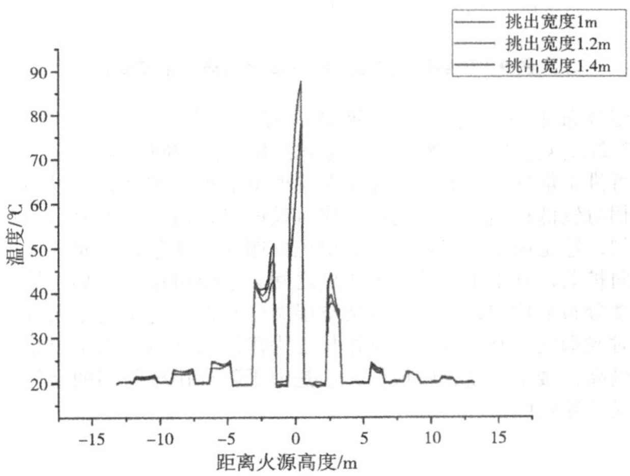

图 7　一层距挑檐上 2m 高度处的横向温度变化

在挑檐长度均一致时，挑出宽度越宽，温度越低，但整体温升曲线一致。挑檐挑出宽度对防火阻隔效果影响较小；开窗的温度普遍低于关窗的温度，这是由于开窗会扰乱气流，会使烟气产生卷吸。

3.2.2　挑檐长度不同阻隔效果

选取 5MW 火源功率下，挑檐挑出宽度为 1m，且挑檐长度分别为 0m、1.8m、2.2m、26.4m 时的工况进行对比，选取最危险的纵横向温度测点束，即火源正上方纵向温度变化以及一层距挑檐上 2m 高度处的横向温度变化，研究挑檐长度对防火阻隔效果的影响规律，见图 8、图 9。

在挑出宽度一致时，从一层距挑檐上 2m 高度处横向温

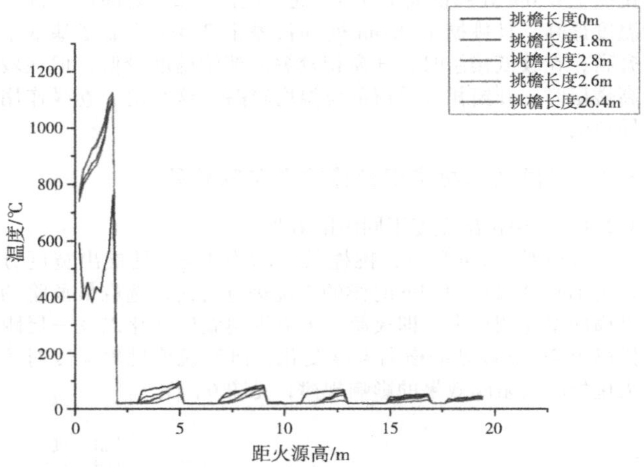

图 8　不同挑出宽度下火源上方温度变化图

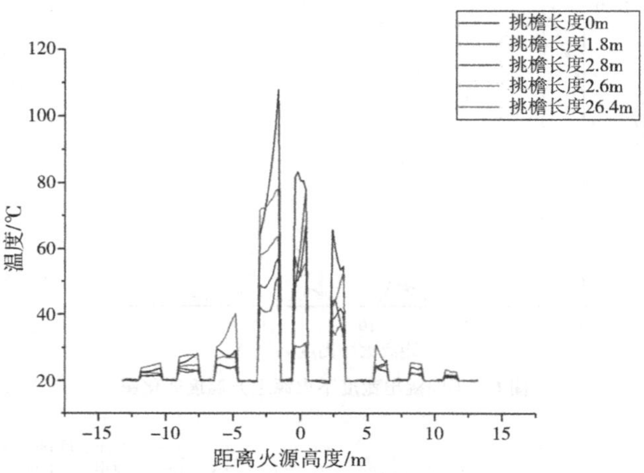

图 9　一层距挑檐上 2m 高度处的横向温度变化

度分布来看，防火阻隔效果最好的挑檐长度为 1.8m 和 2.2m,这是由于在该挑檐长度下，相邻挑檐间留有一定空隙可排走烟气，从而降低滞留在挑檐下的烟气浓度，所以温度相对较低；当挑檐长度等于建筑长度时，横向温度分布最均匀，这是由于烟气在挑檐下出现顶棚射流现象，会向其他方向扩散，且由于该情况下挑檐之间无空隙可用于排烟，故温度分布最均匀；无挑檐时架空层温度较低，这是由于无挑檐时候烟气上升阻碍小；挑檐长度为建筑长度时，架空层温度最高，楼层温度相较最低，这是由于防火挑檐阻挡的烟气量最多导致的。

4　结论

本文基于具有架空层的某活动中心建筑，研究防火挑檐尺寸对架空层火灾的防火阻隔效果，得出以下结论：

（1）当该建筑防火挑檐尺寸为规范要求的临界尺寸时，挑檐防火阻隔最大范围为 1.6m 左右。

（2）相较于增加挑出宽度，增加挑出长度对架空层火灾防火阻隔效果更明显。

（3）关闭窗户会对温度有较好的隔绝作用，但会增加窗外的温度

（4）防火挑檐长度为窗户长度时，火源上方防火阻隔作用最好。

本文研究为具有架空层且危险性较大的既有建筑的被动防火具提供了一个思路，可以通过对建筑增加与窗户相同长度的防火挑檐来降低火灾发生后的危险性。

参考文献

［1］李播阳，吴一非．住宅架空层景观空间规划设计现状及问题分析［J］．鞋类工艺与设计，2023，3（22）：129-131.

［2］敬晓岗．侧向风对挑檐防火阻隔作用的影响［J］．消防科学与技术，2017，36（07）：945-947.

［3］邢雪飞，李俊梅，邢毕成，等．高层住宅建筑外立面开口火溢流蔓延阻隔技术联合作用研究［C］．中国工程防火技术与灭火救援大会文集，2016：7.

［4］Delichatsios M A. 2000. Flame Heat Fluxes and Correlations of Upward Flame Spread along Vertical Cylinders in Various Oxygen Environments［C］. Proceedings of the Combustion.

［5］Himoto K，Tsuchihashi T，Tanaka Y，et al. Modeling Thermal Behaviors of Window FlameEjected from a Fire Compartment［J］，Fire Safety Journal，2009，44（2）：230-240.

［6］Himoto K，Tsuchihashi T，Tanaka Y，et al. Modeling The Trajectory of Window Flameswith Regard to Flow Attachment to the Adjacent Wall［J］. Fire Safety Journal，2009，44（2）：250-258.

［7］Hu L，Tang F，Delichatsios M A，Lu K. A mathematical model on lateral temperature profile of buoyant window spill plume from a compartment fire［J］. International Journal of Heat andMass Transfer. 2013，56：447-453.

［8］徐亮．典型热塑性装饰材料火灾特性研究［D］．中国科技大学，2007.

［9］GB 50016—2014（2018 年版）建筑设计防火规范（2018 年版）［S］.

宿舍建筑改扩建消防设计探讨

刘　静

（河北世元工程咨询集团有限公司，河北　保定）

摘　要　本文以实际项目中的某职业学校学生宿舍楼改扩建为例，结合现行的《建筑设计防火规范（2018 版）》GB 50016—2014（以下简称《建规（2018 版）》）、《宿舍建筑设计规范》JGJ 36—2016、《建筑防烟排烟系统技术标准》GB

作者简介：刘静，女，全日制建筑学本科生，河北世元工程咨询集团有限公司，中级工程师。

51251—2017 等规范，对宿舍建筑改扩建的消防设计进行分析归纳，从改扩建建筑的平面布局、防排烟设计、安全疏散设计等进行梳理总结，以便消防设计能更好的满足当下改扩建建筑布局特色要求。

关键词 宿舍建筑 改扩建 建筑设计防火 安全疏散

1 引言

“教育为本、科教兴国”是我国长期的发展战略，党的十九大明确提出优先发展教育，建设人力资源强国目标。在国家“十四五”规划纲要中提出要加大人力资本投入，增强职业技术教育适应性，深化职普融通、产教融合、校企合作，探索中国特色学徒制，大力培养技术技能人才。提高高等教育质量。

近年来，学生宿舍、培训机构失火事件频发，2024 年 1 月 24 日，江西省新余市渝水区一个位于二楼的培训机构发生火灾事故，据报道，事故共造成 39 人遇难，9 人受伤。现场培训教室通往外界的出入口有两个。一个隐藏在教室后面，门很小且没有打开过。另一个出入口为讲台旁边的一扇铝合金小门。门宽不满足疏散要求，每次仅能通过一人；2024 年 1 月 19 日晚，河南省方城县独树镇砚山铺村英才学校一宿舍发生火灾，事故造成了 13 人遇难，4 人受伤；2022 年 2 月 19 日下午，江西省萍乡学院一女生宿舍突发火灾，起火原因初步调查系变电阀电路老化引起……这一个个真实事件反映出教育建筑消防安全的重要性，校舍作为学生生活的场所，安全问题是事关学生人身安全的大问题，解决了校舍安全问题，才能从根本上保证“教育为本、科教兴国”战略的实施。本文将就这些特点对宿舍建筑改扩建的消防设计提出的新的要求进行重点探讨。

2 项目工程概况

本工程为河北省定州市某职业技术学校，学校始建于 1916 年，周围交通便利，建设条件良好。学校有学生宿舍楼、综合楼、科技楼、食堂、浴室、教学楼等现状建筑。近些年国家大力发展职业教育，学校人数不断增加，因此学生住宿空间不足问题日渐突出，由于学校建设时间较早，学校内没有预留足够的发展用地用于新校舍的建设，因此在满足规范的前提下对学校内原有的单面布置居室的 1#、2#宿舍楼进行接建是一个比较符合实际情况的选择。宿舍年久失修，住宿环境较差，因此在进行扩建的同时进行室内外装修改造。两座宿舍楼均建设于 1998 年，进行接建改造的时间为 2022 年年初，主要依据的标准为《建规（2018 版）》《宿舍建筑设计规范》JGJ 36—2016、《建筑防烟排烟系统技术标准》GB 51251—2017 等。两座宿舍楼接建及改造涉及建筑面积共 12577.1m^2。两座宿舍楼现状情况相似，下面以 1#宿舍楼为例介绍消防问题改造情况。

建筑东西向布置，建筑为地上五层，改造前功能为学生宿舍，每个宿舍内配有独立卫生间，宿舍楼为单面布置居室，设置有南侧走廊。改造后主要功能为学生宿舍，配套有公共盥洗室，卫生间，首层设有洗衣房和配电间，层高均为 3.3m。宿舍楼改造后为内走廊双面布置房间，中间为 4.16m 宽走廊，南北两侧为功能房间。每层设有两部疏散楼梯，首层有两个直接对外的出入口。见图 1 和图 2。

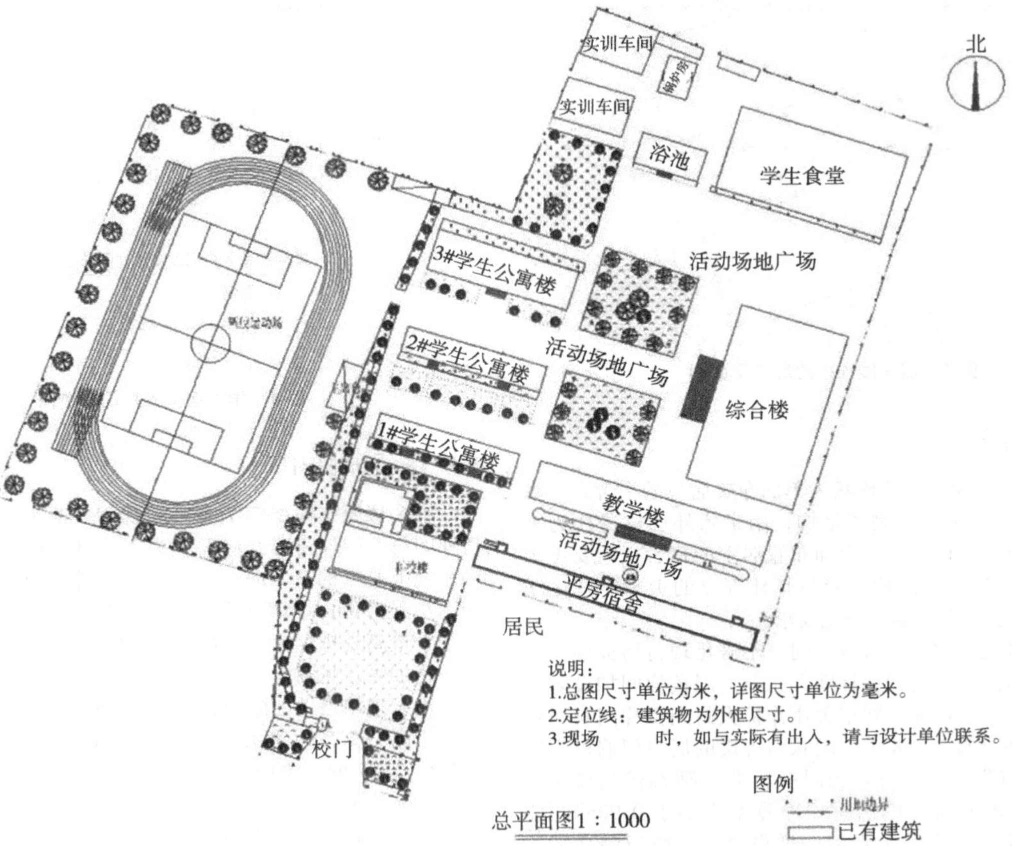

图 1 某职业学校现状总平面图

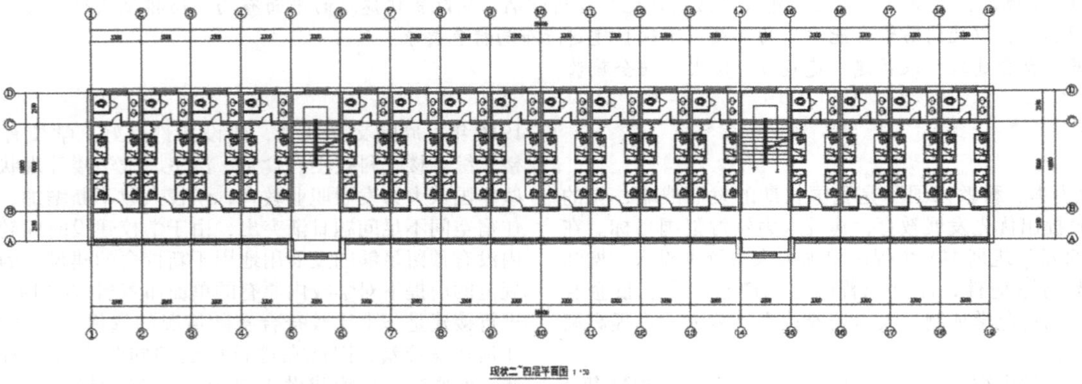

图 2 宿舍楼现状平面图

3 宿舍建筑改扩建的消防设计

3.1 总平面图消防设计

将原有的单面布置居室的宿舍接建成双面布置居室的宿舍楼，首先要考虑的是总图消防问题，要明确接建之后是否会出现消防间距不足的情况，是否还能满足消防车通行及转弯半径的要求，通过甲方提供的现状总平面图，发现进行接建后，接建建筑之间、接建建筑与原有建筑之间的防火间距等均满足要求，因此此方案可以向下推进。见图 3。

图 3 宿舍楼改扩建后总平面图

3.2 平面消防设计

学校内原有 1#宿舍楼现状为单面布置居室的宿舍，走廊净宽为 1.8m，宿舍楼为砌体结构，南走廊外墙构造柱为承重构件无法拆除，而扩建成双面布置居室的宿舍楼需要走廊净宽度不小于 2.2m。因此需要将扩建部分的走廊净宽也增大到 1.6m 以上，满足走廊净宽要求。

宿舍楼现状楼梯为开敞楼梯间，不满足现行防火规范的要求，扩建后调整为封闭楼梯间，二至五层楼梯间加设防火墙及防火门，首层拆除一间宿舍用作扩大封闭楼梯间直通室外，解决楼梯间的消防要求。现状宿舍楼的居室门洞口为宽约 0.90m 的门联窗，不符合当时执行的《宿舍建筑设计规范》JGJ 36—2016 规定的居室门净宽不应小于 0.90m 的要求，且进行改扩建之后走廊需要增设吊顶，原门洞高度较高，因此需要将原有的门联窗进行适当的拆除改造，满足门净宽等的要求。见图 4。

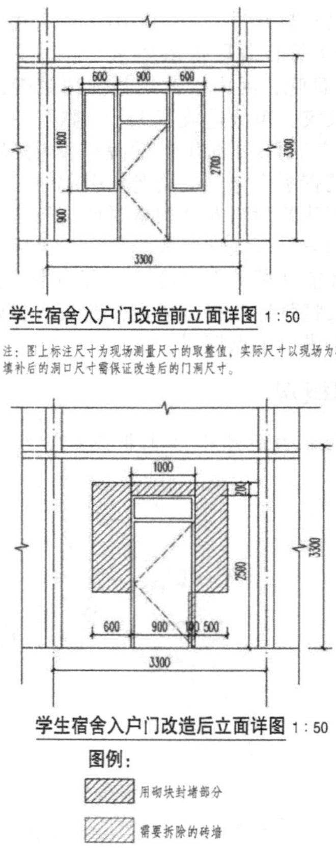

图 4 学生宿舍入户门改造图

3.3 防排烟设计

宿舍楼原有楼梯间为开敞楼梯间，改为封闭楼梯间后，楼梯间每 5 层外窗可开启面积为 $1.5\times1.2\times4\times0.8=5.76m^2$，满足规范要求的 $2.00m^2$，但是不满足楼梯间最高处设置面积不小于 $1.0m^2$ 排烟窗的要求，因此需要在改造部分外墙设置一个最高处排烟窗，满足楼梯间排烟需求，结构对此窗周围进行加固。见图 5。

由于现状条件的限制，走廊宽度最终为 4.16m 宽，吊顶之后净高为 2.5m，根据《建筑防烟排烟系统技术标准》GB 51251—2017 的相关规定，走廊防烟分区长边最大允许长度需≤24m，每层分为四个防烟分区，每个防烟分区排烟窗的有效排烟面积均满足本防烟分区面积的 2%，由于走廊宽度较宽导致走廊面积较大，需要较多的排烟窗进行自然排烟，

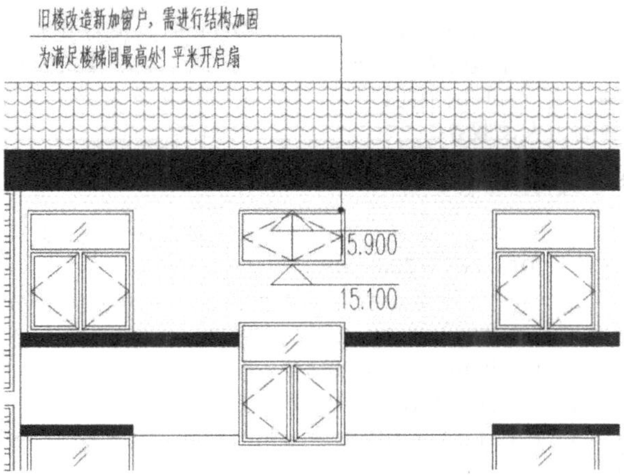

图5　楼梯间最高处排烟窗设置

因此在接建部分山墙设置外窗的同时，需要在原有部分的山墙加设外窗，并且拆除北侧两个居室用作共享厅与走廊相连，丰富宿舍楼内空间的同时，增加排烟窗，解决走廊的自然排烟需求。走廊吊顶后净高为2.5m，而排烟窗需要满开，窗顶高度为距地面2.7m，上部窗扇无法顺利内开，因此将窗户附近吊顶进行变截面设计，保证排烟窗窗扇开启范围内吊顶净高为2.7m，电气桥架及设备管线不走此处吊顶。见图6。

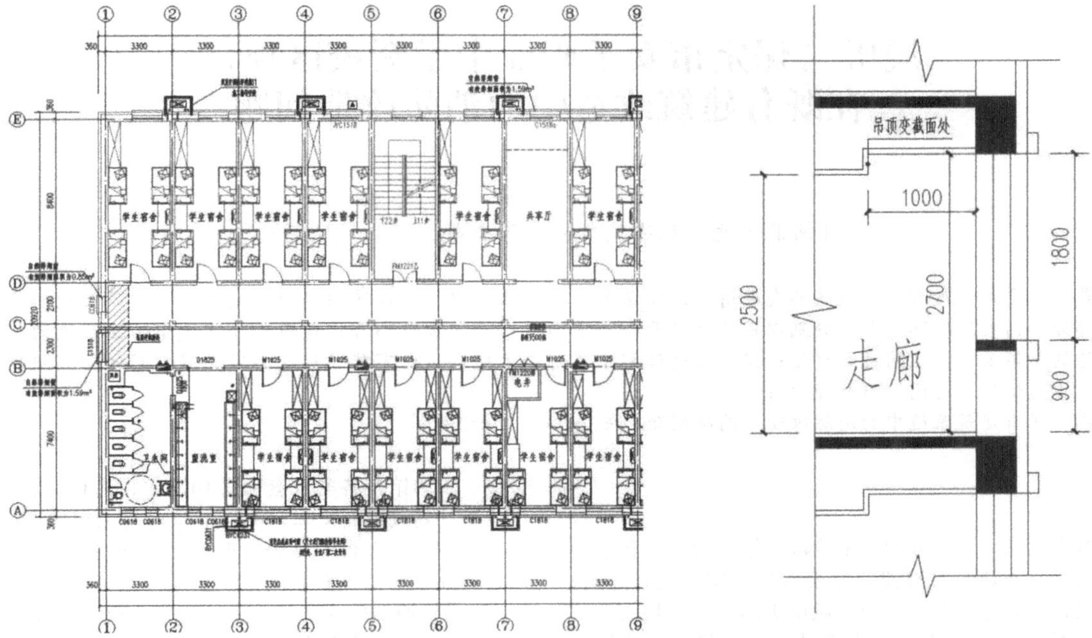

图6　走廊防排烟及吊顶变截面设计示意

3.4　安全疏散设计

两个宿舍楼均利用现状楼梯进行疏散，1#楼梯的梯段宽度1.40m，2#楼梯的梯段宽度1.40m，总疏散宽度为2.80m，人数最多的三层共有寝室28间，每间4人，共112人，需要疏散宽度为112/100=1.12m，满足疏散宽度的要求；本项目没有设置自动喷淋灭火系统，位于两个安全出口之间的房间疏散门疏散距离不超过40m，位于袋形走道两侧的房间疏散门疏散距离不超过22m，满足疏散距离要求。

3.5　消防给水设计

宿舍楼消火栓系统采用湿式系统，由本园内的总消火栓环管供水，自总消火栓给水环网接出两根*DN*100的管道与室内消火栓环网系统相连。

两个宿舍楼室内消火栓用水量为15L/S，室外消防用水量为30L/S，火灾延续时间2h，设计总消防用水量为324m^3. 消防给水由消防泵房内的消防水泵供给，平时管网压力由设于校区最高楼上的屋顶水箱间的消防水箱及增压稳压装置保证，水箱有效容积不小于18m^3。

室内消火栓系统、室外消火栓系统室外管网成环状布置。为满足改造后整个校园的消防用水需求，本项目还增加了室外消防水池，消防水池的选址需要结合校园的整体规划，满足各方面需求。消防水池为矩形钢筋混凝土蓄水池。本项目改造后整个校区室内消防用水量为15L/S，火灾延续时间2h。校园室内消防用水为108m^3，室外消防用水量为288m^3。消防水池有效容积为396m^3。用水量需满足消防用水量要求。室外消火栓泵的流量为15L/S，扬程为0.45MPa。室外消火栓泵的流量为40L/S，扬程为0.44MPa。

3.6　电气消防设计

本工程的消防电缆采用WDZN-YJY-1KV电缆、NG-A(BTLY)型矿物绝缘电缆或WDZN-BYJ-0.45/0.75k导线；消防控制线选用WDZN-YJY耐火型控制电缆。消防用电设备配电线路需确保在火灾时持续供电，敷设在不燃烧体结构层内，保护层厚度不小于30mm。隐蔽敷设需穿管，并敷设在不燃烧体结构层内；明敷时应穿金属管或封闭式金属线槽，并采取防火措施，如涂刷丙烯酸乳胶防火涂料或使用隔热材料包覆等。所有消防配电设备及线缆需标志明显。

项目区域设有应急照明系统，选用集中电源集中控制型，符合GB 17945—2010《消防应急照明和疏散指示系统》

认证，符合 GB 51309—2018《消防应急照明和疏散指示系统技术标准》。系统包括应急照明控制器、应急照明集中电源、消防应急照明灯具、消防应急标志灯具等。控制器安装在消防控制室，联网至火灾自动报警及联动控制系统线槽，确保系统运行联动性。

4 结语

学生宿舍不仅是学生休息和生活的场所，更是他们学习、社交和接受思想政治教育的重要环境。在这里，学生可以摆脱课堂纪律和教师监管的束缚，身心得以自由放松，展现自己最真实的一面。由于每位学生的教育背景、家庭环境和成长经历各不相同，他们对国家、社会和未来人生的看法也是多种多样的。因此，经过学生宿舍的建设和规范化管理，我们可以推动学生管理工作向更高水平迈进，实现学生全面发展的目标。

随着社会的不断发展，越来越多的老旧建筑需要进行改造及扩建，建筑师需要根据现行规范，结合老旧建筑的现状条件，进行合理的消防设计，使得老旧建筑焕发新的生机，更好的为人民服务。

参考文献

［1］蔡坤妤．重塑生长—校园改扩建设计实践［J］．城市建筑，2018（6）：206-208.

［2］董娅．西安市长安一中校园改扩建规划设计研究［D］．西安建筑科技大学，2016：47-70.

［3］GB 50016—2014(2018版)建筑设计防火规范[S].

［4］JGJ 36—2016 宿舍建筑设计规范［S］.

［5］GB 51251—2017 建筑防烟排烟系统技术标准［S］.

浅析《保定市女子职业中学新校区项目》在既有建筑改造中的消防改造问题

王 刚

（河北世元工程咨询集团有限公司，河北 保定）

摘 要 简要讨论既有建筑改造的发展情况，以保定市女子职业中学新校区项目为例阐述既有建筑改造项目中消防相关的改造部分如何处理实际问题，分别以建筑总平面布局中消防改造的注意内容；建筑单体改造中消防改造的相关事项并分改变功能的与不改变功能的进行讨论；建筑改造过程中不可避免地会进行节能改造，涉及保温材料的防火级别，具体描述初步设计中遇到的消防问题与处理方法。

关键词 既有建筑改造中的消防改造 消防间距 安全出口 保温材料

1 引言

国内城市发展大致可分为三个阶段：第一阶段，新建为主；第二阶段，新建与既有建筑综合改造、城市更新并重；第三个阶段，既有建筑综合改造、城市更新为主。目前，我国既有建筑面积约 800 亿 m^2，随着使用年份增加、建筑材料自然老化、规划调整、规范变更、现有功能不满足使用要求等原因，以及国家对抗震要求和标准的提高，不少既有建筑急需改造。为促进城市更新，推进建筑产业可持续发展，解决既有建筑改造利用消防设计审查中的问题，根据《中华人民共和国消防法》《建设工程消防设计审查验收管理暂行规定》（中华人民共和国住房和城乡建设部令第 51 号）等，河北省住房和城乡建设厅推出了《河北省既有建筑改造利用消防设计审查导则》（试行）文件。本案例就是在大环境下出现的既有建筑群体的整体改造。

2 项目概况

本项目为改造及修缮项目，投入使用年限均超出 15 年，现场与原有施工图存在大量不符。经设计人员多次现场实测，已基本达到本图纸与现场统一。

保定市女子职业中学新校区项目位于河北省保定市玉兰大街东侧，康顺路北侧。本项目原为保定卫生职业技术学校，始建于 20 世纪 80 年代，主要包括办公楼、教学楼、宿舍楼、图书馆及各类配套服务用房等，占地面积 70 亩。本次改造计划改造面积 2.554 万 m^2。改造内容如下：

1 号楼原功能为办公，改造后功能不变，不涉及无障碍，涉及节能、防水等；

2 号楼原功能为实验楼，改为宿舍楼，与原 3 号楼合并为一个单体，涉及消防、节能、防水等改造，无障碍提升；

3 号楼原功能为教学楼，改为宿舍楼，与原 2 号楼合并为一个单体，涉及消防、节能、防水等改造，无障碍提升；

4 号楼原功能为宿舍楼，改造后功能不变，不涉及无障碍，涉及节能、防水等改造/部分消防提升；

5 号楼进行拆除 6 号楼进行拆除

7 号楼原功能为图书馆，改造后为教学楼，涉及消防、节能、防水等改造；无障碍提升；8 号楼原功能为医院，改造后为员工食堂，涉及消防、节能、防水等改造；无障碍提升；9 号楼原功能为办公，改造后功能不变，涉及节能、防水等改造、部分消防提升；

10 号楼原功能为宿舍楼，改造后功能不变，不涉及无障碍，涉及节能、防水等改造/部分消防提升；

11 号楼原功能为食堂，改造后功能不变，不涉及无障碍，涉及节能、防水等改造/部分消防提升；

大门原功能为门卫，改造后功能不变，不涉及无障碍，涉及节能、防水等改造/部分消防提升；

改造前如图 1 所示。

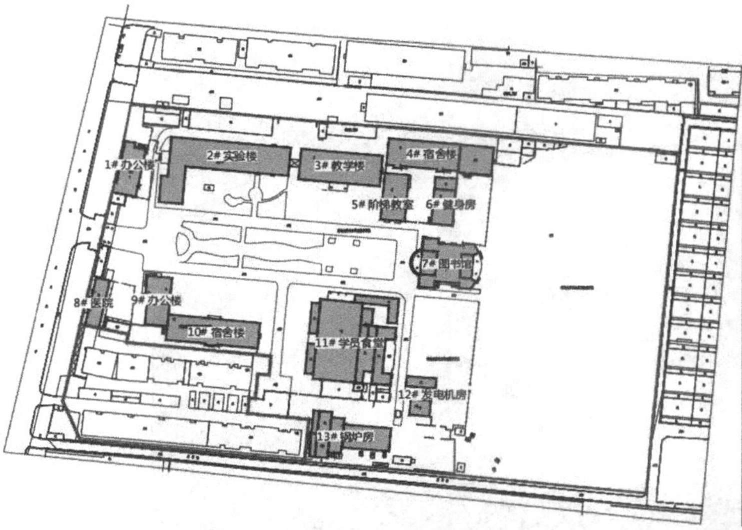

学校占地70亩，现状建筑面积2.49万m²，建筑多为砖混结构建筑，通过改造后可实现500人同时学习培训、食宿、封闭办学的基本办学条件。

	功能	层数	占地面积	总建筑面积
1#楼	办公楼	4F	303.04	1212.16
2#楼	实验楼	5F	1126.87	5634.35
3#楼	教学楼	4F	677.23	2708.92
4#楼	宿舍楼	5F	777.2	3886
5#楼	阶梯教室	1F	300	300
6#楼	健身房	1F	270	270
7#楼	图书馆	5F,局部6F	617.58	3263.9
8#楼	医院	2F	260	520
9#楼	办公楼	5F	304.57	1522.85
10#楼	宿舍楼	5F	635.1	3175.5
11#楼	学员食堂	1F	1863.96	1863.96
12#楼	发电机房	1F	85	85
13#楼	锅炉房	1F	294	294
门卫	门卫	1F	163.8	163.8

项目用地占地为70亩，现状建筑面积2.49万m²。

图 1

改造后如图 2 所示。

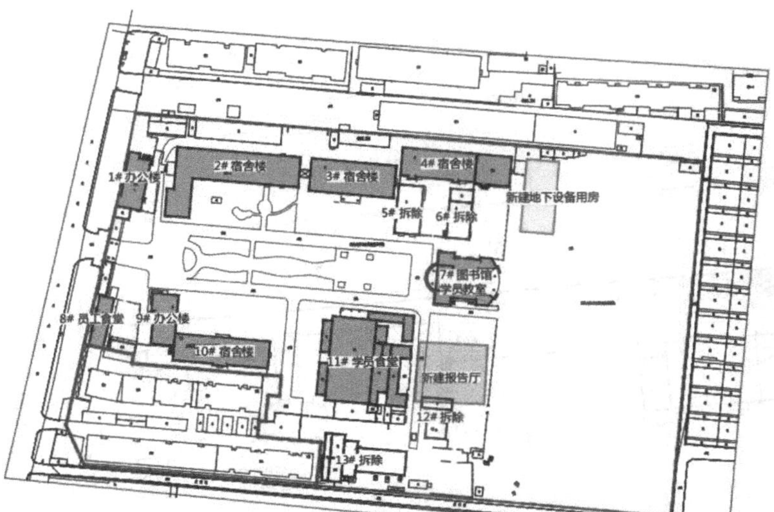

改造后地上建筑面积26055m²，
办公用房建筑面积2735m²，
宿舍用房建筑面积15400m²，
教学用房建筑面积5372m²，
员工食堂及学员食堂建筑面积2383m²，
门卫用房建筑面积165m²。
改造后:
单人宿舍383间，双人宿舍89间，增设可容纳100人、200人、500人的报告厅各一处。

	原功能	现功能	层数
1#楼	办公楼	办公楼	4F
2#楼	实验楼	宿舍楼	5F
3#楼	教学楼	宿舍楼	4F
4#楼	宿舍楼	宿舍楼	5F
5#楼	阶梯教室	拆除	1F
6#楼	健身房	拆除	1F
7#楼	图书馆	学员教室	5F,局部6F
8#楼	医院	员工食堂	2F
9#楼	办公楼	办公楼	5F
10#楼	宿舍楼	宿舍楼	5F
11#楼	学员食堂	学员食堂	1F
12#楼	发电机房	拆除	1F
13#楼	锅炉房	拆除	1F
门卫	门卫	门卫	1F
新建报告厅			1F
新建地下设备用房			地下一层，地上一层

图 2

3　消防改造与部分消防提升

3.1　本项目在建筑总平面布局中的情况

由于现状建筑始建于 20 世纪 80 年代，在使用过程中含有多次加建与改造，造成现状一些建筑本身建筑的消防间距不满足相关要求。这也是改造项目中比较普遍的现状消防问题。我们着重以本项目 2#、3#、4#楼来展开。如图 3 所示，3 个楼现状间距均不满足现行规范。我们在改造过程中优先将此处进行同功能改造，此处我们通过将电梯厅放置在 2#与 3#楼之间，改原两栋楼的主要出口合并于此，将 2 栋楼重新定义为一个楼，不仅避免改造提升时在各自楼内增加电梯造成楼板开洞的问题，同时也解决了现状消防间距的问题。3#楼与 4#楼之间仅有 2m 左右，只能采取防火墙来处理此处间距，不得已将一些房间的开窗进行封堵，从而满足相应现行规范。

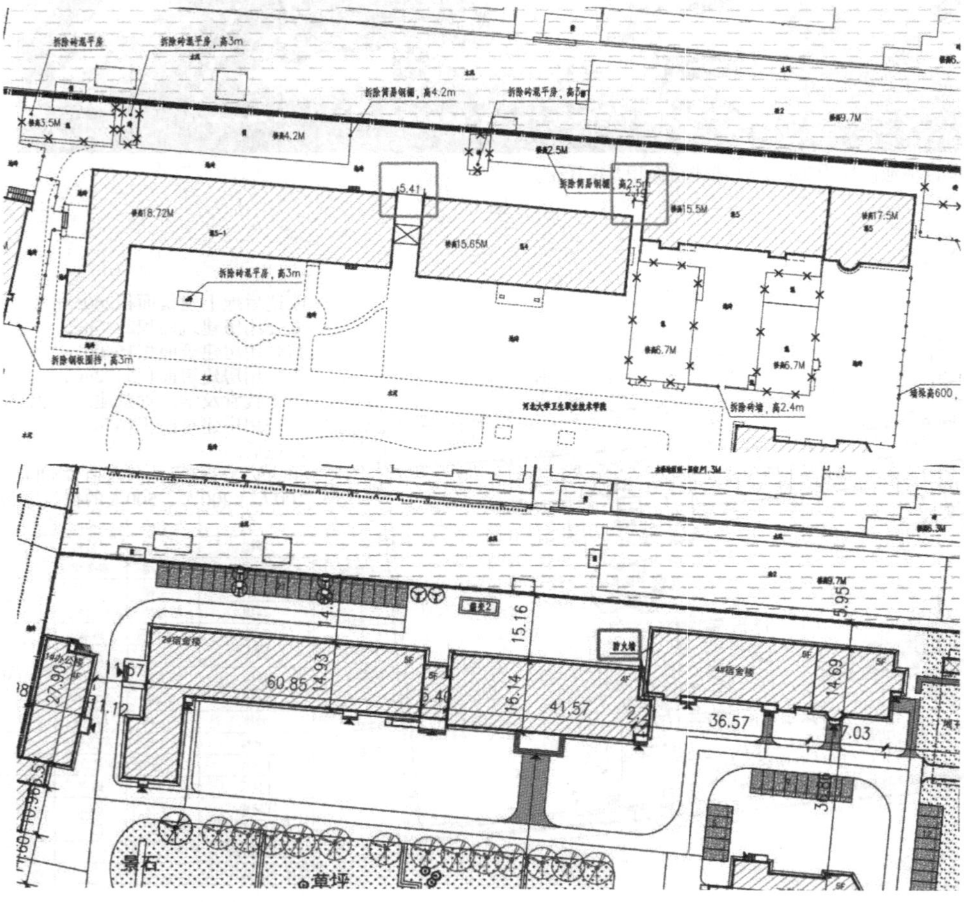

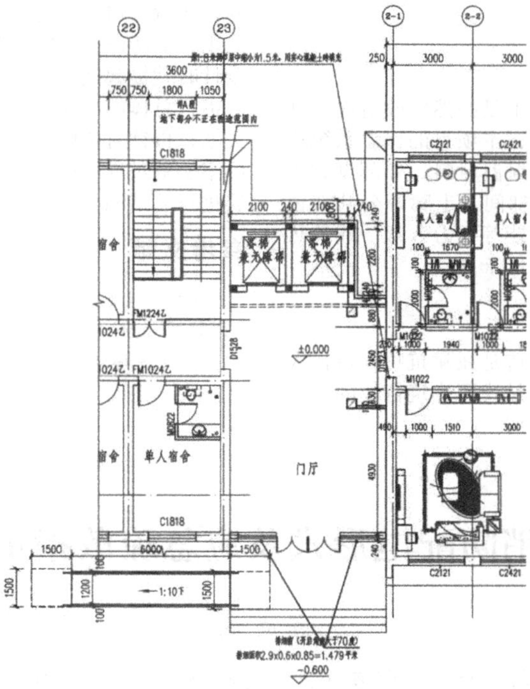

图 3

根据《河北省既有建筑改造利用消防设计审查导则》第6.3.1条，改造工程与相邻既有建筑之间的防火间距不满足现行消防标准要求时，建筑相邻外墙的耐火极限之和不应低于3.00h。当建筑外墙上保留窗时，应设置甲级固定防火窗。本项目4号楼西侧设置甲级固定防火窗，满足规范要求。我们解决既有建筑改造的情况下，首先应总图上进行各个楼改造后的分区设计。在考虑现有建筑满足改造条件的情况下，尽量将大的分区设计合理。会更有利于单体的消防改造。

3.2 本项目建筑单体消防改造情况

单体建筑消防改造大体分为三类，一类是拆除原有建筑新建，第二类为不改变使用功能的整体改造或局部改造，第三类为改变使用功能的整体改造。

第一类我们不在此深入讨论，第二类不改变使用功能的整体改造和局部改造，当建筑内各防火分区的界限不变时，安全疏散设计不应低于原消防标准的要求。

第三类改变使用功能的整体改造和局部改造，保留疏散楼梯净宽度难以符合现行消防标准规定的该使用功能疏散楼梯最小净宽度要求时，如实际净宽度不小于规定最小净宽度的90%，可维持不变。改变使用功能的整体改造及人员密度增加的局部改造，疏散楼梯总宽度应符合现行消防标准的规定。现各疏散楼梯均为敞开楼梯间，梯段净宽度均>1100。改变使用功能的整体改造和局部改造，保留或保留洞口的疏散门和安全出口，当其净宽度难以符合现行消防标准规定的该使用功能疏散门和安全出口最小净宽度要求时，如实际净宽度不小于规定最小净宽度的90%，可维持不变，但疏散门最小净宽度仍不得小于0.8m。改变使用功能的整体改造及人员密度增加的局部改造，疏散门和安全出口总宽度应符合现行消防标准的规定。部分疏散距离不足，现有楼梯无法满足疏散楼梯要求时，不宜直接拆除楼梯重新建设。如有条件保留现有楼梯作为功能楼梯，在建筑外加建楼梯更适合改造既有建筑的消防改造。

通过以上相关准则，我们结合本项目2#楼与3#楼进行分析，如图4所示：

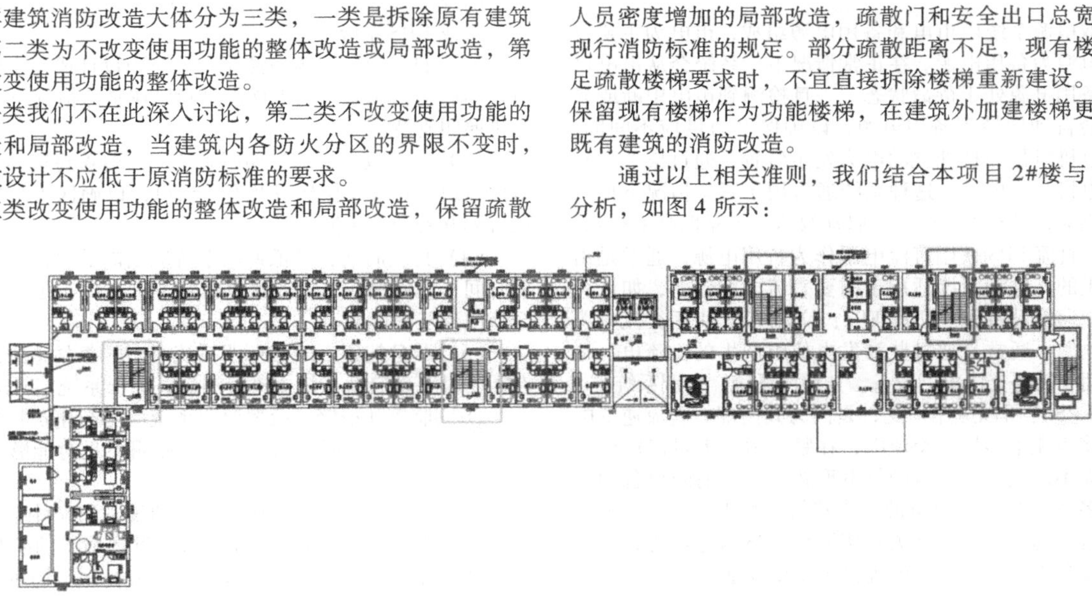

图 4

2#宿舍与3#宿舍楼联通后，现状共有四个楼梯，如图中黄框与红框所示，其中红框中的楼梯无法改造为封闭楼梯间，如果选择拆除楼梯新建，结构的改造与加固成本相对较高。我们根据现状情况最终采用放弃红框中的楼梯间作为疏散楼梯间，在楼梯口设置防火卷帘，仅作为功能联通楼梯，在东侧新建一个楼梯间来满足疏散距离的要求，如图中绿框所示。在既有建筑改造中，改造成本问题也是重中之重。在改造后功能适用的情况下，应选择改造方案成本最低的方向进行消防改造。

3.3 本项目建筑保温材料

在既有建筑改造中更换外窗基本上是必然的改造提升部分，这涉及同时对项目进行节能改造，本项目的保温系统均为A级憎水岩棉板。屋面采用B1级保温材料，外部设有不小于10厚不燃材料保护层。疏散楼梯间、走廊等公共部位隔墙保温层为无机保温砂浆，燃烧性能等级为A级。建筑热桥部位采用的保温材料燃烧性能均不低于A级。

4 小结

综上所述，我国既有建筑维护改造是在建筑物存量扩大和使用年限增加逐步形成和发展的，是我国建筑行业的一个新兴领域，对既有建筑群改造的过程中消防改造可谓是重中之重，消防改造保障着改造后的消防安全，应该从改造方案设计时就提起注意，从现状建筑适合改造成什么功能下手，先进行总体的功能分区，解决总体设计中楼与楼之间的消防关系，再针对单体建筑进行消防相关的改造。本文仅结合实际案例就过程中遇到的一些既有建筑改造过程中消防改造内容进行总结和分析。

参考文献

[1] 《河北省既有建筑改造利用消防设计审查导则》（试行）文件.

[2]《建筑设计防火规范》.

对医疗建筑消防配电形式及应急疏散指示系统的探讨

李威龙

（河北世元工程咨询集团有限公司，河北　保定）

摘　要　目前，高层医院大多位于市中心，建筑总体呈组团分布，具有建筑数量多、建筑体量大、各种大容量强弱电气设备、布线复杂等特点。医疗大楼人流量大，人口密集，大多数人主要是病人及其家属。如果医疗大楼发生火灾安全事故，肯定会造成极度混乱和大量人员伤亡，后果不堪设想。2023年4月18日，北京某医院发生重大火灾事故，使得20多人死亡、40多人受伤。此外，高端设备用电需求较大，因此，人们对医疗建筑消防供配电系统、应急照明和疏散指示系统的可靠性、安全性提出了更高的要求。

关键词　医疗建筑　消防安全　电气设计　应急照明

1 消防供配电形式设计

1.1 消防电源类型

市电双电源系统由市电和备用电源组成，市电为主要电源，备用电源为备用电源。在正常情况下，系统会从市电供电，同时备用电源处于待命状态。一旦检测到市电中断或异常，系统会自动切换到备用电源，以确保电力供应不间断。而柴油发电机组是一种独立的电力发生装置，通过柴油发动机驱动发电机产生电力。这种系统通常用于紧急情况下提供备用电力供应，具有独立性强、启动快速、可靠性高的特点。直流EPS：直流EPS使用直流电源作为备用电源，通常是由蓄电池提供的。这种系统适用于需要直流电的设备，如计算机服务器、通信设备等。交流EPS：交流EPS使用交流电源作为备用电源，通常是通过柴油发电机组产生的交流电。这种系统适用于需要交流电的设备，如照明系统、空调系统等。

交流EPS之所以应用广泛，是因为其内部有直流逆变电路，可以将直流电转换成交流电，在紧急情况下可以输出交流电源，而不改变消防设备的供电形式。现在消防设备的备用电源大多数用EPS应急电源。当建筑物发生火灾，市电切断或切断时，通过双电源开关箱切换至EPS应急电源，为建筑物消防设备设施的正常供电提供了重要保证。

1.2 消防疏散照明系统配电设计要求

消防疏散照明系统的配电设计是确保在火灾或其他紧急情况下，建筑物内的疏散通道和安全出口能够提供足够的照明，以便人员安全疏散的关键部分。以下是一些消防疏散照明系统配电设计的要求：

（1）备用电源：疏散照明系统应当有备用电源，以确保在主电源中断时能够继续提供照明。备用电源可以是电池、发电机或UPS系统。

（2）自动启动：疏散照明系统应当设计成在主电源中断时自动启动，无需人工干预，以确保在紧急情况下能够立即提供照明支持。

（3）覆盖范围：疏散照明系统应当覆盖建筑物内所有的疏散通道、走廊、楼梯以及安全出口，以确保人员能够清晰地看到并安全地疏散。

（4）持续时间：疏散照明系统应当能够提供足够长的照明时间，以确保在火灾或紧急情况下，人员有足够的时间安全疏散到安全区域。

（5）紧急按钮：疏散照明系统应当配备紧急按钮，以便在需要时手动启动系统或进行测试，确保系统正常运行。

（6）监控和报警：疏散照明系统应当与建筑物的监控和报警系统相连，以便在系统故障或照明不足时能够及时发出警报并采取相应措施。

（7）防水防尘：疏散照明系统的设备和配件应当具有防水防尘的能力，特别是对于室外或潮湿环境下的照明设备。

（8）定期检查和维护：医院属于人员密集场所，疏散照明系统定期进行检查和维护就显得极为重要，应当定期检查，以确保设备处于良好工作状态，并在需要时及时更换电池或灯具等易损部件。

通过满足以上要求，疏散照明系统能够在火灾或其他紧

作者简介：李威龙，男，就职于河北世元工程咨询集团有限公司，任电气工程师。

急情况下起到关键作用，保障建筑内人员的生命安全。

1.3 灯具配电回路的设计

（1）水平疏散区内灯具配电电路的设计应符合以下规定：

水平疏散区灯具配电线路设计需要考虑到疏散通道、走廊和安全出口的照明需求，确保在火灾或其他紧急情况下人员能够安全疏散。以下是水平疏散区域灯具配电回路设计的一般要点：

①灯具布局：根据建筑物的结构和疏散需求确定灯具的布局，包括疏散通道、走廊和安全出口等位置。

②灯具类型：选择适合疏散区域的灯具类型，如应急照明灯、LED 灯等，以确保在火灾或断电时能够提供足够的照明。

③配电回路划分：将疏散区域内的灯具划分到不同的配电回路中，以确保在某一回路故障时其他回路的照明能够正常工作。

④备用电源：疏散区域灯具配电回路需要备用电源，如电池或发电机。备用电源应当能够在主电源中断时提供足够的电力支持。

⑤自动切换：配电回路应设计成具有自动切换功能，能够在主电源中断时自动切换到备用电源，以确保照明能够持续提供。

⑥配电线路选择：选择适当规格和材质的电缆，以确保能够承受灯具所需的电流负载，并具有良好的耐火性和耐磨性。

⑦电路保护：在配电回路中应使用合适的电路保护装置，如保险丝、断路器等，以保护灯具和电缆不受过载或短路等电气故障的影响。

⑧定期测试和维护：配电回路和灯具需要定期进行测试和维护，以确保其正常工作。测试包括定期检查电池、检查自动切换功能、测试灯具亮度等。

⑨合规性：配电回路的设计需符合相关的安全标准和法规，如建筑电气设计规范、消防安全规定等。

通过合理设计水平疏散区域灯具配电回路，可以确保在紧急情况下建筑内的疏散通道和安全出口能够提供足够的照明支持，保障人员安全疏散。

（2）垂直疏散区照明配电电路的设计应符合下列规定：

①封闭式楼梯间、无烟楼梯间和室外疏散楼梯间应设置单独的配电线路。

②安装在开放式楼梯间的灯具应由灯具所在楼层或最近楼层的配电线路供电。

③连接避难层和避难层的下行楼梯井应分别设置配电回路。

（3）灯具采用集中电源时，集中电源的设计应符合下列规定：

系统控制架构的设计应符合下列规定：

当集中电源或应急照明配电箱与灯具之间的通信中断时，应紧急点亮非连续灯的光源，将连续灯的光源从节电照明模式切换到应急照明模式。

当应急照明控制器与中央电源或应急照明配电箱之间的通信中断时，集中电源或应急照明配电箱应联锁控制连接到应急照明的非连续照明的光源，灯的光源由节能照明模式转变为应急照明模式。

2 高层医疗建筑火灾负荷分布的探讨

2.1 切非问题探讨

在高层建筑的消防设计中，消防切非是一项关键的安全措施。消防切非是指将建筑分割成不同的区域，以限制火势蔓延的速度和范围，提高疏散和灭火的效率。以下是高层建筑消防切非的一些常见策略：

防火分区：高层建筑通常会被划分成不同的防火分区，每个分区之间设置防火墙或防火门，以阻止火势蔓延到其他区域。

防火楼梯和避难层：高层建筑内应设置防火楼梯和避难层，以便在火灾发生时提供安全的疏散通道和避难空间。

防烟区域：在高层建筑中，防烟区域的设置至关重要。通过采用防烟隔离措施，如防烟门、防烟楼梯间等，可以防止烟气蔓延，保护疏散通道的畅通。

自动喷水灭火系统：高层建筑应配备自动喷水灭火系统，如自动喷水灭火装置，以便在火灾初期及时控制火势。

疏散策略：高层建筑的疏散策略应该考虑到建筑结构、人员密度以及逃生时间等因素，确保在火灾发生时能够及时有效地疏散人员。

火灾报警系统：高层建筑应安装火灾报警系统，包括烟雾探测器、火灾手报警器等设备，以便及时发现火灾并启动相应的应急措施。

应急照明和标识：在高层建筑内设置应急照明和逃生标识，以便在火灾或断电时提供足够的光照和指引，帮助人员安全疏散。

大型综合医疗建筑中大多是一级负荷，不能随意切非，否则会影响病人的生命安全。

2.2 火灾应急照明配电及疏散指示系统的探讨

大型医院属人员密集场所，其中既有医护人员，又有患者及其家属，当真正发生火灾时怎样疏散是一个难题。消防应急照明与疏散指示系统的配电设计至关重要，它们是确保建筑物内在火灾或其他紧急情况下人员安全疏散的关键组成部分。以下是配电设计中需要考虑的一些关键方面：

首先，确定应急照明和疏散指示系统的布置位置，包括灯具、指示灯和标志牌的安装位置，以覆盖整个建筑物的疏散路径和安全出口。

确定主电源和备用电源的供应方式，主要考虑到主电源的稳定性和备用电源的可靠性。备用电源可以是电池、发电机或 UPS 系统，确保在主电源故障时能够持续供电。将应急照明和疏散指示系统划分为不同的配电回路，以确保在某一回路故障时其他回路仍能正常工作。同时，配电线路的布置应符合电气安全规范，并考虑到电缆的安全性和易于维护。同时，配电系统应具备自动切换功能，能够在主电源中断时自动切换到备用电源，确保应急照明和疏散指示系统能够持续提供照明支持。配电系统还应与建筑的监控系统相连，能够监测电源状态和配电回路的运行情况，并在系统故障或电源中断时及时发出警报，以便及时采取应对措施。见图 1。

2.3 特殊场所的配电问题

手术室、ICU 等医疗设施需要确保电力供应的稳定性，以支持医疗设备的正常运行。此外，还需要备用电源以应对紧急情况，如手术中断或停电时保持紧急设备的运行。

高层建筑和地下空间的配电系统需要考虑到电力输送的复杂性和安全性要求，以及可能存在的疏散困难。备用电源、自动切换装置和紧急照明系统是必要的，以确保在火灾或其他紧急情况下人员安全疏散。

3 结语

医疗建筑近来消防安全事故频发，这无时无刻不在提醒着我们，消防安全是重中之重，所以人们要重视起来，从设

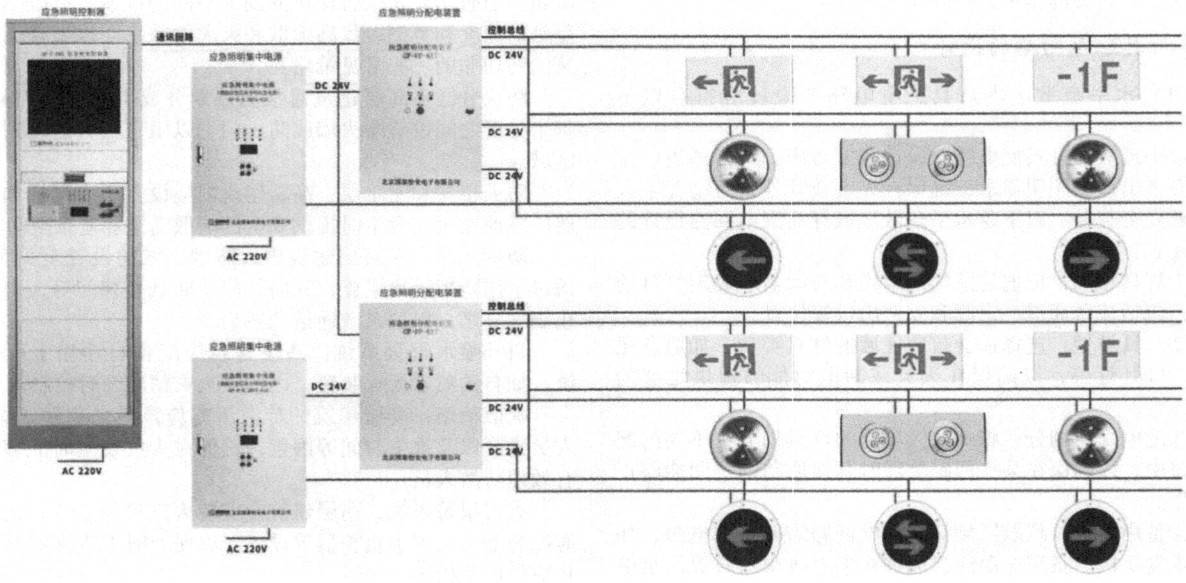

图 1

计到施工，再到后面的正式投入使用，后期的维护与检查，每一步都要用心去做，这样才能使人民放心。

参考文献

［1］李战赠，何穆．医疗建筑电气设计［J］．智能建筑电气技术，2012，6（1）：41-44.

［2］Hong Ke Pu，Qing Chao Wei. Model reuse technology inbuilding electrical parameters design［J］．Applied Mechan-ics and Materials，2014，580-583：3179-3182.

［3］李家驹．医疗建筑电气设计常见问题探讨［J］．建筑电气，2014，33（10）：44-48.

［4］谈政．高层医疗建筑电气设计的分析探讨［J］．科技与企业，2016（8）：131，133.

［5］赵毅．医疗建筑内消防电气相关系统的设置依据探讨［J］．中小企业管理与科技（上旬刊），2016（12）：181-182.

［6］蔡英琪，黄舒予．医疗建筑电气设计要点分析［J］．建筑电气，2017，36（7）：28-32.

工程项目中防火门监控系统设计

李　丙

（河北世元工程咨询集团有限公司，河北　保定）

摘　要　防火门监控系统可以对管辖范围内所有疏散通道上的防火门进行24h连续自动巡检，并对疏散通道上的故障防火门发出报警信号，属于火灾防护体系的一种产品。在发生火灾时，系统可以远程控制关闭所有火情区域的常开防火门，为火灾救援和人员疏散赢得有效时间。在国家现行标准规范的支持下，设计安装防火门监控系统已成为建筑工程领域必不可少的一部分，防火门监控系统的市场也越来越宽广，逐渐呈现出供不应求的市场关系。

关键词　防火门　监控　总线

1　引言

伴随着建筑行业快速发展，不同类型的现代化建筑层出不穷，室内外装修以及电气线路敷设也更为复杂，导致发生火灾的几率增大。防火门作用是在发生火灾时抑制火势蔓延、阻止烟气扩散，为火灾救援和人员疏散赢得有效时间的关键设施，确保防火门实时处于正常状态，是减少火灾损失非常重要的一环。

目前建筑物中的消防通道、楼梯、电梯前室的防火门都是常闭式防火门，由于人流较大，防火门频繁开启，极易发生防火门铰链脱落，机械闭门器失效的故障，致使防火门关闭不严或不能自动关闭。有的地方为了通行方便，人为拆卸闭门器或用楔块固定门扇，使本应关闭的防火门长期处于打开状态，由于烟囱效应，烟气会充满整个通道，造成逃生困难及大量人员的伤亡。

2　防火门监控系统构成

防火门监控系统是对双常（开）闭防火门或单常（开）闭防火门的实时状态进行监控，通过与报警系统联动控制防护门关闭的一套系统，为的是减少火灾所造成的损失。一般

作者简介：李丙，男，河北世元工程咨询集团有限公司建筑设计六院副院长。

由有防火门监控器主机，防火门监控器分机，防火门联动闭门器，防火门电磁释放器，门磁开关等构成。

2.1 监控器

防火门监控器是防火门监控系统的主机。正常状态下，监控所有疏散通道上防火门的启闭状态。在火灾发生时，火灾自动报警系统主机与防火门监控器联动，防火门监控器接收火灾自动报警系统发出的信号，根据火势蔓延，烟雾弥漫的方向，再迅速发出相应的控制命令，通过总线，迅速控制需要关闭的常开防火门关闭，阻断烟气，隔离火源。

2.2 监控分机

防火门监控分机是对单体建筑或建筑物的局部区域内的防火门状态实行有效监控，属于防火门监控系统的分散式监控装置，有效增加了一套系统上监控模块的数量，并且增大了整个系统的通信距离。

2.3 电源箱

防火门电源箱主要是为常开防火门上的联动闭门器提供电源，箱内设置状态监控模块，有独立的编码点位，一般可控制50个联动闭门器。

2.4 联动闭门器

联动闭门器主要安装于常开防火门处。火灾情况下，接收监控模块（防火门监控器发出信号给监控模块）发出的信号，关闭现场处于打开状态的防火门，还能将防火门关闭后的关闭状态信息通过监控模块回馈至防火门监控器的电气装置。防火门监控系统框图见图1。

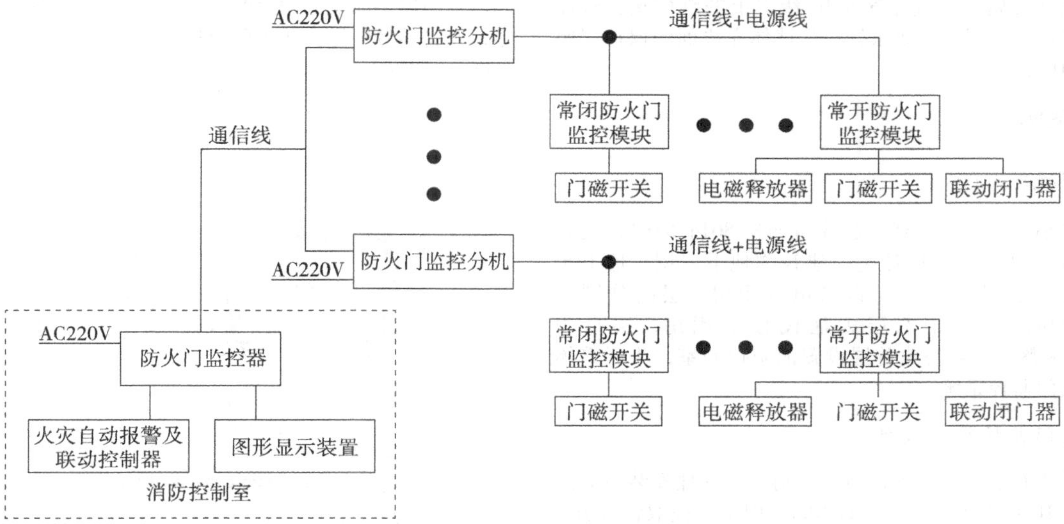

图1 防火门监控系统框图

正常情况下，由防火门监控系统提供DC24V电源，使疏散通道上的常开防火门处于常开状态。火灾时，防火门监控模块接收主机信号，切断DC24V电源，闭门器机械力将防火门关闭；也可以在现场操作机械开关手动关闭防火门。

2.5 电磁释放器

正常情况下，由防火门监控系统提供DC24V电源，电磁释放器吸合防火门，使疏散通道上的常开防火门处于常开状态。火灾时防火门监控模块接收主机信号切断电磁释放器电源，防火门在机械闭门器作用下自行关闭，也可以在现场操作机械开关手动关闭防火门。

2.6 门磁开关

防火门门磁开关安装在门上，用于监测防火门处于哪种状态：关闭或打开，并能将防火门实时状态通过监控模块信息反馈至控制室内的防火门监控器主机。

2.7 监控模块

防火门监控模块与监控主机或分机通信采用的是无极性二总线，在为系统提供防火门实时状态的同时，接受系统的命令，也可为联动闭门器和门磁开关提供DC24V电源。

可以监视一个双常（开）闭防火门或单常（开）闭防火门的实时状态；也可以接收系统的指令，通过联动闭门器及电动释放器可以控制单常开防火门、双常开防火门，自动顺序关闭常开防火门。具有手动关门的功能，故障时，光报警。

3 防火门监控系统设计原则

3.1 防火门监控系统规范要求

火灾状况下，防火门保持关闭状态，有利于人员疏散和人员救援，通常防火门监控器设置在园区消防控制室内，如果园区无消防控制室，防火门监控器需设置在有人员值班的场所。

疏散通道上的防火门有两种类型，分别是：常闭型和常开型的防火门。常闭型防火门是人员通行后，防火门通过自身的机械力将门关闭。常开型防火门平时是打开的，在火灾状况下，防火门任一侧所在防火分区内两只独立的火灾探测器或一只火灾探测器与一只手动报警按钮报警信号的“与”逻辑联动防火门关闭。疏散通道上各防火门的开启、关闭及故障状态信号均实时反馈到消防控制室防火门监控器。

以上明确了防火门监控系统监控和控制要求，那么何种建筑需要做防火门监控系统。从《建筑设计防火规范》第6.5.1条第1款：“设置在建筑内经常有人通行处的防火门宜采用常开防火门。常开防火门应能在火灾时自行关闭，并应具有信号反馈的功能。”以及《火灾自动报警系统设计规范》第4.6.1条第2款：“疏散通道上各防火门的开启、关闭及故障状态信号应反馈至防火门监控器”，可以推断出：（1）设置有常开防火门的建筑物，应设置防火门监控系统；（2）设置火灾自动报警及联动系统的建筑物，应设置防火门监控系统；（3）建筑物未设置火灾自动报警及联动系统，且建筑物内无常开防火门，本建筑物可以不设置防火门监控系统。

3.2 防火门监控系统线缆选择及敷设

1. 防火门监控器至防火门监控分机之间的通信总线型号为：ZN-RVSp-2×2.5mm^2，可靠通信距离1000m。

2. 防火门监控分机至常开防火门监控模块之间采用通信线与电源线，至常闭防火门监控模块采用通讯线。通讯线型号：ZN-RVSp-2×1.5mm^2，电源线型号：ZN-BVR-2×2.5mm^2。

3. 监控模块至相应门磁开关、联动闭门器等的信号线选用型号：ZN-RVSp-2×1.5mm^2。

4. 线路明敷时，应采用金属管、可挠（金属）电气导管或金属封闭式线槽保护。线路楼板或墙体内敷设时，穿金属管、可挠（金属）电气导管或 B_1 级以上的刚性塑料管保护，应敷设在结构层内，要求管皮到墙体完成面的保护层厚度不低于30mm。

4 工程案例

4.1 工程概况

某居住小区一栋住宅楼，总建筑面积8614.53m^2，建筑高度52.70m，为二类高层住宅。建筑物地下二层，地上十八层。地下两层为储藏室、设备电气用房，层高分别为2.90m、2.80m；一～十八层为居民住宅用房，层高为2.90m。小区整体在某公建首层设置消防控制室，小区整体设计有防火门监控系统。

4.2 防火门监控系统设计

小区设置有消防控制室，消防控制室内壁挂安装防火门监控主机，其底边距地高度为1.30m。用于监视双常（开）闭防火门或单常（开）闭防火门的实时状态，对应关闭而未关闭、应打开而未打开的防火门，通过监控模块反馈报警指示到主机，提示维保人员及时维修有问题的防火门至正常状态，保证疏散通道上的防火门状态完好，并上传防火门状态信息至防火门监控主机。

本住宅楼地下一层弱电机房设置防火门监控分机，壁挂安装，其底边距地高度为1.30m。对本住宅单体内疏散通道上的防火门装置实行有效监控。

住宅楼各层疏散通道上均设置有防火门，在防火门一侧，底距门框顶上方0.1m位置安装监控模块，各监控模块之间采用手拉手方式连接，详见右图示意。

常闭防火门监控内容：防火门处于常闭状态，门磁开关吸合，防火门被开启时，就近安装的监控模块采集防火门信号，并将信号传送至防火门监控器，提示防火门处于开启状态。当门扇不能完全闭合时，监控模块采集门磁开关故障信号，并将信号传送至防火门监控器。安装示意及平面大样详见图2~图6。

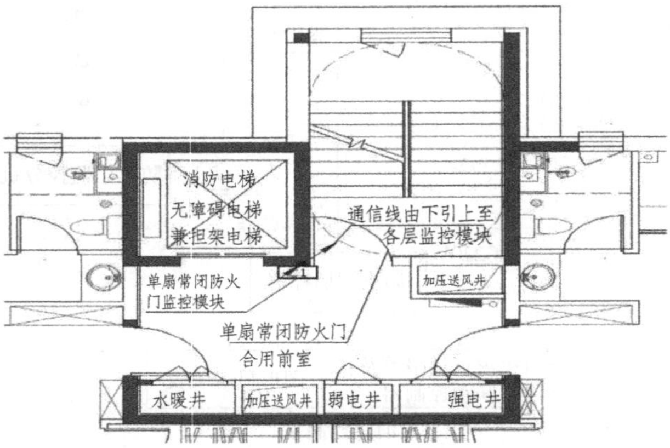

图2 住宅楼标准层西单元防火门平面示意

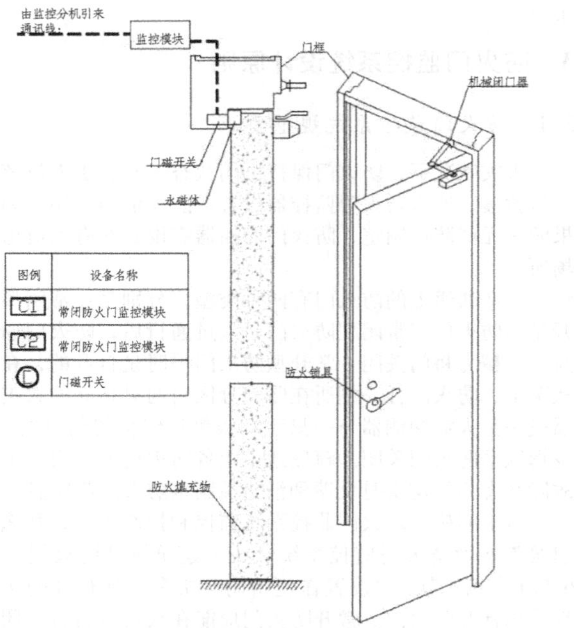

图3 常闭防火门安装示意图

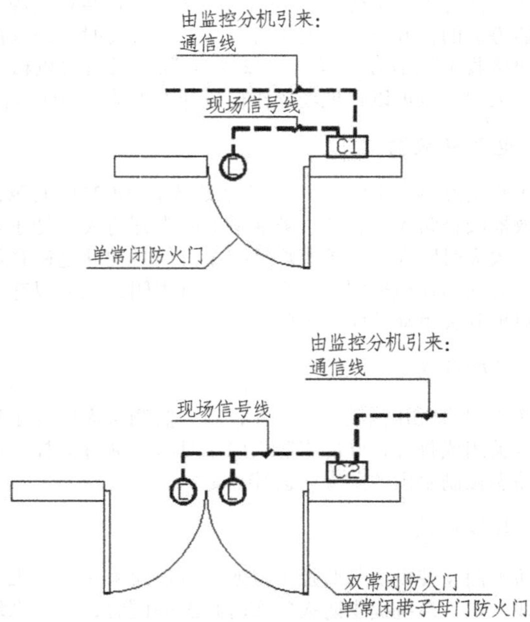

图4 常闭防火门平面大样图

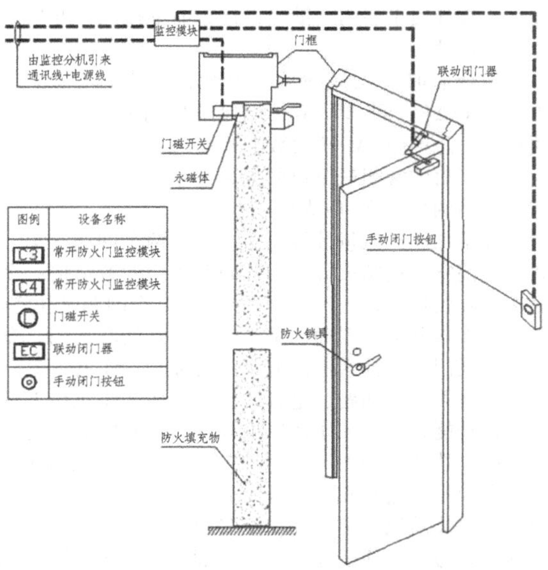

图 5　常开防火门安装示意图

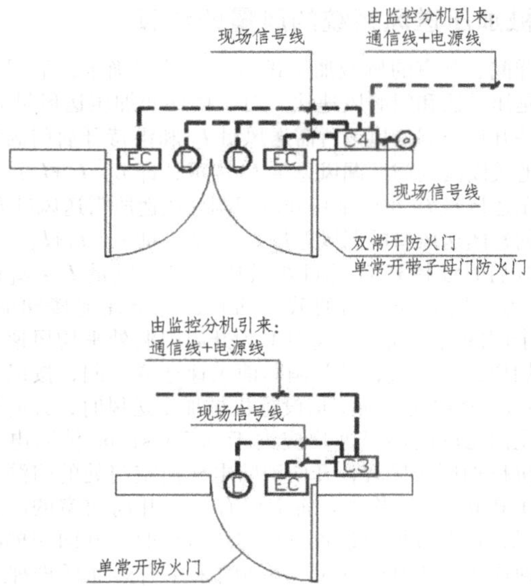

图 6　常开防火门平面大样图

常开防火门监控内容：联动闭门器安装于常开防火门处，当发生火情后，防火门监控主机触发信号至监控模块，监控模块接收信号后发出指令，使联动闭门器动作，门扇在联动闭门器机械力的作用下完成关闭，并通过监控模块向防火门监控器反馈关闭信号。当门扇不能完全闭合时，门磁开关通过监控模块向防火门监控器反馈故障状态。安装示意及平面大样详见上图。

5　结束语

本文重点对现行标准规范中有关防火门监控系统的内容进行分析，并结合实际工程项目，从防火门监控系统框架到设计原则与读者探讨。事实上，建筑物中防火门监控系统要发挥其重要作用，从前期系统的设计，到中期施工、安装调试，再到后期交付业主后的运维，各个环节都不容忽视，本文仅从前期系统的设计进行研究，希望能为大家在进行防火门监控系统设计过程中提供有益的参考。

参考文献

[1] GB 50016—2014（2018 年版）建筑设计防火规范［S］.

[2] GB 50016—2013 火灾自动报警系统设计规范［S］.

[3] GB 25506—2010 消防控制室通用技术要求［S］.

[4] GB 50166—2019 火灾自动报警系统施工及验收标准［S］.

[5] GB 29364—2012 防火门监控器［S］.

住宅建筑加压送风系统设计探讨

周　浩

（河北世元工程咨询集团有限公司，河北　保定）

摘　要　发生火灾时，高温有毒的烟气通常是致人死亡的主要原因。楼梯间、前室作为建筑内人员疏散的生命通道，一旦建筑火灾发生，对人员的疏散和消防救援起着至关重要的作用。它是人员疏散的安全区，也是消防救援人员进行火灾扑救的起始点。因此，当火灾发生时，应能有效控制烟气进入此安全区域，为人员快速疏散和火灾救援提供必要条件。对于建筑高度 h≤100m 的住宅建筑，利用建筑本身的通风也可基本防止烟气进一步进入楼梯间和前室的作用，防烟楼梯间、前室采用自然通风形式简便易行。但受建筑方案的限制，楼梯间、前室的布置往往不能实现自然通风，因此需要设置必要的机械加压送风系统，从而保证人员的疏散和消防救援的实施。机械加压送风系统设计应考虑建筑高度、使用性质、建筑布局、门洞尺寸及开门数量等因素的影响。机械加压送风量正确计算是保证加压送风系统正常有效运行的必要条件。

关键词　住宅建筑　加压送风系统　开门数量　加压送风量

1　引言

楼梯间和前室作为建筑内部人员疏散的重要通道，防烟系统的设置旨在火灾时防止烟气进入安全区域，给消防救援和人员疏散提供有利条件，抓住最佳救援时机。对于防烟楼梯间、消防电梯间前室或合用前室需要采用机械加压送风的方式来维持上述区域内正压以阻止烟气侵入的，其加压送风系统加压送风风量的计算是加压送风系统的关键，风压、风量不够不能有效阻止烟气的侵入。当送风量、风压过高时会导致疏散门难以开启，甚至不能打开，从而影响疏散。本文着重对地下室前室加压送风系统风量计算和机械加压送风系统设计时的注意事项进行了探讨。

2 机械加压送风系统的风量的计算

楼梯间、前室的机械加压送风量应计算确定，常用的基本方法是压差法和门洞风速法。对于楼梯间加压送风量 L_j 主要由维持开启门洞处风速所需送风量 L_1 和维持开启门洞处风速下其他关闭门处门缝漏风总量 L^2 组成，即 $L_j=L_1+L_2$；对于前室加压送风量 L_s 主要维持开启门洞处风速所需送风量 L_1 和未开启的常闭送风口的漏风总量 L_3 组成，即 $L_s=L_1+L_3$。

门开启时维持开启门洞处风速所需送风量 $L_1=A_kVN_1$。式中 A_k 为一层内开启门的截面面积，对于住宅楼梯前室，可按一个门的面积取值。式中 V 为开启门洞处平均风速，针对不同加压送风形式，其门洞断面风速选取不同，按以下原则选取：a. 楼梯间、前室均设置机械加压送风时，开向楼梯间和前室门处的门洞风速均应大于 0.7m/s；b. 消防电梯前室设置机械加压送风时，开向消防电梯前室门处的门洞风速应大于 1.0m/s；c. 当独立前室仅有一个开向前室的门，前室不送风，仅在楼梯间设置机械加压送风时，开向楼梯间处门洞风速应大于 1.0m/s；d. 楼梯间采用自然通风楼梯间前室采用机械加压送风时，开向前室处门洞风速应大于 0.6（楼梯间疏散门的总面积/前室疏散门的总面积+1）。这里需要注意，对于楼梯间开启门而言，指的是前室开向楼梯间的门；对于前室开启门而言，指的是走廊或房间开向前室的门。式中 N_1 为设计同时开启疏散门的楼层数量，针对不同位置按以下原则选取：对于地上楼梯间而言，当其高度 $h<24$m 时，按同时开启 2 层内的疏散门设计；当其高度 $h\geqslant 24$m 时，按同时开启 3 层内的疏散门设计；对于地下楼梯间而言，按开启 1 层内疏散门设计；前室按同时开启相邻三层疏散门设计。

门开启时规定风速值下其他门缝漏风总量 L_2 为 $L_2=0.827\times A\times\Delta P^{1/n}\times 1.25\times N_2$，漏风疏散门的数量 N_2 应为加压楼梯间的总门数-N_1 楼层数上的总门数。

未开启的常闭送风口的漏风总量 L_3 为 $L_3=0.083\times A_fN_3$，漏风阀门的数量 N_3 应为楼层数-3。

前室加压送风量计算时需要注意两个问题，第一个问题是地下前室主楼防火分区内开向前室门的数量按一个计入还是按实际门数量计入？详见图 1。第二个问题是住宅建筑中，地下车库通常会设置通向主楼地下前室的联通门，车库与主楼的联通门是否计入通向前室门的数量？详见图 2。

针对第一个问题，笔者认为对于住宅建筑地上部分功能为居住功能，前室加压送风量计算时，开向前室的门的数量规范中已明确“住宅楼梯前室，可按一个门的面积取值”，即地上前室无论有几个门开向前室疏散均按一个门计入。但对于住宅建筑地下室，其功能多为储藏室，建筑疏散通常按公共建筑考虑，住宅建筑地下室部分不应按居住功能考虑，因此，在计算合用前室加压送风量时，对于地下前室一层内开门数量笔者认为不应按《建筑防烟排烟系统技术标准》“对于住宅楼梯前室，可按一个门的面积取值”执行，而应按同一层内开向楼梯前室门的实际总数量计入。

在住宅建筑中，地下车库通常会设置通向主楼地下前室的联通门，这样设置一方面便于业主回家，另一方面车库可借用主楼楼梯作为疏散，如图 1 所示。

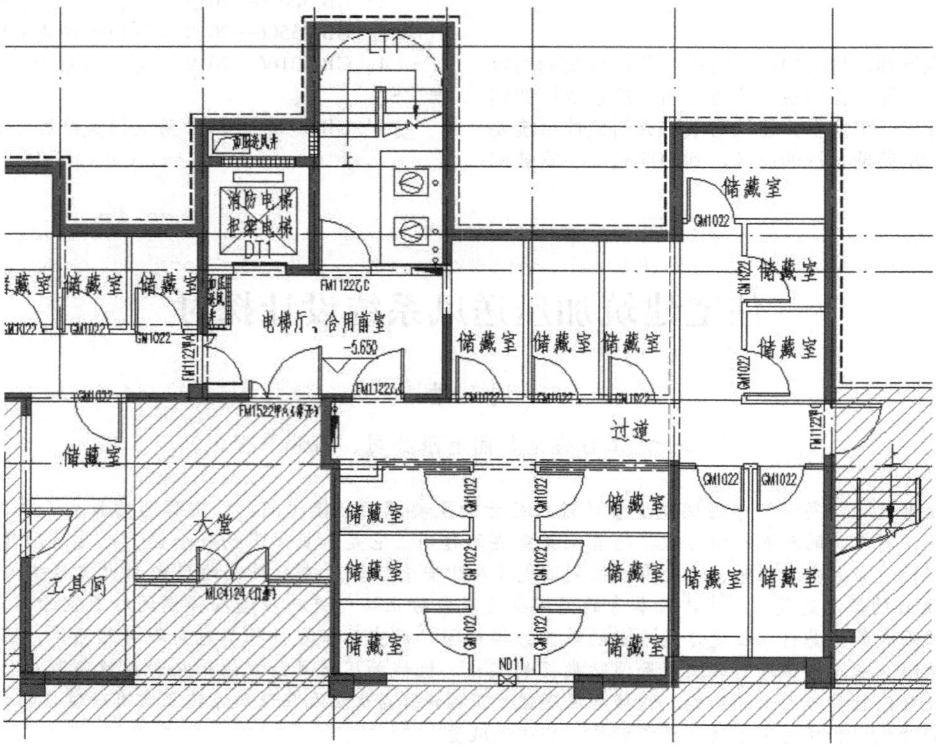

图 1　主楼地下室多个门开向前室时

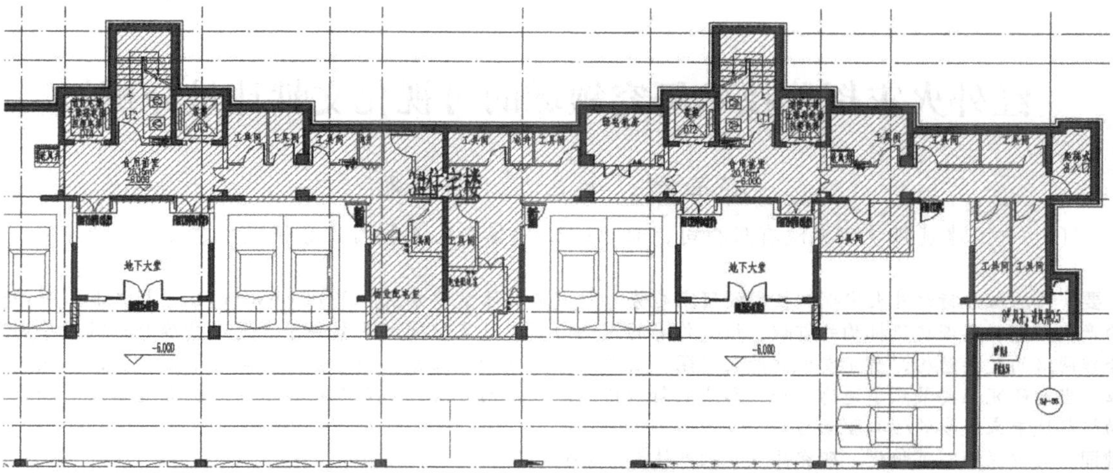

图 2　车库与主楼地下前室设置联通门时

对于住宅建筑，地上部分、地下部分前室通常共用一套加压送风系统，车库与主楼地下室前室联通时，会增加通向前室门的数量，前室加压送风量计算时如果计入车库与主楼地下室联通门时，往往会造成前室加压送风系统的加压送风量增大，加压送风风井、风口尺寸增大。

笔者认为前室加压送风量计算时不应将车库与主楼地下前室的联通门计入。车库与主楼地下室为两个防火分区，民用建筑同一时间内按 1 起火灾计，因此不考虑两个防火分区同时着火。《建筑防烟排烟系统技术标准》规定：当着火防火分区内火灾确认后，应在 15s 内联动启动该防火分区内楼梯间的全部加压送风机以及该防火分区内着火层及其相邻上下层前室及合用前室的常闭送风口，同时开启对应的加压送风机。楼梯间或合用前室均为主楼防火分区，电气火灾自动报警系统只有探测到主楼防火分区着火时，才会启动楼梯间和前室的加压送风风机和加压送风风口，车库着火时主楼内的防烟系统不应启动。因此，主楼前室加压送风量计算时不应计入车库通向前室的门的数量，仅计入主楼防火分区内同一层通向前室的门的数量，但应考虑车库通向前室门的缝隙产生的漏风量。

3　机械加压送风系统的设计时注意事项

（1）机械加压送风系统的设计风量应充分考虑实际工程中由于风管（道）的漏风与风机制造标准中允许风量的偏差等各种风量损耗的影响，为保证机械加压送风系统的可靠性，机械加压送风系统的设计风量不应小于上述加压送风计算风量的 1.2 倍。

（2）《建筑防烟排烟系统技术标准》GB 51251—2017 规定：“机械加压送风系统应采用管道送风，且不应采用土建风道。”最新实施的《消防设施通用规范》GB 55036—2022 要求：机械加压送风管道应采用不燃性材料，且管道的内表面应光滑，管道的密闭性能应满足火灾时加压送风的要求。“不应采用土建风道”不再是强制性要求，加压送风管道可采用土建风道，但应保证管道的密闭性能。《通风与空调工程施工质量验收规范》GB 50243—2016 针对不同工作压力下的矩形金属风管的允许漏风量做了相应规定。见表 1。

表 1　风管允许漏风量

风管类别	允许漏风量/［m^3/（h·m^2）］
低压风管	$Q_l \leqslant 0.1056P^{0.65}$
中风管	$Q_m \leqslant 0.0352P^{0.65}$
高风管	$Q_h \leqslant 0.0117P^{0.65}$

当采用砖、混凝土风道时，允许漏风量应小于矩形金属低压风管规定值的 1.5 倍。

（3）应急排烟窗是为消防救援人员提供的应急排烟设施，是保障消防救援人员安全的重要建筑技术措施之一。当设置机械加压送风系统并靠外墙或可直通屋面的封闭楼梯间、防烟楼梯间，在楼梯间的顶部或最上一层外墙上应设置常闭式应急排烟窗，且该应急排烟窗应具有手动和联动开启功能。应急排烟窗主要供消防救援人员在火灾发展的中后期使用。应急排烟窗不应与火灾自动报警系统联动，在建筑着火后楼梯间内的机械加压送风系统正常运行期间，应急排烟窗应保持关闭状态，以维持楼梯间防烟所需正压或门洞口的风速。应急排烟窗应在相应的楼梯间内设置可以供消防救援人员在现场手动开启应急排烟窗的就地开启装置、同时在消防控制室设置消防联动控制装置，以便于消防救援人员在楼梯间内现场和在消防控制室远程开启。但《消防设施通用规范》未明确急排烟窗的设置面积要求，参考《建筑防烟排烟系统技术标准》中关于固定窗的设置要求，设置 1m^2 应急排烟窗。

4　结语

楼梯间和前室作为建筑内部人员疏散的重要通道，机械加压送风系统是防烟系统的必要手段，在火灾时防止烟气进入安全区域，给消防救援和人员疏散提供有利条件，抓住最佳消防救援时机。本文着重讨论了地下前室加压送风量的计算和加压送风系统设计时注意事项，希望在后续项目中能为大家提供有价值的参考。

参考文献

［1］GB 55036—2022 消防设施通用规范［S］.
［2］GB 50016—2014（2018 年版）建筑设计防火规范［S］.
［3］GB 51251—2017 建筑防烟排烟系统技术标准［S］.
［4］GB 55037—2022 建筑防火通用规范［S］.

红外火灾探测技术研究领域的可视化文献计量分析*

郭芷含[1]，车运达[2]，冉　鹏[1]

（1. 中国建筑科学研究院有限公司，北京；2. 中华人民共和国住房和城乡建设部，北京）

摘　要　为深入分析红外火灾探测技术的研究趋势，利用文献计量学方法和 VOS viewer 网络分析工具，全面评估了科研文献的产出分布、各国科研机构的贡献、核心作者的影响力，以及文献间的共引关系。通过精确分析时间序列数据并揭示全球合作网络的复杂结构，研究发现红外火灾探测技术的研究活动近几年较为活跃，尤其是中国和美国在这一领域占据领导地位。当前研究主要聚焦于遥感监测、算法创新和传感器技术的开发，而无人机技术和人工智能算法的融合应用正在成为推动该领域未来进步的核心驱动力。

关键词　火灾探测　可视化　研究热点　红外技术　文献计量学

1　引言

火灾是全球范围内造成重大人员伤亡和财产损失的常见灾害之一[1]。随着科技的发展，火灾预防和探测技术已成为研究的热点，其中红外火灾探测技术因其能够在火灾发生的初期阶段迅速发现火源而受到广泛关注[2,3]。该技术利用红外传感器检测与火灾相关的红外辐射增强，实现对火灾的快速响应[4]。在众多应用场景中，红外探测器能有效地在视线受阻或烟雾浓密的环境中工作，显著提高了火灾探测的准确性和可靠性。随着物联网和人工智能技术的发展，红外火灾探测系统不断整合这些先进技术[5]，进一步优化了火灾预警的效率和智能化水平[6]。本研究通过文献计量学的方法[7]，对红外火灾探测技术的发展趋势、研究热点及其在火灾探测中的应用进行了全面的回顾和分析。

2　红外火灾探测技术文献研究方法

2.1　文献数据获取

本研究中所用的文献数据采集自科睿唯安的 Web of Science 核心合集，这些数据来源于几个重要的索引数据库，包括 Science Citation Index Expanded（SCI-EXPANDED）、Social Sciences Citation Index（SSCI）以及 Conference Proceedings Citation Index-Science（CPCI-S）等数据库。利用 VOS viewer 进行高效的文献挖掘，从而有效地进行复杂的数据分析和知识提取。检索的时间范围设定从 1970～2024 年，涵盖了近五十四年的科研发展历程。检索语言设定为“All languages”，以包含所有可能的研究成果。

通过精确且全面的检索策略，共检索到 1238 篇相关文献，这些文献记录了详尽的作者信息、研究主题、关键词及其引用的参考文献等。为本研究的后续分析提供了坚实的基础，确保了分析的全面性和数据来源的权威性。

2.2　研究方法

在本研究中采用文献计量学方法，结合科睿唯安 Web of Science 的数据检索和 VOS viewer 的可视化分析工具来探究红外火灾探测技术的学术演进。VOS viewer 是一个专门用于构建和查看文献数据网络的软件，能够处理大规模数据集并展示如关键词共现、共被引作者和被引文献等网络。通过 Web of Science 核心合集，从 1970 年至 2024 年间检索并导出了相关文献资料，涵盖了期刊、会议录等多种类型。利用 VOS viewer，将这些数据经过详细的网络分析，从而识别研究热点和主要研究趋势。这种结合精准数据检索与高级可视化功能的方法，不仅提高了分析的准确性，也为研究提供了清晰的科研成果和发展路径展示。

3　红外火灾探测技术文献分析

3.1　文献产出分布分析

文献产出分布分析的研究数据是对于 2015 年 1 月至 2024 年 4 月的文献产出数量进行分析，红外火灾探测技术领域的文献产出量呈现出一定的波动趋势。在这十年间，观察到两个显著的增长期：一是从 2016～2020 年，二是从 2021～2023 年。2023 年标志着这一时期文献产出的顶峰，占总数 1238 篇文献的近 8%，反映了该年科研活动的强烈热潮。2021 年的文献产出量相对于前一年有所下降，这一下跌在占总文献数量的百分比上同样显著。折线图上的百分比下降与柱状图上的产出数量下降相吻合，指出虽然总体产出量较高，但相较于总体增长趋势，这些年份的增长速度有所放缓。红外火灾探测技术研究领域文献产出数量与占比年份图如图 1 所示。

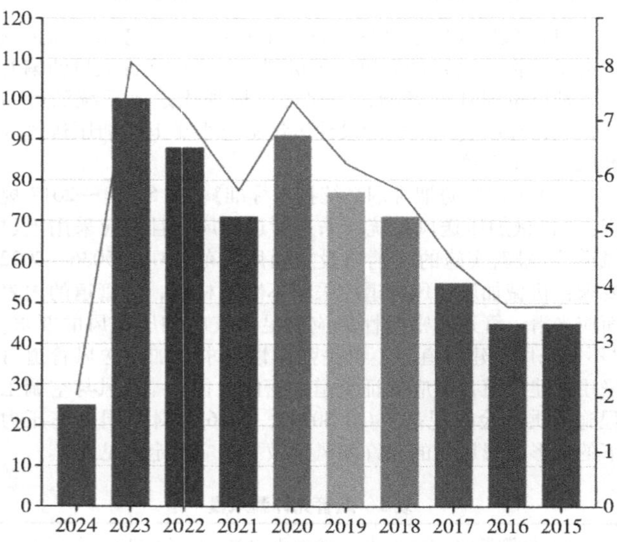

图 1　红外火灾探测技术研究领域文献产出数量与占比年份图

* 基金项目：中国建筑科学研究院有限公司青年科研基金（2024-011505-001）。

作者简介：郭芷含，女，硕士研究生，中国建筑科学研究院有限公司，研究方向为建筑防火。

3.2 来源国家机构分析

文献来源国家机构网络图2中的节点大小代表了各个国家在该研究领域中的文献产出量，而线条的粗细和长度反映了不同国家之间合作的强度和范围。中国和美国在网络中占据着中心地位，这表明这两个国家不仅在红外火灾探测技术领域的科研产出丰富，而且在国际科研合作中发挥着重要作用。加拿大、德国、法国和英国等国家也显示了较高的科研合作频率，它们的网络连接广泛，表明了跨国研究团队的活跃交流。网络图的时间颜色渐变进一步揭示了这些国家在不同年份的活跃度。从时间维度上看，可以观察到新兴经济体印度和巴西在近几年逐渐显现出更加突出的色彩，反映了这些国家科研能力的增长和对红外火灾探测技术研究日益增加的关注。

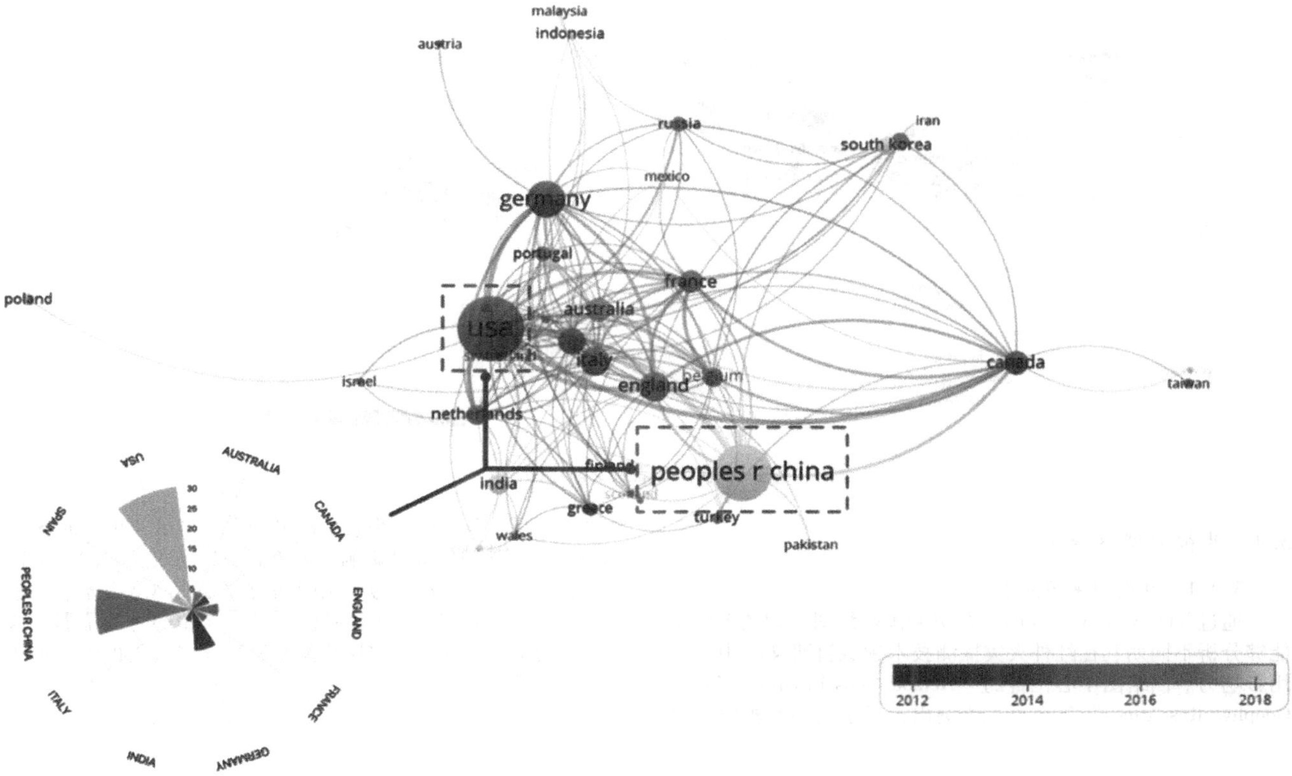

图2 文献来源国家机构网络图

3.3 作者分析

通过深入分析 Web of Science 得到的文献作者占比数据，见表1所示。可以识别在红外火灾探测技术研究中起主导作用的学者。Wooster MJ 的中心地位非常明显，他的研究成果的广泛性表明了其在领域内的中心地位和对红外火灾探测技术进展的重要贡献。Oertel D 和 Lorenz E 也显示出相似的影响力，这些研究者的发文数量揭示了他们在国际合作中的活跃作用。高产作者发文数量占比图，如图3所示进一步提供了定量的视角，揭示了各主要研究者对领域贡献的具体比例。通过 VOS viewer 生成的高产作者发文时序图（图4），根据颜色渐变的时间标记提供了分析研究活跃度和影响力变化的时间框架。近年来颜色更亮的作者 Chen，Yang 和 Morton，Douglas C. 的显现，表明了新一代研究者开始在该领域内展现影响力。

表1 高产作者发文数与占比

序号	作者	记录数	1238 的百分位
1	Briess K	14	1.131
2	Giglio L	13	1.05
3	Halle W	14	1.131
4	Lorenz E	22	1.777
5	Oertel D	20	1.616
6	Schmitz H	19	1.535
7	Skrbek W	15	1.212
8	Wang J	15	1.212
9	Wooster MJ	24	1.939
10	Zhukov B	15	1.212

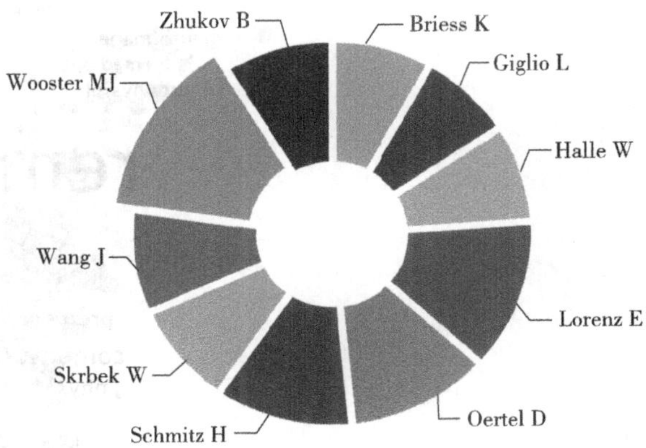

图3 高产作者发文数量占比图

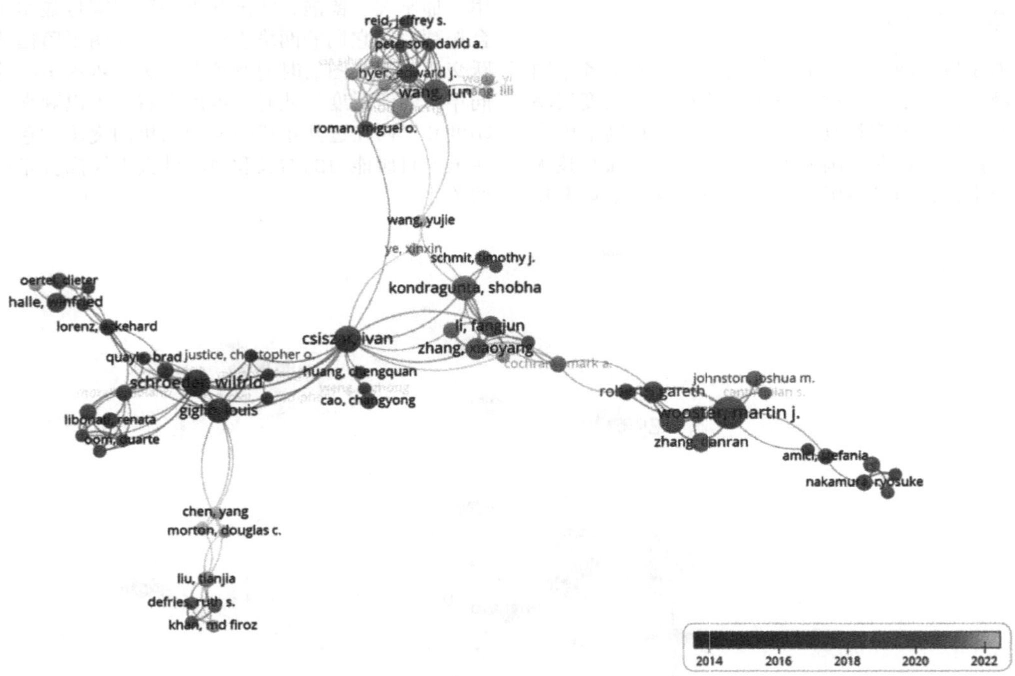

图 4　高产作者发文时序图

3.4　共被引网络分析

3.4.1　共被引来源网络

通过 VOS viewer 生成的共被引来源网络图，如图 5 所示能够分析不同期刊在红外火灾探测技术领域科研文献中的引用影响力。网络图中心位置的“Remote Sens Environ”和“J Geophys Res Atmos”等节点尤为突出，显示它们是被引用最频繁的期刊。节点的大小表示被引频次，显示“Remote Sens Environ”是该领域最具影响力的出版源，与之相连的丰富连接线表明多篇文献都参考了该期刊的文章。网络图显示的紧密连接和颜色分布提供了该技术跨学科应用的直观证据，这些期刊的文章为红外火灾探测技术的发展和应用提供了重要的学术基础。

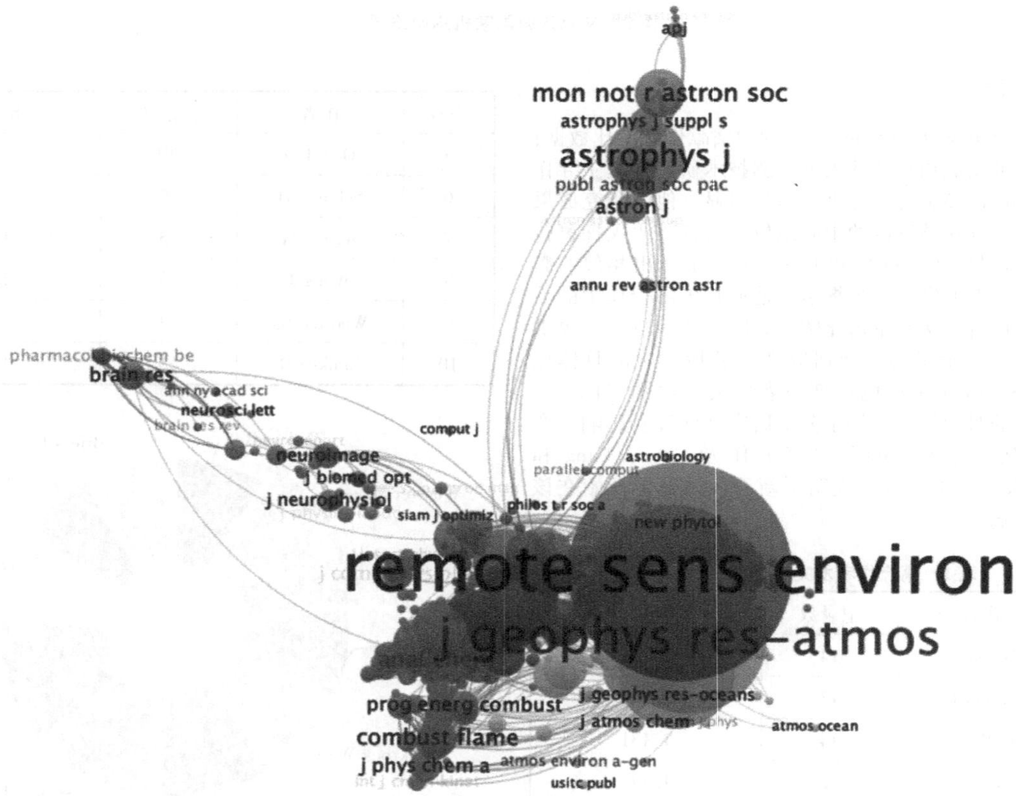

图 5　共被引来源网络图

3.4.2 共被引作者网络

根据 VOS viewer 的被引作者网络图，如图 6 所示 Wooster MJ 的节点因其显著的大小而成为焦点，直接显示了他的作品在红外火灾探测技术的文献中被广泛引用，标志着他在该领域内的核心学术地位。Giglio L 和 Kaufman YJ 的节点也显著且相互连接，表明他们在相关研究领域作出了被广泛认可的贡献。图中的连接线不仅揭示了这些作者之间的直接合作关系，也表示了他们的研究成果在学术上的关联性。这样的网络结构反映了一个紧密的研究群体，其成员在推动红外火灾探测技术的发展方面相互依存、协同工作。其他作者也构成了科研网络的重要组成部分，他们的工作贡献了专业知识和技术细节，为该领域的进步提供了必要的支撑。

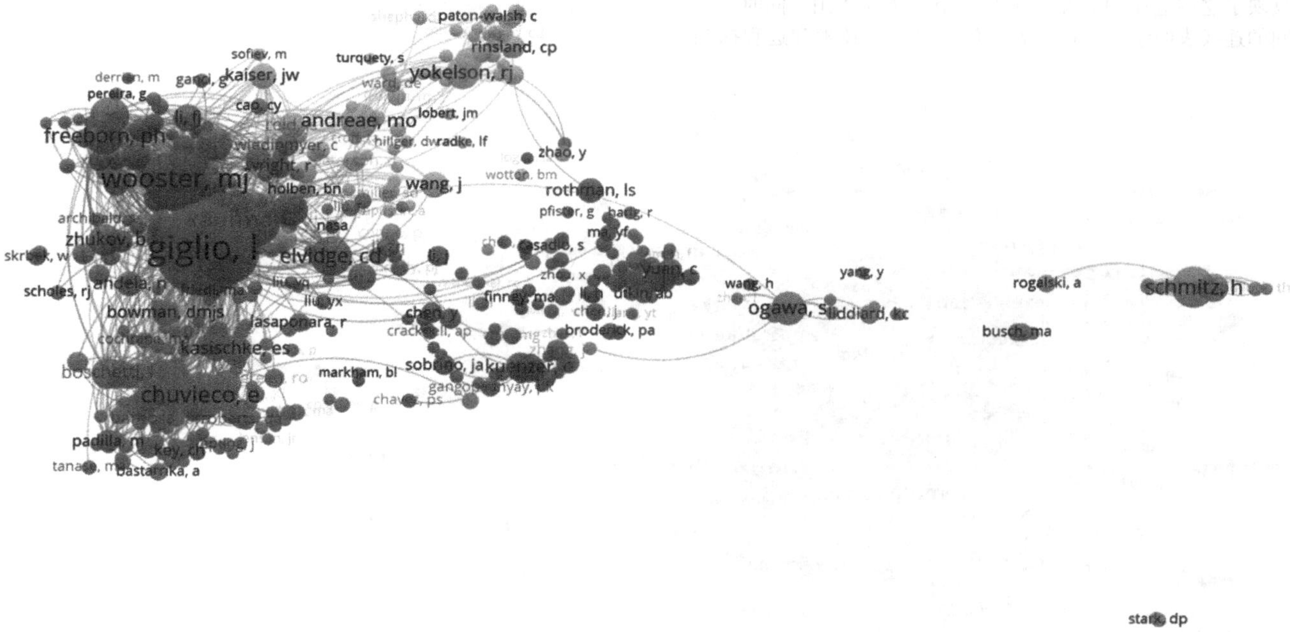

图 6 共被引作者网络图

3.4.3 共被引文献网络

根据共被引文献网络图，如图 7 所示明确地指出了 Giglio L 的 2003 年文章和 Wooster MJ 的 2005 年文章在红外火灾探测技术文献中作为核心引用的地位。这些文献不仅在数量上被广泛引用，而且成为了连接其他研究工作的枢纽。其它显著的文献，Schroeder W 的 2016 年在“Remote Sens”上发表的文章，也在网络中占据了显著位置，表明了其对后续研究的重要影响。这张图揭示了研究领域内的引用模式，Giglio L 的研究经常与遥感环境监测的其他关键研究共引。Wooster MJ 的文献被视为该领域技术进展的重要指标，其研究成果常常与火灾动态监测和火情评估的最新方法论一同引用。

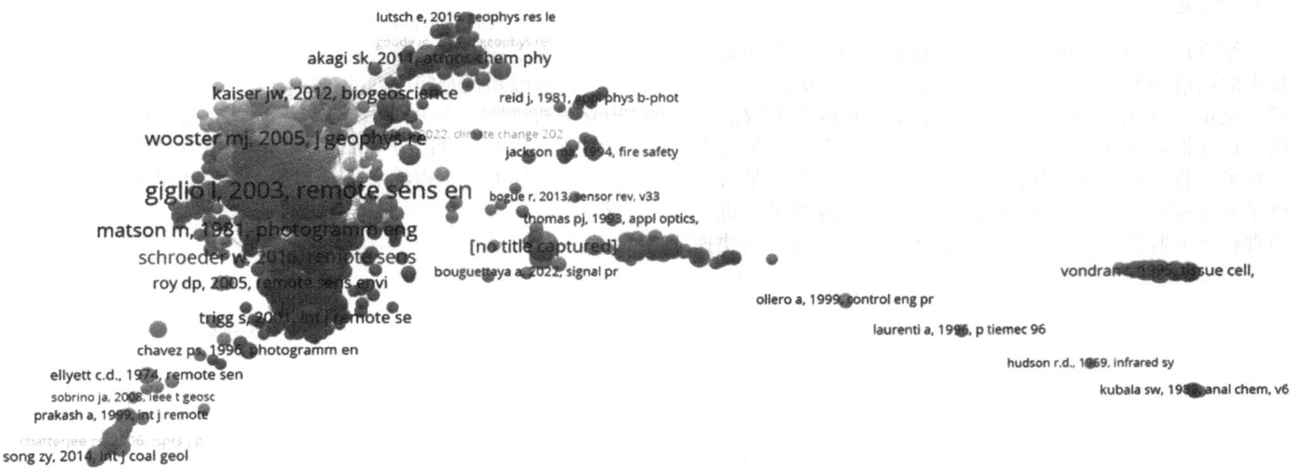

图 7 共被引文献网络图

4 研究热点与前沿分析

4.1 研究热点分析

VOS viewer 的关键词共现网络分析图 8 展示了红外火灾探测技术领域内的研究热点和关键概念。在图中，“fire detection”“infrared” 和 “remote sensing” 出现为最大的节点，这凸显了火灾探测、红外技术和遥感技术在当前研究中的重要性和紧密联系。这些术语的中心位置和互连的密集度表明，红外技术在遥感监测火灾方面是该领域研究的核心[8]。周围较大的节点“algorithm”“satellite”和“MODIS”表明，研究不仅集中在技术本身，也关注于数据处理算法的开发的应用，以及利用特定遥感数据来检测火灾[9]。这些关键词的显著性和连线表明了红外火灾探测技术研究是多学科、多技术集成的，涉及大量数据分析和处理[10]。

小节点“forest fires”“emissions”和“biomass burning”表明这些领域是研究的具体应用，它们与主要技术节点连接，反映了这些应用领域在技术开发中的驱动作用。同时，节点间的连线表明学者正在探索如何通过红外技术和远程探测监测森林火灾。颜色的渐变代表了不同研究主题的时间演进，接近黄色指示近年来关注度上升的领域。“UAV”和“sensor fusion”作为新兴的较小节点，它们的位置和连线显示了这些技术在红外火灾探测领域的日益重要性。

红外火灾探测技术研究的热点聚焦于开发精确的遥感探测方法、创新数据处理算法，并将这些应用于实时火情监测与分析。无人机技术和传感器融合为实现更高效和精确的火灾识别提供了新途径。

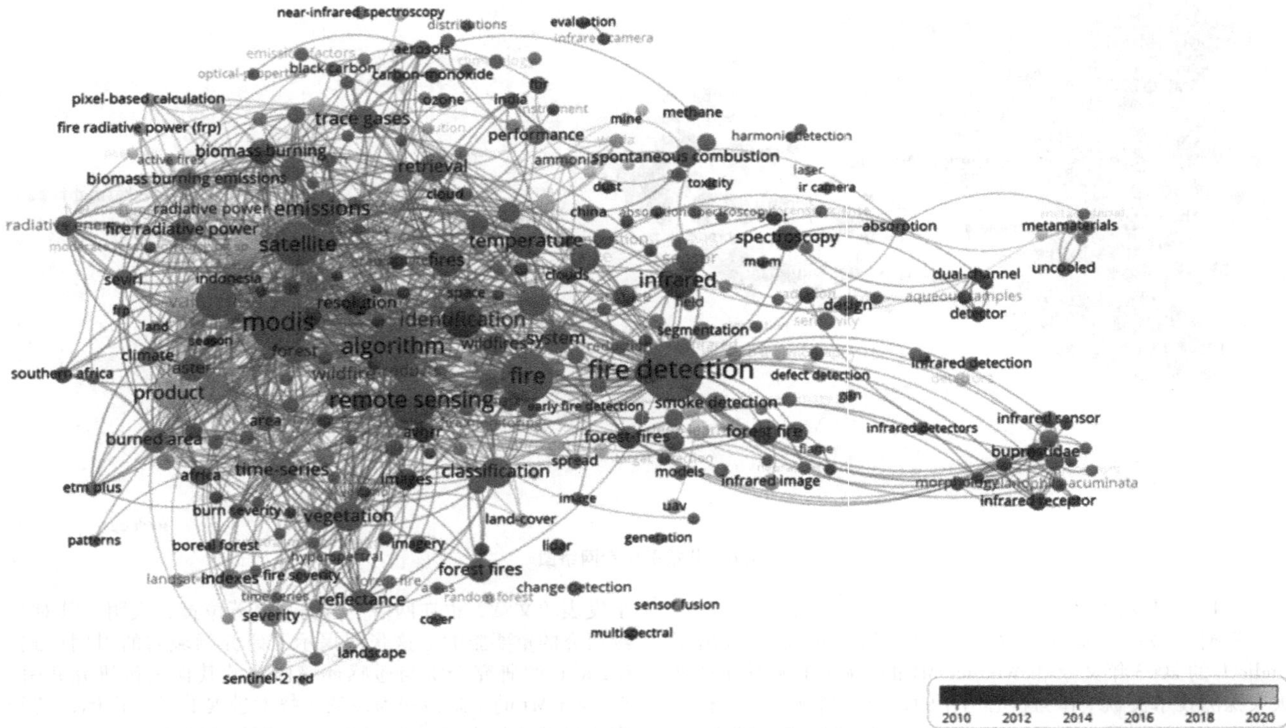

图 8　红外火灾探测技术研究领域关键词共现网络图

4.2　研究前沿分析

结合现实的科技进步和提供的数据分析，红外火灾探测技术的前沿研究正迅速朝着智能化、精准化发展[11]。当前研究显示，算法的进步，尤其是机器学习和人工智能的应用，正在推动自动化火灾识别和分析的发展[12]。传感器融合技术，将红外数据与其他光谱信息相结合，为火情分析提供了多维度的视角[13]。集成先进红外传感器的无人机正成为森林火灾监测的关键工具，它们能够在火灾发生后快速部署，收集实时数据[14]。前沿研究还在探索利用时间序列分析来追踪火灾行为的演变，预测其扩散路径[15]。大数据技术的引入正在增强红外火灾探测技术的研究能力，通过整合多个数据源和长时间序列的分析，能够更深入地了解火灾的环境影响[16]。红外火灾探测技术正越来越多地融入先进的数据分析技术，以适应更广泛的应用场景和实现更高的操作效率。红外火灾探测技术研究领域关键词共现热力图如图9所示。

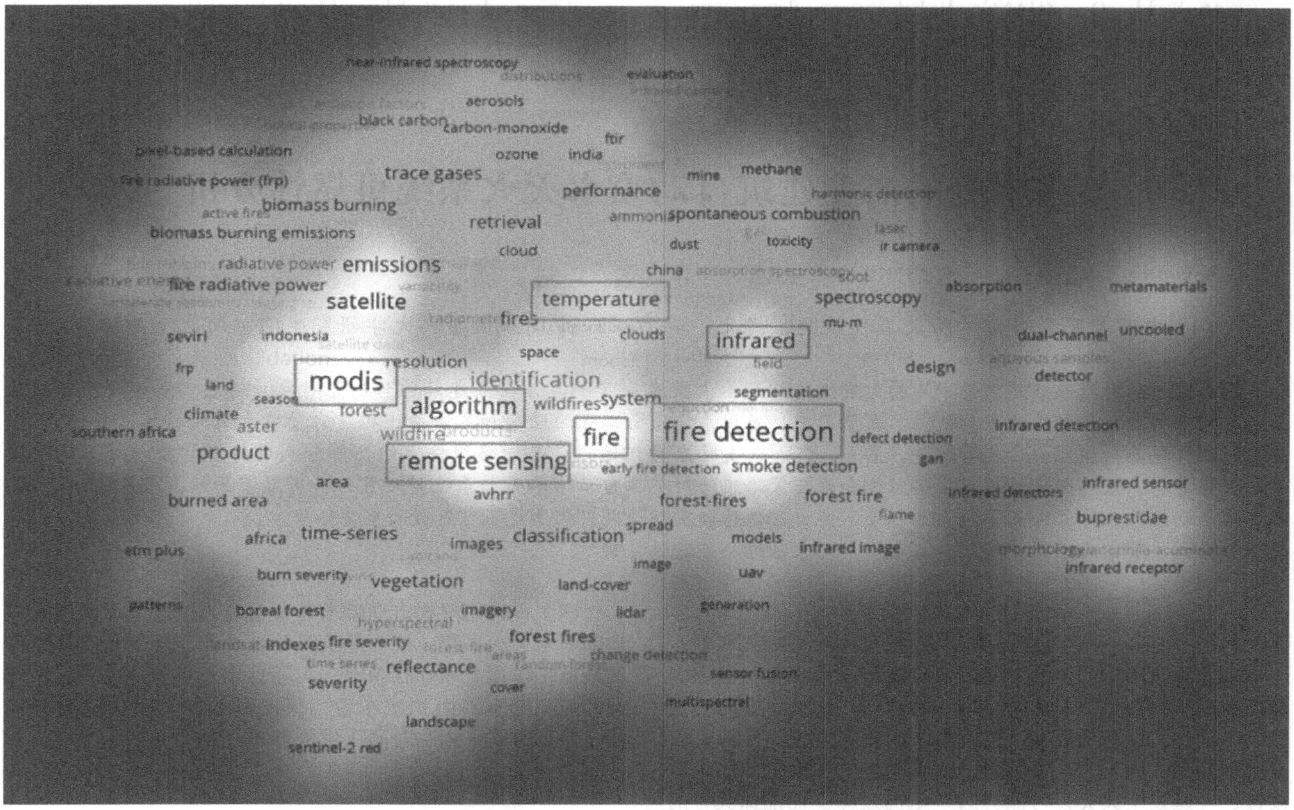

图 9　红外火灾探测技术研究领域关键词共现热力图

5　结论

本研究通过文献计量学分析，对红外火灾探测技术的文献产出分布进行了评估，发现该领域的研究活跃度在过去几年显著提高，尤其是在 2023 年达到峰值。各国家机构的分析揭示了中国和美国在此领域的主导作用，关键作者分析强调了个别研究者 Wooster MJ 和 Lorenz E 在推动该技术发展方面的中心角色。共被引网络分析进一步证实了红外火灾探测研究内部的紧密联系和外部的广泛影响，尤其是在遥感技术和算法创新领域。研究热点与前沿分析表明，利用无人机进行高精度监测和采用机器学习算法进行数据处理是当前研究的趋势。这些进展预示着红外火灾探测技术的研究将继续朝着更为集成、自动化的方向发展，提高火灾应对的效率和精确性。

参考文献

［1］王春雪，吕淑然 . 2006-2015 年我国火灾探测研究现状可视化分析［J］. 消防科学与技术，2016，35（08）：1103-1106.

［2］YU J S，JIANG X，ZENG Z C，et al. Fire monitoring and detection using brightness-temperature difference and water vapor emission from the atmospheric infrared sounder［J］. Journal of Quantitative Spectroscopy & Radiative Transfer，2024，317.

［3］SCHIKS T J，WOTTON B M，MARTELL D L. Remote Sensing Active Fire Detection Tools Support Growth Reconstruction for Large Boreal Wildfires［J］. Fire-Switzerland，2024，7（1）.

［4］邓力，谢爽爽，贺元骅，等 . 基于毫米波的民机货舱火灾多参数探测技术研究［J］. 消防科学与技术，2023，42（03）：370-373+400.

［5］INDRADJAD A，DIMYATI M，VETRITA Y，et al. Enhancing Fire Monitoring Method over Peatlands and Non-Peatlands in Indonesia Using Visible Infrared Imaging Radiometer Suite Data［J］. Fire-Switzerland，2024，7（1）.

［6］邹富墩，杨健 . 舰艇火灾早期探测红外成像系统实时校正和盲元处理［J］. 船海工程，2022，15（05）：84-87+93.

［7］王鑫，邹磊，王朝坤，等 . 知识图谱数据管理研究综述［J］. 软件学报，2019，30（07）：2139-2174.

［8］IBRAHEEM M K I，MOHAMED M B，FAKHFAKH A. Forest Defender Fusion System for Early Detection of Forest Fires［J］. Computers，2024，13（2）.

［9］SHEN P F，SUN N，HU K，et al. FireViT：An Adaptive Lightweight Backbone Network for Fire Detection［J］. Forests，2023，14（11）.

［10］LIU Y Q，ZHENG C，LIU X D，et al. Forest Fire Monitoring Method Based on UAV Visual and Infrared Image Fusion［J］. Remote Sensing，2023，15（12）.

［11］李强，张立军，王冠鹰，等 . 高精度高可靠宽光谱火焰探测器设计［J］. 传感器与微系统，2021，40（07）：67-69+73.

［12］陈学军，杨永明 . 一种基于双波段红外视频火灾探测器的研制［J］. 电子测量与仪器学报，2016，30（03）：473-479.

［13］LI Z F，YUAN R，XU Z L. Signal Feature Extraction Method of Three-Band Infrared Flame Sensor［J］. Ecs Journal of Solid State Science and Technology，2023，12（12）.

［14］HOANG M L. Smart Drone Surveillance System Based on AI and on IoT Communication in Case of Intrusion and Fire Accident［J］. Drones，2023，7（12）.

［15］王博强，张义勇，齐跃，等 . 基于 CZT 算法的多波段红外火焰探测器设计［J］. 船海工程，2020，49（06）：1-4.

[16] LI Q, ZHANG R. Laboratory flame image segmentation and recognition by fusing infrared and visible light [J]. Chinese Journal of Liquid Crystals and Displays, 2023, 38 (9): 1262-1271.

某带中庭的商业建筑自动喷水灭火系统可靠性分析

侯玉鹏[1] 雷 蕾[1] 刘 潇[2]

（1. 中国人民警察大学防火工程学院，河北 廊坊；2. 中国人民警察大学研究生院，河北 廊坊）

摘 要 针对商业建筑中带中庭的火灾风险问题，本文选取了一具体商业建筑作为研究对象，通过实地调研，详细了解了其内部构造及各系统的布局情况。在研究中，采用系统安全工程的理念和方法论，构建自动喷水灭火系统可靠性模型。将系统组件按其功能划分为主路组件、第一、二、三支路启动组件、泵与管路组件五组，并分别进行可靠度计算。通过深入的数据分析，最终得出结论，主路组件和泵与管路组件对整体自动喷水灭火系统的可靠性具有显著影响。虽然第一、二、三支路启动组件在计算结果中的影响程度不突出，但结合实际情况，仍然是不可忽视的重要环节。

关键词 带中庭的商业建筑 自动喷水灭火系统 可靠性分析

1 引言

随着我国经济的蓬勃发展以及科技的不断革新，国内大型商业建筑的数量呈现出持续增长的趋势。这类建筑因其功能的多样性、设备的复杂性以及潜在的火灾风险，使得其安全管理变得尤为重要。特别是这些商业建筑普遍采用的中庭设计，一旦发生火灾，可能会因“烟囱效应”而加速火势的蔓延，从而增加救援的难度和危险性。因此，确保这类建筑消防系统的可靠性被赋予了极高的优先级，以保障人民生命财产的安全。

高威、徐斌、李朝针对超高层建筑的消防系统可靠性中，针对供水方式这一点进行了可靠性分析[1]；陈长飞、白国强基于贝叶斯网络分析原理，以自动喷水灭火系统为例，分析其可靠性[2]；刘伯禹、李孝斌等人则是基于贝叶斯网络分析原理，对商场的单樘防火卷帘进行可靠性分析[3]；陈静、李迪则是利用事故树方法，对商场的自动喷水灭火系统进行可靠性分析[4]。

当前，国内学者普遍聚焦于超高层建筑的消防系统可靠性分析，而对于大型商业综合体的消防系统可靠性研究则相对较少。尽管在自动喷水灭火系统的可靠性方面已有一些研究，但这些研究多采用相对简单的方法。本文旨在通过深入解析自动喷水灭火系统的工作原理，建立相应的可靠性模型，从而对其进行更为系统和深入的研究。

2 自动喷水灭火系统可靠性模型

2.1 建筑基本情况

某商业建筑地下部分2层，其中地下二层为设备用房层高3m，地下一层为超市，层高5m；地上部分为4层，第一至第三层为商场，第一层层高6.0m，二三层均层高5.0m，第四层为影院和娱乐城，层高5.0m。建筑中间为中庭设计，屋顶设有电梯机房和水箱间，建筑主体高21.0m，总建筑面积为40121m^2。

该工程采用湿式自动喷水灭火系统，按该工程采用湿式自动喷水灭火系统，按中危险级Ⅱ级设计，最不利点处喷头的最低工作压力取0.05MPa，实际总用水量为30L·s^{-1}。每层的喷头按矩形面积法布置，保证覆盖需设喷头的所有场所。供水方式采用临时高压供水方式。

2.2 可靠性判断方法

消防系统的可靠性是由系统各单元的功能关系确定的。系统可靠性$R(t)$由各单元可靠度组合产生，单元间主要有串联、并联、表决3种关系。对于消防系统的组件，出故障前的工作容量分布服从于指数分布规律[5]，其可靠性是关于平均故障率和使用年限的函数。对于消防管道，平均故障率受管径大小影响，其可靠性与管道长度也存在关系[6]。

组件可靠性特征函数：

$$R(t) = e^{-\lambda t} \tag{1}$$

式中：λ为组件平均故障率，次/a，当产品寿命服从指数分布时为一常数；t为使用年限，a。

管道可靠性特征函数：

$$R(t) = e^{-\lambda tL} \tag{2}$$

式中：λ为管道平均故障率，次/（km·a），当产品寿命服从指数分布时为一常数；L为管线长度，km。

根据高威徐斌等人的计算结果[1]，对于各组件可靠性取值0.995，对于各管道的可靠性取值0.9。

2.3 可靠性模型建立

按照规范，将消防供水系统与自动喷水灭火系统结合起来建立共同模型，研究喷头、管道、报警阀、止回阀、流量开关、压力开关、水泵、水池、水箱等重要组件对整个系统可靠性影响，并在此基础建立可靠性模型（见图1）。对于整个系统，其可靠性计算公式有：

$$R = R_1 \times R_2 \times R_3 \times R_4 \times (1-(1-R_5 \times R_6 \times R_7 \times R_8) \times (1-R_9) \times (1-R_{10} \times R_{11})) \times (1-(1-R_{12})^2) \times (1-(1-R_{13})^2) \times R_{14} \tag{3}$$

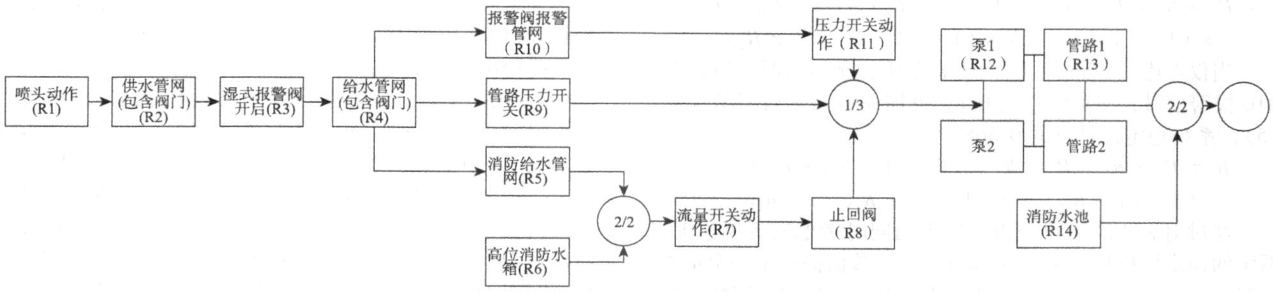

图 1　自动喷水灭火系统可靠性模型

3　系统可靠性分析

经过深入调研及实际经验，得到了各组件的可靠性数据。为了研究某一组件可靠性对整个系统可靠性的影响，根据系统可靠性计算公式以及整个模型流程图的特点，将系统模型的众多组件分为五组，如表 1 所示。

表 1　组件分组情况

分组	主路组件	第一支路启动组件	第二支路启动组件	第三支路启动组件	泵与管路组件
组件	R1～R4、R14	R5～R8	R9	R10～R11	R12～R13

随后，依次改变其中一组的可靠性，而保持其他四组的可靠性不变，以考察每一组可靠性变化对系统可靠性的影响。通过这样的实验设计，找出对系统可靠性影响最大的组件组别。

在理论分析及现实规范设计要求的基础上，进一步找出了对系统可靠性影响最大的组件。这样的研究方法使我们能够更加准确地确定各组件可靠性对整个系统可靠性的影响，从而为系统的优化设计和可靠性提升提供科学依据。

通过调整各分组中任意一个组件的可靠性，将其值在 0.1 至 1.0 之间变化，间隔为 0.1，获得十组数据。根据系统可靠性计算公式，得出系统可靠性随组件可靠性变化的规律，如图 2 所示。

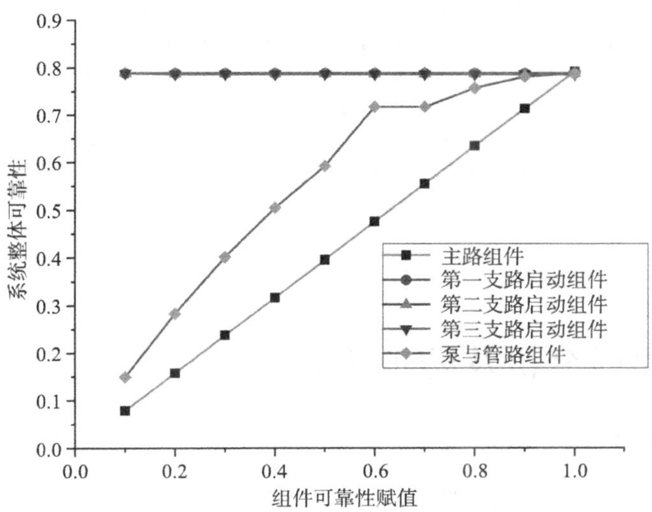

图 2　各组组件可靠性对系统可靠性影响

3.1　主路组件对系统可靠性影响

经过对图 2 的细致分析，可以明确观察到主路组件的可靠性与整个系统的可靠性之间存在直接的正相关关系。因此，在第一组数据中，各个组件的可靠性对整体系统可靠性的贡献尤为突出，具有不可忽视的影响。

3.2　第一支路启动组件对系统可靠性影响

根据所给图表分析，第一支路启动组件的可靠性提升，系统可靠性呈现出逐步上升的态势。然而，这种变化的幅度相当小，从数值上几乎难以察觉。因此，初步推断这些组件对系统整体可靠性的影响较为有限，可忽略不计。

然而，在实际生活监督检查和建筑设计的场景中，这些组件的可靠性却是至关重要的考量因素。这一观点似乎与之前的结论产生了某种程度的冲突，因此需进一步深入分析和论证，以得出更为精确和可靠的结论。

综上所述，尽管初步分析显示第一支路启动组件可靠性变化对系统可靠性的影响较小，但这一结论仍有待进一步验证。同时，在实际应用中，尤其是在日常生活监督检查和建筑设计环节，我们必须充分重视这些组件的可靠性问题。

3.3　第二、三支路启动组件对系统可靠性的影响

基于构建的可靠性模型进行深入分析，发现第二和第三支路启动组件的变动趋势存在相似性。如图示，这两组组件对系统可靠性的实际影响较小，与第一支路启动组件的影响程度相近。因此，不能简单地断言它们的重要性较低，而应认识到其中可能存在的某种关联性，使得在当前的可靠性模型中难以准确评估这三组组件的重要性。

为了更全面地理解这一问题，需要参考系统可靠性模型图。该图揭示了三组支路启动组件分别代表着水泵启泵的三种不同方式。然而，根据《自动喷水灭火系统设计规范》GB 50084—2017 中的相关规定，这三种方式并非相互依赖，而是任何一个单一信号均可独立作为启泵信号。这一规定解释了为何在调整某一路径上的组件可靠性时，系统整体的可靠性仍然保持不变。这是因为系统设计了多条信号路径以确保其稳定运行，而非仅仅依赖于单一路径。

在计算系统可靠性时，关注的是系统的整体可靠性。然而，这并不意味着三组组件之间的可靠性关系没有发生变化。因此，可以得出结论：三组组件间的可靠性变化确实对系统可靠性产生了一定影响。见表 2。

表 2　第一、二、三支路启动组件对系统稳定性的影响

	第一、二、三支路均考虑时	仅考虑第二、三支路时	仅考虑第三支路时
系统稳定性	0.7898	0.7888	0.5687

根据表 2 进行进一步分析，假设不考虑高位消防水箱启泵信号对系统的影响，其他组件及管网各取其可靠性值，组件 R10 报警信号管路稳定性为 0.8 时，计算公式（4），系统稳定性计算得 0.7888；

$$R = R_1 \times R_2 \times R_3 \times R_4 \times (1-(1-R_9)\times(1-R_{10}\times R_{11}))\times(1-(1-R_{12})^2)\times(1-(1-R_{13})^2)\times R_{14} \quad (4)$$

当仅考虑报警阀组上压力开关对系统影响时，取组件R10报警信号管路稳定性为0.8，此时系统可靠性计算公式（5），系统稳定性计算的0.5687；

$$R = R_1 \times R_2 \times R_3 \times R_4 \times [1-(1-R_{10}\times R_{11})]\times[1-(1-R_{12})^2]\times[1-(1-R_{13})^2]\times R_{14} \quad (5)$$

经过对表2的细致分析，发现当同时考虑三者因素时，系统的稳定性指标达到了0.7898。这一数值揭示了一个重要的趋势：在存在两种启泵信号的情况下，系统的稳定性与存在三种启泵信号时的情况相当接近。然而，当系统中仅有一种启泵信号时，观察到系统稳定性的明显变化。

这一观察结果进一步证实了三者之间的独立性，它们各自的变化不会对其他两者产生显著影响。因此，当仅调整其中一个回路组件的稳定性时，系统的整体可靠性能够保持稳定。然而，当系统中仅有一个回路时，对其稳定性的任何调整都将对系统的整体稳定性产生显著影响。

综上所述，不能仅凭所建立的模型就主观地得出三者均不重要的结论。相反，应该结合实际情况，对每一个因素进行深入的分析和评估，以便更准确地理解它们对系统稳定性的影响。这样的分析将有助于制定更为有效的策略，以优化系统的性能和可靠性。

3.4 泵与管路组件对系统可靠性影响

经过对泵与管路组件的深入分析，发现组件稳定性与系统稳定性之间存在一种近似二次函数的关系。这种关系表明，组件的稳定性对系统稳定性具有显著影响，因此在系统稳定性分析中，组件稳定性应当被视为一个重要的考量因素。

4 结论

根据之前的分析结果，我们绘制了各组组件稳定性对系统稳定性影响规律图。图中明确展示了主路组件和泵与管路组件的稳定性变动对系统稳定性产生的显著影响。特别值得注意的是泵与管路组件，其对系统稳定性的影响趋势相较于主路组件更加明显。

尽管第一、二、三支路启动组件三者在稳定性变化上似乎对系统稳定性影响甚微，但从第3.3.3节的深入分析以及结合实际考量来看，这三组组件在各自的特定领域内对系统稳定性起着不容忽视的作用。

因此，在评估系统稳定性时，既要重视如主路组件和泵与管路组件等显而易见的组件，也不能忽视如第一、二、三支路启动组件等看似微小的组件。这种全面的理解有助于我们更准确地识别系统稳定性的影响因素，并采取相应的措施来维护和提升系统的稳定性。

最终得出以下结论：

（1）主路组件、泵与管路组件在系统稳定性方面扮演着至关重要的角色。特别是第五组组件，其对系统稳定性的影响尤为突出。主路组件涵盖了自喷系统出水干管上的所有关键组件，任何单一组件的故障均可能致使整个自喷系统陷入瘫痪状态。而泵与管路组件则涵盖了自喷系统供水干管的关键组件。根据《自动喷水灭火系统设计规范》GB 50084—2017的明确规定，自喷系统的供水水泵必须采用一用一备的配置方式，同时每个水泵的出水管数量不得少于两根。这一规定深刻阐释了第五组组件相较于第二组在系统稳定性方面影响更为显著的原因。

（2）第一、二、三支路启动组件对系统可靠性的独立贡献虽可视为次要，但在评估系统稳定性时，其作用不容忽视。此三组组件各自代表水泵启动的不同信号通道，彼此独立运作，互不干扰。在构建可靠性模型时，它们通常被视为“或”逻辑关系，意味着任一组件的可靠性变动不会显著影响系统整体的稳定性。这是因为系统设计中融入了多重运行回路机制，单一回路的变动难以对整体稳定性产生显著影响。这一特性在建筑消防设施设计中尤为重要，通过构建多重运行回路，即使部分组件发生故障，也能确保系统的整体稳定性不受影响。尽管在可靠性模型中，这三组组件的影响难以直接体现，但其在系统稳定性方面的实际作用不容忽视。综上所述，这三组组件在系统整体运行中占有重要地位。

参考文献

［1］高威，徐斌，李朝．超高层建筑消防给水系统的可靠性分析［J］．工程建设，2021，53（05）：23-29.

［2］陈长飞，白国强．贝叶斯网络在消防系统可靠性分析中的应用［J］．中国安全科学学报，2018，28（06）：97-102.

［3］刘伯禹，李孝斌，李晨尧，等．基于贝叶斯网络的商场单樘防火卷帘可靠性分析［J］．安全，2023，44（03）：31-35.

［4］陈静，李迪．商场自动喷水灭火系统可靠性分析［J］．武警学院学报，2015，31（12）：69-71.

［5］余杰生．超高层建筑消防给水系统的可靠性应用研究［D］．华南理工大学，2013.

［6］朱艳．高层建筑消防给水设计问题探讨［J］．工程建设，2009，41（3）：29-31.

自建住宅电气火灾原因分析及防范策略

郭天宝

（中国人民警察大学研究生院，河北　廊坊）

摘　要　近年来，根据国家消防救援局的数据统计，自建住宅火灾发生起数位于居住场所中首位，而在引发火灾的诸多原因中，电气火灾占比最大。由于自建住宅的设计和施工过程完全由业主自主掌控，这使得自建住宅呈现出许多与其他

作者简介：郭天宝，男，中国人民警察大学研究生一队在读硕士研究生。

居住建筑截然不同的特性。加之其特有的电气火灾安全隐患，导致近年来自建住宅电气火灾事故频发，给人们的生命财产安全带来了严重威胁。鉴于此，本文深入剖析了我国自建住宅的独特性以及电气火灾的成因，并据此探究了自建住宅电气火灾的防控策略，为相关单位及从业者提供参考。

关键词 消防安全 自建住宅 电气火灾 原因分析 防范策略

1 引言

从2021年起，国家消防救援局启用新版统计系统，新增了自建住宅的分类。消防救援局统计数据显示，2021年居住场所共发生火灾25.9万起，其中，自建住宅15.6万起、造成848人遇难，占居住场所总数的60.5%和58.1%。由以上数据可以看出，自建住宅火灾发生起数和遇难人数均已位于居住场所中的首位，严重危害着人民的生命财产安全和社会的和谐稳定。在自建住宅火灾多发的形势下，电气火灾是其火灾成因的首要因素。消防救援局统计数据显示，2022年自建住宅共发生火灾17万起、亡804人，分别占火灾总数的20.6%和39.1%，从初步调查的火灾起因来看，因电气故障引发的火灾占42.8%，明显高于各类居住场所。由此可见，自建住宅电气火灾所带来的损失日益严重，迫切需要加强对自建住宅电气火灾发生的原因分析，并深入对其防范策略的研究。

2 自建住宅特点

自建住宅是指由业主自主决策并亲自参与设计、选购材料和施工等建造而成的住宅，其目的通常是为了满足个人或家庭的居住需求，并可能在一些情况下用于投资或租赁。相比购买现有房屋，业主可以根据自己的预算和需求，灵活选择建筑材料、装修风格和设备设施，这导致自建住宅凸显出了许多与其他居住建筑不同的火灾安全隐患。

2.1 建筑质量和规范性

自建住宅通常在设计和施工方面缺乏专业指导和监管，存在建筑耐火等级低、防火间距不足、消防实施缺乏、疏散路径堵塞、不做防火分隔等多方面问题。业主和非专业承包商通常不具备专业的建筑知识和经验，可能对建筑规范和标准不够了解，导致设计不合理、施工不规范以及为了降低成本使用低质量的建材和设备，从而影响建筑的质量和安全性。

2.2 缺乏消防安全设施

自建住宅施工选用不符合防火标准的材料、装修采用易燃或可燃材料，都会加剧火灾发生时火势蔓延的速度和范围。且缺乏有效的火灾警报系统和灭火设备，如烟雾探测器、火灾报警器和灭火器等，使得居民无法在火灾初期扑灭火源。逃生通道和安全出口可能存在缺陷，如阻塞、不合理的设计或数量不足等，阻碍居民的逃生，增加火灾造成人员伤亡的风险。

2.3 无序扩建改造

自建住宅业主可能将房屋私自改造成经营性自建住宅，即“三合一”场所，一栋建筑内生活、经营、仓储，通常都是“下店上宅”或者“前店后宅”，生活区域不与经营、仓储区域进行实体分隔，一旦发生火灾，人员逃生疏散困难，极易造成群死群伤事故。同时还存在无序扩建，私搭乱造，占用消防通道等现象。

2.4 消防安全意识差

自建住宅居住人员多数住户缺乏对火灾的足够认识和火灾应急处理的知识，对火灾的认识和逃生策略知之甚少。大量存在疏散路径堆放杂物、“飞线”充电堵塞安全出口、储存存放易燃易爆物品等危险行为，且房屋普遍没有配备消防器材，有的即使配了也不会使用，面对突如其来的火灾，往往也是束手无策，既不会扑救，也不会逃生。

3 自建住宅电气火灾成因

从上述自建住宅的特点，再加之自建住宅的特有电气火灾风险，导致近年来自建住宅电气火灾事故频发。由于自建住宅存在电气线路原始设计敷设不规范、私拉乱接电线、超负荷用电等乱象，极易引发“小火亡人”事故。据了解，在典型的“小火亡人”火灾中，起火原因不外乎住宅楼道内堆放杂物和易燃可燃物，停放非机动车辆并在楼道内充电，随意拉接临时电线、违章用电等引发的电气线路火灾[1]，这些原因也正是自建住宅的自有特点。

3.1 电气线路材料不合格

在自建住宅中，由于成本控制施工时可能会采用廉价或不合格的电气设备和材料，且由于质量问题当这些设备和材料老化后无法承受负荷，酿成火灾。如“2·22”安徽亳州蒙城民房火灾，造成5人死亡、4人受伤。失火建筑为三层砖混结构自建房，火灾是由于户主是用劣质电线装修，线路绝缘老化，电流过负荷，引燃电线绝缘材料，导致火灾事故的发生。

3.2 私拉乱接电线

由于自建住宅可能存在原始电气线路设计不规范的问题，在新增电气设备时更改电线布局，从已有线路“飞线供电”，增加火灾和触电的风险。如近日北京三中院通报的“飞线充电”火灾案，失火建筑为对外群租自建二层楼，租户从二层私拉电线到一层楼梯口处给电动车充电，引发火灾，造成一死三伤，房东房客因失火罪被判刑。

3.3 电器设备使用不当

自建住宅中的电器设备也存在使用不当的情况，如超负荷使用、长时间未关闭等，导致电气故障和火灾风险的增加。如“3·8”黔东南州天柱县临街门面火灾事故，起火门面为典型的“下店上宅”自建房。经调查，起火原因为一层电热取暖炉未关闭，引燃周围烘烤衣物[2]该事故导致9人死亡。

3.4 电气线路敷设不当

自建住宅的电气布线和接线可能没有按照标准和安全要求进行设计和实施。错误的布线和接线可能导致电线过热、短路，再加之周围堆放可燃物，由于电气线路故障引燃周围可燃物，导致火灾发生。如“2·23”深圳宝安酸奶店火灾事故，造成4人死亡，直接经济损失117.82万元，起火原因为酸奶店阁楼东北角电气线路短路起火。

3.5 电动车入户充电

电动车在充电过程中很容易因为线路发热温度过高、充电器老化造成电路故障而短路引发电气火灾，且由于电动车电池使用年限长，若使用不当或违规改装，易引发电池热失控，引发火灾。如“6·18”广西防城港自建房火灾事故，造成6人死亡，直接财产损失45.63万元，起火原因为电动自行车充电的插座转换器发生电气故障，引燃下方可燃物。

4 自建住宅电气火灾防控

对于近年来自建住宅电气火灾频发的现象，各级政府需发挥主导作用，明确各行业部门责任机制，统筹社会力量共同参与，做好公众安全用电宣传教育，运用智能化、信息化的防控手段，对高风险“重点监护”对象做好动态监测，最大限度地减少和杜绝自建住宅火灾事故的发生。

4.1 明确行业部门责任机制

《中华人民共和国消防法》《中华人民共和国建筑法》《国务院办公厅关于印发消防安全责任制实施办法的通知》（国办发〔2017〕87号）等多部法律、条例就自建房屋的电气安全监管进行了规定。如：消防监督执法的最主要依据《中华人民共和国消防法》第二十七条规定：电器产品、燃气用具的产品标准，应当符合消防安全的要求。电器产品、燃气用具的安装、使用及其线路、管路的设计、敷设、维护保养检测，必须符合消防技术标准和管理规定。各部门应依法依规落实在电气安全各环节的执法权限，切实履行监管职责。

各级政府应将自建住宅的消防安全工作纳入社会治安综合治理体系中，让住建、电力、消防、市监、公安和乡镇街道居（村）民委员会等多部门共同参与治理并明确各自的职责。国土、住建部门应按照《建设工程消防设计审查验收管理暂行规定》（建设部令〔2020〕第51号）、《住房和城乡建设部办公厅关于做好建设工程消防设计审查验收工作的通知》（建办科〔2021〕31号）等文件规定，做好建设工程消防审查、验收工作；电力部门和供电企业应“迈出一步”用好基层电管员队伍，定期排查自建住宅电气线路安全隐患；消防部门应加强对于自建住宅辖区的防火巡查，针对火灾风险特点，完善应急预案，加强灭火救援实战演练；乡镇街道居（村）民委员会和基层公安派出所可以将电气安全纳入消防治理网格管理的重点内容中，定期组织网格内居民进行自查，并鼓励广大群众积极举报，及时消除电气安全隐患。

4.2 统筹社会力量共同参与

目前，消防部门承担了灭火救援、火灾调查、专项治理、培训宣传等众多任务，工作负荷大，基层力量严重不足[3]，因此火灾防控还需统筹社会力量共同参与。在消防监管方面，英国有关法令规定，雇主、物业、业主等“责任人”必须对其负责的物产的消防安全负全部责任。因此，为了确保建筑物的安全，“责任人”必须对其负责的物产定期进行火灾风险评估，确保其物产的消防安全[4]。在消防人员方面，美国消防力量特点是城市以职业消防体制为主，城镇乡村以志愿消防体制为主。志愿消防队经费主要来自地方政府投入和社会捐赠，志愿消防人员不领取工资，按照执勤班次、出动次数获得适量津贴、补助[5]。

城乡郊区接合部、乡镇、街道、农村等都是自建住宅的主要集中区域，同时这些区域也是消防救援力量辐射的薄弱区域。在消防监管方面，消防部门可与“重点监护”自建住宅的业主或承租人签订消防安全责任书，定期对房屋进行巡检，发现、整治自建住宅房屋存在的火灾隐患，督促责任人承担火灾防控主体责任；在消防人员方面，消防救援部门可“因地制宜”按照《乡镇消防队》GB/T 35547—2017等文件要求，建立城乡小型消防站或志愿消防队，通过奖金和津贴的形式对志愿消防员予以奖励和补助，联防联控的同时降低支出。

4.3 运用科技电气火灾防控

响应智慧城市建设，《关于推进以县城为重要载体的城镇化建设的意见》提出“建设新型基础设施，发展智慧县城”的重要任务。《中华人民共和国国民经济和社会发展第十四个五年规划和2035年远景目标纲要》提出了新时期分级分类推进新型智慧城市建设的重要路径，党的二十大报告则明确了“打造宜居、韧性、智慧城市”的主要目标[6]。在智慧城市的构建中智慧消防建设是其中的重要一环，将消防工作纳入“智慧城市”建设，运用物联网、云计算、大数据、移动互联网等新兴信息技术，全面促进信息化与消防工作的深度融合，构建立体化、全覆盖的社会火灾防控体系，实现“传统消防”向“智慧消防”的转变[7]。

安徽、浙江等多地区发布的相关消防条例均涉及智慧消防建设内容，其中部分条款规定“消防安全重点单位由县级以上人民政府消防救援机构确定”，自建住宅火灾事故数量已位于居住建筑首位，且自建住宅电气火灾占比达四成以上，对于自建住宅这类电气火灾高发、高伤亡率的建筑，应纳入到智慧消防的消防安全重点单位监控体系当中。对自建住宅集中或经营性自建住宅等高风险区域安装电气火灾预警装置，搭建电气火灾监测平台，动态监测各高风险区域，以科技信息化手段为自建住宅电气火灾防控工作赋能升级。

4.4 公众安全用电宣传教育

推广普及电气火灾防控知识，通过电视、短视频平台和社区宣传等多种途径，向公众传递安全用电小知识，推动居民自查自纠房屋的电气安全隐患。在自建住宅连片区，可以设置消防宣传栏（牌），组织居民和外来务工人员学习安全用电知识和电气火灾逃生方式，提高群众的安全防范意识和自防自救能力。充分发挥舆论监督作用[8]，媒体集中报道电气火灾事故的典型案例，营造浓厚氛围，引发居民对电气火灾的重视。此外，将消防宣传教育工作纳入社会综合治理的考核范围，各部门根据考核结果进行奖惩，以确保消防宣传教育工作的有效开展和落实。

5 结束语

当前我国自建住宅火灾形势不容乐观，建筑电气设计的规范性及居民的不安全用电行为严重影响着自建住宅的消防安全。对于自建住宅电气火灾的消防安全治理，不仅需要政府政策支持和各部门的监管执法，更需要居民的通力配合。同时，各级政府要全面压实各方责任，明确各行业部门责任义务，统筹社会力量共同参与，持续推进消防科技化信息化建设，做好公众安全用电宣传教育，提升居民的安全意识和应急响应能力，清除居民自建住宅电气火灾潜在隐患，降低自建住宅的火灾起数和遇难人数，为全面建设社会主义现代化国家开局起步创造良好的消防安全环境。

参考文献

[1] 宗合．“小火亡人”何时休［J］．中国消防，2018（08）：50-52.

[2] 官登辉．“小火亡人”火灾事故的发生与预防［J］．今日消防，2022，7（05）：48-51.

[3] 胡笔雄．关于加强自建房消防安全监管的思考［J］．今日消防，2023，8（06）：72-74.

[4] 邱培芳．英国社会单位消防监督管理特点［J］．消防科学与技术，2016，35（07）：963.

[5] 司戈．美国社会消防治理体系及其借鉴［J］．中国

治理评论，2015（01）：161-188.

［6］白喆，董正浩，邓成明等．数字中国建设整体布局下新型智慧城市发展的研究与思考［J］．通信世界，2023（13）：25-27.

［7］彭小志．村居民自建房消防安全现状和火灾防控措施［J］．消防界（电子版），2022，8（21）：138-140.

［8］蔡锐．遏制“小火亡人”火灾事故对策分析［J］．武警学院学报，2017，33（10）：51-54.

超高层建筑火灾防控与救援研究

舒宏杰

（中国人民警察大学研究生院，河北　廊坊）

摘　要　当前超高层建筑火灾防控与救援面临一系列严峻挑战，包括火势快速蔓延难以控制、疏散救援困难、消防设施不完善或失效以及消防安全意识不足等。针对这些挑战，可采取一系列措施，包括加强火势控制与疏散救援、提升消防安全意识与作战安全水平、加强应急预案与协同合作等。通过这些措施的实施，有望提高超高层建筑火灾防控与救援能力，降低火灾风险，保障人民生命财产安全。

关键词　高层建筑火灾　火灾防控　火灾救援　消防安全　应急预案

1　引言

随着城市化进程的不断加快和人口密集程度的增加，超高层建筑在城市中的建设数量和高度逐年增长。然而，超高层建筑的火灾防控与救援问题日益凸显，一旦发生火灾，由于其高度、复杂性以及人员密集度，往往会造成严重的人员伤亡和财产损失。因此，加强超高层建筑火灾防控与救援研究具有重要意义。本文旨在深入探讨超高层建筑火灾防控与救援面临的挑战，并提出相应的应对措施，以加强对超高层建筑火灾的预防、控制和救援能力，为城市建设和管理提供科学依据，促进城市安全发展，保障人民生命财产安全。

2　超高层建筑火灾防控的挑战

2.1　火势快速蔓延与难以控制

超高层建筑因其结构特点以及垂直空间的限制，一旦发生火灾，火势往往会迅速蔓延，并且难以有效控制。以2020年3月印度孟买市的一起超高层建筑火灾为典型案例。该火灾发生在一栋高达100层以上的高楼，灾情在短短几分钟内迅速恶化，火势瞬间蔓延至多个楼层，造成了严重的人员伤亡和财产损失，给当地社区带来了沉重的打击和巨大的伤痛。这主要是由于以下几个方面的原因所致：超高层建筑具有垂直连通性，如电梯井、通风管道等，为火势提供了快速传播的路径，使火灾在建筑内部迅速蔓延。在超高层建筑顶部，风力较地面强劲，这会导致火势在高空迅速蔓延，并且可能将火星、燃烧碎片等风力带动物质传播到周围建筑物，引发更大范围的火灾[1]。此外，超高层建筑的结构复杂，包括大量的空间分隔、装饰材料和设备设施，这些因素可能会造成火势的不可预测性和难以控制性。

2.2　疏散救援困难

在超高层建筑火灾中，疏散救援往往面临重重困难。2018年广东省广州市发生的一起超高层住宅火灾中疏散通道因种种原因不畅，楼梯间遭受火势影响，导致逃生通道受到阻碍。在混乱和恐慌的氛围中，部分居民为了逃生不得不选择从楼上跳下。这一悲剧深刻揭示了在火灾发生时，疏散通道的畅通性对生命安全的重要性。超高层建筑的高度使得疏散通道的长度大大增加，同时，人员密集度较高，疏散过程中容易引发拥堵，从而影响了疏散速度和效率。超高层建筑结构的复杂性以及高度所带来的空间限制，往往导致疏散通道的设置和设计受到限制，有些区域可能存在盲区或疏散通道不畅的情况，进一步加剧了疏散救援的困难。火灾发生时，建筑内部存在烟雾、毒气等有害气体，使得疏散人员面临更大的生命安全威胁，同时也增加了救援人员的救援难度。

2.3　消防设施不完善或失效

消防设施的不完善或失效也是超高层建筑火灾防控面临的巨大挑战。2016年天津市某超高层酒店火灾中部分消防设施未能如期启动，消防水源供应不足，进而严重影响了火灾扑救工作的展开，愈发凸显了在火灾发生时消防设施完善的重要性。由于超高层建筑的高度和复杂性，消防设施的布置和覆盖面积较大，而且消防系统的建设和维护成本相对较高，导致一些地区的超高层建筑可能存在消防设施配置不足或者未能及时进行维护保养的情况。此外，超高层建筑的结构特点和使用功能的复杂性使得传统的消防设施在应对火灾时可能存在局限性，例如，消防水压力不足等问题，严重影响了火灾扑救的效果。一些超高层建筑往往因为建筑复杂性可能存在消防设施设计不合理或者施工质量不达标的情况，例如消防设备安装位置不当等，这都会影响到火灾的扑救效果和疏散救援的顺利进行。

2.4　消防安全意识不足

消防安全意识在超高层建筑火灾防控中至关重要。2016年江苏省南京市某超高层住宅发生火灾，起因是因为一位居民家中的小电器故障，但火势却在短时间内迅速蔓延至整个楼道，造成了数十人死亡的惨剧。调查显示，该栋楼部分居民对于火灾的威胁认识不足，缺乏基本的消防安全知识和应对火灾的技能，因而在火灾爆发时无法快速、有序地疏散逃生。超高层建筑的人员密集度较高，居民数量众多，大量居民存在消防逃生知识和技能缺乏的问题，面对火灾时不知所措，加剧了火灾的危害程度。此外，也有一些企事业单位和政府部门在消防安全方面存在着认识不足的问题，如2019年天津市某超高层办公楼发生的火灾，事故发生后，相关部门的应急响应和协调能力不足，对火灾扑救和救援工作造成了一定程度的影响。这些事件凸显了对于消防安全认知的重要性，不仅需要居民个人提高警惕，也需要企事业单位和政府部门加强相关意识和措施，共同确保火灾安全。部分超高层建筑的管理者可能存在消防安全管理责任意识不强或者消防设施管理不善的情况，未能及时开展消防安全培训和演练，导致火灾发生时应对不当，影响了火灾防控的效果。

3 超高层建筑火灾防控的应对措施

3.1 火势控制与疏散救援

在超高层建筑火灾防控中，火势控制与疏散救援是至关重要的环节，对于保障人员生命安全和减少财产损失具有重要意义。应加强火灾初期的控制，通过及时发现并扑灭初期火灾，阻止火势向更大范围蔓延，降低火灾造成的损失。加强火灾监测和预警系统的建设。利用先进的火灾监测技术，如烟雾探测器、红外线摄像头等，实现对超高层建筑各个区域火灾情况的实时监测，并能够及时向相关部门和居民发布预警信息，以便快速响应和处置火灾[2]。引入智能化的疏散系统，通过在建筑内部设置智能导引装置、紧急通信设施等，提高疏散过程的效率和安全性，确保人员能够快速、有序地撤离火灾现场，结合人工智能技术，对火灾疏散模拟进行优化，以更好地应对各种复杂情况[3]。进一步加强救援力量的配备和培训。建立专业化的救援队伍，配备先进的救援装备和工具，提高其在火灾现场的应急处置能力

3.2 消防安全意识与作战安全

在超高层建筑火灾防控中，提升消防安全意识和作战安全水平是保障人员生命安全和减少财产损失的关键之举。为了实现这一目标，可以在以下几个方面努力：

（1）强化消防安全教育的内容和形式。除了普及火灾防范知识和应急逃生技能外，还可以结合实际案例进行教育，增强居民和建筑管理者的警觉性和应对能力。可以利用多媒体手段，如制作宣传片、举办讲座和演习等形式，向社区居民和建筑管理者传播消防安全知识，引导他们养成安全意识和行为习惯[4]。

（2）深化消防队伍的作战技能培训。针对超高层建筑火灾的特点和挑战，消防队伍可以加强火灾应对策略的培训，包括高空救援、消防器材的使用和防护措施等。通过模拟演练和实战训练，提高消防队员在火灾现场的处置能力和应变能力，确保他们能够在最短的时间内做出正确的决策和行动。

（3）建立健全的消防指挥系统。建立消防指挥中心，统一指挥和协调火灾应急处置工作，提高应急响应速度和火灾处置效率，最大限度地减少火灾造成的损失。具体来说，建立先进的指挥中心设施，实行统一指挥调度，加强与其他部门的联动机制，实施定期演练和评估，不断优化技术手段和管理机制等。

（4）促进公众参与和社会合作。鼓励居民和建筑管理者积极参与消防安全工作，成立社区消防安全委员会或志愿者队伍，开展消防安全巡查和宣传活动，共同营造良好的消防安全氛围。同时，加强与相关部门和机构的合作，形成合力应对火灾风险，共同推动超高层建筑火灾防控工作的深入开展。

3.3 加强应急预案与协同配合

在应对超高层建筑火灾时，加强应急预案的制定和执行至关重要。应针对超高层建筑火灾的不同阶段制定更为细化和具体的应急预案。具体来说，准确判断火灾发展阶段，在火灾初起、发展、熄灭等不同阶段根据当前阶段所面临的挑战采取相应的应对措施，如表1所示。这些细化的预案措施能够在火灾发生时提供更为精准和有效的指导，最大限度地减少人员伤亡和财产损失。

表1 火灾各阶段应对措施及挑战

阶段	措施	面临挑战
火灾初起阶段	依靠单位内部人员和临近微站利用建筑内部固定消防设施进行初期灭火和组织疏散逃生，调派充足警力赶赴现场	火势扩散速度快，疏散和救援难度较大
火灾发展阶段	增派应援力量，采取灵活机动的战术战法控制火势	高温、浓烟等恶劣环境和体能消耗过大的现实问题，建筑结构复杂，疏散通道可能堵塞或受火势影响
火灾熄灭阶段	确保火被彻底熄灭，防止复燃	收残过程，零星火源清除不彻底，易引起复燃
协同配合	灭火战斗与疏散救援同步展开，利用建筑内的消防设施配合作战	各部门和人员之间应保持密切沟通，形成合力，共同应对火灾

超高层建筑火灾防控涉及多个相关部门，包括应急管理部门、医疗救护部门等。加强这些部门之间的沟通和协作机制，确保在火灾发生时能够迅速、有效地展开应急处置工作。可以通过建立联合指挥机制、定期召开协调会议等方式，促进各部门之间的信息共享和资源整合，实现协同行动，提高火灾应急处置的整体效能[5]。建筑管理者和居民社区是超高层建筑火灾防控的重要参与者和配合对象，因此同样需要加强与他们之间的沟通和合作，共同制定应对火灾的具体措施和行动计划，可以通过建立定期沟通机制，开展消防安全培训和演练活动，提高他们的火灾应对能力和应急反应速度，形成建筑管理者、居民社区和相关部门之间的合力，共同应对高层建筑火灾风险。

4 总结

超高层建筑火灾防控与救援是一项极为重要的工作，其面临着诸多挑战与困难。但同时也应看到，随着科技的发展和管理水平的提高能克服这些困难，提高火灾防控与救援的水平。在超高层建筑火灾防控与救援领域，需要继续加强技术研发与创新，推动消防设备和装备的更新换代，提高火灾监测预警的准确性和及时性。同时，需要加强消防安全教育与宣传，提高居民的消防安全意识，培养居民正确的火灾应对能力。此外，应进一步加强各部门之间的协作与合作机制，形成高效的应急响应体系，提高火灾应对的整体效能。超高层建筑火灾防控与救援是一个复杂的系统工程，需要政府部门、消防队伍、建筑管理者、居民社区以及相关企事业单位共同努力，推动超高层建筑火灾防控与救援工作向着更加科学、规范和有效的方向发展。

参考文献

［1］张永生．高层建筑疏散逃生与灭火救援措施［J］．科技创新与应用，2019，（35）：112-113.

［2］韩茂龙．高层建筑消防隐患与防火监督工作探究［J］．今日消防，2022，7（02）：75-77.

［3］任忠飞，王强．高层建筑物灭火救援过程中人员疏散研究［J］．中国科技信息，2021，（18）：69-70.

［4］王富强．试论超高层民用建筑防火措施与灭火救援

技术［J］．建筑安全，2021，36（04）：30-32.

［5］孙俊龙．高层建筑灭火救援工作的对策与思考［J］．今日消防，2020，5（12）：44-45.

大型商业综合体消防安全现状分析及对策研究

吴　超

（山东省滨州市惠民县消防救援大队，山东　滨州）

摘　要　本文旨在分析大型商业综合体消防安全现状，并提出相应的对策。通过对典型案例的剖析，结合消防安全管理的理论，文章指出了大型商业综合体在消防安全方面存在的问题，并提出了针对性的改进措施，以期提高商业综合体的消防安全水平。

关键词　大型商业综合体　应急救援　城市发展　安全管理

1　引言

随着我国城市化进程的加速和经济的持续增长，大型商业综合体作为城市经济活动的重要载体，其数量和规模均呈现出快速增长的态势，集购物、餐饮、娱乐等多功能于一体，成为城市生活中不可或缺的一部分。然而，随着建筑体量的增大和业态的多样化，大型商业综合体的应急救援难度也在不断增加。因此，研究大型商业综合体的应急救援问题，对于保障人民生命财产安全、维护城市稳定具有重要意义。

2　大型商业综合体的发展现状与特点

大型商业综合体集购物、餐饮、娱乐、休闲等多功能于一体，为消费者提供了一站式的消费体验。在中国，尤其是大中型城市，大型商业综合体已成为城市发展的重要组成部分，不仅推动了商业的繁荣，也塑造了城市的新地标。作为城市经济发展的重要引擎，其发展现状呈现出以下几个特点：建筑规模宏大，业态构成多元化，人流物流密集。以上特点使得大型商业综合体在推动城市经济发展的同时，也给消防救援工作带来了巨大挑战。

一是数量与规模不断扩大。随着城市经济的发展和居民消费水平的提高，大型商业综合体的数量和规模都在不断扩大，在一个建筑或建筑群内，集成了购物、餐饮、娱乐、休闲等多种功能，为消费者提供全方位的服务。越来越多的开发商和投资商看到了大型商业综合体的潜力，纷纷投入巨资进行建设和运营。为了满足不同业态的需求，大型商业综合体的空间布局往往灵活多变，既有开放式的购物空间，也有相对私密的餐饮和娱乐空间，形成了丰富的空间层次感。然而，由于商业综合体内存在大量可燃物，如商品、装饰材料等，一旦发生火灾，火势很容易迅速蔓延，且人员疏散十分困难。商业综合体的空间结构复杂，也导致火灾发生时消防救援人员难以迅速确定火源并进行有效扑救。

二是业态组合日益丰富。大型商业综合体最显著的特点就是多功能集成。为了满足不同消费者的需求，大型商业综合体的业态组合越来越多样化。除了传统的购物、餐饮外，还增加了电影院、健身房、游乐场、书店等多种业态，为消费者提供了更加多元化的消费选择。复杂性和多样性也给火灾预防和安全管理带来了新的挑战。一方面，大型商业综合体内部电气线路繁多，用电量大，如果使用不当或设备老化，很容易引发电气火灾。一些商家为了节约成本，可能会使用劣质电器产品或私拉乱接电线，进一步增加了电气火灾的风险；另一方面，大型商业综合体内可能存放有大量易燃易爆物品，如厨房的煤气罐、化妆品店的易燃化妆品等，以上物品一旦遇到明火或高温，很容易引发火灾，疏散时人员恐慌和拥挤很容易造成踩踏等二次伤害。同时，业态的多样化对消防设施的配置提出了更高的要求，不同业态可能需要不同类型的消防设施，大大增加了消防系统设计和维护的难度。

三是人流物流密集化与集约化。大型商业综合体通常以大规模、高集聚的方式出现，实现了资源的有效整合与利用，提升了商业活动的效率和效益。然而，其建筑面积通常较大，内部功能区域划分复杂，大量顾客和工作人员，使火灾时人员疏散和救援工作面临巨大挑战。部分商业综合体管理者和员工对消防安全缺乏足够的重视，导致日常消防巡查和维护工作不到位，存在消防设施老化、损坏或缺失的问题，导致在火灾发生时无法及时有效地进行灭火和救援，发生火灾后不仅会造成巨大的经济损失，还可能威胁到人民群众的生命安全。建筑结构与材料也是集约化导致的火灾不稳定因素之一。

3　大型商业综合体应急救援难度的成因分析

大型商业综合体应急救援难度的增加，主要源于以下几个方面：建筑结构复杂，火灾等安全事故易发；业态种类繁多，烟气难度大；人流物流密集，疏散救援困难；消防设施与救援力量不足，难以应对突发事件。以上因素的叠加，使得大型商业综合体的消防救援工作变得异常艰巨。

大型商业综合体建筑内部空间复杂，可燃物众多，一旦发生内部商铺的轰燃后蔓延，火场温度会在短时间内急剧上升，甚至超过900℃。极端温度不仅会对建筑结构造成破坏，还会加速火势的蔓延，使得灭火救援工作变得极为困难。高温还会产生强烈的热辐射，即使现场人员不直接接触明火，也可能因热辐射而受伤；因烟气蔓延方向受到中庭等区域影响，在火灾等灾害发生时进行疏散，高层部分往往成为高危险空间导致路径受阻、逃生困难，当前采用的环形竖向流线设计通常只能缓解疏散压力而无法解决人员快速撤离的需求，形成一部分亚安全空间，导致造成高层的人员受到生命安全的威胁；在实际扑救中，火情侦察、排烟和设置水枪阵地等环节面临诸多困难，如消防控制室的报警信号不直观，

作者简介：吴超，男，山东省滨州市惠民县消防救援大队大队长。

知情人难以准确描述现场情况等。烟雾扩散、疏散路径不熟悉、疏散距离长以及人员拥挤等因素都使得被困人员的疏散和救助变得异常困难；消防救援人员的进攻通道与疏散人员相反，进一步加剧了疏散的难度。建筑体量大、进攻纵深大，对个人防护装备要求高，也增加了灭火救援的难度。

大型商业综合体建筑在火灾条件下烟气控制的难点，主要包括建筑外墙面的设计特点、自然排烟的局限性、室内超大空间的烟气特性，以及机械排烟系统在实际应用中存在的问题。大型商业综合体建筑的外墙面多为实墙或固定玻璃幕墙，设计形式限制了自然排烟，能够向外开启自然排烟的外窗数量有限，且常常受到室外大型广告牌或室内沿墙布置货架的遮挡，导致自然排烟效果不佳，需要探索有效的改进策略，如优化外窗设计、增加可开启面积、减少遮挡物等，以提高自然排烟的效率；建筑中的室内步行街、中庭等超大空间在火灾条件下的烟气情况复杂，空间的烟气扩散、积聚和排除过程具有独特性，尽管许多大型商业综合体建筑设有机械排烟系统，但从消防监督检查的情况来看，由于设计、施工的质量不高和后期的管理维护不到位，机械排烟的效果往往很差。

大型商业综合体通常集购物、餐饮、娱乐等多功能于一体，具有空间开放、功能多样、人流密集等特点。一是室内步行街作为连接各楼层和各个商业单元的重要空间，其防火设计尤为关键。由于步行街的设计通常采用玻璃穹顶和开放式的空间布局，传统的防火卷帘和防火墙等分隔方式难以应用，给防火安全带来极大挑战；二是通常采用集中式布局，底部商业部分体量巨大，沿街长度和南北纵深均远超一般建筑。部分疏散楼梯需通过通道或室内步行街才能通向室外，导致实际疏散距离远超固定长度；三是在疏散楼梯数量和梯段宽度设计上存在不足，主要源于建设单位对商业营业面积最大化的追求，设计倾向导致了在紧急情况下人员疏散的速度和效率受到限制，增加了疏散过程中的安全隐患，例如“允许借用其他防火分区”等内容制约了建筑结构设计的强制实行力度。

4 大型商业综合体应急救援策略探讨

针对大型商业综合体应急救援难度的成因，本文提出以下策略：一是加强建筑设计与规划，优化建筑结构，提高抗灾能力；二是完善应急管理体系，明确各业态的应急管理责任，提升应急响应速度；三是加强人流物流管控，优化疏散通道，提高疏散效率；四是加大消防设施投入，提升力量配备，确保消防救援工作的高效开展。

一是优化建筑前设计规划。在选择消防扑救面时，会商阶段应优先考虑环形消防车道的设置，确保消防车辆能够快速到达火场，合理设计消防扑救场地，避免高空坠落物对消防救援人员造成伤害。对此，在灭火救援的过程中，指挥员也应当针对大型商业综合体火灾的特点，采取相应的战术措施，如利用高喷车和举高车辆进行灭火，铺设水带时要避免蛛网式铺设，尽量减少水带接口的压力损失；在大型商业综合体的建设过程中，应选用符合认证要求的消防产品和材料。建筑构件、建筑材料和室内装修装饰材料等也应符合消防技术标准，以确保建筑物的消防安全性能。

二是制定详细周全的灭火救援预案。预案应包括火场秩序维护、供水保障、主攻方向确定等关键要素，确保在火灾发生时能够迅速、有序地展开灭火救援行动。定期开展形式多样的灭火演练，演练时应着重模拟火场环境，强化消防救援人员的战术协同和应急处置能力，开展针对性的技术训练，提高消防救援人员对各类器材装备的熟练程度。通常建议灭火救援设置作战编组，明确各组职责和协同方式，建立社会力量响应机制。

三是落实岗位消防安全责任制。大型商业综合体应建立清晰的消防安全责任体系，明确各部门在消防安全工作中的具体职责和任务。通过制定详细的消防安全管理制度和操作规程，确保各项消防安全工作得到有效落实。工作人员应接受消防安全培训，掌握基本的消防安全知识和技能。作为大型商业综合体的组成部分，商户也应承担相应的消防安全责任，遵守消防安全规定，定期进行消防安全自查，及时发现和整改火灾隐患。针对大型商业综合体人流物流复杂的特点，实施严格的人流管控措施，通过合理规划疏散通道的布局，确保通道畅通无阻。

四是加大消防设施投入。消防设施投入与救援力量配备是相互关联、相互促进的。合理的设施投入能够为消防救援力量提供更好的工作条件，而高效的消防救援力量则能够充分发挥设施的作用，共同确保消防救援工作的高效开展。建立健全消防设施的日常维护和检查制度，确保设施的正常运行通过完善建筑消防设计、建筑消防设施、建筑防烟排烟等设计，可以有效提高火灾应对速度和救援效率。

5 结论

大型商业综合体作为城市经济发展的重要力量，其应急救援难度的增加不容忽视。本文通过分析大型商业综合体的发展现状与特点，深入探讨了应急救援难度的成因，并提出了相应的应对策略。未来，随着城市化的深入推进和大型商业综合体的不断发展，消防救援工作将面临更多挑战。因此，需要不断完善应急救援体系，提升救援能力，以确保人民生命财产安全和城市的稳定发展。

参考文献

[1] 李立明，宋立巍，刘博．大型商业综合体消防安全现状调研与对策研究［J］．建筑安全，2023，38（04）：38-40.

[2] 左青锋．大型商业综合体消防安全管理现状及对策［J］．中国消防，2023（S1）：15-17.

[3] 姜修德．大型商业综合体消防安全管理现状及发展探讨［J］．科技视界，2021（23）：195-196.

[4] 马妮娜．城市大型商业综合体消防安全现状与火灾预防对策［J］．科技创新与应用，2014（27）：284.

[5] 张香萍，徐彤．大型商业综合体消防安全现状分析和互联网+消防监管研讨［J］．今日消防，2020，5（11）：58-61.

经营性自建房消防安全现状及应对措施

裴　雷

（永清县消防救援大队，河北　廊坊）

摘　要　自建房自身结构存在安全隐患，居民防火意识较差等多方面因素导致老旧小区自建房的消防安全现状不容乐观。自建房在建造时没有考虑消防安全问题，导致自建房在结构上存在很多消防隐患。同时，因为自建房所在的地区消防资源比较匮乏，所以导致自建房的安全问题尤为突出。自建房消防安全问题关系到千千万万城镇居民的生命和财产安全，在防火措施方面自建房与城镇居民楼应当采用不同的策略。

关键词　消防　经营性自建房　管理措施　火灾隐患

1　引言

不少自建房在满足自己住房需求的同时，也将进行租赁、生产、经营，随着社会经济可持续发展的日益发展，这类自建房数量日益增加，且点多面广，普遍存在着消防安全工作管理非常混乱、违规存放易爆材料、违规用火用电用气、违规住人、违规加建、占用疏散通道等突出问题，给消防安全形势带来了严峻挑战。2021 年河南商丘“6・25”震兴武馆自建房火灾造成 18 人死亡、11 人受伤，2022 年北京昌平“2・11”自建公寓房火灾造成 5 人死亡，广西河池“1・31”自建房生产作坊火灾造成 2 名消防员牺牲、2023 年北京朝阳“12. 28”自建房火灾造成 4 人死亡，教训十分深刻。鉴于此，文章结合廊坊市自建房的特点以及消防安全现状，探究了提升自建房消防安全水平的策略，具体体现为以下几点。

2　经营性自建房消防安全现状

廊坊市当前经营性自建房在三河市燕郊镇、廊坊开发区桐柏村较为集中和突出，主要存在以下几类问题：

2. 1　违法违规自建房数量较多

居民为个人利益，在自家院落上没有节制地突击加盖、建房，村（居）民往往“跟风”式建造，造成村村建、家家盖，而且绝大多数超过了国家规定的三层高度并用于住人、经营，在燕郊镇更有个别自建房高达十几层，严重破坏了房屋结构和承载能力。

2. 2　静态火灾隐患存量大整改难

在外部环境方面，经营性自建房大多紧贴用地界限建造，没有保留足够的房屋间距，自建房集中区域内道路狭窄，消防救援车辆通行困难的现象尤为突出。在内部结构方面，布局不合理，采用内廊式结构、仅设置一部疏散楼梯、楼梯宽度狭窄、不按照国家技术规范要求设置火灾自动报警系统、自动喷水灭火系统、防排烟系统、室内消火栓系统等消防设施器材的情况屡见不鲜。这样的自建房擅自改变原有建筑的使用功能作为经营性场所使用，未经发改、规划、住建等相关部门审批，导致防火间距不足、防火分隔不符合规定、安全疏散不符合规定、消防设施设置不符合要求等静态火灾隐患存量大且难以整改。

2. 3　动态火灾隐患易复发难根除

经营性自建房经营性质多样，涉及餐饮住宿、休闲娱乐、商品销售、教育培训、“九小场所”、家庭作坊等多种行业，伴随其生产经营活动就会带来大量动态火灾隐患，消防设施配置不符合国家技术标准、消防设施未保持完好有效、电源火源管理不符合规定、违规住人、防火分隔不符合规定、违章使用聚氨酯夹芯彩钢板等六类火灾隐患普遍存在。

2. 4　单位场所自身管理薄弱

经营性自建房业主、场所经营者对自我消防安全管理还处于粗放管理的阶段，经营户擅自搭建、违规使用装修装饰材料、违规住人、违规使用大功率电器、卧床吸烟、消防器材无人维护保养等现象都很突出，业主与经营者之间没有签订明确的消防安全责任协议，各方消防安全管理责任与职责不明确，遇到问题就互相推诿扯皮。

3　问题成因分析

3. 1　城乡发展规划滞后

伴随着城市化迅猛发展的过程，自建房数量开始迅速增长。在这个过程中，尤其是建设初期，部分建房者为追求经济效益和建设速度，忽视了对自建房集中区域内消防水源、内部道路等的规划和建设投入，导致公共消防基础设施建设严重滞后，无法满足现阶段建设发展需求。

3. 2　法律法规对自建房监管内容不明确

当前经营性自建房的行业监管较为混乱，自建房从建盖至转作人员密集场所使用的过程中，涉及规划、住建、公安、消防、社区等多个部门或基层组织，但是这些部门均没有明确的法律依据可以对自建房实施全覆盖监管，导致自建房监管存在很大的漏洞，客观因素的制约和主观能动性的不足，使得行业部门在监管过程中难以全力施为，进而造成自建房静态火灾隐患存量持续增长，动态隐患难以根除的现状。

3. 3　行业部门监管缺失

发改、规划、住建、公安、市场监督等部门对自建房都没有实施监管或监管范围有限，例如住建部门，依照《中华人民共和国建筑法》《建筑工程施工许可管理办法》，对自建房不需核发建筑工程施工许可证，纳入设计、施工监督管理。而规划部门只对自建房建盖之前的用地情况进行审查，不具备对自建房建设过程实施监管的权力。市场监督、公安、消防救援机构在自建房转作人员密集场所的过程中具有监管职能，但受国家政策法规或自身业务范围的限制，市场监管、行政审批部门在核发工商营业执照时不需进行现场核查，无法对场所存在的风险隐患进行监管。消防救援机构作为消防综合监管部门无法自建房实施全覆盖监管。按照河北省消防安全委员会《关于加强“九小场所”火灾防控工作的通知》要求，各行业部门要对本行业“九小场所”消防安全履行监管责任，公安派出所虽然同时对“九小场所”开展排查整治，但执法人员相对较少，又缺乏相应的标准规章制度作为参考和规制，对现场存在静态火灾隐患不能完全发现，导致了消防监管力度仍具有较高的上升空间，还需要做出进一步的优化和调节。

3.4 相关技术标准空白

自建房在申请建盖时，以住宅性质进行规划和设计，国家现行的技术标准规范，对住宅的消防设计要求不高，受利益驱使，部分村（居）民擅自更改土地用途，违规建设自建房并用于经营、出租，造成批准用地性质与实际用途不符情况愈发严重，当自建房一旦改作人员密集场所使用，使用性质由住宅建筑变更为公共建筑，特别是作为人员密集场所使用时，却无法按照要求完善建筑消防设施、安全疏散等消防安全条件。

3.5 消防安全意识淡薄

一些业主对消防工作认知度不足，使得长期形成的生活习惯产生了诸如违规住人、违规存放易燃易爆物品等许多不安全的因素[1]。在改作出租屋使用的自建房中，外来务工人员集中，受到文化水平和认知能力的限制，消防安全意识淡薄，抗御火灾和自防自救能力极其薄弱，对损坏的消防设施、器材视而不见。

4 经营性自建房消防安全管理对策分析

4.1 加强法治建设，做到有法可依

制定出台一系列自建房改作人员密集场所监管的法律法规，完善地方性法规和部门规章，明确相关行业部门和基层政府组织的职权范围。

4.2 出台对应的消防技术标准要求

结合各地实际情况，推动政府建立自建房改作人员密集场所管理办法，明确自建房改作人员密集场所的地方标准，通过建筑面积、使用层数、从事行业等方面的等级划分，制定不同的技术要求，通过政策引导，逐步解决自建房改作人员密集场所后难以满足现行规范要求而造成的静态火灾隐患存量。

4.3 加强城乡规划及实施力度

各级政府加强城乡规划编制，针对新建自建房集中区域实施源头指导和监管，严格落实市政消火栓、消防车通道、防火间距等规划落地，着力解决集中区域水源、车道、间距等隐患，并对建筑结构、建筑使用性质等进行规范。

4.4 政府主导建立健全监管机制

按照“党政同责、一岗双责、齐抓共管、失职追责”的管理要求，构建自建房消防安全监管责任制，因地制宜制定考核内容，定期督导检查，对行业部门及基层政府组织落实村民自建房监管、火灾隐患整改等工作，进行阶段性的督查、定期通报，加大对火灾隐患的跟踪问效力度。

4.5 部门联动形成执法合力

相关职能单位需要发挥其规范引导的作用落实经营性自建房的综合治理，结合地方实际情况整合社会资源，通过群众检举、委员会配合、职能单位监管等多种方式集中力量进行全面排查，尤其是面向三人以上的经营性自建房更需要加强监管力度，了解自建房在经营或居住过程当中可能出现的火灾隐患并指出相应的解决对策和处理方案。

4.6 广泛开展消防宣传教育

在电视台、电台或报纸上开设消防宣传专题节目或专栏，在自建房集中区域的主要道路设立固定宣传牌，定期更新消防知识，建立固定消防宣传阵地。在互联网平台设置消防微信、微博，并定期向手机用户发送消防宣传提示短信，最大限度提高消防安全的知晓率、覆盖率[2]。消防部门要积极会同相关部门，深入自建房集中区域，广泛开展消防宣传教育培训，创造“人人参与消防、人人学习消防、人人重视消防”的社会化消防宣传新格局。

5 小结

就现阶段来看经营性自建房在消防安全管理过程中常常会出现消防监管不完善、耐火等级相对偏弱、火灾隐患突出等相应的情况，需要提高排查整治力度，强化综合管理，同时加强人才队伍建设并落实消防设施设备管理，以此为中心，减少经营性自建房发生消防安全事故的概率，降低火灾事故所带来的影响和损失。

参考文献

［1］梁一帅，闫怀林，赵永昌．经营性自建房消防安全现状及对策研究［J］．劳动保护，2022（11）：106-108.

［2］卫江波．关于民用自建房用作经营性场所消防安全的思考［J］．住宅产业，2022（10）：37-39.

建筑火灾应急疏散与救援技术研究

赵 艳

（河北省廊坊市安次区消防救援大队，河北 廊坊）

摘 要 本文深入研究了建筑火灾应急疏散与救援技术的相关问题，旨在提高火灾发生时的疏散效率和救援效果，降

作者简介：赵艳，女，河北省廊坊市安次区消防救援大队，初级专业技术职务。

低人员伤亡和财产损失。建筑火灾具有蔓延速度快、烟雾毒性大、疏散困难等特点，因此消防部门在开展应急疏散与救援时既要熟悉建筑火灾的特点，还要采取有效策略，提升火灾应对与处置能力，最大限度地保护人民群众的生命财产安全。

关键词 建筑火灾 应急疏散 救援技术 灭火技术

1 引言

随着城市化进程的加速，高层建筑、大型商业综合体等复杂建筑结构的不断涌现，使得建筑火灾的应急疏散与救援工作面临着前所未有的挑战。火灾作为一种常见的灾害形式，其发生往往伴随着人员伤亡、财产损失等严重后果，因此，研究建筑火灾应急疏散与救援技术，提高火灾应对能力，对于保障人民生命财产安全具有重要意义。

2 建筑火灾特点与疏散难点分析

2.1 建筑火灾的特点

2.1.1 建筑物及其内部易燃、可燃物多

燃烧后可能产生大量有毒气体，这些气体不仅会对人员的生命安全构成威胁，还会影响灭火救援行动。

2.1.2 火源多样

包括电气火灾、生活用火不慎、违章操作、吸烟、放火等，不同的火源可能导致火灾的蔓延速度和方式有所不同，增加了火灾的复杂性和不确定性。

2.1.3 火灾蔓延速度快、途径多

特别是在高层建筑中，由于存在大量的管道和竖井，火灾在初期阶段就会以较快的速度在水平方向扩散。在火灾燃烧猛烈阶段，各管井烟气扩散速度会更快。

2.2 建筑火灾疏散难点

2.2.1 竖向登高困难

高层建筑火灾一般发生在较高部位，救援人员很难利用常规手段进行外部登高。即使使用登高消防车，其有效灭火高度也可能受到天气、建筑结构等因素的影响。

2.2.2 垂直供水困难

高层建筑火场供水难度大，由于建筑高度和结构的限制，外部铺设水带作业可能受到阻碍。同时，高层建筑内的管道和电梯井等连通部位也可能成为火势蔓延的途径，增加了灭火难度。

2.2.3 人员疏散困难

高层建筑层数多，垂直疏散距离远，疏散到安全场所需要较长时间。此外，火势和烟雾在竖向管井内的快速蔓延会严重影响人员疏散的速度和安全。

3 建筑火灾应急疏散策略

建筑火灾应急疏散策略需要综合考虑火灾特点、疏散设施和个人安全等因素。通过制定合理的疏散预案、加强日常演练和培训，可以提高人们在火灾中的自救和互救能力，最大限度地减少人员伤亡和财产损失[1]。

3.1 小火快跑

在火灾初期，如果逃生路线尚未被烈火和浓烟封堵，且温度较低、烟气浓度不大时，应迅速选择安全通道进行疏散。但在此过程中，切勿搭乘电梯，以免因电梯故障而陷入危险。

3.2 浓烟关门

一旦发现浓烟从楼下或其他区域冒上来，应立即判断为危险环境。此时，应迅速关上房门，用湿毛巾或布料封堵门缝，以减缓烟雾进入。同时，迅速拨打 119 报警并等待救援。在关门避难时，还需注意以下几点：(1) 仔细检查房间是否真的安全，查看是否有其他开口可能导致浓烟侵入。如有必要，应转移到更安全的避难空间。(2) 观察是否有对外窗，这有助于呼吸新鲜空气并让外部救援人员了解你的位置。(3) 根据对外窗的开启情况，判断是否会导致浓烟侵入。如果浓烟可能从窗户进入，应适当关闭窗户，以保持内外压力差适中，确保可以呼吸到新鲜空气。

3.3 了解建筑火灾特点

建筑火灾往往具有火势蔓延速度快、途径多以及疏散困难等特点。因此，在疏散过程中，要特别注意火势和烟雾的蔓延方向，避免进入浓烟密布的区域。

3.4 利用应急疏散设施

建筑内通常配备有应急疏散指示标志、应急照明灯和疏散通道等设施。在疏散过程中，应沿着这些设施指示的方向前进，确保快速、安全地撤离。

3.5 保持冷静与有序

在火灾应急疏散过程中，保持冷静和有序至关重要。避免恐慌和混乱，按照疏散预案和现场指挥人员的指示行动。

4 建筑火灾救援技术研究

4.1 火灾探测与报警技术

现代火灾探测与报警技术依赖于多种技术手段，如图像识别、红外线成像和气体检测等。这些技术能够迅速并准确地探测到火灾的存在，进而触发报警系统。报警系统具有定位火灾位置的能力。通过高精度的传感器和算法，火灾报警系统可以准确确定火源的位置，为消防人员提供关键信息，帮助他们快速且有效地采取灭火措施[2]。

火灾探测与报警系统的反应速度极快。一旦探测到火灾迹象，系统便会立即发出警报，从而确保人员能够尽快疏散，减少人员伤亡和财产损失。而且，这些系统还可以与自动灭火设备进行连接。一旦火灾被探测到，相关的灭火设备便会自动启动，如喷水系统或气体灭火系统，以快速控制火势[3]。

在建筑安全中，火灾探测与报警技术还用于建筑物管理，提高整体安全性。同时，它们能够实时监测火灾烟气的扩散情况，及时控制和调节室内环境，确保灭火和救援工作的顺利进行。

4.2 建筑火灾灭火技术

常见的灭火技术包括以下几种方法：

4.2.1 自动喷水灭火系统

自动喷水灭火系统能在火灾初期阶段迅速启动，通过喷头喷洒大量的水雾或水流，有效地控制火势，防止火灾蔓延。这种及时的反应可以大大减少火灾造成的财产损失和人员伤亡。自动喷水灭火系统适用于各种类型的建筑物和场所，包括住宅、商业建筑、工业厂房等。它可以根据不同场所的火灾风险等级和灭火需求进行定制化设计，确保灭火效果达到最佳。另外，自动喷水灭火系统还具有安全性高的特点，系统采用的材料和组件符合消防安全标准，具有良好的耐高温、耐腐蚀性能。同时，系统的安装和维护也符合相关

规定，确保在火灾发生时能够稳定可靠地运行[4]。

4.2.2 气体灭火系统

与其他灭火方式相比较，气体灭火系统具有灭火效率高、速度快、灵活性强、无污染、适用广等诸多优点。气体灭火系统通常能够快速响应并抑制火势。当火灾发生时，气体灭火剂能够迅速扩散至整个空间，从而达到快速灭火的效果。特别是对于初期火灾，气体灭火系统能够在短时间内将火势控制在一定范围内，有效防止火势的蔓延。利用化学药剂，如二氧化碳、七氟丙烷等，通过释放气体来抑制火势。这种系统通常用于保护关键设备或不能用水扑救的场所，如计算机房、电气控制室等。

4.2.3 泡沫灭火系统

泡沫灭火系统通过将水与泡沫液按一定比例混合，并吸入空气产生泡沫，然后利用这些泡沫覆盖燃烧物表面或淹没保护对象来实现灭火。其有效性在扑救各种液体火灾以及一般固体物质火灾中得到了充分验证。在建筑火灾中，泡沫灭火系统可以迅速扑灭火势，为人员疏散争取宝贵时间，减少人员伤亡和财产损失。特别是在商业建筑和人员密集的场所，泡沫灭火系统的应用尤为重要。这些场所一旦发生火灾，火势蔓延速度快，人员疏散困难，因此，快速有效的灭火系统对于保障人员安全和减少财产损失至关重要。

4.2.4 干粉灭火系统

干粉灭火系统在建筑火灾中扮演着至关重要的角色。它特别适用于扑救易燃、可燃液体，可燃气体和电气设备的火灾，具有灭火时间短、效率高的特点。在建筑火灾中，干粉灭火系统可以通过长距离输送，使得设备能够远离火区，从而确保操作人员的安全。其不需要使用水源，因此在缺水地区或寒冷季节也能发挥出色的灭火效果，且无需担心防冻问题。

干粉灭火剂在灭火过程中，其结晶会在火焰作用下被破坏，形成新的化学物质以窒息作用灭火。同时，干粉在分解过程中会大量吸热，使火区温度迅速下降，从而控制火灾的蔓延。此外，干粉灭火系统还具有良好的绝缘性能，可以用于扑救带电设备的火灾。

4.2.5 消防栓和消防水带

消防栓，特别是室内消火栓，是建筑物内应用最广泛的消防灭火系统之一。它们通常安装在消火栓箱内，并配有消防水带和水枪等器材设备。在火灾发生时，消防栓可以迅速为灭火提供水源。消防水带作为连接消防栓和水枪的关键部件，能够将水源输送到火灾现场，通过喷水灭火和降温来减少火势的扩散。

此外，消防水带还可以用于保护建筑物和其他财产免受火灾侵害，同时也可以保护灭火人员的安全。它们不仅可以用于灭火，还可以在火灾后进行清洗工作，帮助清理道路、建筑物等表面的污垢。

4.3 疏散与救援技术

4.3.1 疏散技术

包括安全疏散路线规划。事先制定详细的疏散计划，研究并确定最佳疏散方案和路线。这包括确定从建筑物内任何一点到最近的安全出口的时间和距离。疏散设施的设置。建筑物应设置必要的疏散设施，如太平门、疏散楼梯、天桥、逃生孔以及疏散保护区域等。这些设施应定期进行维护和检查，确保其处于良好状态。人员引导和指示。在火灾发生时，需要有专门的人员引导在场人员向安全区域撤离。指示标志和疏散指示应清晰明了，以便人员在紧急情况下能够迅速找到逃生路线。低姿势撤离：在烟雾较浓的情况下，采用低姿势行走或匍匐穿过浓烟区的方法，因为烟雾一般向上流动，地面上的烟雾相对较少。

4.3.2 救援技术

利用固定消防设施，高层建筑火灾扑救应优先使用建筑内部的固定消防设施，如消防控制室、消防电梯、自动喷水灭火系统等。内外结合灭火，在火灾初起阶段，组织力量深入内部扑灭火势；在火势较大时，结合外部力量，利用举高消防车等手段从外部进行救援。防排烟设施的应用，合理利用防排烟设施实施排烟，以减少烟雾对疏散和救援的影响。

综上所述，建筑火灾与其他火灾有其自身特点，消防部门应根据这一特点不断优化疏散路径，有效运用救援设备与技术开展救援工作。建筑火灾疏散与救援是一个综合性的系统工程，需要多部门共同努力。只有通过科学规划、合理设置疏散设施、有效引导人员疏散以及高效利用救援技术，才能最大程度地减少火灾造成的人员伤亡和财产损失。

参考文献

[1] 肖国清，廖光煊．建筑物火灾中人的疏散方式研究[J]．中国安全科学学报，2006（02）：26-29.

[2] 杨小明．高层建筑火灾灭火救援理论研讨［J］．河南科技，2014（08）：158-158.

[3] 张少辉．高层建筑火灾灭火救援中人员疏散分析[J]．今日消防，2021（04）：48-49.

[4] 于贵鹏．高层建筑火灾灭火救援方法探讨［J］．消防界（电子版），2023（12）：69-71.

城市老旧小区消防安全现状分析及防范措施研究

吴兴悦

（天津市津南区消防救援支队，天津 津南）

摘 要 随着城市化进程的加速，城市老旧小区的消防安全问题日益凸显。本文基于城市老旧小区的消防安全现状，通过对典型老旧小区的消防安全隐患、管理现状及消防设施状况的深入分析，揭示了老旧小区在消防安全方面存在的主要问题，包括消防设施老化、居民消防安全意识薄弱、消防管理和维护机制不健全等。在此基础上，本文提出了一系列针对性的防范措施和建议，旨在通过机制的建立完善、消防安全管理的深化以及消防宣传培训教育的加强，提升老旧小区的消防安全水平。研究表明，加强老旧小区消防安全管理，完善消防安全机制体制，提高居民消防安全意识和自救互救能力，对于提升城市消防安全管理水平，减少火灾事故发生具有重要意义。

关键词 消防 老旧小区 风险分析 防范措施

1 引言

目前，随着城市化进程的加快，中国新型城镇化建设取得重大进展，常住人口城镇化率从2012年的53.10%提高至2023年的66.16%。城市老旧小区作为城市发展的重要组成部分，其消防安全问题日益凸显。根据国家统计局的数据，截至2023年底，全国共有老旧小区数量超过106万个，覆盖了1.4亿居民，这些小区的消防安全问题亟待解决。老旧小区由于建设年代较早，设计标准不符合现行消防安全要求，加之长期的维护不到位，导致消防设施老化、损坏，居民消防安全意识薄弱，成为城市安全管理的薄弱环节。2020年7月，国务院办公厅下发《全面推进城镇老旧小区改造工作的指导意见》，要求到“十四五”期末，力争基本完成城镇老旧小区改造任务，消防作为改造基础类中的重要部分，对于推进小区改造工程建设，保障人民生命财产安全具有重要意义。本文旨在通过对城市老旧小区消防安全现状的分析，探索有效的防范措施，提出可行的建议，为改善城市老旧小区的消防安全问题提供科学依据和决策支持。

2 城市老旧小区消防安全现状分析

据国家消防救援局数据，2023年1~10月份，全国住宅小区共发生24.4万起火灾，亡979人，伤1244人，各项占比均居全国首位，反映出老旧小区消防安全管理存在漏洞，居民日常行为存在隐患，消防安全教育存在死角。部分老旧小区火灾事故案例如表1所示。

表1 老旧小区火灾案例

时间	地点	事故情况
2015年1月2日	黑龙江哈尔滨居民楼三层	5名消防员牺牲，14人受伤
2016年4月18日	上海黄浦区一老式住宅	4人死亡
2017年12月24日	河南郑州市解放路82号院	6人受伤
2018年12月2日	昆明市西山区居民小组84号	8人死亡、3人受伤
2021年10月14日	台湾高雄一住宅楼	46人死亡、41人受伤
2022年8月13日	陕西西安和平花园小区	4人死亡
2023年5月7日	山西省吕梁市临县一小区	5人死亡
2024年1月24日	江苏南京雨花台区明尚西苑6栋	15人死亡，44人受伤

2.1 消防安全管理存在“漏洞”

2.1.1 基层消防安全隐患排查不到位

一方面，部分乡镇、街道、社区等基层网格力量对老旧小区开展日常消防监督检查时，采用传统检查、填表、督改的方式开展工作，工作量大且效率低下；另一方面，老旧小区产权复杂，部分小区缺少物业进行维护管理，社区网格力量未明确消防责任，或消防安全管理制度不健全不落实，导致消防安全管理混乱，看似多部门都在管，实则都没管到位。比如《中华人民共和国消防法》第53条规定，“公安派出所可以负责日常消防监督检查、开展消防宣传教育”，但在实际操作中，基层派出所对消防主体责任不落实、违规占堵消防通道等不具备执法主体资格。

2.1.2 消防基础设施建设“欠账”严重

由于建设年代久远、城市规划发展较早，防火间距不足、未按要求设置室外消火栓、消防车通道宽度不够、电气线路乱搭老化等“历史遗留”问题长期得不到解决。如2023年2月5日南宁市兴宁区五塘镇民房亡人火灾，由于着火的民房与周围的建筑间距太小，消防车无法进入，消防员只能从临近建筑登楼开展灭火和救援。随着时间的推移，老旧小区现存的消防设施逐渐老化，常常存在灭火器过期失效、消火栓堵塞等情况，而损坏的消防设施将无法发挥应有的功能，在火灾发生时无法提供及时有效的灭火手段，给火灾扑救工作带来极大的困难。部分老旧小区的微型消防站长期处于“关门上锁”状态，甚至有的被挪作他用。如2021年邵阳市桃花坪街道辰河世家小区居民住宅“12·4”较大亡人火灾中就存在室内消火栓系统无水的问题。

2.1.3 基层消防监管力量薄弱

消防救援机构在乡镇街镇没有设立消防管理机构，断档现象日益突显。尤其一些经济发达的全国重点镇，人口数量、经济水平、企业规模已经远超欠发达县市，消防安全风险体量大，也没有设置专门的消防安全管理机构。比如，天津有各类经营主体177.8万家，消防监督员300名，平均每名消防监督员监管5900多个经营主体。目前，公安派出所依然承担消防监督检查和宣传教育工作，因警力有限、任务繁重，各项消防工作难以有效开展，失控漏管问题突出。

2.2 居民日常行为存在“隐患”

2.2.1 电动自行车违规停放充电现象严重

因小区内电动自行车公共充电桩设施不足，全国电动自行车保有量与充电设施比例约35∶1，停车棚、充电桩等公共设施“供不应求”，电动自行车“进楼入户”“人车同屋”“飞线”入户充电等现象随处可见，一旦发生火灾，高温有毒烟气快速通过楼梯间等竖向通道扩散蔓延，人员难以进行疏散逃生。2023年，全国发生电动自行车火灾2.1万起，相比2022年上升17.4%。

2.2.2 社区电器火灾隐患突出

老旧小区建设使用的时间长，部分电气线路老化过热现象严重，随着人民生活水平的不断提高，居民购买大功率用电设备，导致小区内电力负荷不断增加，加重火灾隐患，容易导致事故发生。目前，平均一户家庭住宅电气改造费用约为2000元，但不少家庭对现有隐患不以为然、不愿出资整改，政府投入资金压力大。

2.2.3 消防“生命通道”堵塞现象严重

老旧小区因建设时间早，小区内部的车道狭窄，停车位规划不足，造成私家车占用消防车通道。部分老旧小区疏散通道、疏散楼梯、安全出口等被占用、上锁、堵塞的现象依然存在。由于老旧小区居住密度较大，部分居民为了增加使用空间或者出租额外房屋，违规进行搭建，占用防火间距，给扑灭火势造成困难。同时，违规搭建还会造成通风不畅、疏散通道堵塞等问题，增加了居民逃生的难度。如2020年重庆市渝北区加州花园小区火灾由于小区内私家车停放阻挡了消防车通行，现场群众合力进行挪车，该事件当时引发了全网热议。

2.3 消防安全教育存在“死角”

2.3.1 火灾演练培训收效甚微

一些老旧小区应急疏散演练频率不足，或在应急疏散演练中只重视理论学习和知识宣传，没有进行实际模拟操作，而理论上的演练难以达到实际演练的效果。通过近期调研情况看，好多小区搞宣传培训往往是为了拍照录像发新闻、完成硬性任务，很少开展跟踪问效，活动“后效应”、群众融入性不高。

2.3.2 火灾安全教育宣传方式单一

社区发动宣传群众方法较为简单，如采用悬挂标语、发放宣传册等，仅靠“消防宣传进万家平安你我他”“全民消防很重要”等几个字的口号宣传，不论是宣传覆盖面还是效能都微乎其微，群众只知道“很重要”，却不知“怎么做”，缺乏创新和吸引力，难以引起居民兴趣和关注，无法起到宣传教育的作用。

2.3.3 居民消防安全意识淡薄

居民参与消防安全共治共管意识不强，且住户多为老年人和低收入群体，对于火灾预防、逃生技巧等自救知识了解不足，过分依赖消防站救援，对于自救互救常识缺乏足够重视，不能熟练掌握简单的器材使用方法和逃生技能。如2022年广州市番禺区石壁街石壁三村“3·10”民宅火灾事故中首层被困人员不懂采取措施封堵烟气进入房间，也不懂得用湿毛巾捂住鼻子防止吸入烟气，导致在向二层逃生过程中吸入大量烟气而窒息死亡。

3 提升老旧小区消防安全治理能力的建议

3.1 打造防范于未“燃”的火灾防范机制

3.1.1 建立事前火灾排查机制

构建社区负责人、网格员、楼长协同管理机制，借助城镇老旧小区改造、平急两用等专项整治行动，明确各方消防安全责任，以微信群、视频监控、巡逻等方式进行提醒，一体化推进巡查、整治、宣传、演练等工作。

3.1.2 强化事中约谈警示

通过定期召开调度会、观看火灾警示片、通报火灾事故案例等方式，不断压实各方消防安全责任，同时不定期约谈隐患排查落实不到位的工作人员，将工作开展情况列入年度考核事项。

3.1.3 强化事后问题整改

及时梳理问题清单，建立工作台账，打造“通报、考核、查处”追责链条，警示各级整改责任，推动消防安全隐患问题整改，形成工作闭环。

3.2 居“旧”思危，深化日常消防安全管理

3.2.1 加强消防设施日常维护管理

针对老旧小区现存消防设施要注重日常管理与维护，严禁设施设备“带病上岗”，确保火灾发生时消防设备能够良好运行，一旦发生火灾，可以及时采取措施避免火势蔓延。

3.2.2 完善消防安全责任制

明确老旧小区各方消防管理职责，对小区定期开展消防隐患排查、消防设施的管理与维护、应急预案的制定与演练，消防安全常识的宣传培训等工作，全面推动消防安全责任制落地见效。

3.2.3 开展火灾风险评估

网格员、物业管理人员要坚持定期研判，分析小区消防安全风险，找准最不放心区域、最薄弱环节、最突出问题，并充分利用党建引领基层治理的先进经验，强化评估结果运用，告知群众采取防范措施。

3.3 守正创新，推动消防宣传“走新入心”

3.3.1 在情景演练上下功夫

建筑物业单位要协同区域消防队站，联合发动居民定期开展不同火灾场景下的消防应急演练，针对安全出口、疏散通道等重点部位及电动自行车、燃气等重点风险点，制定预案并开展演练。

3.3.2 在宣传力度上见实效

联合宣传部门开展消防安全公益活动，联合教育部门部署学校消防宣传工作，协调电信运营商向居民手机发送安全提示短信，发动基层工作人员、网格员、志愿者深入社区宣传，引导居民自觉养成良好的消防安全习惯。

3.3.3 创新消防安全宣传形势

除了悬挂条幅、现场宣讲、大喇叭播放等方式，可以积极利用各地消防科普教育基地、主题公园和消防队站等资源开展实地宣传，利用微信公众号、微信群等方式推送典型火灾案例，开展警示教育，引导居民认清火灾危险性及危害后果。

4 小结

本文通过分析城镇老旧小区消防安全现状，发现存在居民消防意识薄弱、消防安全管理不到位、设施设备维护保养不到位等问题。在此基础上，提出了一系列针对性的防范措施和建议。研究表明，在老旧小区改造过程中，加强老旧小区消防安全管理，完善消防安全机制体制，提高居民消防安全意识和自救互救能力，对于提升城市消防安全管理水平，减少火灾事故发生具有重要意义。

参考文献

［1］宋英杰．浅谈老旧小区消防安全现状及火灾扑救对策［J］．中文科技期刊数据库工程技术，2021（1）：214-215.

［2］邢嘉睿．老旧小区消防安全管理现状及对策［J］．今日消防，2022，7（2）：60-62.

［3］宋瑞林．城市居民住宅小区消防安全突出问题及其解决对策［J］．科技资讯，2021，19（31）：108-110.

［4］蒋鹏飞．城镇老旧小区消防工作探讨［J］．住宅产业，2021，246（7）：33-35.

火灾风险评估技术

石油化工企业火灾爆炸风险评估的实证研究

——基于AHP-FCE模型的Yaahp软件实现

李长寿　张素君

（山东欣鹏安全技术咨询有限公司，山东　济南）

摘　要　化工企业的火灾爆炸风险严重影响着企业的安全发展，为了科学准确的获得现阶段化工企业的防火防爆管理情况和普遍存在的薄弱环节，本文通过构建化工火灾爆炸风险评价指标体系，借助AHP法获得了各层级指标的两两权重数据，依靠FCE法实现了各层级指标的评判得分。选择某化工企业作为应用实例计算后发现，设备因素影响火灾爆炸事故的可能性最大，并在专家组评判得分中处于最低得分，特别是设备设施维护的执行情况最不理想，其次物料储存产生的影响也不容忽视。最终总结出在化工企业防火防爆治理方面应重点关注及整改的因素。

关键词　评价指标　火灾爆炸　工艺风险　风险评级

1　引言

目前，我国化工总产值约占世界的40%，化工能源在国内外经济中的占比是非常显著的，直接影响到工业、农业及交通运输等各个领域。随着化工工艺设备日趋大型化、复杂化、集成化，危险物料的储量及使用量持续增加，化工过程潜在危险性和事故破坏程度急剧上升[1]。据统计，火灾爆炸和中毒窒息事故在化工企业全部生产安全事故起数占比中已达到90%，其中火灾爆炸事故起数是后者的2倍以上，火灾爆炸风险是化工企业安全发展所面临的最显著的挑战[2]。化工企业火灾爆炸的频繁发生及其造成的严重后果使化工行业火灾爆炸安全问题逐渐成为新的研究热点，而化工火灾爆炸发生风险的量化分析对于化工企业防火防爆设计和安全维护而言十分重要。目前，国内对于化工火灾爆炸的研究主要以火灾爆炸的致因分析为主，鲜有文献对化工火灾爆炸的风险评级进行了研究。因此，急需建立一套客观合理的评估方法和评价标准用于化工火灾爆炸风险的量化评估。为了全面分析化工企业火灾爆炸风险程度，提高化工企业抵抗火灾爆炸的能力。本文结合层次分析（Analytical Hierarchy Process，AHP）和模糊综合评价（Fuzzy Corn-prehensive Evaluation，FCE），建立化工火灾爆炸风险评估指标，并对具体的化工企业的火灾爆炸风险情况进行实际评估。

2　评价指标体系的构建

当前，对化工火灾爆炸事故的研究文献非常丰富，曹玉魁[3]提出了设备老化、操作不当及安全管理制度未落实是石化企业火灾爆炸事故的重要原因；秦华礼等[4]通过对50起事故案例的研究，提出了事故致因有向复杂网络模型，明确了企业违法经营是关键因素，员工违章作业是频发因素；马小林等[5]以天津港“8·12”火灾爆炸事故为例，按照事故致因“2-4”模型，深入探讨了事故的直接、间接、根本和根源性因素组成。综合分析可知，对于火灾爆炸事故的致灾因素大体可以分为人、设备、物料、工艺、环境、组织管理等6大方面。在对化工企业现场调研的基础上，按照事故致因理论的原理，找出影响事故的关键因素，然后进一步分析筛选出对关键因素产生不利影响的原因和有具体化、形象化的评价指标。从而构建了化工火灾爆炸风险评级指标体系。该体系如表1所示。

表1　化工火灾爆炸风险评价指标体系

一级指标	二级指标	指标说明
人的因素	安全意识态度	遵守劳动纪律，发现火灾爆炸隐患及时上报
	人员身心状况	人员精神情绪正常身体状态对作业安全无影响
	人员知识或资质	经培训考核通过后上岗，安管、特种、重点工艺等人员应取得资质
	作业前准备	作业前了解设备和工艺的风险，在作业前对设备进行检查
	作业中违章	重视作业中的异常情况，做到“三不违”“四不伤害”
	事发后应急技能	具备应急救援和逃生技能，禁止对火灾爆炸事故瞒报
设备因素	设备设施可靠性	设备按规定进行安装、调试、验收；爆炸区域的设备应符合防爆要求
	动设备设施监控	高风险装置应设置自动控制措施，监测大机组和重点动设备的运行参数
	安全防护装置	对可能造成火灾爆炸伤害的设备进行防护，防护装置自身应符合要求
	设备设施维护	按需对设备设施进行检验和维护保养，避免设备设施“带病”运行
	消防物资储备	按规定储备充足的消防救援物资并定期对物资进行维护更新
物料因素	化学物料特性	重点关注易腐蚀、易挥发、易燃易爆的化学物料，熟知物料的理化性质
	化学物料质量	化学物料应正规采购，物料质量应化验达标

续表

一级指标	二级指标	指标说明
物料因素	化学物料储存	化学物料的存储场所、存量、存储设备、存储环境应符合规范要求
	物料实时监控	对化学物料采取视频监控及防偷盗措施，按规定设置气体检测报警设施
	化学物料输送	化学物料的分装、内部运输、投料等环节应符合规范要求
工艺因素	工艺成熟情况	工艺应成熟可靠，对于首次使用的化工工艺应进行安全可靠性论证
	工艺设计情况	工艺应经过正规设计，设计资质、审核、验收等环节应符合规范要求
	工艺风险分析	对工艺系统的危害加以辨识和分析并书面记录消除或控制危害的措施
	工艺变更情况	严格按照申请、审批、实施、验收等变更程序进行工艺变更
	工艺异常监控	要装备自动化控制系统对生产中的重要工艺参数进行实时监控预警
环境因素	安全防火布局	厂区内部功能分区、设备布局等应符合防火防爆规范要求
	生产作业环境	作业地面应干净整洁，现场采光和照明应达标，临时性物品应摆放合理
	作业场所逃生	物料仓库、生产车间等场所的应急逃生通道应按规范设置并保持通畅
	通风条件	各类车间（仓库）及特殊用室应按照规定设置机械通风设施
	危险三废处理	设置废弃物暂存区、贮存站，规范收集和处理“三废”
	各类标识标志	生产现场应按照规定设置防火防爆警示标识及消防应急指示标志
组织管理	安全组织架构	建立公司级和部门级的安全组织结构并配备专职或兼职安管人员
	安全管理资质	安全生产、危化品经营、外包作业、特种设备、防爆电气等资质证书
	安全责任和考核	健全全员安全生产责任制签订各级安全责任书并开展安全绩效考核
	安全体系文件	按规定建立健全规章制度、操作规程、作业方案、巡检记录等体系文件
	安全教育培训	组织开展公司级或车间级的防火防爆领域的安全教育培训并考核
	“双体系”执行	组织开展全面的风险辨识并分级管控，按规定开展隐患排查治理
	非常规作业管理	对特殊、外来等非常规作业进行申请、审批、实施及归档等管理
	应急管理	制定火灾爆炸应急救援预案并定期组织开展公司级的应急演练

3 AHP-FCE 模型的运用

3.1 评价指标的选取

结合表 1 中的各级指标，根据 AHP 法的原理，将化工火灾爆炸风险评价体系分为 3 层，以化工火灾爆炸风险评价体系为目标层，以人的因素、设备因素、物料因素、工艺因素、环境因素、组织管理等 6 个维度为准则层，以 35 个关键检查领域为指标层，构建化工火灾爆炸风险评价指标体系。

3.2 安全风险评级的应用

3.2.1 化工企业简介

以某沿海化工公司为例，该企业主要从事汽油、柴油、丙烷、丙烯、液化石油气等化工产品生产。现有 160 万 t/a 芳烃项目及液化气综合利用装置和配套工程项目（主要包括 200 万 t/a 原料预处理装置、160 万 t/a 液化气及芳烃联合装置、产品精制装置、6 万 t/a 甲基叔丁基醚装置）、装卸区、气柜及火炬系统、危化品专用停车场等。罐区涉及的物质有：原料油、重整汽油、柴油、苯、甲苯、二甲苯等。公司成立了安全委员会，设立有安环部，有专职安全管理人员 5 名，取得危化品“三级”安全生产标准化资质，按照“双体系”机制开展风险管理工作。

3.2.2 AHP-FCE 模型的计算结果

AHP 法通过建立层次结构模型，构造判断矩阵并计算判断矩阵的最大特征值和对应的正交化特征向量，得出该层要素的对应权重，并在此基础上计算各层次要素对于总目标的组合权重，从而提供最优方案。在层次结构模型基础上，邀请 5 名化工领域安全应急专家，根据指标体系的层次结构，逐层对指标进行两两比较，采用 1～9 标度法来建立判断矩阵并进行一致性检验，最终获得每个指标的权重。在 AHP 结构模型的基础上，制作二级指标的测评表，细化指标评判条件，将化工火灾爆炸风险评价等级划分为安全、较安全、一般安全、较不安全、不安全 5 个级别，加权分数向量为（95，85，75，65，45）。再通过调查问卷的形式，邀请 9 位安全应急专家开展 35 个指标的评价，形成 35 个二级指标评语集，最后进行模糊综合评判，将判断矩阵与指标权重进行合成，对各级指标进行多级模糊综合评判。考虑到 AHP-FCE 模型存在繁杂的矩阵计算过程，本次以山西元决策软件科技有限公司开发的 yaahp 软件为辅助工具，实现对该化工企业火灾爆炸风险评价分级得分的计算。通过计算后可以获得全部风险评价指标的权属和得分情况，如表 2 所示。

表 2　化工火灾爆炸指标权重和评价指标得分情况

一级指标	权属	得分	二级指标	权属	得分
人的因素	0.110	85.64	安全意识态度	0.0125	86.43
			人员身心状况	0.0110	89.29
			人员知识或资质	0.0155	86.43
			作业前准备	0.0215	85.00
			作业中违章	0.0304	83.57
			事发后应急技能	0.0190	86.43
设备因素	0.246	83.91	设备设施可靠性	0.0610	87.86
			动设备设施监控	0.0610	85.00
			安全防护装置	0.0610	82.14
			设备设施维护	0.0358	80.71
			消防物资储备	0.0269	80.71
物料因素	0.220	84.30	化学物料特性	0.0718	85.00
			化学物料质量	0.0238	87.86
			化学物料储存	0.0467	82.14
			物料实时监控	0.0467	82.14
			化学物料输送	0.0315	86.43
工艺因素	0.158	85.91	工艺成熟情况	0.0227	90.71
			工艺设计情况	0.0267	87.86
			工艺风险分析	0.0454	82.14
			工艺变更情况	0.0227	83.57
			工艺异常监控	0.0401	83.57
环境因素	0.0870	85.49	安全防火布局	0.0179	89.57
			生产作业环境	0.0127	86.43
			作业场所逃生	0.0163	87.86
			通风条件	0.0144	86.43
			危险三废处理	0.0118	83.57
			各类标识标志	0.0070	89.29
组织体系	0.180	86.23	安全组织架构	0.0371	90.71
			安全管理资质	0.0194	89.29
			安全职责和考核	0.0259	83.57
			安全体系文件	0.0245	83.57
			安全教育培训	0.0231	85.11
			“双体系”执行	0.0254	84.55
			非常规作业管理	0.0136	85.00
			应急管理	0.0107	86.29
一致性比例：0.0389；λ_{max}：6.245；通过一致性检验。该化工火灾爆炸风险评价综合得分：84.34					

3.2.3　化工火灾爆炸风险计算结果的分析

（1）各级风险评价指标权重情况分析

通过对表 2 中各级评价指标权重情况的分析可知，在一级指标中对化工火灾爆炸风险评价影响排序为：设备因素>物料因素>组织体系>工艺因素>人的因素>环境因素。在二级指标对化工火灾爆炸风险评价影响由大到小的前 8 类指标排序依次为：化学物料特性>设备设施可靠性>动设备设施监控>安全防护装置>化学物料储存>物料实时监控>工艺风险分析>工艺异常监控。在 AHP 法中某种指标的权重越大，说明该指标对化工火灾爆炸风险的影响程度也越显著。计算结果说明在当前化工火灾爆炸风险治理方面，侧重点应在设备和物料方面，特别是在设备的可靠性及异常监控、物料的特性和储存方面，同时也应关注相关生产工艺自身的安全风险分析和异常监控方面造成火灾爆炸风险的可能性。另一方面，作业违章、设备维护、物料输送、组织架构等因素对化工火灾爆炸风险的影响较为显著，应给予足够的重视。

（2）各级风险评价指标模糊计算结果情况分析

以山东省某化工公司为例，通过对表2中各级评价指标评判得分情况的分析可知，在一级指标中对该化工火灾爆炸风险评价得分排序依次为：组织体系>工艺因素>人的因素>环境因素>物料因素>设备因素，该化工企业在设备因素和物料因素2个领域获得“一般安全”等级，其他4个领域处于“较安全”等级。在二级指标对该化工火灾爆炸风险评价得分由低到高的前5个指标排序依次为：设备设施维护、消防物资储备、化学物料储存、物料实时监控、工艺风险分析等，均处于“一般安全”等级。这也说明了该化工企业在设备因素和物料因素方面的工作存在不足，特别是在设备设施维护、化学物料储存和监控等方面问题较为突出。通过对该化工现场勘察发现，该企业位于沿海地区，生产设备、原料储罐、消防器材均出现严重的腐蚀现象，生产现场1台储罐底部的防雷接地扁钢被腐蚀断裂，部分输送泵和阀门螺栓因腐蚀已无法拆卸，储罐上的泡沫消防管道有腐蚀穿孔现象，存在较多的火灾爆炸安全隐患。经过计算，该化工企业的火灾爆炸风险评价综合得分为84.34，风险处于“一般安全”等级，是与该化工企业频繁出现的火灾爆炸隐患的现实情况相符的。

4 结论

通过对评价指标体系的构建，借助AHP-FCE评估模型，实现对某化工企业火灾爆炸风险的定量评级，同时也为化工企业的防火防爆管理指明了改进的方向。通过多位该领域安全应急专家的参加，克服了主观因素带来的误差，准确地得到了指标权重和风险评级得分。对该化工企业的指标权重和得分情况的分析可知，设备设施维护、消防物资储备、化学物料储存、物料实时监控、工艺风险分析等指标对火灾爆炸事故的影响显著且存在问题十分突出，应作为后续提升风险管理的首要因素。

参考文献

[1] 钱锋，黄辛，卜叶．危险化学品安全管控需多方发力［N］．中国科学报，2020-06-03（003）．

[2] 王伟，刘志云，崔福庆等．1981～2020年我国较大及以上危化品事故统计分析与对策研究［J］．应用化工，2021，50（08）：2187-2193．

[3] 曹玉魁．石化企业火灾爆炸事故的致灾因素及其对策［J］．化纤与纺织技术，2023，52（06）：83-85．

[4] 秦华礼，王馨琪．化工火灾爆炸事故复杂致因网络分析［J］．化工管理，2023，（30）：113-118．

[5] 马小林，昌伟伟．基于事故致因链的天津港“8.12”火灾爆炸事故分析［J］．安全，2022，43（05）：56-61．

化工园区火灾风险评估方法研究

刘　博[1,3]　李立明[1,2,3]　李宁宁[1,2]

（1. 应急管理部沈阳消防研究所，辽宁　沈阳；2. 消防与应急救援国家工程研究中心，辽宁　沈阳；3. 辽宁省火灾防治技术重点实验室，辽宁　沈阳）

摘　要　本文构建了较为完善的化工园区火灾风险评估指标体系，主要包括目标层、一级指标、二级指标和三级指标等四个层次，通过赋予各级指标相对上一级指标的权重，确定各级指标的具体得分，进而累加确定化工园区的综合得分，最终确定化工园区的火灾风险等级。本文提出了较为系统的化工园区火灾风险评估方法，填补了我国化工园区火灾风险评估缺乏完善的指标体系和系统评估方法的空白，该方法可以直接应用于化工园区消防规划设计和化工园区火灾风险管理，提升我国化工园区整体消防安全水平。

关键词　化工园区　火灾风险评估　指标体系　风险等级　评估方法

1 研究背景

近年来，我国化工园区发展迅速，随之而来的化工安全问题也不容忽视。2017年6月5日，位于山东临沂市临港经济开发区化工园区的金誉石化有限公司储运部装卸区的一辆液化石油气运输罐车在卸车作业过程中发生液化气泄漏，遇到点火源发生爆炸，造成事故车及其他车辆罐体相继爆炸，罐体爆炸残骸、飞火等飞溅物接连导致液化气球罐区、异辛烷罐区、废弃槽罐车、厂内管廊、控制室、值班室、化验室等区域先后起火燃烧，造成10人死亡，9人受伤，直接经济损失4468万元[1]。

2012年国务院安全生产委员会办公室关于进一步加强化工园区安全管理的指导意见[2]和2022年应急管理部进行的化工园区提升整治工作均提出要求，即化工园区安全生产管理机构应至少每五年开展一次化工园区整体性安全风险评估，评估安全风险，提出消除、降低、管控安全风险的对策措施。作为化工园区整体性安全风险评估的重要组成部分，化工园区火灾风险评估尤为重要。另外，对规划建设中的化工园区进行专业的火灾风险评估，识别和分析园区内存在的重大火灾危险源，评价化工园区的整体消防安全风险，是为化工园区消防规划提供技术支撑的必要手段。但是，目前还没有建立完善的化工园区火灾风险评估指标体系，尚未提出系统的化工园区火灾风险评估方法。

2 指标体系

化工园区的区域火灾风险水平受区域基本特征、生产工艺情况、人员活动情况、危险源情况、气象因素、消防保护情况等多方面因素的影响，是多种影响因素综合作用结果。近年来，国内外众多研究机构和学者对区域火灾风险进行了多方面的研究，对用于区域火灾风险评估的指标也进行了较多的论述。由于每个指标的提出都有其特殊而具体的应用背景、应用目的和使用用途。在不同的应用背景、应用目的和使用用途下，指标所表征的意义、指标的重要程度和对评估的贡献程度均会不同。

完善的化工园区火灾风险评估指标体系要完整涵盖涉及化工园区消防安全各个方面，主要从化工园区火灾危险性水平和化工园区火灾防控水平两个方面进行评价。将化工园区火灾危险性水平细分为化工园区火灾危险源和化工园区选址两个评估单元，将火灾防控水平细分为化工园区消防安全布局和化工园区公共消防设施两个评估单元，这四个评估单位作为指标体系的一级指标。

火灾危险源评估单元包括重大危险源、重点监管危险化工工艺和重点监管危险化学品等三个三级指标；化工园区选址评估单元包括周边安全距离、气象条件和自然环境等三个三级指标；消防安全布局评估单元包括园区总平面、运输物流、公共管廊和废水防控等四个二级指标；公共消防设施评估单元包括消防站、气防站、消防训练基地、应急物资储备库、消防供水、消防供电、消防通信和消防车道等八个二级指标，指标体系如图 1 所示。

3 评估步骤

化工园区火灾风险评估的步骤如图 2 所示。第一步是结合被评估化工园区的具体情况，建立针对性的指标体系并编制每个三级指标对应的安全检查表，安全检查表明确三级指标的评价内容和得分标准。

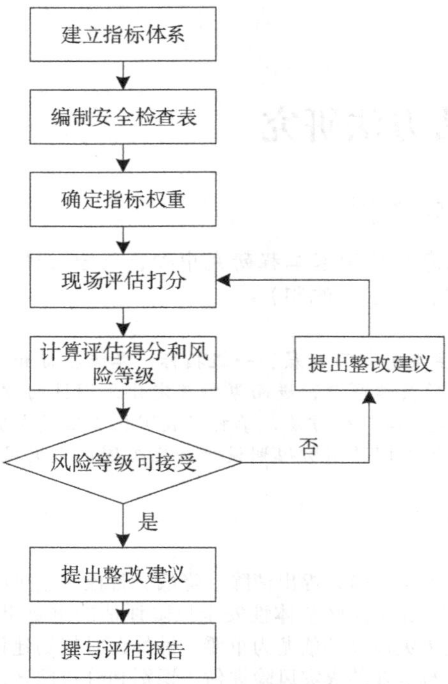

图 2 化工园区火灾风险评估步骤流程图

第二步是确定各级指标相对上一级指标的权重。下级指标的权重满足下式：

$$\sum_{i=1}^{n} w_i = 1 \tag{1}$$

式中，w_i 是下级指标的权重，n 下级指标的数量。指标权重的确定可以采用但不限于层次分析法、专家赋权法。

第三步是确定各级指标的具体得分。利用三级指标对应的安全检查表，对照化工园区的实际情况计算三级指标的得分。三级指标评估得分采用百分制的计分方式，化工园区的实际情况越接近或满足指标要求，说明该指标的火灾风险越小，指标得分越高；反之亦然。

将各项三级指标的得分与该指标对应的权重值相乘，并进行累加，即得到上一级指标的评估得分，计算公式如下：

$$R = \sum_{i=1}^{n} w_i F_i \tag{2}$$

式中，R 是上一级指标的评估得分；F_i 是下一级指标的评估得分。反复利用上式计算上一级指标的火灾风险评估得分，最终得到化工园区的火灾风险综合评估得分。

第四步是确定化工园区的火灾风险等级。化工园区火灾风险等级划分为四级，通过以上方法计算得出的综合评估得分与火灾风险等级之间的对应关系如表 1 所示。

表 1 评估得分与火灾风险等级之间的对应关系

综合评估得分	（0，25］	（25，65］	（65，85］	（85，100］
火灾风险等级	极高	高	中	低

得到园区风险等级后，如果风险等级可以接受，则针对发现的问题提出对应的整改建议并编制评估报告，完成评估工作；如果风险等级不可接受，要针对发现的问题提出对应的整改建议，待园区整改完成后再重新进行现场评估打分并确定火灾风险等级。

4 应用示例

某化工园区规划用地总面积约 25.94km^2，园内已入驻企业 55 家。园内重点监管的危险化学品有乙烯、氯等 29 种，分布在 31 个企业；园区内涉及重点监管危险化工工艺 12 种，如氧化工艺、氯化工艺等，涉及 21 个企业；园区内重大危险源 128 个（见图 3），其中一级 10 个、二级 12 个、三级 64 个、四级 42 个，涉及 51 个企业。

根据化工园区现状，利用本文建立的化工园区消防安全评估方法，从化工园区火灾危险源、化工园区选址、化工园区消防安全布局、化工园区公共消防设施等 4 个方面逐级量化打分，最终得到化工园区的火灾风险综合评估得分为 71 分，对应表 1 火灾风险等级属于中级。

针对化工园区存在的问题，如未对危险化学品运输车辆进出进行实时监控、未建设危险品运输车辆停车场、消防站数量不足、消防救援车辆与装备不足等问题，也提出了针对性的解决意见。

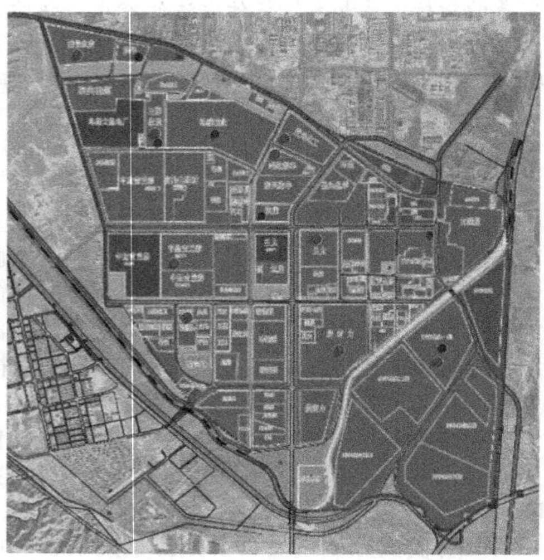

图 3 园区重大危险源分布示意图

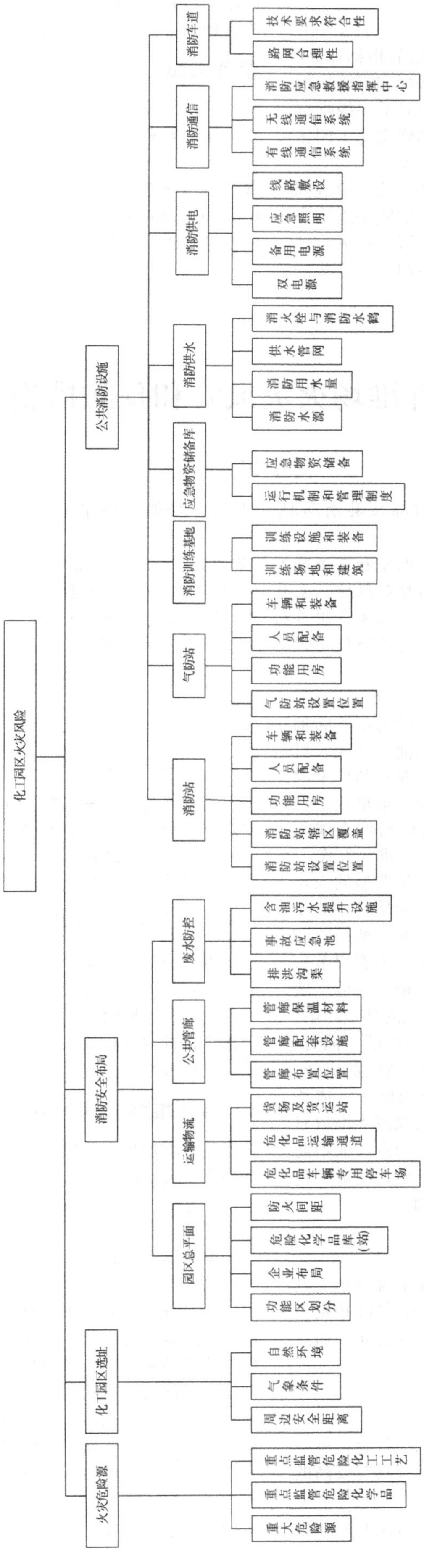

图1 化工园区火灾风险评估指标体系

5 结束语

本文建立了适用于化工园区火灾风险评估的指标体系，指标体系主要包括目标层、一级指标、二级指标和三级指标四个层次，具体应用时，通过赋予各级指标相对上一级指标的权重，确定各级指标的具体得分，进而累加确定化工园区的综合得分，最终确定化工园区的火灾风险等级。

本文建立了一种化工园区的火灾风险评估方法，通过国内多个化工园区案例指导了实际评估工作，在实践中逐步完善并验证了评估方法的有效性，填补了化工园区火灾风险评估缺乏完善的指标体系和系统的评估方法的空白。本方法的应用，将有力支撑化工园区消防规划设计和化工园区火灾风险管理，进而提升化工园区整体消防安全水平。

参考文献

[1] 山东省应急管理厅，山东临沂金誉石化“6·5”重大爆炸着火事故，安全与健康，2019（04）：10.

[2] 国务院安委会办公室关于进一步加强化工园区安全管理的指导意见——中华人民共和国应急管理部，https://www.mem.gov.cn/gk/gwgg/agwzlfl/gfxwj/2012/201208/t20120809_243008.shtml.

浅谈秸秆堆场火灾风险和预防措施

高小宝

（安徽省临泉县消防救援大队，安徽 临泉）

摘 要 近年来，在国家能源结构战略性调整和环保政策收紧的背景下，秸秆禁烧工作在全国范围内普遍开展，秸秆回收再利用行业随之兴起，各地出现了大量的秸秆堆场，主要包括移动收购点的堆场、固定储存点的堆场以及电厂内的秸秆堆场等。本文以安徽省阜阳市为例，研究了近几年阜阳市秸秆堆场的火灾形势和特点，分析了秸秆堆场的火灾风险，提出了具体的预防措施对策，对降低秸秆堆场火灾风险和减少火灾损失提供一定参考。

关键词 秸秆 堆垛 火灾 预防措施

近年来，随着国家政策的调整和环境保护的力度不断加大，秸秆禁烧工作在全国范围内普遍开展。当前，广大农村地区的秸秆回收再利用行业不断兴起，回收企业对秸秆采取田间捡拾打包等方式，形成不同规格的圆形或方形堆块，在企业货场中集中堆放甚至常年堆砌，由于秸秆密度小体积大、重量轻，堆场面积较大，绝大部分采取露天堆放方式。

以安徽省阜阳市为例，阜阳市地处皖北，是典型的农业城市，每年午收和秋收期间产生大量小麦和玉米秸秆。鉴于此，阜阳市广大农村地区秸秆回收行业不断兴起，秸秆收购点的大量涌现，一方面加快了农田的二次耕种，为农户节省了时间；另一方面，秸秆收购点将打包的秸秆销售给电厂实现“变废为宝”，缓解了农村秸秆随意堆放造成的环境污染，有助于增产增收实现经济效益与生态效益的“双赢”。同时，秸秆收购点雇佣附近村民，增加收入，也是巩固脱贫成效、推进乡村振兴的重要举措。但是，由于秸秆密度小、体积大、重量轻，堆场面积普遍较大，绝大部分采取露天堆放且未采取行之有效的火灾防控措施，加之秸秆收购点法人消防安全意识不强，致使秸秆堆垛场时常有火灾发生，造成经济上巨大损失和环境上严重污染的“两亏”局面。

1 秸秆堆场火灾特点

随着秸秆堆场数量的增多，秸秆堆场火灾呈现连年上升趋势，火灾总量居高不下，特别是2022年，阜阳市共发生秸秆堆垛场火灾103起，直接经济损失5300万余元。通过分析总结出秸秆堆场火灾主要表现在三个方面。

1.1 具有季节性

每年午收和秋收季节，随着各种农作物入户收仓，剩下的玉米、小麦等秸秆被集中收购堆放，秸秆本身具有较高的易燃性，加上季节天气原因，该时期秸秆堆场火灾高发。

1.2 燃烧猛烈，蔓延迅速

秸秆本身属于易燃物，加之堆垛的包与包之间存在一定空隙，一旦起火很快就能蔓延至整个堆垛。堆垛燃烧产生的碎片火星和燃烧纤维，在火场热气流和自然风力的作用下，容易引燃堆场其他堆垛，导致“火烧连营”。

1.3 易引起二次爆炸和复燃

因作业需要，秸秆堆场内可能存放油料等易燃和易爆物品，一旦发生火灾并受热引燃，则可能引起二次爆炸，造成更大的危害。同时，秸秆堆垛因自身高大密集，水渍无法完全渗入秸秆内部将堆垛内部火熄灭，堆垛内部仍可能存在阴燃，过后容易发生复燃。

2 秸秆堆场火灾风险

秸秆堆垛场火灾风险主要表现在内部自身火灾风险和外部因素火灾风险。

2.1 内部自身火灾风险

秸秆属于植物纤维类，成熟和储存时一般水分较高，在一定的湿度条件下，内部会发生生化反应（如发酵、细菌腐败等）从而产生热量致使秸秆温度上升，其升温因素加速秸秆中纤维素的缓慢氧化，使化学反应速率加快，而60℃后发酵放热开始衰竭[1]。若散热条件不良，发酵升温与化学反应升温形成接力，热量逐渐积聚升温，加上有机化合物分解，秸秆内部形成多孔碳，并致使温度继续上升，当温度达到秸秆着火点时遇空气便发生自燃，水分高是引发秸秆自燃的主要原因。另外，堆垛方法不正确、干湿混堆、秸秆挤压、通

作者简介：高小宝，男，研究生学历，现任职安徽省阜阳市临泉县消防救援大队，初级专业技术职务。

风不良等也会为自燃埋下隐患，而且秸秆堆垛在储存过程中，可能存在防雨措施不到位问题，致使雨水渗入到秸秆堆垛内部，最终导致自燃。

2022年9月至11月，安徽西北部、河南东南部的市县接连发生秸秆堆场火灾事故，经过实地调查和走访供应商了解，其多为秸秆内部自燃引发的火灾，主要原因是秸秆在打捆加工过程中，秸秆水分高，未充分进行晾晒，且土杂较大，水分不能及时挥发，造成接连出现堆垛自燃事件。2022年8月份持续高温、干旱，9月初雨水较大，造成下旬玉米秸秆收割时较往年秸秆含水率比往年大，且农户玉米收割时间不统一，水分难以控制，供应商租赁的打包队伍不管水分多少全部打包，自燃成为2022年玉米秸秆火灾事故频发的主要风险。

2.2 外部因素火灾风险

2.2.1 外来火源

秸秆堆垛场为运输方便大多距道路很近，过往行人、堆垛场员工随手扔的烟头，节日期间燃放烟花、孔明灯，堆垛场附近祭祀烧的火纸、元宝、鞭炮未燃尽死灰复燃等，尤其是遇到大风天气，极易引燃露天的秸秆堆垛。

2.2.2 机械故障

堆垛场内叉车、铲车等工程车辆渗油、车辆排气管未安装防火帽或防火帽安装不正确起不到应有的作用、防火帽积碳清理不及时、工程机械长时间工作导致发动机温度过高或因秸秆缠绕轮胎等易产生高温区域引发火灾。

2.2.3 线路故障

在堆垛场内粉碎机、打捆机、传输机等机器用电不规范，电气线路未穿管，敷设不符合要求，临时用电私拉乱接等，超负荷用电造成短路、打火等引燃周围秸秆引发火灾。

外部因素造成秸秆堆场火灾的风险还有很多，甚至会存在小孩玩火、人为纵火等隐蔽性、突发性火灾风险。

3 秸秆堆场火灾事故预防措施

3.1 规范燃料堆垛选址和堆放

秸秆堆场临时存放时优先选择废弃荒地或宅基地，且方位在全年风向在企业、居民居住地最小频率的上风侧。秸秆堆垛点设在房前屋后，要远离房屋、公路和火源，严禁堆放在高压电线下方，在以下风主导风向为主空旷地带划定区域，堆垛之间保持至少10m的防火间距和消防车道且能环形畅通。另外，在不影响交通运输的前提下，秸秆堆场距外部道路不应小于15m，与其他部位防火间距应按照《建筑设计防火规范》（GB 50016—2014）4.5条规定执行。散秆要求堆窄垛，便于通风散热。秸秆圆包采用“54321”方式（图1）进行堆垛，方包采用“2221”方式（图2）进行堆垛，堆垛与堆垛之间要预留通风道，堆垛长边应与当地常年主导风向保持平行堆放的同时，尽量为南北走向长条排列，这样可以减少阳光照射，便于通风散热，严禁将小麦秸秆、玉米秸秆混合堆放。同时，秸秆临时堆放点须综合考虑农作物布局、交通运输等实际情况，科学确定堆场的总数（容）量，按照就近和方便的原则科学确定，并符合堆场辐射周边区域内秸秆堆放实际需求。

3.2 严格秸秆打包和收购环节的水分源头和质量管控

秸秆堆场法人和工人在打包和收购秸秆过程中，应加强源头打包和收购环节的管控，严格控制秸秆加工水分，小麦秸秆在进行机械化收集时，田间晾晒必须在4h以上；玉米秸秆在机械化收集时，必须在田间晾晒2d以上，防止出现干湿混掺，长期混合存放后引发自燃。严格执行秸秆25%的水分标准，水分超标秸秆先进行晾晒，待水分降到25%合格范围后再进行打包（打捆），最后进行堆垛并预留适当的通风通道通风散热。打包秸秆堆垛尺寸大小是影响秸秆发生自燃的关键因素，打包麦秸秆正方体安全堆砌边长尺寸和圆堆垛安全直径尺寸均不应大于7.2m[2]。严禁对水分超标的秸秆直接进行打包堆垛，打包或堆垛后极易造成料包内部碳自燃。另外，不同水分含量的秸秆应避免混合堆放，防止水分高的秸秆堆垛自燃后引燃其他燃料。

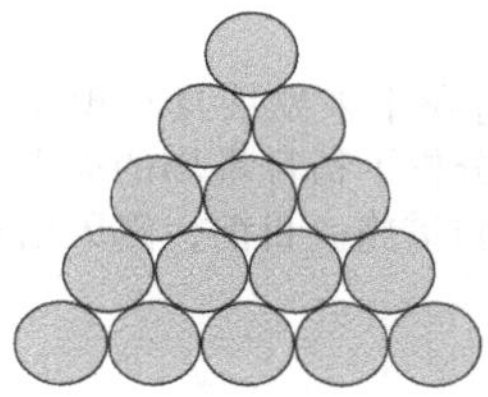

图1 “54321”方式

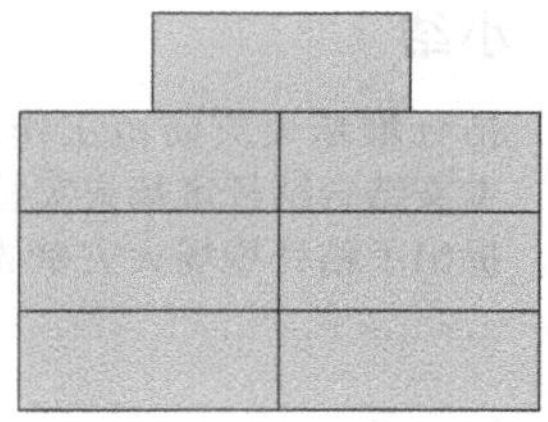

图2 “2221”方式

3.3 严格作业管理和用电设备安全

秸秆运输车辆出入堆场时，对易产生火花和高温部位要加装防护装置，排气管必须戴性能良好的防火帽；对常年在秸秆堆场内进行装卸作业的车辆要加装防火帽，并经常清理防火帽内的积炭，确保性能安全可靠，严禁秸秆运输车辆长时间不停歇作业，严禁在堆场内加装燃油。对秸秆堆场内的消防用电设备应当按二级负荷供电，堆垛上空严禁私拉临时线路。同时，照明设备宜选用防尘灯、探照灯，并对镇流器采取隔热、散热防火措施，严禁使用移动式照明灯具，确保照明设备安全。[3]

3.4 做好储存环节防雨措施

秸秆堆场露天存放时，顶部应采取薄膜、雨布等有效的覆盖措施，雨布或秸秆苫盖垛顶应成屋脊状，防止雨水、雪水等从上部渗入或积聚。堆垛周边应设置排水设施且保持畅通，雨后及时清理堆垛顶部凹陷处、底部和周边积水，一方面防止雨水进入堆垛内部，另一方面防止雨水积聚在薄膜上形成“凹凸镜”，在太阳光照射下聚光燃烧。

3.5 加强燃料测温和巡检

秸秆堆场应定期开展堆垛的测温和巡检工作，检测秸秆堆垛内部温度，及时发现异常。当检测到堆垛内部温度上升到40~50℃时，要采取预防措施并做好测温记录；当温度上升到60~70℃时，必须拆散堆垛进行散热并随时做好灭火准备。在高温季节、大雨过后，要加大测温和巡检的频次，对凹陷变形部位和可能有雨水渗漏部位等应重点测温。在巡检过程中，若发现堆垛出现凹陷变形或有异味时，应当拆散堆垛检查并清除霉烂变质的燃料，消除潜在火灾风险。

3.6 配足消防设施和监控设施

秸秆堆场应布置足量消防设施，按每个室外消火栓的保护半径为150m沿秸秆堆场四周进行均布[4]，同时配备简易的消防设施，如消防水桶、灭火器、水井等。秸秆堆场周边悬挂“防火高危单位”“堆场重地，无关人员禁止进入”“严禁烟火”等标识牌，并安装高清视频监控系统，监控范围为临时堆场范围360°全覆盖，门岗（屋）内设监控主机、显示屏及存储设备（确保监控视频能随时调取），必须安排值班人员，对秸秆堆场实行24h不间断监视和防火巡查。

3.7 落实消防安全监管责任

秸秆堆场法人应严格落实主体责任，制定应急预案并演练，五级风以上天气要提高防范意识，减少无关机动车辆和人员进入，定期清除秸秆堆场四周杂草和垃圾。乡镇（街道）要压实监管责任，落实“属地管理”原则，明确秸秆堆放点法人为第一责任人，村两委主要负责人为主要责任人，派出所、镇包保单位负有协同看管责任，实行“包保到人”制度，做到监管闭环。

4 小结

秸秆堆场火灾防范工作对该行业未来发展具有现实意义，本文结合秸秆堆场火灾特点，分析了秸秆堆场的火灾风险，提出了秸秆堆场火灾事故的预防措施。目前，露天秸秆堆场的工程建设和防火规范尚不完善，还需进一步明确相关的工程建设标准，实现秸秆回收再利用产业的健康安全发展。

参考文献

[1] 戴志宏．秸秆电厂的火灾风险分析与防范［J］．消防科学与技术，2013，32（11）：1295-1297.

[2] 黄超，李继红．打包麦秸秆堆砌火灾安全性探讨［J］．消防科学与技术，2012，31（05）：541-543.

[3] 占冬冬．农村秸秆火灾产生的原因及防控对策分析——以北海市为例［J］．消防界（电子版），2021，7（14）：109+111.

[4] 黄文强，陈丽．大型秸秆堆场消防设计探讨［J］．给水排水，2017，53（S1）：248-250.

加权平均量化评估火灾风险评估技术探究

崔昌龙

（中国铁路济南局集团有限公司）

摘　要　分析典型火灾原因教训，总结事故规律特点，以酒店为例合理划分风险点，排查识别风险源，制定火灾发生可能性、火灾事故后果严重性取值标准，采用加权平均法科学评估火灾风险量化值，确定风险等级。探索研发火灾风险智慧化防控系统，运用大数据分析自动生成预警信息，实现把风险控制在隐患形成之前，将隐患消除在萌芽状态，有效预防火灾和减少火灾危害，切实维护人民群众生命财产安全。

关键词　火灾　加权平均　风险　评估　预警

1 引言

科学评定火灾风险等级，构建安全风险分级管控和隐患排查治理双重预防机制，是摆在应急管理人员面前的一道新课题。生产经营单位千差万别，不可能统一固定风险评估模式，应当量身打造适合自身的评估技术和制度办法。根据多年安全生产工作从业经历，通过对确定风险等级的多种风险评估方法进行对比研究，认为采用加权平均法评估火灾风险较为科学合理。本文通过酒店火灾风险评估实例，展示加权平均量化评估火灾风险技术科学性可行性。

本文与风险管理有关的术语符合 GB/T 23694—2013。

2 吸取火灾教训，对照排查风险源

2.1 吸取火灾事故教训

2022 年 2 月份，应急管理部消防救援局发布近 10 年全国居住场所火灾情况。从火灾原因看，电气火灾占 42.7%，用火不慎占 29.8%，吸烟占 4.6%，玩火占 1.9%，自燃占 1.8%，放火占 1.3%，遗留火种等其他原因占 17.9%。夜间火灾的亡人率接近白天的 2 倍；冬春气温相对较低、风大干燥，且有传统节日，用火用电量较多，火灾概率较大。

2.2 案例酒店简介

GSB 酒店（以下简称酒店）位于山东滨海城市 QR 市著名景点 ZQ 北侧，地理位置优越，交通便利，是集住宿、餐饮、会议和商务为一体的四星级酒店。酒店共 16 层（其中地上 14 层、地下 2 层），有各类客房 170 多间，餐厅、包间可容纳近 400 人同时就餐，4 个会议室可承接 20～150 人的会议，是宾客商务洽谈、旅游度假的理想首选。酒店是面对公众开放，具有商业经营性质的人员密集的室内场所，火灾风险呈现分布范围广、风险因子多、风险等级高和管控难度大等特点，易发、多发火灾（火情）。

2.3 合理划分风险点

组织相关人员研究讨论，确定将酒店大楼划分为一楼大厅前台和自助餐厅、二层宴会包厢和酒店后厨、三层办公区域、四层高档多功能厅和会议室以及商务中心、五至十二层客房、十三层豪华宴会厅、十四层电梯机房、地下负一层消防控制室和设备间、地下负二层员工餐厅和健身活动区、4 部电梯及井道、酒店外围区域（含楼顶）等 11 个风险点，并围绕“人机料法环”全方位识别可能存在的火灾风险源。

2.4 对照排查风险源

组织员工观看酒店火灾警示片，分析火灾原因，围绕用火用电用气等对照识别酒店火灾风险源，如表 1 所示。

表 1　酒店对照排查火灾风险源

序号	火灾类型	火灾原因	酒店类似风险源
1	电气设备火灾	电气设备短路、超负荷、接触电阻热、电火花和电弧、插座过载	用电线路老化、破损，电线接线松动，插头、插座、接线排虚接，客房吹风机使用不当，电器设备长时间充电，电源插座上使用插头过多，电动车充电等
2	用火不慎引发火灾	烹饪时油温过高起火，燃气泄漏	后厨油炸锅，天然气管线、阀门、燃气灶具和软管，液化气罐，排烟管道油污未清理等
3	吸烟引起火灾	烟头火花颗粒落在干燥和松散的可燃物上，烟头落在床上或沙发上	宾客卧床吸烟，在沙发上吸烟，乱扔烟头等
4	动火作业火灾	电焊工无证上岗作业，可燃物隔离不彻底，气体检测不合格，可燃物未清理，火花未隔离	电焊工无证，作业现场未清理可燃物，违章作业
5	装修引起火灾	装修使用易燃易爆材料、燃烧后产生大量有毒气体的建筑材料	装修使用不合格材料
6	外来火种引起火灾	节日期间燃放烟花爆竹、放飞孔明灯，火种不慎掉落到酒店建筑附属物、标志牌等可燃物上，或者进入酒店室内，引发火灾	外来烟花爆竹、孔明灯
7	其他火灾	自燃，凸透镜，具有聚光效应的矿泉水瓶，携带易燃易爆物品入住	宾客携带易燃易爆物品
8	扩大火灾	消防通道、安全出口被堵塞，防火分区隔离设施不起作用，消防设施瘫痪，电线路未套管保护	酒店消防设施、消防器材

3　风险评估

3.1　风险评估方法选择

酒店选择风险矩阵分析法（简称 LS）对风险进行定性、定量评估，根据评估结果按从严从高的原则判定评估级别。

火灾风险性（R）= 火灾发生的可能性（L）×火灾后果的严重性（S），风险性（R）分值越大，说明该系统风险性越大、风险等级越高。

3.2　风险评估准则

酒店在充分考虑本单位安全生产方针目标、安全生产法律法规、技术规范标准、固有风险和现有风险现状，以及相关方诉求等要求的基础上，结合自身可接受风险实际，制定火灾发生的可能性、严重性、频次、风险性分值的取值标准和评估级别，对风险点和各类风险源进行风险评估。L、S、R 的评估标准如表 2、表 3、表 4 所示。

表 2　火灾发生的可能性（L）取值标准

赋值	火灾发生的可能性
10	极有可能，概率在 95%以上
6	很有可能，概率在 60%以上 95%以下
3	可能，概率在 40%以上 60%以下
1	可能性很小，概率在 20%以上 40%以下
0.5	很不可能，概率在 5%以上 20%以下
0.2	极不可能，概率在 1%以上 5%以下
0.1	完全不可能，概率在 1%以下

表 3　火灾后果的严重性（S）取值标准

赋值	火灾后果的严重性
100	造成 3 人以上死亡（含失踪），或者 10 人以上重伤，或者 1000 万元以上直接经济损失
60	造成 1 人以上 3 人以下死亡（含失踪），或者 3 人以上 10 人以下重伤，或者 10 人以上轻伤，或者 500 万元以上 1000 万元以下直接经济损失
40	造成 3 人以下重伤，或者 5 人以上 10 人以下，或者 500 万元以下 100 万元以上直接经济损失
15	造成 3 人以上 5 人以下轻伤，或者 10 人以上轻微伤，或者 100 万元以下 10 万元以上直接经济损失
7	造成 3 人以下轻伤，或者 5 人以上 10 人以下轻微伤，或者 10 万元以下 5000 元以上直接经济损失
3	造成 5 人以下轻微伤，或者 1000 元以上 5000 元以下直接经济损失
1	未造成人员伤害，或者 1000 元以下直接经济损失

表 4　火灾风险性（R）分值及对应风险等级

风险性分值	风险等级
$R \geqslant 320$	重大风险
$160 \leqslant R<320$	较大风险
$70 \leqslant R<160$	一般风险
$20 \leqslant R<70$	低风险
$R<20$	可容许风险

3.3　风险评估取值客观因素影响

火灾风险评估时，应充分考虑酒店特种行业的属性和酒店自身实际现状情况。酒店兼具商业和服务两种行业属性，店内人员密集，人员构成复杂，聚餐、会议、培训、庆典等活动频繁，火灾致因较多。GSB 酒店是北方滨海城市，夏季旅游旺季入住宾客爆满，冬季则寥若晨星门可罗雀。旅游旺季入住宾客以儿童、青少年为主，消防安全知识欠缺，时常制造出难以想象的消防隐患。

因此，酒店在及时组织火灾风险评估 L、S 取值时，参与人员充分考虑以上火灾风险致因，酒店入住率高、店内活动多、夏季用电高峰等情况下，L 取值应适当加大；遇住店儿童、老年人、残障人较多，酒店涉及动火作业，承办大型会议、婚宴、庆典等情况时，适当加大 S 取值。同时也要考虑到酒店重视安全生产源头管控和安全准入工作，针对旅游淡季住店客人减少采取集中住宿方式，定期开展建筑电气防火检测等从源头上减少风险“从根本上消除事故隐患、从根本上解决问题”的有效做法，予以科学合理取值。

3.4 加权平均法计算火灾风险性分值

为更加科学评估火灾风险等级，酒店采用加权平均法评估火灾风险性。按照专家指导、全员参与的原则，研讨确定参与人员分为 5 个层次，各层次的评分权重分别为：专家 0.3、消防设施维保人员和消防控制室操作人员等专业人员 0.25、公司管理人员 0.2、岗位操作人员 0.15、宾客和相关方等其他人员 0.1。计算公式如下：

$$R = R_{专家}+R_{管员}+R_{岗员}+R_{其他}$$
$$=\frac{(R_{专家1}+R_{专家2}+R_{专家3}+\cdots\cdots+R_{专家n})\times 0.3}{n}+\frac{(R_{专家1}+R_{专家2}+R_{专家3}+\cdots\cdots+R_{专家z})\times 0.25}{z}+\frac{(R_{专家1}+R_{专家2}+R_{专家3}+\cdots\cdots+R_{专家n})\times 0.3}{n}+\frac{(R_{专家1}+R_{专家2}+R_{专家3}+\cdots\cdots+R_{专家g})\times 0.15}{g}+\frac{(R_{专家1}+R_{专家2}+R_{专家3}+\cdots\cdots+R_{专家q})\times 0.1}{q}$$

（n、z、m、g、q 均为大于或等于 1 的自然数）

3.5 客房风险评估

将酒店五至十二层客房作为一个风险点开展火灾风险评估。按照客房部分工，由三名客房服务员负责两层客房保洁工作，据此将酒店五至十二层共 8 层、170 间客房，划分为 4 个风险点网格，即网格 1（五、六层）、网格 2（七、八层）、网格 3（九、十层）、网格 4（十一、十二层）。酒店成立风险评估组，组织专家 2 人、消防专业人员 4 人、管理人员 6 人、岗位操作人员 3 人、其他人员 3 人，逐一开展评估。四季度火灾风险评估如表 5 所示。

表 5 四季度火灾风险评估如表（部分）

风险点		客房部										
风险点网格		网格 1							网格 2	网格 3	网格 4	
岗位辨识风险源		吹风机、客人卧床吸烟、客人自有电器充电、动火作业										
风险评价组确定风险源		使用吹风机不当	客人卧床吸烟	客人自有电器充电	特级动火作业	一动火作业	二动火作业	儿童玩火				
专家 1	L	3	6	3	10	6	3	3				
	S	7	60	3	100	40	7	1				
	D	21	360	9	1000	240	21	3				
专家 2	L	3	6	1	10	6	3	1				
	S	7	40	3	100	40	7	3				
	D	21	240	3	1000	240	21	3				
专业 1	L	6	10	1	6	10	1	0.5				
	S	7	40	7	60	60	3	7				
	D	42	400	7	360	600	3	3.5				
专业 2	L	3	6	3	10	6	1	3				
	S	7	60	7	60	40	7	3				
	D	21	360	21	600	240	7	9				
专业 3	L	1	6	1	3	3	0.1	1				
	S	1	40	3	100	100	1	3				
	D	1	240	3	300	300	0.1	3				
专业 4	L	3	6	1	3	3	0.5	3				
	S	1	40	7	60	15	3	1				
	D	3	240	7	180	45	1.5	3				
管员 1	L	0.5	3	1	6	6	0.2	0.5				
	S	1	60	3	40	15	1	3				
	D	0.5	180	3	240	90	0.2	1.5				

续表

风险点		客房部										
管员 2	L	0.2	6	1	6	3	0.2	1				
	S	3	40	3	60	7	3	3				
	D	0.6	240	3	360	21	0.6	3				
管员 3	L	1	10	3	6	3	0.5	1				
	S	1	60	7	60	7	3	1				
	D	1	600	21	360	21	1.5	1				
管员 4	L	3	6	3	6	3	0.2	0.5				
	S	1	40	3	60	15	3	3				
	D	3	240	9	360	21	0.6	1.5				
管员 5	L	0.1	6	1	6	3	0.2	1				
	S	3	40	7	60	7	3	1				
	D	0.3	240	7	360	21	0.6	1				
管员 6	L	1	6	3	6	6	0.1	3				
	S	3	60	3	60	7	3	1				
	D	3	360	9	360	21	0.3	3				
岗员 1	L	1	10	1	3	3	0.5	0.5				
	S	1	60	3	60	3	1	1				
	D	1	600	3	180	9	1.5	0.5				
岗员 2	L	1	6	1	3	6	0.1	1				
	S	1	60	7	60	3	3	3				
	D	1	360	7	180	18	0.3	3				
岗员 3	L	3	6	1	3	3	0.1	1				
	S	3	60	3	60	1	15	7				
	D	9	360	3	180	3	1.5	7				
其他 1	L	0.1	6	1	6	3	0.2	0.5				
	S	1	40	7	60	40	7	1				
	D	0.1	240	7	360	120	1.4	0.5				
其他 2	L	0.1	3	1	3	1	0.1	0.5				
	S	1	40	3	100	15	3	3				
	D	0.1	120	3	300	15	0.3	1.5				
其他 3	L	0.2	3	1	6	6	1	0.5				
	S	1	40	3	40	15	7	1				
	D	0.2	120	3	240	90	7	0.5				
R		11	312	7	515	162	8	3				

3.6 评估结果论证

针对火灾风险评估结果，经充分讨论，认定基本符合酒店实际情况。

“使用吹风机不当”主要考虑使用后未关闭电源，长时间制热高温引燃周围可燃物，对此，酒店已采取配备超温自动断电、按压式吹风机，另外尽量将吹风机固定安装在客房周围基本没有可燃物的洗漱台侧墙上，未固定时配备小功率吹风机。因此，火灾风险性分值 11，为可容许风险。

“客人卧床吸烟”主要是宾客醉酒后卧床吸烟、睡前不注意乱扔烟头引燃可燃物，该风险可控难度较大。对此，酒店在客房醒目位置摆放“禁止卧床吸烟”提示牌，房间内火灾探测器、自动喷淋装置等消防设施配置齐全、作用良好，按规定检修维保。其评估值为 312，判定为一般风险。

“客人自有电器充电”，目前宾客自带手机、充电宝、电动剃须刀等充电较为普遍，充电过程中因电器质量隐患发生爆炸的个例也有发生，但不常见。其评估值为 7，判定为可容许风险。

“动火作业”引发火灾案例屡有发生，原因多为无证电气焊作业、周围可燃物未清理等，事故损失和影响十分严重。根据动火作业现实风险性，规定易燃易爆场所的动火作业视为特级，火灾风险性为丙、丁类的生产或存储物品场所的动火作业为一级，其他为二级。遇节假日或其他特殊情况，一级、二级动火作业应提级管理。特级动火评估值为515判定为重大风险，一级为162判定为较大风险，二级为8判定为可容许风险，符合酒店管理现状。

“儿童玩火”，只是推测可能，目前人们的火灾风险意识有很大程度提高，“儿童玩火”现象基本杜绝。其评估值为3，判定为可容许风险。

3.7 风险等级确定

表6 网格1各风险源风险等级对应表

风险源	使用吹风机不当	客人卧床吸烟	客人自有电器充电	特级动火作业	一动火作业	二动火作业	儿童玩火
风险性	11	312	7	515	162	8	3
风险等级	可容许风险	较大风险	可容许风险	重大风险	较大风险	可容许风险	可容许风险

从表6可以看出，网格1各风险源中，“特级动火作业”等级最高，为重大风险。类推评估网格2、网格3、和网格4各风险源的风险性，可得出客房部风险点的各等级风险的数量。按照风险源评估出的最高风险级为该风险点的等级，因此客房部风险点的风险等级为重大风险。

3.8 评估人员缺席情况处理

酒店每年至少集中组织1次由各层次人员参加的年度火灾风险评估，每次召集专家、消防设施维保人员、其他人员各不少于2人。开展季度、月度或动态研判时，对未参加现场集中评估人员，由酒店安排专人以电话、邮件、微信等形式说明情况，可通过“火灾风险智慧化防控系统”进行评估。

4 评估结果运用

开发手机“火灾风险智慧化防控系统”APP小程序，实现火灾风险在线评估、风险查询、风险预警、隐患排查整治和记录留存等功能。

4.1 在线评估

相关人员根据“人机料法环”等引起的风险变化，随时登录系统申请组织风险研判。个人输入用户名和密码登录系统后，只需选定相应的L和S值，确认保存后即可生成新的火灾风险性分值，风险等级和颜色也会随之更新变化。

4.2 火灾风险查询。

输入用户名和密码登录系统，根据用户权限，分类分段分地点分部门查询风险分布、等级类型、控制人及控制措施、管控人及管控措施等风险信息。

4.3 火灾风险预警

一是班前提示风险。班组（部门）每天早晨正式开工前或连续工作制企业每班正式开工前召开“班前会”时，班组长（部门负责人）组织全员根据系统风险预警提示常态化分析查找、防范化解安全隐患点，最大限度消除“人的不安全行为”“物的不安全状态”“环境的不安全因素”和“管理上的缺陷”。二是岗位自控风险。员工在开工前检查确认岗位风险及隐患问题整改情况，工作中落实风险控制措施，确保风险得到有效控制。

4.4 风险分级管控

按照“分类、分级、分层、分专业”的原则，风险不同管控层级人员有针对性地制定与实施分级管控措施，落实管控责任，切实将风险降低至可接受程度，把风险控制在隐患形成之前。

4.5 隐患排查整治

定期、动态或专题排查安全隐患，分级分类闭环治理，把隐患消灭在事故前面。

4.6 火灾风险二维码显示。

制作二维码并张贴在醒目位置，方便酒店员工、入住宾客、各级检查人员等扫码查询风险信息、消防安全知识、“四懂四会”常识等。

5 结束语

国内外信息数学建模提出和发展时间较短，建立成熟成型的火灾风险评估模型任重道远。风险评估需要考虑的客观因素较多，评估人员主观认识难统一，应当区别行业领域研究生产安全事故规律特点，结合实际找准找全风险源，通过采用科学、合理方法对风险源所伴随的风险进行定性或定量评价，不断推进事故预防工作科学化、信息化、标准化，确保实现风险全控、隐患清零，把风险控制在隐患形成之前、把隐患消灭在事故前面。

大兴安岭国有林区城镇区域性火灾风险治理的实践与思考

孟宪坤

（呼伦贝尔市消防救援支队，内蒙古 呼伦贝尔）

摘 要 习近平总书记在党的二十大报告中强调，“夯实国家安全和社会稳定基层基础”，“完善社会治理体系。健全共建共治共享的社会治理制度，提升社会治理效能”。目前，我国的常住人口城镇化率仅为60.6%，相较于美国（90%）、韩国（80%）等发达国家还有较大差距。村镇基层末端仍在社会消防安全工作中占有重要地位，因此做好基层末端的乡村消防安全工作对于稳定社会大局和维护人民生命财产安全具有重大意义。我们以大兴安岭国有林区城镇区域性火灾风险攻坚治理为契机，通过夯实消防公共基础、完善社会治理体系、强化基层消防力量，实现了“防大火控小火遏亡人”的工作目标，扭转了林区消防工作长期滞后的不利局面，为全市基层末端消防治理实践打下坚实基础。

关键词 林区 火灾风险 基层治理 实践 对策

1 引言

呼伦贝尔市辖2区7旗5市，总面积25.3万km^2，总人口219.07万人。其中牙克石市、额尔古纳市、根河市、鄂伦春自治旗位于大兴安岭域内，属典型的林业资源型城镇。四地总面积13.6万km^2，占全市的54%；总人口57万人，占全市的26%。地域分布呈现点多、线长、面广、人口分散特点，消防救援机构监督管理和灭火救援覆盖半径大、工作难度大。加之2020年前林区城镇消防工作由原来的国有森工企业承担，受历史因素和经济条件影响，呈现消防管理缺位、基层基础薄弱、亡人火灾多发的高危态势。大兴安岭国有林区城镇既是末端火灾防控的典型代表，也是做好全市乃至全区基层消防治理工作的关键所在。通过近三年的攻坚治理，林区城镇消防基层力量和基础建设明显增强，消防治理体系和治理能力明显提升，社会消防安全环境明显改善。本文在2021年首次调研的基础上，通过研究分析攻坚治理中遇到的问题短板，总结归纳和初步探索出一条符合林区城镇实际的消防治理建议，希望对加强基层末端消防安全工作提供一些参考。

2 充分认清加强林区城镇火灾防控时间紧迫、意义重大、机遇难得

2.1 国家高度关注基层治理工作

基层治理一头连着社会稳定，一头连着国家安全，是实现国家治理体系和治理能力现代化的基础工程。2023年中央一号文件《中共中央国务院关于做好2023年全面推进乡村振兴重点工作的意见》中提出“提升乡村治理效能，推动乡镇扩权赋能，夯实村级基础”。习近平总书记高度关注基层治理和安全工作，作出了一系列重要指示批示，2023年6月份在自治区考察时强调，要坚持发展和安全并重，在建设“两个屏障”“两个基地”“一个桥头堡”上展现新作为。随着中央精神深入落实，基层治理体系和治理能力建设将迎来新一轮快速发展，必须从讲政治、促发展、保稳定大局出发，把基层消防治理工作置于基础性、先导性战略位置来抓。如果不能紧紧抓住这一有利时机，乘势而上消除大兴安岭林区城镇“企业办消防”遗留的影响，推动涉林旗市政府主动将消防工作融入当地经济社会发展大局，建立健全林区城镇消防安全责任制。林区城镇消防工作将长期被“牵着鼻子走”，成为消防部门的“独角戏”。

2.2 抓住消防职能移交有利机遇

根据国务院印发的《加快剥离国有企业办社会职能和解决历史遗留问题工作方案》要求，2020年呼伦贝尔市人民政府与内蒙古大兴安岭重点国有林业管理局（内蒙古森林工业集团）、大兴安岭森林公安局共同签订了《大兴安岭国有林区城镇消防职能移交框架协议》，林区城镇消防工作职责由原来的国有企业移交给属地政府。同时一次性拨付1.4个亿用于营房、车辆器材装备等修缮和建设经费，每年持续投入7千余万元用于日常运转经费，所需经费纳入自治区财政预算。这可以说是补齐大兴安岭国有林区城镇消防力量欠账、实现林区城镇消防救援力量“全域”覆盖的历史机遇。同时，还要抓住“十四五”规划的有利时机，把消防基础设施建设纳入林区经济社会发展规划和国土空间规划，按照“一镇一策”“一村一策”的原则，紧密结合用水、道路、电网、小区等改造，布局建设消防水源、消防通道等消防基础设施，从源头上消除先天性火灾隐患，提升林业城镇基础消防设施建设水平。

2.3 搭上基层消防力量建设快车

内蒙古自治区政府办公厅印发《关于进一步加强基层消防力量建设和火灾防控工作的意见》（内政办发〔2023〕4号），为全区基层消防力量建设定下总基调，也为大兴安岭林区城镇实践推进基层治理体系和治理能力现代化、加强基层消防力量建设带上了快车道。我们要牢牢抓住“一队一中心”建设这个关键点，不等不靠、主动作为，结合当地实际按照“有人员、有场地、有经费、有机制、有成效”的“五有”标准，配套出台落实措施和建设方案，明确时间表、路线图，加快推进专业力量优化和基层末端治理“两大工程”，在林区城镇着力构建、优化以国家消防救援队伍为主力、以“一队一中心”为补充的消防力量建设新格局，实现林区所有乡镇消防安全服务中心实体化运行、专兼职消防队和村（社区）志愿消防队（微型消防站）全覆盖的目标，确保基层末端消防安全风险和事故化解得了、控制得住、处置得好，从而彻底消除大兴安岭国有林区城镇这个不托底的区域性火灾风险。

3 正确认识加强林区城镇火灾防控取得成绩、问题不足、工作方向

3.1 火灾防控方面

经过三年的集中攻坚治理，林区火灾形势逐年稳中向好，并明显优于农区、牧区等全市其他地区。火灾四项指数占全市比例逐年下降。据统计，林业四旗市火灾起数占全市比例由2020年的28%下降至17%，亡人数由50%下降至0，伤人数由25%下降至8%，直接经济损失由33%下降至18%。这充分说明当前一系列林区城镇区域性火灾风险攻坚治理的措施是行之有效的。但我们也该清醒地认识到，林区城镇火灾易发、镇村不平衡的问题仍然存在。经过攻坚治理后的林业四旗市火灾发生率，由2020年的10.23起/万人下降至5.89起/万人，与全国5.84起/万人的平均水平基本持平，但距离先进地区仍有较大差距。占林区人口数26%的乡村，火灾起数占比却高达53%，基层末端火灾防控水平仍在低水平徘徊。为此要继续向偏远乡村延伸消防工作触角，提升消防常识普及率和村民自防自救能力，从根本上消除大兴安岭国有林区城镇区域性火灾风险，确保火灾形势稳定。

3.2 消防基础方面

大兴安岭国有林区城镇消防工作划归属地管理以后，全市上下牢固树立“人民至上、生命至上”理念，按照自治区关于消防工作的安排部署，扎实推进林区城镇消防能力提升。目前，4个涉林旗市及所属7个全国重点镇、15个一般建制镇（乡）编制了城乡消防专项规划或消防专篇。规划结合各地实际情况，明确了远期目标和中期、近期建设任务以及完成时限。林区各地结合城乡棚户区、旧城区改造，积极完善减灾体系，新建消防水鹤21座，合理配置城乡水资源和运行保障体系，有效缓解了灭火救援供水压力，为火灾扑救提供了有力的战勤保障。尽管在林区消防基础设施建设上

取得了一定成果，但由于大兴安岭实施天保工程后全面禁伐，经济收入主要靠国家拨款扶持，加之长期历史遗留问题导致先天性隐患多、基础条件差，最终形成消防基础设施欠账巨大，整体建设任务十分艰巨。为此要将消防安全纳入大兴安岭林区城镇总体规划，通过乡村振兴和城乡改造带动消防基础建设，加快推进解决林区城镇消防水源、消防车通道、消防通信设施建设与城乡重点项目建设同步规划、同步落实，大力解决“历史欠账”。

3.3 消防力量方面

三年来，国有林区城镇消防累计投入 1.48 亿元用于移交城镇的政府专职队营房、车辆、装备改造升级，整合建成一级队 2 支、二级队 13 支，招录队员 269 人，购置车辆 51 辆，改造、新建标准化营房 15 座，实现了原国有林区城镇消防救援力量全覆盖。同时在林区其他城镇新建消防救援站 1 座、乡镇专职消防队站 2 个。并按照自治区总队有关基层力量建设要求，在所有乡镇、街道建立了消防安全检查指导中心，配备专职人员，通过委托执法的方式赋予消防行政执法权，承担基层末端消防安全管理和宣传工作。初步形成了一个覆盖林区主要城镇、能够延伸基层末端的消防安全网络。但与此同时，仍有 11 个乡镇尚未建立政府专职消防队，已建成的专职队在人员、装备、保障、管理和战斗力方面距离国家标准和正规化方面仍有差距，消防安全检查指导中心发挥作用尚不明显。为此呼伦贝尔市人民政府办公室印发《呼伦贝尔林区城镇专职消防队建设方案》（呼政办发〔2023〕6 号），继续推动林区基层消防力量建设，力争实现大兴安岭林区城镇消防力量从无到有、从点到面、从弱到强，确保林区消防安全形势稳定。

4 探索尝试加强林区城镇火灾防控对策措施、抓手载体、方法路径

4.1 结合目标任务，责任捆绑细化到人

大兴安岭国有林区城镇消防职能移交以来，全市以“防大火控小火遏亡人”为工作目标，将林业四旗市作为火灾防控的重中之重，探索基层火灾治理模式和治理方式的新方向和新路径。在自治区防火委“三长”包保责任制度基础上，针对林区城镇实际，打造“三长包保 2.0”版本，着力构建全覆盖、无盲区的消防安全责任捆绑体系。即在原有“三长包保责任制”的基础上，扩大包保体系，明确责任捆绑，支队党委成员与联系旗市区政府捆绑、大队长与辖区政府所在地及全国重点镇政府捆绑、大队其他监督员与其他乡镇街道捆绑。同时开展大兴安岭国有林区城镇火灾风险“销号”工程。集中力量将林区城镇“一队一中心”建设作为标准化示范典型来抓，对标“纳入总体规划”“列入财政保障”“更新车辆器材”“壮大林区队伍”四个难题，列出目标任务和时间计划，逐项解决销号，着力推动林区基层消防力量建设，提升基层末端消防安全治理能力。

4.2 结合问题短板，分级管控有的放矢

鉴于基层末端消防工作开展参差不齐的现状，对“一队一中心”建成率和建设运行情况进行检查评分，采取“分级管控”机制。即：对各旗市“一队一中心”建成率和发生亡人火灾情况进行评分，根据评分情况划分为红、黄、绿三个等级，建成率低于 60%或辖区发生亡人火灾事故的旗市列为红色单位；建成率在 60%～80%且辖区未发生有影响的火灾事故的旗市列为黄色单位；建成率在 80%以上且辖区未发生有影响的火灾事故的旗市列为绿色单位。此外对乡镇（街道）“一队一中心”建设运行情况进行评分，根据得分情况划分为红、黄、绿三个等级，评分低于 60 分的乡镇（街道）列为红色单位；建设和运行情况评分 60～80 分的乡镇（街道）列为黄色单位；建设和运行情况评分高于 80 分的乡镇（街道）列为绿色单位。对于红色旗市和乡镇（街道），采取提级捆绑、重点攻坚措施，全力推动销号；对于黄色旗市和乡镇（街道），加强指导、责任到人，明确措施推动提档升级；对于绿色旗市和乡镇（街道），及时总结经验做法，引领示范、积极推广，带动周边。

4.3 结合工作实际，加强指导规范运行

乡镇街道是消防监督执法工作的“最后一公里”，是基层火灾防控的神经末梢。探索将消防安全纳入乡镇（街道）执法工作是深化消防执法改革的具体举措，也是对基层消防网格力量薄弱、经费保障不足、人员流动性大等因素的有力补充。支队在充分调查研究的基础上，印发了《苏木乡镇（街道）消防委托执法工作实施方案》，明确了苏木乡镇人民政府、街道办事处行政处罚受托权限，规定了消防执法流程，制定了《消防行政执法事项委托协议》和《执法法律文书式样》，并派出经验丰富、业务能力强的消防监督人员蹲点指导试点乡镇（街道）开展消防委托执法工作，促使委托执法工作按照“科学化、程序化、规范化”要求稳步推进。在政府专职队管理上，严格参照国家队《基层建设纲要》等制度规定，全面规范专职队伍“四个秩序”，确保队伍始终规范有序、安全稳定。同时建立实施定岗定编、竞争上岗的工作机制，科学划分岗位等级，参照国家队设置站长、副站长等岗位，严格落实日常和年度考核，并将考核结果作为选拔任用、职级晋升的主要依据，确保“有队员、有车辆、有战斗力”，做到“能用、管用、好用”，实现与国家队优势互补、融合增效。

参考文献

[1] 李礼．全面推进新时代中国特色社会主义国家治理的理念与实践路径［J］．晋阳学刊，2023（03）：99-107.

[2] 吕锋．消防执法改革新形势下执法工作研究［J］．消防科学与技术，2022（07）：126-128.

[3] 袁利锋．强化基层消防力量建设的初探——以河南省“一队一中心”工作为例［J］．中国应急救援，2022（05）：78-80.

[4] 宋凯．勇毅笃行奋进时——各地推动消防工作开好局起好步侧记［J］．中国消防，2023（02）：20-27.

老旧小区改造项目消防安全韧性评估及提升策略研究

周　磊

（扬州市消防救援支队，江苏　扬州）

摘　要　为提升老旧小区改造项目消防安全质效，结合韧性理论对老旧小区的储备、应对和恢复能力进行研究，建立基于建筑、设备、管理、社会4个方面的消防安全韧性评估指标体系，并利用PSO-AHP和CRITIA法综合赋权，运用可拓云模型评估老旧小区改造项目消防安全韧性。实例证明方法的有效性，根据评估结果结合老旧小区实际特点，提出具体改进对策。

关键字：老旧小区　改造项目　韧性评估　PSO-AHP　CRITIC法　可拓云模型

1　引言

老旧小区因为建设年代久远，房屋失养失修、公共空间不足、基础设施滞后、管理机制缺失等问题普遍，致使火灾频发，重庆“1·1”加州花园小区、南京雨花区“2·23”高层小区火灾事故教训深刻。当前，我国现有老旧小区近17万个，关系到的居民近上亿人[1]，已成为城市公共安全最薄弱区域之一。2024年国家加快“三大工程”建设，老旧小区改造建设工作正如火如荼，已成为新时期各地重要的民生工程和发展工程。如何在老旧小区改造过程中将消防基础设施同步规划设计、施工、验收，改造后将消防组织架构、管理职责制度建立并运行，提升老旧小区抵御火灾能力，激活基层社会治理质效，值得深入研究。

当前，对老旧小区消防安全问题的研究，还是基于传统风险理论，重点关注建筑构件与消防设施的脆弱性研究，带有一定的片面性。国家“十四五”发展规划纲要，提出要建设“韧性城市”[2]。老旧小区更新改造不仅是改变面貌、完善功能、改善设施，更应从韧性视角出发打造一个抵御风险更主动、更迅速、更高效且具有自主学习提升能力的韧性小区。本文将韧性理论应用于老旧小区消防更新改造实践，不仅着眼于工程设施方面的脆弱性研究，更重视加强对火灾发生前后的反应、协调、学习能力的提升，探索老旧小区消防改造韧性评估体系的构建并进行实证研究，为老旧小区消防安全管理工作的有效开展提供理论支持、决策参考和实际指导。

2　老旧小区改造项目消防安全韧性分析

2.1　消防安全韧性内涵

“韧性”指系统在受到不确定性风险干扰或冲击时，具有一定空间和资源弹性容量，具有反弹、缓冲、适应的能力[3]。随着对韧性理论的深入探索，我国城市应对火灾风险的研究，正逐渐从被动的“防灾思维”转变为主动适灾的“韧性思维”[4]。对老旧小区的改造建设，不只在于提高小区物质环境、基础设施的抗干扰能力，还包括小区社会、经济等方面的控制和组织、学习能力。因此老旧小区的消防安全韧性，就是指小区日常组织运行相当稳定，发生火灾时快速反应、有效处置，且能及时从不良影响中恢复提升，确保可持续、健康发展的能动小区。具体到火灾防控全过程：一是日常阶段，通过对小区消防管理状况、消防设施设备等进行检查督改，主要体现小区的储备能力。二是火灾发生时，通过消防基础设施、疏散逃生组织、应急救援预案实施等措施抵御火灾风险，将影响、损失降至最低，主要体现小区的应对能力。三是扑救结束后，能快速修复重建小区基础设施和基本功能，并总结完善、学习提升补齐短板弱项，主要体现小区的恢复能力。其中，储备能力是基础，恢复能力是保障，应对能力是关键，三者同时具备，才符合韧性标准。

2.2　消防安全韧性特征要素

主要4个方面：

稳定性：老旧小区能够抵御火灾风险干扰和冲击的根本属性，能在灾中始终极力维持系统整体安全状态的能力[5]。

冗余性：老旧小区原有组件遭到破坏，通过备用设备或其它冗余措施，保证系统正常运转、抵御风险和修复功能的能力。

效率性：老旧小区遭遇火灾的全过程，系统均能快速应对，并迅速组织灭火救援，极力减少影响、损失，迅速修复系统整体安全状态及功能的能力。

适应性：老旧小区通过吸收事故经验教训，提升自身消防安全状态，所具备的学习、适应能力。

3　韧性评估指标及权重确定

3.1　韧性指标因素整理

按照科学性、系统性原则，通过总结分析有关法律法规、系统安全理论[6-7]、行业特点[8-10]等，结合老旧小区实地调研情况，并听取专家意见，拟定了老旧小区改造项目消防安全韧性评估指标体系，如图1所示。老旧小区改造项目消防安全韧性，主要是从建筑特性、消防设施、组织管理和社会因素4个方面筛选出24个三级指标及相应韧性特征。

3.2　基于PSO-AHP与CRITIC组合赋权

3.2.1　PSO-AHP法确定主观权重

层次分析法（AHP）是一种主观赋权法，粒子群优化算法（Particle Swarm Optimization，PSO）是一种基于群体智能的全局随机搜索算法[10]。PSO应用于AHP中，可在判断矩阵确定后，求得一致性程度较高且能真正反映决策者偏好的权重值。

PSO-AHP确定权重的步骤为：

（1）专家评分并构建判断矩阵；

（2）建立权重优化模型；

（3）PSO求解权重，并进行一致性检验；

（4）归一化处理。

3.2.2　CRITIC法确定客观权重

AHP仅利用了数字信息进行综合分析评价，主观性强。CRITIC法是基于数据间的冲突性与变异性，更侧重于数据

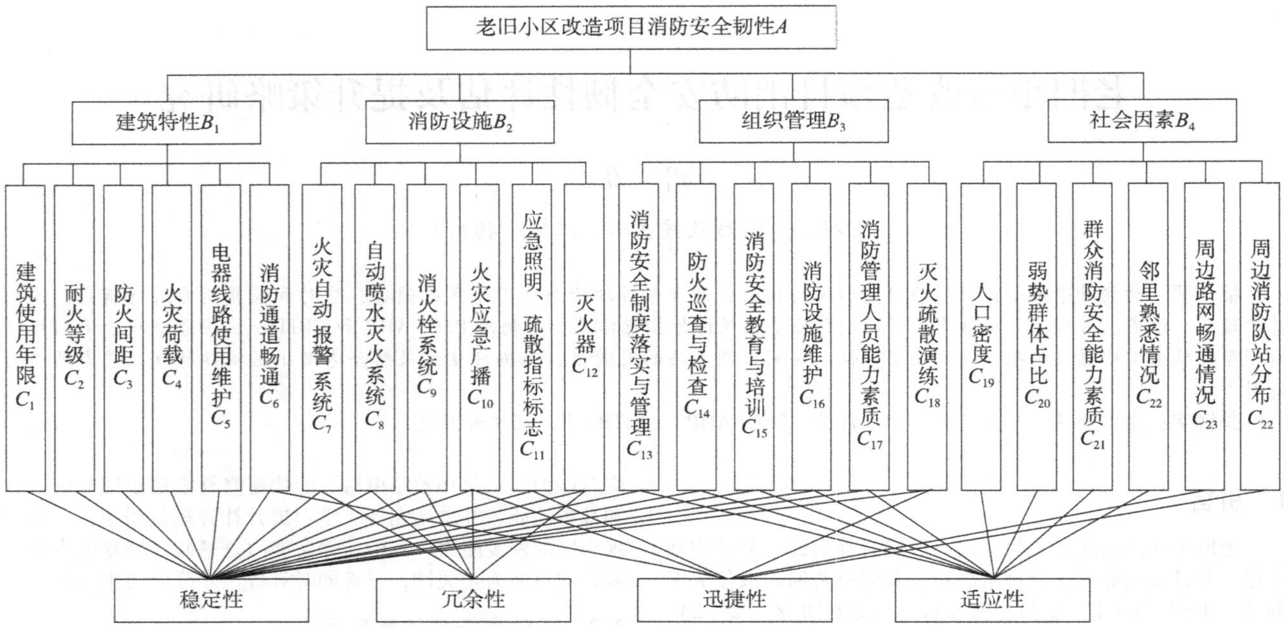

图 1　老旧小区更新改造项目消防安全韧性评估指标体系

波动性及数据间相关关系，客观性强，且比熵权法优越性更强。具体步骤如下。

（1）构建原始评估矩阵。

$$S=(s_{ij})_{m\times n} \tag{1}$$

式中：m 为评估样本数，n 为评估指标数，s_{ij} 为第 i 个评估样本的第 j 项评估指标。

（2）无量纲化处理。运用"最大-最小"标准化方法预处理数据。效益型指标为：

$$s_{ij}'=\frac{s_{ij}-\min(s_j)}{\max(s_j)-\min(s_j)} \tag{2}$$

成本型指标为：

$$s_{ij}'=\frac{\max(s_j)-s_{ij}}{\max(s_j)-\min(s_j)} \tag{3}$$

得到无量纲化评估矩阵：

$$S'=(s_{ij}')_{m\times n} \tag{4}$$

（3）计算指标标准差、相关系数。

$$\sigma_j=\sqrt{\frac{1}{m}\sum_{i=1}^{m}(s_{ij}'-\bar{s}_j')^2}\quad j=1,2,\cdots,n \tag{5}$$

$$r_{ij}=\mathrm{cov}(S_i',S_j')/(\sigma_i,\sigma_j)\quad i,j=1,2,\cdots,n \tag{6}$$

式中：σ_j 为第 j 个指标的标准差，r_{ij} 为第 i 个指标与第 j 个指标的相关系数；S_i'、S_j' 分别为标准化矩阵 S' 的第 i、j 列。

（4）计算客观权重。第 j 个指标客观权重。

$$\omega_j=Z_j\Big/\sum_{j=1}^{n}Z_j \tag{7}$$

其中，Z_j 为该指标蕴含的信息量。

$$Z_j=\sigma_j\sum_{i=1}^{n}(1-r_{ij}) \tag{8}$$

3.2.3　综合权重耦合

AHP 法和 CRITIC 法各有不足，且单一赋权易造成评价结果片面，现将 PSO-AHP 法与 CRITIC 法耦合赋权，扬长避短，使得各评价指标的耦合权重不但能反映决策者的经验与偏好，还可以展现评价数据的客观属性，且使得评估结果的科学性与可操作性更为突显。

运用最小鉴别信息原理构建目标函数：

$$\min F=\sum_{j=1}^{n}\xi_j\left(\ln\frac{\xi_j}{w_j}\right)+\sum_{j=1}^{n}\xi_j\left(\ln\frac{\xi_j}{\omega_j}\right) \tag{9}$$

运用拉格朗日乘子计算耦合权重：

$$\xi_j=\frac{\sqrt{w_j\cdot\omega_j}}{\sum_{j=1}^{n}\sqrt{w_j\cdot\omega_j}} \tag{10}$$

式中：w_j 为 PSO-AHP 法求得的主观权重值，ω_j 为 CRITIC 法求得的客观权重值，ξ_j 为 PSO-AHP 法与 CRITIC 法耦合权重值。

4　基于可拓云模型的消防安全韧性评估

可拓云模型是指云模型引入物元可拓理论，采用正态云模型解决模糊性、随机性等双重不确定性问题的方法[11]。其以正态云模型的数字特征(E_x,E_n,E_e)来替代经典域物元 $R=(N,C,V)$ 的特征量值 V。

$$R=\begin{bmatrix}N & C_1 & V_1\\ & \cdots & \cdots\\ & C_n & V_n\end{bmatrix}=\begin{bmatrix}N & C_1 & (E_{x1},E_{n1},E_{e1})\\ & \cdots & \cdots\\ & C_n & (E_{xn},E_{nn},E_{en})\end{bmatrix} \tag{11}$$

4.1　确定韧性等级及指标等级界限

参考相关标准规范、系统安全理论、行业特点等，建立评语集 V=｛高韧性（Ⅰ级）、较高韧性（Ⅱ级）、中韧性（Ⅲ级）、较低韧性（Ⅳ级）、低韧性（Ⅴ级）｝，用以表示消防安全韧性水平。各韧性指标等级划分界线由统计分析和专家法综合得出，以百分制给出相应的数值区间。见表 1。

表 1　百分制评分表

等级	Ⅰ	Ⅱ	Ⅲ	Ⅳ	Ⅴ
分数区间	(90，100]	(80，90]	(70，80]	(60，70]	(0，60]

4.2　确定云参数

上述数值区间可转化为一个双约束空间$[c_{\min},c_{\max}]$，其可根据实际需要对空间界限进行延伸。依此可求得消防安全韧性指标等级界限云模型的期望值 E_x、熵 E_n、超熵 H_e。

$$E_x=\frac{c_{\min}+c_{\max}}{2} \tag{12}$$

$$E_n = \frac{c_{\max} - c_{\min}}{6} \tag{13}$$

$$H_e = s \tag{14}$$

式中：s 为常数，本文取 0.05。

4.3 确定指标隶属度

将待评估的指标值 x_i 视为一个云滴，可得一个期望值为 E_x、标准差为 H_e 的正态随机系数 E_n'，可求得指标值 x_i 的等级云隶属度

$$\mu(x_i) = \exp\left(-\frac{(x_i - E_x)^2}{2E'^2_n}\right) \tag{15}$$

重复上述步骤 N 次，多次求解以尽量减少随机因素的影响，N 取 100，并取平均值为最终隶属度

$$\mu'(x_i) = \frac{\sum_{i=1}^{N} \mu(x_i)}{N} \tag{16}$$

结合耦合权重，可得各层级指标隶属度

$$\mu_k = \sum_{i=1}^{n} \xi_i \mu'(x_i) \tag{17}$$

其中 $k=\{1,2,3,4,5\}$，k 为韧性等级。

4.4 确定评价等级

基于最大隶属度原则，则该改造项目消防韧性等级

$$\mu_k' = \max_{k \in \{1,2,3,4,5\}} \{\mu_k\} \tag{18}$$

5 实例分析

5.1 项目概况

本文以扬州市蓝盾花苑小区此为例，该小区建于 1995 年，为高层住宅小区，2023 年是被列为扬州市重点社会民生项目予以宜居改造。改造后小区消防基础设施、消防车通道、消防宣传氛围得到有效改善，消防安全管理制度日益完善，小区宜居环境、生活舒适度大为提升。现对改造后该小区消防韧性进行评估研究。

5.2 指标权重确定

通过走访调研、专家打分，依据式（10）得到指标权重，如表 2 所示。

5.3 可拓云评价

根据式（18）和表 2 中各评价指标权重值，计算出各层级的消防安全韧性等级，如表 3 所示。

表 2 老旧小区更新改造项目消防安全韧性指标权重

二级指标	权重	三级指标	主观权重	客观权重	综合权重	二级指标	权重	三级指标	主观权重	客观权重	综合权重
B1	0.411	C_1	0.021	0.028	0.024	B3	0.201	C_{13}	0.050	0.043	0.047
		C_2	0.035	0.041	0.038			C_{14}	0.041	0.048	0.044
		C_3	0.065	0.069	0.067			C_{15}	0.031	0.035	0.033
		C_4	0.142	0.103	0.124			C_{16}	0.014	0.021	0.018
		C_5	0.107	0.086	0.097			C_{17}	0.053	0.049	0.051
		C_6	0.041	0.049	0.045			C_{18}	0.012	0.023	0.018
B2	0.304	C_7	0.032	0.026	0.028	B4	0.084	C_{19}	0.008	0.014	0.011
		C_8	0.025	0.021	0.023			C_{20}	0.009	0.021	0.015
		C_9	0.059	0.041	0.050			C_{21}	0.020	0.025	0.023
		C_{10}	0.065	0.073	0.070			C_{22}	0.011	0.019	0.015
		C_{11}	0.043	0.049	0.046			C_{23}	0.015	0.013	0.014
		C_{12}	0.080	0.065	0.073			C_{24}	0.021	0.015	0.018

表 3 老旧小区更新改造项目消防安全韧性等级评估结果

指标	等级区间					等级
	Ⅰ	Ⅱ	Ⅲ	Ⅳ	Ⅴ	
B_1	0.0087	0.0319	0.0255	0.0165	0.0007	Ⅱ
B_2	0.0521	0.0437	0.0239	0.0028	0.0004	Ⅰ
B_3	0.0006	0.0268	0.0306	0.0099	0.0002	Ⅲ
B_4	0.0001	0.0118	0.0069	0.0034	0.0003	Ⅱ
A	0.0025	0.0212	0.0204	0.0155	0.0001	Ⅱ

5.4 结果分析

（1）该老旧小区改造项目消防安全韧性等级Ⅱ级，整体处于相对较好的状态，说明此小区经改造后消防基础建设到位，消防组织架构、管理制度日趋完善，但仍然有很大的提升、发展空间。

（2）四个二级指标中，建筑特征为Ⅱ级，建筑结构防火较难改变，在电器线路维护、减轻火灾荷载等方面，还要加强管理；消防设施为Ⅰ级，说明本次改造按照国家规范要求，将消防设施设备配备到位；组织管理为Ⅲ级，说明小区消防安全管理职责制度未落实到位，特别是巡查检查、宣传培训等工作未能有效开展。社会因素为Ⅱ级，说明小区社会环境较好，居民具有一定的安全知识，还需加强学习宣传。

（3）老旧小区消防韧性建设是一个复杂的动态系统工程，必须长期坚持和不断投入。基层社区组织应广泛发动小区居民积极参与韧性小区的建设，熟悉了解必备的消防安全知识，掌握疏散逃生技能，积极参与消防宣传培训演练活动，自觉维护公共消防安全。

5.5 提升策略

基于上述分析，要进一步提升老旧小区改造项目的消防安全水平，有针对性地提出以下提升韧性的策略。

（1）提升建筑防火性能。按照防火设计规范要求进行修缮改造，确保耐火等级、耐火极限、防火分区、防火间距、消防车通道、应急疏散通道符合要求，定期维护保养消防设施设备，合理增设冗余设备，提升火灾防控的效能。

（2）提升消防管控水平。需要完善消防管理制度和组织架构，确保各项消防管理职责制度落实。鼓励引导广大居民积极、主动参与小区韧性建设，多形式、多维度加强消防宣传培训，组建应急救援力量，编制完善应急预案并定期演练，提升居民初期灭火、逃生自救能力。

（3）推进智慧消防建设。推广使用独立式烟感报警器、电动车智能充电桩、电气火灾监控、AI电梯阻车、火灾联网监控系统等先进技术、设备，强化科技赋能，力争在源头上尽可能地防控火灾，提高应急决策响应，为精准研判火灾发展态势提供科技支撑，全力推进韧性消防的发展。

6 结语

（1）结合韧性理论对老旧小区的储备、应对和恢复能力进行研究，建立基于建筑、设备、管理、社会4个方面的消防安全韧性评估指标体系，并利用PSO-AFHP法和CRITIA法综合赋权，运用可拓云模型评估老旧小区改造项目消防安全韧性，实现定性、定量有效转化，整体评估更具科学性和客观性。

（2）通过实例验证，老旧小区改造项目中提升建筑自身防火性能、完善消防基础设施的重要性，但组织管理是其消防安全韧性建设中最为薄弱的环节，应加强消防管理，减轻荷载，提升人员素质至为关键。

（3）分别从提升建筑防火性能、加强消防安全管理、强化科技赋能等方面，提出针对性的韧性提升策略，提升老旧小区抵御火灾风险能力，为老旧小区改造项目消防安全优化提供理论支持和决策依据。

参考文献

［1］张贵群，张旭．风险视角下城市老旧社区韧性建设的困境及破解［J］．岭南学刊，2023（3）：47-54.

［2］中华人民共和国中央人民政府．中华人民共和国国民经济和社会发展第十四个五年规划和2035年远景目标纲要［EB/OL］．（2021-03-12）［2021-03-13］．https://www.gov.cn/xinwen/2021-03/13/content_5592681.htm.

［3］柯燕燕，李雨蓉，樊睿．韧性视角下老旧小区改造质量评价与实证研究［J］．建筑经济，2022，43（5）：63-69.

［4］田丽．基于韧性理论的老旧社区空间改造策略研究［D］．北京建筑大学，2020.

［5］卫朋丽．历史文化街区消防安全韧性评价研究［D］．西安建筑科技大学，2021.

［6］范维澄．安全韧性城市发展趋势［J］．劳动保护，2020（03）：20-23.

［7］刘辉，程振超，王丹．城市消防韧性评价指标体系研究［J］．灾害学，2023，38（02）：25-30

［8］郭小东，安群飞，王威．基于韧性理论的老旧社区灾害风险评价及优化策略［C］．规划60年：成就与挑战——2016中国城市规划年会论文集，2016.

［9］运迎霞，徐漫辰．消防安全视角下社区适灾韧性评价指标探讨［J］.

［10］田嘉玉，基于适灾韧性的老旧小区消防韧性评价研究［D］．兰州理工大学，2023.

［11］沈学利，张红岩，张纪锁．一种新的改进粒子群优化算法［J］．计算机仿真，2011（3）：246-249+339.

［12］高松，滕克难，陈健，苏宁远．基于MCM-可拓云的装备体系效能评估［J］．兵器装备工程学报，2020，41（2）：20-2

基于可靠度计算模型的防排烟系统可靠度动态分析

夏云飞[1]　雷　蕾[1,*]　刘　辉[2]

（1. 中国人民警察大学，河北　廊坊；2. 河南省郑州市消防救援支队特勤大队，河南　郑州）

摘　要　在社会经济的飞速发展的大背景下，各类建筑的使用功能也不断丰富，同时各类建筑中的火灾隐患也随之增加，导致火灾事故时有发生。在各种火灾事故中，人员的安全疏散问题尤为重要。此时，建筑中的防排烟系统可以在一定

作者简介：夏云飞（2000—　），男，中国人民警察大学研究生。

通讯作者：雷蕾（1985—　），女，中国人民警察大学副教授。

程度上减小烟气对人员疏散和灭火作业的影响。本文通过引入可靠度计算模型的方法对防排烟系统进行的可靠性动态分析，总结得出防排烟系统各部件可靠度的变化对于整个系统可靠度的影响程度，为防排烟系统的优化设计和运维管理提供理论依据。

关键词 防排烟系统 可靠度计算模型 可靠度分析 控制变量法

1 引言

目前对于防排烟系统的联动启动及相应应用的研究已处于成熟阶段，但为了确保防排烟系统在关键时刻能够正常运作，对其进行可靠度分析至关重要。因此引入可靠度计算模型，该模型是一种用于评估计算系统或组件在特定条件下和规定时间内完成其预定功能的概率的工具，其广泛应用于消防给水系统当中。该模型同样适用于防排烟系统，通过该模型可以帮助我们了解系统中各组件可靠度的变化对整体系统的影响程度及火灾发生时成功排烟和防止烟雾扩散的概率。

2 可靠度计算的典型模型

2.1 串联系统模型

在整个系统中，各组件的失效概率及失效时间相互独立，如果有一个组件失效，那么整个系统就会失效，该系统即为串联形式的系统[1]，图 1 为串联系统可靠性结构模型图。

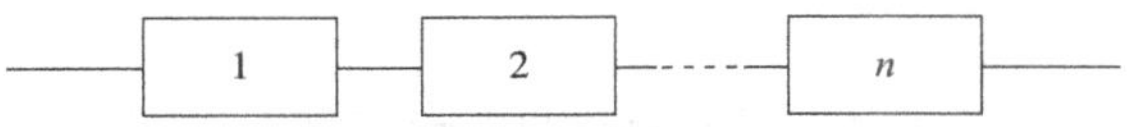

图 1 串联系统可靠性结构模型图

串联系统的可靠度数学模型为：

$$R_S = R_1 R_2 \cdots R_n = \prod_{i=1}^{n} R_i$$

式中：R_S——系统可靠度；

R_i——第 i 个单元组件的可靠度。

2.2 并联系统模型

在整个系统中，各组件的失效概率及失效时间相互独立，在某一环节有多种方式可保障系统有效运行，在该环节中，只要有其中某一种方式正常运行，系统就可以正常运行，那么该系统即为并联形式的系统[1]，图 2 为并联系统可靠性结构模型图。

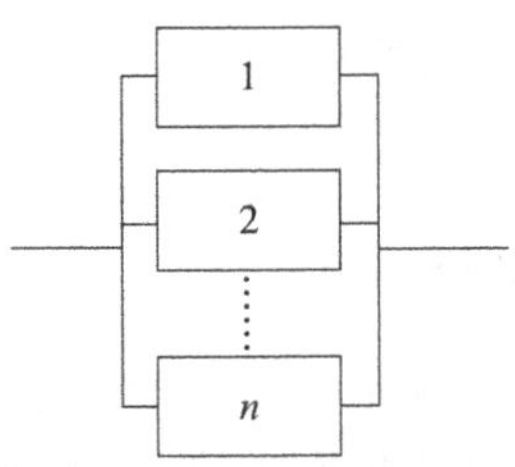

图 2 并联系统可靠性结构模型图

并联系统的可靠度数学模型为：

$$R_S = 1 - \prod_{i=1}^{n} (1 - R_i)$$

式中：R_S——系统可靠度；

R_i——第 i 个单元组件的可靠度。

由于消防联动控制的特殊性，并联系统也有另外一种特殊计算模式，即在整个系统中，各组件的失效概率及失效时间相互独立，在某一环节中，只有两种信号同时正常运行，系统才可以进行到下个环节，其可靠度数学模型同串联模型为[2,3]：

$$R_S = R_1 R_2 \cdots R_n = \prod_{i=1}^{n} R_i$$

式中：R_S——系统可靠度；

R_i——第 i 个单元组件的可靠度。

3 基于可靠度计算模型的防排烟系统可靠度分析

对于防排烟系统的联动启动，其主要包括火灾探测、火灾报警控制器及消防联动控制器逻辑判断识别及发出命令、输入输出模块信号转换、消防联动设备接收信号自动启动等环节。火灾探测主要有两种形式，即同一防火分区内的两只独立的火灾探测器或一只火灾探测器与一只手动报警按钮的报警信号，作为联动启动信号[4]；输入输出模块主要用于连接需要火灾报警控制器及消防联动控制器控制的消防联动设备；需要火灾报警控制器及消防联动控制器控制的消防联动设备，对于机械加压送风系统而言，主要包括送风口及送风风机等，而对于机械排烟系统，则主要包括排烟口、排烟阀及排烟风机等。机械加压送风系统和机械排烟系统的联动启动具备一些相同的环节，但又存在相对独立的不同环节。防排烟系统联动启动的动作流程图如图 3 所示[4-8]。

3.1 防排烟系统可靠度计算模型的构建

根据图 3 防排烟系统联动启动的动作流程图及章节 2 中可靠度计算的典型模型，构建防排烟系统可靠性结构框图，如图 4 所示[3,8]。

根据可靠性结构框图得出机械加压送风系统可靠度计算模型为：

$$R_s = R_{s1} R_8 R_9$$

式中：R_s 为正常启动机械加压送风系统的可靠度；

R_{s1}为机械加压送风系统自动启动机械加压送风风机的可靠度；

R_8 为输入输出模块可靠度；

R_9 为送风口可靠度。

其中 R_{s1}的计算公式为：

$$R_{s1} = R_1 R_2 R_3 R_4 R_8 R_{10}$$

式中：R_1 为电源系统的可靠度；

R_2 为两种火灾探测条件下探测环节的可靠度；

R_3 为火灾报警控制器的可靠度；

R_4 为消防联动控制器的可靠度；

R_{10}为机械加压送风风机的可靠度。

R_1 的计算公式为：

$$R_1 = 1 - (1 - R_5)^2$$

式中：R_5 为主电源、应急电源可靠度。

R_2 的计算公式为：

$$R_2 = 1 - (1 - R_6 R_7)(1 - R_7 R_7)$$

式中：R_6 为手动报警按钮可靠度；

R_7 为火灾探测器的可靠度。

根据可靠性结构框图得出机械排烟系统可靠度计算模型为：

$$R_p = R_1 R_2 R_3^2 R_4^2 R_{p1} R_8 R_{13}$$

式中：R_p 为正常启动机械排烟系统的可靠度；

R_{p1}为排烟口及排烟阀同时正常启动的可靠度；

R_{13}为排烟风机可靠度。

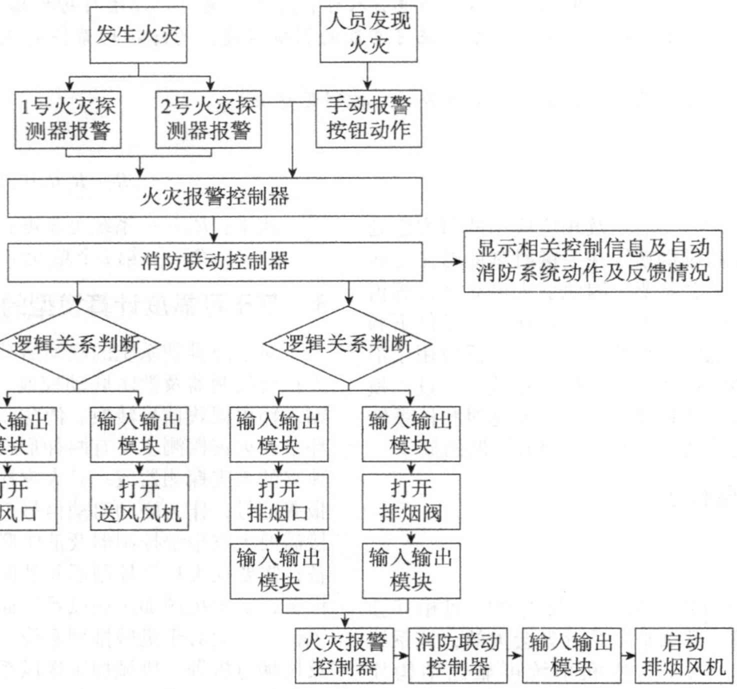

图 3　防排烟系统联动启动的动作流程图

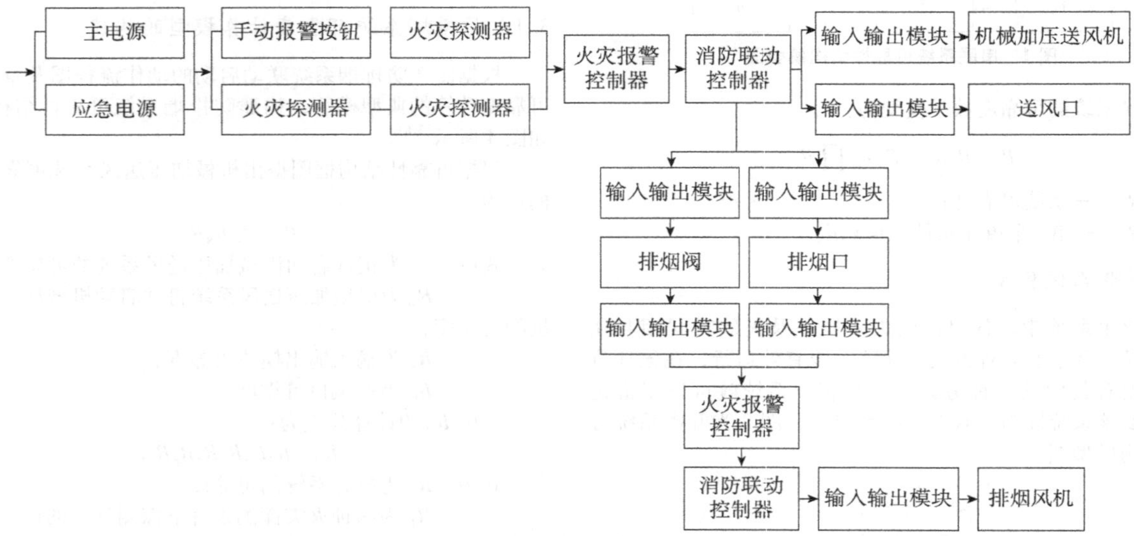

图 4　防排烟系统可靠性结构框图

其中 R_{p1} 的计算公式为：

$$R_{p1}=R_8^2R_{11}R_8^2R_{12}$$

式中：R_{11} 为排烟阀可靠度；

R_{12} 为排烟口可靠度。

3.2　基于控制变量法的可靠度计算结果分析

利用控制变量法对系统可靠度进行分析。即只改变系统中某一个组件的可靠度，并且以10%为间隔单位对自变组件的可靠度进行改变，同时保持其他组件可靠度不变且皆视为可正常启动，即非自变量组件可靠度取100%，其中，由于数学计算模型一定存在缺陷，火灾探测器（感烟探测器）R_7 为非自变量时取 99.9%，计算由于单个组件可靠度的改变对整个系统的动态影响，对所获得的数据进行可视化分析。

3.2.1　机械加压送风系统可靠度计算结果可视化分析

得出某一组件可靠度改变对机械加压送风系统可靠度 R_8 的动态影响图，如图 5 所示。

分析如下：

第一组、第二组分别改变火灾报警控制器的可靠度 R_3、消防联动控制器的可靠度 R_4 的值，可以从图 5 中看到，这两条线重合，即机械加压送风系统与火灾报警控制器和消防联动控制器的相关性均为正比的关系，由此可以得出无论是火灾报警控制器还是消防联动控制器，其可靠度的变化对于整个机械加压送风系统的可靠性有着明显影响。只有其可靠度较高时，才能保证系统的正常运行有较高可靠度。

第三组只改变电源的可靠度 R_5 的值，由图 5 所示，机械加压送风系统的可靠度随电源系统可靠度增长呈现一个增长速度逐渐减小的增长趋势，这是由于整个机械加压送风系统不只是一个单线路电源对其供电，系统中会设置备用应急电源，所以单个电源的可靠度对于整个机械加压送风系统的影响程度相比较于正比关系略有减弱。当其他组件皆正常运

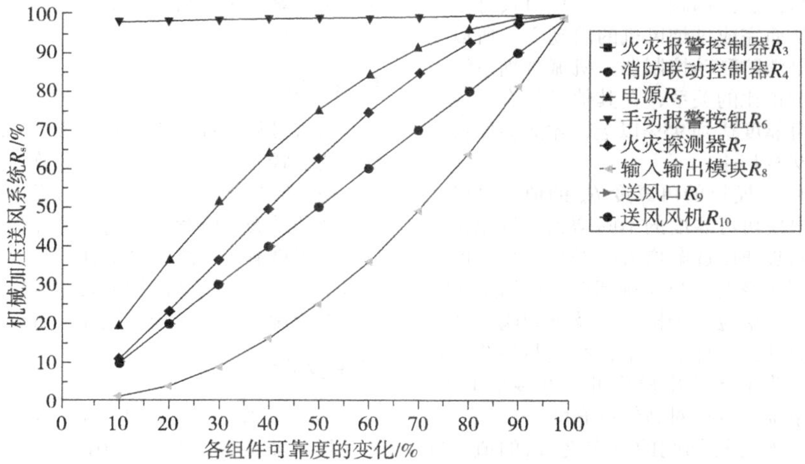

图 5 各组件可靠度改变对机械加压送风系统可靠度 R_s 的影响程度图

行的基础上，使电源可靠度在 70%以上，即可保证整个系统可靠度在 90%以上。

第四组只改变手动报警按钮的可靠度 R_6 的值，可以从图中得出，从 10%到 100%改变手动报警按钮可靠度，对应机械加压送风系统的可靠度只在 98.2%~100%之间增长变化，也就是在其他组件都正常运行的情况下，即使当手动报警按钮的可靠度很低时，机械加压送风系统的可靠度也可以达到 98%左右。这可以由图 3 进行解释，在火灾探测装置探测信号环节，有两种方式可以将联动信号传输到火灾报警控制装置，第一是火灾报警控制器同时接收一个手动报警按钮信号和一个火灾探测器信号；另外一种是火灾报警控制器同时接收两个不同的火灾探测器信号[8]。说明当手动报警按钮的可靠度很低时，如果两个独立的火灾探测器正常工作，同样可以启动机械加压送风系统，因此得出手动报警按钮的可靠度对于整个机械加压送风系统的可靠性影响程度并不是很明显，但当火灾探测器（感烟探测器）可靠度较低时，手动报警按钮较高的可靠度会提升整体系统的可靠度。

第五组只改变火灾探测器（感烟探测器）的可靠度 R_7 的值，从图中可以得到，随着火灾探测器可靠度的增大，机械加压送风系统的可靠度不断增大，增长速度逐渐减小，并且二者接近正比关系。同样由图 3 进行解释，虽然在火灾探测装置处有两种方式可以将信号传输到报警联动控制装置，但是每一种方式都需要火灾探测器的信号，所以会出现图 5 的这种情况。但只有保持火灾探测器（感烟探测器）的可靠度在 80%以上才可保证整个系统可靠度达到 92%以上。

第六组只改变输入输出模块的可靠度 R_8 的值，从图 5 中看到，随输入输出模块可靠度的不断增大，机械加压送风系统的可靠度呈现一个增长速度逐渐增大的增长趋势。但当输入输出模块可靠度达到 80%时，机械加压送风系统可靠度 64%左右，这是由于输入输出模块应用于送风口、送风风机的启动这些环节当中，而这些环节存在相互影响关系所致[3,8]，只有当输入输出模块可靠度接近 100%时，才能保证系统具有较高的可靠度。

第七组只改变送风口的可靠度 R_9 的值，从图 5 中看到，送风口与机械加压送风系统的相关性为正比的关系，只有保证送风口具备较高的可靠度，才能提升系统正常送风的可靠性。

第八组只改变加压送风机的可靠度 R_{10} 的值，由图 5 并结合实际系统运行得出，得到送风机与机械加压送风系统的相关性为正比的关系，送风机正常启动才是保证机械加压送风系统正常有效运转的中心环节。

3.2.2 机械排烟系统可靠度计算结果可视化分析

同理，得出某一组件可靠度改变对机械排烟系统可靠度 R_p 的动态影响图，如图 6 所示。

分析如下：

第一组、第二组分别改变火灾报警控制器的可靠度 R_3 的值和消防联动控制器的可靠度 R_4 的值，如图 6 所示，这两条线重合，即无论是火灾报警控制器还是消防联动控制器，机械防排烟系统可靠度的增长速度随其可靠度的增大而减小，这是由于机械排烟系统有效启动首先需要火灾探测器

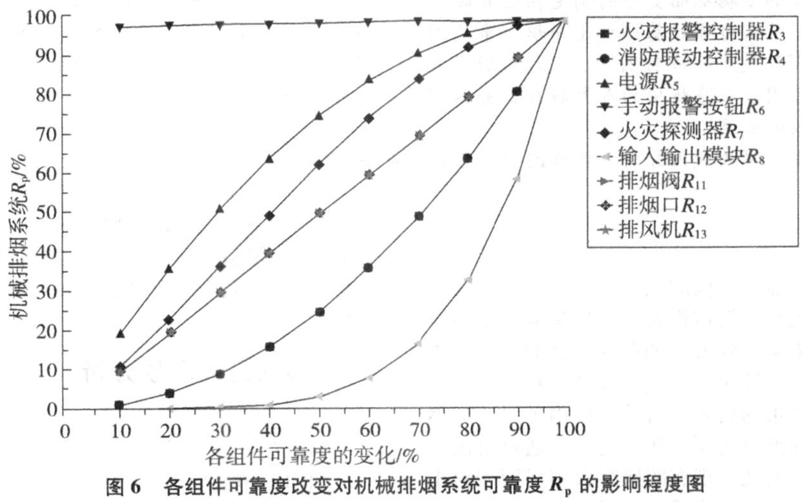

图 6 各组件可靠度改变对机械排烟系统可靠度 R_p 的影响程度图

信号传入，从而启动排烟口及排烟阀，然后排烟口及排烟阀的联动信号再次传入，从而完成排烟风机的启动[8]。所以无论是火灾报警控制器还是消防联动控制器，机械排烟系统可靠度与其可靠度的平方成正比的关系，在其他组件有效运行的情况下，只有保证其可靠度达到95%以上，才能够保持机械排烟系统可靠度达到90%以上。

第三组只改变输入输出模块的可靠度 R_8 的值，可以从图6中看到，随输入输出模块可靠度的不断增大，机械排烟系统的可靠度呈现一个增长速度逐渐增大的增长趋势。但当输入输出模块可靠度达到90%时，机械排烟系统可靠度59%左右，这是由于输入输出模块应用于排烟口及排烟阀的联动信号传输和排烟风机的启动这些环节当中，而这些环节存在相互影响关系，所以只有当输入输出模块可靠度接近100%时，才能保证机械排烟系统具有绝对高的可靠度。

第四组、第五组分别改变排烟阀的可靠度 R_{11} 的值、排烟口的可靠度 R_{12} 的值，可以从图中看到，这两条线重合，无论是排烟阀还是排烟口，其与机械排烟系统的相关性皆为正比的关系。由图3也可以得到，排烟阀、排烟口正常启动的信号都作为启动排烟风机的联动信号之一，对整个机械排烟系统而言不可或缺，只有确保其具备较高的可靠度，才能保证机械排烟系统有效运行。

第六组只改变排烟风机的可靠度 R_{13} 的值，由图6并结合实际系统运行得出，得到排烟风机与排烟风机的相关性为正比的关系，排烟风机正常启动才是保证机械排烟系统正常有效运转的中心环节。

第七组、第八组、第九组分别改变电源 R_5、手动报警按钮 R_6、火灾探测器（感烟探测器）R_7 的值，由图3和图4中都可以看到，这三个部件所在环节皆为机械加压送风系统和机械排烟系统正常启动运行的共有且相同的环节，故这三组计算结果分析同3.2.1中第三组、第四组、第五组计算结果分析一致。

4 结论

引入可靠度计算模型对防排烟系统进行可靠度分析具有重要的实践意义，通过可靠度计算模型计算结果的可视化分析，得出防排烟系统中各组件可靠度的变化对于整个系统的可靠性的动态影响程度，进而可加强系统各组件的设计优化及对各组件有效运维的针对性，从而提高防排烟系统的可靠度水平。但对于实际问题的具体解决方案与方法的创新，该模型的应用仍需进一步系统深入研究。

参考文献

［1］余杰生．超高层建筑消防给水系统的可靠性应用研究［D］．华南理工大学，2013.

［2］董青．防排烟技术在高层建筑物中的应用分析［J］．消防界（电子版），2022，8（09）：103-104.

［3］Chen J，Cao X，Yang C. Linkage Control Security Research of the Mechanical Smoke Exhaust System in Large Space Buildings［J］. Procedia Engineering，2013，52，37-41.

［4］杜康．防排烟系统的联动控制设计研究［J］．科技创新导报，2015，12（18）：71.

［5］王国祥．建筑火灾中消防防排烟系统的作用探究［J］．中国设备工程，2022，（21）：226-228.

［6］GB 51251—2017 建筑防烟排烟系统技术标准［S］.

［7］Xiao K. Study of Smoke prevention and Exhaust System for High-rise Buildings［J］. IOP Conference Series：Earth and Environmental Science，2020，619.

［8］GB 50116—2013 火灾自动报警系统设计规范［S］.

天然气管道事故成因分析与风险评价

朱　傲　郭子东

（中国人民警察大学，河北　廊坊）

摘　要　本文主要研究天然气管道事故的成因分析与风险评价。通过梳理，发现天然气管道事故已经成为一个全球性的安全隐患，引起了广泛的关注和研究。本文旨在通过理论分析和案例研究，探讨天然气管道事故的成因和影响，为应对和预防这种事故提供科学的依据从而更好的制定相应策略。理论认识部分，本文介绍了天然气管道相关的概念和基本原理，为后续的事故分析提供了扎实可靠的基础理论知识。事故因素分析部分，本文通过对天然气管道泄漏事故案例的分析和风险因素的探讨，揭示了事故发生的多种因素，包括设计、施工、运行、维护等方面。权重占比的分析中，本文主要采用层次分析法定量地评估了各因素在事故中的重要程度，并根据其优先级进行排序。综合而言，本文通过系统分析和研究，深入探讨了天然气管道事故的成因。

关键词　天然气管道　事故成因分析　风险因素　层次分析法

1 引言

随着我国经济发展和能源结构的调整，天然气已经成为我国重要的能源之一。天然气管道作为天然气运输的主要方式，其运营安全问题越来越受到人们的关注。然而，由于天然气管道具有运输距离长、液化天然气易爆炸等特点，一旦发生事故，往往会造成严重的后果。目前，国内外对于天然气管道事故的研究已经逐渐成为研究热点之一。通过对国内外研究动态的梳理，可以发现，现有的研究大多局限于对事故原因、后果和应急响应的简单描述，而对于天然气管道事故成因和应急响应的深入研究相对较少。因此，本文旨在通过对天然气管道事故成因因素的分析与综合研究，提高我国天然气管道运营安全水平，为相关部门制定应急预案提供参考依据。

2 天然气管道事故分析

2.1　案例数据分析

2.1.1　事故发生诱因

通过整理了19起天然气管道案例事故，从中可以得知，天然气事故的发生通常是由于多种因素的综合作用所致。其中包括人为因素，如操作失误、维修不当、安全意识淡漠等，也包括自然因素，如地震、气候变化等。此外，天然气管道的老化、损坏、腐蚀等因素也可能导致事故的发生。另外，天然气管道的设计、施工和检测也可能存在缺陷，导致事故的发生。要避免天然气事故的发生，需要对天然气管道进行严格的监测和检测，对管道进行合理的设计和施工，加强对天然气安全的宣传教育，提高相关工作人员的安全意识和技能水平。同时，政府和企业也应该加强天然气事故应急预案的制定和落实，保障人民群众的生命财产安全。

2.1.2　事故发生的省份

整理的 19 起天然气管道案例事故，分布如图 1 所示。

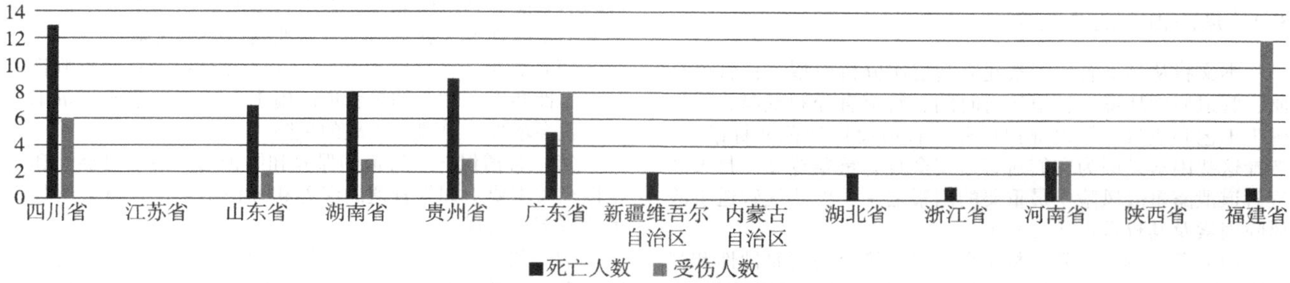

图 1　天然气事故发生省份分布图

总体来看，四川省和湖南省的天然气事故死亡人数较高，贵州省和山东省的死亡人数也比较多。具体来说，四川省发生的天然气事故中死亡人数最多，占全部事故死亡人数的约 39%；湖南省的死亡人数次之，占比约为 23%；贵州省和山东省的死亡人数分别占比约为 15%和 12%。而江苏省、内蒙古自治区和陕西省的天然气事故没有造成人员伤亡。造成事故死亡和伤害的原因很多，例如设备老化、操作不当、管理不善等。然而，四川省和湖南省的天然气事故死亡人数较高可能与这些省份的天然气生产和使用规模有关。这两个省份都是经济较为发达的省份，天然气在当地的能源结构中占据重要地位。同时，这两个省份的天然气管道和设施也相对较多，管理和维护难度大，这也可能是导致事故发生的一个重要原因。贵州省和山东省的死亡人数比较多，可能也与当地天然气使用的安全管理水平不够高有关。而江苏省、内蒙古自治区和陕西省的事故没有造成人员伤亡，则可能与这些省份在天然气安全管理方面的措施较为严格和有效有关。

2.2　天然气管道事故成因分析

综上所述，天然气管道泄漏事故是一种严重的安全隐患，其风险因素十分复杂。在天然气管道运输和使用过程中，可能会存在许多潜在的风险因素，需要对其进行全面的分析和控制。

首先，天然气管道的安装和施工质量是造成事故的重要原因之一。在施工中可能存在施工质量不合格、焊接技术不当、管道连接处不牢固等问题，这些都可能导致管道泄漏。这是未意识到施工程序重要性，私自更改程序施工的出现频率在安全意识不高里最高，应对施工程序进行严格监督和记录。再而，天然气管道的使用寿命和维护状况也会影响其安全性。如果管道老化严重、维护不及时，就会增加管道泄漏的风险。

管道运输和使用中的人为因素也是导致事故发生的重要原因。操作人员的安全意识不强、操作不规范，或者管理不严格，都可能导致管道泄漏和事故的发生。此外，天然气管道所处的自然环境和地质条件也会对其安全性产生影响，如地震、泥石流等自然灾害，以及土壤沉降等地质因素都会增加管道泄漏的风险。此外，天然气管道所处的环境因素也是导致泄漏事故的重要因素之一。例如，管道所处地区的气候条件，如气温、湿度等，以及管道所处的地形地貌、水文地质条件等都会对管道的运行和安全性产生影响。如果管道所处的地区容易发生洪涝、山洪、滑坡等灾害，或者气候条件异常，如高温、低温、大风等，都可能导致管道的损坏和泄漏。由于输气管道压力大，管道可能会因外界环境发生腐蚀穿孔或被第三方单位破坏，泄漏事故难以避免。

另外，天然气管道的运输和使用中也存在一些技术和管理方面的问题，例如：管道压力控制不严格、操作不规范、泄漏检测不及时等。这些问题也会直接影响管道的安全性和泄漏风险。

因此，为了降低天然气管道泄漏事故的风险，需要全面分析各种潜在的风险因素，并制定相应的防范措施。这包括加强管道的设计和施工质量管理，建立完善的管道维护制度，加强人员安全教育和培训，以及完善的应急预案等。只有这样，才能确保天然气管道的安全运输和使用，保障人民生命财产的安全。

综上所述，天然气管道泄漏事故的风险因素非常复杂，需要从多个角度进行全面的分析和控制。其风险因素包括管道设计、施工、运维、人员以及环境因素等多个方面。在日常运输和使用过程中，应该严格执行相关的安全规定和标准，加强风险评估和管控，加强技术培训和管理，及时发现和处理管道问题，确保天然气管道的安全运输和使用，避免发生事故，保障人民生命财产的安全。

3　基于层次分析法的天然气管道事故风险评价

3.1　评价方法

层次分析法是一种基于结构层次的定量分析方法[4]，可以帮助可以将多个因素按照其重要性进行层次化分析，从而得出各因素的权重占比。其主要步骤包括构建层次结构、两两比较各因素之间的重要性、计算各因素的权重系数、计算各因素的综合权重和归一化处理等。

首先，可以需要确定天然气管道泄漏事故的风险因素。这些因素可以分为多个层次，例如一级因素可以包括管道安装和施工质量、使用寿命和维护状况、管道压力控制和泄漏检测等；二级因素可以包括自然环境和地质条件、气候条件、地形地貌和水文地质条件等；三级因素可以包括人为因素等。通过将这些因素按照其重要性进行层次化分析，可以帮助可以更好地了解各因素之间的关系和相互影响。

其次，可以需要进行两两比较各因素之间的重要性，确定各因素的权重系数。在层次分析法中，可以使用两两比较矩阵和特征向量法来确定各因素之间的相对重要性。通过两两比较，可以得出各因素之间的权重系数，从而确定各因素的综合权重。

最后，可以需要对各因素的综合权重进行归一化处理，得出各因素的最终权重占比[3]。这样，可以就可以根据各因素的权重占比，有针对性地采取措施来降低天然气管道泄露事故的风险。

需要注意的是，在进行层次分析法分析时，可以应该尽可能地考虑全面、细致，以便更好地反映事实。同时，再确定各因素的最终权重。

3.2 风险因素及其权重

本文将从如下若干因素建立起层次分析模型[5]：管道材质、管道周围环境、管道运行时间、管道直径和壁厚、管道施工工艺和质量、管道维护保养、管道设计规范和标准等。选择这些因素是因为它们对管道安全具有重要意义。是天然气管道泄露事故风险中最重要的因素之一。天然气管道事故风险因素及其权重占比见表1。

（1）管道材质。管道材质直接影响管道的耐腐蚀性和强度等特性，因此它是决定管道泄漏事故风险的关键因素之一。

（2）管道环境。管道周围环境的情况会影响管道的腐蚀速度、磨损程度等，而这些因素会直接影响管道的可靠性和安全性。

（3）运行时间。管道的运行时间越长，管道泄漏事故的风险就越高。这是因为随着时间的推移，管道会出现疲劳、腐蚀和老化等问题，从而导致管道泄露事故的发生。

（4）管道直径和壁厚。管道的直径和壁厚直接关系到管道的承载能力和耐压能力。如果管道的直径和壁厚不符合规范或不足够强度，就会增加管道泄露事故的风险。

（5）管道工艺。管道的施工工艺和质量会直接影响管道的可靠性和安全性。如果管道的施工工艺不规范或质量不达标，就会增加管道泄露事故的风险。

（6）管道保养。管道的保养和维护对管道的可靠性和安全性至关重要。如果管道的保养和维护不到位，就会增加管道泄露事故的风险。

（7）管道设计。管道的设计应该符合相关的规范和标准，否则会增加管道泄露事故的风险。因此，管道的设计是管道泄露事故风险分析中不可忽略的重要因素之一。

表1 天然气管道事故风险因素及其权重

	管道材质	管道环境	运行时间	管道直径	管道工艺	管道保养	管道设计
管道材质	1	1/3	1/2	1/2	1/3	1/3	1
管道环境	3	1	3/2	3/2	1	1	3
运行时间	2	2/3	1	1	2/3	2/3	1/2
管道直径	2	2/3	1	1	2/3	2/3	2
管道工艺	3	1	3/2	3/2	1	1	3
管道保养	3	1	3/2	3/2	1	1	3
管道设计	1	1/3	1/2	1/2	1/3	1/3	1

本研究采用层次分析法（Analytic Hierarchy Process，AHP）进行数据分析。首先，可以建立了一个判断矩阵，如下所示：

$$
\begin{bmatrix}
1 & 1/3 & 1/2 & 1/2 & 1/3 & 1/3 & 1 \\
3 & 1 & 3/2 & 3/2 & 1 & 1 & 3 \\
2 & 2/3 & 1 & 1 & 2/3 & 2/3 & 1/2 \\
2 & 2/3 & 1 & 1 & 2/3 & 2/3 & 2 \\
3 & 1 & 3/2 & 3/2 & 1 & 1 & 3 \\
3 & 1 & 3/2 & 3/2 & 1 & 1 & 3 \\
1 & 1/3 & 1/2 & 1/2 & 1/3 & 1/3 & 1
\end{bmatrix}
$$

然后，可以利用Python中的AHP[6]计算方法计算了判断矩阵的一致性比率（Consistency Ratio，CR），得到了CR=0.0437。由此可知，CR小于0.1，说明一致性较好，该矩阵可以用于决策，矩阵的一致性得到了较好的保持，结果可信。根据计算结果，得出的各危险因素重要性系数如表2所示。

首先，从权重上看，管道设计和管道材质是最为重要的因素，它们的权重分别为0.307和0.239。这意味着在管道系统优化中，可以应该更加注重管道设计和管道材质的选择。

表2 天然气管道事故危险因素重要性程度

因素	管道材质	管道环境	运行时间	管道直径	管道工艺	管道保养	管道设计
权重系数	0.194	0.334	0.107	0.138	0.138	0.138	0.05

其次，管道环境、管道保养和管道工艺的权重都比较接近，分别为0.142、0.135和0.136。这说明在管道系统优化中，这三个因素的重要性相当，需要同等重视。特别是在管道环境和管道保养方面，可以需要加强管理和维护，以保障管道系统的正常运行。

最后，运行时间和管道直径对整个系统的影响较小，它们的权重分别为0.029和0.012。这不代表这两个因素可以被忽略，但在管道系统优化时，可以相对放在次要位置。

4 小结

本文收集整理了近几年间的天然气管道事故典型案例19起，对其事故诱因、伤亡人数、发生时间地点等方面进行了统计分析，并结合层次分析法对天然气管道事故的潜在危险因素进行了风险评价。结果显示，在风险评价中，天然气管道设计和管道材质是最为重要的因素，它们的权重分别为0.307和0.239。其次，管道环境、管道保养和管道工艺的权重都比较接近，分别为0.142、0.135和0.136。

总之，权重的分析结果为可以提供了针对不同因素在管道系统优化中的重要性和优先级排序，有助于可以更好地制定和实施相应的管道系统优化策略。

参考文献

[1] 孙世梅，天然气管道施工事故行为原因研究［J］．中国安全科学学报，2020，30（6）：8-13.

[2] 朱华东，天然气分析测试技术发展前沿动态分析［J］. 油气田地面工程，2022，41（5）：6-10.

[3] Tepe，T. D. Kaleci and H. Tuzun，Integration of virtual reality fire drill application into authentic learning environments. World Journal on Educational Technology Current Issues 2018. 10（4）.

[4] Liang J，Chen Y，Tang X，et al. Comprehensive Evaluation of Appreciation ofRhododendronBased on Analytic Hierarchy Process［J］. Plants，2024，13（4）：

[5] 亓蕾，施工项目风险分析中层次分析法应用研究［J］. 商情（财经研究），2008（04）：66-67.

[6] 瞿英，路亚静，刘紫玉，等. 基于 AHP-DEMATEL 法的权重计算方法研究［J］. 数学的实践与认识，2016，46（07）：38-46.

基于网格搜索与交叉验证的支持向量机火灾风险预测模型

余宸光

（中国人民警察大学，河北　廊坊）

摘　要　本文提出了一种基于网格搜索与交叉验证的支持向量机（SVM）火灾风险预测模型。首先，对火灾风险评估数据集进行预处理。然后，采用 K 折交叉验证的网格搜索方法优化 SVM 模型的超参数。最后，将优化后的 SVM 模型应用于火灾风险预测，研究结果表明，基于网格搜索与交叉验证的 SVM 模型在火灾风险预测任务中预测正确率达到 94%。该模型能够有效识别影响火灾风险的因素，并准确预测火灾风险等级。

关键词　火灾风险预测　机器学习　支持向量机　网格搜索　交叉验证

1　引言

传统火灾风险预测方法主要基于统计学和专家知识，但这些方法往往缺乏准确性和鲁棒性。近年来，机器学习技术在火灾风险预测领域得到了广泛应用，并取得了显著的成果。支持向量机（SVM）是一种机器学习算法，具有强大的分类和回归能力，已广泛应用于各种领域，包括火灾风险预测。本文提出了一种基于网格搜索与交叉验证的支持向量机火灾风险预测模型。该模型采用 K 折交叉验证的网格搜索方法优化 SVM 模型的超参数。实验结果表明，该模型具有较高的预测精度，能够有效地识别火灾风险区域。

2　支持向量机概述

支持向量机（SVM）是一种功能强大的机器学习算法，具有处理复杂分类和回归任务的能力。擅长高维数据场景，可以捕获特征之间的非线性关系，SVM 的工作原理是找到一个超平面，使类之间的间隔最大化，从而有效地分离数据点。这种方法使它们对异常值和噪声具有鲁棒性，并且稀疏性原理确保了计算效率。核函数允许支持向量机将其功能扩展到非线性数据，对于无法线性分离的复杂数据，SVM 使用核函数将其转换为可以进行线性分类的高维空间。通过使用核函数来表示变换空间中数据点之间的内积，从而消除了显式非线性变换的需要。该方法有效地处理非线性分类问题。常用的核函数如下：

高斯核：$$k(x_i,x_j)=\exp\left(-\frac{\|x_i-x_j\|^2}{2\sigma^2}\right) \tag{1}$$

d 次多项式：$$k(x_i,x_j)=(<x_i x_j>+c)d \tag{2}$$

Sigmoid 核：$$k(x_i,x_j)=\tanh(\beta x_i^T x_j+\theta) \tag{3}$$

3　基于网格搜索与交叉验证的支持向量机火灾风险预测方法

3.1　火灾风险预测总体框架

火灾风险预测总体框架如图 1 所示。

3.2　数据获取

本研究利用旧金山市官方数据网站提供的历史火灾事件数据，首先进行数据清洗，由于原始数据存在噪声、不完整或不一致等情况，需要进行清洗处理。主要步骤包括：识别异常值：针对接警时间和到达时间相差超过 24h 等明显错误数据进行识别。处理缺失值：对于部分信息缺失的记录，考虑到插值填充可能引入新的误差，采取删除该条记录的方式进行处理。

经过清洗后的有效数据共计 3101 条，为后续的火灾风险预测模型构建提供了可靠的基础。

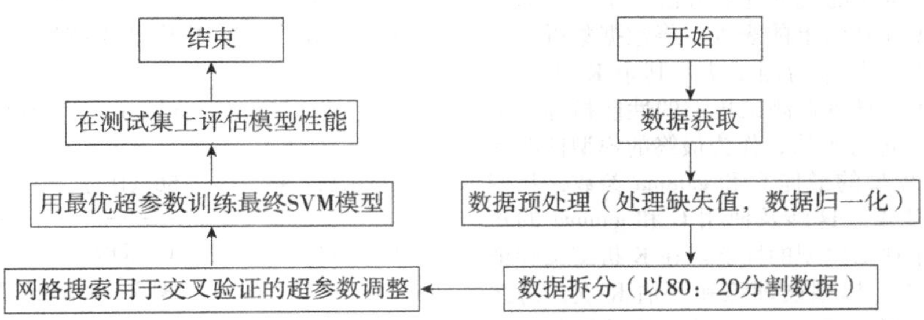

图 1　火灾风险预测总体框架图

3.3 数据预处理

在构建火灾风险预测模型之前，需要对所获取数据进行处理和准备工作。

（1）处理缺失值：

为了解决火灾事件数据中的缺失值，采用了前向填充方法。该方法利用缺失值之前的观测值来填补空白。这保留了数据的连续性和时间序列结构，确保数据的完整性和准确性。

（2）数据标准化：

为了消除特征之间的数值差异并方便模型训练，原始数据值被转换为0到1之间的标准化范围。这种标准化过程保证了所有特征对模型的贡献相同，提高了训练的稳定性和收敛速度，同时也提高了训练的稳定性和收敛速度。模型的准确性和泛化能力。归一化公式为：

$$x_1=\frac{x-x_{\min}}{x_{\max}-x_{\min}}。\tag{4}$$

式中：x 为归一化处理前的数值；$x_{\min}$、$x_{\max}$ 分别为样本中的最小值和最大值；x_1 为归一化后的数值。

（3）数据降维处理：

采用主成分分析（PCA）技术进行数据降维处理。PCA是一种常用的数据降维方法，可以处理具有大量特征的数据集。PCA通过将原始数据映射到新的低维空间，同时最大程度地保留数据的信息，从而减少了数据的维度和复杂度。在预测火灾风险的任务中，数据包含大量不同类别的数据，数据具有高维度和复杂性。PCA的应用可以更有效地处理这些数据。

3.4 核函数及其参数的选取

在预测中，支持支持机（SVM）是一种常用的机器学习模型，其性能取决于参数C和gamma的设定。C参数被称为惩罚因子，它的控制着对错误分类的惩罚程度。gamma参数决定了核函数中RBF核的参数，它影响着核函数的形状和决策边界。为了找到最优的C和gamma值，通常采用交叉验证的方法。具体步骤如下：

（1）将C和gamma参数设置在一个预定义的范围内，并按照一定的步长进行取值。

（2）将训练集样本分成k组，每一组作为验证训练集，其余k-1组作为训练集。

（3）对于每个C和gamma值，使用K折交叉验证的方法进行模型训练和评估。

（4）计算每个C和gamma值下模型的平均准确率。

（5）选择平均准确率最高的C和gamma值作为最优参数。

在实际应用中，为了提高模型的鲁棒性和泛化能力，可以采用网格搜索或随机搜索等方法来优化C和gamma参数。

3.5 K折交叉验证

K折交叉验证是一种常用的模型评估方法，用于评估模型的泛化能力，以便模型在新的上的表现。将数据集拆分K个子集，轮流将其中一个子集作为测试集，其余K-1个子集作为训练集，训练模型并计算在测试集上的性能指标，最后将所有K轮的性能指标进行平均，作为最终的模型性能评估结果。为了找到SVM模型的最佳C和gamma参数，我们对参数值网格进行全面搜索。这涉及使用C和gamma的每种组合的k倍交叉验证来评估模型的性能。在K折交叉验证中，训练数据被分为K折，模型被训练和评估K次，每次使用不同的折进行验证，剩余的折进行训练。针对每个C和gamma组合计算所有K次折叠的平均准确度得分，并选择产生最高平均准确度得分的组合作为最佳参数集。如果多种组合达到相同的最高精度，更喜欢C值较小的组合，因为这通常会产生更稳健的模型，并且过度拟合的风险更低。如果C值也相等，选择最先遇到的组合。

3.6 参数优化方法

采用网格搜索算法。涉及系统地评估模型在一系列参数值上的性能，这些参数值由具有指定步长的网格定义。对于参数值的每个组合，训练和评估模型，并选择产生最佳性能指标的组合。迭代并打印网格搜索中每个超参数组合的结果，超参数组合的结果如图2所示。

```
Best: 0.985915 using {'kernel': 'linear', 'C': 0.3}
0.983555 (0.015144) with: {'kernel': 'linear', 'C': 0.1}
0.842525 (0.056939) with: {'kernel': 'poly', 'C': 0.1}
0.943466 (0.040110) with: {'kernel': 'rbf', 'C': 0.1}
0.945958 (0.036788) with: {'kernel': 'sigmoid', 'C': 0.1}
0.985936 (0.011485) with: {'kernel': 'linear', 'C': 0.3}
0.868494 (0.054936) with: {'kernel': 'poly', 'C': 0.3}
0.957697 (0.027583) with: {'kernel': 'rbf', 'C': 0.3}
0.967110 (0.033902) with: {'kernel': 'sigmoid', 'C': 0.3}
0.985880 (0.015695) with: {'kernel': 'linear', 'C': 0.5}
0.873200 (0.047299) with: {'kernel': 'poly', 'C': 0.5}
0.962403 (0.032195) with: {'kernel': 'rbf', 'C': 0.5}
0.964673 (0.038744) with: {'kernel': 'sigmoid', 'C': 0.5}
0.983555 (0.015144) with: {'kernel': 'linear', 'C': 0.7}
0.889590 (0.044790) with: {'kernel': 'poly', 'C': 0.7}
0.969491 (0.028108) with: {'kernel': 'rbf', 'C': 0.7}
0.962292 (0.037201) with: {'kernel': 'sigmoid', 'C': 0.7}
0.983499 (0.018534) with: {'kernel': 'linear', 'C': 0.9}
0.892027 (0.044714) with: {'kernel': 'poly', 'C': 0.9}
0.967165 (0.028372) with: {'kernel': 'rbf', 'C': 0.9}
0.957641 (0.035041) with: {'kernel': 'sigmoid', 'C': 0.9}
0.983499 (0.018534) with: {'kernel': 'linear', 'C': 1.0}
0.892027 (0.044714) with: {'kernel': 'poly', 'C': 1.0}
0.964784 (0.028514) with: {'kernel': 'rbf', 'C': 1.0}
0.957641 (0.035041) with: {'kernel': 'sigmoid', 'C': 1.0}
0.983555 (0.018371) with: {'kernel': 'linear', 'C': 1.3}
0.896733 (0.045878) with: {'kernel': 'poly', 'C': 1.3}
0.964729 (0.034016) with: {'kernel': 'rbf', 'C': 1.3}
0.955316 (0.035998) with: {'kernel': 'sigmoid', 'C': 1.3}
0.983555 (0.018371) with: {'kernel': 'linear', 'C': 1.5}
0.903821 (0.051779) with: {'kernel': 'poly', 'C': 1.5}
0.964729 (0.030501) with: {'kernel': 'rbf', 'C': 1.5}
```

图2 每个超参数组合的结果

图2显示，最佳参数（c，g）的最终分类准确率为98.5%，此时最佳参数组合c=0.3，kernel为linear。

4 SVM火灾风险测模型评估

4.1 混淆矩阵

混淆矩阵是用于评估分类模型性能的一种工具，它直观地展示了模型对不同类别数据的预测结果。在混淆矩阵中，通过以上步骤确定了RBF的最佳参数组合kernel='linear'，random_state=0，gamma=0.2，C=0.3，利用真实的数据作为训练数据建立SVM诊断预测模型，模型测得混淆矩阵如图3所示。

```
               Model says "+"    Model says "-"

Actual: "+"    50 (TP )    |      3 (FN)
             ---------------------------------
Actual: "-"    1  (FP)     |      89 (TN)
```

图3 混淆矩阵图

4.2 精确率和 kappa 值

精确率是评估分类性能的常用指标，它表示分类器在所有样本中正确分类的比例。精确率越高，表明分类器的性能越好。然而，在面对类别不平衡的情况下，精确率可能会受到影响，因此需要综合考虑 Kappa 系数。Kappa 系数是用于评估分类器预测与实际观察之间一致性的统计量。它考虑了分类器的正确性与偶然性之间的差异，特别适用于不平衡类别的情况。Kappa 系数越接近 1，表示分类器的性能越好，与实际观察的一致性越高。模型的准确率和 Kappa 值的对比如图 4 所示。

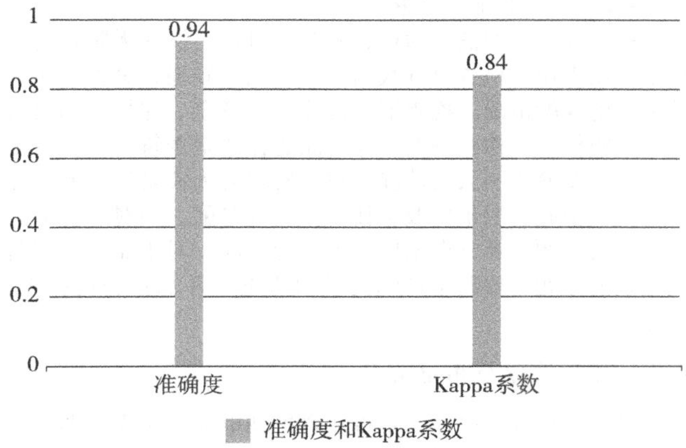

图 4

5 结论

本文提出了一种基于网格搜索与交叉验证的支持向量机火灾风险预测模型。该模型利用网格搜索算法优化 SVM 的参数，并采用交叉验证方法评估模型的性能。实验结果表明，该模型具有较高的预测精度，能够有效地识别火灾风险区域。该模型可以为火灾预防和管理提供有效的决策支持。

参考文献

[1] 王树斌，王旭，闫世平，等．基于 Transformer 的矿井内因火灾时间序列预测方法［J］．工矿自动化，2024，50（03）：65-70+91.

[2] 张金钰，彭道黎，张超珺，等．基于深度学习的内蒙古大兴安岭林区火灾预测建模研究［J］．林业科学研究，2024，37（01）：31-40.

[3] 张广才．机器学习在火灾预测和防控中的应用研究［J］．消防界（电子版），2023，9（15）：126-128.

[4] 赵月静，邢天祥，秦志英．参数优化的 IZOA-SVM 机械设备故障诊断方法［J/OL］．机电工程：1-10［2024-04-30］．http://kns.cnki.net/kcms/detail/33.1088.TH.20240429.2049.006.html.

[5] 陈云峰，于雪，刘吉成，等．基于 TSO-LS-SVM 模型的电煤库存风险评价研究［J/OL］．中国管理科学：1-8［2024-04-30］．https://doi.org/10.16381/j.cnki.issn1003-207x.2023.1065.

[6] 周前华，陈仕龙，邓健，等．基于 CNN-SVM 的特高压三端混合直流线路故障区域识别方法［J/OL］．电力科学与工程：1-9［2024-04-30］．http://kns.cnki.net/kcms/detail/13.1328.tk.20240308.1023.004.html.

[7] 方匡南，吴见彬，朱建平，等．随机森林方法研究综述［J］．统计与信息论坛，2011，26（3）：32-38.

[8] 杨剑锋，乔佩蕊，李永梅，等．机器学习分类问题及算法研究综述［J］．统计与决策，2019，35（06）：36-40.

[9] 王湛，朱国庆，柴国强，等．基于机器学习的火灾事故等级分类研究［J］．消防科学与技术，2020，39（12）：1735-1739.

[10] 刘艺梁，殷坤龙，刘斌．逻辑回归和人工神经网络模型在滑坡灾害空间预测中的应用［J］．水文地质工程地质，2010，37（05）：92-96.

[11] 周志华．机器学习［M］．北京：清华大学出版社，2016.

浅谈建筑火灾风险评估与预防措施研究

赵　艳

（河北省廊坊市安次区消防救援大队，河北　廊坊）

摘　要　火灾风险评估是对包括建筑、人员、环境等在内的因素进行系统分析和评估，以确定火灾发生的可能性以及火灾可能造成的生命安全和财产损失潜在程度。在科学火灾风险评估的基础上实施有效的预防措施，可以降低建筑火灾的发生概率，并在火灾发生时提供有效的应对措施，从而最大程度地减少人员伤亡和财产损失。本文对此进行了详细分析与阐述。

关键词　建筑火灾　风险评估　评估方法　预防措施

1 引言

随着建筑技术的不断发展和城市化的推进，建筑物的规模、复杂性和使用功能日益增加。然而，火灾作为一种常见的安全事故，对人员的生命财产安全造成了严重威胁，同时也给社会和经济带来了巨大损失。因此，对于建筑物火灾风险的评估和预防措施的研究显得尤为重要。

2 建筑火灾风险评估与预防措施研究的意义

建筑火灾风险评估与预防措施研究在当前的背景下具有极其重要的意义。

首先，随着城市化进程的加速，建筑物数量不断增加，同时伴随着的是火灾风险的提高。这种风险可能来源于电气故障、燃气泄漏、人为因素等多种原因，而不同类型的建筑物（如高层建筑、商场、学校等）又具有各自的特点和风险点。因此，对建筑物进行火灾风险评估和风险控制能够确保在火灾发生时，人员能够及时、安全地撤离，减少人员伤亡。

建筑火灾风险评估的主要目的在于识别和评估建筑物内潜在的火灾风险，为制定有效的风险控制措施提供依据。通过评估，可以查找、分析和预测建筑及其周围环境存在的各种火灾风险源，确定各风险因素的火灾风险等级，并据此提出针对性的消防安全对策与措施，最大限度地消除和降低各项火灾风险，同时也有助于提升建筑物的整体安全水平，使其更加符合消防安全要求[1]。

3 建筑火灾风险评估方法

3.1 定性方法

主要通过对建筑物结构、用途、人员密度、火灾源等方面进行描述性分析，来评估火灾发生的可能性和后果。这种方法适用于规模较小或者简单的建筑物，其优点是操作简单、成本较低。常用的定性方法有专家评估法、统计回顾法和案例分析法等。其中，专家评估法主要依靠专家判断，所以在选择专家时应确保其具有丰富的经验和专业知识。

3.2 定量方法

通过数学和统计的手段对建筑物的火灾风险进行量化分析，具有科学性和准确性。例如，风险矩阵法将建筑物的火灾概率和后果分别量化为矩阵中的行和列，通过交叉匹配得到对应的风险等级。另外，风险指数法通过构建火灾风险指数模型，综合考虑建筑物的火灾概率、损失程度和应急能力等因素，计算得到建筑物的风险指数[2]。

3.3 运用大数据和人工智能技术

基于大数据和人工智能的火灾风险评估能够实现对火灾风险的精确评估和预测。该方法能整合各类与火灾风险相关的数据，并对数据进行处理和分析。人工智能、大数据技术通过机器学习、深度学习，对数据深入挖掘和分析，从而发现数据中的规律和模式有助于更准确地评估不同区域、不同建筑物的火灾风险。

4 建筑火灾风险预防措施

4.1 消防安全培训与教育

针对建筑火灾的消防安全培训与教育是非常重要的，以下是几个关键步骤和要点：

4.1.1 明确培训目标

首先需要确定培训的具体内容和目标，比如掌握基本的火灾逃生技能、了解灭火器的使用、熟悉火灾预防措施等。

4.1.2 制定培训计划

根据培训目标，制定详细的培训计划。计划应包括培训内容、培训方法、培训周期等。培训周期应合理，确保培训时间充裕、内容充实。

4.1.3 开展多样化的培训活动

如模拟火灾演习，通过模拟火灾现场，让学员亲身体验火灾逃生和灭火的过程，提高应急处理能力。开展安全知识讲座，邀请消防员或相关专家讲解火灾防控知识，加深学员对火灾防控的理解和认识。开设消防安全培训课程，组织针对消防安全知识的培训课程，增强学员的火灾防范和处理能力。开展网络在线培训，利用网络平台提供在线火灾安全培训课程，方便学员自主学习，并进行在线测试和评估[3]。

4.2 定期检查与日常巡查

4.2.1 明确排查目标

在进行建筑火灾隐患排查时，需要明确排查的目标和范围，包括建筑物的结构、电气系统、消防设施等方面。同时，需要了解相关的消防安全法规和标准，以便更好地识别隐患。

4.2.2 制定排查计划

制定详细的排查计划，包括时间、人员、工具等方面的安排。确保排查工作能够全面、系统地进行，不遗漏任何可能的隐患点。

4.2.3 全面排查隐患

检查建筑物的消防通道、安全出口是否畅通无阻，是否被堵塞或占用。检查电气线路是否老化、破损，是否存在私拉乱接电线的情况。检查消防设施是否齐全、完好，如灭火器、消防栓等。检查易燃易爆物品的存放是否符合规范，是否存在违规使用明火的情况。对于发现的火灾隐患，要立即制定整改措施，明确整改责任人和整改时限。而对于能够立即整改的问题，要立即采取行动进行整改。对于需要一定时间整改的问题，要制定详细的整改方案，并加强督促检查，确保整改到位。

4.3 电气设备与用电管理

禁止私拉乱接电线，不得随意拆卸电器，用完电器要及时拔掉插销。同时，对试验室、宿舍、食堂、办公区等区域内的电器设备要经常查看，尽可能少用临时电线，严禁超负荷用电。加强电气设备与用电管理对于确保消防安全至关重要。要完善电气设备与用电管理制度，设立专门的电气管理部门或岗位，负责监督和执行相关管理制度，确保各项规定得到有效落实。同时，要加强电气设备选型与采购管理，应优先选择符合国家标准、具有质量认证的产品，确保设备性能稳定、安全可靠[4]。

要规范电气设备安装与使用。电气设备安装应符合相关标准和规范，确保设备接线正确、牢固，防止接触不良或短路等安全隐患。要定期对电气设备进行巡视和检查，及时发现并处理设备异常和故障，防止故障扩大或引发火灾。

4.4 加强微型消防站建设

加强微型消防站建设是一个重要的举措，对于提高城市火灾防控能力和应急救援水平具有重要意义。确保高层建筑的使用单位或居民社区都有微型消防站，这样能够在发生火灾时第一时间到场处置，避免小火酿成大灾。加强微型消防站的建设要强调以下几点：

4.4.1 明确建设目标

微型消防站应作为城市消防体系的重要组成部分，其建设目标应定位为快速响应火灾、扑灭小型火灾、提供急救服务和进行火警报警及疏散指导。

4.4.2 落实建设责任主体

政府相关部门应明确微型消防站的建设责任主体，并引导相关单位充分认识建设微型消防站的重要性。同时，要制定详细的建设标准和规范，确保微型消防站的建设质量。

4.4.3 强化设备配备与更新

根据微型消防站的定位和任务，配备必要的消防器材和装备，如灭火器、消防水带、防护服等。同时，要定期对设备进行检查和维护，确保设备处于良好状态。

4.4.4 加强人员培训与演练

对微型消防站的消防队员进行专业培训，提高其灭火技能和应急救援能力。定期组织演练活动，模拟火灾场景，检验微型消防站的响应速度和处置能力。

4.4.5 完善联动机制

微型消防站应与当地消防部门建立紧密的联动机制，实现信息共享和协同作战。在火灾发生时，微型消防站可以迅速响应并配合消防部门进行灭火和救援工作。

4.4.6 加强宣传与教育

通过宣传栏、宣传册、微信公众号等多种渠道，向公众普及火灾防控知识和微型消防站的作用，提高公众的消防安全意识和自防自救能力。

5 建筑火灾风险评估案例分析

5.1 建筑概况

该高层建筑为一栋集住宅、商业、办公于一体的综合性建筑，总高度达到××米，共有××层。建筑内部设有多个电梯、消防通道、管道等设施。

5.2 风险评估方法

针对该建筑的特点，我们采用了多种风险评估方法进行综合分析。首先，利用定性与定量相结合的方法对建筑内部的火灾蔓延情况进行模拟，确定火灾可能发生的区域和蔓延路径。其次，运用大数据和人工智能技术对建筑内部的消防设施、电气线路、可燃物等进行全面检查，识别潜在的火灾风险点。最后，通过问卷调查和实地访谈的方式，收集建筑内人员对于火灾风险的认知和应对能力的信息。

5.3 评估结果

经过综合评估，我们发现该建筑存在以下主要火灾风险点：一是部分消防设施老化、损坏严重，无法有效应对火灾；二是电气线路存在私拉乱接、过载使用等问题，容易引发火灾；三是建筑内部可燃物较多，一旦发生火灾，火势容易迅速蔓延；四是部分人员对火灾风险的认知不足，缺乏应对火灾的基本知识和技能。

5.4 预防措施研究

针对评估结果，我们提出了以下预防措施：

5.4.1 加强消防设施的日常维护和保养

确保其处于良好工作状态。定期对消防设施进行检查和测试，及时发现并修复存在的问题。

5.4.2 规范电气线路的使用和管理

禁止私拉乱接和过载使用加强对电气线路的定期检查和维护，及时发现并处理潜在的安全隐患。

5.4.3 减少建筑内部可燃物的存放量

合理设置防火隔离带和防火墙等设施，防止火势蔓延。同时，加强对可燃物的日常管理和监控，确保其安全使用。

5.4.4 加强火灾安全宣传教育

提高人员的火灾风险意识和应对能力。定期开展火灾应急演练和培训活动，让人员了解基本的火灾应对知识和技能。

6 结论

通过本次案例分析，我们可以看出建筑火灾风险评估与预防措施的重要性。针对复杂建筑的火灾防范工作，我们需要采用多种评估方法进行全面分析，并结合实际情况制定有效的预防措施。同时，加强火灾安全宣传教育和应急演练也是提高人员应对火灾能力的重要途径。

总之，建筑火灾风险评估与预防措施研究对于减少火灾事故的发生、保障人员的生命安全、降低社会和经济损失具有重要意义。在当前城市化进程加速、建筑物数量不断增加的背景下，消防部门应对建筑火灾给予高度关注并采取有效措施，最大限度地减少人员伤亡和财产损失，为构建和谐社会贡献力量。

参考文献

[1] 李申．朱磊．大型综合公共建筑的火灾风险评估[J]．武警学院学报，2010（12）：35-38.

[2] 王雅娜．米红甫．高层住宅建筑火灾风险评估研究[J]．价值工程，2018（33）：82-84.

[3] 朱亚明．基于大数据的建筑火灾风险预测[J]．消防科学与技术，2017（07）：101-103.

[4] 郇博偲．高层建筑消防安全现状及火灾防控措施分析[J]．工程建设与设计，2023（04）：47-49.

工业企业火灾防治技术

基于 MATLAB 的低压配电系统典型故障机理研究

邵晓宇

（十堰市消防救援支队，湖北　十堰）

摘　要　随着电力运用范围的增加，2023 年因短路、过负荷、接触不良等线路问题引发的电气火灾占电气火灾总数的 29.1%，因此对低压供配电系统中可能发生漏电、短路、过负荷、接触电阻过大等故障的研究将会为防范电气火灾的发生提出指导意见，具有重大意义。本文主要对低压配电系统的电气故障进行了分析，研究各种电气故障发生后电流电压的变化和可能造成的后果及火灾危险性。通过 Simulink 对三相线路的电气故障进行仿真分析，探讨电气故障造成的后果。

关键词　低压配电系统　过电压　接地故障　短路故障

1　引言

2023 年 1~10 月存在 74.5 万次火灾被接报，本数据由消防救援局整理得到。用火用电成为火灾发生的直接原因。在 1~10 月中由于电气原因导致发生的火灾达到了 21.7 万次，占总数的 29.1%，因用火不慎引发的火灾有 16.4 万起，占总数的 22.1%，因遗留火种引发火灾 15 万起，占总数的 20.1%，其余原因引发的火灾占总数的 28.7%。由此可见防范电气火灾的发生已成为防火的重中之重。本课题通过对低压电气线路发生火灾原因的探讨，从而得出低压电气线路火灾的发生机理，由此来提高社会人员对电气火灾的认识，使人们对防范电气线路火灾有更好的应对方法，降低此类事故的发生频率，减小损失。

2　低压配电系统的故障原因及火灾危险性分析

2.1　低压配电系统的组成

低压配电系统由三个部分组成：降压变电所、低压配电线路、用电设备，原理图如图 1 所示[1]。

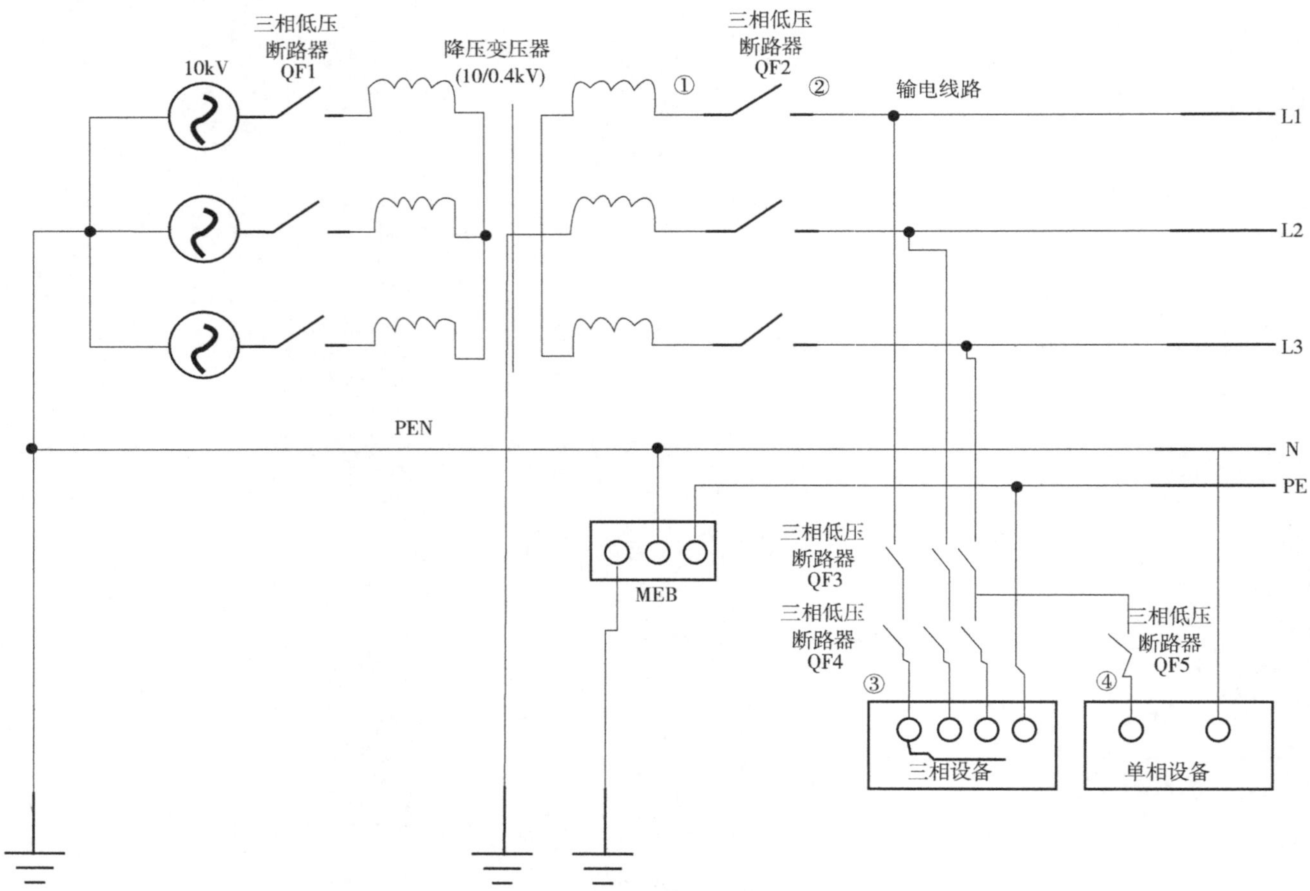

图 1　低压配电系统原理图

作者简介：邵晓宇，女，十堰市消防救援支队，专业技术干部。

2.2 低压供配电系统的分类

低压配电系统不能正常运行导致了电气设备火灾的产生，由于火灾保护措施未能正常发挥作用，导致故障发生后未能被及时切断。系统根据接地位置分类见表1。

表1 系统分类

TN 系统	TT 系统	IT 系统
TN-C 系统	—	—
TN-S 系统	—	—
TN-C-S 系统	—	—

2.3 低压配电系统电气故障原因分析

研究表明：漏电、短路、接触电阻过大等可能会引起温度急剧升高、产生电火花等危险现象。这些现象会引燃周围的可燃物造成电气火灾[2]。

2.3.1 漏电

漏电是电气设备的表面与火线发生相连，此时它们会与地面产生电位差，有电流通过。由于线路之间，线路与大地间有电容存在，所以即使线路正常运行，也有漏电流，见图2（a）。当电气线路的绝缘外壳出现破损造成性能下降时，漏电将会集中出现在导体之间或与大地相连导体的相同或不同位置，见图2（b）。

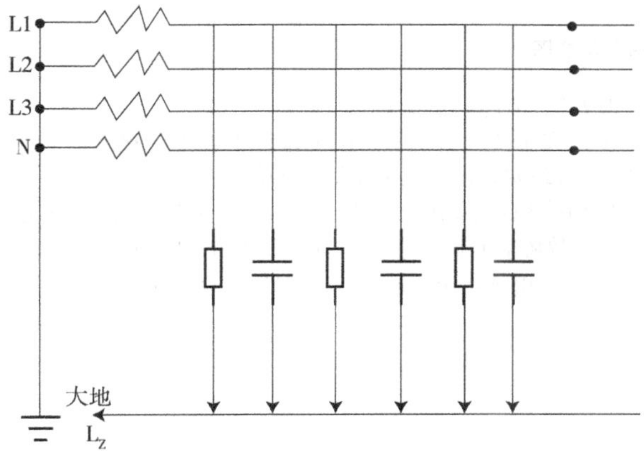

（a）正常漏电流（Iz）

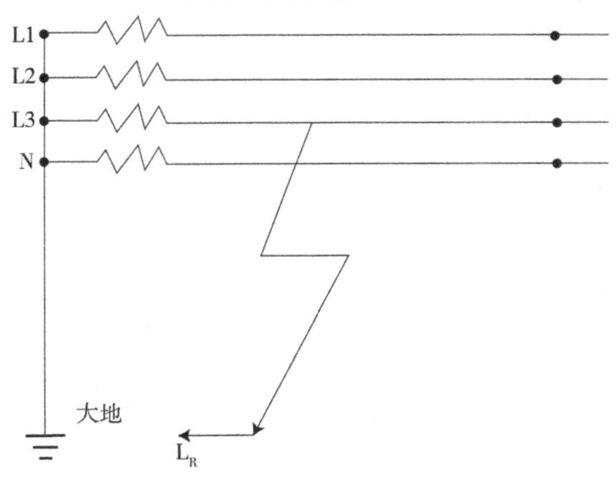

（b）非正常漏电流（IR）

图2 漏电流示意图

2.3.2 短路

电位不相等的导体短接在配电网中是指短路。电线短路会导致线路电流骤增，当电流超过导体的额定电流后会快速增加大量的热量，使导线产生高达数千摄氏度的温度，接触不良的接头会产生火花，由于导线绝缘层不具备散热功能，如果此时保护电路无法起到保护作用的话，火灾的危险就会发生。当火花或过热的电线遇到易燃物就会产生明火。短路示意图见图3。短路发生在TN-C-S系统上时，如图4所示。最常发生在配电网中的短路故障有单相、两相接地短路和两相、三相相间短路[3]。

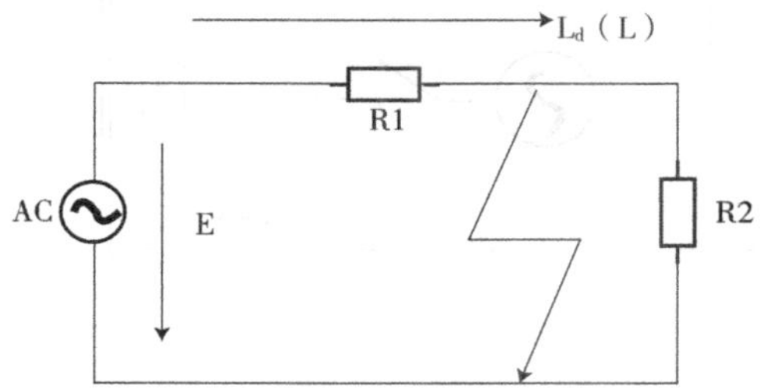

图3 单相短路示意图

2.3.3 过负荷

过负荷发生的条件是用电设备和电气线路中的电流比其允许通过的电流大。由焦耳定律可知，流经电气线路中的电流越大，产生的热量越多，因此当发生过负荷时，用电设备或电气线路的温度将会升高[4]。

2.3.4 接触电阻过大

接触电阻过大的原因有：接触点衔接不当，有松动；有杂物存在于接头和接头之间等。接触电阻过大引起火灾的危险性主要在于电流的热效应。在接触电阻过大的情况下，长期通电所产生的热量不但会使导线绝缘破坏发生燃烧，还会使自身熔化，金属熔化形成喷溅后，其熔珠足以使周围一定范围内的可燃物起火，使爆炸浓度范围内的可燃气体，液体蒸气等气态混合物引起爆炸[5]。

2.3.5 电火花和电弧

电极之间发生击穿放电会导致电火花的出现。电弧是由许多电火花聚积而成。电弧的温度往往在7900℃以上。因此这两种现象会使得周围的可燃物被引燃。

2.4 电能传播特征和电气火灾发生机理分析

2.4.1 电能传播特征

电能经过以下过程传播：发电厂制造的电，经过输电线路、变配电设施最终达到用电设备，由用户使用。一般大功率负载上会消耗大量能量，能量也会在最短的路径上得到释放。故障种类、负载、压升和压降、发电容量等变量会影响能量释放的量。传输的电能在电气线路中由于故障的发生逐渐转化为光能和热能，这种变化使得故障部位的温度不断升高，当温度上升到周围可燃物或线路的燃点时，电气火灾就会发生[6]。

2.4.2 电气火灾发生机理

电气火灾机理在对火灾的研究可用电发热、弧光放电、电接触这三个基本原理来概括。电气火灾由这三个因素各自或混合作用造成的，是电气火灾发生的根本原因。

3 基于MATLAB的接地及短路故障模型建立

因为在低压配电系统中接地故障和短路故障发生的频率最高且可能造成的危害也极多，所以需要对低压配电网不同位置上发生的接地、短路故障模拟，以此来找出各类故障的特点，并将结果与理论分析进行对比，得出二者之间的差

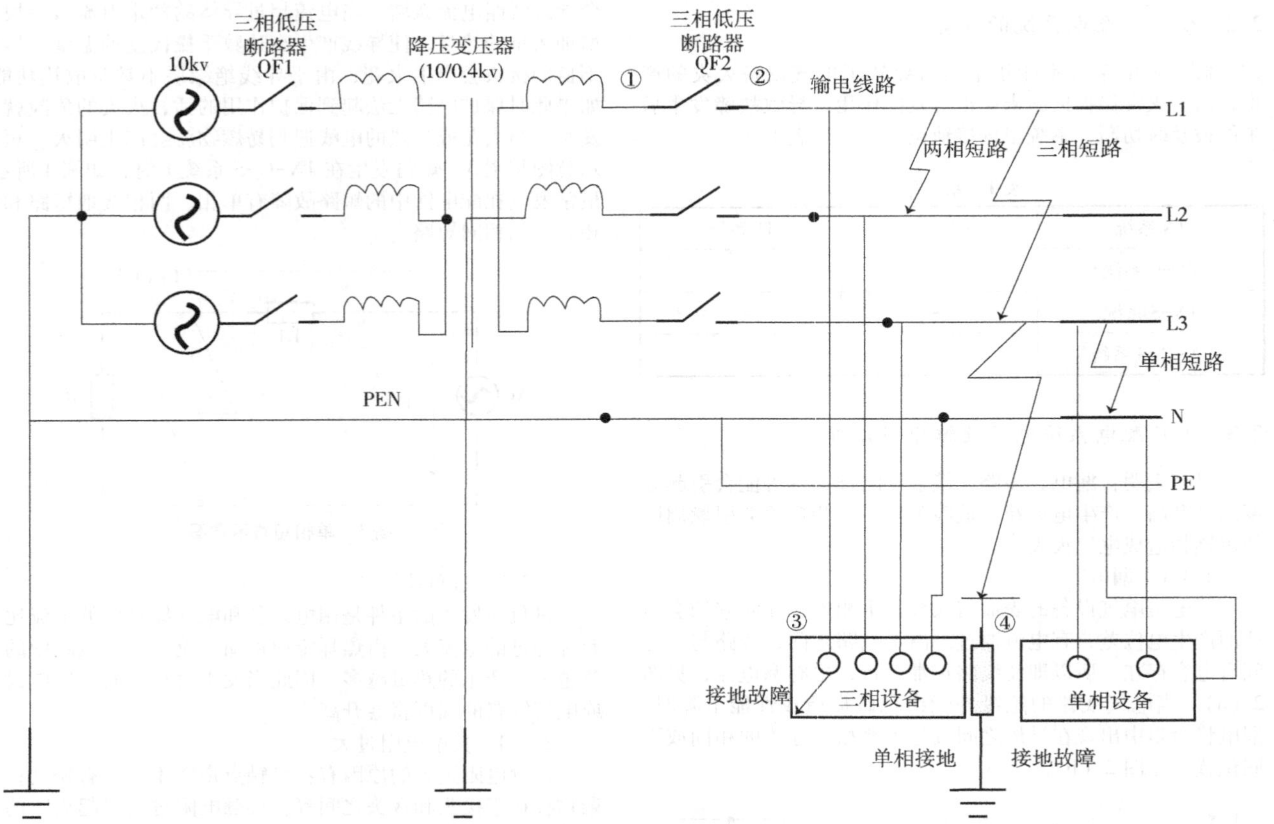

图 4 TN-C-S 系统短路示意图

异，从而总结出最终的结论。

3.2 仿真模型的建立

3.2.1 模型整体架构

为对低压配电系统典型故障的机理进行研究，依照图 2.1 建筑低压配电系统原理图，通过使用 MATLAB 中的 Simulink 来建立图 5 中的故障仿真模型，最后通过参数的改变得到最终结果[7]。

3.2.2 故障状态分析

本论文主要分析了低压配电系统中发生的接地故障和短路故障。接地故障是导体与大地直接相连。

单相接地故障在低压配电系统发生故障的占比达到 75%。该故障若长时间存在，非故障相的电压将会变为正常值的$\sqrt{3}$倍，出现过电压现象，还可能会导致出现多相或两相短路。

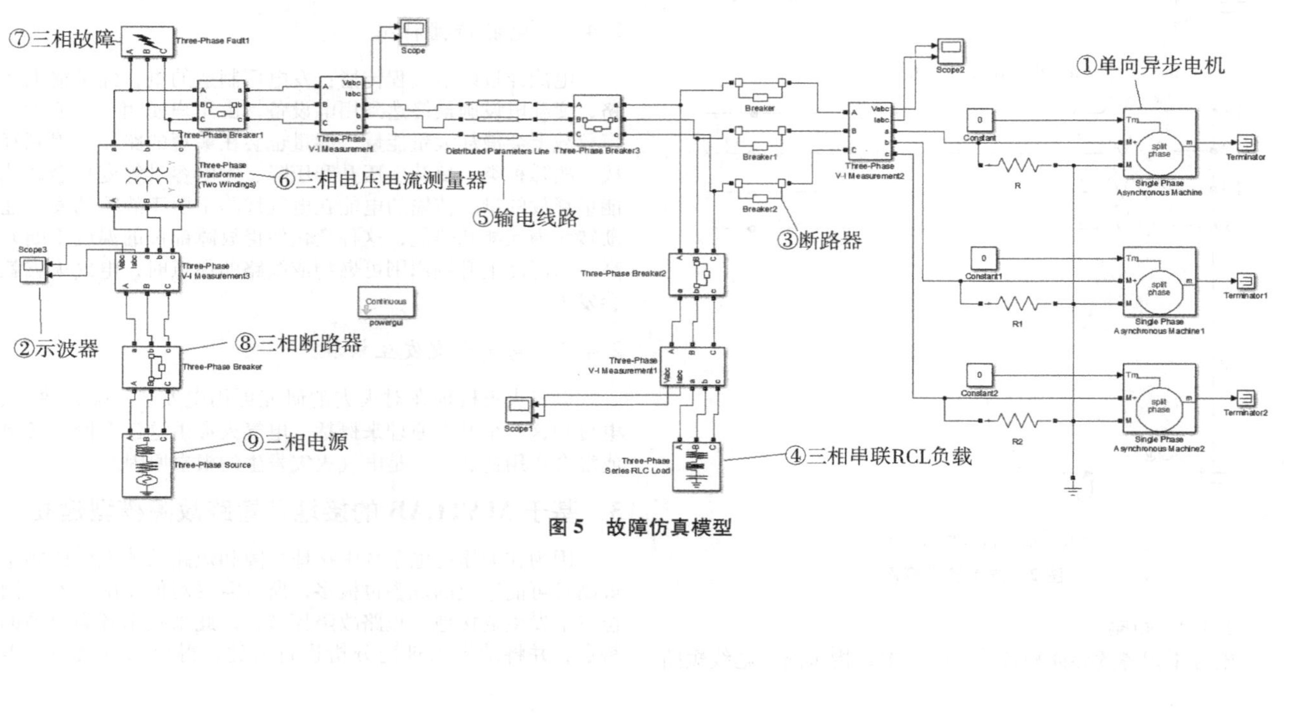

图 5 故障仿真模型

配电网中相与相间或相与地间发生非正常的相连是短路。单相对地短路是中性点接地配电系统中发生概率最高的短路，在所有故障中占比为85%。短路故障会导致电流急剧升高，线路间的温度也随之升高，火灾危险性极大。

3.2.3　工况设置

输电线路参数如表2所示，图3.1中各元件的参数设置如表3所示，设置系统模块参数相互匹配，将工频50Hz作为频率，0.1s作为仿真时间，算法选择步长为ode23tb算法，将0.002作为最大步长尺寸，相对误差为10^{-6}，示波器将显示出各个相上电压和电流的波形，将根据这些波形图进行分析故障对电路的影响。

表2　输电线路参数

元件	R1/（Ω/km）	L1/（H/km）	C1/（F/km）	R0/（Ω/km）	L0/（H/km）	C0/（F/km）
参数	0.013	6.009e-3	11.5e-9	0.332	8.044e-3	3.8e-9

表3　元件参数

元件	三相电源	断路器	三相变压器	三相故障	三相串联RCL负载	单向异步电机
相电压	1000V	—	—	—	400	400
A相相角	0	—	—	—	—	—
频率	50Hz	—	50Hz	—	50Hz	50Hz
开关时间	—	[0.04，0.1]	—	[0.04，0.1]	—	—
初始状态	—	闭合	—	未动作	—	—
压降	—	—	1000/400V	—	—	—

4　接地及短路故障对电压电流的影响研究

以下将分别对图1中的①点（变压器低压侧）、②点（输电线路处）、③点（三项用电设备处）、④点（单相用电设备处）进行单相、两相接地故障，两相间、三相短路故障的仿真。故障发生后的结论可由仿真结果分析得到。

4.1　单相接地故障的影响研究

4.1.1　变压器低压侧单相接地故障

此情况下，点①图1处发生故障。变压器高压侧电压电流见图6。可看出，故障后，A相电压在0.045s，C相电压在0.04s会有一个跃变，接近600V。三相电压在0.055s趋近于0，电流在0.045s趋近于0，各用电设备停止工作。

4.1.2　输电线路单相接地故障

此情况下，点②图1处发生故障。输电线路电压电流见图7。0.04s，A相的电压变为0。B、C相电压在0.057s后迅速上升到原来的3.32倍。在0.07s后电压均趋近于0。电流在0.06s后逐渐趋近于0。该输电线路可能会出现绝缘击穿，有发生火灾的危险。

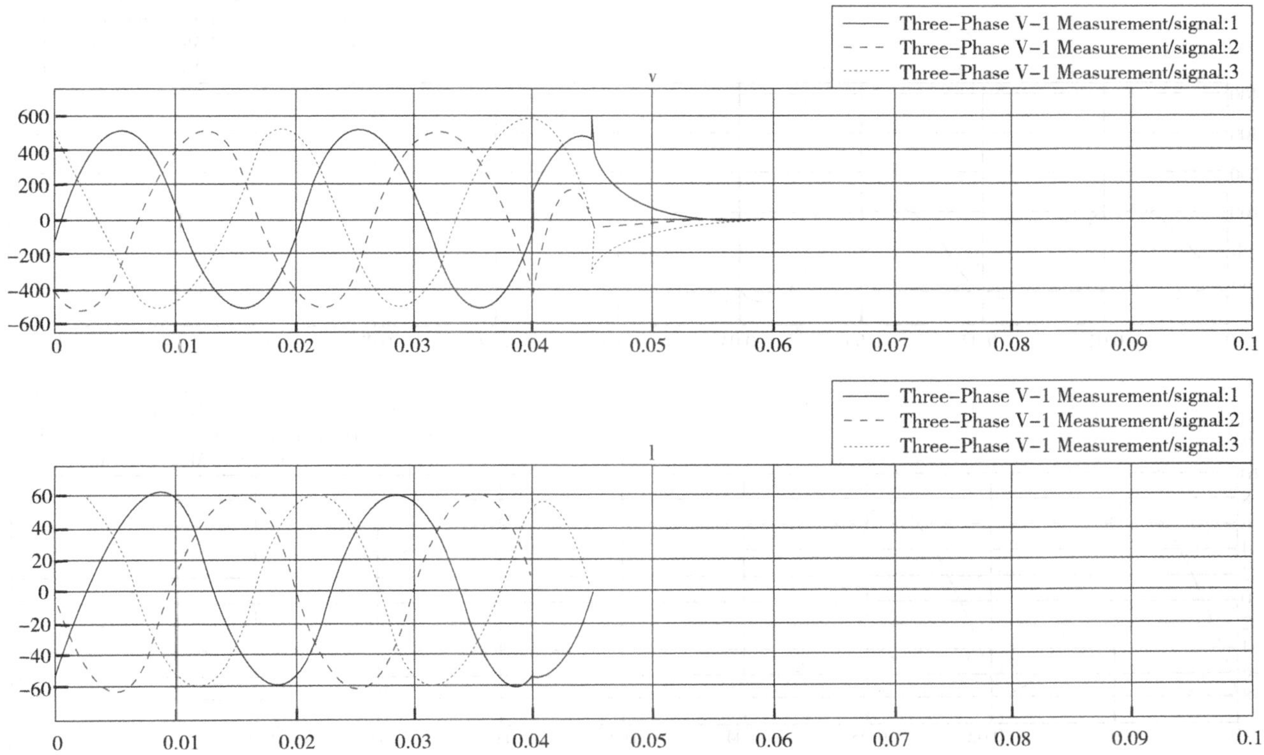

图6　变压器高压侧电压电流

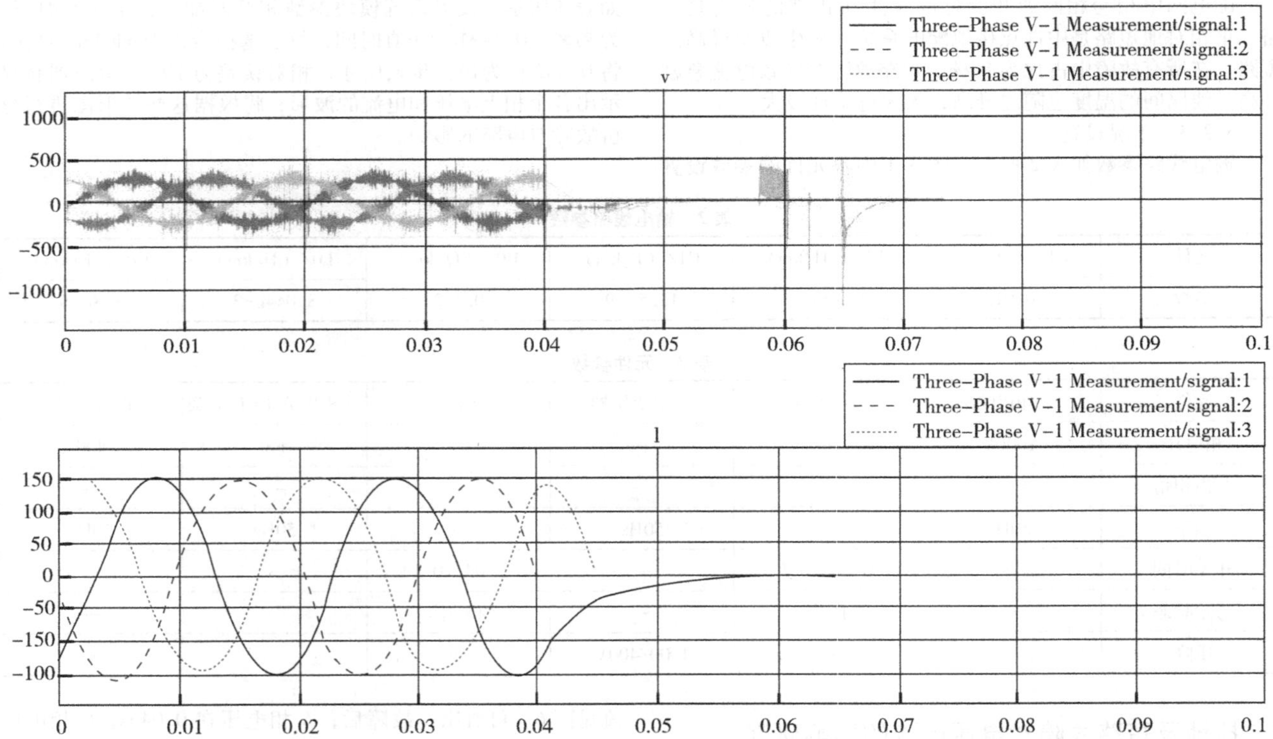

图 7　输电线路电压电流

4.1.3　三相用电设备单相接地故障

此情况下，点③图 1 处发生故障。三相用电设备电压电流波形见图 8。电压在 0.046s 后逐渐升高到原来的 3.03 倍。电流在 0.044s 后逐渐趋近于 0。三相用电设备内部如果没有过电压保护装置，会发生绝缘击穿，有较大的火灾危险性。

4.1.4　单相用电设备单相接地故障

此情况下，点④图 1 处发生故障。变压器高压侧电压电流见图 9。在故障发生的瞬间，C 相电压在 0.04s 发生跃变变为 600V，A 相电压在 0.044s 增大到 550V，B 相电压在 0.044s 减小到 186V，电压在 0.055s 均逐渐趋近于 0。电流在 0.045s 后逐渐趋近于 0。用电设备停止运行。各处电压和电流与 A 相接地故障出现在变压器低压侧时的电压和电流的曲线一致。

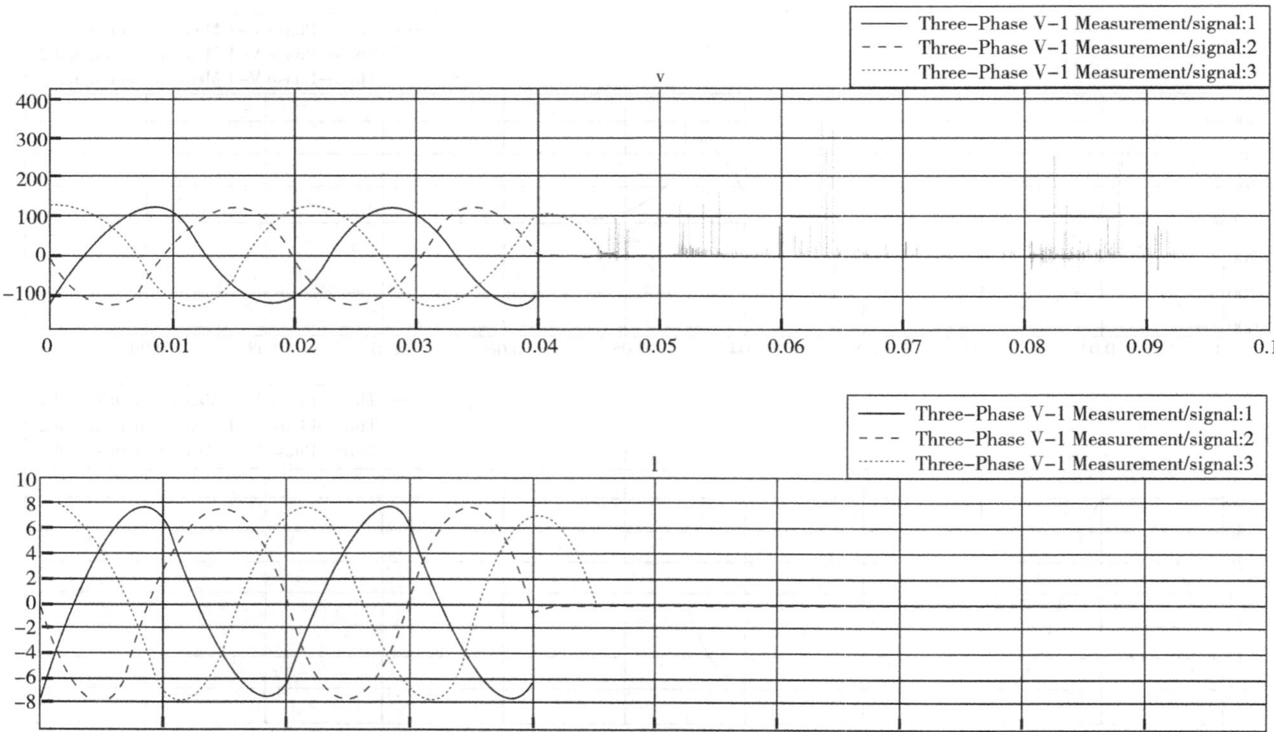

图 8　三项用电设备处电压电流

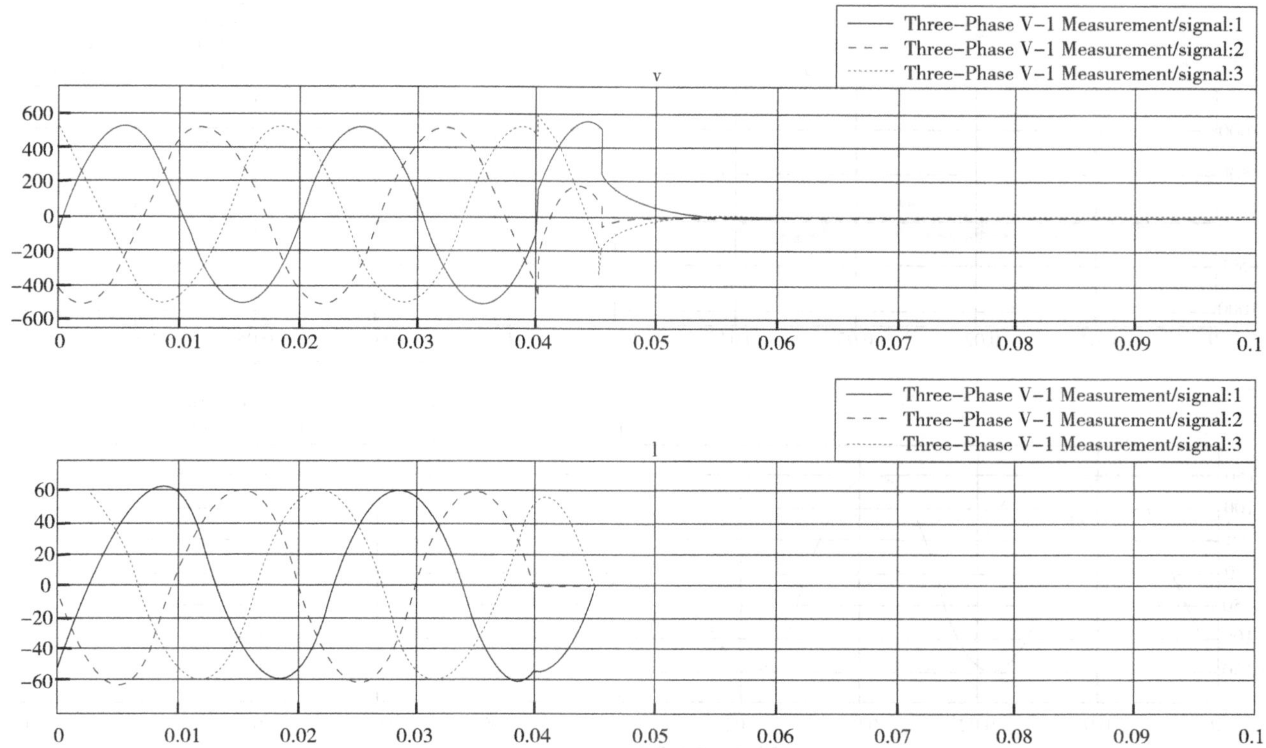

图 9　单相用电设备电压电流

4.2　两相接地故障的影响研究

4.2.1　变压器低压侧两相接地故障

此情况下，点①图 1 处发生故障。变压器高压侧电压电流见图 10。电流在 0.045s 逐渐趋近于 0。非故障相电压在 0.04s 发生短暂跃升到 700V，随后三相电压在 0.05s 后逐渐趋近于 0。设备停止工作。变压器低压侧电压电流见图 11。电压于 0~0.04s 振动。0.06s 电流逐渐趋近于 0。在 0.056s 出现过电压现象，电压增长到原来的 4.08 倍。此时若 QF2 不动作，线路将会长时间处于过电压的状态，温度升高，极有可能绝缘击穿，导致火灾的发生。

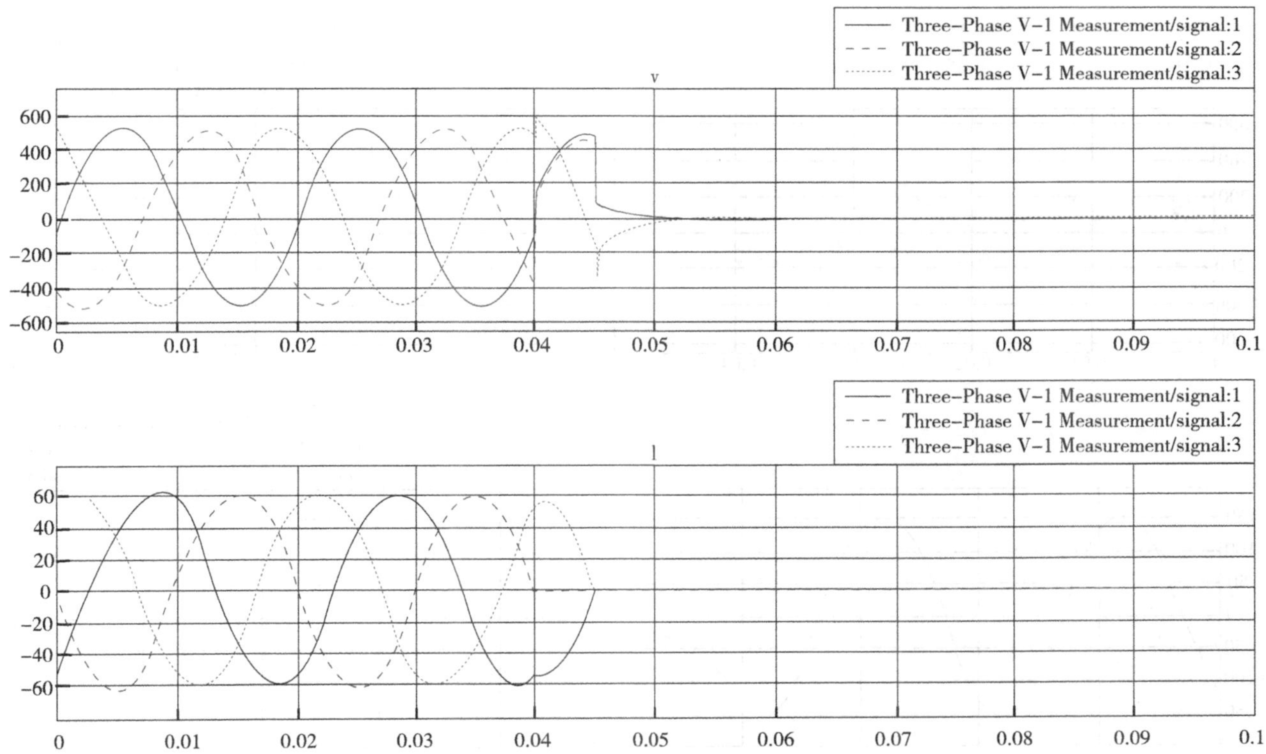

图 10　变压器高压侧电压电流

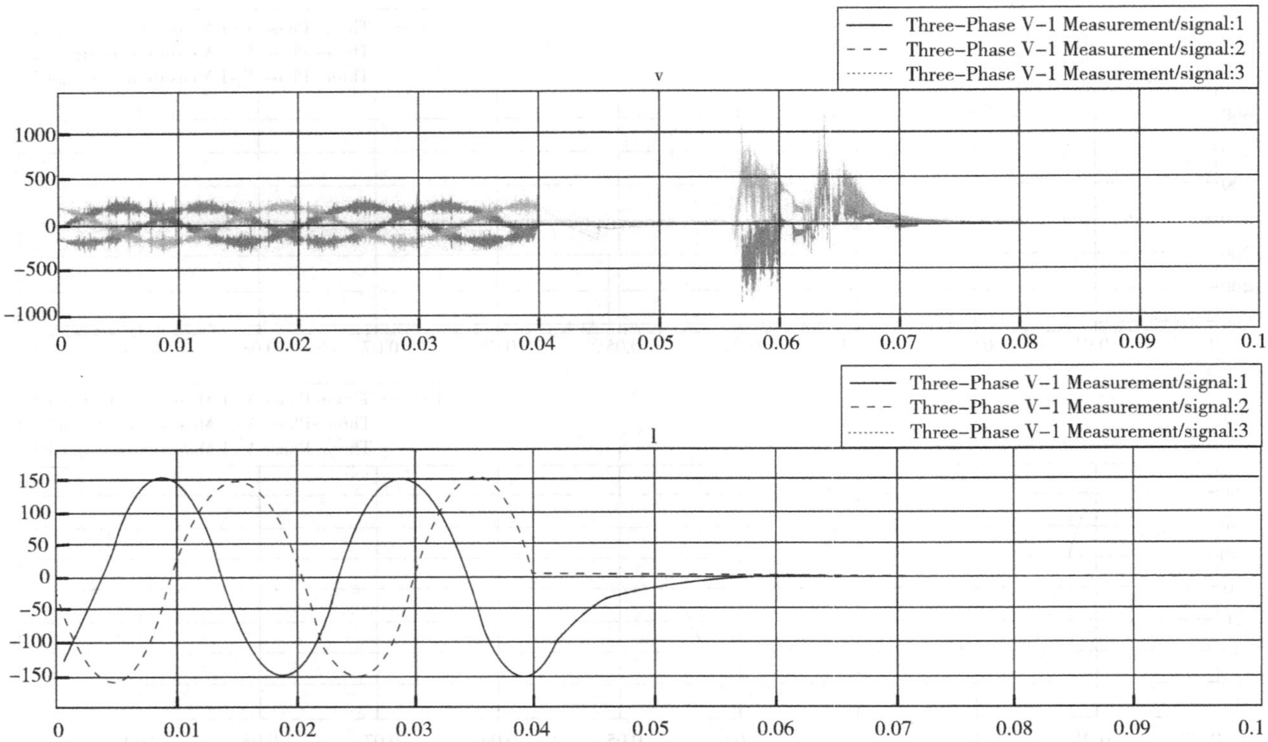

图 11　变压器低压侧电压电流

4.2.2　输电线路两相接地故障

此情况下，点②图 1 处发生故障。输电线路电压电流见图 12。电压于 0~0.04s 振动。故障相的电压在 0.04s 后变为 0。非故障相在 0.057s 出现过电压，电压扩大到原来的 1.7 倍。若输电线路长时间在此现象下工作，温度会不断升高，将会产生绝缘击穿，使用寿命减少，有一定的火灾危险性。

4.2.3　三相用电设备两相接地故障

此情况下，点③图 1 处发生故障。三相用电设备电压电流见图 13。A、B 相电压、电流在 0.04s 被切断。非故障相电压出现了过电压现象，电压在 0.076s 后升高到原来的 3.76 倍。非故障相电流在 0.045s 逐渐减小趋近于 0。

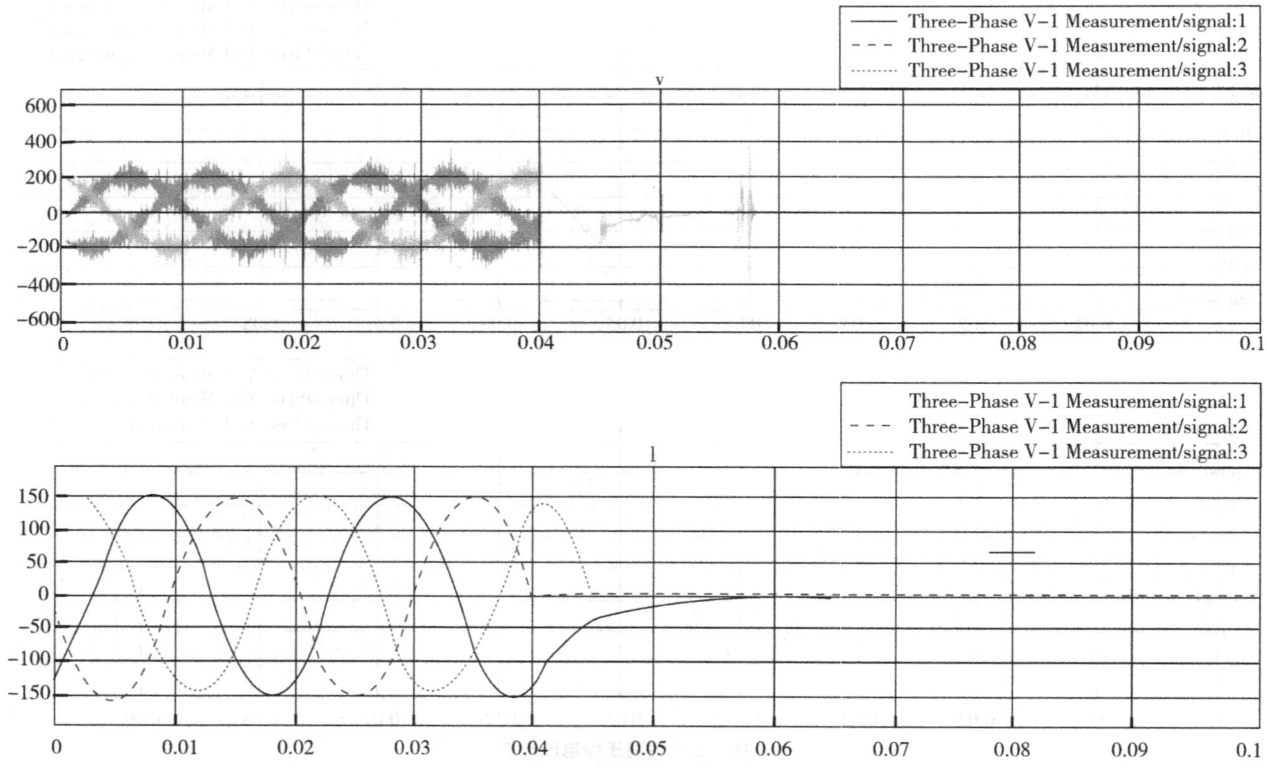

图 12　输电线路电压电流

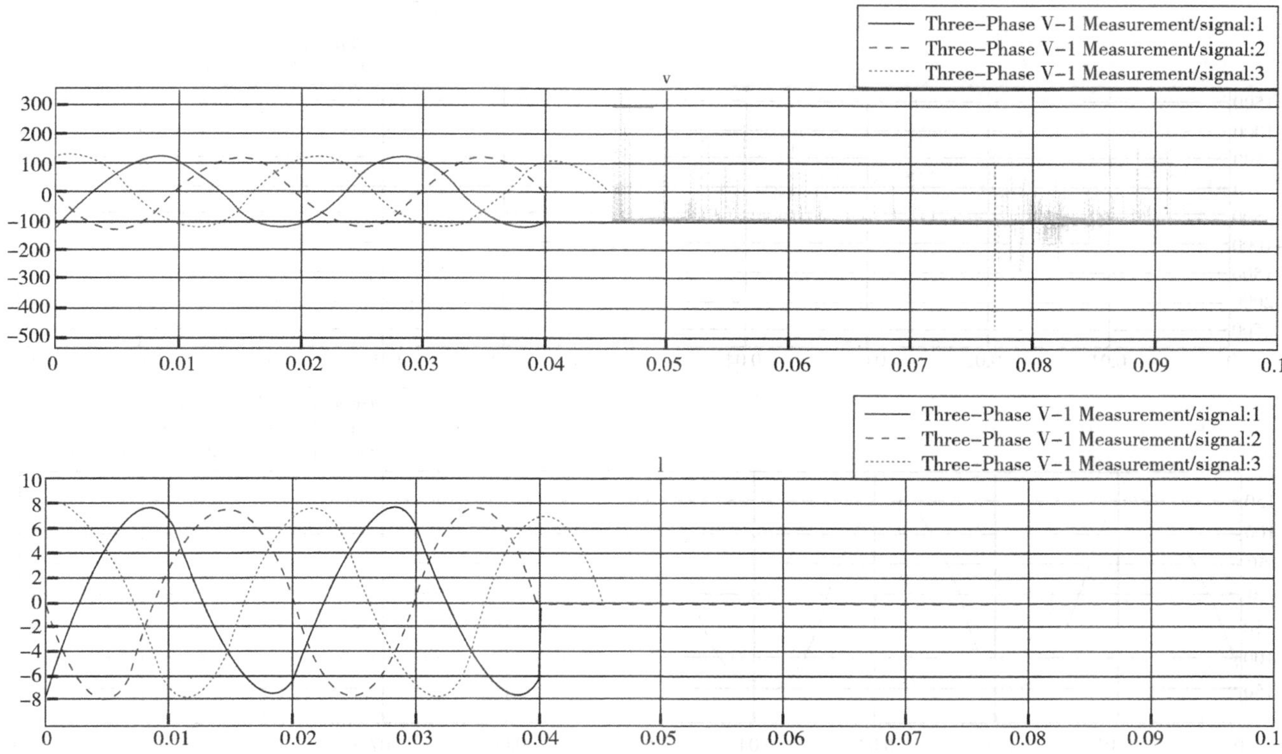

图 13　三相用电设备电压电流

4.3　两相间短路的影响研究

4.3.1　变压器低压侧两相间短路

此情况下，点①图 1 处发生故障。变压器高压侧电压电流见图 14。C 相相电压于 0.04s 突升到 710V。故障相相电压在 0.045s 发生跃升到 931V。电压在 0.05s 逐渐趋近于 0。电流在 0.05s 也逐渐趋近于 0。

4.3.2　输电线路两相间短路

此情况下，点②图 1 处发生故障。输电线路电压电流见图 15。电压于 0 ~ 0.04s 发生振动。在 0.062s、0.076s、0.092s 发生过电压，电压分别变为原来的 3.49 倍、5.59 倍、6.35 倍。电流在 0.045s 逐渐趋近于 0。用电设备因过电压可能出现绝缘击穿，有火灾危险。

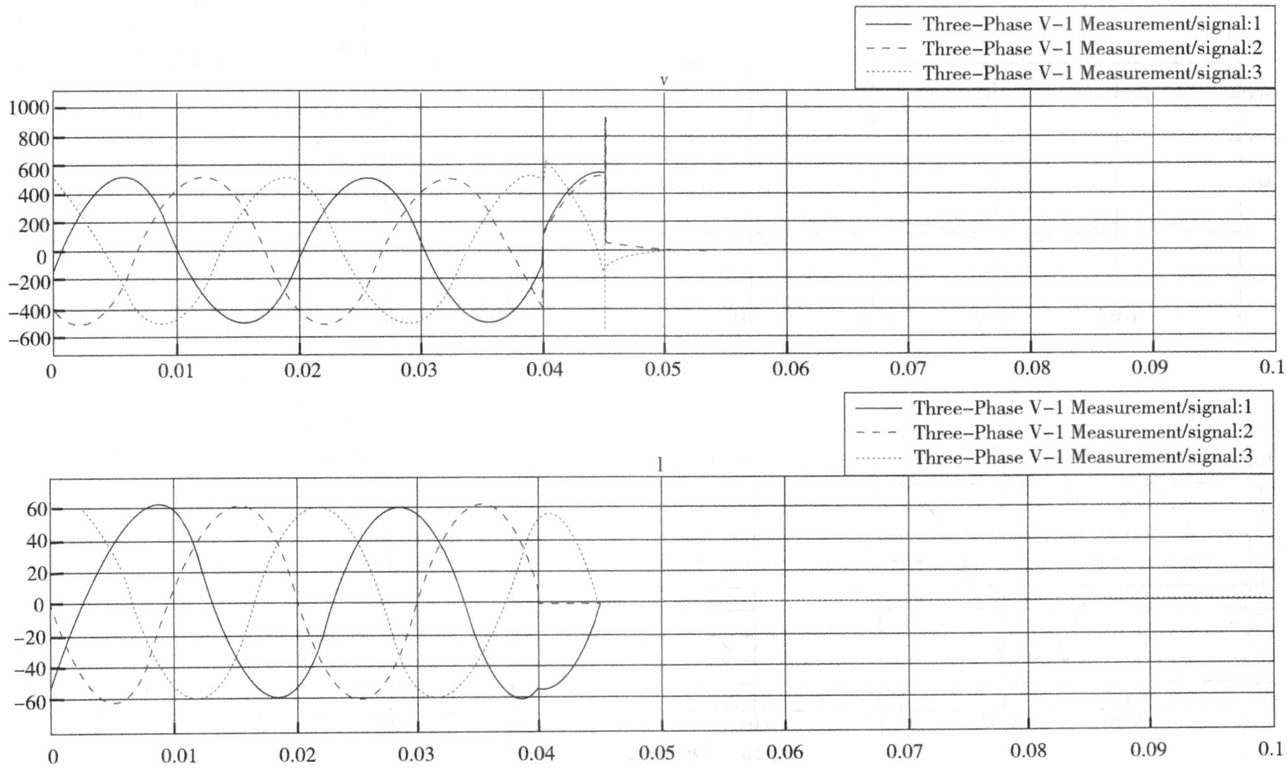

图 14　变压器高压侧电压电流

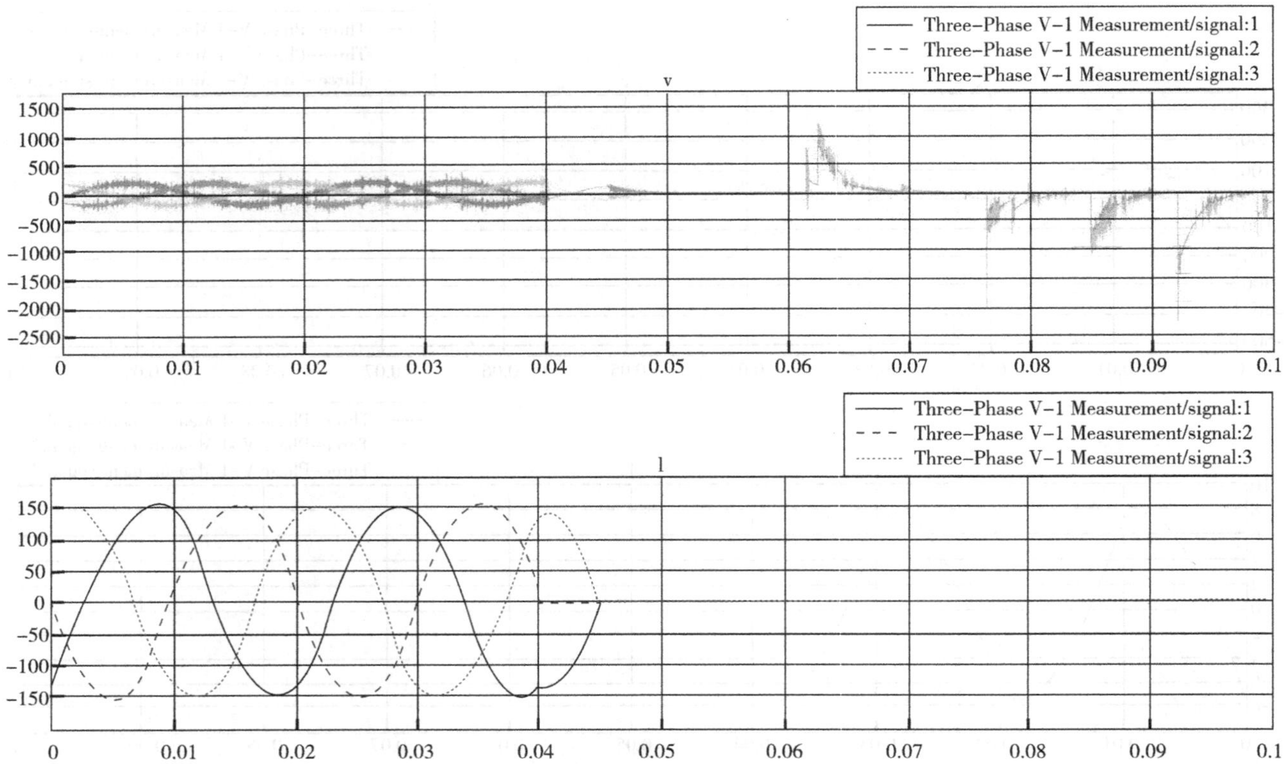

图 15　输电线路电压电流

4.3.3　三相用电设备两相间短路

此情况下，点③图 1 处发生故障。三相用电设备电压电流见图 16。在 0.055s 短暂地出现过电压现象，电压扩大到原来的 13.34 倍。在 0.07s 后逐渐趋近于 0。电流在 0.045s 后逐渐趋近于 0。三相用电设备有绝缘击穿的可能，若发生可能使绝缘外皮烧毁，造成火灾。

4.4　三相短路的影响研究

4.4.1　变压器低压侧三相短路

此情况下，点①图 1 处发生故障。变压器高压侧电压电流见图 17。电气线路中所有相的电压电流于 0.045s 逐渐趋近于 0。设备停止运行。

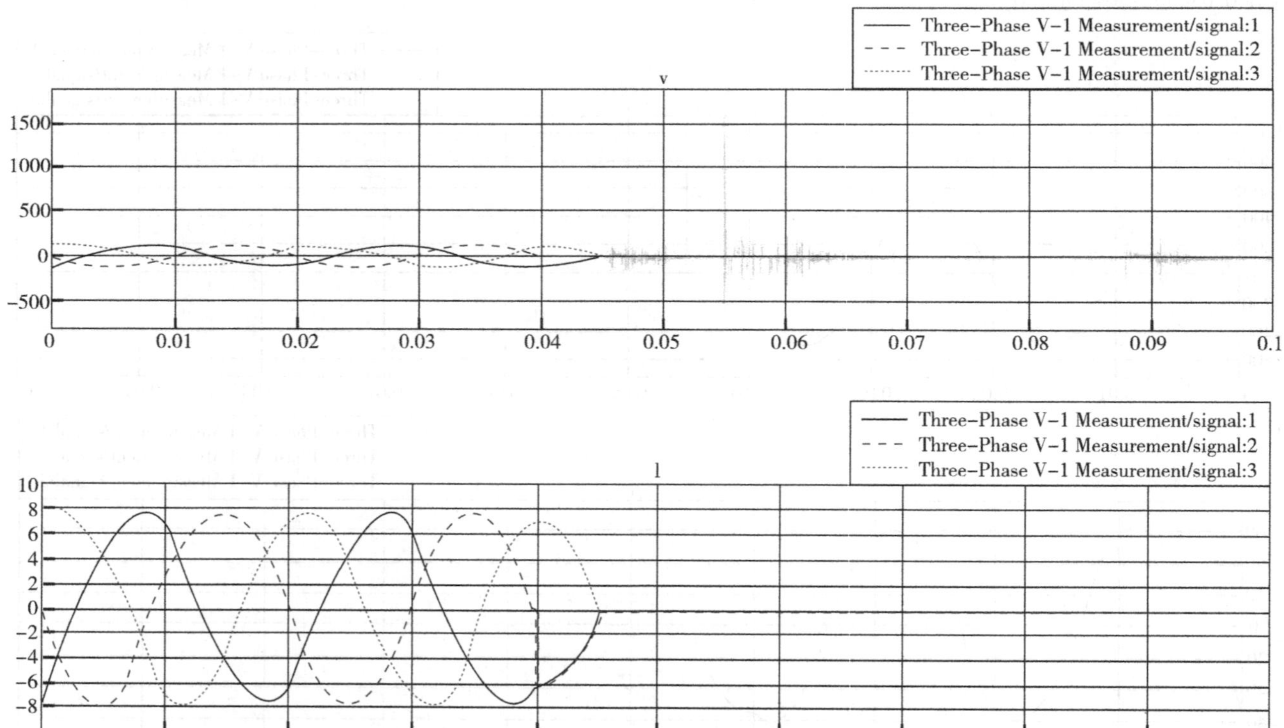

图 16　三相用电设备电压电流

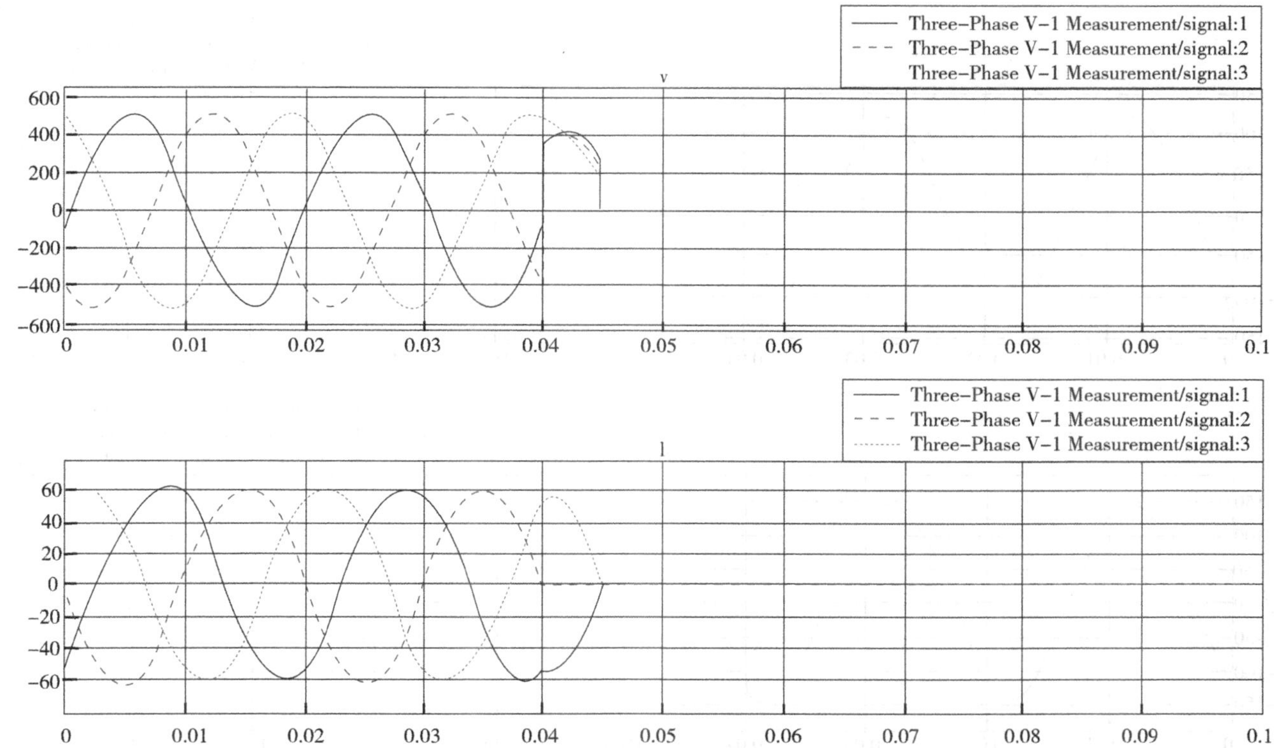

图 17　变压器高压侧电压电流

4.4.2　输电线路三相短路

此情况下，点②图 1 处发生故障。输电线路电压电流见图 18。电气线路中所有相的电压在 0~0.062s 发生振动。电流于 0.06s 逐渐趋近于 0。电压在 0.077s 产生过电压现象，电压增长到原来的 10.23 倍，在 0.085s 逐渐趋近于 0。输电线路可能绝缘击穿，有火灾危险性。

4.4.3　三相用电设备三相短路

此情况下，点③图 1 处发生故障。单相用电设备电压电流见图 19。电气线路中所有相的电压于 0.04s 逐渐趋近于 0，电流在 0.045s 逐渐趋近于 0，设备停止工作。

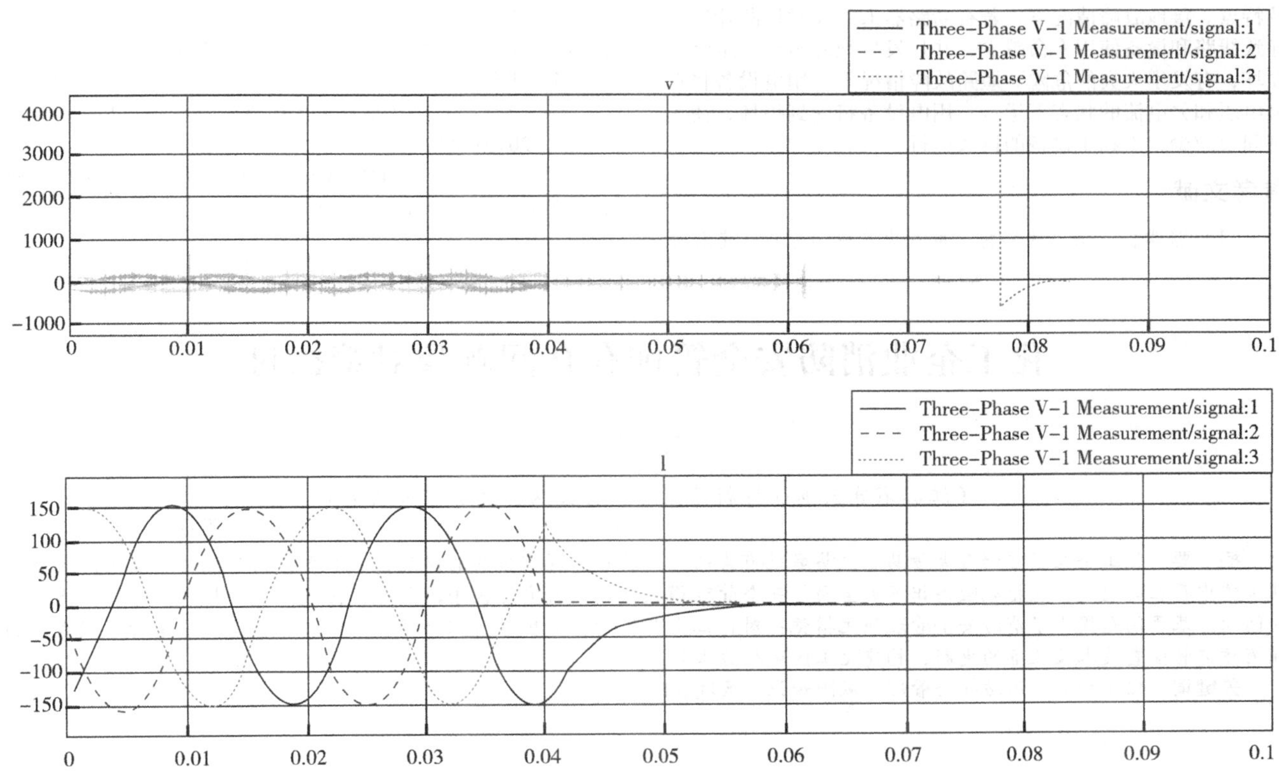

图 18　输电线路电压电流

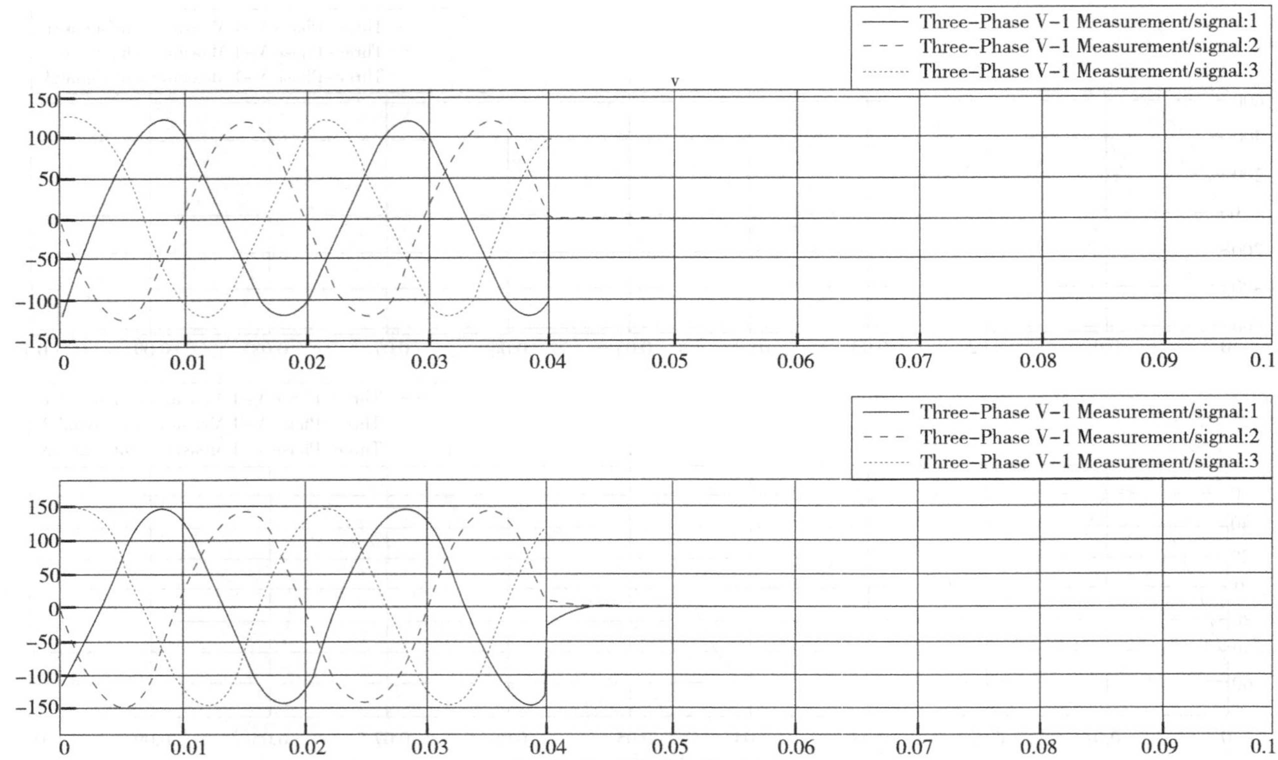

图 19　单相用电设备电压电流

5　小结

综上所述，通过对低压配电系统的组成、接地形式、各种系统供配电的特点，电气系统的故障原因的研究，归纳整理得到了各类故障造成电气火灾的原因，以此更加系统全面地了解电气火灾的特征和火灾发生时电流和电压的传播方式及特点。接地故障情况下，若有断路器未能及时切断障碍将导致线路和设备使用寿命减少，并且发生绝缘击穿，绝缘皮损坏，有发生火灾的危险。短路故障情况下，用电设备将在欠电压和欠电流的状态下运行，用电设备将受到损坏，使用时间会减少，不利于设备的持久运行。

参考文献

［1］张学楷．低压线路常见电气火灾原因分析认定及预防措施研究低压线路常见电气火灾原因分析认定及预防措施研究［D］. 2005.

［2］陈久彬．民用建筑电气火灾原因的调查及防范策略分析［J］. 今日消防，2020：125-126.

［3］李伟杨．论电气线路的短路起火和线路过载［J］. 新疆有色金属，2003：46-48.

［4］王厚余．浅论电气线路的短路起火和线路过载的防范［J］. 消防技术与产品信息，2000：13-16.

［5］王旭．建筑电气火灾原因分析及研究［D］. 2016.

［6］吕文功．浅谈电气火灾的成因及预防［J］. 科学技术创新，2019：44-45.

［7］于然．基于 MATLAB 的电弧建模仿真及故障分析［J］. 高压电器，2011：95-99.

化工企业消防安全管理存在问题及对策探讨

王　涛

（江苏省连云港徐圩新区消防救援大队，江苏　连云港）

摘　要　化工企业通常储存大量易燃、易爆或有毒的化学物质，具有极高的风险性。本文分析了化工企业消防安全管理工作中存在的问题，包括风险辨识不够全面，安全管理模式落后，火灾防控手段单一，区域火灾防控和应急处置能力差的问题。基于问题提出了消防安全管理强化措施：对化工企业进行全面风险辨识评估，基于杜邦模型的安全管理模式，加强消防监督检查技术及装备的更新，构建化工区域联防体系。

关键词　化工企业　消防安全管理　风险辨识　区域联防

作者简介：王涛，男，连云港徐圩新区消防救援大队副大队长，从事防火监督管理工作。

1 引言

随着我国经济的快速发展和工业化进程的加速推进，化工企业在国民经济中扮演着至关重要的角色，为许多领域的发展提供了关键支持，形成了一个庞大而复杂的产业体系[1]。化工园区的产业聚集度比较高，一些大型化工装置的布局密度以及使用数量也在持续增加、生产规模扩大，与此同时也带来了消防安全隐患的增加[2]。根据相关统计数据，2009 至 2019 年期间，精细化工行业火灾爆炸事故呈明显增加趋势。化工企业通常储存大量易燃、易爆或有毒的化学物质，这些物质一旦受到点火源的引发，火势很容易迅速蔓延，这些热量能够引发周围更多可燃物质的点燃，而有害气体则可能对人员安全造成直接威胁。可见，随着化工园区的规模不断扩大，消防安全隐患也日益凸显。因此，加强化工企业消防安全管理工作势在必行。

2 化工企业消防安全管理工作中存在的问题

2.1 风险辨识不够全面

风险辨识不全面是导致化工火灾发生的重要原因。一些化工企业还没有建立完善的风险评估机制，无法全面分析和评估各种潜在危险因素。部分化工企业可能只注重某些特定的风险，而忽视了其他潜在的风险源。例如，他们可能过于关注火灾和爆炸风险，但忽视了化学品泄漏风险。2023 年 1 月 15 日，盘锦浩业化工有限公司发生爆炸起火事故，直接原因即为管道泄漏，水洗罐内反应流出物大量喷出，与空气混合形成爆炸性蒸气云团，遇点火源爆炸并着火。除了物质和设备风险外，高风险作业也是化工企业火灾事故发生的重要原因之一，然而高风险作业风险源则很容易被化工企业所忽略。学者对过去 22 年间（1980~2022 年）发生在精细化工行业的 103 起火灾爆炸事故做了统计和简要分析，其中因高风险作业而导致的火灾风险高达 17 起（图 1）。此外，一些化工企业为追求产能和效益，会引进大量新技术、新工艺，随着科技的进步，而这些新技术和新工艺的应用也带来了新的火灾安全挑战。一些企业可能没有足够重视这些潜在风险，并未将其纳入到风险辨识范围之内。

2.2 安全管理模式落后

化工企业传统安全管理注重实践经验，忽视科学管理方式和先进技术，经验型安全管理的不足为新事故的发生提供了可能。化工企业安全管理模式普遍滞后，体现在以下几个方面：一是传统的安全管理体系注重现场监督与检查，忽视系统性思维和综合管理。企业缺乏完善的安全管理制度体系，缺少明确的安全政策、规范和操作程序。没有建立起一套系统化的安全管理框架，导致各个环节之间存在漏洞和不协调。二是企业对员工的安全培训和教育不够重视，或者虽然为职工提供教育培训，但是培训内容与职工需求脱节，员工缺乏必要的安全知识和技能，无法正确应对潜在危险和紧急情况。三是大部分化工企业缺乏有效的监测与改进机制，无法及时发现和纠正存在的问题。没有建立良好的反馈机制，无法从事故或事故隐患中吸取经验教训并进行持续改进。四是企业领导层对安全意识和文化建设不重视，缺乏积极的安全氛围和员工参与度。安全被认为是次要的，不作为企业价值观和行为准则的核心内容。

2.3 火灾防控手段单一

化工企业目前在火灾防控方面主要依赖管理防控，而对技术防控缺乏应用的重视。虽然管理防控手段在一定程度上可以提高火灾防控能力，但单纯依靠管理手段无法完全解决火灾问题。技术防控是指利用科学技术手段来预防和减少火灾发生及其危害程度。然而，在一些化工企业中，技术防控的投入和研发并不充分；或传统的火灾防控系统技术落后，无法实现智能化的感知分析和自动适应调节能力，误报率较高，并且系统联运控制功能方面没有取得新的突破。整体来看，化工企业在现代火灾防控技术应用方面尚存在滞后性。

2.4 区域火灾防控和应急处置能力差

近年来，随着化工园区内企业数量的不断增加，使得安全监管难度加大，进一步增加了园区整体风险。首先，化工园区内的企业往往是独立运营的，在火灾防控和应急处置方面缺乏统一的规划和标准。每个企业可能都有自己的消防设施和应急预案，但对于整个园区来说，缺乏整体协调和统一管理。其次，化工园区内各企业之间缺乏有效沟通和协作。这导致在火灾防控和应急处置过程中，信息无法及时共享、资源无法有效调配，从而影响了整体的能力。再次，部分化工企业员工在火灾防控和应急处置方面的培训与教育程度不足。他们可能缺乏对火灾风险的认识，以及正确使用消防设备和执行紧急撤离程序等必要技能。最后，一些化工园区的监管和执法力度不够强力，对于火灾防控和应急处置要求的执行不到位。这使得企业在安全管理方面存在漏洞，无法有效提升整体的防控和处置能力。

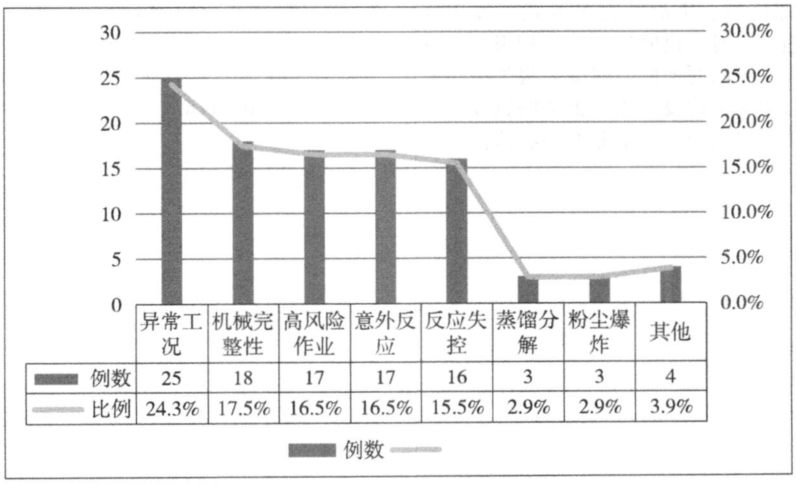

	异常工况	机械完整性	高风险作业	意外反应	反应失控	蒸馏分解	粉尘爆炸	其他
例数	25	18	17	17	16	3	3	4
比例	24.3%	17.5%	16.5%	16.5%	15.5%	2.9%	2.9%	3.9%

图 1 精细化工行业（1980~2022 年）火灾爆炸事故分析（数据来源：云焰 321 安全论坛）

3 化工企业消防监督管理强化措施

3.1 对化工企业进行全面风险辨识评估

化工企业安全风险辨识及分析的准确性、全面性，是实现风险主动防控的基础和关键环节，直接影响化工企业安全管理的精细化水平。在化工企业，传统的风险辨识是基于安全风险理论并且高度依赖于工作经验的辨识方法，仅是定性的理论分析，容易产生漏项，且无法对风险概率进行计算和分析。为克服上述风险辨识方法的局限，化工企业可以采用危险与可操作性分析法（Hazard and Operability Study，HAZOP），HAZOP 主要用于识别和评估工业过程中潜在的危险和操作问题。它通过系统地审查和讨论各种操作条件和可能发生的异常情况，以确定可能导致事故或故障的因素，并提出相应的控制措施。可以将化工企业的某个工艺流程、设备或者维修作业过程作为 HAZOP 分析的目标系统，通过组建 HAZOP 小组、制定工作计划、定义节点和识别偏离情况等对风险因素进行识别，针对识别到的危险或问题，小组提出相应的控制措施和建议。除了 HAZOP 风险识别方法外，还可以采用、因果分析图法、事故树分析法、WBS-RBS 法等进行全面风险识别。

3.2 基于杜邦模型的安全管理模式

杜邦安全管理将安全、健康和环境作为企业的核心价值，其对安全的理解是：安全具有显而易见的价值，安全与企业的绩效息息相关，安全是习惯化、制度化的行为，并形成了杜邦安全管理“十大理论”[3]。例如所有的安全事故是可以防止的；所有的事故隐患是可以控制的等等。杜邦安全管理体系拥有着一整套完善的管理方案及操作规程。化工产业具有高风险特点，其独特的性质要求在其生产、维修等各个环节中严格控制风险。因此化工企业可借鉴杜邦安全管理模型，对传统的安全管理模式进行优化。一是制定全面制度体系和操作规程文件，确保安全管理制度的全面性和系统性。这包括建立适用于化工企业的安全管理政策、规范和操作程序，明确各级人员的职责和权限，并将其有效地传达给所有员工。二是开展风险评估和控制。化工企业应采用科学、系统的方法，对可能存在的危险进行识别、评估和控制。三是定期开展培训和教育活动。化工企业应为员工提供必要的安全培训和教育，使其了解相关法规标准、危险源及其防护措施，以及正确使用个人防护装备等知识。四是建立监测与改进机制。化工企业应建立健全的安全监测与改进机制，通过定期检查、内部审核、事故调查等方式来发现问题，并及时采取纠正措施。同时，也要鼓励员工积极参与安全管理活动，并提供举报渠道以便他们能够匿名报告潜在安全问题。五是加强领导力和文化建设。化工企业的领导者应树立安全意识，以身作则，将安全作为企业的核心价值和行为准则。此外，要鼓励员工参与安全管理决策和活动，并倡导积极的安全文化。

3.3 加强消防监督检查技术及装备的更新

随着科技的不断进步和创新，化工企业消防监督检查技术也应该与时俱进。可以探讨使用先进的传感器和监测设备来提高火灾预警系统的准确性和灵敏度。例如，通过安装智能烟雾报警器、温度感应器以及气体泄漏探测器等设备，可以实现对火灾风险因素的实时监测和预警。此外，结合人工智能技术，如图像识别和模式识别算法，可以更快速地发现潜在的火灾隐患，并及时采取相应措施进行处理。在消防监督检查装备方面也需要进行更新和升级。可以研发更加高效、便捷的设备用于消防巡查和检测工作。例如，采用无人机进行高空巡查，利用红外线摄像技术实现对火源位置的精确定位等。此外，在消防员个人装备方面也可以考虑引入智能化设计，提高他们在扑救火灾过程中的安全性和效率。

3.4 构建化工区域联防体系

构建化工区域联防体系是为了实现不同化工企业之间的安全协作和风险共担，确保整个区域的安全稳定。各化工企业之间应建立信息共享机制，及时分享重要的安全信息、事故案例和最佳实践。通过加强沟通和合作，可以更好地识别区域内可能存在的风险和隐患。制定适用于整个化工区域的统一管理标准和规范，包括安全生产、环境保护、应急响应等方面。确保各企业在遵守相同标准下进行生产经营，有效控制风险并提高整体安全水平。在化工区域范围内建立联动应急机制，包括事故报警、紧急救援、资源调配等方面。各企业之间密切合作，快速响应并协同处理突发事件，最大限度地减少事故对周边环境和人员造成的影响。定期组织化工区域内的企业进行联合演练和培训，提高员工的应急处置能力和危险源管理能力。通过模拟实际情况，检验应急预案的有效性，并增强团队合作意识。定期召开化工区域联席会议，由相关部门、企业代表等参与，共同商讨解决方案、分享经验、推动安全管理水平的提升。

参考文献

[1] 钟薇．化工产业经济发展产业链及相关风险管理问题研究——评《化工产业链与风险管理》[J]．分析测试学报，2024，43（03）：511.

[2] 张东许，宋占兵，多英全．化工园区安全生产管理机构专业能力提升探讨[J]．中国安全生产科学技术，2023，19（S2）：22-26.

[3] 易灿南，胡鸿，吴超等．安全生产标准化体系与杜邦安全管理体系比较研究[J]．中国安全科学学报，2014，24（04）：110-116.

大型化工园区消防控制室远距离控制设计研究

王井丽

[万华化学（烟台）氯碱热电有限公司，山东　烟台]

摘　要　消防控制室作为火灾报警信号的接收、处理中心和消防设施的联动控制中心，在化工园区的消防管理和应急处置等工作中扮演着不可替代的角色。大型化工园区消防控制室的建设和管理面临着布置分散、重要设备直启电压衰减严重、值班人力资源成本高的问题，且控制室设置于各类危险源附近，事故发生时控制室易受到事故灾害影响。为落实安全生产法所宣贯的“人民至上、生命至上”，本着经济合理、技术可靠的原则，提出了将消防控制室与DCS控制室合建，并采用增设继电器或光纤传输信号，以保证消防设备远程直启可靠。

关键词　化工园区　消防控制室　直接启动　远距离

1　引言

全球化工产业自起源至今产业模式不断升级，而在产业升级的过程中，优势资源不断聚集，继而产生虹吸效应，逐渐形成了以化工园区分布的整体格局[1]。

2　大型化工园区消防控制室设置现状

随着化工行业的不断升级，石油化工行业朝着集约化、大型化、规模化的方向发展[2]。不同于高层建筑、商业综合体等建筑，现代化工园区占地广、规模大、高能物料聚集、火灾危险性大，这些特点为其消防控制室的设置带来相应的挑战，主要表现为以下几个方面[3]。

2.1　园区规模大型化，消防控制室布置分散

大型化工项目产业链联合布局，各装置根据火灾危险性分区布置，往往需要设置专门的消防控制室[4]。然而，大型化工园区装置林立且分期建立，导致区域规划困难，主、分消防控制室分散，为报警信号的监控和消防设施的联动控制带来不便[5]。

2.2　重要消防设备联动、直启困难

消防水泵、报警阀组、防烟和排烟风机应在消防控制室设置手动直接启动装置，手动直接启动装置输出控制电压为24V的直流电实现现场设备的远程启动[6]。24V直流供电在远距离传输过程中面临着严重的电压衰减问题。实际应用中，电流的有效传输距离约为700m，距离过长则可能导致联动设备无法有效启动。为保证信号传输的可靠性，工程上24V联动信号线缆长度一般不超过500m[7]。现代化工装置规模较大，消防控制室的设置很难满足信号线缆长度均满足小于500m的要求，无法保证重要消防设备的稳定性。

2.3　消防控制室值班人员需求量大，人力成本高

消防控制室应根据规范要求实行24h值班，且每班不得少于2人[8]。化工园区规模大、重点消防部位数量多且分散布置，需要根据装置的布置情况设置多个消防控制室。为实现消防控制室的合规化管理，化工企业需配置相应数量的具有资质和专业能力的人员，给企业人力需求带来压力。

2.4　化工园区消防控制室安全性得不到保证

化工工艺过程中涉及到的原料、产品、副产品等极具危险性，且工艺条件特殊，一旦发生火灾，灾害可能表现为流淌火、立体火灾、大面积火灾甚至多次爆炸等形式，火势猛烈、蔓延速度快、影响范围大。将消防控制室设置于装置区内，火灾发生时，消防控制室极易在灾情的影响下丧失其功能，造成各类消防设施无法联动、重要消防设备无法启动，进一步扩大事故灾害的影响范围。且化工企业的火灾爆炸事故往往伴随着严重的多米诺效应，事故影响范围较大，一旦发生事故，装置区内消防控制室值班人员的生命安全将面临着严重的威胁。

3　远距离消防控制室设计方案

3.1　消防控制室与DCS控制室合建

为充分利用DCS控制室工艺工程师、设备工程师等资源，同时解放消防控制室人力资源压力，将消防控制室和DCS控制室联合布置为中央控制室。

设计方案的实现主要包括以下两个方面：

（1）中央控制室的设计需同时满足相应法律、规范对消防控制室和DCS控制室的要求。中央控制室内各装置分区域规划，区域内设置本装置的火灾报警控制器（联动性），控制器距周边墙壁的距离应符合规范要求。各区域内应按要求配置消防控制室所需设备、设施，各装置独立设置火灾报警控制器（联动型）的图形显示装置，图形显示装置与火灾报警控制器（联动型）、电气火灾监控器之间采用专用线路连接。中央控制室的消防用电线路、管路等应与其他线路分开、独立设置。中央控制室的空间设置如图1所示。

（2）中央控制室应按相应法律、法规、规范进行管理。中央控制室内的各区域应独立管理，各区域内应满足消防控制室值班要求；消防控制室值班人员可同时负责消防控制室和DCS控制室的值班任务，但不应负责其他工作内容。

3.2　消防联动设备直启方案

消防水泵、雨淋阀、防烟和排烟风机一旦在应急情况下无法直接启动，将会造成严重的人员伤亡和巨大的财产损失。

作者简介：王井丽，女，万华化学（烟台）氯碱热电有限公司，万华烟台产业园一体化办公室管理人员，从事化工园区的消防安全管理协调工作。

大型化工园区占地面积广、需直启设备多，难以确保所有直启电缆长度不超过 500m，为保证重要消防设备的可靠性和稳定性，针对不同传输距离提出了增设继电器直接启动和光纤直接启动两种方案。

3.2.1　增设继电器远程直接启动

当消防直启设备与消防控制室的距离 L 满足：$500\text{m}<L\leq 1000\text{m}$ 时，可增设继电器实现远程直启。具体方案为：

在消防控制室直接手动启动消防设备时，消防手动控制盘输出的 24V 直流电通过信号电缆传输至位于区域控制室、机柜间或值班室的继电器，继电器控制 24V 壁挂电源输出 24V 直流电并通过信号电缆传输至现场消防设备，启动现场的重要消防设备。控制方式如图 2 所示。

继电器能够延长直流电信号的传输距离，但继电器的使用增加了线路中的跨接点，降低了信号传输的稳定性。为保证应急状态下重要消防设备手动启动方式的可靠性，要求线路中所用继电器需经过消防产品认证，同时使用中应加强对继电器的维护、管理，消防控制室应能显示直启控制线路的状态信号，且当信号电缆的长度超过 1000m 时，不应采用增设继电器的方式传输信号。

3.2.2　光纤远程直接启动

当消防直启设备与消防控制室的距离 L 满足：$L\geq 1000\text{m}$ 时，可选用光纤直启方案。具体方案为：

当需要直接启动消防水泵、雨淋阀、防烟和排烟风机等重要消防设备时，通过位于中央控制室的消防手动控制盘输出 DC24V 电信号，位于中央控制室的光电转换模块将电信号转换为光信号，光信号通过光缆传输至位于区域控制室、机柜间或值班室的光电转换模块，区域控制室、机柜间或值班室的光电转换模块通过控制附近的壁挂电源输出 24V 直流电信号，电信号通过信号电缆传输至现场消防设备，控制消防水泵、防烟或排烟风机启动，系统构成如图 3 所示。

光电转换模块与现场消防设备之间的信号电缆不应超过 500m，防止因电压衰减造成消防设备不能启动；系统中的每个直启设备均使用两芯光缆，同时备用两芯光缆，保证光缆传输的可靠性，若系统中的直启设备较多，可备用 10%的光缆；光电转换模块均设置在独立的机柜中，并采用独立的消防电源进行供电，保证系统的稳定性与可靠性。

相较于电缆传输控制信号，光纤传输具有损耗低、距离长、保真度高、抗干扰能力强等优点，不仅可以解决电缆传输存在的电压衰减问题，同时增强信号的抗干扰性，提高消防设施直接启动的稳定性。

通过光缆传输消防设施的直启信号，控制过程中的连接点较多，为保证消防设施的可靠控制，要求线路中所用光电转换模块需经过消防产品认证，同时应加强对线路的维护与保养，消防控制室应能显示控制线路的工作状态，若控制线路故障，应向消防控制室反馈故障信号。

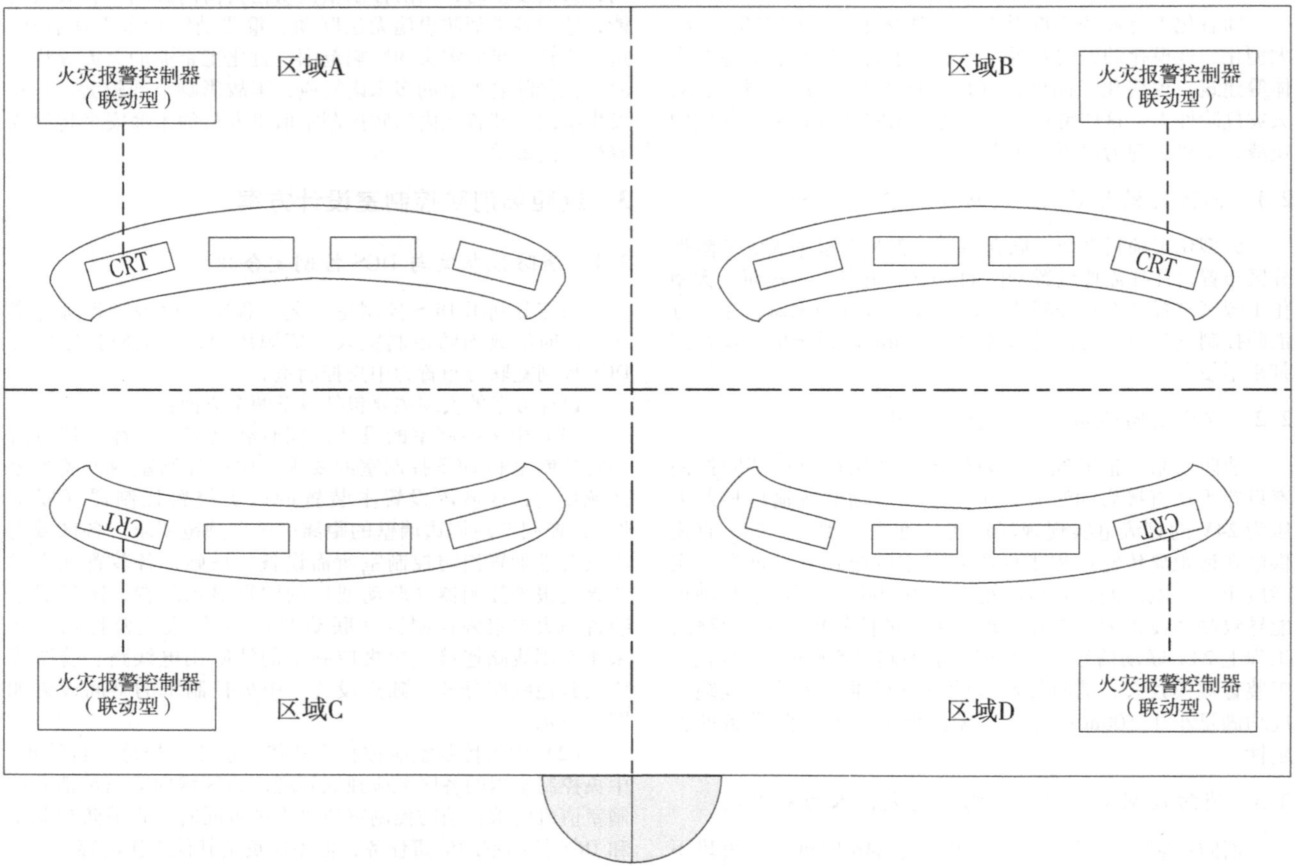

图 1　中央控制室

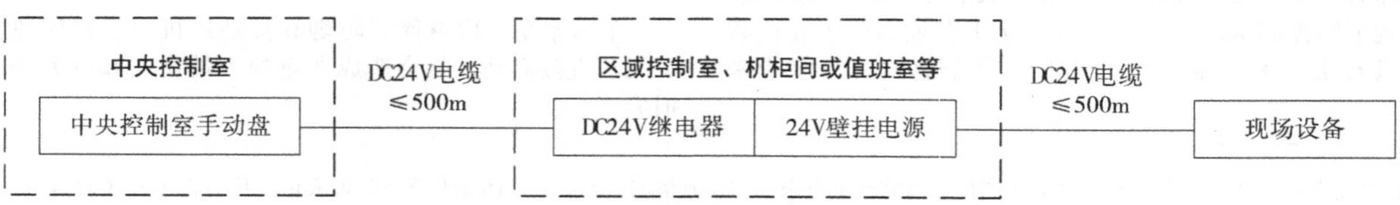

图 2　增设继电器远程直接启动方案

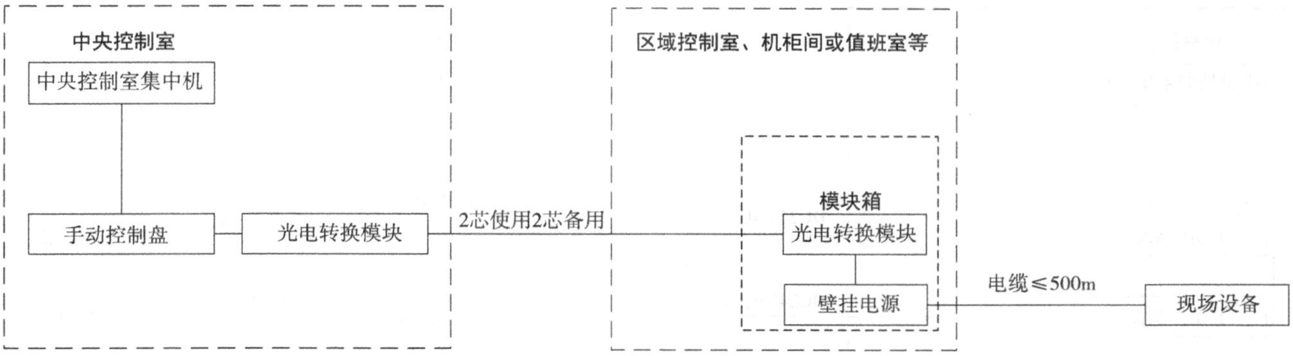

图3 光纤远程直接启动方案

4 消防控制室布置方案

4.1 园区布置情况

某化工园区占地面积12.8km^2，南北跨距3.2km，东西跨距4km，该化工园区内建设1座特勤消防站，位于园区中心；划分12个装置区域和1个厂前办公区域，分2期进行建设。装置区内分散布置15个易燃液体储罐，生产涉及乙烯、丙烯、氯气、氢气等易燃、易爆、有毒物料，生产工艺具有高温、高压、低温、真空等特点，该化工园区区域划分如图4所示。

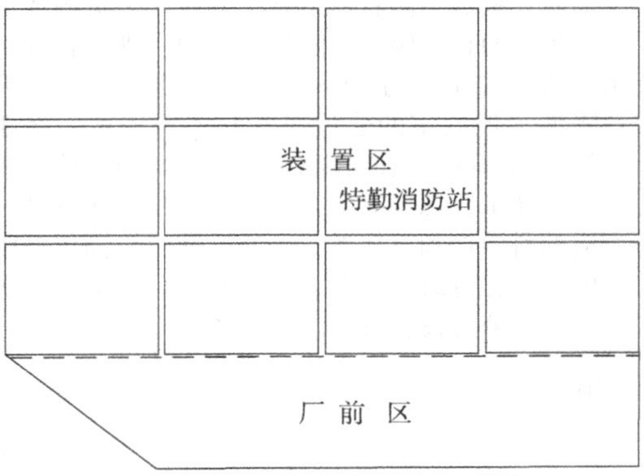

图4 某大型化工园区总平面布置图

4.2 消防控制室设计方案

该化工园区规划建设1个中央控制室，中央控制室由DCS控制室和消防控制室合并建设于厂前区。中央控制室内置各装置的火灾报警控制器（联动型），负责接收并显示各装置的报警信号、设备反馈信号，实现消防设施的联动控制，并能远程直接启动各装置的重要消防设备。中央控制室内设集中服务器，各装置的火灾报警控制器（联动型）信号集成在集中服务器上。

区域控制柜设置于各装置的区域控制室、机柜间、值班室等场所，负责接收报警信号、设备反馈信号，同时实现本区域消防设施的联动控制。

园区特勤消防站设置消防救援指挥中心，与中央控制室的集中服务器通过光纤实现联网通讯，监控全厂区的火灾报警信号。

消防直启设备与消防控制室的线路距离$L \leqslant 500$m时，重要消防设备通过线缆连接至中央控制室的手动控制盘；当$500<L \leqslant 1000$m时，重要消防设备通过增设继电器远程直接启动方案连接至中央控制室的手动控制盘；当$L \geqslant 1000$m时，重要消防设备通过光纤直启方案连接至中央控制室的手动控制盘。

该化工园区中央控制室、特勤消防站和区域控制室的设置情况如图5所示。

消防控制室对直接启动设备的控制方式如图6所示。

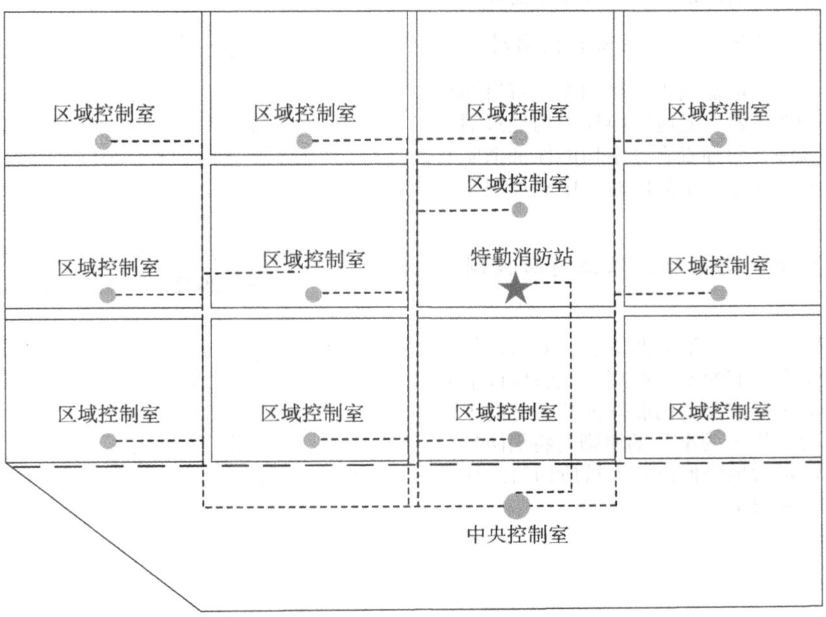

图5 某大型化工园区消防控制室布置图

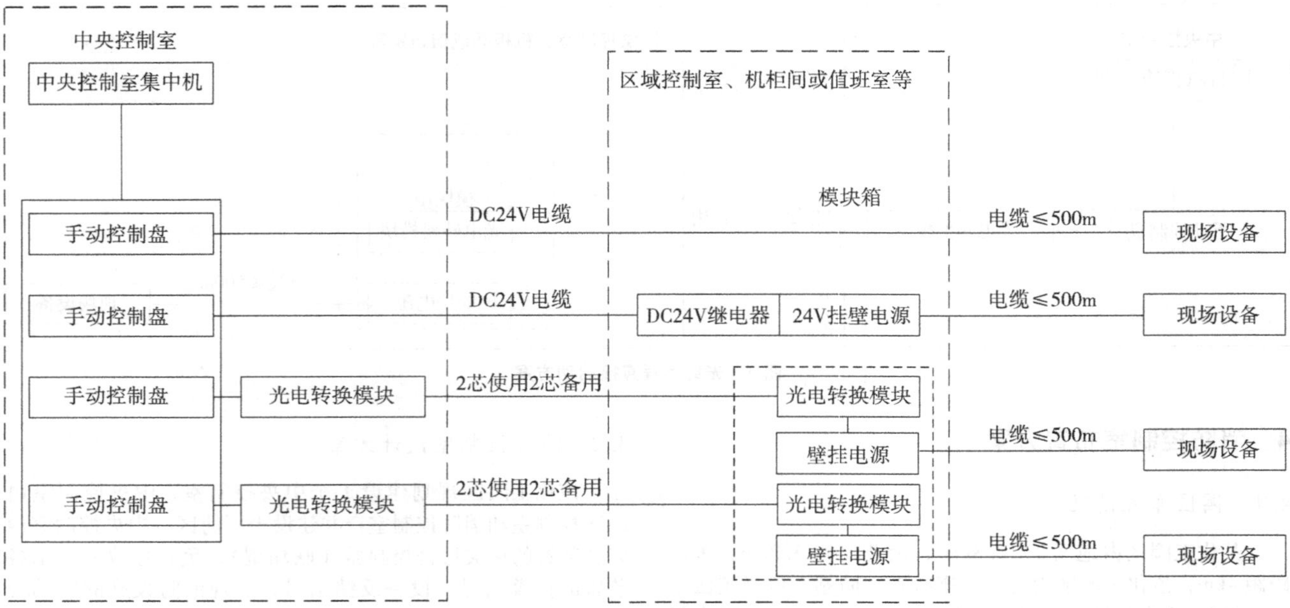

图 6 消防控制室直接启动控制方案

5 方案实施效果

5.1 消防控制室系统化建设，降低园区建设成本

将消防控制室与 DCS 控制室合建，能够实现工艺操作、现场监控和消防安全的集中化管理，便于事故发生时的信息汇总、联锁控制、工艺处置和事故应急处理。同时，中央控制室的设计能够有效解决大型化工园区分期建设所造成的消防控制室规划困难问题，减少了消防控制室的基建成本和因报警信号路径混乱而导致的后期改造成本。

5.2 降低园区值班人员人力资源成本

将消防控制室与 DCS 控制室合建，能够充分利用 DCS 控制室内的工艺工程师、设备工程师、安全工程师、班长、班员等人力资源，实现事故发生时的专业应急响应，同时充分利用 DCS 控制室内的值班资源，每台火灾报警控制器（联动型）能够对应降低 6~8 名值班人员人力资源成本。

5.3 实现大型化工园区消防设备远距离直接启动

针对不同距离提出增设继电器远程直启和光纤直启两种方案。两种方案中涉及的继电器、光电转换模块均经过消防产品认证，经工程应用验证，两种直启方案均能保证消防直启设备的可靠启动，当直启线路发生故障时，中央控制室能够实时接收故障反馈信号。

5.4 消防控制室设置于安全区域，保证消防控制室安全可靠

将 DCS 控制室和消防控制室合并建设于厂前区，使消防控制室和危险源之间留有足够的安全距离，能够保证消防控制室在火灾爆炸事故等极端情况下仍能发挥其关键的灾害处置作用。同时，秉承着“以人为本”的原则，将消防控制室设置在安全区域，能够极大地降低值班人员所面对的伤亡风险，保证值班人员的生命安全。

6 小结

大型化工园区的消防控制室设置面临着控制室布置分散、重要消防设备远距离直启困难、值班人力资源成本高等问题。为实现大型化工园区消防控制室的合理布置和高效管理，提出了消防控制室与 DCS 控制室合建方案。中央控制室的建设降低了控制室的建设成本和人力成本，保证了火灾、爆炸等极端情况下消防控制室的功能实现和值班人员的生命健康，方便了应急情况下人力资源的集约化管理，提高了应急响应的科学性和有效性；此外，针对不同传输距离提出增设继电器远程直启方案和光纤远程直启方案，解决了大型化工园区重要消防设备直启困难问题。

参考文献

[1] 刘晅亚，秘义行，田亮．石油化工园区消防安全规划现状及应对策略研究［J］．消防科学与技术，2010，29（05）：383-387.

[2] 关文玲，张孟军，董呈杰等．化工园区消防站多目标选址模型［J］．中国安全科学学报，2018，28（03）：62-67.

[3] 谷剑军．火灾自动报警及消防联动控制系统设计［J］．中国高新技术企业，2011（01）：23-24.

[4] 祁祖兴．完善消防控制室监控设备功能的探讨［J］．消防科学与技术，2013，32（08）：887-889.

[5] 徐红咏．消防控制室管理存在的问题及对策思考［J］．今日消防，2022，7（04）：16-18.

[6] 郑雄，项勇．消防控制室运行现状及对策建议［J］．消防界（电子版），2019，5（16）：13+15.

[7] 王俊雅．超高层建筑火灾自动报警系统电源总线压降问题的设计探讨［J］．江西建材，2023（09）：156-157+160.

[8] 赵修君，韩裕波，刘耀兵等．消防控制室值班现状分析［J］．消防界（电子版），2020，6（12）：27-28.

关于涂装行业蓄热式焚烧装置消防安全风险研究

张　潇

（青岛市消防救援支队，山东　青岛）

摘　要　蓄热式焚烧装置（RTO）是广泛应用于各类石化、化工、涂装行业的尾气处理装置，其主要原理是在高温下将挥发性有机物（VOCs）氧化分解为无害气体，部分装置可以通过回收系统将废气热能回收利用，从而达到气体净化。近年来，涂装行业蓄热式焚烧装置（RTO）引发的火灾事故时常发生，文章对该行业装置的消防安全风险进行分析，并提出消防安全风险的应对措施。

关键词　蓄热式焚烧装置（RTO）　涂装行业　消防安全风险　应对措施

1　引言

近年来，随着国家和地方陆续出台相应环境保护政策，为符合大气污染排放标准，涂装行业在有机废气治理上不断加大投入，新增环境治理设施，例如活性炭吸附装置、催化燃烧装置（RCO）、蓄热式焚烧装置（RTO），其中（RTO）具有降解效率高、热力燃烧更加充分的优点，被广泛应用于涂装行业。（RTO）通常包括过滤、吸附装置、吸附风机、燃烧室、反吹风门、高温风门、烟囱等，如图1所示。在（RTO）运行过程中，每个系统会相互连锁，运行稳定。燃烧室通常接入天然气直接燃烧有机废气，燃烧室内温度通常在800~1200℃，此时有机废气裂解为二氧化碳和水，达到净化尾气的目的。但（RTO）的施工工艺设计不合理、设备厂家使用不合格原材料和后期的投入和使用不加以专业的管理和控制，往往会带来新的消防安全风险。

2　蓄热式焚烧装置火灾危险源

2.1　废气源

涂装行业中使用的原料种类繁多，主要有有机醇、有机酸树脂、颜料填料、助剂等有机溶剂，这些原料大多是易燃物，废气源就是涂装工艺中有机溶剂挥发出来的挥发性有机物（Volatile Organic Chemcials，简称VOCs）气体，企业考虑占地、投资成本等原因，一般不会配备多套焚烧装置，而是将所有废气汇总后进行处理，因此汇总后的废气种类多、源头多且大多为易燃、易爆气体。

2.2　安装方式

目前，笔者调研的喷涂企业为了提高有机废气处理效能，多采用在喷涂线周边设置（RTO）的措施，虽说考虑到（RTO）主体装置燃烧室与建筑的防火间距，但是厂房内部的管道收集系统与（RTO）之间并无防火隔热材料，管道出厂房处设置的防火阀也不需要进行消防产品的强制性认证，只有生产厂家的合格证。且在厂房内部，由于工艺设计不合理，管道收集系统穿越防火分区的情况偶有发生，由于工艺设计要求，管道收集系统也无气流封闭装置。

2.3　蓄热室和燃烧室

蓄热式和燃烧室是（RTO）的核心设备，蓄热室的上方为燃烧室，当有机废气浓度较低不足以维持燃烧时，（RTO）的燃料供给系统会自动补入天然气。由于燃烧室的温度常高于800℃，考虑到废气去除效能，因此燃烧室通常用阻燃材

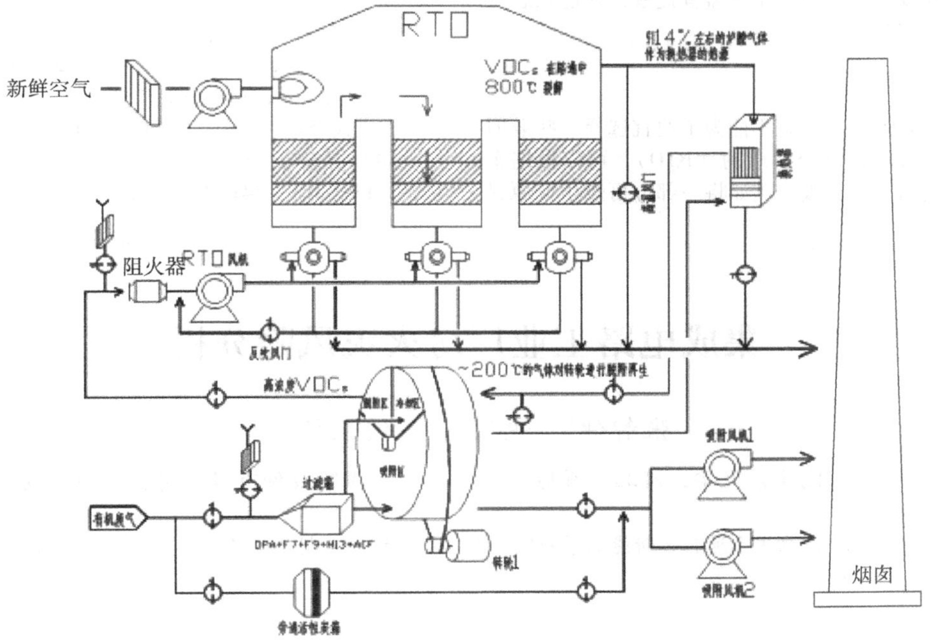

图1　涂装行业（RTO）的消防安全风险

料进行整体保温、隔热处理。燃烧室、蓄热室之间有温度报警器、监控装置及大量连锁管道，管道连接处、阀门处都有高温气体泄露的风险，在（RTO）正常运行时，依靠转轮和吸附风机的作用，整个系统内的气流是单向流动的，当装置发生故障时，燃烧室内的高温气体泄露到管道内，极易引燃管道内附着的可燃物及充斥的易燃气体。

2.4 应急旁通装置及换热器

为确保安全、高效地处理有机废气，（RTO）通常会设置应急旁通装置，当排放有机废气浓度超过最高排放标准时，会通过系统联动设备将有机废气隔离后由应急旁通装置直接混入烟道与高温气体混合，若气流不稳定，有可能导致排气管道中的有机气体爆燃。此外，如图 1 所示，（RTO）通常在装置前端设置过滤箱、活性炭吸附装置，与转轮连用，将低浓度有机废气转为高浓度废气，如果活性炭堵塞、换热器传导的温度过高，也会导致脱附箱着火。

2.5 相关操作人员专业素养

涂装行业（RTO）的很多火灾案例是发生在停机清洗阶段，（RTO）的收集管道里会吸附可燃易燃颗粒物，因此需要定期清洗以除去这些附着在管道壁上的可燃易燃颗粒才能保证有机废气高效收集处理。而清洗收集管道时必须要分段切割开金属管道才可以进行，部分清洗人员不清楚火灾危险性，用砂轮打磨，电、气焊切割，高温引燃管道内壁附着的可燃有机物导致火灾。此外，（RTO）设备出现异常停机时，安装单位、运维单位通常无法第一时间赶到现场处置，使用单位人员不懂处置程序，也可能导致火灾事故的发生。

3 蓄热式焚烧装置（RTO）的消防风险应对措施

3.1 落实安全生产责任制

涂装行业是典型的生产工艺复杂，安全管理难度大的工贸行业，落实安全生产责任制是企业自身安全管理的内在需求。只有落实好企业的消防安全主体责任，健全企业内部的消防安全管理体系，加强日常火灾隐患排查，消除消防安全管理漏洞，从消防安全责任人、管理人、班组长到每一名员工都牢固树立消防安全的意识，相互监督提醒，才能从思想上构筑起消防安全屏障。

3.2 优化工艺流程

企业在选用（RTO）系统时不能为了便宜选择一些老旧的、有安全隐患的设备，已经投产的（RTO），可以根据企业实际情况逐年进行工艺升级，例如将一部分可燃生产原料改为阻燃、不燃的以此来降低火灾风险，或者在高温气体排放管道上、烟囱、水洗塔前部管道增设混风箱、换热器等降低排放气体温度的设施设备。

3.3 提升技防设施

喷涂行业的从业人员应当对蓄热式焚烧装置（RTO）运营过程中的安全风险进行积极的预判，在日常生产运营中，要主动增设防火墙以及加装一键报警装置、自动喷水灭火系统等自动消防设施，以便及时发现火灾并采取相应措施。

3.4 加强人员培训

（RTO）系统投运前，应当对其管理人员、日常操作人员进行培训，使其掌握设备的基本原理和工艺流程；废气的进气品种和危险性；日常防护措施；安全操作技术规程；设备运行故障的发现、检查和排除；相关管理制度等。在对其进行维护保养时，也应由单位消防安全管理人告知其火灾危险性及注意要点，动火作业时履行相关审批手续。

3.5 完善应急处置机制

在企业实际的生产经营活动中，若消防安全出了问题，可能会造成巨大的经济损失和给员工带来生命危险。涂装企业应根据自身火灾风险，制定相应的专项预案，日常建立一定规模的企业内部消防微型站，配备足够的人力、设备及应急物资等，定期开展消防演练。

4 结语

综上所述，蓄热式焚烧装置（RTO）的消防安全风险主要由设备故障、人为操作失误、设计工艺落后等因素导致的，只有充分识别和管控其风险，采取相应的措施，才能在保护环境的同时，避免蓄热式焚烧装置火灾事故的发生，在保证产业体系自主可控、安全可靠的同时，持续推动新质生产力快速发展。

参考文献

[1] 王存．基于蓄热式焚烧装置（RTO）的安全管理工作研究［J］．中国石油和化工标准与质量，2023，43（17）：77-79.

[2] 蒋克彬，蒋畅．蓄热燃烧装置处理挥发性有机物废气的工艺设计［J］．节能与环保，2020（Z1）：51-53.

[3] 张添翼，严恩泽．汽车制造厂涂装车间火灾风险评估［J］．武警学院学报，2021，37（06）：21-25.

[4] 舒毅飞．涂装车间消防设施设计探讨［J］．科技资讯，2013（21）：241-242.

集成电路工业厂房火灾风险分析

张智健[1]　沈铭新[2]　侯耀华[1,*]

（1. 中国人民警察大学，河北　廊坊；2. 诚泰财产保险股份有限公司，云南　昆明）

摘　要　集成电路已广泛应用于通信、新能源等领域，因其构造特殊、制造工艺复杂，且涉及到许多易燃易爆化学品，

作者简介：张智健，男，中国人民警察大学研究生三队研一在读。
侯耀华，中国人民警察大学副教授。

以及很多高温高压精密仪器，故伴随而来的是较高的火灾风险。因此，本文结合集成电路工业厂房的特点，采用理论分析的方法，对其进行火灾风险分析，找出此类工业建筑在消防安全方面的薄弱环节，并给出相应管控措施，以降低火灾事故发生概率，避免其带来人员伤亡和经济损失，同时这种研究思路也给予集成电路产业消防安全防护一定的参考价值。

关键词 集成电路工业厂房 火灾风险分析 消防设计 洁净室

1 引言

电子工业厂房这一时代产物逐渐在当今社会崭露头角，特别是在集成电路产业中，其加速社会进步的同时，较高的火灾风险也悄然出现[1-5]。最具代表性的集成电路工业厂房火灾事故便是“SK 海力士无锡厂火灾”——2013 年 9 月 4 日，厂房施工方误把阀门 VMB（Valve Manifold Box）7 的氮气管接到氢气管，错接导致厂房二楼爆炸并起火，以及浓烟致使 3 层的制造车间无尘室设备和在制品遭受损失，5 层露天区的环保系统（洗涤塔）也受损，1 人轻伤，500 台机器遭到损坏，事故定损金额共 8.6 亿美元。

通过 VOSviewer 软件分析近 30 年集成电路工业厂房火灾的研究情况，由图 1 可知 1999~2005 年期间，研究文献数量保持上升趋势，并在 2005 年 6 月份左右，数量达到了峰值，紧接着便开始逐年减少，在 2012 年下半年到 2018 年上半年期间有所起伏，随后文献数量骤增，于 2020 年上半年达到第二峰值，但在之后三年里出现骤减现象，可 2023 年的文献数量与近 15 年文献数量的平均值相接近。

由此可见，集成电路工业厂房火灾在 2000 年到 2010 年期间属于高发期，但在 2007~2013 年期间有持续下降趋势，说明这七年间此类火灾事故有得到良好控制，2020 年到 2021 年之间这类火灾也是频发，各种新工艺的出现和相关规范条文的调整可能导致了这种现象的出现。图 2 和图 3 则是突出了对于集成电路工业厂房的研究中，最常出现的关键词有超大规模、消防设计、洁净厂房、离子式感烟探测器等，这为接下来的火灾分析提供了方向[6]。

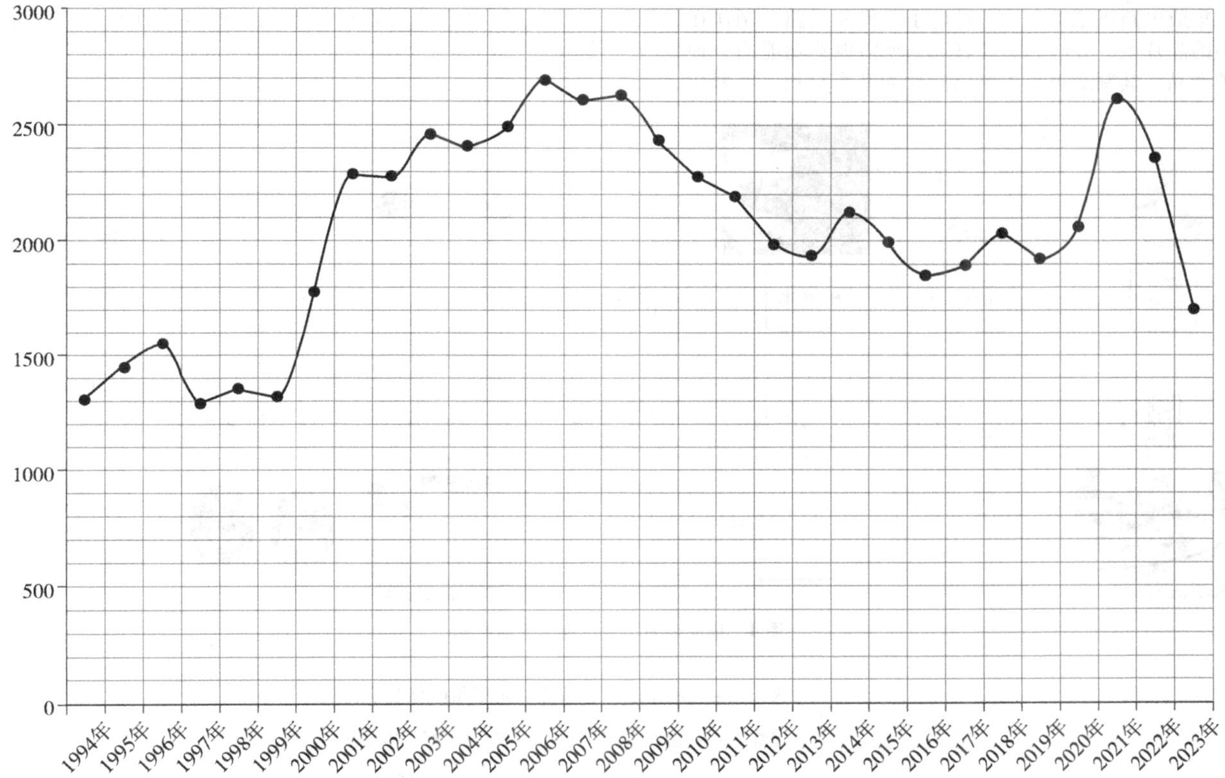

图 1　集成电路工业厂房火灾研究动态

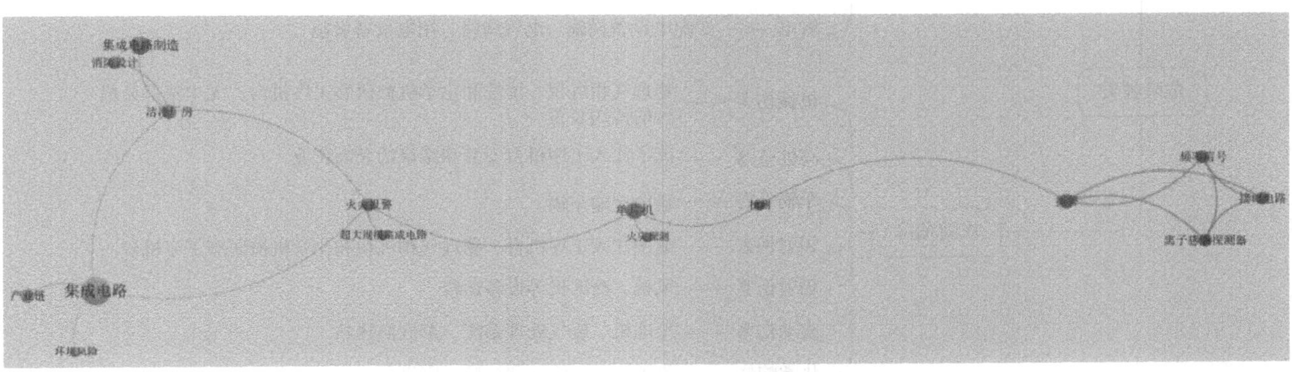

图 2　集成电路工业厂房关键词关联图

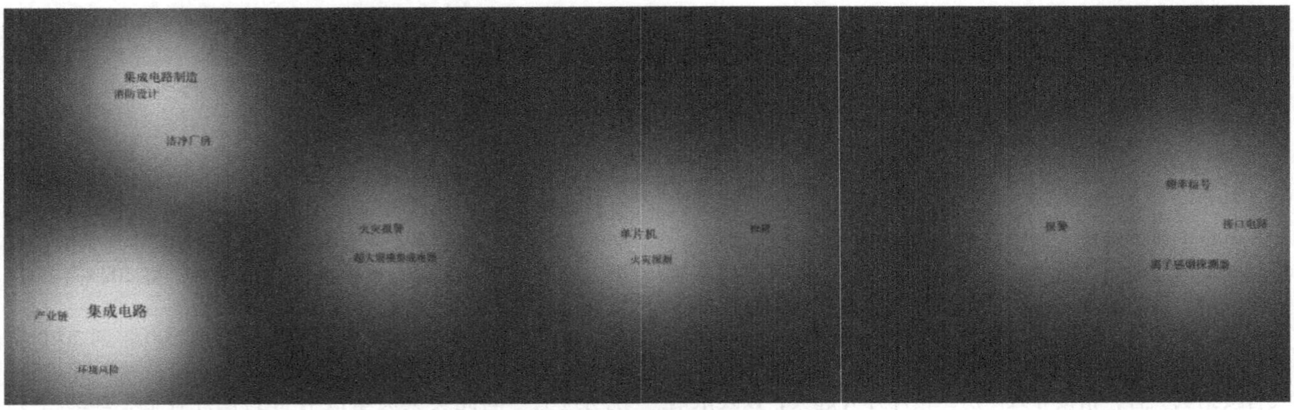

图 3　集成电路工业厂房关键词影响度图

2　集成电路工业厂房特点

2.1　工艺流程

集成电路指把特定的各种电子元件和线路，制作在面积很小的晶片上，并经封装使其成为所需电路功能的一种微型电子产品。其制造过程主要以硅片为基本材料，经氧化、光刻、刻蚀、离子注入、气相沉积、化学机械研磨等过程得到产品。

集成电路制造过程复杂，同一步骤往往要重复多次，自动化程度很高。以下是主要生产过程的简单说明，具体流程见图 4，同时工艺流程可能涉及到的危险性从图 5 中也可知晓。

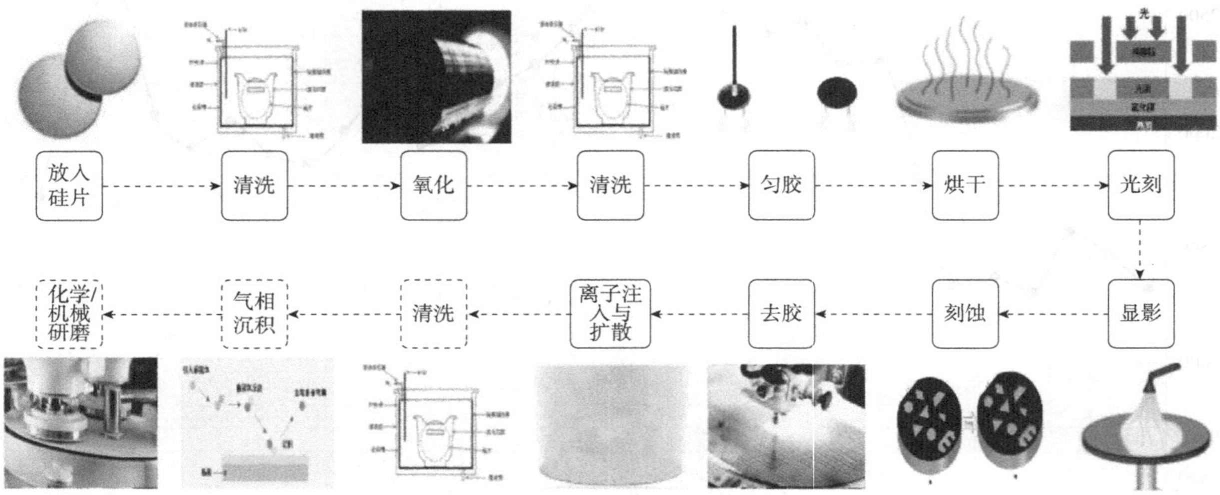

图 4　集成电路工业厂房工艺流程图

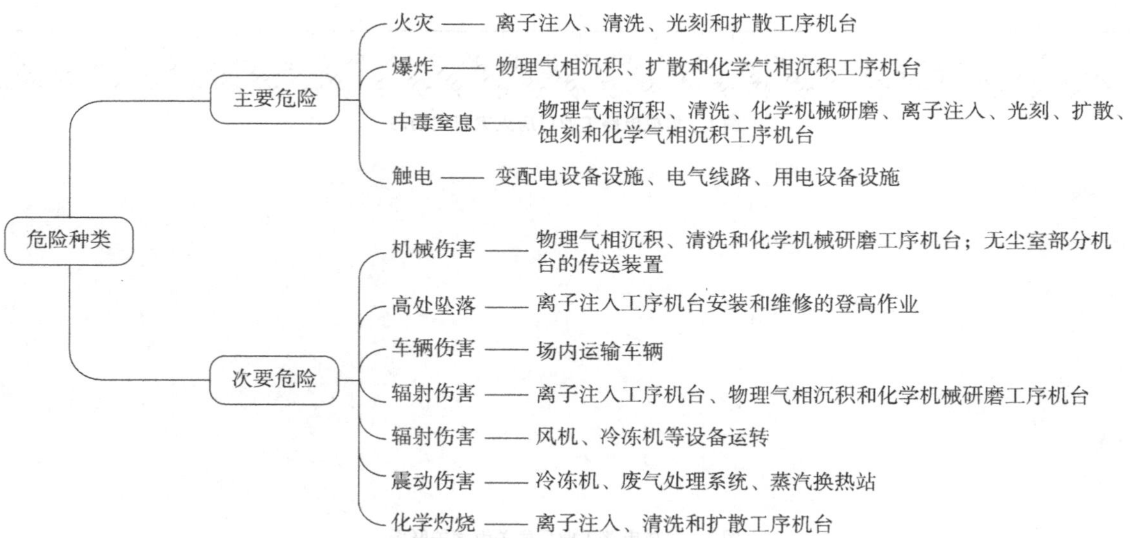

图 5　工艺流程危险统计图

2.2 厂房特点

2.2.1 建筑规模巨大

生产工艺的要求不断提高，因此集成电路工业厂房的建筑面积也在变得越来越大，基本都是几万平方米的建筑面积，建筑主体为洁净室和上下贯通式的技术夹层，一般核心Fab（车间）有四层，从上到下依次为Truss层（上技术夹层）、Cleanroom层（洁净生产层）、Sub-Fab层（下技术夹层）、Utility Sub-Fab层（非洁净技术夹层），Truss层和Sub-Fab层分别为送、回风层，生产时由上至下强力送风。Sub-Fab层地面采用钢筋混凝土地板，Cleanroom层地面采用华夫板，华夫板上面铺设铝合金高架地板，高架地板面上开有有利于回风的孔洞，见图6。

2.2.2 生产环境极其洁净

集成电路厂房的生产设备都是价格昂贵的高精密仪器，生产工艺和这些设备对于生产环境的要求极高，因此生产车间通常采用无尘环境，确保产品的质量和性能。

2.2.3 内部结构较为复杂

集成电路厂房长宽通常为二三百米，基本都是平面布置，且空间布置曲折，生产工艺设备众多、管线复杂，诸多因素叠加在一起便导致了人员行走距离加大以及难以辨识疏散方向的问题，加大疏散难度。

2.2.4 有毒易燃物储存量大

集成电路厂房的工艺流程中基本都会使用到易燃液体、有毒气体、腐蚀品、氧化剂等危险品，此外这类电子产品的外包装材料还有一些辅料也都属于可燃物品，有毒易燃物储存量较大。

3 火灾风险分析

集成电路工业厂房独特的工艺流程造就了其厂房特点，通过理论分析的方法可以分析出此类厂房火灾风险点，见图7。

3.1 防火分区划分困难

集成电路厂房工艺流程的顺畅运行，不仅关乎生产效率和产品质量，更直接涉及到整个生产线的安全稳定。在这一过程中，生产设备和管道的精确设置显得尤为重要。

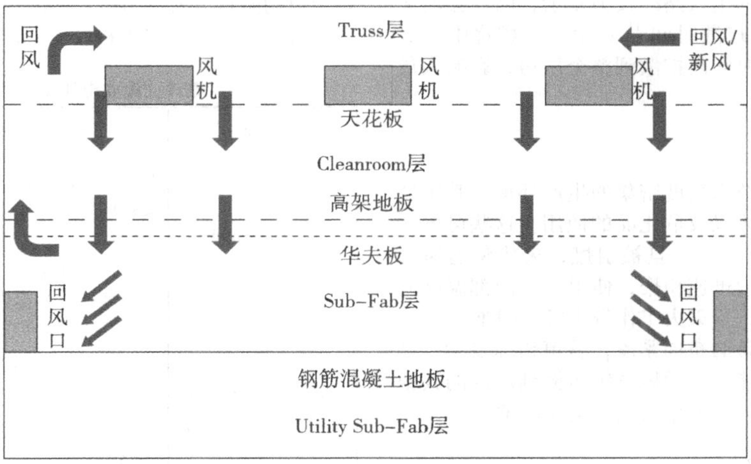

图6 集成电路工业厂房结构图

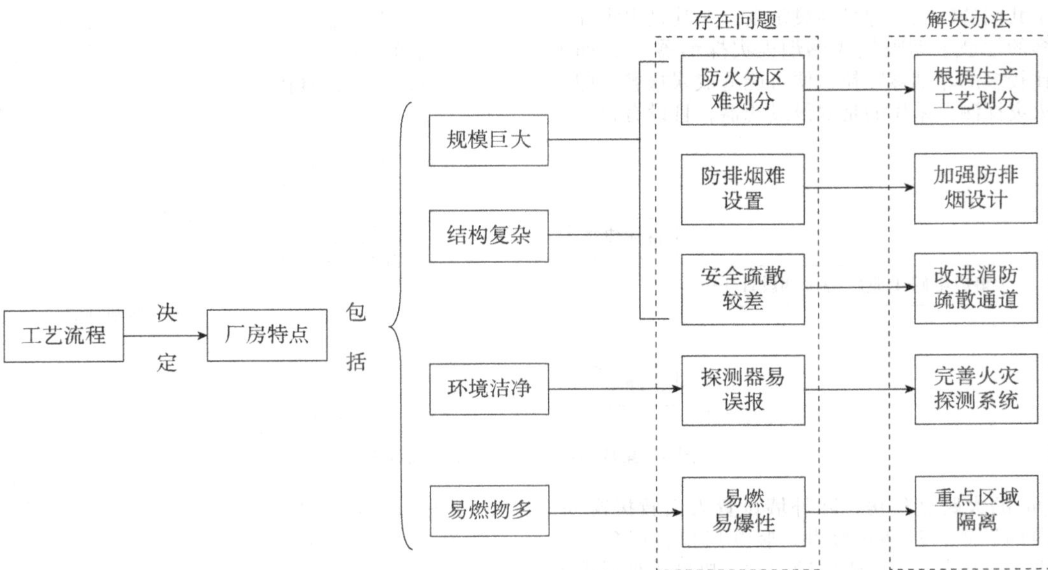

图7 集成电路工业厂房火灾风险分析逻辑图

在常规的工业厂房中，防火分区的划分多依赖于防火墙、防火卷帘[7,8]等物理隔离措施。然而，在集成电路工业厂房中，由于洁净室和辅助生产区与这些管道系统紧密相连，使得传统的防火分区方式难以有效实施。这不仅增加了火灾风险，还对生产安全构成了严重威胁。

另一方面，集成电路工业厂房的规模通常庞大，远超出了一般工业用房的范畴。因此，传统的防火分区概念在此类厂房中已不再适用。为满足生产工艺的特殊需求，必须对防火分区进行更为精细和合理的划分。

3.2 防排烟设置仍需优化

集成电路工业厂房由于使用天车等自动搬运系统，会穿越防烟分区，这就会造成挡烟垂壁不能完全分隔防烟分区[9]；另外，洁净厂房面积非常大，内部同一时间工作人员数量又较少，因此防排烟的设置便存在一定的考验。

此外，当厂房内部火灾发生时，工艺排风管道会成为火灾蔓延的途径，倘若工艺排风系统一直运行，工艺排风管将会排出有毒有害气体[10-12]，热烟气也将通过排风管道蔓延至顶部，又由于回风夹道比较多，易造成烟囱效应，加剧火势，所以工艺排风管没办法设置防火阀。

3.3 安全疏散效率较低

主要有如下几个方面：第一，集成电路工业厂房的内部空间布置曲折，工作人员的出入路线较为复杂，因此会增大安全疏散距离、延长安全疏散时间[13]；第二，燃烧中释放出来的有毒气体也将在短时间内扩散到整个厂房，影响人员疏散速度。

3.4 易燃易爆风险较大

集成电路厂房是一个技术高度密集的生产环境，其中涉及到大量的可燃、有毒气体以及危化品的使用。这些可燃物种类繁多，燃烧特性各异[14]，一旦被引燃，火势将迅速蔓延，烟气热量会在短时间内迅速积聚，使得厂房内部温度剧增，有可能还会引起爆炸，给灭火工作带来极大困难。

此外，由于厂房内设备的布局紧凑，管道错综复杂，烟气蔓延方式多种多样，可能通过通风系统传播到厂区的其他区域，乃至整个厂房，对人员的生命安全构成严重威胁。

3.5 火灾探测器易误报

由于集成电路工业厂房的特殊性，故厂房内选用的消防设施都有一个共同的特点，即是高灵敏度。尤其是火灾探测器，使用最多的便是主动吸气式感烟火灾探测器[15]，如果环境中出现比较多的非烟雾颗粒，便可能造成误报警，即使吸气式感烟火灾探测器采用的是双段过滤器，且设有自动学习功能和延时报警功能，能够在很大程度上避免误报警情况的出现，但据近15年统计还是有8%左右的误报率[16]。

4 风险管控措施

4.1 根据生产工艺规划防火分区

据国家标准规定[17-19]，丙类生产的电子洁净工业厂房洁净室每个防火分区的最大允许建筑面积可根据实际生产工艺进行确定，例如集成电路生产区域需配备辅助用房区，故可根据工艺需求进行合理的防火分区划分，划分防火分区的过程中，采用的防火墙和门窗等仍需要参照厂房建筑特点进行设计，分隔出多个封闭区域。设计防火墙时严禁可燃气体和甲乙丙类液体管道穿过，同时需用防火材料做好封堵工作，若不能设置防火墙，可采用防火卷帘代替，对于生产线上需要被划分开的位置还可采用具有防火性能的升降挡板，火灾发生时，使其降落形成阻隔。

4.2 加强防排烟消防设计

集成电路工业厂房的防烟设计主要考虑防烟楼梯间与避难走道的防烟方式，由于厂房的内部建筑复杂，因此还有结合位置的不同，来完成相应的设计工作，具体见表1。

表1 集成电路工业厂房防烟设计

种类	位置	防烟方式
防烟楼梯间	非洁净区防烟楼梯间 支持区外墙及山墙上	自然通风
	洁净室 两侧回风夹道内	机械加压送风
避难走道（长度与支持区宽度有关）	支持区宽度<30m	防烟楼梯间和前室设置 机械加压送风系统
	支持区宽度≧30m	避难走道设置 机械加压送风系统

集成电路工业厂房的排烟设计，主要围绕整体建筑和重点部位洁净室展开，不仅要考虑厂房的建筑特点，还要兼顾火灾的发展阶段，具体布置见图8。

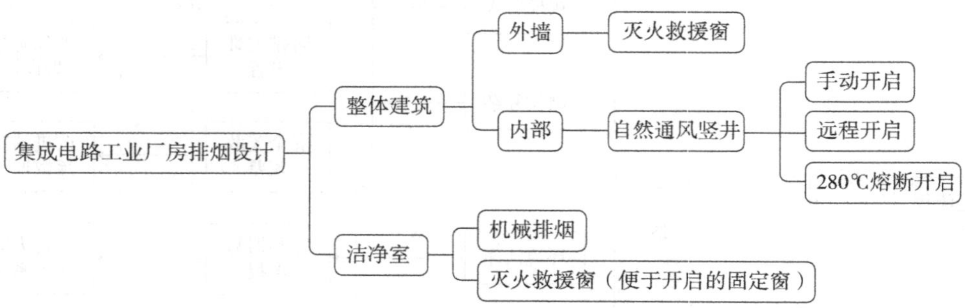

图8 集成电路工业厂房排烟设计图

超过300m的大跨度厂房，除外墙设置灭火救援窗外，还可在建筑内部设置自然通风竖井，竖井风口各层独立设置，平时处于常闭状态，火灾规模较大时，机械排烟系统停止工作后，便可开启竖井风口排出热烟气。

洁净室为无窗房间，仅设置机械排烟系统无法满足火灾中排除烟热的需求，为在火灾初期不影响机械排烟，又能在火灾规模较大后及时排烟排热，可设置便于开启的固定窗，其作为灭火救援窗的同时又能散热。

4.3 改进消防疏散通道

集成电路工业厂房的复杂结构使得在设计防火通道时，必须细致考虑众多因素，以确保其不断完善和优化。防火通道的设计应包括可开启的窗户，以便在厂房发生火灾时，能够快速将烟雾排出室外，避免烟雾逆流进入逃生楼梯区域。

设计人员需进行科学布局，以防气压差导致烟雾倒灌。此外，通道内部还需配备室外消火栓和消防救援设备，且疏散楼梯需接近消防通道入口。

4.4 保证重点火灾区域隔离

在集成电路工业厂房内，防火重点通常集中于易燃易爆材料的储存区域，这些区域是火灾风险最高的区域之一。因此，必须采取严格的防火隔离措施，确保一旦发生此类火灾，火势不会蔓延，从而有效控制火势，减少火灾对厂房整体安全的影响。

集成电路制造工厂里的危险化学品气、液通过 Sub-Fab 的 VMB 阀箱来分发进入 Fab 层机台，洁净室内的危化品储存在储存柜中，Utility Sub-Fab 中有危险化学供应或危废收集储罐，为有效预防控制关键区域的潜在火灾风险，应按甲类危险化学储存要求建设，安装防爆墙并确保其与其他部分隔离开，此外，须设独立且便于使用的安全出口，以保障在紧急情况下人员能迅速疏散。采用如加气混凝土砌块等材料进行砌筑，并结合防火门作为隔离措施，可以确保这些重点区域的防火独立性，进而提升整个厂房的防火性能。

4.5 更新完善火灾探测系统

全面加强火灾探测系统，保证高灵敏度的同时也要最大程度降低误启动的可能性，实现智能化，为了确保厂房建筑的安全，必须全天候实时监控，这要求对厂房的每一个角落和关键部分都进行严格监控，以便及时发现潜在的安全问题。结合具体情况，制定有针对性的安全措施，以消除厂房内的火灾风险，以及在火灾最初期控制住火势发展，防止其增长。

5 结语

集成电路工业厂房的出现大大提高了人们生活质量，但其带来的火灾风险值得思索，在理论分析的基础上通过分析其独特的建筑特点和工艺流程，得出其在防火分区划分、防排烟设置、安全疏散设计、可燃物聚积、消防设施选用等方面存在一定的火灾隐患，并对此提出了相应的管控措施，给该行业在消防安全方面带来了一定的参考价值。

参考文献

[1] 官六零．工业综合体安全风险分析与对策建议[N]．中国应急管理报．

[2] 王颖，陶俊刚．电子类工业厂房消防设计审核的几点体会［J］．消防技术与产品信息，2006（07）：11-14.

[3] 孙白妮．浅谈集成电路项目环评中应注意的环境风险——以电子集成电路芯片生产为例［J］．环境科学与管理，2006（05）：189-192.

[4] 武建萍．集成电路生产车间的安全风险控制［D］．中国地质大学（北京），2011.

[5] NRHVG，Naeem I. An integrated methodology to predict the likelihood of sprurious actuation of AC circuits due to fires in commercial nuclear power plants［J］. Fire Safety Journal，2011.

[6] 龚梅芝，陆斐．新形势下我国集成电路产业现状及发展思考［J］．中国集成电路，2024，33（Z1）：14-18.

[7] 林东安．超大型电子洁净厂房排烟系统设计［J］．暖通空调，2019，49（02）：87-91.

[8] 陈丽君．浅析芯片洁净生产厂房消防设计［J］．中国高新科技，2023（23）：35-36.

[9] 周天．某无尘室车间空调系统改造［J］．四川水泥，2020（06）：281-283.

[10] 郑雁秋．大型电子工业洁净厂房防火设计探讨［J］．消防科学与技术，2018，37（02）：195-197.

[11] 吴臻．电子洁净工业厂房建筑防火及消防设计分析［J］．江西建材，2021（10）：219-220.

[12] 沈蓓．电子类洁净厂房消防安全标准化管理探讨［J］．大众标准化，2022（09）：158-160.

[13] 傅伟荣．新形势下电子洁净厂房建筑设计的探讨分析［J］．中小企业管理与科技（上旬刊），2018（10）：175-176.

[14] ANSI/FM 4910—2013 Cleanroom Materials Flammability Test ProtocolProtocol［S］.

[15] 赵洪涛．火灾自动监控报警系统中火灾探测器的设计［J］．科技信息，2010（32）：735.

[16] 张献双，薛培贞，高志坚，等．吸气式感烟火灾探测器在集成电路制造企业的应用［J］．消防技术与产品信息，2018，31（09）：88-90.

[17] GB 50016—2014（2018）建筑设计防火规范［S］.

[18] GB 50472—2008 电子工业洁净厂房设计规范［S］.

[19] GB 50073—2013 洁净厂房设计规范［S］.

压缩空气泡沫灭火系统灭特高压变压器油火灾研究综述*

刘 畅[1]，王伟娟[2]

（1. 中国人民警察大学防火工程学院，河北 廊坊；2. 河北智诚检验认证集团有限公司，河北 石家庄）

摘 要 本综述旨在系统性地探讨了以压缩空气泡沫系统灭火技术（CAFS）在特高压变压器油火灾中的研究进展。归纳了特高压变压器油火事故的危害与挑战，介绍压缩空气泡沫灭火技术的基本原理和优势。总结压缩空气泡沫灭火技术在特高压变压器油火灾事故中的应用研究，涵盖了实验室模拟与实地试验等方面的成果。最后，指出了当前研究中存在的问题和未来发展方向，以期为进一步推动压缩空气泡沫灭火技术在特高压变压器油火灭火领域的应用提供参考与启示。

* 基金项目：河北省重点研发项目（3080302）《特高压变压器固定式压缩空气泡沫灭火系统研发》

作者简介：刘畅，男，中国人民警察大学防火工程学院硕士研究生，主要研究方向为特高压换流变电站火灾防控技术，石油类燃料燃烧机理与火灾预防技术。

关键词 压缩空气泡沫 变压器油火灾 泡沫灭火 特高压变电站

1 引言

电力是支撑国家经济和社会运行不可或缺的重要组成部分。特高压变电站作为我国电力系统的重要组成部分，具有极其重要的战略意义。然而，我们也必须注意到，特高压变电站在发挥其重要功能的同时，面临着严峻的消防安全形势。目前的特高压变电站仍采用油浸式的变压器，其油箱内充有大量的绝缘油。当绝缘油的温度升高超过一定值时，会受热蒸发分解出可燃的蒸汽和分解产物。普通变电站的变压器油储存量一般为40t，而特高压变电站的储油量达170t以上，是普通变电站的数倍，如图1所示。一旦特高压变电站发生火灾，可能导致严重的经济损失和社会影响。特高压变电站承载着大量的电力传输任务，设备设施众多、复杂，火灾发生后很可能引发电网瘫痪、停电等严重后果，给国家经济运行和人民生活带来巨大困扰。给社会稳定和可持续发展带来不利影响，国内外换流变电站也发生了大量的事故案例，造成了极大的经济损失和不良社会影响，表1展现了近期国内外换流变电站事故案例。

图1　某地特高压换流变电站

表1　近15年国内外典型换流变压器油火灾

国内外典型换流变电站变压器油火灾事故案例统计		
国内		
时间	地点	事故后果
2008	浙江宁波500kV河姆变电站	站内设施遭受不同程度损伤，发生在“奥运保电”期间，造成不良社会影响
2016	陕西西安300kV变电站	变压器烧毁、部分区域停电，造成相邻企业数亿元经济损失
2018	新疆某800KV特高压换流站	高端阀厅、多台换流变压器烧毁，造成直接损失亿万元
2019	泉城1000KV特高压变电站	1死2伤，大量高端设备损毁
2019	中山市168号变电站	市中心出现短期断电
2020	武汉市雄楚大道换流变电站	大规模停电，设备损毁
2023	河北天山世界之门换流变电站	部分极高端精密设施烧毁，造成重大的经济损失。
国外		
2010	圣地亚哥燃气电力变电站	设备损毁，造成重大经济损失
2013	圣地亚哥燃气电力变电站Bonita站	大规模停电
2019	墨西哥城某变电站	数十人中毒、近万人疏散、城市大规模断电
2021	伊朗阿巴斯湾大型变电站	全省大部分地区断电
2022	俄罗斯滨海边疆某大型变电站	城市大规模断电

数据来源：百度、国内外文献搜集。

传统的常规变电站常使用固定式水喷雾灭火系统等传统消防系统来进行火灾扑救工作。然而，随着特高压变电站火灾特点的出现以及压缩空气泡沫灭火系统的发展，压缩空气泡沫系统（Compressed Air Foam System，下文简称为CAFS）被引入作为一种新的灭火技术。

压缩空气泡沫主要指应用新方式促进泡沫的产生，然后在泡沫混合液中引入一定比例压缩空气，充分融合后，使灭火泡沫得以产生，借助管路将其输送出去，实现灭火目的[1]。CAFS主要通过两种机理来灭火特高压变压器油火灾（图2）。首先是隔热窒息作用，由喷嘴喷出且带有一定动量的泡沫将会在燃料表面进行铺展，形成一层厚度适当的泡沫覆盖层，可以阻隔火焰与变压器油的直接接触，同时也能降低火焰的热辐射，减缓火焰对未燃变压器油的热反馈作用，使得下方预燃区域的变压器油受热蒸发的速度变慢，减缓可燃气体生成速度，泡沫覆盖变压器油表面可以有效降低燃料表面的氧气浓度，起到一定的窒息作用。由于高温作用，泡沫中的水分会受热气化产生水蒸汽，进而扰乱火源周围的氧气分布和降低氧气浓度，进而削弱火焰的燃烧强度。其次是泡沫的吸热和冷却作用，泡沫中含有大量的水分，在泡沫覆盖变压器油表面后，泡沫中的水分在预燃区受到高温影响时会蒸发吸收大量热量，起到冷却效果。经过持续喷射泡沫后，堆积在油面上的泡沫形成厚厚的保护层，不断吸收热量并隔离外界空气降低温度。随着变压器油温度下降，可燃气体生成速率也会减缓，无法维持油料的燃烧，最终火势减弱，实现灭火。

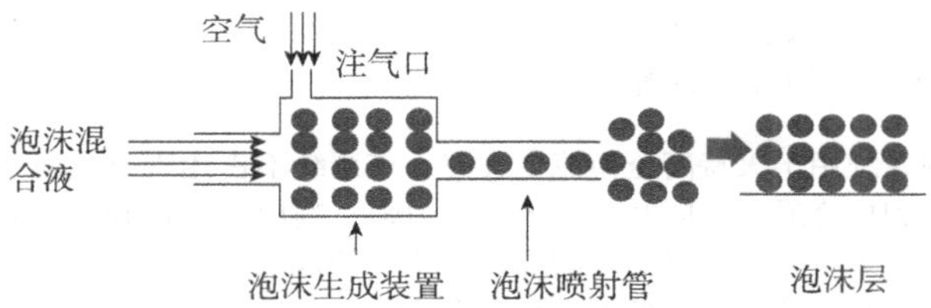

图 2　压缩空气炮莫产生原理示意图[18]

2　特高压变压器油燃烧特性研究现状

作为特高压变压器的重要组成部分，变压器油在保障变压器正常运行、绝缘和冷却等方面起着关键作用。特高压变压器油火灾的实质是用于绝缘和冷却的变压器油发生了不可控制的燃烧。特高压变压器油的火灾特性也一直是电力工程领域关注的焦点之一，前人对变压器油的燃烧特性进行了大量的研究。

学者[2-5]通过改变变压器油的初始温度、油池直径、油料厚度，结合火灾动力学特征和燃烧学基本理论研究了变压器油的燃烧特性，开展多组实验分析了初始温度、油池直径、油料厚度对变压器油火灾发展的规律。郭王勇等人[5]在上述研究的基础上还观察了火焰的形态和火焰的轴心温度，总结出燃烧速率随着油池直径的增大而加快、单位面积燃烧速率与油池直径呈现幂函数形式的重要结论。HuY[6]开展不同直径油盘的池火实验，较准确地将不同直径的池火火焰高度量化，并发现沸腾层温度不受油池直径影响的重要关系。汪亚龙、黎昌海等人[7]以 K150X 典型变压器油，通过大量实验，综合了上述学者们所研究的燃料初始温度、燃料厚度、油池直径等对燃烧速率、火焰平均高度、羽流轴向温度的影响。Einstein，A[8]不仅研究了燃料厚度和初始温度对变压器油燃烧特性的影响，还首次提出了 25°C 初始温度条件下火焰高度和火羽温度预测的修正模型。Zhang[9]则利用 10 个不同的外加辐射热通量，同时分析了 25#、20#、45# 三种不同变压器油所受的影响。WuC[10]采用 100m^2 的钢罐来模拟变压器油火灾，发现随着垂直高度的增加，罐体边界附近的温度降低。在初始燃料温度预热到较高值的开发阶段，火焰高度的增长率增强。同时，根据实验罐下方的台秤数据发现，随着初始燃料温度的增加，变压器油池火灾的燃烧速率略有增加。特高压变电站中的变压器储油池尺寸极大，大尺寸的实验相对于研究实际变压器油火灾发展趋势可能更有说服力，但全尺寸实验的研究成本过高，所以学者们往往采用小尺寸实验的方法来展开研究。近 15 年国内外典型换流变压器油火灾见表 1，典型变压器油燃烧阶段见图 3。

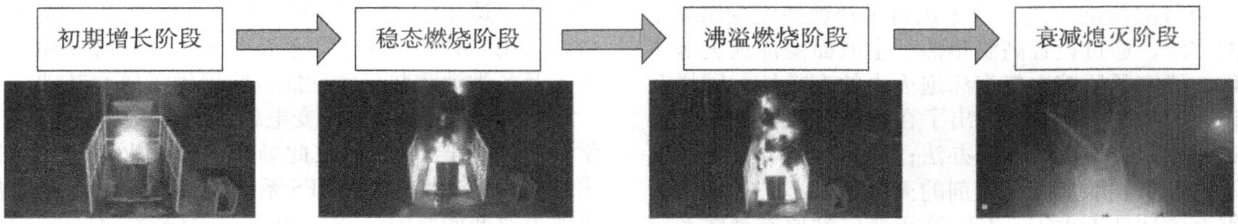

图 3　典型变压器油燃烧阶段

3　CAFS 灭变压器油火灾机理研究

特高压换流变压器所使用的变压器油经过蒸馏和精炼的天然石油矿物油。因此，在研究 CAFS 灭变压器油火的机理时，我们可以将矿物油类作为灭火对象进行分析。

关于空气泡沫灭火理论方面，1994 年，瑞典 SP 国家实验研究所的 Persson B[11]等人假设泡沫为牛顿黏性流体，并指出泡沫厚度的降低速率仅与火焰辐射相关，而与燃烧速率无关。

2003 年，研究人员[12]利用航空煤油 JP-5 进行小尺寸实验，通过施加水成膜泡沫研究了泡沫蒸发、析液的表征方法，并对比分析了燃料在是否施加泡沫的情况下受外部热源点燃的时间。然而，该研究并未深入探究泡沫对火焰的抑制和灭火作用。2014 年，另一组研究人员[13]进行多组实验，证明膨胀的泡沫能够有效地减少火焰对燃料的对流和辐射热，进而减缓燃料的蒸发速率抑制燃烧。国内学者也进行了大量关于泡沫灭火的研究。林霖[14]在中国科学技术大学火灾科学国家重点实验室进行了小尺度实验，研究了多组分压缩空气泡沫在油池表面覆盖的动态过程，并深入探讨了多组分压缩空气泡沫抑制熄灭油火的原理。上海消防所的[15]等人开展了在简化泡沫灭火机理和燃烧特性的基础上，利用 AFFF 压缩空气泡沫对 93#汽油、0#柴油、95%乙醇三种燃料进行灭火实验，得到了不同燃料不同灭火剂灭火模型的计算方法。天津消防所的等人[16]在不同泡沫施加量和泡沫浓度下利用甲醇溶液进行灭火实验，得出了在不同条件下泡沫的铺展长度、铺展速率和灭火效果，并进行了大规模的甲醇油罐着火的相关研究。中南大学的徐志胜等人[17]开展大量实验研究了水成膜泡沫溶液的气液比对柴油池火的灭火性能的影响。中国科学技术大学的王堃[18]建立了压缩气体泡沫实验平台，对泡沫性能参数进行了研究。他通过实验观察和测量了泡沫在稳定辐射条件下的燃料层表面的行为，并根据液体燃料燃烧速率理论模型，分析了泡沫对燃料扩散系数、边界层厚度、氧气浓度等重要参数的影响机制[18]。此外，研究还揭示了压缩气体泡沫降低燃烧速率和熄灭火焰的原理，以及不同发泡气体对燃料蒸发和火焰抑制的影响。在泡沫施加后，气相火焰特性出现瞬时升高的现象。燃料蒸汽在泡沫气泡结构和液膜内扩散示意见图 4。

综上所述，国内外学者利用小尺寸试验台对矿物油类燃料进行了大量研究。通过这些研究，我们可以研究和分析 CAFS 对特高压变压器油火灾的燃烧动力学参数，以解释其作用机理。

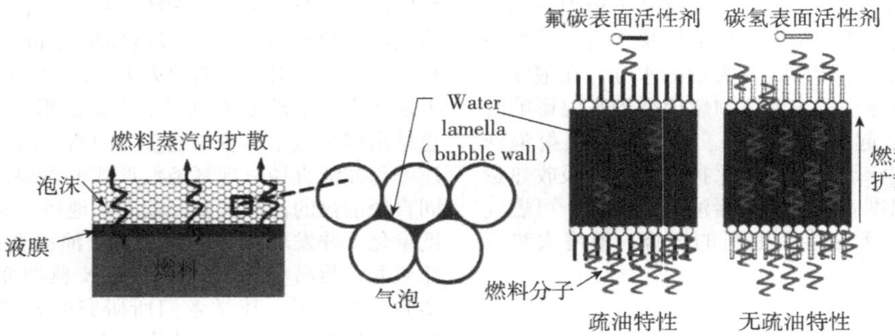

图 4 燃料蒸汽在泡沫气泡结构和液膜内扩散示意图[18]

4 CAFS 应用于特高压变电站火灾研究

前人的大量研究[19-23]验证了 CAFS 在普通变电站火灾中的有效性和可靠性。实验结果显示，相比传统的消防系统，CAFS 在各个方面的性能更为优越。然而，随着特高压换流站的发展，其火灾危险性以及可能造成的不良后果更加严重，因此引起了人们对使用 CAFS 扑灭特高压换流站火灾的关注和研究，并逐渐将研究重点转移到该领域。张瑞、袁泉等人[24]提出将固定式 CAFS 应用于特高压变电站的计划，并结合海南±800KV 换流站 CAFS 示范应用工程，介绍了 CAFS 的工程设计要点，并详细阐了 CAFS 控制系统的结构、配置和功能，对 CAFS 灭特高压变电站设计要点提供了指导。高旭辉、陈涛、张佳庆等人[25-26]建立了全尺寸的变压器热油火灾模型，都建立了 1∶1 全尺寸特高压变压器模型，提出利用“压缩空气泡沫炮”这一技术进行了扑救换流变压器全液面火灾的方法，通过设置高温热油、全液面溢油火灾等不利灭火条件，研究了压缩空气泡沫炮灭火的有效性。同样利用全尺寸试验方法的 Tan T[27]提出了在特高压换流站中泡沫流量、输送管路阻力损失的计算办法；Zhou B[28]在前人的基础上对比了三种典型的泡沫灭火剂的灭火效果，三种泡沫灭火剂都能够有效地扑灭火灾。在特高压变电站原有消防系统的基础上，李开拓等人[29]提出了一种挑檐式压缩空气泡沫炮系统用于灭特高压换流变火灾，该系统不占用现有设备空间和检修通道，同时具有灭火能力强、响应速度快和灭火效率高等特点，可以极大的提升换流变的消防能力。然而，针对特高压变电站中的 CAFS，我们缺乏一个完善的评判标准来评估其安全性和可靠性。针对这一情况，Guo Y 等人[30]在分析 CAFS 的结构、工作原理以及国内外相关标准的基础上，结合实际运行环境，提出了一种对 CAFS 性能进行评价的方法；同时，Fu X[31]根据前人的研究，并结合特高压换流站场内实际布置特点，进行了模拟和试验，总结分析了特高压换电站中 CAFS 的性能关键参数以及泡沫输送过程中的变量，并提出了一种 CAFS 在特高压换流站中的性能评判方法；国网山东省电力科学研究院的谢连科等人[32]针对油浸式变压器的起火原因、燃烧和灭火特性，模拟变压器同时发生套管火、变压器本体火、油枕火、集油坑火等立体火灾现象构建了适用于油浸式变压器的消防灭火系统仿真试验平台，采用 CAFS 进行全尺寸灭火试验，为研究油浸式变压器火灾及各类消防装备的性能试验提供了研究基础。

CAFS 应用于特高压变电站的研究大多偏向于工程层面，学者们都侧重于 CAFS 在此场景下的灭火性能和对比传统灭火措施的优劣性，对 CAFS 系统的具体参数以及可能造成灭火效果改变的原因还缺乏很深入的研究。CAFS 应用于特高压变电站火灾实验场景见图 5。

图 5 CAFS 应用于特高压变电站火灾实验场景

5 总结

在本文中，我们系统性地讨论了特高压变压器油燃烧特性、CAFS 灭变压器油火灾机理和 CAFS 在特高压变流站火灾中的应用现状研究。通过深入分析各种文献资料和实验结果，我们得出了一些重要结论和启示。首先，特高压变压器油的燃烧特性是影响火灾扩散和控制的重要因素，必须加强对其燃烧机理的研究。其次，CAFS 灭火技术在变压器油火灾中具有较高的灭火效果，但深入的灭火机理以及泡沫本身特性的影响还需要进一步的研究。CAFS 在特高压变流站火灾中的应用具有广阔的发展前景，但需要根据实际场景进行系统的设计和优化。

总的来说，本文对特高压变压器油火灾的灭火技术进行了深入探讨，希望为相关领域的研究提供一定的参考和借鉴。同时也呼吁更多的科研工作者和实践者加入到这一领域的研究中，共同推动火灾防控技术的进步和创新。

参考文献

［1］沈旭钊．压缩空气泡沫灭火技术应用［J］．新型工业化，2021，11（12）：109-111.

［2］孙巍，尤飞，李平．风力发电机组液态油品热表面诱导燃烧特性［J］．消防科学与技术，2019，38（02）：157-161.

［3］张博思，张佳庆，余志红，陈庆涛，范明豪．初始

油温对变压器油燃烧特性影响［J］. 消防科学与技术，2019，38（01）：61-63+67.

［4］赵金龙，袁杰，田逢时，黄弘，杨锐. 初始油温对变压器油燃烧特性的影响［J］. 化工学报，2020，71（07）：3379-3386.

［5］陈晟，邓洁清，鞠振福，王志刚，陈鹏，赵金龙. 变压器油池火燃烧规律的实验研究［J］. 中国安全生产科学技术，2020，16（08）：63-68.

［6］Hu Y，Li Y，Wang Q，et al. Experimental Study on Combustion Characteristics of Transformer Oil Pool Fire with Different Scales［J］. Frontiers of Engineering and Scientific Research，2022，1（1）：26-26.

［7］汪亚龙，黎昌海，张佳庆，尚峰举，陆守香，范明豪，程登峰. KI50X特高压变压器油火灾特性参数分析［J］. 安全与环境学报，2020，20（04）：1361-1369.

［8］Einstein，A.，B. Podolsky，and N. Rosen，1935，"Can quantum-mechanical description of physical reality be considered complete?"，Phys. Rev. 47，777-780.

［9］Zhang B，Zhang J，Huang Y，et al. Burning process and fire characteristics of transformer oil：A study focusing on the effects of oil type［J］. Journal of Thermal Analysis and Calorimetry，2020，139：1839-1848.

［10］Wu C，Zhou T，Chen B，et al. Experimental study on burning characteristics of the large-scale transformer oil pool fire with different extinguishing methods［J］. Fire technology，2021，57（1）：461-481.

［11］Persson B，Lönnermark A，Persson H. FOAMSPEX：large scale foam application—modelling of foam spread and extinguishment［J］. Fire technology，2003，39：347-362.

［12］Lattimer B Y，Hanauska C P，Scheffey J L，et al. The use of small-scale test data to characterize some aspects of fire fighting foam for suppression modeling［J］. Fire Safety Journal，2003，38（2）：117-146.

［13］Zhang B，Liu Y，Olewski T，et al. Blanketing effect of expansion foam on liquefied natural gas（LNG）spillage pool［J］. Journal of hazardous materials，2014，280：380-388.

［14］林霖. 多组分压缩空气泡沫特性表征及灭火有效性实验研究［D］. 中国科学技术大学，2007.

［15］Su L，Wang L，Wang Z，et al. Investigation on compressed air foams fire-extinguishing model for oil pan fire［J］. Procedia Engineering，2012，45：663-668.

［16］Zhang Q，Wang L，Bi Y，et al. Experimental investigation of foam spread and extinguishment of the large-scale methanol pool fire［J］. Journal of Hazardous Materials，2015，287：87-92.

［17］Xu Z，Guo X，Yan L，et al. Fire-extinguishing performance and mechanism of aqueous film-forming foam in diesel pool fire［J］. Case studies in thermal engineering，2020，17：100578.

［18］王堃. 压缩气体泡沫抑制油罐燃料蒸发与熄灭火焰实验研究［D］. 中国科学技术大学，2021.

［19］汪慧，王磊，艾青. 压缩空气泡沫系统在换流站消防提升工程中的应用［J］. 工业安全与环保，2022，48（06）：47-50.

［20］王林，侯耀华. 两类危险重要场所应用固定式压缩空气泡沫系统的可行性研究［J］. 消防技术与产品信息，2016（07）：36-39.

［21］郎需庆，姜春明，牟小冬，尚祖政，吴京峰，谈龙妹，刘全桢，牟善军. 固定式CAFS装置灭火试验及其工程应用研究［J］. 工业安全与环保，2017，43（09）：60-62+51.

［22］陈涛，赵力增，傅学成，张佳庆，王庆，胡成，包志明，李宝利，李国辉. 大型换流变压器火灾事故特点与灭火方案［J］. 消防科学与技术，2020，39（08）：1138-1141.

［23］胡成，陈涛，傅学成，赵力增，张佳庆，黄勇. 压缩空气泡沫扑灭变压器全液面溢油火灾试验研究［J］. 消防科学与技术，2020，39（07）：959-962.

［24］张瑞，袁泉，李学鹏. ±800kV特高压换流站换流变压缩空气泡沫灭火系统设计研究［J］. 青海电力，2020，39（04）：46-51+64.

［25］高旭辉，杨振，汪月勇. 新型泡沫灭火装置基于全尺寸变压器热油火灾的应用研究［C］//中国消防协会. 2021中国消防协会科学技术年会论文集. 九江中船长安消防设备有限公司；2021：5.

［26］陈涛，张佳庆，过羿，靖立帅. 压缩空气泡沫炮系统扑救特高压换流变压器全液面溢油火灾试验研究［J］. 消防科学与技术，2023，41（02）：226-231.

［27］Tan T，Zhang J，Luo S，et al. Study on Transportation Characteristics of Compressed Air Foam Pipe Network［C］//2022 7th Asia Conference on Power and Electrical Engineering（ACPEE）. IEEE，2022：1198-1203.

［28］Zhou B，Yang W，Yoshioka H，et al. Research on suppression effectiveness of compressed air foam for oil-immersed transformer hot oil fire［J］. Case Studies in Thermal Engineering，2023，49：103272.

［29］李开拓，郭杨，陈昊，郑维高，马兆兴. 挑檐式压缩空气泡沫消防系统在特高压换流站的应用［J］. 东北电力技术，2023，44（10）：21-25+30.

［30］Guo Y，Zhang J，Ke Y，et al. Research on Performance Evaluation Method of Compressed Air Foam Fire Extinguishing System in UHV Converter Station［C］//2022 7th Asia Conference on Power and Electrical Engineering（ACPEE）. IEEE，2022：1204-1208.

［31］Fu X，Zhang J，et al. Research on Compressed Air Foam System Performance Diagnosis Combined with Engineering Practice［C］//2022 Asian Conference on Frontiers of Power and Energy（ACFPE）. IEEE，2022：172-177.

［32］谢连科，刘国强，张燕，谈龙妹，潘为亮. 油浸式变压器消防灭火真型试验平台构建及试验验证［J］. 火灾科学，2023，32（01）：50-58.

［33］Fu X，Zhang J，Huang Y，et al. Experiment and strategy research on combined use of water spray and compressed air foam fire extinguishing system for UHV converter transformer［C］//2023 8th Asia Conference on Power and Electrical Engineering（ACPEE）. IEEE，2023：2672-2677.

浅谈工业建筑消防设计

——以保定市满城区轨道交通产业园基础设施建设项目为例

于思琦

（河北世元工程咨询集团有限公司，河北 保定）

摘 要 最近几年来，中国经济高速发展，导致工业建筑数量快速增多，工业建筑火灾频繁发生，且火势较大不可控，人员疏散困难，容易造成群体伤亡事故。工业建筑具有建筑规模大、结构复杂、设备较多、受不同生产工艺和使用用途影响等特点，应格外重视消防设计。本文结合工程实例研究工业建筑消防设计要点，希望能为提高工业建筑消防安全提供重要参考和借鉴。

关键词 工业建筑 消防设计 安全疏散 防火封堵

1 引言

随着中国经济的快速发展，政府开始推行经济体制改革和对外开放政策，为了吸引外商投资和推动产业升级，工业产业园区应运而生。随着各地对于工业产业园区发展的重视和推动，工业产业园区项目逐渐增多，工业建筑的消防设计显得十分重要。本文从工业建筑总平面图、单体设计、细部设计这几个方面的消防要点展开说明。

2 工程概况

2.1 建设内容

本项目位于河北省保定市满城区京车造车基地西侧，项目用地较为方正，四面临路，交通便利。项目用地面积 28910.50m^2，建设园区供热管网，集中供热站一座及配套管理系统；新建标准化厂房、废水处理站及配套管网等，同时进行园区智慧管理系统、立体机械停车位建设。建筑效果图见图1。本项目总建筑面积共 52222.85m^2，其中地上建筑面积 47518.44m^2，地下建筑面积 4704.41m^2，容积率为 1.96，建筑密度为 46.51%，绿地率 6.25%。

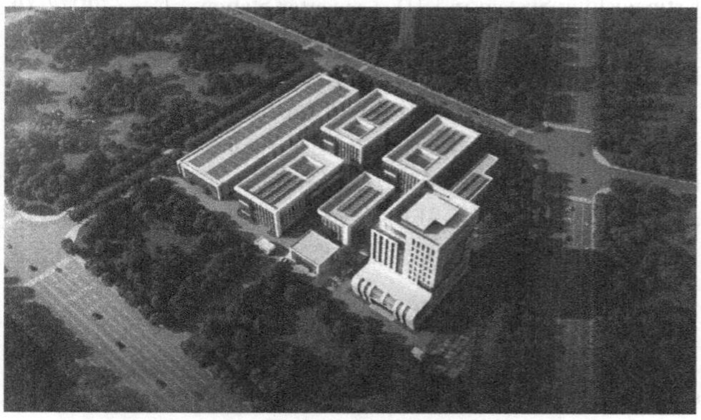

图1 建筑效果图

2.2 功能布局

本项目设置5个标准化厂房，一栋科创中心，配套的供热站、停车楼和门卫，项目种类较多，包含工业建筑、民用建筑、构筑物和锅炉房，消防设计要求不同。

建筑主要功能：

1#标准化厂房地上一层，总建筑面积 4626.00m^2，主要功能为丙类生产车间，层高 16.7m。

2#～4#标准化厂房地上四层，各单体建筑面积 6970.39m^2，主要功能为丙类生产车间，首层层高 8m，二层层高 6m，三～四层层高 3.9m。

5#标准化厂房地上四层，总建筑面积 3562.77m^2，主要功能为丙类生产车间，首层层高 8m，二层层高 6m，三～四层层高 3.9m。

科创中心地上十一层，裙房局部三层，地下一层。地上建筑面积 15335.64m^2，地下建筑面积 4704.41m^2。地下设置一层地下室，主要功能为设备用房及两层机械车库。地上主要功能为丙类研发车间。地下一层层高 6.6m，一～二层层高 5.4m，三层层高 4.2m，四～十一层层高 3.9m。

供热站地上一层，局部设夹层，总建筑面积 465.92m^2，主要功能为锅炉房及其配套。层高 8m，局部设置夹层首层 3.5m，二层 4.5m。

停车楼地上五层，地下一层。总建筑面积 2562.94m^2，地下设置废水处理站，地上为机械停车楼。地上一～五层高 2.5m，地下层高 8m。

门卫为单层民用建筑，总建筑面积 54m^2，主要功能为警卫室，层高 3.5m。

3 总平面图消防设计

3.1 消防间距

消防间距是建筑安全的重要保障，它能够确保在火灾发生时，相邻建筑不会被引燃，同时方便消防人员迅速扑救。因此，消防间距是消防设计的重要组成部分。消防间距主要受建筑使用功能和建筑高度的影响。本项目主要包含单、多层丙类厂房、高层丙类厂房、民用建筑、锅炉房等。单多层丙类厂房之间消防间距不小于 10m，与高层丙类厂房之间消防间距不小于 13m[1]。锅炉房为丁类厂房，与单多层丙类厂房之间消防间距不小于 10m，与高层丙类厂房之间消防间距不小于 13m。民用建筑与单多层丙类厂房之间消防间距不小于 10m，与高层丙类厂房之间消防间距不小于 13m。各建筑之间消防间距详见图2，均满足规范要求。

作者简介：于思琦，女，现工作于河北世元工程咨询集团有限公司，一级注册建筑师。

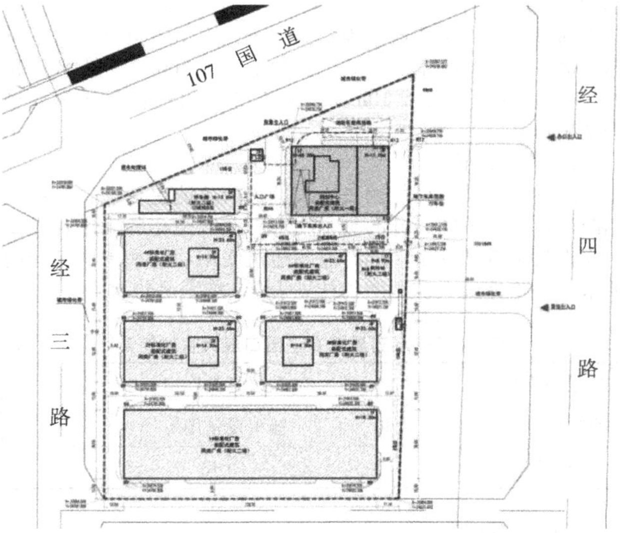

图 2　各单体间消防间距

3.2　消防车道

消防车道是救援车辆快速到达火灾现场的重要通道。为了快速到达每栋建筑物，沿建筑周边设置环形消防车道，详见图 3 消防分析图。主要道路为 10m，部分道路宽 6m，道路坡度不大于 8%，单多层建筑转弯半径 9m，高层建筑转弯半径 12m，环形消防车道有两处与城市道路相连通，出入口均设置在经四路上。

3.3　消防扑救面

按照国家规范要求，高层建筑必须设置消防扑救面。本项目只有科创中心是高层建筑，在其北侧设置消防扑救面，详见图 3 消防分析图。消防扑救面距离建筑物 5m，宽度 10m，长度为科创中心长边，且在此范围内设置消防救援窗口和直通室外的安全出口，方便消防人员进入。消防扑救面坡度不大于 3%，消防扑救面与建筑物之间不设妨碍消防车作业的树木及构筑物等障碍物[1]。

图 3　消防分析图

4　建筑单体消防设计

4.1　防火分区

本项目单体较多，均设置消火栓灭火系统，各单体防火分区最大允许面积详见表 1。合理规划防火分区，防止火灾蔓延。1#标准化厂房整个建筑为一个防火分区。2#～5#标准化厂房每层为一个防火分区。科创中心地上每层为一个防火分区；地下为双层机械停车库，分为两个防火分区，地下机械停车库为一个防火分区，设备用房为一个防火分区。供热站和门卫整个建筑为一个防火分区。

表 1　防火分区的最大允许建筑面积　(m^2)

单层丙类厂房	8000	多层丙类厂房	4000
高层丙类厂房	2000	地下机械停车库	2600
地下设备用房	1000	供热站	1000
门卫	2500		

4.2　防排烟设计

防排烟设计作为建筑消防设计的重要组成部分，对于人员疏散、火灾扑救、防止烟气扩散等方面具有重要作用。防排烟设计主要包括防烟分区的划分、楼梯间及前室的设计。各单体建筑防烟分区划分依据表2，采用挡烟垂壁划分防烟分区。1#标准化厂房层高较高，采用自然排烟和自然补风，屋顶设置电动排烟窗，开窗面积满足规范要求。2#~5#标准化厂房采用机械排烟和自然补风。封闭楼梯间采用自然通风系统，在外墙上设置可开启外窗，总面积不小于2.0m^2，布置间隔不大于3层，最高部位可开启外窗面积不小于1m^2。

科创中心地上采用机械排烟和自然补风。防烟楼梯间、前室、合用前室采用机械加压送风系统，在其顶部设置固定窗，面积不小于1m^2。此楼梯间直通屋面，在顶部设置常闭式应急排烟窗，且能手动和联动开启。

供热站、停车楼、门卫不需要考虑防排烟设计。

表2 公共建筑、工业建筑防烟分区的最大允许面积及其长边最大允许长度[5]

空间净高 H/m	最大允许面积/m^2	长边最大允许长度/m
$H\leqslant3$	500	24
$3<H\leqslant6$	1000	36
$H>6$	2000	60m；具有自然对流条件时，不应>75m

4.3 安全疏散

（1）安全出口：

安全出口应分散布置，并设有明显标志，方便疏散人员找到。1#标准化厂房地上一层，长约130m，设置8个直通室外的安全出口。2#~5#标准化厂房二~四层在东北角和西北角结合电梯厅设置2部封闭楼梯间作为人员安全出口；除楼梯间直通室外的两个安全出口外，首层增加了两个安全出口直通室外。

科创中心裙房和主楼之间未设置防火分隔，因此主楼部分核心筒内部设置2部防烟楼梯间作为人员安全出口，裙房部分设置1部防烟楼梯间作为人员安全出口，除楼梯间直通室外的三个安全出口外，首层增加了五个安全出口直通室外。地下车库停车79辆，设1个双车道汽车出入口，车库防火分区有四个直通室外的安全出口，设备用房防火分区设置1部封闭楼梯间直通室外，同时开设甲级防火门向车库防火分区安全出口疏散。

供热站首层设置7个直通室外的安全出口，局部设置夹层，夹层设置1部敞开楼梯间作为人员安全出口。门卫面积不大于200m^{2}且人数不超过50人，首层仅设置1个安全出口直通室外。停车楼地上为机械停车，人员不可到达，不考虑疏散；地下为废水处理站，面积不大于500m^{2}且人数不超过30人，埋深不大于10m，设置1部封闭楼梯间作为人员安全出口。

（2）疏散距离：

疏散距离应尽可能的短，人员疏散才能更快速，合理控制疏散距离是消防设计的基本要求。疏散距离的确定首先要考虑人员疏散的安全，同时兼顾建筑使用功能和平面布局的要求。各单体最大疏散距离详见表3，均满足要求。

表3 任一点到最近安全出口最大直线距离 （m）

单层丙类厂房	80	多层丙类厂房	60
高层丙类厂房	40	地下设备用房	40
供热站	40	门卫	40

（3）消防电梯：

按照国家规范要求，科创中心为二类高层建筑，需要设置至少一部消防电梯，考虑尽可能不影响开敞侯梯厅，消防电梯与防烟楼梯间合用前室，与其它三部电梯完全分隔开。消防电梯的井道和机房与相邻电梯井道、机房和其他房间采用无开口的防火隔墙分隔[1]。在消防电梯的首层入口处，安装明显的标识和消防救援人员专用操作按钮[1]。电梯轿厢内部装修材料燃烧性能为A级[1]。

5 细部节点消防设计

5.1 幕墙防火封堵

本项目建筑风格采用现代简洁风格，主要采用白色真石漆，局部设置白色、蓝色铝板幕墙，部分外窗采用玻璃幕墙，外立面整体简洁明亮，端庄大气。幕墙具有自身构造单薄、材料耐火性能差、结构空腔大等固有缺陷，是建筑防火的薄弱环节，一旦发生火灾，火势通常沿外墙蔓延到整个建筑外立面，在高层建筑中问题更加严重。

依据《建筑防火通用规范》GB 55037—2022的6.2.4条：建筑幕墙应在每层楼板外沿处采取防止火灾通过幕墙空腔等构造竖向蔓延的措施[2]。因此，建筑幕墙与其周围建筑构件之间的缝隙应进行防火封堵设计，做法参见图4。幕墙设置铝合金横梁，层间横梁之间设置岩棉隔板做背板，层间设置两道防火封堵，宽度>0.8m，下部封堵先在缝隙安装岩棉条，封堵密实，再在岩棉下方设置厚度1.5mm的镀锌钢

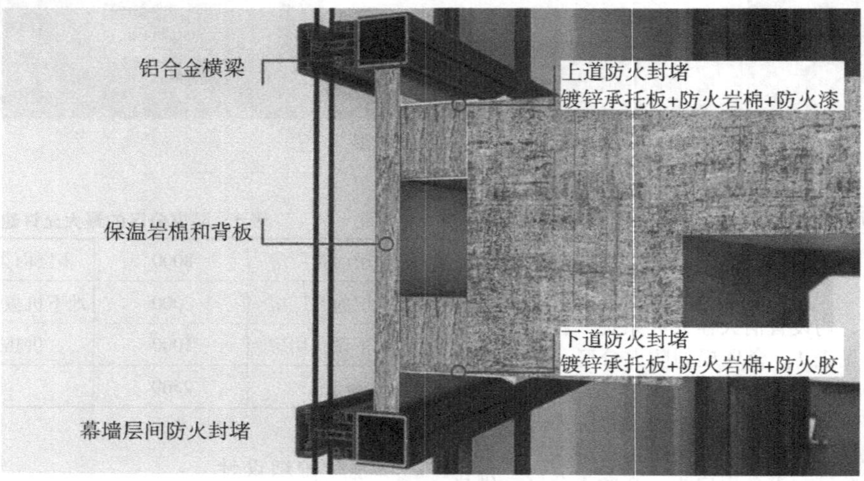

图4 幕墙层间防火示意图

板承托，用钢钉与背板和梁固定，缝隙采用防火密封胶密封。上部做Z型镀锌钢板，用钢钉与背板和楼板固定，在凹槽处安装岩棉条，封堵密实，在岩棉条上部设置钢板盖板，盖板表面刷防火涂料。

5.2 管井防火封堵

依据《建筑防火通用规范》GB 55037—2022的6.3.4条：电气线路和各类管道穿过防火墙、防火隔墙、竖井井壁、建筑变形缝处和楼板处的孔隙应采取防火封堵措施[2]。防火封堵组件的耐火性能不应低于防火分隔部位的耐火性能要求[2]。

风井封堵：用轻钢龙骨支架作管道的支撑，下部采用12mm厚耐火防水石膏板作为底板，再用120mm厚岩棉竖向放置挤压密实，最后在上面铺一层12mm厚耐火防水石膏板。

管线穿墙的洞口防火封堵：①管线穿墙洞口封堵：管线周围采用岩棉填实，墙体洞口两侧采用10mm厚防火泥封堵。②有套管的管线封堵：先将套管内清理干净，管线周围采用岩棉填实，在套管两侧岩棉外先采用无机堵料普通封堵，再用有机防火泥覆盖加强封堵。

电井的防火封堵：上部采用30mm厚水泥砂浆抹平，下部采用4mm厚钢板作为底板。钢板底部及角钢支撑刷防火涂料。

桥架内的封堵：打开桥架盖板，用无机防火板固定孔洞底部，将电线、电缆用防火包填实封堵，最后在表面覆盖有机防火堵料。

6 结语

工业建筑的消防设计与人民乃至国家的人身财产安全联系紧密，工业建筑的消防设计研究显得尤为重要。目前我们要做的就是不断地在设计阶段发现问题并解决问题，以免埋下不必要的安全隐患，从而为工业建筑的整体安全提供重要保障，有效地确保人民的生命、财产安全。

参考文献

[1] GB 50016—2014（2018年版）建筑设计防火规范[S].

[2] GB 55037—2022 建筑防火通用规范[S].

[3] GB 50041—2020 锅炉房设计标准[S].

[4] GB 50067—2014 汽车库、修车库、停车场设计防火规范[S].

[5] GB 51251—2017 建筑防烟排烟系统技术标准[S].

[6] JGJ 133—2001 金属与石材幕墙工程技术规范[S].

[7] JGJ 102—2003 玻璃幕墙工程技术规范[S].

高架仓库消防设计

王 环

（河北世元工程咨询集团有限公司，河北 保定）

摘 要 本文介绍了设有自动化立体仓库，单层且层高较高的仓库在喷淋设计中的要点和注意事项。问题解决过程中还需要其他各专业的密切配合，最终得出较优化合理的设计方案。

关键词 高架仓库 喷淋 货架内置洒水喷头 顶板下洒水喷头 喷淋用水量 集水坑 固定窗

1 引言

工业化和现代化加速建设中的今天，物流配送中心和自动化立体仓库的需求量越来越大。仓库火灾蔓延快的特性，导致火灾扑救难度大，因此人们非常重视自动喷水灭火系统在仓库火灾中的应用。本文为笔者在高架库消防设计中所遇问题及易犯错误的分析，以及对相应解决方案的探讨。

2 喷淋设计

2.1 建筑概况

此建筑定性为综合型物流建筑，由两部分组成，一部分为单层高架仓库，另一部分为多层分拣车间。本文主要介绍高架仓库部分。高架仓库为地上一层，层高27.4m（下沉3.0m），长100m，宽14.7m。仓库内设置单双排机械货架，工艺要求货架顶部距地面高度不低于25.m。高架仓库部分为丙类仓库，耐火等级为二级。

2.2 喷淋系统的设计

根据《建筑防火通用规范》GB 55037—2022[1]规定，此高架仓库需设置自动喷水灭火系统，采用湿式系统，火灾危险等级划分为仓库危险级Ⅱ级。立体库部分的自动喷水灭火系统分为两部分，一部分是顶板下洒水喷头，一部分是货架内洒水喷头。

与雨淋系统相比，湿式系统相对较简单，使用方便、可靠，便于施工和管理，且成本较低。

在灭火反应速度方面，雨淋系统具有明显的优势。由于雨淋系统采用的是开式喷头，一旦系统启动，保护区域内的所有喷头会一起喷水灭火，这使得雨淋系统的灭火反应非常迅速。但也正是因为是开式喷头，喷头同时开启，容易造成不必要的损失。整个仓库的货物都在喷头的保护范围内，货物一旦有水渍就会失去价值。系统一旦启动，整个仓库货物无一幸免。

综合比较确定选用湿式系统，能满足灭火的要求。

2.1.1 喷淋系统用水量的计算

本建筑设置湿式自动喷水灭火系统。根据《自动喷水灭火系统设计规范》GB 50084—2017[2]（以下简称为《喷规》）表5.0.4-2注释规定，本高架库的货架高度要求不低于25m，储物高度远远超过了7.5m，应设置货架内置洒水喷头。因为货架储物高度大于7.5m时，顶板下的喷头作用，水不能快速流淌到货物的每个角落，尤其底部货物，这

作者简介：王环，女，河北世元工程咨询集团有限公司，暖通专业设计高级工程师。

样就不能有效地控制火灾的蔓延。而在货架内增设洒水喷头，喷淋系统作用时，水能快速达到每个着火点，有效地增大了喷淋系统的保护范围，增强喷淋系统的灭火能力。

喷淋系统水量＝顶板下喷头用水量＋货架内置喷头用水量。

根据《喷规》表 5.0.4-2 注释规定，顶板下喷头作用面积 200m^2，喷水强度 20L/（min＊m^2），火灾持续时间 2h。根据对最不利点作用面积内喷头同时喷水时流量的测算，顶板下喷头流量定为 80L/s。

根据《喷规》表 5.0.8 及注释可知，本高架仓库为危险级Ⅱ级，且货架内置洒水喷头层数大于 2 层，故每层开放的洒水喷头数量按 14 只。规范要求计算货架内洒水喷头流量时按上面 2 层，且每层开放的洒水喷头数按规定值的一半计算。本高架仓库货架内置喷头流量计算时，按最顶层和次顶层各开放 7 只，这样就是按 14 只喷头同时开启计算，喷头流量系数 K＝115，最小工作压力 0.1Mpa。根据对最不利点作用面积内喷头同时喷水时流量的测算，货架内置喷头流量定为 30L/s。

综上所述高架库喷淋系统水量为 110L/s。

2.1.2　货架内置洒水喷头的布置原则

根据《喷规》5.0.8 条规定，货架内置洒水喷头上方需要设层间隔板，特别注意此处的层间隔板要求必须是实层板。本条规定为强制性要求且容易被忽视，图纸上不明确的情况下，高架库的厂家可能会忽视此位置的实层板。另外应注意的是，除安装货架内置喷头的上方层板为实层隔板外，货架层板应为通透性层板。主要原因是实层板会遮挡水或烟气的蔓延，影响火灾的及时扑救。通透性层板就不一样了，水或烟气都能够穿透或通过通透性层板的缝隙，常用的通透性层板有网格或格栅层板。

此高架仓库的货架内置洒水喷头竖向按每 3.0m 设置一层喷头。此处 3.0m 的喷淋设置层间距要求需结合自动化立体仓库的储物层间距高度，根据《喷规》7.1.9 条规定货架内置洒水喷头与其下部储物顶面的垂直距离不应小于 150mm（图 1）。设计过程中需让工艺厂家确定立体库的储物层高度和每层的储物高度后确定货架内洒水喷头的层间距，且确定后不宜随意更改。

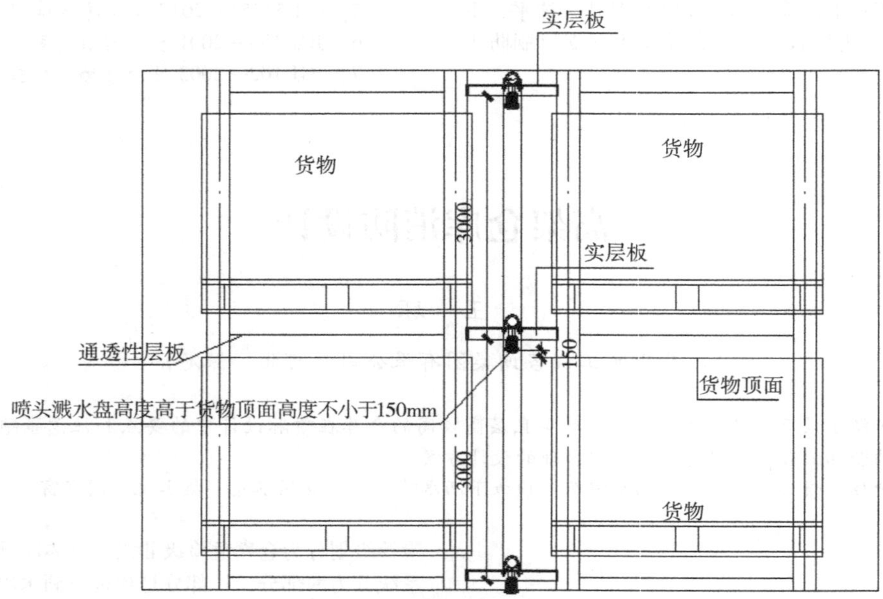

图 1　货架内喷淋安装局部大样图

根据《喷规》5.0.8.3 条规定，货架内置洒水喷头间距要求大于等于 2m 小于等于 3m。根据《喷规》5.0.8.4 条规定，本次设计货架层数在两层以上，将货架内置洒水喷头竖向的奇数层和偶数层交错布置。喷头交错布置这样能使喷头的保护面积不受货物遮挡的影响。

2.1.3　管线布置

高架库部分设置了两个报警阀组，其中一半的货架内置洒水喷头+全部顶板下洒水喷头为报警阀组 2，另一半的货架内置洒水喷头为报警阀组 1。货架内置洒水喷头的配水干管在地面上水平布置，配水管在货架内竖向布置，配水支管在货架内水平布置。顶板下喷头的配水干管靠墙边竖向布置，配水管和配水支管均在顶板下布置（图 2）。

根据《喷规》6.3.2 条规定，报警阀组 2 的配水干管在分支后分别设置水流指示器，分别控制一半的货架内置洒水喷头和全部顶板下洒水喷头（图 1）。这样能更有利的判断喷头的状况，及时报告发生火灾的部位。根据《喷规》6.3.1 条规定，报警阀组 1 控制一半的货架内置洒水喷头，此部分洒水喷头只保护本防火分区面积内且同层的场所，故本报警阀组的配水干管未设置水流指示器。

另外在此提醒《喷规》8.0.8 条规定，仓库危险级场所配水支管控制的洒水喷头数量不应超 6 只，注意与配水支管控制的洒水喷头数量不超 8 只的区别。

3. 与土建专业的碰撞问题

3.1　消防排水

根据《喷规》5.0.9 条规定，本仓库内设置自动喷水灭火系统，且本立体仓库是下沉式仓库，下沉 3.0m。在下沉位置设集水坑和污水提升泵，作为排水措施。排水量，此处参考《人民防空工程设计防火规范》GB 50098—2009[4] 的要求，排水量按消防设计流量的 80%计算。

集水坑的位置需注意结构基础，第一版布置位置在拐角，贴两道外墙（图 3），两边的基础都受影响；尤其是 P 轴，柱距近，整个轴的基础都需要根据集水坑的设置调整。集水坑位置调整后（图 2），只是影响局部的基础，基础微调即可。

积水坑形状需根据货架的尺寸调整。货架载重很大，积水坑的宽度必须小于单节货架的宽度（图 4），以保证货架的支腿不会落在积水坑的顶板上。

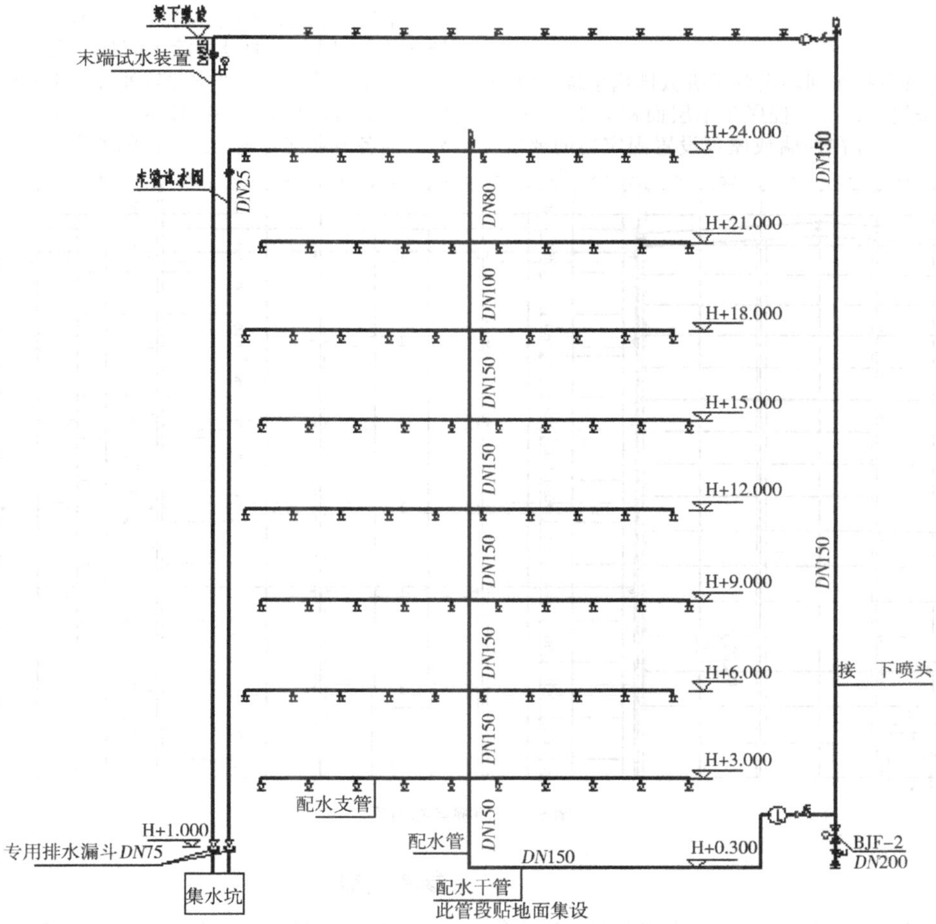

图 2　喷淋系统示意图

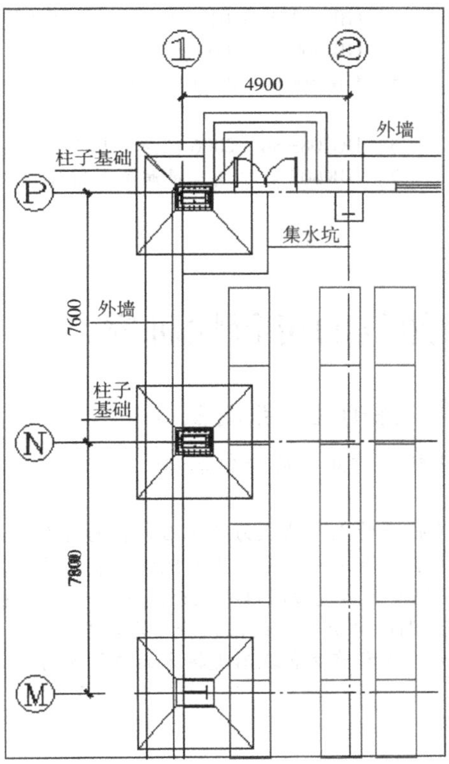

图 3　调整前集水坑位置及尺寸

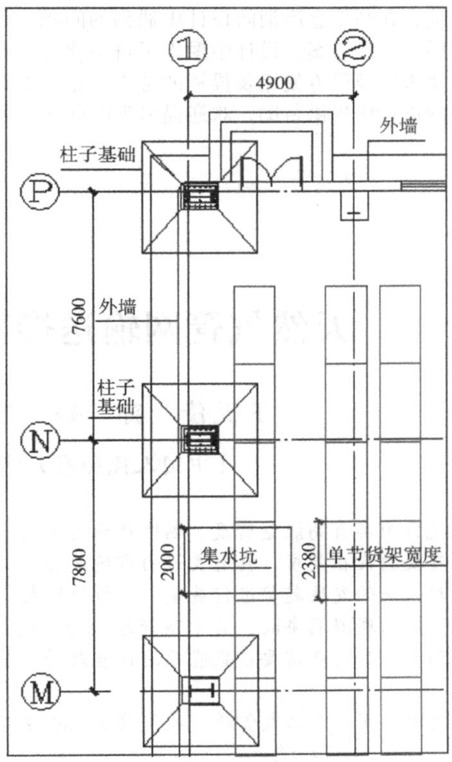

图 4　调整后集水坑位置及尺寸

3.2　固定窗

本次高架仓库和分拣车间均设置了机械排烟系统，根据《烟规》4.1.4.1条规定，本工程属于单层面积大于2500m^{2}的丙类厂房（仓库），有在外墙或屋顶设置固定窗的要求。由于本厂房和仓库均有洁净要求，本项目未采用可溶性采光带（窗）。固定窗的设置除了面积，高度和间距要求外，需跟建筑立面结合。另外本建筑外墙采用的聚氨酯聚苯板，外墙开动的需避开结构墙面檩条，檀条布置也是错综复杂（图5）。需各专业配合确定固定窗的大小尺寸及位置。

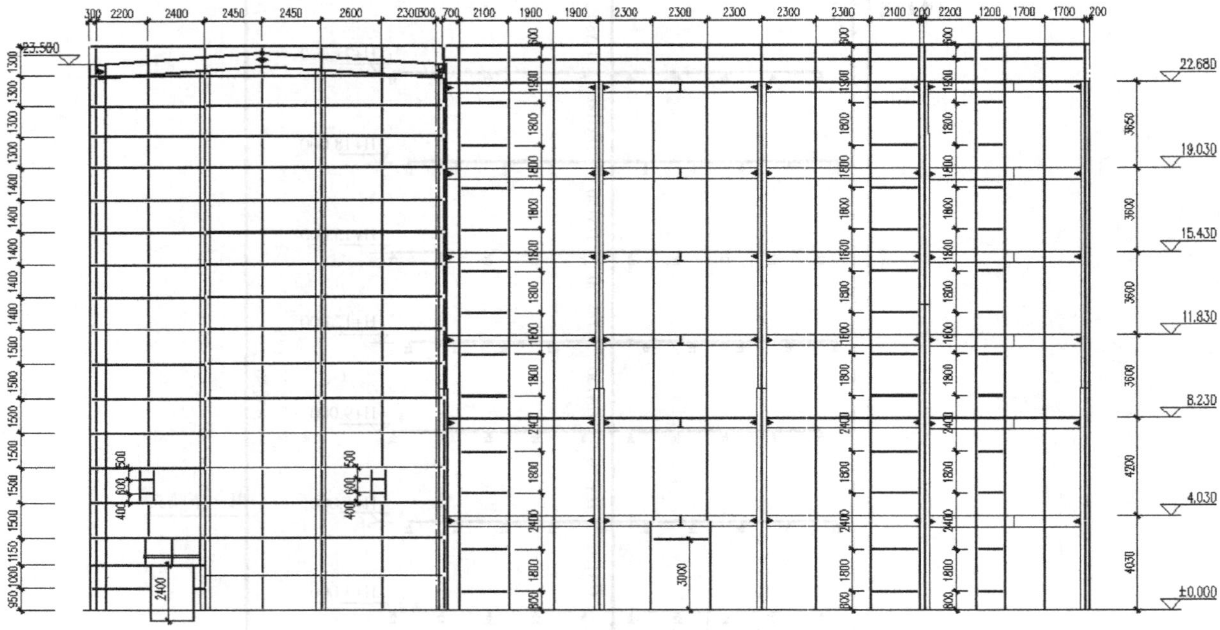

图5　墙面檩条布置图

4　小结

随着我国经济的迅速发展，出现了各种各样的仓库。货品堆高越大，越要注意安全隐患，必须提高喷水强度，以保证安全。以上是笔者在高架仓库消防设计中遇到的问题，以及与各专业协商后的解决方案。设计中融入了自动化立体仓库厂家对工艺的要求以及甲方使用及投资的考虑。希望能给设计师们在相关的设计中提供帮助，欢迎提出改进意见。

参考文献

[1] GB 55037—2022 建筑防火通用规范 [S].
[2] GB 50084—2017 自动喷水灭火系统设计规范 [S].
[3] GB 51251—2017 建筑防烟排烟系统技术标准 [S].
[4] GB 50098—2009 人民防空工程设计防火规范 [S].
[5] GB 50016—2014（2018版）建筑设计防火规范 [S].
[6] DGJ08-88—2006 建筑防排烟系统技术规程 [S].
[7] 20K607 防排烟及暖通防火设计审查与安装 [S].

天然气管网输送掺氢天然气的可行性研究

王悦倩　孙　婷　王　雪　陈雨佳　张之然
（中国人民警察大学研究生院，河北　廊坊）

摘　要　氢气作为具有高能量密度、燃烧产物无污染和可再生性等特点，被认为是化石燃料的潜在代替品，是全球能源向碳中和社会转变的内在要求，具有良好的市场前景。本文综述了氢能源的研究、应用现状，最新技术，重点研究领域和存在的问题，对未来的发展趋势进行展望。分析结论表明，利用现有天然气管网以掺氢天然气的形式输送氢气是可行的，但在输运过程中可能出现泄漏事故，其中城镇埋地输氢管道发生泄漏时具有特殊的温度分布和扩散过程，火灾隐患较大，易造成重大人员伤亡。目前还需要在氢能源的性能改进、规模扩大、技术前景和政治支持方面持续努力，以实现更具竞争力的氢经济。

关键词　氢能源应用　天然气管道　氢气储运　氢经济　减碳

1　引言

清洁能源是目前能源发展的主要趋势，其中氢能是有望取代化石能源的重要战略资源，虽然尚不能做到完全取代，但使用掺氢混合燃料能够从技术层面实现节能减排，对环境保护具有重要意义。如何制备氢气以及如何储存和运输氢能是氢能源开发所面临的最大问题，考虑到经济效益和环境效益，生物质分解制氢法和新储氢材料的开发综合来看是最好的[1]。而稳定而安全的运输是氢能源推广的重中之重，从经济角度出发，氢能储运技术里优先考虑利用现有天然气管网以掺氢天然气的形式输送氢气。本文主要探讨利用现有天然气管网输送掺氢天然气需要满足的条件以及潜在问题和火灾隐患，本文研究内容可为将来输氢措施提供参考依据。

2 基于 CiteSpace 的数据分析

2.1 数据选取

本文采用 CiteSpace 软件，基于文献检索结果，对国内外相关文献中涉及"氢能源"的研究热点及趋势等进行作图分析和总结。

本文分析的数据来源于 CNKI 文献库和 Web of Science 核心合集数据库。为了获取行业代表性和学术性的研究成果，CNKI 数据库选取 SCI（中文）、EI、北大核心、CSSCI 和 CSCD5 个数据库，出版日期选择 2000 年 1 月 1 日～2023 年 12 月 31 日，分析"氢能源"关键词的出现频率和领域，见图 1。

图 1 氢能源相关研究关键词网络图谱

2.2 数据分析

通过对近年来 CNKI 文献库和 Web of Science 核心合集数据库中氢能源出现领域分析得出，氢能领域人们重点关注氢能源作为化石燃料的代替能源所具有的环保性和可持续性，为氢能源汽车提供燃料补充的加氢站的建设问题和安全问题，对氢能源经济面对的挑战进行预测，绿氢的生产制备工艺以及政府的发展战略和政策的支持等方向。

3 研究现状与研究趋势

3.1 氢能源运输

氢能储运技术中利用现有天然气管网以掺氢天然气的形式输送氢气最为经济，目前，中国城镇天然气管道大多采用 X52、X42、20#等低强钢，而天然气长输干线多采用 X70、X80 等高强管线钢。利用现有天然气管网以掺氢天然气的形式输送氢气过程中需重点关注管道的氢脆现象，当天然气管网的管道中氢压逐渐增大时，管道材料的断面收缩率与断后伸长率逐渐降低，因此管道会出现断裂行为，且在这个过程中天然气管道断裂行为由韧性断裂转为脆性断裂。目前研究氢环境对材料结构牢固程度的关系，大多是基于纯氢环境下研究材料强度与抗拉强度在不同时间点的变化。可以确定的是，掺氢天然气随氢分压增大，X52、X80 钢的塑性逐渐下降，氢脆程度加剧；与 X80 钢相比，SSC-钢更适用于掺氢天然气输送。这可为未来掺氢天然气管道的设计选材与安全运行提供参考[2]。

3.2 氢能源存储

在公共和私人燃料电池汽车燃料增加的推动下，对氢的需求正在增加。加氢站的设置可以促进氢能源汽车的推广。可以通过对实际氢气填充数量和频率数据构建的数学模型来预测加氢站需求模型[3]，使用更大的多位置站点网络而不是较小的单个位置站点网络将成倍地更好地为客户提供服务。在追求稳定供给氢气的同时，也要重视加氢站的安全问题，重点关注气体泄漏，气体检测系统是加氢站必不可少的保护层，其主要功能是在氢气泄漏积累达到特定浓度之前有效地进行检测，并启动适当的紧急响应程序，防止发生重大火灾、爆炸事故和潜在的财产损失。该系统的性能很大程度上取决于所用探测器的数量及其布局[4]，所以对加氢站的检查重点应侧重于气体探测器是否合规。随着分布式可再生能源发电份额的增加，发电的价格逐渐降低，对大部分家庭来说，更低的电价将会鼓励人们更倾向于选择再生能源发电供个人使用。在建筑领域，人们对具有电池和储氢能力的能源自给自足建筑的兴趣越来越大。若高效单户建筑中安装氧化物电池（rSOC）和液态有机氢载体（LOHC）则可以实现自给自足的电力和热量供应，与电网供应相比，每年的溢价为 52%。与锂离子电池系统相比，通过 LOHC 反应器和 rSOC 系统的热集成，自给自足能源供应的总年化成本可降低 80%[10]。

3.3 氢能源应用

世界各地的研究人员已经研究了麻风树油[5]、乙二醇甲醚乙酸酯[6]、掺天然气的柴油[7]等。氢气相较于柴油更易燃烧，具有更快的燃烧速度和火焰传播速度[8-10]，当混合燃料浓度很低时依然能让发动机处于工作状态[11,12]，并且向低燃烧速率的燃料中加入氢气可以提高所得混合物的燃烧速率[13]。在掺氢燃料领域，目前已经研究了掺氢柴油对柴油发动机的影响[14]、柴油—氢双燃料发动机性能[9]、不同掺氢比例下的柴油—氢双燃料发动机在不同负载下的燃烧和排放性能、氢气—甲烷—柴油混合燃料对柴油机性能影响[15]。氢气以其独一无二的特点成为降低传统燃料电池最有前途的添加剂[5]。

目前研究还存在以下局限性：（1）国内外学者多用模拟和小尺寸试验来研究，与实际有差别。（2）国内外对于输氢浓度等规范要求、基础设施以及氢能源发展进程并不统一，因此不能照搬国外的经验和研究，需要在此基础上进行提炼。（3）如何将人工智能技术应用到制氢领域，有助于实现持续生物制氢的自动控制，从而提高生产效率和人员安全性[16]。（4）氢脆现象机理不明确，推广时的安全问题说服力不够。据陈学东院士表明，在高温状态下充氢会出现突然冷却的现象。因此，输送氢气的技术还需要不断地深入和研究。

4 掺氢天然气管道火灾隐患

4.1 输氢管道泄露测试方法

在现实生活中，掺氢天然气管道泄露受到土壤 PH 值、深度、湿度等因素影响。通过试验的方法研究输氢管道完整性保持能力，可依据 ASTMG142—2016《测定含氢金属脆化敏感性的标准试验方法》标准开展高压气相原位慢应变速率拉伸试验。该试验采用配有反应釜的 PL001 型高压气相慢应变速率拉伸试验机进行，试验装置见图 2。

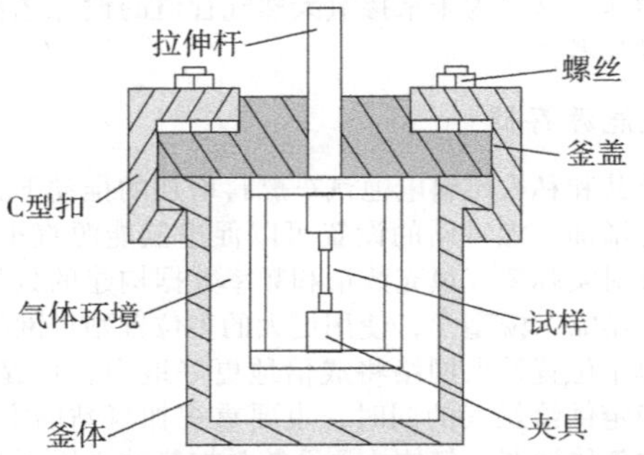

图 2　高压气象慢应变速率拉伸试验装置示意图

试验过程中可将试验气体充入反应釜以提供气相氢环境。试验时，通过反应釜下方的横梁移动拉伸试样，直至试样断裂[5]。通过对不同氢气浓度下材料的拉伸试验，可得出试样材料在不同氢气浓度下发生氢脆现象的曲线关系。在实际应用过程中，具体管道材料会有对应的氢气浓度与氢脆现象曲线，当氢气浓度超过危险值时，即认为会发生氢脆现象。

4.2　输氢管道小孔泄漏扩散规律

输氢管道分为陆地和水下。水下输氢管道发生小孔泄漏大致可分为 3 个阶段：初始释放阶段、扩散偏移阶段与水面沸腾浮出，氢气扩散至海面的范围与水深和水流速度有关[17]。水下输氢管道泄露火灾隐患在水面上，危险性较小。陆地输氢管道多为埋地管道泄露隐患较大，尤其是人员密集的城镇输氢管道泄露，一旦泄露，由于氢气性质活泼易燃易爆，易发生重大伤亡事件。当埋地天然气管道发生泄漏，其附近的温度变化呈等值线球形分布，泄漏的天然气—氢气混合气体主要呈球状扩散，泄漏孔内外压差将会导致孔口破损尺寸进一步增加，混合气体泄漏量逐渐增大，火灾风险也逐渐增大。

5　天然气管网输送掺氢天然气的可行性

由于基础设施状态和法规不同，天然气输送系统中最大允许氢浓度水平因国家而异[11]。虽然德国天然气和水技术与科学协会（DVGW）估计，高达 50% 的氢浓度是可行的[12]，并且在最近的一项研究中，研究了高达 50% 的高且波动的氢浓度对各种工业燃烧系统的影响[5]，但如果应用场景是长输天然气管道，则建议氢气比例控制在 23% 以下。天然气管网在氢气输送方面具有诸多优势，是一种理想的经济、高效、规模化的输送方式，其原理是将氢气混入天然气中，然后通过天然气管网输送到目的地，再将氢气分离或直接使用富氢天然气。在其具体应用中要综合以下几点考虑：（1）氢分压方面，当管道内氢分压小于 0.1MPa 时，最大流速不宜超过 10m/s；（2）考虑到管道氢脆风险和氢气渗透风险，管道需要采用较好的焊接工艺和采用不易发生氢脆的材料制作；（3）需在天然气管道原有安全防护措施基础上增加安全防护距离、增设安全监测设施（特别是氢气）、加强安全巡检力度等。

当天然气—氢气混合气体中氢气占比控制在 23% 以下时，该混合气体的高热值、华白数和燃烧速度指数等均能够满足城镇燃气分类中 12T 基准气的相关技术要求。

利用天然气管网输送氢气的优势有以下几点：（1）天然气基础设施的再利用需要较低的初始投资资本；（2）天然气管道覆盖范围广，可实现氢气的长距离输送；（3）天然气管道允许掺氢比例波动，符合可再生能源发电波动的特点。而天然气管网输送氢气需要重点解决三个核心问题：（1）天然气管道氢脆泄漏导致氢气泄漏。天然气管道材料以钢材为主，若长期暴露在氢气中，钢管的力学性能下降，韧性下降，疲劳裂纹扩展速率增加，氢气向外界扩散的概率增加，可能会引起安全问题。而钢管强度越高，氢浓度越高，氢脆现象就越严重。（1）焊接残余应力和结构不均匀会加速氢扩散，因此管道焊接接头区域发生氢泄漏的风险最高。同时，由于氢气的扩散系数是甲烷的 3.8 倍，可以更快地从管壁、密封件和接头处泄漏；（2）从天然气中分离氢气的效率较低。变压吸附和膜分离是工业上应用广泛的两种氢气分离纯化技术。变压吸附法分离氢气的原理是利用吸附材料对氢气吸附能力差而对甲烷等气体吸附能力强的特点，选择性地让氢气通过吸附床。气体混合物中的氢浓度越低，气体混合物需要加压的就越多。吸附床需要吸附和解吸的次数越多，氢气分离的效率就越低。膜分离法的工作原理是基于选择性渗透原理，利用膜两侧的压力差作为驱动力，使氢气通过膜并在另一侧富集，混合气中氢气浓度越低，相同压差下的氢气回收率越低；（3）压缩机造价高。氢气分离环节需要配备压缩机，通过提高掺氢天然气的压力来增加氢气回收量，氢气分离完成后，将天然气升压回注天然气管道。据美国能源部估算，压缩机的采购成本是氢分离最重要的成本，约占 36%。

向天然气网络注入氢气时，原天然气的气体成分对混合气体的燃烧因素影响很大，且随着氢气浓度的增加，管道内压降增大。当氢浓度达到 90% 左右时，压降曲线出现拐点（见图 3）。根据式（1）和图 4，出现这个拐点的原因是随着氢浓度的增加，压缩因子 Z 的增加速度减慢。

$$Q = C_{\text{pipe}}\left(\frac{\left|P_i^2 - P_j^2 - E\right|}{GZ}\right)0.5 \tag{1}$$

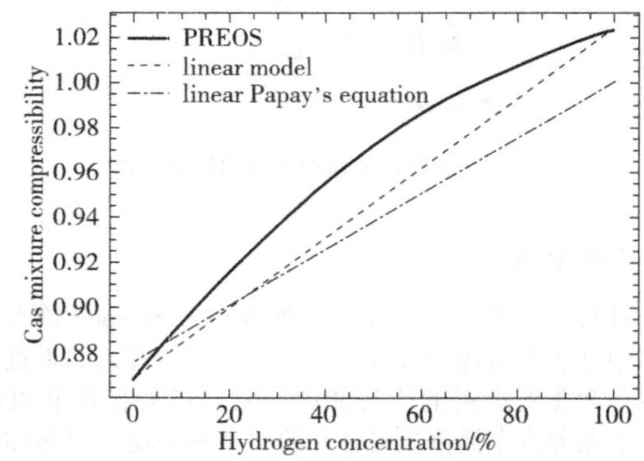

图 3　气体混合物的可压缩性与氢气注入的关系

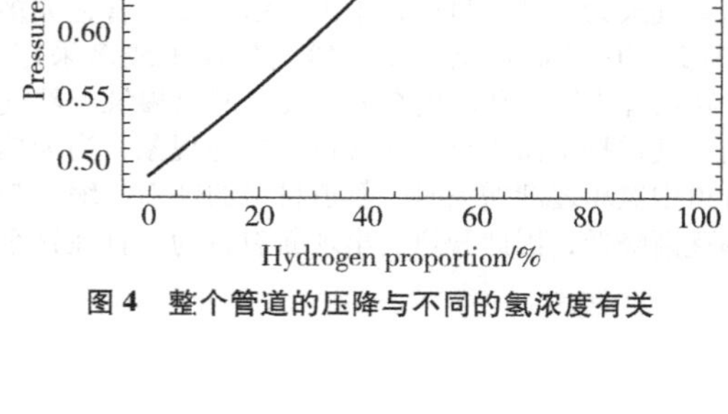

图 4　整个管道的压降与不同的氢浓度有关

6 小结

近年来随着净零碳排放成为全球目标，氢能制备技术以及利用现有天然气管网输送方式的日益发展为氢作为战略性脱碳能源载体应用到越来越多的场合提供了可能性。氢作为易燃易爆品，在日常制备、运输、使用中均有发生火灾的可能性，其中最危险的场景是利用现有天然气管网输送氢气时由于管道破损等原因泄漏起火，极易造成重大人员伤亡和财产损失。本文重点关注如何安全有效地输运以及起火后造成的危害。

参考文献

[1] 程之星. 氢能源的生产储备及国内外氢经济的发展对比和前景 [J]. 石化技术，2017，24（05）：217+196.

[2] 李玉星，张睿，刘翠伟，等. 掺氢天然气管道典型管线钢氢脆行为 [J]. 油气储运，2022（006）：041.

[3] Kurtz，J.，Bradley，T.，Winkler，E.，& Gearhart，C..（2020）. Predicting demand for hydrogen station fueling. International Journal of Hydrogen Energy，45（56），32298-32310.

[4] 王雅真，党文义，于安峰，刘迪，邝辰. 加氢站风险分析及泄漏探测覆盖率评估 [J/OL]. 安全与环境学报：1-8.

[5] Forson FK，Oduro EK，Hammond-Donkoh E. Performance of jatropha oil blends in a diesel engine. Renew Energy. 2004；29：1135-45.

[6] Yan FG，Sheng HL，He JG，Tie GH，Long BZ. A new diesel oxygenate additive and its efects on engine combustion and emissions. Appl Therm Eng. 2007；27：202-7.

[7] Lounici MS，Loubar K，Tarabet L，Balistrou M，Niculescu DC，Tazerout M. Towards improvement of natural gas-diesel dual fuel mode：An experimental investigation on performance and exhaust emissions. Energy. 2014；64：200-11.

[8] Verhelst S，Woolley R，Lawes M，Sierens R. Laminar and unstable burning velocities and Markstein lengths of hydrogen-air mixtures at engine-like conditions. Proc Combust Inst. 2005；30：209-16.

[9] Tsujimura T，Suzuki Y. The utilization of hydrogen in hydrogen/diesel dual fuel engine. Int J Hydrog Energy. 2017；42：14019-29.

[10] Menaa A，Lounici MS，Amrouche F，Loubar K，Kessal M. CFD analysis of hydrogen injection pressure and valve profle law efects on backfre and pre-ignition phenomena in hydrogen-diesel dual fuel engine. Int J Hydrogen Energy. 2019；44：9408-22.

[11] Mohammadi A，Shioji M，Nakai Y，Ishikura W，Tabo E. Performance and combustion characteristics of a direct injection SI hydrogen engine. Int J Hydrog Energy. 2007；32：296-304.

[12] Yuan CH，Ren HG，Jing Y，Xu J，He YT. The efect of motion on fuel difusion and mixture preparation of a free-piston linear hydrogen engine. Int J Hydrog Energy. 2019；44：4996-5006.

[13] Yang ZZ，Qin ZJ，Zhang WZ，Yuan YP，Song LY. Diesel pilot ignited lean combustion characteristics of a linear hydrogen engine. J Xi'an Jiaotong Univ. 2017；51（5）：31-6.

[14] Nag S，Sharma P，Gupta A，Dhar A. Combustion，vibration and noise analysis of hydrogen-diesel dual fuelled engine. Fuel. 2019；241：488-94.

[15] Zhou JH，Cheung CS，Leung CW. Combustion，performance，regulated and unregulated emissions of a diesel engine with hydrogen addition. Appl Energy. 2014；126：1-12.

[16] Qin，Z.，Yang，Z.，Jia，C.，Duan，J.，& Wang，L..（2020）. Experimental study on combustion characteristics of diesel-hydrogen dual-fuel engine. Journal of Thermal Analysis and Calorimetry.

[17] 赵江平，田辉. 近海复杂水体下海底输氢管道小孔泄漏扩散规律研究 [J]. 中国安全生产科学技术，2024，20（02）：75-81.

工业企业火灾防控技术

李伯翰

（天津市宁河区消防救援支队，天津 宁河）

摘 要 火灾是工业企业面临的重要安全风险之一，对企业的生产经营和员工的生命安全构成严重威胁。随着工业技术的快速发展，火灾防控技术的创新与应用变得尤为重要。本论文旨在深入研究工业企业火灾防控技术，通过分析火灾成因、概括工业企业火灾技术防控存在的问题，探讨解决方案、预防技术、监控与检测技术以及应急响应与救援技术，为企业提供更有效的火灾防控策略，同时对火灾监控与检测技术的应用在工业企业火灾防控中的应用进行了归纳，确保企业的安全生产和稳定发展。

关键词 消防 工业企业 火灾防控 火灾监控与检测技术

1 引言

工业企业作为国家经济发展的重要支柱，其生产过程中的火灾防控工作至关重要。近年来，随着工业企业的快速发展和生产规模的不断扩大，火灾事故频发，给人民生命财产安全和企业生产经营带来了严重威胁。因此，深入研究工业企业火灾防控技术，提高火灾防控能力，对于保障工业企业安全生产、维护社会稳定具有重要意义。

作者简介：李伯翰，男，工作单位于天津消防救援总队宁河区支队防火监督二科，任副科长。

2 火灾成因的深入分析

为了有效防控火灾，我们首先需要深入了解火灾的成因。工业企业火灾往往与生产工艺、设备状况、管理水平以及人为操作等多个方面密切相关。通过深入剖析这些因素，我们可以发现潜在的火灾隐患，并采取相应的措施进行预防和控制。

2.1 工业企业生产特点

大规模与集中化：工业企业通常具有大规模的生产能力，设备和人员集中在一个或多个大型厂房内。这种集中化生产模式提高了生产效率，但也增加了火灾风险的集中性。一旦发生火灾，火势可能迅速蔓延，造成严重后果。

高自动化与智能化：随着科技的发展，工业企业越来越多地采用自动化和智能化设备。这些设备虽然提高了生产效率和产品质量，但也增加了电气火灾的风险。电气线路故障、设备过热等问题都可能引发火灾。

流程化与标准化：工业企业的生产过程往往基于大量的标准程序和流程。这种流程化和标准化管理确保了产品质量和生产效率，但也可能导致一些潜在的火灾风险被忽视。例如，某些工艺环节可能产生易燃易爆气体或粉尘，如果未得到妥善处理，就可能引发火灾。

与自然环境密切相关：工业企业的生产活动受到自然环境的直接影响。极端天气、地质灾害等因素都可能对生产设施造成破坏，进而引发火灾。此外，一些工业企业还可能涉及到对自然资源的开采和利用，这也可能增加火灾风险。

连续性与全天候生产：工业企业通常需要连续生产以满足市场需求。这种全天候的生产模式使得设备和人员长时间处于工作状态，增加了火灾风险。同时，夜间生产还可能导致火灾发生时难以及时发现和处理。

2.2 火灾风险

电气火灾：由于工业企业中大量使用电气设备，电气火灾成为最常见的火灾类型之一。电气线路老化、设备过热、短路等问题都可能引发电气火灾。

易燃易爆物品火灾：工业企业中常常使用易燃易爆物品，如石油、化工原料等。这些物品一旦发生泄漏或爆炸，将引发严重的火灾事故。此外，一些工业粉尘也具有易燃性，如果积聚在设备或管道中，遇到火源就可能引发火灾。

人为因素火灾：工人的操作不当、违规操作或疏忽大意都可能引发火灾。例如，焊接、切割等作业时未按规定操作，可能导致火花飞溅引发火灾；在禁止吸烟的区域吸烟也可能引发火灾。

设备故障火灾：工业企业的生产设备在运行过程中可能出现故障，如轴承过热、管道破裂等。这些故障可能导致设备内部温度升高或易燃液体泄漏，进而引发火灾。

环境因素火灾：环境因素也可能对工业企业的火灾风险产生影响。例如，高温天气可能导致设备过热；雷电天气可能引发雷击火灾；地质灾害可能导致生产设施损坏并引发火灾。

3 工业企业火灾技术防控存在的问题

工业企业火灾技术防控存在的问题是多方面的，这些问题可能直接影响到企业的生产安全和员工的生命安全。以下是一些常见的工业企业火灾技术防控存在的问题：

技术更新滞后：随着科技的快速发展，新的防火技术和设备不断涌现。然而，一些工业企业由于资金、意识或管理等原因，未能及时引进和更新先进的防火技术和设备，导致火灾防控能力滞后于实际需求。

监测与预警系统不完善：一些工业企业虽然配备了火灾监测和预警系统，但可能由于设备老化、技术过时或维护不当等原因，导致系统无法准确、及时地发现火灾隐患或报警。此外，一些企业的预警系统可能未能与消防部门或企业内部应急响应系统有效连接，导致火灾发生时无法及时响应和处理。

自动灭火系统覆盖不全：自动灭火系统是提高火灾防控能力的重要手段之一。然而，在一些工业企业中，自动灭火系统的覆盖范围可能不够全面，无法覆盖到所有潜在的火灾风险点。此外，一些企业的自动灭火系统可能由于设计不合理、安装不当或维护不当等原因，导致在火灾发生时无法有效发挥作用。

防火分隔措施不足：防火分隔是防止火灾蔓延的重要措施之一。然而，在一些工业企业中，防火分隔措施可能不足或存在缺陷，如防火墙设置不合理、防火门未关闭或损坏等。这些问题可能导致火灾在厂房内部迅速蔓延，增加火灾的危害程度。

应急疏散设施不畅：在火灾发生时，员工的疏散和逃生至关重要。然而，一些工业企业的应急疏散设施可能存在不畅的问题，如疏散通道被堵塞、疏散指示标志不明显或损坏等。这些问题可能导致员工在火灾发生时无法及时疏散和逃生，增加火灾的人员伤亡风险。

员工安全意识薄弱：尽管企业可能采取了各种火灾防控措施，但如果员工缺乏火灾防范意识或操作技能不足，也可能导致火灾的发生或扩大。因此，提高员工的安全意识和操作技能也是火灾技术防控的重要环节之一。

4 解决方法

为了解决这些问题，工业企业需要加强对火灾技术防控的重视和管理，及时引进和更新先进的防火技术和设备，完善监测与预警系统、自动灭火系统和防火分隔措施等，同时加强员工的安全培训和应急演练，提高员工的火灾防范意识和操作技能。

4.1 设备与技术投入

安装先进的火灾自动报警系统：这种系统能实时监测火灾参数，如烟雾浓度、温度等，一旦超过预设阈值，就会立即发出警报，并自动启动应急措施。

引入智能巡检机器人：机器人可以定时对工厂的各个角落进行巡检，发现火灾隐患或异常情况时，能立即报告给管理人员。

采用自动喷水灭火系统：在火灾发生时，该系统能自动启动，对火源进行喷洒，以迅速控制火势。

升级电气安全管理系统：包括使用防火电缆、安装电气火灾监控系统等，以减少电气火灾的风险。

4.2 人员培训与演练

开展定期的消防安全培训：培训内容包括火灾预防、初期火灾扑救、疏散逃生等，确保员工具备基本的消防安全知识和技能。

组织消防应急演练：通过模拟真实的火灾场景，让员工熟悉应急程序，提高应对火灾的能力。

设立消防安全员：每个部门都应设立一名消防安全员，负责部门的日常消防安全工作，包括巡查、检查等。

4.3 火源与易燃物管理

严格火源控制：禁止在易燃易爆场所吸烟、使用明火等。对于必须使用明火的工艺，应采取严格的安全措施。

规范易燃易爆物品管理：对易燃易爆物品进行分类储存，设置明显的警示标志，并定期进行安全检查。

加强电气安全管理：定期对电气线路和设备进行检查，防止因电气故障引发火灾。

4.4 消防设施与器材管理

定期维护消防设施：如自动报警系统、灭火器等，确保其处于良好的工作状态。

建立消防器材档案：记录每个消防器材的位置、型号、生产日期等信息，方便管理和使用。

加强消防器材的巡检：定期对消防器材进行巡检，发现损坏或失效的器材，应立即更换。

4.5 应急预案与响应

在火灾发生后，应急响应与救援技术的及时有效实施对于减少火灾损失至关重要。因此，我们需要加强对应急响应与救援技术的研究和应用。通过制定完善的应急预案和流程，明确各部门的职责和任务，确保在火灾发生时能够迅速启动应急响应机制。同时，加强消防队伍的建设和培训，提高消防队员的专业技能和应急处理能力。此外，我们还可以通过研究新型的灭火技术和设备，提高灭火效果和安全性。

4.6 监控与检测技术的升级与完善

监控与检测技术在火灾防控中发挥着至关重要的作用。随着物联网、云计算等技术的发展，我们可以构建更加智能化、自动化的监控与检测系统。通过安装智能传感器和摄像头，实现对火灾隐患的实时监测和预警；利用云计算技术，对监控数据进行高效处理和分析，及时发现异常情况并采取相应的措施。此外，我们还可以通过研究新型的火灾探测技术和设备，提高火灾检测的灵敏度和准确性。

4.7 火灾防控技术的综合应用与实践

火灾防控技术并不是孤立的，而是需要综合考虑多个方面的因素和技术手段。因此，我们需要研究如何将各种火灾防控技术进行综合应用与实践。通过结合企业的实际情况和需求，制定个性化的火灾防控方案，确保各项技术的协同作用和整体效果。同时，加强与其他企业和研究机构的合作与交流，共同推动火灾防控技术的创新与发展。

4.8 法律法规与制度执行

严格遵守国家法律法规：如《中华人民共和国消防法》《安全生产法》等，确保企业的消防安全工作符合国家法律法规的要求。

建立完善的消防安全管理制度：包括消防安全责任制、巡检制度、应急演练制度等，确保各项管理措施得到有效执行。

加强制度执行情况的监督：定期对制度执行情况进行检查，发现问题及时整改，确保制度得到有效执行。

4.9 社会参与与协作

加强与社区的合作：与社区建立紧密的合作关系，共同推进消防安全工作。引入第三方服务机构：引入专业的消防安全服务机构，为企业提供消防安全咨询、培训、检查等服务。加强行业交流：积极参与行业交流活动，学习借鉴其他企业的先进经验和做法，共同提高整个行业的消防安全水平。这些措施的实施需要企业全体员工的共同努力和配合，只有全面、系统地推进消防安全工作，才能确保企业的生产安全和员工的生命安全。

5 工业企业火灾监控与检测技术的应用

目前，工业企业火灾监控与检测技术主要包括温度监测、烟雾探测、气体探测以及图像识别等多种技术。这些技术通过安装相应的传感器和监控设备，对火灾隐患进行实时监测和预警。温度监测技术：通过红外线测温、电阻式测温和光纤温度传感器等技术，实时监测环境温度，提前预警火灾发生。烟雾探测技术：利用光散射原理或离子化原理，检测环境中的烟雾浓度，当浓度超过一定阈值时发出警报。气体探测技术：通过一氧化碳传感器、气体浓度传感器等设备，检测空气中的一氧化碳、二氧化碳等气体浓度，判断是否有火灾发生。图像识别技术：利用多光谱红外火灾探测器等设备，通过图像识别算法，检测不同温度下的火焰和烟雾，提高火灾检测的准确性和可靠性。

5.1 存在的问题

尽管现有的火灾监控与检测技术已经取得了一定的成果，但在实际应用中仍存在一些问题：

5.1.1 误报率高：由于传感器的工作原理和环境因素的影响，火灾监控设备常常会出现误报的情况，这不仅会浪费资源，还会降低人们的警惕性。

5.1.2 响应速度慢：传统的火灾监控设备在检测到火灾后，需要一定的时间才能将信息传输给消防控制室，这可能导致火势的迅速蔓延。

5.1.3 覆盖范围有限：由于传感器和监控设备的安装位置和数量限制，火灾监控系统的覆盖范围往往有限，无法实现对整个工业企业的全面监控。

5.2 火灾监控与检测技术的实际应用

在工业企业的实际应用中，火灾监控与检测系统已经发挥了重要作用。具体来说，其应用主要体现在以下几个方面：

5.2.1 电气火灾监控系统：在工业企业中，电气火灾是一个常见的安全隐患。通过安装电气火灾监控系统，可以实时监测电气设备的运行状态，及时发现异常并采取措施，有效预防电气火灾的发生。

5.2.2 智能监控系统：智能监控系统利用传感器、摄像头等信息处理技术，对企业内部的各个区域进行实时监控。一旦发现火源、烟雾等火灾隐患，系统会立即发出警报，以便及时采取措施。

5.2.3 气体监测系统：气体监测系统可以实时监测企业内各种有害气体的浓度。在火灾发生时，火源释放的有害气体会迅速增加，通过气体监测系统可以及时检测出这些有害气体的浓度变化，为火灾预警和人员疏散提供依据。

5.2.4 火灾仿真技术：火灾仿真技术通过计算机模拟火灾发生、扩散和烟气流动等情况，为火灾防控工作提供重要的参考依据。通过火灾仿真技术，企业可以制定更加科学合理的火灾防控方案，提高火灾防控的效果。

工业企业火灾监控与检测技术是保障工业生产安全的重要手段。通过加强对这一领域的研究和应用，可以提高火灾预防和控制能力，降低火灾事故的发生率和危害程度。

6 工业企业火灾防控技术的前景与展望

6.1 技术发展趋势

6.1.1 智能化与自动化：未来的火灾预警和控制系统将更加智能化和自动化。基于AI技术的智能算法可以实时监测火灾相关参数，如温度、烟雾浓度、火焰等，并通过大数据分析预测火灾风险。此外，自动化灭火系统可以在火灾发生时迅速启动，有效减少火灾蔓延和损失。

物联网与云计算：物联网技术将使得火灾防控设备之间实现互联互通，形成一个统一的火灾防控网络。云计算技术则可以为火灾防控提供强大的数据存储和处理能力，支持实时数据分析和决策支持。

6.1.2 新材料与新技术：新型防火材料和灭火技术将为火灾防控提供新的解决方案。例如，纳米防火材料具有优异的耐火性能，可以在高温下保持结构稳定；新型灭火剂则可以在火灾初期阶段迅速控制火势，防止火灾蔓延。

6.2 应用场景拓展

6.2.1 工业生产安全：在工业生产领域，火灾防控技术将更加注重预防和控制。通过安装智能火灾预警系统和自动化灭火系统，可以实时监测生产过程中的火灾风险，并在火灾发生时迅速采取措施，保障生产安全。

6.2.2 仓储物流安全：在仓储物流领域，火灾防控技术将更加注重对货物和仓库的保护。通过安装智能烟雾探测器和自动喷水系统，可以及时发现火灾隐患并采取措施，防止火灾对货物和仓库造成损失。

6.2.3 城市公共安全：在城市公共安全领域，火灾防控技术将更加注重对公共场所和居民区的保护。通过安装智能火灾预警系统和应急响应系统，可以及时发现火灾隐患并启动应急预案，保障城市公共安全。

6.3 协同作战与应急响应

6.3.1 跨部门协作：未来的火灾防控将更加注重跨部门之间的协作。消防部门、公安部门、医疗机构等将形成紧密的协作网络，共同应对火灾事故。通过信息共享和协同作战，可以提高火灾防控的效率和成功率。

6.3.2 应急响应机制：企业将建立完善的应急响应机制，确保在火灾发生时能够迅速启动应急预案并采取有效措施。这包括组织人员疏散、启动灭火设备、联系外部救援等。同时，企业还应加强与消防部门的沟通与协调，确保在火灾发生时能够得到及时有效的救援支持。

6.4 培训与演练

6.4.1 员工培训：企业将加强对员工的火灾防控培训，提高员工的火灾防控意识和技能。这包括让员工了解火灾的危害性、掌握基本的火灾防控知识和技能等。通过培训，员工可以更加熟悉火灾防控设备的使用方法和应急预案的执行流程。

6.4.2 定期演练：企业将定期组织火灾防控演练，检验应急预案的有效性和员工的应对能力。通过演练可以发现存在的问题和不足并及时进行改进和完善。同时，演练还可以提高员工的应急反应能力和团队协作能力。

6.5 政策支持与法规完善

6.5.1 完善法规：政府将进一步完善火灾防控相关的法规和标准体系为企业的火灾防控工作提供明确的指导和要求。同时，政府还将加强对火灾防控工作的监管和检查力度确保企业按照法规要求开展火灾防控工作。

6.5.2 政策支持：政府将出台相关政策鼓励企业加强火灾防控技术的研发和应用并提供相应的资金支持和税收优惠等措施。这将有助于推动火灾防控技术的创新和发展提高火灾防控的水平和效率。

未来工业企业火灾防控技术将在智能化、自动化、物联网、云计算等多个方面实现深入发展为企业的安全生产提供更加坚实的保障。同时随着应用场景的拓展和协同作战与应急响应机制的完善火灾防控工作将变得更加高效和精准。

7 结论

在工业企业的实际应用中，火灾监控与检测系统已经发挥了重要作用。例如，在工厂、车间和仓库等工业场所中，安装电气火灾监控系统可以实时监测电气设备的运行状态及时发现异常并采取措施有效预防火灾的发生。此外在商业建筑、公共设施等领域也得到了广泛应用。

随着科技的不断进步和工业企业的不断发展，火灾防控技术将面临更多的机遇和挑战。未来，我们可以期待更加智能化、自动化和集成化的火灾防控技术的出现。例如，通过引入人工智能和机器学习技术，实现对火灾风险的智能预测和预警；通过利用物联网技术，实现消防设施的互联互通和智能化管理；通过研发新型灭火材料和灭火技术，提高灭火效果和环保性能等。这些技术的发展将为工业企业的火灾防控提供更加全面和有效的解决方案。

总结来说，工业企业火灾防控技术的研究与应用是一个复杂而重要的课题。通过深入分析火灾成因、创新预防技术、升级监控与检测技术、强化应急响应与救援技术以及综合应用与实践各种技术手段，我们可以为工业企业提供更加全面和有效的火灾防控策略，确保企业的安全生产和稳定发展。同时，随着科技的不断进步和创新，我们可以期待未来火灾防控技术将取得更加显著的成果和突破。

参考文献

［1］杨柳．工业企业火灾成因分析及对策研究［J］．消防界，2019（010）．

［2］王晓辉，张建民．浅谈钢铁工业企业火灾自动报警及联动控制系统设计［J］．自动化技术与应用，2006（011）．

［3］杨春光，尤旭．城市商业综合体电气火灾监控系统设计探讨［J］．消防科学与技术，2018（009）．

［4］钱媛媛．基于无线传感网的智慧消防技术与应用［A］．2018．

［5］张征峰，郑梁，崔佳冬．基于物联网的电气火灾监控系统设计与实现［J］．新电脑，2019（003）．

［6］李雷雷，朱红青，丁晓文．危化品事故应急救援能力提升方法研究——基于天津港“8·12”瑞海公司危险品仓库特别重大火灾爆炸事故教训［J］．中国安全生产科学技术，2020（11）．

［7］吴小鹏．无人机技术在危化品事故应急救援的应用策略［J］．化纤与纺织技术，2023（2）．

［8］朱易峰，蔡喜洋．无人机在危化品事故应急救援的应用研究［J］．化工中间体．2018（9）．

［9］陈尧．嵌入式电气火灾监控系统设计［A］．2010．

外浮顶罐自动跟踪定位射流泡沫炮系统设计

李怡然　向　芮　刘培东　聊　添

摘　要　本论文提出具有自动识别跟踪功能的消防泡沫炮灭火系统运用在外浮顶罐，以提高外浮顶罐的灭火效率和灾后资源利用率。通过理论分析和模拟对比，确定消防泡沫炮的最佳安装位置，并设计合理的运行方式，以确保系统不影响浮顶的正常移动，并提出设计思路和解决方案。

关键词　消防　灭火系统　外浮顶罐　自动跟踪定位

1　研究背景

由于全球经济的快速发展和石化行业对能源储备的战略需求，我国石油储油罐的数量和容量持续增加，储油层和储罐面积的规模正在扩大，火灾爆炸的风险也不断增加。外浮顶罐是当前国内外储存原油最常用的一种储油结构形式。根据统计数据，我国目前有数千座外浮顶罐用于储存原油和石化产品，这些储罐的容量从几千立方米到几十万立方米不等。传统的固定式和半固定式泡沫灭火系统在大型外浮顶罐中广泛安装，根据实际调研数据，仍然存在一些缺点。于是本论文通过分析目前国内外预防或处理外浮顶罐火灾的方式，提出满足外浮顶罐消防需求的一套装置的基本思路。

2　传统油罐灭火系统应用现状分析

2.1　传统油罐灭火原理及步骤

目前，世界范围内的浮顶油罐火灾主要有两种形式：降温和泡沫灭火。当前的降温方式是先开启着火储罐及周边储罐的固定喷水灭火系统，再通过水枪、固定水炮或移动式水炮等对受辐射危害的储罐及附属设施进行降温。油罐区的消防措施是，当油罐固定或半固定的泡沫灭火装置处于良好状况时，应立即启动固定或半固定的泡沫灭火装置。油罐固定灭火系统按安装方式可分为两大类：罐顶式泡沫及浮动盘缘泡沫。不管起火地点和初始火焰强度如何，所有的泡沫发生器都会被启动，以实现泡沫喷洒。泡沫在浮动圆盘上的泡沫堰板和挡风玻璃之间的空隙中流动，并向两边均匀地扩散。只有当泡沫彼此聚集在一起，形成一定厚度的泡沫时，才能实现对密封环的有效保护，从而达到灭火目的[1]。

2.2　传统式油罐灭火的缺点

罐壁式泡沫灭火系统普遍应用于我国国内大多数的浮顶储罐，但该系统仍存在以下的一些缺陷：

（1）常规泡沫灭火系统中，泡沫喷出端口一般沿着壁面均匀分布，受到外部风等因素的影响，尽管在喷口处设置了泡沫导流片以降低其损失，但其自身也容易随风飘散，导致材料损耗严重，降低了灭火效果。

当消防系统启动时，泡沫会沿罐壁流动，并在浮动圆盘泡沫堰板和罐壁间的环状空隙中，在密封环上形成一条气泡带，再由密封环的顶端破口流出，从而达到灭火的目的。但是，研究发现，$1.5\times105m^3$ 的大吨位浮顶储罐，要想完全聚集泡沫，最快也要 9min，特别是当密封环起火点不正对着喷口处时，很容易错失灭火的最佳时机[2]。

支撑材料用量大：传统系统形式需要大量支撑材料用于支撑，平均每个储罐的钢材用量约为 100t 左右。

（2）传统的水泡沫灭火系统操作简便，但在处理大容量油罐时，其灭火效率较低，而且不能准确地控制火灾范围。另外，目前的系统对油罐的安全监测能力较弱，不能对油罐的内部状况进行实时监控与遥控，一旦出现故障，反应不够迅速，事故风险增大。

2.3　国内外研究现状

当外部浮顶油罐出现大面积开放式火灾时，灭火难度较大，尤其是由于原油罐长期燃烧，易产生沸溢。但是，在国内外已经出现过利用流动式大流量泡沫炮扑救大面积油罐火灾的实例。以美国为例，在扑灭一起 60.96m 大的油罐火灾时，所采用的大型泡沫炮，其喷射距离可达 152m，流量可达 250L/s 以上。沙特阿莫科公司建议扑救直径在 60~100m 的浮顶罐火灾时，可使用流量在 260~390L/s 的消防炮[3]。可移动灭火装置的泡沫供应强度明显高于固定灭火装置。按照美国防火学会《Standard for Low，Medium，and High－Expansion Foam》（2016）中有关规定，当使用固定泡沫灭火系统用于石油储罐的大面积火灾时，其供应浓度应为 $4L/(min\cdot m^2)$，且连续供应时间 55min。利用可移动泡沫炮进行灭火，其供应浓度为 $6.5L/(min\cdot m^2)$，连续使用 65min。为补偿泡沫液体的损失，一般应将泡沫炮充水强度提升到 $10L/(min\cdot m^2)$ 或更高[2]。

TANKGUARD 泡沫灭火系统由泡沫预混液储罐、线性感温报警系统以及泡沫喷头等组成，其结构见图 1。TANKGUARD 泡沫灭火系统中的线性感温报警系统设置在一个密封环中，喷头通过金属支承板到达密封环内，一旦有火焰发生，系统就会开始工作，将泡沫直接喷向水面，将其扑灭，其容积为 250L，贮存 200L 的泡沫混合液，在液的上面填充有高压气体，喷嘴之间的距离大约 2m，一个系统可以覆盖 40m 长的罐体周边，这种类型的泡沫灭火体系在西亚比较常见[3]。

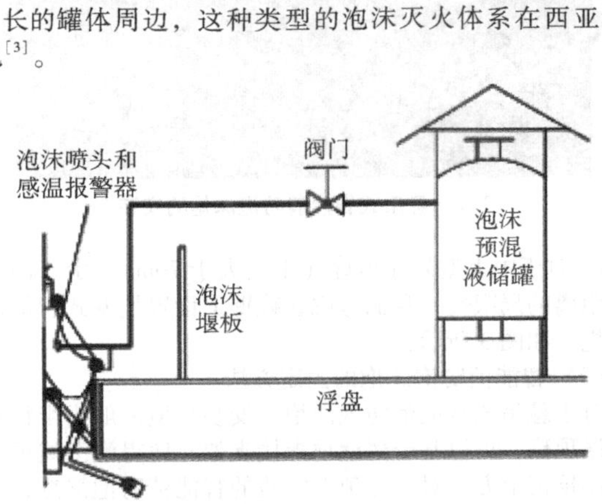

图 1　TANKGUARD 泡沫灭火系统示意

现在，FBG 检测器已经被广泛地用于石油化工和消防等方面，它是国内使用最多的一种，它对油罐的防火安全起到了很大的作用[3]。FBG 测温技术是一种较早发展起来的光纤测温技术，在浮顶式油罐火灾监控中发挥了重要作用，但由于传感器连接方法的限制，其在实际应用中仍有不足之处。当前，国际上已经开发了一种分布式光纤测温系统，它通过对油槽浮盘二次密封环任一处的温度进行实时监控，一旦发现了过热点，就可以对其进行温度和温增值进行判定，并与预定的阈值进行比对，如果超出了这个阈值，系统就会发出警报，并通过以太网和继电器把实时的报警信号传送给监控室和火警主机，这样就可以进行人工处理和消防联动了[4]。

鉴于此，我们对外浮顶罐消防安全防护进行了调研，在此基础上提出一种基于自动跟踪定位射流的外浮顶罐消防系统，以达到有效控制火势，减少泡沫、支撑材料用量和精准快速灭火的目的。

3 基于自动跟踪定位射流的外浮顶罐消防系统设计

3.1 智能泡沫炮的安装位置，固定方法，数量的确定

（1）安装位置

笔者所在团队目前构想出三种安装方法，分别为浮顶上安装，悬吊式安装，挂壁式安装，这三种方法可适用于不同直径大小的外浮顶罐。通过查阅《消防炮》（GB 19156—2019）、《泡沫灭火系统技术标准》（GB 50151—2021）规范等，了解到泡沫消防炮的最小喷射距离为 42m 至 105m 不等，而非水溶性液体的泡沫混合液供给强度不应该小于 12.5L/(min·m^2)，考虑到外浮顶罐泡沫炮位置位于高处，泡沫供给较为困难，我们取泡沫炮的最低喷射距离为 70m，而由于浮盘升降距离一般在 1.8m 左右，所以由于浮盘升降造成的夹角差异可以忽略，且因为泡沫挡板的存在，泡沫炮朝向应为管壁，所以面对不同直径大小的外浮顶罐，应按下列方式进行设计安装：

a. 对于小型外浮顶罐（半径小于 70m），可以考虑在顶罐上方设计悬吊式智能消防泡沫炮或者直接在浮顶上安装智能消防泡沫炮。悬吊式智能消防泡沫炮的安装如图 2 所示。

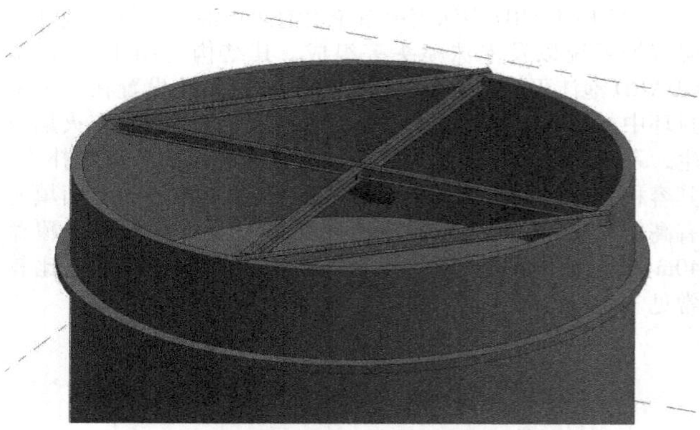

图 2 悬吊式智能消防泡沫炮的安装

b. 对于中大型外浮顶罐（半径大于 70m），由于泡沫炮喷射距离的局限性，我们考虑在罐壁上设置挂壁式智能消防泡沫炮。如图 3 所示：

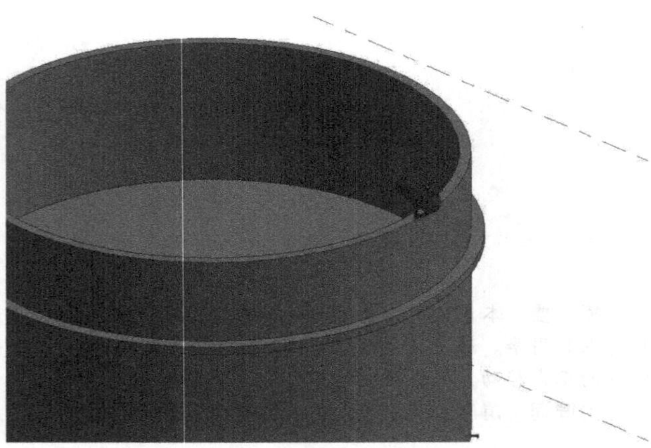

图 3 挂壁式智能消防泡沫炮的安装

（2）智能消防泡沫炮的固定方法

对于悬吊式智能消防泡沫炮，安装环境一般为半径较小的外浮顶罐，可以基于罐壁顶焊接支架，使得泡沫炮可以固定在浮顶正上方。对于浮顶上安装的智能消防泡沫炮，安装环境同样为半径较小的外浮顶罐，可以直接在浮顶上搭建由刚度较大材料组成的支架，将泡沫炮架设在支架上。对于挂壁式智能消防泡沫炮，通常适用于大型外浮顶罐（半径大于 70m），安装方式可以参考现有的固定式消防泡沫炮系统设计。

（3）泡沫炮数量

对于浮顶上搭建和悬空式搭建的泡沫炮，由于这种情况下外浮顶罐半径较小，由上文查阅规范可得，泡沫炮的射程的最短喷射距离为 70m，则对于半径不大于 70m 的外浮顶罐，设置一台泡沫炮即可满足该类小型罐体的灭火需求。而对于挂壁式泡沫炮，更适合半径大于 70m 的外浮顶罐，所以需要适当增加数目，以保证所有可能起火点都能够在泡沫炮射程之内。假设挂壁式消防智能炮横向垂直旋转角度为 0°~180°，竖向垂直旋转角为 0°~30°，若此时喷嘴保持水平，在水平方向上泡沫喷射距离为 70m，通过计算可得一个挂壁式泡沫炮可以覆盖半径在 140m 以内的大型外浮顶罐的三分之一圆，所以需要三台即可。

3.2 火情探测装置机理设计

对于泡沫炮不同的安装位置可采用不同的探测机理，主要分为两种：

红外感温快速识别温度异常点，利用机器学习快速得出火灾发生的危险信号，泡沫炮会迅速对准温度异常点，泡沫消防泵快速启动展开灭火动作。

感温电缆识别：通过星形布置的感温电缆系统（如图 4 所示），将感温电缆敷设在密封圈，并分为不同的分区，一

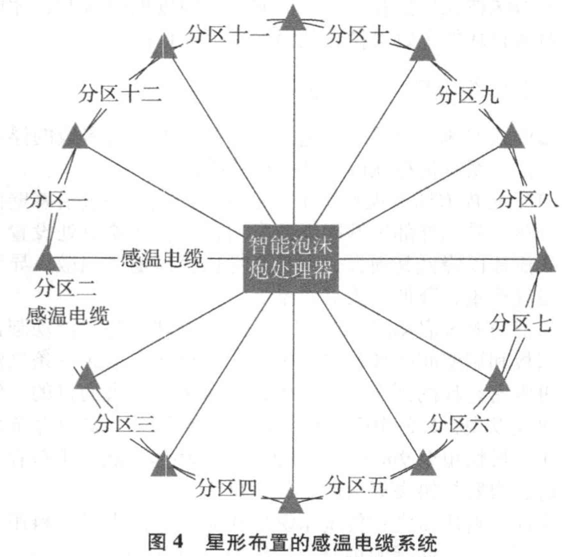

图 4 星形布置的感温电缆系统

旦密封圈温度异常，感温电缆出现短路，相应模块会反馈电信号，经过终端处理转为温度异常的位置信息，将具体发生火情的分区反馈回智能消防泡沫炮，随后泡沫炮开始精准灭火。

3.3 智能消防泡沫炮运行机理设计

对于浮顶上搭建和悬空式搭建的泡沫炮，在接收到火情信号时，喷嘴会及时开始动作，通过计算泡沫压力、口径、距离，得出合理的喷射方向，即可进行精确式灭火。

对于挂壁式智能消防泡沫炮，在接收到火情信号时，喷嘴会及时开始动作，横向垂直旋转角度为0°~180°，竖向垂直旋转角为0°~30°，通过计算泡沫压力、口径、距离，得出合理的喷射方向，即可进行精确式灭火。

3.4 泡沫输送方式设计

对于浮顶上搭建的泡沫炮，泡沫输送管路可以以检修楼梯的形式搭建，搭建斜向支架，在支架底部设计滑轮，管路架设在支架上，管路末端与泡沫炮相连部分可以采用适当长度的软管。防止浮顶升降引起管路受到过大剪力而损坏。

对于悬空式搭建的泡沫炮，泡沫输送管路可以架设在基于管壁搭建的悬空支架上。对于挂壁式泡沫炮，泡沫的输送方式可以参考现有的消防泡沫炮系统。

4 结论

本文介绍了外浮顶罐火灾的危害和传统油罐灭火系统存在的问题，阐述了研究的背景和意义，并通过综述当前泡沫炮灭火系统、感温电缆和红外识别技术的研究进展和应用情况，分析其优缺点。最后介绍了带有自动识别跟踪功能的泡沫炮灭火系统的设计方案，包括安装位置的确定、运行模式设计、感温电缆的应用和红外识别系统的集成。本文旨在研究开发一种带有自动识别跟踪功能的灭火系统，以提高外浮顶罐的灭火效率和资源利用率，为油罐防护提供新思路。

参考文献

[1] 郎需庆，刘全桢，宫宏．大型浮顶储罐灭火系统的研究［J］．消防科学与技术，2009，28（05）：342-345.

[2] 付石，谢海林．油库自动化系统应用现状［J］．油气储运，2013，32（03）：252-256.

[3] 刘钇池，贝雅梅，刘江波，等．浅析大型储罐固定式消防系统新技术进展［J］．石油化工自动化，2016，52（04）：1-4.

[4] 董林翰，曲方．分布式光纤测温技术在浮顶储油罐火灾监测中的应用［J］．科技通报，2018，34（04）：209-213.

新能源火灾防控技术

关于新能源汽车火灾扑救策略的探析与思考

肖　立

（宜宾市消防救援支队，四川）

摘　要　随着新能源汽车的不断普及，新能源汽车火灾问题备受关注。虽然新能源汽车的安全性与传统燃油汽车相似，但由于其电池、电气系统等设备的特殊性，对于消防救援队伍的技能和能力提出了更高的要求。由于新能源汽车由特殊的电气系统和电池组成，可能存在火灾风险，而新能源汽车火灾的特点也与传统燃油汽车火灾存在差异，使得新能源汽车火灾的扑救需要一定的专业技能和灵敏度。因此，建立完善的新能源汽车火灾扑救对策具有极其重要的现实意义，笔者结合多年基层消防灭火工作经验，谈谈关于新能源火灾扑救策略的几点思考。

关键词　新能源汽车　火灾扑救　技术战术

1　新能源汽车的定义及分类

1.1　新能源汽车的定义

新能源汽车是以非化石能源（如太阳能、风能、水能等）为主要动力的汽车[1]。与传统燃油汽车相比，新能源汽车更环保，能够有效降低大气污染、促进能源节约和减少尾气排放。从技术上来讲，新能源汽车主要包括电动汽车和燃料电池汽车两种类型，具体如下：

（1）电动汽车

电动汽车是以电池为主要能源的汽车，包括纯电动汽车和插电式混合动力汽车两种类型[2]。纯电动汽车仅依靠电池供电，没有任何不利的气体排放或机械噪声。插电式混合动力汽车则是既可以通过内燃机，也可以通过电池进行驱动，两种能源可以很好地结合和互补。

（2）燃料电池汽车

燃料电池汽车是以氢气为燃料、以氧气为氧化剂，在燃料电池的作用下进行化学反应，产生电能并驱动汽车的一种新型汽车。燃料电池汽车具有零排放、高效率、能量密度高、噪音低等优点，是一种在未来可能会替代传统燃油汽车的新型汽车。

1.2　新能源汽车的分类

新能源汽车的分类主要依据不同的动力类型而定，下面将从电动汽车和燃料电池汽车两个方面进行分类介绍。

（1）电动汽车的分类

①纯电动汽车

纯电动汽车是指只依靠电池作为能源的汽车，无内燃机。主要由四部分组成，分别是：动力电池、底盘、车身和电器系统。通常情况下，其续航里程较短（100~300km），最大优点是零排放，没有任何不利的气体排放或机械噪声。见图1。

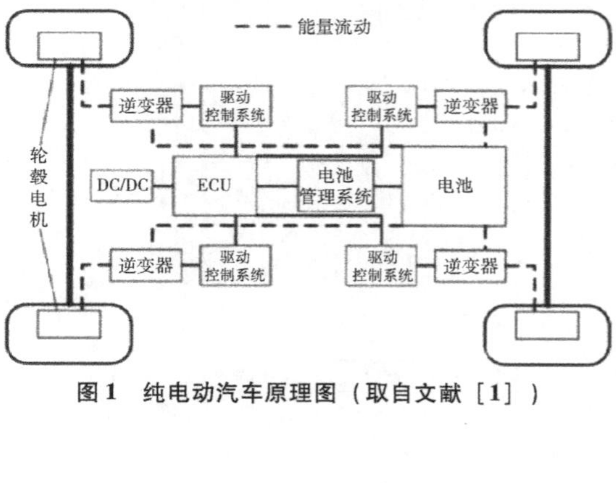

图1　纯电动汽车原理图（取自文献［1］）

②插电式混合动力汽车

插电式混合动力汽车是指既可以通过内燃机，也可以通过电池进行驱动的汽车。插电式混合动力汽车的内燃机在必要时可以作为发电机，为电池充电以延长续航里程，与此同时也可以降低电池的使用量。

（2）燃料电池汽车的分类

燃料电池汽车是通过氢气为燃料、以氧气为氧化剂，在燃料电池的作用下进行化学反应，驱动汽车的一种新型汽车。目前，燃料电池汽车主要分为以下两种类型：

①纯电燃料电池汽车

纯电燃料电池汽车包含一个燃料电池系统和一个电池系统。燃料电池系统发电，电池系统存储电能，电池可以对燃料电池的负载进行支持。燃料电池与电池的结合使车辆具有更长的续航里程能力，并可以在车辆停止时用电。

②混合燃料电池汽车

混合燃料电池汽车采用多种能源的混合方式，燃料电池和电池并存，同时还配备了一个小型V2G（Vehicle to Grid）装置。该装置可以在能量储存还原中改善燃料电池的维护和管理，使车辆拥有更长的续航里程。

2　新能源汽车火灾的产生原因及特点

2.1　新能源汽车火灾的产生原因

新能源火灾的产生原因主要涉及电池组的短路，过充、过温等问题，以及其电气元件故障、操作不当等[3]。

（1）电池问题：新能源汽车使用的是锂电池，其在充电过程中，如果出现过充、充电器故障等，容易引起火灾。

（2）电气问题：电气系统中的电机、电源管理系统、控制器等元件故障，都可能引起火灾，如控制器驱动脱落、电缆短路等。

（3）操作不当：用户在充电、驾驶和维护新能源汽车时，常常会疏忽造成火灾事故。例如，未按照正确的操作程序和要求充电、充电过程中保护不当导致短路等。

2.2　新能源汽车火灾的特点

（1）大量的电池储能：新能源汽车电池组具有高能量密度、高温、化学活性高等特点，对于消防救援人员技能和能力提出更高的要求[4]。

（2）难以排放有毒气体：新能源汽车火灾烟雾特别浓，且含有有毒有害物质，例如氢气、氟化物等，难以排放。

（3）难以判断火灾剩余能量：由于电池组含有大量储能，即使在熄火状态，也仍可能存在高剩余能量，因此判断火灾剩余能量是很有必要的[5]。

（4）火势容易失控：电池组的火源往往不断自发燃烧，火势容易失控，被动防护和被动应对几乎没有效果，因此主动防护是非常必要的。

常见新能源汽车火灾事故见图 2。

图 2　常见新能源汽车火灾事故（取自文献［6］）

3　新能源汽车火灾扑救基础及策略

3.1　新能源汽车火灾扑救基础

（1）建立消防安全制度，加强火灾预防和应急处置系统的建设，建立完备的消防设施，保障消防设备、器材完整、有效、可操作，以及完备的应急救援和后勤保障系统。

（2）全面了解新能源汽车的性能和特点，对电池组、电机、高压线路等部位进行熟悉，提高应急反应的速度和准确度。

（3）准备好专业装备和救援器材，如保护性服装、护目镜、呼吸器、隔离和降温设备、医疗应急箱、蓄电池扣断器等[6]。

（4）制定科学的火灾扑救方案和应急预案，进行预案演练和应急处置训练。

3.2　新能源汽车火灾扑救策略

（1）第一步：处置现场

在发现新能源汽车火灾时，应立即报警并采取以下措施：

①确保人员安全，迅速疏散现场周边人员，注意引导交通。

②切勿轻易打水灭火，应立即切断电源，用电池扣断器等器材将电池组与电路隔离。

③尽量保持现场安静，避免冲突和混乱。

④对火源进行防控和降温，避免火势扩大，防止火灾向其他车辆、建筑物等处蔓延。

（2）第二步：火源隔离

在新能源汽车着火发生爆炸威胁时，应有针对性地施救，如使用气动刀剪开车门等。

（3）第三步：锁定电源

在发生新能源汽车火灾时，务必第一时间切断电源，如断开电池的正、负极连接，关闭前后大灯等。

（4）第四步：冷却降温

冷却降温是消防员防止火灾发生蔓延的重要措施。在新能源汽车着火爆炸的紧急状态下，消防人员应采用各种实用方法进行降温和隔离，如抢救机会等。

（5）第五步：喷雾扑救

消防员应根据火源性质和状态选择合适的灭火方法。对于新能源汽车火灾，应用干粉或泡沫扑灭，而不使用水扑灭，因为水有导电性，火源可能被电击。

（6）第六步：观察保护

在扑灭火源后，消防员要进行观察保护，避免火灾复燃或燃烧不全，随时保持对现场的关注。

4　下一步消防救援队伍应开展的相应工作

（1）加强对新能源汽车火灾的知识普及：实施新能源汽车火灾扑救前，对新能源汽车火灾的产生原因、特点、火灾扑救、事故处理等相应知识进行普及，增加消防救援人员的灵敏度以及应对能力。

（2）制定新能源汽车火灾扑救预案：制定新能源汽车火灾应急预案，定期开展应急演练，记录整个演练过程所发现的问题及时改进提高应对反应速度，及时有效地控制火灾，确保相关数据准确、有效。

（3）完善新能源汽车火灾扑救设备：针对新能源汽车的特性及危险性，应从消防设施和消防器材方面进行改进和完善。例如应增加充电设备灭火器材，提高全方位视角功能的消防安全卡，以及使适用于新能源汽车的转移和保护设施等设备器材。

（4）加强消防救援人员培训：针对新能源汽车火灾扑救工作，要加强对新能源器材火灾扑救与之相关成编组、成系统的实战化操法与现场安全管控训练，使其熟悉新能源汽车的特性及整个扑救过程，提高应对能力，确保战斗力有效生成。

（5）建立新能源汽车火灾扑救责任制：由于新能源汽车火灾的特殊性和不确定性，建立新能源汽车消防工作的责任制度是非常必要的。通过责任分工、人员定位、任务分配、应急响应等细节的明确，全面地保障人力和器材的落实落地。

5　结论

综上所述新能源汽车火灾的特点主要涉及电池组的高能量密度和化学活性高、难以排放有毒有害物质、难以判断火灾剩余能量和火势容易失控等方面。针对这些特点，我们应该加强救援人员的实战化和现场安全管控训练，制定更加科学的火灾扑救方案及应急预案，提高火灾事件对于应急响应的反应速度和实施效果，从而有效控制火灾，并降低结构损失和人员伤害。在新能源汽车火灾扑救方面，需注重技能与知识和经验的积累，加大消防设备和救援器材的更新换代力度，提高消防救援人员的应急处置水平和技能，全面增强基层消防站面对新能源汽车火灾的应急能力。

参考文献

［1］徐辰，李伟绩．新能源汽车分类［J］．国外电子测量技术，2017，36（5）：3.

［2］洪吉超，梁峰伟，杨京松，等．新能源汽车产业及其技术发展现状与展望［J］．科技导报，2023，41（5）：49-59.

［3］张玉斌，张熠欣，程婧园．浅析新能源电动汽车火灾调查方法［J］．消防科学与技术，2020，39（10）：3.

［4］王贤刚．新能源汽车火灾原因及其灭火救援对策［J］．消防界（电子版），2022，8（11）：78-80.

[5] 王飞. 新能源汽车换电站消防安全技术探讨 [J]. 消防科学与技术, 2022, 41 (05): 710-715.

[6] 张光俊. 新能源汽车火灾扑救技战术探讨 [J]. 城市与减灾, 2022, 3: 39-42.

电滥用下锂离子电池热失控行为研究进展

裴苑翔

（中国人民警察大学研究生院，河北 廊坊）

摘 要 深入了解不同电诱因触发锂离子电池热失控机理和特性，对丰富锂离子电池火灾事故调查理论有着重要作用。本文针对过充电、外短路和过放电三种电滥用情况，综述了其对锂离子电池热失控行为的影响。过充电使得锂离子电池注入了过多的能量，引发的热失控具有更高的危险性。外短路情况下，电池内部迅速产生大量焦耳热，容易诱发热失控。过放电则可能导致电池内部结构破坏和电解质不稳定，进而加剧热失控的风险。同时本文对电滥用下锂离子电池热失控痕迹溯源方向进行展望。

关键词 锂离子电池 过充电 过放电 外短路 热失控

1 引言

锂离子电池的电极材料具有离子密堆或近密堆方式构筑成的独特的晶体结构，使得锂离子在密堆留下的空隙中随着电池充放电循环而嵌入嵌出，从而实现电池电能的高效释放与存储[1]，锂离子电池也由此在新能源及储能领域得到广泛应用。然而，锂离子电池一旦发生热失控（TR），造成的财产损失往往较为严重，这在一定程度制约着锂离子电池的发展。造成锂离子电池热失控的三大诱因彼此独立又相互联系，如图 1 所示，机械滥用刺穿电池内部隔膜，导致电池正负极极片发生短接，从而导致电滥用；内短路（ISC）伴随着焦耳热和化学反应热的释放又会进一步使电池受到高温影响形成热滥用；热滥用最终触发锂离子电池的热失控链式反应[2,3]。

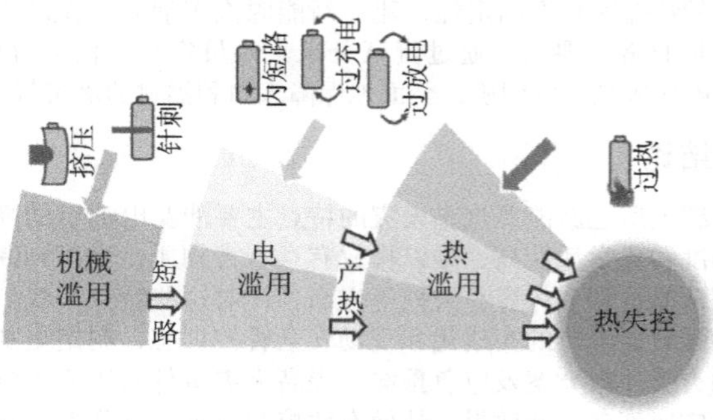

图 1 三大热失控诱因关联[3]

在实际应用中，电滥用在未发生机械滥用时也会发生。锂离子电池常常会因电池管理系统（BMS）故障、一致性较差、模组进水等原因发生过充电、过放电、外短路（ESC）等电滥用情况，破坏了电池正常充放电循环的稳定状态，导致隔膜塌缩发生内短路，产生大量的副反应热、焦耳热，最终也会导致热失控[4]。

本文作者对过充电、过放电、外短路三种电滥用下锂离子电池单体热失控行为进行综述，有助于更好地了解滥用条件下锂离子电池热失控事故的特性和危害，为开展电诱因下的锂离子电池热失控预防、灭火和调查工作提供理论支持。

2 锂离子电池过充电热失控

2.1 过充电 TR 机理

在长续航、强动力的市场需求下，动力电池包通常会将大量的锂离子电池单体以串并联的方式进行组合，当多个单体锂离子电池通过串/并联组成电池模组时，单体电池之间“不一致性”造成的微小内阻差异会导致部分电池在回路中发生过充电[5]。尽管目前 BMS 可以在一定程度上检测到电池包中不正常的充放电数据[6]，但目前仍未达到可以精确地控制单个电池的电压以及杜绝电池过充电发生的水平。

充电时，锂离子会在正极材料密堆空间中脱出，在电解液中穿过隔膜嵌入负极材料。过充电会使负极嵌入过多的锂离子，进而在负极表面形成锂金属枝晶，极易刺穿隔膜；同时，过量的锂离子从正极脱嵌会使正常的正极晶体结构发生塌缩，这一过程会释放氧气和热量，进一步促进隔膜和电解液的分解[7,8]，进而引发热失控。一般来说，过充电使得锂离子电池注入了过多的能量，因此引发的热失控有更高的危险性。

2.2 过充电 TR 特性

不同过充电倍率引发的热失控都使得锂离子电池先后经过电压上升、内压上升、安全阀打开、爆炸或爆燃以及冷却四个阶段[9]。不同的是，越大的过充倍率使得电池电压上升越快，触发热失控的时间越短、温度越低，越容易触发热失控[10]。不同过充倍率下某三元电池热失控的临界参数见表 1。

表 1 不同过充倍率下某三元电池热失控的临界参数[9]

倍率	热失控触发温度	电池最高温度	触发热失控时过充容量
0.3C	104.0℃	164.0℃	30.48Ah
0.5C	99.2℃	248.0℃	24.00Ah
1.5C	79.8℃	610.0℃	25.40Ah

王志[11]等人的研究对比了过充和外热两种滥用条件下的电池发热情况，比较清晰地得出过充电时触发电池热失控的主要热量从内部产生，且热失控最高温度高于外热触发热失

作者简介：裴苑翔（2000— ），男，河北廊坊人，中国人民警察大学，硕士研究生，主要从事锂离子电池热失控方面的研究；中国汽车工程学会会员（E029986004A）。

控的最高温度。在模组中，过充导致的热蔓延传播时间更短，危险性更大。为了研究真实场景下的电池包过充热失控特性，Liu[12]在自制的密闭空间中对不同容量的锂离子电池进行了不同倍率的过充电实验，发现随着充电倍率从1C增加到6C，总产气量增加了4倍以上。此外，随着电池容量的增加，发热量和气体释放量都迅速增加。当电池容量从50Ah增加到280Ah时，归一化后的气体释放量从0.7L/Ah增加到1.7L/Ah。Wang[13]对磷酸铁锂电池的过充实验结果也印证了上述结论，此外他还指出随着充电速率的增加，锂枝晶的生长速度加快，导致更早形成大规模内短路，并迅速过渡到TR链反应的下一阶段。某软包磷酸铁锂电池过充电热失控如图2所示。

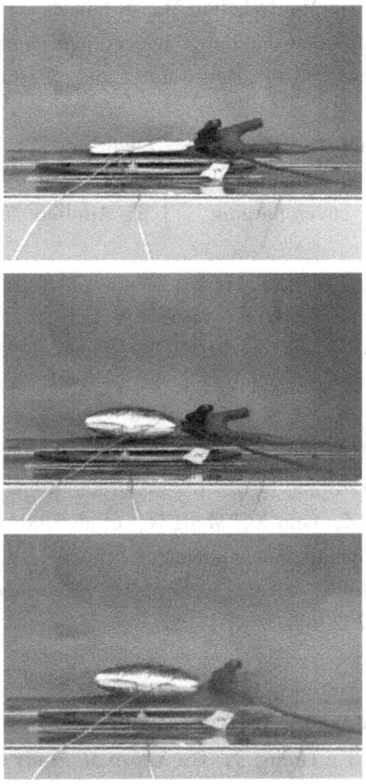

图2 某软包磷酸铁锂电池过充电热失控

对于锂离子电池的全过程的监管是杜绝和抑制其发生过充电热失控的有效手段。为了对锂离子电池发生过充电作出更精确的预警，唐佳[14]设计了电池过充电TR多参量特性原位测试平台，该平台监测模组内CO、CO_2、H_2的浓度，并采用了高温电阻应变片测量电池过充形变程度，提升了储能电站对电池过充电事故的预警准确度。史波波[15]等人在检测到过充电的基础上，证实了液氮对模组内电池过充热失控的抑制效果。

总之，过充电是导致锂离子电池热失控的一个危险因素，在追求“快充”“超充”的同时，更要注意防止大倍率过充电的出现。

3 锂离子电池外短路热失控

3.1 外短路TR机理

电池内部正负极由隔膜隔开避免短接，当隔膜受到某些因素破损或分解时不能起到隔离正负极的作用，因此发生内短路。与之对应的，电池正负极由于外部回路搭接线错误、回路浸水、线路磨损等因素而在电池外部短接，形成短路称为外短路[16]。外短路形成时，电池正负极之间电流会突然增大，电池会迅速产生大量的欧姆热，甚至发生热失控，形成回路的导线、用电器都有可能被烧损。新能源汽车线路复杂、遍布全车、用电器多，且车身结构金属构件多，存在外部线路故障导致短接的概率。同时，车身内装有冷却液、玻璃水等导电液体，这也在一定程度上增加了外短路风险。

锂离子电池发生外短路的瞬间会产生极高的电流，电池随即会因欧姆热积累大量的热量[17]，周兴振[18]对圆柱形LFP电池进行了可控的外短路测试，将电池破坏过程分为了五个阶段：阶段一为电流骤升阶段，且外短路电流峰值与负极表面积有关[19]；阶段二出现极化现象，原因是外短路情况下电子传输速率远远大于锂离子在电池内部的传输速度，电池电压、电流均出现下降；阶段三极化程度加重，电池电压进一步下降；阶段四随着电池电势差变化趋于缓和，电流持续下降，但此时电池温度由于前期积累出现明显上升；阶段五为破坏阶段，随着大电流的冲击和温度的持续升高，电池出现SEI膜分解、电解液蒸发等一系列现象，最终触发TR链式反应。

3.2 外短路TR特性

An[20]结合锂离子电池电极材料的失效特征，分析了不同外短路电流下锂离子电池的电学和热特性，表明电池外短路TR与短路电流和初始荷电状态（SOC）有显著关系。即初始SOC越大，温度升高越多，越容易发生TR。此外，An还对比了不同ESC电流对负极的影响。随着短路电流的增大，部分负极变为深红色，镀层上沉积有银色物质，这些变化表明电池正在发生副反应，印证了周振兴[18]的结论。同时，An[21]还探究了电极材料厚度对外短路机制的影响，发现由于电极厚度增加，电池内阻和极化内阻明显增大，因此发生ESC时温升速率及温升量更大，且ESC后电极微观形貌破坏更明显。

此外，根据外短路回路电阻的大小，Meng等人[22]将ESC分为硬短路和软短路。硬短路的接触电阻为1Ω以下，此时电池产热快，热失控迅速发生；软短路接触电阻认为是1Ω及以上，这种外短路不易被发现，电池会持续产热，直至发生热失控。因此，对于可能的外短路现象的实时监测也是锂离子电池日常使用必要的安全管理手段[23,24]。

4 锂离子电池过放电热失控

4.1 过放电TR机理

与过充电类似，由于电池的不一致性，电池单体在电池包内也容易发生过放电故障。电池发生过放电时，正极、隔膜和负极的结构会发生不可逆转的腐蚀。过放电会引起负极中锂的析出以及固体电解质相界面（SEI）膜的降解，而深度过放电则可能导致锂离子电池负极集流体铜的溶解[25]，生长出的铜枝晶会刺穿隔膜形成内短路，这种现象会导致锂离子电池的绝对容量急剧下降[26,27]，甚至引发电池TR。

雷少帆[28]通过小电流过放电实验对上述机理作出进一步探究，发现锰酸锂电池随着放电程度的加深，逐步发生LixC深度脱锂、负极集流体（铜箔）氧化分解。如果过放电后随之进行充电，则化合态的铜将在负极被还原。对过放电之后的电池进行充放电测试[29]，可以发现过放电池充放电容量、能量效率、恒流充入比明显低于正常电池。数据对比见表2。

表2 某过放电后电池充放电数据对比[29]

测试项目	过放电电池/%	正常电池/%
充放电容量占比	99.80	100
能量占比	91.90	93.90

续表

测试项目	过放电电池/%	正常电池/%
恒流充入比	80.60	85.90

4.2 过放电 TR 特性

过充电与过放电相比，热失控时电池的能量更低。但由于过放电使电池出现不可逆的容量变化，一旦某节电池出现过放电，会使模组内的电池一致性大幅下降，受到过放电的电池阻抗逐渐增大[27]，电池发热愈发严重，有极大的热失控风险。

张闯[30]根据电化学阻抗谱筛选出 1000Hz 频率阻抗的实部作为检测电池内短路的特征参数，该方法精确地检测出了电池过放电诱发的内短路。同时针对过放电热失控的机理，进一步选用 70Hz 的特征阻抗频率获取了过放电诱发内短路的动态阻抗变化，为检测电池过放电的发生提供了在线诊断的方法[31]。Guo 等人[32]研究了过放电程度对电池正极弹性模量、硬度、隔膜抗拉强度以及热收缩率的影响，发现附着在阴极上的 Cu 枝晶穿透隔膜，导致隔膜的抗拉强度、热收缩率等性能急剧下降。此外，活性颗粒被破坏，导致正极的弹性模量和硬度显著降低。

对于不同的放电倍率，Qian[33]指出虽然电芯的退化程度不同，但不同的过放电电流速率之间呈现出相似的升温趋势。然而，随着退化程度和电流速率的增加，电池容量逐渐减弱，TR 变得更容易且反应更严重。Zhou[34]也发现了过放电倍率对锂离子电池破坏过程有明显的影响，在高倍率下，锂沉积在石墨负极上的侵入性微结构和过高的温升所带来的内短路风险和热安全隐患日益增加，成为促进电池热失控的重要特征。

虽然过放电通常不会直接引起电池剧烈 TR，但电池模组的放电现象必须得到准确的监控，一旦某节电池单体出现过放电，电池组就存在内短路甚至热失控的风险。

5 结论与展望

本文作者从但滥用条件下的锂离子电池热失控出发，梳理了不同电诱因锂离子电池热失控相关的研究进展，主要得出如下结论：

（1）三种电滥用条件下，受到过充电的电池能量最大，热失控危害也更大；外短路触发热失控的关键因素为外短回路电阻，以及短路瞬间电流产热是否足够引起 TR，若正负极耳直接搭铁则有电弧灼烧痕迹；过放电虽然很难直接引起电池热失控，但其产生的内短路以及电池内部结构变化，在后续充放电循环中有极大的潜在风险。

（2）对电池包实时状态进行准确的监控是预防和抑制电滥用发生的重要手段，电滥用的出现直接影响着电池正常的充放电数据，BMS 也要不断进行同步升级。

目前，针对三种电滥用诱发锂离子电池热失控机理的研究已相对成熟，对各种电滥用抑制手段的研究也倾向于日常的监管手段上。尽管如此，在实际的锂离子电池火灾事故中，电池的热失控原因仍多与电滥用有关，关于电池热失控电诱因溯源的研究却较少。未来可加强此方面的研究以提高对锂离子电池火灾事故的调查深度。

参考文献

［1］梁叔全，郭珊，何伟，等．阴离子密堆二次电池正极材料中离子宿住迁移与能量存蓄机制晶体化学新探索［J/OL］．中国有色金属学报：1-21［2024-04-08］．

［2］钱宇清，左付山，叶健，等．锂离子电池热失控机理分析及控制方法研究［J］．电源技术，2022，46（11）：1227-1232.

［3］冯旭宁．车用锂离子动力电池热失控诱发与扩展机理、建模与防控［D］．清华大学，2016.

［4］Wei D，Zhang M，Zhu L，et al. Study on thermal runaway behavior of Li-ion batteries using different abuse methods［J］. Batteries，2022，8（11）：201.

［5］Li A F，Min B Y，Zhang C Y，et al. Evaluation method for consistency of lithium-ion battery packs in electric vehicles based on theMahalanobis-Taguchi system［J］. Journal of Energy Storage，2024，78：110045.

［6］Kurucan M，Özbaltan M，Yetgin Z，et al. Applications of artificial neural network based battery management systems：a literature review［J］. Renewable and Sustainable Energy Reviews，2024，192：114262.

［7］Zhang L，Huang L，Zhang Z，et al. Degradation characteristics investigation for lithium-ion cells with NCA cathode during overcharging［J］. Applied Energy，2022，327：120026.

［8］石敏，蒋鹏杰，徐琛，等．抑制锂金属负极枝晶的电解液调控策略［J/OL］．储能科学与技术，1-14［2024-04-24］．https：//doi.org/10.19799/j.cnki.2095-4239.2023.0892.

［9］张建华，张明杰，裘吕超，等．不同过充倍率条件下三元电池热失控特性研究［J］．电源技术，2022，46（11）：1245-1248.

［10］Liu Z，Guo X，Meng N，et al. Study of thermal runaway and the combustion behavior of lithium-ion batteries overcharged with high current rates［J］. Thermochimica Acta，2022，715：179276.

［11］王志，何昌林，史波波，等．外部加热和过充下梯次利用锂离子电池模组热失控传播特性［J］．消防科学与技术，2023，42（12）：1625-1630.

［12］Liu T，Huang J，Hu X，et al. Study on the variation of normalized heat and gas release of overcharge-induced thermal runaway in confined space［J］. Applied Thermal Engineering，2024：122636.

［13］Wang K，Wu D，Chang C，et al. Charging rate effect on overcharge-induced thermal runaway characteristics and gas venting behaviors for commercial lithium iron phosphate batteries［J］. Journal of Cleaner Production，2024，434：139992.

［14］唐佳，于子轩，李雨珮，等．磷酸铁锂储能电池过充热失控的多参量特性分析及热失控抑制技术［J/OL］．高电压技术：1-10［2024-04-26］．https：//doi.org/10.13336/j.1003-6520.hve.20231441.

［15］史波波，沈王赵男，王志，等．液氮抑制外部加热和过充锂电池模组热失控［J］．中国安全科学学报，2023，33（10）：129-136.

［16］赵亚兵．外部短路诱发锂离子电池热失控行为特征及机理研究［D］．兰州理工大学，2023.

［17］王淮斌，李阳，王钦正，等．电动汽车事故致灾机理及调查方法［J］．储能科学与技术，2021，10（02）：544-557.

［18］周兴振，孙丙香，张智，等．磷酸铁锂电池外短路损伤特性及熔断防护研究［J］．电力系统保护与控制，2023，51（12）：78-89.

［19］CHENZeyu，XIONG Rui，LU Jiahuan，et al. Temperature rise prediction of lithium-ion battery suffering external short circuit for all-climate electric vehicles application [J]. Applied Energy, 2018, 213: 375-383.

[20] An Z, Zhao Y, Du X, et al. Experimental research on thermal-electrical behavior and mechanism during external short circuit for LiFePO4 Li-ion battery [J]. Applied Energy, 2023, 332: 120519.

[21] An Z, Shi T, Zhao Y, et al. Study on aging and external short circuit mechanisms of Li-ion cells with different electrode thicknesses [J]. Applied Energy, 2023, 350: 121796.

[22] Meng J, Boukhnifer M, Delpha C, et al. Incipient short-circuit fault diagnosis of lithium-ion batteries [J]. Journal of Energy Storage, 2020, 31: 101658.

[23] Zhou X, Wang Z, Sun B, et al. Study of lithium-ion battery module external short circuit risk and protection design [J]. Journal of Energy Storage, 2024, 86: 111070.

[24] Liu Q, Huang Q, Guo H, et al. Contactless sensor for real-time monitoring of lithium battery external short circuit based on magnetoelectric elastomer composites [J]. Journal of Power Sources, 2024, 589: 233776.

[25] Li Z, Gao M, Zhao X, et al. Heat generation effect and failure mechanism of pouch-type lithium-ion battery under over-discharge for electric vehicle [J]. Journal of Energy Storage, 2024, 76: 109759.

[26] Jia Y K, Darst, Surelia A, Delafuente D, Finegan D P Xu J. Deformation andfracture behaviors of cylindrical battery shell during thermal runaway [J]. JournalofPower Sources. 2022, 539: e231607.

[27] 刘王泽宇，李青，庾甜甜等．锂离子电池过放电状态的阻抗特性研究［J］．电气工程学报，2022，17（04）：51-60.

[28] 雷少帆，常林荣，苏锋，等．锂离子电池小电流过放电后容量衰减的研究［J］．电源技术，2022，46（04）：380-383.

[29] 李芳芳，谈亚军，杨红艳，等．锂离子电池过放后性能的研究［J］．电池工业，2022，26（01）：30-35.

[30] 张闯，王泽山，刘素贞，等．基于电化学阻抗谱的锂离子电池过放电诱发内短路的检测方法［J］．电工技术学报，2023，38（23）：6279-6291+6344.

[31] 张闯，杨浩，刘素贞，等．基于阻抗在线测量的锂离子电池过放电诱发内短路识别研究［J］．电工技术学报，2024，39（06）：1656-1670.

[32] Guo Z, Yang S, Zhao W, et al. Overdischarge-induced evolution of Cu dendrites and degradation of mechanical properties in lithium-ion batteries [J]. Journal of Energy Chemistry, 2023, 78: 497-506.

[33] Qian L, Yi Y, Zhang W, et al. Revealing the impact of high current overcharge/overdischarge on the thermal safety of degraded Li-ion batteries [J]. International Journal of Energy Research, 2023, 2023.

[34] Zhou H, Fear C, Jeevarajan J A, et al. State-of-electrode (SOE) analytics of lithium-ion cells under overdischarge extremes [J]. Energy Storage Materials, 2023, 54: 60-74.

关于电动自行车火灾防控的几点思考

蔡方元

（天津市宁河区消防救援支队，天津　宁河）

摘　要　随着社会的不断进步，电动自行车已经逐渐成为人们出行的主要选择之一。随着电动自行车的普及率不断提升，由于技术标准的不完善和市场监管的缺失，电动自行车产品的质量良莠不齐。同时，在存储和使用方面存在着一些不合理之处。近年来，由于电动自行车的火灾事故频繁发生，已经对公众的生命财产安全造成了一定影响。电动自行车火灾事故的根源值得深入探讨，寻找有效的解决方案是一个紧迫而重要的挑战。经过调查研究发现，以某地区的电动自行车火灾防控工作为案例，分析了火灾事故发生的原因，并提出了一系列可行的预防措施，这些措施具有实际操作性。

关键词　电动自行车　火灾　成因　对策

1　引言

在我国，电动自行车已经成为一种受欢迎的交通工具。它不仅经济实惠，而且使用方便，功能多样。这种交通工具已被广泛普及，并被群众所接受，对解决基层群众的短途交通需求起到了重要作用。根据中国车辆产业协会的数据显示，我国是全球最大的电动两轮车市场之一，到2023年底，我国的电动自行车数量已达约3.5亿辆。由于市场需求激增，电动自行车行业变得五花八门，出现了产品质量参差不齐、非法改装、设备老化以及不当使用等种种问题，其中以火灾事故为最突出表现。因此，电动自行车火灾问题已被广泛关注，需要采取有效措施来应对。为了解决这一难题，研究人员展开了深入调查，并提出了应对方案。这些方案旨在改善治理效果，解决相关困难，确保火灾防控工作的顺利开展。

2　电动自行车存量多、火灾高发

2.1　电动自行车保有量大

为了全面了解电动自行车的存量情况，宁河区消防救援支队在晚上8点对城区的芦台街和桥北街道的50个居民小区进行了调查。样本涵盖了商品房、还迁房和老旧小区这些不同类型的高层和多层住宅。通过逐层统计，宁河城区的楼

作者简介：蔡方元，男，天津市宁河区消防救援支队防火监督二科初级专业技术职务。

房住户每户平均拥有 0.67 辆电动自行车，即 100 户家庭中有 67 辆电动自行车。在某些家庭中，可以看到不同类型的住宅拥有不同数量的电动自行车，有的是 0.64 辆，有的是 0.71 辆，还有的是 0.53 辆。有些家庭可能拥有 1 辆，甚至有些家庭可能会拥有 2~3 辆。这种情况在多层住宅和高层住宅中尤为常见。根据 2023 年全国人口普查数据，宁河区城区规模约有 27 万名居民，平均每户有 3.3 人。据此推算，该地区城区内电动自行车的拥有量约为 5.48 万辆。

2.2 电动自行车火灾多发

根据最新数据显示，2020 年至今，全国发生了 36 起较大规模的电气火灾事件。有统计显示，其中 11 起火灾是由电动自行车引起的，占总数的三成左右。过去三年，宁河区共记录到 19 起涉及电动自行车的火灾事件，对当地居民的财产造成了不同程度的损失。特别是"3·30"福康花园 10-3-202 电动自行车电池充电火灾；"4·26"芦台街道电动自行车火灾；"5·17"金海湾公寓 5-104 电动自行车爆燃火灾；"5·21"恒大御馨园 4-1-103 电动自行车电池爆燃火灾；"5·24"华翠小区冬华里 7-1-401 电动自行车电池爆燃火灾，这几起火灾事故险些造成人员伤亡。

3 电动自行车本质安全性存在问题

3.1 电气安全保护装置缺失

市场上一些电动自行车在生产时存在未安装短路保护装置的情况，而在使用和维护过程中也常见到原本安装的安全保护装置被擅自拆卸的情况。部分电动自行车的电气安全装置通常被安装在主线路上，连接着负载端，使得从电瓶接线柱到充电插座之间的电路上存在一些未经电气安全保护的部分。某街道市场上销售的电动自行车经相关部门抽查，发现了 9 个品牌 27 种规格型号。其中，有 15 辆车安装了空气开关，而另外 12 辆未安装。在检查充电回路时，发现有 18 个安装了短路保护装置，占比 66.7%。根据随机抽查结果显示，某居民住宅区的 232 辆电动自行车中，有 67 辆安装了空气开关保险装置并正常运行，占总数的 28.88%。其余车辆要么未安装该装置，要么被使用者拆除。

3.2 电气技术指标不匹配

部分电动自行车的改装中，技术实力欠缺，导致在使用不同规格和型号的控制器、充电器、电机等主要组件时，它们的技术指标之间存在不匹配的情况。大多数电动自行车改装工艺普遍粗糙，因为商家为了降低成本而不得不采用一些不太适合的线径和线路。此外，线路连接器本身并不具备防水和防潮功能，而且线束的固定方式也存在问题，容易造成电路短路，甚至引发火灾的危险。

3.3 锂电池易出现热失控现象

在制造过程中，电池会受到水分和杂质的影响。对于品质控制不严的电池或长期不正确使用电池的用户来说，可能会导致一系列问题，如锂金属沉积、活性物质脱落等。这些问题会在电池内部形成枝晶，刺破隔膜，造成微短路，进而引发热失控和火灾。

4 电动自行车使用环节的隐藏风险

4.1 电动自行车处于长时间充电状态容易发生火灾

电动自行车在发生火灾时通常处于行驶或充电状态。大部分火灾事件发生在充电过程中，尤其是目前大部分居民的充电习惯是在下班后开始，持续至第二天。长时间的充电可能导致电动自行车的电气线路短路、充电器负荷过高、电池故障等问题。因此，对于电动自行车的充电方式和时间应当引起重视，以避免潜在的安全隐患。电动自行车的质量差异很大，一些厂家为了提高生产效率、降低成本，在设计阶段没有解决一些明显的问题。比如，电流和线路设计不匹配，插头和接口处理不当，线路敷设不规范等等。这些因素会导致电动自行车出现短路、超负荷、电阻过大等故障，甚至引发火灾。

4.2 电动自行车夜间频繁起火

根据发生时间来看，电动自行车火灾更容易在夜间发生。白天电动自行车通常处于运行状态，很少需要充电。在骑行过程中发生火灾的情况相对较少。即使发生点火或燃烧情况，也能够及时处理，几乎不会导致整车燃烧或其他严重后果的发生。夜晚是电动自行车充电的繁忙时段，尤其是在休息时间。但是，在这个时候，很难及时发现充电过程中可能出现的电气故障，比如过载或短路。大多数电动自行车被放置在楼梯间，这种环境很容易积聚烟雾，如果发生火灾，人员疏散将会变得困难。这种情况极易导致人员受伤甚至死亡。

4.3 电动自行车火灾容易造成人员伤亡

电动自行车火灾经常发生在楼梯间和室内，与电动自行车停放、充电位置以及用户群体密切相关。由于大量私自铺设的电线从楼上引导到一楼门厅和楼梯间，可能导致电动自行车因线路老化、短路等电气问题而引发火灾。一旦发生火灾，烟雾可能迅速弥漫楼梯间或走廊，增加居民逃生的困难。充电时放在室内的电动自行车或电动车辆，一旦发生火灾很可能会导致人员伤亡。

5 电动自行车火灾防治需要破解的难题

5.1 电动自行车充电桩施工严重滞后

一是缺少源规划。根据 2019 年应急管理部、工信部、公安部、住建部、市场监管总局联合下发的通知，要求各地加强电动自行车消防安全管理。然而，由于前期规划条件的限制，目前，辖区仅有 37 个小区自行建设了一些充电桩，远远不足全区住宅小区数量的四分之一。因此，当地政府需要推动建设更多的电动自行车集中停放场所和充电设施，以满足市民的需求并提升消防安全管理水平。二是充电桩的建设数量严重不足。小区内有约 4000 个充电桩点位，其中新建小区的充电设施更为普及。相比之下，老旧小区的充电设施建设数量与居民的日常充电需求存在一定差距。三是建设原则和资金难以确定。住宅小区规划设计阶段并没有纳入电动自行车充电桩作为国家的强制配套建设内容，因此许多开发商未主动选择进行充电桩的建设，这造成了充电桩的天生缺失。

5.2 现有电动自行车充电桩使用率低，管理缺失

由于担心充电成本、恶劣天气和安全问题，大多数人更倾向于在家里充电，这导致了公共充电桩的利用率较低。此外，针对电动自行车充电设施的建设也面临着一些挑战，一是难以控制车辆长时间占用充电桩的问题，这种情况相当常见。由于停车位紧张的原因，一些居民随意停放汽车、自行车甚至无法移动的废弃车辆在充电桩附近，物业公司未能及时管理，导致需要充电的人无法找到可用位置。二是充电设施损坏，无人维修。一些充电桩在初期建设时采用各种不同的方式，缺乏专业单位进行后期维护，导致损坏后无法正常使用。三是充电桩的位置设置不合理。小区内充电桩的设置存在分散而不均匀的问题，这让居民觉得充电桩离他们家太

远了，因此不愿意使用。

5.3 使用充电桩的成本更高

根据现有情况，本区的充电桩主要由开发商、街镇和第三方运营公司建设。最近，我们调查了23个电动自行车充电设施，其中有两个充电站是铁塔公司投资建设的。这两个充电站采用的是大工业低压用电电价，分别为平段0.67元/度和尖峰1.05元/度，电价偏高。另外，其余21个充电站采用非居民用户合表电价，为0.51元/度，与居民用电价格基本持平。充电设施管理单位通常按照时间计费，费用大约为0.25元/h。充满一辆电动自行车通常需要5~7h，总花费约为1~1.5元。相比在家充电，使用充电桩的成本要贵一倍。

6 电动自行车火灾防范的多项措施

6.1 注重在形成强有力的推动机制上下功夫

建议政府建立协调机制，制定科学治理方案，明确部门和街道职责，调动积极性，监督考核，实现政府统一领导、各部门认真履职、社会广泛参与、共同努力的局面，切实办好民生工程。进一步加强对电动自行车违规充电、违法驾驶、非法改装的治理，提升基层治理水平，确保人民群众生命和财产安全。

6.2 注重在提高公众认知程度上下功夫

市场监管、消防以及街道等有关部门应当按照各自的职责加强相关宣传工作。利用报纸、电视、互联网等传统媒体，以及微信、快手、抖音等新兴媒体平台，再加上小区宣传栏等固定宣传渠道，向社会大众广泛宣传有关电动自行车购买、维修、安全驾驶、充电、停放等注意事项和法规要求。而且，也可以提醒市民注意非法改装可能带来的隐患性，以及违规充电可能引发火灾的严重性。通过开展有效的警示教育，可以让市民在思想上更加重视安全防范。消费者需求增长，外卖行业一直处于快速扩张阶段。对外卖公司来说，管理好员工是至关重要的。因此，行业主管部门应该加强对员工的日常培训和监督，以确保他们遵守相关法规和规定。这样可以促使外卖公司员工在工作中更加合法合规。应当设立有效的奖励制度，积极动员物业管理公司、社区网格员以及居民参与其中，促使他们能够主动发现问题并及时上报，最大限度提高全社会安全使用电动自行车意识和防范意识。

6.3 注重在加快推进配套设施建设上下功夫

区级有关部门应积极争取市级规划、住房和城市管理等部门的政策支持，将建设电动自行车集中充电车棚作为重要目标纳入小区未来规划和项目验收中。通过争取市级规划、住房和城市管理等部门的政策支持，配套建设电动自行车集中充电车棚将成为小区未来建设规划审批和项目验收的必要内容。对于新建小区，由相关部门提前确定电动自行车集中充电的线路和场地，作为配套设施列入小区规划验收的统一标准要求。在老旧的小区改造项目中，考虑将充电车棚的新建和补充项目纳入计划。利用现有的公共空间和地下车库等地点，进行分阶段规划。这样可以有效解决电动自行车停放和充电不便的问题，提高集中停放和充电的便利性。建议相关部门应主动应对市场经济发展趋势，汲取外地成功案例，积极探索引入第三方参与老旧社区电动自行车集中充电车棚改造建设，通过价格比较确定电费标准。与此同时，建议社区党群服务中心利用经费为社区居民提供更多便利设施，如充电站增设宣传信息展板、雨棚、安全设施和监控系统。在此基础上，建立由业主代表、物业管理机构、第三方充电桩运营公司等共同管理机制，引入信息化技术，以实现停车和充电全过程的安全管理和智慧化控制，既有效地解决了资金不足的问题，又提高了治理效率，方便了居民的需求。

7 结语

随着我国迈向小康社会的进程不断加快，人们的日常生活质量正在不断提升，轻便交通工具的需求和使用量也会逐渐增加。电动自行车作为一种便捷的交通选择将会变得越来越受欢迎。电动自行车火灾问题需要社会各界共同关注，应该在制定产品标准和整车生产过程中加以重视。除了严格监管各部门，广大用户在维修保养和安全使用方面也需加强。进一步加强对电动自行车火灾的防范措施，提高宣传力度，减少火灾发生的可能性，以确保社会稳定和安宁。

参考文献

[1] 王建军．由电动自行车火灾频发引起的思考分析[J]．电力与能源，2021，42（03）：362-363.

[2] 蒋骅．电动自行车火灾调查的难点与要点探析[J]．今日消防，2021，6（08）：112-114.

[3] 于海军．电动自行车治理，要多创新出招［J］．民生周刊，2021（21）7.

[4] 杜庆军，张加伍，崔永合．电动自行车火灾成因及防控探讨．中国消防协会电气防火专业委员会电气火灾防治与调查技术［M］．沈阳：辽宁大学出版社，2011（8）：183-188.

[5] 中国消防信息网，吴礼龙，胡安雄，电动自行车火灾防范对策.

[6] 崔永合，陈克，张加伍．浅析电动自行车火灾现场勘验技术［J］．消防科学与技术，2011（02）.

对汽车库内灭火措施在电动汽车火灾应用中不足的探讨

王舒迪

（河北世元工程咨询集团有限公司，河北　保定）

摘　要　随着电动汽车市场的快速增长，火灾问题成为新挑战。电动汽车火灾多由电池故障、充电异常或碰撞引起，

作者简介：王舒迪，男，就职于河北世元工程咨询集团有限公司，任暖通工程师。

特征为燃烧快、扑灭难、毒气释放，尤其在封闭车库内风险剧增。现有防火规范中的措施未能充分适应电动汽车火灾的特殊需求，如高效冷却电池、优化灭火效果及排烟设计等。因此，迫切需要专门针对电动汽车火灾的防火规范升级与新型消防技术的应用。

关键词 新能源汽车 火灾 汽车库 防火规范 扑救措施

1 引言

电动汽车火灾由电池故障、充电问题或碰撞诱发，因锂电池高能量密度及易燃性，火灾发生时燃烧快、难扑灭、毒气多，安全风险更高。根据2021年电动汽车自燃事故统计，静置和充电状态火灾事故发生概率较高，超过60%[1]。如果电动汽车在汽车库中起火，相对于室外开敞空间，其危险性和危害性会更大。本文将对电动汽车火灾进行简要介绍以及部分防火规范的内容进行探讨。

2 电动汽车火灾特点

2.1 电池的燃烧过程

电动汽车起火通常是电池发生故障引发火灾。现阶段电动汽车的电池通常为锂电池。锂电池的燃烧过程可以概括为：一起火阶段。电池故障，如短路、过充/放、损坏或内部问题，引发火焰与烟雾。二热失控阶段。电解质点燃，温度急升，释放热能与气体，火情隐匿且扑救难度陡增。三扩散阶段。火势开始蔓延到周围的可燃物，引发连锁反应，使火灾进一步扩大。四爆炸阶段。热失控与蔓延过程中的气体积聚致爆炸，火势加剧并释出更多有害物质。五终结阶段。火被控或电池能耗尽，火势减退，但仍需警惕复燃，持续监控。不同燃烧时长的情况见图1。

2.2 电动汽车火灾与传统汽车火灾的不同

相对于传统汽车火灾，电动汽车电池能量密度大，起火时火灾发展速度更快、温度更高，还会产生HF、H_2、C_2H_4、CO等热失控气体[2]。部分混合气体的燃烧性与甲烷等碳氢化合物相当，但具有高达40%的更宽的可燃性范围[3]。同时过量吸入HF、CO等有害气体，可使人丧失行动能力。由于

(a) 13min

(b) 14min

(c) 14min 40s

(d) 16min 50s

(e) 21min 49s

(f) 31min 28s

图1 电动汽车不同燃烧时间的情况图

这些有毒气体的存在，消防救援人员在接近和扑救电动汽车火灾时，必须采取更高级别的防护措施，如佩戴正压式呼吸器、穿着特种防护服等。即便是火灾被初步控制后，电池组有可能出现复燃，救援人员在此期间需要持续监控，以确保安全，并对可能泄漏的有毒液体和电池残留物进行妥善处理，避免对环境和人体造成进一步伤害。电动汽车火灾产生的有毒有害气体显著增加了救援工作的危险性，要求救援人员在技术和战术上采取更专业、更安全的应对措施[4]。

3 现有灭火措施

干粉灭火器对明火有效，但几乎没有冷却作用，且车库内单具灭火器充装量较少通常为3~4kg，不足以扑灭火灾，即便当下扑灭，也极易复燃。水基灭火器可以阻止明火燃烧，但需要人工近距离操作且难以作用到底部电池包。现有车库自动喷水灭火系统不能扑灭起火车辆的火灾，但是可以阻止火灾在汽车之间的蔓延[5]。由于汽车自身结构特点，电池在汽车下方，水不易直达电池，大部分被汽车外壳阻碍。

基于上文关于锂离子电池热失控、火灾防控技术及浸水对电池性能影响的研究现状调研可知，目前的主动安全防护技术远无法实现锂离子电池的本质安全。

4 现有防火规范简介

4.1 与汽车库火灾有关的主要规范

现有关于汽车库的防火规范主要有：《建筑设计防火规范》《汽车库、修车库、停车场设计防火规范》《建筑防火通用规范》《消防给水及消火栓系统技术规范》《自动喷水灭火系统设计规范》《建筑灭火器配置设计规范》《建筑防烟排烟系统技术标准》《火灾自动报警系统设计规范》《消防应急照明和疏散指示系统技术标准》等。

4.2 规范中各专业防火措施的特点

这些规范中，建筑专业主要限制火灾范围、保证主体完整性、建立疏散逃生通道；给排水专业主要提供灭火设施，比如消火栓、喷淋、灭火器等；暖通专业主要在防烟、排烟方面做出规定，为人员在火灾现场提供更有利于逃生或救援的环境；电气专业主要是发生火灾时进行报警，提供电力以保证各种设备的运行。

4.3 各专业在应对电动汽车火灾时存在的不足

（1）给排水专业上，消火栓需要人工操作，在无人值守的车库中，不易在火灾初期发挥作用。灭火器同样需要人员操作，车库中灭火器重装量为3~4kg，灭火作业中持续灭火能力较差，虽能扑灭表面明火，但不能为发生起火的电池降温，灭火实践中，极易复燃。在有人员赶到现场时，消火栓这种精准灭火、持续灭火能力强、能为电池降温的工具是理想的灭火设施。在大量水的作用下，可以扑灭火灾，并给电池降温防止复燃[2]。

（2）自动喷淋的喷头布置较为分散，火灾中属于“雨露均沾”型的灭火设施，喷洒范围大但过于分散，且电动汽车的电池在汽车底部，车壳成为了天然的“雨伞”为电池起火提供了有利环境。

（3）排烟相关的规范，对于排烟量计算、排烟口的布置，均没有针对电动汽车库做出具体要求。排烟风机的选型以及排烟口大小位置的不同，会导致最终排烟效果不一样。

（4）车库内的自动报警设施难以在起火阶段发现火情，待发出火灾报警信号时，火灾已难以轻松扑灭。

5 改进的建议

从以往发生过的火灾案例来看，电动汽车在车库内起火，到自动报警系统启动或有人员发现火情时，火灾已经进入热失控阶段或扩散阶段，没有经过专业培训的普通人难以将火灾扑灭。那么将电动汽车火灾控制在起火阶段，甚至在初期扑灭火灾，在救火人员到达时保证良好的空气环境保障人身安全，我认为是规范及消防设施改进的方向。

5.1 建筑专业

对于电动汽车库不做机械停车位。平层车位便于起火车辆周边的其他车辆可以及时疏散，车辆密度小，避免火灾蔓延速度过快，减小损失。

5.2 给排水专业

将自动射流装置引入电动汽车库中。自动射流装置可自动检测火灾，同时控制系统会触发喷射装置，对准起火点释放大量灭火剂，响应迅速，灭火精准，无需人工操作。

喷头采用早期抑制型喷头，相对于普通喷头响应快、流量大。

设置推车型灭火器，其拥有较大的灭火剂容量，能够提供更长时间的喷射，灭火效率高。

5.3 暖通专业

对于电动汽车库，火灾时产生的烟气更多且含有多重有毒气体，对于人员逃生以及消防队灭火会带来不利影响。首先要加大排烟量，选择风压较高的风机。其次对于排烟口的布置，通过FDS火灾模拟发现，要想持续将烟气排出保证可见度，单个排烟口的面积不宜过小，排烟口的布置不宜过于分散。选取几个关键区域，在该区域中集中布置几个排烟口将有较好的排烟效果。

5.4 电气专业

对于电动汽车库，增加地面疏散指示灯，其安装在地面，易于被发现和识别。在火情较大、烟雾较重时，人员习惯低头弯腰行动，与墙壁上的指示灯相比，设于地面的不易受到视线阻碍。增加温感探测器进行报警，对于火灾早发现、早扑救。

6 对未来电动汽车火灾控制发展方向的展望

6.1 智能监控与预警系统

强化智能监控技术的应用，推广安装先进的火灾探测系统，实时监控电动汽车库内的情况，精确识别汽车火灾的烟雾和热辐射特征，实现早期预警。

6.2 充电设施安全保障

充电设施的设置要规范化，使用具有电流过载保护、只能断电的充电设备，建立充电设施与周边可燃物的防火隔离标准，规范布局与规模，降低火灾连带风险。

6.3 新材料与技术应用

在电动汽车存放区域，使用更安全、更耐火的建筑材料和装饰材料，发展新型灭火技术和设备，使用针对电池火灾特性的高效灭火剂和专用灭火系统。

6.4 验收与运维阶段的保障

对于电动汽车库的竣工验收应细化验收标准，对电缆及充电设施做出详细的验收标准，后期使用运维过程中，制定详细的巡视与检查计划，并执行到位。

7 总结

电动汽车火灾的危害性相较于传统汽车火灾更为严重，不仅燃烧速度快、温度高，且可能产生多种有毒有害气体，并会在极端时间内进入成员舱[6]，对人员生命安全、财产安全和环境安全构成巨大威胁。高温以及产生的多种气体给相关灭火工作人员的安全造成了不同程度的威胁，从而给新能源汽车火灾扑灭工作带来了更大的难度[7]。

现有防火规范中的相关措施未能充分应对电动车特有火灾风险，亟须更新以适应更高的安全需求，促进环境保护、保障救援安全，指导产业升级，并增强公众对电动车火灾风险的防范意识与能力。

参考文献

[1] 孙金华．动力电池安全研究进展［R］．世界动力电池大会，2022.

[2] 张林．水喷淋对三元动力锂离子电池热失控抑制及性能影响研究［D］．中国科学技术大学，2023.

[3] Ola Willstrand，Roeland Bisschop，et al. Toxic Gases from Fire in Electric Vehicles［R］. 2020.

[4] 杨晓菡，张怡，邓玲，谢元一．锂离子电池汽车全尺寸火灾试验研究进展综述［J］．消防科学与技术，2024，43（1）：29-33.

[5] 黄晓家，张瑞峰，陈斌，南天辰．电动汽车库火灾蔓延与演变特性研究［J］．消防科学与技术，2023，42（12）：1618-1624.

[6] 郭琦琳，陶亮宇，马哲树，顾永明，王钰婷．纯电动 SUV 汽车火灾数值模拟分析［J］．储能科学与技术，2023.

[7] 牛少博．新能源汽车火灾特性及处置对策．灭火救援，2023：73-75.

基于隔热层的锂离子电池热失控蔓延抑制技术研究进展

郭天宝

（中国人民警察大学 研究生院，河北 廊坊）

摘 要 锂离子电池的热失控蔓延可能引发严重的消防安全事故，因此开发高效的隔热材料对于确保电池的安全使用和预防事故发生具有重要意义。本文首先介绍了热失控蔓延模型和实验的研究进展，为隔热材料的设计提供理论支撑。其次，综合总结了纳米气凝胶毡、纳米纤维毡和新型复合材料等多种隔热材料的研究现状，并对这些材料在热失控防护方面的有效性进行了分析。最后，对各类研究进行了全面总结，并指出了未来研究的方向，为相关科研工作者提供参考。

关键词 锂离子电池 安全防护 热失控蔓延 隔热材料

1 引言

锂离子电池以其能量密度高、生命周期长和自放电率低等优点，被广泛应用于电动汽车和储能电站等领域，但其一旦发生热失控且造成蔓延，将可能造成严重的火灾爆炸事故。热失控是引发电池火灾或爆炸事故的直接原因[1]，绝大部分事故都涉及锂离子电池的热失控以及热失控蔓延两个过程。单体电池热失控的产热有限，造成的危害相对可控。而由于单体热失控，如果进一步导致电池系统中的热失控蔓延，短时间释放大量的能量，以及有毒和可燃气体，将导致人员和财产的重大损失。为了延缓热失控和热失控蔓延的发生，特斯拉公司开发了一系列措施，如在电池间添加隔热材料，在电池表面使用阻燃化合物，以及在电池组和乘客舱之间设置隔热板等[2]。由此可见，开发高效的隔热材料对于抑制锂离子电池热失控蔓延，预防电池安全事故具有重要意义。

2 热失控蔓延

2.1 热失控蔓延模型

锂离子电池热失控蔓延，也被称为热失控传播或热失控扩散。热失控蔓延模型是用于描述和预测电池系统热失控扩散行为的理论模型，通过增加或降低模型的复杂度和精度，可以适应不同规模和类型的电池系统。Feng 等[3]建立了电池热失控的集总热模型，该模型可以模拟和预测大尺寸三元锂离子电池模块中的热失控传播，模型如图 1 所示。在之后的研究中，Feng 等[4]还构建了基于能量平衡方程的三维热模型，并根据以上模型提出了四种抑制热失控蔓延的方法，包括提高热失控触发温度、减少释放总电能、增加散热和添加隔热层。另外，Coman 等[5]结合二维有限元热模型和集总电化学模型，建立了 18650 型锂离子电池的热失控传播模型，该模型与三维模型和实验数据的一致性较好，且相较于三维模型，计算时间大大减少。

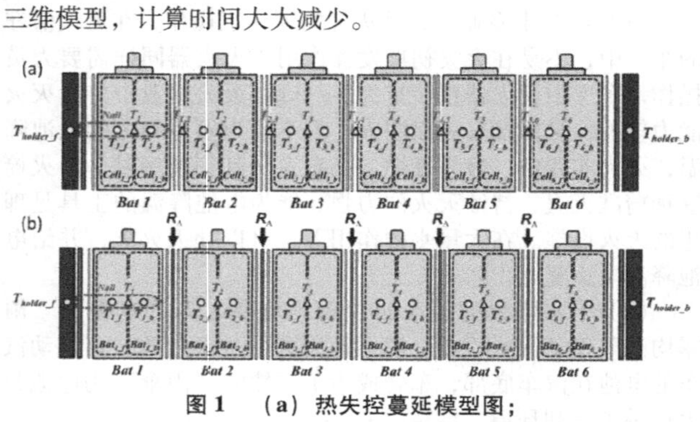

图 1 （a）热失控蔓延模型图；（b）添加隔热层抑制热失控蔓延模型图[3]

在此基础上，研究人员开始在电池模型间设置隔热材料，

作者简介：郭天宝，男，中国人民警察大学，在读硕士研究生。

探讨其对抑制热失控蔓延的有效性。Qin 等[6]建立了三维 18650 型锂离子电池热失控蔓延模型，并计算出了热失控电池表面温度与电池间距、玻璃纤维隔板厚度的拟合关系函数。Bai 等[7]构建了三维方形锂离子电池热失控蔓延模型，结果表明增加隔热层厚度可以延长电池模块热失控蔓延的时间，综合考虑隔热层成本和电池模块的能量密度，隔热层的最佳厚度为 2mm。热失控蔓延模型的构建，能够优化隔热层的设计和应用，从而节省大量的成本和时间，提高研发效率。

2.2 热失控蔓延实验

锂离子电池热失控蔓延实验旨在了解电池组内热失控发生后，热量如何在电池间传递，并进一步评估其速率、范围和影响。目前，研究人员主要探讨了热失控蔓延的传热方式和不同电极材料、荷电状态、链接方式等因素对蔓延行为的影响。

Yan 等[8]分析了 18650 型电池在密闭和半密闭空间中热失控蔓延的传热方式，发现主要方式为热辐射。Ouyang 等[9]研究了荷电状态对 18650 型电池热失控蔓延的影响，结果得出电池荷电状态越高，热失控触发时间越早，传播速度越快，质量损失越大，峰值温度越高，电池组热危害越严重。Huang 等[10]针对不同连接方式的大尺寸锂离子电池进行了热失控蔓延实验，实验得出热失控的传播速度为：并联>串联>非连接模块。在之后的研究中，Huang 等[11]又对比了不同电极材料的锂离子电池热失控蔓延特性，结果表明三元锂离子电池的热失控持续时间和最高温度要明显高于磷酸铁锂电池，图 2（a）为相邻电池热失控的传播路径示意图，图 2（b）为三元锂和磷酸铁锂电池相邻模块间传热和热失控传播时间对比图。锂离子电池热失控蔓延实验能够深入了解其传播特性并制定相应的防控手段，实验结果还可用于对热失控蔓延模型的验证和改进。

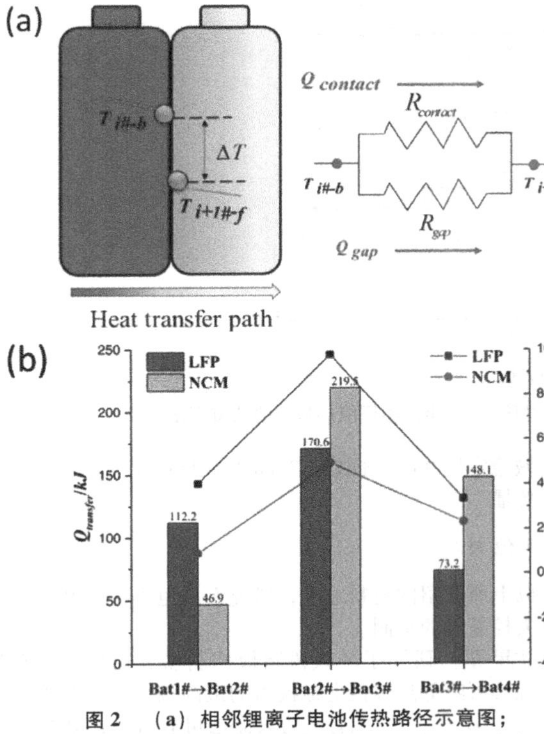

图 2 （a）相邻锂离子电池传热路径示意图；（b）相邻模块间传热和热失控传播时间对比图[11]

3 隔热材料的类型及性能分析

从外部扑灭锂电池火灾被认为是无效的，因为外部灭火剂对内部燃烧电池的可及性有限[12]。因此，锂离子电池系统的热安全设计应优先考虑内部防护措施，将热失控控制在触发电芯或相邻电芯范围内。在单体电池和模组间添加隔热材料可以有效防止热失控产生的高温烟气对相邻电池造成影响，从而抑制热失控在整个系统中的蔓延。隔热材料的研究主要围绕：不同种类、不同厚度、不同放置位置以及不同隔热材料间的比较几个方面展开。

3.1 纳米气凝胶毡隔热材料

纳米气凝胶材料具有高度多孔的结构和极低的热导率，能够有效地隔离和抑制热量的传导和扩散，因此在电池热失控蔓延抑制中得到了广泛应用。

卢东辰[13]比较了陶瓷纤维、预氧化丝和二氧化硅气凝胶对抑制热失控蔓延的有效性，结果表明三者均具有良好的抑制效果，且陶瓷纤维和预氧化丝气凝胶的抑制效果要稍好于二氧化硅气凝胶。刘全义等[14-16]研究了气凝胶毡厚度和位置对热失控蔓延的影响，发现 6mm 气凝胶毡经济实用，能将热失控蔓延控制在一定范围内；10mm 气凝胶毡阻隔效果更好但成本较高；顶部中部组合放置气凝胶毡对热失控蔓延的阻隔效果最佳。Yu 等[17]对比了气凝胶、聚酰亚胺泡沫和云母带复合绝缘棉不同布局方式对大型磷酸铁锂电池热失控蔓延的抑制效果，结果表明，相较于单块阻隔布局，采用间隔阻隔布局的危险性更小，隔热层布局方式如图 3 所示。

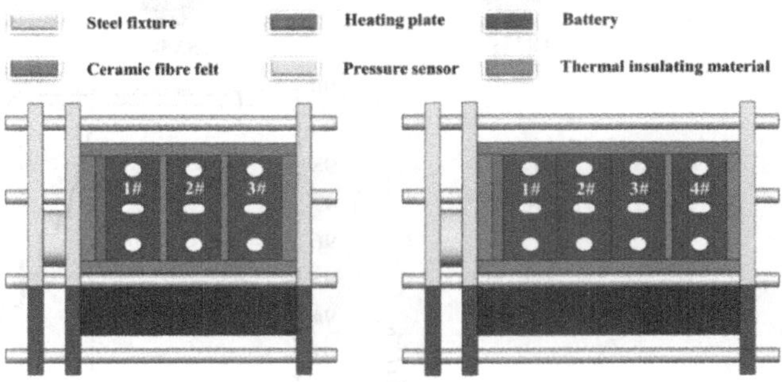

图 3 隔热层不同布局方式示意图：（a）单块阻隔；（b）间隔阻隔[17]

3.2 纳米纤维毡隔热材料

纳米纤维毡作为一种隔热材料，具有多孔结构、低热导率、柔软性和吸附性能等优点，使其成为抑制热失控蔓延的理想选择之一。

张青松等[18,19]对比了瓦楞纸和纳米纤维材料抑制航运中锂离子电池热失控蔓延的效果。研究表明，瓦楞纸并不能提高电池空运的安全性，而纳米材料则被证明是运输间的可行选择。Lee 等[20]研究了穿孔不锈钢板、膨胀材料和陶瓷纤维板对热失控蔓延的抑制效果，结果显示，三种材料均能延长热失控传播的时间，但无法完全阻止其发生。其中，陶瓷纤维板综合性能最优，穿孔不锈钢板次之，膨胀材料最差。Gong 等[21]通过数值模拟研究了陶瓷纤维、玻璃纤维和硅酸盐纤维材料的厚度和布局对抑制热失控蔓延的影响，图 4（a）为电池排列及模拟示意图。结果显示，双向布局比单向布局更有效；玻璃纤维板厚度为 4mm 的双向排列是抑制的最佳方案；三种隔热材料的性能排序为玻璃纤维>陶瓷纤维>硅酸盐纤维。Liu 等[22]对比了陶瓷纤维板和玻璃纤维、陶瓷纤维、预氧丝、二氧化硅气凝胶毡在抑制热失控蔓延方面的效果。研究得出，陶瓷纤维板的降温效率为 71.83%，气凝胶材料的降温效率至少比比纤维材料高 13%，几种材料中预氧化丝气凝胶的抑制效果最好，热重分析如图 4（b）所示。

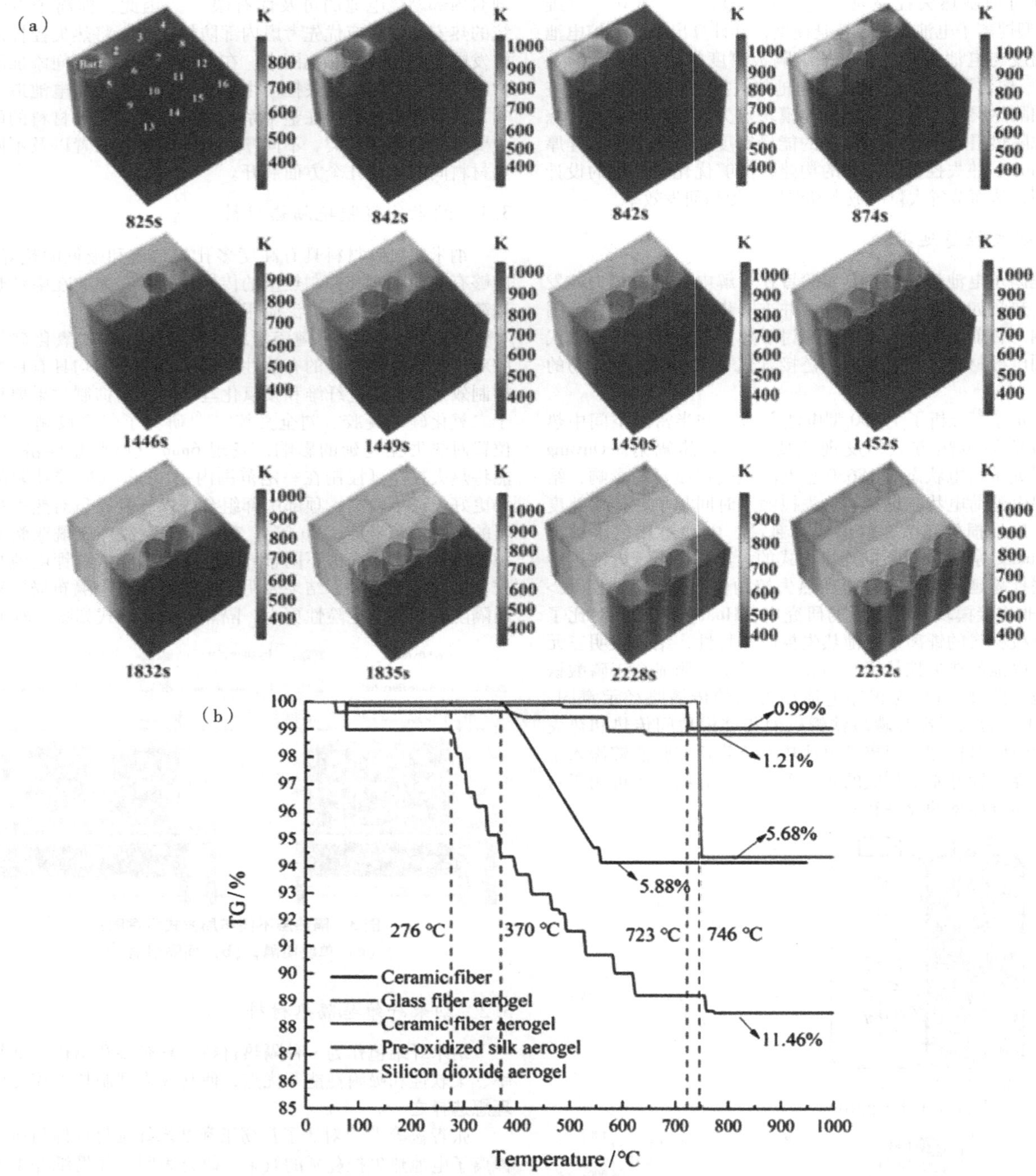

图 4 （a）单层 2mm 厚的硅酸盐纤维板的热失控蔓延模拟示意图[21]；（b）不同隔热材料的热重变化[22]

3.3 新型复合材料

随着锂离子电池的高能量密度化发展，电池组对于隔热材料的性能要求也逐渐提高。为此，研究人员致力于开发具有更高性能的新型复合材料，以改善材料的热物理和机械性能。

李向梅等[23]研究了阻燃三元乙丙橡胶热防护材料的配制，并测试其抑制热失控蔓延的效果．发现添加阻燃剂可提升隔热性能，3mm 厚该材料便能有效抑制热失控传播。Zang 等[24]通过向液体硅橡胶中添加空心 SiO_2 微球、空心玻璃微球和空心酚醛微球，制备了一种用于抑制电池热失控蔓延的复合材料，图 5 为该材料的扫描电镜图。Li 等[25]提出了一种陶瓷-水凝胶纳米复合材料，该材料既能有效抑制热失控的蔓延，又能实现高效的电池热管理。Niu 等[26]制备了一种具有阻燃涂层的复合相变材料，该材料具备优异的隔热性能、机械稳定性和耐火性能，3mm 厚该材料便可有效抑制热失控的传播。

3.4 其他材料

除以上所介绍的材料之外，研究人员也尝试了其他材料用于热失控蔓延的抑制。

陈才星等[27]研究了环氧树脂板抑制热失控蔓延的有效性，发现其可降低热失控电池模组的最高温度，避免喷射火焰的产生。Bai 等[28]发现有机防火涂层可有效抑制热失控的蔓延，综合分析得出其最佳厚度为 2mm。Torres-Castro 等[29]分析了铜板和铝板在抑制热失控蔓延的有效性，研究发现，铜板和铝板对热失控蔓延具有一定的抑制作用，但当热失控没有被阻断时，将会导致电池组中分布更多的热量，加快热

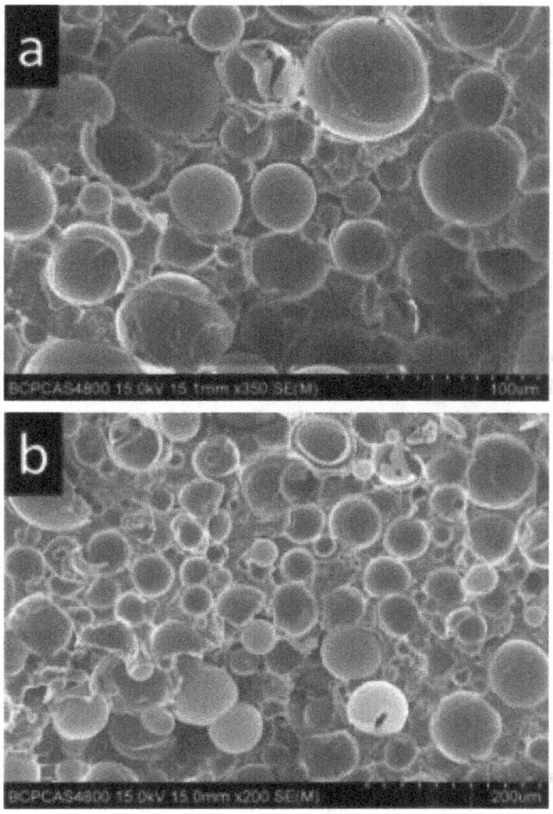

图 5　隔热复合材料扫描电镜图[24]

失控传播速度。Ouyang 等[30] 研究了商用可燃和不可燃的石蜡/膨胀石墨相变材料对抑制热失控传播的有效性，结果表明，这两种材料会加剧热失控蔓延行为，原因是传统的商用相变材料导热能力较差，会导致热量过度积累。在之后的研究中，研究人员通过向相变材料中添加导热剂、阻燃剂或复合其他材料等形式，制备出了一系列的复合相变材料，这些材料不仅能够有效抑制热失控的传播，还能对电池实现高效的热管理，在本文 3.3 处有提及。

4　总结

本文对锂离子电池热失控传播模型、实验和隔热材料研究现状进行了详细的综述，根据已有的文献结果作出以下总结：

（1）建立多尺度模型与仿真研究，综合考虑电池结构、电化学反应、热传递等因素，模拟热失控传播过程，并验证不同抑制策略的有效性。

（2）加强热失控蔓延机理研究，深入研究锂离子电池热失控过程中排气及燃烧过程，建立基于物理过程的热失控传播机理模型，为抑制热失控及其传播提供理论基础。

（3）探索散热和隔热相结合的新型复合材料，兼顾电池散热和隔热需求，实现全生命周期热安全管理，并优化系统结构，提高能量密度。

参考文献

[1] Shah K, Chalise D, Jain A. Experimental and theoretical analysis of a method to predict thermal runaway in Li-ion cells [J]. Journal of power sources, 2016, 330: 167-174.

[2] Rawlinson P D, Herron N H, Edwards B P, et al. Vehicle battery pack thermal barrier: US201313771471 [P]. US8875828B2 [2023-10-23].

[3] Feng X, He X, Ouyang M, et al. Thermal runaway propagation model for designing a safer battery pack with 25 Ah $LiNi_xCo_yMn_zO_2$ large format lithium ion battery [J]. Applied energy, 2015, 154: 74-91.

[4] Feng X, Lu L, Ouyang M, et al. A 3D thermal runaway propagation model for a large format lithium ion battery module [J]. Energy, 2016, 115: 194-208.

[5] Coman P T, Darcy E C, Veje C T, et al. Numerical analysis of heat propagation in a battery pack using a novel technology for triggering thermal runaway [J]. Applied Energy, 2017, 203: 189-200.

[6] Qin J, Zhao S, Liu X, et al. Simulation study on thermal runaway suppression of 18650 lithium battery [J]. Energy Sources, Part A: Recovery, Utilization, and Environmental Effects, 2020: 1-13.

[7] Bai Q, Li K, Zan J, et al. Influence of Insulation Material Thickness on Spread of Thermal Runaway in Battery Packs [J]. Processes, 2023, 11 (5): 1321.

[8] Yan W, Wang Z, Chen S. Quantitative analysis on the heat transfer modes in the process of thermal runaway propagation in lithium-ion battery pack under confined and semi-confined space [J]. International Journal of Heat and Mass Transfer, 2021, 176: 121483.

[9] Ouyang D, Liu J, Chen M, et al. An experimental study on the thermal failure propagation in lithium-ion battery pack [J]. Journal of The Electrochemical Society, 2018, 165 (10): A2184.

[10] Huang Z, Zhao C, Li H, et al. Experimental study on thermal runaway and its propagation in the large format lithium ion battery module with two electrical connection modes [J]. Energy, 2020, 205: 117906.

[11] Huang Z, Li X, Wang Q, et al. Experimental investigation on thermal runaway propagation of large format lithium ion battery modules with two cathodes [J]. International Journal of Heat and Mass Transfer, 2021, 172: 121077.

[12] Li L, Fang B, Ren D, et al. Thermal-switchable, trifunctional ceramic - hydrogel nanocomposites enable full - lifecycle security in practical battery systems [J]. ACS nano, 2022, 16 (7): 10729-10741.

[13] 卢东辰. 过充电条件下锂离子电池安全性及热失控防护研究 [D]. 哈尔滨工业大学, 2022.

[14] 刘全义, 朱倩, 朱文田等. 气凝胶毡组合放置方式对锂离子电池热失控特性的影响 [J]. 消防科学与技术, 2022, 41 (6): 727-731.

[15] 刘全义, 朱倩, 朱文田等. 气凝胶毡厚度对锂离子电池热失控特性的影响 [J]. 电池, 2022, 52 (2): 172-176.

[16] 伊笑莹, 李泽锟, 刘全义等. 气凝胶毡对锂离子电池热失控传播的阻隔有效性分析 [J]. 山东科技大学学报(自然科学版), 2021, 40 (06): 43-51.

[17] Yu Y, Huang Z, Mei W, et al. Preventing effect of different interstitial materials on thermal runaway propagation of large-format lithium iron phosphate battery module [J]. Journal of Energy Storage, 2023, 63: 107082.

[18] 张青松, 郭超超, 姜乃文等. 包装性能对空运锂电池热失控影响的定量研究 [J]. 安全与环境学报, 2018, 18 (02): 518-522.

[19] 张青松, 杨锐宾, 赵洋. 纳米纤维材料对锂电池

热失控传播影响研究［J］. 消防科学与技术，2023，42（10）：1322-1327.

［20］Lee C，Said A O，Stoliarov S I. Passive mitigation of thermal runaway propagation in dense 18650 lithium ion cell assemblies［J］. Journal of The Electrochemical Society，2020，167（9）：090524.

［21］Gong J，Liu B，Lian H，et al. Numerical investigation of suppressing thermal runaway propagation in a lithium-ion battery pack using thermal insulators［J］. Process Safety and Environmental Protection，2023，176：1063-1075.

［22］Liu F，Wang J，Yang N，et al. Experimental study on the alleviation of thermal runaway propagation from an overcharged lithium-ion battery module using different thermal insulation layers［J］. Energy，2022，257：124768.

［23］李向梅，乔羽，汪书苹等. EPDM阻燃热防护材料在锂离子电池热失控中的研究［J］. 北京理工大学学报，2020，40（06）：674-682.

［24］Zang C，Chen Y. The Thermal Insulation Composites for Lithium-ion Batteries［C］//Journal of Physics：Conference Series. IOP Publishing，2023，2468（1）：012118.

［25］Li L，Fang B，Ren D，et al. Thermal-switchable，trifunctional ceramic-hydrogel nanocomposites enable full-lifecycle security in practical battery systems［J］. ACS nano，2022，16（7）：10729-10741.

［26］Niu J，Deng S，Gao X，et al. Experimental study on low thermal conductive and flame retardant phase change composite material for mitigating battery thermal runaway propagation［J］. Journal of Energy Storage，2022，47：103557.

［27］陈才星，牛慧昌，李钊等. 环氧树脂板对锂离子电池热失控扩展的阻隔作用［J］. 储能科学与技术，2019，8（3）：532-537

［28］Bai Q，Li K，Zan J，et al. Influence of Insulation Material Thickness on Spread of Thermal Runaway in Battery Packs［J］. Processes，2023，11（5）：1321.

［29］Torres-Castro L，Kurzawski A，Hewson J，et al. Passive mitigation of cascading propagation in multi-cell lithium ion batteries［J］. Journal of The Electrochemical Society，2020，167（9）：090515.

［30］Ouyang D，Weng J，Hu J，et al. Experimental investigation of thermal failure propagation in typical lithium-ion battery modules［J］. Thermochimica Acta，2019，676：205-213.

锂离子电池热失控蔓延研究综述

韩登超

（中国人民警察大学，河北　廊坊）

摘　要　随着新能源汽车与储能设施的迅速发展，锂离子电池的热安全性成为人们关注的重点。锂离子电池的热失控蔓延问题是造成电动汽车与储能系统事故危害的重要因素。本文整理了研究人员针对不同影响因素对锂离子电池模组热蔓延的影响。结果表明，荷电状态是锂离子电池模组热失控蔓延的决定性因素，随着荷电状态的增加，电池危险性随之增加；正价材料与间距也会影响锂离子电池模组热失控特性；通过分析，为锂离子电池选择、装配、与防护提供理论指导，提高锂离子电池模组的安全性。

关键词　锂离子电池模组　荷电状态　正极材料　间距　加热功率

1　引言

为解决全球变暖和空气污染等环境问题，全球各国都在寻求新型绿色可再生能源，以实现碳达峰与碳中和的目标[1-4]。锂离子电池因为具有高能量密度、高电压、循环寿命长和环境污染小等优点[5-7]，已经成为纯电动汽车装配与储能系统的首要选择。

但是随着锂离子电池能量密度和性能的提升，电池的安全风险也随之增大[8]。锂离子电池在机、电、热等滥用条件下极易触发热失控[9][12]，当锂离子电池发生热失控后，电池内部发生各种副反应，产生大量热量，导致火灾[13]。锂离子电池火灾通常是由一个电池单体发生热失控开始，之后蔓延至整个电池组，发生重大火灾事故。对于新能源汽车事故，仅2021年媒体公开报道的新能源汽车起火事故就达276起，都是整个电池组发生剧烈燃烧[14]。此外，在储能设施方面的意外爆炸也常有发生。例如，2021年4月16日，北京大红门储能电站便是由电池单体触发热失控，蔓延至整个电池组，从而引起爆炸，导致两名消防员丧生。2019年4月19日，在美国亚利桑那州储能系统。也是因为电池单体发生热失控，进而蔓延至整个储能系统，造成剧烈爆炸。单体电池热失控的产热有限，造成的危害相对可控；而由于单体热失控，如果进一步导致电池系统中的热失控蔓延，短时间释放大量的能量，以及有毒和可燃气体，将导致人员和财产的重大损失。

本文对不同荷电状态（SOC）、正极材料、间距等影响因素对锂离子电池模组热蔓延特性进行综述，有助于更好地了解不同影响因素对锂离子电池模组热蔓延事故的演变和危害，为锂离子电池模组热蔓延的火灾预防、预判和事故调查提供理论参考。

2　不同影响因素对锂离子电池模组热蔓延的影响

2.1　不同SOC对锂离子电池模组热蔓延的影响

电池SOC对热释放速率、热失控温度和质量损失等有显著影响。了解不同SOC对锂离子电池模组热蔓延的影响，能加强对锂离子电池模组的防护，提升锂离子电池模组安

作者简介：韩登超（1998—　），男，中国人民警察大学研究生在读，主要研究方向为：锂离子电池热失控机理、热失控蔓延及事故调查。

全性。

Huang 等人[16]对具有不同 SOC 的 50Ah 三元锂离子电池进行了一系列加热实验。结果表明，电池内部反应程度和电池热失控时间与电池 SOC 密切相关。Fu 等人[17]使用锥形量热仪研究了 18650 型锂离子电池的燃烧行为。结果表明，锂离子电池内部产生的 O_2 对燃烧过程和热释放速率没有明显影响，并建议电池在运输过程中的 SOC 应小于 50%。SOC 越高，通过化学反应产生的氧越多，导致产生更多的 CO_2 和 CO。Song 等人[18]研究了不同 SOC 对 280Ah 磷酸铁锂电池热蔓延的影响，结果表明，SOC 对磷酸铁锂电池热蔓延行为有主导因素。只有 100%SOC 的电池模组才能发生热失控蔓延行为，其余 SOC 状态的电池模组均不能发生热失控蔓延行为。对于 100%SOC 的电池模组，热失控时间间隔从 667s 至 1305s 波动，热蔓延速度在 0.05 ~ 0.12mm/s 范围内。Stoliarov 等人[19][20]设计了一种电池的铜量热法，并分析了不同型号电池的 TR 放热速率，得出结论：所有电池产生的热量和产热速率都随着 SOC 的增加而增加。Xu 等人[21]研究了密闭空间中 Li（$Ni_{0.6}Co_{0.2}Mn_{0.2}$）O_2 电池模组热失控蔓延行为和产气特性。结果表明，当电池模组 SOC 低于 25%时，电池模组不会发生热失控蔓延行为，这为三元锂离子电池运输提供了指导。锂离子电池的表面温度、质量损失和产气量均与 SOC 成正比，而喷发时间、蔓延时间、与 SOC 成反比。Zhu 等人[22]对 10Ah 软包三元锂离子电池进行了研究。研究结果表明 0% SOC 的电池模组会发生热蔓延行为。随着 SOC 的增加，模组的最高温度也会相应地升高。在 50%SOC 时，电池模组的热失控蔓延时间比在 100%SOC 时更长。0%SOC 的电池模组的温度升高速率远低于其他两组。此外，随着 SOC 的增加，总体质量损失和质量损失率的增加而增加。

综上所述，电池的 SOC 对于锂离子电池模组热蔓延特性有非常重要的影响。电池的 SOC 对热蔓延行为是否发生具有决定性因素，这为锂离子电池运输与电池事故调查提供了方向。总体来说锂离子电池的热稳定性随着 SOC 的增加而降低，安全性也随之降低。随着 SOC 的增加，热失控最高温度、质量损失、事故后果也随之增加。相反的是，随 SOC 增加热蔓延时间、热释放速率、温升速率反而减小，这就导致满电电池事故发生迅速，扑救难度随之增大。

2.2 不同正极材料对锂离子电池模组热蔓延的影响

研究不同正极锂离子热失控蔓延行为，能够了解不同类型电池热蔓延特性和火灾行为，同时能为新能源汽车电池包以及储能电站的装配提供科学指导，保障人身和设备安全，避免重大事故的发生。

由于对能量密度提升的需要，锂离子电池由传统的磷酸铁锂（LFP）、钴酸锂（LMO）、锰酸锂（LMO）向镍钴锰（NCM）三元电池过渡[23]，但是电池的安全性热随之降低。针对不同类型锂离子电池，Wang 等人[24]研究了不同正极材料的 Li（$Ni_xCo_yMn_{1-x-y}$）O_2（NCM）电池模组热蔓延特性。研究结果表明随着正极材料中镍含量的不断增加，电池安全性随之降低，危险性越大。随着正极材料中镍含量的不断增加，热失控的传播时间、喷发时间随之降低。然而随着镍含量的不断增加，质量损失不断增大，产热量和表面温度也随之增大。Huang 等人[25]对比研究了 NCM 电池模组和 LFP 电池模组的热失控蔓延特性。研究结果表明在 100%SOC 状态下，热失控触发后，NCM 电池模组中会发生剧烈的喷射火焰和燃烧行为，然而在 LFP 电池模组中只会产生大量白眼，不会有火焰的产生。同时 NCM 电池模组的热失控持续时间和最高温度显著高于 LFP 电池模组。导致 LFP 模组发生热失控蔓延的可能性明显更小，从而就失控温度而言 LFP 电池安全性高于 NCM 电池。Jia 等人[26]研究了不同气压条件下 Li（$Ni_{0.5}Co_{0.2}Mn_{0.3}$）O_2（NCM523）电池模组和 LFP 电池模组的热失控蔓延特性，研究结果表明，在相同的压力下，NCM523 模组的最高平均温度是 LFP 模块的两倍。同时随着压力升高 NCM 模组和 LIB 模组的热失控行为也随着变强；特别是，NCM523 电池的燃烧行为仅发生在 95kPa 时。

总体来说，目前市面主流的 LFP 电池和 NCM 电池各有优缺。LFP 电池热失控发生时最高温度远低于 NCM 电池，造成的事故后果相对较轻，但是能量密度较低。NCM 电池拥有较高的能量密度，但是随着能量密度的不断提高，安全性也随之降低，热失控发生时更加剧烈，难以扑救。

2.3 不同间距对锂离子电池模组热蔓延的影响

一方面随着对能量密度要求的不断提高，但是又因为空间条件的限制，因此电池单体往往都是组成电池模组进行应用。但是因为能量密度的提高，电池模组一旦发生热失控，往往都会造成极大损失，造成难以估量的后果。因此控制电池模组内单体间的距离，以抑制电池热蔓延的发生尤为重要。

对于间距对电池模组热蔓延的影响已经做了很多研究。Zhong 等人[27]研究了不同间距对 18650 性锂离子电池模组热蔓延的影响。他们发现，电池模块中的气隙对防止相邻燃烧电池的热冲击有轻微的影响，在电池间距为 4mm 的模块中，相邻电池的表面温度会迅速下降。Fang 等人[28]实验研究了 SOC 和间距对 18650 个锂离子电池垂直热失控蔓延的影响以及电池间传热的影响。只有当 SOC 大于 50%时才会发生热失控传播。80%和 100%SOC 电池的临界间距分别为 4mm 和 6mm，各自地增加间距或减少 SOC 会导致热失控传播的潜伏期增加。在临界间距条件下，上电池被第二稳定燃烧火焰点燃，而不是第一喷射火焰，但当间距小于临界值时，第一喷射火焰会立即引起传播。Wang 等人[29]研究了在开放和封闭空间环境中间距对电池模组热蔓延的影响，他们发现当电池间距分别为 2mm 和 4mm 时，电池组在开放环境和封闭环境中热蔓延行为几乎不发生。Wang 等人[30]通过研究得出，增加电池单体之间的间距不仅可以推迟热失控的传播，而且改变了传播顺序。此外，热失控蔓延速度随着蔓延过程逐渐增大，但随着间距的增大而受到抑制。增加电池组中电池之间的距离可以有效降低热失控传播的风险。此外，与具有 1mm 间距的电池组相比，具有 2-4mm 间距的电池组的热失控传播行到行速度相对接近。

目前针对间距对锂离子电池热蔓延的影响，根据不同的电池类型有所不同，并没有明确提出遏制锂离子电池热蔓延行为的发生，需要根据空间实际情况进行排布。

2.4 其余影响因素对锂离子电池模组热蔓延的影响

因为锂离子电池模组工作环境不同，因此影响锂离子电池模组热蔓延的因素很多。除了上述不同 SOC、不同正极材料、间距等对锂离子电池模组热失控蔓延的影响之外，电池本身健康状态（SOH）、加热功率等都对模组蔓延特性有相当重要的影响。

Liu 等人[31]研究了 SOH 对锂离子电池热失控的影响。研究结果表明，不同 SOH 的电池的热失控起始变化较小，热失控开始时间随着 SOH 的降低而减小。热失控的热释放速率随 SOH 的减小先增大后减小，SOH 越低，锂离子电池的危险风险越大。Huang 等人[32]研究了加热功率与 SOC 对热失控行为影响。结果表明，加热功率对热失控行为的影响比 SOC 更显著，这是由于随着加热功率的增加，热失控行为非常剧烈。当加热功率从 400W 增加到 700W 时，峰值热释放速率从 7.5kW 上升到 95.2kW。锂离子电池模组热蔓延行为是多种因素耦合形成的，在分析锂离子电池模组热蔓延行为需要考虑多种因素，从而提出更加符合实际的应对方法。

3 结论与展望

锂离子电池模组热蔓延行为是一个非常复杂的过程，因为锂电池热失控过程非常迅速，瞬间便能够释放大量热量和气体，扑救过程非常困难，造成的后果往往能够非常巨大，因此锂离子电池模组热蔓延防护非常重要。针对不同因素对热蔓延的影响已经做了非常多的研究，本文针对 SOC、正极材料、间距等因素对热蔓延的影响进行了综述，能够为锂离子电池装配、选择、防护和扑救提供理论指导，提升电池组安全性能。

但是锂离子电池模组实验需要花费大量物力与精力，同时也具有一定的危险性。因此以后要使用精度更加准确的热蔓延模型，搭配人工智能来预测锂离子电池模组热蔓延行为。以推动锂离子电池安全设计、运行和扑救等方面的发展。

参考文献

[1] Song L, Zheng Y, Xiao Z, et al. Review on thermal runaway of lithium - ion batteries for electric vehicles [J]. Journal of Electronic Materials, 2022, 51 (1): 30-46.

[2] 山彤欣，王震坡，洪吉超，等．新能源汽车动力电池“机械滥用-热失控”及其安全防控技术综述 [J]. 机械工程学报，2022，58 (14)：252-275.

[3] 王淮斌，李阳，王钦正，等．电动汽车事故致灾机理及调查方法 [J]. 储能科学与技术，2021，10 (02)：544-557.

[4] Ogunfuye S, Sezer H, Said A O, et al. An analysis of gas-induced explosions in vented enclosures in lithium-ion batteries [J]. Journal of Energy Storage, 2022, 51: 104438.

[5] Jiang L, Cheng X B, Peng H J, et al. Carbon materials for traffic power battery [J]. ETransportation, 2019, 2: 100033.

[6] Han X, Lu L, Zheng Y, et al. A review on the key issues of the lithium ion battery degradation among the whole life cycle [J]. ETransportation, 2019, 1: 100005.

[7] Lu Y, Rong X, Hu Y S, et al. Research and development of advanced battery materials in China [J]. Energy Storage Materials, 2019, 23: 144-153.

[8] Feng X, He X, Ouyang M, et al. Thermal runaway propagation model for designing a safer battery pack with 25 Ah LiNixCoyMnzO2 large format lithium ion battery [J]. Applied energy, 2015, 154: 74-91.

[9] Liu B, Jia Y, Yuan C, et al. Safety issues and mechanisms of lithium-ion battery cell upon mechanical abusive loading: A review [J]. Energy Storage Materials, 2020, 24: 85-112.

[10] Huang X, Xue J, Xiao M, et al. Comprehensive evaluation of safety performance and failure mechanism analysis for lithium sulfur pouch cells [J]. Energy Storage Materials, 2020, 30: 87-97.

[11] Mei W, Zhang L, Sun J, et al. Experimentaland numerical methods to investigate the overcharge caused lithium plating for lithium ion battery [J]. Energy storage materials, 2020, 32: 91-104.

[12] Xu G, Huang L, Lu C, et al. Revealing the multilevel thermal safety of lithium batteries [J]. Energy Storage Materials, 2020, 31: 72-86.

[13] 冯旭宁．车用锂离子动力电池热失控诱发与扩展机理、建模与防控 [D]. 清华大学，2018.

[14] Wang S, Wang Q, Xu L, et al. A review on mechanisms, characteristics and relating hazards of vent gases from thermally abused Li - ion batteries [J]. Journal of Energy Storage, 2024, 84: 110892.

[15] Zhong G, Li H, Wang C, et al. Experimental analysis of thermal runaway propagation risk within 18650 lithium-ion battery modules [J]. Journal of The Electrochemical Society, 2018, 165 (9): A1925.

[16] Huang P, Wang Q, Li K, et al. The combustion behavior of large scale lithium titanate battery [J]. Scientific reports, 2015, 5 (1): 7788.

[17] Fu Y, Lu S, Li K, et al. An experimental study on burning behaviors of 18650 lithium ion batteries using a cone calorimeter [J]. Journal of Power Sources, 2015, 273: 216-222.

[18] Song L, Huang Z, Mei W, et al. Thermal runaway propagation behavior and energy flow distribution analysis of 280 Ah $LiFePO_4$ battery [J]. Process safety and environmental protection, 2023, 170: 1066-1078.

[19] Liu X, Stoliarov S I, Denlinger M, et al. Comprehensive calorimetry of the thermally-induced failure of a lithium ion battery [J]. Journal of Power Sources, 2015, 280: 516-525.

[20] Liu X, Wu Z, Stoliarov S I, et al. Heat release during thermally-induced failure of a lithium ion battery: Impact of cathode composition [J]. Fire Safety Journal, 2016, 85: 10-22.

[21] Xu L, Wang S, Li Y, et al. Thermal runaway propagation behavior and gas production characteristics of NCM622 battery modules at different state of charge [J]. Process Safety and Environmental Protection, 2024, 185: 267-276.

[22] Zhu M, Zhang S, Chen Y, et al. Experimental and analytical investigation on the thermal runaway propagation characteristics of lithium-ion battery module with NCM pouch cells under various state of charge and spacing [J]. Journal of Energy Storage, 2023, 72: 108380.

[23] 王淮斌，李阳，王钦正，等．三元锂离子动力电池热失控及蔓延特性实验研究 [J]. 工程科学学报，2021，43 (05)：663-675.

[24] Wang H, Du Z, Rui X, et al. A comparative analysis on thermal runaway behavior of Li (NixCoyMnz) O2 battery with different nickel contents at cell and module level [J]. Journal of hazardous materials, 2020, 393: 122361.

[25] Huang Z, Li X, Wang Q, et al. Experimental investigation on thermal runaway propagation of large format lithium ion battery modules with two cathodes [J]. International Journal of Heat and Mass Transfer, 2021, 172: 121077.

[26] Jia Z, Huang Z, Zhai H, et al. Experimental investigation on thermal runaway propagation of 18, 650 lithium-ion battery modules with two cathode materials at low pressure [J]. Energy, 2022, 251: 123925.

[27] Zhong G, Li H, Wang C, et al. Experimental analysis of thermal runaway propagation risk within 18650 lithium-ion battery modules [J]. Journal of The Electrochemical Society, 2018, 165 (9): A1925.

[28] Fang J, Cai J, He X. Experimental study on the ver-

tical thermal runaway propagation in cylindrical Lithium-ion batteries: Effects of spacing and state of charge [J]. Applied Thermal Engineering, 2021, 197: 117399.

[29] Wang Z, Mao N, Jiang F. Study on the effect of spacing on thermal runaway propagation for lithium-ion batteries [J]. Journal of Thermal Analysis and Calorimetry, 2020, 140: 2849-2863.

[30] Wang W, He T, He S, et al. Modeling of thermal runaway propagation of NMC battery packsafter fast charging operation [J]. Process safety and environmental protection, 2021, 154: 104-117.

[31] Liu J, Zhang Y, Zhou L, et al. Influencing factors of lithium-ion battery thermal runaway in confined space [J]. Journal of Energy Storage, 2023, 73: 109125.

[32] Huang Z, Shen T, Jin K, et al. Heating power effect on the thermal runaway characteristics of large-format lithium ion battery with Li (Ni1/3Co1/3Mn1/3) O2 as cathode [J]. Energy, 2022, 239: 121885.

浅议锂离子电池火灾形成原因和应对对策

曾令山

（宜春市消防救援支队，江西　宜春）

摘　要　文章首先梳理了锂电池的相关原理及特点，并总结了锂电池制造企业在日常生产活动中暴露出的各种消防安全隐患，最后建议这些制造企业应从技术、人才、物资等三个维度来抓好防范锂电池火灾的工作，并进一步优化锂电池产品的相关性能与品质。消防救援人员面对多样化的灾害型态，要切实结合实际，运用合适的灭火方法进行现场灭火，从而降低灾害事故造成人身伤亡等损失。

关键词　锂离子电池　热失控　物防技防　消防救援

1　引言

当今科技发展极其迅速，公众的身边常常可见锂电池的身影。其中，可携式的电子产品如手表、电脑、行动电源、耳机、相机、手机等，交通运输工具如电动自行车、电动汽车，太阳能及风力发电的储能装置等都可以发现它的踪迹。就锂电池的特点来说，它不仅拥有高密度的电池能量，而且可循环利用，使用年限久，没有记忆效应，故而使其迅速占领市场，并在诸多民生领域得到大量利用。

2　锂电池的常见类型与优劣势分析

锂离子电池的基本构造：正极、负极、隔膜等。见图1。

2.1　磷酸铁锂电池

这类锂电池正极材料采用的是磷酸铁锂（$LiFePO_4$），未使用钴等贵重元素，故而原料成本小。同时，磷、铁等矿产资源非常多，原材料供应没问题。由于它的工作电压适中，不仅能循环利用，使用年限久，而且充电迅速，即使在高温或高热条件下它的性能也非常稳定。这类锂电池能适应的工作温度区间非常大。不过它们的劣势也较为明显，比如，由于压实密度低，其能量密度故而也较小；尽管原材料成本花费小，然而电池的生产投入却花费较大。另外，产品的一致性不好，低温条件下相关性能也将遭到极大的干扰。

2.2　三元锂电池

这类锂电池的正极材料选择的是镍钴锰酸锂［Li（NiCoMn）O_2］，有时也可能选用镍钴铝酸锂，故而被称为三元聚合物锂电池，简称为三元锂电池。其中，镍钴铝酸锂电池属于这类电池中较为常见的一种，然而镍钴铝的高温结构缺乏稳定性，当处于高温条件时就面临较大的风险。当达

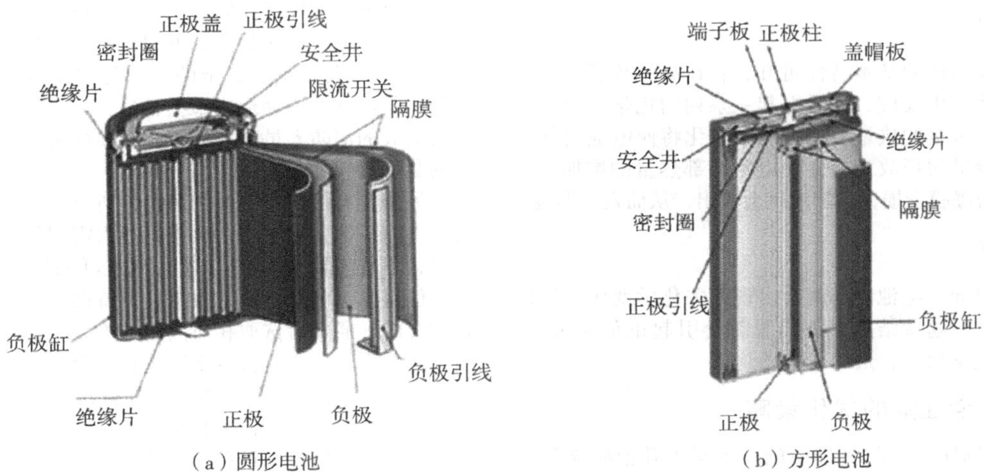

（a）圆形电池　　（b）方形电池

图1　锂电池构造

作者简介：曾令山，男，江西省宜春市消防救援支队工程师。

到一定温度条件时，磷酸铁锂、镍钴锰酸锂这两种材料都会发生分解。但相较于磷酸铁锂电池，三元锂材料发生分解所需的温度较低，同时，其化学反应也比较明显，可能有氧分子形成，加之高温条件电解液就容易在短时间内燃烧，并引发相关连锁反应。这说明与磷酸铁锂材料相比，三元锂材料更容易着火。为此，锂电池制造商为了预防三元锂材料引发的安全事件，通常会采取过充保护、过放保护、过温保护、过流保护等策略，并对相关安全防护策略加以完善，从而预防三元锂电池在一般条件下着火。

2.3 锂电池存在热失控风险

所谓热失控是指锂电池难免会面临失效风险。这是由于电池内部出现异常导致电池温度增高，进而引发的一系列反应。锂电池所采用的电解液大多是在锂盐的基础上添加相关有机溶剂，故而他的主要特征为低闪点、易挥发、易燃烧。一旦遭到冲撞火灾由于变形所致的过充或内部短路等问题，就会形成很多的热量，当电池温度增高至一定值的时候便会出现相关分解反应。这将损害电池的热平衡。如果释放出的热能汇聚在一起时将促使反应的速度更快，同时也会导致一系列的放热反应，温度骤然增加就容易让电池发生燃烧，甚至引发爆炸，这便称之为热失控。

3 锂离子电池燃烧的常见原因

锂离子电池火灾常见起火燃烧原因有产品本身瑕疵、使用方法错误，以及外部力量撞击等，它们会导致电池电芯、隔膜遭到破坏，进而锂电池出现异常，最终发生火灾。

3.1 内部短路

电池受到挤压、撞击或掉落、过充过放的时候将引起电池内部的枝晶以及电池制造环节中存在的杂质灰尘，容易形成刺穿隔膜，进而引发微短路。在电能被释放的时候温度会逐渐上升，这又会引起材料的相关化学反应，最终引发更严重的短路电流。以上相互影响的过程就会让电池着火，造成热失控。

3.2 外部短路

这类短路会引起电池放电电流偏大，从而导致电芯发热，加之高温条件会破坏电芯内的隔膜，进而致使内部短路，表现出电池燃烧，甚至爆炸。通常工作人员操作失误是造成这类短路的主要原因。

3.3 外部高温

根据锂电池结构的基本特性可知，它在高温环境下内部构造、电解液将发生反应，然后引起一系列的化学反应，这些反应会形成非常多的热量。一旦隔膜融化将使电池内部发生短路，大量能量被释放又会促使电池内部热量的增加。以上反应将致使防爆膜受损，电解液就会流出，从而发生燃烧。

3.4 电池过充

如果电池过充，电池内部就会出现相关化学变化，出现结晶，呈树枝状。这些结晶穿破隔膜就会引起正负极短路，进而引发相关化学反应，最终着火燃烧。

4 锂电池安全性能的优化策略

4.1 重视物防、技防管理措施。不同于其他防火救灾的安全管理要求，锂电池的特性较为特殊，无论是生产原材料还是过程产物都具有相关理化特性，而且生产制造过程中的工艺非常复杂。它们均会对锂电池制造环节中的安全性造成影响，故而需做好人防、物防等工作，切实提升锂电池生产制造商的消防安全管理水平。

4.2 重视对锂电池产业链有关制造工艺的创新与技术创新。就物防措施而言，应增加研发投入，做好物防技防的研发工作，积极寻找新材料与新工艺，并配备完善的安全设施，实现对全过程安全风险的全面监管。比如，通过积极研发，寻找更安全、成本更低的材料来取代现有的高风险材料，包括固态电解液、凝胶态电解液、热封闭隔膜等。通过对产品加以改良，优化产品品质，并改进产品的生产工艺。另外，还可以对电池结构加以完善，优化整个过程中所牵涉到的供应链，配备全自动生产线，以尽量减小电池制造环节中的相关安全隐患。

4.3 管理好有关生产工艺。要想生产出更安全稳定的电池，需注重所有生产环节的生产质量，特别要对锂电池的关键部位做好安全管控工作。充电后的锂电池处于一种高能量的状态，因此，无论是化成车间，还是陈化生产车间火灾成品仓库都必须加强防护。针对锂电池所要求的建筑物耐火等级，应进行针对性的防护，措施包括调控好温湿度，并对物品存储做出细致的规定，明确消防器材的配置要求，安装监控，并积极做好应急救援预案的演练活动。另外，采取产品电极绝缘保护措施，进行分类存储。在存储货架上不同品类材料进行分类分区域存放管理，废旧电池的存放区要单独设置区域存放，确保安全。

4.4 重视对生产过程的控制。对制造环节中的各项工艺流程以及全部操作都实行精细化管理。特别要对配料、液化、化成、陈化等生产环节做好管理与控制。厂房内配备火灾自动报警装置以及自动喷水灭火装置。配料操作时应预防粉尘所造成的爆炸，或者因为锂电池内部存在的易燃液体所导致的火灾事件。在注液操作时借助可燃气体探测仪来监控整个可燃气体的浓度，同时严格执行电气防爆与通风方面的规定，在补充电解液的时候要防范泄漏风险。就化成与陈化环节来说，需安排事故处理措施，并配备火灾报警设备、自动灭火设备，并进一步提升处理电池故障的响应时间，从而保证锂电池的制造过程安全可控。

5 扑救锂电池火灾的相关注意点

任何型态锂电池都可能出现火灾，其中，使用移动式型态锂电池有手机、汽车、电脑、机车等。使用固定式型态锂电池的包括充电站、储能柜、换电池站等。在处理锂电池火灾时，若采用常规的扑救措施灭火效果不明显，因为会导致附近锂电池发生连锁反应，进而产生更大规模的灾害。如何最少损失地进行消防救援，下列方面应该特别加强重视。

5.1 准备足量、齐全的个人防护器材。锂电池无论是燃烧还是爆炸，均会形成一些有毒、有腐蚀性的气体，这对参与灭火的消防人员造成损害，主要损害他们的皮肤、呼吸道的黏膜组织。

另外也有可能有触电的风险，所以救援时必须佩戴好全套个人防护装备，先与锂离子电池火灾现场保持适当的安全距离，评估现场安全确定合格时方可采取下一步的灭火行动。值得注意的是，消防救援人员待命区域如何选择也是非常重要的，通常可选取相对高的地方，且位于上风位置，从而预防有毒气体或有毒废水影响到待命人员的安全。

5.2 随时对现场安全环境进行评估。一般来说，锂电池引发的火灾会形成很多有害气体，这些气体具有毒性、腐蚀性以及可燃性，一旦在合适的条件下就会发生燃烧，乃至爆炸。因此，在现场灭火的时候第一时间应尽快将有害气体排除，从而减少安全隐患，避免消防救援人员面临更大的救援风险。比如，处于密闭条件时，在构建开口时要非常小心，由于内部环境经过长时间的闷烧，现场开口就会涌入很多氧气，进而可能让现场燃烧加速，甚至引发爆燃。

5.3　水源供应必须足够。赶赴火灾现场需考虑现场水源能不能支撑消防救援。由于锂电池火灾不能只扑灭表面的火焰，这是不能真正阻断内部的化学反应，电池内部温度仍处于高温，加之锂电池存在热失控现象，故而容易引发复燃。这不得不用到很多水，以持续降温，让锂电池内部不再发生化学反应，方能防止复燃的出现。

5.4　配备热显像仪辅助灭火。在处置锂电池火灾时，救援人员可借助热显像仪来掌控温度。这样可以防止仅处理了表面火焰，而未将内部电池真正降到安全区间所引发的电池复燃问题。

5.5　对于电动车火灾的初步处置。针对电动车、固定式充电站等锂电池着火问题，需先把周围的可燃物移掉，防止火势加剧。另外，尽快与业主联系，将有关设备断电，防止引起二次危害。即便是系统断电，锂电池本身仍带有余电，因此在灭火过程中要留意这一点，防止引起触电事故。

5.6　对储能柜火灾的处理。针对这类火灾，若只观察到有少量白烟出现，切不能直接破拆去灭火救援。因为内部在燃烧，通常内部也形成了很多可燃性气体，且集聚了大量热能，如果直接破拆会让很多空气涌入，进而可能加快燃烧活动，严重的可引发爆炸。在灭火的时候要看现场条件，尽可能先把未受到影响的锂电池移开，防止高温导致这些未受影响的锂电池出现连串反应，加重火灾。

6　结语

综上所述，文章就锂电池具有的主要特点以及生产制造商在生产活动中暴露出的消防安全隐患进行梳理，建议锂电池生产制造商需抓好人员、技术、物品等方面的防范工作，改进锂电池性能与品质，保证锂电池在制造过程中的安全性得到增强，提升锂电池的整体生产安全性。消防救援人员面对越来越多样化的灾害型态，要运用得当的灭火方式进行现场灭火。灾害事故现场应随时询问关系人及不断评估现场环境，第一时间掌握所需要的资讯，做好各项防护措施，以“救人第一”为最高准则，减少灾害事故造成的财产损失及人身伤亡等危害。

另外，对民众加强有关锂离子电池正确使用方法的宣传，购买具有合格认证标示的锂离子电池产品，遵照原厂的使用规范并且正确地储放锂离子电池，也可以在一定程度上避免锂电池火灾的出现。

参考文献

[1] 李泓．锂电池基础科学［M］．北京：化学工业出版社，2021.

[2] 杨绍斌，梁正．锂离子电池制造工艺原理与应用［M］．北京：化学工业出版社，2020.

[3] 李文涛编．锂离子电池安全与质量管控［M］．北京：化学工业出版社，2022.

新能源领域火灾防控技术发展趋势与挑战

赵　艳

（河北省廊坊市安次区消防救援大队，河北　廊坊）

摘　要　随着新能源技术的广泛应用，新能源领域的火灾防控问题日益凸显。本文旨在探讨新能源领域火灾防控技术的发展趋势，分析当前面临的挑战，并提出相应的解决策略。通过对新能源火灾的特点、成因以及现有防控技术的梳理，为新能源领域火灾防控技术的发展提供参考。

关键词　新能源　火灾防控技术　发展趋势　挑战　对策

1　引言

新能源作为未来能源发展的重要方向，其应用范围和规模不断扩大。然而，新能源设施、设备以及材料在使用过程中存在火灾风险，一旦发生火灾，将给人员安全、财产安全和生态环境带来严重威胁。因此，研究新能源领域火灾防控技术的发展趋势和挑战具有重要的现实意义。

2　新能源火灾的特点与成因

新能源领域火灾具有处理难度大、灭火时间长、燃烧速度快和事故难以控制等特点。而其成因则涉及电路短路、电池故障、高温部件引燃以及外部因素等多个方面。

2.1　火灾特点

2.1.1　处理难度较大

新能源汽车内部电池在发生事故时，如挤压、穿刺、损坏等，可能引发液体泄漏、燃烧甚至爆炸。此外，导电介质的存在使触电风险增加，加大了处理难度。

2.1.2　灭火时间较长

新能源车辆内部装置众多，管线复杂，且大部分为可燃物体。一旦某部分发生火灾，火势很容易蔓延至整个车厢，形成大范围燃烧。常规灭火剂灭火效果往往不理想，因此需要较长时间才能扑灭火势。

2.1.3　燃烧速度较快

电池从出现燃烧迹象到猛烈燃烧的时间非常短，火焰喷射距离远，伴随大量喷溅物和有毒物质产生。

2.1.4　事故难以控制

由于新能源车辆采用电力贮存设备，如锂电池等，一旦发生火灾，其爆炸等危险情况可能导致事故难以得到及时有效的控制，造成的破坏程度可能远超传统燃油车辆。

作者简介：赵艳，女，河北省廊坊市安次区消防救援大队，初级专业技术职务。

2.2 火灾成因

2.2.1 电路短路

这是新能源汽车自燃的一个主要原因。由于制作工艺标准问题或使用者对车辆进行不当改装，可能导致电路配线不合理或线路老化，进而引发短路起火。

2.2.2 电池故障

电池老化、浸水受损、充电时的安全问题以及电池本身的质量问题与设计缺陷，都可能导致电池过热和起火。

2.2.3 高温部件引燃可燃物

新能源汽车中的高温部件，如三元催化器和排气消声器，如果处理不当，也可能引燃周围的可燃物，导致火灾。

2.2.4 外部因素

包括车辆碰撞、改装不当、电池遭受外力破坏以及涉水等其他原因引起的漏电，都可能导致电池系统异常，进而引发自燃。

3 新能源火灾防控技术的发展趋势

随着科技的不断进步，新能源火灾防控技术也在不断发展。未来，新能源火灾防控技术将呈现以下趋势：

3.1 智能化技术的应用

首先，智能化技术可以通过计算机、网络和人工智能等手段，使设备和系统能够自动地完成一些任务，并且能够学习和自我优化。在火灾防控领域，这种自动化和智能化的特性使得系统能够实时监测火灾隐患，准确快速地发现火灾风险源，大大增强了火灾预警的准确性和及时性。

其次，智能化技术中的硬件部分，如各种传感器、智能设备和网络设备等，能够感知环境信息，并进行自动控制和操作。这些传感器可以实时监测温度、烟雾浓度等关键参数，一旦发现异常情况，便能立即触发警报系统，提醒人员及时采取应对措施。

此外，智能化技术中的软件部分，包括各种智能化的应用程序、操作系统和网络协议等，能够处理和传输信息，实现自动化和智能化。在新能源火灾防控中，这些软件可以对收集到的数据进行分析和处理，识别出潜在的火灾风险，为消防部门提供决策支持。

最后，人工智能在新能源火灾防控中也发挥着重要作用。例如，基于人工智能的火灾风险评估系统可以采集和分析历史火灾数据，结合各项风险指标，对不同区域的火灾风险进行评估和预测，为消防部门提供有针对性的消防安全措施和规划[1]。

3.2 多元化防控手段的结合

多元化防控手段在新能源火灾防控方面的应用是至关重要的，这些手段旨在减少新能源设施和设备发生火灾的风险，并确保在火灾发生时能够迅速、有效地进行扑救。重点包括以下几方面：

3.2.1 预防措施的多样化

首先，设备设计优化。通过改进新能源设备的设计，减少潜在的火灾风险。例如，采用防火材料、优化散热设计等，以预防火灾的发生。

其次，定期检查与维护。定期对新能源设施和设备进行检查和维护，及时发现并处理潜在的安全隐患，确保设备的正常运行。

再次，智能监控与预警系统。利用物联网、大数据等技术，建立智能监控与预警系统，实时监测新能源设施和设备的运行状态，一旦发现异常情况，立即发出预警，以便及时采取措施。

3.2.2 培训与宣传的多元化

首先，安全培训与教育。对新能源领域的从业人员进行消防安全培训，提高其对火灾的防范意识和应对能力。

其次，公众宣传与教育。通过媒体、网络等渠道，向公众普及新能源火灾的防范知识和应对方法，提高公众的消防安全意识。

3.2.3 灭火与救援手段的多样化

首先，专项灭火器材与设备。针对新能源火灾的特点，研发和使用专用的灭火器材和设备，确保在火灾发生时能够迅速、有效地进行扑救。

其次，应急救援队伍建设。建立专业的应急救援队伍，进行定期的演练和培训，提高其在新能源火灾应急救援中的应对能力。

3.3 绿色环保理念的融入

首先，环保意识应贯穿于火灾预防和救援的全过程。这包括提高公众对火灾风险的认知，教育他们如何安全使用电器、燃气等易燃物品，以及如何在火灾发生时采取环保的逃生和救援措施。例如，在火灾发生时，人们应尽量避免使用可能对环境造成二次污染的灭火剂，而是选择环保型的替代品[2]。

其次，消防设备和灭火剂的绿色化也是实现绿色环保理念的关键。传统的消防设备和灭火剂往往使用环境污染较大的材料，而绿色消防则更注重环保材料的选择和使用。例如，可以采用可再生材料制造的消防设备，以及使用对环境影响较小的灭火剂，如二氧化碳、惰性气体等。

此外，火灾防控技术还可以借助先进的科技手段，实现更高效、更环保的火灾监测和预警。例如，神明电子森林防火系统采用了最新的物联网技术和大数据分析，可以实现对森林火灾的全方位监测和预警，这不仅可以及时发现火情，还可以减少因人工巡查而造成的资源浪费和环境污染。

4 新能源火灾防控技术面临的挑战与对策

4.1 技术标准与规范不完善

4.1.1 缺乏统一的技术标准

新能源领域涉及多种技术和设备，如太阳能、风能、储能技术等，每个领域都有其特定的火灾防控需求。目前，这些领域缺乏统一的技术标准，导致在实际应用中难以形成统一的安全防范措施。

4.1.2 缺乏针对具体场景的规范

新能源领域的应用场景复杂多样，如分布式光伏、大型风电场、电动汽车充电站等。这些场景具有不同的火灾特点和防控需求，但现有的标准和规范往往无法提供具体的指导。

4.1.3 防火安全评估体系不完善

新能源项目的防火安全评估是确保火灾防控效果的重要环节。然而，目前缺乏完善的防火安全评估体系，导致无法对新能源项目的火灾风险进行全面、准确的评估。

4.2 对策

4.2.1 制定统一的技术标准与规范

根据新能源的特点和火灾防控的需求，制定统一、科学、实用的技术标准与规范。这些规范应涵盖新能源设备的设计、制造、安装、运行和维护等各个环节，确保各环节都符合防火要求。

4.2.2 加强具体场景的防火规范

新能源火灾防控要对具体场景具体分析。不同的应用场景其火灾防控要求也有较大差异。发对新能源汽车充电设施而言，应建立严格的充电设施安全标准和操作规范，确保充电设施的设计、安装、使用和维护都符合安全要求。而新能源储能系统则应选用安全标准和电池和其他组件，确保其具有良好的耐热、耐压和防泄漏性能等[3]。

4.2.3 完善新能源防火评估体系

对新能源进行全面、系统的火灾风险评估、识别潜在的火灾风险源和危险点，制定相应的预防措施和应急预案。

4.3 消防安全意识薄弱

主要体现在以下三方面：

4.3.1 缺乏相关知识

很多人对新能源技术的工作原理、火灾风险以及防控措施等缺乏了解，导致在使用和维护新能源设备时无法采取有效的安全措施。

4.3.2 忽视安全问题

一些人可能认为新能源技术相对安全，忽视了火灾等潜在风险的存在，从而在日常使用中缺乏必要的警惕性。

4.3.3 管理制度不完善

一些地区或单位在新能源设备的管理和监管方面存在漏洞，没有建立健全的防火安全管理制度和操作规程，导致火灾防控工作的不到位。

4.4 对策

4.4.1 加强宣传教育

通过各种渠道和形式，加强新能源火灾防控安全知识的宣传教育，提高公众对新能源火灾的认识和重视程度。

4.4.2 完善管理制度

建立健全新能源设备的防火安全管理制度和操作规程，明确责任人和职责，确保各项安全措施得到有效执行。

4.4.3 强化监督检查

加强对新能源设备的监督检查力度，及时发现和纠正存在的安全隐患，确保设备的安全运行。

4.5 研发投入不足

新能源火灾防控技术作为一种新兴技术，其研发需要巨大的资金投入。然而，由于技术创新本身具有风险性，很多企业对这类技术的回报预期不高，因此可能更倾向于将资金投入到更稳定、更可靠的领域。

其次，一些新能源企业可能由于财务状况不佳，难以承担大规模的技术研发投入。这些企业可能正面临资金短缺的困境，因此在技术研发上的投入会有所限制。

4.6 对策

为了解决这个问题，需要政府、企业和社会共同努力。政府可以出台相关政策，鼓励企业加大对新能源技术研发的投入，并提供资金支持；企业也应该看到新能源技术的长远价值，加大研发力度，提升技术创新能力。

5 结论

新能源领域火灾防控技术的发展对于保障新能源的安全应用具有重要意义。虽然当前面临诸多挑战，但通过完善技术标准与规范、加强消防安全宣传教育以及加大研发投入等措施，相信新能源领域火灾防控技术将不断取得新的突破和进展。

参考文献

[1] 马苑鹏．新形势下新能源电气火灾的预防方法分析[J]．科技创新导报，2018（05）：51-51.

[2] 严南培．新能源汽车火灾特点及处置对策分析[J]．消防界（电子版），2019（14）：40-40.

[3] 张欣亚．新能源汽车火灾特点与事故调查分析[J]．今日消防，2023（10）：107-109.

新能源锂电池汽车火灾扑救技术研究

苏志超

（乌海市海勃湾区滨河消防救援站，内蒙古　乌海）

摘　要　目前国内外有许多学者对新能源锂电池汽车火灾着火和蔓延机理等方面进行大量的实验研究，但是其火灾扑救技术方面研究比较少，没有完整系统的火灾扑救理论和技术。为给新能源锂电池汽车火灾扑救研究和应用提供一些参考，本文将对新能源锂电池汽车基本结构、火灾危险性等方面进行介绍，并给出新能源锂电池汽车火灾相关灭火战术和处置流程。

关键词　消防　新能源汽车　锂电池火灾　灭火救援

1 引言

受到“碳达峰”和“碳中和”政策影响，新能源锂电池汽车的数量呈爆发式增长，2023 年我国新能源汽车总销量达到 949.5 万辆，其中纯电动汽车和混合动力汽车等新能源锂电池汽车总销量 948.9 万辆，占新能源汽车总销量的 99.9%。伴随着新能源锂电池汽车的数量增多的同时，新能源锂电池汽车火灾事故也逐渐增多，据应急管理部公布的数据，2023 年全国发生 3000 余起新能源锂电池汽车火灾事故，平均每天发生 8 起新能源汽车火灾。

与传统燃油汽车相比，新能源锂电池汽车是近几年才开始大量生产和使用，其火灾也是近 5 年才开始有报道，群众和消防人员对新能源锂电池火灾的危险性和灭火处置缺乏了解。同时相关新能源锂电池汽车火灾的处置方面文献资料比较少，造成消防人员在处置新能源锂电池火灾时由于缺乏系统科学的技术和方法而受伤。例如消防人员对新能源锂电池汽车使用的动力锂电池（例如磷酸铁锂电池、三元锂电池等锂电池）火灾危险不够了解，只能关注火灾的火情而忽略燃烧过程中的爆炸、喷射火焰烟、触电、气中毒等风险[7]。

为给消防救援人员扑救新能源锂电池火灾提供参考，本文通过对新能源锂电池汽车的定义分类和结构辨识等基础知识以及新能源锂电池汽车火灾事故特点和难点进行介绍，并进一步总结新能源锂电池火灾事故处置措施和注意事项。

2 新能源锂电池汽车的概述

2.1 新能源锂电池汽车的分类

新能源锂电池汽车是指使用锂电池储存的电能作为汽车的动力和电子设备的单一或主要能量来源的汽车。按照其动力形式可以分为纯电动汽车，混合动力汽车，增程式混合动力汽车，见图1；按照车型可以分为乘用车，客运车，货运车等三大类见图2。

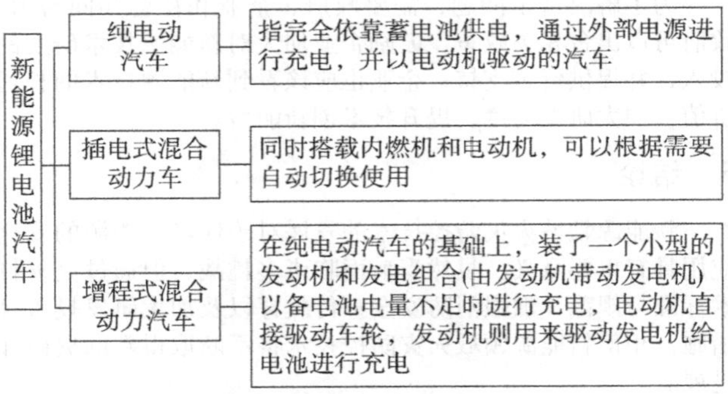

图1 新能源锂电池汽车按动力形式分类

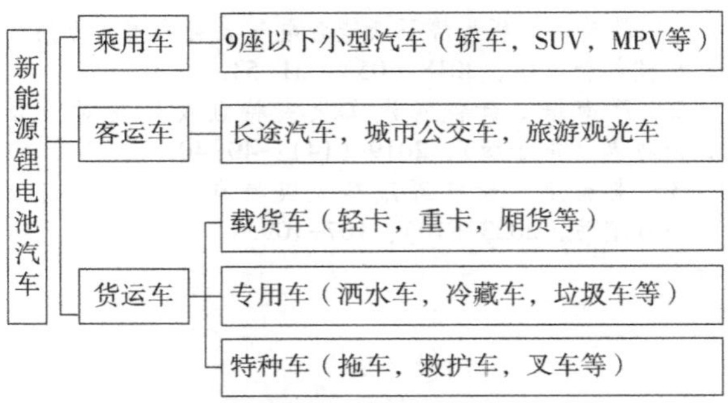

图2 新能源锂电池汽车按车型分类

2.2 新能源锂电池汽车的主要结构布局

如图3所示，新能源锂电池汽车主要由电源系统，动力系统，控制系统等三系统组成：①电池系统是新能源汽车的能量存储单元，为电动机提供所需的电能。电池的类型、容量和性能直接影响车辆的续航里程和性能表现。②动力系统是新能源汽车的心脏，负责提供驱动力。与传统汽车不同，新能源汽车的动力系统主要依赖于电动机，通过电能转化为机械能来驱动车辆。③控制系统是新能源汽车的大脑，负责监控和调节各个系统的运行。通过传感器、控制器和执行器等部件，电子控制系统确保车辆在各种工况下的稳定性和安全性。

2.3 新能源锂电池汽车的锂电池

根据统计得知超过90%新能源锂电池汽车火灾都是由于锂电池热失控造成，不同种类的锂电池的安全性，寿命，能量密度等也不同。目前国内外学者研究新能源锂电池汽车火灾时，通常是对锂电池的安全性尤其是热失控方面进行研究。如表1所示，新能源锂电池汽车通常使用六种锂电池。

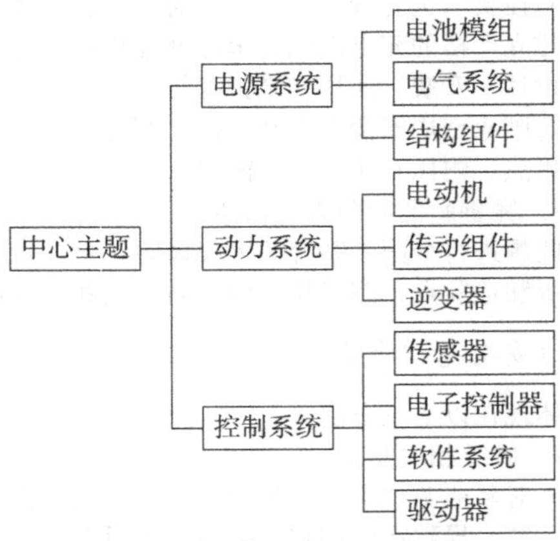

图3 新能源锂电池汽车三控制系统

表1 锂电池种类

正极材料	化学成分	结构	能量密度	循环寿命	成本	安全性
磷酸铁锂（LFP）	$LiPO_4$	橄榄石	中	高	低	高
镍酸锂（LNO）	$LiNiO_2$	层状	高	低	高	低
锰酸锂（LMO）	$LiMn_2O_4$	尖晶石	低	中	低	
钴酸锂（LCO）	$LiCoO_2$	层状	中	低	高	低
镍钴铝酸锂（NCA）	$LiNi_xCo_yAl_{(1-x-y)}O_2$	层状	高	中	中	低
镍钴锰酸锂（NCM）	$LiNi_xCo_yMn_{(1-x-y)}O_2$	层状	高	高	中	低

如图4所示，以镍钴锰酸锂（NCM）锂电池热失控为例，某镍钴锰酸锂电池热失控过程发生以下主要反应：SEI膜分解反应、正负电极与电解液反应、隔膜融化反应、电解液受热分解反应等[4]。

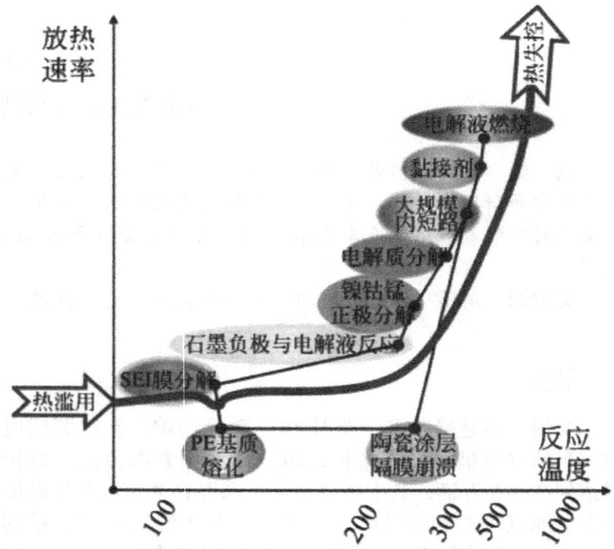

图4 锂电池热失控过程中的主要反应[9]

（1）SEI膜分解反应：SEI膜是一种用于电池材料表面的固体电解质膜，用于稳定电池性能和延长电池寿命。当锂电池内部温度超过80℃时，SEI膜主要物质（$(CH_2OCO_2Li)_2$）受热分解产生C_2H_4、O_2、CO_2等物质并释放出热量，反应如下：

$$(CH_2OCO_2Li)_2 \rightarrow Li_2CO_3+C_2H_4+CO_2+1/2O_2 \quad (1)$$

（2）隔膜融化反应：隔膜是用来分隔锂电池的正负极分隔，防止两极接触而短路，当温度超过130℃时，隔膜熔化使隔膜结构破坏，使正负极与电解液接触发生反应。

（3）正负极与电解液反应：当SEI膜与隔膜结构被破坏后，正负极与电解液接触并在高温下发生剧烈反应产生可燃气体和氧气并且释放出大量的热量加速热失控，相应反应如下所示：

$$2Li+C_3H_4O_3 \rightarrow Li_2CO_3+C_2H_4 \quad (2)$$

$$2Li+C_5H_{10}O_3 \rightarrow Li_2CO_3+C_2H_4+C_2H_6 \quad (3)$$

$$2\,Li_0FePo_4 \rightarrow Fe_2P_2O_7+1/2O_2 \quad (4)$$

$$NCM\ (R3\text{-}m) \rightarrow (Mn,\ Ni)\ O\ (Fm3m)\ +CoO+Ni+O_2 \quad (5)$$

（4）电解液受热分解反应：在高温情况下，电解液受热发生分解反应产生大量有毒物质和可燃气体，例如$LiPF_6$可以分解产生腐蚀性物质PF_5，PF_5与水发生反应生成有毒物质HF等。

从上述镍钴锰酸锂电池热失控过程可知，新能源锂电池汽车发生火灾时会产生的有毒有害气体，并且从关雪祺的典型锂离子电池火灾特性研究实验，得知磷酸铁锂电池和镍钴锰酸锂电池在400℃至500℃开始产生大量HF、SO_2、CO等有毒气体时，如图所示。故消防人员在处置新能源汽车火灾时要注意个人防护，防止吸入和接触有毒物质。磷酸铁锂电池和镍钴锰电池热失控气体浓度变化见图5和图6。

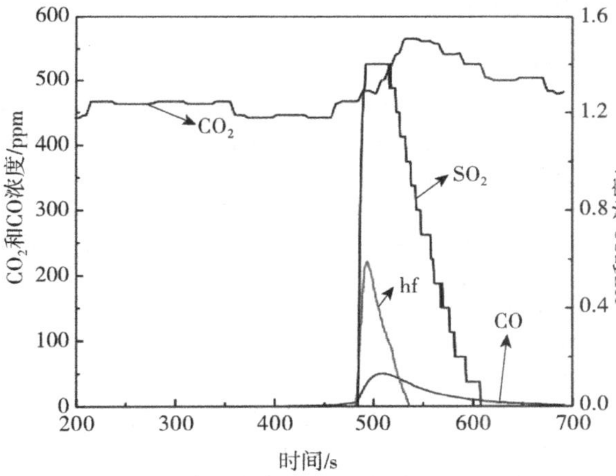

图5 磷酸铁锂电池热失控气体浓度变化[5]

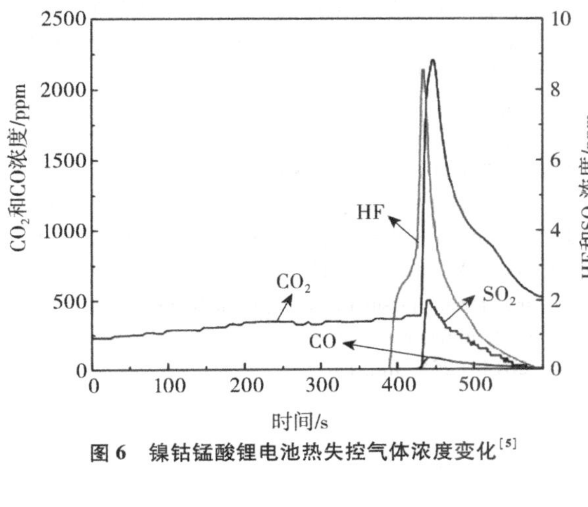

图6 镍钴锰酸锂电池热失控气体浓度变化[5]

3 新能源锂电池汽车火灾的危险性

3.1 新能源锂电池汽车起火原因

通过对国内外新能源锂电池汽车火灾进行分析[3]，新能源锂电池汽车起火可以分为以下三类：

（1）锂电池受到碰撞挤压起火：锂电池在受到碰撞挤压等外力作用，导致锂电池外壳或锂电池内部隔膜破损，造成锂电池内电解液的泄漏或正负短路从而引发锂电池热失控。锂电池放置新能源汽车底盘内，虽然有外壳和减震材料保护，但是在坑洼不平道路行驶时或高速行驶发生碰撞时都会导致锂电池发生变形，破损等结构破坏，从而导致火灾。例如2023年6月5日，浙江省杭州市一辆新能源轿车高速驶出收费站时，与收费站发生剧烈相撞起火，火灾迅速蔓延，造成4人死亡。

（2）锂电池过度充放电起火：现在新能源锂电池汽车大部分快充甚至有些使用超级快充，快充是通过使用大电压或大电流来达到快速充电，然而如式（6）和式（7）所示，在电阻不变情况下，增大电压或电流多会导致锂电池在充电过程中产生焦耳热增加，大量焦耳热积聚引发锂电池的热失控，进而导致新能源锂电池汽车发生火灾。同样新能源锂电池汽车的电机过载会导致锂电池放电过程中电压或电流增大而引发热失控。同时过度充电会造成锂电池正极的锂离子大量移动到负极上，在持续的锂离子移动过程中，正极会产生大量热量和氧气从而导致锂电池发生热失控引发火灾。

$$Q = I^2Rt \quad (6)$$

$$Q = \frac{U^2}{R}t \quad (7)$$

（3）锂电池老化起火：老化是新能源锂电池汽车自燃主要原因，随着锂电池充放电循环次数增加，会使锂电池结构发生变化，例如电极材料结构损坏、电极材料发生不可逆化学反应、锂电池的集流体腐蚀、锂电池的活性材料与电解质发生分解等，导致电池容量衰减和内阻增加，内阻的增加会造成锂电池在充放电时产生热量增加，使电池系统安全性能衰退，更易发生热失控。

3.2 新能源锂电池汽车火灾事故特点

新能源锂电池火灾不同于一般传统燃油汽车火灾，它是锂电池内部特殊化学反应，没有氧气的参与也能持续燃烧放热，并且会产生大量热量和有毒烟气[1]，通常情况下，新能源锂电池汽车火灾事故会有以下特点：

（1）火势蔓延迅速：新能源锂电池汽车发生火灾时，锂电池受热会产生大量的易燃气体（CO，H_2），并且释放出大量的热量，导致新能源锂电池汽车火灾快速蔓延。通过对以往的新能源锂电池火灾进行分析，得知锂电池在燃烧过程中，锂电池电解液等物质在受热和锂电池内部高压作用，会从锂电破裂部位或安全阀向外喷射可燃物（如CO，H_2，可燃有机物等）喷射可燃物的最远距离能够达到5m，同时还有大量的喷射物喷向火焰周围，使火势迅速向四围蔓延[2]。

（2）燃烧温度高：通过对全尺寸的新能源锂电池火灾模拟实验[6]，测得全面燃烧的锂电池内温度可达到1000℃左右。例如2024年4月3日，江西省赣州市上犹县某小区内一辆新能源汽车在充电过程中发生自燃，消防人员扑灭火灾后，该车在高温炙烤变得面目全非。故当新能源锂电池电动汽车发生火灾后，应及时对着火处进行冷却降温，并喷雾水枪对其周围进行降温，防止火灾蔓延。

（3）有毒烟气：锂电池的材料主要有锂元素的化合物、碳负极材料、氮化物、电解液、SEI膜、隔膜等材料，这些材料的存在导致锂电池受热产生氢气、一氧化碳、氯化氢、氟化氢烷、烃等易燃易爆有毒有害气体，并且现在新能源锂电池汽车使用大量有机合成材料，这些有机材料燃烧时会产生大量有毒黑色浓烟，这些有毒烟气会对被困人员和救援人员生命安全造成威胁。

（4）高压电击：锂电池本身就储存大量电能，如果其正负极暴露则有触电可能，并且新能源锂电池的充电设备（如充电桩）或负载设备（电动汽车电机，空调）及电路通常带有300~400V电压，其远远超过人体所能承受的最高电压[8]。故在扑救新能源锂电池汽车火灾要注意防止触电，例如在扑救新能源锂电池汽车火灾时要确保充放电路断电，并且穿戴绝缘装备，使用绝缘破拆工具避免接触高压元件。

（5）易爆炸：新能源锂电池汽车火灾往往会伴随着爆炸，锂电池热失控燃烧其内部温度快速升高，电解质在高温下快速分解成大量易燃易爆气体，使锂电池内部压强快速升高而发生爆炸。故在处置新能源锂电池汽车火灾时，要注意防范的锂电池发生爆炸，盲目打水和不正当破拆等操作都会导致锂电池瞬间短路热失控，在锂电池内部产生积聚大量易燃易爆气体，从而发生爆炸。

4 新能源锂电池汽车火灾处置

4.1 新能源锂电池汽车火灾扑救技术

（1）刺穿底盘冷却灭火技术：通常锂电池放置在底盘内部并且有坚硬的外壳保护，当新能源锂电池汽车着火时，普通的水枪无法直接对锂电池进行有效的冷却。目前国内外已有新能源锂电池汽车灭火专用水枪，这种专用水枪在普通水枪基础上装配刺穿部件，可以使水枪伸到底盘下部并刺穿锂电池模组的保护外壳，直接对锂电池进行降温冷却。

（2）底盘浸泡灭火技术：该技术是通过把着火的新能源锂电池汽车转移到一专门特制防爆耐高温的厢式货车内，然后向该厢式货车内注水，使新能源锂电池汽车底盘以及锂电池模组浸泡水进行冷却降温来实现灭火的目的。

（3）灭火毯覆盖控制灭火技术：该技术是通过使用大型灭火毯将着火的新能源锂电池汽车完全覆盖，使着火车辆与外界空气隔离，通过窒息作用来控制火势进一步扩大。该技术使用能够有效防止火灾向其车辆蔓延，并且可以防止新能源锂电池汽车火灾产生的有毒气体向周围扩散。

（4）泡沫围挡冷却窒息灭火技术：该技术通过在着火的新能源锂电池汽车周围架设围挡物，并向围挡物中的着火新能源锂电池汽车周围喷射大量的泡沫，对着火车辆进行冷却和窒息灭火。

4.2 新能源锂电池汽车火灾处置流程

如图7所示，新能源锂电池汽车火灾处置流程可以分为以下几个步骤：①接到新能源锂电池汽车火灾火警并到达现场；②对火灾现场进行侦察评估，并确定灭火方案；③进行门窗的破拆救人并对周围无关人员进行疏散；④使用消防水枪对着火的车辆进行射流、冷却降温、抑制锂电池热失控；⑤靠近着火车辆、水枪进攻、对锂电池模组进行全面降温冷却；⑥持续冷却，防止锂电池复燃爆炸；⑦火灾现场的后续处置。

5 小结

本文对新能源锂电池汽车的基本结构进行概述，并介绍新能源锂电池汽车火灾的爆炸、有毒烟气、触电等危险性，

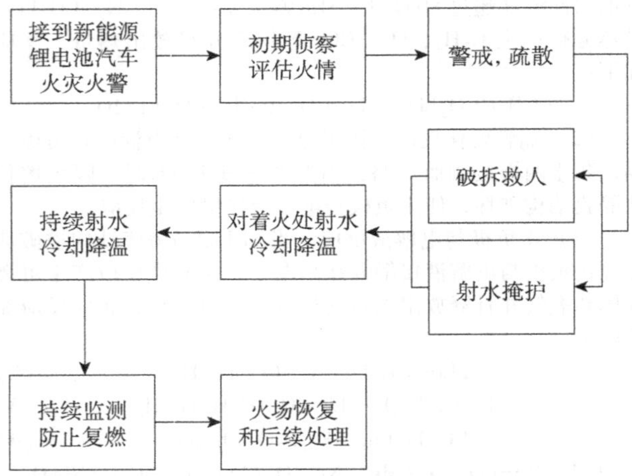

图7 新能源锂电池汽车火灾处置流程图

并进一步给出新能源锂电池汽车火灾的灭火技术和处置流程。

此外，现在新能源锂电池汽车火灾扑救研究主要是以下两个方面：

（1）灭火剂的研究：现在针对新能源锂电池汽车火灾的灭火剂研究有全氟己酮，一些水基灭火剂等，但目前还没有高效安全的灭火剂用于锂电池火灾，还需探索研究更加高效环保的灭火剂。

（2）灭火装备的研究：目前有关于新能源锂电池火灾的灭火装备正在兴起，例如一些专门用于新能源锂电池火灾水枪和灭火毯等，这些装备的使用提高新能源锂电池火灾灭效率和减少人员伤亡。

参考文献

［1］陈晔，李晋，吴候福，等．大容量储能电池模组热失控传播行为与燃爆风险分析［J/OL］．储能科学与技术：1-11［2024-04-19］．

［2］尹亮，张良，刘激扬，等．基于实体火试验的新能源轿车库防火设计问题探讨［J］．消防科学与技术，2024，43（03）：314-319．

［3］杨晓菡，张怡，邓玲，等．锂离子电池汽车全尺寸火灾试验研究进展综述［J］．消防科学与技术，2024，43（01）：29-33．

［4］韩路豪．大容量三元锂离子电池热失控火灾特征及细水雾抑制研究［D］．中国科学技术大学，2023．

［5］关雪祺．典型锂离子电池火灾特性研究［D］．中南大学，2022．

［6］张良，张得胜，陈克，等．动力电池热失控引发电动汽车火灾的典型特征研究［J］．中国安全生产科学技术，2020，16（07）：94-99．

［7］王杰，赵晨曦，李长征，等．地下车库场景下的全尺寸电动汽车火灾特征及抑制性能试验［J］．储能科学与技术，2023，12（11）：3379-3386．

［8］曹文镤，商靠定，孙均利．电动汽车灭火技战术研究［J］．消防科学与技术，2018，37（10）：1409-1412．

［9］Feng X，Fang M，He X，et al. Thermal runaway features of large format prismatic lithium ion battery using extended volume accelerating rate calorimetry［J］. Journal of Power Sources，2014（255-Jun. 1）．

关于预防电动自行车火灾事故发生的几点思考

王成成

（沧州市消防救援支队，河北 沧州）

摘 要 近年来，电动自行车凭借轻便、灵活、价廉和易于驾乘等优点已成为人们重要的代步工具。但由于停放、充电不规范等方面的原因，电动自行车火灾事故频发[1]。尤其随着城市电动自行车保有量不断增加，因产品质量不过关、违规改装改造、停放充电不规范、安全意识不强等原因，充电过程起火已经成为电动自行车火灾频发的主要源头，也成为城市管理的痛点和难点。从全国各地调查统计的电动自行车火灾看，电气线路故障引发火灾的占90%以上，充电时发生火灾的占80%以上，并造成多起亡人事故。充电设施的合理安装成为当前预防电动自行车火灾的有效手段，本文将探讨安装的可行性和预防火灾的相关措施。

关键词 消防安全 电动自行车 充电设施 预防

1 沧州市电动自行车火灾风险现状分析

1.1 调研开展情况

随着京津冀协同的快速发展，北京、天津疏解的服装产业、医药产业等从业人员大量涌入沧州市。致使沧州市区居住人口大量增加，使得人流、物流密度高度集中，电动自行车存量也因此大幅增加，火灾荷载不断加大，尤其是高层住宅火灾隐患更加突出。据统计，全市主城区电动自行车登记上牌数量已经达到38万余辆，笔者通过走访市主城区荣万家、天成、宜家等6大物业公司，对主城区电动自行车火灾风险特点进行了调研分析。

1.2 充电桩、停车棚情况

经实地走访调研和座谈了解，发现绝大多数高层住宅小区能够通过利用小区内部道路、公共绿地等方式安装设置充电桩和停车棚。但还存在部分充电桩与建筑贴临建设的，贴临部分开设门窗洞口或外墙保温为可燃材料；部分停车棚采用可燃材料搭建；部分充电桩紧邻燃气管道建设且未采取防火分隔措施；部分充电设施与建筑物防火间距不足；甚至存在在消防车通道内靠边设置，可能影响消防车通行等情况。

1.3 电梯电动车阻止系统情况

部分小区电梯内设置了电动车阻止系统，经现场了解，能够有效减少电动自行车进楼入户，且作用效果明显。目前电梯内安装的智能电动车阻止系统主要为两种类型：一种为图像识别，此种类型的阻止系统可能会影响普通自行车、轮椅等进入电梯，且无法直接识别蓄电池，不能发现人员随身携带电瓶进楼入户；另一种为射频监测，能够直接对蓄电池进行监测，且能够避免对普通自行车、轮椅进入电梯造成误报的同时，有效防止人员随身携带蓄电池上楼充电。

1.4 小区电动自行车安全管理情况

通过前期排查整治，大部分小区物业能够有效发挥服务管理作用，在制止电动自行车进楼入户停放充电、遏制飞线充电、建设安装集中充电桩和停车棚、电动自行车消防安全宣传警示等方面，开展了很多行之有效的工作。如定期开展楼栋巡查、高峰期派人在单元门值守，电梯前室张贴电动自行车安全警示海报、播放警示视频，小区内悬挂宣传标语、居民微信群开展安全提示等，都发挥了很好的作用。但部分小区仍存在个别居民安全意识不强，不服从管理，仍有个别居民不听劝阻，仍存在擅自将电动车停放在门厅或进楼入户充电等行为[2-3]。

2 主城区电动自行车充电柱建设建议

2.1 资金来源

按照惠民便民、市场化运作的原则，建议辖区政府组织发改部门、市场监管等部门与充电设施建设安装企业商谈，确定由充电设施建设安装企业投资，对住宅小区充电设施进行建设安装。建议给予充电设施建设安装企业政策扶持，按照“谁安装、谁管理、谁经营”的原则，在确保安全的前提下，由充电设施建设安装企业对其设备进行自主管理、维保、经营。

2.2 成本测算

根据以上测算表格及市主城区电动自行车充电设施摸底情况，建议从规划设计层面，住建、规划等部门应将新建、扩建、改建公共建筑、商业街区、居民小区是否配建、增建电动自行车集中停放场所纳入相关审查范畴，安装费用参考（如表1所示）。针对电动自行车停放充电难的现状，应采取市场竞争、惠民为民工程、企事业单位、党政机关、服务社会等途径，把握好居民充电能耗及费用参考（如表2所示）积极推进现有场所电动自行车集中停放充电点建设工作。

表1 充电设施安装费用测算

设备名称	单价
壁挂式充电桩（10个插孔）	2600元/组
立柱式充电桩（10个插孔）	
多路集中式充电桩（10个插孔）	
车棚（阳光板材质）	260元/m^2
灭火器材	220元/套
电梯阻车控制器	800元/个
地面硬化	90元/m^2
摄像头	500元/个

作者简介：王成成，男，中级专业技术职务，沧州市消防救援支队干部，主要从事防火监督工作；河北省消防救援总队防火业务专家库成员。

表 2　居民充电能耗及费用测算

电动车电池型号	实际耗电量	企业支付电费	企业收费标准
48V12AH	1 辆电动自行车充满消耗电量为 0.6～0.8°	0.40 元	企业收费标准为：1 元充电 4h，电动自行车充满需要 6～8h
48V14AH		0.50 元	
48V20AH		0.70 元	
72V12AH		0.70 元	
说明：每台设备每天电损为 0.3～0.5°，费用为 0.16～0.27 元，由企业支付			

3　建设安装标准、要求

3.1　建设安装标准

住宅小区电动自行车充电设施建设安装的标准，应根据小区闲置空间的实际情况确定，一般有两种标准：一是带车棚的充电桩；二是不带车棚的充电桩。在充电设施建设场所可以选择地上公共场地、小区存车棚（室）或地下车库等部位。在充电桩样式可以选择安装壁挂式充电桩、立柱式充电桩、多路集中式充电桩。

3.2　建设安装要求

电动自行车充电设施建设安装企业需提供电气设施合格证书，企业需同时具备充电桩安装、车棚建设、电梯阻车控制器生产安装资质，能够实现对住宅小区充电设施进行专业化、规范化建设安装管理。原则上按照充电桩插孔数占居住户数 15% 的比例进行建设安装，每 10 个充电插孔（长度 6m）配建 $15m^2$ 车棚 1 个，每部电梯安装阻车器 1 个。电动自行车充电桩应合理确定位置。室外场所不应占用防火间距、消防车道和消防车登高场地，不应贴临建筑物。室内场所不应占用、堵塞安全出口和疏散通道，不应影响室内消防设施正常使用。电动自行车车棚应采用不燃材料，车棚内配置灭火器，并根据实际需要安装监控摄像头。电动自行车充电桩应具备多级防过流、防短路、防漏电、防雷、防过充、防雨、限流、高温报警、充电实时监控、异常自动断电、充满自动断电等功能，并联入企业智能平台。电动自行车停放场所地面要做硬化处理，不得裸露土地[4]。

楼外独立的充电棚，配电箱应固定在车棚立柱上、地面台柱上或车棚所依托的外墙墙面上，配电箱应设于干燥处且应采用防雨型。

4　日常维护管理建议

4.1　严格日常停放管理

广泛发动基层网格员、物业服务企业、志愿者等力量，突出重点场所、重点时段，及时劝阻“进楼入户”、违规停放充电等行为，对劝阻无效的登记造册，适当范围内公开提醒，对多次劝阻无效的及时取证，报告消防部门或公安派出所依法处理；同时，联合有关部门大力推广安装电梯智能阻止系统，积极采取“射频信号传输+视频监控”等技术对蓄电池进楼进行监控，有效遏制违规行为。

4.2　开展全链条治理

建议辖区政府组织市场监管、发改、商务、应急管理、消防等有关部门从生产、销售、改装、使用、停放、充电、回收等环节分类施策、综合治理；推动相关部门加快在住宅小区，特别是高层住宅小区，增设充电桩、停车棚，在新建住宅小区建设和老旧小区改造时，同步建设电动自行车集中停放场所和充电设施[5]；在项目设计、建设中，严格遵守《河北省电动自行车停放充电场所消防安全管理规范》和国家消防救援局《防范电动自行车棚火灾事故七项措施》有关要求，确保不留隐患。

4.3　强化警示宣传

建议制作发布一批电动自行车火灾警示片、公益广告，利用各类媒体、发动基层力量，广泛宣传电动自行车火灾特点及危害性，提示违法成本；政府组织各有关部门，按条线开展本行业、本领域消防安全教育培训，普及用火用电用气安全常识和自救逃生技能，逐步解决群众风险防范意识和自防自救能力不足问题。利用微信微博、电视报纸等新老媒体传播电动自行车停放、充电的安全常识，曝光典型火灾事故和违规违法行为。发动学校开展电动车火灾防范宣传教育工作，起到“教育一个学生、带动一个家庭”的效果。物业企业要通过业主群、公司群等平台转发消防安全提示，扩大宣传面，提高群众消防安全意识[6]。网格员、志愿者、民警等要开展“入户式”“点面式”消防宣传教育和电动车火灾隐患排查行动，引导群众养成良好的电动车停放、充电习惯。各地要利用小区宣传栏、LED 显示屏等多种宣传平台，开展电动车消防安全提示性宣传，全方位、多角度、立体化营造电动车火灾防范宣传的浓厚氛围。

5　结语

电动车火灾的危害是巨大的，不仅威胁到人们的生命安全，还对环境、经济和社会造成重大影响。建议辖区政府行业部门及社会力量紧盯主要矛盾。首要任务是解决居民电动自行车安全充电问题，要因地制宜“建好”“改好”“用好”充停场所，有力贴合群众需求，避免造成资源浪费。要坚持标本兼治。既要从产品质量监管、打击非法改装上规避“物的不安全状态”，也要从消防管理、宣传教育等方面减少“人的不安全行为”。要强化各类保障。围绕七个重点环节，逐一明确部门职责，落实场所主体责任；既要鼓励支持各地制定地方性法规，又要推动省级标准制定。既要提高建设资金使用效率，又要落实我省集中充电电价政策。各部门共同推动，形成全社会关注消防、重视消防的氛围。

参考文献

[1] 王董会．喀什地区电动车存在的消防安全管理问题及其对策［J］．消防界（电子版），2020（08）．

[2] 郑一维．电动自行车消防安全监管症结及火灾防范对策［J］．今日消防，2019（10）．

[3] 李智超，刘建伟．住宅小区电动自行车消防安全的探讨［J］．消防界（电子版），2018（24）．

[4] 国外电动自行车管理经验［J］．汽车与安全，2018（12）．

[5] 江腾，汪黎虹．如何做好居民住宅小区电动车消防安全管理工作［J］．低碳世界，2018（12）．

[6] 曾朝军．浅谈电动车安全隐患分析及预防措施［J］．消防界（电子版），2019（06）．

交通火灾防治技术

麦道客机货舱火灾时期火焰温度传播特性研究*

刘天奇　刘克楠　徐艳英

（沈阳航空航天大学　安全工程学院，辽宁　沈阳）

摘　要　为研究麦道客机货舱火灾时期火焰温度传播特性，按 1∶1 比例构建货舱模型并展开火焰传播过程分析。研究发现：火灾发生 0~60s 内火源附近最高温度达 943.15K，42~60s 内货舱上部火焰高温气体传播区域明显变大。通过设置火焰温度监测点，得出火源正上方监测点响应时间最短，仅 2s。60s 时货舱中上部温度明显低于货舱正上方，而货舱中下部温度更低，说明火焰高温气流是从货舱中上部逐渐向中下部传播。货舱后下部监测点响应时间较长，温度也相对较低，60s 时仅 364.51K。通过沿 *Y* 方向设置监测点，发现 6s 时火焰高温集中在火源附近，12~30s 时高温逐渐向舱室两端传播，36~60s 时温度升至 413.69K，此时温度在沿程两端出现下降，说明气流在局部卷吸作用下出现反向回传。

关键词　麦道客机　货舱火灾　火焰温度　数值模拟

1　引言

随航空工业发展，民航客机在给乘客带来便利的同时，安全问题日益受到关注。客机飞行事故导致的空难往往造成机毁人亡。1979 年，发生了美国历史上遇难人数最多空难，麦道公司生产的客机在飞往洛杉矶途中不幸坠毁，271 人全部遇难。此后，麦道飞行事故时有发生，被称为“空难之王”，事故起因往往是机身起火导致电气控制系统失灵[1]。可见，对客机火灾时期机舱特性展开研究十分必要。

目前在机舱火灾特性方面，国内外开展了相关研究并取得一定成果。张德银[2]针对光电型火灾探测器容易出现误报的问题，基于 RBF 神经网络建立了火灾烟雾识别模型，可降低火灾误报率；张丹[3]对飞机不同舱室火灾探测技术进行对比，提出了改进方法；张积洪[4]、赵道文[5]以客机燃油泄漏引发火灾为背景，以波音飞机为研究对象，分析了燃油火灾发展特征及其对机身周边环境的热辐射影响；王准[6]研究了不同通风条件下的客舱火灾轰然时间变化规律；程东浩[7]以锂电池引发火灾为背景，设计了火灾应急箱；笔者在前期研究中分析了隔热隔音材料燃烧特性[8,9]及航空线缆产烟毒性[10]。综上，目前对飞机火灾特性的研究主要集中在客舱，而货舱作为客舱的近邻舱室，相对封闭，一旦引发火灾对安全飞行危害巨大，而目前对货舱火灾特性的研究尚未充分展开。

鉴于此，以麦道 DC-10 客机为研究对象，使用 Pyrosim 软件对麦道货舱火灾特性进行研究，以期得到火灾时期火焰温度传播特性及其变化规律，研究结果对掌握货舱火灾危险性及货舱内防灭火设施布置具有重要意义。

2　麦道客机货舱几何模型建立与监测点设置

2.1　货舱几何模型

使用 PyroSim 软件按 1∶1 比例构建麦道货舱几何模型，见图 1。货舱长 14.02m（*Y* 方向），宽 4.39m（*X* 方向），高 1.73m（*Z* 方向）。货舱内火源位于底部中心位置，尺寸为 0.2m×0.2m×0.2m，火源最大热释放速率 2250kW/m^2。对货舱划分网格，网格尺寸 0.05m×0.05m×0.05m。为更直观得到货舱火灾发展情况，因此模拟中暂未考虑在货舱中放置其他货物。

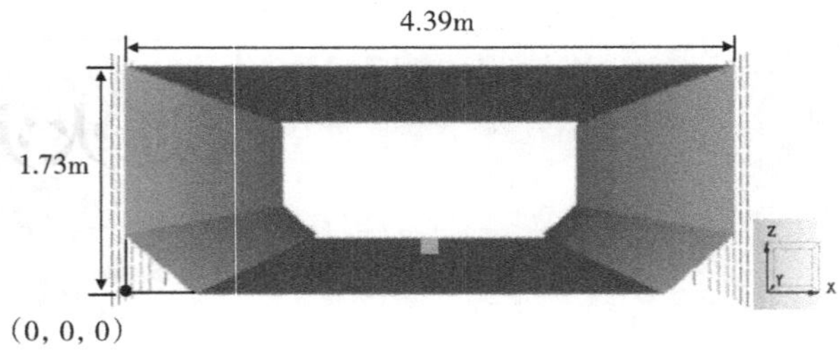

(a) 货舱主视图（*XOZ* 方向）

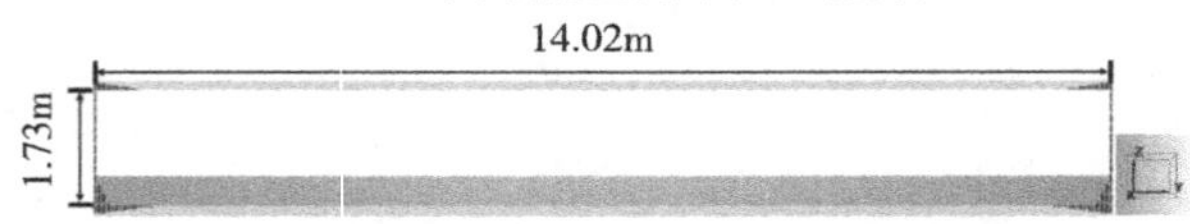

(b) 货舱侧视图（*YOZ* 方向）

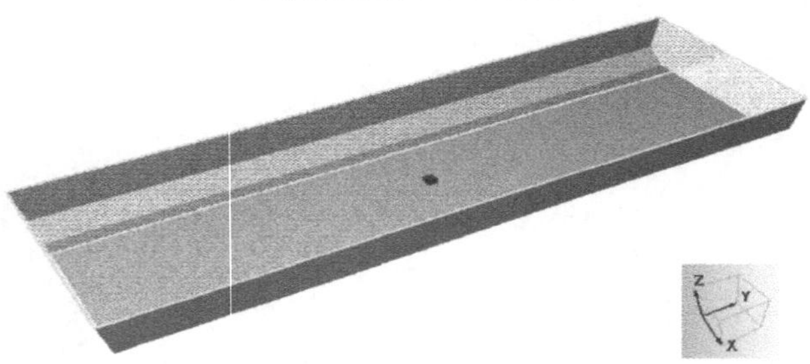

(c) 货舱火源

图 1　货舱几何模型

2.2　监测点设置

为监测火灾时期火焰温度沿不同方向传播规律，沿 *Y* 方向不同位置设置两组共 10 个监测点，进行实时监测。第一组监测点位于 $y=7.01$m，该平面与火源交汇，可监测火源附近温度。第二组位于 $y=12.01$m，可监测火焰温度在舱体沿 *Y* 方向传播情况。

此外，为便于分析火灾时期火焰温度在货舱内沿 *Y* 轴分布，在 *X* 轴 3/4 位置、*Z* 轴中心所在直线每隔 0.1m 设置一

* 基金项目：国家自然科学基金（12102271）；辽宁省自然科学基金（2020-BS-175）；辽宁省教育厅科研项目（JYTMS20230262）。

作者简介：刘天奇，博士，副教授，硕士生导师，主要从事航空安全等方面研究。
刘克难，硕士研究生。徐艳英，博士，教授，硕士生导师。

个监测点，即监测点 X 轴坐标 3.2925m，Z 轴坐标 0.865m，以此得到火焰温度在 Y 方向沿程分布数据。

3 麦道客机货舱火灾时期火焰温度传播特性

3.1 货舱火灾时期不同时刻火焰传播特性

为直观了解火焰传播过程，在构建货舱几何模型基础上，使用 Pyrosim 软件模拟得到麦道 DC-10 客机货舱火灾时期不同时刻火焰传播情况如图 2，t 表示火灾发生后不同时刻（单位：s），温度单位为 K。图 2（a）主视图的显示方向与图 1（a）一致，为 XOZ 方向，所显示截面为 $y=7.01$m；图 2（b）侧视图的显示方向与图 1（b）一致，为 YOZ 方向，所显示截面为 $x=2.195$m；图 2（c）俯视图的显示方向为 XOY 方向，所显示截面为 $z=0.865$m。图 2 中所显示的主视图、侧视图和俯视图均为对应方向的中心截面，这样便于从不同角度分析火焰传播过程。由于显示的是模型外轮廓，因此图 2 中货舱模型下部与图 1 并不冲突。

由图 2 分析可知：货舱初始温度 293.15K，火源着火后，对 $t=0\sim60$s 内火灾发展时期火焰传播过程展开模拟，可以明显看出火灾发生后不同时刻、不同位置火势传播过程，火灾发生后 $t=6$s 时，火源中心温度已达到 683.15K，火源上方气流温度受火源影响也在逐渐增大，由火源产生的高温气体在浮力作用下迅速舱室顶部传播，接触到货舱顶部后，高温气流继续向四周扩散。随 t 在 $6\sim60$s 内不断增大，高温火焰在向 X、Y、Z 三个方向传播过程中不断卷吸舱室内温度相对较低的气体，$t=0\sim60$s 内火源附近空间最高温度可达 943.15K，$t=24\sim60$s 内可以明显看到火源周围高温气体不断增大周围冷空气卷吸范围，以此获取更多助燃氧气从而维持火焰的高温与焰体的传播。$t=42\sim60$s 内货舱上部火焰高温气体传播区域明显不断增大，$t=60$s 时火焰高温传播区域达到最大，火源附近火焰核心区温度达到峰值943.15K。

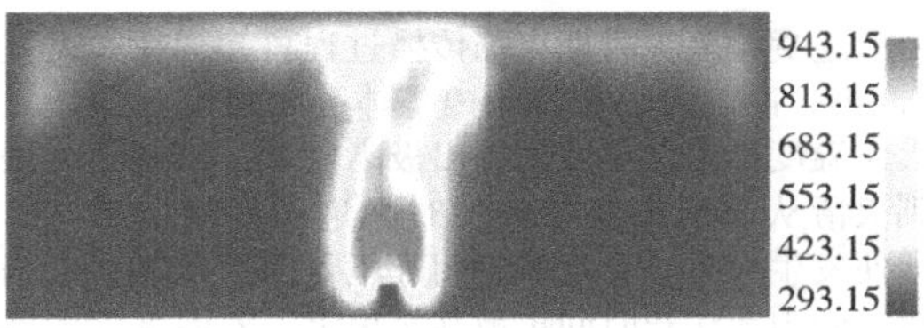

t=6s

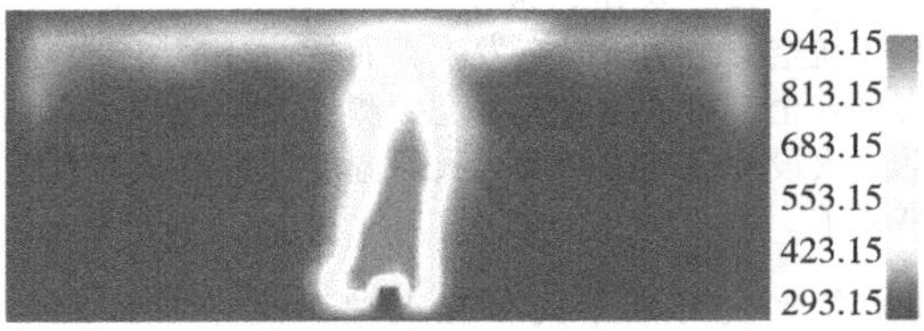

t=12s

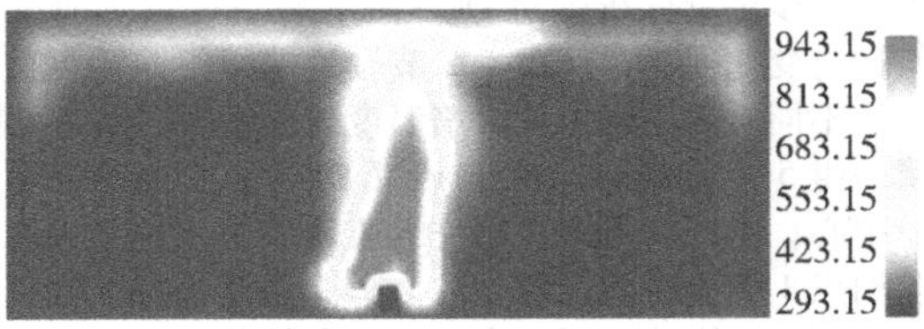

t=18s

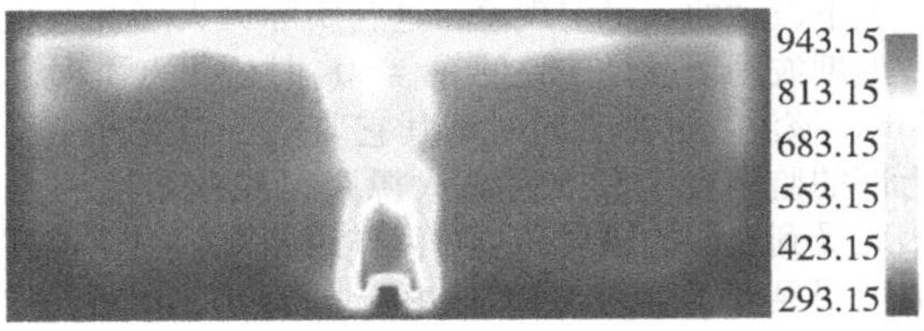

t=24s

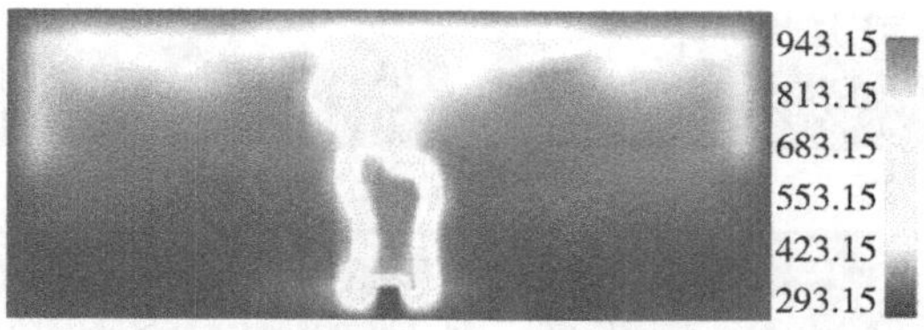

t=30s

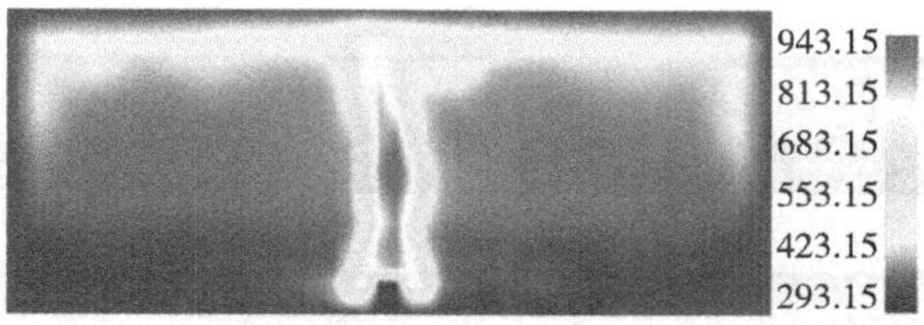

t=36s

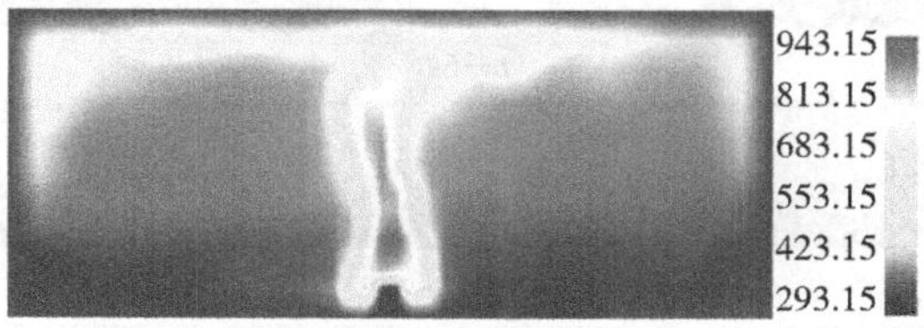

t=42s

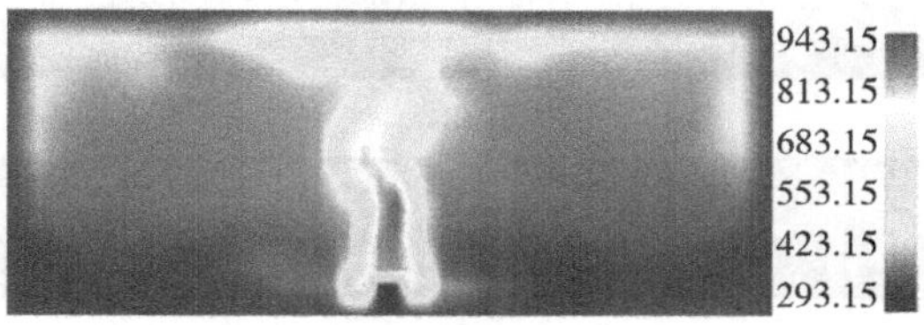

t=48s

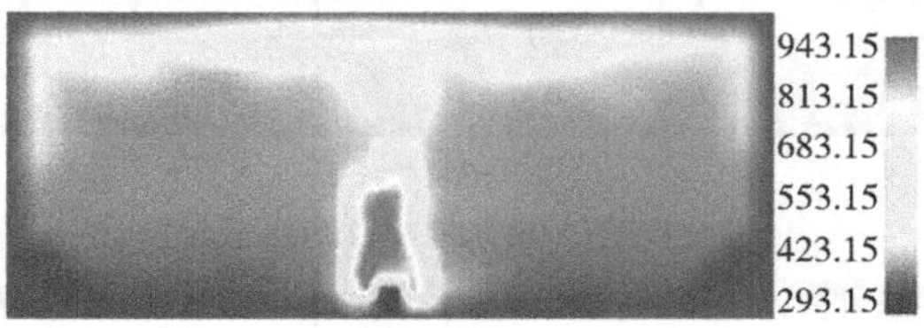

t=54s

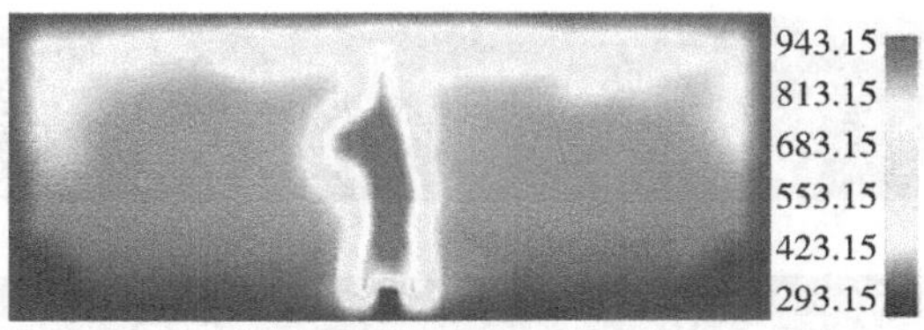

t=60s

（a）主视图（XOZ方向，y=7.01截面）

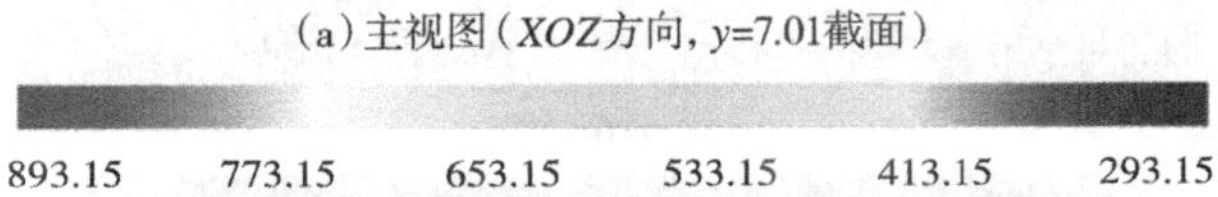

t=0s

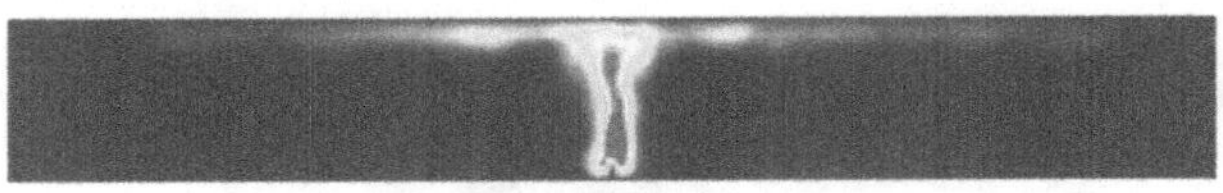
t=6s

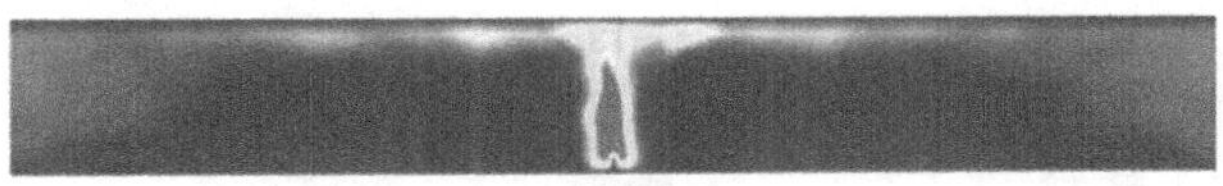
t=12s

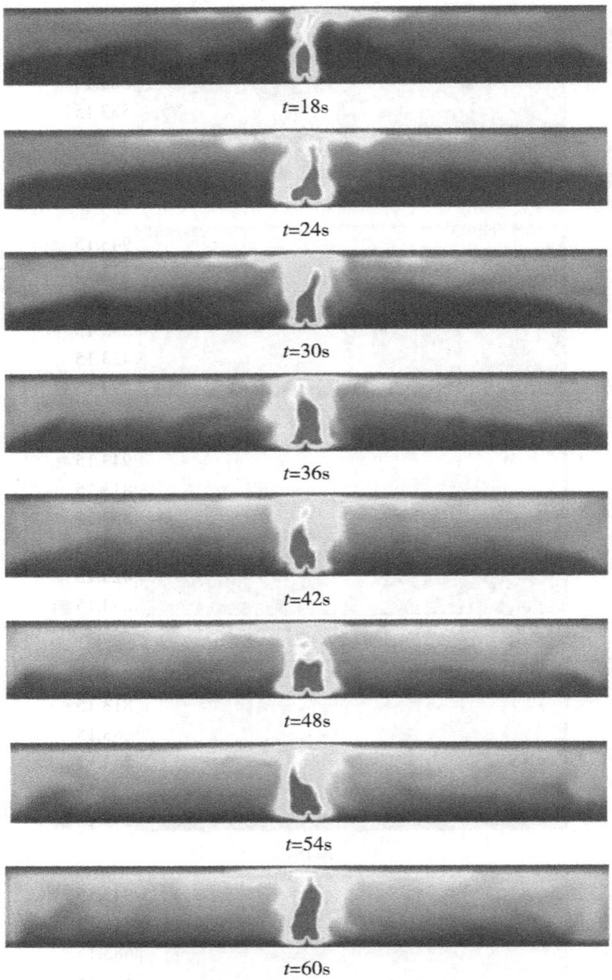

（b）侧视图（*YOZ*方向，x=2.195m截面）

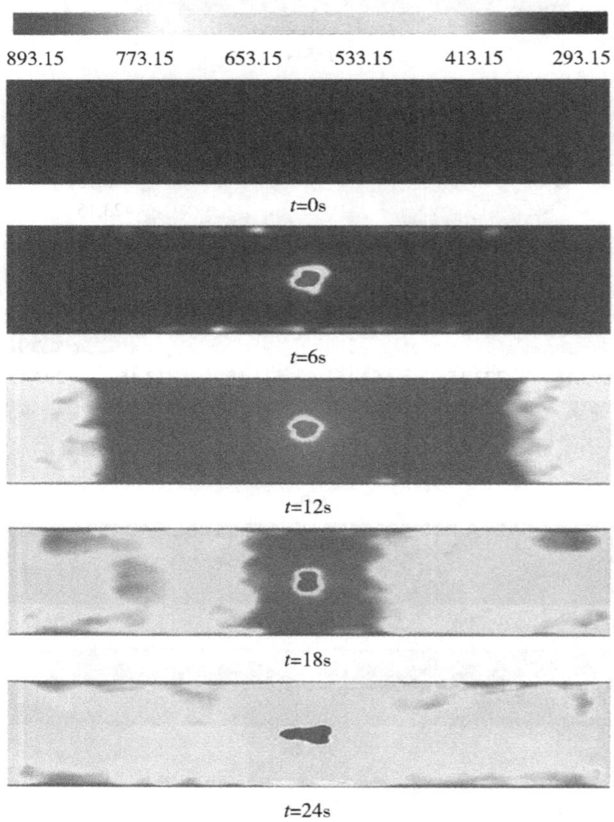

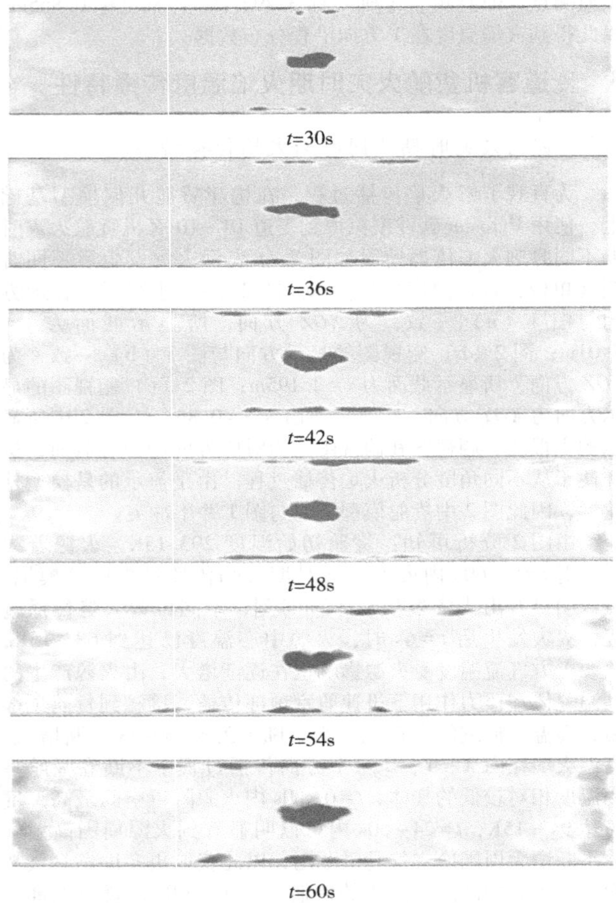

（c）俯视图（*XOY*方向，z=0.865m截面）

图 2　货舱内不同时刻火焰传播情况

由上述货舱火灾时期火焰传播过程可知，在火灾发生后60s时间内，高温火焰在货舱内整体蔓延速度极快，因此对货舱火灾温度探测器灵敏度提出极高要求，以避免无法及时探测到火情从而延误应急救援时间进而导致空难。另一方面，即便发生火灾，受货舱封闭环境等因素限制，火焰也可能在短时间内无法长时间扩散甚至熄灭，若温度探测器灵敏度过高，反应过于灵敏，极易发生“误报警、报假警”问题，这在航空安全领域时有发生，而货舱环境复杂，因此为确保飞行安全，对货舱火灾温度探测器灵敏度、探测到火情后主动灭火设施启动时间及灭火后温度探测器及时复位均提出极高要求。

3.2　货舱火灾时期不同位置火焰温度分布特性

为进一步定量分析麦道 DC-10 客机货舱火灾时期火焰传播特性与变化规律，使用 1.2 节设置的两组监测点监测火灾发生后不同时刻不同位置火焰温度变化情况，结果见图 3。

第一组 5 个监测点均位于 y = 7.01m 平面上，该平面处于货舱中心。由图 3 可知，第一组监测点中，位于火源正上方的监测点 1 响应时间最短，约为 2s，由于火源上方气流受到烟气局部扰动影响，因此火源正上方的监测点 1 的温度曲线存在上下波动的不稳定现象，这与实际火灾燃烧过程中火源上方温度波动情况是一致的。t = 60s 时监测点 1 温度达到 752.76K，该温度远高于同时刻其它监测点温度；而位于货舱中上部的监测点 2 和 5 距离火源距离相比于监测点 1 较远，因此受到火源热辐射和热对流作用相对较弱，使其监测到的温度明显低于监测点 1，但由于监测点 2、5 所处位置具有对称性，因此监测点 2、5 对应的温度随时间变化曲线基本一致，$t=60s$ 时监测点 2、5 位置温度分别为 413.36K 和 424.51K；位于货舱中下部位的监测点 3、4 距离火源相比于监测点 2、5 更远，因此检测到的温度更低，同样由于监测点 3、4 所处位置也具有对称性，所以两者温度变化曲线基本重合，$t=60s$ 时监测点 3、4 实时温度分别为 382.73K 和 391.18K，表明货舱火灾时期火焰温度是从货舱中上部逐渐向中下部传播，因此火灾发生后 $t=20\sim60s$ 过程中，货舱中下部温度明显低于中上部。

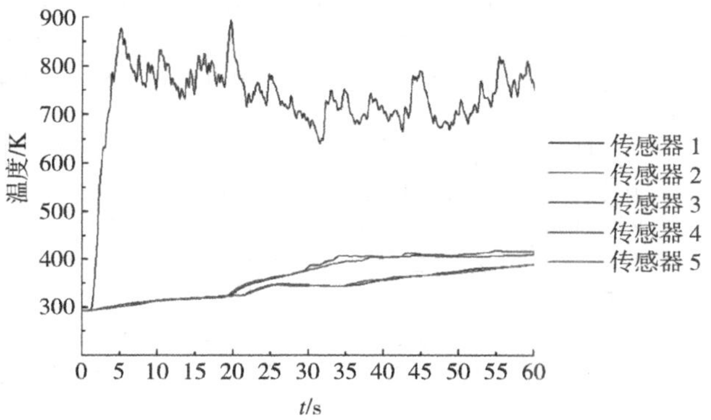

(a) 第一组监测点

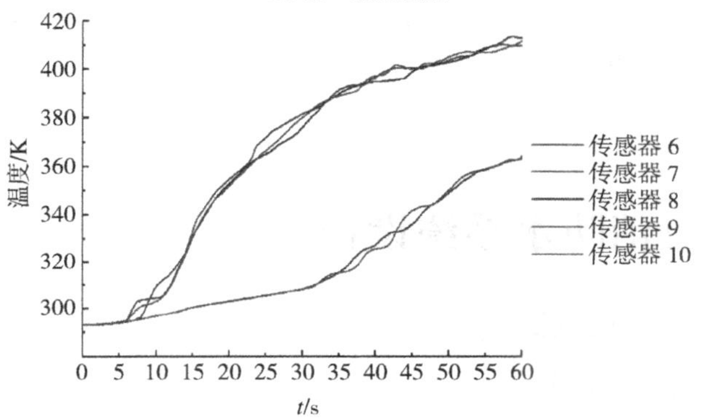

(b) 第二组监测点

图 3　火焰温度监测结果

第二组 5 个监测点均位于 $y=12.01m$ 平面上，该平面相比于 $y=7.01m$ 平面更偏向于货舱后方。第二组 5 个监测点中，监测点 6、7 和 10 所在位置距离火源几乎相同，因此监测点 6、7、10 监测到火灾后不同时刻温度变化曲线变化趋势基本一致，由于火源生成的热气流向上汇集较快，因此监测点 6、7、10 的响应时间相对较短，监测点 7、10 响应时间为 6s，监测点 6 响应时间为 8s；而监测点 8、9 位于货舱后下部，因此其响应时间相对较长，在火灾发生后 $t=0\sim30s$ 时间内温度上升速率极小，当火灾发展到 $t=30\sim60s$ 时，随高温气流不断从舱室中上部向下传播，监测点 8、9 附近温度上升速率才逐渐增大，到 $t=60s$ 时监测点 8、9 所在位置温度升至 364.51K，表明此时火焰高温气流在货舱内传播更加充分。

3.3　货舱火灾时期火焰温度在 Y 方向沿程分布特性

为进一步得到货舱火灾时期火焰沿程扩散特性与火焰温度分布规律，通过 1.2 节在 Y 方向沿程设置监测点，对不同时刻火焰温度传播特性进行分析，监测点均匀分布在平面 $x=3.2925m$ 和平面 $z=0.865m$ 相交的直线上，该直线位于舱室内沿 X 轴 3/4 位置和 Z 轴中心，即监测点 X 轴坐标均为 3.2925m，Z 轴坐标均为 0.865m，沿 Y 轴每隔 0.1m 设置一个监测点，之所以没有沿 X 轴中心设置监测点，是因为 X 轴中心会经过火源正上方，而该位置火焰温度波动极大，因此选择偏离 X 轴中心位置进行温度监测。由于火灾发生后 $t=0\sim60s$ 火焰高温气流基本完成从舱室中上部到中下部的传播，因此从 $t=0\sim60s$ 每隔 6s 选取一个时间节点，监测点得到的不同时刻火焰温度沿程分布结果如图 4 所示，为更清晰对比不同时刻火焰温度沿程变化情况，因此将温度沿程变化曲线分成两个时间段绘制。

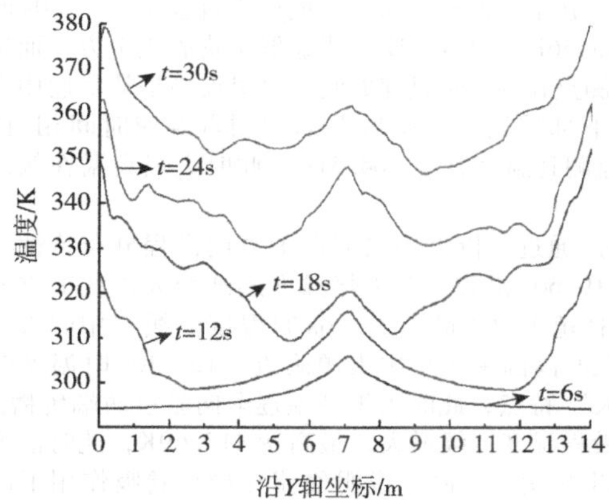

(a) $t=6\sim30s$

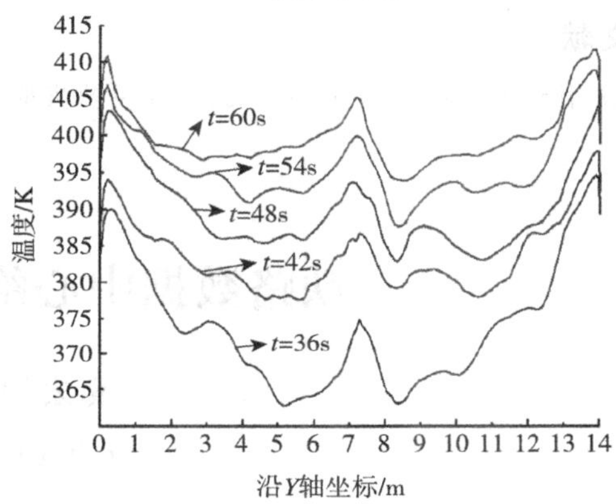

(b) $t=36\sim60s$

图 4　火焰温度沿程变化情况

由图 4 分析可知：随 t 在 0~60s 范围内不断增大，货舱火灾时期沿程分布火焰温度逐渐变大，各时间点火焰温度沿程变化曲线之间界限明显，同时沿 Y 轴方向的火焰高温气流蔓延范围也不断变大。$t=6s$ 时，火焰温度曲线沿 Y 轴传播呈现"中间大、两端小"特点，此时火灾发生时间较短，高温区域主要集中火源附近，且温度整体不高；$t=12\sim30s$ 时，火焰温度沿程变化曲线呈现"两端大"特点，且舱室前后两端的火焰温度大于火源附近区域温度，这表明此时火焰高温气流已传播至舱体两端区域，在舱壁限制作用下，火焰高温开始逐渐在舱室两端聚集；当火灾发展到 $t=36\sim60s$ 时，火焰沿程温度整体上进一步显著增大，沿程最高温度在 $t=60s$ 时达到 413.69K，两端沿程温度变大的趋势更加明显，同时温度曲线在沿程两端出现明显下降趋势，说明该阶段火焰高温气流传播至两端后，开始逐渐由中上部向中下部传播，进而出现反向回传，高温气流回传时存在卷吸现象，造成两端舱壁出现局部涡流，下部冷空气得以沿舱壁补充进入，从而使两端舱壁的近壁区域出现温度下降现象。

4　结论

以麦道货舱火灾为背景，对火灾时期火焰传播特性及温度沿程分布进行研究，结论如下：

(1) 通过模拟货舱火灾时期不同时刻火焰传播特性，发现火灾发生后0~60s内火源附近最高温度达943.15K，24~60s内火源周围高温气体传播范围不断增大，42~60s内货舱上部火焰高温气体传播区域明显变大，60s时火焰高温传播区域达到最大，此时火源附近火焰核心区温度达到峰值943.15K。

（2）通过定量分析货舱火灾时期不同位置火焰温度传播特性，得出火源正上方监测点响应时间最短，仅为2s，且温度曲线存在上下波动现象。货舱中上部监测点在60s时温度达到413.36K和424.51K，明显低于货舱正上方。而货舱中下部监测点在60s时温度更低，说明火焰是从货舱中上部逐渐向中下部传播。货舱后下部监测点响应时间相对较长，60s时监测到温度升至364.51K，此时火焰高温在舱内传播更充分。

（3）通过分析火焰温度在Y方向沿程分布特性，得到火灾后0~60s沿程分布火焰温度逐渐变大，且Y方向火焰高温传播范围也不断变大。6s时温度曲线“中间大、两端小”，此时高温主要集中火源附近。12~30s时温度曲线呈“两端大”特点，此时火焰高温逐渐向舱室两端传播。36~60s时沿程温度持续增大，最高达413.69K，此时温度在沿程两端出现明显下降，说明气流在局部卷吸作用下出现反向回传。

参考文献

[1] 杜红兵，吴风婷，胡辉．民机飞行中火灾事故影响因素研究[J]．消防科学与技术，2021，40（5）：759-762.

[2] 张德银，何志祥，钱伟．民用飞机火灾探测器改进研究[J]．消防科学与技术，2016，35（11）：1575-1578.

[3] 张丹，陆松，李森，刘长城．民用飞机火灾探测技术浅析[J]．消防科学与技术，2014，33（4）：423-426.

[4] 张积洪，聂成楠，张金龙．失事客机燃油泄漏火灾的数值模拟[J]．消防科学与技术，2013，32（11）：1206-1209.

[5] 赵道文，李传良．基于飞机可燃油液系统的失火事故分析[J]．消防科学与技术，2011，30（9）：863-864.

[6] 王准，贾旭宏．不同通风条件下飞机客舱火灾轰燃时间研究[J]．消防科学与技术，2019，38（8）：1074-1077.

[7] 程东浩，李琰．飞机客舱锂电池火灾应急箱的设计[J]．消防科学与技术，2018，37（4）：517-519.

[8] 刘天奇，王宁．飞机隔热隔音超细玻璃纤维棉燃烧火焰蔓延特性[J]．工程科学学报，2020，42（12）：1647-1652.

[9] 刘天奇，蔡之馨，王宁．客机隔热隔声棉点火特性与产烟毒性研究[J]．航空动力学报，2021，36（2）：377-383.

[10] 刘天奇，王宁，蔡之馨．铁氟龙AFT250航空电线燃烧毒害气体产物生成特性[J]．材料导报，2022，36（1）：201-205.

铁路数据中心给排水及消防水系统设计

冀宏韬　王日新　赵玉伟

（中铁信大数据科技有限公司）

摘　要　“十四五”规划期间，为有效支撑铁路业务发展，推进铁路局级信息系统上移集中，IT基础设施资源需求将呈井喷式增长[1]，国铁集团决定建设中国铁路主数据中心[2]，面对体量如此庞大的数据中心，从多方面总结给排水及消防水系统建设经验，并对该系统实践中存在的问题及优化举措[3]，进行简单探讨，为今后铁路行业建设数据中心提供参考。

关键词　数据中心　给排水　消火栓系统　高压细水雾

1　引言

随着铁路业务对信息系统依赖程度的持续提高，目前与中国铁路主数据中心构成同城双活的西调、铁科院两处机房资源也已经用尽，此外北京市内信息机房运营成本较高，国铁集团机关及所属单位办公场地紧张[1]。因此，亟需建设中国铁路主数据中心，以更好地支撑和保障“十四五”规划期间铁路信息化的发展需要，并为实现国铁集团级数据中心架构创造条件。中国铁路主数据中心工程总建筑面积54380m^2，可容纳3840个IT机柜，达到国标A级数据中心标准，是铁路行业目前唯一大型数据中心，给排水及消防水系统作为数据中心基础设施重要组成内容，关系着中国铁路主数据中心安全稳定运行[3]，本文对数据中心给排水及消防水系统设计进行简单探讨，特别是实践中存在的问题及优化举措方面。

2　室内给排水及消防水系统

2.1　工艺补水

工艺补水采用加压补水泵从地下蓄水池取水，为空调、冷却塔、加湿机等设备补水，因为数据中心对冷量的需求是持续的，冷量经由工艺水系统产生，也就是说数据中心的业务连续性与水联系紧密，如果没有工艺补水，数据中心会因机房设备温升而宕机，所以铁路数据中心在工艺补水方面应从水源、用水量以及系统布置等方面进行考虑。

2.1.1　水源

目前数据中心大多均采用市政供水，也有个别数据中心具备采用天然水源补水的能力，水源应满足水质干净的需

作者简介：冀宏韬（1972—　），男，高级工程师，毕业于北京交通大学计算机科学与技术专业，现任中铁信大数据科技有限公司副总经理，研究方向是数据中心基础设施设计、建设、运维。

王日新，男，工程师，毕业于辽宁工程技术大学电气工程与智能控制专业，现任中铁信大数据科技有限公司消防主管。

赵玉伟，男，工程师，毕业于华北理工大学电子信息工程专业，现任中铁信大数据科技有限公司值班主管。

求，满足相关国家标准，但是由于管道因素、地区水质差异等原因，市政供水的品质也会有差异，此方面应在工艺水系统进行处理净化，不在此赘述。

2.1.2 用水量

工艺补水包含冷冻水补水、冷却水补水、加湿机补水以及冷却塔补水等，应满足水量充足的需求，经过数据统计得出下表，同时储备水源应该满足系统 12h 补水量，因此中国铁路主数据中心采用建设满足下表总补水容量的工艺水池作为储备水源。工艺补水用水量统计情况见表 1。

表 1 工艺补水用水量统计情况

	冷冻水补水	冷却水补水	加湿机补水	冷却塔补水
一期工程/(m^3/h)	2	3	0.4	23
二期工程/(m^3/h)	3	4.5	0.8	40
总和/(m^3/h)	5	7.5	1.2	63
总补水量/(m^3/h)	71.71			
工艺水池需要容积/m^3	860.52			

2.1.3 系统布置

市政水源进入园区后，为保证供水可靠性，在室外进行环状管网设计，并引入不少于两条给水干管，给地下工艺水池供水，为保证供水速度，管道公称直径建议不应小于 200mm。在地下设置两座可独立使用的工艺水池，单座水池容积 450m^3，分别配备工艺补水泵房，选用变频供水设备两套，每套变频供水设备配供水泵两台，一用一备。

系统中应注意的注水对浮球阀的影响，浮球阀是一种漂浮的球阀阀门，起到控制水位的作用，浮球阀随着水面的起伏而波动，容易造成浮球阀损坏脱落，进而持续补水发生事故。

2.2 生活给水

生活给水采用室外市政供水管网直接供给，主要供给厨房、卫生间等区域，管道设置应重点考虑冬季防冻问题，在北方冬季西北风盛行的地区，不建议在建筑西、北面上设置生活给水用房，在其他区域设施时，也要考虑房间采暖的问题，尤其是建筑临外墙房间，可能存在孔洞封闭不严、空调制热效果不佳等情况，所以要重视生活给水管道的冬季防冻问题，同时要考虑到漏水对数据中心的影响，因为数据中心无论机房内的服务器、交换机，还是变配电所的电气设备，受漏水影响巨大，可能会造成宕机，所以在生活用水房间的周围以及下方，要谨慎设置信息机房和电气房间，并且要重点关注生活用水房间的防水工艺。

2.3 室内排水

室内排水包含室内地面层以上排水、以下排水，还包含事故排水。室内地面层以上的生活污水靠重力排出；地面层以下用一体化排污设备提升后，排入室外污水管道；为及时排除漏水，防止对电气系统产生影响，信息机房与 UPS 间的空调间或空调放置区域设置地漏，在设有空调及给排水消防管道的走廊区域，设置地漏，作为事故排水，重点关注排水区域的防水工艺。

2.4 室内消火栓及自动喷水灭火系统

2.4.1 水源

消防水系统的水源可采用存储的市政供水，也可以采用天然水源，设置室外地下消防水池，作为储存水源，同时在屋面设置消防高位水箱，并配置稳压设备，管网灭火用水由消防水泵从消防水池吸水加压供给[10]。

2.4.2 用水量

按同一时间一次火灾考虑，同时启用室内栓及自喷系统情况下，用水量见表 2。

表 2 室内栓和自喷系统用水统计情况

<table>
<tr><td></td><td>室内栓</td><td>自喷系统</td></tr>
<tr><td>灭火用水流量/（L/min）</td><td>20</td><td>40</td></tr>
<tr><td>火灾持续时间/h</td><td>3</td><td>1</td></tr>
<tr><td rowspan="2">总用水量/m^3</td><td>216</td><td>144</td></tr>
<tr><td colspan="2">360</td></tr>
</table>

2.4.3 系统布置

除需要设置气体灭火的房间，以及不宜采用喷水灭火的房间，其他区域均采用自动喷水灭火系统，系统选择上，在生产区域优先选择预作用单连锁系统，除此以外，应在走廊区域设置室内消火栓系统。

（1）室内消火栓系统

系统管网应设置成环状，提高用水可靠性，备用 2 套地下式水泵接合器，作为辅助给水措施[10]。

（2）自动喷水灭火系统

在生产区域采用预作用系统，在办公区域采用湿式系统，在消防泵房外地面设置 3 套地下式水泵结合器[8]，按照规范要求设置信号阀、水流指示器及末端试水装置[9]。

2.5 高压细水雾灭火系统

2.5.1 水源

系统采用临高压制[10]，由设在高压细水雾泵房内的水泵从专用水箱吸水加压供给，设置专用水箱，有效容积 20m^3，并配置稳压设备。

2.5.2 用水量

按设计规范考虑灭火用水量[10]，数据见表 3。

表 3 高压细水雾灭火系统用水统计情况

	高压细水雾灭火系统
灭火用水流量/（L/min）	300
火灾持续时间/h	1
总用水量/m^3	18

2.5.3 系统布置

高压细水雾灭火系统应用在柴发机房及其配套房间，共 18 个防护区，均采用开式细水雾喷头，系统设置四台主泵，三用一备，设置两台稳压泵，一用一备[8]，区域控制阀采用电动阀，系统管道工作压力满足 16MPa[9]，火灾发生后火灾自动报警系统按照预设逻辑动作，确认现场火情后[9]，将控制信号发至相应的保护区并打开阀门及高压细水雾加压泵向管网供水，喷头喷水，达到灭火效果。

3 室外给排水及消防水系统

3.1 室外给水

室外给水主要是绿化使用，采用市政双路水源直供，给水主干管沿园区道路环状布设，采用承插式球墨铸铁管，给水管道管径不小于 *DN*300，水压不小于 0.30MPa，需要重点注意管道发生泄漏，不易准确判断漏水点，应在合理位置设置截断阀门和水表。

3.2 室外排水

室外排水采用雨水、污水分别排入市政雨水、污水管网，根据平面布局统筹考虑，雨水系统采用南、北分区排放方式，分别排入市政雨水管道，生活污水设化粪池、食堂污水设捕油池[10]，集中收集后就近排入市政污水系统。

3.3 室外消火栓系统

室外栓用水接自园区环状给水环网，由市政水直接供给，满足消防压力要求，室外消火栓设计流量 40L/s，火灾延续时间结合现场建筑防火实际，按照 3h 考虑，室外采用地下式消火栓，其设计完全符合 GB 50974 要求，每个室外消火栓的出流量按 15L/s 计算。

4 优化改进举措

4.1 工艺补水

（1）工艺补水系统中要注意市政供水的上游水厂，其规模如果较小，水厂设施老旧，可能存在停水风险的，可以考虑预留突发情况补水装置，比如利用消防水车进行补水，所以建议工艺补水管道可以仿照消防水系统，增加紧急补水口，具备紧急补水功能，即在地下两座工艺水池内各增加一个紧急补水管，接至室外，在室外适当位置设给水接口，用于紧急补水作业，提升了系统补水可靠性，增强了突发情况下的水源保障能力。

（2）加湿机补水由普通自来水调整为软化水，软化水接自制冷机房软水设备，通过这项改进举措，减少湿膜结垢，增加了设备的使用寿命，减少了维护成本，同时在管井内增设远传水表进行分层计量，便于对用水量进行精准计量，从而更好的对机房湿度进行调控，提高了运维质量。

（3）冷却塔补水以及制冷机房补水增设市政直接补水管路，补水立管在屋面连接，系统成环，当工艺补水发生故障时，此改进措施可以采用市政直接供水，极大地增加了系统供水可靠性。

（4）针对系统中因反复注水，可能造成浮球阀损坏脱落的情况，增加电子液位计和电动阀门，当电子液位计监测液位达到设定位置时，电子液位计连锁电动阀门进行关闭，在此基础上，还建议把补水管道深入工艺水池底部，增加旋流防止器等技术手段，减少补水时水面波动，降低浮球阀损坏脱落风险，确保系统安全性。

4.2 室内排水

（1）在利用既有管道的基础上，调整侧墙式地漏为下排地漏，减少了积水可能性，制冷机房设备基础周围增设排水沟，并根据地漏位置排至室外雨水管网，增加了排水速度，防止因漏水对系统安全造成风险。

（2）在屋面通过排水管对冷却塔泄水进行集中收集，增设污水管，接至室外污水井，减少了环境污染。

4.3 自动喷水灭火系统

（1）喷头安装固定形式，由液体生料带调整为棉麻或固体生料带，便于更换维修，提高系统稳定性。

（2）设置自动喷水灭火系统区域，增强保温封堵，局部增设加热装置，防止在极端天气喷头爆裂。

（3）建议高位水箱间下方不设置信息机房，重点关注高位水箱间地面防水质量和坡度，保证突发漏水情况，地漏能快速排水。

4.4 室外给水

园区管井内机械水表更换为远传水表，同时园林绿化中水总干管阀门井增加远传水表，信息传输至 ECC，水表前阀门同步更换，便于对用水量进行精准计量，从而更好的对机房湿度进行调控，提高了运维精细化水平。

5 结语

本文通过对中国铁路主数据中心给排水及消防水系统探讨，在运行安全的原则下，对存在的问题进行优化改进，数据中心给排水及消防水系统具有民用建筑的给排水及消防水系统方面的普遍性，也具有其特殊性。因此，在以后铁路行业建设数据中心时，更应注重在安全的前提下规避相关风险，建设出高水平的数据中心，为铁路“十四五”时期推进大数据应用战略，信息化建设水平进一步提升作出贡献。

参考文献

[1] 中国铁路总公司关于铁路工程建设信息化推进工作会议纪要［J］. 铁路技术创新，2014（02）：93-95.

[2] 施卫忠. 铁路数据中心建设与规划研究［J］. 中国铁路，2021（01）：1-7.

[3] 高明星，刘忠东，李淳，等. 中国铁路主数据中心基础设施运维风险管理研究［J］. 网络安全技术与应用，2021（11）：128-129.

[4] 机电工程专业一级注册建造师继续教育工作座谈会及《超高层建筑机电工程施工技术与管理》等三本书发布会在珠海举行［J］. 安装，2016（02）：21.

[5] 许静. 小型铁路旅客站房的消防系统设计探析［J］. 安徽建筑，2022，29（03）：153-154.

[6] 第三届中国建筑学会建筑设计奖（给水排水）优秀设计工程实例［J］. 给水排水，2014，50（11）：170.

[7] 王丹晖. 高层建筑消防给水系统应用探讨［J］. 消防科学与技术，2016，35（09）：1267-1269.

[8] 白静. 浅谈高压细水雾灭火技术在综合管廊消防的应用［J］. 智能建筑与智慧城市，2018（04）：36-37+40.

[9] 涂超. 某医院项目给排水消防设计的探讨［J］. 门窗，2019（11）：123.

[10] 陈天琪. 数据中心给排水消防设计与调研分析［J］. 给水排水，2022，58（S1）：332-335.

智慧消防

三维建模技术在消防工作中的应用探析

熊　栋[1]　廖晗玉[2]

（1. 怀化市消防救援支队，湖南　怀化；2. 深圳北理莫斯科大学，广东　深圳）

摘　要　本文介绍了近些年兴起的无人机倾斜摄影和三维激光扫描等三维建模技术，并立足消防实际工作需要，将三维建模技术应用于预案制作、灭火救援、火灾调查中，贯穿火灾发生发展全过程，有效填补了消防重点单位三维数字化预案空缺，为火灾扑救决策指挥提供科学依据，为火灾事故还原提供技术支撑，最大限度提升消防工作科技含量和技术效能。

关键词　智慧消防　三维建模技术　数字化预案　灭火救援　火灾调查

1　引言

近年来，我国社会经济快速发展，社会致灾因素显著增多，老百姓法制意识日益增强，消防工作面临的新问题不断出现。在火灾发生后，防控手段是否精准、工作措施是否合理、灭火救援技战术是否有效，公共消防设施是否完备、火灾原因是否清楚等都将面对社会和百姓的考验。工作中一旦出现偏差，导致灭火救援决策失误、火灾原因认定不准确，往往会引发上访、信访和重大舆情事件。为解决消防工作中存在的火灾现场环境恶劣、照片拍摄不全面、预案制作不直观、案卷资料易丢失等现实问题，传统的灭火救援手段和火灾调查方式已不能满足实际工作需求。随着基于无人机倾斜摄影与三维激光扫描技术研制开发的三维建模技术日益先进，人们可以借助计算机对灾害现场的时间和空间信息进行精准采集从而实现对灾害现场的实景还原，为灭火救援指挥提供有价值的决策参考，为开展火灾事故调查提供强大的数据支撑，极大地促进了消防救援队伍智慧消防的快速发展。

2　三维建模技术介绍

2.1　无人机倾斜摄影技术

无人机倾斜摄影技术（Oblique Photography Technique），是近些年在国际和国内的摄影和测绘行业兴起的一项新型技术，它解决了传统正射影像只能进行垂直拍摄的问题，借助无人机配置相机镜头，立足于一个垂直、四个倾斜、五个不同的角度对影像予以同步精准采集，由此搜集到完整的、分辨率极高的建筑物顶面纹理和侧面纹理。该技术具有以下显著特点：（1）内容采集全面。无人机飞行高度低，相邻影像间航向重叠度和旁向重叠度高，机载镜头可以立足于不同的视角全面采集物体的顶面影像数据和侧面影像数据，可以更为丰富而全面地表达影像内容；（2）自动化程度高。将预先编好的程序组写入计算机软件，在程序控制下，计算机可以连续、自动地完成影像匹配、模型搭建、数据拼接等工作，通用性强，人工干预较少；（3）建筑纹理清晰。无人机倾斜摄影技术通过对特定区域进行多角度拍摄扫描，选择多镜头拍摄获取数据，可以同步展现物体的正面纹理与侧面纹理，生成实景三维模型以及正射图像，真实反映建筑物和灾害现场全局态势；（4）综合成本小。无人机倾斜摄影技术在三维建模与数据采集领域最突出的优势是效率高，借助飞行载体可以快速采集影像数据，实现全自动化的三维建模，从而减少时间和人力成本。无人机倾斜摄影技术在数据采集过程中，会通过GPS和惯导系统自动记录拍摄照片的空间位置和角度形态，包括航高、航速、航向和旁向重叠、坐标等参数。通过多视影像的地表物体的同名点坐标实现密集匹配，借助计算机软件予以高效处理后得到密集点云，在此基础上创建不规则三角网。最后，借助三维建模软件结合高精度的位置与姿态测量系统（Position and Orientation System，简称POS）和地面全球定位实时动态（GPS-Real Time Kinematic，简称GPS-RTK）获取控制点数据达到三维重建的效果，工作流程图见图1。

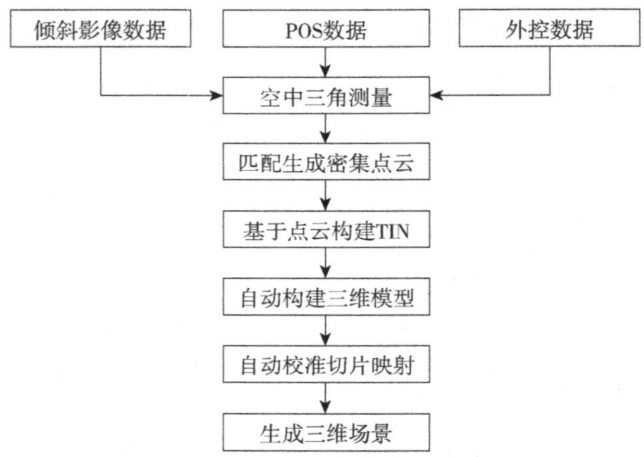

图1　无人机三维建模工作流程图

综上所述，无人机倾斜摄影技术一方面可以展现物体的实际情况，精准地采集物体的相关纹理信息，另一方面可借助定位、融合、建模等高级技术，创建还原度极高的三维城市与建筑物模型，见图2。

作者简介：熊栋，男，硕士，怀化市消防救援支队，中级专业技术职务，主要从事火灾调查工作，湖南省怀化市东环路怀化市消防救援支队。

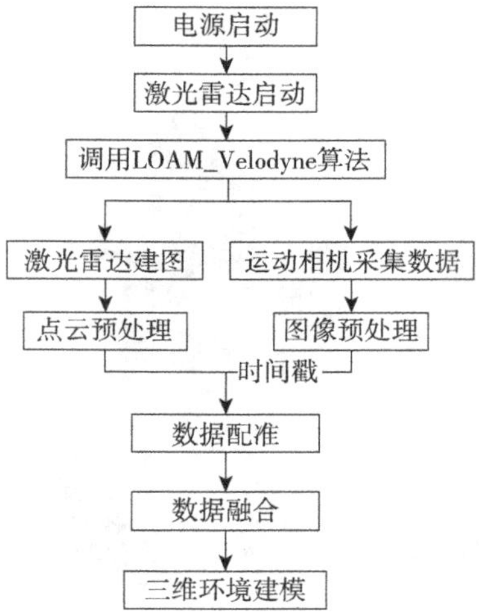

图 2　无人机建模飞行图

2.2　三维扫描技术

三维扫描技术是指集光、机、电和计算机技术于一体的一种快速测量建模技术，主要通过激光反射对物体的空间外形和结构及色彩进行扫描，以获得物体表面的空间信息。最早应用于机械产品设计的逆向工程。随着技术水平的进步，三维扫描在记录物体乃至大场景信息方面快速、准确、易用等优势越加明显，其在地质勘察、考古、医疗检查、建筑设计、火场勘验、刑事侦查等领域都有广泛应用。常见的三维扫描方式可分为结构光扫描和三维激光扫描。

（1）结构光扫描测量法，指的是把光栅不间断地投射至物体表面，通过摄像头对图像予以同步精准采集，计算机合理计算图像，同时借助相位稳步极线得出两个图像对应的三维空间坐标（X、Y、Z），从而实现对物体表面三维轮廓的测量。该方法具有测量精度高，操作要求低，学习使用简单等优点，但扫描操作距离较短，不满足大空间测量使用的要求。结构光扫描按照扫描方式还可分为线扫描和面扫描。

（2）三维激光扫描法，是通过主动发射激光，同时接受由被测物表面反射的信号从而进行测距，在已知测量点空间坐标的情况下，就可得出每一个扫描点的空间坐标。相较于结构光扫描测量法，三维激光扫描法具有扫描范围大、扫描距离远和对被测物光学特性要求低的特点，尤其适合大场景和户外扫描。工作流程见图 3。

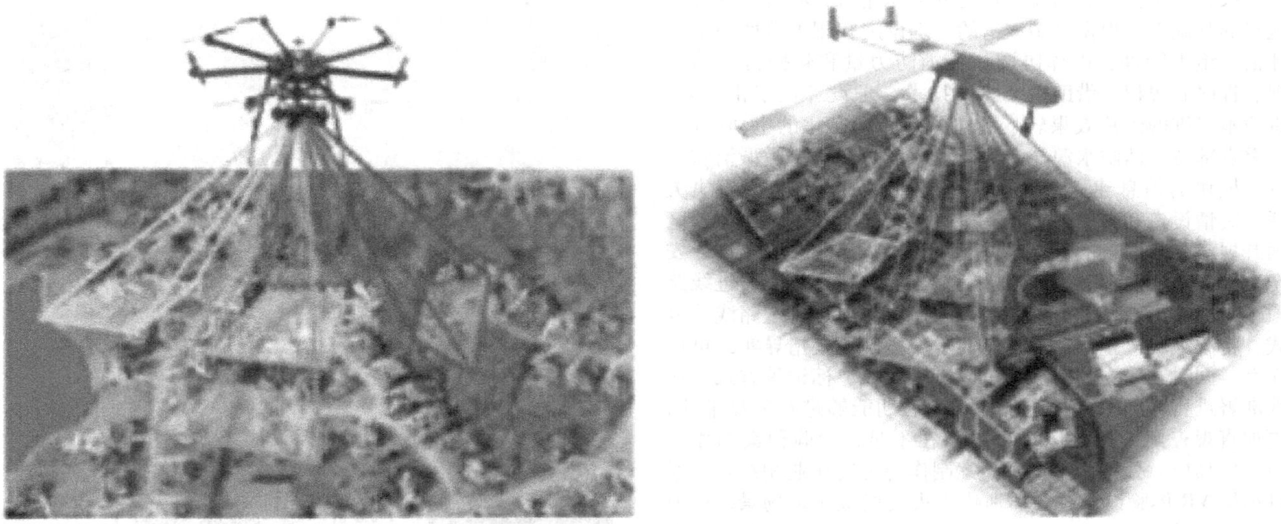

图 3　三维激光扫描工作流程图

相比传统的照相、录像或绘图等火灾现场记录手段，三维扫描技术有着无以比拟的优势：一是现场信息记录完整。通过激光扫描技术可完整地记录整个火灾现场信息，做到信息无遗漏、数据无差错，避免人工记录信息出现错误的情况；二是空间逻辑关联性强。传统的照相技术中，照片与照片之间相互独立，逻辑关联性差，而三维扫描技术可全方位、多角度记录火灾现场的每处细节，身临其境般地观察现场物品和火灾痕迹；三是工作效率高。利用三维激光扫描技术扫描现场，获取建筑物信息和现场全景照片，并利用户型结构快速生成标准的现场平面图，减轻基层工作负担，提高勘验效率；四是操作环境实用性强。在弱光照，甚至无光照环境下三维激光扫描技术可通过高动态光照渲染（HDR），提高影像亮度和对比度的处理技术，丰富细节色彩，实现灰度扫描。即使在有毒或有爆炸、倒塌危险的现场可使用无人机、无人车等载具进行即时扫描（见图 4），快速掌握现场情况。

图 4　三维激光扫描建立模型

3　三维建模技术在消防中的应用

3.1　三维建模在预案制作中的应用

灭火救援预案的制作是在充分考虑建筑、场所或者灾害地点的基础上，根据典型灾情的合理设定和相关负面因素的评估，组织管理、指挥协调相关消防力量和救援行动的计划、程序和规程。借助三维建模技术合理设计数字化预案，将原本二维的图片效果转变为可视化、动态化的生动图像，将重点部位、消防水源、消防车辆、消防装备、微型消防站等子模块的信息建立录入和数据储存、图片录入、模块关联、灾情设定和力量部署，有效应用于消防救援人员在营区内开展身临其境般的重点单位建筑结构、消防设施布局、安全疏散线路等内容熟悉。通过图上车辆位置摆放、行进线路模拟，战斗人员任务分工明确到人，协同配合行进路线等方式，将灭火救援预案通过动态演示，提升预案指导实战可操作性。同时在建立的模型中可以借助视频、标记等方式对作战部署进行详细的全程记录，以便后期能够进行复盘推演，更加直观查摆灭火救援过程中存在不足，检验预案制作能力，提高应急处置水平。将预案制作与想定作业相结合，通过运用 VR 体验设备，分类别建立火灾虚拟实训场景，让消防救援人员在趋于实际环境的条件下及时而准确地判断突发灾情，快速提升消防救援人员在灾害现场的应急处置能力。当辖区建筑发生了火灾，消防救援人员能够在第一时间启动灭火救援数字化预案，及时了解建筑平面的具体布局、安全出口分布位置、建筑消防设施分布情况等相关数据，同时可参照现场报警人所提供的信息了解灾情的基本情况，借助系统合理判断灾情的发展趋势，设计科学可行的辅助策略。在进行灭火救援的过程中借助灭火救援数字化预案，将调度指挥所需车辆、人员、水源、预案、重点单位、消防设施、三维地图、街景地图等全要素、全过程在地图上显示，消防救援人员可以直观掌握火场动态，动态标注作战意图、战斗任务、力量部署等作战指挥要素，实施立体化督战指挥[1]。模型见图 5。

无人机飞行航线图

无人机点云分布图

无人机模型图

图 5　数字化预案建筑模型

3.2　三维建模在灭火救援中的应用

消防救援队伍改革转隶之后，职责使命从传统的灭火救援向全灾种、大应急转变，消防救援队伍所面临的应急救援任务和灾害事故越来越多，考虑到各种未知、无法控制的因素，消防救援人员必须及时掌握灾害现场情况[2]，设计合理可行的应急救援策略，不断提升自然灾害监测预警水平，有效增强指挥调度的研判能力，确保灭火救援行动圆满完成。近年来无人机倾斜摄影三维建模技术发展迅速，灭火救援处置现场可通过倾斜摄影来获得三维影像和正射影像进行3D实景建模，具有高效率、高精度、地理定位精准等优势，可最大限度地还原地面上有一定体积的物体，全面显示灾情，快速提供灾情信息，有效辅助灭火和应急救援工作开展。这项技术在近些年的消防应急救援中都得到了广泛应用，为现场指挥部决策提供了准确数据和作战参考。2014年8月3日，云南省昭通市鲁甸县发生6.5级地震，造成617人死亡，3143人受伤，直接经济损失4.6亿元。国家测绘地理信息局组织技术人员连续作业，借助无人机制作与现场1：1的三维实景模型及三维动态视频，模型中可清晰判断出房屋损毁、道路受阻、山体塌方、水位上涨及堰塞湖等情况，供专家决策使用。2015年8月12日位于天津市滨海新区天津港的危险品仓库发生火灾爆炸事故，该事故造成165人死亡、直接经济损失68余亿元。在范围极大的危险化学品爆炸区域内毒气蔓延、有二次爆炸危险，救援人员无法进入。此时无人机发挥了重要作用，不仅能够进行火情侦察，而且能够对事故现场进行倾斜摄影，第一时间创建科学精准的三维现场模型，为制定科学的救援方案提供参考，避免次生灾害带来人员伤亡。2015年12月20日，位于深圳市光明新区的红坳渣土受纳场发生滑坡事故，造成73人死亡，17人受伤，33栋建筑物被损毁、掩埋，直接经济损失8.81亿元。国家测绘地理信息局及时借助无人机创建了灾害现场三维立体模型，通过该模型专家能够身临其境般地感受房屋道路的具体受灾情况，为后续制定切实可行的救援方案给予了有价值的技术参考。2018年10月11日凌晨，西藏昌都市江达县发生山体滑坡，致金沙江断流，形成堰塞湖，淹没了连通灾区的桥梁和居民田地，对当地居民的生命和财产安全构成了极大的威胁。现场通信人员借助无人机对金沙江堰塞湖进行还原度极高的三维建模，有助于准确分析灾情、及时泄流和转移群众，确保人民群众和救援队员生命安全。无人机模型图见图6。

图6　无人机模型图

3.3　三维建模在火灾调查中的应用

火灾事故现场具有场景大、破坏严重等特点，因此过火面积巨大、建筑物结构坍塌破坏严重、空气中弥漫的浓烟与毒气，都对火灾调查带来了巨大挑战。使用三维建模技术将高分辨率全景照片与三维点云数据融合处理，以全景+三维的形式1：1重建现场，实现随时查看、浏览、提取、测量相关火场信息，适用于火灾事故调查的案情研究、事故模拟、案例复盘、工作汇报等场景，是分析研究火灾发生、蔓延以及相关人员活动等情况的重要手段。近年来，三维建模技术在全国各类有影响的火灾中得到了广泛运用。2018年1月，某地化纤厂发生重大火灾事故，仅单层过火面积就达到2万m^3。现场火情持续1周多，建筑烧毁严重，楼梯严重变形，温度极高无法靠近。采用三维激光扫描仪，采集21个站点，又搭载“消防智能坦克车”采集中心区域两个站点，自动合成现场三维空间模型，辅助现场事故调查组，分析出起火部位和由于电动车充电自燃的起火原因。2021年4月，某工厂发生爆炸，受到爆炸冲击屋顶冲破，室内一片狼藉。采用无人机将火灾现场外围情况进行全景采集，获得鸟瞰图；利用三维激光扫描仪进行室内区域采集，获得三维点云及全景数据，自动生成720度内部现场模型，并通过软件制作起火建筑内外一体融合模型，直观浏览火灾事故内外现场和过火情况，同时在模型中可截取着火点及其他任意区域高清照片，可以在不进入现场的情况下实现专家远程勘验、集体会审研究等功能。三维扫描模型图见图7。

(a) 外围情况

(b) 720度内部现场模型

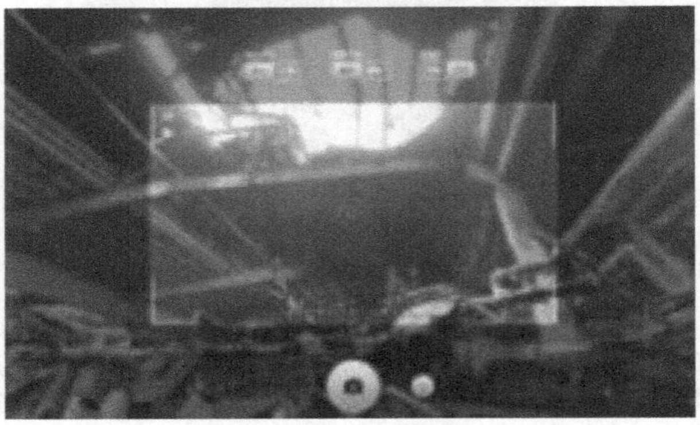

(c) 着火点在现场所在位置

图7　三维扫描模型图

4　结束语

笔者根据自身工作经验，紧贴消防实际工作需要，将三维建模技术应用于预案制作、灭火救援、火灾调查中，贯穿火灾发生发展全过程，创建可视化、立体化、数字化的先进三维实景模型，在模型当中设计科学可行的数字化预案、实施可视化指挥，重新展现火场情景，准确研判并科学评估现场灾情，确保科学备战、安全救援、精准调查，给领导的辅助决策提供了可靠的数据依据，提升了消防救援队伍对火灾事故的快速反应和综合调查处理能力。

参考文献

［1］董秋根．基于大数据技术的“智慧消防”应用体系研究［J］．消防技术与产品信息，2018-04-20.

［2］崔建华．无人机三维建模在消防应急救援中的应用探析［J］．数字通信世界，2020-10-01.

关于智慧消防推广应用工作中的几点思考

林　楠

（潍坊市消防救援支队，山东　潍坊）

摘　要　近几年，“智慧消防”建设工作在国内各地纷纷展开。利用物联网、大数据、云计算等高科技信息化手段创新消防安全管理新模式，提高火灾防控的科技化水平，进而推动城市消防安全管理水平具有重要意义。本文通过分析“智慧消防”在推广应用中面临的问题，通过实地考察调研湖北、贵州和山东部分地区的先进经验做法，对各地智慧消防推广应用工作提供参考。

关键词　智慧消防　智慧城市　推广应用　信息化

1　引言

近年来，随着经济社会和城市城镇化建设的快速发展，全国各地新建了大量的城市综合体、宾馆、饭店、医院等大型公共建筑和高层住宅小区，建筑物的复杂程度、火灾荷载和火灾危险性都在不断增加，消防安全面临的形势日益严峻。而社会公共消防基础力量仍然薄弱，监管对象点多面广，给消防安全工作带来了巨大压力。在当前形势下，创新消防管理模式，充分利用先进的科技手段，提升消防工作的服务理念和效率，是当前各地面临的重大挑战。2017 年 10 月 10 日，公安部消防局发布了《关于全面推进“智慧消防”建设的指导意见》，要求加速实现消防服务向智能化转型升级，提出了“智慧消防”的重点建设任务和工作目标，成为各地建设“智慧消防”的指导性文件。随后，全国各地纷纷试点开展“智慧消防”建设工作，将“智慧消防”建设融入“智慧城市”发展，并在社会单位中广泛推广应用，取得了一定的成绩。

2　智慧消防的概念和意义

智慧消防是以公众消防安全需求为基础，在人工智能的基础上，利用互联网、物联网、大数据、云计算以及空间地理信息等平台进行数据采集和资源共享，对数据进行整合分析，实现城市消防数据智能化。智慧消防是一个数据收集、数据分析、数据预警、精准指挥、执法服务、优化反馈的闭环系统过程。建设智慧消防，融入智慧城市，是适应数据时代的必然要求。当前信息化主导的社会是大数据时代，智慧

作者简介：林楠，男，山东昌邑人，山东省潍坊市青州市消防救援大队大队长、中级专业技术职务，硕士，主要从事防火监督管理工作。

化已成为当下主旋律。智慧化的管理模式已越来越多地走入到人们的工作、生活、学习中，成为人类社会建设智慧水平的集中体现。同时，智慧消防也是社会单位的现实需要，经济社会的快速发展，造就了更智慧化的企业，更智能化的建筑，更科技化的管理方式。因此，实现高效消防监管、灭火救援需掌握的消防状况、报警状况、社会运行状况、实时警情等数据更庞大、更系统，需要高效的系统数据支持。智慧消防可以为消防部门提供一个动态掌控社会单位消防安全状况的平台，强化了社会单位消防安全宏观监管、重点监管和精确监管能力，同时为灭火救援提供信息支持，进一步提供消防救援队伍的快速反应能力。

3 现阶段存在的问题

3.1 “智慧消防”推广应用缺乏法律依据

《中华人民共和国消防法》第七条规定国家支持和鼓励消防科学研究和技术创新，除此之外，目前国内尚无法律与“智慧消防”建设和推广应用有关的法律规定，2017 年 10 月 10 日，公安部消防局发布了《关于全面推进“智慧消防”建设的指导意见》其中规定的“智慧消防”的费用全部由政府承担，社会单位免费使用，但在各地推广应用过程中，存在众多问题，导致全国各地对“智慧消防”建设的认识不一，重视程度差距较大，未形成综合、全面、系统的建设制度体系。在推广应用过程中，对于政府、部门和单位的权责划分不明确，没有真正把应用“智慧消防”作为落实消防安全责任的重要抓手。

3.2 数据信息标准规范不统一

我国大多数城市在信息产业建设之初，没有针对不同地区、不同行业制定合理的规划，国内也没有统一的建设标准、管理法规以及运行平台，未对多部门、多行业、多领域如何统一规范数据标准，如何协调彼此之间的消防信息互通共享进行具体规定，导致“智慧消防”建设实践中出现数据孤岛、信息不畅等现象，存在不同程度的数据壁垒，严重阻碍了社会消防安全治理能力的提升，大大降低了消防安全管理的协同应急能力。

3.3 缺乏专业性人才，推广应用能力不高

人才建设是智慧消防建设中的重中之重。智慧城市系统应用时间较短，导致大部分城市对物联网、云计算等技术运用缺乏足够的意识，难以推广。消防队伍内部懂计算机技术的人才较少，对计算机知识掌握不够，无法达到较高的应用水平，对智慧消防缺乏全面的了解，因此，人才匮乏是导致智慧消防建设工作进展缓慢的原因之一。

4 部分地区先进经验做法

4.1 强化顶层设计，纳入政府工程。

湖北宜昌市政府将“智慧消防”纳入了“智慧城市”建设范畴，与“智慧城市”同规划、同部署、同建设，并将“智慧消防”建设纳入了政府及职能部门年度责任目标、社会综治考评范畴，有效解决了“智慧消防”建设中遇到的各类问题。宜昌市“智慧消防”系统是基于三峡云计算中心数据环境建设的消防应用系统在“智慧消防”建设过程中，宜昌消防部门只需要向宜昌市智慧城市建设办公室提需求，一切经费、研发、运维等问题均由“智慧办”进行协调解决，“智慧办”将软件开发完毕后直接交由消防部门使用。贵阳市政府将“智慧消防”建设纳入了贵阳市“十三五”建设整体规划内容统筹推进，并在建设初期拨付 7800 万元专项用于消防大数据建设。贵州省政府将“依托综治办成立农村消防工作管理机构，落实人员编制”纳入到与黔东南州政府签订的年度消防工作目标责任书内容，消防部门具体负责业务指导。在村寨防火方面，黔东南州要求村寨的每家每户安装一套“智慧用电”设备，其中，每套 2000 元的设备黔东南政府进行补贴 1800 元，大大降低了村寨用户的使用成本。2019 年潍坊市人民政府办公室下发《关于推广应用潍坊市社会消防安全服务系统进一步加强社会化消防工作的实施意见》，明确政府、行业部门、消防部门、基层组织和社会单位的责任，首次以政府名义推广应用智慧消防平台，落实社会化消防工作。

4.2 强化统筹推进，科学组织实施。

“宜昌现场会”召开以来，宜昌支队进一步优化完善“智慧消防”系统功能，探索构建了以“一平台、两网络、三系统”为核心的“智慧消防”。贵阳支队深入实施“大数据+消防”战略，确定了“云上贵阳·智慧消防”大数据建设“四朵云”的总体规划和“三步走”的建设思路。黔东南州木质连片村寨数量众多，通过数据分析，电气火灾占村寨火灾的 56%以上，依据州情，黔东南支队探索建设了电气火灾监控大数据平台，精准解决电气火灾防控难题。山东潍坊按照“政府主导、部门推动、单位落实”的原则，对各级政府、部门和街道社区和社会单位分别设立账号，分级分阶段推进，依托“物联潍坊”平台，全面推广应用潍坊市社会消防安全服务系统，深入落实消防安全责任制，实现社会消防安全规范化、精细化、智能化管理，

4.3 强化组织建设，科学谋划部署。

宜昌支队主动与宜昌市“智慧办”以及规划、建设、工商等有关部门对接沟通，共同成立了“智慧消防”建设领导小组，并在消防支队设立了办公室，抽调专人专项开展工作，并与多个部门实现信息和数据的完全共享。贵阳支队将“大数据”建设纳入了党委工程，成立了“贵阳消防大数据建设指挥部”，抽调 8 名精干力量脱产参与建设工作，并将“大数据”建设纳入“周交班会”“月行政会”进行统一汇报、统一调度。贵阳支队将“大数据”建设任务落实情况纳入干部定期绩效考评办法运用，作为干部考评、表彰奖励、晋职晋衔和评先评优等方面的重要依据。潍坊支队专门成立智慧消防建设办公室，并聘请第三方机构 24h 值班值守，各大、中队也均确定了一名数据员具体负责“智慧消防”建设工作，每日开展网上巡查和隐患跟踪督促整改。

4.4 强化技术支撑，优化救援水平。

宜昌支队组织研发的 E+119 警情处理云平台，潍坊支队研发 119 微信报警功能，发现火灾后可以利用手机一键报警，可利用手机微信的位置共享功能自动获取发生火灾的地点，系统自动通知消防指挥中心和附近的专职消防队、微型消防站等，自动生成打印出警单，大大缩短了报警和力量调派时间。群众还可以通过手机将语音、文字、照片、视频等发送到 119 平台，便于消防队员到场前及时了解掌握火场信息。消防支队可以通过火灾现场附近的城市监控了解火灾现场情况。每辆消防车均配备了一部平板电脑，依托大数据系统，可实时掌握城市交通情况，系统自动选择最佳路线前往火灾现场，大大提高了灭火救援效率。

4.5 坚持政府主导，网格化实质运行。

宜昌市政府专门成立了社区网格管理监管中心（副县级

机构），各县市区和镇街均成立了网格管理中心，社区（村组）成立了网格管理站，实现了对网格工作的统一管理。全市共有1.1万余名网格员，均由市综治办面向社会统一招录，专门负责对经营性场所和居民家庭户开展“消防、工商、治安、城管”等多个领域的信息采集、隐患排查、法规宣教和应急处置工作。网格员工资由市、县财政按比例全额保障，并统一缴纳社会保险，网格员每天对所管辖的单位和家庭开展巡查，发现消防安全隐患利用APP通过手机拍照上传至“宜昌市民生矛盾化解平台”，“平台”自动向相关责任人员推送短信，进入处理流程，隐患整改完毕后由网格员进行复查，并将复查结果拍照上传。市综治办制定了详细的网格员考评细则，由各职能部门每月对网格员的工作进行打分评价，汇总的评价结果作为绩效工资的重要依据，进一步调动了网格员的工作积极性，促进网络化工作实质化运行。

5 启示和建议

（一）推进“智慧消防”建设工作必须依托政府主导。宜昌市“智慧消防”系统关联了交通、住建、人口、气象等20多个城市部门信息数据库，实现了信息交换共享，贵阳支队主动对接政府，紧紧依托“云上贵州”大数据平台开发建设“云上贵阳·智慧消防”系统。潍坊市“社会消防安全服务云平台”已全面接入“物联潍坊”平台，实现与26个部门数据互联互通，他们的经验告诉我们，推进“智慧消防”建设工作，消防部门绝不能单打独斗、另起炉灶，必须将“智慧消防”建设纳入综治平台和“智慧潍坊”建设总体框架，依托综治网格统筹推进紧紧依靠政府落实人、财、技保障。

（二）推进“智慧消防”建设工作必须强化组织建设。“智慧消防”建设要取得成效，必须有强有力的组织推动和执行力。在推进“智慧消防”建设工作初期，成立领导小组，下设办公室，抽调专人专项开展建设工作，聘请或吸收具有计算机、物联网专业的人才具体负责，或者充分利用市场化运作，与研发公司建立长期合作关系，吸收当今先进的科技化手段，结合消防专业化需求，不断更新完善功能模块建设，打造专业、高效的信息化平台

（三）推进“智慧消防”建设工作必须做好沟通协调。开展“智慧消防”建设在做好与当地政府沟通协调的同时，还要做好上级业务部门的对接工作。统一数据交换标准，确保数据资源联通、共享，避免出现方向错误，造成资源浪费。当前全国有关“智慧消防”建设的信息公司众多，在确定建设需求，与信息公司开始合作共建前，充分做好沟通交流工作，避免出现重复建设和投资浪费。

（四）推进“智慧消防”建设工作必须坚持务实创新。当前，大数据、云计算、物联网等信息技术迅猛发展，“智慧城市”系统建设也尚在初期，在求真务实地干好本职工作的同时，我们也要抓住机遇，开拓进取，积极借助先进技术手段大胆进行实践。要学会跳出传统观念、打破制度藩篱：贵阳支队积极应用“智慧消防安全服务云平台”加强对社会单位的监管，评价结果在日常工作中得到应用。如云平台发现的隐患及时推送到单位的消防安全管理人和责任人手机中，由单位自行整改。消防监督员根据平台的定期评价结果制定监督抽查计划，对运行状况较差的单位加大监督检查的频次重点检查。

参考文献

［1］岳清春．“智慧消防”视域下的社会消防安全管理研究［J］．消防科学与技术，2020，39（1）：126-129.

［2］万里，封智韬．智慧城市与智慧消防的发展与未来［J］．今日消防，2019（03）：54-55.

［3］杨玉宝．智慧消防建设现状及发展方向［J］．消防技术与产品信息，2018，31（11）：47-49.

［4］赵平．基于物联网技术的智慧消防建设［J］．智能安防，2019，18：83-84.

消防行业智能制造现状及发展趋势研究

唐树维

（广东省广州市天河区广东消防救援总队，广东　广州）

摘　要　本文主要探讨消防行业智能制造现状及发展趋势。随着物联网、大数据、云计算等技术的发展，智能制造在消防行业的应用也更加广泛。本文从消防装备、消防系统、灭火救援等多个领域分析消防行业智能制造的应用现状，同时也探讨了消防智能制造领域面临政策、人才、技术等方面风险挑战，分析智能制造背景下行业标准化、个性化、实战化、数字化的发展趋势。本文旨在提供对消防智能制造发展趋势的深入了解，以便智能制造在消防行业的深度应用，为消防行业转型升级提供更多的可行性思路。

关键词　消防　智能制造　消防装备　转型升级

1 引言

智能制造的概念具有多层次、多维度的内在复杂性，《中国智能制造发展规划》中对智能制造的定义体现了新一代信息通信技术与先进制造技术的深度融合，这种制造模式贯穿于设计、生产、管理和服务等各个环节，具备自感知、自学习、自决策与自适应等特性。美国和德国等发达国家在智能制造的理解上聚焦于制造流程中数据的高效采集、精准处理与深度分析能力，二者本质都是在数据驱动下实现制造业的智能化转型。

随着新业态新能源产业的快速发展，群死群伤及具有重大社会影响力的火灾事故频发，消防安全形势日趋严峻。传

作者简介：唐树维，男，广东省消防救援总队组织教育处三级助理员。

统的消防行业体系难以有效应对当前火灾态势的复杂变化，迫切需要加速智能技术在消防领域的渗透与应用，推进消防行业的信息化、数字化与智能化转型。智能技术在消防装备的智能化、指挥调度系统的优化以及火灾预防等方面已经应用十分广泛，进一步提升消防行业的智能制造水平有助于实现精准决策响应，降低火灾事故造成的损失，提高救援行动的效率。

本文旨在深入剖析智能制造在消防行业的应用现状，揭示当前阶段所面临的挑战和制约因素，探讨消防行业在智能制造驱动下的发展趋势的同时，为我国消防行业智能化发展提供可参考的意见建议。

2 智能制造背景下消防行业的应用现状分析

2.1 消防设备领域智能化进展

智能制造技术在推动消防装备智能化升级中起着至关重要的作用，通过信息化技术与制造技术的深度融合，有效增强了消防装备的自我诊断、自我学习和适应复杂环境的能力，使设备具有更强的灵活性和有效性。物联网技术的应用，能够对设备的状态进行全程跟踪、监控数据实时更新，实现设备远程操控、精细化管理；大数据分析则可以基于对建筑业态数据的翔实分析，优化接处警系统的智能调度；而人工智能技术的嵌入，消防装备的自主性和环境适应性得到显著提升，如提高火源定位精度、火情侦察可靠性等，可提供更加精确高效的战术性辅助决策。此外，消防装备的个性化定制和适应性改进也在智能制造技术的推动下得以实现，目前智能化设备已在火灾预警系统、自动灭火装置、远程监控和消防控制系统等多个消防设备分支领域得到广泛应用，应急响应处置的准确性明显提升。

2.2 消防系统一体化设计

智能制造技术在消防领域的应用实质上为消防系统构筑了一个集成化的智能中枢，通过对数据的有效采集、可视化呈现以及远程操控机制，促进了消防设施的整体联动设计与精细化运维管理，进而显著提升了消防安全效能。在火灾报警系统中，将感烟探测器、感温探测器、手动报警按钮等多元传感元件进行集成联动，确保火警信息及时捕获、直观展示和迅速传达，并根据预先设定的程序逻辑，同步触发喷淋系统、防火卷帘等自动消防装置的响应动作，在火灾发生初期起到抑制火情的目的。同时，在消防系统中植入智能化设计理念，内部消防设施与辖区消防指挥中心通过通信技术实现实时联网，一旦发生火警能够第一时间启动应急预案，向救援力量快速传递报警信号，确保火灾发生初期能够快速反应、协同救援。

2.3 灭火救援工作智慧化实践

新形势下灭火救援工作中面临的挑战呈现多元化发展趋势，救援装备的技术局限性、人员实时状态信息的缺失等因素加剧了灭火救援任务的不确定性与危险程度。不过，随着、智能制造技术在灭火救援领域的深入渗透与广泛应用，显著提高了消防救援工作的效能和执行质量。通过集成应用智能消防电源监控系统、无人机遥感监测以及智能单兵穿戴设备（如智能头盔），能够实现对火灾动态的精密预判，精确追踪定位救援人员的位置信息，全面实时地掌握火场实况，极大降低消防救援人员在执行任务过程中的危险性。基于大数据构建的智慧消防装备调度系统，通过整合区域内的消防资源信息，实现消防装备性能与数量的智能集成管理与调度优化，这有助于精准匹配火情所需的救援力量，避免不必要的重复调度，确保灭火救援行动设备资源充足，显著提高火灾应对的调度精确度和救援效率。

3 消防智能制造面临的风险与挑战

3.1 政策标准体系不健全问题

尽管智能制造技术为消防智能化带来了显著进步与广阔发展空间，但消防智能制造进程却在很大程度上受限于现有政策标准体系不完善的现实问题。目前已经初步构建了涵盖消防数据元素、应急通信装置、信息交换平台、消防指挥决策支持以及物联网远程监控等诸多领域的信息系统，但此类标准体系大多集中于基本信息层面的规范，而对于消防设备和系统产品标准、核心技术标准的建构则相对滞后，尤其是关乎基础共性、互操作性和信息资源共享等方面的标准缺位尤为突出，难以有效支撑消防业务在实际应用的标准化和现代化运作。因此，在切实保障消防安全与信息安全的前提下，如何充分挖掘并利用智能制造技术的优势，推动消防行业的标准化和智能化升级，是当前亟需解决的核心议题。

3.2 消防智能制造人才短缺困境

根据全球智能制造发展评估报告显示，我国相较于美国、日本等制造业强国，在智能制造领域的整体表现尚存在显著差距。行业内部分析表明，电气机械、仪器仪表、汽车制造以及工业自动化等行业对智能制造专业人才的需求极为迫切，人才资源更多集中在一线城市如北京、上海、广州、深圳以及新兴一线城市如南京、武汉等地。截止至2023年，我国智能制造领域的人才供需矛盾凸显，人才缺口高达两千余万。特别是在消防行业，尽管对一线救援与消防监督人才的需求得到了广泛关注和重视，但对智能制造领域科技人才和技术人才的引进与培养却未能给予足够关注，导致资源配置上的结构性失衡。消防智能制造相关的高层次技术人才主要集中在消防科研机构、应急救援指挥中心以及消防装备制造企业中，高素质、高技能人才的严重不足，人才引进机制、培养模式在应对智能制造技术快速迭代的现实情境中暴露出明显的滞后性和局限性。

3.3 核心技术转化效率低下的现实

基于我国消防行业当前的智能化建设实践，尽管智能技术已经在消防救援与安全监管领域取得了一定成效，但依然存在着数据碎片化、质量低下，消防管理信息化程度不高等关键问题，这些瓶颈严重影响了智能技术在消防领域的全面有效应用与转化效率，导致核心技术潜力未能充分挖掘并有效转化为实战效能。比如，消防监督管理方面，由于缺乏大数据、物联网等核心技术的有力支撑，消防设施的在线监管力度不足，常常出现设备“脱保”等安全隐患，加剧了因监督管理不到位而导致的重大火灾事故风险。在灭火救援实战环节，缺乏对现场信息的实时、准确把握，指挥人员往往难以获取火场的准确信息，进而影响了灭火救援行动的科学决策与高效调度。

4 消防智能制造行业发展趋势

4.1 标准化导向下消防行业转型升级加快

智能制造技术有利于推动消防产业链全面升级与智能化转型。政府在其中将扮演关键角色，应联合业内的权威专家与各大领军企业，共同构筑涵盖产品和工艺在内的系列技术标准，加强消防产品生产过程的质量与工艺技术管理，以完善的消防制造领域的行业标准体系，促进消防产业向智能化与规范化迈进。随着消防行业标准化体系的成熟完善和消防职业化、专业化建设的深化，消防企业将成为消防应急救援技术创新和公共服务安全保障方面的核心载体和重要驱动力量，能够更精准地捕捉到行业发展的战略指向、技术前沿和瓶颈问题，围绕这些关键点展开有针对性的科研攻关，提供更具针对性和前瞻性的技术解决方案，为维护社会公共安全作出更大的贡献。远程监控、物联网监测、电气火灾监控等信息化技术的深化研究与广泛应用，有效破解数据孤岛和信息壁垒问题，进一步推动消防队伍、生产企业和研究机构之间的紧密协作，构建起一体化、开放共享的消防创新发展生态系统，促进消防行业在智能化、标准化轨道上的稳步前行。

4.2 消防设备制造性能与定制化服务水平提升

智能制造技术的引入与发展为消防设备制造行业开启了高性能与个性化服务的新篇章。这一变革不仅有助于提高消防救援设备的技术含量和效能表现，更有望打破我国对进口消防车辆器材的过度依赖，实现消防装备性能和效率的显著飞跃。鉴于火灾态势的复杂多样性和灭火救援任务的艰巨性，消防实际需求对设备实用性和适应性向更高层次迈进。智能制造应用于消防装备领域，通过对灾害事故的深入解析和实战应用场景的细致考量，对消防装备的设计和生产进行精准定位，根据火险发生的多样化场景和消防队员的实际操作需求，提供与实战相吻合的消防装备产品，满足消防队伍在火情预防、初期扑救以及紧急救援各环节的真实需求。以用户需求为导向，把智能化元素融会贯通于定制化服务之中，既能有效提高消防装备的实战性能，又能在最大程度上减少火灾事故造成的人员伤亡和经济损失，对消防行业发展起到有力的促进作用。

4.3 现代化作战编成体系实战应用广泛

现代化作战编成集人员配置、车辆调度、装备集成、技术保障和指挥协调等多项关键要素于一体，是高效应对各类灾害事故的新型救援作战模式。这种模式与智能制造技术的融合应用，推动编成高度集成、模块化、智能化，反应速度和实战效能显著提高。智能制造技术催化消防训练体系的方法革新，按照“实战化、全域化、信息化”训练标准，在日常训练中融入实战任务定制的技术战法和现代化作战力量，有效提升了消防员实战能力水平。在人与装备协同作战方面，智能制造技术通过无人机集群协同侦查、消防机器人编组攻坚、空中支援与指挥调度一体化，形成了立体化、网络化的作战体系，消防救援队伍整体作战效能和快速反应能力明显增强。

4.4 数字化辅助决策与信息共享平台构建

在数字化决策与信息共享的背景下，智能制造技术对消防作战指挥调度的赋能显著改变了灭火救援行动的传统面貌，使其从不确定性及不可预知性状态转向了智能化和可视化的高效运作模式。5G 通信技术集成应用于消防员个人防护装备，火场内部的实时情境能够被迅速、完整且精确地传送至指挥部，为灭火救援行动的科学指挥决策提供了有力的辅助。大数据和人工智能等数字技术的应用，系统收集、整理和分析涵盖城市历次火灾事故的火灾类别、地点分布、高发时间段和损失程度等多维度数据信息，通过对数据深度挖掘和模式识别可以揭示火灾事故发生的内在规律，实现火灾事故未来发展趋势的有效预测。此外，通过与路政、交通、水利、气象、医疗等多部门建立协同联动机制，打破了原有消防数据信息孤岛，实现跨区域、跨部门和全过程的消防数据资源连通与实时共享，消防队伍能够准确获取所需的水源位置、道路通行状况和天气信息，为火场抵达路线的选择及灭火救援方案的制定提供了全面翔实的数据支持，大幅提升了消防救援行动的科学性和有效性。

5 推动消防行业智能制造发展的对策与建议

5.1 完善消防智能制造的标准体系建设

为建设有竞争力的智能制造标准体系，保证中国消防智能制造在国际竞争中占有优势，需要政府企业的共同努力。政府在标准体系建设过程中起主导作用，应积极引导，鼓励多方协作，对有关科研单位、高校、消防企业等进行扶持，共同投入消防智能制造标准的研制和规范编制工作中去，鼓励国内企业及专家学者积极参与国际标准化进程，确保满足实际需求的同时，加快与国际标准接轨的进程。企业要采取系统性战略来强化技术和产业生态的标准化优势，促进产学研用一体化的深度融合，以完善的标准化体系来促进消防智能制造的高质量发展和广泛应用。

5.2 加强消防智能制造人才培养与引进

培养与引进高层次消防智能制造专业人才，对促进消防行业智能化发展具有十分关键的作用。在人力资源的配置与选拔上，消防部门应该着重选拔科技型人才，以建立一套完备的智能制造人才培养与激励机制为基础，激发人才潜能和创新激情，从而为消防智能化工作的深入开展打下坚实的人才基础。要加强消防企业、科研单位的高素质科研与技术人才培养力度，强化对现有从业人员的技能培训，通过开展专题培训、技能训练、实战演练等多种形式，提升智能制造领域人才的技术水平和综合素养，确保消防行业能紧跟智能制造技术发展的步伐，推动消防智能化向纵深方向发展。

5.3 提高关键技术自主研发能力和跨领域合作水平

技术研发可以缩减消防救援响应时间，提升救援行动效率，地方政府和消防管理部门应强化消防关键技术的自主研发力度，鼓励并积极推动跨领域、跨学科的深度合作，加大核心技术难题攻关，进一步提升“智慧消防”发展水平。重点要加快启动和落实智能制造相关的重大科技专项项目，加强智能救援装备、智能检测仪器等关键技术装备的研发攻坚。比如，优化设备的自主导航和火源探测等关键功能，实现更精确高效的火情响应，提升设备在复杂和恶劣环境下的耐久性和稳定性。通过积极推动人工智能技术与消防行业的深度融合，形成协同创新效应，以高标准、高效率的技术研发和应用实践，推动“智慧消防”整体效能提升。

6 结语

综上所述，智能制造的发展有利于加速消防行业的信息化数据化智能化发展，但在应用过程中仍面临诸多挑战，因此，要充分发挥消防智能制造在消防救援和安全监管领域的优势，需要政府、消防部门、企业、研究机构和高校的通力合作，进一步提升制度、人才、技术建设水平，积极应对挑战、加强合作，把握智能制造带来的机遇，促进我国消防行业向更高水平发展，更好保障人民群众的生命财产安全和社会和谐稳定。

参考文献

［1］王晶，高杰．智能制造产业标准化发展现状及研究［J］．中国标准化，2024（05）：86-90.

［2］吴雄，李长江，彭定萍，等．智能制造背景下消防设备智能化发展趋势研究［J］．水上安全，2023（16）：67-69.

[3] 王蔚．“智慧消防”现状及发展趋势探析［J］．消防科学与技术，2023，42（07）：1010-1014.

[4] 周巍．大数据时代的智慧消防建设探析［J］．网络安全和信息化，2023（05）：18-20.

[6] 吴雄，李长江，彭定萍等．智能制造背景下消防设备智能化发展趋势研究［J］．水上安全，2023（16）：67-69.

[7] 苏建．探究新型智能化设备在消防救援中的应用［J］．科技资讯，2023，21（09）：111-114.

[8] Xiahai Wei，Feng Jiang，Yu Chen，Wenhui Hua. Towards green development：The role of intelligent manufacturing in promoting corporate environmental performance［J］. Energy Economics，2024，131.

[9] Shah S，Nautiyal H，Gugliani G，et al. Sustainability in Smart Manufacturing：Trends，Scope，and Challenges［M］. CRC Press：2024-03-30.

[10] Park S，Lee S，Jang H，et al. Smart Fire Safety Management System（SFSMS）Connected with Energy Management for Sustainable Service in Smart Building Infrastructures［J］. Buildings，2023，13（12）.

基于信息化防火管理的火灾预警系统研究*

刘　琦

（河北廊坊消防救援支队，河北　廊坊）

摘　要　本文探讨了火灾预警系统在更广泛的防火信息管理范围内的关键作用和集成。通过研究火灾报警系统的演变、组成部分和工作原理，以及信息化防火管理的概念、意义和发展趋势，揭示了这两个领域之间的协同关系。通过案例研究，展示了综合火灾预警和防火信息管理系统的成功应用，展示了它们在提高消防安全方面的有效性。技术进步与战略管理方法之间的相互作用为减轻火灾风险和改进响应工作提供了一个全面的框架。

关键词　火灾预警系统　信息化管理　消防安全　技术集成　应急响应

1　引言

火灾对生命财产的威胁性随着经济社会发展进步受到了越来越多的关注，开发更加复杂、功能更加全面的智能火灾预警和管理系统具有重要的现实意义。随着技术的进步，将火灾预警系统整合到信息化火灾管理策略中已成为加强消防安全措施的关键举措之一。本文基于消防管理实际应用和典型案例，深入探讨了火灾报警系统的演变及功能、火灾信息管理发展及现状，在此基础上，进一步研究了系统集成策略，为提高火灾事故报警效率和消防安全管理工作提供借鉴参考。

2　火灾预警系统

2.1　定义和功能

火灾预警系统基于火灾报警系统衍生而来，目前的火灾预警系统在火灾报警系统基础上不断发展迭代。本研究中火灾预警系统以火灾报警系统为基础，是一个综合设备网络，当预警范围存在烟雾、火灾、一氧化碳或其他紧急情况时，能够通过音视频监控设备监测并发出警告。火灾预警系统通过系统烟雾探测器和热探测器进行自动激活，也可以通过手动火灾报警激活设备激活。目前，系统的主要功能主要以围绕早期预警提供保护生命和财产、实现安全疏散、及时干预减轻火灾影响为目标进行设计使用。

2.2　发展历程

火灾报警系统的历史可以追溯到19世纪，第一个自动火灾报警系统诞生于1852年，由美国波士顿的William Channing博士和Moses Farmer获得专利。系统最初被设计为一种基于电报的火灾报告系统，随着技术进步，20世纪60年代引入了电子火灾报警器、烟雾探测器以及计算机技术，并随着系统的不断整合，大大提高了火灾报警系统的有效性和可靠性，并在实现系统的报警功能基础上，逐步产生了具有预警性质的探测、广播等功能。

2.3　主要部件

火灾报警系统的关键组件包括以下几个部分，分别是：启动设备（例如，烟雾探测器、热探测器）、通知设备（例如，警报器、频闪灯）、控制面板（系统的大脑）和互连（布线和无线信号）。这些组件协同工作，以监测火灾隐患，向居住者和当局发出警报，有时还会启动自动灭火系统来灭火。

2.4　工作原理

火灾报警系统的工作原理主要围绕火灾指标（如烟雾或热量）的监控监测以及预警警报信号激活进行设计。一旦启动设备，火灾探测器工作并监测到火灾发生对应的指标信号，信号就会传输到系统控制面板，系统控制面板通过评估数据并在确认火灾发生时激活系统的通知设备。通过火灾报警的发展与演变，目前火灾预警系统越来越多地采用物联网（IoT）等先进技术，以实现更智能、精准的动态监控和控制，从而实现实时数据分析和远程管理。而通过与信息化消防管理的有机整合，将火灾预警系统纳入信息化火灾管理策略是现代消防安全措施的一个重要方面。信息火灾管理主要指利用数据分析、数字测绘和5G等现代通信技术提高系统在火灾预防、监测和响应策略的即时性、精准性、有效性。在此框架内，集成火灾预警系统可以采用更协调、更有效的消防安全方法，即在保证系统精度前提下简化火灾探测、疏

---

* 基金项目：河北省高等学校科学技术研究项目（QN2022194）。

作者简介：刘琦，女，工学学士，现为河北廊坊消防救援支队安次大队中级专业技术职务，主要研究方向消防设施隐患辨识方法及多维影响因素、风险评估技术等方面的研究工作。

散流程，降低应急响应时间。

由此可见，火灾报警系统从基本的预警方法发展到复杂的综合网络，反映了技术的进步和对消防安全管理的加深理解。作为更广泛的信息火灾管理系统的一部分，火灾预警系统在保护生命和财产免受火灾的破坏性影响方面发挥着重要作用。通过新技术赋能火灾预警系统，并不断完善系统功能，整合到区域全面火灾管理战略中，对于适应当前经济社会发展和城市治理需要至关重要。

3 信息化防火管理

3.1 信息化防火管理的概念和意义

信息化防火管理通常指信息通信技术（ICT）在火灾预防、监测和响应策略的规划、实施和监控中的应用。该方法基于数据分析、数字测绘、传感器和在线平台，创建功能全面和功能集成的消防安全系统。信息火灾管理的意义在于其能够通过实时数据的收集、分析和传播，为增强决策、缩短响应时间、降低火灾事故整体风险提供数据支撑。

3.2 信息化防火管理的发展趋势

当前，信息化管理的发展趋势正朝着数字技术与物联网（IoT）的更大融合方向发展。人工智能（AI）、机器学习和大数据分析技术为火灾风险评估和管理提供了更多的预测能力。智能传感器和无人机越来越多地用于火灾多发区域的远程监控和评估。此外，通过云计算和移动技术，可以有效提升火灾相关数据和资源的汇集、共享、使用，优化改善应急服务之间的协调方式，促进地方社区更有效地参与防火工作，提升防火管理工作质效。

3.3 信息化防火管理的关键要素

（1）数据收集传递。信息化防火管理的关键要素包括加强消防安全和响应策略的综合方法。其中，数据收集和分析是信息化防火管理的重要组成部分，其通过传感器、卫星和其他数据收集工具及信息通信技术，对火灾危险、天气状况和地形的信息进行收集汇聚为火灾管理工作决策和制定规划提供数据基础。

（2）信息通信协调。数字通信平台通过整合消防部门、应急响应人员和社会公众，主要实现通信协调和信息传递共享等功能。数字通信平台作为信息实体可以进行有效的沟通和信息共享，确保对火灾紧急情况的统一响应。此外，无缝的信息交流功能可以用于相应协调工作和有效调动资源至。

（3）人工智能和大数据分析。预测建模利用人工智能（AI）和机器学习算法的力量来分析收集的数据。通过在火灾发生之前识别模式和潜在的火灾风险指标分析，可以有效改进火灾发生的被动模式，转为积极主动的应对措施，从而提高灾难处置成功率或有效降低火灾发生概率。前瞻性的风险识别模型方法不仅可以有效减低火灾损失，而且大大降低了火灾的潜在影响。通过部署无人机和物联网（IoT）设备进行远程监控，可以实时监控和评估火灾风险现场，提升救援力量采取行动的响应速度，同时实现受影响地区紧急服务的快速部署，实现了保障对新出现的威胁做出快速反应的技术能力。

（4）消防宣传和信息发布。信息化防火管理系统同时具备公众参与的消防安全宣传功能，服务社区和公众消防安全意识提升。系统通过应用程序或在线平台，实现消防安全教育、报告火灾事件并迅速传播紧急信息。通过为公众提供自我准备的知识和工具，这些技术在提高火灾管理策略的整体有效性方面发挥着至关重要的作用。数据收集传递、信息通信协调、人工智能和大数据分析、消防宣传和信息发布等关键要素共同构成信息火灾管理系统，该系统通过信息通信、人工智能等关键技术改善消防安全、促进有效沟通、实现风险预测预警和公众科普参与。

3.4 信息化防火管理的优势和挑战

在优势方面，信息化防火管理通过提高数据准确性、更快的响应时间和系统不同角色之间的信息协调能力，提高了火灾预防和响应工作的效率和有效性。同时，信息化防火管理通过预测潜在的火灾风险和促进社区防火工作，有效实现了积极主动的火灾防控管理策略。但同时信息化防火管理也面临一些挑战。主要包括，技术采用的高成本、系统持续维护和更新的需要、数据保护和隐私安全问题，以及对人员进行专门培训等要求。

4 火灾预警系统与信息化防火管理的关联

4.1 火灾预警系统在信息化火灾管理中的作用

火灾预警系统在信息化火灾管理框架内发挥着关键作用，它是在火灾初期监测火灾危险的主要手段。这些系统与信息和通信技术相结合，有助于将有关火灾特别是初期阶段的关键数据传送给相应管理机构和政府职能部门。同时，数据和通信功能的高度集成进一步增强了对火灾现场的态势感知能力，提升火灾事件协调反应时效，从而形成火灾预防、监测和管控处置的有效闭环。

4.2 火灾预警系统提升信息化防火管理效率研究

（1）通过火灾报警系统提高信息火灾管理的效率涉及即时监控等关键策略。其中，实时监控和监测能力作为报警系统的基础能力，通过持续调查、收集环境中的火灾风险数据及环境数据，并对相关数据进行识别判定，实现即时警报功能，以缩短应急响应时间，减轻火灾事故造成的损害。火灾报警系统的即时通知流程对于快速采取行动、通过更快地部署紧急预案来挽救生命和保护财产发挥了中岛作用。

（2）系统数据整合共享和流程再造。火灾报警系统可以与其他信息管理工具互连，通过打通“数据孤岛”，进行不同来源的数据整合汇总，提升基础数据种类及数量，为态势感知奠定数据基础。这种全面的数据集成可以更准确地评估火灾风险，为科学决策提供数据支撑。在服务人工识别方面，通过系统数据整合共享，综合不同系统各类传感器及数据库的信息数据，有助于消防安全人员快速全面了解火灾情况及对应风险，从而提高响应的准确性。

（3）优化消防管理流程。系统通过自主通知紧急服务、触发抑制机制，从而简化响应工作流程并减少人为错误的可能性。流程的自动化确保了对火灾事件的快速和协调响应，从而提高了火灾管理策略的整体有效性。

（4）提升公众安全预警效率。通过与公共警报系统集成，火灾报警系统可以向受影响地区的居民和企业传播警报，促进及时疏散和安全措施的实施。这种与公众的直接沟通不仅增强了个人的安全，而且促进了更有组织和更有效的应急响应，确保社区更好地准备应对火灾紧急情况。

通过这些机制，火灾报警系统通过实现更快的响应、更明智的决策、自动化协调和有效的公共沟通，显著提高了信息火灾管理的效率。这种综合的消防安全方法强调了技术创新在管理火灾风险和保护社区方面的重要性。

4.3 案例研究：成功应用火灾预警系统的信息化防火管理实践

（1）智慧城市计划：一个大都市地区的智慧城市项目利

用了连接到集中监控中心的物联网火灾报警系统网络。这种集成允许实时数据分析和预测建模，显著提高了城市先发制人地解决火灾隐患的能力。该项目展示了技术如何改变城市消防安全，从而显著减少与火灾相关事件的响应时间。

（2）林业委员会项目：为了管理野火，林业委员会采用了无人机技术与先进的火灾探测系统相结合。这种方法能够及早发现偏远地区的烟雾和热量特征，促进快速响应工作并最大限度地减少野火的蔓延。该项目突出了技术在加强森林和农村地区传统火灾管理做法的潜力。

（3）工业园区安全提升：某工业园区实施了集成火灾管理系统，该系统结合了红外热像仪、烟雾探测器和自动灭火系统。这个综合系统提供了增强的保护层，在潜在的火灾危险升级为重大事故之前监测到它们。该倡议表明了在高风险环境中采用多方面消防安全方法的重要性。

火灾报警系统与信息化火灾管理之间的协同作用代表了消防安全和预防的重大进步。通过利用技术来增强监测、响应和协调，这些集成系统提供了一种更有效的方法来减轻火灾的风险和影响。所讨论的案例研究提供了这种方法带来的好处的切实证据，强调了在消防安全技术方面持续投资和创新的重要性。随着向前迈进，将火灾报警系统整合到全面的信息火灾管理策略中，无疑将在保护生命和财产免受火灾威胁方面发挥关键作用。

5 结束语

火灾预警系统与信息化火灾管理的集成代表了消防安全领域的重大进步。本文表明，通过技术协同，可以显著提高火灾事故的监测、预防和管理。所介绍的案例研究强调了这些集成系统在提供实时监控、预测分析和协调应急响应方面的潜力，减少了火灾的影响。随着技术的不断发展，消防安全的未来在于这些系统的持续创新和集成，确保以积极主动的方法来管理火灾风险。这项研究强调了采用先进消防安全技术的重要性，并呼吁进一步研究以探索消防安全领域的创新解决方案。

参考文献

[1] 刘东洋，张浪，姚海飞等．煤矿火灾智能预警系统研发与应用［J/OL］．工矿自动化，1-10［2024-02-02］．

[2] 王宁．基于深度学习的工厂火灾识别及预警系统研究［D］．山西大学，2023．

[3] 陈斯．信息化时代防火监督管理工作的优化分析［J］．今日消防，2023，8（11）：72-74．

[4] 杨雅楠．信息化时代防火监督管理工作优化探析［J］．消防界（电子版），2023，9（07）：86-88．

关于量子技术在现代消防中应用与发展的思考

张　晴　叶　鑫　张福东

（中国人民警察大学救援指挥学院，河北　廊坊）

摘　要　本文探讨了量子技术在现代消防领域中的应用潜力及其发展途径。随着量子技术的持续进步和成熟，其在现代消防实践中的应用正逐渐展开，为消防安全带来了更高效、更安全的技术保障。在简要介绍量子技术概念之后，本文重点分析了量子通信、量子计算和量子传感器等技术在火灾预警、灭火救援以及灾后评估方面的应用前景，并阐述了量子技术所具备的优势。随后，文中从量子设备的物理特性、技术实施难度及环境因素等多个角度出发，讨论了量子技术在现代消防中所面临的挑战，并最终提出了应对这些挑战的优化策略。

关键词　消防　量子技术　应用发展　挑战　优化路径

1 引言

2024年3月5日，十四届全国人大二次会议开幕，国务院总理李强在政府工作报告中指出，要开辟量子技术、生命科学等新赛道。中国科学院物理研究所特聘研究员沈洁在接受新京报记者采访时表示，量子科技是未来技术变革的主力军之一，是人类社会突破到另外一个时代的尖端科技之一，“它会和工业革命一样改变人类的生产方式。”量子技术在消防领域的应用与发展是一个前沿且具有潜力的领域。尽管目前量子技术尚未在消防领域得到广泛应用，但随着量子技术的不断进步和成熟，未来有望在消防领域带来革命性的变革。

2 关于量子技术的概念阐述

量子技术是一门结合了物理学、信息科学和计算机科学等众多学科的知识和技术的跨学科领域。[1] 量子技术的核心在于与传统的以经典物理学为基础的信息技术有着本质的区别，它是利用量子力学的原理来实现信息的处理和传输。量子技术通常包含量子计算、量子通信、量子精密测量等技术。[2]

3 量子技术在现代消防中的应用前景分析

量子技术是以量子力学原理为基础的科学技术，它涉及到单个原子甚至分子层面的操作和控制。它的领域研究主要集中在如何利用量子力学的原理来实现对物质进行精确的操控，从而开发新的技术和应用。

然而，相对于消防领域的应用而言，目前量子技术在消防领域的应用还处于探索阶段。以利用量子态的叠加和纠缠等量子力学现象为核心的量子技术在信息处理和通信加密等领域都带来了革命性的解决方案，具有十分广阔的应用前景。虽然目前量子技术在消防领域的应用还处于初步探索阶

作者简介：张晴，女，中国人民警察大学救援指挥学院学生。
叶鑫，女，中国人民警察大学救援指挥学院学生。
张福东，男，中国人民警察大学救援指挥学院副教授。

段，但鉴于其在信息处理、通信加密以及检测诊断等方面的潜在优势，可以预见，随着量子技术的进一步发展和完善，其在现代消防中的应用将会逐步展开，为消防安全提供更加高效、安全的技术支持。量子技术在现代消防中的应用发展分析从以下几个方面进行探讨。

3.1 量子通信

量子通信对消防通信系统至关重要的是，量子通信技术支持高速数据传输。[3]在火灾现场，实时传输视频、图像和其他重要数据对于指挥中心做出快速决策非常关键。量子通信的低延时特性能够保证向救援人员快速准确地传递这些数据。量子密钥分发（QKD）技术可用于加密消防通信，确保信息传输的安全以至于不受传统加密方式威胁。在消防领域，这意味着关键的通信链路，如指挥中心与现场消防队员之间的通信，可以免受窃听和干扰。这对突发事件的快速响应、快速决策是至关重要的。在火灾现场，通信内容往往包含敏感信息，如救援计划、人员位置等，使用量子加密技术还可以有效防止信息泄露。

3.2 量子计算

量子计算利用量子位的叠加和纠缠等量子力学特性，可以在理论上实现比传统计算机更快的计算速度和更高的数据处理能力，因此将会在消防领域得到广泛的应用。这种技术可以模拟火灾发生时的各种情况，从而帮助研究者认识火灾的发展过程；可以对不同的防火措施的效果进行评价，从而为消防安全技术方面提供科学依据。如计算流体动力学技术被应用于现代建筑的火灾防护设计中，帮助设计师通过模拟烟雾扩散等现象来优化建筑设计，确保在火灾发生时能够有效疏散人员并保护建筑结构的安全。量子计算技术在现代消防领域得到应用，理论上可使计算的效率和精确度得到很大的提高。比如进行大规模的火灾模拟时，传统的方法需要消耗大量的时间和资源，而量子计算技术具有并行处理的能力，能够在极短的时间内完成相同的计算任务，从而对于实时监控预警系统的发展意义重大。另外，量子计算技术还能用于优化消防策略和资源分配，可以对模拟不同的应急响应方案进行分析，找出最优的解决方案，从而更好的减少火灾损失，提高灭火的效率。

3.3 量子传感器

量子传感器的高灵敏度和精确度使其可以运用在检测火灾中的有毒气体、温度变化等方面。量子传感器在早期火灾检测方面的应用研究进展主要体现在结合被动红外传感器和深度神经网络来发展火灾检测技术。这种技术通过分析环境中的红外辐射变化，能够及时发现火灾的初期迹象。[4]具体来说，被动红外传感器能够捕捉到物体因高温而发出的红外辐射，而深度神经网络则负责处理这些数据，通过学习和识别特定的红外辐射模式来判断是否存在火灾风险。这种方法的优势在于其高灵敏度和准确性，能够在火灾发生前较早时间进行预警，为消防人员提供关键信息，从而能为消防部门提供宝贵的时间来采取预防措施，从而减少人员伤亡和财产损失。

3.4 量子定位与导航

量子定位技术在消防领域的应用，主要是通过优化定位算法来提高定位精度和稳定性。例如，采用粒子群算法和量子粒子群算法优化后的加权质心定位算法定位精度较高，并且不易受环境因素的影响。[5]这表明量子定位技术能够有效提高消防现场的定位精度，为消防员提供更准确的位置信息，从而提高救援效率和安全性。如量子惯性测量单元（QIMU），可以提供高精度的位置和运动信息。[6]这尤其是在烟雾浓重、GPS信号受阻的火灾现场，对于消防队员在复杂环境中的导航和定位非常有用。

3.5 量子随机数发生器

量子随机数发生器（QRNG）可以运用量子力学的原理，利用量子系统中测量坍塌不可预测性来生成随机数，由于其具有高度的随机性和不可预测性，这种随机数在保密通信基础理论测试和计算机仿真等领域中扮演着至关重要的角色。[7]尤其是在消防安全领域，这种高度随机性的特性，可能为消防报警控制系统提供更为安全和可靠的随机数据源，可以增强通信系统的安全性，确保关键信息的安全传输。

4 量子技术在现代消防中应用面临的挑战

量子技术在消防领域的广泛应用面临着多方面的挑战，这些挑战主要源于量子设备的物理特性、技术实现难度以及环境因素等方面。

4.1 量子设备控制的复杂性

量子设备的工作原理是建立在载体局域化、隧道效应和干涉效应等量子效应的基础上的。[8]这些量子效应为量子计算和通信提供了负差分导电、特殊对称和直接性等独特的性能优势，但也带来了控制复杂性的难题，也例如，对消防领域实时数据处理和决策支持系统的要求来说，量子状态的激发和控制需要先进的低功耗射频（RF）基控制电子学[9]，这是一个重大挑战。

4.2 量子设备的稳定性和可重复性

量子设备需要在极低温度（接近绝对零度）下运行以保持超导状态，这要求使用纳米线和薄金属膜等材料，并且必须确保这些材料在接近室温时的机械行为与实际工作温度一致。这种对材料性能的极端要求可能难以满足消防领域对于设备可靠性和长期运行的需求。

4.3 量子的退相干问题

退相干问题是量子计算和通信领域面临的另一项关键挑战。[10]量子比特（Qubits）与环境的相互作用可能会导致量子状态的退相干，从而影响量子计算与通信的精确度。尽管研究人员正在研发用于解决这一问题的修正技术，但对于退相干这一难题，目前还没有找到彻底攻克的办法。包括量子门的实现能力、状态准备、错误校正等问题在内，量子技术在消防领域的应用还面临着技术和工程方面的障碍。[11]

5 量子技术在现代消防中应用的优化路径

5.1 量子设备控制在现代消防中应用的优化路径

在现代消防应用中，量子设备控制的复杂性面临的挑战主要源于量子系统的非经典特性和对精确控制的高度要求。量子计算和量子信息领域的快速发展为消防系统提供了新的技术手段，但同时也带来了前所未有的挑战。可通过增强量子系统的可控性、采用风险敏感的最优控制策略、利用反馈控制和学习算法[12]、优化控制景观以避免局部陷阱[13]、综合考虑多目标性能指标以及应用量子粒子群算法进行自动控制，可以有效应对量子设备控制在现代消防中应用面临的挑战。

5.2 量子设备应对材料性能极端要求的优化路径

5.2.1 开发新型超导材料

目前，高温超导体的研究已经取得了一定的进展，如

YBCO 和 Bi-2223 等材料在高温下展现出良好的超导性能。科学家们正在努力实现室温超导，这将大大降低运行温度，从而减少对制冷系统的依赖。[14]如果能够开发出室温或接近室温下的超导材料，那么量子设备的运行温度就可以显著提高，从而更容易满足消防领域的可靠性和长期运行的需求。

5.2.2 优化制冷技术

尽管现在的技术还不能直接达到绝对零度，但通过对制冷技术的改进，能更有效地向这一目标靠拢。例如，单分子激光制冷技术已经可以将分子冷冻至接近绝对零度，低温系统开发也采用了 G-M 制冷机，制冷温度更低[15]。通过对这些制冷技术的进一步优化，量子设备能够在低温环境下获得更稳定、更高效的使用效果。

5.2.3 多物理场环境下的材料测试与优化

超导材料及其结构的设计和运行需要考虑若干个相互制约的主要临界状态参量，如磁场，温度，电流等。因此，为了优化超导材料的临界状态，确保其安全稳定运行，开展各种实用超导材料结构参数的实验表征和检测方法，以及多场试验仪器平台的开发，都具有十分重要的意义。[16]此外，研究高温超导材料在极低温-力-电-磁多场环境下的临界电流特性，对于优化材料制备工艺、推动其工程实用化也至关重要。[17]

5.2.4 提高超导器件的热管理能力

为了应对高温环境下的物理机制导致的电气性能失效问题，可以通过改进超导器件的热管理策略来提高其可靠性。例如，通过设计有效的热沉材料和结构，可以有效抑制温度波动，保持超导器件在适宜的温度范围内运行。[18]

5.3 量子技术消防应用人才匮乏的优化路径

量子信息技术的发展趋势、教育体系的构建以及消防领域的现实需求，都需要综合考虑培养量子技术消防应用人才。探索量子技术在消防领域的具体应用，需要加强量子信息技术与消防领域的结合研究；推进以培养跨学科能力人才为目的的“互联网+量子技术”复合型人才培养模式；[19]通过理论联系实际，建立和完善提高学生实践能力和创新能力的量子信息科学与工程教育项目；鼓励学科交叉合作，推动量子技术与其他领域的融合，将更多创新的解决方案带到消防领域。

6 结论

尽管量子技术在消防领域的应用也面临着一些挑战，但量子技术在现代消防中的应用前景仍然乐观。随着技术研发的进步，消防安全领域对新技术的需求日益增长，为量子技术的应用提供了广阔的空间。消防科技创新与成果转化应用是消防事业发展的必然要求。这意味着，随着量子技术等新技术的研发和应用，其应用于消防领域的发展也将不断进步，从而减少火灾造成的损失，并保护人们的生命安全。

参考文献

[1] 高芳，徐峰．全球量子信息技术最新进展及对中国的启示［J］．中国科技论坛，2017（06）：164-170.

[2] 陈希．关于量子系统的弱值测量的理论及应用研究［D］．国防科技大学，2017

[3] 林相成．基于智能反射面的无线蜂窝网络关键技术研究［D］．北京交通大学，2022

[4] 邵利．火灾探测与报警技术在高层建筑防火中的应用研究［J］．今日消防，2023，8（07）：84-87.

[5] 王新芳．面向消防现场的无线传感器网络定位技术研究［D］．江苏科技大学，2011

[6] 梁大雷，于化鹏，黄昊．光力学加速度计在海上平台惯性导航中的应用发展［J］．无人系统技术，2022，5（06）：66-73.

[7] 费新伟．量子随机性认证及量子密码实际安全性研究［D］．中国科学技术大学，2018

[8] 毕克允．电子科学研究院组织编著 微电子技术——信息装备的精灵［Z］．2000.

[9] Gielen Alexander-W.-J.，Mckenzie Fidel-Valega. Thermo-mechanical challenges for quantum devices［C］// IEEE：IEEE，2014.

[10] 张辉，李蕾，窦猛汉，等．量子计算与人工智能［J］．自然杂志，2020，42（04）：321-330.

[11] Saini Rajkumar，Sewada Ranu，Arora Aaryan. Current Challenge and Limitations in Quantum Computation［J］. Marubhoomi Shodh sanstan，2023，13（01）：26-35.

[12] M. R. James. Risk-sensitive optimal control of quantum systems［J］. American Physical Society（aps），2004，69（3）.

[13] Gregory Riviello，Katharine Moore Tibbetts，Constantin Brif，et al. Searching for quantum optimal controls under severe constraints［J］. American Physical Society（aps），2015，91（4）.

[14] 科学家实现短时室温超导 有助开发新型高温超导材料［J］．黑龙江科技信息，2014（33）：13.

[15] 刘辉，王晖，陈顺中，等．用于量子电阻测量超导磁体及低温系统的研制［J］．低温与超导，2022，50（02）：1-4.

[16] 辛灿杰．超导材料低温力学实验及多场性能测试仪器原型机研制中的若干关键技术研究［D］．兰州大学，2017

[17] 刘伟．极低温—力—电—磁多场环境场下高温超导材料性能测试仪器研制及其应用研究［D］．兰州大学，2017

[18] 董文庆，李奥，许哲真，等．量子通信用超导单光子探测低温系统的研制［J］．低温工程，2016（04）：45-49.

[19] 曹远龙，曾历，刘清华，等．“互联网+量子技术”复合型人才培养模式研究［J］．计算机教育，2019（09）：80-83.

一种基于多终端平台的消防安全重点单位消防安全管理软件设计开发

尹 维

（广西南宁市隆安县消防救援大队，广西 南宁）

摘 要 为解决当前社会消防安全重点单位日常消防安全管理不到位，多个消防安全管理系统信息孤岛现象突出，防火工作与灭火救援信息辅助支撑工作脱节的问题，作者设计开发了一种基于移动端、PC端使用平台，融合了单位消防安全制度建设等多种功能的消防安全管理软件，用于提升消防安全重点单位相关岗位人员的消防安全管理水平。

关键词 消防安全重点单位 信息孤岛 消防安全管理软件

1 引言

随着城市化进程的发展，我国主要城市内的单位建筑体量逐渐增大，根据对广西南宁市的消防安全重点单位进行统计，仅南宁市目前建筑面积大于1万 m^2 以上的综合体建筑就有近70座，建筑高度大于100m以上的超高层公共建筑也超过了60栋，而且数量还在不停增加。建筑体量、功能、人员数量的增加，给消防安全管理带来了较大的难度。由于目前全国或者各地也还没有统一的消防管理体系软件，单位总体的管理水平还相对较低，单位内部的制度建设、人员管理、消防设施器材管理漏洞十分普遍，给单位的消防安全带来了巨大的隐患。同时，消防救援机构缺乏对单位的基本情况、结构布局、消防设施等建筑重要信息的动态跟踪，无法在火灾发生时及时得到全面的信息支撑，不利于提升灭火救援的效率。因此，本软件基于重点单位消防安全法定制度落实、单位动态信息管理、人员管理培训、消防器材设施维保检测、消防产品质量信息等方面的内容，设计了这套信息化管理系统。

2 当前消防安全重点单位消防安全管理存在的主要问题

(1) 消防安全制度未完全落实

消防安全重点单位根据《消防法》和《机关、团体、企业、事业单位消防安全管理规定》等相关法律法规的相关要求，应严格履行落实消防安全责任制，制定本单位的消防安全制度、制定灭火和应急疏散预案[1]，定期组织检验、维修、组织防火检查，及时消除火灾隐患、进行有针对性的消防演练及法律、法规规定的其他消防安全职责。但由于各消防安全重点单位目前的消防安全责任人或者消防安全管理人，普遍未经过长期、系统的消防安全培训，缺乏足够的消防安全管理能力，导致各单位消防安全工作无法完全达到法律法规的要求和本单位的需要，单位消防安全状况堪忧。

(2) 单位消防安全状态信息不透明

消防安全重点单位其内部的平面布局、储存或使用的物品种类、从业人员及建筑消防设施器材常以纸质形式进行保存归档，日常难以查询，而且信息常常会有动态的变化，但是这些变化又无法及时通过某种方式进行统计和体现，导致单位内部工作信息严重滞后于工作需要，单位内部和外部的人员对于单位自身的消防安全管理状态处于不透明状态，即使工作有需要时也没有渠道和平台及时进行获取。

(3) 从业人员消防安全综合能力不足

各单位内部的消防安全管理人、各部门从业人员、消防安保人员、消防控制室值班人员常常发生变动，单位的内部消防安全培训机制、培训方式、培训课程很难跟得上内部的人员岗位变化，同时培养提升员工的消防安全综合素质是一个长期的过程，难以短期内达到效果，因此，导致单位人员的整体消防安全综合应对能力不足，难以应对突发的火灾或其他紧急事故。

(4) 消防器材设施维护保养信息不透明

建筑内消防器材设施数量多、分布广，要对其实现全覆盖管理难度大，周期长，而且消防器材设施的使用频率非常低，其实际保存状态难以及时掌握。消防技术服务机构对建筑消防设施的维护保养发现的问题隐患[2]，单位自身没有畅通的体系渠道进行及时跟进处理，容易导致隐患久拖不决。建筑的消防设施器材的总体安全状况难以展现，不利于单位消防安全管理人的管理和决策。

(5) 消防救援机构与单位缺乏信息共享渠道

消防安全重点单位是消防救援机构的重点监管部门，但是当前消防安全重点单位缺乏和消防救援机构的畅通信息共享渠道，单位的相关从业人员既缺乏与消防救援机构的沟通窗口，消防救援机构对重点单位的消防安全状况也缺乏了解渠道，不利于双方共同配合。

3 系统的主要技术设计

消防安全重点单位消防安全管理软件的设计开发主要围绕移动手机、平板端和PC平台端进行，充分利用了现代移动互联网技术和云计算技术，实现了信息的快速录入、查询、共享与交互。

（1）平台架构。该系统采用了B/S（浏览器/服务器）和C/S（客户端/服务器）相结合的混合架构模式。系统的核心业务逻辑和数据集中在服务器端，保证了数据的安全性和一致性。在服务器端，系统采用了微服务架构风格，每个微服务拥有自己的数据存储，可以独立开发、测试和部署。系统设置了统一的API网关，作为不同客户端的访问入口。每个微服务被打包为独立的容器镜像，通过容器编排平台进行大规模部署和管理，提供了环境一致性、快速扩缩容、故障隔离等优势。

（2）平台端口。移动手机、平板端应用移动手机、平板端应用是系统的重要组成部分，主要通过微信小程序和APP

作者简介：尹维（1982，07— ），男，一级注册消防工程师，安全工程硕士，现任广西南宁市隆安县消防救援大队大队长。

应用程序实现。在技术选型上，微信小程序采用了原生的MINA框架，提供了丰富的组件库和API，开发门槛较低，适合快速构建轻量级应用。而APP则采用了跨平台开发框架FLUTTER，它具有高性能、高效率、动态化、可扩展等优势，在保证原生体验的同时，实现了一套代码多端运行。针对消防安全管理的特点，设计了扁平化、卡片式的布局，突出重点信息，减少视觉干扰。此外，还采用了响应式设计，自适应不同尺寸的屏幕，提升了界面的灵活性。功能方面，用户可以轻松完成以下操作：

①用户识别：通过人脸识别技术，实现用户的快速登录和身份验证，保障系统和数据的安全。

②建筑信息公开：将建筑物的基本信息、平面布局、消防设施分布等，通过列表、地图等形式直观呈现，方便用户快速查询和定位。

③巡防检查：利用移动设备的定位、拍照等功能，现场采集巡检的图像、位置、轨迹等数据，并填写检查记录，实现了巡检过程的数字化管理。

④资料录入：对消防设施的维保情况、隐患整改情况等，通过表单录入，并支持图片、文档等附件上传，完善消防档案的电子化。

⑤消息推送：针对重大隐患或突发情况，可以向相关人员推送消息提醒，并根据事件的紧急程度，灵活选择推送方式，如应用内通知、短信、电话等。

（3）PC平台端应用。PC平台端应用主要通过网页版程序实现，为用户提供更为全面和详细的信息展示和操作界面。系统采用前后端分离的架构，前端使用VUE. JS框架，提供丰富的UI组件和交互效果；后端使用JAVA SPRING BOOT框架，提供RESTFUL API接口，实现业务逻辑和数据访问。通过浏览器访问网页版程序，用户可以查看和管理所有消防安全相关信息，包括：

①单位基本信息管理：展示单位的基本信息、消防安全责任人、消防安全管理人等，并提供信息的添加、修改、删除等功能。

②消防设施设备管理：对单位的消防设施设备进行台账管理，包括设备名称、型号、数量、位置、维保记录等，并能够生成统计报表。

③隐患排查管理：记录消防安全检查中发现的隐患信息，包括隐患描述、照片、整改要求、整改期限等，并能够跟踪整改进度。

④消防安全培训管理：对单位的消防安全培训情况进行记录和管理，包括培训时间、地点、参与人员、培训内容等，并能够自动生成培训记录和考核成绩。

⑤灭火和应急预案管理：上传和管理单位的灭火和应急预案，包括预案名称、适用范围、处置流程、应急联络人等，并能够在应急演练时进行在线查阅。

⑥除了基础的信息管理功能外，PC端还提供了复杂的数据分析和决策支持功能：

a. 数据可视化：通过图表、地图等可视化方式，直观展示单位的消防安全状况，如隐患分布热力图、设备故障率趋势图等，帮助管理者快速了解整体情况。

b. 多维度统计分析：提供灵活的数据统计和分析功能，可以按照时间、地点、类型等多个维度对数据进行筛选、汇总和对比并生成报表，为管理决策提供数据支撑。

c. 风险评估与预警：基于大数据分析技术，对单位的火灾风险进行评估和预警，根据历史数据和当前状态，识别高风险区域和薄弱环节，并给出针对性的防范措施建议。

d. 辅助决策与优化：利用机器学习算法，对单位的资源配置、巡检路线、应急预案等进行智能优化，提供辅助决策支持，提高管理效率和应急响应能力。

（4）二维码技术的应用。应用二维码作为信息登录入口，是实现系统快速录入和查询的关键技术。通过在建筑不同部位设置不同的二维码，用户通过手机扫码实现以下功能：

①用户识别：系统通过扫描二维码识别用户身份，自动分配相应的权限和功能。

②建筑信息公开：二维码中嵌入建筑的基本信息和消防安全状况，用户扫码即可查看。通过在建筑的显著位置（如大门口、楼层平面图等）设置公开信息二维码，内容包括建筑名称、地址、层数、消防等级、安全出口位置、消防设施分布等。用户扫码后，系统解析JSON数据，并以列表、图片等形式直观展示，方便用户快速了解建筑的基本情况。

③巡防检查：用户通过扫码记录巡防检查情况，系统自动汇总分析，确保巡查工作的及时性和准确性。具体流程如下：在需要巡查的位置（如消防通道、安全出口等）设置巡查点二维码，每个码对应一个巡查点。巡查人员使用专用APP扫描二维码，APP自动记录扫码时间、位置等信息，并弹出该点位的检查项表单。巡查人员根据实际情况填写表单，可以输入文字、拍照、录音等，填完后提交到系统。系统根据各个点位的扫码记录，自动生成巡查路线和时间线，并对异常情况（如漏检、超时等）进行预警提示。

④资料录入：用户可以通过扫码快速录入消防设施器材的维护保养信息、消防演练记录等。在消防设施器材（如灭火器、消火栓等）上设置唯一的标签二维码，作为设备的电子身份证，维保人员扫码后，可查看设备的基本参数、维修记录、保养周期等信息，并直接在手机上填写维保记录表单。

⑤消防演练登记：在演练现场设置专门的二维码，参与人员扫码签到，系统自动统计参与人数和时间。演练过程中的关键节点，可通过扫码记录时间戳和操作内容，如“演练开始”“疏散完毕”等，便于后期数据分析。

（5）数据共享与交互系统。

通过与消防技术服务管理系统数据库、消防查验系统等外部系统的联通，实现了建筑消防器材设施数据库的共享。

综上所述，该系统的主要技术平台设计充分考虑了用户的实际需求和操作习惯，通过移动手机、平板端和PC平台端的应用，结合二维码技术和数据共享与交互机制，实现了消防安全管理的信息化、智能化和高效化。系统桌面端主要功能模块设计界面见图1。

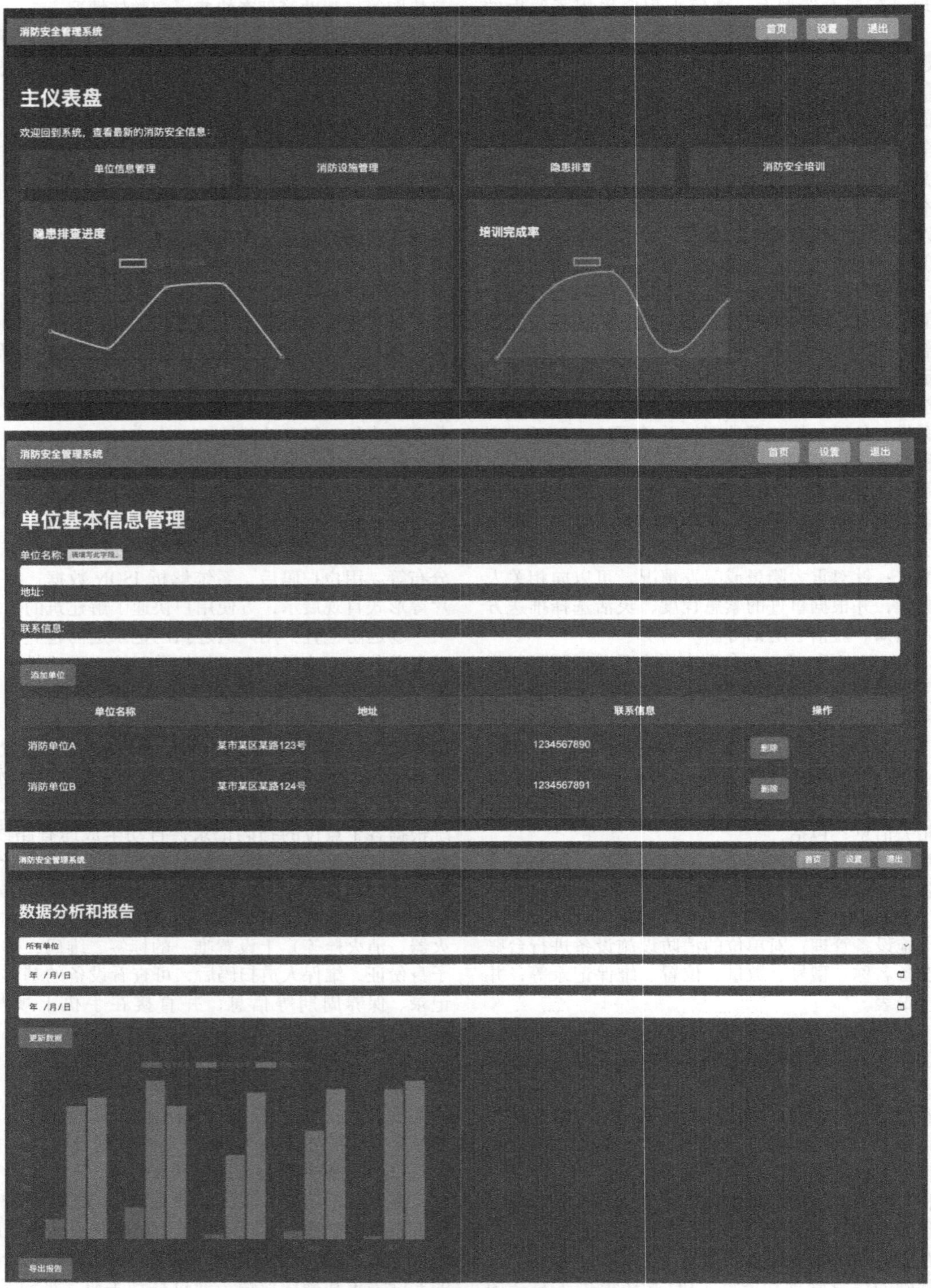

图 1　系统桌面端主要功能模块设计界面

4　系统的主要优势

（1）单位的消防安全管理标准化指导

通过信息化工作系统流程的设定，为单位的日常消防安全管理工作进行了标准化的设定，可以指导、督促单位履行日常消防安全职责，弥补单位消防安全管理人因能力不足造成的消防工作失控漏管，减少日常台账制度不健全和弄虚作假的相关情况，形成标准化的日常管理记录台账，有效提升单位的日常管理能力和档案建设水平。

（2）单位消防工作信息公开

通过单位在建筑明显位置公开的二维码信息，可以直接使用微信小程序扫码登录，获取单位基本信息，方便有重点地开展工作，同时，针对部分重点单位涉及危险化学品及相关火灾危险性较高的产品的生产储存情况，还可以直接读取单位所存放的危险化学品种类及储量等防火灭火工作急需的相关动态信息，防止因不了解单位基本情况采取错误的处置措施导致不必要的人员和财产损失。

(3) 形成单位消防安全管理现状评价机制

通过系统信息的综合评价，可以对单位的日常消防安全管理和消防器材设施情况进行综合评价，结合《消防法》及其他消防技术标准，对单位的消防安全状况进行自查总结，及时向单位消防安全责任人和管理人进行风险提示，及时采取措施消除隐患，对久拖不改的问题，将在本系统月报中报告消防救援机构，由消防救援机构采取相应执法措施督促整改。

(4) 形成长期有效的消防安全培训考核机制

该系统通过分岗位、分内容制定培训计划和培训课程，针对不同岗位的员工开展系统性的上岗前培训和日常培训，并设置有考核系统，对考核不及格的员工及时进行预警提示，及时督促其进行补训补考，达到全员培训，全员考核过关的培训目标。

(5) 形成消防设施器材常态化管控机制

通过将技术服务机构的维保情况和建筑验收的查验情况录入系统后，不断补充完善单位建筑消防器材设施的系统档案，建立消防器材设施的全寿命管理档案[4]，针对不同类型的消防器材设施，定期进行维护保养和信息更新，对发现问题的器材设施，录入系统预警提示，直至隐患消除后方能销案，对器材设施的管理形成闭环，确保建筑消防器材设施时时保持完整好用。

5 结语

单位的消防安全现代化管理和规范化管理，离不开高效的手段和工具，本系统就是一套解决单位日常消防安全管理的有效工具，通过信息化的手段，将建筑消防安全的相关管理要求、管理流程、工作标准、岗位人员进行标准化的管控，实现各个环节消防安全管理工作的闭环，从而有效提升单位的消防安全管理水平和火灾防控能力[5]。

参考文献

[1] 黎高睿. L 消防技术服务公司发展战略研究 [D]. 广西大学，2023.

[2] 李东杰. 建筑消防设施维护管理中的常见问题及其解决措施 [J]. 今日消防，2020，5 (09)：28-29.

[3] 李恒頔. 基于. NET 的信息化工作管理平台设计与实现 [D]. 复旦大学，2011.

[4] 张志源. 基于层次分析法 (AHP) 的学校消防安全评估 [J]. 中国公共安全 (学术版)，2011 (04)：71-75.

[5] 郭海筱. 基于物联网技术的城市消防远程监控系统设计与实现 [J]. 电子技术与软件工程，2021 (06)：150-151.

法治政府建设中“智慧消防”监管平台的法律规制

李潇潇

(中国政法大学法学院，北京)

摘　要　“智慧消防”监管平台在一定程度上提高了消防监管效能，但也存在平台监管范围过广、信息数据安全保障不足、平台的法律地位不明等问题。需要从健全“智慧消防”平台运行管理制度、加强信息数据安全保护法律机制、完善“智慧消防”监管平台运行的法律框架等方面进行法律规制，以促进“智慧消防”监管平台在法治政府建设中发挥更大作用，保障人民群众的生命财产安全。

关键词　智慧消防　法治政府　数据安全　信息公开

1 引言

在智慧科技蓬勃发展的当下，“智慧消防”监管平台作为保障城市消防安全的重要手段之一，受到了广泛关注。“智慧消防”监管平台是利用物联网技术，将各类消防设施与消防主体、人员等各类信息系统连接起来，通过大数据和云计算分析来实现对消防工作的高效监管，实现了“人力防控、技术监控、物理防护”的全方位、立体化管理，这不仅极大地推动了消防管理过程中感知预警和应急指挥能力的显著提升，还有效打破了消防体系内各系统之间的信息壁垒，实现了信息的畅通共享。这一变革性的进步，在一定程度上提高了消防监管效能，减轻了消防部门的工作压力，为城市的消防安全构筑了更为坚实的防线。但是，由于“智慧消防”监管平台的出现时间不长，其在运行管理中仍面临一些亟待突破的难点。为了进一步提升法治政府建设水平，确保人民群众的生命财产安全得到最大程度的保障，需要对“智慧消防”监管平台存在问题的进行分析，提出相关法律规制建议，促进“智慧消防”监管平台发挥更大作用，保障人民群众生命财产安全。本文旨在探讨“智慧消防”监管平台在法治政府建设中的法律规制问题，为相关政策的制定和实践提供参考和建议，以推动智慧消防技术在城市消防安全管理中的更好应用和发展。

2 法治政府建设对“智慧消防”监管平台的要求

法治政府建设对“智慧消防”监管平台的要求体现在多个方面。

首先，“智慧消防”监管平台在运营过程中必须严格遵守法律法规，以保障公民的合法权益和隐私安全为首要任务。这不仅是“智慧消防”监管平台运营的基石，更是对法治政府理念的深刻体现。

其次，为确保消防安全管理的科学性、规范性以及高效性，“智慧消防”监管平台运行必须具备透明度、公正性和

作者简介：李潇潇，女，中国政法大学宪法学与行政法学博士研究生，主要研究方向为宪法、行政法。

效率性。这意味着平台必须公开其运行机制，确保各项监管措施公开透明，不偏袒任何一方，并且能够高效运行以满足监管的紧迫需求。在数据隐私保护方面，法治政府建设要求规定“智慧消防”监管平台收集、使用、传输个人数据的权限和限制，并明确平台运营者的个人信息保护责任。此外，权责清晰也是法治政府建设的另一重要原则，在“智慧消防”监管平台的运行中，必须明确平台的运行机构、具体职责及权力范围边界，以避免权力滥用和职责不清问题的发生。

最后，“智慧消防”监管平台涉及到复杂的技术和系统，需要相关人员具备专业的培训和技术支持，以确保系统的正常运行和监管效果的发挥。如果人员缺乏相关培训或者技术支持不足，就会影响监管平台的可靠性和有效性。为确保“智慧消防”监管平台运行的合法性和稳定性，法治政府建设要求规定平台运营者在违法违规情况下承担相应的法律责任和处罚措施，为保障消防安全管理的顺畅进行提供坚实的法律保障。

3 法治政府建设中“智慧消防”监管平台存在的问题

3.1 平台监管范围过广

“智慧消防”监管平台旨在通过物联网技术实现对消防工作的全面监管，但在实际操作中，其监管范围往往过于宽泛，试图覆盖过广泛的领域，涉及到消防安全的各个方面，如建筑物、工业设施、居民区等。这种广泛的监管范围不仅导致监管资源的过度分散，还使得平台难以有效对关键消防风险点进行精准把控，平台在数据分析、预警提示等方面面临巨大压力，影响了其监管效能的发挥。

3.2 信息数据安全保障不足

在“智慧消防”监管平台的运行过程中，需要收集和处理大量的信息数据，来实现监管和预测功能。这其中包括建筑结构、人员流动、火灾风险等数据，涉及大量的消防数据、个人信息等敏感信息。如果数据管理不当或者安全保障措施不到位，就可能会导致存在数据泄露、篡改或滥用的风险或者未经授权的访问风险，进而威胁到个人隐私和公共安全，损害公民的合法权益。

一方面，不同部门或者地区拥有各自的消防监管系统，且“智慧消防”监管平台由不同的供应商或者部门开发，这导致各个系统之间的技术标准不一致，系统之间缺乏有效的信息共享和数据交换机制，互操作性差。平台的数据收集、存储、传输等环节存在安全漏洞，容易被黑客攻击或数据泄露，并且数据集成困难，导致信息孤岛和数据孤立现象，影响消防监管的全面性和及时性，监管效果大打折扣。另一方面，“智慧消防”监管平台利用人工智能算法进行数据分析和预测，但这些算法的工作原理往往是黑盒子，缺乏透明度，平台在数据使用方面缺乏严格的监管机制，导致数据滥用或侵犯个人隐私。如果算法存在偏差或者歧视性，还会影响监管决策的公平性和可信度。这些问题不仅影响了平台的正常运行，还可能导致法律纠纷和社会信任危机。

3.3 平台的法律地位不明

在当前的法律体系下，“智慧消防”监管平台的法律地位尚不明确。这导致了平台在运营过程中缺乏明确的法律依据和保障。缺乏明确的法律框架和规范可能导致监管行为的不确定性，以及相关责任的不清晰。一方面，平台在数据收集、使用、传输等方面的权限和限制缺乏明确的法律规定；另一方面，平台在违法违规情况下的法律责任和处罚措施也缺乏明确的法律依据。这会给监管实践带来困难，也会影响到公民和企业的合法权益。

4 法治政府建设中“智慧消防”监管平台法律规制的完善

4.1 健全“智慧消防”平台运行管理制度

“智慧消防”监管平台是大数据时代的产物，但其不能代替传统消防监管，也不能完全替代行政执法。“智慧消防”监管平台的发展应以法律为底线，健全“智慧消防”平台运行管理制度，充分发挥“智慧消防”监管平台的作用，切实提高社会治理水平。

第一，明确监管范围。通过立法明确“智慧消防”监管平台的监管范围和职责边界，明确其在消防安全管理、应急响应等方面的具体职能，平台应当监管的消防领域、具体事项以及不应涉及的领域。明确各级政府部门、消防机构和其他相关单位在智慧消防监管平台建设和运行中的权责关系，避免出现监管范围过广而导致职责不明确、多头管理、工作重叠，造成资源浪费和效率低下等问题，确保各方有明确的工作分工和协作机制。在明确监管范围的基础上，需要制定具体的监管标准。这些标准应当包括数据收集、处理、存储、传输等各个环节的规范，以及平台在预警、指挥、调度等方面的具体职责和要求。通过制定具体的监管标准，可以确保平台在监管过程中的科学性和规范性。

第二，建立协作机制。“智慧消防”监管平台涉及到多个部门和领域，因此需要加强跨部门协作与信息共享。建立跨部门、跨地区的协作机制，加强各方之间的沟通与协调，确保各部门在监管过程中的协调一致和信息互通，“智慧消防”监管平台的建设和运行能够有序推进，避免因监管范围过广而导致监管空白和重复监管等管理混乱和效率低下情形。通过加强协作和信息共享，更好地整合资源和优化监管流程，提高监管效率。

第三，强化监督机制。对“智慧消防”监管平台建设和运行进行监督和评估，及时发现和解决存在的问题和隐患，确保平台运行符合法律法规的要求。

4.2 加强信息数据安全保护法律机制

“智慧消防”监管平台的建设与运行涉及大量的公民以及企业个人信息，如公民的家庭住址、手机号码、身份证号码、电子邮箱，建筑结构、消防设施、人员流动等企业数据。一旦这些信息泄露，导致公民人身财产权益以及企业经济利益受到损害，甚至危及到国家安全。因此，“智慧消防”监管平台需要加强信息数据安全保护，采取技术手段防止个人信息泄露，在发生信息泄露时及时采取补救措施，防止公民个人信息被恶意利用而侵犯其合法权益。

第一，制定严格的数据保护法律法规。制定专门针对“智慧消防”监管平台的数据保护法律法规，明确平台在数据采集、存储、传输和使用过程中应当遵守的标准和程序，规定“智慧消防”监管平台在使用数据时必须遵守的权限范围和责任义务，明确数据的归属权和使用范围，防止数据被滥用或非法使用。通过立法明确信息数据在“智慧消防”监管平台中的法律地位和原则，确立数据主权、数据安全和隐私保护的基本原则，详细规定数据收集、使用和存储的规范。明确数据收集的目的、范围、方式和程序，确保数据的合法性和正当性。同时，规定数据的使用权限和范围，禁止未经授权的数据访问和使用。在数据存储方面，应建立严格的数据安全管理制度，采取加密、备份等措施，确保数据的安全性和完整性。此外，强化对用户数据权益的保护，规定"智慧消防"监管平台必须遵守的用户隐私政策和个人信息保护规定，保障用户的合法权益不受侵犯。加强对数据安全的保护，确保个人和组织的个人信息安全合法权益不受侵犯。

第二，加强数据加密和隐私保护技术。"智慧消防"监管平台必须利用技术手段支持，采用先进的数据加密和隐私保护技术，如数据加密、身份认证、防火墙、入侵检测等安全防护技术手段，加强对数据的加密和传输安全，确保数据在存储、传输和处理过程中的安全性和可控性。同时，加强数据安全人才的培养和引进，学习借鉴先进的信息安全保护经验和技术，提高平台的数据安全管理和技术水平。建立健全的数据安全管理机制，包括数据安全审核、风险评估、安全漏洞修补等措施，加强对"智慧消防"监管平台数据安全的全面管理和监督。定期对"智慧消防"监管平台的数据安全进行审计和评估，发现潜在的安全隐患和漏洞，并采取相应的措施进行修复和改进。此外，建立数据安全事件报告和应急响应机制，及时应对数据安全事件，及时发现和应对各类网络攻击，包括病毒、木马、黑客攻击等，提高平台的数据安全防护能力，保障平台的安全稳定运行。

4.3 完善"智慧消防"监管平台运行的法律框架

第一，制定相关法律法规。目前，全国各地"智慧消防"平台的建设存在一定的差异，各地政府应根据本地区实际情况，在统一标准规范的基础上，因地制宜、因事制宜，加强"智慧消防"平台立法工作。在立法过程中，应当根据"智慧消防"平台建设的现状，梳理平台建设与运行的法律依据以及法律适用问题。根据《立法法》《行政许可法》等法律规定，对"智慧消防"平台的性质、地位、内容、职责和权限等作出明确规定，以及各方参与者的权利和义务，明确平台的权责关系，包括政府部门、消防机构、企业及个人用户等。这些法规应当涵盖数据安全、隐私保护、信息共享、责任追究等方面，以确保各方在平台运行中遵守法律法规，共同维护消防安全，使"智慧消防"平台具有明确的法律地位，成为依法运行、接受监管的正式机构。此外，应注意把握"智慧消防"平台的定位和功能，既要在促进消防行业发展方面发挥积极作用，又要避免其成为政府管理部门获取信息的工具。与此同时，随着"智慧消防"监管平台的发展和技术变革，相关法律法规需要不断修订和完善，以适应新形势下的监管需求和挑战。政府应积极参与相关法律法规的修订工作，倾听各方意见，确保法规的及时性和有效性。

第二，建立健全的监督和评估机制。为了更具体地规范"智慧消防"监管平台的运行，可以制定专门的监督和评估机制。建立对"智慧消防"监管平台的日常监管机制，确保其依法履行职责；建立对平台运行情况的定期评估机制，及时发现问题并进行整改；建立对平台违法违规行为的处罚机制，维护法律权威和公众利益。详细规定平台的组织结构、人员配置、职责权限、监管范围、监管程序、监管标准等方面的内容，包括对平台运行情况的定期检查、数据安全和隐私保护的审查，以及问题发现和解决的渠道，确保平台运行符合法律规定和监管要求，在法治轨道上运行。通过定期对"智慧消防"监管平台进行评估和监督，可以及时发现平台在监管过程中存在的问题和不足，并采取相应的措施进行改进和优化。同时，也可以对平台的监管效果进行评估和总结，为未来的监管工作提供有益的参考和借鉴。

第三，强化法律责任与追责机制。为了确保"智慧消防"监管平台能够依法履行职责，需要强化其法律责任。在法规中应明确规定平台在履行职责过程中可能涉及的违法行为及其相应的法律责任，包括民事责任、行政责任和刑事责任等。同时，应建立严格的追责机制，对平台及其工作人员的违法行为进行追责。例如，对于故意泄露、篡改或滥用数据的行为，应依法追究其法律责任，包括民事赔偿、行政处罚和刑事责任等。同时，对于监管不力、管理不善导致数据泄露或滥用的单位和个人，也应承担相应的法律责任。增加对智慧消防监管平台数据安全的监督和执法力度，加强对数据违规使用和泄露行为的查处和处罚，形成有效的震慑机制。

第四，加强法律宣传和培训。公众参与和监督是完善"智慧消防"监管平台运行法律框架的重要环节。应建立畅通的公众参与渠道和反馈机制，鼓励公众对平台运行情况进行监督并提出建议。同时，应加强对公众的宣传教育力度，提高公众对"智慧消防"监管平台的认识和支持度，提高各方对"智慧消防"监管平台法律规制的认识和理解，增强法治意识和法律素养，有效避免因监管范围过广而引发的纠纷和矛盾。

5 结语

随着互联网技术、大数据技术等现代信息技术的发展，"智慧消防"监管平台已经在社会消防管理中发挥了越来越大的作用。然而，由于其监管范围过广、信息数据安全保障不足等问题，"智慧消防"监管平台在法治政府建设中的作用仍有待提升。为了更好地发挥"智慧消防"监管平台的作用，需要从健全"智慧消防"平台运行管理制度、加强信息数据安全保护、加强"智慧消防"监管平台的立法工作等方面进行法律规制。未来，随着法治政府建设的不断深化和智慧消防技术的不断发展，"智慧消防"监管平台的法律规制将更加完善和科学，为城市消防安全管理提供更可靠的法律保障。

参考文献

[1] 张国栋．"互联网+"与"智慧消防"促进社会消防管理创新之探讨［J］．物联网技术，2023，13（12）：73-75.

[2] 杨恺远．消防安全管理中智慧消防技术的具体应用［J］．科技创新与应用，2022，12（35）：189-192.

[3] 王蔚．"智慧消防"现状及发展趋势探析［J］．消防科学与技术，2023，42（07）：1010-1014.

[4] 黄玉垚，高宏．智慧消防体系发展现状及趋势研究［J］．中国应急管理，2023（01）：48-51.

[5] 张彬，张亚勇．人工智能时代网络安全防护探赜［J］．网络安全和信息化，2024（03）：6-8.

物联网技术在智慧消防建设中的应用研究

高天舒 刘晓曈

（日照航海工程职业学院，山东 日照）

摘 要 对物联网技术、智慧消防体系的相关概念进行了介绍，分析了智慧消防建设过程中应用物联网技术的必要性。在此基础上，围绕物联网智慧消防系统的三个结构要素，以及物联网技术在当下对高层建筑消防系统建设四个方面的建议加以阐述，以供参考。

关键词 智慧消防 物联网技术 高层建筑 应用研究

1 引言

在发展新质生产力、促进高质量发展的背景要求下，近年来智慧城市、智慧公共安全、智慧建筑等新型数字化理念应运而生，是落实数字化中国的重要战略选择。智慧消防系统作为智慧城市建设的重要组成内容，将更加全面地服务智慧管理生态搭建、公共安全管理、智能化检测、应急救援等领域。

智慧消防系统的智能化离不开物联网技术、人工智能技术等的迅猛发展。尤其是与物联网技术的融合，显著提高了智慧消防体系建设的质量和效率，在自动控制火灾扑救设备、智能调度现场救援等方面具有不可替代的技术优越性。因此，探究物联网技术在智慧消防建设中的深度应用具有一定的现实意义。

2 物联网技术与智慧消防

2.1 物联网技术

物联网技术是多种现代信息技术的综合运用，该技术集成通信技术、互联网技术及计算机科学，能够实现对周边环境、目标物体和环境状态的实时动态监管、连接并采集数据并将数据传输到终端。物联网由感知层、网络层以及应用层构成。感知是物联网技术的基础，其核心是利用传感器感知目标的物理信息，并将这些信息按照相关方法转换成输出信号的装置。网络层是利用信息传输技术来实现感知层与应用层之间数据传送，主要由各类网络、有线无线通信网、网络管理系统、计算系统等组成，确保感知层收集的信息能够安全可靠地传输。应用层的功能是“处理”，其对感知层获取的信息进行计算、处理、挖掘，最终完成对环境或物理世界的实时监管控制、科学管理、合理决策[1]。在实际应用中，感知层、网络层和应用层三个层次各自发挥其独特的功能和特征，实现目标物体和用户的网络接入，从而实现动态实时的智慧传感、管理和控制。

当前，物联网技术已融入不同行业多个领域，在智慧城市、消防、交通、医疗、应急管理等领域都起到不可或缺的作用。在消防安全工作领域，通过物联网技术，实时监控各类消防设备的运转情况，控制消防水源智能化喷淋，分析统计消防设备日常数据，及时发现系统故障，提高消防安全工作整体效率和质量。

2.2 智慧消防

随着我国经济与科学技术的飞速发展，在人民生活水平提升的同时，城市火灾防控也面临着巨大的威胁和挑战。城市中大型建筑、高层建筑不断涌现，建筑物中人员高密度聚集，如若发生火灾，开展救援工作难度大，往往会造成人员伤亡和大额财产损失。为应对消防工作面临的新难题，相关部门着力发展“智慧消防”，综合运用各类信息化手段，加快推动消防工作由“传统”向“现代”的转变[2]。智慧消防是将传感器技术、远程互联操控技术、计算机科学与传统消防系统相结合，通过物联网技术、人工智能和大数据的支持，融合形成的新消防体系。特别是随着物联网技术的快速发展，智慧消防已从初步设想变成现实，国内外智慧消防建设已取得了许多突破。

在国内，曹元军等人提出了针对大型建筑的智慧消防解决方案，利用融合物联网与互联网技术的智慧消防系统，解决高层建筑发生火灾时的人员撤离及扑救工作，该方案效果良好。朱德明等人总结自身工作经验，认为消防工作需要结合物联网技术才能更好的提升智慧消防体系建设质量[3]。刘志等人结合时代背景，认为物联网技术在建筑防火检查领域有较广阔的应用前景。文献分别阐述了物联网技术在消防装备管理、高层防火、消防监管、火灾调查领域的应用，指出物联网技术在智慧消防体系建设中能够提升消防决策的科学性。大量文献、研究都指出物联网技术在智慧消防体系建设中具有广阔的应用前景，因此有必要进一步探究物联网技术在智慧消防体系建设中的应用，为消防工作提供更加全面、精准的保障。

3 物联网智慧消防系统的结构要素

3.1 信息收集

信息收集是物联网智慧消防系统中最基础的要素，依托传感器技术、红外技术和激光扫描技术等，对有智慧物联需求的环境进行声、光、热、生物等信息的收集和整理，完成基础数据层的构建。在现代消防工作中，相关数据和信息如何快速统筹备受重视，例如对于高层建筑，发生火灾后必须快速对着火点和事故区域进行确定，对此可以通过将各项传感设备如感烟系统、感温系统连接智慧消防系统，完成对数据信息的采集，及时感知建筑内部的火灾隐患问题。引入物联网技术可以实现消防工作的科学化、数字化和精细化，进一步提升工作质量和效率，保证消防工作有的放矢。

3.2 信息管理

信息管理是物联网智慧消防系统中最关键的要素，依托云计算处理平台对所收集的信息进行识别、分析和判断，借

作者简介：高天舒，女，硕士学位，日照航海工程职业学院，骨干教师，主要从事建筑物防火、安全管理方面的研究。

助人工智能技术、大数据技术等，结合机器学习算法、模糊逻辑算法和数据挖掘算法等，实现对大量不规则不完整的数据结构信息的有效分析整理，之后再将其中的各项数据资料转变为结构化数据信息，进而完成系统的自动管理和控制。

3.3 信息整合与利用

信息整合与利用是物联网智慧消防系统中最综合的要素。一是编制信息资源目录，形成数据库。系统感知层面获取的数据信息由智慧消防系统按需处理并组织标记，完成数据信息的整合，如建筑内相关区域的火灾报警信号、设备故障报警信号以及城市各区域的基础建筑信息等，建立健全信息共享、多元协同的基础信息数据库，协助消防救援工作进行多层次、多角度的全面部署。二是利用二维数据信息助推实际应用，提升火灾防控能力。例如在实际应用中，火灾预警系统能及时快速地识别火灾隐患及早期火灾信号，应急响应主体可以结合相关信息，快速进行预警响应，实现资源的合理调配和使用，提高消防安全管理水平。

4 高层建筑消防安全管理中物联网技术的应用

4.1 提升火情判断准确性

在消防工作中，火灾事故及隐患相关信息的收集和处理效率，将对防火、灭火、救援等工作效率产生直接影响[4]。很多现代高层建筑中都已使用各类传感元件和无线射频识别技术对内部环境进行全方位、全时段的扫描，并将扫描数据通过端口接入后台管理系统。当环境信息被采集完成后，一方面，在火灾发生时，借助后台管理系统的输出设备，能够直观地观到异常情况，并通过位置标识准确地判断着火点；另一方面，在火灾事故调查时，调查人员可以通过检查火灾现场情况以及查阅设备历史动作信息，结合物联网技术所采集的环境数据信息，准确、高效地对火灾事故原因进行分析判断，避免了传统事故原因调查方法中，由于人的主观性偏颇及客观信息缺失所导致的信息遗漏、判断失准等问题。

4.2 完善建筑防火系统

对于高层建筑来说，由于其火灾危险性较大，且消防救援难度很高，因此建筑防火系统的建设显得尤为重要。高层建筑可以在主体结构的基础上搭建起一套完整、高效的防火系统，包括消防设备设施管理系统、火灾预警系统、火灾自动报警系统、自动灭火系统等部分，每个系统通过“万物互联”与消防单位进行联网并统一管理，确保火情信息能够第一时间传达到消防单位，实现日常消防安全管理和火灾隐患的快速处理，不仅有效提升了管理效率，还能够节约人力成本。

4.3 实现高效灭火救援

网络化数字技术在消防部门工作中提供了强有力的支持，使得灭火救援的部署更加科学、精准且高效。特别是在处理结构复杂的高层建筑火灾时，利用BIM技术可以构建三维立体模型，清晰展现建筑内部结构，使消防指挥人员无需现场勘查，即可制定针对性的救援方案。另外，高层建筑防火系统所采集的数据可以为消防指挥中心提供火情实时动态信息，有助于救援指挥人员对人员调用及物资分配等方面进行正确决策：一旦确定火灾是由易燃易爆危险品引起的，指挥中心可迅速与专家团队联系，确保专业处理；若火灾导致建筑外墙脱落或下坠，消防部门能迅速与交通部门协调，确保交通管制和人员疏散。物联网技术的应用使得消防工作不再是单打独斗，而是能够使社会各职能部门通过统一调度形成强大合力，提升救援效能。

4.4 构建智慧消防平台

对于高层建筑而言，为了构建更加安全有效的消防管理体系，应充分利用物联网技术，整合建筑物内部的消防安全隐患信息、消防设施状态以及管理平台数据，搭建一个精细化的物联网消防系统，形成一个全面、集成的小型独立的消防管理网络。同时，对于消防单位而言，城市区域内的消防系统可以同时接入各建筑消防管理网络及其他职能部门的管理数据，实现区域消防物资及信息的统一管理与调配。

5 结语

智慧消防是未来是城市建设的重要部分，也是未来消防行业的发展方向。物联网技术的应用可有效解决传统消防模式中的瓶颈问题，优化救灾资源配置，精准预防灾情蔓延，有效保护人员安全与财产安全，为高质量发展提供保障。

参考文献

[1] 杨东兴．废塑料炼油自控系统设计［J］．化工自动化及仪表，2019（46）．

[2] 季永强，徐浙英，张宇英，程斌荣，车辉．物联网技术在智慧消防建设中的应用［J］．今日消防，2022（7）．

[3] 黄雅萍．基于物联网的智慧消防水压监测系统［D］．湖南长沙：湖南师范大学，2020（4）．

[4] 徐飞飞．互联网技术在高层消防工作中的应用思考［J］．中国设备工程，2024（05）．

消防管理中智能化技术的应用与挑战

卢　健

（廊坊市消防救援支队，河北　廊坊）

摘　要　本文分析了智能化技术在消防管理中的应用现状，包括智能监控系统、智能预警系统、智能决策支持系统等。然后，探讨了智能化技术在消防管理中面临的挑战，如数据安全问题、技术更新与升级问题、人员培训与素质问题等，并就这些问题提出了解决这策略。最后，本文展望了智能化技术在消防管理领域的发展前景，认为智能化技术将成为消防管

作者简介：卢健（1980—　），男，现任廊坊市消防救援支队初级专业技术职务，研究方向为建筑防火。

理的重要支撑，为消防事业的发展注入新的活力。

关键词 消防管理 智能化技术 应用现状 挑战

1 引言

随着科技的快速发展，智能化技术已经渗透到各个行业领域，其中消防管理也不例外。智能化技术的应用为消防管理带来了革命性的改变，极大地提高了消防效率，降低了火灾风险。然而，智能化技术在消防管理中的应用也面临着诸多挑战。

2 智能化技术在消防管理中的应用

2.1 火灾预警与检测

火灾预警与检测中应用的智能化技术有很多，例如，智能烟雾探测器的应用。这种探测器使用了先进的传感器和算法，能够区分烟雾和其他可能引起误报的因素，如烹饪产生的蒸汽或烟雾。当探测到真正的烟雾时，它会发出警报，并通过无线网络将信息发送到用户的智能手机或消防部门。再比如，热成像摄像头。这种摄像头可以在完全黑暗的环境中工作，通过检测热量来发现火源。这对于在火灾初期阶段发现火源非常有用。除此之外，智能消防系统在消防管理中也得到了广泛的应用。这种系统可以整合上述各种技术，实现自动化的火灾预警和检测。它可以通过网络与其他系统进行通信，如建筑物的安全系统或消防部门的应急响应系统。在发生火灾时，智能消防系统可以自动启动应急响应程序，如打开疏散通道、启动灭火系统等[1]。

2.2 火灾路径预测与规划

利用人工智能技术对大量历史火灾数据和建筑结构信息进行分析，可以预测火灾发展的路径和可能的蔓延方向。基于这些预测结果，系统可以为消防员提供最佳的逃生和灭火路径规划，提高灾害应对的效率和准确性。例如，应用 GIS（地理信息系统）和地理数据分析技术可以帮助我们了解火灾发生地区的地理环境和特征，包括地形、气候、植被等。通过对这些数据的分析，我们可以预测火灾在不同地形和气候条件下的扩散路径，为火灾规划提供重要参考。消防部门还可以利用传感器和物联网技术实时监测火灾现场的环境变化，包括温度、湿度、风速等。这些数据可以为我们提供实时的火灾信息，帮助我们更准确地预测火灾路径，并及时调整火灾应对策略。

2.3 智能救援与救助

智能化技术可以协助消防员进行灭火和营救任务，最典型的智能化技术包括以下几方面：

2.3.1 无人机应用

无人机可以携带高清摄像头、红外热成像仪等设备，快速飞抵灾区上空，为救援人员提供实时的视觉和热能信息。无人机可以迅速定位被困人员的位置，并将这些信息传递给救援指挥中心，从而帮助救援人员更快地找到被困者。此外，无人机还可以携带救生器材，如医疗包、食物和水等，迅速将救援设备送达到需要的地点，提高救援行动的效率[2]。

2.3.2 智能救援机器人

智能救援机器人可以代替人类进入危险环境进行救援行动。例如，在地震灾害中，智能救援机器人可以穿越坍塌的建筑物，通过红外线和摄像头等传感器搜索并救援被困人员。同时，智能救援机器人还可以通过机械臂和吊钩等装置进行物资运输，为被困人员提供急需的救援物资。

2.3.3 智能救援通信技术

智能救援通信技术是指通过人工智能技术改进救援通信的可靠性和效率。例如，通过自组网等手段，智能救援通信技术可以快速建立起独立的通信网络，实现救援人员之间的实时通信，提高救援行动的协同性和效率[3]。

3 智能化技术在消防管理中面临的挑战

3.1 技术挑战

消防管理涉及大量的数据，包括设备运行状态、火警信息、人员信息、建筑布局等。实现智能化管理首先需要将这些数据进行集成和互通。然而，由于数据来源多样、格式不统一，以及技术和标准的缺失，数据集成和互通成为一项挑战。另外，智能化技术需要依赖算法模型进行决策和预测。对于消防管理来说，算法模型需要能够精准地感知火情、预测火灾发展趋势，以及提供有效的救援方案。然而，由于火灾的复杂性和不确定性，算法模型的精准性和适应性面临挑战。

3.2 人才短缺

高精尖复合型技术人才是消防管理中不可或缺的一部分，只有加强人才培养和引进，才能推动消防事业的持续发展和进步。然而，目前这类人才供不应求。没有足够的专业技术人才，消防部门可能无法及时引进和应用新的消防技术和设备，从而影响到消防工作的效率和效果。另外，高精尖技术人才的缺失会限制消防部门在技术创新和研发方面的能力，难以在消防领域取得突破和进步。

3.3 数据处理与隐私保护

智能化技术的应用涉及到大量的数据处理和存储，包括个人和建筑信息等敏感数据。如何保证这些数据的安全性和隐私性，避免被非法利用，是一个需要解决的重要问题。

4 智能化技术在消防管理中的应用前景

智能化技术在消防管理中的应用前景非常广阔。随着物联网、大数据、云计算和人工智能等技术的不断发展和融合，智慧消防系统的智能化水平将得到进一步提升。

4.1 技术融合与创新将持续推动智慧消防技术的发展

未来，我们可以期待更多具有创新性的技术成果在智慧消防领域涌现，如更加精准的火灾预警系统、智能化的消防设备管理系统等。这些系统能够通过对火灾隐患的实时监测和预警，以及对火灾现场的智能分析，提供更加准确的火场信息和救援方案，从而保障城市居民的生命财产安全。

4.2 智慧消防系统在工业消防、建筑消防和森林消防等领域的应用也将进一步拓展

在工业领域，智慧消防可以针对化工、石油、电力等行业特点，提供定制化的火灾预警和应急处置方案，确保工业设施的安全运行，降低事故发生的可能性。在建筑领域，智慧消防可以实现对应急预案的优化和调整，通过对建筑内部火警的实时监测和预警，缩短响应时间，提高灭火效率。在森林领域，智慧消防可以利用无人机、遥感等技术手段实现对森林火灾的智能感知和预警，及时发现火情，迅速采取救援措施，减少火灾造成的损失。

4.3 随着技术的不断进步和应用场景的拓展，智慧消防在未来消防行业将具有广阔的发展前景

除了智能化程度提高外，智慧消防还可能在以下几个方面取得进展：①是数据驱动的决策支持，通过收集和分析大量数据，为消防决策提供科学依据；②是智能化救援设备的研发和应用，如无人机、机器人等智能设备的广泛应用，提高救援效率；③是消防安全知识的普及和教育，通过智慧消防系统普及消防安全知识，提高公众的消防安全意识和自防自救能力[4]。

5 小结

智能化技术在消防管理中的应用具有广阔的前景和潜力，但同时也面临着一些挑战和问题。为了充分发挥智能化技术在消防管理中的作用，需要不断加强技术研发、完善法规政策、提高数据安全性等方面的工作。

参考文献

[1] 张峰．大数据技术在消防安全管理应用中存在的问题与对策［J］．今日消防，2023（04）：72-74.

[2] 谢振．智慧无人机技术在消防通信中的应用［J］．通信电源技术，2023（06）：168-170.

[3] 祝贺迪．浅析计算机网络技术在消防信息化中的应用［J］．消防界（电子版），2023（09）：60-62.

[4] 王健宇，胡赫．数字化技术在消防通信中的应用研究［J］．中国新通信，2023（17）：11-13.

基于大数据分析的城市高层建筑火灾预警与灭火策略研究

李　响

（河北消防救援总队固安县消防救援大队，河北　廊坊）

摘　要　本文深入探讨了基于大数据分析的城市高层建筑火灾预警与灭火策略的重要性、存在问题及优化对策，阐述了高层建筑火灾对公共安全的严重影响，并强调了大数据分析在火灾预警中的潜在价值。分析了现有火灾预警系统的局限性、灭火资源调度与分配的不合理以及火灾应急响应机制的不完善等问题，针对这些问题，提出了构建基于大数据分析的火灾预警系统、优化灭火资源调度与分配策略以及完善火灾应急响应机制等对策。通过制定详细的应急响应流程、加强应急响应团队建设与培训，并探讨持续改进策略，旨在提升城市高层建筑火灾防控的效率和效果，为城市公共安全作出重要贡献。

关键词　大数据分析　高层建筑火灾　火灾预警

1 引言

随着城市化进程的加速，高层建筑火灾成为城市公共安全面临的重要挑战，高层建筑火灾具有火势蔓延迅速、人员疏散困难等特点，一旦发生往往会造成巨大的人员伤亡和财产损失。为了有效应对这一挑战，强调了城市高层建筑火灾对公共安全的重要影响，并分析了大数据分析在火灾预警中的潜在价值，探讨了现有火灾预警系统、灭火资源调度与分配以及火灾应急响应机制等方面存在的问题。这些问题的存在严重制约了火灾防控的效率和效果，亟需采取有效的措施进行改进和优化。

2 城市高层建筑火灾预警与灭火重要性

（1）城市高层建筑火灾对公共安全的影响

城市高层建筑火灾对公共安全构成了严重的潜在威胁，随着城市化进程的加速，高层建筑日益增多，一旦发生火灾其蔓延速度快、人员疏散困难、灭火救援难度大等特点，使得火灾后果往往不堪设想。近年来国内外高层建筑火灾事故频发，造成了巨大的人员伤亡和财产损失，引起了社会各界的广泛关注。因此加强高层建筑火灾的预防与快速响应显得尤为重要，通过深入研究高层建筑火灾的特点和规律，制定科学的预防措施和高效的灭火策略，对于保障公共安全、维护社会稳定具有重要意义。

（2）大数据分析在火灾预警中的潜在价值

大数据分析在火灾预警中展现出了巨大的潜在价值，大数据技术通过收集、处理和分析海量数据，为火灾预警提供了强有力的技术支撑。在火灾预警中，大数据技术的应用不仅使得火灾监测更加全面和细致，还能够实现对火灾风险的实时评估和预测。[1]通过大数据分析，可以准确识别出火灾隐患，及时发出预警信号，为火灾防控提供科学依据，此外大数据的实时性和准确性特点，使得火灾预警更加迅速和可靠，为消防部门争取了宝贵的救援时间。随着技术的不断进步，大数据在火灾预防领域的应用更加广泛，其潜在价值得到进一步挖掘和发挥。

（3）城市高层建筑火灾预警与灭火策略的现实需求

城市高层建筑火灾预警与灭火策略的研究具有重要的现实意义，随着城市高层建筑数量的不断增加，火灾防控面临着严峻的挑战，高层建筑火灾一旦发生，其火势蔓延迅速、人员疏散困难，给消防部门带来极大压力。研究高效的火灾预警与灭火策略，对于减少火灾事故、保障人民生命财产安全具有重要意义，通过对火灾预警与灭火策略的研究，可以深入了解高层建筑火灾的特点和规律，为制定科学的防控措施提供理论支持，同时研究成果的应用有助于提升城市公共安全管理水平，增强城市抵御火灾风险的能力，为城市的可持续发展保驾护航。

3 城市高层建筑火灾预警与灭火存在问题

（1）现有火灾预警系统的局限性

当今社会中尽管火灾预警系统已经得到广泛应用，但其仍存在明显的局限性，传统火灾预警系统主要依赖于烟雾探

测器和温度传感器等单一传感器，这些设备在复杂环境和早期火灾中可能无法及时准确地发出预警，特别是对于高层建筑而言，由于其结构复杂、空间广阔，传统的预警系统往往难以覆盖所有潜在风险点，导致其适用性受限，此外传统系统缺乏对大数据的深入分析和应用，难以准确预测火灾发展趋势，为救援决策提供有力支持

（2）灭火资源调度与分配的不合理

在火灾应对中，灭火资源的调度与分配直接关系到灭火效率和救援成果，然而当前灭火资源调度过程中存在诸多问题，一方面由于信息传递不及时、不准确，导致灭火资源调度效率低下，无法迅速响应火灾现场的需求，另一方面灭火资源分配不均的问题也屡见不鲜，部分地区可能因资源过剩而浪费，而另一些地区则可能因资源不足而错失最佳救援时机。

（3）火灾应急响应机制的不完善

火灾应急响应机制在保障城市公共安全中发挥着重要作用，但其现状仍存在不少问题，应急响应机制在组织协调、信息传递和资源配置等方面存在薄弱环节，导致响应效率低下，无法及时有效地应对火灾事故。[2] 应急响应机制在预防和应对高层建筑火灾方面的针对性不强，缺乏科学有效的指导原则和应对策略。

4 城市高层建筑火灾预警与灭火优化对策

（1）构建基于大数据分析的火灾预警系统

为了应对当前火灾预警系统的局限性，提出构建基于大数据分析的火灾预警系统，该系统采用先进的大数据技术，设计包括数据采集、存储、处理和分析在内的整体架构。在预警系统中，大数据分析发挥核心作用，通过对海量数据的实时分析，准确识别火灾风险，并预测火灾发展趋势，这大大提高预警的准确性和实时性，为火灾防控提供有力支持。预计该预警系统能够在早期阶段发现火灾隐患，及时发出预警信号，并辅助消防部门制定科学的救援策略，通过这一系统的应用，会显著提升火灾防控的效率和效果，为城市公共安全作出重要贡献。

（2）优化灭火资源调度与分配策略

针对灭火资源调度与分配的不合理问题，需要制定一套优化的调度方案，该方案综合考虑火灾现场的需求、资源的分布情况以及救援队伍的能力，确保资源的高效利用。为了进一步提升调度的精准性和效率，计划引入智能算法来辅助灭火资源的分配，这些算法基于大数据分析和机器学习技术，能够实时评估火灾的严重程度、预测火势的发展趋势，并据此动态调整资源的分配方案。通过实施这一优化策略，能够显著提升灭火效率，确保在最短时间内控制火势，减少人员伤亡和财产损失，同时也为未来的火灾救援工作提供宝贵的经验和参考。

（3）完善火灾应急响应机制

制定详细的应急响应流程至关重要，包括明确各级指挥中心的职责、规范信息传递渠道、建立跨部门协作机制等，通过制定详细的流程，可以确保在火灾发生时，各部门能够迅速响应、有序协作，提高应急响应的效率。加强应急响应团队的建设与培训也是不可或缺的，包括选拔具备专业知识和技能的应急响应人员，定期开展应急演练和培训，提高团队的实战能力和应对复杂情况的能力，只有拥有一支高素质、专业化的应急响应团队，才能确保在火灾发生时能够迅速、有效地进行救援。[3] 探讨应急响应机制的持续改进策略也具有重要意义，根据实际情况，不断总结经验教训，发现机制中的不足之处，并及时进行改进和完善，通过持续改进，可以使应急响应机制更加科学、高效，为城市公共安全提供更加坚实的保障。

5 总结

通过对基于大数据分析的城市高层建筑火灾预警与灭火策略的研究，提出了针对性的优化对策，这些对策包括构建基于大数据分析的火灾预警系统、优化灭火资源调度与分配策略以及完善火灾应急响应机制等。通过实施这些对策，可以提高火灾预警的准确性和实时性，优化灭火资源的调度与分配，提升应急响应的效率和效果，这些措施的实施有助于降低高层建筑火灾的风险，保障人民生命财产安全，为城市公共安全作出重要贡献。

参考文献

［1］兰伟．探析高层建筑火灾灭火救援难点和处置对策［J］．大众标准化，2023（7）：111-113.

［2］刘静．高层建筑火灾及灭火逃生策略研究［J］．消防界，2022（013）：008.

［3］李庆功，王悦，李继繁，等．基于大数据分析的火灾预警方法研究［J］．南开大学学报：自然科学版，2020，53（4）：5.

信息技术在“九小场所”火灾风险防控中的融合应用

崔铁良

（山东省聊城市消防救援支队，山东　聊城）

摘　要　简要分析“九小场所”火灾风险防控存在的薄弱环节。介绍以物联网为基础的现代信息技术的技术特点和网架结构，信息技术在“九小场所”火灾风险防控中的应用，通过人防、物防、技防的技术的融合管控，提高“九小场所”的消防风险管控水平和“九小场所”和相关人群抵御火灾的能力，从而有效避免和减少“小火亡人”火灾事故的发生。

关键词　信息技术　九小场所　火灾风险防控

作者简介：崔铁良，男，山东省聊城市消防救援支队高级专业技术职务。

1 引言

近年来，“九小场所”亡人事故不断发生。2017 年 2 月 5 日，台州市天台县足馨堂足浴中心火灾事故共造成 18 人死亡、18 人受伤。2017 年 11 月 18 日，北京市大兴区西红门镇新建二村火灾事故造成 19 人死亡、8 人受伤。2018 年 4 月 24 日，广东省清远市英德茶园路一 KTV 火灾事故造成 18 人死亡、5 人受伤。2019 年 6 月 11 日，云南大理州大理镇民房火灾事故造成 6 人遇难。“小火亡人”频发已经成为困扰社会和群众的“痼疾顽症”。如何利用人工智能、增强现实（AR）、虚拟现实（VR）、云计算[1]、物联网[1]、大数据、IPv6 等新一代信息技术的深度应用，推动通过人防、技防、物防的融合发展，提高综合工作效能，有效减少“九小场所”火灾的发生，避免“小火亡人”事故的发生，是现阶段社会消防发展不可回避的问题。

2 “九小场所”火灾风险防控薄弱环节

2.1 消防监管机制与现实的矛盾愈加突出。

“九小场所”点多面广遍地开花，成千上万，隐蔽性强。《中华人民共和国消防法》虽然赋予公安派出所日常消防监督检查的职责，在社会快速发展、消防管理模式和机制变革的今天，未能缓解人少事多的实际矛盾。网格化消防安全管理缺少法律支撑，大多机构在“空转”。目前，“九小场所”的消防监督管理绝大多数只做表面文章，一些措施和手段重业绩，轻成效，应付风气盛行。现有监督力量、监督手段、监督模式，无法实施有效消防安全管理，客观上形成失控漏管、放任自流的局面。

2.2 生产经营者轻安全、重效益的意识“固化”现象严重

大多数生产经营者因陋就简，消防安全责任不落实，管理混乱；从业人员消防安全和法律意识淡薄，缺乏日常的防火、灭火和逃生的知识，一旦遇到紧急情况，无法有效应对，这也是“小火亡人”的一个重要因素。

2.3 消防设施基础薄弱，抵御火灾的能力差

消防设施配备不到位，既有生产经营主观方面的原因，也有消防技术标准的问题。小型场所实际情况千差万别，普遍存在易燃、可燃物较多，消防设施陈旧落后，甚至没有消防器材的情况，发生事故后，无法实施有效控火、灭火。用火、用电不规范，安全生产经营条件差，极易引发火灾事故。电动车的普及应用，在方便群众生活的同时，存放、充电不规范；加之燃气设施使用不规范。安防措施落实不到位，更是雪上加霜，客观增加了“九小场所”的火灾风险。

2.4 安全疏散设施先天不足，缺少自救逃生的“生命通道”

在“三合一”“二合一”的合用场所大量客观存在的情况下，生产经营者为了方便管理和出于防盗的需要，使用管理中设置影响逃生和灭火救援的广告牌、防盗窗、铁栅栏。一旦发生问题，无法在第一时间逃生自救。

3 以物联网为基础的现代信息技术

新一代信息技术如人工智能、增强现实（AR）、虚拟现实（VR）、云计算、大数据、物联网等已经应用到各个生产、生活及工作领域，与各种业务深度融合。全面感知、可靠传输、智能处理[1]是物联网的突出特征（如图 1 所示）。

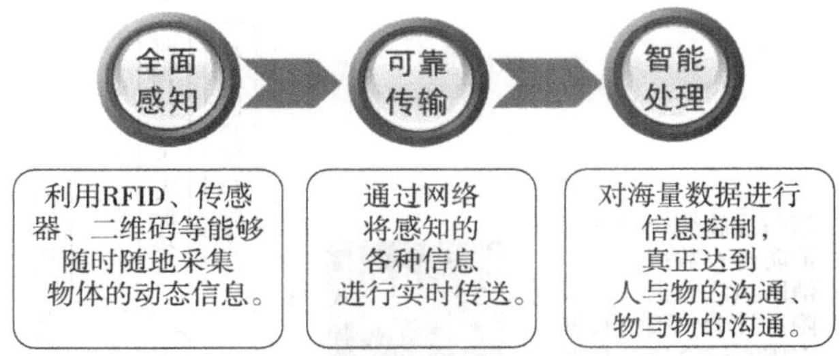

图 1 物联网特征示意图

物联网的网络架构分为感知、网络和应用 3 层[1]（如图 2 所示）。其中感知层主要实现智能感知功能，包括信息采

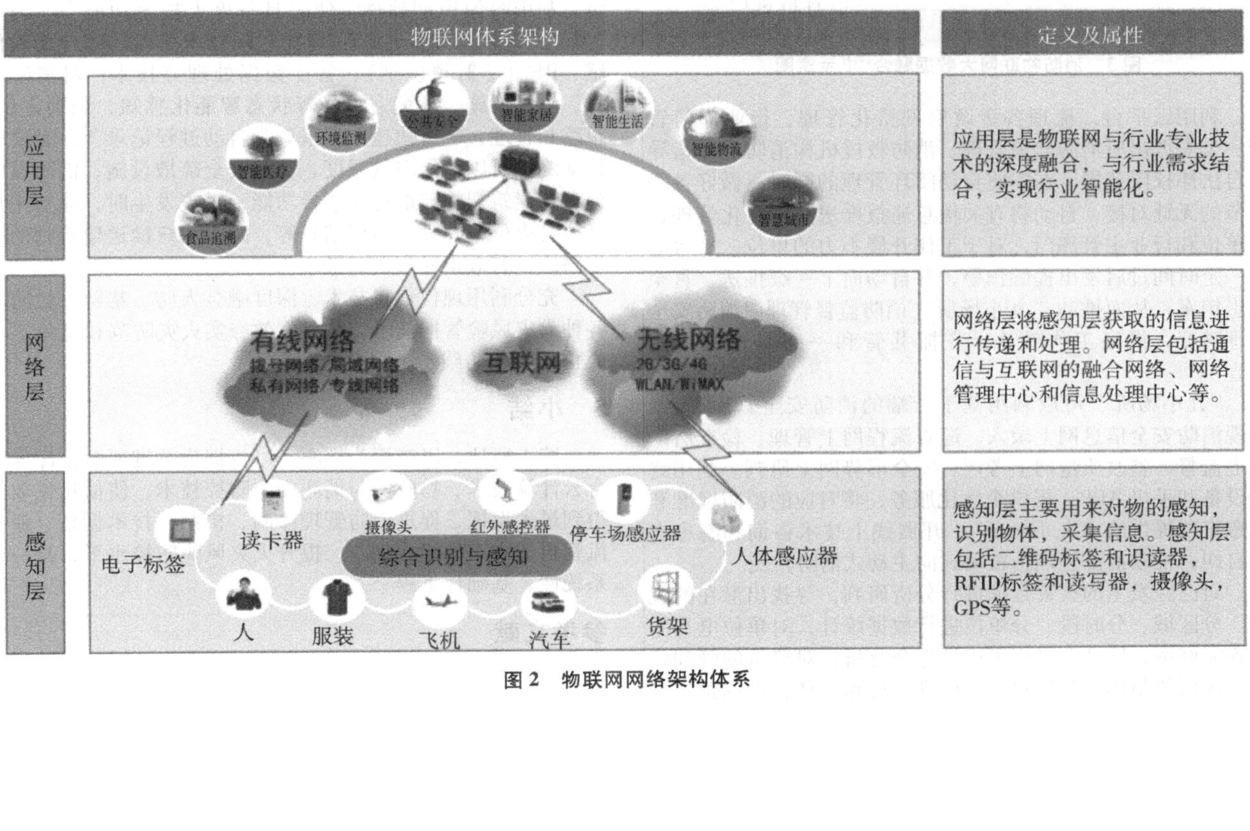

图 2 物联网网络架构体系

集、捕获和物体识别等；网络层负责信息的传递和处理；应用层负责将物联网技术与行业专业技术相结合，包括各种智能化应用。物联网、云计算、大数据相互融合，可以对海量数据进行信息控制，尤其适合于“九小场所”小、散、远，火患因素繁杂等特点，便于将人防、物防、技防的管理手段融合，实施综合监管。

4 “九小场所”的火灾风险防控技术

建立健全消防安全自查、火灾隐患自除、消防安全责任自负的自我管理和约束机制，防止火灾发生，控制火灾风险，减少火灾危害，从而达到保护生命和财产安全的目的。

4.1 构建管理平台，落实责任机制

物联网和云计算技术为创新消防安全管理工作模式提供了有效途径。消防管理平台的资源池将各行业硬件资源通过虚拟化技术进行整合，动态分配资源、动态负载均衡，提高利用率。同时，利用数据结构化管理技术和负载管理、动态部署、资源监控、冗余备份、资源调度、海量数据处理、多租户技术、分布式存储构建“九小场所”云平台。将物理基础设施和IT基础设施万物互联，实时监控，通过云计算技术处理和融合获得的各类数据利用，进行动态分析和研判，真正实现智慧消防安全管理（如图3所示）。

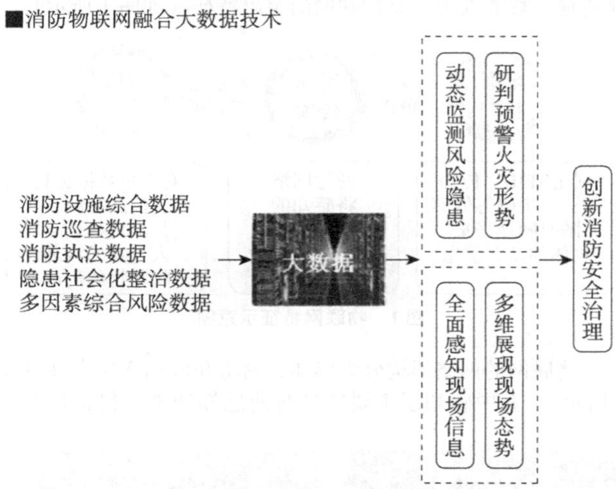

图3 消防物联网大数据融合[2,3]示意图

利用云平台，梳理各级政府网格化管理、行业部门管理、公安派出所消防监督管理、消防救援机构消防业务指导各自法律权限范围，在实施自动闭环管理的同时，做好各个环节的无缝对接，自动将有关信息通报推送至网格化管理责任单位和行业主管部门，对于工作开展不力的单位，平台会在一定时间过后发出提醒预警，并自动向上一级推送，直至隐患销案，从而推动“九小场所”消防监督管理向消防安全治理转变，提高工作效率，齐抓共管和一岗双责有痕迹可查。

“九小场所”可以利用基于云端的消防安全管理平台，实现消防安全信息网上录入、巡查流程网上管理、检查活动网上监督、整改质量网上考评、安全形势网上研判。利用终端设备和手机APP，提供个性化服务，将对应的消防标准和注意事项提供给“九小场所”，开展线上技术咨询和隐患自查自纠，推动消防管理由被动式向主动式消防转变。

对已经发生的火灾数据进行分析研判，寻找出潜在的规律。分区域、分时段、分单位进行数据统计，对单位电气等设施完好率、培训合格率等进行综合分析，对单位的管理状况、区域的整体火灾风险进行精确分析和评估，根据预先设定的火灾风险等级，发布火灾预警信息，推动消防管理由火灾驱动向风险驱动转变。

4.2 整合资源，建立常态化宣传培训模式

“九小场所”人员要掌握疏散逃生技能，一旦发生火灾，及时疏散人员是第一要务。

针对消防物联网产生的海量数据，云计算能够提供强大的数据存储、协同处理和集群应用服务支持能力。通过移动终端和终端APP开展对“九小场所”的全员消防宣传、教育和培训，定期进行在线考试，阅读时间、考试成绩和合格率，作为“九小场所”消防管理状态的基础数据，传送至云服务器[6]（如图4所示）。通过综合数据分析，针对消防安全知识和意识薄弱人群，进行精准指导和培训。

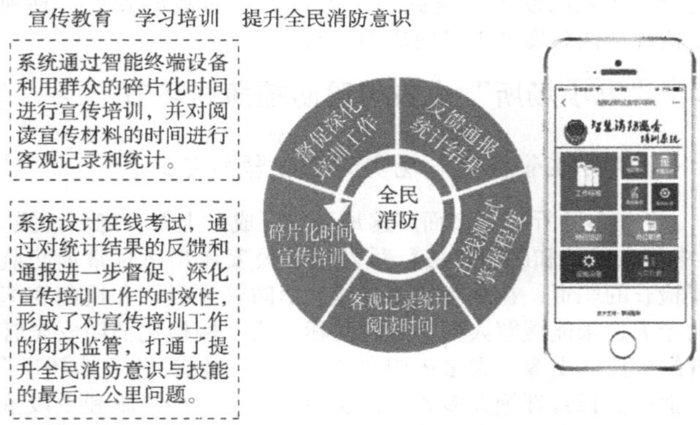

图4 云平台消防宣传教育培训示意图

灭火和应急疏散预案要结合本场所实际，精准应对突发火情。通过多渠道的不断学习，让员工学习和掌握必要的火场逃生自救技能。现场员工要分工负责，在积极组织扑救初期火灾的同时，尽快组织人员疏散。在遇到险情时，忙而不乱，准确有序。

4.3 因地制宜，夯实抵御火灾最后一道防线

推广安装简易喷淋、无线报警[2]，配备消防器材和简易逃生设施装备，落实建筑防火有关规定。将监控平台系统升级，利用图像识别软件，使之具备火灾报警功能[3]。利用“感”“传”“知”“用”等物联网技术手段，综合无线传感、RFID（射频识别）、智能数据处理等技术，对消防器材、电气设施、环境、人员等状态智能化感知、识别定位、跟踪和管理，进行快速数据采集和自动过程记录[6]。必要时移动终端可以植入空气温度、建筑安全疏散设施、消防设施分布和建筑智能疏散逃生引导功能，火灾发生时，通知用户具体着火位置，火灾蔓延信息等，并向用户推送建筑物的逃生路线，有效指导人员疏散。

充分利用现代信息技术，深度融合人防、物防、技防等各种火灾风险管控技术，从而有效夯实火灾防范和避免“小火亡人”的防线。

5 小结

综上所述，以应用为核心，以数据为关键要素，深度融合云计算技术、物联网与消防安全防控技术，使信息化效能得到最大发挥，促进消防管理体制、机制、技术创新、业务流程再造和工作模式创新，提升火灾风险防控水平，是一个系统性、基础性工程[7]。

参考文献

[1] 邹生．物联网信息化与物联网建设［M］．北京电

子工业出版社，2010：47-59.

[2] 刘久康．物联网技术在消防领域的应用探讨［J］．武警学院学报，2012，28（2）：48-51.

[3] 张翔．基于物联网技术的火灾自动报警系统研究［J］．防灾科技学院学报，2011，13（1）：32-38.

[4] 李明，吴耀华．应急物流信息平台功能框架研究［J］．物流技术，2010：21-24.

[5] 李素彩．物联网与物流信息标准化［J］．中国科技投资，2010：47-50.

[6] 宋敏，胡浩．快速城市化进程下消防规划研究［J］．消防科学与技术，2011，30（8）：56-60.

基于 GIS 技术的消防信息可视化分析与应用

李　松

（河北省廊坊市消防救援支队，河北　廊坊）

摘　要　随着地理信息系统（GIS）技术的不断发展，其在消防应急管理中的应用日益广泛。本论文旨在探讨基于 GIS 技术的消防信息可视化分析与应用，通过对消防数据的整合与可视化展示，提高消防应急管理的效率与准确性。研究内容包括数字化消防地图的构建、消防资源的动态管理以及消防重点单位的监控与管理。研究结果表明，GIS 技术的应用可以显著提升消防应急管理的决策水平，为火灾防控提供有力支持。

关键词　GIS 技术　消防信息　可视化分析　数字化消防地图

1　引言

地理信息系统（GIS）作为一种强大的空间信息处理技术，已经在多个领域得到广泛应用。在消防领域，GIS 技术的应用可以实现对消防信息的整合、分析和可视化展示，从而提高消防应急管理的效率和准确性。本论文将对基于 GIS 技术的消防信息可视化分析与应用进行深入研究，为消防应急管理提供新的思路和方法。

2　GIS 在消防应急管理中的应用

2.1　事件管理

GIS 技术可以对消防基础设施、消防重点单位、有火灾风险的区域、危品存储位置等进行标注，并出具消防电子地图，实现丰富多彩的地理信息描画，便于图形化管理。GIS 技术支持网络化的信息共享，能够将消防地图、统计数据同其他数据源（比如无线通信、GPS 等）进行交互，从而实现信息的无缝数据共享和交换。另外，GIS 技术还提供了灵活的信息查询与分析功能，消防部门可以通过 GIS 技术，灵活地查询并分析消防数据信息，包括灾害点、救援点、火源点、个人财产损失、人员死伤情况、消防处置情况等信息，快速提出消防应急管理决策与预案[1]。

2.2　资源管理

通过 GIS，消防部门可以更有效地管理其资源，如消防站、消防车辆、人员等。这包括确定资源的最佳分布位置，以便在紧急情况下快速响应。GIS 还可以用于识别和分析潜在的高风险区域，如老旧建筑、密集居住区等。这有助于消防部门制定针对性的预防措施和应急计划。在实时数据集成方面，GIS 同样具有明显优势。GIS 可以集成各种实时数据，如天气、交通状况等，为消防部门的决策提供有力支持。例如，在火灾发生时，GIS 可以提供火势蔓延的实时信息和受影响的区域[2]。另外，GIS 还提供了一个共享的平台，使得消防部门可以与其他应急机构（如警察、医疗等）进行协同工作。这有助于在紧急情况下实现资源的快速调配和信息的实时共享。

2.3　决策支持

GIS 提供的空间分析和可视化功能，可以帮助消防部门在制定应急计划和决策时考虑更多的地理和环境因素。这有助于提高决策的科学性和准确性，减少不必要的损失。

此外，GIS 还可以与实时监控服务平台结合，实现火灾事故防治的自动化技术，通过实时收集和分析数据，提高消防效率。同时，基于 GIS 的智慧消防物联网技术云服务平台可以实现消防监督管理的智能化，进一步提高消防工作的效率和准确性。

总的来说，GIS 在消防应急管理中的应用为消防部门提供了强大的技术支持，有助于提升火灾应对和预防的效率和效果，保障公众的生命和财产安全。

3　消防信息可视化分析与应用

3.1　可视化分析方法

基于 GIS 的消防信息可视化分析方法是一种利用地理信息系统（GIS）技术，将消防相关数据进行整合、分析和展示的方法，有助于提升消防部门的应急响应效率和决策水平。以下是基于 GIS 的消防信息可视化分析的主要步骤和方法：

3.1.1　数据采集与整合

在数据采集方面，GIS 可以通过多种方式进行。一种常见的方式是使用遥感技术，如卫星遥感、航空摄影等，获取地表覆盖、地形地貌等空间信息。此外，还可以利用地面调查、传感器网络、社交媒体数据等来源获取地理数据。这些数据可以通过 GIS 软件进行处理和整合，形成具有空间位置信息的数据库。

在数据整合方面，GIS 可以将不同来源、不同格式、不同比例尺的地理数据进行整合，形成一个统一的地理空间数据框架。这有助于消除数据之间的冗余和不一致性，提高数

作者简介：李松，男，河北省廊坊市消防救援支队，初级专业技术职务。

据的可用性和准确性。同时，GIS 还可以利用空间分析功能，对整合后的数据进行复杂的空间查询、空间叠加、空间插值等操作，以揭示地理现象的空间分布规律和相互关系。

3.1.2 数据处理与分析

GIS 确实可以实现消防数据处理与分析。

地理信息系统（GIS）在消防领域的应用已经越来越广泛。它不仅能有效地管理、存储和展示消防相关的空间数据，还能进行复杂的空间分析和模拟，为消防决策提供有力的支持。

在数据处理方面，GIS 可以整合来自各种渠道的消防数据，包括消防站点位置、消防设备分布、火灾历史记录等。这些数据可以通过 GIS 进行标准化处理，形成一个统一的消防数据库，方便后续的分析和查询[3]。

在分析方面，GIS 具有强大的空间分析能力。它可以对火灾发生的地点、时间、频率等进行统计分析，揭示火灾的时空分布规律。同时，GIS 还可以进行火灾风险评估，通过综合考虑地形、气候、建筑等因素，预测不同区域发生火灾的可能性，为消防资源的合理配置提供依据。此外，GIS 还可以与其他消防管理系统进行集成，实现数据的共享和交互。通过与其他系统的协同工作，GIS 可以进一步提高消防数据处理和分析的效率和质量。

3.1.3 可视化展示

基于 GIS 的可视化技术可以将分析结果以直观、易懂的方式展示出来。例如，可以使用不同颜色的图层来表示不同级别的火灾风险区域，或者使用动画效果来展示火灾蔓延趋势。此外，还可以结合地图、图表等形式，展示消防资源的分布情况、火灾发生的历史记录等信息。

总的来说，基于 GIS 的消防信息可视化分析方法具有直观、高效、科学等优点，对于提升消防部门的应急响应能力具有重要意义。然而，该方法的应用还需要考虑到数据的准确性、实时性以及系统的稳定性等因素，以确保分析结果的可靠性和有效性。

3.2 应用实践

基于 GIS 的消防信息可视化应用实践是一个综合性强、实用性高的项目。GIS（地理信息系统）技术可以将消防相关的空间数据、图像信息以及实时动态数据有效地整合，实现信息的可视化表达，从而辅助消防部门更好地进行火灾预防、应急响应和决策分析。以下是一些基于 GIS 的消防信息可视化应用实践的具体内容：

3.2.1 数字化消防地图的制作与应用

通过 GIS 技术，可以将消防相关的信息（如道路、建筑物、水源、消防站点等）整合到数字地图上，形成数字化消防地图。这张地图不仅具有地理空间信息，还可以展示消防资源的分布情况，包括消防力量、消防设备等。在应急响应时，消防人员可以利用这张地图快速定位火灾地点，了解周边环境和资源情况，制定有效的救援方案。

3.2.2 火灾实时监测与预警

首先，GIS 可以精确预测火灾的发生概率和可能受到影响的区域。通过对地理数据的分析与处理，GIS 能够结合实时的气象数据和人口密度等因素，进行火灾预测和预警，从而及时做好应急准备。在火灾可能大发的区域，GIS 能够实时监测火源情况和火势，确保及时采取措施，避免火势扩大，从而保障人民生命财产安全。

其次，GIS 在火灾发生时，可以通过智能分析和模型分析对灾情进行评估，实现对灾害预警的实时管理。这有助于快速、准确地判断火灾范围和进行人员统计，并通过火灾地图和火灾信息系统，及时向灾区周边居民、便民服务等提供有效的指导和帮助。

此外，GIS 技术还可以实现多元化在线监测与预警。通过整合火灾预警、视频监控、高风险单位监控、电气火灾监测以及水压智能监测等多个子系统，GIS 能够实现实时在线监测、预警信息发布、安全监管及应急处置一体化，构建起预防火灾发生的严密防护网。

3.2.3 消防资源管理与调度

GIS 技术可以帮助消防部门实现消防资源的管理与调度。通过 GIS 系统，可以实时掌握消防车辆、消防人员等资源的分布情况，以及消防设备的运行状态。在火灾发生时，系统可以根据火灾地点和火势情况，自动计算最佳路径，调度最近的消防资源进行救援。

GIS 技术能够实时更新地图，确保数据和图形的同步。这意味着消防部门可以实时掌握消防资源的最新状态，如消防车辆的实时位置、消防设备的可用性等。这有助于消防部门在紧急情况下快速做出反应，优化资源配置和调度[4]。

3.2.4 消防演练与培训

首先，GIS 可以辅助消防部门进行实战演练的指挥。通过 GIS 地理信息服务平台，消防 GIS 系统和市 PGIS 系统可以实现基本涂层连接，从而精确测量路面间距、建筑间距、总建筑面积等内容，为救火救援指挥者提供辅助管理决策。此外，GIS 还能在地图上标注全省的值勤大队、职业消防队、小型消防站、泡沫灭火剂贮备以及重点企业部位，并运用智能化应急预案系统查询重点企业建筑构造情况、固定消防设备设定等状况，实现救火救援的“一键式”生产调度，全面提高指挥者管理决策的效率。

其次，GIS 在消防培训中也扮演着重要角色。通过 GIS 技术，消防人员可以更加直观地了解火灾现场的地理环境和情况，从而制定出更加合理、有效的救援方案。此外，GIS 还可以模拟火灾场景，帮助消防人员进行模拟演练，提高应对火灾的实战能力。

4 结论与展望

总之，通过前面的论述与分析，我们发现 GIS 技术在消防信息可视化方面有着广阔的应用前景，它可以显著提高消防应急管理效率、决策效率和救援效果。未来，随着 GIS 技术的不断发展和完善，其在消防领域的应用将更加广泛和深入。我们期待通过进一步的研究和实践，探索出更多基于 GIS 技术的消防应急管理新方法和新思路，为火灾防控提供更加有力的支持。

参考文献

［1］王馨．浅谈 GIS 技术在消防中的应用［J］．科技广场，2009（03）：253-254.

［2］赵鑫．GIS 技术在消防通信指挥系统中的应用［J］．信息安全与技术，2013（12）：82-83.

［3］靳涛．论 GIS 技术在消防通讯决策中的应用［J］．信息系统安全，2014（05）：71-71.

［4］郑金宝．GIS 技术在消防调度指挥信息系统中的应用分析［J］．今日消防，2020（03）：15-16.

人工智能在消防预警与救援决策中的应用前景分析

李 松

（河北省廊坊市消防救援支队，河北 廊坊）

摘 要 随着科学技术的快速发展，人工智能在消防预警与救援决策中的应用越来越广泛。在数据采集与处理方面，人工智能可利用AI算法对消防相关数据进行精准处理并根据数据构建火灾风险预测模型；在救援决策方面，人工智能借助先进算法同样能够迅速触发预警机制，有助于消防人员迅速响应，及时到达现场救援。本文对此进行了详细的论述与分析。

关键词 人工智能 消防预警 救援决策 智能救援

1 引言

随着科技的飞速发展，人工智能技术在各个领域得到了广泛应用。特别是在消防领域，人工智能技术、大数据、云计算技术的应用不仅可以提高救援效率，降低风险，还可以实现对火灾的预警和精准定位。在消防预警与救援决策中应用人工智能可以为消防人员提供有力的数据支持并可直接参与现场救援。目前，全面推进智慧消防建设应用尚面临一定的困难，希望能够引起政府部门、科研机构、社会各界的高度重视，为构建和谐、安全、舒适的社会环境共同努力。

2 人工智能在消防救援决策中的重要性

人工智能在消防救援中的重要性日益凸显，其在多个环节中都发挥了至关重要的作用。

首先，人工智能可以迅速收集和分析消防救援现场的图像、声音、环境数据等。通过物联网设备和云计算技术，消防人员可以实时获取灾害现场的详细信息，从而快速了解灾害范围和受灾情况。这为制定有效的救援策略提供了数据支持，提高了救援的准确性和效率。

其次，人工智能在消防装备方面的应用也极大地提升了救援效果。通过智能算法，消防装备如传感器设备的自动化和准确性得到了提高。这些设备可以实时监测和调整装备状态，确保其处于最佳工作状态。此外，人工智能还可以实现消防装备的自动管理和升级，确保其安全性和可靠性，从而保障消防人员的安全行动[1]。

再者，人工智能在消防监测方面也发挥了重要作用。利用传感器技术和物联网设备，人工智能可以实时监测消防设施的状态，包括公共场所、建筑物、市政设施等的智能监测和交互管理。这有助于及时发现火灾隐患，有效地控制火灾的风险。同时，通过对大量历史火灾数据的分析，人工智能可以预测火灾发展的路径和可能的蔓延方向，为消防员提供最佳的逃生和灭火路径规划。

此外，人工智能还可以协助消防员进行灭火和营救任务。通过机器人或其他智能设备的使用，可以实现对危险环境的勘察和评估，为消防员提供更准确的决策支持。在远程指导和控制方面，人工智能也发挥了关键作用，使消防队员能够更加安全高效地进行任务[2]。

人工智能在消防救援决策中的应用提高了救援的效率和准确性，降低了救援风险，为消防员提供了更强大的支持。未来随着技术的不断发展，人工智能在消防救援中的作用将更加重要，为消防事业的发展注入新的动力。

3 人工智能在消防预警与救援决策中的具体应用

3.1 火灾预警

人工智能在火灾预警方面的应用主要体现在通过提取消防安全的大数据，并利用以往的火灾数据和传感器数据，基于人工智能算法建立火灾预警模型，从而对火灾情况进行预测。这样的应用可以提前指出火灾风险的可能性，有利于消防人员及时采取必要的防范措施，避免火灾的发生。

具体来说，一些先进的系统，如AI“云眼”哨兵系统，能够秒级识别“潜在火情”并第一时间发出报警。当现场出现热点、火苗、烟雾等异常情况时，这样的系统能够迅速识别，并通过语音报警、发送报警信息至消控室和工作人员手机等方式，及时通知相关人员进行处理[3]。

此外，人工智能还可以用于监测消防设施的状态，包括公共场所、建筑物、市政设施等的智能监测和交互管理，从而有效地控制火灾的风险。同时，人工智能可以辅助消防人员进行消防救援工作，通过收集现场的图像、声音、环境数据等，快速了解灾害范围和受灾情况，提供决策支持。

3.2 路径规划

首先，人工智能可以收集和分析大量的消防安全数据，包括过去的火灾记录、建筑结构、材料特性、消防设备配置等信息。通过对这些数据的深入挖掘和分析，人工智能可以识别出潜在的火灾风险点，并预测火灾在不同条件下的可能发展路径。

其次，人工智能可以建立火灾蔓延模型。这些模型可以模拟火灾在不同条件下的蔓延速度和方向，包括火势的大小、风速、风向、建筑物内的通风情况等因素对火灾蔓延的影响。通过模拟分析，可以预测火灾在不同阶段的发展趋势，为消防人员提供决策支持。

此外，人工智能还可以结合实时传感器数据和监控视频来动态预测火灾的发展路径。通过实时监测火灾现场的温度、烟雾浓度、火焰颜色等参数，人工智能可以及时调整预测模型，更准确地预测火灾的蔓延情况。

3.3 环境监测与控制

在环境监测与控制方面，人工智能可以与建筑系统集成，实时监测温度、氧气浓度、湿度等环境因素。一旦发现异常情况，系统可以自动启动应急措施，如断电、开启喷水系统或其他灭火设备，以最小化火灾对人员和财产的伤害。

作者简介：李松，男，河北省廊坊市消防救援支队，初级专业技术职务。

3.4 智能救援与救助

人工智能在消防救援与救助中的应用越来越广泛，例如智能救援无人机在灾害发生时可以快速响应，进行空中搜索，提供高清晰度的视频监控和图像识别服务，帮助救援人员快速定位被困人员。同时，无人机还可以携带必要的救援物资，如手电筒、对讲机等，为被困人员提供及时的援助。又如，智能移动指挥系统。这类系统通过人工智能技术实现救援行动的指挥和协调。它们可以实时监测和分析救援行动的进展情况，快速响应并协调救援人员的行动，从而提高救援效率和协调性。还有，消防领域应用比较广泛的勘察机器狗，这种机器狗可以进入危险或狭小空间进行初步现场勘察，获取灾难现场的视觉图像、温度、有害气体浓度等信息，帮助消防员了解灾难情况，制定最佳的救援方案[4]。

4 推进智慧消防建设应用的困难与对策

推进智能消防建设应用在当前面临着多重困难，这些困难主要来自于技术、资金、政策和社会认知等方面。为了有效应对这些挑战，需要制定一系列的对策。

首先，技术层面的困难在于智能消防系统的研发和应用尚不成熟。目前市场上的智能消防产品种类繁多，但性能参差不齐，很多产品还无法完全满足实际应用需求。此外，智能消防系统的集成和兼容性也是一个问题，不同系统之间的数据共享和互联互通存在障碍。

对策：加大科研投入，推动智能消防技术的创新和发展。通过鼓励企业、高校和科研机构加强合作，共同研发更加先进、实用的智能消防技术和产品。同时，加强标准制定和监管，确保智能消防产品的质量和性能符合标准要求。

其次，资金层面的困难也是制约智能消防建设的重要因素。智能消防系统的建设和维护需要大量的资金投入，包括设备购置、系统升级、人员培训等方面的费用。对于一些经济欠发达的地区或单位来说，资金压力较大。

对策：探索多元化的融资模式。政府可以设立专项资金支持智能消防建设，同时鼓励社会资本参与，通过 PPP 等模式吸引企业投资。此外，还可以探索与金融机构合作，推出针对智能消防建设的贷款和保险产品，降低建设成本。

再者，政策层面的困难主要在于相关法规和标准的不完善。目前，关于智能消防的法规和标准尚不健全，导致在实际应用中存在一定的法律风险和合规问题。

对策：完善相关法规和标准体系。政府应加快制定和完善智能消防相关的法规和标准，明确各方责任和义务，规范市场秩序。同时，加强执法力度，对违法行为进行严厉打击，确保智能消防建设的有序推进。

最后，社会认知层面的困难也不容忽视。目前，很多人对智能消防的认知还停留在传统消防阶段，对智能消防的重要性和优势缺乏了解。

对策：加强宣传和推广工作。通过举办培训班、研讨会等活动，提高社会各界对智能消防的认知度和理解度。同时，利用媒体和网络等渠道进行广泛宣传，让更多的人了解智能消防的优势和应用前景。

综上所述，推进智能消防建设应用需要克服多方面的困难，需要从技术、资金、政策和社会认知等多个方面入手制定对策。只有通过全社会的共同努力和协作，才能推动智能消防建设的快速发展和应用普及。

5 结束语

人工智能在消防预警与救援决策中展现出了巨大的应用潜力和广阔的前景。通过深度学习、大数据分析、自然语言处理等技术手段，人工智能能够实现对火灾风险的精准预测，为救援决策提供有力支持，提升消防工作的效率和安全性。

未来，随着技术的不断进步和应用的深入拓展，人工智能将在消防领域发挥更加重要的作用。我们期待看到更多创新性的研究和应用实践，推动人工智能与消防工作的深度融合，为构建更加安全、高效的社会环境贡献智慧和力量。

参考文献

[1] 付佳雯．关于智能消防的思考与探讨［J］．电声技术，2019（04）：58-60.

[2] 胡振海．人工智能技术在消防工作中的应用［J］．今日消防，2020（02）：4-4.

[3] 姚永锋，安震鹏．人工智能技术应用在火灾统计领域的思考［J］．信息化建设，2021（12）：63-64.

[4] 刘兆生．人工智能在智能消防系统中的应用［J］．电子技术，2022（04）：202-203.

消防安全管理

浅析如何立足天津轨道交通特色提升消防宣传质效

姜清悦

（天津市消防救援总队轨道交通支队，天津市　北辰区）

摘　要　结合当前天津轨道交通主题车站、主题列车、主题车票及“声屏书影报”“五位一体”宣传格局等特色消防宣传阵地效果，笔者发现宣传受众对于消防宣传体验感的期待越来越高、对消防宣传的感染力需求越来越强、对消防宣传的丰富性提出更高要求，为此笔者提出优化消防宣传理念、厚植轨道交通文化、打造专业宣传队伍以全面提升轨道交通消防宣传质效。

关键词　消防宣传　轨道交通　面临挑战　提升措施

消防工作，宣传教育系一半。加强宣传教育工作，提高全民安全消防素质，是做好消防工作的基础和根本途径，是有效预防、减少事故的发生、减少人民生命财产损失的最佳手段。而轨道交通作为城市交通的“主动脉”，每天输送着巨大的客流量，以天津地铁为例，2023 年 6 次突破新高，单日客运量最高达到了 213.16 万[1]，庞大的人群为消防宣传提供了优质的媒介平台。且地铁乘客年龄结构中青少年居多，对新事物理解接收学习能力较强，是很好的消防宣传受众群体，立足轨道交通开展消防宣传，能有效达到教育一名乘客，带动一个家庭，影响一个行业，辐射整个社会的目的。

1　天津轨道交通消防宣传阵地建设

（1）主题车站、主题列车

天津首个轨道交通消防主题车站、主题列车于 2019 年 11 月消防宣传月期间正式在天津地铁 2 号线鼓楼站落成发车，主题车站、主题列车均以“烈火青春、驻守平安”为主题，通过交相呼应的灯箱和浮雕画展现了新时代消防指战员英勇无畏、蓬勃进取的工作风采，通过生动活泼浅显易懂的漫画、图片宣讲了贴合老百姓生活实际的消防知识，让广大市民在乘坐地铁的潜移默化之中也接受了一次消防培训，拓宽了消防宣传的外延，落成后吸引了数百万的市民及游客前来打卡。2020 年鼓楼地铁站获称市级应急救援科普教育基地。2021 年主题车站进行了升级改造，增添了 3D 手绘文化墙、电动车火灾警示窗、密室逃脱、地铁逃生闯关答题等互动环节，增强了消防主题车站宣传科普的感染力、互动性、趣味性，博得了央视新闻等主流媒体的争相报道，给乘客们留下更为深刻直观的消防科普印象，提示大家将主题车站所见所闻所学融入日常生活的点点滴滴，从生活小习惯入手防微杜渐，减少火灾的发生。

（2）主题车票

地铁车票不但是市民群众乘坐地铁出行的信息证明，更是彰显城市文化底蕴的流动名片。2021 年天津消防救援总队轨道交通支队与天津三号线轨道交通运营有限公司联合发行天津市首套“烈火青春消防主题纪念票”，票面上不但有消防指战员逆行者的无畏身影，更有乘坐地铁时需要注意的消防安全常识，方寸之间，饱含安全，进一步拓宽了消防宣传的外延，提升了消防安全文化的覆盖面、影响力和渗透力，打造了轨道交通消防宣传的亮丽城市名片。

（3）“声屏书影报”“五位一体”宣传格局

地铁覆盖面广受众群体多影响力大，为充分达到“听得见声音，看得见影像，拿得到传单，感受得到氛围”的目标，全市 182 座车站中上万块站台、车厢、应急箱屏幕高频播发消防安全知识视频；在 6 个客流较大站点持续播报到站消防预提示；设立 300 余处消防安全宣传角，传播消防安全常识；针对燃气、电动自行车、自建房等热点消防问题，在原有宣传载体的基础上，积极拓展线上宣传渠道，联合车站抖音直播间开展地铁消防安全课堂直播活动，在线为广大群众进行消防安全知识普及，营造了“人人关注消防、人人参与消防”的浓厚氛围。

2　当前轨道交通宣传工作面临的挑战

（1）对于消防宣传体验感的期待越来越高

通过实地调研消防主题车站的运营情况，笔者发现互动拍照展板、消防模拟报警、地铁逃生闯关答题、翻牌认识标志等互动性较强的模块吸引过往乘客驻足较多，在互动体验中寓教于乐学到消防知识的效果良好，乘客的满意度较高。同时主题车站中，天津轨道交通“抱抱”形象大使与消防元素相结合的抱抱消防员形象以其可爱亲民的新形象，给参观者留下深刻印象。这些调研结果表明，面对轨道交通消防宣传的年轻受众，增强宣传活动的互动性、参与性、体验感，融入与时俱进的当下热点新鲜元素，是提升宣传工作质效的重要手段。

（2）对消防宣传的感染力需求越来越强

互联网和数字技术打破了信息传播的壁垒，让信息的获取变得更为简便快捷，人们都渴望在较短的时间内获得有效价值[2]。通过实地走访调研观察地铁乘客对车站内信息的获取关注度，笔者发现路途中行色匆匆的乘客占据绝大多数，如何在这个信息爆炸的时代，在潜移默化中提起乘客关注消防的积极性，这就需要我们的宣传工作者摈弃刻板的文字画面和长篇累牍的说教，精简提示内容，强化宣传的冲击力，以最快的速度抓住消防宣传受众的注意力，增强消防宣传受众的快速获得感。

（3）对消防宣传的丰富性提出更高要求

通过调研宣传效果，笔者发现传统的单向输出型说教式宣传，宣讲内容较为碎片化，消防宣传方向不够明确，宣讲

作者简介：姜清悦，女，天津市消防救援总队轨道交通支队中级专业技术职务。

方式不能很好地调动受众兴趣，受众接收宣传信息效果差强人意，群众的满意度普遍较低，让百姓有种陌生距离感，并未贴合日常生活实际。此外，轨道交通消防宣传的受众群体年龄普遍较为年轻，自我意识较强，传统单一的宣教模式并不能激发他们的兴趣和积极性，甚至还有可能产生麻木、抵触、反感、厌烦的情绪，反而流失学习消防知识的兴趣，对消防宣传起到反作用，影响与制约消防宣传效果的提升。

3 提升轨道交通消防宣传工作措施

（1）优化消防宣传理念，紧盯受众需求

“行成于思，毁于随”，提升轨道交通消防宣传的工作质效，传播好轨道交通消防文化，要求宣传工作者解放思想、与时俱进，升级优化消防宣传思维、理念与方式，丰富宣传内容[3]，融合当下信息时代的特色，搭载新科技新媒体宣传手段，量体裁衣优化消防宣传方案[4]。多站在宣传受众的角度思考，以群众的实际需求为核心，突出消防宣传重点，让更多民众了解与掌握消防知识，提升防患意识和逃生能力。

（2）厚植轨道交通文化，丰富宣传内容

消防宣传工作最终落脚点在于春风化雨般让群众潜移默化之中轻松接受掌握消防知识，因此宣传工作必须根植于百姓生活实际的沃土中，有百姓的亲切感、认同感作为肥料，才能结出消防宣传的硕果，提升宣传工作的传播力和生命力[5]。整合“轨道交通+消防救援”的文化资源，打造出具有鲜明轨道交通特色的宣传品牌，并融入天津本土特色，发掘相声、快板等群众喜闻乐见的趣味又接地气的宣传形式，拉近与百姓生活的距离，提升“入脑入心”的宣传效果。此外，虽然传统模式的宣传工作在很长的时间内仍占据主导地位，能达到一定的宣传效果，但是轨道交通消防宣传的年轻受众群体特性，要求宣传内容需以时代发展为基础，积极改善提升宣传工作模式，调整消防宣传工作的深度和广度，创新枯燥乏味的陈旧说教形式，结合当下时兴的沉浸式话剧、短视频、儿童剧、音乐剧、歌剧、快闪等多种方式，同时应用VR体验、竞技游戏、剧本杀等多种形式，延伸消防宣传的触角，使消防宣传工作与群众日常生活贴合得更为紧密，调动起不同年龄阶层、不同文化兴趣的群众关注、学习、热爱、参与消防的积极性，在亲民的寓教于乐之中，轻松接收掌握消防宣传信息，提升全民的消防安全意识和自防自救能力。

（3）打造专业宣传队伍，注重人才建设

消防宣传人员不仅要掌握系统化的消防专业知识，还要兼具驾驭新媒体、新技术的能力，并能把握时代热点，将其转化为宣传的手段。这就要求宣传工作人员需时常更新自己的知识储备，以“海纳百川”的心态关注新兴文化热点、新兴技术手段，不断思考学习新融媒体时代信息的传播规律及受众的特点，不断提升自身的业务素质，提升策划组织特色消防宣传主题活动的全局意识和工作能力。同时要完善宣传队伍的人才培养、工作保障、福利待遇、绩效奖惩等机制，提升宣传人员的工作荣誉感和归属感，激发工作内驱力。

搭载轨道交通平台强化消防宣传工作，可以实现全民消防安全意识的提升，有利于筑牢全社会防御火灾的防线。而有效提升轨道交通消防宣传工作质效，则需要锐意开拓、大胆创新，优化升级消防宣传理念，结合时代特色与轨道交通文化内涵丰富宣传内容与形式，同时重视消防宣传队伍人才建设，以达到直观高效的宣传效果，提升轨道交通消防宣传的社会影响力，护航市民的平安出行。

参考文献

［1］李文博．天津地铁全网客运量创新高［N］．每日新报，2023-10-9（03）．

［2］宋凯．开学季加强校园消防安全正当时［J］．中国消防，2021（09）：10-23．

［3］谢超．当前消防宣传工作现状及对策探析［J］．消防界，2021（18）：41-43．

［4］徐竺均．新媒体时代如何有效开展消防宣传［J］．消防界，2022（04）：118-120．

［5］李珊．新时代消防宣传文化体系建设［J］．消防界，2021（18）：33-35．

消防安全领导力的理论研究

胡鹏宇

（山东创驰安防科技有限公司，山东　烟台）

摘　要　当前，我国各行业领域火灾事故多发的现状与单位消防安全领导力不足有直接的关系，在已公布的各类火灾事故调查报告中，普遍存在单位消防安全管理存在漏洞、未依法履行法定消防安全管理职责、单位消防安全主体责任不落实、员工应急处置能力水平低等问题，其背后深层次原因是单位消防安全领导力水平不高导致。

本文通过对消防安全领导力的概念进行探讨，论述消防安全领导力的概念、功能、运行要素，消防领导和消防安全管理的联系与区别，最后提出单位消防安全领导力的构建要求等思路方向。

关键词　消防　安全管理　领导力　四个能力

1 引言

我国作为一个人口大国，地域辽阔，随着经济和城市规模不断发展，新旧火灾风险因素叠加，非传统火灾事故不断增多，致灾因素多样化，火灾防控难度和危险程度越来越大。在单位消防安全管理过程中，作为调配人力、物力、财

作者简介：胡鹏宇（1980—　），男，学士，高级工程师，主要从事化工安全、消防安全、火灾事故调查等工作。

力等资源的决策领导层，对单位消防安全管理水平起到决定性的作用，消防安全领导力是单位消防安全管理体系正常运行的重要支持和保证。目前国内消防安全领导力研究甚少，在知网以“消防安全领导力”为主题和关键词进行检索，目前为止为0篇文献，以“消防安全领导理论”为关键词进行检索，目前为0篇文献，在消防法律法规和相关规范标准中也未查阅到相关词汇。可见，消防安全领导力理论研究在消防安全领域目前开展甚少，有必要开展研究。

笔者试图对消防领导理论进行研究，使单位人员认识消防安全领导力概念，从而促进单位消防安全责任制落实，建立健全消防安全管理体系，提升单位安全文化氛围。

2 消防安全领导力的概念研究

消防安全领导力中领导力的概念来自“领导”理论，“领导”一词在词性上有名词也有动词，意义内涵各不相同，作为名词的涵义为领导者影响和引领他人实现目标的能力[1]，领导来自于英文“leadership、leader、lead”，其中作为名词的leadership（领导才能）是本文讨论的对象。

泰瑞（G. B. Terry）认为：“领导是影响人们自动地达成群体目标而努力的一种行为。”[1]

斯托格狄尔（R. M. Stodill）认为：“领导是对一个组织起来的团体为确立目标和实现目标所进行的活动施加影响的过程。”

赫姆菲儿（L. K. Hemphil）认为：“领导是指挥群体在相互作用的活动中解决共同问题的过程。”

泰罗认为：“领导是影响人们自愿努力以达到群体目标所采取的行动。”

斯托格狄尔认为：“领导是对组织内群体或个人施加影响的活动过程。”

孔兹认为：“领导是一门促使其部下充满信心，满怀热情来完成任务的艺术。”

通过以上各个社会时期对领导含义的定义，可以发现领导有三个共同要素：1. 领导是群体行为；2. 领导以共同目标为导向；3. 领导者以群体或组织年内的等级为存在前提。

根据以上领导的概念可以引申出消防安全领导力的概念，即在单位日常消防安全管理工作中，各层级领导在消防安全管理中所表现出来的管理行为就是消防安全领导力，即各层级领导者在管辖范围内充分利用人力、物力、财力等资源，带领组织或单位实现消防安全目标的能力。[2]

3 消防安全领导力的功能

消防安全领导力的功能是在消防安全管理中，通过领导力的对他人产生影响的行为，即为领导者所具备的核心功能。消防安全领导力功能可分为决策功能、组织功能、沟通协调功能。

3.1 决策功能。战略规划与决策是消防安全领导的主要功能之一。杰出的领导者具备全局观和长远思考的能力，能够制定有效的消防安全战略，明确目标和任务，并做出明智的决策，以保障公众与财产的安全。

3.2 组织功能。组织与指挥是消防安全领导的关键功能。优秀的领导者能够合理组织和调配资源，确保消防队伍和应急部门的高效运转，协调各方合作，做出及时而有效的指挥决策。

3.3 沟通协调功能。沟通与协调是消防安全领导的基础功能。优秀的领导者具备良好的沟通管理能力和领导技能，能够与各级部门、团队成员和相关利益方进行有效的沟通和协调，促进信息流通和资源共享。

4 消防安全领导力体系运行要素

消防安全领导者在消防安全管理中表现出的能力和特质即为消防安全领导力。它不仅涉及到各层级领导、各岗位对消防安全工作的全面认识，更涉及到消防安全管理机制的构建与完善，以及开展相关活动与实践，通过消防安全领导力权力和威信的影响，可以改善单位消防安全氛围，提升员工的消防安全行为，实现单位消防安全事故预防的目的。消防安全领导力是安全管理体系有效运行的动力来源，是体系运行有效性的关键因素，包括引领力、示范力、影响力、执行力、文化力等

（1）引领力：消防安全领导力的首要功能是提供指导和方向。领导者应具备对消防安全的深入了解和专业知识，能够制定有效的消防安全策略和计划。他们应该了解组织的消防安全需求，并通过制定明确的目标和指导方针，确保组织内部的消防安全工作得到正确的引导和执行。

（2）示范力：首先是单位领导自身的安全行为、安全态度和人格魅力，要求单位领导在安全生产方面以身作则和率先垂范。杜邦安全文化里就有一句：“领导展示的标准就是单位的最高标准”，这个标准被单位全体员工认可后，感召力就随之而来。以身作则，率先垂范，带头遵守单位安全管理规章制度的行为。身体力行、履行职责。

（3）影响力：正确地运用权力和良好的沟通能力。落实个人安全行动计划，带头开展安全经验分享等安全行为，展现对员工实现安全生产的正面影响效果。正确导向、从严治企。

（4）执行力：贯彻落实安全生产方针、法规标准和上级管理要求，建立健全安全生产责任制、规章制度，从文明生产、设备管理、工艺纪律、劳动纪律、安全纪律等方面呈现的管理效果。合法合规、遵章守纪。

（5）文化力：消防安全领导力还应该致力于建立积极的安全文化。领导者应该成为榜样，树立正确的安全观念，推动员工对消防安全工作的重视和关注，提高员工的安全意识和应急响应能力。通过建立积极的安全文化，组织能够形成一种共同的价值观，使消防安全成为每个人的责任。

5 消防安全领导与消防安全管理的联系与区别

消防安全领导和消防安全管理这两个范畴虽然在多个方面相互区别，但两者之间也存在交集。从学科发展的角度来看，领导科学源于管理科学，并且最初的领导与管理在功能上是两位一体的，这也是如今领导与管理在概念上容易被混淆的原因之一。

5.1 目前，对于领导和管理之间的联系已经形成了比较一致的看法，可以概括为以下四点：

5.1.1 行为主体的共同性。行为主体的共同性是领导和管理最明显的联系。例如，各级的政府领导班子基本上都拥有管理者和领导台化双重身份，发挥着管理与领导的双重作用。这种行为主体上的共同性决定了领导和管理在实际操作上密不可分。

5.1.2 目标的互动性。一般来说，领导者更关注的是长期目标，这种目标能产生巨大的感召力。通过理想和愿量使被领导者看到前途与未来从而受到鼓舞；管理者则更注重眼前利益，制定的多是短期目标，这种目标与下属的现实利益相结合，对下属产生更为直接的激励作用。

5.1.3 职能的互补性。对单位而言，如果管理过多而领导过少，那么过度的控制行为会使组织故步自封、失去活力，最终走向衰亡；反之，若是管理过少而领导过多，也会使组织失去应有的秩序和规范而变得涣散，或者使组织变革

朝着不理智的方向发展。因此，只有领导和管理的“强强联手”才能产生最优的效果，使组织得以持续地生存发展下去。

5.1.4 行为的转化性。领导行为与管理行为互相转化的情况是经常大量发生的，并且有规律可循。一般来说，组织或事业的发展会经历三个特征明显的阶段：初创期、稳定期、变革期。在初创期，领导行为和管理行为是并重的；到了稳定期，维持组织秩序、规范下属行为等管理行为的重要性超过了领导行为的重要性；随着组织中矛盾的日积月累，旧体制、旧秩序、旧框架已经无法有效解决问题，这时组织亟待变革，需要制定富有创新性的长远目标和规划，因此领导行为的重要性更为突出。当变革完成后，新体制、新秩序逐渐落成，领导和管理又上升到一个新高度，两者将在新的层次上开启新一轮的相互转化。

5.2 领导与管理的区别主要有：

5.2.1 领导与管理的目标不同。管理所追求的最高目标是管理者通过计划、组织、控制等手段，合理地组织人力、物力等资源，建立有效的消防安全管理体系，最终提高组织的运行效率。而管理者根据领导者拟定的目标开展等职能性的工作，其工作重心应落在解决效率、效益、效果等问题上。领导对主要安全问题进行指导和决策，通过制定宏观政策来规范解决安全工作的方向、目标、路线等问题，属于宏观性工作。

5.2.2 领导与管理的注重方向不同。管理是指通过制定规章制度、建立管理体系、执行安全措施和监督检查等方法，对工作进行组织和管理的过程。规章制度保证了组织成员不折不扣地服从管理者的命令，并按照管理者的意愿行动、毫厘不爽地完成组织交代的任务。达到这种要求的管理即被认可为优秀的管理。与之相对，领导的精髓则在于对消防安全前景的关注和对未来安全发展的重视。

5.2.3 领导与管理的权力基础不同。管理者的目标是简单地维持秩序。而具有强制性的职位权力更容易帮助他们达到控制和管理的目标，所以管理者总是偏爱行使职位权力。与之不同，领导者更倾向于运用自身的个人品质、能力和行为，以及对消防安全目标的理解和推动能力。与基于强制性职权的影响不同，这种基于领导魅力的影响往往更能激发出下属内心的认同感，因而具有归心效应。

5.2.4 领导与管理对员工管理方式不同。管理者其权力基础决定了他们更倾向于控制员工。在对待员工的态度上，领导者则倾向于尊重员工的自由主体性。他们认为有才能和想法的员工具有更强的创新能力，故而应给予员工更大的自由以激励他们积极主动地实现共同目标。

5.2.5 领导与管理的结果不同。在上述几项区别的基础上，我们发现管理者缺乏进取精神，他们由于缺乏某些与创造力和想象力相关的品质而使得单位只能在原地踏步。与此不同的是领导者的主要贡献并非利润，而是他们为单位创造出的难以度量和估计的“精神财富”，这种精神财富包含了管理者缺乏的进取性。这种进取性对组织变革、创新等方面有着极强的推动作用。

6 消防安全领导力与消防安全“四个能力”的区别

在消防安全管理中，消防安全领导力和“四个能力”是两个互相关联但又不同的概念。消防机构多年来一直在强调消防安全“四个能力”建设，即检查消除火灾隐患能力、组织扑救初起火灾能力、组织人员疏散逃生能力、消防宣传教育培训能力。[3]通过内容可以看出，“四个能力”的具体执行对象为单位中间管理层和基层管理人员，而对人、财、物资源统筹调配工作起决定作用的领导决策层没有提出相关要求。

消防安全领导力与消防安全“四个能力”不同，“消防安全领导力”强调的是单位决策层各级负责人的消防安全领导能力，在单位内起到明确单位员工消防安全目标，提高员工消防安全理念、消防风险意识、消防安全观的作用，“四个能力”的对象为单位全体员工，强调员工执行能力，是各项指令执行主体，是受动者。消防安全领导力所述对象为单位各级领导层，表现为领导层在各管理层级中对消防安全工作的引领力，对单位员工的消防安全的影响力和执行力，消防安全领导力包括但不限于消防安全“四个能力”。

消防安全领导力是指导和推动“四个能力”发挥作用的重要因素。没有良好的领导力，即使个体或团队具备“四个能力”，也很难发挥出最大的效果。应通过提升决策领导层消防安全意识和理念，促进单位消防安全工作健康发展。

7 各层级消防安全领导力构建要求

消防安全领导力的构建需要领导者具备安全认知，安全价值观和理念，专业知识和技能，丰富实践经验以及优秀领导方法等。在单位中领导一般分为三个层级，一是决策领导层，该管理层决定着单位的人、财、物等诸多资源，对单位的发展起着决定性作用；二是中间管理层，该层级位于单位中间层级，对上级领导方针，制定相应计划，起到承上启下作用；三是基层管理层，是具体执行机构，直接领导基层人员执行上级计划方针。消防安全领导力应最少具备以下能力：

7.1 单位最高管理者应具备以下消防安全领导能力：应符合实际安全需求，制定实施中长期消防安全发展战略规划；组织制定消防安全体系建设和消防安全文化培育战略；组织制定基于风险的消防安全管理提升战略；组织制定消防安全人才提升战略。

7.2 高管层应具备以下安全领导能力：建立消防安全愿景、管理体系、政策和指标；建立和实施单位消防风险标准并组织风险评审；在单位所有业务中，推动运行指挥和作业纪律并让各级领导层对此负责；确保适当和充足的资金、领导、管理和消防安全所需的技术资源；通过管理评审、实地考察和沟通，保持对消防安全的参与。

7.3 中层管理人员应具备以下消防安全领导能力：组织实施消防安全目标和单位的消防安全管理体系；推动落实并验证运行指令和作业纪律；确保管理消防安全所需的技术资源，通过管理评审、现场的视察和沟通等措施保持消防安全的参与。

7.4 基层管理人员应至少具备以下消防安全领导能力：适应单位的消防安全文化、目标和政策；所在团队和所做的工作中，必须推动落实运行指令和作业纪律；保持团队的安全忧患意识，主动反对“异常行为正常化”保持警惕和注意事故征兆；忠实和专业执行消防安全管理体系；对消防安全所需的资金、领导、管理和技术资源方面存在的差距，及时向上级管理层提出预警。

8 结束语

目前，消防安全领导力概念在消防安全管理领域还是首次出现，笔者由于水平所限，所列内容并不全面，消防安全领导力涉及的领导维度、领导模型、领导特征、领导特质等内容还需要进一步研究探索。消防安全领导力的理论研究对消防安全管理工作具有重要意义，通过深入研究消防安全领导力的内涵、特点和消防安全管理的关系，并将其应用于实际工作中，可以有效提升单位消防安全水平和员工消防安全行为意识。

参考文献

［1］张克昕等．现代管理心理学——理论与应用［M］．北京：航空工业出版社，1998泰瑞．

［2］AQ_T 3034—2022化工过程安全管理导则［S］．北京：中国标准出版社，2023．

［3］郭祥旭．社会单位消防安全：防火墙：工程建设指南［M］．青岛：青岛出版社，2011．

关于解决文明城市创建中住宅小区疏散通道堆放杂物影响消防安全问题的对策研究

王婷涵

（浙江省宁波国家高新技术产业开发区消防救援大队，浙江　宁波）

摘　要　本文通过对文明城市创建中住宅小区疏散通道堆放杂物影响消防安全问题的调查研究，发现疏散通道堆放杂物问题严重影响了消防安全和居民的正常生活。本文分析了住宅小区疏散通道堆放杂物问题的现状和安全隐患，探讨了解决此问题的可行办法，以期为相关领域提供参考。

关键词　疏散通道　堆放杂物　消防安全　文明城市创建

1　引言

随着城市化进程的加速，城市规模不断扩大，住宅小区的数量也日益增多。然而，在文明城市创建过程中，一些住宅小区存在各类消防隐患问题，其中最为普遍和严重的是疏散通道堆放杂物问题。本文旨在通过调查研究，探讨有效解决此类问题的可行性办法。

2　疏散通道堆放杂物的问题现状

住宅小区每个楼层的疏散通道作为公共空间，不但是居民们日常进出的通道，同时也是“消防安全通道”“紧急救护通道”，可谓是发生任何突发紧急情况时帮助逃生救命的“生命通道”。但是笔者近日通过实地走访和调研我区多个高层住宅小区，发现不少小区疏散通道内堆放着杂物：居民家门口堆放鞋柜，疏散通道里放置破旧的婴儿床、婴儿车、储物柜、儿童滑板车、自行车，楼梯口堆着废纸壳、泡沫箱、塑料箱、植物等各种杂物……部分居民习惯将杂物或临时用品等堆放在疏散通道内，甚至电缆井、管道井等竖井也被当成了“储藏室”堆得满满当当。

然而，这些杂物不仅占用了公共空间，影响其他居民的正常通行，还堵塞了消防通道，可能成为火灾等紧急情况下的障碍物，延误逃生时间，甚至会危及生命安全，给居民的日常生活和消防安全带来了极大的隐患。以上这些都是众所周知的事实，但是疏散通道堆放杂物的现象依然比比皆是，屡禁不止。

有居民认为，疏散通道既是公共空间也是安全通道，不管堆放的物品体积大小，都会阻挡消防通道，当出现危险时肯定会影响逃生效率。有些物品虽然体积小，平时居民在通过时会忽视，但也有磕碰的危险，大家都不应该在疏散通道内堆放自家的杂物。但多位在自家门口堆放鞋架、滑板车的居民认为，自己堆放的地点仅限于家门口前的一小块地方，不会对其他居民的出行造成影响，所以堆放一些小物品没有问题。居民表示：“买房时，门口的公摊面积我交过钱了，所以我有一定的使用权。另外家里的面积有限，将鞋柜摆在外面也是无奈之举。”

笔者走进位于聚贤街道的东晟府小区，大部分居民家门口放置了鞋柜甚至整面墙的杂物柜，部分柜体还遮挡了疏散通道的室内消火栓、排烟口等消防设施。据该小区物业统计，整个小区有近百户居民设置了鞋柜、杂物柜等固定装饰遮挡了疏散通道内的消火栓和电表箱。“我们这里多数都是一梯一户，而且开发商在房产交易的时候就明确告诉业主家门口的疏散通道可以利用占为己有，因此特别难以管理。”物业管理人员告诉笔者，对于以上这些遮挡消防设施的住户，物业多次劝说提醒，但收效甚微。

3　疏散通道堆放杂物的安全隐患

3.1　疏散通道杂物极易引发火灾

第一，疏散通道堆放的废弃杂物多为木制品、棉织品、纸制品等可燃物，不仅会造成通道堵塞，一旦遇到明火或高温，极易引发火灾。火灾发生时，可燃物会提升室内火灾荷载，产生浓烟高热，不仅会造成财产损失，还会让原本安全的生命通道成为涉险之地，危及居民的生命安全。

第二，疏散通道是居民日常出行的必经之路，个别居民抽烟随便乱扔烟头，甚至还有儿童玩火、燃放爆竹的情况出现，这些都极易引起堆放在疏散通道的杂物起火，造成火灾事故。

第三，杂物以及固定装饰物遮挡了疏散走道上设置的室内消火栓、灭火器、机械排烟口等消防设施器材，影响固定消防设施发挥既有作用，也给消防救援人员的救援行动带来负面影响。

3.2　疏散通道杂物影响通行及疏散逃生

部分居民将自家杂物堆放在各个楼层的疏散通道上甚至楼梯间内，不仅影响了整个楼层甚至是整栋楼的居民日常进出通行，还严重破坏了小区整体环境，存在极大的安全隐患。当发生火灾、地震、突发疾病等紧急情况时，堆放在疏散通道内的杂物一方面会严重影响人员进出、疏散和逃生路径，另一方面燃烧造成的烟热给人员逃生环境带来诸多风险。同时，这些杂物也可能会阻碍消防救援人员进入楼内进行救援。遇到120急救接诊时，还会影响医护人员实施救援。

作者简介：王婷涵，女，宁波国家高新技术产业开发区消防救援大队中级专业技术职务。

4 疏散通道堆放杂物触犯的相关法条

笔者了解到，疏散通道堆放杂物屡禁不止的原因，一方面是因为一些居民长期以来的陋习所致，另一方面是因为部分居民缺乏法律意识和消防安全意识。因此，有必要对居民进行一些普法教育，违反相关规定的行为可能会承担相应的法律责任。

4.1 《中华人民共和国民法典》

第二百七十一条规定：业主对建筑物内的住宅、经营性用房等专有部分享有所有权，对专有部分以外的共有部分享有共有和共同管理的权利。

第二百八十六条规定：业主应当遵守法律、法规以及管理规约。业主大会或者业主委员会，对任意弃置垃圾、排放污染物或者噪声、违反规定饲养动物、违章搭建、侵占通道、拒付物业费等损害他人合法权益的行为，有权依照法律、法规以及管理规约，请求行为人停止侵害、排除妨碍、消除危险、恢复原状、赔偿损失。行为人拒不履行相关义务的，有关当事人可以向有关行政主管部门投诉，有关行政主管部门应当依法处理[1,3]。业主对侵害自己合法权益的行为，可以依法向人民法院提起诉讼。故而，所有业主均应依法使用住宅内通道，保持过道通畅，方便邻里通行，保障自身和他人的生命财产安全。

第二百八十八条规定：不动产的相邻权利人应当按照有利生产、方便生活、团结互助、公平合理的原则，正确处理相邻关系。

4.2 《最高人民法院关于审理建筑物区分所有权纠纷案件适用法律若干问题的解释》

第三条：明确了包括通道、楼梯、大堂等公共通行部分属于共有部分，业主享有共有和共同管理的权利。因此，自家房屋门外的通道属于共有部分，业主们对该部分享有共有和共同管理的权利，原则上都应当按照通道本身的使用功能进行使用，应在合理限度内恰当使用。[2]

4.3 根据消防法律法规的规定

《中华人民共和国消防法》第二十八条规定：任何单位、个人不得占用、堵塞、封闭疏散通道、安全出口、消防车通道；第六十条规定：个人有以上行为之一的，处警告或者五百元以下罚款。经责令改正拒不改正的，强制执行，所需费用由违法行为人承担[1,2,3]。

《建筑设计防火规范》第 6.4.1 条规定：楼梯间内不应有影响疏散的凸出物或其他障碍物；

《高层民用建筑消防安全管理规定》第二十八条规定：高层民用建筑的疏散通道、安全出口应当保持畅通，禁止堆放物品、锁闭出口、设置障碍物[1]。

5 探索解决疏散通道堆放杂物问题的有效办法

为进一步规范住宅公共区域消防安全管理，提升人民群众安居乐业的幸福感和满意度，就结合文明城市创建活动要求，笔者认为解决疏散通道堆放杂物的陋习可以从以下几个方面进行探索：

5.1 拓展消防宣传广度

相关部门应该有针对性地加强对居民的消防宣传教育，通过各种渠道和形式宣传消防安全知识和文明行为的重要性。培树公众依法参与营造消防安全环境意识，鼓励公众学习消防法律法规标准，鼓励举报投诉身边的安全违法行为，着力打造监管公开透明、标准明确统一、治理人人参与的共建共治共享格局。

5.2 提升消防责任意识

要推动全体居民增强法治观念，树立宪法法律至上、法律面前人人平等的法治理念，引导建设单位、物业管理单位、居民个人做依法治安的忠实崇尚者、自觉遵守者、坚定捍卫者；依法强化单位安全主体责任，筑牢“安全第一”“一失万无”意识，强调“自己财产自己保护”的基本理念。强化物业管理单位自治责任和能力，确保平安社会共建共治共享。

各级政府部门和相关执法机关应加强监督和执法力度，与街道、社区等基层居民治理组织以及各小区业委会形成合力，积极、认真履行职责，对违规堆放杂物的行为进行严厉打击。建立健全相关法规和规章制度，明确各方的权利和义务，为解决疏散通道堆放杂物问题提供法律保障。各级规划、住建等部门要加强对各个房地产开发商、销售商在房地产交易过程中的规范管理，坚决杜绝出现类似东晟府小区在房产交易时开发商就明确告诉业主家门口的疏散通道可以利用占为己有小区的现象。

全体小区居民如发现疏散通道或者楼梯间等公共空间堆放杂物，影响逃生救援等情形，都有义务及时通知物业要求上门予以制止并清理干净，也可向当地乡镇（街道）应急消防所或者区级消防部门进行举报，坚决消除火灾隐患，保护自己与他人的生命财产安全。

5.3 强化物业管理水平

物业公司应加强对小区的管理和服务水平，提高物业管理和服务水平是解决疏散通道堆放杂物问题的关键。物业公司应加强对小区公共区域的管理和维护力度，定期巡查疏散通道等公共部位，发现并清理违规堆放的杂物。同时，物业公司还应加强对小区居民的服务意识，积极帮助居民解决实际困难和问题，提高居民对物业公司的信任度和满意度。

5.4 发挥群防群治力量

社区应积极组织开展文明创建活动，加强对社区居民的教育引导，发挥社区和居民的力量是解决疏散通道堆放杂物问题的有效途径之一。通过宣传栏、宣传车等形式宣传文明行为的重要性，引导居民自觉遵守相关规定，不乱堆乱放杂物，共同维护小区环境整洁有序。同时社区还可以组织志愿者队伍定期巡查清理公共区域，维护小区环境整洁有序，提高居民的生活质量。

5.5 规范落实奖惩机制

建立奖惩机制是解决疏散通道堆放杂物问题的有效手段之一。建立奖惩机制是指对遵守文明行为规范的居民进行表彰和奖励，对违反规定的行为进行惩罚。通过这种方式可以激励居民自觉遵守相关规定，形成良好的文明习惯，同时也可以对违规行为进行震慑，减少违规行为的发生，提高整体文明素质水平。

综上所述，我们希望部分居民，切不要因为自己的生活陋习而给日常生活埋下安全隐患，甚至触犯法律。我们也希望物业、社区和相关部门要严格按照相关法律法规，严查严管，尽快消除此类安全隐患，同时加强宣传教育，提升居民的消防安全意识，共同营造安全整洁的居住环境。小区疏散通道的环境治理，更需要每个业主养成文明习惯，形成文明素养。要让守护疏散通道整洁，成为大家的自觉行为，共同守护小区的文明与安全。

6 结束语

本文通过对文明城市创建中住宅小区疏散通道堆放杂物问题的调查研究，认为解决此问题需要多方面的努力，包括加强宣传教育、严格执法和管理提高物业管理和服务水平、发挥社区和居民的力量以及建立奖惩机制等措施，切实提高居民的消防安全意识和文明素养，形成良好的文明习惯，保障小区居民的生命财产安全，营造安全整洁的居住环境。

参考文献

[1] 姜燕萍．公共走廊可放鞋柜堆垃圾吗？[N]．云南法制报，2021-09-27（008）．

[2] 曾静妍，章婷．生命通道不容“添堵”[N]．惠州日报，2023-07-06（004）．

[3] 林培．物品暂存在自家门外，可能违法！[N]．中国建设报，2021-09-03（004）．

对提升新时期消防监督队伍综合素质的探讨

张 涛

（河北省邯郸市消防救援支队，河北 邯郸）

摘 要 当前基层消防监督干部普遍在思想认识、综合素质、工作方法等方面存在着短板问题，这些短板成为制约基层消防监督工作发展的主要瓶颈。本文结合工作实际，就如何提高思想认识、改进学习方法，全力提升消防监督工作质效，切实保障经济社会安全发展，坚决预防和遏制重大火灾事故发生，从能力素质、学习方法等方面提出了合理化建议。

关键词 消防监督 干部 瓶颈 建议

消防工作是一份崇高、神圣、无上荣光的光辉事业。当前，随着消防安全综合监管职责落到了消防监督队伍肩上，新时期对消防监督干部能力素质也提出了更高的要求。

1 当前基层消防监督队伍存在的三类倾向问题

1.1 在思想上没有融入大局

消防改革是大势所趋，是发展所趋。投身新体制，必须先从思想上融入其中，但是个别消防监督干部思想认识不到位，缺乏从党和国家事业发展大局的高度思考问题的意识，对学习贯彻习近平总书记关于应急管理和安全生产重要论述不全面、不深入、不系统，对消防执法改革没有学深悟透。同时，消防救援机构集体改制以后，个别监督干部综合能力与形势任务不适应，不善于和地方政府部门沟通协调，参谋助手作用发挥不到位，解决问题能力不足。

1.2 在行动上不敢履职担当

改隶转制以后，个别消防监督干部对身份认同感不强，职业荣誉感不强，事业心进取心下降，特别是在安全事故高压追责态势下，普遍压力过大、包袱过重，存在畏难情绪，工作因循守旧、缺乏创新，面对新形势不敢主动担当作为。同时，有的单位和监督员不求进步，得过且过，即所谓“躺平”“摆烂”，“等靠要”的思想比较重，一些职责范围内的事，不推不动，甚至推了也不动。

1.3 在能力上不懂如何履职

消防改革转制，特别是建筑工程消防设计审核、验收职能移交住建部门以后，相当一部分的消防监督人员还没有适应新形势下的消防监督管理工作。同时，消防救援队伍从现役制转改职业化，人员由“短工”变“长工”，防火监督力量和管理事项不相适应的矛盾较为突出。一方面，消防救援机构消防监督执法力量不足，因改革转制后部分业务骨干流失，人才梯次断档，“传帮带”“老促新”传统人才培养方式在一定程度上形式淡化、效果弱化。另一方面，社会经济发展带来的火灾风险点越来越多，新的消防法律、行政法规、部分规范层出不穷。新产品、新技术也大量运用于消防监督领域，加之部分干部对本职业务不注意总结提高，“知识老化”“吃老本、靠经验”的问题比较突出，指导消防专业技术的能力不强。

2 新时期消防监督队伍应努力增强的四大能力素质

习近平总书记强调，我们党团结带领人民实现“两个一百年”奋斗目标、实现中华民族伟大复兴的中国梦，必须贯彻新时代党的组织路线，努力造就一支忠诚干净担当的高素质干部队伍。消防监督干部作为承担火灾防控主责主业的主要力量，应苦练能力素质基本功，打牢履职尽责的素质基础。

2.1 增强政治素质

政治素质是衡量新时代消防监督干部素质和能力的首要标准，是建设新时代消防监督队伍的客观要求，是营造良好政治生态的内在需要，更是防范化解重大安全风险的现实需求。消防监督干部要坚持自觉学习践行总书记对安全生产和消防安全工作的系列重要论述要求，树立“四个意识”、坚定“四个自信”，切实承担起“促一方发展、保一方平安”的政治责任，强化“安全第一、生命至上”的理念，自觉把筑牢风险防控、确保人民群众生命财产安全作为首要职责，全力维护人民群众生命财产安全。

2.2 增强基本素质

对标新体制、新机制、新要求，一名合格的消防监督干

作者简介：张涛（1982— ），男，河北邯郸人，河北省邯郸市消防救援支队武安市消防救援大队中级专业技术职务，硕士，主要从事消防监督工作，河北省邯郸市武安市南环东路132号。

部要具备竭诚为民、担当作为的职业操守，还要具备基础能力，包括良好的学习能力、文字和语言运用能力、逻辑思维能力、人际交往能力、工作实践能力等基础能力。

2.3 增强法律素质

消防监督干部要树立法律理念，尊崇法律、敬畏法律、学习法律、掌握法律，养成依法履职、依规办事的习惯，学会运用法治思维发现问题、思考问题，运用法治方式解决问题。消防监督干部要加强法律学习，在“其”位谋“其”政，就应该学“其”法，一方面要有重点地学习宪法、消防法、行政处罚法、行政诉讼法等国家法律法规，时刻做到“有法必依、执法必严、违法必究”；另一方面，要掌握消防基本执法制度、基本执法程序、基本执法技能、消防安全基础知识、消防标准规范、法律法规和规范性文件等，在工作中展现法律威严。

2.4 增强业务素质

当前，经济社会发展转型加速，群众利益诉求多元，使得新时代消防监管工作，成为一项基础性、专业性、融合性很强的工作，这对消防监督队伍的业务能力提出了更高的要求。如果消防监督干部不主动跟上，适应改变、更新知识、增强本领，就会患上“本领恐慌症”。所以，消防监督干部要“学懂、学精”防火、法制、科技、火调、产品、宣传等方面的业务知识，并掌握其相应技能，这是消防监督队伍的职责所在、使命所系。

要有解决好主要矛盾的敏锐洞察力，掌握处理矛盾问题的办法，善于从苗头性、倾向性问题中发现风险隐患的敏感，才能指导单位、群众做好隐患整改；要具备统筹协调本领，善于“借船出海、借水推船”，才能团结各行业领域、各主管部门等各方力量为消防助力；要学会合理运用科技的力量开展技防的手段，让“数据多跑路、群众少跑腿”，将“执法如山”与“执法如水”有机结合起来，才能既保持严格公正的执法“力度”，又体现宽严相济的执法“温度”；要具有居安思危、未雨绸缪的忧患意识和前瞻性，自觉把消防工作置于经济社会发展大局中思考定位、谋划推进，才能更好地当好党委政府的参谋助手，为城市重点项目提供高质量的消防安全保障；要有勇于面对问题、与困难作斗争的勇气，以“咬定青山不放松”的精神，处理好重点与全局的关系，解决影响城市发展和人民安居乐业的瓶颈性难题，更好地肩负起“保驾护航”的神圣使命。

3 基层消防监督干部应学习掌握的四种有益方法

我们开展消防监督工作，方法得当事半功倍，方法失当事倍功半。消防监督干部应坚持从以下四个“善”字蓄力，改进方法，提高质效。

3.1 善学习

消防监督干部要树立终身学习的理念，把学习当做是履职的一部分，做到“工作学习化、学习工作化”。具体来说，消防监督干部除了在单位组织岗位练兵、业务培训中开展集中学习，还要在日常工作生活中虚心向书本、领导、同事、监管对象学习，善借“外来智慧”，切实做到“学习外来的，形成自己的”。除此之外，我们还要注重向档案学、向资料学、向文件学，学习历年制定的档案、印发的文件、归纳的总结材料。

3.2 善聚力

消防监督干部要学会如何做好群众工作，回应群众对公共安全的新要求。要让消防事业融入社会、融入大局，消防监督干部一定能领会“一枝独秀不是春、百花齐放才是春，一人防火不是防、万人防火才是防”的理念。在谋划工作时要“上接天线、中接实情、下接地气”，做到问计于基层，凝聚各方智慧；在落实任务时要“敢于借力、善于借力、懂得聚力”，汇聚上下级、部门间、行业间的合力，做到事半功倍。

3.3 善实践

消防工作是现实斗争，需要在实践中出真知，需要有“泥土味”。消防监督干部要学会用“脚步”探寻真理，用实践检验真理。一个合格的干部要做到“站起来能讲、坐着能写、下基层会指导”，要会提高“半格”看问题，会在干中学、学中干，干中悟、悟中干，干中改、改中干。要始终坚持“三个紧盯”的工作思路：紧盯中心工作，做到逐个销账；紧盯上级交办的任务，做到心中有数；紧盯战线想做的事，做到“咬定青山不放松”，确保各项工作出亮点、出实效、出成绩。

3.4 善提炼

消防监督工作的总结提炼能力，其实是关于消防监督工作及监督干部自己所经历过的事情的一个复盘。消防监督干部要提高自己的归纳总结能力，就要提高复盘的能力，学会复盘方法论，然后在日常形成习惯。如果说谋划思路是做好实际工作的重要保证，那么总结提炼经验就是提升工作质量的关键环节。

4 结束语

防火监督工作“压扁了是一张纸，展开了是一本书”，文中“四类素质”和“四种学习方法”相辅相成，我们只有将其充分的落实在实际工作中，才能做到理论联系实际，知行合一，做一名新时期合格消防监督干部，为消防事业发展新局面贡献智慧和力量。

参考文献

[1]《党的二十大报告学习辅导百问》.

[2] 郑端文.《消防监督管理工作实务指南》[M]. 北京：中国人民公安大学出版社，2015 年.

[3]《消防安全责任制实施办法》（国办发【2017】87 号）.

消防通道综合治理对策研究

李 楠

（山东省潍坊市消防救援支队，山东 潍坊）

摘 要 消防通道涉及消防车通道、疏散通道、安全出口，是各类单位场所和住宅小区发生火灾时人员疏散逃生的通道，也是供消防救援队伍实施灭火救援处置的通道，在各类火灾事故救援中起到不可低估的作用，是重要的“生命通道”。保证消防通道畅通，对确保群众生命财产安全，遏制亡人火灾事故尤其是群死群伤火灾事故至关重要。本文主要分析当前消防通道管理中存在的问题，提出针对性的对策建议。

关键词 消防通道 治理 困难 对策

1 引言

近年来全国范围内发生的火灾情况看，因消防通道被占用、堵塞、封闭而影响灭火救援和疏散逃生，甚至造成人员伤亡的火灾案例时有发生。例如2022年新疆乌鲁木齐“11.24”高层住宅楼重大亡人火灾，因为消防通道不畅影响了人员疏散逃生和灭火救援，引发全社会广泛关注，教训十分惨痛。

2 消防通道治理现状及存在问题

2.1 现状分析

近年来，全国上下持续开展打通消防“生命通道”集中治理行动，取得了一定成效，但消防通道不畅的问题仍较为突出[1]。当前，居民群众拥有汽车总量不断增多，但城市道路网和停车位数量远远没有跟上，矛盾日益突出。以山东省潍坊市为例，从“12345”热线及其他渠道受理的举报投诉情况看，举报消防通道类隐患起数占举报火灾隐患总数的近一半，占比最大。从火灾发生情况看，住宅类火灾起数占到火灾总数的60%以上，这其中，因消防通道不畅导致人员疏散困难、救援滞缓的情况屡见不鲜[2]。

2.2 存在主要问题

2.2.1 车多位少的矛盾突出

一些人流量大的商业圈、商场、住宅小区尤其是老旧小区，车多位少的矛盾短期内难以根本解决，难免会出现停车占用消防通道问题。

2.2.2 单位场所消防安全主体责任落实不到位

各类人员密集场所以及住宅小区，因安全考虑、图省事、图方便等多种原因，普遍存在安全出口锁闭、疏散通道不畅等影响人员疏散逃生的隐患问题。

2.2.3 影响灭火救援行动

车辆停放占用消防车通道、火灾扑救作业面，发生火灾后消防车辆无法快速驶入甚至无法驶入，登高作业面受阻导致救援行动无法顺利展开，影响灭火救援处置。

3 消防通道治理问题原因分析

3.1 整体环境制约因素多

3.1.1 停车先天条件一般

停车位数量不足是消防车通道被占用堵塞的根本原因。当前，居民群众生活水平不断提高，私家车数量逐年增加，对车位的需求很大。但住宅小区停车位建设未能与私家车发展同步增加，部分场所特别是多数老旧小区在原有规划时，并没有考虑到私家车的增长速度如此迅猛，而相应的停车位规划不到位或者未规划停车位，导致住宅小区停车位数量不足，现有车辆与停车位的供需矛盾日益突出[3]。

3.1.2 群众消防意识薄弱

当下群众的消防安全意识还不够强，侥幸心理较为普遍，认为火灾离自己还很遥远，对占用、堵塞、封闭消防通道的危害后果没有切身的感受。一些群众因停车找不到车位，或为了方便省事，将车随意停在消防车通道上，在楼道内随意堆放杂物。有的群众明知占用、堵塞消防通道是违法行为，但为了方便自己，仍然“顶风而上”。

3.1.3 违章搭建问题不容忽视

违章搭建现象在一些住宅小区普遍存在，因违章搭建占用消防车通道和消防车登高操作场地往往是历史遗留问题，涉及到群众的切身利益，整改难度较大。尤其是有的问题是开发商在建设时没有严格按照规划许可执行，由此产生的违章建筑又进行了售卖或出租，难以拆除。

3.2 专业支撑能力不够强

3.2.1 执法力量不能满足工作需要

2018年消防机构改革后，公安派出所继续依法依规对住宅小区实施消防监督检查，但没有消防行政处罚权，对检查发现需要处罚的消防通道违法行为一般移交消防部门实施处罚。受编制所限，基层消防大队的消防监督干部数量少，工作任务重，人少事多，执法力量明显不足。

3.2.2 执法取证告知操作难度大

占用消防通道问题往往具有动态性特点，对于举报此类问题的，当执法部门到场时大多已经消除。对占用消防车通道违法行为的执法，普遍采用先告知违法行为人移车，不按要求执行的再实施罚款，但现实中由于难以及时取得违停车主的电话及身份信息，实施执法困难重重[4]。

3.2.3 执法程序繁琐带来不便

执法部门对占用消防通道违法行为实施处罚时，必须按照规定程序执行，受案、笔录、告知等一整套程序下来，所需时间长，面对大量消防通道违法行为尤其是占用消防车通道的车辆，效率难以保证[4]。

3.3 多方共治合力未形成

3.3.1 物业管理不到位

占用、堵塞、封闭消防通道行为具有极强的动态性和反

作者简介：李楠，男，山东省潍坊市消防救援支队防火监督科科长。

复性，当前住宅建筑和部分公共建筑均是聘请物业服务企业负责日常消防安全管理，因此物业服务企业检查巡查和督促提醒责任的落实至关重要。从实际情况看，部分物业服务企业在消防通道管理方面存在畏难情绪，存在不愿管、不敢管的现象。有些住宅小区物业服务企业为解决停车难的问题，甚至主动在消防车通道设置停车场，也加大了后期管理难度[5]。

3.3.2　部门监管不全面

针对消防车通道监管，公安交警、综合执法等部门的管理权限已较为明确，但仍存在一些监管未全部覆盖的区域，比如住宅小区出入口与人行道交界、人行道与市政道路交界等，特别是目前对消防车通道的界定还不够具体明确，对物业服务企业的违法违规行为难以实施有效处罚。

3.3.3　协同管理不完善

当前，镇街、村居、公安派出所、消防工作站、应急办、网格等基层消防治理力量建设还不到位，还存在人员不足、能力不强等问题，协同工作机制尚未普遍建立，各方力量各自为战，难以形成治理合力。

4　加强消防通道治理对策建议

4.1　坚持标本兼治，加强综合治理保障

4.1.1　明晰工作职责

各级各部门结合职责任务，全面摸排本辖区、本行业领域消防通道基本情况，探索建立“消防生命通道守门员”制度，由社区和物业服务企业明确每个单位、每个小区、每栋建筑的消防通道管理责任单位和责任人，其中住宅建筑可明确消防楼长负责日常管理、防火巡查、消防宣传提示，并在通道的显著位置张贴社区、物业责任人、消防楼长姓名和联系电话。建立健全责任体系，研究解决突出问题，分区域、分行业领域建立消防通道台账。

4.1.2　加强车位建设

消防车通道问题矛盾集中在住宅小区，焦点是停车位不足的问题，应采取各种办法推动解决。可由政府统筹，规划主管部门做好停车场建设规划，保障建设用地；住建部门组织停车场建设，督促物业服务企业落实日常管理职责，结合老旧小区改造推动新增停车位；城市管理部门加强对停车场日常运营的监督管理；公安、城管、消防等部门依照各自职责依法处罚占用堵塞消防车通道违法行为[6]。

4.1.3　建强执法力量

当前镇街对消防安全治理存在责权不一致的问题，不利于基层工作开展。应探索建立委托镇（街道）实施消防执法机制，更好地查处占用堵塞消防通道违法行为，形成执法闭环，提高执法效能。

4.2　坚持问题导向，提升综合治理能力

4.2.1　强化执法保障

为一线工作人员配备便捷实用的移动执法终端设备，在查处占用堵塞消防通道等违法行为时，可以当场取证、当场开具文书、当场处罚等，提高执法效率。可参照车辆年审、交警部门扣分，研究将占用消防车通道违法行为与之互通的可行性，提升执法效能[4]。

4.2.2　加强宣传教育

充分利用各类媒体媒介，大力宣传典型火灾案例，加强消防安全提示性、警示性教育和宣传引导，宣传占用堵塞消防通道的危害。全面发动镇街、村居、公安派出所、消防工作站、网格员等基层力量，深入开展消防宣传教育培训，发放消防安全告知书和“明白纸”，指导开展针对性疏散逃生演练，普及火灾预防、初起火灾扑救、火场逃生等常识和技能。组织消防宣传小分队、消防志愿者等，开展入户式消防宣传教育和培训指导。

4.2.3　严格履责问责

应进一步明确各级各有关部门的消防通道综合治理责任分工，细化工作措施，建立单位自查、属地检查、部门抽查和督查督办机制，层层传导压力。加强追责问效，对责任不落实、工作不到位的，及时提醒约谈，督促落实整改；对失职渎职，因消防通道不畅而影响人员逃生和灭火救援行动，发生较大以上亡人火灾事故的，依法依纪严肃追责[7]。

4.3　坚持多措并举，集中开展隐患治理

4.3.1　集中强化管理

进一步规范消防通道标识标志设置和日常管理工作，督促指导物业服务企业、产权单位或管理使用单位，按标准划设消防车通道标志标线，定期维护管理；组织开展“三清三关”活动，及时规劝、纠正占用、堵塞、封闭消防通道的行为；推广应用物防技防手段，严防电动自行车等进楼入室停放、充电。对劝阻无效或难以整改的，及时报告相关部门。对于没有物业服务企业管理的住宅小区，可由镇街、村（居）民委员会结合实际，成立管理机构进行管理，或者采取政府购买服务方式聘请管理人员，落实消防通道管理责任。

4.3.2　集中组织清理

集中组织开展排查整治，全面建立隐患清单、责任清单，坚持照单销号。重点治理消防车通道违法停放车辆、违章搭建、违规设置限宽限高障碍物，以及疏散通道、安全出口被占用、堵塞、封闭等情形。对占用、堵塞、封闭消防通道的行为，能够当场整改的，督促、劝导社会单位、个人当场进行挪移、清理；不能当场整改的，明确整改措施，合理确定整改期限，落实安全防范措施，并将问题隐患情况移送抄告相关职能部门，确保隐患整改到位，实现闭环管理。

4.3.3　集中执法整治

建立健全部门间联合会商、联合执法、联合惩戒等工作机制，加强信息共享，强化部门联合执法和隐患抄告，用足用好法律手段，依法查处违规占用、堵塞、封闭消防通道的违法行为，形成整治合力。在联合执法中，各相关部门应按照职责分工，依法对违法行为进行查处；对经责令改正拒不改正的，按照有关规定组织强制清除或者拆除相关障碍物、妨碍物，所需费用由违法行为人承担。将占用、堵塞、封闭消防通道拒不改正的或者多次违法造成严重影响的单位和个人及其违法情况记入企业信用档案和个人诚信记录，依法纳入征信“黑名单”，纳入消防安全严重失信行为，实施联合惩戒，切实解决占用、堵塞、封闭消防通道的问题。建立完善消防安全违法行为投诉举报处理机制，及时核查、处理占用、堵塞、封闭消防通道的投诉举报，落实投诉举报奖励，鼓励引导公众保障消防通道畅通。

5　小结

综上所述，消防通道治理是一项系统工程，必须坚持多措并举、群防群治，及时消除火灾风险隐患，进一步夯实社会火灾防控基础，保护人民群众生命财产安全。

参考文献

[1] 昌开馨．让出生命通道　全国多地集中开展打通消防通道攻坚行动［J］．消防界（电子版），2020，6（03）：24-27.

[2] 王锦南. 让消防通道永保畅通 [J]. 中国消防, 2019 (09): 77.

[3] 单秀婷. 探讨居民小区消防通道不畅原因与对策 [J]. 今日消防, 2020, 5 (03): 109-110.

[4] 何肇瑜. 析论打通消防“生命通道”的现状与对策 [J]. 消防科学与技术, 2020, 39 (06): 135-137.

[5] 刘海燕. 居民小区消防通道不畅原因与对策 [J]. 消防界 (电子版), 2020, 6 (18): 84-85.

[6] 贾顺宁. 居民小区消防通道治理的思考与解决对策研究 [J]. 今日消防, 2020, 5 (12): 108-109.

[7] 王沫. 在消防通道治理中形成合力的实施对策 [J]. 今日消防, 2021, 6 (03): 29-30.

奎屯市“九小”场所消防安全治理研究

孙丰刚

（奎屯市消防救援大队，新疆 奎屯）

摘 要 本文以奎屯市“九小”场所消防安全治理作为研究对象，力求探索出适合“九小”场所消防安全治理的合理建议和策略。本文结合理论，从政府角度出发，提出了对策和建议，具备一定创新。通过本文研究和探讨了奎屯市政府对于“九小”场所消防安全治理的关键和本质，对于各地“九小”场所消防安全治理研究有一定的价值，同时为各地如何加强“九小”场所消防安全治理工作提供了参考。

关键词 “九小”场所 消防安全 治理 措施

1 引言

伴随着现代化经济不断发展，我国的高质量发展带动城市发展速度，使得大批的农民工来到城市打工生活。“九小”场所因其低廉的房租和良好的隐蔽条件，以及浓厚的传统商贸气氛，使得许多外地人选择在“九小”场所做生意。于是，各种各样的小商店，小餐厅，小酒吧就像雨后春笋一样冒了出来。然而，“九小”场所大多没有经过规划及防火设计[1]，因而存在的火灾危险性较大，加之经营者的火灾防范意识不强，“九小”场所中的火灾事故发生率也呈上升趋势，政府对其治理的难度也越来越大[2]。

在此背景下，本文以奎屯市“九小”场所消防安全治理为研究对象，从政府的角度深入调研和分析研究对象，探索研究存在主要的问题和相对应的原因，希望能对其他地区的“九小”场所消防安全治理起到借鉴作用。

2 奎屯市“九小”场所消防安全治理现状

2.1 奎屯市“九小”场所的现状概述

因地理位置的因素，奎屯市有着大量的出租给外来务工人员经营的“九小”场所行业，面对这些“九小”场所存在着消防隐患，地方政府花费了大量的人力物力，采取了很多消防安全监管和专项整治的有力措施，大部分“九小”场所存在的消防隐患，在多个部门的联合执法行动中已被及时整治消除，使火灾的发生率大大减少。因此，奎屯市在治理“九小”场所消防安全治理方面取得了一定的成效，但取得了一定成绩的同时，也出现了一些难以克服的困难和问题，作为此项工作的参与者，对取得的经验和存在的不足做了简单的总结，希望能有一定的借鉴作用。

2.2 奎屯市“九小”场所消防安全治理的主要做法

奎屯市政府高度重视，多次召开专题会议，对全市出租屋、“九小”场所等重点区域消防隐患排查工作进行再动员再部署，要求全体人员必须提高政治站位，深刻吸取火灾事故教训，全力以赴抓好消防安全隐患排查工作；要求在巡查过程中如发现出租屋、廉租房、“九小”场所存在消防安全隐患的，在网格化小程序中下发隐患问题整改告知书，并要求督促负责人做好整改工作；要求及时将行动排查发现的问题隐患推送相关部门跟进后续的管理，将各类安全隐患扼杀在源头，营造和谐稳定的社会氛围。

奎屯市全面发力，统筹各方力量，全力拧紧“一股绳”。一是加强部门联动，联合消防、应急、公安、街道（社区）等部门，深入辖区开展每周至少两次消防安全隐患联合整治行动，严防各类事故发生；二是强化督查督办，组织督导组对各街道（社区）开展督导检查，重点针对辖区内安全隐患等方面，及时整改消除问题隐患；三是持续做好专题宣传教育，组织出租屋二手房东、“九小”场所经营者开展宣传教育活动，增强群防群治的安全意识。

2.3 奎屯市“三小”场所消防安全治理取得的成效

奎屯市“九小”场所消防安全治理通过专项整治排查和集中整改措施后，取得了一定的成效。根据统计，2023年奎屯市累计组成联合检查组58个，累计检查单位13680余家，共发现隐患5570处，整改隐患5548处，清理“九小”场所及出租屋违规停放充电的电动自行车2432辆，清理违规住人356人。2023年，奎屯市辖区火灾事故同比下降了26.59%，始终保持火灾事故零伤亡记录。由此可见，奎屯市通过开展“九小”场所消防安全治理专项排查整改工作，消防、公安、住建、应急、基层网格管理等部门共同检查并集中整顿，基本排除了安全隐患，已取得了初步成效。

3 奎屯市“九小”场所消防安全治理存在的问题及原因分析

近几年，奎屯市“九小”场所引发的火灾事故逐年减少，并得到初步控制。初有成效的基础上，奎屯市的“九小”场所的消防安全治理工作上仍存在一些问题和不足，这些问题若不能及时解决，在不久的将来将会对居民群众生命

作者简介：孙丰刚，男，硕士，新疆维吾尔自治区消防救援总队伊犁哈萨克自治州消防支队奎屯市消防救援大队副大队长。

财产安全造成巨大威胁。

3.1 存在的问题

3.1.1 “九小”场所从业人员消防意识淡薄

“九小”场所出租方业主作为商人，注重经济收益，在监管不到位、自我的出租责任意识淡薄等外部制约因素不强和对是否会发生火灾抱有侥幸心理，往往在消防安全上投入不多，以至于“九小”场所的主体建筑消防设施的维护不到位，日常消防安全管理工作不规范，消防安全隐患整改不及时、不彻底的现象普遍[3]。因此导致“九小”场所的火灾自我防御能力和初起火灾的最佳时间扑救能力较低，甚至还有不少“自建房”的“九小”场所出租方业主或二手房东为了获得更大的收益、生活便利甚至违章搭建，随意占用消防通道和防火间距。通过调研发现“九小”场所出租方业主或二手房东对“九小”场所“只租不查、只租不管，一租了之”的情况较为突出，未认真履行出租方主体建筑消防安全管理责任现象十分普遍。调查结果见表1。

表1 关于奎屯市“九小”场所主体人员存在消防安全认知意识不足的调查结果

类别	分类	人数	占比
经营场所是否存在“三合一”，即住宿与生产、储存及经营合用场所，首层楼梯段下住人，违建违规住人等消防安全隐患	A、三种情况都有	49	11.78%
	B、有其中两种情况	134	32.21%
	C、有其中一种情况	210	50.48%
	D、以上情况都没有	23	5.53%

（数据来源：本文自制调查问卷分析结果）

3.1.2 多部门协同治理联动不积极

消防安全治理是社会面很广的一项工作，在消防安全治理工作中，涉及多元主体参与，政府作为核心主体，起着直接引导的作用。但是其他相关的职能部门、企业单位、公民等其他主体也起着很重要的促进作用。政府作为消防安全治理工作的核心领导者和协调者，其领导多元主体共同参与消防安全治理，共同实现公共利益目标。在奎屯市，由于“九小”场所多且散，消防安全工作内容越来越复杂[4]，多元主体参与到消防日常管控工作难度逐步增加，在消防安全治理上，政府和各部门之间协调沟通存在着严重不协调的问题，导致消防安全治理上效率低，遇到事情互相推诿，治理工作上存在盲区。

3.1.3 政府职能部门执法力度不够

在新时期的消防安全制度下，有效地执行和落实相关法律法规，才是真正为民办实事，筑牢安全基石，才能体现出现有制度的初衷为民的价值与成效[5][6]。从调研结果来看，奎屯市“九小”场所的消防执法力度不严，消防安全检查流于形式走过场。“九小”场所的从业人员反映店里制定的各种消防安全制度也只是为了应付检查，政府相关部门进行检查督导的时候根本没有较真过，因此也没有起到强化消防安全的作用。由此可见，在“九小”场所消防安全治理工作中着政府部门的执法力度明显不够。

3.2 原因分析

3.2.1 消防安全宣传教育不到位

关于消防宣传方式一直以来都是政府主导，参与宣传的工作人员大部分都是消防工作人员，在开展宣传教育工作方面，极少会联合社会组织、企业或消防志愿队等共同参与到“九小”场所消防安全宣传，导致针对于“九小”场所的消防宣传覆盖面窄，“九小”场所的从业人员消防安全意识淡薄[7]，未能深刻了解到消防安全的重要性，对火灾事故的危害以及可能给自己带来的损失认知水平低，社会群众缺乏主动了解消防安全风险防范意识以及自防自救的积极性以及主动性[8]。

3.2.2 多元主体协同治理机制不健全

长期以来，人民群众对消防安全的认知产生一个错误的观念，就是认为消防安全治理是政府的事，是消防部门的专职工作。社会公众无论是个人还是企业单位对自身消防安全职责认知不清，从而不重视消防安全治理。因此，无论是政府其他涉及消防安全工作的职能部门、企业单位还是社会公众，要么消极配合，要么甩手观望[9]。当前政府并未针对多元主体协同治理模式制定相应完善的规章制度，导致各主体在实际工作中“各扫门前雪”，大多处于各自为政的不协同联动的状态，部门自己互通互动较少，部门与企业联动也不多、政府与社会公众缺失沟通机制，使得在消防安全治理主体多元化发展趋势下，协同治理的制度因不完善不健全极大地阻碍了“九小”场所消防安全治理工作成效的提升。

3.2.3 政府相关部门的重视度不够

政府部门对“九小”场所的重视度不够，各自之间的消防管理责任不明确，部门间遇事相互推诿扯皮，便直接影响政府及相关部门在消防治理和服务职能弱化，未能有效实行“政府统一领导，部门依法监督，单位全面负责”的消防安全责任机制。因此，长期以来形成的消防部门“独挑大梁”的局面便难以改变，各部门间缺乏重视沟通，导致执法力度不足，“九小”场所的消防安全隐患仍严重。再加上奎屯市现有的消防安全管理系统中的预防机制和后期终端处理机制不够健全，“九小”场所的消防安全治理成效并不明显[10]。

4 奎屯市加强“九小”场所消防安全治理的对策措施

深入探析其存在问题的对应原因之后，透过原因看本质，着重加强对优化提升“九小”场所消防安全治理成效的对策思考，提出具有可行性、科学性的提升治理成效的建议和对策。具体优化提升对策如下：

4.1 加强消防安全宣传教育

在针对奎屯市“九小”场所的消防安全宣传教育，怎样从源头上杜绝和降低火灾事故的发生概率，最重要的是要不断深化推进消防安全宣传工作，做好消防安全培训和教育。可以采用以政府购买服务的方式，由第三方专业消防服务公司承接政府事务服务内容，进一步严格对辖区内的社会公众群体，尤其是“九小”场所的相关培训教育[11]；要有针对性地开展专场消防安全知识普及培训教育，真正地提升消防人员的专业化水平，协助社会组织主体举办的消防知识培训教育班，深入加强消防职业技能鉴定工作。把消防安全教育培训深入到干部培训、行业系统培训、新人入职从业培训等工作中，全方位地加强“九小”场所消防安全教育培训工作。

4.2 健全多元主体协同治理机制

进一步健全社会多元主体协同治理机制，以政府部门为主体，其他主体协同参与合作管理，同时权责清晰明确，各主体都清晰协同治理的内容和细化不同参与主体的分工，从而实现“九小”场所消防安全治理的多元参与。“九小”场所消防安全治理是事关人民生命安全的民生大事，也是社会治理的重要工作。从协同治理理论的角度来分析，政府作为核心参与主体，由管理者转为服务者，应发挥全面科学统筹协调者的作用，以共同努力实现公共利益为目标协调平衡各参与主体的职责和分工，统筹各多元主体积极发挥更大的作用[12]。

4.3 政府相关部门加强重视力度

政府作为“九小”场所消防安全治理多元主体中的核心主体，因政府对其的重视度不够，引起了一系列的社会性问题，导致了“九小”场所的消防安全隐患仍旧严重存在。政府若要从根源上解决公共安全问题的发生，必须加强对“九小”场所的消防安全治理的重视度，并加大投入，强化监管[13]。

5 小结

本文以奎屯市“九小”场所消防安全治理为研究对象，系统分析其“九小”场所消防安全治理存在主要的问题和深层原因。本文结合实际，认真分析影响的因素，以此着重加强对“九小”场所消防安全治理的对策思考，提出了相对应的优化提升治理成效的对策。在政府作为核心主体的引导下，多元主体协同参与治理，社会公众不断提升自我消防安全意识，坚持“预防为主，防消结合”的工作方针，多方面加强责任意识的培育，形成监管合力。奎屯市“九小”场所的消防安全治理工作一定会得到进一步的提升，营造人人重视消防安全，人人参与消防安全的良好氛围，共建共治共享美好生活。

参考文献

[1] 张艳国，聂平平．社区治理［M］．武汉：武汉大学出版社，2021：122-137.

[2] 白江．智慧消防视域下的社会消防安全管理研究［J］．消防界（电子版），2022，8（01）：125-126.

[3] 常江波，曹艳杰．防火分隔技术在建筑消防中的应用［J］．消防界（电子版），2021，7（14）：63-64.

[4] 曹兰娟，陈梦婷．港口突发事件全面应急管理研究［J］．现代商贸工业，2022，43（19）：78-79.

[5] 胡阳，王芳渠．新时代消防安全管理现状及应对措施［J］．区域治理，2020（04）：106-108.

[6] 蒋艳先．消防安全管理现状与消防监督管理模式创新［J］．科技资讯，2021，19（09）：130-132.

[7] 孔云科．无线智慧消防报警系统在中小场所的应用［J］．武警学院学报，2017，33（10）：33-35.

[8] 钱志文．物联网技术在智慧消防建设中的使用［J］．消防界（电子版），2021，7（21）：55+57.

[9] 李汉卿．协同治理理论探析［J］．理论月刊，2014（01）：138-142.

[10] 王昆．谈老旧社区消防安全管理［J］．中国物业管理，2022（08）：108-109.

[11] 尤高远．三小场所出租屋的消防治理对策［J］．科技资讯，2015，13（29）：181-182.

[12] 于江．多元主体协同治理国家治理现代化之逻辑理路［J］．求实，2015（04）：63-69.

[13] 朱润科．三小场所出租屋的消防管理对策［J］．科技资讯，2021，19（08）：109-111.

演艺新空间消防安全监管初探

牛玉婵

（石家庄市消防救援支队，河北　石家庄）

摘　要　演艺新空间作为演艺发展新业态，已逐渐发展为我国文旅事业的重要组成部分。但理论滞后于实践，相关研究较少，相关政策措施不够完善，为消防安全监管提出了难题与挑战。本文拟对出现的难题进行研究，并尝试从明确定义、出台措施、加强协作监管力度、明确建筑消防安全标准、加强培训与疏散演练几方面入手，解决演艺新空间现存的消防安全监管难题。

关键词　演艺新空间　消防安全　监管

目前，多元化演艺新空间作为城市演艺发展的新形式、新业态，在我国各大城市呈现蓬勃发展趋势，正逐渐成为文化和旅游融合发展的重要载体及演出市场一个重要构成部分。

1 演艺新空间的起源与定义

2017年，上海市委、市政府印发《关于加快本市文化创意产业创新发展的若干意见》，将“开拓新型演艺空间”作为推动演艺产业发展的重要举措[1]，自此，“新演艺空间”概念被正式提出，开始受到业界和学界的热切关注。2019年，文化和旅游部印发《关于促进旅游演艺发展的指导意见》，支持各类经营主体利用室外广场、商业综合体、老厂房、产业园区等拓展中小型旅游演艺空间[2]；同年，国务院办公厅印发《关于进一步激发文化和旅游消费潜力的意见》，鼓励建设集合文创商店、特色书店、小剧场等多种业态的消费集聚地[3]。作为在实践中发展的新业态，目前，国内对“演艺新空间”并没有明确统一的定义，本文将选取几个有代表性的定义加以研讨。

1.1 官方定义

2019年，上海市演艺新空间专业委员会出台《上海市演艺新空间运营标准（试行）》，将演艺新空间定义为以演艺为主营业务的新型演出场所，主要包括四种类型：（1）多功能小型营业性剧场；（2）在相关建筑内开办的室内营业性演出场所（包括商业综合体内的、办公楼宇内的营业性演出场所等）；（3）在相关建筑内开办的营业性演出场所（包括产业园区内、已改造的老厂房内、众创空间内的营业性演出场所等）；（4）在经营性旅游载体内的营业性演出场所（包括旅游景区（点）内、游船内、邮轮内

作者简介：牛玉婵，女，石家庄市消防救援支队防火监督处初级专业技术职务，主要研究方向为消防监督、消防法治建设。

的营业性演出场所等）[4]。

2023年1月，大连市文化和旅游局发布《关于开展大连市演艺新空间征集申报工作的通知》，沿用了《上海市演艺新空间运营标准（试行）》的定义与分类，并在其基础上扩充了三种类型，即专业剧场、艺术表演团体等演出场所拓展的营业性演艺空间；美术馆、博物馆等公共文化场馆拓展的营业性演艺空间；音乐酒吧、茶楼、咖啡厅、酒店等拓展的营业性演出空间[5]。

北京市文化和旅游局于2023年起草的《北京市演艺新空间运营管理标准（试行）》将演艺新空间定义为“以演艺为主营业务，形成多业态融合、多功能协同的新型演出场所”，包括非传统的营业性演出场所、在相关室内空间开办的演出场所与在相关户外空间开办的演出场所[6]。

1.2 学界定义

2021年，邓雷撰写的博士论文《上海新演艺空间研究》，将新演艺空间定义为“由原不具备剧场机能的空间改造而成的相对固定的演出场所，以演出为主要功能，具有一定业态融合特征的复合型演艺空间。”[1]

2023年，赵雨菲撰写的硕士论文《上海演艺新空间的评价研究》提出，演艺新空间是对近年来中国剧场业出现的各类新型演出场所的统称，体现在物理空间上和观演关系上的“新”形式，是随着时代和社会的发展而演变而来的新演出业态。[7]

1.3 本文研究重点

综合以上实践与理论研究成果，本文探讨的演艺新空间，将部分采用《北京市演艺新空间运营管理标准（试行）》的定义，以“演艺+”与“沉浸式”为重点，主要探讨在既有非演艺性质建筑内进行的室内营业性演出场所，暂不探讨在户外空间开办的演出场所。

2 演艺新空间消防安全监管难题

作为以演艺为主营业务的场所，演艺新空间与传统演艺场所具有共同的消防安全监管难题与重点，如人员密度大，对现场人员疏散能力水平要求高，用电负荷量大，易引发电器火灾等，本文不再赘述。本文拟重点探讨由“演艺+”与“沉浸式”引发的特殊消防安全监管难题。

2.1 研究滞后，缺少相关政策措施

目前，除北上广等一线城市外，国内多地已出现各式各样的演艺新空间形态，但依托当地城市经济发展与演艺资源水平，不同地区的演艺新空间发展不平衡、不充分，大多数地区的演艺新空间资源尚未被充分挖掘。以笔者所在城市为例，笔者在对本课题进行调研时，曾与当地文旅部门沟通，咨询演艺新空间相关问题，但文旅部门并不掌握相关情况。虽然北京、上海、大连等地已经出台相关政策，对演艺新空间进行了明确，纳入了监管范围，但其他地区对此领域的研究比较单薄，政策措施相对滞后，演艺新空间引进难、落地难、监管难，既不利于招商引资发展地方经济，又容易形成失控漏管的真空地带。

2.2 表现形态多元，监管难度较大

“演艺+”是演艺新空间的显著特征。边吃边看、边喝边跳、边猜边玩……与正襟危坐的传统观演礼仪、不得携带食品饮料进入剧场等传统演艺规则相比，演艺新空间更为多元，也更加活泼。从全国各地涌现出的演艺新空间看，“演艺+”的范围包括且不限于“戏剧+餐饮”“演艺+游戏”“戏剧+酒水”“观演+游览”等交融方式，演艺、餐饮、休闲聚会、商务洽谈等多种性质的活动共存于同一时空，衍生出以何为主、如何界定活动性质的难题，并对应着不同的行业监管部门、场地规划性质与消防安全要求。“演艺+”带来的行业部门联合监管、多头治理，对多部门联合的工作机制、管理模式与协作智慧均提出了新的要求和挑战。

2.3 主体建筑性质多样，消防安全条件差异大

如前所述，演艺新空间星罗棋布，有可能出现的场所包括商业综合体、办公楼、美术馆、博物馆、音乐酒吧、会馆、茶楼、咖啡厅、酒店、古戏楼、老旧厂房仓库、众创空间、产业园区、公园景区、旅游景区（点）、游船、邮轮等。以上建筑（场所）按照使用性质分类，既有民用建筑、工业建筑、古建筑，也有人员密集场所和一般场所。一般来说，民用建筑、人员密集场所的防火要求高于一般场所，传统演艺空间应设置在民用建筑中，按照公众聚集场所的标准进行设计，并依法通过审核和验收。但演艺新空间所可能入驻的既有建筑种类多，建筑先天硬件设施条件不一，防灭火重点不同，消防安全条件差异极大，易出现主体建筑防火性能无法满足演艺场所需求的可能。例如古戏楼，历经岁月的风雨沧桑，建筑主体部件损耗较大，与现代建筑所具备的消防安全硬件设施不可同日而语。依托此类建筑进行演出时，如果不改建，可能无法满足消防安全需求，如果改建，则可能破坏古建筑。

2.4 人员疏散逃生难度较大

“沉浸式”是演艺新空间的另一个显著特征，诚然大大增加了演艺项目的趣味性、现场性和不可复制性，然而另一方面，也给消防安全疏散带来了挑战。在传统演艺空间，演员与观众有明确界限，舞台与观众席距离较远，鲜有演员到观众席中表演、或观众上舞台参演的机会；即使有，演员与观众交融的时间也是比较短的、可控的，不同群体的疏散逃生路线是相对固定的。但在演艺新空间，演员与观众的界限被大幅度消解，甚至观众成为表演的一部分，遇有火灾险情时，容易陷入演员观众不分、疏散路线不明、现场一团混乱的局面，疏散逃生的难度随之大幅增加。

3 演艺新空间消防安全监管难题解决路径

笔者认为，可从明确定义、出台措施、加强协作监管力度、明确建筑消防安全标准、加强培训与疏散演练几方面入手，解决演艺新空间现存的消防安全监管难题。

3.1 明确定义，出台相关保障政策

经济基础决定上层建筑，文化事业无法脱离城市发展而独美，作为新兴事物的演艺新空间更是如此。我国幅员辽阔，各地经济发展水平与文化事业发展步伐不一致，应结合当地演艺新空间实际情况与发展要求，制定相关政策法规，明确其内涵与外延，将其纳入城市发展规划与行政管理范畴。同时，应制定包括招商引资、预算倾斜、快速审批、指导服务等一系列配套保障性政策措施，吸引更多优质演艺企业入驻，保障演艺新空间这一新兴业态顺利发展，助推地方经济发展，满足人民群众不断增长的文化需求。

3.2 部门协作，合力监管

演艺新空间作为国家大力鼓励推动的文化新业态，应被纳入行政管理范畴，加强监管与指导服务，助推引进落地。一是加强多部门协作工作机制。需政府协调，文旅牵头，自规、住建、市监、商务、公安、消防等相关部门联

合协作，建立信息共享、协作工作机制，明确相关职责，形成监管合力。二是结合各地实际，将演艺新空间按照场所使用性质、演出规模等标准进行分类，参照目前的行政机关职责范围确定主管行业部门，划定不同的审批权限与管理重点。三是加强指导服务，优化营商环境。根据各地实际情况，由属地政府或主管部门出台优化营商环境措施，一方面可通过容缺受理、开辟绿色通道等方式简化审批流程，明确不需申报公众聚集场所投入使用、营业前消防安全检查的规模；另一方面，可参考北京市东城区做法，延长每个演艺新空间通过审批后的演出时长。同时，负有行政审批权限的部门应依法提供指导服务，将严格监管与热情服务有机融合。

3.3 明确建筑消防安全标准

鼓励在符合消防安全条件的合法商业建筑中引进演艺新空间，主体建筑具备基本消防安全设施器材，可大量节省后期装修改造费用，安全系数较高，且无改变使用性质引发的后顾之忧与繁琐的改造报审流程。如果在工业建筑（老旧厂房、仓库等）、古建筑（老戏楼等）等建筑中演出，则需按照一般演艺场所的要求进行装修改造并依法通过行政审批；可按照当地行政审批部门的具体要求，通过进行建筑性能化设计、组织专家评审、部分增设消防设施器材、加强消防技防水平等方法，使之达到演艺场所需要的消防安全标准。

3.4 加强培训与疏散演练

对演艺新空间来说，消防人防、物防、技防三者缺一不可，而人防是其中最为关键的一环。演艺新空间应依法落实消防安全主体责任，加强消防安全意识，提高自防自救能力。一是建筑主体单位、演艺单位要厘清各自消防安全管理职责，对公共区域、单独区域的消防设施器材依法进行巡查检查，保证完好有效，遇有险情时发挥效用。二是按照“一馆一策”原则，科学制定灭火与应急疏散预案，定期进行预案演练，并根据演练效果对预案进行修正。三是加强演艺新空间工作人员的消防安全岗位培训，熟知区域内疏散逃生路线，会灭初起火灾，会带领观众逃生。

参考文献

［1］邓雷．上海新演艺空间研究［D］．上海：上海大学，2021，70.

［2］中国文化和旅游部．关于促进旅游演艺发展的指导意见的通知（文旅政法发〔2019〕29 号）［EB/OL］．https://zwgk.mct.gov.cn/zfxxgkml/zcfg/gfxwj/202012/t20201204_906341.html，2019-03-14.

［3］国务院办公厅．关于进一步激发文化和旅游消费潜力的意见［EB/OL］．https://www.gov.cn/zhengce/zhengceku/2019-08/23/content_5423809.htm，2019-8-23.

［4］上海市演出行业协会．上海市演艺新空间营运标准（试行版）（沪演协 2019〔030-1〕号）．2019.

［5］大连市文化和旅游局．关于开展大连市演艺新空间征集申报工作的通知［EB/OL］．https://wlj.dl.gov.cn/art/2023/1/31/art_2055_2062904.html，2023-01-31.

［6］李洋．演艺新空间——“演艺之都”多样化载体激发新活力［EB/OL］ https://news.bjd.com.cn/2023/08/31/10547625.shtml，2023-8-31.

［7］赵雨菲．上海演艺新空间的评价研究［D］．上海：上海音乐学院，2023，68.

建设工程施工现场消防安全管理对策研究

臧海胆

（海南天乙消防工程有限公司，海南 海口）

摘　要　我国建设工程施工现场消防安全技术规范施行十多年来，取得了显著的经济和社会效益，但随着建筑材料的革新和施工工艺的改进创新，建设工程施工进度空前飞快，如何在施工过程中同步把握好现场消防安全管理的有效方法并使其充分发挥作用，需要社会的广泛关注及行业人员更系统更深入地研究探索。本文通过对建设工程施工现场消防安全管理存在的突出问题进行全面剖析，提出应对施工现场消防安全管理策略。

关键词　建设工程　施工现场　消防安全　管理对策

1 引言

近年来，建设工程施工现场的火灾事故时有发生，火灾危害呈增大趋势。建设工程施工现场的消防安全弦必须时刻紧绷，稍有丝毫麻痹大意，就会酿成大祸。2022 年 11 月 21 日 16 时许，河南省安阳市文峰区安阳市凯信达商贸有限公司负责人在一层仓库内违法违规电焊作业发生特别重大火灾事故，造成 42 人死亡、2 人受伤，直接经济损失 12311 万元[1]。2023 年 4 月 18 日 12 时 50 分，北京长峰医院改造工程施工现场，施工单位违规进行自流平地面施工和门框安装切割交叉作业导致发生重大火灾事故，造成 29 人死亡、42 人受伤，直接经济损失 3831.82 万元[2]。因此，做好建设工程施工现场消防安全管理工作，消除消防安全隐患，对预防施工现场火灾发生，减少火灾危害，保护人们的生命和财产安全，具有重大意义。

作者简介：臧海胆，男，海南天乙消防工程有限公司，一级注册消防工程师，建筑电气工程师。

2 建设工程施工现场消防安全管理现状分析

2.1 消防安全管理责任认识不清

施工现场消防安全管理责任认识不清，造成消防安全管理在不同程度上存在缺失。新建项目施工现场的消防安全管理工作，总承包施工单位没有完全担起总管责任，将所有施工现场消防安全工作推给消防施工单位平行管理。其它专业分包单位基本上都不关注施工现场的消防安全管理，当遇到职能监管部门对施工现场开展消防安全检查时也只是被动应付检查，敷衍搪塞，分包单位没有尽到消防安全管理的责任。监理单位对施工现场日常消防安全管理不重视，缺乏自主监管意识，认为做好施工现场消防安全管理只是总承包施工单位的事，没有尽到确实履行实施现场消防安全监理职责。改建、扩建及装修改造项目施工现场消防安全管理责任更不乐观，有关消防安全管理的工作都是层层推卸责任，降要求低配备，特别是装修改造工程，业主（出租方）基本不会出现在施工现场，物业服务企业也疏于管理或者爱管不管，施工现场消防安全完全放任施工单位去管理，而很多施工单位为了追求利润最大化，往往减配甚至不配临时消防设施，导致大部分施工现场根本看不到符合规范要求的临时消防设施，现场消防安全管理处于空挡失控状态。

2.2 临时消防设施设置不规范

建设工程施工现场临时消防设施设置不规范，埋下诸多消防安全隐患。比如施工现场临时用房和可燃材料堆场及加工场未设置室外消火栓或布置间距过大；室外施工过早拆除室外消防给水管道，室外消防给水管网管径设置小于*DN*100；在建工程临时消防设施施工进度严重滞后于主体结构；永久性消防设施转为临时消防设施使用尚未具备使用条件过早拆除临时消防设施；未按要求设置备用消火栓泵，临时消防给水系统压力过小；消防用水量未能满足施工现场临时消防用水需求；超高层室内疏散通道配备的临时应急照明照度不够；动火作业场所未配置足够数量的灭火器等等，施工现场临时消防设施设置状况令人担忧。

2.3 消防安全意识淡薄

施工单位缺乏消防安全意识，主要体现在在建建筑内违规设置工人住宿或办公用房；采用易燃可燃材料搭建生活用房、临时库房；施工现场消防安全管理缺失，建筑材料、设备随意堆放在消防通道上，室外管沟开挖堆土长期占用临时消防车道；电动自行车停放在施工现场内；电动灰斗车、电动工具等在建筑内乱拉电线充电、过夜充电、超负荷用电；易燃易爆物品未单独储存并保持通风；在施工建筑内存放易燃、可燃材料；在施工作业现场调配油漆、稀料；建筑垃圾乱堆放，建筑材料密集乱放；违规使用不合格建筑材料、安全网等，消防安全隐患长期潜伏于施工现场。

现场消防安全管理人员观念不正，思想麻痹大意，管理行动留死角；带人情去管消防安全，怕兴师动众、怕得罪人、怕十防九空浪费人财物；违章指挥作业等。

施工作业人员消防安全意识淡薄，特殊工种人员无证上岗；在施工现场进行电焊、切割、打磨等产生火花作业时，未按要求申办明火作业审批，动火作业前未清除现场可燃物、未配备灭火器材、未落实专人看护，动火作业完毕后未及时清理现场；保温、油漆作业时违规与动火、动焊作业交叉施工；使用开关箱线路过长线径过细以及用电设备超负荷运转；在工地宿舍内乱拉电线充电和违章使用电热器具；施工现场违规烧水做饭，随地吸烟、丢弃烟头，随意覆盖、挪用、拆除临时消防设施等情况经常发生。

3 建设工程施工现场消防安全管理对策

3.1 加强消防安全管理，建立健全消防安全管理体系

认真落实由施工总承包单位（施工单位）负责施工现场消防安全管理，分包单位服从总包管理，监理单位对施工现场消防安全管理实施监理的要求[3]，明确各方消防安全管理责任，加强施工现场多方联合协作管理的消防安全机制。对建筑物进行局部改建、扩建和装修的工程，建设单位应当与施工单位在订立的合同中明确各方对施工现场的消防安全责任[4]。编制施工现场生活区、材料储备区、施工作业区等具体部位的消防安全管理办法，加强对易燃易爆等材料的消防安全细部管理，建立“分工到人，责任到点，定时巡场，记录交接”的消防安全管理制度。

加大施工现场消防安全监督检查力度。各级消防监管部门和建设主管部门应加大日常建设工程施工现场的消防监督检查力度，除了定期开展建设工程施工现场消防安全检查工作外，还要多部门多频次不定期地对施工现场消防安全进行抽查，发现火灾隐患或违章作业行为的，应当场指出并责令改正；若存在重大火灾隐患且不能当场改正的，应责令限期改正或停工改正；对于拒不改正或多次违规违章的，应当顶格处罚并责令停工，列入建设行业失信黑名单。建设工程施工现场消防安全监督管理坚决不能走过场、玩人情、务虚功，必须严执法、常高压、重实效。

建立健全施工现场消防安全管理制度。明确建设工程施工现场消防安全责任人、消防安全管理人、各施工岗位（或施工区域）消防安全负责人，落实明火作业消防安全管理责任制。制定施工现场消防安全监督检查实施方法、火灾隐患整改措施、消防安全奖惩制度等。各参建单位要认真组织落实施工现场有关消防安全管理要求，自觉将施工现场消防安全管理纳入本企业内部考核机制。各职能监管部门应当将建设工程施工现场消防安全管理实施情况纳入项目评优评奖考核范围内，对于施工现场发生火灾事故的建设工程项目，在评优评奖上实行一票否决制。

3.2 规范设置临时消防设施，充分利用永久消防设施

建设工程项目大多处于道路不便、水源不利、消防救援超距的位置，施工现场应按规范要求设置临时消防设施。新建工程项目还必须按要求设置临时消防车道，禁止挤占临时消防车道堆放物料、机具设备等，保证消防车辆能够时刻畅通行驶。改建、扩建及装修改造项目应保证原有消防车道及消防救援场地不被占用、堵塞，施工过程中需要局部停用原有消防设施的，应按相关流程报批后方可实施，当停用原有消防设施时应按施工现场临时消防设施设置要求补充配备到位后方可动工。针对装修改造工程施工现场可燃物较多、施工与经营（或仓储）场所间距较小、火灾危险性大等特点，施工现场除了按常规设置临时消防设施外，建议对消防设施施工改造过程中分系统分区域进行，比如施工改造场所中设有自动喷水灭火系统和室内消火栓系统时，应逐个系统按防火分区进行停水改造，施工期间确保最少有一个永久水系统作为施工现场临时消防给水系统，以备不时之需。

本着“以人为本、因地制宜、立足自救”的原则，施工现场应当充分利用具备使用条件的永久消防设施作为施工现场的临时消防设施，提高消防安全应对能力。建设工程施工现场消防安全技术规范要求以外的消防设施具备条件的也应投入作为施工现场临时消防设施使用，如当建筑结构封顶

后，可以先安排高位水箱施工，通过高位水箱储水后常高压供水使用可以提高施工现场火灾防治的有效性及可靠性；自动喷水灭火系统管网施工完毕后也可以加入到临时消防设施的布防中，增加火灾自动扑救的功能。

3.3 提高消防安全意识，确实做到消防安全警钟长鸣

消防安全，人人有责。建设单位（业主）应保证满足施工现场消防安全资金的投入，特别是用于施工现场临时消防设施的费用，以确保施工单位不再在施工现场消防安全问题预防上大打折扣。各施工单位（包括专业分包单位）要根据项目建设规模大小，按要求配备专职安全员并常驻工地，确实把施工现场消防安全重视起来。施工现场管理人员都要转变管理观念，提高消防安全意识，日常现场安全检查要全覆盖、零容忍、高效率，做到消防、安全同步同等管理，始终把消防安全扛肩上、攥手里。

加强消防安全培训，提高作业人员消防安全素质。建设工程施工现场所有施工人员必须进行岗前消防安全知识培训并经考核合格，熟悉生产生活日常防火常识和掌握初期火灾扑救及火场逃生的基本技能后，方可进入施工现场进行施工作业，加快开启全面实施全员、全过程消防安全管理模式。对于特殊工种人员（电气焊、防水等火灾危险性较大的作业），还须进行专业技能培训，持证上岗。同时，行业主管部门应定期组织对特殊工种人员进行消防安全知识培训，消防监管部门应适时对培训情况进行抽查、考核。

施工作业前，要逐级做好消防安全技术交底，确保施工现场消防安全。需要动火作业的必须按管理流程办理审批手续后方可实施，同时要避免动火作业审批制度流于形式化，坚持“谁审批，谁负责”的原则。严禁违规交叉施工作业，施工中使用的材料存在易燃易爆成分挥发的场所应保持有效通风。

定期开展灭火及应急疏散演练，确实做到消防安全警钟长鸣。施工总承包单位要根据所制定的灭火及应急疏散预案，定期组织全体现场人员开展灭火及应急疏散演练，通过演练加深对施工现场消防安全的认知，巩固消防安全管理，以及有效增强对初期火灾的扑救和疏散逃生能力。

3.4 做好临时消防设施维护工作，确保施工期间有备无患

施工现场临时消防车道要保持畅通，确须在消防车道上临时卸放物料时要及时清运转走。临时消防给水系统及消防器材等应推行定员定职的管理责任制，施工期间不得拆除临时消防给水管道、室内消火栓、应急照明，不得覆盖消防水泵接合器、室外消火栓等消防设施。施工现场应配备足够的消防灭火器材设施，并安排专人定期进行维护保养，确保完好有效。

4 小结

综上所述，建设工程施工单位在追求经济效益的同时，必须严格遵守施工现场消防安全技术规范的要求，建立健全消防安全管理体系，加强日常消防安全管理，及时发现和排除消防安全隐患，规范设置临时消防设施和充分利用永久消防设施，维护好施工现场临时消防设施，扎实做好施工现场全员消防安全教育培训，提高人员消防安全意识，定期开展火灾事故应急演练，只有认真做实做细做好建设工程施工现场消防安全管理的各项工作，才能牢牢筑起施工现场的消防安全防线，遏制建设工程施工现场火灾事故的发生。

参考文献

[1] 中华人民共和国应急管理部网站．应急要闻，2023-8-29.

[2] 中华人民共和国应急管理部网站．应急要闻，2023-10-25.

[3] GB 50720—2011 建设工程施工现场消防安全技术规范［S］.

[4] 公安部令第 61 号．机关、团体、企业、事业单位消防安全管理规定［S］.

大型展会消防安全工作难点及对策

陈益锋

（海口市消防救援支队，海南 海口）

摘 要 随着经济社会的快速发展，我国各类大型展会频次、参加人数不断增加，具有场所公开、人群密集、财物集中、规模宏大、持续时间长、节点特殊、临时搭建设施多、情况交错叠加等特点，一旦消防安全措施落实不到位，极易发生火灾甚至群死群伤事故，危及公共安全。

关键词 大型展会 消防 难点 对策

大型展会的举办关系到人民生命财产安全、关系到国家经济发展、社会稳定及和谐社会的构建。特别是在新冠疫情常态化管控后，我国大型展会举办规模、举办频次、参与人数、资金投入等快速增长、安全理念不断更新的情况下，如何将消防安全工作有机地融入到大型展会，避免展会中发生火灾事故，造成人员伤亡及财产损失，具有十分重要的现实意义。下面，笔者就大型展会消防安全工作谈几点看法。

1 大型展会消防安全工作难点

1.1 消防安全管理能力不足。根据国务院《大型群众性活动安全管理条例》要求，大型群众性活动的承办者对其承办活动的安全负责，承办者的主要负责人为大型群众性活动的安全责任人。并应履行落实安全责任制度、明确安全措施、开展宣传教育、消除安全隐患、组织灭火演练等职责。

作者简介：陈益锋，男，海口市消防救援支队，副支队长。

但在实际展会工作中，仍存在展会组织者、搭建商、参展商为追求利润最大化，意识不到消防安全工作只许成功不许失败的特殊性，对消防安全管理部门现场安全检查时有抵触情绪，想当然地认为消防管理人员故意找茬、消防投入没有必要性、能靠关系解决就绝不整改、不积极主动配合消防安全部门工作。以至于展会动主办单位主体责任不落实、消防安全组织架构形同虚设、消防安全管理制度流于形式、用火用电失控漏管、火灾隐患无法及时发现并整改。

1.2 展会场所本身存在消防隐患。大型展会场所基本具有规模大、功能全、建筑面积大、空间高等特点，再加上展会期间涉及重新布展、时间有限、任务繁重问题，导致动态隐患极易出现，主要体现在：一是现场布展大量使用木板、地毯、涂料、装饰装修等材料，火灾荷载增大的同时也存在大量材料燃烧性能不符合要求的问题；二是场地面积与展会需求存在矛盾，导致出现展位、舞台的搭建遮挡安全出口、展位之间防火间距不足、展位占用防火隔离带等现象；三是室内消火栓、灭火器、疏散指示标志、应急照明灯等消防设施的操作、使用空间被遮挡，导致消防设施无法保持完好有效；四是为满足用电需求，大量临时电气线路敷设不符合要求，变压器直接敷设在易燃可燃材料上、电气线路采用铰接方式连接、插线板串联使用、电气线路未穿管保护、线路过负荷运行等隐患问题大量存在。

1.3 员工消防安全意识薄弱。据不完全统计，2021 年全国办展总数量为 2956 场，由于在大型展会中出动安保人员众多，各项管控工作较为严格，大型展会中出现火灾或骚乱等意外事件案例并不多见，这就给长期在大型展会一线消防安全工作的同志带来侥幸心理，想当然地认为每次都这样，不会有意外情况发生。但是一旦发生火灾等紧急事件，员工的麻痹心理以及没有经过系统专业的消防安全知识培训及演练的现实情况，就极易造成火灾事故的扩大及群死群伤事件的发生。

2 消防安全对策

2.1 提前掌握展会情况。在大型展会消防安保工作中，消防救援机构要提前介入，做好“尽早介入，提前准备”，提前掌握大型展会的具体情况是做好消防安全的前提条件，因此，我们要通过大型展会的主办部门提前了解展会的信息，掌握情况，对参展企业和承办方提前做好消防技术服务，提出布展的消防安全要求，明确布展的具体消防要求，通过前期要求，增强工作的预见性，争取活动消防安保的主动权。

2.2 严格落实消防安全责任制。消防工作是大型展会运营工作的重要组成部分，它是每一位大型展会从业人员应尽的责任与义务。按照“谁承办、谁负责”的原则，消防管理部门要不断完善消防安全管理制度，确定消防安全工作责任人和管理人，确定大型展会消防工作的重点，督促场馆方与大型展会组织者签订消防安全责任书，层层落实消防安全责任，对承办方、参展商、搭建商在布展、展会以及撤展期间的具体行为，对消防设施的影响、器材的布置等都以合同形式明确，以预交保障金的形式给予保障。并要求场馆方、承办方、参展商、搭建商等建立定期巡查制度，组织检查大型展会消防工作及责任制的落实情况，确保大型展会消防安全工作落到实处。

2.3 强化监督杜绝消防隐患。针对大型展会的特殊性，展会相关工作人员要严格遵守消防规定，避免出现火灾隐患。现场执勤人员要加强不间断巡查，对易发生火灾的重要部位、重点场所，要派出专人定岗定位，死看死守。相关职能部门应在布展、呈展、撤展期间全过程加强监督管理，将各种消防隐患消灭在萌芽中。在展会中需要特别注意的消防隐患有：搭建展位不得影响消防通道和消防设施使用；布展材料不得使用易燃可燃材料；不得在现场调漆或用汽油、酒精等易燃物品进行清洗作用，禁止使用碘钨灯、高压汞灯等高温灯具，不得使用电炉等电热器具；展会现场禁止使用明火，杜绝吸烟等不安全行为；电气设备应符合有关国家标准技术规范要求，严禁私拉乱接临时电线，所有电气设备必须由具有特种作业操作证工作人员进行安装；搭建废弃物和包装物须由专人及时清理等。

2.4 增强员工消防安全意识。做好大型展会的消防工作，最重要的是要提高大型展会工作人员的消防安全意识。要通过消防知识普及宣传、培训等各种形式使他们真正树立安全第一，安全就是最大效益的思想和观念。自觉摒弃片面追求经济效益，只顾经营，不抓安全的错误做法，引导他们在有安全保障的前提下，不断提高经营效益。同时要为他们创造学习条件，提供“线上+线下”“理论+实操”“警示+案例”“考核+奖惩”等多种方式相结合的培训机会，使他们真正了解和掌握一定的消防专业知识和技能，提高抗御火灾及灾害事故和在火灾及灾害事故中逃生自救的能力。

3 压实各方职责

3.1 主办方应履行的职责。明确消防安全责任人和管理人，与承办者、场馆管理者签订消防安全责任书，明确各方消防安全责任；对大型群众性活动举办场馆开展消防安全风险预测或消防安全风险评估；聘请有资质的第三方中介机构对临时敷设的电气线路及配电设施等进行电气防火检测，并取得相关检测报告；督促承办方、场馆管理方落实消防安全责任。

3.2 承办方应履行的职责。明确消防安全责任人和管理人，按照 GB/T 38315 编制灭火和应急疏散预案，在活动举办前至少进行 1 次全员和全要素演练；与施工单位、活动参加者等签订消防安全责任书，明确施工单位、活动参加者等消防安全责任及消防安全管理人员；承办方应建立活动消防安全管理组织，制定消防安全网格化管理制度，明确每个网格的消防安全管理人员、责任区域以及工作要求。每个网格至少确定 1 名消防安全员和 1 名电工做好防火检查巡查和重要电气设备巡检工作；审查并确保施工单位申报施工图纸符合法律法规和技术规范要求，组织人员对竣工内容进行验收。

3.3 场馆管理方应履行的职责。提供符合消防安全要求的场馆（建筑物），与主办方、承办方等订立的合同应明确各方的消防安全责任和义务以及消防安全要求；保持场馆内的消防设施和消防器材配置齐全，并按照要求对消防设施进行维护保养，保持完好有效；组织工程技术人员做好重要设备设施的检查维修和工程技术应急操作；在发生火灾等险情时，参与组织开展火灾报警、火灾扑救和人员疏散等工作，并为灭火和应急疏散提供技术支撑；加强微型消防站或企事业单位消防队值守力量，明确岗位职责，强化管理训练，配置通信器材和消防救援装备器材、车辆，落实活动期间全程值守和监督管理；对大型群众性活动开展消防安全检查，督促承办方落实消防安全职责和消防安全要求，警示不得超负荷用电，及时为整改火灾隐患提供便利条件。

4 结语

随着生活水平的提高，大型展会连续不断。为大型展会单位保证消防安全保卫工作的有序进行，企业自身应加强消防安全工作的管理，增强安全意识，完善消防安全制度，国家相关的监管部门应加大检查监管力度，充分利用一切可用的人力、财力、物力等条件，为安全保卫工作服务，避免造成不必要的政治、生命、财产损失。

参考文献

［1］中华人民共和国消防法，2019.
［2］GB 55037—2022 建筑防火通用规范［S］.
［3］GB 55036—2022 消防设施通用规范［S］.
［4］曹广文．国际性大型活动消防安全保卫工作探析［J］．武警学院学报，2010（04）：51-53
［5］乔海滨．如何做好大型群众性活动消防安全保卫工作［J］．中国水运，2011（01）.

住宅小区消防安全管理的几点思考

陈益锋
（海口市消防救援支队，海南　海口）

摘　要　为进一步提升住宅小区消防安全综合治理水平，立足“从根本上消除隐患、从根本上解决问题”，聚焦住宅小区消防安全治理重点，着眼理顺夯实街道（镇）、社区（村）、物业服务企业和相关行业部门的火灾防控责任，建立健全住宅小区火灾预防、隐患整治、应急处置全链条闭环式管理机制，切实将火灾防控责任落实到最基层单元、传导到社会最末端，构建各司其职、齐抓共管、群防群治的住宅小区消防综合治理新格局。本文将从消防救援机构角度出发，研究和探讨城市居民住宅小区消防安全现状及监管对策。

关键词　住宅小区　物业服务　消防管理　对策

1　住宅小区消防安全现状

近年来，随着我国城市化进程的不断加快，城市居民小区不断形成，新的致灾因素持续增多，但消防主体责任落实不到位，小区消防安全形势不容乐观。据统计，2018 年至 2023 年，海口市发生火灾事故 5599 起，造成 16 人死亡，22 人受伤，特别是居住类建筑的火灾事故占比高达 31%，亡人、伤人分别高达 50%、64%。笔者认为，通过建立网格化治理机制、风险隐患检查机制、应急处置机制以及全民参与机制，才能进一步提升住宅小区消防安全综合治理水平。

2　住宅小区消防安全隐患

2.1　消防车道堵塞、占用情况普遍。

大部分住宅小区居住率高、居住人员多、汽车和电动自行车保有量大，前期建设过程中汽车停车位设计不足，以及未规划设置电动自行车充电停放场所，导致汽车和电动自行车停放在消防车道上，加之小区内一些快递、超市、书报亭等也见缝插针占用着消防通道，一旦发生火灾，消防救援车辆无法顺利进入小区实施救援，将严重延误救火有利时机。

2.2　建筑内电梯前室、疏散通道、疏散楼梯等公区堵塞、占用情况普遍。

部分居民为了方便，将家中的玩具车、自行车、破旧家具、包装纸箱等堆放在楼梯前室、疏散通道、疏散楼梯等公区，甚至个别居民在通道上搭盖储藏室、鞋柜等占用疏散通道，如遇火灾不仅影响人员安全疏散，还会增加准安全区域的火灾荷载和火灾蔓延扩大的风险，人为将准安全区域变成危险区域。

2.3　消防设施、设备维护保养不到位情况普遍。

部分小区在自动消防设施还未正常运行的情况下就移交给物业公司，部分物业以还在安装或在质保期为由不依法履行检查和维护保养职责，导致消防设施设备没有得到有效检测和维护保养；部分小区早已投用多年，但消防施工单位由于种种纠纷还未向物业企业移交，部分物业公司以未移交为由放任不管，导致自动消防设施无法发挥应有作用；大部分小区的物业公司履行消防安全主体责任不到位，日常巡查检查和维护保养流于形式甚至弄虚作假，发现不了问题、发现问题长期不整改现象比较普遍。

2.4　消控室“无人值班、无证上岗、不会操作”情况普遍。

为节约成本，大部分物业企业消控室值班、持证上岗制度执行不到位。多家物管企业工作人员表示知道消防控制室值班人员应当持证上岗的规定，但出于成本考虑、人员走失流动等原因，消防控制室值班人员“无证上岗”问题长期存在，部分小区消防控制室人员即使有证，在实际工作中也仅限于“消音”“复位”等基本操作，对其他按钮存在不敢碰的胆怯心理，基本失去了操作自动消防设施设备的勇气和能力，一旦发生火灾将无法及时有效预警和处置。

2.5　居民消防安全意识薄弱情况普遍。

部分住宅小区，尤其是回迁安置小区居住人群主要是一些留守老人、幼龄儿童及城中村原住民，居民群众安全意识普遍不高、主动获取消防安全知识意愿普遍不强，一些长期养成的思想观点和生活习惯还没有改变，可燃杂物乱堆乱放、电气线路乱拉乱接、汽车和电动自行车乱停乱放等现象比较普遍，导致住宅小区致灾的风险相对较高。

3　住宅小区消防安全管理的几点对策

3.1　以消防安全责任制为牵引

《中华人民共和国消防法》《海南自由贸易港消防条例》《国务院消防安全责任制实施办法》《海南省消防安全责任制规定》等法律法规已明确规定：社区应确定消防安全管理

作者简介：陈益锋，男，海口市消防救援支队，副支队长。

人，落实消防安全网格化管理，组织制定防火安全公约，落实消防安全制度，进行防火检查，开展消防宣传教育，建立微型消防站，开展消防区域联防，组织开展灭火和应急疏散演练。居民住宅区的物业服务企业应确定消防安全管理人，开展防火检查，消除火灾隐患，开展应急疏散消防演练，保障消防设施、器材及消防安全标志完好有效，保障疏散通道、安全出口、消防车通道畅通，对业主、使用人违反消防安全管理规定的行为予以劝阻、制止。社区应重点围绕以上法律规定的相关责任，督促物业企业落实消防安全责任。

3.2 以科技赋能巡查检查隐患为抓手

引导物业安装防止电动自行车上楼措施（门槛、电动自行车进电梯警报器等），设置具备限时充电、自动断电、故障报警、过载保护、短路保护和漏电保护等功能的智能充电设备为电动自行车充电，将智慧用电系统与智慧社区系统进行数据联通，通过住户用电数据的变化提示消防安全状况，做到防患于未“燃”。

3.3 以提升小区消防本质安全为支撑

3.3.1 加大消防安全检查力度。全面发动小区物管公司自查自改突出风险隐患，小区责任人、管理人要带队开展一次全面自查，并签字确认自查记录存档备查。发动公安派出所、镇街消防工作站、综合执法队伍等基层力量开展回迁房安置小区消防安全检查“回头看”，核对风险隐患登记上账、闭环管理、分类施策、逐一销账落实情况，杜绝火灾事故发生。

3.3.2 提倡志愿者服务。充分调动社区群众主观能动性，吸收归乡大学生、退休人员等群体力量，组建社区宣传小分队持续开展上门培训、入户宣传活动，积极走进住宅小区等场所开展消防宣传，提高群众消防安全意识。同时可以参照之前咱们疫情防控对志愿者授予证书做法，对参加消防志愿者团队的人员授予志愿者称号证书予以肯定和鼓励。

3.3.3 多元化开展宣传。消防救援机构要加强对物业管理服务企业、社区居民委员会的消防安全培训，使其掌握消防安全检查方法，熟悉家庭防火基本内容及注意事项。各镇街、住保部门要结合网格员日常巡查、上门入户登记等时机，灌输“小火快跑、浓烟关门”自防自救理念，采取举办消防安全展板、张贴消防宣传标语、发放消防宣传单、播放消防宣传电影等群众喜闻乐见的形式宣传，有效预防因用火、用电、用气不慎引发的火灾事故。

3.3.4 多举措增设停车场地。建议堵疏结合，既要规划先行，也要车位挖潜，利用绿化带及现有道路通道，重新开辟、划分停车区域，或研究建立弹性停车、错时开放、潮汐停车、共享停车等政策机制，采取夜间开放党政机关、企事业单位、体育场等停车场，从源头解决车位配置问题。同时，规划拓宽电动车充电区域，主管部门要摸查已建成小区供电和安全条件，分类明确各小区满足居民汽车充电桩报装需求能力；引入充电设施运营商以“先垫资建设、后收费服务”模式进行统一建设、统一运营，在约定服务期限内向居民提供电动自行车充电服务。

参考文献

[1] 中华人民共和国消防法，2021修改.
[2] GB 55037—2022 建筑防火通用规范 [S].
[3] 海南自由贸易港消防条例，2020.

基层消防网格化管理问题分析与对策研究

叶　鑫　张　晴　张福东

（中国人民警察大学救援指挥学院，河北　廊坊）

摘　要　消防网格化管理作为现代化消防管理理念与工作模式下的有效举措，成为保障社会公共安全以及社区乡镇居民生命安全、财产安全的主要途径。然而，从近年来基层消防网格化管理开展的情况来看，在管理力量、人员素质、体系建设等多方面仍面临较多困境。基于此，本文从基层消防网格化管理现状入手，深入分析基层消防网格化管理工作中存在的问题，提出网格化管理在社会消防综合治理中的应用策略，为相关工作人员进一步完善网格化管理模式、不断提高消防管理工作水平提供参考。

关键词　消防　网格化管理　基层乡镇社区　消防安全

1 引言

消防安全作为社会公共安全治理的一项重要内容，在2012年《关于街道乡镇推行消防安全网格化管理的指导意见》中明确被纳入基层政府和村、居民委员会的社会管理事务、群防群治工作范畴，并提出采用消防网格化责任分解方式，建立网格化管理工作运行机制。该机制通过将管理辖区划分为若干个网格单元，再紧密围绕个体单元户构建起全覆盖的管理体系，使得各个单元有机地串联起来，协调各方力量，有效规划整合资源，实现精细化管理，逐步形成“横向有人负责、纵向有人监督”的全方位多维度消防管理网络[1]。消防网格化管理流程如图1所示。

随着城镇化进程的加速和人口密度的增加，乡镇以及基层社区得以不断发展，对于相对薄弱的基层消防管理工作也提出了更高的要求。为加强基层消防安全管理、全面提升火灾防控水平，近年来基层政府越发重视对消防网格化管理制度的建设。以河北省为例，2021年省委办公厅、省政府办公厅印发《河北省消防事业发展“十四五”规划》，不断强

作者简介：叶鑫，女，中国人民警察大学救援指挥学院学生。
张晴，女，中国人民警察大学救援指挥学院学生。
张福东，男，中国人民警察大学救援指挥学院副教授。

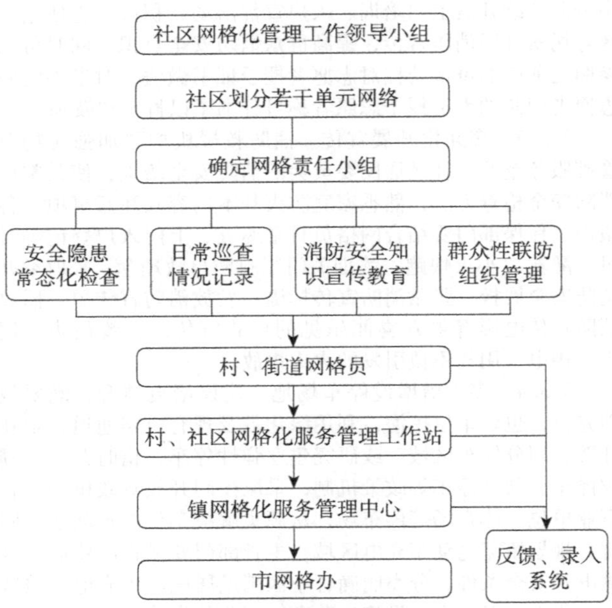

图1 消防网格化管理流程图

调要加强消防监管力量建设，明确消防网格化管理职责清单，加强网格管理人员培训[2]。因此，围绕当下基层网格化管理的现状和问题，提出具有针对性的管理策略，对于提升基层监管效能、推进消防管理体制网格化、促进基层社区发展具有重要意义。

2 消防网格化管理研究现状

如今网格化管理工作的运行机制逐渐成为夯实基层社会治理的重要基础，该管理模式在安全治理、隐患排查、知识宣传等多方面的消防管理工作中也得到广泛应用。下面笔者以收集和调查到的两个地区网格化管理工作为例，从消防管理工作的开展情况、运行机制、创新举措等方面研究分析该管理模式的发展形势，阐述消防网格化管理工作的现状。

2.1 河北省张家口市基层网格化管理工作情况

根据张家口市人民政府印发的《深化基层消防治理工作的实施意见》通知，该地区同众多区域一样采用以乡（镇）行政区、街道、村民小组等为界限划分的精细化管理模式，构建无盲区全覆盖的管理网格[3]。具体划分情况如表1所示。

表1 网格化消防管理模式的网格单位结构

网络层次	名次	场所单位
第一级	大网络	乡镇、街道
第二级	中网络	村庄、社区
第三级	小网络	村组、街区、居民楼院

同时依据张家口市基层消防治理工作的实施意见，该地区网格员应用手机APP及专业网站，准确监测火灾风险预警、开放共享平台资源信息，实时记录安全工作巡查结果。依托物联网技术，全面推进智慧消防建设，以此来完善责任制度“网络”，整合信息资源“网盘”，捋顺安全管理“网线”，为开展基层消防安全治理提供更高效的技术手段[4]。

2.2 天津市某区基层网格化管理工作情况

该区政府以夯实基层社会治理基础为目标，着力推行“立体化+智能化”的“全科网格”治理，组织消防救援支队党委成员下沉各区实行分片包抓，提供精准化、精细化服务。该区域自建立消防网格化体系以来，划分了743个基层网格，构建社区、农村、企业、特殊四级网格体系，将各项综合治理工作融入网格员日常工作职责中，形成包括消防隐患排查、安全宣传等职能在内的136项工作职责[5]。经调查走访以及文献研究，总结出该地区多项创新举措，一是针对特殊时间点及消防安全重点区域进行集中检查，有效解决消防网格划分“点多、线长、面宽”的治理难题；二是推动消防治理工作重心下移基层，有效提高基层社会治理水平；三是就消防安全开展长效化联合会商研判，全面提升基层网格人员业务水平。

实践证明，消防网格化管理已然是当下消防工作开展中尤为重要的一环。网格化治理将消防工作细化到基层每一片区域，使消防安全监督、消防隐患排查、消防知识宣传等工作行之有方，行之有效，对提高消防监督治理水平具有重要现实意义。

3 消防网格化管理工作存在的问题

3.1 网格化管理力量薄弱

如今，网格员的工作为社区消防管理带来了诸多便捷，但仅靠网格员的力量并不能最大力度地强化基层社区的消防管理。基层社区的综合监管力量、微型消防站人员以及社会群防群治力量发挥的合力不足，消防监管权力没有彻底下放到街镇，以消防部门专业力量为主，综治、安监等综合监管力量为辅的多方管理主体并没有完全负责到位。

另一方面，公安、综治、工商、民防等多方部门的沟通协调机制还需进一步完善。例如，企事业单位在日常生产经营活动中，可能没有充分重视消防安全工作，从而导致消防安全隐患。而当消防部门进行检查时，企业可能不愿意配合，甚至存在隐瞒、抵触的情况，影响了消防工作的开展。又如医院或门诊部门的火灾安全责任主体是卫生部门[6]。但是，卫生部门的责任意识薄弱，通常认为是消防部门的主要责任，因此缺乏对系统消防安全的重视和监管，存在责任界限不明确和模棱两可的问题。

3.2 网格员专业素养能力不足

网格员作为社区消防管理工作的执行者，除了拥有较强的管理能力之外，也要善于利用网络信息技术，并提高自身责任意识以及消防专业知识储备。这些关键素养能力将直接影响基层网格辖区的消防管理质量和成效。目前，基层消防监管人员在日常开展消防安全检查时，总会容易忽视一些隐蔽性较强的安全隐患问题，对消防安全危险性排查不彻底，加之较多专业技术能力上的欠缺，导致很多工作滞留于部署阶段，在具体落实上较为困难。

3.3 建设消防网格化管理体系的重视程度不够

一是管理层面，网格化管理理念未与实践工作深入结合。由于资金投入、管理能力欠缺、专业消防力量不足等诸多因素，未开展系统的网格化管理培训教育，管理系统建设与实际情况结合不紧密，脱离实际，照搬其他部门的经验。而作为一种先进的管理模式，消防网格化管理系统需要消防管理人员深入理解其内涵，并在消防管理中积极应用实践[7]。

二是在社会层面，群众对消防网格化管理的了解不深入。全民消防的意识不足，参与网格化管理的积极性也就更低了。大部分社区乡镇的居民都认为消防管理理应是政府和社区居委会的职责，与自己无关，更不会主动了解参与管理的途径。

4 建立新时期网格化管理新模式的对策研究

4.1 政府层面完善网格化管理

4.1.1 汇聚多方力量，形成工作合力

基层政府应与社区协同发力，积极联系基层社区党支部委员会和社区居委会，提升社区居民、物业公司的参与度，使群众、社区管理人员和职能部门三方形成良好的联动机制和综合监管力量，多元有效治理，多方沟通协调，整合资源、搭准脉络[8]。切实形成工作合力，建立系统的、联动的职能管理机制。

4.1.2 细化分区管理，明确责任主体

明确责任主体职能是多元有效治理的必然要求。结合现有基层消防站和社区乡镇部门的力量，各个治理主体应当自觉履行担负的消防安全职责和要求。政府应做好适当监督工作，提供政策引导和财政支持；同时也要监督相关部门做好消防宣传、消防隐患排查工作的落实；更要积极鼓励乡镇街道、居委会发挥属地管理作用，组织物业服务企业、社区网格员、基层微型消防站等多方力量开展消防管理工作[9]。

4.1.3 融合消防科技，共享资源信息

科学技术的应用是消防网格化管理长效发展的关键，这离不开政府的财政支持与重视。依托现代消防技术完成智能化、科学化、精细化综合管理服务系统，应用物联网、云计算、大数据、人工智能等新兴技术为消防科技创新注入更多活力。

首先，在智慧消防物联网与通信技术快速发展的背景下，应加强网格化管理与物联传感、火灾烟雾监测、火灾风险评估等技术的融合，不断攻克城市风险防控预警技术难关，使网格管理员以及相关部门能够对火灾风险进行快速监测和评估，也能在火灾发生时快速锁定网格单元。其次，可利用信息化平台整合资源，不同部门之间共享管理资源，实现信息共享沟通，更加准确和高效地管理消防设备和信息。最后，要不断研究与完善智慧消防系统，充分发挥其在智慧防控、智慧管理、智慧作战和智慧指挥方面的优势。例如，当发现险情或异常情况时，系统需在第一时间内自动利用信息终端通知到用户并对问题进行智能处理，加强勘查风险的主动性，弥补传统消防管理模式中被动发现险情的不足[10]。

4.2 管理人员层面加强治理能力

4.2.1 加强网格化管理队伍建设

在招聘人才时，需综合考虑消防网格化管理人员的岗位特点，针对性地选聘人才、壮大管理队伍，同时还要合理安排人力资源、着力培养技术人才。若要强化管理队伍建设，不断提升消防安全质量，应综合岗位设置、培训计划、考核机制等多方面，提高队伍整体素质和业务水平。

4.2.2 着眼消防院校学生专业培养与任用

当前在全国开设消防相关专业的大中专院校已达到近百所[11]。一方面，全国消防专业相关高校要将眼光放长远，为有能力的人才提供更好的平台。相关院校要以培养具有从事社会消防工作业务能力的人才为目的，以提高学生掌握消防岗位核心职业技能为主线，注重在教学过程中融入职业素养教育。另一方面，基层政府想要切实提高网格化管理人员整体质量，可优先考虑招纳相关高校年轻化、专业化人才，不断融入新鲜血液，打造创新能力强、知识水平高、实践能力强的消防专业人才队伍。

4.2.3 优化网格化管理人员配置

网格化管理工作领导小组可以以定期工作考核机制提高队伍自身素养能力，提高个人工作积极性；以奖励晋升机制鼓励各级管理人员获取专业资格证书，激发个人潜力。更重要的是要合理配置人力资源，提高整体组织效能，积极做好冗员疏导工作[8]。最终达到提高社区管理队伍整体素质和业务水平的效果，改变社区管理人员专业技术水平较低的不利局面，从管理团队建设层面提高社区管理水平。

4.3 居民群众层面强化宣传效果

4.3.1 加强网格化消防管理制度宣传

加强消防网格化管理制度宣传，通过短视频平台、电视等多种途径增强全民消防意识，为消防网格化管理工作的开展创造良好外部条件，让更多人全面了解网格化管理，融入网格化建设，提升居民对消防安全水平的认同感与参与感。

4.3.2 形成常态化消防安全教育宣传

消防安全教育要在社区乡镇形成常态化。在网格员的日常工作中，将消防安全宣传教育内容具体化，并作为工作重点。在社区乡镇宣传栏等地建立固定消防宣传阵地，制定专门的消防宣传计划，有效开展消防安全知识的普及。

4.3.3 促成全民化消防自治意识环境

居民群众需要提高参与社区基层网格化管理的积极性，这离不开基层政府与网格化管理人员的积极引导。强力培养群众消防管理自治意识，让更多人参与进来，促成全民消防的良好环境。巩固群防群治力量能够有效减轻网格员的工作负担，显著提高管理效率，为消防网格化管理创造良好的制度环境。

5 结论

消防网格化管理制度在当前新时代的背景下，需要不断精进完善，在具体实践过程中要结合各地实际情况，善于总结网格化工作经验，着力解决当前所面临的现实问题，使消防管理工作质量不断提高，同时提高居民的参与感，切实有效提高消防安全监督、消防隐患排查、消防知识宣传等工作成效，更好地满足当下消防管理工作发展的需求。

参考文献

[1] 林俊．温州市基层消防安全网格化管理优化研究［D］．福建农林大学，2023.

[2]《河北省人民政府办公厅关于印发〈河北省消防事业发展“十四五”规划〉的通知》，冀政办字〔2021〕164号，2021-12-29.

[3]《张家口市人民政府关于印发〈深化基层消防治理工作的实施意见〉的通知》，张政字〔2023〕35号，2023-11-22

[4] 蔡凤武，姚文生，．实行消防监督管理驻街制　推行消防安全网格化管理［J］．消防技术与产品信息，2013（08）：114-115.

[5] 刘乾．消防安全网格化管理工作现状及对策分析［J］．今日消防，2022（08）：72-74.

[6] 程振东．社区消防安全管理中存在的问题及对策［J］．今日消防，2021，6（06）：143-144.

[7] 齐春辉．消防安全网格化管理模式应用分析［J］．中国消防，2023（08）：62-65.

[8] 周辉．呼伦贝尔市社区网格化管理研究［D］．哈尔滨工程大学，2021.

[9] 刘云龙．天津市东丽区社区消防安全网格化管理存在问题和对策研究［A］．中国消防协会学术工作委员会、中

国人民警察大学防火工程学院．中国消防协会学术工作委员会消防科技论文集（2023）——消防监督管理［C］.：中国消防协会学术工作委员会，2023：4.

［10］胡波．“互联网+”“智慧消防”促社会消防管理创新之探讨［J］．今日消防，2021，6（12）：50-52.

［11］马少华，李斐．新时代“就业导向、工学结合”的建筑消防技术专业人才培养体系构建［J］．科技风，2022（25）：56-58.

基于消防信息直报系统的消防监管模式研究

鹿佰荣

（聊城市消防救援支队，山东　聊城）

摘　要　探讨设计研发并推广应用消防信息直报系统，利用科技模块和大数据统计分析搭建消防日常监管信息平台，创新监管方式和服务手段，改善消防执法模式，可以有效解决新形势和新改革要求下社会单位消防监督管理中存在的问题。

关键词　消防　直报系统　监管　创新

1　引言

随着经济社会发展，消防安全形势日益严峻，社会单位消防监督管理工作面临新情况新问题，急需开拓思路、主动创新，借助现代科技手段和大数据统计分析，研发消防信息直报系统，进一步压实了单位消防安全主体责任，全面提升了消防监管服务效能。

2　消防信息直报系统研发背景

《中华人民共和国消防法》明确规定消防工作的原则是“政府统一领导、部门依法监管、单位全面负责、公民积极参与”[1]，国务院办公厅印发的《消防安全责任制实施办法》指出社会单位要“坚持安全自查、隐患自除、责任自负”[2]，社会单位的消防安全管理根本在于自身，消防部门的监管应只是一种推动和指导手段。但是，目前消防监督检查形式主要为消防监督员实地检查，发现问题并督促整改，社会单位惯于按照消防部门的指令被动管理，局限于在一次次检查中整改问题，主观能动性不足，消防安全管理还存在薄弱环节。

2.1　消防安全意识有待进一步加强

社会单位片面重视追求经济效益，消防安全意识淡薄，管理制度不健全、措施不得力，主体责任难以落实。有的单位对消防监督员检查指出的火灾隐患承诺立即整改，事后却抛之脑后、久拖不改；有的单位迫于执法威慑去管理消防安全，消极怠工，在巡查过程中发现消防通道堵塞、防火门损坏等安全隐患视而不见，不上报不整改。

2.2　消防业务水平有待进一步提升

单位消防安全管理人、巡查员不学习消防知识，不了解消防工作，业务能力不足，难以履行消防安全职责。有的单位消防巡查员虽然持证上岗，但对火灾自动报警系统操作不熟练，不能及时辨析故障；有的巡查员由保安兼任，身兼数职，年龄偏大，素质不高，甚至无法分辨室外消火栓和水泵接合器等。

2.3　消防安全档案有待进一步规范

消防安全档案采用纸质记录存档，往往存在记录不规范、保存不完善的问题，档案资料混乱无序、缺失严重。有的单位消防巡查、检查记录临时填补、应付检查、流于形式，甚至造假；有的单位消防值班记录随记随扔，无法追溯，不能真正落实消防安全日常管理工作。

3　消防信息直报系统的模块和功能

消防信息直报系统主要分为消防信息直报、学习考试和通知通告三个模块，设计应用上要注重操作便捷，系统运行的流程如图1所示。

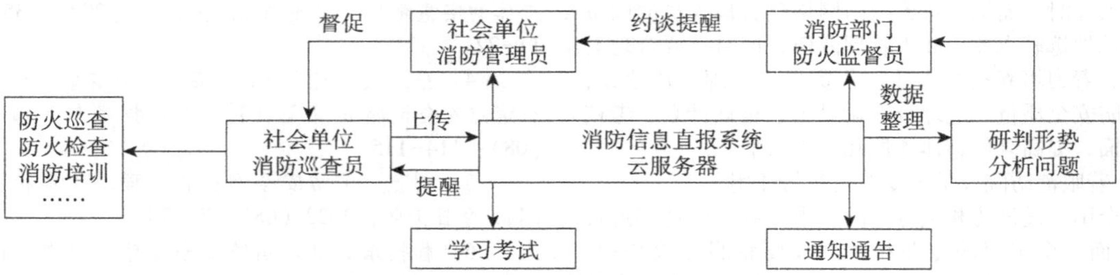

图1　消防信息直报系统运行示意图

作者简介：鹿佰荣，男，聊城市消防救援支队，中级专业技术职务。

3.1 明确标准，规范管理

根据《中华人民共和国消防法》《山东省消防条例》《机关、团体、企业、事业单位消防安全管理规定》和《山东省火灾高危单位消防安全管理规定》等法律法规要求，结合系统对社会单位按照性质、规模、消防设施设置等具体情况进行分类分级，明确上传消防档案的类别和频次，不提法律法规以外的要求，指导单位完成“规定动作”，不增加额外负担。

系统设定公众聚集场所营业期间、火灾高危单位上传防火巡查记录频次为两小时一次；社会单位防火检查记录每天上传一次；消防安全自查工作记录和报告、消防培训、疏散逃生演练、消防控制室人员值班、消防设施维保、消防控制设备运行等记录每月上传一次；消防安全评估、电气检测报告、消防设施维保合同、远程监控设备等消防档案每年上传一次。一旦逾期未上传，系统同时向分管消防监督员、单位消防安全管理人、消防巡查员推送提醒。上传档案标准见表1。

表1 社会单位上传档案标准

<table>
<tr><th colspan="3">消防安全重点单位类别</th><th>上传档案信息</th></tr>
<tr><td rowspan="13">火灾高位单位</td><td rowspan="11">有自动消防设施</td><td rowspan="6">无自动消防设施</td><td>防火检查</td></tr>
<tr><td>消防安全自查工作记录</td></tr>
<tr><td>消防安全自查情况报告</td></tr>
<tr><td>消防培训</td></tr>
<tr><td>疏散逃生演练</td></tr>
<tr><td>电气检测</td></tr>
<tr><td colspan="2">消防控制设备运行记录</td></tr>
<tr><td colspan="2">消防设施维保记录</td></tr>
<tr><td colspan="2">消防控制室人员值班记录</td></tr>
<tr><td colspan="2">消防设施维保合同</td></tr>
<tr><td colspan="2">消防安全评估报告</td></tr>
<tr><td colspan="3">防火巡查</td></tr>
<tr><td colspan="3">远程监控设备照片</td></tr>
</table>

3.2 即时存档，便于查阅

社会单位防火巡查、检查、安全自查等工作记录上传保存到系统云端服务器后，系统即时将各项记录和详细信息进行分类整理，使各项记录真实可靠、方便查阅，避免传统纸质档案涂抹造假、丢失遗漏等现象。防火监督员和社会单位消防安全管理员无需实地检查，可随时随地查看单位各项工作完成情况，掌握消防安全管理动态。

3.3 动态分析，查缺补漏

系统将各单位、各时段防火巡查、防火检查、消防安全自查等情况实时形成数据报表，防火监督员结合系统数据和社会单位上传的档案内容，分析各单位消防安全管理工作中存在的薄弱环节，向单位消防安全管理员约谈、提醒，帮助单位制订整改措施，有针对性地指导单位提高消防工作管理水平。

3.4 普及教育，提升素养

在通知通告模块，于关键时间节点发布消防安全工作通知通告，让社会单位员工及时了解当前火灾特点及消防安全管理工作重点；在学习考试模块，发布常用的消防法律法规、防灭火常识等，向员工全面普及消防安全知识，实行每月一考，以考促学，检验学习成效，督促员工加强学习，提升消防安全素养。

4 消防信息直报系统应用成效显著

消防信息直报系统设计研发后已在支队级单位开展试运行，试行期间运行稳定，消防监督员及社会单位消防安全管理人反馈较好，极大提升了消防监督检查工作效率，有效提高了社会单位的安全意识。

4.1 消防监管模式进一步完善

当前，消防机构体制机制改革逐步完成，“双随机、一公开”全面应用，消防信息直报系统的推行，成为“双随机、一公开”的有力补充，两者相辅相成，共同提高社会单位消防安全管理水平。在监管范围方面，系统强化了未抽中单位的日常消防安全服务指导，扩大了消防安全服务指导工作的社会覆盖面；在监管形式方面，消防监督员利用系统了解情况，服务指导，帮助单位完善消防安全管理，对多次不按时上传档案的单位，对其消防安全管理人进行约谈，屡次约谈不改的，调高单位“双随机、一公开”的风险等级，增加检查频次，丰富了消防监管的形式。

4.2 消防安全责任进一步压实

系统注重提升单位自查自纠能力，转变消防部门监督方式和内容，由“保姆式”转化成“教练式”，由“管事”转向“管人”，由“查隐患”变为“查责任”，推动社会单位消防安全管理从“要我查”逐步转化为“我要查”。在系统推行期间，防火巡查完成率从24%提高到98%，从一开始的督促提醒到现在主动完成任务，从一开始被动接受指导到现在主动咨询火灾隐患的判定标准，社会单位的主动性、积极性不断提高，有效压实了消防安全主体责任。

4.3 单位员工能力进一步提升

系统通过关键时间节点发布通知通告、定期组织消防安全知识学习和考试，丰富了员工的理论知识储备，同时，通过督促完成日常巡查检查、规范填报消防台账资料等工作，实现理论与实践相结合，切实增强员工的消防安全意识，提升自防自救能力。例如，在实地检查中了解到，一些保安兼职的消防巡查员在系统推行前，对消防工作了解不到位，甚至不懂防火巡查与安保巡逻的区别，系统应用后，提高了自身的消防安全责任意识，明确了消防安全岗位职责，能够更好地开展防火巡查工作。

4.4 消防安全档案进一步规范

系统可即时将各项记录和详细信息进行分类整理，避免了纸质版档案填写不规范、不及时和保管易损坏、易丢失等问题，提高了办公效率，实现了档案无纸化、规范化管理，各项档案资料不断丰富，社会单位、消防部门可随时调取查阅，顺应了社会单位信息化管理形势。

4.5 消防指导服务进一步精准

建立防火监督员定向联系社会单位制度，通过对系统中数据科学研判分析，全面掌握各单位消防安全管理的薄弱环节，实现精准施策、精细服务。例如，在系统推行期间，消防监督员如果发现社会单位的每月安全自查报告完成率不高、内容重点不突出，可及时组织开展单位消防安全自查工作的培训，并实地帮助各单位开展自查，整改火灾隐患，及时弥补单位消防安全管理中漏洞。

4.6　特殊时期优势进一步凸显

在疫情防控期间，消防监督员无法经常对重点场所开展“面对面”监督检查，但可通过信息直报系统每日调度消防控制室值班值守情况，实时查看ICU、配电间等消防重点部位，直观了解单位消防安全管理情况，及时帮助单位查找消除火灾隐患，确保了疫情防控期间医疗机构、集中隔离点等重点场所“零火灾”。在推动复工复产时期，消防监督员通过系统推送有关复工复产消防安全的通知通告，及时向各类单位提供远程消防服务指导，同时结合单位上传的相关档案提出指导意见，强化防范措施，确保复工复产期间消防安全形势稳定。

参考文献

［1］全国人大常委会法工委刑法室，公安部消防局．中华人民共和国消防法释义［M］．北京：人民出版社，2009：188.

［2］国务院办公厅，消防安全责任制实施办法．2017.

医疗卫生机构消防安全管理工作建议*

邢广学

（廊坊市消防救援支队，河北　廊坊）

摘　要　医疗卫生机构消防安全管理工作的重要性在于保障人员生命安全、维护医疗设备的安全运行、防止易燃易爆物品引发火灾或爆炸，以及落实消防安全责任制等方面。因此，医疗卫生机构必须高度重视消防安全管理工作，采取有效措施确保消防安全。

关键词　医疗卫生机构　消防安全管理　制度完善　应急预案

加强医疗卫生机构消防安全管理工作是保障人民群众生命财产安全、维护医疗机构正常开展医疗服务、构建和谐医患关系的重要前提和基础。消防部门要坚持预防为主、防消结合的原则，加强制度建设、强化培训演练，不断提升消防安全管理水平，确保医疗机构的消防安全。

1　加强医疗卫生机构消防安全管理的意义

1.1　保障人员安全

医疗机构是一个人员密集、设备繁多的场所，如果消防安全措施不到位，一旦发生火灾，后果不堪设想。因此，加强消防安全可以大大降低火灾事故发生的概率，从而有效保障人民群众、病患以及医护人员安全，能够迅速、安全地疏散，减少人员伤亡。

1.2　维护设施安全

医疗卫生机构内部通常配备有大量的医疗设施和设备，这些设施和设备在火灾等突发事件中可能会遭受严重损坏。加强消防安全管理，能够确保这些设施和设备在紧急情况下得到及时、有效的保护，从而保障医疗服务的连续性。

1.3　提升应急处置能力

加强医疗卫生机构的消防安全可以显著提升其应急处置能力。消防安全是医疗卫生机构日常运营的重要保障，不仅关系到患者和医务人员的生命安全，也影响到医院的正常运行和医疗服务的质量。提升应急处置能力主要体现在：

①预防和准备。强化消防安全可以减少火灾等紧急事件的发生。通过定期检查、维护和更新消防设备，以及开展消防培训和演练，医疗卫生机构可以提前发现并纠正可能的安全隐患，确保员工具备应对火灾等紧急事件的能力。

②快速响应。在火灾等紧急事件发生时，经过良好消防安全培训的员工能够迅速、有效地采取应对措施，如使用灭火器、启动紧急疏散程序等，从而最大程度地减少人员伤亡和财产损失。

③协调合作。加强消防安全还可以促进医疗卫生机构内部的协调合作。通过定期的消防培训和演练，员工可以熟悉各自的职责和操作流程，从而在紧急事件中更好地协作，提高整体应急处置效率。

2　医疗卫生机构消防安全管理工作的特点

2.1　火灾损失大

如前所述，医疗场所人员较为密集，一旦发生火灾，可能会造成大量的人员伤亡，包括病人、医护人员、后勤人员以及病人家属等。另外，医疗机构拥有大量的医疗设备，这些设备通常价值昂贵，一旦遭受火灾，损失将会非常惨重。还有，医疗场所的易燃物品多，如酒精、消毒液、氧气等，这些物品一旦接触到火源，很容易引发火灾造成更大的损失。

2.2　火灾扑救难度大

医疗卫生机构消防火灾扑救难度大的原因主要有以下几点：

①人员密集。医疗卫生机构，尤其是大型医院，人员高度集中，包括病人、医护人员、家属等。一旦发生火灾，疏散和救援难度都非常大，容易出现摔伤、踩踏、烧伤甚至死亡等威胁和危害人民生命安全的事件。

②病人行动不便。医院长期有大量的病人，他们属于弱势群体，一旦发生火灾，这些行动不便的患者很难逃生，尤其是骨伤科患者，有的甚至还躺在担架上，对于人员的救护

---

* 科研项目：2022年廊坊市科学技术研究与发展计划自筹经费项目（第二批）（2022013100 医疗卫生机构消防安全标准化管理机制研究）。
作者简介：邢广学（1981—　），男，现任廊坊市消防救援支队中级专业技术职务，研究方向为建筑防火。

增加了难度。

③建筑结构复杂。医院建筑主体部分有门诊部、住院部、手术室等，辅助治疗部分有放射、理疗、病理、生化检验等医技科室，大部分建筑连成一片，一旦发生火灾扑救难度也将加大。

④可燃装修材料多。医院建筑内部装修使用的可燃材料多，一旦发生火灾，大量可燃材料将导致火灾蔓延迅速，而且大多数可燃材料在燃烧时还会产生有毒烟气，给疏散和扑救带来困难，危及人身安全。

2.3 消防安全管理难度大

消防安全涉及到医疗机构事务的方方面面，包括但不限于消防设施的维护、检查，消防技能的演练，以及消防应急预案的制定等。这需要医疗机构有专门的消防安全管理团队，以及全体员工的积极参与和配合。由于医疗卫生机构通常人员流动量大，不仅包括患者和医务人员，还有探视者、陪护人员等，一旦发生火灾，疏散和逃生难度较大。

3 医疗卫生机构消防安全管理工作的建议

3.1 建立健全消防安全管理制度

应建立消防安全责任制，明确各级领导、各部门和员工的消防安全职责，实行消防安全责任制，确保消防安全工作的有效实施。加强消防设施和器材管理，定期对消防设施和器材进行检查、维护和保养，确保其完好有效。同时，对消防设施和器材的使用进行规范，防止误操作或损坏。

3.2 定期开展消防安全检查

定期对医疗机构的消防设施、设备、通道等进行检查，及时发现和消除火灾隐患。同时，加强对易燃易爆物品的管理，确保安全使用。消防安全检查可以包括消防设施和器材的完好性和有效性，包括灭火器、消防栓、喷淋系统、烟雾探测器等。还包括消防通道和安全出口的畅通情况，确保在紧急情况下能够迅速疏散人员。了解电气线路和设备的安全情况，防止因电气故障引发火灾。保证燃气管道和设备的安全使用，确保没有泄漏和损坏。

3.3 加强消防安全教育培训

医疗卫生机构作为提供医疗服务的重要场所，其消防安全教育培训至关重要。具体工作中，消防部分应按部就班地开展相应的教育培训，包括制定培训计划、开展全员培训、定期进行演练等。有效的安全教育培训，可以最大限度地发挥消防安全管理功能，提升消防安全保障水平。

3.4 制定消防应急预案

消防应急预案是医疗卫生机构在面对火灾等紧急情况时，能够迅速、有效地进行应对和处置的预先规划。通过制定预案，可以明确各部门、各岗位的职责和任务，规范应急处置流程，提高应急响应的速度和效率。

在制定消防应急预案时，医疗卫生机构需要成立专门的消防应急领导小组，明确领导小组的组成和职责，以及各成员之间的协作关系。同时，要组建应急队伍，包括灭火行动组、通信联络组、疏散引导组、安全救护组等，确保在紧急情况下能够迅速投入工作。要建立完善的预警机制，及时发现和评估火灾等紧急情况的危险性。同时，制定火灾报警和应急报告的程序，确保在火灾发生时能够迅速报警并通知相关部门。根据火灾等紧急情况的不同级别，制定相应的应急响应措施。包括启动应急预案、组织应急队伍、调配资源、进行现场处置等。要确保应急响应措施的有效性和可操作性。制定详细的人员疏散和救援方案，明确疏散路线、疏散顺序和救援方式。同时，要加强员工的安全教育和培训，提高员工在紧急情况下的自救和互救能力。

总之，医疗卫生机构消防安全管理工作应坚持以预防为主、防消结合的原则，通过建立健全制度、加强检查、培训、演练等措施，提高消防安全管理水平，确保医疗机构的消防安全。

参考文献

[1] 傅黎．医疗卫生单位火灾危险性及预防策略的探究[J]．区域治理，2018（01）：295-296.

[2] 毛广聚．首都医疗卫生系统消防安全管理策略分析[J]．今日消防，2018（12）：50-51.

[3] 林晓洋．重视消防隐患，防范医疗机构火灾事故[J]．医师在线，2021（09）：10-11.

[4] 袁利锋．卫生医疗场所火灾防范和消防管理对策[J]．中国应急救援，2023（04）：25-29.

消防管理中人员培训与素质提升的关键要素研究

王苏灵

（廊坊市消防救援支队　河北　廊坊）

摘　要　消防管理中人员培训与素质提升的关键要素包括技能培训、理论知识学习、心理素质培养、团队协作能力以及职业素养培养等方面。这些要素相互关联、相互促进，共同构成了消防员培训与素质提升的核心内容。通过不断优化和完善这些要素的培训与提升机制，我们可以有效提高消防员的综合素质和应对能力，为保障人民生命财产安全提供更加坚实的保障。

关键词　消防管理　人员培训　素质提升　关键要素

作者简介：王苏灵（1985—　），男，现任廊坊市消防救援支队初级专业技术职务，研究方向为建筑防火。

提升消防管理人员的培训与素质提升对于保障人民生命财产安全、提高消防管理效率、促进消防队伍专业化建设以及适应新形势下的消防安全管理需求等方面都具有重要的意义。因此，我们应该高度重视消防管理人员的培训和素质提升工作，不断完善培训机制和内容，为消防事业的发展提供有力的人才支持。

1 提升消防管理人员培训与素质提升的重要性

1.1 保障人民生命财产安全

消防管理人员负责消防安全的监督与管理工作，他们的素质和能力直接关系到人民生命财产的安全。通过培训提升他们的消防安全知识和技能，能够使他们更好地履行职责，及时发现并处理消防安全隐患，有效预防和减少火灾事故的发生。

1.2 提高消防管理效率

消防管理工作涉及面广，任务繁重，要求管理人员具备较高的专业素质和较强的组织协调能力。通过培训，可以提升消防管理人员的业务能力和管理水平，使他们更加熟悉和掌握消防法律法规、消防技术标准以及消防安全管理制度，从而提高消防管理的效率和水平。

1.3 促进消防队伍专业化建设

消防管理人员是消防队伍的重要组成部分，他们的素质和能力直接影响着消防队伍的整体形象和专业化水平。通过培训，可以培养一支具备较高素质和专业技能的消防管理队伍，提升消防队伍的整体素质和专业化水平，为消防事业的发展提供有力的人才保障。

1.4 适应新形势下的消防安全管理需求

随着社会的快速发展和城市化进程的加速，消防安全管理工作面临着越来越大的挑战和压力。提升消防管理人员的培训和素质，可以使他们更好地适应新形势下的消防安全管理需求，有效应对各种复杂多变的消防安全问题，保障社会的和谐稳定。

2 消防管理中人员培训与素质提升的关键要素

2.1 技能培训

消防员需要接受全面的技能培训，包括消防设备的操作、灭火技术的掌握、紧急救援程序等。这些技能是消防员在执行任务时的基础，对于确保他们的安全和有效应对火灾等紧急情况至关重要。例如，模拟火灾现场训练。为了提高消防人员在火灾现场的应对能力，可以进行模拟火灾现场训练。这种训练可以在专门的训练场地进行，模拟真实的火灾场景，包括火势、烟雾、高温等。消防人员需要穿戴全套防护装备，使用灭火器材和救援设备，进行灭火、疏散、救援等操作。通过模拟训练，消防人员可以更加熟悉火灾现场的应对措施，提高应对能力。

2.2 理论知识学习

除了技能培训，消防员还需要学习相关的理论知识，如火灾的成因、蔓延规律、灭火原理等。这些知识有助于消防员更好地理解火灾的本质，从而更有效地应对火灾。以化学品和危险物质的处理为例，消防人员需要知道如何安全地处理各种化学品和危险物质，以防止火势扩大或造成其他伤害。例如，某些物质在接触水时可能会爆炸，因此消防人员需要了解如何正确应对这种情况。另外，还要了解气象条件对火灾的影响。风向、温度和湿度等气象条件可以影响火灾的蔓延速度和方向。消防人员学习这些知识，可以在灭火时选择合适的战术和策略，更有效地控制火势。

2.3 心理素质培养

消防人员作为应对火灾和其他紧急状况的重要力量，需要具备过硬的心理素质来应对各种复杂和危险的情境。例如，消防员就具备强大的情绪管理能力。面对悲惨的火灾现场，消防人员可能会遇到烧伤、死亡等令人痛心的场景。他们需要快速调整自己的情绪，保持专业，以便继续执行救援任务。这种情绪管理的能力可以通过心理辅导和团队建设活动得到增强，帮助消防人员在情感上得到支持和疏导。

2.4 团队协作能力

消防员需要在团队中密切合作，共同应对火灾等紧急情况。因此，他们需要具备良好的团队协作能力，包括相互信任、沟通顺畅、分工明确等。例如，灭火行动中的协同配合。当一栋建筑发生火灾时，消防人员需要迅速分工合作。有的负责控制火势，有的负责疏散被困人员，还有的负责设置水枪阵地。这些行动需要紧密配合，确保火势得到有效控制，同时减少人员伤亡。又如，救援任务中的信息共享。在进行地震、洪水等自然灾害的救援工作时，消防人员需要快速获取现场信息，包括受灾范围、被困人员位置等。通过团队协作，消防人员可以共享这些信息，制定更有效的救援方案，提高救援效率。

2.5 职业素养培养

消防员作为一种特殊的职业，需要具备高度的职业素养。这包括敬业精神、责任感、职业道德等。只有具备了这些素养，消防员才能在工作中保持高度的专注和投入，确保人民生命财产的安全。

3 加强信息技术在人员培训与素质提升中的运用

加强信息技术在消防人员培训与素质提升中的运用，是一个非常重要的议题。随着信息技术的快速发展，我们可以利用这些先进技术来更有效地培训消防人员，提升他们的技能和素养。

首先，虚拟现实（VR）和增强现实（AR）技术可被用于模拟真实的火灾现场。消防员可以通过这些模拟训练，在安全的环境下体验火灾现场的压力和复杂性，从而提高他们的应急反应能力和处置能力。此外，这种模拟训练还可以让消防员反复练习，直到他们熟练掌握正确的操作方法。

其次，大数据和人工智能（AI）技术可以用于分析消防员的表现和训练数据。通过对这些数据的分析，我们可以找出消防员的优点和不足，然后针对他们的弱点进行有针对性的训练。此外，AI还可以根据消防员的表现，自动调整训练难度和训练内容，从而实现个性化的培训。

最后，云计算和在线学习平台可以用于提供远程教育和在线培训。这些平台可以让消防员随时随地学习新的消防知识和技能，不受时间和地点的限制。同时，通过在线测试和评估，我们还可以及时检验消防员的学习成果，确保他们真正掌握了所学的知识。

毋庸置疑，信息技术在消防人员培训与素质提升中的运用具有巨大的潜力。我们应该充分利用这些技术，为消防员提供更好的培训和学习资源，从而提升他们的技能和素养，使他们更好地应对各种火灾事故。

总之，消防管理中人员培训与素质提升是确保消防工作顺利进行的重要保障。我们应该从培训内容、培训方法、培训管理和人员素质提升等方面入手，全面提升消防人员的专业素质和实战能力。要突出培训内容的科学性和实用性并建立完善的培训管理体系，对消防人员的培训成果进行客观、公正的评价，要充分重视信息技术在人员培训与素质提升中的重要作用，为构建安全、和谐的社会环境作出积极贡献。

参考文献

[1] 雷海英．关于消防培训的发展途径［J］．消防技术与产品信息，2015（05）：76-77.

[2] 张正利．提升消防部队灭火救援战斗力的探讨［J］．消防科学与技术，2016（06）：841-844.

[3] 刘中伟．消防员心理素质训练路径探究［J］．各界，2018（08）：178-179.

[4] 于何宇．关于新时期背景下消防培训工作的思考［J］．今日消防，2019（12）：48-49.

当前消防队伍履行应急管理职责存在的问题及对策研究

常江波

（廊坊市消防救援支队大城大队，河北　廊坊）

摘　要　随着社会的发展和城市化进程的加快，各类突发事件频发，尤其是火灾、自然灾害等公共安全事故，对人民生命财产安全构成严重威胁。消防队伍作为应对这些突发事件的第一线力量，其高效的应急管理能力至关重要。然而，现实中消防队伍在履行应急管理职责时面临着种种挑战和问题，如资源配置不足、训练与准备的缺陷等，这些问题严重影响了消防队伍的应急响应效率和效果。本文深入探讨当前消防队伍履行应急管理职责时面临的主要问题，并提出具体的优化策略。

关键词　消防队伍　应急管理　职责履行

随着全球化和城市化的持续推进，现代社会的复杂性日益增加，各类突发事件的频发和多样化对应急管理系统提出了更高的要求。尤其在大规模自然灾害（如地震、洪水）、人为事故（如火灾、化工爆炸），以及公共卫生事件（如疫情暴发）等情况下，消防队伍作为第一响应者的角色变得更加重要。然而，由于种种限制和挑战，消防队伍在应对这些紧急情况时往往面临着诸多困难。

1　当前消防队伍履行应急管理职责存在的问题

资源配置不足是制约消防队伍效能的主要问题之一。在许多情况下，消防队伍缺乏足够的人力、技术设备和财力支持，这直接影响了其应对突发事件的能力。例如，部分地区的消防站或设备老化、技术落后，无法有效应对复杂多变的救援环境。训练与准备的不足也是一个突出问题。尽管消防员通常接受基本的消防和救援训练，但面对特殊灾害和复杂场景时，现有的训练内容和方式无法完全满足实际需要。跨部门协调与合作的演练不足，也导致在实际操作中协作不畅。当前消防队伍履行应急管理职责情况见表1。

表1　当前消防队伍履行应急管理职责情况

	2020年	2021年	2022年	2023年
资源配置的效率	28.54%	32.12%	40.54%	51.50%
演练活动参与概率	28.69%	35.28%	47.28%	55.38%
信息技术的整合与应用概率	20.56%	31.55%	43.60%	55.32%
应急指挥中心的协调成功概率	28.24%	32.12%	40.24%	51.20%
多级指挥系统的效率	28.89%	32.28%	47.28%	52.38%

2　当前消防队伍履行应急管理职责优化策略

2.1　提高资源配置的效率

2.1.1　优化物资和设备的采购与分配

物资的采购和分配流程需求明确地规划与执行，确保资源能够在紧急情况下迅速而准确地到达需要的地点。建议制定一个全面的物资需求评估体系，通过数据驱动的方法对消防队伍历史数据和面临的各种情景进行分析，确定不同类型物资和设备的实际需求量。接着，采用集中采购系统，这种系统可以实现规模经济，降低采购成本，同时通过竞争性招标确保设备和物资的质量与成本效益。在分配方面，采用动态调配机制，这一机制基于实时数据分析，能够根据各地实际需求和存量，动态调整物资的分布，优化资源的地理配置。通过这些措施，不仅可以减少资源浪费，提高响应速度，还能增强消防队伍对复杂应急情况的处理能力。消防队伍应急管理资源配置情况见图1。

图1　消防队伍应急管理资源配置情况

2.1.2 建立地区间资源共享机制

地区间资源共享机制是提升消防资源利用效率的重要策略，它通过建立正式的合作协议和共享平台，实现不同地区之间资源的有效流动和利用。实施此策略首要任务是建立一个覆盖各地区的资源共享平台，该平台不仅能详细记录各地区的资源种类和数量，还可以实时更新资源状态，如使用中、待命或维修等信息。此平台应支持高效的数据处理和通信系统，确保在紧急情况下，各参与地区可以快速获取关于可用资源的准确信息。制定明确的资源调度规则和程序是共享机制成功实施的关键，这包括怎样在不同地区之间调配资源、如何处理跨区域资源调用的成本和时间等。进行定期的资源共享演练，可以检验系统的有效性，并在实际操作中不断调整和优化策略。通过这种方式，不仅可以最大化资源的使用效率，还能在灾难发生时，确保资源能在最短时间内被调配到最需要的地方，显著提升整体的应急响应能力和效率。

2.2 推广全员参与的演练活动

2.2.1 定期举行全面应急演习

实现有效的应急响应，关键在于通过定期的全面应急演习来确保每位消防员都能够熟练掌握各种应急操作程序，这种演习不仅测试消防队员的个人技能，更重要的是验证整个队伍的协作和响应机制。演习的设计需模拟实际遇到的复杂情景，包括自然灾害、大规模事故等多变情境，确保演练内容覆盖所有关键操作，从基本的灭火技术到复杂的救援任务。为保证演习的实效性，必须在演练前对参与人员进行全面的技能评估，根据评估结果定制演习计划，使之针对性强，能够针对发现的弱点进行特别强化。演习的频率应根据实际需要和前一次演习的表现来调整，保证每次演习都能达到提升技能和改进响应流程的目的。演练后，必须进行详细的评估和反馈环节，分析演习中暴露的问题，并制定明确的改进措施，以确保下一次演习能够在此基础上有所提升。通过这样的循环，可以逐步提高消防队伍的整体应急能力，确保在真实的灾害发生时，每位队员都能够迅速、准确地执行救援任务。全面应急演习见图2。

图2 全面应急演习情况

2.2.2 增加跨部门协作的演练

在现代应急管理中，跨部门协作是提高救援效率和效果的关键因素。增强消防队伍与警察、医疗急救、政府应急管理部门等其他关键机构的协作能力，是提升整体应急响应能力的重要措施。通过组织涉及多个部门的联合演练，不仅可以增强各部门之间的沟通和协调，还能够提高整体的操作效率和灵活应对复杂情况的能力，这种演练应侧重于模拟那些需要多部门共同参与的大规模事件，如地震、洪水或恐怖攻击等，并重点训练各部门在事件中的具体职责和协作流程。通过模拟真实的紧急情况，参与各方能够更好地理解其他部门的操作模式和需求，在实际操作中更有效地进行资源共享和任务分配。为了确保演练的效果，每次演练结束后，应组织参与部门进行详尽的评审会议，讨论演练中的表现，识别存在的问题，并制定针对性的改进策略。

2.3 加强信息技术的整合与应用

2.3.1 建设统一的应急管理信息平台

确保平台能够与现有的各种信息系统兼容，包括警务、医疗急救和城市管理等相关部门的系统。通过这种整合，不仅可以无缝连接各类数据资源，还能够实现跨部门的信息透明和即时更新。接下来，平台需要配备高效的数据传输技术，支持大数据环境下的高速数据处理与分析，确保在突发事件发生时，所有关键信息能够在第一时间内被准确地传递给决策者和现场指挥官。信息平台应包括一个用户友好的操作界面，使得无论是前线救援人员还是后勤支持团队都能快速获取所需信息，并根据实时数据调整响应策略。平台还需要具备高度的安全性能，防止数据被非法访问或损坏。通过这样的设计，一个统一的应急管理信息平台不仅提升了各部门间的协调与合作能力，还显著提高了整个应急管理系统的效率和反应速度。应急管理体系建设情况见图3。

图3 应急管理体系建设情况

2.3.2 提升数据分析能力以优化决策过程

建立一个包含历史数据和实时数据的综合数据库，该数据库将作为分析的基础。利用机器学习和人工智能技术来处理这些数据，这些技术能够通过算法模型分析数据，识别出关键的影响因素和模式。例如，通过分析过去的火灾事故数据，可以找出火灾发生的常见原因及其影响范围，进而指导未来的预防措施和响应计划。应用预测分析工具可以在事件发生初期就预测其的发展路径，使得应急管理部门能够提前部署资源和制定响应策略，这些分析结果需通过有效的信息传递机制及时反馈给决策者，确保在紧急情况下能够做出快速而准确的决策。通过不断优化数据分析工具和方法，可以显著提高应急管理的科学性和实效性，为保护人民生命财产安全提供坚实的数据支持。

4 结论

尽管消防队伍在应急管理中扮演着至关重要的角色，但在实际操作中确实存在一系列问题，这些问题如果不加以解决，将严重影响消防队伍的应急响应效率和效果。本研究主要识别并分析了资源配置不足、训练与准备的不足、信息技术应用的落后以及应急响应机制的不完善等关键问题，并基于这些问题提出了相应的优化策略，这些策略的实施预期将显著提升消防队伍在应急管理中的表现，更好地保护公众安全并减少的损失，这些发现和建议能够为相关政策的制定提供理论支持和实践指导，推动公共安全体系的进一步改进和发展。

参考文献

[1] 袁聆彬．省应急管理厅、国家消防救援局湖北机动队伍在“科普年货节”赠送安全知识“大礼包”[J]．湖北应急管理，2024（02）：73.

[2] 袁琳．浅谈物联网技术对消防装备管理的影响[J]．中国设备工程，2024（01）：82-85.

[3] 李月，张玙，司高楠，张玉超，徐凯．闪亮的名字最美的身影——记消防救援队伍“2023 最美应急管理工作者”[J]．中国消防，2023（08）：57-61.

[4] 林鸿潮，杨佩琳．应急救援队伍体系的法治化完善路径[J]．中国应急救援，2023（03）：4-8+15.

[5] 应急管理部调度部署春节假期安全防范工作[J]．中国安全生产科学技术，2023，19（01）：94.

互联网视角下开展消防安全管理之我见

张　祎

（石家庄市消防救援支队，河北　石家庄）

摘　要　消防安全管理是一项重要而复杂的任务。互联网视角下开展消防安全管理，不仅可以提高消防管理的效率和精度，还可以帮助消防部门更好地与其他部门协同工作，形成合力，共同应对火灾等突发事件。因此，消防部门应加强消防安全网络化管理的建设和完善，推动消防安全管理向更高水平发展。本文对此进行了详细论述。

关键词　互联网视角　消防安全管理　智慧消防　物联网

1　引言

随着科技的进步和互联网的发展，传统的消防管理模式正在逐步向网络化、智能化转变。互联网视角下的消防安全管理，旨在通过网络化手段，将传统的消防管理方法与先进的科技手段相结合，以实现消防安全管理的高效性、智能化和可持续性。

2　互联网视角下消防安全管理工作方式的转变

2.1　智慧消防的兴起

利用物联网、大数据、人工智能等先进技术，实现消防设备设施的智能监控、预警和远程控制，提高了消防安全管理工作的智能化、自动化水平。智慧消防能够实时收集、分析和处理各类消防数据，为消防安全决策提供科学依据[1]。

2.2　消防信息化建设的加速

通过互联网、大数据等技术手段，将消防业务数据、管理数据、设备数据等整合到一个平台上，实现数据共享和互通。这有助于提升消防部门的工作效率，优化资源配置，提高消防安全管理工作的整体效能。

2.3　消防安全监管模式的创新

利用互联网技术，建立消防安全监管系统，实现对消防重点单位、重点部位、重点设备的实时监控和预警。这有助于及时发现和消除火灾隐患，提高消防安全监管的针对性和有效性。

2.4　消防安全宣传教育的普及

通过互联网平台，开展消防安全知识宣传、培训和教育活动，提高公众的消防安全意识和自防自救能力。这有助于营造良好的消防安全氛围，减少火灾事故的发生。

3　互联网视角下开展消防安全管理的机遇与挑战

3.1　机遇

3.1.1　信息共享与即时通讯

通过互联网平台，消防部门可以实时共享消防信息、政策法规、安全知识等，提高信息传递的效率和准确性。同时，利用即时通讯工具，可以迅速传达指令、协调行动，提高应急响应速度。

3.1.2　大数据分析与预警预测

借助大数据技术，可以对消防安全相关数据进行挖掘和分析，发现潜在的安全隐患和风险点。通过预警预测模型，可以提前预测火灾事故的发生概率和趋势，为制定针对性的防范措施提供依据[2]。

3.1.3　智能化监控与管理

利用物联网、云计算等先进技术，可以实现对消防设施的智能化监控和管理。通过实时监测消防设施的运行状态、消防通道的畅通情况等，可以及时发现和处理安全隐患，提高消防安全管理水平。

3.2　挑战

3.2.1　信息安全风险

互联网环境下，消防安全管理面临着信息安全的风险。如黑客攻击、数据泄露等，可能导致消防系统瘫痪、信息泄露等严重后果。因此，需要加强网络安全防护，确保消防信息系统的稳定运行和数据安全。

3.2.2　人员素质要求提高

互联网视角下开展消防安全管理需要具备一定的信息技术素养和专业知识。消防人员需要不断学习和掌握新技术、新方法，提高自身的业务水平和综合素质。

3.2.3　法律法规建设滞后

目前，互联网视角下消防安全管理相关的法律法规建设

作者简介：张祎，女，石家庄市消防救援支队初级专业技术职务。

尚不完善，存在一定的滞后性。这可能会制约互联网在消防安全管理中的应用和发展。因此，需要加强法律法规建设，为互联网视角下消防安全管理提供有力的法律保障。

4 互联网视角下消防安全网络化管理的重要意义

消防安全网络化管理对于保障大众的生命财产安全以及社会的和谐稳定具有重要意义。通过互联网技术，可以实现对消防设备、数据和人员的智能化管理，提高消防管理的效率和精度。同时，网络化管理还可以帮助消防部门更好地与其他部门协同工作，形成合力，共同应对火灾等突发事件[3]。消防安全网络化管理的主要内容包括：

4.1 建立消防安全信息化平台

通过建设消防安全信息化平台，实现消防信息的集成和共享，提高消防管理的信息化水平。

4.2 实施重点地区消防设施物联网改造

利用消防互联网技术对高层（地下）建筑和消防安全重点单位进行自动消防设施改造，建立消防数据传输，设置水压、水位、阀门开关、防火门、烟雾控制设备等监测装置。

4.3 推进智能安全用电监控装置的推广应用

在人员密集场所和火灾高危场所安装使用基于 NB-IoT 的智能安全用电装置和电气火灾监控系统，解决因电气设备（线路）故障、用电不当等原因造成的消防安全问题。

5 互联网视角下消防部门推动落实跨部门协作

在互联网视角下，消防部门推动落实跨部门协作是一个非常重要的工作方向。互联网技术的发展为消防部门提供了更多的机遇和挑战，通过与其他部门建立跨部门协作机制，可以更好地实现资源共享、信息互通和协同应对，从而提高火灾防控和应急响应的能力。

5.1 消防部门可以与其他相关部门建立跨部门合作

这些部门包括但不限于公安部门、安监部门、医疗救护部门等。通过制定明确的合作协议和明确各自的责任与职责，可以加强沟通与协调，以便在火灾发生时能够迅速有效地合作。同时，可以建立定期联络与交流机制，加强双方之间的沟通与协调，提高合作效率。

5.2 消防部门可以与其他部门建立资源和信息共享的机制

消防部门需要及时了解其他部门的最新情况，包括重要联系人、重要设备以及应急通信渠道等。同时，消防部门也需要与其他部门共享消防资源，如灭火器材、救援车辆、医疗救护设备等。通过资源和信息的共享，各部门可以在火灾发生时迅速响应，提高应急工作的效率和准确性。

5.3 消防部门还可以利用互联网技术推动跨部门协同的实现

例如，可以建立消防综合监管服务平台，将各部门之间的信息进行整合和共享，实现审批和监管环节的衔接。同时，可以配合相关行业部门落实场景化监管措施，根据需要开展联合执法检查[4]。此外，还可以推动落实标准协同，定期对消防技术标准、审管政策等问题进行联合会商，形成统一的执行标准和措施。

5.4 消防部门还可以利用互联网技术为群众带来便利

通过利用物联网、人工智能、虚拟现实等最新技术，可以实现火灾防控的自动化、灭火救援指挥的智能化、日常执法工作的系统化等。同时，可以通过政务新媒体等渠道加强与公众的互动和沟通，提高公众的消防意识和应急能力。

6 小结

互联网视角下消防部门推动落实跨部门协作是非常重要的。通过与其他部门建立跨部门合作机制、共享资源和信息、利用互联网技术推动协同实现以及为群众带来便利等方式，可以提高火灾防控和应急响应的能力，为人们的生命财产安全提供更加坚实的保障。

总之，互联网技术的发展为消防部门提供了更多的机遇和挑战，通过与其他部门建立跨部门协作机制，可以更好地实现资源共享、信息互通和协同应对，从而提高火灾防控和应急响应的能力。

参考文献

[1] 金彦东. 依托“互联网+”构建智慧消防管理模式的思考［J］. 缔客世界，2020（01）：50-50.

[2] 张志源，陈国新. 基于大数据的消防安全网格化管理［J］. 中国科技信息，2020（11）：59-59.

[3] 杨恺远. 消防安全管理中智慧消防技术的具体应用［J］. 科技创新与应用，2022（35）：189-192.

[4] 梁一铭. “互联网+”消防安全管理研究［J］. 消防界（电子版），2023（12）：3-5.

防火监督检查现状及对策

张　飞　刘利涛　杨文驹

（新疆维吾尔自治区克州消防救援支队，新疆　克州）

摘　要　随着城市化进程的加速和社会经济的快速发展，火灾隐患不断增多，消防救援队伍各项任务日益繁重。“火灾无情，人有情”认真落实好发生火灾根源的管理与控制是防火工作的重要内容，在保障人员生命财产安全，预防火灾事故发生中扮演着不可或缺的角色。对于保护人民群众的生命财产安全有着极为重要的意义，此项工作的开展，可以有效减少社会面火灾事故的发生。在开展其工作中，作为执法人员或者相关监管部门，应严格按照相关规定，全面落实相关工作内容，彻底消除安全隐患。但是近年来全国各地火灾事故发生频率依旧很高，本文对当前消防救援队伍防火监督检查工作现状与其检查工作中存在的难点，进行深入探究，并作出相应合理且实际的应对措施，充分提高防火监督检查工作的有效性和针对性等，为当前防火监督检查工作提供工作参考[1]。

关键词 消防 防火 监督检查 难点 应对策略

1 引言

防火监督检查是消防救援队伍机构依法对社会单位、国家机关、企业等是否落实相关消防法律、法规情况的监督检查。当今社会发展迅速，人民群众在获得幸福感的同时，潜藏在暗处的火灾风险同时也在不断增大。从图1可以看出，社会发展的同时伴随着各类电气设备、新型建筑材料、化工产品的普遍，使得当前消防救援队伍火灾防控工作面临严峻挑战，近年来火灾事故仍呈上升趋势。

全国城市化加速、人口密度增大，火灾一旦发生，后果不堪设想。因此，加强防火监督检查工作，提高火灾防控能力，是当前社会急需解决的问题。期望通过防火监督检查工作，能够及时发现并整改火灾隐患，提高全社会对火灾防控工作的重视程度和参与度。同时，消防救援队伍内部通过在监督检查工作中存在难点以及工作现状，提出相应的对策，推动消防安全制度的不断完善和创新，提高火灾防控工作的科学性和有效性。实现火灾事故发生频率的大幅减少，保障人民生命财产安全和社会的和谐稳定。

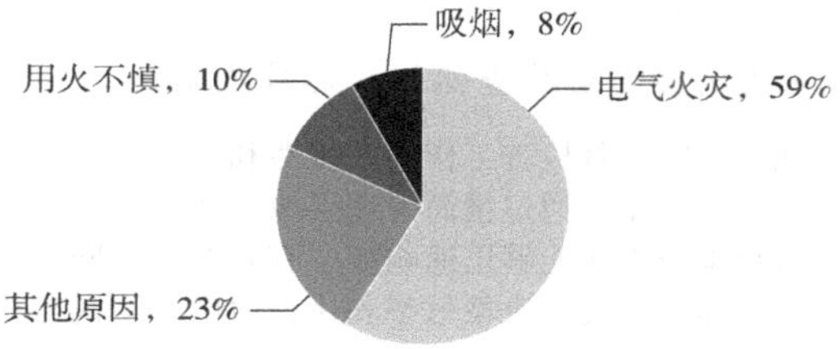

图1 近年来火灾起火原因比例

2 防火监督检查工作的阐述

2.1 防火监督检查的范围

当今消防救援队伍防火监督检查涵盖内容广泛，与人民群众的生活、工作息息相关。具体包括易燃易爆物品的存储、使用、运输等环节进行监督检查，确保其符合相关的防火安全规定；各类场所的用火用电安全进行全面检查，包括电器设备的安装、使用、维护是否符合规定，火源的管理是否得当等；筑物的耐火等级进行核查，确保其符合相关标准和规定，以减少火灾对人员和财产的损害；各类场所的消防水源情况进行检查，包括消防水池、消防泵房、消防水带等设施的完好性和可靠性，以确保在火灾发生时能够及时有效地进行灭火救援；发现火灾隐患后，对整改情况的跟踪和督导，确保火灾隐患得到及时有效的整改，从而消除火灾风险；对各类单位的消防组织和规章制度进行检查，包括消防安全管理机构的设置、消防安全责任制的落实、消防安全规章制度的制定和执行等，以确保消防工作的有序开展；对消防报警系统、自动喷水灭火系统、消防栓等消防设施设备的运行情况进行检查，确保其完好有效，能够在火灾发生时发挥应有的作用[2]；对各单位的职工消防安全培训情况进行检查，包括培训计划的制定、培训内容的设置、培训效果的评估等，以确保职工具备基本的消防安全知识和技能，能够在火灾发生时正确应对。

2.2 防火监督检查工作的作用

从当前所开展的防火监督检查工作来看，通过有效开展防火监督检查工作，不仅可以及时发现火灾隐患苗头，还可以清楚潜藏在日常不易发现的危险因素，社会各界被监管单位能够及时掌握自身所存在问题。道路水源和固定消防设施的正常运作检查，能为可能发生的灭火救援做好准备，防火监督检查工作更是基层消防站参与灭火救援战斗的“先行者，保障者”。同时在检查过程中发现隐患、举证隐患，能够起到宣传消防安全知识的作用，从而提社会单位和群众的防火警惕性，督促他们能够自觉做好防火安全工作，做到防患于未然。对建筑消防隐患进行全面排查，包括建筑照明系统、电气系统、接地系统、消防系统等，对不符合国家相关规定内容进行指出，通过对存在隐患的改进与完善，确保建筑购物的安全性，全方位清除火隐患使建筑物的火灾发生频率大幅度降低，人民群众的生命财产安全得到强有力的保障。

3 当前防火监督工作现状

3.1 防火工作重视度与人员整体素质下降

首先，从我国当今发展情况分析可知，全国各地整体都围绕经济来发展，导致部分地区过于重视经济，从而漠视了经济发展背后所存在的安全隐患，不注意防火防灾工作，给人民群众的生命财产安全造成了威胁，并且近年来火灾事故起数呈上升趋势不断增加。当前队伍内部部分工作人员综合素质较差，没有相关工作经验就接手从事防火监督工作，意识不到防火监督工作的重要性。而日常工作任务又非常重，这导致部分防火监督检查工作过于形式化，只是走过场而已，在当今社会形式复杂的局面下，引发了各种不良的作风。此外，一些地方政府或相关管理部门并没有将消防防火监督工作放到重要的位置中，这进一步削弱了防火监督检查的效果。

3.2 防火监督机制与相关规章制度不全

防火监督工作的开展与当前防火制约机制有着密不可分的联系，合理的制约机制能够成为开展，反之。当今的监督机制仍存在着一些诟病，需要在今后的防火监督工作中进行不断优化和改良。随着时代的发展，防火监督检查存在漏洞和模糊地带，大多数情况下还是依靠防火监督员的主观判断，致使防火监督工作存在着局限性，导致执行过程中存在重重阻碍。同时，执法力度不足，对违法行为的处罚力度不够，难以形成有效的威慑。在防火监督工作中分为内部监督与外部监督两种形式，其中内部监督主要为消防救援队伍相关部门专派相关人员进行监督执法，外部监督由消防系统进行外部监督检查，一般在检查建筑防火审核中极易出现问题，个别意志力不坚定监督人员容易受到利益的引诱[3]。审核监管不力导致安全事故的发生。此外，防火监督工作是一项主观性、积极性极强的工作，现如今，由于制约机制与规章制度的不健全对防火工作人员的工作积极性和主动性产生极大的影响，“责任捆绑”现象大有存在，致使防火监督检查工作走马观花[4]。

3.3 监督检查宣传工作不到位

现阶段我国仍正处于社会主义初级阶段，在逐渐走向社会主义法治社会。但是在防火监督工作上面各种建设还不够健全，宣传工作依旧停滞不前，使得大部分人民群众火灾防范意识不强[5]。在防火监督检查宣传工作中普及人群和场所开展不够全面，各类场所火灾防范注意要点大有不同，只有部分的宣传，往往起不到良好的反响。而且与实际生活联系不紧密，实用性不强。宣传内容应更加贴近民众日常生活，结合实例和场景，使民众能够更好地理解和应用防火知识。只有从根本上让其注意到火灾防范的重要性，以及人民群众对火灾预防共同的重视才是对自身生命财产安全最有力的保障。从而发动社会各界力量，全方位地做好防火防灾的宣传工作，降低火灾的发生率。

4 防火监督工作存在问题对策研究

4.1 创新完善防火监督检查机制

随着当前社会的发展，防火监督工作作为推进社会发展进步中的重要一环，应当积极推动消防监督管理责任的划分、规范消防设施器材的建设和配置标准、提升火灾事故责任追究等相关防火监督方面的法律法规机制的健全与完善。确保各项防火措施有章可循、有据可查。规章制度应涵盖防火工作的各个方面，包括火源管理、消防设施维护、应急疏散等，为防火监督提供明确指导。将防火监督检查工作流程做到标准化、规范化，能够做到利用合理规范的管理机制来进行防火监督检查方面的工作。对社会单位各级防火责任进行明确，落实防火责任制度。各级人员要高度重视防火工作，亲自部署、亲自检查、亲自落实。同时，加强对防火工作的监督和考核，确保责任到人、措施到位。只有按照健全的防火监督检查制度开展工作，才能从根本上规范检查人员的行为，提高责任心，控制好防火检查工作的各个环节，将火灾隐患扼杀在源头[6]，为后续消防救援队伍防火监督工作铺垫良好的基础。

4.2 提高防火监督人员专业素养

防火监督工作本身就是一门与火灾隐患“搏斗”的工作，对从事人员的各项素质都有很高的要求。当前队伍内部防火监督工作拔萃出类人员缺失，至关重要的问题就是提高防火监督检查人员的综合素质。通过培训学习等多种方式，使其熟练掌握岗位本领，适应新时代消防防火监督工作形势，有能力做好维护人民群众安全的“监督者”。同时，提高防火监督工作人员的政治站位高度，培养其树立为人民群众服务责任意识，让其充分认识到自身对社会的影响意义，在工作中认真负责，不受利益的蛊惑。从而使得防火监督检查工作能够顺利地开展。

4.3 增强防火工作的宣传力度

消防宣传工作的进行离不开广大人民群众的支持，良好的宣传工作环境更有助于防火监督工作的开展。防火宣传的意义就是提高居民的消防安全意识和自防自救能力，循序渐进常态化地开展此项工作使人民群众将火灾防范意识牢记于心。合理利用当今新媒体盛行风口，抖音、微博、公众号、自媒体等多种线上方式进行防火防灾宣贯，让全民都参与进来，配合好消防监督检查工作，在发现问题的同时能够利用新媒体直接将问题反馈给有关部门，减少火灾安全隐患，不仅提高人民群众对日常存在火灾隐患的重视性更间接地减少了防火监督人员的工作强度。其次，需要针对防火监督检查工作人员、企事业单位负责人以及微型消防站，开展全面系统的培训，提升其防范意识、法规知识和基础灭火技能，充当防火宣传的第一梯队。充分利用“开学第一课”“假期小课堂”“红门开放日”“119 宣传月”等多种活动为载体，在社会各界开展消防安全知识普及活动，以喜闻乐见的活动形式扎实开展全方位防火宣传工作。始终坚持“边探索、边实践、边总结、边提升”的工作思路，持续完善“防消宣一体化”工作模式。

4.4 完善消防监督检查组织与协作机制

为加强消防监督检查工作的系统性和高效性，需对现有组织架构进行优化。通过精简管理层级、明确各级职责，确保消防监督检查工作能够迅速响应、有效执行。同时，建立扁平化管理体系，提高决策效率和执行力度。重视与相关部门之间的联动与配合，包括公安、住建、规划、市场监管、城管等相关部门，建立信息共享和协作机制如图 2 所示，确保各部门在消防监督检查工作中能够协同作战，形成合力监管体系。

通过制定详细的工作职责和分工方案，确保各项任务能够得到有效落实。鼓励社会各界积极参与消防监督检查工作，形成全社会共同关注消防安全的良好氛围。通过完善消防监督检查组织与协作机制，可以有效提升消防监督检查工作的水平和效率，为人民群众生命财产安全提供有力保障。

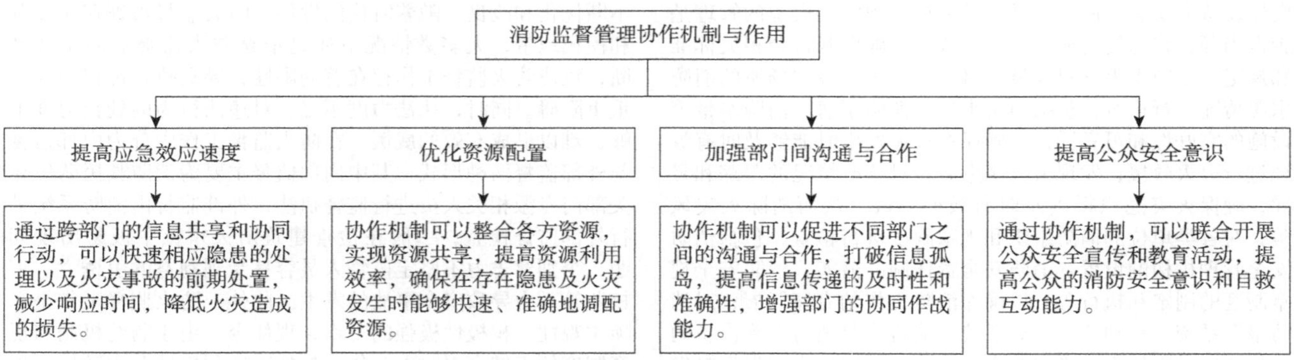

图 2 消防监督管理协作机制与作用

4.5 加强智慧消防建设

当前消防工作中，智慧消防建设已成为提升增强消防安全管理能力的重要手段。智慧消防利用物联网、大数据、云计算等先进技术，实现消防工作的信息化、智能化，为防火监督工作提供了新的发展机遇。如图 3 所示，通过利用智慧消防平台，可以丰富宣传内容、提高时效性、拓展宣传渠道、增强互动性、提供个性化服务以及加强应急指导等功能，全面提升民众的安全意识。

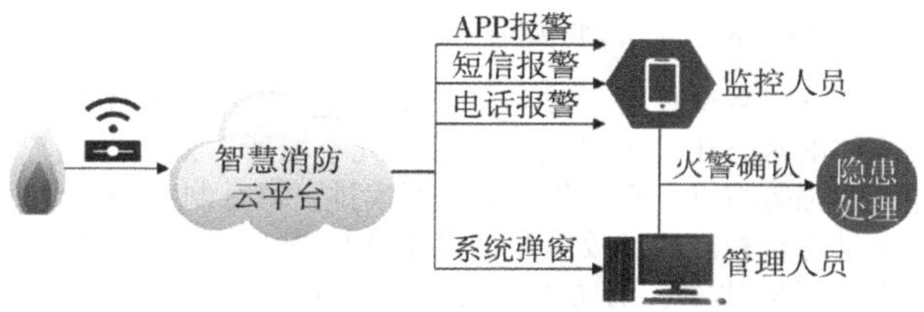

图3 智慧消防火灾预警流程图

5 结论

防火监督管理工作任重而道远，我们要重视监督管理过程中的难点问题，根据实际情况，勇于创新，大胆突破，利用当前新形势下的多重手段，不断探索防火监督管理新机制、新局面，使防火监督管理工作更好的服务于经济和社会发展。

参考文献

[1] 李娜．新时期消防监督工作的问题及改进措施[J]．消防界（电子版），2022，8（03）：77-79.

[2] 汤家福．建筑消防监督及消防设施的配置措施[J]．中国住宅设施，2022（01）：152-154.

[3] 任志飞．信息化时代下消防监督工作的优化建议[J]．消防界（电子版），2022，8（02）：96-97.

[4] 李璐野．浅谈如何实现消防防火监督工作的新发展[J]．电子测试，2015（11）：141-142.

[5] 张琳．浅析消防防火监督工作开展的难点[J]．科技创新与应用，2016（29）：300.

[6] 张民．浅议日常防火监督检查对灭火救援战斗的重要作用[J]．科技与创新，2021（04）：159-160.

关于加强基层消防监管力量建设的探索与思考

贾文娜

（河北省廊坊市消防救援支队，河北 廊坊）

摘 要 基层消防管理历来是火灾防控工作的短板弱项，本文通过辩证分析基层消防安全工作现状和存在的问题短板，并结合基层消防监督管理力量建设的实际，从完善法规政策体系、加强执法队伍建设、改进工作模式等方面，提出加强基层消防安全治理体系的工作对策及方法。

关键词 基层消防 监管力量 综合治理 委托执法

1 引言

基层消防治理体系作为保障社会安全的重要组成部分，对于预防和控制火灾具有重要意义。近年来，全国范围内“小火亡人”事故频频发生，凸显出基层消防力量薄弱、消防监管执法缺位、消防救援力量薄弱等现实问题。如何建立和完善基层消防安全治理体系，如何有效地实施消防监督管理，着力解决基层消防监管“短腿”难题，是新时代消防工作任务面临的严峻课题。

2 推进基层消防监管力量的实践探索

2021年，应急管理部印发关于《关于加强基层消防力量建设和火灾防控工作的指导意见》以来，各地通过建设消防工作站（所）的形式，增强基层消防监管力量。以廊坊市为例，廊坊市共有70个建制镇，20个乡，18个街道办事处，15个工业园区，现123个乡镇（街道）级行政区域均成立了消防工作站。

2.1 加强组织机构建设

廊坊市委办公室、市政府办公室联合印发《关于进一步加强消防工作的意见》，将基层消防力量建设作为党委政府落实消防工作的重要内容。廊坊市消委会出台《乡镇（街道）消防安全委员会、消防工作站组织架构及相关制度》，明确消防工作站组织体系、职责制度、保障机制。每个消防工作站由分管安全副镇长任站长，通过划转工作职能的方式，配备1至2名专兼职事业编工作人员，采取政府购买服务人员等方式配备工作人员；在监督检查上，发动基层消防力量将检查单位情况录入河北省社会治安综合治理平台消防模块，通过定期调度、通报等方式督促乡镇消防检查工作。

2.2 推进试点建设

廊坊市消防救援支队按照“试点先行、全面铺开”的原则，探索建立了“一镇一委一站”模式，即，每个乡镇（街道）均建立消防安全委员会和消防工作站，并将消防工作嵌入基层自治、网格管理、联防联控、群防群治等机制，在每个消防工作站明确至少1名事业编人员专职从事消防工作，配备2名消防人员，履行日常火灾隐患排查、消防宣传教育和火灾辅助调查3项工作职责，配齐必要的办公、执法设备，工作制度全部上墙，实行“站长每周带队检查，其他人员每日开展检查”的执法模式，每季度组织镇街、村（居）“两委”负责人集中开展消防培训。

2.3 探索开展委托执法

廊坊市选取几个乡镇试点推行消防委托执法工作，通过与乡镇签订《行政执法委托协议书》，将部分行政处罚权赋予基层消防工作站，消防工作站执法人员在检查中，发现一般性的未到达处罚条件的火灾隐患和属于镇属处罚权限范围内的火灾隐患，由执法人员填写镇级执法文书并督促被检查单位整改或进行处罚，复查合格后形成工作闭环；对超出镇属处罚权限范围内的火灾隐患，按照程序移交县消防救援大队处理，督促整改合格后形成工作闭环。

作者简介：贾文娜，女，河北省廊坊市消防救援支队中级专业技术职务。

3 当前基层消防安全监管工作存在的问题

3.1 基层消防安全责任不落实

部分乡镇政府、街道办事处对消防安全工作的重视程度不够，尽管与辖区内村居民委员会签订了消防安全责任书，但没有在政府考评体系中列入消防内容，造成基层消防工作浮于表面，在消防管理中存在工作按部就班、隐患发现能力不足、督改力度不强等问题。部分乡镇、街道消防工作站并未真正实体化运行，消防工作站人员身兼多职，工作制度仅上墙却不落实，防火检查流于形式，发现不了隐患。

3.2 基层消防监管职责不清

在乡镇（街道）主要是基层消防工作站、公安派出所两支队伍管消防，监管力量架构基本构建，但是监管责任体系还不健全，各自监管范围不清、底数不明，职责分工比较模糊，容易造成一些小型劳动密集型企业、小作坊等小单位、小场所失控漏管。另外，基层各镇安全监管人员普遍存在年龄偏大、文化程度偏低等情况，业务素质参差不齐，从检查数据看，基层消防工作站和公安派出所检查发现隐患数和行政处罚数据都较少，反映出基层消防工作站工作人员和公安派出所民警消防监督能力素质不高、工作机制不健全等问题。

3.3 基层消防执法工作困难

现行的基层消防治理法律法规体系化不够，法律实施应用、接驳社会发展现状的配套规章、释义、规范性文件等不够健全。消防部门综合监管和行业部门行业监督的关系和责任边界不够清晰，基层、行业部门消防责任清单尚未出台[1]。各级政府对基层消防组织运行缺少政策支持和经费保障，当前基层乡镇有执法资格的在编人员极少，执法业务水平有限，开展消防监督的工作人员变动频繁，且当前开展消防委托执法缺少相关法律法规支撑，导致不能充分发挥基层消防监管作用。

4 推进基层消防监管力量的工作建议

4.1 完善法规标准体系

从强化法律政策保障入手，将消防治理纳入经济社会发展大局，作为政府工程、基础工程、民生工程来抓[2]。省内修订《河北省消防条例》等地方性法规规章时，将住宅小区、出租房、电动车治理等消防执法权下放到乡镇街道或者划转到综合执法部门[3]。各地政府立足实际出台基层消防力量配套建设管理制度。进一步完善基层消防组织组织架构和工作制度，通过授权或者委托方式，持续推进基层乡镇（街道）依法行使消防行政执法权；推动政府将基层消防力量建设、履职情况列入政府督查事项，纳入政府年度消防工作考核指标，各乡镇（街道）实体化运行消防工作站，进一步提升基层消防监管效能；针对老旧小区、九小场所、自建房、电动自行车、消防车通道等消防安全重点领域，进一步完善条块结合、联动处置的协作调处机制，强化综合治理作用。

4.2 发挥基层职能职责作用

建立以乡镇政府、村（居）民委会以及公安派出所为责任主体的常态化检查机制，针对“九小场所”点多、面广、隐蔽性强等特点，每半年开展全面摸排，每月制定检查计划开展动态检查。通过政府购买服务等方式，探索实行“事业编人员辅助执法、消防人员骨干包联帮扶、网格员固定服务、消防救援站共同参与”的工作模式，指导消防工作站人员开展防火巡查，实行简单隐患现场处理，一般隐患责令改正，重大复杂事项转办移交消防救援机构处理，实施隐患发现、受理、处置、跟踪、督办、反馈等全流程闭环管理。指导各村建立健全消防基本情况登记册，落实“消防安全工作例会、定期联系指导、检查检查、巡视督导、年度考核、文档管理、业务学习培训、消防宣传教育”等制度，并纳入政府年底考核重要内容。

4.3 提高基层消防管理能力

把消防管理能力培训纳入各级干部培训必修内容，提升其发现火灾隐患、整改火灾隐患和应急处突能力，并推动建立基层消防管理人员常态化学习机制，同时发挥当地社会消防培训机构、社会消防技术服务机构、行业领域技术专家作用，采取实操实训、跟班见学等行之有效的方式方法，切实提高基层消防管理人员业务素质和能力。深入应用河北省社会综治平台“消防检查”模块，确定治理重点，细化目标任务，持续发动基层网格员排查隐患，对所有行政村（社区）实行全覆盖管理，每月考评通报隐患查改情况，督促基层网格跟踪问题整改，落实安全防范措施；积极引导场所自主安装独立式感烟报警器和简易喷淋等设备设施，完善场所技防措施。

4.4 着力增强基层消防安全意识

将消防法治宣传工作纳入常态化宣传内容，利用主流媒体、新媒体平台以及公共宣传资源常态化开展消防安全常识和案例警示宣传，张贴、播放消防安全提示海报、视频，普及消防法律法规；制作消防安全警示教育片，集中开展典型火灾案例警示教育活动，组织辖区单位集中观看，做到以案说法、以案明责；定期组织消防宣传教育活动，积极传播灭火、防火和逃生等自救知识，鼓励社区消防宣传大使、基层组织、志愿者等前往企业、社区、家庭等群体中普及消防相关知识，提高村（居）民消防安全意识。在乡镇主要街区、农村公共活动场所设置消防宣传栏，广泛张贴《村民防火公约》，通过农村文化活动、“大喇叭”等开展经常性消防宣传教育，不断提升火居民消防安全意识。

参考文献

［1］唐述桥，蒋丹．县域消防安全治理现代化的实践与思考［J］．中国消防，2022（S1）：62-64.

［2］陈硕，潘梨，柳剑．构建现代化基层消防安全治理体系的实践与研究［J］．消防科学与技术，2024（43）：278-218.

［3］吴军．加强基层消防监管力量的若干措施探究［J］．今日消防，2022（11）：7-9.

设备工程师在消防设施管理中的主要作用

胡君健

（上海市青浦区消防救援支队，上海）

摘　要　为了提高社会单位消防设施管理水平，通过分析设备工程师与消防管理人员、消防服务机构协调配合现状，提出了完善消防管理制度，明确消防责任，落实管控措施，充分发挥设备工程师专业特长意见，阐述了设备工程师在消防设施管理方面具有不可替代的作用，强调了设备工程师只有拓展消防知识，掌握基本要领，善于配合协调，齐抓共管才能共同管理好消防设施的观点，得出优化消防管理，整合消防资源，就会产生“一加一大于二”的协同效应结论。

关键词　消防　设备工程师　消防管理

1　引言

设备工程师是指给排水、强弱电、暖通等专业技术人员，他们承担着本单位用水、用电、用气等设备管理和维护保养责任，为单位（业主）提供优质服务保障，创造良好工作生活环境。设备工程师虽然负责专业设备维护管理，但他们工作并不是孤立的，而是与消防设施有着紧密的联系。消防设施要做到安全运行，更需要专业设备工程师与单位消防管理人员和消防技术服务机构落实相关消防责任，相互协调，密切配合，既要保障专业设施设备安全可靠，又要保障消防给水、火灾报警联动、防排烟、防火分隔、应急照明和疏散指示、消防应急广播等系统正常有效[1]。设备工程师是做好消防设施管理的重要依靠对象，当前有些单位消防管理不规范，消防职责不明确，设备工程师对消防设施管理漠不关心，多一事不如少一事，错误地认为消防设施维护保养是消防管理人员和消防服务机构的事，消防设备故障维修也要由消防管理人员处理，设备工程师与消防管理人员、消防服务机构之间工作职责不清、协同配合差，由此造成单位消防管理不到位，消防设施完好率低。为了改变这些现状，消防管理人员和消防服务机构除了应履职尽责外，规范和落实设备工程师的消防责任，充分发挥其在消防设施管理方面的作用显得十分重要。

2　设备工程师技术服务主要做法

消防设施能否运行完好，需要消防管理人员和消防技术服务机构履职尽责，更需要单位优化消防管理，整合消防资源，依靠设备工程师的技术支持，充分发挥他们一专多能特长和协调配合作用。如图1所示。

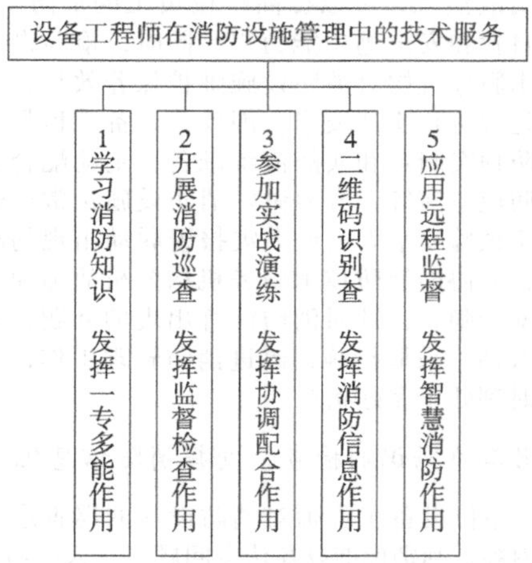

图1　设备工程师在消防设施管理中的技术服务

2.1　学习消防专业知识，发挥一专多能作用

设备工程师虽然具备相应的专业知识，能从事设备的操作管理，但一般来说面对消防安全和消防设备管理，知识仍显欠缺，难以适应一专多能的工作责任和要求。因此，设备工程师要弥补不足，学习相关消防法规和消防专业知识，增强法律意识，提高消防业务水平，特别要了解消火栓系统、自动喷水灭火系统、火灾报警联动系统的工作原理，掌握消防设施运行的基本要求和操作规程，为做好消防设施的设备维护管理奠定基础[3]。

2.1.1　是要结合实际工作学。所在单位或管理片区的高层建筑、地下空间以及商业综合体火灾综合危险性大，消防安全管理和设备管理要求严格，设备工程师要针对单位或管理片区所配置的消防设施，学习该设施的工作原理与管理要求，做到懂操作、会使用。

2.1.2　要带着问题学。在实际工作中遇到问题，虚心向有经验的消防工程师学，整理归纳各种疑难问题的处理方法，把问题弄懂弄通，做到胸有成竹、心中有数。

2.1.3　要结合注册消防工程师考证学。要以此为契机，系统学习消防专业知识，提升消防专业水平；四是参加消防培训学，通过启发教育、讲解交流，解决消防知识难点。学习要持之以恒，坚持不懈，刻苦认真，挤时间学，只有掌握消防专业技术本领，才能承担起单位的消防设施管理工作，更好地发挥一专多能作用[5]。

2.2　开展消防安全巡查，发挥检查监管作用

设备工程师要结合本职工作，发挥专业优势特长，积极参加专项消防巡查，特别要监督消防技术服务机构是否按照合同约定，定期上门检查维护，故障报修后是否在规定时间内上门处理解决，对消防设施和设备维护保养是否到位，室内外消火栓和自动喷水灭火系统以及火灾报警联动系统是否运行正常，消防泵和防排烟风机等消防用电设备控制柜是否处于自动和双电源供电状态，消防水池和高位消防水箱储水量是否充足，监督消防技术服务机构按照国家消防设施维护管理规定和合同约定履行义务，发现问题及时督促纠正并通报消防管理人。同时，要配合单位消防安全管理员做好日常性消防巡查，如：消火栓箱器材是否完整，应急照明和疏散

作者简介：胡君健，男，上海市青浦区消防救援支队副支队长、高级消防工程师，主要从事消防监督和火灾调查工作。

指示灯具是否损坏，常闭防火门是否关闭，疏散通道是否畅通等事项要作为分内工作管，只要相互配合、相互协调、齐抓共管，才能真正把消防安全落到实处[2]。例如，某商业大厦将消防职能纳入安全运行保障部门管理，明确了水电、暖通工程师对所有消防设备安全运行承担检查维护保养职责，消防管理人员负责督查和协调，压实了单位消防安全管理责任。近几年来，该单位建立了良好的管理制度，水电、暖通工程师对消防设施精细化管理，消防设施完好率提高，安全运行稳定正常，经消防部门多次消防安全检查，该单位的消防设施管理处于领先水平。

2.3 参加消防实战演练，发挥协调配合作用

消防实战演练是单位的经常性消防工作，是开展消防安全教育、普及消防知识的重要环节，也是提高单位消防应急管理能力、检验消防设施是否正常有效的良好方法。通过消防实战演练，可以提高单位员工的消防安全意识，增强自防自救和安全逃生能力[4]。同时，检验设备工程师及消防技术服务机构对消防设施维护保养效果，检验消防演练预案是否符合实战要求。因此，设备工程师要积极参加单位消防预案制定和实战演练准备，主动配合消防管理员开展消防应急演练，努力做好消防设施正常运转的技术保障。对于试验喷水灭火或火灾报警联动出现的故障及不正常状况，应协助消防技术服务机构分析故障原因，及时排除消防安全隐患；针对消防演练出现的问题，要总结经验，吸取教训，采取措施，改进消防管理工作，确保消防设施设备时刻处于完好状态。

2.4 应用二维码识别检查，发挥消防信息化作用

目前，单位设备工程师对消防设施的巡查水平参差不齐，检查内容、判别标准以及认定问题，一人一习惯、一人一定论，而且还只停留在纸质档案上面。为了提高消防检查水平和正确发现问题的能力，统一检查内容和标准，实现单位消防设施信息化管理，设备工程师应该积极应用消防二维码识别，辅助开展消防安全检查，使之标准一致、动态管理、客观真实、自动分析、责任分明。

通过消防信息化手段和二维码技术，可以针对各种不同功能的消防设施，制订不同要求的检查内容和标准，对各种消防设施的基本信息、巡查周期、巡查内容、标准要求等基础信息进行规范化定义，并给每个消防设施贴上相符要求的二维码身份标签。单位设备工程师利用手机或手持设备扫描二维码，即可读取消防设施设备基础信息，并根据信息提示，当场打勾、打错或备注新内容，自动录入消防设施当前状态信息；如发现消防设施异常则要上报维修并拍照上传，整个巡查工作均为无纸化操作。运用消防二维码识别辅助检查，自动记录检查日期和设备状态，存储每个消防设施全生命周期数据，能为消防设施设备运行提供分析统计和状态追踪等管理信息，实现巡查工作信息化与规范化[6]。例如，某物业公司运用消防二维码检查系统，先扫描识别消防设施上印有的二维码，在工作正常与非正常的选项上勾选，在非正常的页面中填写消防设施存在问题，检查过程自动生成电子文档，检查记录客观真实、格式统一，便于汇总统计上报，实现了较好的管理效果。

2.5 应用远程监控系统，发挥智慧消防作用

设备工程师可以运用技术手段对消防设施运行状态进行实时监控，借助消防远程管理平台对消防设施实时监测、状态自动显示、性能定量分析，替代了传统人工巡查，提升了管理效能，节省了管理成本，解决了管理者易忽视、监管难、信息数据不统一的问题。

消防远程监控系统是运用物联网技术，对建筑内部各消防设施系统加装感知设备[7]。例如，消火栓、喷淋系统管网加装压力传感器采集水压信息；消防水池、高位水箱加装液位传感器采集水位信息；在喷淋泵、消火栓泵、排烟风机、正压送风机等消防设备的电气控制柜上加装继电器，采集设备主备电源、手自动、启停等状态信息；在火灾自动报警控制器上连接用户信息传输装置，采集报警、故障和其他消防设备运行状态信息等，使每个孤立的消防设备状态转变为数字信号，汇总到统一的消防管理平台。设备工程师可以在消防管理平台，了解所负责项目的自动喷淋、消火栓管网是否有压力，消防水池和高位水箱是否有充足的水位，火灾自动报警主机是否有警告信息，消防泵和防排烟风机控制柜是否处于自动和双电源状态。消防设备若出现异常，消防管理平台将及时推送报警信息，设备工程师应在第一时间赶赴现场处理问题，实现隐患早发现、早解决，提高消防快速反应能力和消防设施完好率，发挥智慧消防作用。

3 结语

创新单位消防管理模式，调动设备工程师的积极性和创造性，增进他们的消防知识和业务技能，充分发挥他们的专业特长和协同效应，对于提高消防管理水平和保障消防设施正常有效起着极大的促进作用。当前，提高设备工程师消防业务能力，增强竞争力和综合实力，是每个设备工程师迫切需要解决的问题。

3.1 明确职责是发挥设备工程师作用的重要条件

明确设备工程师消防职责，要求其履行设备维护保养，参与消防检查，监管消防技术服务机构履行维保职责，及时发现和处理问题，只要调动设备工程师积极性，并发挥其专业特长，消防设施管理的水平一定会提高。

3.2 拓展知识面是发挥设备工程师作用的良好方法

设备工程师消防专业水平高低，决定着其具有的消防监管能力，反映着单位消防管理水平。设备工程师只有努力学习消防专业知识，掌握消防设施基本原理和操作方法，提升消防专业技术能力，积极参加国家注册消防工程师考试，提高过硬消防业务本领，才能更好地发挥一专多能作用。

3.3 利用信息技术是发挥设备工程师作用的有效手段

采用新方法、运用新技术，积极应用感知通信等现代信息技术管理消防设施设备，利用消防管理平台实现远程监管，改变了传统的人工管理模式，提高了消防设施完好率和可靠性，也使得设备工程师的职能作用得到更好地发挥。

参考文献

[1] 祁祖兴，陆春民，陈才炜．消防远程监控系统建设与应用探讨［J］．消防科学与技术，2015（8）：1115-1117.

[2] 胡君健．提升消防设施管理水平之探讨［J］．消防科学与技术，2018（8）：1136-1139.

[3] 祁祖兴．建设工程消防验收探讨［J］．建筑，2019（21）：78-79.

[4] 邵康，祁祖兴．消防安装单位在建设工程中的技术服务［J］．建筑，2020（18）：79-80.

[5] 吴靓．消防项目经理在建设工程的作用［J］．建筑，2020（20）：73-74.

[6] 胡君健．大数据在消防设施管理中的应用研究[J]．消防科学与技术，2018（2）：267-269

[7] 祁祖兴．信息化在消防技术服务中的应用探讨[J]．消防科学与技术，2017（7）：1018-1020.

保温材料全链条消防安全监管工作的思考

李铭远

（天津市南开区消防救援支队，天津　南开）

摘　要　防范治理保温材料是一项系统性工程，需要多部门齐抓共管、多环节综合发力，构建全链条的管控体系。本文通过全面梳理我国保温材料类型及使用场景，深入分析研究使用场景下保温材料全环节的火灾危险性，系统剖析火灾暴露出的深层次、根源性问题，充分借鉴其他领域全链条消防安全监管工作的经验做法，研究提出保温材料全链条消防安全监管的对策建议，进一步提升使用场景内保温材料的管控能力和治理水平。

关键词　消防　保温材料　全链条　安全监管

1　引言

保温材料主要在建筑外墙保温、冷库、室内冰雪场所等场景内使用。近年来，在经济社会发展和人民群众物质生活水平日益提升的大环境下，各类建筑、冷库、室内冰雪场所不断增加，保温材料作为节能措施被广泛运用。但保温材料点火能量小，火灾风险突出，给人民群众生命财产安全带来严重威胁。据统计，近5年，我国多起重特大及有影响的火灾事故中，75%以上与保温材料有关。面对愈加严峻的火灾形势，如何以高水平安全服务保障高质量发展，主动回应人民群众的安全诉求，破解制约和阻碍保温材料治理的一系列瓶颈性问题，成为当前亟待解决的重要课题。

2　各场景内保温材料现状及火灾危险性

分析我国近5年来的重特大火灾事故调查报告，保温材料屡屡成为引发惨烈火灾事故重要因素，火灾风险极大。部分保温材料相关火灾事故案例如表1所示。这些场景内保温材料主要危害性为致死率高，且容易造成群死群伤。

表1　部分保温材料相关火灾案例

时间	地点	具体情况
2010年11月15日	上海胶海路一高层教师公寓	58人死亡，71人受伤，直接经济损失1.58亿元
2017年11月18日	北京大兴一公寓	19人死亡，8人受伤
2018年06月01日	四川达州一商贸城	1人死亡，过火面积51100m²
2020年10月1日	山西太原台骀山一冰雕馆	13人死亡、15人受伤，直接经济损失1789.97万元
2021年3月9日	河北石家庄一高层大厦	建筑外墙过火5800m²、室内过火5200m²
2021年8月27日	辽宁大连一高层大厦	143个房间过火，过火面积约6000m²
2022年6月9日	浙江杭州一室内活动场所	4人死亡，2名消防员牺牲，19人受伤
2022年9月6日	湖南长沙一电信楼	外墙过火面积约3600m²、室内过火400m²
2023年3月28日	河北沧州一冷库	11人死亡
2024年1月24日	江西新余一临街商铺	39人死亡，9人受伤

2.1　保温材料分类

保温材料在我国建筑保温系统的应用主要包括建筑外墙保温、冷库保温等。目前市场上的建筑外墙保温材料以岩棉和聚苯乙烯泡沫（例如：EPS、XPS）为主，其中岩棉占50%，聚苯乙烯泡沫占40%；冷库保温材料以聚氨酯泡沫（例如：PUR）为主，占90%以上。聚苯乙烯泡沫、聚氨酯泡沫等材料保温、节能性能好、价格低廉，但点火能量小，火灾风险突出。部分保温材料的基本性能如表2所示。

表2　部分保温材料基本性能

材料名称	优点	缺点
EPS	保温性能好，施工方便造价低	易燃烧强度低
XPS	保温效果好，吸水率低	施工技术要求高，易变形
PUR	保温性能好，黏结性强，施工简单	易燃烧，易产生污染
岩棉	防火性能好，稳定性突出	工艺复杂造价昂贵
泡沫玻璃	保温效果好，耐久性能突出	制作工艺繁琐价格昂贵
STP真空绝热板	板体轻薄，保温效果高，阻燃	易被破坏，寿命不稳定
胶粉聚苯颗粒保温砂浆	柔韧度高，耐水性强，保温性能稳定	

续表

材料名称	优点	缺点
匀质改性防火保温板	保温效果好，承载能力强，阻燃	受潮受压能力较弱

2.2 保温材料火灾危险性

2.2.1 高层建筑易燃可燃外墙保温材料风险隐患存量大

我国建筑节能综合改造初期，使用保温材料约30亿 m^2，随着使用年限增加，建筑外立面保温层出现破损、开裂、脱落等，成为巨大存量风险隐患。

2.2.2 冷链物流快速发展推高冷库产业安全风险

独立建造“大冷库”是主要发展趋势，场所空间跨度大，储存物品多，火灾荷载大。同时，一些大型商超、生鲜市场等人员密集场所内建设小冷库，位置隐蔽，建造不规范，安全风险大。

2.2.3 室内冰雪活动场所安全风险日趋凸显

已投用的最大室内滑雪场为成都融创雪世界，总建筑面积8万 m^2，单日最多接待5000人次。场所内有娱乐、滑雪、滑冰等多种业态，风险集中在保温材料、制冷系统、电气设备线路、安全疏散等方面，营业高峰期人员聚集，容易发生群死群伤。

2.2.4 施工作业极易引发火灾

据统计，涉及保温材料的火灾事故约有65%以上发生在建筑施工过程中。在建设环节，有的单位随意分包转包，低价聘请无资质的临时工人，野蛮操作、冒险作业。在拆除环节，现场可燃物随意堆放、消防设施停用、出口锁闭等问题普遍，如操作不当、防护措施不到位，引发火灾的危险更大。

3 各场景内保温材料暴露出的安全问题

3.1 保温材料本质安全不过关是核心问题

保温材料产品质量良莠不齐，滋生大量安全隐患。产品质量方面，聚氨酯泡沫燃烧特点为速度快、温度高，燃烧时高温情况下，化学特性表现为急剧分解出的可燃气体，当温度达到燃点极限时，会发生爆燃性猛烈燃烧，随时有轰燃可能。国家虽已颁布《建筑材料及制品燃烧性能分级》（GB 8624—2012）等国家标准，但市场售卖的材料鱼龙混杂，耐火等级无法达到标准要求。材料安装使用方面，虽然《建筑设计防火规范》《建筑防火通用规范》等国家标准明确了在建筑外保温、冷库、室内冰雪场所的耐火性能，但目前保温材料在节能环保、耐火性能方面无法兼顾，需在保温材料上表面涂刷防火涂料或涂层提高其防火等级，但在施工过程中涂刷不均匀，整体效果不好。同时部分建筑外墙保温材料开裂、脱落，无法得到及时维修，火灾风险极高。扑救处置方面，保温材料基本上填充在夹层内部，由于封闭性能良好，当被火源引燃时，初期一般处于阴燃状态，人员从外部难以发现，且保温材料发烟量大，产生大量有毒烟气，救援人员难以快速找到起火点实施内部进攻扑救，等火势突破后，迅速蔓延扩散，从而错过最佳救援时机，灭火救援困难。

3.2 安全意识薄弱是致灾诱因

冷库、室内冰雪场所方面，建筑内各类电气设备处于内部低温高湿环境，电气线路容易发生短路故障，冷库内风机、照明灯具等安装方式不正确、线路长时间老化、私拉乱接线路、电气线路未穿管保护等情况均容易引发火灾。火灾发生后，明火沿着电气线路的敷设方向快速蔓延，导致火势蔓延扩大，引燃保温材料，产生可燃气体，一旦达到爆炸极限，易发生爆炸危险。建筑外保温方面，2009年之前，各地普遍采用极易燃烧的聚氨酯泡沫来作为保温材料。经过时间的沉淀，大部分建筑的外墙保温材料表面覆盖的保护层出现开裂、脱落，易燃可燃保温材料存在外露情况。如遇施工动火、烟花燃放等火源电源，极易引燃火灾，并扩大蔓延，在外立面形成整体立体火灾。引发火灾的电源、火源均是日常检查的重点，但是部分管理人员总觉得火灾不可能发生在自己身上，侥幸心理严重。部分物业管理人员对《高层建筑消防安全管理规定》中关于保温材料的警示要求置若罔闻，以致惨剧发生。

3.3 监管合力不足是掣肘因素

根据现行法律法规，发改、工信、市场监管、公安、住建、城管等部门和消防救援机构依责对保温材料的生产销售、安装使用、施工现场等负有监管职责，但受当前保温材料强制标准缺失和法规不健全，导致各部门在监管时质效和力度受限。如由于保温材料技术的快速更新，市场监管部门在日常监管中标准不统一；施工使用问题不仅隐蔽性强，且处于建筑内部，日常检查不易发现；关于维修改造，目前按照规范要求，可以使用大维基金进行维修，但申请流程繁琐，维修难度较高。

4 防范对策建议

4.1 加强顶层设计

在总结提炼其他领域全链条、一件事治理工作经验，吸纳部分地方做法的基础上，提请国家层面发文部署，聚焦生产源头、流通销售、末端使用等环节，进一步明确重点部委和地方政府部门责任，细化全链条管控工作任务。在已制定实施现行保温材料强制性国家标准的基础上，进一步加快室内冰雪场所、冷库等建筑内材料使用性能等强制性国家标准的制定进度。加强保温材料目录管理，健全产品质量管理体系，就施工安装、维修改造、定期电气评估等提出明确要求，弥补安全漏洞。

4.2 严格生产销售管理

建立保温材料生产企业“正面清单”负面清单”目录，实施差异化监管，促进提升行业产品质量整体水平。强化保温材料产品认证管理，加强对认证机构、生产企业检查，严查无证生产、超认证范围生产、不按认证要求生产等行为。加强销售环节执法检查，严厉查处销售假冒伪劣产品行为，打击销售来源不明和国家明令禁止产品的违法行为。

4.3 强化科技手段应用

加强保温材料安全技术研究及新产品研发更迭，加强对冷库、室内冰雪场所内部安全监测预警和自动灭火系统攻关，着力解决扑救效果不佳的瓶颈性难题。针对火灾中暴露出的保温材料性能缺陷开展实验性研究，提升行业整体安全水平。

4.4 深入开展宣传引导

充分利用大喇叭、电视等传统媒体和微信、微博、抖音等新兴媒介，广泛开展针对保温材料行业的消防安全宣传提示，全面普及消防安全常识。通过近年来保温材料引发的重特大火灾案例进行警示教育，引导用户认清保温材料全周期内的火灾危险性及危害后果。督促建筑施工企业落实安全生产责任制，加强对施工人员现场动火作业的安全教育，有效预防和减少保温材料引发的火灾事故发生。

4.5 组织事故延伸倒查和溯源追责

开展延伸调查，对涉及保温材料的火灾切实查清事故原因、诱因和灾害成因，找准安全性能方面的漏洞短板，及时共享信息，修订完善技术标准。建立保温材料火灾事故“黑名单”制度，将火灾暴露问题整改落实不到位、不及时的企业，纳入“黑名单”，并定期向社会公布。开展责任倒查，对于安全体系缺失、发生重大安全事故、拒不配合事故调查的企业，严肃追究法律责任，及时曝光失信企业和安全缺陷，推动企业积极履行行业质量责任。

5 结束语

综上所述，保温材料主要存在材料本质不过关，安全意识淡薄、监管合力不足等安全问题，需要加强顶层设计，研究聚焦保温材料生产、销售、检测、安装、改造、使用、拆除等环节，全面加强保温材料全链条监管，强化科技手段应用，深入开展宣传引导，组织事故延伸倒查和溯源追责，切实保障人民群众生命财产安全，以高水平安全服务高质量发展。

参考文献

[1] 周平．房屋建筑外墙保温材料的性能及选择研究［J］．江苏建材，2024（1）：31-32.

[2] 龚虎等．浅谈冷链物流设施设备保温材料［J］．计量与测试技术，2024，51（2）：69-71.

[3] 韩玉平．浅论建筑物外墙保温材料的火灾危险性与防火对策［J］．建材发展导向，2022，18（10）：112.

[4] 刘建志，刘驰宇，陈现景，等．可燃级保温材料薄抹灰外墙保温系统建筑防火性能研究［J］．工业建筑，2023，53：732-735.

材料阻燃技术

硼酚醛树脂/环氧树脂对钢结构防火卷材的改性研究

袁天缘

（吉林省四平市消防救援支队铁东区大队联合化路消防站，吉林　四平）

摘　要　对钢材进行防火保护是提高钢结构建筑安全性的重要技术措施。由于防火保护材料种类不多，钢材料的防火保护措施主要以防火涂料为主。钢结构防火卷材是近几年研究的热点，性能上未实现突破，未商品化。为进一步提高钢结构防火卷材的耐火性能，本文利用硼酚醛树脂和环氧树脂对磷—碳—氮阻燃氯化聚乙烯/三元乙丙橡胶基防火卷材（CDM/AMP）进行改性处理，通过耐火性能、产烟性能等方法进行评价，结果表明：经硼酚醛树脂/环氧树脂改性的防火卷材，其氧指数由27.0%提高至28.8%；水平燃烧等级达到FH-1，垂直燃烧等级由FV-1上升为FV-0，火焰离开后立即自熄；最大烟密度值由99.0降至68.75，烟密度等级由68.20降至50.17。添加30%的硼酚醛树脂/环氧树脂（1∶1）改性的防火卷材耐火时间达到60.3min，耐火性能提升23%。硼酚醛树脂/环氧树脂复合材料能有效提升CDM/AMP体系防火卷材的阻燃防火性能。

关键词　防火卷材　硼酚醛树脂　环氧树脂　耐火性能

1　引言

钢结构的防火保护措施可分为主动防火和被动防火，主动防火是指采用一定的措施来控制火灾的发生和发展，如火灾探测报警技术、喷淋系统等方法；被动防火法主要有防火涂料喷涂法、混凝土防护法及板材包敷法等[1]。

防火涂料可以分为以有机材料为基础的薄型、超薄型膨胀涂料和以无机材料为基础的厚型膨胀涂料[2]。虽然各种涂料各有优点，但也各有不足。防火的另一种方法是使用浇筑混凝土将钢构件的周围全包裹起来，但由于其占用空间大，且做起来费时费力，保护层过厚，增加荷载，因而目前这种方法采用得较少。

防火卷材是一种新型的钢结构防火保护材料，火灾时主要依靠其受火膨胀发泡形成的隔热炭层以及本身的难燃性来阻隔热量；另外其本身又是难燃性材料，有抑制、和防止火势蔓延的作用，从而达到保护钢结构的目的。

本次研究将利用硼酚醛树脂（FB）与环氧树脂两种树脂对钢结构防火卷材进行改性，改性过程中，采用不同的比例进行实验，确定最佳比；并且通过多次试验得到混合材料的最佳含量，达到优化配方的目的。此外，本文还会对硼酚醛树脂/环氧树脂复合材料对钢结构防火卷材的防火作用机理加以分析。

2　实验部分

2.1　实验器材与药品

2.1.1　实验设备

实验所涉及的主要设备仪器见表1。

表1　实验中使用的主要设备仪器

主要仪器	生产厂家	型号
电子天平	江苏常熟意欧仪器仪表有限公司	DT1002
开放式炼胶（塑）机	无锡美钰橡胶机械制造有限公司	X(S)K-160
手动硫化机	鹤壁建平	—
耐火极限测试炉	实验室自制	—
氧指数测定仪	南京江宁分析仪器有限公司	JF-3
建筑材料烟密度测试仪	南京上元分析仪器有限公司	JCY-3A
水平垂直燃烧仪	南京上元分析仪器厂	SCZ-3
钢板	—	Q235(150×150)

2.1.2　实验药品

实验使用主要药品见表2。

表2　实验所用主要药品

药品名称	生产厂家	级别
三元乙丙橡胶	The Dow Chemical Company	工业级
氯化聚乙烯	临沂奥星化工有限公司	工业级
聚磷酸铵	济南泰星精细化工有限公司	工业级
三聚氰胺	中国医药（集团）上海化学试剂公司	化学纯
季戊四醇	天津市大茂化学仪器供应站	化学纯
氯化聚乙烯/三元乙丙橡胶	自制	6∶4
环氧树脂粉	灵寿县盛耀矿产品销售部	工业级
硼酚醛树脂	蚌埠市天宇高温树脂材料有限公司	工业级

作者简介：袁天缘，男，中共党员，吉林省消防救援总队四平市支队铁东区大队联合化路消防救援站站长，二级指挥员。

2.1.3　样品制备

（1）按文献【3】磷—碳—氮阻燃氯化聚乙烯/三元乙丙橡胶基防火卷材（CDM/AMP）基础配方进行基料与膨胀阻燃体系的配料；

（2）A组实验中，将硼酚醛树脂/环氧树脂按照1∶0、0∶1、1∶1、1∶2、1∶3、2∶1、3∶1的比例进行混合，并分别添加到CDM/AMP体系中混炼制作为A1、A2、A3、A4、A5、A6、A7材料样品；其中硼酚醛树脂/环氧树脂混合物质量占比为20%；

（3）将A1-A7组样品嵌于模具中，利用手动平板硫化机加热至115℃，压成薄度分别为2mm的待测试样；

（4）根据A组实验，确定硼酚醛树脂与环氧树脂的最佳比例并记为B1，随后按照该比例配制硼酚醛树脂/环氧树脂，并称量27g、36g和45g的硼酚醛树脂/环氧树脂；再分别称量63g、54g、45g的AMP/CDM体系防火卷材；

（5）利用炼胶机，将（4）称量的药品一一混合，分别记为B2、B3、B4。

试样制备过程如图1所示。

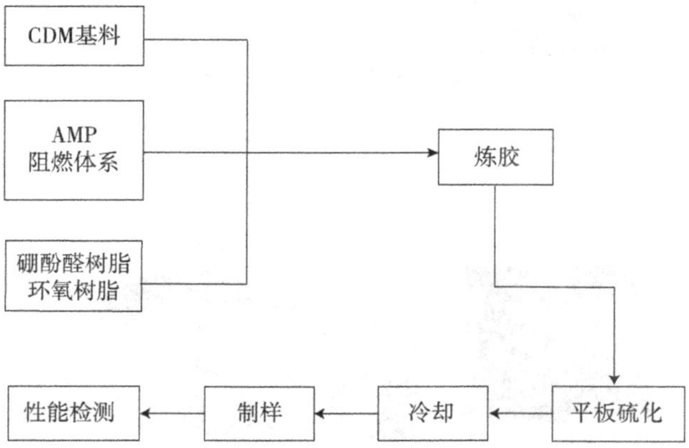

图1　硼酚醛树脂/环氧树脂改性钢结构防火卷材制备过程

2.2　测试方法

本文将参照GB/T 10707—2008《橡胶燃烧性能的测定》对试样的氧指数进行测试；参照GB/T 10707—2008《橡胶燃烧性能的测定》对试样水平燃烧垂直性能进行测定；参照GB 12441—2005《饰面型防火涂料》，利用自制耐火极限测试炉（图2）、采用模拟大板法（升温曲线如图3所示）对试样的耐火性能进行测试；参照GB/T 8627—2007《建筑材料燃烧或分解的烟密度试验方法》对试样的最大烟密度值MSD和烟密度等级SDR进行测定。

图2　耐火极限测试炉

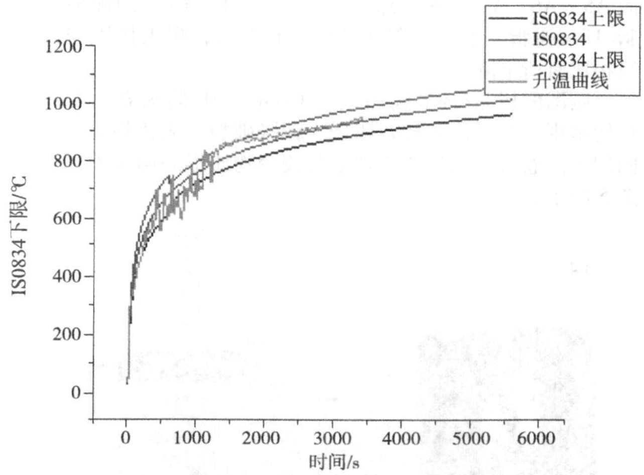

图3　模拟大板法升温曲线

3　结果和讨论

3.1　硼酚醛树脂/环氧树脂的比例对钢结构防火卷材耐火性能的影响

在CDM/AMP防火卷材配方中添加20%的硼酚醛树脂/环氧树脂混合物，考察硼酚醛树脂/环氧树脂的比例对卷材耐火性能的影响，结果如表3、图4所示。

表3　硼酚醛树脂/环氧树脂的比例防火卷材耐火性能关系

组别	硼酚醛树脂/环氧树脂的比例	耐火时间/min
A1	硼酚醛树脂	40.5
A2	环氧树脂	42.2
A3	1∶1	50.3
A4	1∶2	43.2
A5	1∶3	33.8
A6	2∶1	35.2
A7	3∶1	34.5

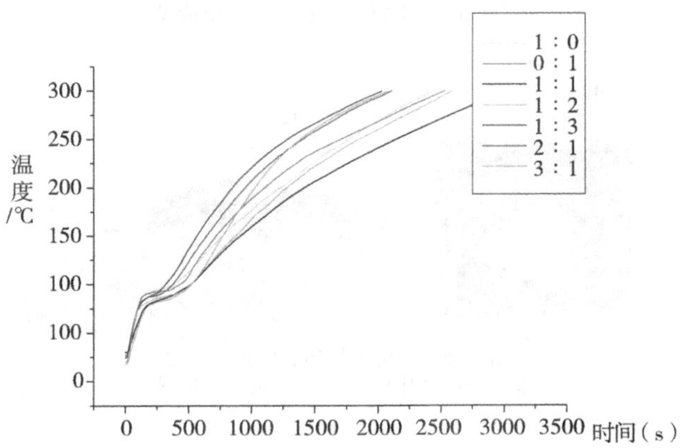

图4　钢板背面温升曲线

由表3.1、图4可以看出，A1、A2组实验单一加入了一种树脂改性CDM/AMP防火卷材耐火极限为40min左右；A3组加入1∶1的硼酚醛树脂/环氧树脂，耐火极限达到50min，卷材耐火时间增长明显；A4组加入1∶2的硼酚醛树脂/环氧树脂，耐火极限达到43.2min，卷材耐火时间有所增长；

而A5、A6、A7组分别加入1∶3、2∶1、3∶1的硼酚醛树脂/环氧树脂，耐火极限在34.5min左右，耐火极限与其他组相比有所下降。

硼酚醛树脂/环氧树脂改性CDM/AMP防火卷材受火过程均呈现三个阶段：初始燃烧、膨胀破裂、炭化灼烧，但不同配比的卷材样品的燃烧现象及残余物质形态明显不同。如图5所示。

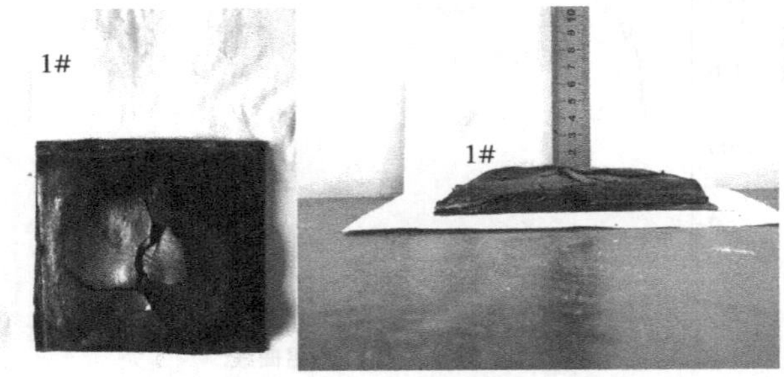

（a）硼酚醛树脂改性CDM/AMP防火卷材受火炭层情况

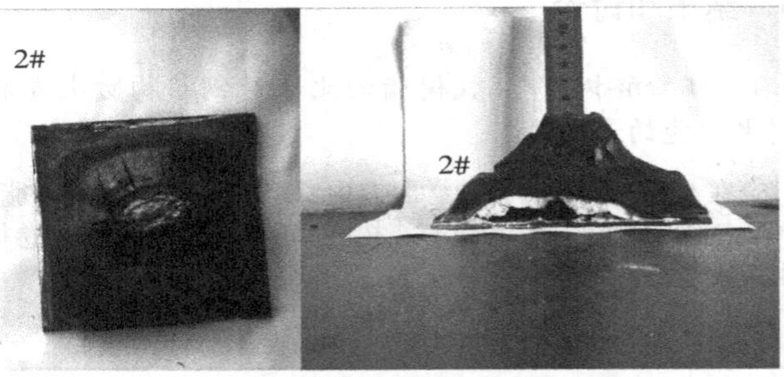

（b）环氧树脂改性CDM/AMP防火卷材受火炭层情况

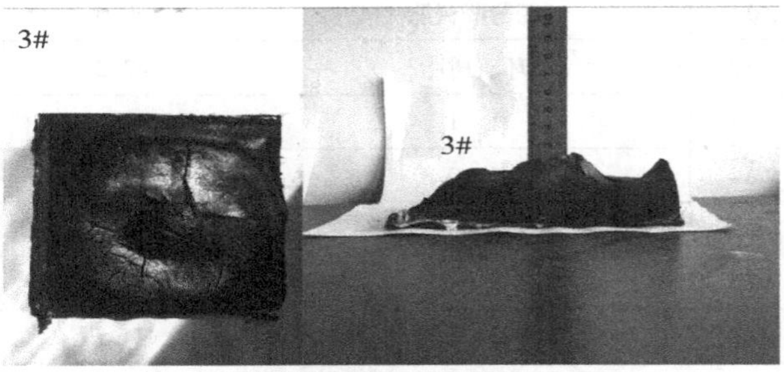

（c）硼酚醛树脂与环氧树脂为1∶1
改性CDM/AMP防火卷材受火炭层情况

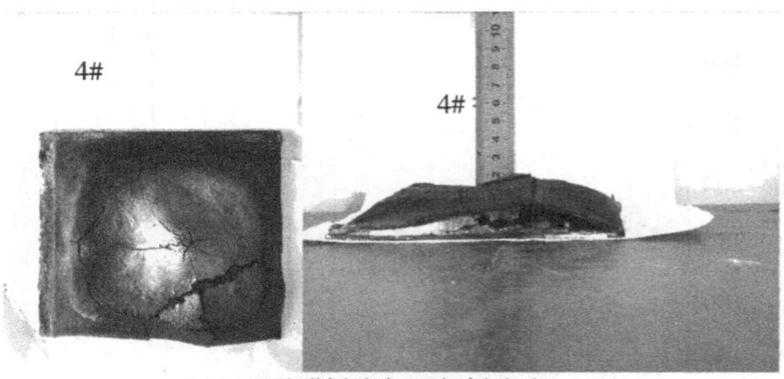

（d）硼酚醛树脂与环氧树脂为1∶2
改性CDM/AMP防火卷材受火炭层情况

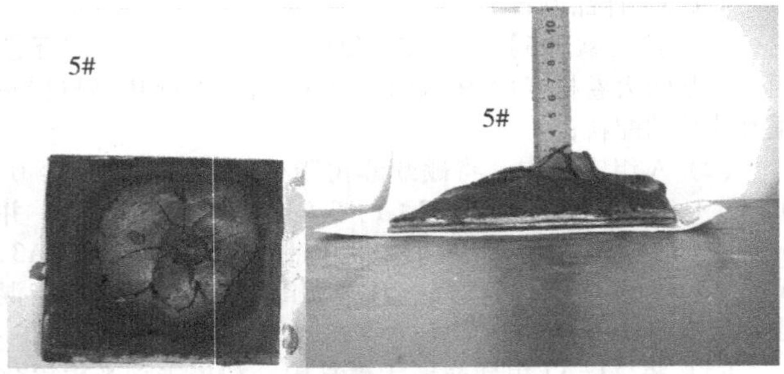

（e）硼酚醛树脂与环氧树脂为1∶3
改性CDM/AMP防火卷材受火炭层情况

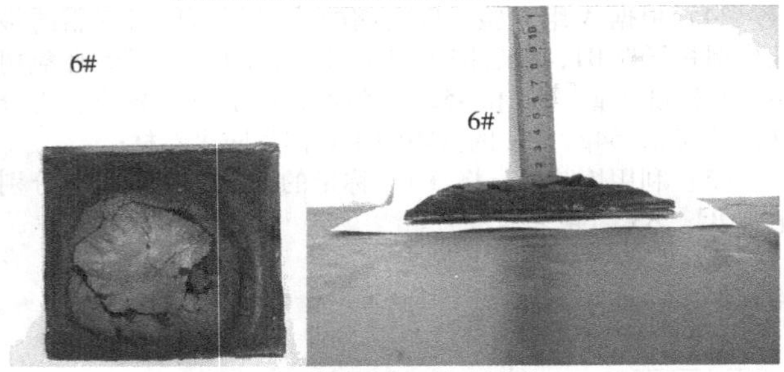

（f）硼酚醛树脂与环氧树脂为2∶1
改性CDM/AMP防火卷材受火炭层情况

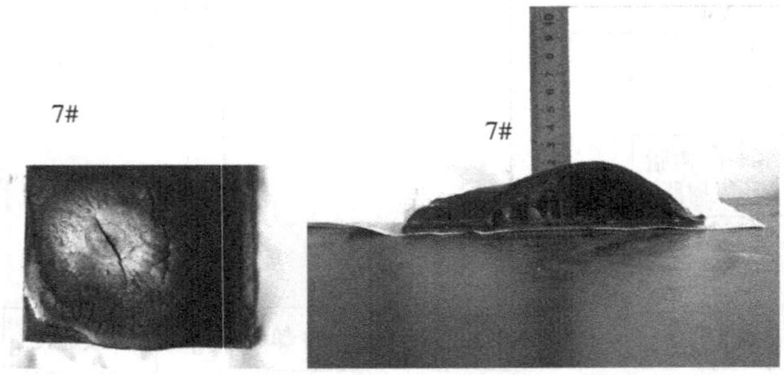

（g）硼酚醛树脂与环氧树脂为3∶1
改性CDM/AMP防火卷材受火炭层情况

图5 硼酚醛树脂/环氧树脂比例对CDM/AMP卷材燃烧炭层的影响

由图5可以看出，单一加入硼酚醛树脂时，防火卷材燃烧受热后膨胀高度为11mm，膨胀率极小，中间出现几条裂痕，碎裂脱落，且部分泛白；单一加入环氧树脂时，膨胀高度为51mm，膨胀率大幅增加，且中间部位膨胀最高，且凸起部位泛白，其周围呈黑色炭化状；硼酚醛树脂与环氧树脂比例达到1∶1时，膨胀高度为26mm，膨胀率较高，出现多条粗裂痕；硼酚醛树脂与环氧树脂为1∶2时，膨胀高度为20mm，中间泛白，有细小裂痕；硼酚醛树脂与环氧树脂比例达到1∶3时，膨胀高度为28mm，膨胀率较高，燃后炭层有粗裂痕；硼酚醛树脂与环氧树脂比例达到2∶1时，膨胀高度为14mm，燃烧后炭层中间部位脱落；硼酚醛树脂与环氧树脂比例达到3∶1时，膨胀高度19mm，泛白部分较小但更加明显。由实验现象和实验数据可看出，添加比例为1∶1的硼酚醛树脂与环氧树脂改性后CDM/AMP体系防火卷材耐火极限最高。

3.2 硼酚醛树脂/环氧树脂添加量对钢结构防火卷材耐火性能的影响

将1∶1的硼酚醛树脂/环氧树脂添加到CDM/AMP防火卷材配方中，考察硼酚醛树脂/环氧树脂混合物的添加量对防火卷材的耐火性能的影响。结果如表4所示。

表 4 硼酚醛树脂/环氧树脂添加量与防火卷材耐火性能关系

组别	材料	耐火时间/min
B0	CDM/AMP	49.0
B1	CDM/AMP/20%硼酚醛树脂/环氧树脂	50.3
B2	CDM/AMP/30%硼酚醛树脂/环氧树脂	60.3
B3	CDM/AMP/40%硼酚醛树脂/环氧树脂	38.8
B4	CDM/AMP/50%硼酚醛树脂/环氧树脂	29.8

从表 4 可以看出，当硼酚醛树脂/环氧树脂的添加量为 30%时，改性 CDM/AMP 防火卷材耐火极限达到 60.3min，随后随着硼酚醛树脂/环氧树脂添加量的增加，改性 CDM/AMP 防火卷材耐火极限下降。

3.3 改性防火卷材性能综合评价

3.3.1 改性防火卷材性防火性能

将比例为 1∶1 的硼酚醛树脂/环氧树脂混合物添加到以氯化聚乙烯/三元乙丙橡胶（CDM）为基料、聚磷酸铵/三聚氰胺/季戊四醇（AMP）为膨胀阻燃体系的防火卷材中，树脂含量共占 30%，经炼胶混合、平板硫化、切割成型，测试其氧指数，结果如表 5 所示。

表 5 硼酚醛树脂/环氧树脂改性 CDM/AMP 防火卷材的氧指数

原料	硼酚醛树脂/环氧树脂含量/%	氧指数/%
CDM	0.0	21.6
CDM/AMP	0.0	27.0
CDM/AMP	30.0	28.8

注：CDM∶AMP=6∶4。

由表 3.3 可知，CPE/EPDM（简写为 CDM）复合材料中不添加阻燃剂时，其氧指数为 21.6%，属于易燃材料；当 CDM/AMP 按 6∶4 混合后，材料的氧指数骤升至 27.0%。CDM/AMP 中加入 30%比例为 1∶1 的硼酚醛树脂/环氧树脂后，卷材的氧指数上升到 28.8%，其燃烧后形成的炭层明显不同，如图 6 所示。

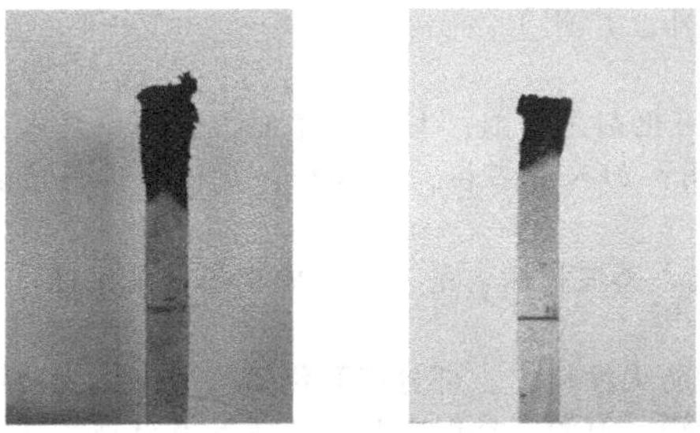

(a) 未改性CDM/AMP (b) 改性CDM/AMP

图 6 防火卷材样条燃烧后形成的炭化层

从图 6 可以看出，使用硼酚醛树脂/环氧树脂改性后的防火卷材燃烧后所形成的炭层更加致密；防火卷材的抑燃性增强，氧指数变大。未添加改性剂的防火卷材燃烧后形成的炭层较为疏松，肉眼可见孔洞存在，在相同氧浓度下碳化长度长。

3.3.2 改性防火卷材水平垂直燃烧性能

表 6、图 7 为防火卷材的水平垂直燃烧性能及燃烧炭化情况。未改性的防火卷材样条火焰蔓延较快、炭化程度较高，且发生弯曲和收缩。改性前后样品水平燃烧性能均为 FH-1 级；未经硼酚醛树脂/环氧树脂改性的防火卷材，其垂直燃烧性能为 FV-1 级，添加改性剂后垂直燃烧性能达到 FV-0 级。实验测试中发现添加硼酚醛树脂/环氧树脂后，CDM/AMP 体系防火卷材样条受火后产生少量烟气，本生灯移走火焰熄灭、受火不收缩。

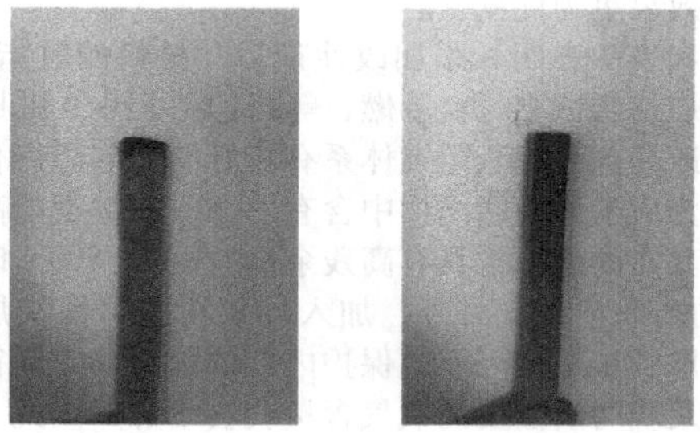

(a) 水平燃烧 (b) 垂直燃烧

图 7 改性后防火卷材的样条垂直、水平燃烧结果

表 6 添加改性剂前后 CDM/AMP 卷材水平垂直燃烧性能

材料	水平燃烧级别	垂直燃烧级别
CDM/AMP	FH-1	FV-1
CDM/AMP/30%硼酚醛树脂/环氧树脂	FH-1	FV-0

3.3.3 改性后防火卷材与 CDM/AMP 体系防火卷材的产烟性能对比分析

以改性前后的 CDM/AMP 体系的防火卷材为样品，按 2.2 的要求对卷材进行烟密度测试，结果如表 7 所示。

表 7 烟密度数据统计结果

材料	硼酚醛树脂/环氧树脂添加量/%	最大烟密度值 MSD	烟密度等级 SDR
CDM/AMP	0.0	99.0	68.20
CDM/AMP	30.0	68.75	50.17

从表 7 可看出，加入改性剂改性后，CDM/AMP 体系防火卷材的产烟能力大幅降低，最大烟密度值 MSD 大幅减少，烟密度等级 SDR 明显下降。

3.4 硼酚醛树脂/环氧树脂对钢结构防火卷材阻燃机理的分析

CDM/AMP 体系防火卷材膨胀阻燃体系是以 PER 作为成炭剂、MEL 作为发泡剂、APP 作为脱水剂组成的，其在受热时能够形成膨胀的炭质层，起到了绝热以及限制氧气扩散到基料表面的作用，从而降低了可燃气体及烟雾的产生和释放，阻止了热量和火焰的蔓延传播。

根据耐火极限测试、极限氧指数、烟密度测试及水平垂直燃烧可以看出，硼酚醛树脂/环氧树脂的加入使得 AMP/CDM 体系防火卷材的耐火阻燃性能有了进一步提高，且产烟等级降低，产烟量减少。

表 3 和表 4 表明，当硼酚醛树脂/环氧树脂的添加量为 30%，比例为 1∶1 时，防火卷材的耐火时间最长，且受火后形成的膨胀炭层较为均匀，结构致密，质量相对好。这是因为硼酚醛树脂中含有硼元素在火焰的高温下可形成结构致密的氧化硼，阻止氧气进入还未分解的材料内部；环氧树脂提高了炭层的膨胀性，进而使燃烧反应减缓。此外，酚醛树脂中含有多苯基结构，受热燃烧可缩合成芳构型炭，使其在受热后脱水固化、膨胀发泡形成的发泡炭层结构更加致密，

隔热作用效果更为优良[4]。

表6和表7表明，添加改性剂后，材料的氧指数上升，水平垂直燃烧测试中材料不燃，等级达到FH-1和FV-0级，这说明了改性剂与膨胀阻燃体系有较好的协同阻燃作用。这主要是因为硼酚醛树脂结构中含有的硼酸酯键键能高且热稳定性好，其在高温下也具有高残余量。FB在800℃时依然有32.23%的高残余量。另外，加入环氧树脂可使炭层相对增厚，而增厚的炭层又可有效保护内部的聚合物，使得材料在发生燃烧反应时所需要的氧气含量就会增加，因此，材料的氧指数增大。此外，一方面硼酚醛树脂燃烧时形成的芳构型碳，使燃烧时可燃性气体产量减少；另一方面硼元素的存在也使得卷材在裂解反应中能够形成结构更加致密的玻璃碳，玻璃碳覆盖在聚合物的表面，阻碍链锁反应的进行，降低材料的燃烧速率，从而起到抑制燃烧反应的作用[5]，提高了材料的阻燃性能。

在烟密度测定实验中，观察到：添加改性剂的试样经火源灼烧30s后出现火焰，75s时熄灭，且添加改性剂后安全出口变模糊的时间出现延长。实验得出加入改性剂后，试样的最大烟密度及烟密度等级都降低，这说明改性剂能够有效抑制CDM/AMP体系防火卷材在受热燃烧过程中烟气的产生。这可以归因于改性剂中的硼元素在高温下生成结构致密的氧化硼，覆盖在试样表面，从而减少了烟气的生成[6]。

4 结论

本文为进一步提高以CPE/EPDM为基料、APP/MEL/PER为膨胀阻燃体系的钢结构防火卷材的各类性能，利用硼酚醛树脂/环氧树脂对其进行改性研究，经过各项性能指标的测试和分析得到以下结论：

（1）经硼酚醛树脂/环氧树脂改性的CDM/AMP体系防火卷材，可在一定程度上使耐火时间延长。

（2）硼酚醛树脂/环氧树脂比例为1：1，添加量为30%时，防火卷材耐火时间最长，有效改善其耐火性能。

（3）经硼酚醛树脂/环氧树脂改性的CDM/AMP体系防火卷材，其水平垂直燃烧等级提高，极限氧指数达到28.8%，垂直燃烧等级由FV-1升为FV-0。最大烟密度值由99.0降至68.75，烟密度等级从68.20降为50.17。硼酚醛树脂/环氧树脂提高了CDM/AMP体系防火卷材阻燃性能，具有明显抑烟作用。

参考文献

[1] 刘超峰，张建州．国内钢结构用新型防火材料的专利进展［J］．新型建筑材料，2005（12）：33.

[2] 方强．钢结构防火设计和保护［J］．钢结构，2007，4（16）：43-44

[3] 周俊伟．钢结构防火卷材制备及性能研究［D］．河北：中国人民武装警察部队学院，2015.

[4] 饶舟，王焕，干泉，黄毅萍，许戈文．硼酚醛改性阻燃水性聚氨酯的制备及表征［J］．涂料工业，2012，42（12）：10-15.

[5] F. Montezin，J. M. Lopez Cuesta，A. Crespy and P. Georlette. Flame Retardant and Mechanical Properties of a Copolymer PP/PE Containing Brominated Compounds/Antimony Trioxide Blends and Magnesium Hydroxide or Talc［J］．Fire and Materials，1997（21）：245-252.

[6] T. J. Shields，G. W. H. Silcock，A. Z. Moghaddam，M. A. Azhakesan and J. Zhang. A Comparison of Fire Retarded and Non-Fire Retarded Wood-based Wall linings Exposed to Fire in an Enclosure［J］．Fire and Materials，1999（23）：17-25.

水性透明膨胀型防火涂料的制备与性能研究

王粤刚　徐保峰　陈钢华　王文业　何　才　刘　翔

（广东百安环保新材料有限公司，广州）

摘　要　以部分甲醚化氨基树脂为成膜物，柔性酸式磷酸酯树脂为固化剂，助剂，与填料复配，制备一种水性透明膨胀型防火涂料。采取大板燃烧法来观察分析漆膜阻燃性能。分析结果表明：加入滑石粉，玻璃粉，氮化硅填料使漆膜的剩炭率，炭层的致密度，高温抗冲击性，抗氧化性，以及耐水性得到改善.

关键词　水性膨胀型透明型防火涂料　部分甲醚化氨基树脂　柔性酸式磷酸树脂　滑石粉　玻璃粉　氮化硅

1 引言

近些年来，随着国家环境保护法律法规的实行以及大家对健康的认知水平提高，水性涂料和粉末涂料逐渐成为涂料市场行业需求的首选涂料品种。水性膨胀型透明型防火涂料是在水为分散介质中以部分甲醚化氨基树脂为成膜物，柔性酸式磷酸酯树脂为固化剂，阻燃剂，助剂，与填料复配制成的环境友好型涂料[1]。水性膨胀型透明型防火涂料因其起到防火隔热性能以及保护基材的同时呈现基材本身独特的纹理，从而被广泛应用于高档家具，古建筑，高层建筑装饰材料等方面[2]。柔性酸式磷酸酯具有独特的低烟环保有点，以其与部分甲醚化氨基树脂，改性环氧树脂等复配制得水性透明膨胀型防火涂料[3]。部分甲醚化氨基树脂作为成膜物，以其附有炭源，氮源，环保，装饰便捷等特点被关注。由于其类水性透明防火涂料存在阻燃效率低和抗开裂性差的问题，没能满足实际应用需求。为了提高其类水性透明膨胀防火涂料的阻燃效率和柔韧性，采用柔性酸式磷酸酯树脂复配，以及加入填料来提高漆膜的抗开裂性和阻燃性能[4]。滑石粉能够改变涂料的特性，让其具有更好的光泽性，附着力，柔软性，耐水性，耐火性，其能够使水性透明膨胀型防火涂料性能得到提升[5]。玻璃粉拥有独特的透明性能的同时也可以提高漆膜抗开裂性与阻燃时高温抗冲击性[6]。氮化硅具有良好的抗热震性能，抗弯强度，以及在高温分解中产生氮气使水性透明膨胀防火涂料得到更好的阻燃效果[7]。

2 实验部分

2.1 主要原材料

部分甲醚化氨基树脂，385，氰特；柔性酸式磷酸酯树脂，855，科莱恩；滑石粉，9242，鑫达；玻璃粉，600，微纳；氮化硅，31，源沁；聚乙二醇，200，陶氏化学；气相二氧化硅，A380，赢创；纳米硅，132，康迪隆；消泡剂，810，迪高；分散剂，BYK-190，毕克；增稠剂，299，德谦；助溶剂，乙二醇单丁醚，二丙二醇甲醚，陶氏化学；山梨醇，70，卓畅化工；PH 调节剂，二甲基乙醇胺，陶氏化学；去离子水，自制。

2.2 主要仪器

分散机，BGD750/2，标格达；电子天平，ES5000，天津市德安特传感技术有限公司；喷枪，W71，岩田；光泽仪，BGD583，标格达；游标卡尺，DL91150，得力；附着力测试仪，SISI，艾普计量仪器有限公司。

2.3 水性透明膨胀型防火涂料制备

水性透明膨胀型防火涂料分为两个组分：A 组分和 B 组分，主要配方见表 1。

表 1 水性透明膨胀型防火涂料参考配方

组分	工序	序号	名称	W/%
A 组分	配料分散	1	去离子水	1~7
		2	氨基树脂	40~55
		3	分散剂	0.1~0.8
		4	消泡剂	0.1~0.6
		5	气相二氧化硅	0.2~0.6
		6	纳米硅	5~8
		7	聚乙二醇	1~8
		8	助溶剂	1~8
	高速分散	9	滑石粉	0.1~1
		10	玻璃粉	0.1~1
		11	氮化硅	0.1~1
	调粘	12	山梨醇	1~6
		13	PH 调节剂	0.05~0.2
		14	增稠剂	0.2~0.5
		15	去离子水	1~6
B 组分	配料分散	1	去离子水	10~20
		2	磷酸酯	80~90

A 组分制备工艺：将去离子水，分散剂，消泡剂，助溶剂，树脂放入分散缸中，边搅拌边加入填料，按照转速为 700~1000r/min 分散均匀后，进行高速分散转速为 1800~2500r/min，至细度≤90μm，最后剩下的山梨醇，PH 调节剂，增稠剂和去离子水边搅拌加入分散缸中，调整黏度为 130±5KU，分散均匀后，进行包装。

B 组分制备工艺：将磷酸酯固化剂和去离子水放入分散缸中分散转速为 700~1000r/min，分散均匀进行包装。水性透明膨胀型防火涂料按 A 组分：B 组分=3：2 比例进行配置。

2.4 样板制备

选用试件基材，试件基材尺寸为 150mm×70mm×1mm，用酒精对试件基材进行擦拭除油，将 A 组分和 B 组分按照比例调配混合均匀后，用去离子水调至需要施工粘度，过滤后倒入岩田 1.5mm 口径喷枪进行喷涂，以试件基材为单面涂覆，涂覆均匀，湿涂覆比值为 500g/m^2，喷涂完成后将样板放置在温度为（23±2）℃，相对湿度为 50%±5%的环境进行固化。

2.5 性能测试

将养护好的样板进行中各项性能测试。

2.5.1 附着力测试

将试样板涂漆面朝上固定在试验台上，使转针的尖端接触到漆膜，如划痕未露底材，从小到大添加砝码，按顺时针方向均匀摇动摇柄，转速控制在 80r/min-100r/min 范围内，当划出的圆滚线划痕达到标准图长（7.5±0.5）cm 时，停止试验，取出试样板，用软毛刷除去划痕上的漆屑，在自然光下，观察划痕上位置来判断测试等级。

2.5.2 耐冲击性测试

将试样板放置垂直于重锤的下方，将固定质量的重锤从一定高度降落，冲击冲头，使漆膜和底材产生变形，通过逐渐增加重锤降落的高度，测出漆膜经常出现破损的数值点。

2.5.3 膨胀倍数测试

将试样板固定好使用喷枪进行灼烧，直到炭层膨胀高度不再发生变化，测量燃烧后的膨胀高度与燃烧前的漆膜厚度的比值为膨胀倍数。

2.5.4 耐燃时间测试

将试样板固定于铁架台上，漆膜表面朝下，使用喷枪对着漆面进行灼烧，使贴在试样板背面的温度测量仪，当温度达到 600℃时记录时间为耐燃时间。

2.5.5 耐水性测试

将试样板投试前用 1：1 的石蜡和松香混合物封边，封边宽度 2~3mm，在玻璃槽中加入去离子水，把温度调为（23±2）℃，并在整个试验过程中保持该温度，将三块试样板放入其中，并使每块试样板的长度的 2/3 浸泡于水中，浸泡时间结束后取出试样板，用滤纸吸干，观察漆膜表面是否有起皱，脱落现象。

2.5.6 其他性能测试

根据 GB/T 12441—2018《饰面型防火涂料》中对水性透明膨胀型防火涂料的性能进行耐冷热循环性等测试。

3 结果与讨论

3.1 填料对涂层性能影响

除了成膜物和固化剂，研发高固含，低 VOC 水性涂料的关键点在于填料的选择和搭配，首先选择低密度，低吸油量，高流动性的填料，在理论中进一步筛选出对涂层性能有益的填料，从而既可以达到降低体系粘度和提高固含量，又不影响涂层测试性能。

3.1.1 低黏型片状滑石粉添加量对涂料性能的影响

滑石粉作为水性涂料中的一种常规型填料，片状结构吸油量比纤维状结构要低，本次研究观察低粘型片状滑石粉添加量对水性透明膨胀型防火涂料的性能影响。滑石粉用量对水性透明膨胀型防火涂料的性能影响见表 2。

表 2 滑石粉用量对水性透明膨胀型防火涂料的性能影响

方案	1	2	3
滑石粉/g	0.1	0.5	1
附着力/级	3	1	1
耐水性/h	19	24	26
膨胀倍数	100	86	78

由于表 2 结果可以看出，滑石粉的用量对水性透明膨胀型防火涂料的性能有着不同程度的影响，滑石粉用量过少出现附着力下降，随着滑石粉的用量增加而附着力，达到一定量时对附着力性能影响不变。滑石粉的用量对耐水性和膨胀倍数影响很大，耐水性随着滑石粉的用量增加而增加耐水时间，反而膨胀倍数随着滑石粉的用量增加而降低。

3.1.2 玻璃粉的添加量对涂料性能的影响

玻璃粉作为水性透明涂料中一种广泛应用的填料，本次研究观察玻璃粉添加量对水性透明膨胀型防火涂料的性能影响（见表 3）。

表 3 玻璃粉用量对水性透明膨胀型防火涂料的性能影响

方案	1	2	3
玻璃粉	0.1	0.5	1
附着力/级	2	1	1
耐火时间/min	15	19	17
膨胀倍数	105	91	88

玻璃粉用量对水性透明膨胀型防火涂料的性能影响结果见表 3。由表 3 可知，在不影响涂膜的光泽和透明度的同时，随着玻璃粉的增加水性透明膨胀型防火涂料附着力越好，耐火时间随着玻璃粉用量过多反而下降，膨胀倍率随着玻璃粉的用量增加反而降低。

3.1.3 氮化硅的添加量对涂料性能的影响

氮化硅作为耐火材料中一种常规型填料，在水性涂料应用相对于比较少，本次研究观察氮化硅的添加量对水性透明膨胀型防火涂料的性能影响（见表 4）。

表 4 氮化硅用量对水性透明膨胀型防火涂料的性能影响

方案	1	2	3
氮化硅	0.1	0.5	1
附着力/级	2	1	1
耐火时间/min	15	17	20
炭层状态	炭层致密，碳化较快	炭层致密，碳化较慢	炭层致密，碳化很慢

由表 4 可知，氮化硅的用量对水性透明膨胀型防火涂料的性能有着不同程度的影响，氮化硅用量过少附着力下降，随着氮化硅的用量增加耐火时间增加，炭层致密性以及碳化速率随着氮化硅的增加反而越好。

3.2 防火涂料性能

水性透明膨胀型防火涂料的性能按照 GB/T 12441—2018《饰面型防火涂料》进行测试实验，表 5 为测试结果。

表 5 饰面型防火涂料的性能测试结果

测试项目	标准	测试结果
在容器中的状态	经搅拌后呈均匀状态，无结块	搅拌后呈均匀状态，无结块
附着力/级	≤3	1
柔韧性/mm	≤3	1
耐冲击性/cm	≥20	50
耐水性/h	经 24h 试验，涂膜部起皱，不剥落	经 24h 试验，涂膜部起皱，不剥落
耐湿热性/h	经 24h 试验，涂膜部起皱，不脱落	经 24h 试验，涂膜部起皱，不脱落
耐燃时间/min	≥15	17

4 结语

本实验研究填料对水性透明膨胀型防火涂料的性能的影响，主要结论如下：

（1）随着滑石粉的添加量增加，水性透明膨胀型防火涂料的耐水性能也随之提升，以及附着力也随之提升，但膨胀倍数随之下降。

（2）玻璃粉的添加在不影响光泽度和透明性，随着玻璃粉的增加水性透明膨胀型防火涂料附着力越好，在一定的程度上延迟耐火时间，但膨胀倍数随之下降。

（3）氮化硅的用量对水性透明膨胀型防火涂料的性能有着不同程度的影响，氮化硅用量过少附着力下降，随着氮化硅的用量增加耐火时间增加，炭层致密性以及碳化速率随着氮化硅的增加反而越好。

（4）水性透明膨胀型防火涂料中的分散介质物为水，替代传统的溶剂型防火涂料，实现低 VOC，对环境以及人的健康友好，实现国家绿色可持续发展。

（5）本实验所制备的水性透明膨胀型防火涂料的各项性能均满足 GB/T 12441—2018《饰面型防火涂料》的要求，其具有炭层强度高，膨胀倍数高，安全环保等优点。

参考文献

[1] 于云鹏．氨基树脂基透明膨胀型阻燃涂料的制备及性能研究［D］．东北林业大学，2023.000521.

[2] 张泽江，覃文清，李风，唐二明，等．古建筑防火保护研究现状［J］．消防技术与产品信息．

[3] 郑慧，张伟，朱超男．磷酸酯膨胀型透明防火涂料研究进展［J］．辽宁化工，2023.05.016.

[4] 王宝群，王勇，宋志强，任建华，牛旺．水性透明膨胀阻燃剂合成最新研究进展［J］．涂料工业．

[5] 徐志胜，谢晓江，颜龙，等．滑石粉在膨胀型透明防火涂料中的协效阻燃和抑烟作用［J］中南大学学报（自然科学版），2020，51（4）：912.

[6] Bi 系低熔点玻璃粉对无机超薄膨胀型钢结构防火涂料性能的影响研究［J］．化工新型材料，2019，47（03）.

[7] 黄李晓研．ATRP 法改性氮化硅纳米粉体及其复合涂料的制备和性能研究［D］．武汉理工大学，2018.

基于 Citespace 的电缆阻燃技术研究可视化分析

王　雪

（中国人民警察大学研究生院，河北　廊坊）

摘　要　从近年来的大型火灾事故统计可以认识到电缆阻燃的重要性。研究电线电缆及其阻燃技术，对于防止火灾蔓延、减少财产损失和保障生命安全都具有重要意义。为此，本文通过以中文知网（CNKI）中 2014~2024 年 410 篇有关电缆阻燃技术研究论文为研究对象，利用 CiteSpace 软件，通过文献共被引分析、关键词共现分析和突现词探测等方法系统梳理了电缆阻燃技术研究领域的知识基础、发展脉络、研究现状和当前热点。研究结果表明：电缆阻燃技术问题在多个交叉学科已开展了广泛的研究，形成了多个研究团体，并产生了多个有影响力的研究机构。低烟无卤阻燃线缆的相关研究成为电缆领域的研究热点。

关键词　电缆　阻燃技术　阻燃材料　无卤阻燃

1　引言

随着城市建设的不断发展，电缆的使用量也在日益增加。有关部门统计，电气必灾约占全国总火灾的 1/3，而电线电缆引起的火灾达到了 50%，有些城市甚至更高[1]。由于电缆通道空间紧张，国内电缆通常多回路密集敷设，当电缆存在线芯过热、接头电阻增大，电弧故障或外部热源时，可能引发火灾，最终导致严重的生产事故[2]。而电缆火灾一旦发生，将会影响城市的正常运行秩序。严重时可能引起区域失电，供电难以恢复。因此，从火灾学基础知识引燃机理和阻燃技术的角度出发，结合近十年来关于电缆阻燃技术的研究，分析阻燃技术在电力电缆领域的知识基础、发展脉络、研究现状和当前热点。最终总结出应用阻燃技术防范电缆火灾的有效方法。

1.1　电线电缆的火灾危险性

火灾发生快，难以控制。电缆一般是由多根或多组导线绞合而成，每组导线之间相互绝缘，并常围绕着一根中心扭成，导线外面整个被包有高度绝缘的覆盖层，其特点是内通电，外绝缘的特征[3]。通常，电缆一旦起火会以爆燃的燃烧形式迅速燃烧，火势顺着电缆线蔓延，形成线型燃烧。若多层线缆、线路相互叠加，则会产生立体燃烧。一旦电缆井、综合管廊内的电缆发生爆燃，即使断电也无法将火势控制住。因为电缆燃烧是首先是电缆外部的绝缘层着火，火势将会迅速蔓延，引燃重叠放置的邻近电缆。又因电缆井等内部空间狭小，火灾时产生的烟气无法及时排出，空间内温度急剧上升，加速了火势的蔓延。

火灾产生的高温有毒烟气对人员构成了极大的生命威胁。由于电缆井中的电缆在隧道中纵横交错，纵深距离长，火灾危险性大。一旦发生火灾，烟尘很快就会充斥整个通道，即使在着火后机械排烟系统启动工作，进行排烟，也很难将有毒气体及时排出。发生火灾时环境温度可达到 600~800℃，使电缆钢架熔化，使线芯烧成球状。由于管道内部通道狭窄，火灾烟雾不能及时排出，不但会对电力系统造成损坏，而且会引起有关电气设备的短路，对人身安全构成直接的威胁，而且很容易引起火灾人员的中毒和死亡。

扑救难度大。目前，我国 10kv 以下的 PVC 塑料电缆已得到了广泛的使用。PVC 塑料不仅容易老化，还容易着火。在燃烧的过程中，会产生大量的有毒气体，包括氯化氢、一氧化碳等，发烟量大。所以，一旦发生火灾，就很难进行消防救援。同时，在火灾发生时，温室内的氢气会从各个缝隙中逸散出来，这些气体在潮湿的条件下形成稀盐酸，腐蚀电器、电源、控制和保护屏幕，从而导致设备和接线回路的绝缘性能下降。对电力设备的安全运行构成了威胁和影响。这就是在电缆火灾中产生的“二次损害”。消除“二次损害”是一件非常困难的事情，而且经常被忽略。

造成严重的损失。电缆起火，往往引起重大火灾，不但会造成大量的线缆和其它电气设备的损坏，还会造成整个线路故障的严重影响。无论是在日常生活，还是各个行业，都离不开用电，如果停电，就会导致人们的正常生活受到影响，或是大量的工厂停工停产，造成巨大的经济损失，如果火灾中引发其他设备爆炸，后果和损失不堪设想。

1.2　电线电缆的火灾危险性

火灾衍生“二次损害”。火灾产生的气体遇水形成具有腐蚀性的稀盐酸，使电线和电缆等的绝缘性能迅速下降，将会造成短路等二次电气事故的隐患，造成更大的经济损失。

火灾风险具有分布性、持续性和隐蔽性。电缆分布广泛，长期连续运行，一般都敷设在电缆沟、电缆井内，在火灾发生的初期很难被人们察觉。

火势蔓延速度快。一旦起火，电缆上的绝缘材料熔化、燃烧，并引燃附近的易燃物，形成线型燃烧和立体燃烧。

2　研究方法与数据来源

2.1　研究方法

CiteSpace 软件是一种知识图谱工具，它利用可视化的方法，对所研究的知识结构、发展规律和分布进行了描述[4]。本文采用文献统计方法，以 CiteSpace6. 1. R3. （64-bit）为工具，通过对关键词、作者、研究单位进行共现处理，来了解电缆阻燃技术研究领域的发展历程、研究热点和研究前沿。[5]

2.2　数据来源

本文以中国最大的数据检索机构（库）中国知网（CNKI）为数据来源，利用高级检索方式检索中文期刊，检索有关电缆阻燃技术为研究内容的论文，发表日期为 2014 年 1 月 1 日至 2024 年 1 月 1 日。为了提高数据质量，人工去

作者简介：王雪，女，中国人民警察大学硕士研究生在读，主要从事建筑防火设计及建筑防排烟设计研究。

除与防火领域无关的文章和重复数据后得到有关电缆阻燃技术研究领域的论文 410 篇。

3 结果分析

3.1 发文量分布

近十年有关电缆阻燃技术问题的发文量情况如图 1 所示，显示了对于电缆阻燃技术方面研究的基本趋势[6]，从图 1 可以看出电缆阻燃技术方面研究在我国经历了初期认知、快速增长、处于平稳三个阶段。2013~2014 年间，发文量总体呈现上升趋势，在此期间电缆阻燃技术的研究进入快速增长阶段。2016 年达到发文量的峰值。自 2016~2021 年每年的发文量趋于平稳。我国第一篇大空间建筑排烟研究的期刊论文是发表于《电线电缆》的《日本的几种电缆防火工程材料》，主要介绍了日本的几种电缆防火工程材料，着重介绍其阻燃机理、性能指标、适用场合和使用方法[7]。在 2016~2021 年间发文量趋于平稳，说明在此阶段电缆阻燃技术方面的研究已相对成熟。

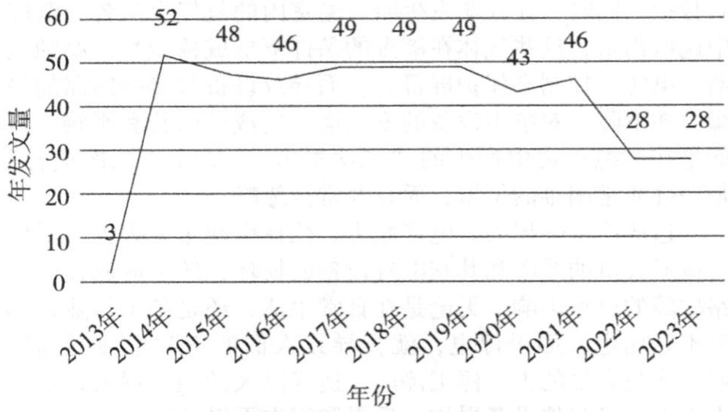

图 1 电缆阻燃技术相关论文年发文量情况

3.2 关键词分析

在 CiteSpace 软件中将节点类型（Node Types）选中关键词（Keyword），运行程序则生成关键字共现图谱，如图 2 所示。结点的颜色和字体的大小表示了关键词的出现频率。电缆阻燃技术研究共现图谱中，关键词出现频率前十分别为（括号代表出现次数）：阻燃（67）、阻燃电缆（36）、电缆（35）、电缆料（31）、电线电缆（27）、无卤阻燃（27）、阻燃性能（20）、低烟无卤（19）、制备方法（15）、高阻燃（13）。从图 2 可以看出，近年来对于电缆阻燃技术研究问题，大家主要关注的电缆类型为电线电缆、电力电缆、耐火电缆、中压电缆，运用火灾学基础知识分析材料的燃烧性能、耐火性能。早期人们通过在电线电缆制造过程中添加一定量的含卤素阻燃剂或使用聚乙烯和锑系阻燃剂来达到阻燃的目的[8]，但是由于卤素阻燃剂在燃烧过程中会产生大量的有害气体，这些有害气体会在人们逃亡和救援过程中造成二次伤害，严重时还会导致人的窒息死亡[9]。低烟无卤阻燃线缆的大量应用逐渐成为趋势，相关研究成为电缆领域的研究热点[10]。

3.3 作者群体分析

利用 CiteSpace 软件生成近十年电缆阻燃技术研究领域，相关发文作者之间的合作关系图谱，见图 3。图中作者名字大小代表发文数量的多少，各节点间的连线代表二者具有合作关系，不同的线条颜色代表不同的合作年份。从图中可以看出，在 2014~2024 年间出现了多个科研合作团队，并产出了相当规模的研究成果。形成了以包光宏、孙建生、侯欣鹏、张佳庆等为代表的多个研究团队。发文多的是赵敏学者，而且近年来对于电缆阻燃技术方面研究的合作团队越来越多，团队之间的合作关系越来越紧密。

3.4 发文机构分析

利用 CiteSpace 软件生成近十年电缆阻燃技术研究领域，相关发文机构之间的合作关系图谱。其中共包含 227 个研究机构和 131 对合作关系，见图 4。由图谱可知，发文机构主要有设立高分子材料、消防工程、电气工程学科的高校、各省市的消防救援队伍、电缆公司、建筑研究院和消防研究院。从图中可以看出发文较多的机构有哈尔滨理工大学、中国建筑西南设计研究院有限公司、安徽华菱电缆集团有限公司、上海电缆研究所、扬州大学、合肥工业大学、中国人民武装警察部队学院。近年来对于电缆阻燃技术研究形成了多个研究机构团体，其中还包括公司、研究院和高校之间的合作团体。

突现词是指在某一时间段内，使用频率较高或被引频次突然增多的关键词。

4 研究前沿

突现词是指在一定时期内，使用频率较高或者被引频次突然增加的关键词，能够反映一定时期，某个研究领域中的

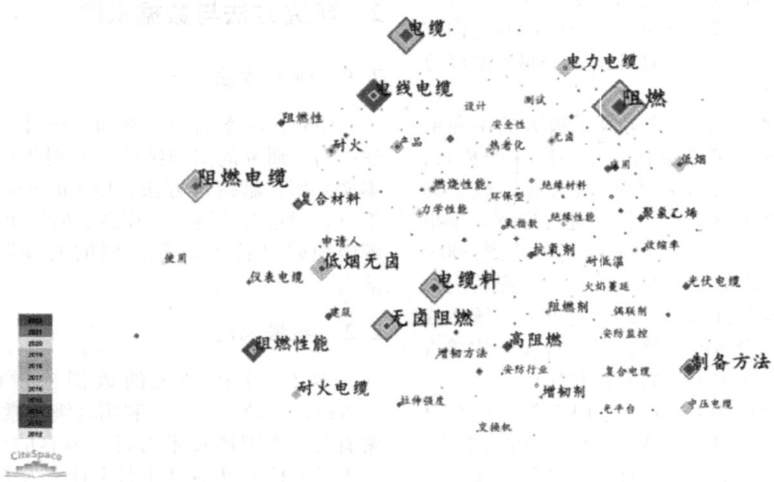

图 2 电缆阻燃技术关键词共现图谱

图 3 电缆阻燃技术相关论文作者合作关系图谱

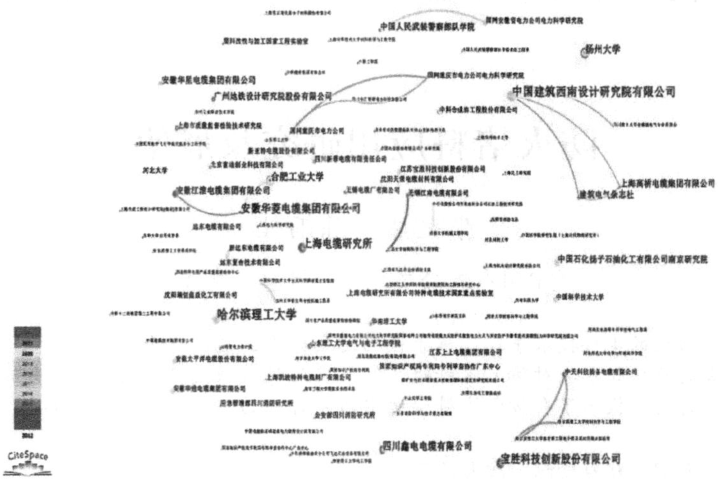

图 4 电缆阻燃技术研究机构合作图谱

热点及发展趋势。掌握最新的研究前沿，可以了解本领域的最新动态及问题焦点，找出问题与缺陷，为下一步的研究提供思路。利用 Citespace 软件，基于关键词的聚类图谱，通过将参数设置为“Burst-ness”，可以获得一个关键词的突出图（见图 5）。图 5 可以用来反映该时间段内电缆阻燃技术研究领域的前沿和趋势，从关键词突现图谱可以看出，近几年电缆阻燃技术的相关重点主要放在材料的阻燃性能和热释放，以及主要针对的是由于热老化原因引起电缆火灾问题。

Keywords	Year	Strength	Begin	End	2014—2024
电线电缆	2016	3.09	2016	2020	
聚烯烃	2017	2.16	2017	2019	
低烟	2014	2.06	2018	2020	
电力电缆	2014	2.03	2019	2020	
氧指数	2017	1.54	2019	2024	
热释放	2020	1.7	2020	2022	
阻燃性能	2017	6.14	2021	2024	
控制电缆	2014	1.23	2021	2024	
聚乙烯	2022	2.17	2022	2024	
热稳定性	2020	1.48	2022	2024	

图 5 电缆阻燃技术关键词突现图谱

5 结论

根据从中国知网（CNKI）中获取近十年电缆阻燃技术研究的相关文献，对发文量、作者、研究机构和关键词等方面进行知识图谱分析，得出以下结论：

（1）从发文量角度看，我国电缆阻燃技术研究从 2014 年起，国内的电缆阻燃技术的研究经过了一个初期认知、快速增长、处于平稳的三个时期，论文发表数量在 2016 年达到峰值。

（2）赵敏、严淑芬、李建喜、包光宏、唐勇等是缆阻燃技术研究领域的高产作者，并且形成了多个缆阻燃技术研究合作团体。近年来对于电缆阻燃技术研究形成了多个研究机构团体，其中还包括公司、研究院和高校之间的合作团体。哈尔滨理工大学、中国建筑西南设计研究院有限公司、上海电缆研究所、合肥工业大学等为电缆阻燃技术研究中有影响力的研究机构。

（3）电缆阻燃技术研究的热点主题包括无卤低烟阻燃电缆、辐照交联聚乙烯绝缘聚烯烃护套无卤低烟阻燃、高压电缆、中压电缆、燃烧性能、阻燃性能等。近几年，通过研究电缆阻燃材料中常用阻燃剂种类及其阻燃机理，低烟无卤阻燃线缆的相关研究成为电缆领域的研究热点。

参考文献

[1] 公安部消防局．消防年鉴 2017 [M]．北京：中国电力出版社，2017.

[2] ZEILINGER A.，WEIHS G.，JENNEWEIN T.，ASPELMEYER M.，Nature [J]. 2005（433）：230.

[3] LUCAS R. Europhysics News [J] 2001（31）.

[4] IACHELLO F，Arima A. The interacting boson model [M]. Cambridge：Cambridge University Press，1987.

[5] 公安部消防局．消防年鉴 2017 [M]．北京：中国电力出版社，2017.

[6] 郭佳银．电力电缆火灾风险评估及在线监测系统研究 [D]．中国矿业大学，2022.

[7] 郝振昆，刘安畅，周菲．电缆隧道消防安全管理问题及对策研究 [J]．中国电力企业管理，2020（32）：76-78.

[8] 陈悦，陈超美，刘则渊，等．CiteSpace 知识图谱的方法论功能 [J]．科学学研究，2015，33（2）：242-253.

[9] 林媛．基于 CiteSpace 的 FDS 火灾模拟知识图谱分析 [J]．武警学院学报，2020，36（08）：15-19.

[10] 向月，陈悦，钱一诺，秦毅．基于 CiteSpace 的火灾风险评估研究知识图谱分析 [J]．消防科学与技术，2022，41（04）：486-490.

[11] 李翔忠．日本的几种电缆防火工程材料 [J]．电线电缆，1987（03）：38-42.

[12] Moon Youngseob，Jeong Yonghoon. Analysis on Fire-Retardant Performance of non-Class 1E Cables Depending on the Ambient Temperature Condition Surrounding the Facilities for Flame Test of Cables [J]. Nuclear Technology，2022，208（9）.

[13] Hitachi Metals Ltd.; Patent Application Titled "Non-Halogen Flame-Retardant Insulated Electric Wire And Non-Halogen Flame-Retardant Cable" Published Online（USPTO 20190096544）[J]. Chemicals & Chemistry，2019.

[14] 胡金平．PE 基低烟无卤阻燃电缆材料的制备与性能研究 [D]．合肥工业大学，2021.

防火堵料应用研究及展望

张之然　陈雨佳

（中国人民警察大学，河北　廊坊）

摘　要　防火封堵是建筑防火的重要技术手段，属于被动防火体系，能防止火灾和烟气在建筑物内部蔓延，对于减少火灾事故造成的损失具有重大的意义。本文对防火堵料的研究及其几种常用的产品特点、电缆孔洞和幕墙间隙防火封堵的使用场景以及工艺现状进行了讨论，提出了在防火堵料领域中研究存在的不足，并对其产品研发和领域研究提供一些新的思路和方法。

关键词　防火封堵　贯穿孔洞　建筑缝隙　防火产品

1　引言

现代建筑复杂性和集成化性越来越高，各种管道会从建筑物的墙体或者楼板通过，如电缆管、燃气管道、给排水管道等，会在墙体及楼板留下各种贯穿孔口，或者楼板与墙体、墙体与墙体等之间形成的建筑缝隙。一旦发生火灾，火焰与烟气往往会迅速蔓延，而防火封堵则可以有效对这些区域进行防火处理，对其产生遏制作用，表 1 为近些年统计的防火封堵典型火灾案例。

表 1　防火封堵未生效导致火灾扩大的案例

时间	地点	过程及结果
1971. 12	首尔大然阁饭店	建筑内未设有防火封堵措施，共有 164 人死亡，63 人受伤
1980. 11	美国米高梅大饭店	酒店一层发生大火，火灾并没有蔓延到建筑高层主体，然而建筑内的变形缝和大量竖向孔洞未做防火封堵，导致烟气在建筑物内部快速蔓延，最终 85 人丧生。
2000. 8	奥斯坦基诺电视塔	电缆贯穿楼板处未设置防火封堵，电缆着火后迅速上下蔓延，导致 6 人死亡，6 人受伤，俄罗斯全境电视台、通讯系统被迫中断。
2004. 12	重庆电信大楼	一楼二楼完全过火，由于三四层采取了防火封堵措施，火势顺着竖井蔓延到五楼
2009. 02	中央电视台	礼花弹爆炸后的高温残片引燃检修通道内壁的易燃材料，大火从顶部向下蔓延，而幕墙空腔未进行封堵，造成火灾迅速蔓延。
2009. 04	南京中环国际广场	与房间相通的空调检修孔洞的防火封堵失效，导致过火面积约 400m²

作者简介：张之然，男，中国人民警察大学研究生，河北省廊坊市安次区西昌路 220 号中国人民警察大学研究生一队。

陈雨佳，女，中国人民警察大学研究生，河北省廊坊市安次区西昌路 220 号中国人民警察大学研究生一队。

续表

时间	地点	过程及结果
2015.07	武汉市汉阳区紫荆嘉苑	电缆井的电气线路故障，遇难者死亡原因系居民吸入大量浓烟和电缆燃烧产生的有毒气体，7人死亡，12人受伤
2017.03	海口市世贸雅苑小区	第五层电缆井内电气故障，电缆井未封堵，3人死亡，10人受伤
2022.09	长沙电信大楼	外墙铝塑复合板幕墙竖向未进行防火封堵，导致数十层楼体燃烧剧烈

2 常见的防火封堵材料研究及其特点

防火封堵材料按照成分大致可分为无机及有机防火封堵材料、阻火包、阻火模块、防火封堵板材、泡沫封堵材料、多组分封堵材料、缝隙封堵材料、防火密封胶和阻火包带。

2.1 柔性有机堵料

柔性有机堵料又称防火泥，一般由有机合成树脂作为粘结剂，加上防火剂和无机填料，具有一定的柔韧性、长久不固化、可塑性等特点，被广泛应用到建筑管道和电缆的贯穿孔洞中。

（1）在其产品研发方面，陈栋梁[1]利用热膨胀防火技术，研发了一种膨胀倍率大于3倍，耐火时间大于240min的新型有机防火堵料——FSP无卤膨胀有机防火堵料，膨胀过后的阻火炭层可以将孔洞完全堵塞。而对防火堵料的膨胀倍率，卿婉丽[2]认为合适的膨胀倍率才是关键，高膨胀倍率形成的炭层强度较低，不能抵御热气流和管道受热后的挤压，产生破裂燃烧现象，反而会降低防火性能，这一参数在1.5~2.5之间较为合适。

（2）在其产品耐候性方面，杨佳庆[3]通过有机防火堵料实际使用3~8a的各项指标测试，将使用环境分为良好、一般和恶劣三个场景，得知了在恶劣环境下有机防火堵料5a后其耐火性能已经失去，需要更换。

（3）在其产品热解方面，卤素阻燃剂虽然具有良好的阻燃效果，但是其热分解易产生烟气和HCL等气体，不仅对人员生命安全造成伤害，还可能腐蚀其他设备，如金属器件等。李婷对某种柔性有机堵料的热分解气体进行分析，研究发现在热解温度700°时为主要的热解阶段，900°时，其有机堵料的残留质量仍有63.16%，具有一定的耐火性能，热解产物主要由CO_2和NH_3，还有部分少量的有毒气体C_6H_6、C_7H_8、COS、H_2S。谢卓衡发现，其热解气体产物大部分在受热辐射后10~75min时间范围内释放，并主要集中在30~50min时间范围内。[4-6]

2.2 阻火模块

常规的防火封堵材料有着质量大、强度低、危害环境等特点，而阻火模块则很好的弥补了以上缺点。阻火模块的外观与砖块类似，自带榫槽结构，施工后自锁，它有着较高的使用寿命、容易切割、机械强度高、重量轻便、防止虫鼠毁坏、耐火时间较长等特点，广泛应用在各类变电站工程中。

张秀娟[7]认为阻火模块这一产品的优势已经逐步被国内认可，如果生产成本降低，阻火模块将成为防火封堵的主力军。

2.3 模块化密封系统

模块化密封系统专为电缆孔洞设计，又称MCT，由金属框架、封堵模块、张紧块、隔板等组成，是一种预制件标准组件系统。相比于传统的封堵系统，它还具有防爆、抗震、电磁屏蔽等优点，此类产品非常适合变电站、核电站、近海和远洋行业等最恶劣的极端环境。

把电缆塞入可变内径的模块中，拧紧模块上的螺钉达到封堵电缆间隙的目的，模块化封堵除了在阻燃性上，在密封性、防爆性和寿命等方面远远优于传统封堵。并且由于系统内部的可变化内径模块，可以根据电缆的大小调整参数加强系统的密封性，有预留空间和备用模块，便于后期的拆卸扩容。整个体系采用专用的EMC模块，起到抗电磁干扰能力。

在水密性及其气密性方面，传统的防火封堵材料很难与墙体进行高强度的化学连接，加上老化作用，容易造成间隙，火灾发生时，其密封性能大打折扣，而模块化封堵系统则很好解决这一点。[8-10]

3 常见的防火封堵应用现状

3.1 电缆防火封堵的应用

电缆通过竖井、水平井和桥架等方式穿过防火分隔，留下贯穿孔洞，而电缆燃烧时又产生大量烟雾，有必要对这些位置进行封堵。李翔忠提出在孔洞位置使用堵料或矿渣棉能控制火灾范围，然而单一的封堵材料均有弊端，比如无机堵料封堵难以拆卸，岩棉封堵无法隔烟，有机堵料适用于小于$100cm^2$封堵，所以有必要使用多种材料组合方案。[11]

李引擎[12]针对电缆井提出了使用耐火枕和有机堵料的双元封堵方案，除了阻火防烟，还兼顾电缆散热的作用。张泽江[13]则对不同面积的孔洞封堵提出了要求，孔洞面积小于$1m^2$时使用无机和有机堵料组合，反之则使用耐火包和有机堵料组合。徐志明[14]认为现阶段被动防火体系中标准不一，应该根据耐火极限确定防火封堵等级，再根据等级确定相应的防火封堵方案。孙仁春[15]针对当前传统防火封堵方法的不足之处，根据电缆防火封堵的8种使用场景，从工程的防火分隔点设置、防火材料的选用、施工步骤和方法及施工工艺标准4方面进行了详细说明。

传统的电缆防火封堵工程采用防火包、无机堵料和有机堵料，然而防火包组成的防火墙在施工、防潮、耐腐蚀、防止鼠咬虫蛀以及寿命等方面存在诸多问题，速固型无机堵料不宜拆卸和电缆扩容，各类场景的特殊需求对电缆防火封堵的设计提出了更高的要求。

钟伟华[16]针对高压直流换电站复杂的电磁环境提出应用Roxtec模块，它具有良好的封堵性能，不仅能屏蔽电缆输出过程中的电磁，还能扩容改造。地铁处于一个密闭、车辆频繁振动、湿度大、检修困难、隧道内无电缆阻火隔断等环境的特殊性，郭孝忠[17]提出了使用泡沫型防火堵料和阻火模块，可以有效提高地铁防火的安全性和可靠性。邓俊[18]针对高层建筑的施工现状，指出阻火包、阻火模块、防火封堵板材和泡沫封堵材料的不同使用条件与优势，阻火包和阻火模块都可以满足在施工中电缆常变动的灵活需求，但是阻火模块有着更好的机械强度，并且耐火性能更高。防火封堵板材需要用工具固定和联结，且能起到装饰作用，而泡沫封堵材料则适用于小面积开口和突发状况。海上发电平台不宜使用干硬性封堵材料，因其抗震动性较差，肖立娟[19]提出使用弹性封堵材料的方案，一般可采用硅酮橡胶，有生物屏蔽和过大水压要求时采用高密度硅酮橡胶和MCT封堵。

3.2 幕墙间隙防火封堵的应用

玻璃幕墙是种常用的装饰性结构，而竖料相接时有可能会造成烟囱效应，杨萍[20]认为应对其空腔进行封堵，并且在因火受到热膨胀的骨架联接部位使用弹性的密封胶。

常用的幕墙封堵方法为用非燃性封堵材料，如镀锌铁皮内填充岩棉、防火密封胶作为幕墙和每层楼板、隔墙之间缝隙的填充物，然而岩棉会在高温作用下碳化失去防火能力，并且隔烟效果差。

王曲红[21]对现有防火封堵方式进行安全性分析，提出了新的解决方案，用电缆防火板作为支架，防火包填实靠板空隙，有机防火堵料再填实玻璃幕墙的接触面。此方案的防火封堵材料遇火膨胀率可达20%以上，能有效填补空隙，形成的耐火层耐火极限可达3h以上，耐火温度达1100℃以上，背火温度升高值在180℃以下，兼具保温、防水的特点[4]。

张苗[22]使用FDS模拟了不同宽度、位置下防火封堵对建筑外墙外保温系统火蔓延的影响，测试了防火封堵设计方案的防火性能，分析了防火封堵在外墙外保温系统火抑制作用的可行性[5]。

4 结论与展望

国内的防火封堵产品多集中于传统封堵模式上，而这些产品在可靠性和耐候性上要大打折扣。

（1）目前对于防火堵料的研究多集中在材料的研制和场景应用上，却很少有人研究堵料的耐候性问题，今后需要多关注防火堵料的使用寿命，在实际使用中防火堵料的性能何时失效，何时对防火堵料进行更换是一个亟需解决的问题。

（2）对防火堵料的寿命检测大多需要进行采样试验，这样可能会对堵料的结构和完整性产生一定的危害性，如何发明一种无损的检测方法，对堵料的性能耐候性检测起到重大的推进作用。

（3）国内防火封堵的性能多关注于耐火极限等指标，然而对一些其它性能指标，如隔音性、抗磁屏蔽、机械强度、绿色环保的研究还不够。

参考文献

[1] 陈栋梁，龚卿瑜，戴昱，等．热膨胀型系列防火封堵产品在建筑被动防火工程中的应用［J］．消防技术与产品信息，2004（1）：62-64.

[2] 卿婉丽．新型有机防火堵料的研制［J］．消防技术与产品信息，2013（3）：42-44.

[3] 杨佳庆．有机防火堵料使用寿命研究［J］．消防科学与技术，2013，32（7）：774-777.

[4] 李婷，张刚，谢卓衡，等．有机防火堵料热解烟气分析及安全性评价［J/OL］．化工进展，2021，40（7）：4108-4115.

[5] 李婷，韩子忠，谢卓衡，等．柔性有机堵料热解特性及产物研究［J］．消防科学与技术，2021，40（10）：1513-1516.

[6] 谢卓衡，张刚，韩子忠，等．模拟火灾中柔性有机堵料的热解性质及烟气研究［J］．中国安全生产科学技术，2022，18（7）：164-170.

[7] 张秀娟，林耀文．新型防火封堵材料——阻火模块［J］．消防技术与产品信息，2010，(03)：19+18.

[8] 陈会生．电缆穿舱件在海洋平台上的应用［J/OL］．船舶工程，2015，37（S2）：153-154+157.

[9] 马琰．模块化电缆密封系统在核电项目中的应用［J］．电工技术，2013（6）：24-25+71.

[10] 吴旭鹏，凤俊敏，周五洋．电缆穿墙密封系统在电力封堵行业中的应用［J/OL］．上海节能，2021（5）：515-521.

[11] 李翔忠．电力电缆防火技术综述［J］．电力技术，1987（8）：58-61.

[12] 李引擎，张新立，许海云．通讯电缆“竖井”与“水平井”的防火封堵技术［J］．消防技术与产品信息，1996（5）：12-14.

[13] 张泽江．电缆防火封堵施工方案探讨［J］．消防技术与产品信息，2000（2）：15-17.

[14] 徐志明．高层建筑的电气专业防火封堵探讨［J/OL］．工程技术研究，2016（7）：242-243.

[15] 孙仁春．电缆防火封堵技术方法研究［J］．电力安全技术，2016，18（5）：61-64.

[16] 钟伟华，谢龙，曾静．高压直流换流站电缆屏蔽及封堵措施［J/OL］．高电压技术，2008（3）：628-632.

[17] 郭孝忠．防火封堵材料在地铁中的应用和施工［J］．都市快轨交通，2012，25（3）：94-95.

[18] 邓俊，李冬，张琪，等．高层建筑施工中防火封堵材料的应用及火灾预防［J/OL］．材料保护，2021，54（4）：197-198.

[19] 肖立娟．海上发电平台电缆防火封堵研究［J/OL］．建筑经济，2020，41（S2）：328-330.

[20] 杨萍．玻璃幕墙的消防设计要求［J］．消防科学与技术，2005，(01)：67-68.

[21] 王曲红．幕墙防火封堵安全性分析及解决方案［J］．消防科学与技术，2010，29（01）：48-50.

[22] 张苗，宋文华，刘幸娜，等．防火封堵对建筑幕墙外保温系统耐火性能的影响［J］．中国科学技术大学学报，2015，45（9）：784-794.

火灾调查技术

视听资料与电子数据在火灾事故调查中的应用

张加伍

（临沂市消防救援支队，山东　临沂）

摘　要　视听资料是以录音带、录像带和其他科学技术设备储存的音像或者电子信息材料证明火灾事实的证据，电子数据是案件发生过程中形成的，以数字化形式存储、处理、传输的能够证明案件事实的数据，二者同属于重要的火灾调查证据，具备真实客观、可静可动、可回溯等特性，在法庭科学调查中具有无可替代的证明价值。通过分析和利用视听资料、电子数据，可以客观、真实地再现火灾发生、发展和蔓延的过程，为科学、准确地认定火灾原因提供线索和证据。在火灾事故调查实践中，应注重分析归纳、总结提炼视听资料、电子数据在工作中的运用。

关键词　视听资料　电子数据　火灾现场勘验　火灾调查　法庭科学

1　引言

火灾事故调查过程中提取的视听资料、电子数据均属重要的火灾调查证据，具有真实客观、可静可动、可回溯等特性，在法庭科学调查中具有无可替代的证明价值[1][2]。通过分析和利用视听资料、电子数据，可以客观、真实地再现火灾发生、发展和蔓延的过程，为科学、准确地认定火灾原因提供线索和证据。火灾事故调查应注重视听资料、电子数据在工作中的运用，如通过视听资料分析能够辨别嫌疑、定时定位、目标追踪等[2][12]。

2　视听资料的提取与应用

视听资料，是指以录音带、录像带和其他科学技术设备储存的音像或者电子信息材料证明火灾事实的证据[3]。

2.1　视听资料的提取

视听资料的收集提取应符合如下要求[3]：（1）收集视听资料应当调取原始载体。取得原始载体确有困难的，可以调取副本或者复制件，并同时附有不能调取原始载体的原因、复制过程以及原始载体存放地点的说明，并由复制件制作人和原视听资料持有人签名、盖章或者捺指印。（2）视听资料的载体，应当注明或在提取清单、提取记录或者有关笔录中记载火灾名称、视听资料主要内容、证明对象、内容录取或者复制的时间、地点、规格、类别、时长等，并妥善保管。由于载体的特殊性，应妥善保存，采取防止被剪辑、删节或意外灭失的措施。

2.2　视听资料的应用

通过分析和利用视听资料，可以客观、真实地还原火灾发生、发展和蔓延的过程，为科学、准确地认定起火时间、起火部位（点）和起火原因提供线索和证据[7][10][11]。

2.2.1　通过视频监控认定起火时间和火灾原因

2022年2月6日，山东省临沂市河东区某公司种植基地发生火灾，起火原因为烧荒引发。经现场勘验，过火区域涵盖农田和基地，火灾痕迹指向性不明显，且因嫌疑人拒不承认烧荒事实，原因调查一时陷于被动。经公安机关调取路口监控录像和嫌疑人家中的视频监控，初步确定了嫌疑人活动轨迹，但嫌疑人不承认农田中点火人员与家中视频人员为同一人，矢口否认其实施了点火烧荒行为。为此，调查人员将提取的监控视频送专业火灾物证鉴定机构进行分析鉴定，经对烧荒人员活动轨迹、人员特征等进行分析，得出了“同一人”和实施烧荒行为（如图1所示）的鉴定结论[4]。结合调查询问、现场勘验，确定了起火时间、起火部位、起火原因，从而准确认定了起火原因。

2.2.2　监控视频指明起火部位（起火点）

2022年4月20日，山东省临沭县一厂房着火，火灾造成该厂生产车间及室内物品、光伏设备等物品过火，无人员伤亡。经初步走访调查和现场勘验，能够排除人为纵火、自燃、遗留火种、用火不慎等可能，分析认为电气火灾原因可能性较大。经调取监控视频发现，火灾发生当日21时21分40秒许（监控显示时间）厂内设备动力柜处出现火光（如图2所示）。经对起火部位专项勘验，发现电源线路与电源控制柜铁质外壳发生电击穿，铁皮出现烧洞、变色、熔痕等，电气线路熔融、烧失；提取击穿部位（熔融呈合金状）送专业火灾物证鉴定机构检测，结论为电热熔痕。

2.2.3　通过视频监控锁定犯罪嫌疑人，固定相关证据

2022年9月19日，山东省费县一工厂发生火灾。经初步调查，起火原因疑为现场电焊作业产生高温焊渣引燃周围可燃物引发火灾，但现场电焊作业人员不承认曾在起火部位电焊作业。经对周边监控视频分析，能够在厂房顶部投射的阴影中发现，事发前有两名电焊工正在电焊作业（如图3所示）；视频慢放的镜头中记录了焊枪落下（如图3所示）的过程，从而锁定了施工人员，印证了违法施工行为和造成后果，从而将此案成功移送公安机关。

2.3　对视听资料的审查

根据法庭科学质证原则，应当对视听资料进行如下审查[3]：（1）合法性审查，如视听资料与火灾事实有无关联；视听资料的获得方式是否符合法律规定；提取人员是否是火灾事故调查人员；制作或收集时间、地点、过程、见证人等是否符合规定要求。复制件还应审查其来源和复制经过及与原件核对是否一致。（2）真实性审查，①制作视听资料的技术设备与软件是否保障真实性。②制作、存储或传递视听资料的方法是否保障真实性。③制作视听资料的过程是否保障真实性。④保管视听资料的过程有无可能造成信息失真的不当情形。⑤视听资料的内容是否存在内在矛盾、与其他证据是否相矛盾。⑥通过有关人员辨认审查真实性，必要时可采取委托技术鉴定审查真实性。（3）证明力大小的认定。①一

作者简介：张加伍，男，学士，1995年毕业于中国人民武装警察部队学院。现任山东省临沂市消防救援支队高级专业技术职务，一级消防指挥长，主要从事火灾事故调查工作。

图1　人员轨迹与特征分析（取自文献［4］）

图2　监控视频指明起火部位（起火点）（取自文献［5］）

图3　监控视频锁定犯罪嫌疑人和相关证据

般来说，视听资料的证明力等同于甚至优于普通书证、证人证言，但低于物证、鉴定意见、历史档案、经公证或登记的书证等。②经公证的视听资料的证明力较强，经鉴定的视听资料的证明力次之，普通制作的视听资料的证明力相对较弱，存疑的视听资料的证明力相对最弱。③在正常业务活动中制作的视听资料的证明力优于无意中拍摄的视听资料的证明力。④国家机关依职权制作的视听资料的证明力优于其他视听资料。

3　电子数据的提取与应用

电子数据是指案件发生过程中形成的，以数字化形式存储、处理、传输的，能够证明案件事实的数据[3]。

3.1　电子数据的提取

常见电子数据表现形式包括但不限于如下[1][2]：(1) 网页、博客、微博客、微信公众号、朋友圈、贴吧、网盘等网络平台发布的信息。(2) 手机短信、电子邮件、即时通信、通讯群组、网关识别等网络应用服务的通信信息。(3) 用户注册信息、身份认证信息、电子交易记录、通信记录、登录日志、电子围栏等信息。(4) 文档、图片、音频、视频、数字证书、计算机程序等电子文件。(5) 其他以数字化形式存储、处理、传输的能够证明火灾案件事实的信息。电子数据基于电子技术生成、以数字化形式存在于磁盘、磁带等载体，其内容可与载体分离，并可多次复制到其他载体，能够证明案件事实[4]。要依据《电子数据搜索检验规程》《电子数据恢复检验规程》等标准及法庭科学电子物证相关检验技术规范收集提取电子数据，确保其完整性、真实性和可信性。

3.2　电子数据的应用

通过分析和利用电子数据，可以客观、真实地再现火灾发生、发展和蔓延的过程，为科学、准确地认定起火时间、起火部位（点）和起火原因提供线索和证据[7]。

3.2.1　通过聊天软件、手机通讯记录认定起火部位、起火时间

2022年7月11日，山东省沂南县界湖街道一村民住宅发生火灾，造成1人死亡，烧毁住宅及生产设备、原材料、家具、家电、生活用品等一宗。经调查询问和调取聊天软件、手机通讯记录分析，失火住宅西侧邻居张××证实：7月11日6时10分许，其发现自家电灯闪烁、肖××家传来电打火的“嗞嗞”声音等异常情况。张××遂于6时13分使用微信通话功能与肖××妻子蒋×联系，通话未接通，蒋×回拨后称自家一楼冒烟，并称“楼下冒烟了，多亏你”。肖××的朋友李×证实，7月11日6时20分，肖××在打给其的电话中称“一楼火上来了，我下不去了”。以上证据（如图4所示）均证明，火势从一楼蔓延至二楼，起火部位位于一层且靠近楼梯处。通过查阅肖××妻子蒋×的手机通话记录得知，蒋×于7月11日6时14分拨打119电话报警，通话时长约1min，通话时间及内容有询问笔录佐证（如图4所示）。

3.2.2　通过监控视频及车辆监控平台数据分析认定起火部位和火灾原因

2022年9月13日，临沂市高新技术产业开发区一市场发生火灾，烧毁市场内仓库及储存物资和停放在库内的新能源汽车。到底是库内物质起火引燃汽车还是汽车着火引发仓库着火，是调查人员首先要解决的问题。火灾调查人员通过调取仓库内视频监控并送专业火灾物证鉴定中心分析，确认了最先出现明火的部位来自汽车底部电池舱位置的反光（如图5所示）。通过调取该新能源汽车后台数据显示，9月13日1时4分充电中止时，此时电池系统电量为95.66%（如图5所示），尚未完全充满。结合调查询问和现场勘验，可以认定因电源系统出现故障，造成了充电提前中止，为确定火灾原因指明了方向。

3.2.3　通过聊天软件、手机通讯记录认定起火部位、起火原因

2022年9月26日，山东省莒南县壮岗镇一厂房起火，火灾造成3户受灾，无人员伤亡。经初步调查，认定为厂内堆积的聚氨酯泡沫废料引发，但根据现场勘验、燃烧痕迹、调查询问、物证送检结果，已经排除电气火灾、原料自燃、吸烟引发火灾的可能性。其他会是什么原因呢，按照常识来判断几乎穷尽所有可能。最终，调查人员从工人的聊天记录中发现了端倪——手机中照片、微信语音证明，着火前原料中残存遗留火种——结合现场勘验和调查询问，最终认定起火原因为聚氨酯泡沫原料内残存遗留的火种引燃原料引发火灾（见图6）。

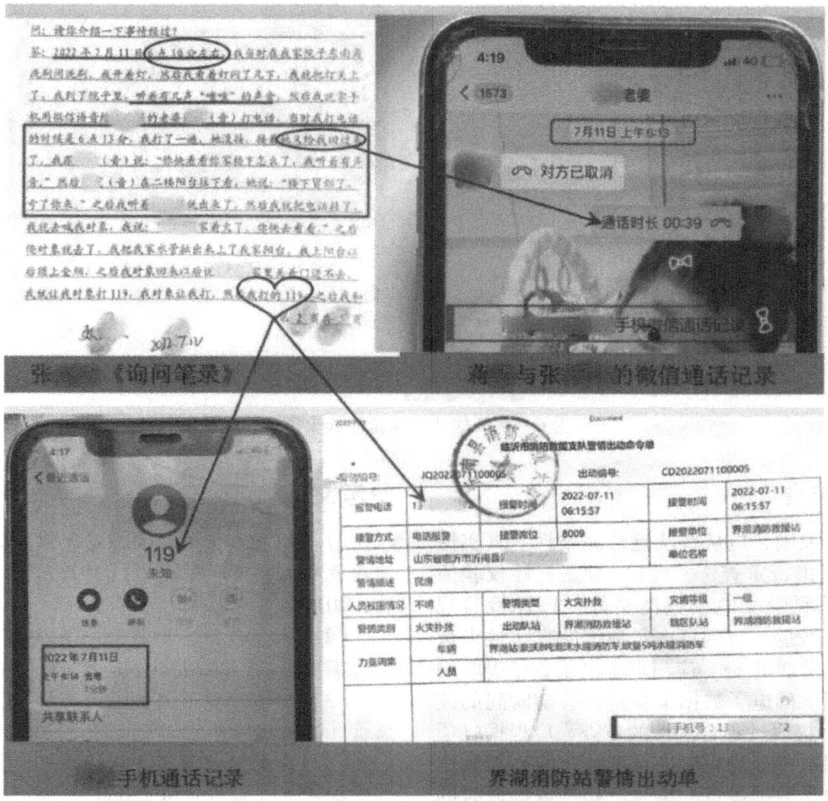

图 4　聊天软件、手机通讯记录指明起火部位、起火时间

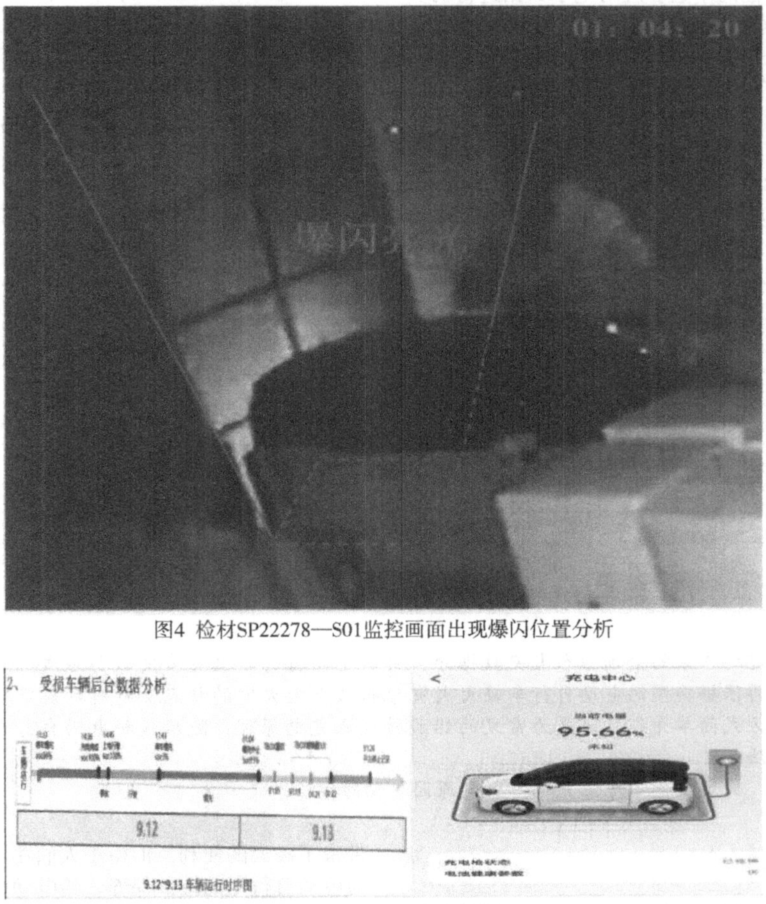

图 5　监控视频及车辆监控平台数据分析（取自文献［6］）

图6 聊天软件记录指明起火原因

3.3 对电子数据的审查

根据法庭科学质证原则，应从合法性、完整性、真实性和关联性等方面对证据进行审查[3]。（1）对完整性校验值的审查。要根据《法庭科学 电子数据文件一致性检验规程》等标准进行审查和校验，以保证电子数据的真实性未被破坏。（2）对提取及时性的审查。应当审查电子数据提取的及时性问题，并判断提取的电子数据本身是否会随时间的改变而发生变化。（3）对提取过程合法性的审查。应根据电子数据相关取证规则对提取过程的程序进行审查。（4）对数据来源的审查。应参照电子数据设备的编号、扣押或提取时的同步录音录像，与取证设备进行比对，以保证数据的完整性、安全性。（5）对关联性的审查。应对电子数据进行初步分析和筛查，把有效数据做好记录，并与原始数据一并保存，确保关键信息与案件关联。（6）对电子数据鉴定意见的审查。应参照对鉴定意见审查的相关规定进行审查[7][8]。

4 小结

在火灾事故调查实践中，应注重分析归纳、总结提炼，加强视听资料、电子数据深度应用研究，如证据资料分析的目的和作用、证据的采集、证据的审查以及证据分析的结果运用，提高火灾事故调查工作的科技含量和规范化水平。

参考文献

[1] 中华人民共和国公安部消防局编．消防监督员业务培训教材：火灾事故调查［M］．北京：国家行政学院出版社，2015.

[2] 张金专，李阳等译．火灾调查员［M］．北京：中国人事出版社，2020.

[3] 应急管理部消防救援局编著．火灾调查与处理·中级篇［M］．北京：新华出版社，2020.

[4] 应急管理部消防救援局天津火灾物证鉴定中心，视频分析意见（编号：SP22068）［R］，2022.3.25

[5] 应急管理部消防救援局天津火灾物证鉴定中心，鉴定书（编号：20220732）［R］，2022.5.19

[6] 应急管理部消防救援局天津火灾物证鉴定中心，视频分析意见（编号：SP22278）［R］，2022.10.11

[7] 王鑫，梁国福，视频分析技术在火灾事故调查中的应用［J］，消防科学与技术，2019，38（03）

[8] 胡建国．火灾事故调查工作实务指南［M］．北京：中国人民公安大学出版社，2013.

[9] 许波．论视频监控录像在火灾事故调查中的应用［J］．武警学院学报，2011（10）.

[10] 郭华杰，苏文威．浅析视频监控录像在火灾调查中的运用［J］．消防科学与技术，2017（10）.

浅析电动自行车火灾原因及预防方法

许 婕

（江苏省南通市消防救援支队水上大队，江苏 南通）

摘 要 本文首先通过近年来的全国亡人火灾数据分析目前电动自行车火灾多发极易造成人员伤亡，甚至造成较大以上亡人火灾的严峻形势，再依据典型的电动自行车较大火灾分析该类型火灾的特点，针对目前市场上流行的电动自行车电池类型，采用图文并茂的方式简单介绍目前最为常见的铅酸蓄电池充电原理，随后浅析电动自行车火灾几种常见原因，最后针对提出相应的预防方法。

关键词 电动自行车 火灾案例 电池充电 火灾原因 预防方法

1 引言

电动自行车具有清洁、便捷、经济、节能以及绿色等优点，成为人们短途出行的首选交通工具之一，为人们的生活带来了极大的便利。但由于人们在实际使用中的疏忽，缺少对电动自行车的维护保养，给电动自行车的使用埋下了安全隐患。近年来，由电动自行车引发的火灾事故屡见不鲜，对百姓的生命财产安全造成了一定的威胁，故加强对电动自行车火灾原因的分析和研判，并找出行之有效的预防方法具有极为重要的意义。

2 电动自行车火灾案例分析

据统计，自2010年11月至2019年5月，全国共发生66起因电动车火灾引发人员伤亡的事故，共造成275人死亡，其中死亡3人以上火灾48起（较大火灾45起、重大火灾3起），火灾起数占比72.7%，亡人数量占90%，80%的电动车火灾是在充电时发生的。近年来电动车火灾典型案例具体为：2013年10月11日2时58分，北京石景山某商场一楼的麦当劳员工电瓶车起火，火灾造成2名消防员牺牲；2015年1月14日4时01分，浙江玉环县某社区一住宅公寓楼下的电动车停车棚内正在充电的电动自行车起火，滚滚浓烟向公寓楼道蔓延，此次火灾共造成8人死亡，另外还有多名居民受伤；2016年1月21日21时04分，北京市朝阳区某村宅内，正在充电的电动车其充电电源线短路引发火灾，最终造成3人死亡；2016年8月29日2时22分，深圳市宝安区某居民小区1层因电动车充电发生火灾，造成7人死亡；2017年9月25日0时13分，浙江玉环市玉城街道小水埠村常兴路21号民房大厅内停放的电动车电气线路短路起火，事故造成11人死亡，12人不同程度受伤；2017年12月13日1时18分，北京朝阳区某村民自建房内正在充电的电动车起火，火灾最终造成5人死亡9人受伤；2018年4月1日1时23分，北京市中关村北大街水磨西街28号“五星钻豹”电动车商店起火，造成4人死亡；2018年4月6日22时05分，苏州市高新区长江花园二区15幢一单元一层楼道内停放的电动车充电故障引发火灾，火灾造成4人死亡3人受伤；2020年8月7日23时34分，上海市静安区永兴路928弄中海万锦城某户因电动车蓄电池充电发生电气故障引发火灾，造成4人死亡。以上九起典型火灾中，21~23时发生2起，占22.22%，23时至3时发生6起，占66.67%，3时至5时发生1起，占11.11%。该统计数据也同本文3.1节按照电池充电原理分析出的结论相一致。

3 电动自行车的主要类型

目前电动自行车分类方法多种，本文仅讨论对于火灾原因分析有意义的一种即按照电池种类分。

电动自行车使用的电池俗称电瓶，能把化学能转变为电能（放电），也能把电能转变为化学能（充电），具有供电可靠、电压稳定等优点，应用广泛，蓄电池品种较多，可分为酸性蓄电池及碱性蓄电池，其中铅酸蓄电池应用最为普遍，是目前市场上电动自行车厂家采用的最主要的电动自行车电池，其构造包括：阴阳极板、隔离板、电池外壳、电解液，铅蓄电池的电解液由浓硫酸和蒸馏水配制而成。电池内设置的PbO_2阳极及Pb阴极在电解液稀硫酸中，电解液及阴阳两极即会发生如下的变化，$PbO_2+2H_2SO_4+Pb \longrightarrow PbSO_4+2H_2O+PbSO_4$即发生了放电反应，$PbO_2$的Pb化合价下降，发生还原反应，负电荷流动；海绵状铅中的Pb化合价升高，发生氧化反应，正电荷流动，电池进行放电。反之，$PbSO_4+2H_2O+PbSO_4 \longrightarrow PbO_2+2H_2SO_4+Pb$即发生了充电反应，第一个硫酸铅中铅的化合价升高，发生氧化反应，正电荷正向流入正极中；第二个硫酸铅中铅的化合价降低，发生还原反应，负电荷正向流入负极中，电池进行充电反应。铅酸蓄电池充电方式丰富，而其中最常见的充电方式是三段式充电，同时也是应用最广泛的充电方式。三段式充电分为恒流充电阶段、恒压充电阶段以及降压浮充阶段（又名涓流充电阶段）。目前三段式充电普遍使用智能控制充电器，能够在3个不同充电阶段自动转换充电模式[1]，充电时电流及电压特征如图1所示。

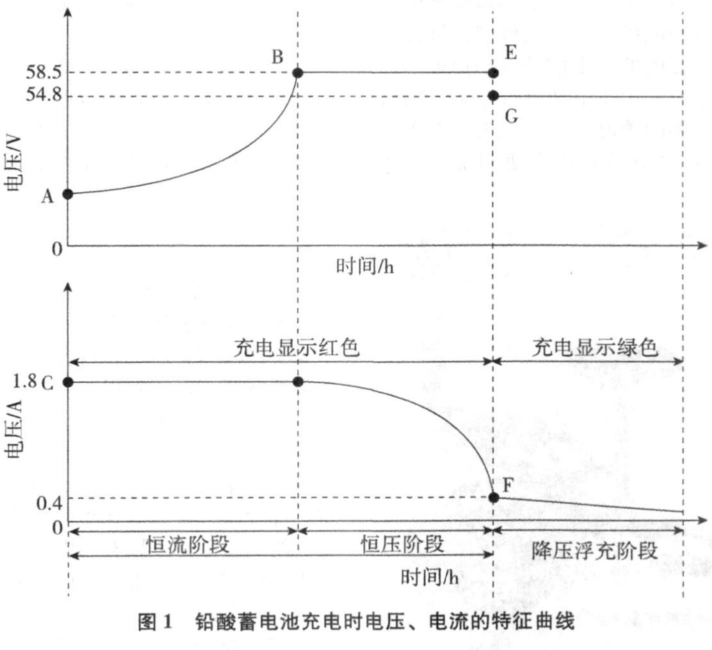

图1 铅酸蓄电池充电时电压、电流的特征曲线

在恒流充电阶段，充电电流，充电电流保持恒定不变，（一般设定在1.8A左右）随着蓄电池充进电量的增多，蓄电池两端电压会不断上升，最高可达到59.5V。在这个阶段，充电电流恒定，且处于较大水平，充电电压不断上升，充电器温度也不断上升，该阶段的后期（达到总充电量的70%左右）越来越高的电压容易造成充电器的元器件被击穿形成短路电流，进而引发火灾，所以该阶段是引起火灾危险性不断上升的过程。蓄电池的放电深度越深该阶段持续的时间越长，放电深度较深时该阶段可持续5~7h。

恒压充电阶段是指到随着恒流充电的进行，蓄电池的电压逐渐上升到某个设定的电压值时，充电器开始以恒定的开关电源的输出电压进行充电的阶段，该阶段的充电电流随着蓄电池电压的上升而不断减小。恒压值一般设定为在44.4~44.8V范围内。恒压充电阶段为恒定高电压，总体火灾危险性较高，但随着充电电流不断下降，引发火灾危险性有所下降，该阶段持续时间约为2h。

降压浮充阶段是指随着恒压充电阶段的进行，蓄电池基本充满（恒压充电阶段蓄电池的电量达到总充电量约90%），电池的充电电流逐渐下降到200~300mA左右时，充电器自动降低开关电源的输出电压到较低的恒定值，并保持输出电压恒定继续充电的阶段。降压浮充阶段的充电电流继续逐渐减小，该阶段持续约2~3h，直到完全（100%）充电状态[3]。

铅酸蓄电池充电完成后，充电电流保持在几十毫安甚至几毫安水平，而市面上的大部分三段式智能充电器不具备电池饱和自动断电功能，因此蓄电池将一直保持在过充电状态直至被人工断开[4]。

研究发现，当铅酸蓄电池充电量达到总量的70%~90%阶段引发火灾的危险性最高[5]，即从恒流充电阶段转为恒压阶段之前1个小时开始到恒压充电阶段结束的这段时间，系统一直保持在高电压、大电流的状态，最容易引发短路导致火灾，该时间段一般为充电开始后的第5~8h。假定居民开始充电的时间为晚上6点，则最易引发火灾的时间段为23点至凌晨2点。另一个火灾高危时段为过度充电阶段，过度充电极易造成电池内极板破裂和脱落，活性物质颗粒落到电池底部，造成短路，同时过度充电也大大增加了电池发热和失水，过度充电发生在充电10h以上的时段[6]，同样假定居民开始充电时间为晚上6点，则因过度充电引发火灾的时间段为凌晨4时以后。

4 电动自行车火灾常见的原因分析

电动自行车的组成如图2所示，主要包括：车架、显示系统、蓄电池、电机、控制器、方向控制转把以及制动器闸等。图3是一幅电动自行车运转的基本原理图：蓄电池为控制器提供电源，控制器通过方向控制转把、制动器闸及电机自身反馈信号输出一定的电流给电机使用，电机就能够按照需求进行运转了，同时电机及蓄电池输出信号反馈速度、电量等情况给显示系统进行显示[7]。由于电动自行车本身的带电性，在没有外来火源将其引燃的情况下，发生火灾的可能性主要在于电动自行车自身电气故障和用户使用维护不当两种。

图2 电动自行车结构图解

4.1 电动自行车自身电气故障引发火灾

电动自行车结构比较简单，但是电气线路繁多、焊接点众多，再加上充电会导致接插件频繁的插拔使用，某一环节

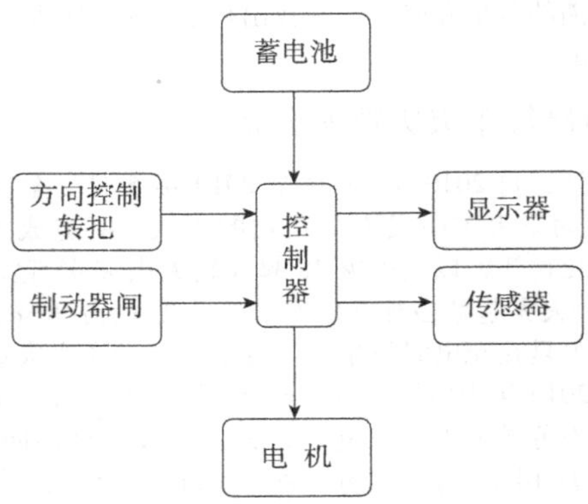

图3 电动自行车基本原理图

设计或者安装不当都会留下一定的安全隐患。目前，市场上的电动自行车品牌丰富，每个品牌都有自己不同的设计思路，再加上电动自行车厂家的生产水平良莠不齐，有部分厂家存在追求生产效率及利益最大化，在电动自行车的设计上存在一定的缺陷。主要表现为以下几种形式。

（1）短路。电动自行车外壳的主要材料为工程塑料，一旦发生火灾也是主要燃烧物，电动自行车的工作电压为直流电压，虽然电压不高，但在线路短路瞬间也可以产生2000℃以上的高温，而电动自行车使用的普通电线耐热温度为70℃，电动自行车外壳采用的工程塑料大部分主料为聚氯乙烯塑料，其燃点为400℃左右，短路所产生的高温足以引燃导线及塑料外壳，导致火灾蔓延扩大。然而在电动自行车的设计制造工艺中，对于线路的铺设大多都不够规范，线路以及接线装置的固定不够牢固，在电动自行车行驶过程中难免颠簸，极易出现线路松动的情况，造成线路与线路之间或者与车身其他部分发生碰撞甚至摩擦，长期摩擦后极易导致线路绝缘层脱落或破损的情况发生，从而导致短路出现，最终引发火灾。

（2）接触电阻过大。电动自行车内的电线大多都采用接插件直接压接的方式进行连接，实际上，电流在通过导线时都会产生热量，且接头处由于电阻较大，其温度都会高于其他部位，长此以往插件易发生氧化，造成局部接触不良甚至烧毁。

4.2 用户使用维护不当引发火灾

（1）电动自行车私自改装。消费者在选购电动自行车时普遍希望车速能快一些，为了满足消费者对于车速的追求，不少不法商家会对电动自行车进行非法改装，拆除控制器中的限速线路，以达到提高车速的目的，同时也导致整个电动自行车线路上的电流过大，线路出现过载情况，线路产生的热量增大，线路老化的速度也进一步加快，增加了不少安全隐患。对于电动自行车来说载重也同样有限制，为了增加载重，部分不法商家会在车内加装部分电器配置，或改装加装电气线路，破坏了原有的电动自行车线路，导致电动自行车不再是按照国家标准生产的产品，属于不合格产品，必然也增加了很多的安全隐患。

（2）维修保养不当。由于电动自行车市场近年来飞速发展，相应的维修市场还未得到规范，售后服务市场还没有完全建立起来，许多消费者电动自行车出现问题以后，找不到专业的人维修，在缺乏专业知识的情况下进行维修，存在一定的危险性，维修时使用的线路、零件等与电动自行车存在不匹配的情况，这给电动自行车的使用埋下了不小的安全隐患。最常见的情况就是充电器损坏后，使用不同品牌甚至不同匹配电压的充电器进行充电，增加了电池因高温而发生爆炸和线路起火的概率，极易造成过度充电引发爆炸事故。

（3）充电器使用不当。目前市面上的主流电动自行车充电器主要由高压开关、恒流及充电控制、电压转换、短路保护装置、整流滤波等部分组成。造成火灾等常见原因有以下几种：一是充电器使用过程中被可燃物覆盖，内部元件发热引燃覆盖物；二是充电器长期随车携带并震动，造成充电器电器元件接触不良，老化甚至内部线路短路；三是充电器与电动自行车不匹配，电动自行车因为其移动性，使用者可能会使用不匹配的充电器对电动自行车进行充电，从而导致充电器的保护装置不能起到保护作用，造成电池充电过程得不到保护，极易发生过充等危险情况。

5 预防电动自行车火灾方法

5.1 加快出台落实切实有效且合理的电动自行车相关规范标准

近年国务院安委办发布了《关于开展电动自行车消防安全综合治理工作的通知》，根据通知要求，工业和信息化部负责制定《电动自行车安全技术规范》，规定了电动自行车整车安全、阻燃性能、防火性能、机械安全、电气安全、无线电骚扰特性等主要技术要求和相应的试验方法。目前各省住房城乡建设部门相继组织制定电动自行车集中停放场所规划建设标准，各市也正在抓紧出台市级的电动自行车管理规定，在保证新建电动自行车集中停放场所标准的情况下，还应当逐步提高现有电动自行车集中停放场所标准，各部门应当鼓励住宅小区设置户外的集中停放场所，全面开展“蓝天工程”，以最大程度减少电动车一旦起火产生的大量有毒烟气对居民的影响；集中停放场所具备定时充电、自动断电、报警功能的同时应当增设监控及灭火设施，以减少火灾可能造成的损失，并为后期火灾调查、处理提供更充分的证据材料，并推广安装电气火灾监控系统，及早地发现火情，减少火灾的发生；集中停放区域还应当考虑到防火分区的设置以及与居民居住点的距离，以保证集中停放点的充分利用，使居民们主动减少甚至杜绝将电动自行车停放在公用走道、楼梯间、安全出口等公共区域的行为。

5.2 选购时注意细节，购买适合自己需求的电动自行车

消费者在选购电动自行车时应当多留意生产厂家及销售门店的合法性，避免一时疏忽购买到假冒伪劣或者不符合国家现行规范的电动自行车。同时也应当选择具备短路保护功能、欠压及过流保护等保护功能的产品。消费者应当根据实际使用需求选择购买合适的电动自行车的型号，切不可贪图小便宜购买不能满足使用需求的电动车，避免购买后对电动车进行改装的情况。

5.3 规范电动自行车使用维修和保养

用户在使用电动自行车时一定要了解相关的注意事项，例如，避免长时间充电、必须使用原装充电器进行充电，充电器不得随车携带等等。电动自行车长期使用难免出现配件老化、破损等现象，因此在对电动自行车进行维修店时候首先需要选择专业的维修点，寻求专业的维修师进行维修，同时把握好配件的质量关，必须选择同品牌同规格的零件进行更换，例如线路的选配尽量选择质地软，经久耐磨的电源线等等。

5.4 合理安排电动自行车停放位置

由于电动自行车充电过程中更易引发火灾，因此为了将电动自行车火灾造成的损失降到最低，电动自行车充电停放的位置需要格外注意。对于已经有集中停放充电场所的一定要规范停放，对于还未建立集中停放点的应当合理安排电动自行车的停放位置，严禁将电动自行车置于易燃易爆品附近的位置充电，另外还应禁止在室内进行充电，尤其是门厅、楼道等逃生关键位置，同时充电过程中切勿在充电器上放置任何物品，避免充电产生的热量不能及时散开，最终引燃可燃物造成火灾。

6 结语

通过以上分析，笔者认为预防电动自行车火灾的重要保障一方面在于生产厂家合理规范的线路选材、走线设计和零件使用，另一方面消费者也应当正确地使用与维护保养。在现阶段电动自行车行业正在飞速发展但标准化程度还不够高，社会力量及官方部门都需要积极探讨电动自行车火灾预防的相关技术课题，致力于尽快提高标准化程度，细化维修保养规范，加强规范使用宣传教育，减少电动引发的火灾事故。

参考文献

[1] 柯毅胤．铅酸蓄电池电动车充电过程起火机理探析[J]．中国新技术新产品，2017（21）．

[2] 董逵逵．电动自行车火灾原因和预防对策分析[J]．电动自行车，2018（02）．

[3] 钟将，颜娉．浅谈电瓶车蓄电池充电完成后自动关闭电路的设计与制作［J］．硅谷，2010（06）．

[4] 李长学．简易电瓶车蓄电池防过充充电器制作[J]．电子报地方级，2014（01）．

[5] 蒋祥林．电动车火灾现存问题分析与对策研究[J]．今日消防，2019，4（10）．

[6] 袁瑞梅．电动自行车谨防电气火灾［J］．农村电工，2014，22（08）．

[7] 曹奇，江苏省苏州市消防支队．电瓶车火灾的发生机理与防范对策［C］．自主创新与持续增长第十一届中国科协年会论文集（3）中国科学技术协会学会学术部会议论文集，2009（09）．

一起电焊作业引发苗圃火灾的调查与分析

徐　峰

（山西省太原市消防救援支队，山西　太原）

摘　要　本文介绍了一起由于电焊作业引起苗圃火灾的火灾勘查，运用火灾现场勘查、询问证人、排除其他可能等方法，确定了起火点及起火原因。并对于电焊作业引发火灾的调查进行了思考，得到要迅速封闭火灾现场、第一时间获得关键目击证人证言、及时固定提取关键物证、全面细致开展火灾现场勘查等结论，为今后调查此类火灾提供了一些方法和思路。

关键词　电焊作业　苗圃火灾　火灾调查　起火点　起火部位

1　火灾基本情况

2023年6月16日16时50分许，太原市阳曲县黄寨镇黄寨村检察院往西1km处刘某荣、刘某锁、赵某军3家承包土地发生火灾，造成地面树苗及作物烧毁，燃烧面积7500m^{2}左右，直接财产损失14.3万余元，无人员伤亡，当日晴，无风。苗圃地南侧是黄泥公路，北侧是在建厂房。过火区域为苗圃东侧区域，和施工铁架相连，工地法人为王某锁，工地工人为刘某、孙某平、孙某、王某四人。

2　火灾发现及报警情况

2023年6月16日17时左右，吊车司机刘某首先看到距离自己三四十米处的苗圃冒出黑烟，然后同工地工人孙某平、王某自行使用铁锹灭火无法控制火势后，拨打了119，此时为6月16日17时16分。刘某，太平洋建设黄泥路项目技术人员，当时在火灾现场附近开展测绘工作，6月16日17时10分左右看到距离自己东北方向300m左右冒黑烟。吊车司机刘某在发现黑烟时，火灾已发展了一段时间，由此确定起火时间为2023年6月16日16时50分左右，火灾部位在阳曲县黄泥公路旁王某锁负责的施工现场与刘某荣、刘某锁、赵某军3家承包土地交界处。

3　火灾事故调查经过

3.1　火灾现场勘查

（1）环境勘验

起火地址位于阳曲县黄寨镇黄寨村检察院往西1km处刘某荣、刘某锁、赵某军3家承包土地。苗圃地南侧为黄泥公路，北侧为在建厂房，有施工铁架（见图1）。过火区域为苗圃地东侧区域，和施工铁架相连。

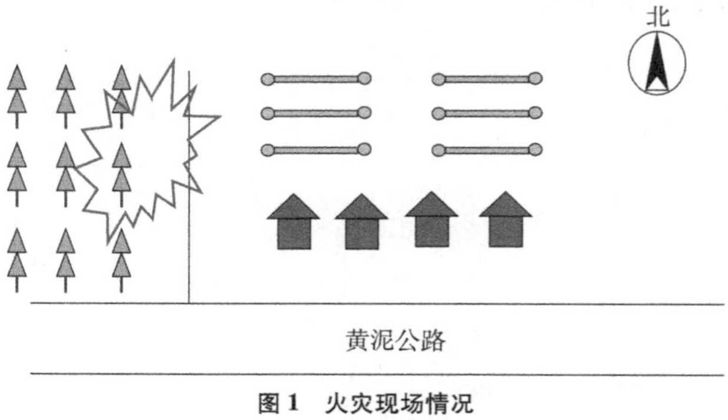

图1　火灾现场情况

（2）初步勘验

对起火苗圃进行勘验，苗圃南侧及西侧过火轻微，大部分树木仍保持绿色，存活良好，由南至北，由西至东，烧毁程度逐渐加重（见图2），由枯黄直至焦黑。在受火最外围的苗圃朝向苗圃东侧与在建工地相连处的一面，较背向苗圃东侧与在建工地相连处的一面烧毁程度严重。苗圃东侧与在建工地相连，此处烧毁程度最重，苗圃呈炭灰状，确定起火部位为苗圃东侧与在建工地相连处。

图2　苗圃烧毁情况

（3）细项勘验

对于苗圃东侧与在建工地相连处进行勘验，由于火灾通常由起火点处开始燃烧，首先通过起火点在火场中处于中间位置的规律，大致判断起火点位置[1]，然后根据烧毁苗圃的倒向火势蔓延方向，最外围苗圃迎火面的烧毁程度要大于背火面判断出的火势蔓延方向，进一步验证了起火点的位置位于苗圃与东侧工地的由南至北第一根钢架的相接位置。

（4）专项勘验

对于苗圃东侧与工地由南至北第一根钢架的相接位置进行勘验，发现该处苗圃烧毁程度较其他位置更重，大部分已呈炭灰状，土壤表层有很多细小金属熔珠，用磁铁靠近可以发现，这些金属熔珠可以吸附在磁铁上。并对这些金属熔珠通过磁铁进行了物证提取（见图3）。

3.2　证人证言

根据火灾目击证人费某建的笔录反映，当日在火灾现场附近看到有人进行电焊作业，不久就发生火灾。结合工地负责人王某锁笔录，当日工地工人在刷完油漆后，在与苗圃东侧相连的工地处无证开展电焊作业。

图 3 起火点处土壤表层金属熔珠

4 起火原因认定与分析

4.1 排除因素

（1）排除人为纵火因素。在勘验中，没有发现酒精、汽油等助燃物，以及在起火点周围没有发现酒精、汽油等助燃物的流淌痕迹，并且询问目击者也未发现火灾发生前后有可疑人员出入火场，该火场不符合纵火现场多个起火点、现场存在人为破坏痕迹、同区域内接连出现火灾或同时多个地点出现火灾的特点。因此可以排除人为纵火因素。

（2）排除雷击引发火灾。经过查阅火灾近两日气象资料，天气晴朗，无雷雨天气，未发生闪电雷击等自然现象。因此可以排除雷击引发火灾。

（3）排除烟头遗留火种引发火灾。经过现场勘验，未发现烟头等遗留物；通过调查询问，得知工人未在火灾现场附近吸烟。因此排除烟头遗留火种引发火灾。

（4）排除生活用火引发火灾。在火灾现场开展调查，没有发现周围存在厨房用具及生活用火设备。根据询问火灾知情人，火灾现场周围无生活用电、用火。因此排除生活用火引发火灾。

4.2 起火原因认定

经过对于苗圃东侧与工地由南至北第一根钢架的相接位置土壤表层的金属熔珠进行物证提取（图 4），可以发现金属熔珠呈倒锥形滴落物。经查阅资料得知，电焊熔滴温度可达到 2000℃左右，而木材燃点为 250~300℃，电焊熔滴完全能够引燃苗圃[2]。综合现场目击证人费某建、工地负责人王某锁证词，火灾不久前有工人在火灾现场附近无证进行电焊施工，此次火灾原因应为工人电焊施工时遗留火种，引燃周围苗圃，发生火灾。

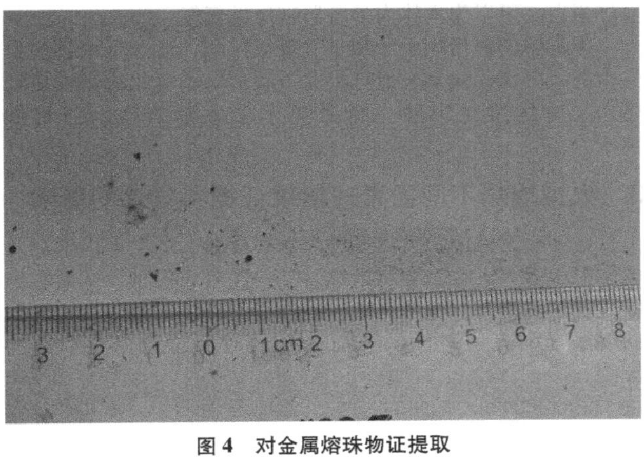

图 4 对金属熔珠物证提取

5 火灾调查体会

（1）迅速封闭火灾现场。火灾调查以火灾现场的痕迹物证的证明作用为主，所以保护火灾现场的原始状态尤为关键。要避免其他人员对于火灾现场的破坏、干扰作用，保证火灾现场的痕迹物证在被提取固定前的完整性及原始性，以保证火灾现场痕迹物证的正确的证明作用，防止误导现场勘验人员的判断[3]。要及时在火灾现场周围布置警戒带，范围要尽可能包含所有需要火灾调查的范围，并且要在明显位置张贴火灾告知书，并通知相关人员未得到允许，严禁擅自进入火灾现场，为下一步准确发挥痕迹物证作用、正确认定起火原因及起火点打下关键基础。

（2）第一时间获得关键目击证人证言。火灾发生后，火灾调查人员要第一时间确定目击及火灾相关证人，并对于火灾情况进行调查询问[4]。对于作业点附近的证人要及时调查询问，确认火灾发生前，起火点附近是否开展过电焊作业，并排除其他火源引起火灾的可能性。调查询问是火灾勘查的重要方式，有效、及时、详细、全范围地开展调查询问，可以快速为火灾调查提供思路和线索，要安排经验丰富的询问人员，制定周密的访问计划及提纲，采取适当的访问方法，利用证人证言为火灾调查提供思路及发现重点勘查的内容[5]。证人证言与现场勘验情况相互作为补充，相互印证。

（3）及时固定提取关键物证。通过对现场全面勘查，确定了起火部位及起火点，电焊作业引发火灾中的焊机、焊枪、焊渣等均是关键物证，避免关键物证破坏、丢失，应进行保护，并及时按规定程序固定提取。在火灾物证提取时，火灾调查人员要不少于 2 人，且在当事人在场情况下进行提取，在物证提取前，对于物证进行拍照及摄像的固定，对于物证的位置及大小进行记录。在必要情况下，绘制现场图，标注好物证位置。对于物证进行编号，完成物证提取清单，提取人及当事人进行签字，并进行封装[6]。安排专人对于物证保管，保证痕迹物证完整性。

（4）全面、细致开展火灾现场勘查。火灾现场勘查是查明火灾原因，确定起火点的重要途径，以现场勘验笔录的形式，记录火灾现场的客观存在，可以真实反映火灾发展蔓延状况，起火部位、起火点及起火原因。在此次火灾勘查中，火灾调查人员及时开展现场勘查，对现场各个部位细致、全面、认真勘查后，确定了起火部位为苗圃东侧与在建工地相连处，起火点位于苗圃与东侧工地的由南至北第一根钢架的相接位置，并在起火点附近土壤表层发现金属熔珠这一重要物证，并且排除了其他因素。

（5）电焊作业要做好风险防范[7]。近年来，由于施工不规范及违规作业，电焊作业引发的火灾频发，2024 年 1 月 24 日，江西新余市渝水区一临街店铺发生火灾，导致 39 人遇难，9 人受伤，造成特大火灾事故。此次火灾是由于地下一层违规电焊引燃泡沫板产生大量有毒浓烟导致人员被困，引发如此严重的后果。相关部门要做到：动火前要进行严格审批，核对有无施工证件；动火时要严密防范，做好应对措施；动火后要仔细检查，确保不会发生危险。

参考文献

[1] 张保卫．一起电焊施工引发火灾的调查与认定[C]. 2016 中国消防协会科学技术年会论文集．北京：中国电力出版社，2016.

[2] 何华俊，廖定根，陈力．一起电焊失火案的调查与分析[J]．消防科学与技术，2016（12）：1785-1788.

[3] 邹金鹏．一起电焊作业引发火灾事故的调查分析[J]．消防科学与技术，2015（1）：137-140.

［4］金辉，廖定根．一起厂房闷顶火灾事故原因认定与分析［J］．消防科学与技术，2016（10）：1495-1498.

［5］操基连．火灾事故调查中易出现的问题及对策［J］．武警学院学报，2010（4）：79-83.

［6］吴强，陈琨．一起“失火罪”火灾案件的侦办［J］．消防科学与技术，2005，24（3）：180-182.

［7］张保卫．电焊火灾事故的调查与分析［J］．安全，2013（11）：52-54.

涉火案件中指纹证据的科学性研究

刘松涛[1] 李 阳[1] 孙均利[2*]

（1. 中国人民警察大学研究生院，河北 廊坊；2. 中国人民警察大学侦查学院，河北 廊坊）

摘 要 现阶段的涉火案件现场勘验中，由于火灾现场破坏性大的特点，大部分勘验人员不会对火灾后物品上遗留的指纹等物证进行显现和提取，若涉及亡人案件要对其进行提取，但由于选择方法不当从而会破坏证据本身，从而影响其科学性。故本文通过分析涉火案件现场中常见因素（高温、烟尘、消防射水）以及显现和提取技术对火场指纹证据科学性的不同方面的影响，总结出相应的结论和方法以期提升涉火案件中指纹证据的科学性和可靠性，为后续进行的司法活动奠定良好基础，也有利于追溯火灾具体原因和顺利侦破案件。

关键词 涉火案件 指纹 科学证据 显现与提取

1 引言

指纹由于具有人各不同、终身基本不变[1]、触物留痕三大特点被誉为犯罪调查和法庭审判中最重要的证据之一，且应用广泛、可以有效识别人身，至今在刑事侦查领域仍然发挥着不可替代的作用。如果能对现场中发现的指纹证据进行完整、有效的显现和提取，具备鉴定条件的可以用于进行指纹鉴定，那么得到的结果可以提供进行人身认定与判别的重要证据、分析案情、还原遗留指纹的主体在现场的活动方式等，帮助侦查人员快速、高效侦破案件。

然而在涉火案件中，指纹证据的科学性和可靠性通常会受到质疑，火灾现场的高温、燃烧产生的烟尘以及消防射水等诸多因素可能会导致遗留在现场的指纹部分或者完全破坏，这使得公安机关在惩处放火犯时缺乏有力的科学证据，继而难以维护社会治安、保卫人民群众的生命和财产安全。

基于此，本文将探讨涉火案件中影响指纹证据科学性的常见因素，并对如何提升涉火案件中指纹证据科学性的方法进行讨论，得出结论，以期提升指纹证据在涉火案件中的科学性与可靠性，提升涉火案件的侦破效率。

2 指纹的形成和指纹中的成分

2.1 指纹的形成

胎儿在子宫发育三至四个月时，由于皮肤角质层在子宫内部羊水的压力和胎儿自身手指自然生长的共同作用下形成了独一无二的乳头状突起，这就是指纹，即便是同卵双胞胎的指纹也各不相同[2]，同时这解释了为什么世界上没有指纹完全相同的两个人。尽管指纹是在生命形成的早期阶段形成的，但一个人的指纹在没有特殊情况（火烧、长期摩擦、激光去除）下，在一生中始终保持不变，这也就为公安机关利用指纹进行同一认定提供了理论依据。

现场中指纹痕迹的形成是当皮肤的分泌物沉积并且黏附在手指表面时，自身的指纹团就会复制到接触客体的表面上，形成潜在指纹和可见指纹两种类型的指纹纹线[3]。我们以汗潜指纹为例详细说明其形成的过程：在人体皮肤的乳突纹线上分布着间距不同、形态大小不一的汗孔，人体所分泌出来的汗液可已经汗孔流出。指纹印迹的形成条件主要有造痕体、承痕体、作用力、中介物质四种因素共同作用，通过一定自身的力或其他外力的作用，由覆盖在造痕体手指乳突纹线上的分泌物以及外来附着物等介质按照自身形态结构印到承痕体上的印迹，或者将承痕客体上附着的介质黏离而形成对应的印迹[4,5]，这就是平时所说的平面加层手印和平面减层手印。

2.2 指纹中的成分

汗潜指纹和血潜指纹在涉火案件现场出现的概率相较于其他类型的指纹较大，因此我们主要说明这两种类型指纹中的成分。

2.2.1 汗潜指纹的主要成分

汗潜指纹主要由汗液组成，而人体分泌的汗液通常包括三部分，分别为水分、无机物以及有机物。水分在指纹成分中所占的比例大约在98%左右，其他成分主要为由氯离子和金属离子组成的无机盐以及尿素、葡萄糖、非蛋白氮等有机物和脂类物质[6]。指纹的成分随着年龄、遗留时间等因素的变化而变化，不同成分的指纹对应着不同的最佳显现方法。

2.2.2 血潜指纹的主要成分

血潜指纹的主要成分是由人体的血液组成，血液作为一种液体的结缔组织，主要由血浆和血细胞组成[7]。血浆在正常条件下呈现蛋黄色，是血液的主要成分，主要由蛋白质、无机盐、脂质以及大量水组成。血细胞主要包括红细胞、白细胞、血小板三种成分，主要成分为红细胞，其含有丰富的血红蛋白，可以为人体内的各器官运送氧气。

现场中的血指纹由于和空气直接接触，血红蛋白会被空气中的氧气氧化成氧合血红蛋白，后又自动氧化成高铁血红蛋白，血红蛋白中的二价铁离子会逐渐氧化为三价铁离子[8,9]。

3 火灾现场不同因素对指纹证据科学性的影响

在涉火案件中，火灾现场产生的高温、烟尘等因素以及消防射水等灭火行为会对指纹的完整性造成损害，从而影响指纹证据的科学性与可靠性，所以我们将从温度、烟尘、消防射水三个有代表性的方面来探讨对指纹证据科学性的影响。

3.1 高温对指纹证据科学性的影响

涉火案件现场和普通刑事案件现场最大的区别就是温度，这也是影响指纹证据科学性与可靠性最重要的因素，因为温度会使遗留在现场的指纹中的成分含量发生变化，甚至直接对其产生破坏作用。

指纹中的水分会在环境温度超过100℃时迅速蒸发。大多数油脂不溶于水，在火灾初期阶段能够存在，但随着火势的发展导致现场温度越来越高，也会导致油脂类成分蒸发，若使用助燃剂放火，油脂类物质还可能会溶于易燃液体中。蛋白质会随着温度的升高逐渐分解为氨基酸。而指纹中的无机盐可承受900℃以上的高温不改变化学性质，但是由于消防射水的因素无机盐可溶于水中。而血指纹由于血液离开人体后会发生上述所说的一系列氧化反应，在火场环境下，会加速血红蛋白转变为高铁血红蛋白等反应[10]。

实验发现，在高温燃烧爆炸等条件下，仍然会存在有鉴定价值的指纹，这就需要勘验人员在显现与提取过程中对指纹证据进行正确的处理，提升指纹证据的科学性与可靠性，使得在后续进行的司法活动中能够高效抓捕和起诉作案人，更好发挥证据的作用。

3.2 烟尘对指纹证据科学性的影响

在涉火案件现场中可燃物的种类是多变的，而可燃物的种类直接影响到其燃烧产生烟尘颗粒的性质和特征。因此，可燃物的不同直接决定了对指纹常用的显现和提取方法是否能够适用。

现场中的木材、纸、布等植物纤维类的可燃物在燃烧时形成的烟尘可能含有羧酸、醇类、醛类等含氧化合物，指纹中含有的NaCl、KCl等无机盐可溶于醇类物质中，对指纹造成损害。矿物油等燃烧后产生的烟尘多含有烃类物质，这些物质中存在着大量的不饱和键并且性质较为活泼，在使用化学试剂显现指纹时，会与化学试剂发生反应，从而改变指纹中其他成分的性质。

由于不同可燃物产生烟尘的性质不同，无论是直接与指纹中的成分进行反应还是通过与显现所用的化学试剂进行反应，都会破坏指纹的原有成分和结构，即使成功提取到指纹，对后续进行同一认定以及作为检察院对作案人起诉的证据来说，其科学性和可靠性都会大大降低，从而影响正常的司法进程。

3.3 消防射水对指纹证据科学性的影响

在涉火案件发生后，为了保护人民群众的生命和财产安全，消防救援队伍会第一时间到达现场展开火灾扑救行动。那么在此过程中，由于受到消防射水的作用，现场内的客体会经历从骤热到骤冷的过程，导致自身结构发生变化，并且在现场会积攒大量的灭火用水。

首先，由于射出的都是经过水泵加压过后的水，冲击力较之于生活中常见的流水非常大，会使遗留在现场的指纹冲洗干净或者使承痕体断裂导致指纹不完整，直接或间接地破坏现场中的指纹证据。

其次，由于消防射水会使作用客体发生温度的剧烈变化，导致其结构受到膨胀力和收缩力的共同作用而导致附着在其上的指纹脱落，例如火场中的玻璃遇水炸裂。

最后，由于灭火需要使用大量水，在灭火结束后，这些灭火用水会将现场内部分客体浸泡，对附着在其上的指纹会产生潮解作用，稀释了指纹中的各种成分，倘若为了显现对承载指纹的客体进行干燥，那么在干燥过程中无可避免地会二次破坏指纹中的物质成分。

因此，消防射水会直接破坏遗留在现场的指纹证据，若勘验人员在显现与提取时不注意所使用的方法，同样也会对指纹造成二次破坏，影响指纹证据的科学性与可靠性。

4 提升火场指纹证据科学性的方法探讨

笔者针对涉火案件现场中的指纹证据，列出了常见的显现与提取措施，以期找出能够提升火场指纹证据科学性和可靠性有效的方法。

4.1 物理、化学显现技术

4.1.1 粉末显现法

粉末显现法的原理为粉末和汗液存在较强的亲和力，当二者互相接触时互相吸附，从而显现出指纹。但在火场环境下温度较高，水分以较快的速度蒸发，随着时间的推移，亲和力会逐渐减弱。当烟尘覆盖在指纹上时，阻碍了粉末与手印充分接触，并且烟尘覆盖较为细密、均匀，在承痕体上很难完全清楚，导致显现效果变差，并且由于消防射水的影响，承痕体表面大多数为潮湿状态，如果在潮湿环境下进行撒粉操作，会对指纹产生破坏，若进行干燥，高温又会对指纹造成一定程度的破坏。

因此，粉末显现法在显现火场指纹时会存在一定的弊端，不会清晰完整地显现指纹以及会破坏指纹的成分，对指纹证据的科学性影响较大。

4.1.2 “502”胶显现法

“502”胶主要成分为α—氰基丙烯酸乙酯，在其挥发后，遇到物体表面存在汗渍的部分，会引发其聚合，形成固体状的聚合物，从而显现出指纹。但由于火场温度会使水分蒸发，导致“502”胶显现法无法发挥出其原本的作用，需要进行加湿处理。若对指纹进行加湿处理，势必会导致该部位的温度发生变化，是否会对指纹产生影响目前缺乏一定的研究。

因此，当采用“502”胶显现法时，有可能会影响指纹证据的科学性。

4.1.3 鲁米诺（Luminol）显现法

应用鲁米诺显现遗留在现场中的血迹与血指纹有较好的效果，即使血液浓度稀释到原来的万分之一也可以显现出来。但其也有一定的局限性，例如鲁米诺显现时发出荧光的时间较短，需要在接近或完全黑暗的环境下适用，并且在进行显现操作时需要注意鲁米诺试剂的用量，若喷洒的用量较多则会在显现处形成积液，对血迹和血指纹产生二次破坏。

因此，鲁米诺显现法对勘验人员素质和技能要求较高，若在显现时操作不当，则会因为人为因素对指纹证据的科学性产生较大影响，在实际中我们无法完全避免此类情况。

我们选取了勘验现场最为常用的三种方法进行列举，发现传统的物理和化学显现方法或多或少会对指纹证据的科学性产生一定程度上的破坏，因此在显现火场指纹时要慎用此类方法。

4.2 无损显现技术

此部分主要针对火场中的血迹与血指纹，红外摄影技术相较于采用化学试剂而言，操作简便且高效，不会对痕迹物证产生二次破坏，有利于后续恢复原始的血痕图案、血溅形态分析（BPA）和重建犯罪现场，因此将这一方法引入涉火案件现场勘验技术中。

上述已经说明血液离开人体后在火场高温环境下发生的一系列变化，经过国外大量学者研究，发现氧合血红蛋白、高铁血红蛋白等物质的吸收峰对应的区间和准确数值，为成功检测烟尘覆盖下的血迹与血指纹提供了理论支撑，而我国目前在此方面尚未开展较为深刻的研究，同时国外学者的研究仅停留在实验室中，在真实的涉火案件现场中鲜见。

即便此方法目前尚未应用于实际现场中，但其很好地克服了化学试剂的缺点，并且可以帮助勘验人员定位在烟尘覆盖下的血迹与血指纹，在使用过程中不会对指纹发生不利影响，可以有效提升火场指纹证据的科学性和可靠性。

4.3 烟尘清除技术

笔在涉火案件现场中，不可避免会出现烟尘，烟尘的覆盖在一定程度上虽然会保护遗留的指纹证据，但不同类型的烟尘会与指纹中的某些成分发生反应或者和所选择的显现试剂发生反应进而破坏指纹，因此对烟尘清除技术进行研究很有必要。

目前在现场中常用的方法主要有液体乳胶法、胶带提取法、海绵擦拭法、水洗法、超声波清洗法、橡皮擦拭法等，根据不同的场景可以选择不同的方法。其中胶带粘取法因其操作便捷、可重复多次适用等优点经常应用于除尘操作中，但无可避免会在指纹等痕迹上遗留下具有粘性的胶带残留物；海绵擦拭法可根据不同的目标痕迹，选择所需形状进行除尘。

因此，选择合适的烟尘清除技术以减少对指纹证据科学性的影响至关重要。

5 总结与展望

本文通过分析涉火案件现场中常见的三种因素（高温、烟尘、消防射水）以及现场勘验中常用的显现与提取技术对火场指纹证据科学性和可靠性的影响，得出了他们分别对指纹证据科学性的影响，并得出如下结论：

（1）火场高温、烟尘在一定情况下会破坏指纹的组成成分，影响指纹证据的显现与提取，降低了指纹证据的科学性。

（2）消防射水通过冲击力、温度骤变、积水等三方面可以对火场指纹证据产生破坏，使得指纹证据的科学性较之于正常的指纹证据不强。

（3）传统的物理和化学显现方法在显现时会因环境以及自身原因对指纹产生二次破坏，而红外摄影技术则克服了这些缺点，可以较好地应用在显现火场血迹与血指纹的显现中，以此提升涉火案件中指纹证据的科学性和可靠性。

（4）不同的烟尘清除技术对涉火案件中指纹证据的科学性会产生较大影响，在进行此项操作时要选择不会留下残留物的方法，才能使得指纹证据科学可靠。

在涉火案件中，火灾现场以及显现和提取技术都会在不同情况下降低指纹证据的科学性，如何在已有的现场条件下进一步提升火场指纹证据的科学性，使其在后续进行的司法活动中发挥更大的作用，是下一步研究的重点。

参考文献

[1] 赵雅彬，宋丹，郭威．潜血手印增强显现方法研究进展［J］．化学试剂，2016，38（08）：746-750.

[2] 侯文生，吴小鹰，彭承琳，等．手指运动生理特征研究［C］//中国仪器仪表学会、中国电子学会 2008 年医疗仪器学术年会．2008.

[3] 秦洁．人指纹的 STR 分型检测及法医学应用研究［D］．昆明医学院，2006.

[4] Larkin T，Marsh N，Larrigan P. Using liquid latex to remove soot to facilitate fingerprint and bloodstain examinations：A case study［J］．Journal of Forensic Identification，2008，58（5）：540-550.

[5] 李重阳，李波阳，李敏刚，耿晓鹏，王伟．指纹显现技术发展综述［J］．中国人民公安大学学报（自然科学版），2003（03）：22-27.

[6] 王利雪．利用指纹成分判定指纹遗留时间的初步研究［D］．中国人民公安大学，2021.

[7] James H，Kish E，Sutton P. Principles of Bloodstain Pattern Analysis：Theory and Practice［M］．Taylor and Francis：2005-05-26.

[8] SAMUEL CADD，BO LI，PETER BEVERIDGE，et al. Age Determination of Blood-Stained Fingerprints Using Visible Wavelength Reflectance Hyperspectral Imaging［J］．Journal of Imaging，2018，4（12）：141.

[9] BREMMER R H，DE BRUIN D M，DE JOODE M，et al. Biphasic Oxidation of Oxy-Hemoglobin in Bloodstains［J］．PLOS ONE，6（7）：e21845.

[10] BASTIDE B，PORTER G，RENSHAW A. The effects of heat on the physical and spectral properties of bloodstains at arson scenes［J］．Forensic Science International，2021，325（2）：110891.

影响可燃气体爆炸极限主要因素相关研究综述

闫　妮

（1. 中国人民警察大学研究生学院，河北　廊坊）

摘　要　可燃气体的爆炸极限是工业安全领域中的一个关键参数，它决定了气体在特定条件下是否能够发生爆炸。本综述旨在探讨影响可燃气体爆炸极限的主要因素，包括温度、点火源、惰性气体的存在以及其他环境条件。通过分析国内外相关文献和研究报告，总结了当前对这些因素影响的理解，并讨论了它们单独作用于爆炸极限的影响相关性。目前对于此方面的研究方法包括实验测试、理论计算和数值模拟，这些方法对研究爆炸极限行为提供了深入见解。相关研究发现表明，温度和压力的微小变化可能导致爆炸极限的显著变动，而惰性气体的添加可以扩大或缩小爆炸极限范围。并且，气体混合物的干湿度和浓度对其爆炸性也有重要影响。此外对于目前研究作者建议未来的研究更侧重多因素交互作用的定量分析，并开发更为精确的预测模型，以提高工业过程中的安全性和可靠性。

作者简介：闫妮，女，硕士，中国人民警察大学在读研究生。

关键词 可燃气体 爆炸极限 点火源 温度 可燃气体纯度

1 引言

在化工、石油、天然气等行业中，可燃气体的使用和存储已非常普遍，随之而来的是其存在的安全隐患问题也日益凸显，如表1所示，仅于2023上半年，媒体报道的国内燃气事故就有293起，死亡人数57人，受伤人数190人[19]。爆炸、燃烧发生的基本要素有3个[1]：助燃剂、氧化剂和引火源。实践证明，想消除或减少引火源是不符合现实，因此，为了预防并减少燃烧、爆炸对生命、财产和资源的损失，有必要正确了解可燃性气体的爆炸极限范围，理解和控制其爆炸极限对预防火灾和爆炸事故非常重要。然而，对应气体的爆炸极限并非恒定值[1]，它会依据各种因素影响而发生改变，而影响的主要因素有可燃气体的温度、纯度、点火源性质以及其他因素等。本文对于影响可燃气体爆炸极限的因素国内外研究现状做简要梳理，总结了当前对这些因素影响的理解，并讨论了它们单独作用于爆炸极限的影响相关性。目前对于此方面的研究方法包括实验测试、理论计算和数值模拟，这些方法为我们提供了对爆炸极限行为的深入见解。本文的研究讨论，希望可以为可燃气体安全使用与危害性预防提供思路，为相关场景事故现场重构奠定基础。

表1 2019~2023上半年全国媒体报道燃气事故数及伤亡情况数据表

时间/年	事故数/起	死亡人数/人	受伤人数/人
2019年	722	63	585
2020年	615	92	560
2021年	1140	106	763
2022年	802	66	487
2023年第1季度	142	16	79
2023年第2季度	151	41	111

数据来源于中国城市燃气协会安全管理工作委员会发布《全国燃气事故分析报告》[19][20][21][22][23]

2 温度对爆炸极限影响

温度对爆炸极限影响机制主要分为三个方面：温度变化直接影响化学反应速率和热力学平衡，从而改变爆炸极限；温度通过影响气体的物理性质（如黏度、扩散系数）间接改变爆炸极限；在特定温度下，物质的相变（如液化或升华）可能导致爆炸极限的变化。本文重点讨论直接影响，王等人[2]利用喷雾状态下的二乙醚（DEE）在20L球形容器中进行爆炸极限实验。实验考察了不同材料和空气温度（从298.15K到323.15K）对DEE爆炸极限的影响，分别单独和同时考虑了这两种温度对爆炸极限的影响。实验采用了电脑控制系统、自动气体分配系统、自动点火系统和液体雾化系统，以精确控制实验条件并记录爆炸过程。研究发现空气温度对上爆炸上限（UEL）的影响在温度高于318.15K时显著，而对爆炸下限（LEL）的影响相对较小；材料温度对UEL的影响在低空气温度下更为显著，而对LEL的影响则在高空气温度下更为明显。DEE喷雾的爆炸危险性在接近其沸点时相对较高，且接近沸点的区域温度与爆炸极限相关性并非呈线性。另外，文中创新地通过爆炸极限范围与下爆炸极限的比值来定义爆炸危险性（H），为工程应用和安全事故预防提供了新的视角。由于可燃气体的爆炸和燃烧是一个迅速且复杂的理化过程，并且诸多影响因素协同作用造成实验和测定非常困难。实际实验操作缺乏理论数据支持，可能会增加潜在爆炸危险。一些学者[3]利用理论和数值模拟相结合来进行可燃气体高温下的爆炸极限研究：基于绝热火焰温度法，采用最小自由能法来确定产物的组成，探讨了二元可燃气体混合物在高温下爆炸下限的预测方法，对爆炸下限的变化情况进行讨论。通过模拟不同比例混合的二元组分，发现温度越高，爆炸下限浓度越低，更容易发生爆炸，说明温度对爆炸下限的影响规律是一致的。综上所述，实验温度对于爆炸极限的影响通常可以得出这样的结论：实验气体初始温度越高，LEL越低，UEL越高[1]，因此气体爆炸具有较大的爆炸极限范围。其本质原理是由于系统中的温度升高，气体分子的内能升高，活性分子的数量随之增加，增加了未爆炸气体爆炸的风险。

3 点火源对爆炸极限影响

点火源可大致分为两大类：一是自然点火源（如静电、热自燃），二是人为点火源（如明火、电火花、摩擦和撞击）[11]。由于不同的点火源具有不同的特性，其对可燃性气体混合物爆炸极限的影响也不同。明火的能量强度比普通火花大得多，在相应条件下，气体爆炸极限有更大的范围。但是，即使具有高能量点火源（如电火花），如果不能提供连续的火花点火能量小，相应的爆炸极限范围会更小。在田兰等主编的《化学安全技术》一文中，由田兰[4]等主编的《化工安全技术》一文中，通过实验给出了点火源能对甲烷-空气混合物爆炸极限影响，如表2所示。

表2 点火源强度对甲烷和空气混合物爆炸极限的影响

点火强度/J	爆炸上限/%	爆炸下限/%
1	13.8	4.9
10	14.2	4.6
100	15.1	4.25
1000	17.5	3.6

点火源必须能够提供至少等于或大于最小点火能的能量（MIE），才能点燃可燃混合物。所以问题可进一步推导为研究MIE对爆炸极限的影响关系。有学者[5]对合成气［主要由氢气（H_2）和一氧化碳（CO）组成］的爆炸极限和最小点火能量进行实验测量和分析，以及通过文献回顾和比较分析现有研究的进展。研究表明：通过Le Chatelier's Law可以预测合成气的爆炸极限，但对于合成气的UEL的适用性尚未得到确认。其次，合成气的MIE随着初始温度和压力的增加而降低。然而，合成气的爆炸极限和MIE的测量数据不足，尤其是对于工业合成气的不同稀释成分的研究，所以对实际工业安全指导性作用有待提升。最小点火能量对于爆炸极限影响主要是间接性，它主要影响火焰传播速度、爆炸压力峰值以及爆炸过程中的最高温度改变，从而影响爆炸极限。点火方式也对可燃性气体的爆炸极限有明显的影响，如在极限边缘的高温热源是很难爆炸的。与现有的电火花点火相比，使用等离子喷射点火，点火延迟明显缩短，也容易发生爆炸。

4 可燃气体纯度对爆炸极限影响

在可燃性气体中加入其他种类的扰乱性气体，会稀释气体原来的浓度，影响气体的纯度。如果气体与卤素碳氢化合物混合，就能对可燃性气体的燃烧爆炸反应产生相应的稀释、隔离、冷却反应，而且与此相关的化学反应也有抑制作用，发生反应的点火能量被提升，等同于提升了可燃气体的LEL，并且该可燃气体的爆炸极限范围也会显著缩小。关于可燃气体与干扰性气体混合气体的爆燃特性的研究中，Wierzba 等人[6]通过实验测定了不同体积比例的 CH_4 和 CO_2 混合气体在空气中的爆炸下限；S. Kondo 等[7]人使用特定体积的玻璃容器，确定了在35℃条件下不同 CO_2 浓度下 CH_4/CO_2/空气混合物的爆炸下限和上限；M. Wierzba 等[8]人研究了低温对爆炸下限的影响，发现对于特定比例的 CH_4/CO_2 混合气体，爆炸下限与温度成反比，而爆炸上限与温度成正比，这与单一可燃气体的爆炸极限随干扰性气体加入量变化的一般趋势相符。另外，不同种类的干扰性气体其浓度对爆炸极限影响程度也有所不同。Molnárné 等人[9]讨论了在丙烷/空气混合物中添加不同的干扰性气体对各自爆炸范围的影响。他们还说明了温度的影响，并计算了惰化过程感兴趣的其他安全特性数据，如最大允许可燃气体浓度（MXC）、最小惰性气体/空气比（IAR）、LOC、MAI 和最小惰性气体/可燃气体比（ICR）。并且 Aksam 等人[10]通过实验和数值模拟比较了 CO_2、He、N_2 和 Ar 对丙烷、丙酮、异丙醇和乙酸甲酯/空气混合物的惰化作用。对于这些干扰性气体对可燃性气体与空气混合物爆炸极限影响情况可总结为如图 1 所示，由图可得，干扰性气体的对爆炸极限惰化效率顺序为 CO_2>He>N_2>Ar，这与大量实验文献数据吻合较好。

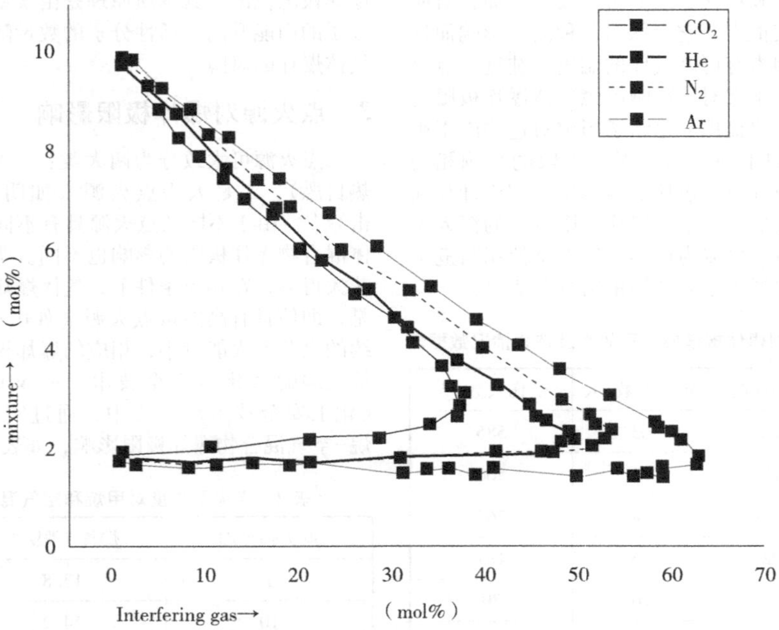

图 1 干扰性气体对可燃气体/空气混合物爆炸区域的影响

5 结语

通过对可燃气体爆炸极限影响因素的综合分析和综述，本文得出了一系列重要的结论。首先，气体的种类、混合比例、环境温度、压力以及惰性气体的掺杂等因素对爆炸极限具有显著影响。其次，实验测定、理论模型和数值模拟等研究方法为我们理解爆炸极限提供了多角度的视野，但同时也揭示了现有理论和技术的局限性[13]。最后，除了以上提到的几种主要影响因素外，还有许多诸如可燃气体混合物的压力、干湿度以及多种影响因素之间互相耦合作用等也会对可燃气体混合物的爆炸极限产生影响。在这里不做展开论述，例如，干湿度对其对可燃气体爆炸极限范围的影响较小，主要是对点火源的能量有所影响，可燃气体混合物湿度越小，对点火源能量削弱能力越小，爆炸极限范围越大[14]；另一方面如压力对混合物影响原理与温度类似，压力越大，气体的分子间隔越小，分子碰撞的概率也越大，燃烧初期的反应和反应就越容易进行，可燃性气体爆炸的界限范围相应地扩大。

本综述强调了准确测定和预测可燃气体爆炸极限的重要性，这对于化工、矿业、油气输送等行业的安全运营至关重要。为了提高工业环境的安全性，未来的研究应当致力于发展更为精确和可靠的爆炸极限预测模型，同时加强对多因素交互作用机制的深入理解。

此外，随着新材料、新工艺的不断涌现，可燃气体的种类和使用环境也在不断扩展[15][16][17]，这要求我们不断更新和完善爆炸极限的研究。作者建议未来的研究应考虑更多的实际应用场景，如微重力环境、极端温度和压力条件，以及新型混合气体的爆炸特性。通过这些努力，我们可以更好地预防和控制可燃气体相关的安全事故，保护人民生命财产安全。

参考文献

［1］王国磊．室内燃气泄漏扩散规律的理论与实验研究［D］．山东建筑大学，2011.

［2］Wang，He et al. "Experimental investigation on the explosion limits of diethyl ether spray near boiling point temperatures." Journal of Loss Prevention in the Process Industries (2023)：n. pag.

［3］杜雨晴，李阁．高温条件下二元可燃气体爆炸下限的数值预测［J］．化工设计通讯，2023，49（11）：108-110.

［4］田兰．化工安全技术［M］．北京：化学工业出版社，1984.

［5］Wang，Weiqiang and Zuo－Yu Sun. "Experimental studies on explosive limits and minimum ignition energy of syngas：A comparative review." International Journal of Hydrogen Energy (2019)：n. pag.

［6］Wierzba I，Shrestha S O B，Karim GA. An approach for predicting the flammability limits of fuel/diluent mixtures in air [J]. Journal of the Institute of Energy, 1996, 69 (480): 122-130.

[7] Kondo S, Takizawa K, Takahashi A, et al. Extended Le Chatelier's formula for carbon dioxide dilution effect on flamma - bility limits [J]. Journal of Hazardous Materials, 2006, 138 (1): 1-8.

[8] Wierzba I, Harris K, Karim GA. Effect of low temperature on the rich flammability limits in air of hydrogen and somefuel mixtures containing hydrogen [J]. International Journal of Hydrogen Energy, 1992, 17 (2): 149-152.

[9] Abdelkhalik, Aksam et al. "Explosion regions of propane, isopropanol, acetone, and methyl acetate/inert gas/air mixtures." Journal of Loss Prevention in The Process Industries 43 (2016): 669-675.

[10] Askar, Enis et al. "Berechnung von Explosionsgrenzen ethylenoxidhaltiger Gasphasen in Sterilisatoren" [Calculation of flammability limits of gas phases with ethylene oxide in sterilisers]. Biomedizinische Technik. Biomedical engineering vol. 53, 6 (2008): 265-9.

[11] 宁也，何萌，祁畅，陈昇，闫兴清，喻健良．三元可燃混合气体爆炸极限实验及预测方法 [J]. 爆炸与冲击，2023，43 (4)：045401.

[12] 郑远攀，景国勋，张亚丽．CH_4/CO_2 混合气体爆燃特性研究进展 [J]. 爆炸与冲击，2012，32 (02)：203-210.

[13] 董世宁．点火源对瓦斯爆炸的影响综述及展望 [J]. 煤炭与化工，2020，43 (03)：108-111.

[14] 任常兴，张琰，张欣等．典型点火源引燃特性表征指标体系研究 [J]. 消防科学与技术，2020，39 (04)：435-439.

[15] NFPA 68—2007 Standard on explosion protection by deflagration venting [S].

[16] BS EN 14994—2007 Gas explosion venting protective systems [S].

[17] EN 1991 - 1 - 7: 2006, Eurocode 1: actions on structures [S].

[18] David J. I cove, Gerald A. Haynes. Kirk's Fire Investigation (Eighth Edition) [M]. Pearson Education, 2018. 173-174.

[19] 中国建设新闻网．全国燃气事故分析报告·2023年上半年 [N]. 北京：中国建设报社，2023.

[20] 中国建设新闻网．全国燃气事故分析报告·2022年 [N]. 北京：中国建设报社，2022.

[21] 中国建设新闻网．全国燃气事故分析报告·2021年 [N]. 北京：中国建设报社，2021.

[22] 中国建设新闻网．全国燃气事故分析报告·2020年 [N]. 北京：中国建设报社，2020.

[23] 中国建设新闻网．全国燃气事故分析报告·2019年 [N]. 北京：中国建设报社，2019.

[24] 张欣，张琰，任常兴，等．可燃气体最小点火能测试方法与影响因素探讨 [J]. 消防科学与技术，2020，39 (04)：431-434.

浅谈视频综合分析技术在火灾调查案件中的应用

邢馨露

（大连市甘井子区消防救援大队，辽宁　大连）

摘　要　本文介绍了一起涉及多方当事人的汽车销售公司火灾调查过程。本起火灾损失严重、线索复杂，且起火点难以认定。在证人证言与现场勘验情况诸多矛盾疑点的情况下，火灾调查人员利用视频综合分析技术，广泛取证抽丝剥茧，最终确定了起火点准确位置，随后确立起火时间和起火原因，准确完成火灾调查认定，由此证实视频综合分析在现代火灾调查案件中的积极作用。

关键词　视频综合分析　火场勘验　起火点确定　时间线校核

1　视频综合分析技术的含义

在智能化技术不断发展的今天，视频监控系统已经成为实时安全管控、防范化解风险的重要科技手段。如今的视频安防系统经过多年迭代，无论是成像技术、传输介质、对象跟踪、图像分辨率，还是前终端设备性能都已获得极大发展，在火灾现场情况还原和原因调查过程中具有相当大的参考价值。本文将通过一起存在诸多疑点的汽车4S店火灾调查过程，全面展开视频综合分析技术在火灾调查中的意义。

2　火灾介绍

2.1　火灾基本情况

2023年4月24日下午5时13分，大连市消防救援支队指挥中心接到报警称，华北路附近4S店发生火灾，两个汽车销售展厅内火势较为凶猛。附近消防救援站接到指令后，迅速出动到场，历时3个多小时将大火扑灭。火灾导致一人受伤（黄某，男，44岁，广裕店内工作人员），13台停放车辆不同程度被烧损（毁），直接财产损失400余万元。

2.2　起火建筑情况

起火建筑位于大连市华北路某号14号库，由两个经营方承租：西侧为骏驰汽车销售有限公司，东侧为广裕汽车服务有限公司（图1）。两家汽车销售公司均设吊顶，中间由隔墙进行分隔，隔墙只分隔了吊顶以下至室内地面，吊顶上方相通。

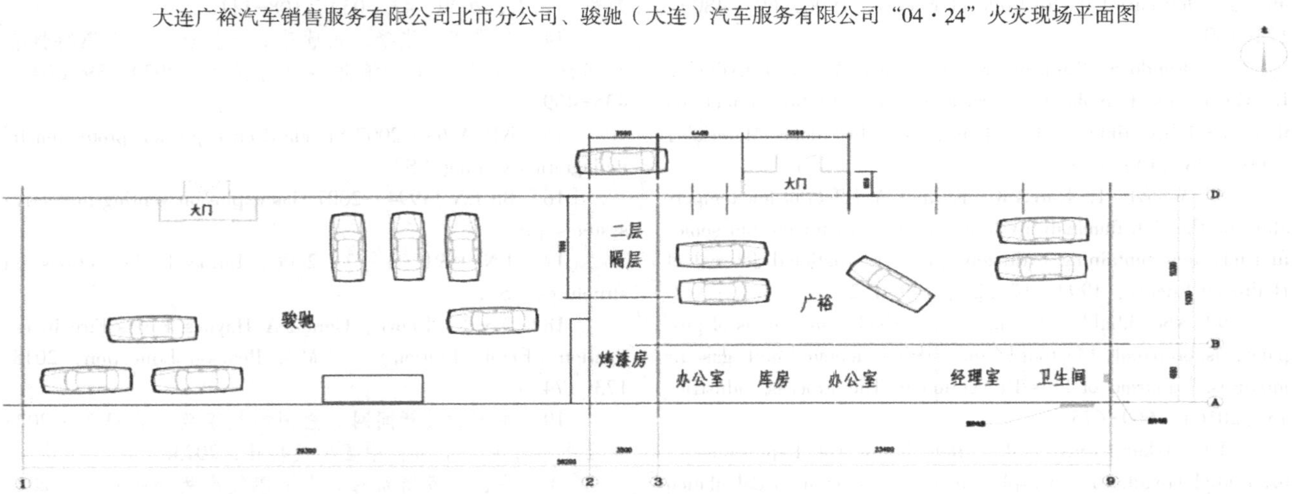

图1 火灾现场平面图

3 现场勘验情况

为了查清真相，调查人员迅速分成现场勘验组、调查询问组和视频分析组，开展了更深层次的调查。

3.1 第一次现场调查及勘验

在大火完全被扑灭后的三个小时，火灾调查人员现场展开了第一次勘验。经初步勘验，两家店铺均有过火痕迹，其中（1）骏驰店内部展厅全部过火，展厅东北部分由东向西依次停放四辆汽车，棚顶碳化物及吊顶支架坠落至车顶，火烧变色程度上方重于下方。车辆均顶部部分过火，底部完好。建筑内东侧为南北走向的库房和烤漆房，库房和烤漆房上方搭设一层钢制框架，框架上铺设木板作为二楼地面，木板全部过火，火烧炭化裂痕上方重于下方。（2）广裕店内全部过火，棚顶碳化物及吊顶支架坠落至车顶及地面，火烧变色程度上方重于下方。地面5辆车辆及其他物品均为顶部部分过火，底部完好。店内吊顶完全过火烧损，仅残留支架和棚内电线。综合来看，根据现场火烧痕迹，骏驰棚顶的变色、变形程度均重于广裕（见图2）；地面残留物炭化程度表明，起火部位位于两家汽车服务公司上部；而通过新媒体平台发布的外部视频，发现骏驰店内火势发展比广裕更加猛烈。

图2 利用360度还原技术还原现场的俯瞰图
（左侧为骏驰，右侧为广裕）

同时，调查询问组对第一报警人，也是起火时唯一在场人员黄某开展询问，他说，这两家店棚顶上方是互通的，最先看到起火位置也是两店隔墙上边的交界处，无法准确看出火究竟从哪一边起的。根据走访周边居民和房东得知，两家店铺为同一个房东租赁，分租后各自装修营业，对于各自投影面积内建筑的消防安全分别负责。

调查至此，本案的疑点有二：

（1）根据现场勘验情况，起火点疑似在骏驰和广裕吊顶分界处，无法确定具体在哪一侧。

（2）由于两家店铺内监控摄像头基本烧损，无法确定具体起火点位置和起火时间。

本起火灾涉及骏驰、广裕、多名车主等各方当事人，如果认定不准确会导致后期调查的方向偏离。因此，调查人员必须对起火点作出准确认定。

3.2 第二次调查及勘验

（1）视频分析

视频分析组调取了两家店内的监控，发现骏驰店内的监控完全毁损，而广裕店内与主机相连的五个摄像头中，广裕店外东北角的监控受损较轻。经技术手段恢复，广裕店外东北角的监控画面恢复，画面显示：某一时刻广裕店内有火焰从上方掉落。但该监控由于主机烧损，没办法核对北京时间，进而无法确定视频画面中掉落火焰时，骏驰和广裕店内是否已经起火，因此必须与其他视频相互印证进行事件校对。因此视频调查组继续向外扩大搜寻范围。

经48h的摸排，在距起火建筑北侧200m的一家叉车厂内，发现一个斜对着起火建筑的监控，正好拍摄下了当天火势发展的过程。监控显示凌晨5时许，广裕展厅内首先出现明火，随后东侧的老虎窗开始冒烟。这一线索印证了广裕店监控发现起火的时间点。

（2）调查询问

在视频组取得突破性进展后，调查询问组也发现了疑点：唯一见证人黄某证言与视频监控有重大出入，加之他初次询问时含糊其词，让调查人员对其证词的真实性产生了怀疑。调查询问组再次对黄某进行询问，在证据面前，黄某说出了他发现火灾的全过程：

2023年4月23日晚，他在广裕店内居住，24日早上5点多，他被砰砰的响声惊醒，发现广裕店内北侧正门口吊顶缝隙处有火苗，他用灭火器进行扑救但没成功，反而被头顶火烧掉落的扣板砸伤，他就跑出店铺并报火警，在室外看到了广裕-骏驰交界处屋顶烟雾较大，所以在消防大队对其进行首次询问时，隐瞒了广裕最先起火的事实。同时，根据对广裕实际出资人张某某询问得知，广裕展厅内吊顶内铺设挤塑板。

(3) 现场勘验

现场勘验组对广裕店内迅速开展了第二次勘验，发现广裕店内东南角的卫生间东侧墙壁处有一电源控制箱，电箱内上下两层，下层有8个空气开关，从北向南第3个空气开关是唯一一个处于跳断状态的；经现场勘验，这个跳断的空气开关就是广裕展厅内的照明控制开关。展厅内大门东侧第二柱向东0.5m，从北向南2m棚顶处彩钢板下方，有一块1.8m＊0.3m木板层火烧缺失。调查组通过火灾现场电气熔落物分选机对展厅内大门东侧第三柱与大门西侧第一柱之间的地面残留物进行水洗筛选、提取送检。经应急管理部消防救援局沈阳火灾物证鉴定中心鉴定，结论为："经金相分析，痕迹中有短路迸溅熔珠"。

4 视频分析情况

通过对监控视频的逐帧分析，调查人员发现了三个确定起火时间的关键事件：一是凌晨华北路429号院内保安合闸事件，同时广裕店内亮灯，该事件由华北路院内摄像头和叉车厂摄像头对照确定时间；二是广裕店内出现明火事件，店内西北角有一团火焰从上方掉落，该事件由叉车厂摄像头和广裕店外摄像头对照确定时间；三是黄某跑出广裕展厅事件，该事件由叉车厂摄像头和广裕店外摄像头对照确定时间。

以事件发生顺序为思路，以北京时间为基准，根据广裕店外摄像头、华北路429号院内摄像头、北侧叉车厂摄像头三个点位图像（图3），通过监控设备实时时间和手机上北京时间进行北京时间核准，以及广裕展厅内电箱合闸——出现明火事件——黄某跑出广裕展厅三个事件的多角度监控进行同一事件校准，调查人员绘制了火灾发展时间轴，捋清了整起火灾的发展全过程（图4）。

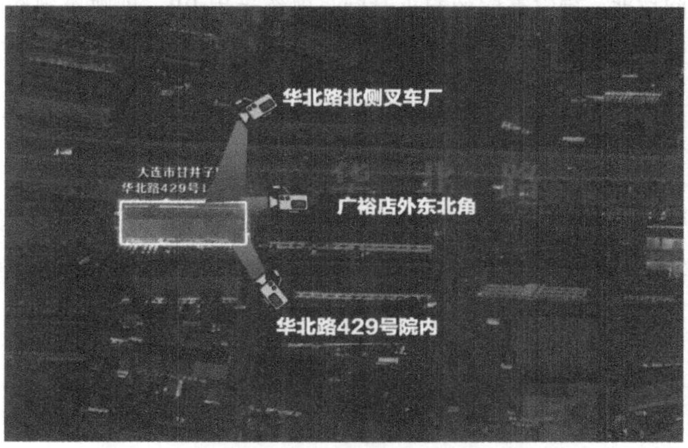

图3 店外3个摄像头点位图像位置

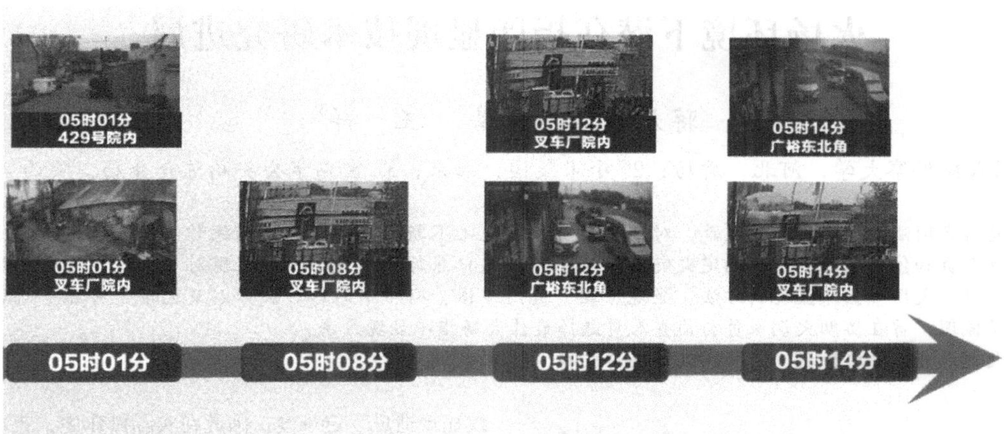

图4 2023年4月24日火灾发展时间轴

- 2023年4月24日5时01分，广裕展厅内合闸亮灯；
- 24日5时08分，广裕展厅内灯灭；
- 24日5时12分，广裕展厅内第一次出现明火，随后广裕东侧老虎窗出烟；
- 24日5时14分，广裕房脊出烟，同时，黄某从广裕展厅内开门出来并拨打119报警电话，之后火势不断向西，也就是骏驰店方向扩大蔓延。

综上，结合监控视频、黄某的证人证言、和现场勘验情况，吊顶内仅有照明灯具及其线路，无其他火、电源；起火点内照明灯具掉落、烧损严重；所有照明灯具的供电线路完整，无断点和熔痕；起火前照明灯具处于点亮和使用状态，控制该灯具的空气开关为起火前唯一跳闸断开的空气开关；起火前广裕为室内保暖需要，在吊顶内紧贴照明灯具内侧铺设一层挤塑板，导致了火灾快速燃烧蔓延。

至此，历时一个多月的火灾事故调查工作结束，根据《火灾事故认定书》，起火时间为2023年4月24日5时12分许；起火部位为广裕展厅内；起火点为广裕展厅内大门东侧第三柱至大门西侧第一柱之间范围内；起火原因为广裕展厅吊顶内照明器具故障引燃附近可燃物挤塑板所致。

5 火灾调查的体会

5.1 立全局意识，提高证据客观性

火灾调查对其证据有较高的证据力要求，对于视频影像资料尤为如此。火灾现场的线索纷繁复杂，各类线索的指向性各有不同。如果想当然地预设一种可能性，被初步证据引导调查方向，则很有可能会被主观意识带偏从而导致火灾调查结果有所偏差。调查人员首先应站在中立的角度，以不带个人喜恶、不设预先立场、完全客观公正的态度进行火灾原因调查，同时在无法确定真相的情况下，进行反复调查、多次勘探、大量走访，同时调查手段可以多种多样，如大量全面的走访调查、多角度多时段的视频分析、认真细致的水洗筛选等，同时按照《现场勘查电子物证提取技术规范》严格操作，填写提取清单、拍照、制作镜像等步骤，确保证据客观性、真实性和关联性。

5.2 广范围搜证，多方校准寻真相

视频综合分析技术包括视频提取、视频筛选、素材修复、多视角比对等程序，现已广泛应用于各类火灾原因调查

工作中。调查人员一定要树立细心排查意识，广泛摸排可能的视频资源，利用视频资料辅助查清起火点、起火时间和起火原因。在视频来源方面，可以利用当今发达的视频监控网，充分调取一切可利用的资源，包括但不限于户外天眼、个人监控、室内监控、电车的行车记录仪甚至新媒体平台上发布的视频，都可以作为视频综合分析的素材；在视频分析层次，可以利用手机时间、北京时间和监控主机时间进行时间核准，确定真实的起火时间；熟练运用 PR、剪映等视频软件进行重要视频证据的截取、取证，同时可以利用 PS、LR 等图片处理软件进一步修复证据线索的清晰度和涵盖力。在视频提取方面，注意尽可能提取和保存原始资料，能直接提取就不转录，能第一时间提取就不拖延，能全面提取尽量不节选，注意转存拷贝时采用原/高清晰度，防止丢失重要线索。

5.3 多角度取证，查实形成证据链

刑事犯罪侦查中有一句铁律："证据必须经过查证属实，才能作为认定案件事实的根据。"比如，某事实有证人证言，但没有其他证据加以佐证，该证言仍没有成为证据的资格。火灾调查亦是如此，正如本案中黄某言辞前后矛盾，如果在第一次询问时就轻信其证词，极有可能做出错误的认定，甚至引发行政复议不满意、行政诉讼败诉等危及行政机关公信力的事件。因此，面对证人证言的采信与否，需要结合多方证据相互印证，形成证据链方可采用。面对视频资料，单一的视频资料可能造成误判，应当尽可能多地查找周边资源，如果仅有一份视频资料且无法完整呈现事实的，应当结合其他证据综合判断。

参考文献

［1］张志刚．一起汽车火灾复核案件的调查与体会［J］．中国消防协会学术工作委员会消防科技论文集，2023：445-449.

［2］金河龙．火灾痕迹物证与原因认定［M］．吉林：吉林科学技术出版社，2005.

［3］李泽．视频分析技术在一起放火案侦破中的应用［J］．中国消防协会学术工作委员会消防科技论文集，2023：412-415.

火场环境下潜在指印显现技术研究进展

蒋大钊[1] 陈 浩[2] 王 祥[3]

（1. 中国人民警察大学，河北 廊坊；2. 小米集团，北京；3. 宝鸡市公安局陈仓分局，陕西 宝鸡）

摘 要 随着我国法律体制的逐渐改革，对证据的要求也随之不断提高，而火场指纹作为放火案件中的重要证据，可以帮助火灾调查人员和侦查人员更好的确定火灾的性质和可能的犯罪行为，火场指纹显现对于火灾调查和现场勘察具有重要意义。本文对目前火场中指印显现新方法、显现原理、适用客体、指印中的各种成分以及火场中可能会对指印产生影响的各种因素做了梳理，旨在协助火调人员与侦查人员选择最佳火场指印显现方法。

关键词 火灾调查 痕迹检验 火场指纹 刑事技术

1 引言

随着我国法律体系的逐步健全，对证据的要求也日益严格。《火灾预防法》对火灾调查的职责和程序进行了明确规定。在火灾案件中，火场指纹作为关键证据，其重要性不言而喻[2]。火场指纹不仅能够帮助火灾调查人员和侦查人员准确判断火灾的性质，揭示可能存在的犯罪行为，还能为确认嫌疑人身份提供有力依据。通过与嫌疑人的指纹进行比对，可以迅速锁定涉案人员，进一步追踪犯罪嫌疑人的活动轨迹，为火灾案件的侦破提供关键证据和线索[18]。为了更好地利用火场指纹这一重要证据，本文详细梳理了目前火场中常用的指印显现方法及原理，旨在为火灾调查人员与侦查人员在实际操作中提供有益的参考。

在火场指纹显现方面，常用的方法包括物理显现法、化学显现法和生物显现法等。物理显现法主要利用指纹的物理特性，如指纹的凹凸纹理，通过粉末、胶带等手段使指纹显现。化学显现法则利用指纹中的化学成分与特定试剂发生反应，产生颜色变化，从而显现指纹。生物显现法则是利用生物技术手段，如 DNA 分析，对指纹进行显现。这些方法各有优缺点，适用于不同的火场环境和指纹条件。在火场指纹显现过程中，还需要注意各种可能对指印产生影响的因素，如火场温度、湿度、烟雾等环境因素可能导致指纹模糊、变形甚至消失；火灾现场的破坏程度、灭火措施等也可能对指纹显现造成一定难度。因此在实际操作中，火灾调查人员与侦查人员需要根据具体情况灵活选择显现方法，确保指纹信息的完整性和准确性。火场指纹显现对于火灾调查和现场勘察具有重要意义，通过深入研究和应用先进的显现技术，可以更好地利用火场指纹这一关键证据，为火灾案件的侦破提供有力支持。

2 火场指印显现技术

2.1 三种 β-取代的茚三酮显现法

张岩峰[3]等人将对位取代的苯丙酸，分别在三氟甲磺酸条件下发生傅克酰基化取代，得到 β-取代茚酮，之后在适宜的条件下进行氧化，得到 β-甲氧基茚三酮、β-硝基茚三酮、β-甲基茚三酮。实验发现，这三种 β-取代的茚三酮均能很好的显现出新鲜的汗潜指纹，对于三天之内的捺印在普通纸张上比如 A4 纸张上的指纹，这三种 β-取代的茚三酮均能很好的显现，但是对于已经存放了七天的指纹，β-硝基茚三酮已几乎显现不出来指纹，而 β-甲氧基茚三酮和 β-甲基茚三酮仍可以有很好的显现能力（见图 1）。

由于火场中烟气等等因素的影响致使火场指纹基本呈现出黑色，而 β-硝基茚三酮显现出的指纹也为棕黑色，再加之其显现能力不如 β-甲氧基茚三酮和 β-甲基茚三酮，故主要还是运用 β-甲氧基茚三酮和 β-甲基茚三酮来显现，并且

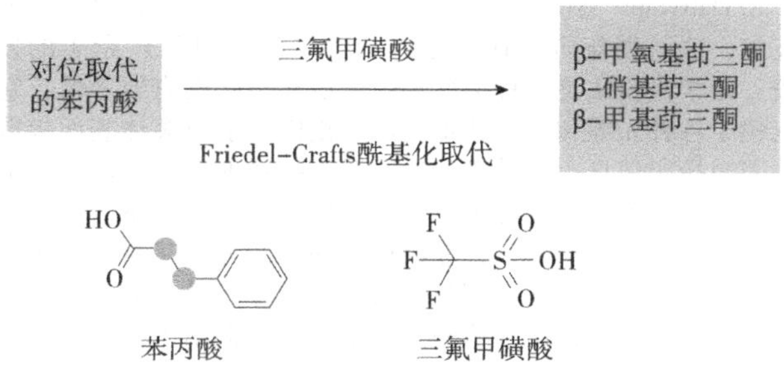

图 1　三种 β-取代的茚三酮制备流程图

张岩峰等人经对比发现这两种物质的显现能力丝毫不比茚三酮显现效果弱。

张岩峰等人经实验对比发现 β-甲氧基茚三酮与 β-甲基茚三酮在显现指纹时比茚三酮有更高的效能。β-甲氧基茚三酮与 β-甲基茚三酮在结构上的相同点是 β-位取代基都是给电子基团，化合物共轭结构的电子云密度相比于茚三酮来说也更大，最后生成的罗曼紫络合物也更加稳定。

2.2　茚三酮显现法

茚三酮是一种氨基化合物的特定显色剂，1910 年 Ruhemann 经研究制成茚三酮来检验氨基酸，1954 年德国化学家 H. J. Schenk 和 K. H. Meyer 提出茚三酮显现法，他们发表了一篇名为《茚三酮显现法及其在生物化学中的应用》的论文，详细描述了这种方法的原理和应用。这种方法用于检测氨基酸存在。在这个方法中，茚三酮与氨基酸反应生成有色化合物，从而可以观察到显色现象。该物质在化学分析和生物化学研究中被广泛应用。它与氨基作用后会呈现出独特的蓝紫色——鲁赫曼紫（Ruhemann'spurple），又称罗曼紫[7]，茚三酮因该性质而被用于胺类化合物的检测，特别是氨基酸和多肽化合物。在现场勘验及司法鉴定中也被广泛应用于指纹的显现。显现原理见图 2。

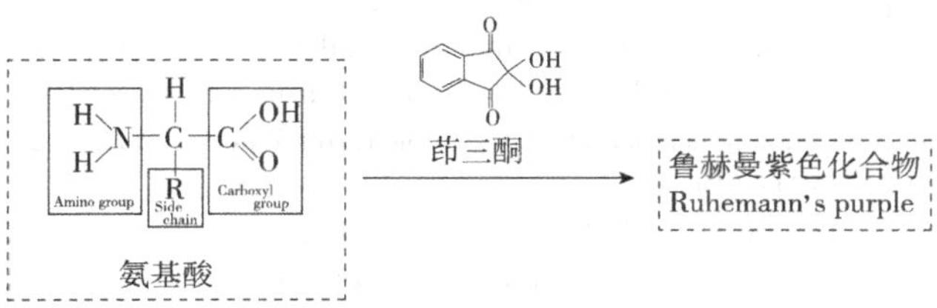

图 2　茚三酮显现原理示意图

茚三酮显现法主要应用于显现浅色纸张，本色木等渗透性客体上，它既适用于新鲜的汗潜手印，也适用于陈旧汗潜手印。在实际应用场景中，为了达到缩短显现时间的目的，可以采取一系列方法来使其反应速度加快，比如用蒸汽熨斗烫熨，自动熏显柜显现来使反应条件尽可能贴合熏显的最佳状态，经实验发现其在温度为 80℃，相对湿度为 65%时与氨基酸反应最充分。

2.3　502 胶显现法

502 胶熏显法是由美国生物化学家 George E. Palade 于 1952 年提出的。这种方法用于在电子显微镜下观察细胞和组织的超微结构。通过在样本上涂覆 502 胶熏剂，然后使用电子束对其进行熏蒸，可以使细胞和组织的结构更清晰地显示出来。这种技术在细胞生物学和组织学研究中得到广泛应用。502 挥发后，如遇物体表面有汗液手印的部位，a-氰基丙烯酸乙酯单体就会聚合，形成白色固体状聚合物，从而显现手印[21]。可以用于油汗，灰汗混合的手印以及细纺织品，皮革，橡胶，皮肤上的疑难客体的手印都适用。也可用于陈旧手印的显现。并且由于 502 胶显现法显现出的乳突纹线为白色，故其在深色客体上的显现效果极佳，而由于火场自身的特殊性，指纹在火场中自然就会被各种烟气等物质熏黑，所以 502 胶熏显法自然而然就适用于对其的显现。502 显现原理示意见图 3。

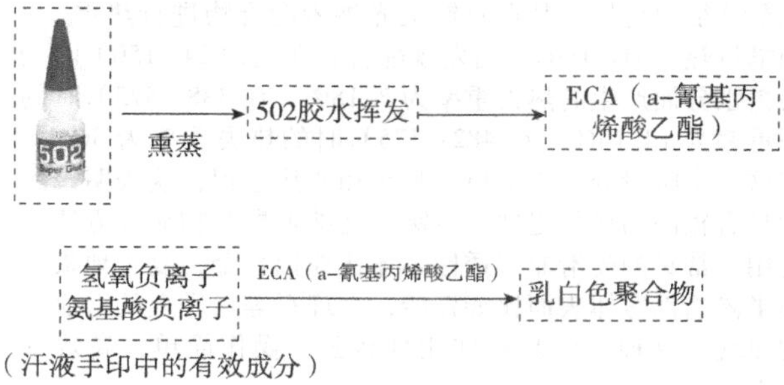

图 3　502 显现原理示意图

在火场的高温情况下，500℃高温条件中经 502 胶熏显处理后的指纹依然能够很好的显现出自身的乳突纹线，但当温度超过 600 度时就会失去效果，车强在经过实验后得出 502 胶熏显法在对火场中经过适量加湿处理的指纹显现上有较好的效果，并且在熏显柜中熏显的指纹效果更好而且花费的时间更短[11]。但需要注意的是使用 502 胶熏显法进行指纹显现时，由于 a-氰基苯烯酸乙酯单体与汗液反应聚合，形成白色固体状聚合物，故其会对 DNA 和指纹中的其他成分有影响，所以通常被用来当作处理指纹的最后方法。

2.4　硝酸银显现法

19 世纪 80 年代，法国医生爱比特在探索皮肤病与人体分泌关系时，偶然发现硝酸银溶液能显现汗潜指印。这一发现揭开了硝酸银用于指印显现的序幕。硝酸银与指印中的氯化物发生化学反应，生成氯化银沉淀。当氯化银受到日光或紫外线的照射时，通过光解反应会分解成棕黑色的银微粒，从而清晰地呈现出指印。然而，持续的光照会导致氯化银不断分解，使得客体表面逐渐变黑，造成显现过度。因此，光照时间的控制至关重要。硝酸银显现法特别适用于如新本色木、浅色纸张等渗透性客体上的新鲜或较陈旧的汗液指印。虽然该方法成本低廉、操作简单，但显现后的指印背景色调较重，可能影响指印的清晰度。因此，一旦指印显现，应迅速捕捉最佳时机进行拍照。硝酸银显现原理示意见图 4。

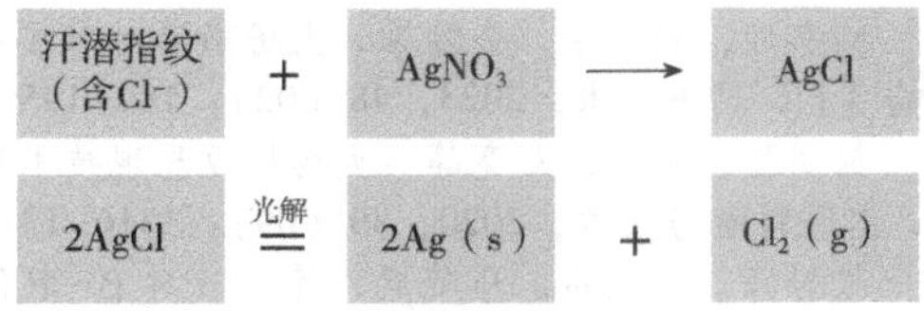

图 4　硝酸银显现原理示意图

2.5　铽荧光纳米配合物显现法

马博文等制备出了一种铽荧光纳米配合物，该方法的显现原理为对该铽荧光纳米配合物表面的羧基进行活化，待其与手印中的胺基发生酰胺反应后，在暗场中使用 254nm 紫外灯将待显现进行激发便可观察到手印中乳突纹线发出的绿色荧光，进而显现出手印[16]，此种方法显现手印具有效率高，速度快并且对比度更高更清晰的特点。需要注意的是，该显现方法中的铽荧光纳米配合物使用时需要均匀涂抹于待显现手印上，在用紫外光激发时要将该铽荧光纳米配合物洗干净之后再进行，而这就涉及到涂抹时间的问题，马博文等人在进行实验后发现在铽荧光纳米配合物涂抹大约 20s 再进行风干之后的显现效果最佳。

马博文等通过对铽荧光纳米配合物的TEM照片进行测量后发现其在微观层面近似为球形且其平均水和粒径大约为72.62nm，而球形可以提高其非特异性，使其对手印的选择性更高，较小的水和粒径又使得其对手印的显现更加灵敏，细节特征也更好。其在对铽荧光纳米配合物进行热重-差示扫描量热（TG-DSC）后发现配合物在大约24~150℃时的因失去水分而产生的热失重率为7.18%，在388~575℃时的热失重率为14.13%，在482~575℃时的热失重率为36.11%，在这三个阶段分别为吸热、吸热和放热过程，这表明该配合物具有较高的热稳定性。该铽荧光纳米配合物显现方法主要适用于常见的光滑非渗透性客体比如铝合金，复合地板等以及半渗透性客体表面比如瓷砖，大理石等材质上的潜血手印的显现，这种方法具有实用性较强，操作简单，高效率的特点。

2.6 光学检验法

20世纪70年代，此方法由加拿大施乐研究中心的一组试验人员发现，而在同年的密西根-安大略鉴定年会上，B. E. Dalrymple等首次披露了使用氩离子激光器显现指纹的技术，这一创新研究在次年得到了《法庭科学》杂志的发表。光学检验法是一种提取和固定潜在指印的有效手段，它依赖于各种光源和配光技术，通过拍摄从承痕客体表面提取并固定指印信息。光学检验法主要包括透射光观察法、反射光观察法、多波段光源观察法以及紫外观察照相系统观察法四类。光学检验法是一种非破坏性的检测方法，对任何疑似含有指印的样本，在应用各类物理化学方法进行显现处理之前，都应首先进行光学检验。光学检验法揭示潜在指纹的工作原理主要有两种。一种是增强指纹线条与背景的亮度对比，以凸显指纹特征；另一种则是降低或去除指印背景上的图案和其他细节干扰，以提高指纹的可识别性。

韩喜渊等人经实验发现当温度在400℃以下时，光学无损检验法显现出的指印纹线清晰，效果明显[1,17]，当温度在400~500℃时，光学无损检验法显现的效果就不如其他有损方法比如502胶熏显法好，当温度在500~600℃时，光学无损检验法只能显现出个别纹线，而当温度大于600℃时，光学无损检验法已经无法显现出明显的特征。温度对光学检验法的影响见图5。

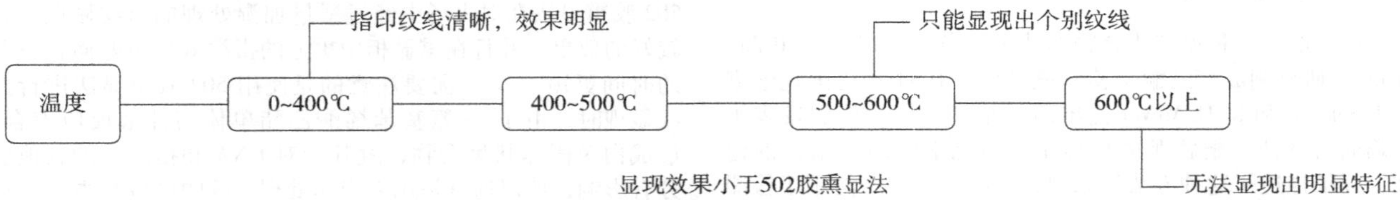

图5 温度对光学检验法的影响

3 结语

火场指印显现是火灾调查中一个不可忽视的重要问题，本文针对火场指印的特点，阐述了对火场指印进行显现的方法以及原理，在实际显现指印时，应根据实际情况根据先无损后有损的原则选择不同的方法进行显现。尽管众多国内外学者已经对其进行了广泛的研究，但仍旧有一些不足和缺陷，如在显现火场指纹时仍受限于传统显现方法且其在显现遭受超高温影响的指印时发挥的效果仍旧有限。因此，未来应持续对火场指印显现开展深入研究，以期能够取得更多创新性和实质性的研究成果。

参考文献

[1] 韩喜渊，张春宇，金静等．火场高温对潜在指纹显现的影响［J］．刑事技术，2023，48（02）：189-195.

[2] 何明骏，金静，邓亮等．火场指纹显现技术研究进展［J］．消防科学与技术，2020，39（09）：1316-1319.

[3] 张岩峰，郭先超，马荣梁，等．三种β-取代茚三酮的合成及显现汗潜手印的研究［J/OL］．刑事技术，1-7［2024-04-10］．https://doi.org/10.16467/j.1008-3650.2023.0051.

[4] 阮程．火灾调查中火场指纹显现技术的研究现状［C］//中国消防协会学术工作委员会，中国人民警察大学防火工程学院．中国消防协会学术工作委员会消防科技论文集（2022）中国石化出版社，2022：347-349.

[5] Pounds A C，Grigg R，Mongkolaussavaratana T. The use of1，8-diazafluoren-9-one（DFO）for the fluorescent detection of latent fingerprints on paper. A preliminary evaluation［J］. J Forensic Sci，1990，35（1）：169-175.

[6] Wilkinson D. Study of the reaction mechanism of 1，8-diazafluoren-9-one with the amino acid，lalanine［J］. Forensic Sci Int，2000，109（2）：87-103.

[7] 仝潇，罗亚平．茚三酮及其类似物显现汗潜手印的研究进展［J］．化学研究与应用，2018，30（06）：875-880.

[8] Conn C，Ramsay G，Roux C，et al. The effect of metal salt treatment on the photoluminescence of DFO treated fingerprints［J］. Forensic Sci Int，2001，116（2）：117-123.

[9] Ramotowaki R，Cantua A，JoullieéM M，et al. 1，2-Indanediones：a preliminary evaluation of a new class of amino acid visualizing compounds［J］. Fingerprint Whorld，1997，23（90）：131-140.

[10] 车强．"502"胶熏显法显现火灾现场环境下指纹［J］．消防科学与技术，2001（04）：48-49+0.

[11] Hauze D B，Petrovskaia O，Taylor B，et al. 1，2-Indanediones：new reagents for visualizing the amino acid components of latent prints［J］. J Forensic Sci，1998，43（4）：744-747.

[12] Almog J，Springer E，Wiesner S，et al. Latent fingerprint visualization by 1，2 - Indanedione and related compounds：preliminary results［J］. J Forensic Sci，1999，44（1）：114-118.

[13] Watling W J，Smith K O. Heptane：An alternative to the freon ninhydrin mixture［J］. J Forensic Ident，1993，43（2）：131-135.

[14] 马博文，李嘉伟，王猛等．铽荧光纳米配合物的制备及其潜血手印显现应用［J］．无机化学学报，2023，39（09）：1673-1681.

[15] 王明超，王丹华．纸张上汗潜手印显现方法探究［J］．铁道警察学院学报，2014，24（06）：49-52.

[16] 李重阳，李波阳，李敏刚等．指纹显现技术发展综述［J］．中国人民公安大学学报（自然科学版），2003（03）：22-27.

[17] 韩国强，张俊豪，罗亚平等．茚二酮显现手印最佳配方研究［J］．中国人民公安大学学报（自然科学版），2018，24（02）：6-9.

[18] 霍宇飞．量子点的表面修饰与指纹检测应用［D］．陕西师范大学，2010.

[19] 韩国强，罗亚平．"502"胶显现潜在手印增强处理方法研究进展［J］．化学试剂，2015，37（07）：617-620+672.

火灾调查汽车数据查询移动应用程序研究

周广琦　张婷婷　王新山

（张家口消防救援支队，河北　张家口）

摘　要　为了提高汽车火灾调查的便捷性和效率，为调查人员提供重要的参考工具。本文结合当前国家信息化建设背景和现有技术手段，通过分析现阶段汽车火灾调查工作的困难与经验，分别从汽车数据的组织与整合、车型识别技术、移动应用程序的构建三个方面分析了汽车数据查询移动应用程序实现的关键技术。这款移动应用程序能够通过拍照精准识别出相应的车型，并即刻展示该车型的详细信息，包括机动车相关标准、参数、危险因素、结构原理以及火灾案例库等，为机动车火灾调查工作提供信息支撑。

关键词　消防　火灾调查　汽车火灾　移动应用

1　引言

随着社会经济的不断发展，机动车辆逐年增多。据公安部统计，截至2023年9月底，全国机动车保有量达4.3亿辆，其中新能源汽车1821万辆[1]。然而，与机动车保有量的不断增加相伴随的是机动车火灾的不断上升趋势。从应急管理部消防救援局公布的数据来看：新能源车的火灾风险总体高于传统汽车，2021年新能源汽车全年火灾共发生约3000余起。2022年第一季度，共接报各类交通工具火灾1.9万起，同比去年上升8.8%；其中，新能源汽车640起，同比上升32%[2]。新能源汽车的崛起使得火灾的原因和处理方式变得更加多样化，对应的调查和救援工作需要更高的专业水平和技术支持。传统的火灾调查方法在面对这些新型车辆时显得力不从心，调查人员需要不断更新知识，提高技能，才能准确找出火灾原因。

2　现状分析

2.1　汽车火灾调查工作面临的挑战

一是数据获取困难和整合不足。汽车结构复杂且相关的数量巨大，包括车辆的型号、年份、制造商、发动机类型、燃油类型等等，这些数据分布在各个厂家平台上，而且相关规范和标准也非常庞杂，这给调查人员快速获取和整合这些数据带来了很大的困难。

二是缺少汽车内部结构参考。在汽车内部系统排查细项勘验时，调查人员往往需要依赖电路布设及原理的参考文档来分析车辆的内部结构，甚至需请专业人员进行指导分析内部结构，这给调查工作带来了很大的不便。

三是案例分析不足和缺乏系统化的数据库。目前，针对汽车火灾的案例分析还远远不够，而且缺乏一个系统化、全面性的机动车火灾案例数据库。这使得调查人员难以通过历史起火事故进行筛查，快速有效地找出相同型号车辆或电池包的火灾事故共同点，也就无法准确高效地判断起火原因。

四是缺乏实验汽车模拟试验参照数据和视频。在火灾事故调查中，通过实验数据和视频可以有效地验证起火过程是否与目击者所描述的情况相一致。然而，目前市场上缺乏相关的实验汽车模拟试验参照数据和视频，这给调查工作带来了一定的困难。

五是对危险因素掌握不足。虽然一些常见的危险因素，如油箱泄漏、轮胎爆炸等在灭火救援和火灾勘验中已经得到了充分的重视，但对于电动汽车高压动力电池这类特殊危险因素的了解还不够深入。电动汽车的高压动力电池不同于传统汽车中的铅酸蓄电池，火烧后电路系统不会完全瘫痪，仍然存在一定的安全隐患。

为了解决这些问题，我们需要加强汽车火灾调查工作的数据获取和整合能力，建立一个系统化、全面性的汽车数据查询库，提供专业的内部结构分析指导，加强对危险因素的了解和掌握，以及增加实验机动车模拟试验参照数据和视频的可用性。我们迫切需要研发一种能够将社会上涉及到的车辆数据、种类、结构、特点、过往案例等信息汇聚到一起的汽车数据查询移动应用程序。

2.2　国内外现状及趋势分析

在新能源电动汽车火灾形成蔓延机理、火灾调查的询问方法、火灾原因调查流程方面，张得胜[3]、张玉斌[4]、林烨[5]等人分别进行了深度调查研究。随着智能化和信息技术的不断发展，越来越多的研究开始关注如何利用这些技术手段提高火灾调查的效率。姚浩伟通过火灾重构方法建立了火灾矢量模型库，用于分析火灾现场未燃物和已燃物的分布情况。他成功应用辅助识别系统软件，通过调研火灾事故合理分类并构建了矢量模型库[6]。张相志提出了基于多系统交互的火灾调查一体化平台建设思路，总结了平台的架构和各子系统的功能，如案件办理、现场笔录和物证系统等[7]。王鑫对火灾调查大数据系统进行了综合分析，提出了多方面的建议，以期为大数据系统的建设提供更多参考[8]。综上所述，移动终端技术在火灾调查领域的应用正成为新的研究热点。未来，我们预计机动车火灾调查领域将朝着智能、信息化的方向发展，对于一款能够集成多功能的手持查询终端设备的需求将日益增长。

3　关键技术分析

3.1　汽车数据的组织与整合

在本研究中，在开发移动应用程序之前，首先要做好的工作就是汽车火灾调查相关信息资源的提取，本研究利用数据挖掘技术，通过分析火灾调查工作中的实际需求，对大量汽车相关数据进行有效提取和分析。同时，数据库资源组织与整合方式的研究是本研究需要解决的另一个关键问题。具体包括车型基础信息库的构建、火灾案例库的构建、专家知识库的构建、车型与数据库的映射、拓展信息的存储、数据分类与检索等。

具体而言，就是要研究汽车的火灾特性，总结机动车的常见火灾原因、研究现场勘验步骤及痕迹物证分析方法，分析业务需求。建立包括机动车型号、制造商、相关标准、法规行规、技术参数、结构原理、危险因素等信息的数据库，为调查人员提供翔实的技术支持。同时，要采集并整理来自权威机构和制造商的车型规格数据，确保信息的权威性和准确性。此外，数据库应具备扩展性，以支持未来新增车型和信息字段的快速更新。创建包括各种机动车型的火灾案例数据库，记录火灾发生的时间、地点、原因、损失程度等详细信息。整合公开案例和调查报告，确保案例库的全面性和可信度。将各种机动车火灾案例的痕迹照片、模拟试验数据和视频整合，为案件比对和分析提供丰富的参考素材。数据库应具有关联性和分类能力，以便用户能够按需检索和分析相关火灾案例。最后，将专家意见融入到终端系统中，建立机动车火灾调查专家意见库。并通过开展咨询会、文献查询、个案分析等方式，收集来自不同领域专家的意见和建议，涵盖机动车结构原理、危险因素预警、现场勘验、火因分析等多个方面。

3.2 基于图像识别技术的车型识别

构建了数据库后，第二个关键问题就是基于图像识别技术的机动车车型识别。因为只有实现了车型识别，才能够通过拍照检索出该车型的数据。包括图像采集、图像预处理、车型识别等技术。

首先，需要收集包含各种车辆型号的大量图像数据集。这些数据集应该包括不同角度、不同光照条件、不同背景下的车辆图像，以确保模型的泛化能力。对于车辆型号的识别，关键特征可能包括车标、车型、车灯、车窗形状等。可以使用深度学习技术，如卷积神经网络（CNN）来自动提取这些特征。为了使应用能够在短时间内给出识别结果，可能需要进一步优化模型和算法，以减少计算量和提高运行速度。在实际环境中测试这个应用，评估其识别准确率和用户体验。根据测试结果进行必要的调整和优化。

此外，需要研究移动应用程序的全流程系统搭建工程，要设计一个用户友好的界面，使用户能够轻松地使用这个应用。界面包括拍摄按钮、识别结果显示区域、该车型相关联数据库信息等。然后，在云服务器上搭建后端系统，实现接收并处理从移动终端发送过来的车辆图像。这包括将图像数据进行预处理，如缩放、裁剪等，以便于模型进行识别。后端系统可以利用预先训练好的模型，对接收到的图像数据进行推理，从而识别出车辆的型号，并将识别结果返回给移动终端。

最后设计并实现智能查询系统，该系统整合图像识别技术和车型信息数据库，实现对用户上传车辆图像的实时识别和信息检索。采用高效的数据库查询算法，确保在大规模数据集下的迅速响应。用户界面应友好，支持多平台使用，以提高用户体验。

3.3 移动应用程序的构建

在所建立的数据库和图像识别技术的基础上，通过前、后台分离设计，在 JAVAEE 的开发环境下，开发出汽车数据查询移动应用程序。前端项目基于 Vue 框架以数据驱动和组件化的思想开发构建用户界面，自底向上增量研究数据库的数据管理、审核、统计等相关功能；后台项目基于 Spring Boot 企业级 Web 应用框架开发，具备良好的扩展性和安全性。

移动应用程序通常需要在不同的操作系统和设备平台上运行，因此需要考虑跨平台的兼容性和优化。研究如何利用跨平台开发框架，如 UNIAPP，来构建一次性的跨平台应用程序，从而减少开发成本和时间。此外，应当针对不同平台的硬件特性和用户习惯，进行针对性的界面设计和功能优化。在实际应用之前，对移动应用程序进行严格的测试和评估是至关重要的。

4 技术路线

采用理论研究与应用研究相结合的基本思路，以火灾调查学、车辆工程学、信息构建、系统工程等理论和方法为指导，利用信息化的相关理论和技术，对汽车火灾调查工作中信息化支撑及关键技术进行系统研究。本研究首先通过文献回顾、案例研究、问卷调查和专家访谈等方式，对机动车火灾调查工作中的痛点、难点深入剖析，提炼最有价值的信息类目。在信息资源和业务资源分析、分类和综合基础上，评估资料信息类目的数据可达性和数据可得性，研究数据实用性。然后，研究云存储的相关理论和技术，研究云存储技术在知识的组织和整合的应用方法，提出基于云存储的机动车火灾调查信息资源整合总体模型，该模型将系统考虑用户、信息内容、业务环境与流程。在资源整合总体模型中，主要研究基础信息数据库、火灾案例库、专家知识库的获取、分类、存储、检索和拓展。接着，借助图像识别技术，构建基于云服务的汽车火灾调查知识库，实现拍照识别车型并将所关联的相关资料展示出来。最后，将应用程序部署在多端上，包含微信小程序端、Android 端、iOS 端和 H5 端，进行验证研究，并对提出的理论和方法进行完善和总结。具体图解见图 1。

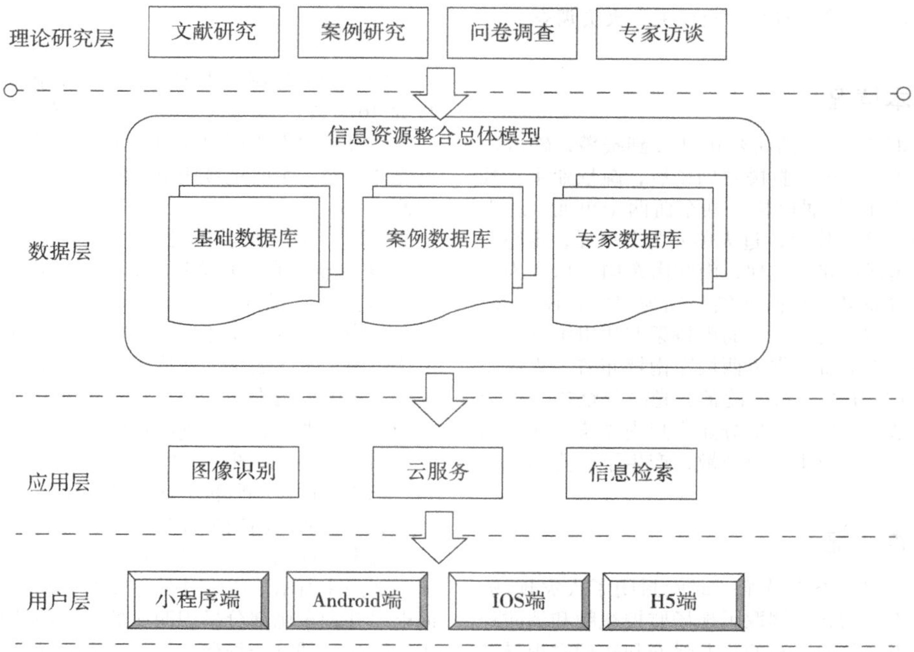

图 1　技术路线图

5　结束语

综上所述，随着汽车保有量的迅猛增长，特别是新能源汽车的普及，汽车火灾的防范与调查工作面临着前所未有的挑战。传统的火灾调查方法在面对新型车辆时显得捉襟见肘，亟需新的技术手段来提供有效的支持。汽车数据查询移动应用程序的研发，正是应对这一挑战的重要措施。通过整合汽车数据、车型识别技术、移动应用程序构建等关键技术，我们能够为火灾调查人员提供一个便捷、高效的工具，帮助他们快速获取车辆信息，分析火灾原因，提高火灾调查工作的准确性和效率。

展望未来，随着信息技术的不断进步和普及，汽车数据查询移动应用程序将在火灾调查领域发挥越来越重要的作用。我们期待这一工具能够不断完善和优化，为火灾调查工作提供更加全面、精准的信息支持，为社会的安全和稳定贡献更多的力量。同时，我们也呼吁更多的研究者和技术人员关注这一领域，共同推动汽车火灾调查技术的创新和发展。

参考文献

［1］中华人民共和国公安部．全国机动车达 4.3 亿辆驾驶人达 5.2 亿人新能源汽车保有量达 1821 万辆［EB/OL］．(2023-10-10)［2023-10-10］．https://www.mps.gov.cn/n2254314/n6409334/c9244746/content.html.

［2］应急管理部消防救援局．2021 年消防接处警创新高，扑救火灾 74.5 万起［EB/OL］．(2022-01-20)［2022-01-20］．https://www.119.gov.cn/gk/sjtj/2022/26442.shtml.

［3］张得胜，张良，陈克，刘振刚，高占斌．电动汽车火灾原因调查研究［J］．消防科学与技术，2014，33（09）：1091-1093.

［4］张玉斌，张熠欣，程婧园．浅析新能源电动汽车火灾调查方法［J］．消防科学与技术，2020，39（10）：1456-1458.

［5］林烨，黄国忠，肖凌云，王琰，董红磊，任毅．基于深度调查的电动汽车火灾原因分析技术［J］．消防科学与技术，2021，40（01）：145-148.

［6］姚浩伟，蒋丹，骆腾，武录森，王小伟，鄂大志，梁栋．火灾现场重构矢量模型［J］．消防科学与技术，2017，36（12）：1771-1773.

［7］张相志．基于多系统交互的火灾调查一体化平台［J］．消防科学与技术，2021，40（06）：950-954.

［8］王鑫，鲁志宝，王玉领，韩冲．火灾调查大数据建设途径与思考［J］．消防科学与技术，2022，41（04）：569-571.

一起高层住宅电缆井火灾的调查

沈　伟

（济南市章丘区消防救援大队，山东　济南）

摘　要　电缆井连通各楼层，一旦着火，火灾纵向迅速蔓延，极易形成立体火灾，造成较大的社会影响，火灾调查工作也更加复杂。以一起高层住宅电缆井火灾的调查为例，通过现场勘验、调取监控视频与火灾自动报警系统报警记录、调查询问和物证鉴定，全面分析了火灾发展蔓延的过程，认定了火灾原因，为类似火灾的调查和高层住宅小区的消防安全管理工作提供参考。

关键词 火灾调查 高层住宅 电缆井 火灾调查

1 火灾事故基本情况

11月22日23时55分，消防救援站接到报警，辖区内一高层居民小区电缆井起火，救援站到场后，疏散业主，扑灭火灾。起火建筑为19号居民楼，共东西两个单元，地上18层地下2层，每层3户住户，过火单元为2单元，走廊北侧依次为电梯、封闭楼梯间、电梯，南侧由东向西依次为电缆井、中户户门、设备井，东西两侧分别为户门，设备井、电缆井的门均为乙级防火门，强、弱电桥架共用电缆井，弱电桥架贴东墙布置，强电桥架靠近西墙贴南墙布置。火灾造成1层至15层的电缆井内线路、设备、光纤等烧损，部分楼层公共区域装修烟熏、烧损，部分业主户内烟熏，无人员伤亡，但火灾造成百余名业主紧急疏散，产生了一定的社会影响。

2 火灾事故调查情况

火灾发生后，火灾调查人员第一时间封闭了火灾现场，对着火单元进行了逐层勘验，调取了现场监控视频和消防控制室报警记录，对当晚负责巡查的物业保安和初期发现异常的业主进行询问[1][2]，综合分析确定1层、4层为重点勘验区域，邀请应急管理部消防救援局天津火灾物证鉴定中心专家进行现场指导，进一步明确勘验重点，并对重点区域进行了细致的勘验。

2.1 起火时间的认定

监控时间22日23时50分11秒（北京时间23时46分27秒）走廊监控信号丢失，信号丢失前走廊灯突然亮起，此时视频图像中出现很多噪点；北京时间23时46分许，2层电缆井内感烟探测器报警，随后3层电缆井内感烟探测器报警。综合分析，起火时间为22日23时43分左右。

2.2 起火部位和起火点的认定

2.2.1 调查询问情况

（1）根据物业保安毕某询问笔录，他于22日23时54分接到403户业主张某电话，称2单元烟很大，到达19号2单元后发现2单元1层电缆井起火。

（2）根据郑某询问笔录，22日23时40分左右他送朋友回19号楼2单元802室，送到家后从楼梯走到7层闻到了烟味，从7层坐电梯下到1层时，约23时50分许，听到电缆井一侧有异响。

（3）根据19号楼2单元401室业主马某询问笔录，22日23时50分许打开户门看到楼道内有烟气，回到户内看了看楼下，楼下已经有人在呼叫。到1层时看到1层东侧的电缆井向外冒火。

2.2.2 监控视频与火灾自动报警系统报警情况

（1）23时50分11秒（监控时间）走廊监控信号丢失，信号丢失前走廊灯突然亮起，此时视频图像中出现很多噪点。23时50分23秒（监控时间），走廊监控信号短暂恢复；23时50分48秒（监控时间）走廊监控信号串线，串到1单元1层走廊，显示时长不足1s。郑某乘坐电梯到达1层后离开时间为23时51分40秒（监控时间），此后30s电梯内监控信号丢失，郑某下电梯后向东侧（1层电缆井位置）张望了片刻随即离开。校对北京时间：监控显示时间较北京时间快3min44s。即最早1层监控丢失信号的时间为北京时间23时46分27秒。说明在23时46分许，已经有热烟气开始影响1层电缆井内的监控线路了。

（2）消防控制室火灾自动报警控制器记录显示北京时间23时46分许，19号楼2单元2层电缆井烟感最先报警，向后依次报警的为3层电缆井烟感、2层电梯前室烟感、4层电缆井烟感、5层电缆井烟感等，电缆井内从下往上依次报警。

2.2.3 现场勘验情况

19号楼2单元电缆井内1层以上部分过火烧损严重，一直蔓延燃烧至15层。部分楼层电缆井外的走廊上部有轻微烟熏和烧损痕迹，总体痕迹由电缆井内向外部燃烧蔓延。强电桥架内1至3层基本保持完好，只在局部位置有轻微烧损碳化。弱电桥架内从1层往上桥架内全部过火烧损，金属桥架锈蚀变色严重，线束绝缘和屏蔽层烧损缺失。一层电缆井过火照片见图1、图2、图3。

4层烧损最为严重，防火门烧损缺失，外部对应的瓷砖烧损脱落，防火门门框碳化严重，电缆井内呈现高温过火痕迹，线束绝缘缺失，设备烧损严重，地面处的纸张等碳化严重，如图4所示。电缆井外停放的电动自行车局部烧损，朝向电缆井的车尾部分呈现明显的迎火面特征，充电器线路在车上连接，部分烧损严重，如图5所示。4层电缆井防火门只关闭了半扇，另一扇门处于敞开状态，导致热烟气从此向走廊内扩散。

图1 一层电缆井过火痕迹（由西北向东南）

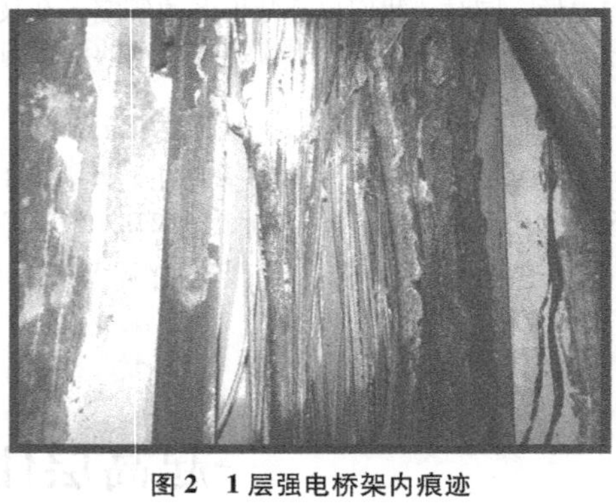

图2 1层强电桥架内痕迹

1层的弱电桥架锈蚀变色较重，信号线和电源线线束炭化缺失，对应的防火门内侧烧损碳化严重，中下部有烧穿的孔洞，弱电桥架一侧对应的门及门框烧损重于强电一侧。1层弱电桥架下方有墙壁插座，连接线路已断，如图6所示，经对比1单元1层电缆井，从此处接线到插线板给广电设备等供电。在设备箱下方及地面上提取到了插线板残骸，烧损较重，其连接的线路上存在绞接痕迹，见图7。设备箱下方的墙面上呈现出燃烧初期的烟熏及塑料熔融滴落痕迹。

图 3　1 层弱电桥架内过火痕迹

图 4　4 层电缆井过火痕迹（由北向南）

图 5　4 层电动自行车过火痕迹（由北向南）

图 6　1 层弱电桥架下方墙壁插座

图 7　1 层电缆井地面插线板

综上所述，认定此起火灾的起火部位为 1 层电缆井内，起火点位于 1 层电缆井内靠弱电桥架区域供电插线板线路连接处。

2.3　起火原因的认定

2.3.1　排除人为放火的可能性

经现场勘验，认定此起火灾的起火部位为 19 号楼西单元 1 层电缆井内部，电缆井防火门封闭良好，不具备放火的客观条件。经调查询问，早期发现人员首先看到电缆井内有明火。经调取周围的视频监控，起火前未发现有可疑人员出入。经现场勘验，未发现起火部位附近有放火器具。

2.3.2　排除遗留火种引发火灾的可能性

经现场勘验，起火部位区域未发现有烟头等遗留火种残骸。起火点位于电缆井内，防火门为封闭状态，烟头等不容易落入。

2.3.3　排除强桥架内电气故障引发火灾的可能性

此起火灾的起火点位于 1 层电缆井内靠弱电桥架区域供电插线板线路连接处，此楼层强桥架内基本保持完好。经现场勘验，强电桥架未发现有短路、过电流等电气故障形成的痕迹。

2.3.4　排除弱电桥架内电气故障引发火灾的可能性

此起火灾的起火点位于 1 层电缆井内，现场勘验未发现有联通、移动、电信网络运营商的设备，检查弱电桥架内的线路未发现有短路、过流等电气故障痕迹。调取联通、移动供应商的后台掉电记录，可证实掉电均发生在第一发现火灾时间之后。

2.3.5　排除 4 楼电动自行车电气故障引发火灾的可能性

此起火灾的起火点位于 1 层电缆井内，4 层虽过火严重，但与其内部堆放大量可燃物火灾荷载大、防火门未关闭有关。电动自行车尾部朝向电缆井，呈现明显的迎火面特征，电动车前部及下部蓄电池等均保存完好。经现场勘验，提取了连接电动车的充电器线路，经天津火灾物证鉴定中心鉴定，“地上 4 层东侧电缆井外电动车充电电气线路”中的熔痕为二次短路熔痕。

2.3.6　存在 1 层电缆井弱电桥架侧设备箱附近电气线路故障引发火灾的可能性

起火点认定在 1 层电缆井弱电桥架侧设备箱附近插线板连接处，该区域过火烧损严重，下方墙壁呈现初期的过火烧损特征。由监控断电记录及烟感报警记录，可知 1 层早期发生了电气故障并引发火灾。经细项勘验，设备箱下方烧损严重，插线板部分缺失，连接线路上存在绞接现象，提取了插线板的供电线路送检，经天津火灾物证鉴定中心鉴定，“1层电缆井弱电桥架侧设备箱附近电气线路”熔痕中有电热作用形成的熔痕。

综上所述，分析认定19号楼西单元电缆井火灾的起火原因可以排除放火、遗留火种、强电桥架内电气故障、弱电桥架内电气故障和4层电动自行车电气故障引发火灾，认定为1层电缆井内弱电桥架侧设备箱附近的插线板连接线路发生电气故障引燃周围可燃物引发火灾。

3 火灾事故调查体会及工作建议

此起电缆井火灾受灾楼层多、影响业主多，火灾调查工作面临很大的压力。为减少对业主生活的影响，火灾调查人员通过逐层对比勘验，确定重点区域，不断缩小封闭现场的范围[3]，并邀请天津火灾物证鉴定中心的专家现场指导，对关键物证拍照固定，应提尽提，避免了关键物证的丢失。为弄清1层电缆井内的布置情况，对相邻单元1层电缆井进行观察，发现了弱电桥架后方的插座连接的插线板为给广电设备等供电使用，线路存在铰接现象，当日物业对整个小区的电缆井进行了清理，更换了正规插线板，火灾调查人员在物业清理前固定了证据。

在火灾调查过程中，发现该小区在消防安全管理方面存在大量不足，直接导致了火灾的蔓延扩大，总结火灾结训，为高层小区的消防安全管理提出以下建议：

一是加强消防安全管理，落实防火巡查检查制度。在火灾调查中发现，物业的消防安全管理流于形式，因小区较大，保安人员巡查时仅就首层进行查看，缺少其他楼层的巡查，导致占用疏散通道、防火门常开、管道井内堆放杂物的情况普遍存在；在发现着火后值班保安曾使用灭火器进行灭火，但未确定火势是否完全熄灭，导致了后续的蔓延扩大。小区物业必须加强管理，切实落实防火巡查，清理管道井，对管道井的防火门应锁尽锁，保证封闭楼梯间畅通，保持常闭防火门常闭，避免生命通道成为烟气蔓延扩散的夺命索。

二是通信运营商要进一步规范施工。电气线路发生故障是此起火灾的直接原因，运营商的布线作业通常是在交房入住后，布线操作往往会破坏原有的防火封堵，这就要求运营商应确定并配备合适的员工，员工必须按照标准、规范和操作规程进行布线、接线[4]；选用合格的电气产品，并在施工完毕后重新对电缆井进行封堵。

三是加强消防安全宣传，提高居民消防安全意识。4层电缆井内搭建的置物架放置的鞋子等可燃物加大了火灾荷载，未关闭的管道井门提供了充足的空气，致使沿弱电桥架纵向蔓延的火势横向发展，引燃了强电桥架，火势迅速发展。加强消防安全宣传，通过真实的火灾案例提升业主对高层住宅火灾危险性的认识，使业主从自身安全利益出发相互监督，共同维护小区的消防安全。

4 结束语

本文以一起高层住宅电缆井火灾的调查为例，通过现场勘验、调取监控视频与报警记录、调查询问和物证鉴定认定了火灾原因为插线板连接线路发生电气故障引燃周围可燃物引发火灾。综合分析火灾蔓延扩大的原因，从加强物业管理、规范运营商施工和强化消防宣传三个方面为提升高层住宅小区消防安全管理水平，避免此类火灾的发生提出了建议。

参考文献

［1］王芸，等．火灾调查基础［M］．河北：中国人民武装警察部队学院，2013：104-114.

［2］刘义祥，等．火灾调查［M］．北京：机械工业出版社，2007：44-49.

［3］公安部第121号令，2012，火灾事故调查规定［S］.

［4］郝广雨．消防科学与技术［J］．2021，40（5）：772-774.

一起建材市场内生物颗粒取暖炉火灾的调查

刘 彬

（河北省衡水市消防救援支队，河北 衡水）

摘 要 对一起单层彩钢板结构的大空间厂房改造为建材市场的火灾进行调查，由于建筑结构和使用性质在实际使用时发生变化，内部进行多处分隔，分出多家建筑门饰、仓库，部分门店也在内部进行二次改造，设置二层空间。起火后，烟气在整个厂房内部形成贯穿式流动，在整个建材市场内部过火，燃烧时间长。加之各门店物品、货物堆放不一，部分自行设置的二层已经垮塌，火场情况十分复杂。在火灾调查过程中通过结合现场询问、现场勘验、视频录像等证据综合认定为生物颗粒取暖炉引发火灾。通过总结此起火灾调查中的特点和难点，为此类建材市场火灾及生物颗粒取暖炉火灾调查提供借鉴和思路。

关键词 建材市场火灾 生物颗粒取暖炉火灾 现场勘验 原因认定

1 火灾基本情况

2024年1月11日21时48分许，衡水市消防救援支队指挥中心接到报警称，位于衡水市桃城区辖区内东明建材城起火，辖区中队立即出警开展灭火战斗，因火灾面积大，内部存储大量的易燃物、可燃物，支队先后调派4个消防救援站到场增援。火灾导致东明建材城B区和C区部分门店烟熏、过火，门店外部建筑及店铺内大量货物受损。灭火救援结束后，火调人员立即组织开展调查工作。经调查，该建筑始为单层彩钢板建筑，后改建为建材市场，分割为多个门市店进行出租，各商户改建为建材、装修门市，库房等多种生产经营类场所，涉及14名火灾当事人，火灾情况较为复杂[1]。

2 火灾调查情况

2.1 现场勘验情况

经现场勘验（现场见图1），利用无人机进行高空拍摄，盼盼木门门店顶部彩钢板变色痕迹最为严重，以此为中心向四周蔓延减轻，周围门店依次由白色向浅蓝色变化（见图2）。在建筑内部进行勘验，发现盼盼木门门店内部二层坍塌最为严重，东侧上部钢架结构及石膏板全部过火，2层物品全部掉落，钢结构上方的钢架全部掉落至一层。其余门店二层没有过火坍塌，仅部分过火烟熏（见图3）。盼盼木门内部东侧较西侧过火严重。门店东侧北端有桌子残骸，过火程度西侧较东侧重[2]。据门店北侧约60cm处有贡桌残骸和部分香灰残余，对比贡桌燃烧后的残骸，过火程度西侧重于东侧。门店内南侧距东墙4.6m处存在一生物颗粒采暖炉，采暖炉西表面过火程度最轻，呈现白色。取暖炉东、南两个表面烧损最为严重，呈黄褐色，在取暖炉的东南角距离地面约0.3m处锈蚀区域呈“V”字形痕迹（见图4）。在取暖炉的东侧和北侧发现大量燃烧残余后的书籍，在取暖炉北侧有一东西方向的钢梁过火后脱落至地面，过火弯曲后呈弧形，在此钢梁上，自取暖东侧位置起，自西向东共7根南北方向的钢梁，均在与东西方向钢梁交点处呈现弯曲，弯曲方向向上。暖炉上方过火对应钢梁烧损变形最为严重。仅取暖炉附近位置瓷砖存在炸裂现象其余地面瓷砖未发现过火炸裂现象（见图5）。对门店内电闸箱进行勘验，发现所有空开开关均打开，漏电保护装置未断开，在勘验过程中未发现烟头、蚊香片等遗留火种。在取暖炉加料仓中发现剩有燃烧后的剩余灰烬。

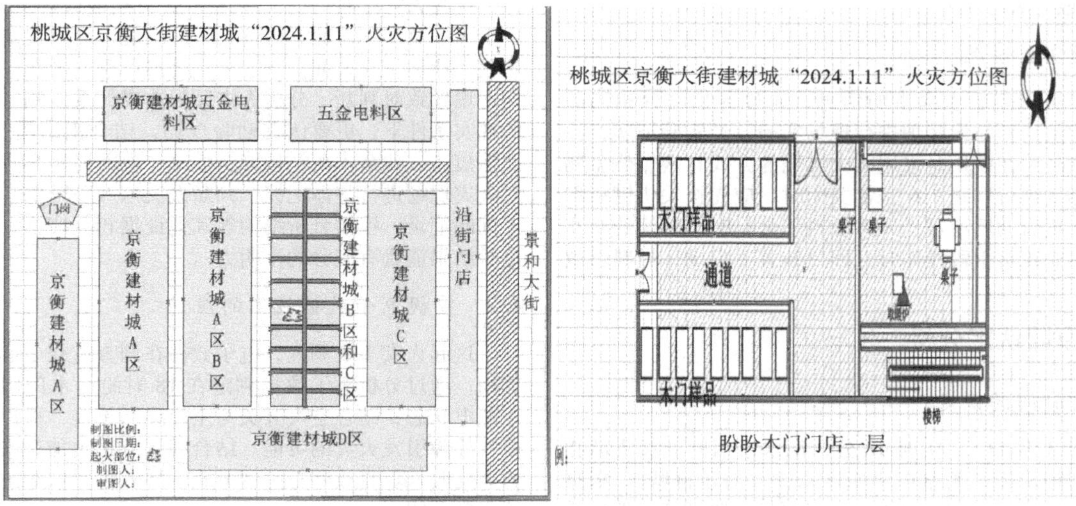

图1 火灾现场方位图、盼盼门店内部平面图

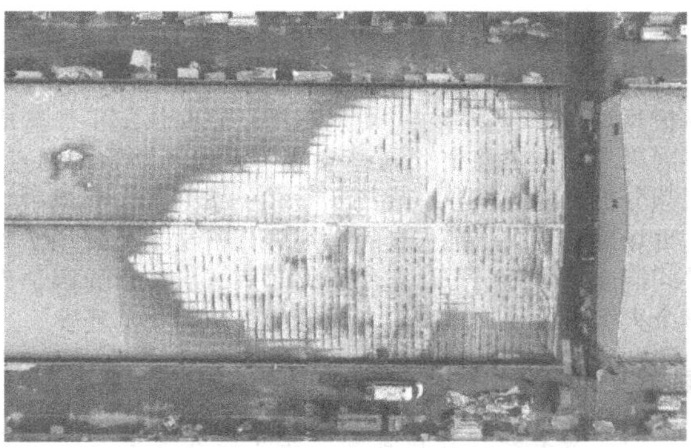

图2 无人机航拍彩钢建筑屋顶燃烧情况

图3 盼盼木门门店东侧整体过烧损情况

图4 取暖炉通风处低位过火烧损情况

图5 取暖炉附近地面瓷砖热炸裂情况

2.2 现场询问情况

经询问盼盼木门门店老板得知，其称于当日早起营业时曾烧香拜过财神但几分钟后就烧完了。在晚上闭店时直接去建材市场南侧关闭总电闸，离店后屋内没有任何电气设备运行，生物取暖炉也不进行使用。但经过询问其施工员工称于起火当天使用过取暖炉进行取暖，但未关闭，因为门店老板会于下班时统一关闭。老板及员工均无吸烟习惯。

2.3 视频及数据分析情况

根据调取周围视频监控显示，盼盼木门门店负责人宋国旺与田红枝于2024年1月11日17时52分离开店铺并去南侧拉电闸开关，同时调取的联通部门网络用户流量结束时间（断网时间）为2024年1月11日17时55分，证实当天17时55分许该门店已断电。

2.4 现场实验情况

根据盼盼门店店主提供的信息，通过寻找一台相同品牌、信号的生物颗粒取暖炉进行现场实验，经实验证实，该生物颗粒取暖炉在使用时采用明火燃烧的方式直接燃烧生物颗粒释放热量进行取暖。在正常关闭时，应先按关机键后取暖炉回风装置启动后通过送风将燃料熄灭，时间持续约半小时。而采取非正常手段操作时，回风装置不启动，燃料会继续燃烧。

3 火灾原因认定分析

3.1 起火时间的认定

2024年1月11日21时48分，衡水市消防救援支队指挥中心接到报警称“衡水市桃城区京衡大街建材城。”根据何冕的询问笔录“走到建材城西门口闻见一股烟味，然后走到中间的位置发现了很多烟，于2024年1月11日21时48分报警”，调取京衡大街建材城的视频监控，21时12分（与北京时间校对后），有烟气从门店冒出。根据视频监控，盼盼木门店主宋国旺与田红枝于2024年1月11日17时52分离开店铺并去南侧拉电闸开关，同时调取的联通部门网络用户流量结束时间（断网时间）为2024年1月11日17时55分，结合火灾现场烧损程度及火灾发展规律，认定起火时间为2024年1月11日18时50分许。

3.2 起火部位及起火点的认定

通过现场勘验，经无人机航拍，整体建筑总体呈现出以盼盼木门门业东侧为圆心，向四周蔓延的形状。周围门店房顶过火后屋顶呈现出大部分为白色，零星为黑褐色的颜色。经调取建材城的视频监控，烟气最先从盼盼门店冒出。根据当日出警消防指战员李浩与刘佳林的询问笔录“当日排查从北往南数西面倒数第三、四门店盼盼木门处发现明火”。根据因此认定起火部位为京衡大街建材城B区盼盼木门门店处。对盼盼木门门店内进行勘验，通过对贡桌、佛龛等烧损残余及二层钢梁烧损变形痕迹，地面瓷砖炸裂痕迹，取暖炉周边过火痕迹的勘验，认定起火点为盼盼木门门店取暖炉处。

3.3 起火部位及起火点的认定

通过综合认定的方式，首先排除电气线路故障引燃周围可燃物的可能，通过调取联通公司提供的宽带断网记录，显示17时55分宽带结束使用，结合现场勘验、询问笔录、视频监控，证实室内在起火前已处于断电状态。根据气象局调取气象状况证明书，排除雷击引发火灾的可能。在勘验过程中未发现烟头、蚊香片等遗留火种，当事人笔录也证实其并不使用。根据现场痕迹可以证实起火点位于生物颗粒取暖炉处。现场实验证实，在生物颗粒取暖炉不当使用时（直接关闭总电闸断电），由于通风装置不启动，导致剩余燃料会在燃烧仓内继续燃烧，蓄热升温，引燃紧贴在取暖炉周围的装饰书籍，进而引发火灾。

4 调查体会

4.1 注重现有痕迹的保护和比对

这起火灾是典型的大跨度大空间彩钢板建筑结构火灾，由于火焰及烟气在建筑内部长时间燃烧，导致建筑内部部分垮塌，特别是起火部位、起火点烧损严重，内部二层框架架构坍塌导致对判断、分析火灾原因造成严重影响[3]。在这样的现实条件下，更要认真勘验现场，结合钢结构变形痕迹、烟熏痕迹、残余木质结构燃烧痕迹、地面瓷砖热炸裂情况等对火灾现场进行整体把握，判断火灾烟气蔓延路径，与当事人询问笔录，视频分析结构等其他证据相互印证，确保现场勘验结果能具有充分的证明力。

4.2 重视电子数据技术的应用

这起火灾事故调查，电子数据在调查过程中起到了重要作用。通过分析电子数据判定在18时盼盼木门门店内已处于断电状态，结合空气开关与全屋线路痕迹，可以准确排除电气故障引发火灾的可能。结合视频分析也能证实，门店老板离电时采取直接断总闸的方式，导致生物取暖炉没有按设置正常关闭。

4.3 重视证据链的完整性

这起火灾涉及当事人多、火灾损失大、火灾现场复杂，火灾调查人员在调查过程中承受了多方面的压力。特别是彩钢板建筑内部部分垮塌，更对现场复原和认定工作造成了很多问题[4]。但是整个火调过程从火灾现场勘验、调查询问、视频分析、现场复原、现场实验这一系列工作完成后，得出的现场勘验结果、证人证言、视频分析结果、现场实验结果共同指向消防部门拟认定的起火时间、部位、原因，为完善整个火灾事故证据链，准备认定起火原因奠定基础。

参考文献

[1] 翟春媛，孙佳奇．一起仓库火灾事故的调查分析[J]．理论研究，2013（8）：75-76.

[2] 贾丽红，余晗雪，史立辉．一起城中村仓库火灾的调查分析[J]．消防科学与技术，2015，34（1）：132-133.

[3] 洪礼根，林勇河．一起仓库火灾的事故调查[J]．低碳世界，2016（9）：267-268.

[4] 代凤华．一起大跨度建筑火灾扑救战例分析[J]．消防科学与技术，2018，37（3）：391-394.

其 他

消防法规罚则体系应引入按日连续处罚制度

孙　洋

（萍乡市消防救援支队，江西　萍乡）

摘　要　《中华人民共和国消防法》（以下简称《消防法》）对于违法行为及法律后果的法律责任规定比较薄弱，导致“守法成本高，违法成本低”的现象普遍存在。建议《消防法》再修正时，可以采用开放式的处罚规定，适当提高违法成本。特别是对严重危害社会公共安全和人民群众生命财产安全的违法行为，对拒不改正的，可以实行按日连续处罚，以充分发挥法的震慑作用和警示作用。

关键词　违法行为、责令改正、拒不改正、连续按日处罚

一、我国现行《消防法》行政处罚现状

《消防法》自1998年制定以来，从2008年修订后14年来一直没有进行大幅度的修订，虽然2019年和2021年基于改革转隶的需要，对部分条文进行了修改，但是修改的幅度非常有限，仅对消防救援机构称谓、建筑工程审核验收、技术服务机构等有限的几条进行了修正，大部分的立法的理念和制度设计都是对2008年以前的消防工作的经验总结。尤其是《消防法》对于违法行为及法律后果的法律责任规定更是薄弱，除了刑事责任以外，就是拘留和较小数额的罚款，导致“守法成本高，违法成本低”的现象普遍存在。而相较于安全生产领域来说，《中华人民共和国安全生产法》（以下简称《安全生产法》）自2002年颁布后，在19年的时间内经历了三次大的修改，并充分吸收了十八大以来党中央对安全生产重要指示及政策规定，对生产经营单位主体责任落实条款、处罚条款的设计非常的精密，处罚力度也很大。其中，第一百一十二条明确规定，生产经营单位违反本法规定，被责令改正且受到罚款处罚，拒不改正的，负有安全生产监督管理职责的部门可以自作出责令改正之日的次日起，按照原处罚数额按日连续处罚[1,2]。第一百一十四条规定，发生生产安全事故的，除对负有责任的生产经营单位除要求其依法承担相应的赔偿等责任外，还要分级分类处30万到2000万之间的处罚；发生生产安全事故，情节特别严重、影响特别恶劣的，还可处二倍以上五倍以下的罚款，最高的处罚限额达到一个亿[3]。根据第九十五条的规定，生产经营单位的主要负责人未履行本法规定的安全生产管理职责，导致发生生产安全事故的，还要处年收入的40%~100%的处罚，情节严重的限制执业[4]。而在《消防法》中，针对单位不履行消防安全主体责任的条款大多数案由的顶格处罚金额只有5万元，处罚力度小，起不到有效的教育惩戒作用。如违反第六十条的规定，也仅是处五千元以上五万元以下罚款。而在美国的法律中，对消防违法行为的处罚非常严厉，也是以“日”来计算罚金。比较之下，优劣立判。

二、引入按日连续处罚制度的必要性

（一）实施按日连续处罚是贯彻新发展理念的迫切需要。

党的十八大以来，习近平总书记多次就安全生产作出重要批示指示，他强调，要树牢安全发展理念，加强安全生产监管，切实维护人民群众生命财产安全。人命关天，发展绝不能以牺牲人的生命为代价。实行按日连续处罚，使“罚无上限”，对违法者来说，这无疑是一把高悬的利剑；同时，也有利于严格监管执法和事故查处，有效防范和遏制重特大火灾事故发生。

（二）实施按日连续处罚是压实消防安全主体责任的迫切需要。

较低的惩戒措施，致使单位有效落实消防安全责任制大打折扣，导致“守法成本高，违法成本低”的现象普遍存在。尤其是近几年，受疫情影响，单位为了追求利润最大化，宁愿选择违法承担较轻的法律责任，也不愿意在消防安全上投入必需的成本，特别是对于占用、堵塞、封闭疏散通道、安全出口等，存在习惯性违法。如部分“厂中厂”的存在，多是企业将厂房在不符合消防安全的条件下违规出租，毕竟对分隔的厂房、区域采取防火分隔、增设消防设施设备、确保符合条件的疏散通道等需要投入大量的成本。自建房改做经营性用房，也存在类似问题，如将自建房改做宾馆、酒店等，可能涉及到需要增设消防通道、安全出口，受制于规划、城市管理等原因而无法满足的条件下仍违规经营。比较典型的案例有：（1）2022年11月21日，河南安阳凯信达商贸公司火灾，42人死亡，财产损失过亿元。经调查，单位负责人严重违法违规、主体责任不落实是导致事故发生的重要原因。调查发现，涉事企业将建筑随意分隔出租且未采取有效防火分隔措施，仓库内未设置火灾自动报警系统和自动喷水灭火系统，在日常生产中未组织员工开展疏散演练；尚鑫公司未制定灭火救援预案并开展演练，火灾发生后未及时有效组织员工疏散撤离。（2）2000年12月25日，河南洛阳东都商厦火灾，导致309人死亡，该单位先后5次对消防部门下发的重大火灾隐患整改要求均以经济困难或影响经营为由拒不整改，最终酿成惨剧的发生。

（三）实施按日连续处罚是防范和遏制重特大火灾事故的迫切需要。

较轻的行政处罚，让很多单位对消防安全采取了漠视的态度，严重危害了社会公共安全和人民群众生命财产安全。比较典型的案例有：（1）2002年6月16日，北京市海淀区蓝极速网吧火灾，导致25人死亡、12人不同程度受伤。尽管该起火灾是人为放火引起，但该网吧未经消防行政许可、未配备必要的消防设施且在外窗加装了防盗网，而且该网吧在装饰装修中使用了大量的易燃可燃材料，电脑及桌椅均为易燃物品，火灾时由于现场照明供电中断，加之燃烧过程中

作者简介：孙洋，男，萍乡市消防救援支队工程师，法学硕士研究生。

产生的大量高浓度的烟气积聚室内空间，内部能见度很低，给被困人员逃生和消防队员的灭火救人行动增加了难度，致使火灾中死亡的多数人员是死于窒息。（2）2010 年 11 月 15 日，上海一高层公寓火灾，导致 58 人死亡、70 余人受伤，直接经济损失高达 1.58 亿元。据调查，该建筑疏散通道处设置的机械排烟系统已于 2008 年损坏，火灾发生时因机械故障无法开启，排烟系统处于停用状态，严重影响了居民快速撤离和正常呼吸，这也成为此次事故伤亡惨重的重要原因之一。（3）2018 年 3 月 25 日，俄罗斯“冬季樱桃”购物中心发生火灾，造成 60 人死亡。经调查发现，该场所的火灾自动报警系统于 3 月 19 日发生故障无法正常工作，消防警铃未保持完好有效，该单位未及时进行维护；同时，该购物中心内设置有电影放映场所，其安全出口被锁闭导致大量人员被困。上述几起事故，教训不可谓不深刻，究其根本，还是对消防安全的漠视，导致了惨剧的发生。

三、引入按日连续处罚制度的制度设计

由于按日计罚是一项全新的制度，各级消防救援机构普遍缺乏操作经验，可考虑在《消防法》修改后以部令规章的形式出台具体办法，规范适用范围、实施程序和计罚方式等，使按日连续处罚真正成为消防救援机构打击消防安全违法行为的有力武器和督促单位自觉履行消防安全主体责任、改善消防安全环境的强有力手段。

（一）适用范围

1. 违法主体

《消防法》中的“单位”包含机关、团体、企业、事业单位等，虽然涉及的面非常广，但未穷尽所有，仍有一些模糊的地带。同时，根据《江西省消防条例》第九十三条的规定，有固定生产经营场所且具有一定规模的个体工商户，应当参照本条例有关单位的规定，履行消防安全职责，并承担相应的法律责任[5]。因此，建议按日连续处罚适用于机关、团体、企业、事业等单位以及其他生产经营者（以下简称违法者）。

2. 违法行为种类

违法者有下列行为之一，受到罚款处罚，被责令改正，拒不改正的，依法作出罚款处罚决定的消防救援机构可以实施按日连续处罚：

（一）根据《重大火灾隐患判断方法》（GB 35181—2017）直接判定及综合判定方法，已构成重大火灾隐患的；

（二）公众聚集场所未经消防救援机构许可，擅自投入使用、营业的；

（三）人员密集场所使用不合格或明令淘汰的消防产品的；

（四）消防技术服务机构出具虚假文件的；

（五）存在其他可能严重威胁公共安全的火灾隐患或者消防安全违法行为的。

3. 补充规定

为有效弥补法律法规规定之不足，丰富消防法规罚则体系，可允许省级以上地方性法规或规章作出相应罚则规定。

（二）处罚程序

当然，要实施按日连续处罚，必须要做出严格的限制规定。建议应符合下列 4 个条件：首先应是违法者违反消防安全法规，其次应是违法者的行为受到了消防救援机构的罚款处罚，再者应是违法者的违法行为被消防救援机构责令改正，最后应是违法者拒不改正违法行为。如此，才能既充分保障违法者的合法权益又能有效规制违法行为。

1. 责令改正

作为必要条件之一的“责令改正”，消防救援机构在下发责令改正通知书时，应在文书中注明需要改正的具体火灾隐患或消防安全违法行为，同时应根据整改的难易程度等合理确定整改期限。同时，本着优化营商环境、服务便民的原则，消防救援机构应加强对违法者的帮扶指导。要优化隐患整改“上门服务”，消防救援机构应企业邀请，可充分利用消防救援机构专业技术指导力量，根据社会单位需要，提供技术指导服务。

2. 复查期限

消防救援机构应当在责令改正期限到期时及时组织复查，或者根据违法者的申请提前开展复查。

3. 评判标准

“拒不改正”的认定需要格外严谨，复查发现仍未采取任何改正措施的认定为“拒不改正”；拒绝、阻挠消防救援机构实施复查的”也认定为“拒不改正”；违法者已采取有效措施进行整改，但在规定期限内受制于主客观因素等确实难以整改到位，或者违法者已停止营业、停止使用的不认定为“拒不改正”。

4. 计罚方式

关于罚款数额，应是消防救援机构对违法者下发的行政处罚决定书上确定的罚款数额。关于计罚日数，应为行政处罚决定书送达违法者之日的次日起，至复查之日止。需要明确的是，如果再次复查后仍拒不改正，计罚日数应该累计执行，直到消防安全违法行为终止。

5. 与其他制度的关系

在符合按日连续处罚适用条件的消防安全违法行为中，根据《消防法》及相关法规的规定，有些违法行为可以同时适用责令停止营业、停止使用或者采取临时查封等措施，因此实施按日连续处罚的，可以同时适用责令停止营业、停止使用或者采取临时查封等措施。

（三）救济途径

建议规定违法者提起行政复议或向人民法院提起行政诉讼的，不影响消防救援机构对火灾隐患或消防安全违法行为的复查，复查发现仍“拒不改正”的，可以在复议或者诉讼结束之后，再决定是否作出按日连续处罚决定。

（四）法律责任

1. 加大违法单位和个人罚款金额

依据应急管理中的整体性治理的理论，《消防法》的修改，可与《安全生产法》对应，对于存在隐患、消防责任不落实的单位，要加大处罚力度，重处重罚，倒逼消防责任制落实，从而增强事中事后监督管理力度。

2. 增加刑事处罚条款

构成犯罪的，依照刑法有关规定追究刑事责任。刑法修正案（十一）在刑法第一百三十四条后增加了一条危险作业罪。这样就意味着违法成本已依法大大提高，将惩恶于已然和防患于未然相结合，也让危险的预期时刻提醒着行为人，严格落实各项安消防安全管理规定，积极进行自查自纠，切实整改问题隐患，避免担负刑事责任。建议参照《安全生产法》）诸如第一百零二条（生产经营单位未采取措施消除事故隐患的，责令立即消除或者限期消除，处五万元以下的罚款；生产经营单位拒不执行的，责令停产停业整顿，对其直接负责的主管人员和其他直接责任人员处五万元以上十万元以下的罚款；构成犯罪的，依照刑法有关规定追究刑事责任[6]。）的规定，直接明确构成犯罪的，依照刑法有关规定追究刑事责任[7]，这样可以更好的发挥法的指引作用、预测

作用。

法律规范的作用通常包括指引作用、评价作用、预测作用、强制作用、教育作用。其中，指引作用是调整自己的行为，属于规范性指引，分为权利的指引和义务的指引；而法的预测作用是调整人们相互之间的行为，凭借法律的存在，可以预先估计到人们相互之间会如何行为，人们通过预测对方的行为，在对方的行为基础上安排好自己的行为，预测对方的行为只是手段，目的是安排好自己的行为。毕竟，在部分法律规范尚不被大多数人所知悉的情形下，在法律条文中明确地规定制裁措施可能会更好的起到指引和预测作用。规定按日连续处罚制度，不是为了增加违法者的负担，处罚也不是最终目的，让违法者头上始终高悬一把利剑，让危险的预期时刻提醒着行为人，严格落实各项消防安全管理规定，切实整改问题隐患，才是最终目的。

参考文献

[1]《中华人民共和国安全生产法》，第一百一十二条.

[2] 苗金明．新修《安全生产法》在法律制度上的完善与突破［J］．安全，2021（11）：15-20.

[3]《中华人民共和国安全生产法》，第一百一十四条.

[4]《中华人民共和国安全生产法》，第九十五条.

[5]《江西省消防条例》，第九十三条.

[6]《中华人民共和国安全生产法》，第一百零二条.

[7] 齐晓锦．论煤矿安全生产行政问责制度的完善［N］．重庆科技学院学报（社会科学版），2011-12-23（24）.

消防救援队伍基于地理网格的熟悉演练机制探究与实践

张时赫[1]　王龙鑫[2]

（1. 石家庄市消防救援支队，河北　石家庄；2. 石家庄市消防救援支队，河北　石家庄）

摘　要　消防救援队伍是长期奋战在灭火救援战斗第一线的专业力量，改革转隶以来，承担了更为重要的职责和任务，不断向“全灾种、大应急”方向转型升级。本文从消防救援队伍日常熟悉演练工作入手，针对当前救援任务众多、面对的灾情、险情状况种类复杂多变，人员数量、水平有限的问题，深入分析消防救援队伍中开展熟悉演练工作的重要意义，就基层救援站开展熟悉演练工作中的不足与解决路径进行了探讨，提出了基于辖区地理网格开展熟悉演练的工作对策，以资借鉴。

关键词　熟悉演练工作是消防救援工作中一个需要长期坚持的中心工作，同时也是提高队伍专业化和职业化的关键，做好基层消防熟悉演练，对积极推进执勤训练改革，大力加强攻坚力量建设，具有十分重要的现实意义。当前，各地城市化进程普遍加快，各类火灾事故持续频发，新能源、新业态等新兴产业灾害隐患风险叠加，面对新时期消防救援队伍改革图强的时代要求，消防救援队伍如何落实熟悉演练工作机制，持续开展好经常性“六熟悉”工作，尤为重要。笔者结合多年灭火救援工作经验，对如何利用地理网格加强消防救援队伍熟悉演练工作成效，推进执勤训练与实战救援工作深度融合，提升队伍整体综合实力谈几点感悟和体会。

1　基于地理网格熟悉演练机制的基本内涵

基于地理网格熟悉演练的机制是指，在日常熟悉演练过程中，各消防救援站辖区为整体单位，以辖区内主干路为网格划分依据，将整个辖区划分为若干个小的地理网格，依次编号，在开展日常熟悉演练工作时，将通过编号逐个开展熟悉。队伍在熟悉演练中的车辆集结、战斗部署也以地理网格划分为依据进行停靠和力量展开，便于集结车辆在主干路进行车辆管控，适用于队伍在大型火场和救援中开展单元作战和片区作战。

2　基于地理网格熟悉演练工作机制运行现状

2.1　工作开展成效

熟悉演练工作是基层消防救援队伍常态化开展的一项基础工作，笔者根据自己多年以来的实战经验，针对此项工作进行了一系列的研究和探索，创造性地提出来了基于地理网格的熟悉演练机制。以笔者所在城市为例，主城区由5个大的行政区组成，每个行政区的消防救援站按照城市主干路在进行划分成不同的网格。（见图1）

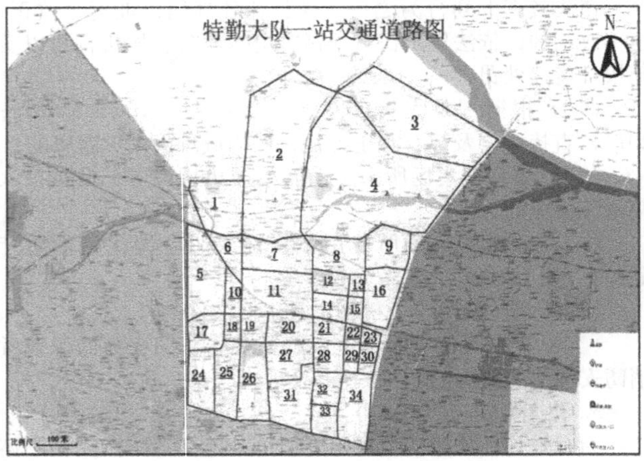

作者简介：张时赫，男，硕士，灭火救援初级专业技术十一级。现任石家庄市消防救援支队特勤大队专业技术职务。

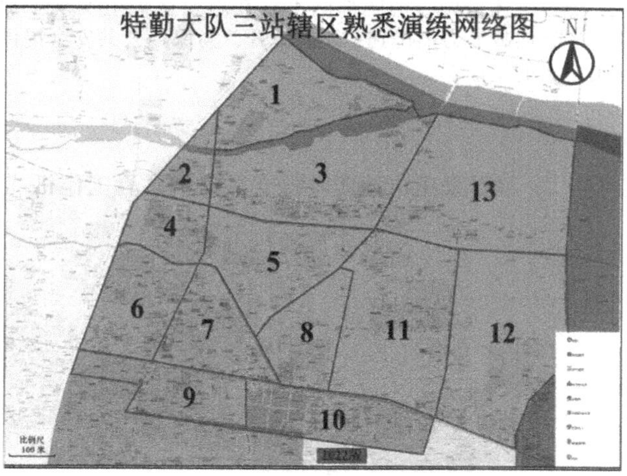

图 1　辖区地理网格划分

在灭火救援实战中，通过定位各灾害事故网格位置点，队伍能够第一时间在网格点进行集结作战。实践表明，基于地理网格的熟悉演练工作，在一定程度上提高了消防救援队伍处置灾害事故的工作效率，密切了队伍与社会单位之间的联系，队伍之间信息共享更加畅通，交流更加便捷，极大提高了消防救援队伍的协同配合能力，对于及时扑救火灾和处置各类灾情具有重大意义，有利于提高消防救援队伍实战救援水平。

2.2　存在不足

当前，各地消防事业发展“十四五”规划正逐步推进落实，在规划实施过程中，我们发现，虽然我们一直在倡导并大力推进队伍开展基于地理网格熟悉演练工作机制，但是熟悉演练与实战救援的结合程度依然存在不充分、不扎实的问题，多数地区仍然存在重点单位熟悉演练不到位、预案制作不扎实的问题，一旦发生火情，现场秩序混乱、消防车停车不合理的情况还时有发生。

2.2.1　影响因素繁杂，熟悉演练工作落实不到位

消防救援队伍对辖区重点单位“六熟悉”与实战演练的重视由来已久，尤其近年来，面对改革转隶后职能任务拓展，消防救援队伍持续加大了熟悉演练频度和深度，面对当前基层消防工作面临的高标准与严要求，尤其是在日常任务繁重、演练效率待提升、单位领导关注度不足及消防救援任务复杂多变的背景下，提升对关键单位的熟悉程度和实战演练的质量，成为迫在眉睫的挑战。如何在现有条件下，高效利用有限的训练时间，培养一支业务精通、实战技能卓越的消防队伍，是当前亟需破解的难题。同时，针对实践中遇到的熟悉演练方案执行不力、灭火作战预案执行力度不足等问题，必须采取有效措施加以解决，以提升预案执行的精准度与实战能力。以下策略旨在针对性解决上述问题，促进基层消防工作效能与实战能力的全面提升：优化训练模式，提升实战演练质量：采用情景模拟、案例分析与研讨、跨部门联合演练等多元化训练方式，强化消防队员对突发事件的应对能力与团队协作精神。强化重点单位熟悉度：建立重点单位信息库，定期更新建筑结构、疏散路线、消防设施等关键信息，通过实地考察与桌面推演相结合的方式，加深消防队员对重点单位的了解。提高领导重视与全员参与意识：通过专题培训、宣传教育等方式，提升单位领导对消防工作重要性的认识，同时增强全体人员的消防安全意识与责任感。完善预案制定与执行机制：细化灭火作战预案，明确各岗位职责与行动流程，通过定期演练与评估，确保预案的实用性和可执行性。强化执行力与责任机制：建立预案执行与演练效果的考核体系，对执行不力的情况进行问责，确保预案与演练的严肃性和有效性。通过上述措施的实施，不仅能够有效提升基层消防队伍的业务能力和实战水平，还能增强单位领导与员工的消防安全意识，为构建安全稳定的社区环境奠定坚实基础。在当前模式下，创新与优化消防工作方式，是提升基层消防工作效能与实战能力的关键。

2.2.2　开展手段单一，熟悉演练工作效果不显著

当前，基层消防救援队伍在重点单位熟悉与实战演练中暴露出方法创新不足、形式主义倾向严重等问题，这些问题严重制约了队伍的专业素养与实战能力提升。具体表现为：（1）熟悉演练方法单一：过度依赖传统的现场熟悉法，缺乏对电子沙盘、VR 全景、桌面推演等新技术手段的应用。（2）实战演练流于形式：存在不分岗位的“一刀切”式熟悉演练，导致消防队员在实战中对工作要点的把握能力不足。（3）应急能力欠缺：消防队员在应对实战环境变化、发挥自身应急能力方面存在短板，不利于提升熟悉演练的整体水平。为解决上述问题，可采取以下对策：创新熟悉演练方法：引入电子沙盘、VR 全景、桌面推演等新型技术手段，提升熟悉演练的科技含量与实战效果。强化岗位差异化训练：根据岗位职责制定个性化熟悉演练方案。提升应急能力培训：加大实战环境模拟训练力度提高其应对复杂情况的能力。加强信息网络与设备应用：利用信息化平台与智能设备，提高熟悉演练的效率与质量，确保信息的实时更新与准确传递。完善考核评价体系：建立健全熟悉演练的考核评价机制，注重实战效果与能力提升，而非单纯的形式完成。

通过上述措施，不仅能够有效提升基层消防救援队伍的专业素养与实战能力，还能促进队伍整体战斗力的增强，为保障人民生命财产安全提供坚实保障。

2.2.3　联勤联动不到位，信息工作受限

由于当前部队工作重点、勤务方式及人员心态等方面的原因，消防督察和消防救援两支部队之间始终存在着信息交流机制不畅，联勤联动成效不显著的问题。其中，消防监管工作的重点仅限于过去的检查、整改和处罚程序，未将重点单位的消防管理状况、安全隐患问题等情况通知消防队的合作程序；同时，在编制重点单位火灾应急预案时，仅依据对所熟知的演习资料加以修正，存在着针对性、有效性不高的问题。消防监督员没有给消防救援人员提供足够的消防专业培训和指导，因此，他们的工作效率并不高，他们在进行熟悉演练的时候，并没有将发现的火灾隐患反馈给所属大队，并对其进行后续的整改和落实，造成了一些火灾隐患，直到发生了安全事故，才得到了改善。可以说，如何落实好防消联勤制度，是提高队伍熟悉与实战演练质效的关键。

3　基于地理网格的熟悉演练机制建设的改进措施

3.1　完善制度，明确责任

针对消防部队思想认识不足与实战演练机制的局限，支队战训部门主动汲取先进理念，以地理网格为基础，构建了熟悉演练机制，制定专项计划，强化管理与考核。具体措施包括：地理网格划分与资源整合：根据工作计划，明确基层单位任务，划分地理网格，整合资源，探索综合性应急救援队伍建设。多部门联动机制构建：建立应急处置机制与指挥系统，涵盖特殊环境、极端天气、复杂灾害条件下的实战演练，提升应对事故灾难的能力。科学部署与稳步实施：在熟悉演练基础上，科学部署，稳步推进，特别强调 IT 与装备管理使用，从观念与实践两方面全面提升。实战导向培训：加强实战演练，提升官兵对特殊情境的应对能力，确保在紧

急情况下能迅速、有效行动。信息化与装备升级：重视信息技术与装备的运用，提升信息处理与资源调度效率，增强救援效能。防消联勤工作实制实施暂行办法见图2。

通过上述措施，消防部队不仅在思想认识上实现了深化，还在实战能力上得到了显著提升，为保障公共安全提供了更坚实的支撑。

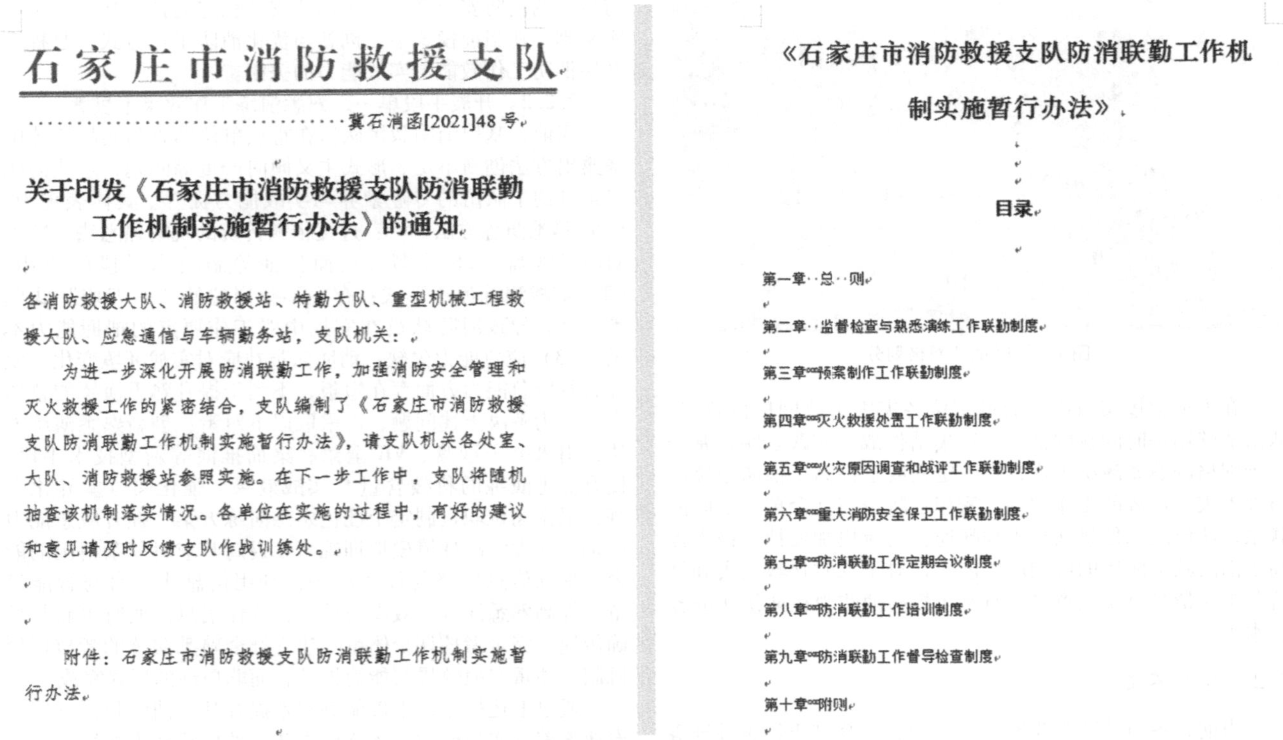

石家庄市消防救援支队

冀石消函[2021]48号

关于印发《石家庄市消防救援支队防消联勤工作机制实施暂行办法》的通知

各消防救援大队、消防救援站、特勤大队、重型机械工程救援大队、应急通信与车辆勤务站，支队机关：

为进一步深化开展防消联勤工作，加强消防安全管理和灭火救援工作的紧密结合，支队编制了《石家庄市消防救援支队防消联勤工作机制实施暂行办法》，请支队机关各处室、大队、消防救援站参照实施。在下一步工作中，支队将随机抽查该机制落实情况。各单位在实施的过程中，有好的建议和意见请及时反馈支队作战训练处。

附件：石家庄市消防救援支队防消联勤工作机制实施暂行办法。

《石家庄市消防救援支队防消联勤工作机制实施暂行办法》

目录

第一章 总 则

第二章 监督检查与熟悉演练工作联勤制度

第三章 预案制作工作联勤制度

第四章 灭火救援处置工作联勤制度

第五章 火灾原因调查和战评工作联勤制度

第六章 重大消防安全保卫工作联勤制度

第七章 防消联勤工作定期会议制度

第八章 防消联勤工作培训制度

第九章 防消联勤工作督导检查制度

第十章 附则

图2 防消联勤工作机制实施暂行办法

3.2 密切配合，资源共享

为了更好地开展基于地理网格熟悉演练工作，支队还同步建立了针对性的“防消联勤”工作机制，编制了《防消联勤工作机制实施暂行办法》（以下简称《办法》），进一步提升了队伍的促进防火与灭火工作有机结合。《办法》规定，作战训练处、消防救援站协助防火监督处、消防救援大队指导辖区重点单位制定灭火和应急疏散预案，配合重点单位开展实战演练；熟悉演练过程中，防火监督处、消防救援大队应派专人监督重点单位演练情况，并指导重点单位启动消防设施协同演练。通过《办法》的制定，进一步促进了防火与灭火工作有机结合，充分发挥了消防救援队伍防火和灭火的职能作用，全面提升实战打赢能力，促进防火与灭火工作有机结合。消防站开展防消联勤工作见图3。

图3 消防站开展防消联勤工作

3.3 广泛动员，微站联动

在基于地理网格熟悉演练工作开展中，明确规定了消防救援队伍要广泛动员地理网格的重点单位，有效整合辖区资源，与企业、网格员、微网格员、志愿者、统战成员、党员形成条块结合、协作互助、群防群治的消防工作机制，同时为进一步提升辖区自防自救、互助、联防意识，落实消防安全主体责任，打造各地理网格内一道及时的“防火墙”。除此之外，各消防救援站还对各网格内的微型站进行突击检查和业务指导，主要检查值班人员在岗在位情况、日常体能技能训练情况、车辆器材装备维护保养情况，能否快速出动处置。同时积极开展月督导考评和比武考核，主要通过查档案、听汇报、实地检查、定期比武的方式进一步促进微型站发挥作用，对各微型站消防员体能、技能、业务理论进行全方位考核评比，营造“比、学、赶、帮、超”的浓厚氛围。见图4。

图 4　开展微站拉动工作

4　结语

综上所述，提升消防救援队伍对重点单位的熟悉度及实战演练效能，是顺应社会发展趋势、强化灭火救援能力的必由之路。面对当前消防安全重点单位熟悉与实战演练工作中存在的问题与短板，我们应清醒认识，积极行动，精心策划实施策略，致力于增强实战训练成效，精进救援技能，锤炼出一支作风硬朗、实战本领突出的精英救援队伍，为城市建设和经济繁荣保驾护航，切实履行好守护人民群众生命财产安全的神圣使命。

参考文献

[1] 崔凌浩，张源．新时代“防消联勤”工作探讨[J]．消防界（电子版），2020（06）.

[2] 邓小龙．城镇消防管理防消联勤模式探讨［J］．江西化工，2017（02）.

[3] 吴洪．浅议“防消联勤”在实际消防工作中的推广运用［J］．东方企业文化，2011（14）.

[4] 赵志忠．推行“防消一体化”勤务模式的探索[J]．武警学院学报，2015（08）.

[5] 陈映雄，姜伟．防消联勤工作机制建设的探索和应用［A］．2012 中国消防协会科学技术年会论文集（下），2012.

消防救援机构防范化解行政公益诉讼风险的对策思考

谭富根

（钦州市消防救援支队，广西　钦州）

摘　要　2024 年是习近平总书记提出探索建立检察公益诉讼制度十周年。消防安全关涉到千家万户人民群众的安全感，近年来，随着行政公益诉讼制度的确立，特别是最高人民检察院发出“八号检察建议”后，检察机关逐步将消防安全纳入行政公益诉讼范畴，引起各级消防救援机构广泛关注。通过对消防安全领域行政公益诉讼进行法理辨析，并剖析消防安全领域行政公益诉讼典型案例，进而提出消防救援机构防范化解行政公益诉讼的有效举措。

关键词　消防救援机构　行政公益诉讼　防范化解　风险

1　引言

2017 年 6 月，全国人大常委会修订《行政诉讼法》增设公益诉讼条款后，检察机关开始围绕生态环境和资源保护、食品药品安全、国有财产保护、国有土地使用权出让等领域提出行政公益诉讼。近年来，各地检察机关也陆续将消防安全领域纳入行政公益诉讼范畴，特别是 2020 年 8 月吉林省白城市洮北区消防救援大队因检察机关起诉，被法院判决要求依法履行监督管理职责，引起消防救援队伍高度关注。

2　消防安全领域行政公益诉讼法理辨析

2.1　诉讼范畴认定辨析

《中华人民共和国行政诉讼法》第二十五条第四款规定：“人民检察院在履行职责中发现生态环境和资源保护、食品药品安全、国有财产保护、国有土地使用权出让等领域负有监督管理职责的行政机关违法行使职权或者不作为，致使国家利益或者社会公共利益受到侵害的，应当向行政机关提出检察建议，督促其依法履行职责。行政机关不依法履行职责的，人民检察院依法向人民法院提起诉讼。”[1] 针对消防安全领域是否应当列入公益诉讼范畴，当前学界和司法实务界是有不同争议的，主要围绕如何理解“等”字的含义进行。

第一种观点认为：依据职权法定原则，应将“等”理解为“等内等”。法律的修订代表着人民的意志，新修订的《行政诉讼法》只列举生态环境和资源保护、食品药品安全、国有财产保护、国有土地使用权出让等领域，说明针对四大领域开展公益诉讼形势最为迫切，条款中并未提及消防安全领域，不能擅自扩大公益诉讼范围，必须维护法律权威性。

第二种观点认为：条文虽然只列举四个领域，但是应将“等”理解为“兜底等”。其中以最高人民检察院民事行政检察厅厅长胡卫列的观点最具有代表性，他认为这个“等”

作者简介：谭富根，男，现任广西钦州市消防救援支队蓬莱南大道特勤站副政治指导员（大队级副职），支队公职律师，总队法务中心成员。

应该是一种“等”外的理解[2]。从目前检察机关针对行政公益诉讼案例来看，胡卫列的观点是与司法实践相契合的，《人民检察院公益诉讼办案规则》第六十七条将未成年人保护领域也列入受立案范围，因此应当将消防安全领域纳入公益诉讼范畴，更好维护社会公共利益不受损害。

笔者在兼采上述两种观点基础上认为，应该将“等”理解为“半开放、有限制的等”。法律的权威性必须维护，但是法律相对于社会实践具有不可避免的滞后性。近年来，经济文化发展迅速、社会变革翻天覆地，人民日益增长的美好生活需要和不平衡不充分的发展之间的矛盾已经是社会主要矛盾，消防安全不仅关涉到社会公共利益，更深刻影响到人民的美好生活，法治应该更加重视对消防安全的关注。基于此，2022 年 3 月，最高人民检察院向应急管理部制发关于安全生产溯源治理方面的第八号检察建议，对消防安全监管提出更高要求。因此不应将“等”字限制在四大领域，应该有所开放，将国家安全、安全生产、消防安全等与公共利益紧密相关的领域纳入公益诉讼范畴。建议全国人大常委会或法工委及时修订法律或制定相关法律解释，把“等”字限定在一定范围之内，不能让“等”字无限扩大。

2.2 履职标准认定辨析

《人民检察院公益诉讼办案规则》第八十一条规定：“行政机关经检察机关建议督促仍然没有依法履行职责，国家利益或者社会公共利益处于受侵害状态的，人民检察院应当依法提起行政公益诉讼。”[3] 从中可知检察机关将“行政机关经督促建议仍未履职”作为行政公益诉讼的条件，然而行政机关履职标准在学术界和司法实践中都是存在分歧的。

第一种是行为标准说。该种观点提出：当国家利益或者是社会公共利益受到侵害时，行政机关接到检察机关建议后，经穷尽法律法规赋予的职权或手段去维护或恢复国家利益或社会公共利益，不管最终效果是否完全达到检察机关所要求的危害国家或公共利益的行为隐患已消除，应认定行政机关已经依法履职。持有这种观点的群体主要集中在行政机关包括消防救援机构，理由是当前检察机关主要针对辖区存在危害群众安居乐业的火灾隐患，向消防救援机构发出检察建议要求对火灾隐患进行整改。

第二种是结果标准说。该种观点主张：行政公益诉讼制度之所以设立，根本目的是督促行政机关依法履职，维护国家利益和社会公共利益，及时制止损害状态持续发生。如经检察机关督促，行政机关仍未有效消除受侵害状态，应当认定行政机关未依法履职。此观点在司法实践中得到较为普遍认可，检察、审判机关在行政公益诉讼过程中更加关注检察建议和诉讼请求是否完全实现，行政机关履职成效决定着能否被司法机关认定已依法履职。

第三种是综合标准说。该种观点认为：检察机关认定行政机关是否依法履职，既要看行政机关的职权内容，是否合法行使了职权，又要看行使职权后是否有效维护了公共利益。该种观点相较于第一、二种观点更为综合、全面、系统。《人民检察院公益诉讼办案规则》第七十四条规定：经调查，人民检察院认为存在以下情形之一的，应当作出终结案件决定：（一）行政机关未违法行使职权或不作为的；（二）国家利益或者社会公共利益已经得到有效保护的；（三）行政机关已经全面采取整改措施依法履职的。以上情形，实际上规定了检察机关认定行政机关履职的标准体系，最高人民检察院副检察长张雪樵将之归纳为“行为要件+结果要件+职权要件”的三要件标准[4]。

3 消防安全领域行政公益诉讼案由分析

根据《中华人民共和国消防法》规定，消防救援机构作为负责对本行政区域内消防工作实施监督管理的部门，需要依法履行行政许可、监督检查、灭火救援、火灾调查、宣传教育等五大职责。据统计分析，当前消防安全领域行政公益诉讼案由主要围绕占用堵塞疏散通道、消防车通道未得到有效整治、消防设施未保持完好有效等消防安全隐患进行诉讼。

3.1 消防救援机构未依法对违法封闭疏散通道履行监管职责案

2020 年 3 月，吉林省白城市洮北区人民检察院在履行公益监督职责时发现，白城市芦苇局综合楼疏散通道被违法封闭，遂向洮北区消防救援大队发出检察建议，建议其履行监督管理职责。该大队接到检察建议后，只对白城市芦苇局作出罚款四万元的行政处罚。然而在 2020 年 5 月，检察院在实地复查时发现该疏散通道仍处于封闭状态，遂以该大队不履行法定职责，致使公共利益持续处于受侵害状态为由，向人民法院提起行政公益诉讼。经人民法院审理，判决该大队依法对违法封闭疏散通道履行监督管理职责。此案中，该大队虽依法对违法主体作出行政处罚，但未采取行政强制措施督促整改安全隐患，导致疏散通道仍然处于违法封闭状态，属于典型的不完全履行法定职责，依然面临行政公益诉讼败诉风险。

3.2 消防救援机构未依法对建筑消防设施为保持完好有效履行监督职责案

2021 年 5 月，山东省济南市槐荫区人民检察院发现，泰山国际大厦为一幢 24 建筑，存在消防水泵出水管路漏水和自动喷水灭火系统、消火栓系统未设置稳压泵等问题，存在重大消防安全隐患。经立案调查后，检察院向区消防救援大队发出检察建议。后经跟进调查，大队未按照检察建议依法履责。检察院遂以大队为被告，向法院提起行政公益诉讼。法院审理期间，大队表示将尽快整改，并对该物业管理公司进行立案调查并罚款 6000 元，同时推动物业公司整改隐患，经第三方机构进行安全检测合格，检察院才以消防安全隐患已全部消除为由，决定撤回起诉，法院裁定准予撤诉。此案可以反映出：部分消防救援机构之所以被检察院提起行政公益诉讼，是因为对检察建议置之不理、对消防安全隐患置身事外，也深层次暴露出部分消防救援机构法治意识不强、依法行政水平不高，值得消防救援机构引以为戒。

4 消防救援机构防范化解行政公益诉讼风险的举措

4.1 建立工作协作机制，发挥借船出海优势

消防救援机构与检察院并非天然对立关系。正如最高人民检察院检察长张军指出的“检察机关是业务性极强的政治机关，也是政治性极强的业务机关”，之所以新增公益诉讼职能，是检察院贯彻习近平法治思想，维护国家和社会公共利益的重要体现。因此保护人民生命财产安全的公益属性是检察院与消防救援机构是共同价值契合点。由于部分消防安全隐患整改涉及应急、住建、公安、市场监管、物业服务企业等部门，如何督促各部门齐抓共管、构建大消防安全局面是消防救援机构苦苦探索的课题。消防救援机构作为消防安全主管部门，可以提前对接检察院签订消防安全培训、法治人才培养、执法信息共享、推广典型案例等战略协作协议，充分发挥消防安全领域公益诉讼“助推器”作用，督促有关部门落实消防安全监管法定职责，推动消防救援机构执法模式创新。

4.2 严格履行法定职责，形成监督检查闭环

行政公益诉讼本质是检察院发现相关领域负有监督管理职责的行政机关违法行使职权或者不作为，致使国家利益或者社会公共利益受到侵害的，向行政机关提出检察建议，督促其依法履行职责，切实维护好国家和社会公共利益。消防救援机构要避免检察院公益诉讼风险，就应该积极主动履行好法定职责，形成"发现隐患—责令整改—行政处罚—整改复查—整改完毕"的监督检查工作闭环。当前不少消防救援机构一线执法人员还存在一定执法理念误区，止步于发现隐患、责令整改、行政处罚等环节，不关心监督检查对象是否切实整改问题、消除安全隐患，导致被检察院提起公益诉讼。上述案例中，白城市洮北区消防救援大队虽然复函说明已对白城市芦苇局综合楼作出行政处罚，但是经检察院实地复查发现疏散通道仍处于封闭状态，最终被检察院提起公益诉讼，就是一个活生生的案例教训。

4.3 及时回应检察建议，阐述整改成效举措

《最高人民法院最高人民检察院关于检察公益诉讼案件适用法律若干问题的解释》第二十一条第二款："行政机关应当在收到检察建议书之日起两个月内依法履行职责，并书面回复人民检察院"[5]。消防救援机构要正确对待检察意见书，认真研究检察意见书所指的消防安全隐患，区分隐患整改相关责任单位，切实履行综合监管职能，对于能够立即整改的安全隐患要迅速组织整改，并在两个月内向检察院提交消防安全隐患整改成效报告，决不能放任不管、置之不理。对于整改难度大、范围广、周期长、成效显现久和程序审批复杂的消防安全隐患，在两个月整改期内无法完成整改的，应当及时与检察院沟通，双方重新协商确定合理的整改期，并在整改回复中制定详细整改方案。

4.4 提请组织专项行动，彻底整改问题隐患

消防救援机构对于责任单位多、涉及面广、问题根源深的消防安全隐患，要主动对接当地人民政府，召开消防工作联席会议，部署开展消防安全隐患专项整治行动，全面压实相关部门和单位整改责任，形成隐患防范整改的规范性长效机制，彻底消除消防安全隐患。2019年11月，衢州市柯城区检察院向柯城区消防救援大队发出行政公益诉讼诉前检察建议。柯城区消防救援大队收到诉前检察建议后，迅速提请区政府组织应急、公安、住建、市场监管和乡镇街道办等部门开展电动自行车消防安全综合治理专项行动，有效规范辖区小区电动车管理，有力消除消防安全领域基层社会治理难题，得到检察院充分认可。

4.5 全力准备应诉答辩，降低法律责任风险

倘若检察院收到消防救援机构复函，经过实地复查后认为检察意见书所指出的消防安全隐患依然存在，公共安全利益持续受到侵害，坚持向法院提起行政公益诉讼的，消防救援机构需要做好应诉答辩准备。消防救援机构要邀请战略合作的律所共同研究检察院公益诉讼请求和法律依据，系统整理消防救援机构履行消防监管职责材料，包括前期监督检查、整改举措、整改成效和长效机制的证明材料，阐述清楚消防安全隐患涉及相应部门的法定责任，积极获取法院理解与支持，有效降低消防救援机构的责任风险，同时通过法院判决督促相关部门和单位履行消防安全法定职责，推动消防工作法治化。

参考文献

[1] 中国人大网．中华人民共和国行政诉讼法［EB/OL］．http：//www.npc.gov.cn/zgrdw/npc/xinwen/2017-06/29/content_2024894.htm.

[2] 胡卫列．当前公益诉讼检察工作需要把握的若干重点问题［EB/OL］．https：//mp.weixin.qq.com/s/Z3oCbs85f8Vih354pn482w.

[3] 最高人民检察院．人民检察院公益诉讼办案规则［EB/OL］．hhttps：//www.spp.gov.cn/xwfbh/wsfbh/202107/t20210714_523809.shtml.

[4] 谭畅．"公益之诉，非追责之诉"——对话最高人民检察院副检察长张雪樵［EB/OL］．https：//www.infzm.com/contents/146283？source=124&source_1=125579.

[5] 最高人民法院最高人民检察院．最高人民法院最高人民检察院关于检察公益诉讼案件适用法律若干问题的解释［EB/OL］．https：//www.spp.gov.cn/spp/zdgz/201803/t20180303_368652.shtml.

浅谈辖区"六熟悉"训练能力提升的方法

罗顺龙

（贵州省黔南州消防救援支队都匀市七星路消防救援站，贵州　都匀）

摘　要　辖区"六熟悉"训练是消防救援队伍一项基础性、经常性、长期性的工作，开展辖区"六熟悉"训练可以提升灭火救援效率，能够促进消防救援人员对新的战法研究，是进入新时代"全灾种、大应急"形势任务下打赢灭火救援战斗的重要战术。但是，各级消防救援队伍在开展辖区"六熟悉"训练过程中重视程度还不够，还存在着思想观念落后、训练组织不规范、训练成效不显著等特点。这些问题，一定程度上阻碍了灭火救援能力的提升，亟需改进训练方法及延展应用，才能够让消防救援队伍在新形势下适应灭火救援的实战需要。

关键词　辖区"六熟悉"训练　人员岗位职责　方法及程序　能力提升及效果展现

知己知彼，百战不殆。《孙子兵法》中强调熟悉自身短长和敌方情况的特殊重要性，奉之为制胜法宝。于消防灭火救援而言，这种"熟悉"同样重要。在平时，普通老百姓看到的都是消防员英雄的一面，救民于水火，助民于危难，殊不知消防救援人员的辖区"六熟悉"训练也是"课外功"之一。下文就是对辖区"六熟悉"训练由来及方法的探讨，分析解决一些训练存在的问题，从而提升灭火救援实战能力。

一、辖区“六熟悉”训练的内容及演变历程。辖区“六熟悉”训练共有六项内容：一是熟悉辖区的“交通道路、水源情况；二是熟悉辖区内重点单位的分类、数量及分布情况；三是熟悉辖区内主要灾害事故处置的对策及基本程序；四是熟悉重点单位建筑物使用及重点部位情况；五是熟悉重点单位内部的消防设施情况；六是熟悉重点单位的消防织及其灭火救援任务分工情况。早在 2006 年的《消防手册 灭火救援基础》和 2009 年 4 月份印发的《战训工作文件汇编》等书籍当中，就有辖区“六熟悉”训练内容，书籍就明确了总队、支队、大队和中队的熟悉内容，并且辖区“六熟悉”训练明确到各个岗位。辖区“六熟悉”训练还是战备工作的战备制度。在《消防灭火救援》一书中明确写有辖区“六熟悉”训练内容，并将辖区熟悉与预案制定相结合起来。不但如此，当时全国消防救援队伍还把辖区熟悉列为战术训练，说明辖区“六熟悉”训练对消防工作非常重要。辖区“六熟悉”训练还要从更早一些时期说起，1949 年新中国成立以后，党和人民政府十分重视消防事业的发展。随着全国解放，各地公安机关建立专门的消防机构，并把 119 作为火警报警电话，相关的职业训练也拉开序幕。但是，当时还没有辖区“六熟悉”训练这个战术内容，直到建国 20 多年后，全国各地消防队伍在积极探索和研究辖区情况熟悉工作下，最终在沈阳和天津消防对辖区熟悉工作的基础上，总结形成了比较系统的辖区“六熟悉”工作模式，一直延续到现在已经开展 50 多年的训练。辖区“六熟悉”训练其实就是吃一堑，长一智的产物。时光还要回溯到 1970 年 1 月 25 日，沈阳消防支队启工中队辖区内一木材厂发生火灾。由于在现场没有找到水源，导致整个车间几乎全部烧毁。事后，消防救援人员却发现，消防车车轮不偏不倚地压在一个地下消火栓上面。知耻而后勇的启工人，将这一天定为队耻日，把训练场从操场延伸到了街头。从此以后，消防救援人员每周都深入重点单位开展熟悉训练，并总结为“五熟悉”训练法，极大提高了消防官兵对辖区和重点单位的熟悉程度，增强了火灾扑救的针对性、时效性。1976 年 4 月，沈阳消防在体育竞赛上获得“五熟悉”第一名，副指导员在会上介绍了“五熟悉”的训练经验。从此，这一宝贵经验迅速在全国消防救援队伍推广开来，并发展成为如今的辖区“六熟悉”训练。

2018 年 10 月，全国公安消防部队全部退出现役，改革转隶到应急管理部。改革转隶一年后，消防救援人员长期坚持的辖区“六熟悉”训练终于发生了变化。2019 年中央办公厅 34 号文件印发了《关于深化消防执法改革的意见》的通知，强调全面提升防灾减灾救灾的能力，消防工作的指导思想是：坚持以人民为中心，坚持安全发展理念，增强全社会火灾防控能力。这份文件的印发，对现在的辖区“六熟悉”训练有着重大指导意义。接着到 2020 年 6 月，应急管理部消防救援局按照《关于深化消防执法改革的意见》的通知，在全国范围内开展消防救援站防火试点工作。文件明确消防救援队伍贯彻“预防为主、防消结合”的方针，要求行政编制的消防救援站指战员结合辖区熟悉，开展预案编制和演练，并拍摄下发了辖区“六熟悉”训练执法相关的示范片供全国消防救援队伍学习。2020 年 11 月试点工作完成后，应急管理部消防救援局正式印发《消防救援站开展防火工作的通知》，制定了《消防救援站指战员开展防火工作规定》，决定行政编制的消防救援站指战员结合辖区熟悉演练、执行勤务，开展消防安全检查、宣传教育，协助火灾调查，形成长效机制。一系列消防改革工作文件的印发，有效推动了辖区“六熟悉”训练和演练的进程，在灭火救援中发挥了越来越多的重要作用，有效推动了公共安全治理模式向事前预防转型，提高防灾减灾救灾和重大突发公共事件处置保障能力。

二、辖区“六熟悉”训练还存在问题亟需重视。消防救援队伍担负着防范化解重大安全风险，应对处置各类灾害事故，维护人民群众生命财产安全，维护社会稳定的职责使命。一直以来，全国基层消防救援人员都是 24h 执勤战备、冲锋陷阵在一线，用身体之躯筑牢了一道道消防安全屏障。当然，消防工作还有全社会人民是第一道防线，消防执法监督部门是第二道防线，基层消防救援站人员是第三道防线，也是火灾处置最后一道防线。然而，如果最后一道防线都防不住了，就会发生类似于 2015 年天津港大爆炸事件，伤亡惨重！天津港火灾大爆炸事件启示着我们，要时刻保持对辖区情况的熟悉掌握，火灾发生时候才能避免严重后果。这也是辖区“六熟悉”训练存在问题的所在，虽然训练取得很多成效，但问题不能忽略，要把这些问题加以研究改进，才能形成长久之策。目前的主要问题有：一是部分人员思想观念落后，不重视辖区“六熟悉”训练工作；二是辖区“六熟悉”训练缺乏专业教育和培训，组织训练不规范；三是辖区“六熟悉”训练脱离实际，工作成效不显著。

（一）思想观念落后，不重视辖区“六熟悉”训练工作。主要体现在对辖区“六熟悉”训练的重要性认识不足，近些年来消防救援队伍的训练和竞技比武内容都是以练体能、比速度的居多，且训练场大多数安排在营区操场上进行，缺乏实战性。虽然这几年职业技能大赛拓展了一些技能内容，但是受传统观念的训练模式影响，绝大多数大队（消防救援站）指战员灭火救援的思想还只是停留在“练跑步、拼速度”之中。当然速度越快越好没有错，就是训练方法单一缺乏对主要灾害事故处置的对策及基本程序研究，就会造成操场上的比拼不符合实战的需要情况。尤其是一些新入职同志在训练比武科目习惯后，到真实火灾现场后不知道怎么办了，因为火灾现场千变万化，不是比武竞技那样条条框框给规定好。还有忧患意识不强，随着我国城市化和工业化的迅猛发展，各地翻天覆地的变化，很多灭火救援性质已经发生巨变，随之带来的安全隐患、引发的次生事故和自然灾害等等风险挑战并存，超高层建筑、大型城市综合体、大跨度厂房、易燃易爆炸场所、新能源等等事故时不时发生。面对这些问题，很多基层一线消防指战员忧患意识不强、不掌握情况，导致发生火灾时候打了一场又一场的“无准备之仗”。辖区“六熟悉”训练思想落后，还如抢险救援方面，各类自然灾害多发频发，地震、洪涝灾害、山体滑坡等等，这些事故经常地点都比较陌生，往往发生事故突然，事故地点不确定处置风险大。而部分基层消防指战员因对辖区“六熟悉”训练重视不够，训练内容不全对处置情况不熟悉，出警延误战机，处置不当时还会引发次生事故。精神懈怠也是影响辖区“六熟悉”训练的根源。本文就不得不提到队伍管理和思想政治教育工作的内容，因为没有管理教育就没有战斗力。目前，有一部分基层消防指战员思想长期被网络游戏“占据”，沉迷于网络游戏之中不可自拔，这看似简单的队伍管理小问题，其实严重影响到正常执勤训练工作。在基层消防救援站经常看到“二三成群、四五成堆”的人一起扎堆网络游戏，不分昼夜地全身心投入网络游戏，导致对消防业务训练无热情。由于满脑子、满心思都是网络游戏，部分消防指战员就会觉得玩起网络游戏来比辖区“六熟悉”训练更重要，导致辖区“六熟悉”这样最重要的战训工作无人问津。平时也没有认真研究灭火救援战例，只是我行我素地在努力玩网络游戏，这样的训练范围可想而知是不利的。

（二）辖区“六熟悉”训练缺乏专业教育和培训，组织训练不规范。无教育教材学习和培训是导致辖区“六熟悉”

训练不规范，理论与实战脱节的主要原因。平时各级消防救援队伍开展的理论学习大多是手机或电脑刷题库（而且很多人容易作弊），没有展开理论研究，就会对烟火围困窒息、爆燃爆炸冲击、建筑坍塌埋压、水域淹亡和中毒窒息等情况的不熟悉。也暴露出队伍安全意识不强、专业能力不足、侦察研判弱化、应变能力不够、潜在风险难以掌控等问题。所以经常在灭火救援战评中，就会提到“指挥混乱、道路堵塞、水源缺乏、装备不熟练、通信不畅”等等问题，归根结底这些问题就是平时辖区“六熟悉”训练理论与实际研究不深入，演练测试等工作不到位的问题。辖区“六熟悉”训练组织不严密会造成队伍混乱。部分消防救援队伍在辖区“六熟悉”训练过程中，组织不严密、开展不经常，还会导致对车辆装备器材的不熟悉。由于部分消防救援人员辖区“六熟悉”训练只重视数量而轻视质量，就会导致各级“高、精、尖”车辆装备未能投入实战使用和训练，有的装备列装后长期在库房“睡大觉”，导致过期发霉、生锈、损坏等等。还有部分消防指战员在日常训练中只注重在营区内训练，没有外出实战测试演练，平时在操场上训练也比较有片面性，就是到操场上“磨洋工”晃一晃收操，不掌握装备器材在辖区的实用性和可行性。对车辆装备器材不熟悉、不掌握，在灭火救援实战中就会造成关键时刻拿不出、不会用，未能发挥车辆装备的最大效能。另外，还有防消脱离、相互推诿导致辖区“六熟悉”训练不规范的一个特点。部分防火监督干部认为辖区“六熟悉”训练只是消防救援站的事情跟防火监督无关，不愿意相互沟通交流防火工作经验和信息资料共享。消防救援站人员则觉得防火监督和防火宣传等事情是防火部门的职责，消防救援站没必要出人出力开展防火检查和宣传，认为完成防火检查和宣传工作干得好了成绩都是防火干部的功劳。防火、灭火两者之间相互推诿，在辖区“六熟悉”训练过程中，就会出现“各唱各的调、各打各的锣”，时间长了由于部分防火监督员未深入火场未参与灭火救援，就会对火场生疏。而长期从事灭火救援的人员则不会防火监督检查，更不会操作固定消防设施及掌握消防安全隐患等，火灾时就会不知所措。网络上时常会有一些案例，某某火灾中消火栓无水，消防排查不到位，消防救援人员到场了也不知道怎么办等等，造成防火灭火救援的被动局面。更多的是参与辖区“六熟悉”训练的人员不用心，部分消防指战员在开展辖区“六熟悉”训练时敷衍了事，就是“走到哪、看到哪，随便瞅，随便瞧”，就会经常看到辖区“六熟悉”训练走走消防通道，看看消火栓，提提灭火器，摸摸水带、水枪等走马观花情形队伍零零散散，有的在训练中违禁抽烟引发网络舆情，有的嬉戏聊天、你推我拉，队伍一盘散沙或者“站无站姿、坐无坐像”，行进间队伍稀稀拉拉等等，无形中降低和损坏了消防救援队伍在人民群众中的良好形象。

（三）辖区“六熟悉”训练脱离实际，工作成效不显著。由于重点单位消防监控力度大，近些年来很少发生火灾，但是平时缺乏对重点单位以外的熟悉，也会造成灭火救援的被动局面。多数消防救援站辖区“六熟悉”训练仅限于辖区重点单位，就会对非重点单位和区域的一些复杂道路（小巷）、人员密集的地方等等地方的缺乏熟悉。部分指挥员在组织指战员进行辖区“六熟悉”训练工作前，没有给参训人员讲明辖区“六熟悉”训练的具体内容和所要达到的目标。导致参训人员一听到安排辖区“六熟悉”训练，就是到场过去补拍个照片、录个到场视频、找一家重点单位人员盖个章，认为“有图有视频”完成检查资料就行了，没有真正意义上的开展熟悉训练。有的消防指战员走出熟悉过的单位后，都还不知道刚刚熟悉的单位名称是什么，更不知道固定消防设施如何识别、如何使用、如何检查，平时开展的辖区“六熟悉”训练顶多就是熟悉几条主要的街道和室内外消火栓。未熟悉消防控制室设备、未熟悉防火分区、未对建筑固定消防设施进行测试，未结合岗位实际开展熟悉训练，对熟过的单位情况和灭火救援任务分工不掌握。特别是对辖区单位（地段）的最佳通道、最优疏散、通信盲区和进攻路线等情况不清楚，熟悉过的重点部位也只是普通场所而已，训练归队后劳而无获。部分单位还存在辖区“六熟悉”资料造假、数据填写不真实的情况，消防指战员在辖区“六熟悉”后，各类资料没有及时搜集、更新和发到本单位未参训人员手中进行学习和培训，导致大家只是停留在印象当中或者根本不知道，时间长了就会忘记。多数消防指战员做着“新瓶装旧酒”的资料在进行辖区熟悉，迎检时候换个封面拿着“曾经”的资料来制定灭火救援预案，有的指挥员甚至是不闻不问直接把辖区“六熟悉”资料的事情单独交给通信员（文书）一人来完成，通信员（文书）资料多了就会疲于应付，以及自身灭火救援知识缺乏，就会胡编乱造应付上级检查完事，上级检查也没有认真核对资料的可行性。加之部分地区建筑、道路、水源等情况经常发生变化，更新工作量大，辖区“六熟悉”基础资料得不到及时修订更新，也不进行预案演练导致预案不具有针对性和实用性。还有信息化系统参差不齐，扰乱了辖区“六熟悉”训练秩序。近年来，由于部分单位各类信息化系统层出不穷，开发者大多是队伍以外人员根本不懂灭火救援，研发出来的系统中看不中用，功能不完善，不贴近实战，未能派上灭火救援实战用场。且系统研发投入经费大、管理少，导致系统投入运行无专业管理人员管理，试用期没过多久就处于瘫痪状态，甚至是信息资料没有安全性和稳定性，系统经常数据丢失或者无法修改。但是上级要求基层反复录入信息资料却没完没了，无形中增加了很多的工作负担，导致辖区“六熟悉”训练脱离实际，虽然开展了却没有工作成效。

三、优化辖区“六熟悉”训练方法，提升灭火救援实战能力。消防救援战斗力主要来自基层，力量也集中在基层，要抓好基层辖区“六熟悉”训练，优化训练及演练方法才能促进战斗力的提升。辖区“六熟悉”训练是一个广阔的训练场，涉及点多、面广、要求细致，需要各级消防救援人员根据不同的地区、不同的岗位、不同的内容和不同的装备开展全流程的熟悉、演练。是一项行之有效、贴近实战，能够提升灭火救援战斗的途径。为了规范辖区“六熟悉”训练的方法和程序，本文总结提炼出辖区“六熟悉”训练的“六个训练法”，以此优化辖区“六熟悉”训练实现效果最佳。

（一）人员划分及职责。基层消防救援队大队（站）辖区“六熟悉”训练的参训人员可按岗位分为：大队指挥员、大队值班助理、站指挥员、战斗班长、安全员、战斗员、供水员、通信员、驾驶员等9类，各级执勤人员应当按照职责分工，完成相关训练内容。大队指挥员要熟悉掌握辖区执勤战斗实力，联动单位和相关专业力量情况，包括人员、装备实力和应急保障物资装备分布、储备；辖区重点单位分布情况，主要灾害事故处置对策和灭火救援预案等。大队值班助理要熟悉辖区重点单位性质、建筑结构、重点部位、固定消防设施，安全出口数量、位置；主要通信装备器材和实现方式；联动力量、物资储备等。消防站指挥员要熟悉本级执勤战斗实力、主要装备技术性能、作战单元及灭火救援预案内容；辖区概况、交通道路和消防水源基本情况；辖区灭火药剂等战勤保障物资装备储备情况；辖区主要灾害事故处置对策及组织指挥程序等。战斗班长要熟悉掌握本级灭火救援预案内容及作战单元实力；主要装备技术性能及操作使用方法；辖区主要灾害事故处置程序及作战要点；重点单位使用性质、重点部位、固定消防设施、灭火措施、进攻路线、撤离路线、紧急避险方式等。战斗员要熟悉掌握辖区重点单位建筑结构、重点部位、消防控制室、固定消防设施、撤离路线、紧急避难层，水泵接合器位置及使用方法；作战任务和常见灾害事故处置要点等。安全员要熟悉掌握安全风险评估标准；辖区重点单位建筑结构、耐火等级、风险部位、消防电梯、疏散楼梯、安全出口、撤离信号、撤离路线、紧急避险方式等。供水员要熟悉掌握辖区消防水源情况，重点单位内外部消火栓分布，水泵接合器、消防水池位置，供水方式、方法、线路等。通信员要熟悉掌握辖区重点单位和联勤联动单位的联系方式；辖区交通道路情况；有线、无线通信方式及无人机、语音、视频通信装备操作要领；灾情分级、信息上报程序和要求等。驾驶员要熟悉辖区交通道路情况；重点单位出入口位置、消防通道、车辆停靠位置；消防车性能参数、操作要领及维护保养方法等。

（二）训练程序及方法。辖区“六熟悉”训练通常按照前期准备、实地熟悉、现场讨论、风险评估、模拟推演、总结归档等程序组织实施。具体方法可分为理论熟悉法、实地熟悉法、讲解熟悉法和考核熟悉法。理论熟悉法是对辖区主要灾害事故处置程序、处置要点，重点单位概况、道路水源图、灭火救援预案等相关资料进行学习熟悉；实地熟悉法是深入辖区消防安全重点单位，对建筑结构、消防水源、周边道路、消防设施、工艺流程等情况进行实地熟悉；讲解熟悉法是依据灭火救援业务理论，通过重点单位消防安全管理人、大队值班助理讲解，对重点单位建筑结构、重点部位、消防设施等进行熟悉；考核熟悉法是通过队前提问、现场讨论、模拟推演等方式，对重点单位火灾特点、处置措施、力量部署、注意事项等熟悉内容进行强化。熟悉期间要做好记录、留存图文资料；消防救援站开展辖区“六熟悉”训练时，辖区大队必须派员随行熟悉。一是前期准备：要收集辖区重点单位的数量、分类、分布，重点单位概况、灭火救援预案、灾害事故处置程序、典型案例等基础资料，推送给参训人员，采取“集中学习+个人自学+网络学习”的方式对辖区情况和重点单位进行熟悉了解；准备测压水枪、指南针、测距仪、移动作战终端等装备器材。二是实地熟悉：按照“情况介绍、防火检查、实地测试”三个步骤进行，针对重点单位性质、建筑结构、消防水源、固定消防设施和单位消防组织情况，进行实地熟悉。情况介绍由重点单位消防安全管理人负责介绍单位概况、建筑结构、使用性质、消防水源、重点部位、固定消防设施、消防组织等基本情况。防火检查由大队值班助理负责，对重点单位消防水源、重点部位、安全出口、疏散楼梯、防火分区、消防控制室、消防车通道、水泵接合器、消防水泵房等介绍检查方法，讲解示范固定消防设施操作使用方法，强调注意事项。现场测试由消防救援站负责，对重点单位消火栓系统、水泵接合器、防排烟系统、消防电梯、救援窗口高度、消防通道、举高车作业面、通信装备进行现场测试，做好数据记录，为预案修订、实地演练和灭火救援提供科学依据。三是现场讨论：由大队（站）指挥员负责，实地熟悉结束后，对参训人员掌握情况进行现场提问；针对重点部位及风险点，组织研讨处置对策，制作力量部署图，明确指挥要点、进攻路线、紧急避险方式等内容；与单位消防安全管理人商讨完善应急救援预案，加强联勤联动，强化“六熟悉”训练工作成效。四是风险评估：由大队或消防救援站指挥员负责，组织班长骨干，按照建筑物火灾风险评估标准对熟悉对象作出评估，为科学制定灭火救援预案提供支撑。五是模拟推演：由大队或消防救援站指挥员负责，设置导调评估组，引入灾情变量，结合数字化预案，对“侦察搜救、灭火冷却、破拆排烟、供水供液”等作战环节实施桌面推演，研讨灾害事故处置程序、处置对策、注意事项等内容，明确岗位职责和作战任务，提升指挥能力和业务水平。六是总结归档：由大队或消防救援站指挥员负责，将单位基本概况、道路水源、三维实景图、处置程序、推演流程、安全提示、典型案例、测试结果等资料整理归档，为预案制作和灭火救援作战提供指挥决策依据。

（三）优化训练的内容。根据经验总结，本文提炼出辖区“六熟悉”训练的“123456”工作法，简称“六个工作法”。即运用“一看路二查水源三巡重点单位四季都进行五个必须练到位六项测试内容不能少”的工作法，真正把辖区“六熟悉”训练贯穿渗透于实战化训战全过程、各领域。一看路：熟悉辖区内道路交通情况，掌握每条道路的宽度、走向、车流量及拥堵时间段等情况，重点了解以消防救援站为原点，到各个区域单位的主要路线及备用路线情况，选择最优通行路段。比如一些路段或小区能不能够通行消防车，空中有没有阻碍消防车展开，通行有没有障碍物或者长期有私家车拥堵等情况；二查水源：检查辖区内水源情况，以重点单位为原点，掌握周边 500m、1000m 范围内市政和单位内部室外消火栓（消防水鹤）启闭阀门是否好用、损坏、脱落；检查消火栓周围是否堆放杂物、是否被圈占、埋压，水压是否正常等，并对消火栓的数量、位置、口径、管网形状、流量、压力，周边三公里范围内天然水源的储水量、取水方式、取水码头等情况及时做好记录、列好编号，制定水源手册；三巡重点单位：巡查辖区重点单位消防车通道及作业面，看单位（村居、社区、高速）的出入口位置、有无影响消防车通行的障碍物（路障、横梁），看道路名称、路况，有无高度、宽度、重量等限制；看消防车作业面位置、地面及场地大小情况，有无影响消防车停靠、作业的障碍物。看重点单位安全出入口所在位置是否畅通，看安全出口与疏散楼梯的连接情况。疏散楼梯出入口的具体位置及形式（敞开楼梯、封闭楼梯、防烟楼梯、室外楼梯），巡查疏散楼梯的疏散方向、最大疏散人流量。巡查消防控制室有无标识，所在重点单位内部的具体位置，设备是否完整好用、联动功能是否正常。查水泵房所在位置、水泵流量水泵房控制柜能否正常启动水泵，了解三种不同的启泵方式。巡看各个防火分区面积、位置、阻止火势蔓延的方向，并熟悉防火卷帘的操作方法。巡查重点部位在重点单位内部的具体位置、建筑结构、毗邻情况、人员密集程度、危化品储存情况、火灾危险性等；四季都进行训练，就是春、夏、秋、冬不怕严寒酷暑，都要进行辖区“六熟悉”训练，时刻掌握情况；五个必须练到位：就是一练开辟救生通道：结合重点单位和消防救援站执勤实力具体情况，练习如何在最短时间内开辟最多的救生通道。二练车辆停靠，结合重点单位实际情况，通过训练掌握各类消防车辆的停靠位置和行车路线。三练消防通信，要利用对讲机、无人机和图传设备，在重点单位内部，测试不同点位能否与消防控制室和地面正常通信联络。四练火场供水，根据重点单位周边水源情况，立足最不利最复杂的灾情，练习保障火场供水的方案、路线、方式等。五是练各级指挥员，大队主官每月至少要带队开展辖区熟悉不少于 2 次，熟悉本辖区主要灾害事故特点及处置对策，消防救援站主官每周开展辖区情况熟悉不少于 2 次，掌握辖区火灾及其他灾害事故的类型特点和处置对策、组织指挥程序、安全行动要求，班组指挥员要落实灭火救援各项要求，做到科学处置、行动迅速。六项测试内容不能少：一是测进攻路线。在重点单位确定重点部位并采取“固移结合”的方式，利用室内消火栓铺设水带、设置水枪阵地和消防车铺设水带设置水枪阵地分别进行进攻路线测试；二是测消火栓系统。测试室内消火栓管网是否有水且最不利点水压是否在 0.3MPa 压力以上，测试室外消火栓出水压力并估算供水能力；三是测水泵接合器。消防水泵在停泵状态下，消防车通过水泵接合器向室内管网加压供水，查看测压枪的压力表，测试水泵接合器与室内管网是否畅通；四是测消防电梯及消防控制室。测试消防电梯在紧急情况下是否迫降和正常好用，消防控制室主机设备操作是否正常；五是测防排烟系统。利用发烟设备，测试固定机械排烟系统能否正常运作和移动排烟设备排烟效能；六是测消防应急广播。可由一名指战员在消控室，另一名指战员到每个楼层每个部位，测试消防广播是否能通知到每个房间的每个人，声音是否清楚。运用这“六个工作法”，既容易记住，也便于辖区“六熟悉”训练的开展。

（四）展现好训练效果。辖区“六熟悉”训练能够促进消防工作开展，要好的发挥训练效果。一是要完善辖区“六熟悉”训练机制，应提高辖区“六熟悉”训练及演练在日常训练和年度竞赛的奖励比重，通过增加辖区熟悉训练竞技内容和奖励比例达到激励先进作用，让消防指战员主动参与到辖区“六熟悉”训练中来。二是要科学制定辖区“六熟悉”训练、演练和培训教育计划，在制定训练计划时，要按照执勤训练实战化的要求，合理安排熟悉、演练、研讨和培训的时间。注重有序推进，注重反复学习，狠抓人员、时间、内容和质量的落实。比如：总队、支队每年训练计划都要重视辖区熟悉训练，将基层消防救援站辖区“六熟悉”训练作为战训考核评比重要内容，纳入灭火救援评判细则。三是编制完善预案，开展辖区“六熟悉”训练和演练后，指挥员要根据责任区灾害事故处置的对策及程序及时修订完善各类预案，适时进行灭火和应急抢险救援任务《想定作业》考试及预案拉动演练，积极发挥灭火救援预案在训练和灭火救援中的支撑作用。组织全体消防员学会制作灭火救援预案和绘制力量部署图，熟悉灭火救援预案中的力量编成、战术措施、处置对策、风险点和安全注意事项等内容。四是开展辖区“六熟悉”训练时，辖区大队执法监督员应参与熟悉，并参加制定灭火救援预案。预案制定后组织全体人员熟悉灾害事故处置程序，用典型案例对比分析，由大队（站）指挥员负责实施，执勤班长全程参与讨论，巩固学习成果。五是辖区“六熟悉”训练走深走实，在每年的执勤岗位练兵工作中，指挥员要抓实抓细熟悉演练，做到全面深入、精准到位，防止走过场、摆样子。要以辖区“六熟悉”训练作为夯实灭火救援基础的重点工作来抓，并结合辖区熟悉强化车辆装备器材性能测试和实战应用。六是运用信息化提升辖区“六熟悉”训练和演练成效，信息化系统不要多、要实用，且长期要有人员维护，保存数据准备形成规律，不能随便换系统，要定期进行升级。可利用地理信息系统、互联网、VR全景技术和无人机航拍、三维建模等技术制作数字化预案提升精准性，一些非重点单位和道路水源利用无人机航拍手段可完成熟悉工作，使消防指战员在模拟仿真和三维系统中，便可以足不出户就对辖区进行熟悉，以及开展桌面推演。七是要做到熟悉与演练相互结合，按照各类预案开展建筑火灾扑救、危化品处置、交通事故救援、山岳水域救助、森林火灾扑救、作战安全管控等难点，开展常态化实地实装熟悉及演练，以此提前适应真实的灭火救援场景，真正做到“训练跟灭火救援一样、灭火救援和训练一样”，着力防范化解重大消防安全风险。八是利用辖区熟悉训练进行消防安全隐患事前预防，各级消防指战员要认真执行《消防执法改革》的要求，积极转变执勤训练和执法监督思想观念，扎实开展辖区熟悉训练工作。辖区熟悉训练是战术训练，就是要做到“勤快”，跟军人经常打胜仗的秘诀一样：熟悉地图、地形地貌和人文环境是必修课。部队凡是新到一地，首要做的事情就是围绕驻地进行侦查，看看村镇多大？在地图上的哪里？周围有哪些山？有几条路、几条河？敌人在哪里？离自己有多远？突破这里需要多少时间？老乡们支不支持这支队伍？等等。消防救援队伍也要跟军人一样掌握好以上内容，要搞好辖区“六熟悉”训练，摸清情况和面对的“敌人（火灾就是消防救援人员的敌人）”情况，还要看看人民群众支持不支持消防工作。九是做好内部和外部人员培训，消防救援站在训练前和训练后应当做好辖区“六熟悉”训练专项授课或培训，明确参训人员到辖区“六熟悉”训练的重点，进行相关提问或考试，让全体人员领悟和掌握所要熟悉训练的内容，通过培训提升整体训练水平。并且要编制印发相关教育教材，规范各类表格填写、资料填报和整理归档等工作。内外人员均要学习消防法律法规，《中华人民共和国消防法》总则第二条就规定消防工作贯彻预防为主、防消结合的方针，按照政府统一领导、部门依法监管、单位全面负责、公民积极参与的原则，实行消防安全责任制，建立健全社会化的消防工作网络。第十六、十七和二十条还有机关、团体、企业、事业等单位应当履行消防安全培训和消防演练。所以，消防救援队伍平时要认真指导各单位（企业）的微型消防站演练。要认真指导辖区人民群众开展防火灭火工作，把火灾防范知识普及到全社会当中，认真培训社会单位人员排查整改消防安全隐患，学会正确报火警、连接水枪水带、使用室内外消火栓控制初期火灾等等。并重点抓好政府专职消防队、微型消防站、物业管理公司和社区、村委等人员的消防技能培训，抓好社会领域的消防骨干力量建设。十是将辖区“六熟悉”训练转换成为宣传消防救援队伍光荣形象的路径。如毛主席曾指出的：“长征是历史纪录上的第一次，长征是宣言书，长征是宣传队，长征是播种机。”中国革命的胜利宣传工作贡献很大。消防救援工作同样离不开宣传，开展辖区“六熟悉”训练时，要利用好直接与人民群众面对面接触的机会向广大群众积极宣传消防法律、法规和消防安全知识、技能。真正做到消防指战员走到哪里，消防宣传工作就做到哪里，让参加辖区“六熟悉”训练的队伍成为一支防火灭火的宣传队和播种机，扩大消防安全影响力。还要维护外出熟悉训练纪律，国家消防救援队伍是党领导的队伍、纪律部队，消防救援人员外出一言一行代表党和政府的形象，在辖区“六熟悉”工作中要保持严整的队伍队形。消防指战员要严格执行勤务规程，可学习武警部队规范队伍外出勤务秩序，展现消防救援队伍良好形象，拥有良好的形象人民群众都会看在眼里、记在心里，才能热心支持消防工作。

在辖区“六熟悉”训练过程中，要坚持全心全意为人民服务的根本宗旨，坚持人民至上、生命至上，树牢群众观点，贯彻群众路线，坚持一切为了人民、一切依靠人民，从群众中来、到群众中去，始终保持国家消防救援队伍同人民群众的血肉联系。要让消防指战员在辖区“六熟悉”训练中，感受到人民群众的拥护和赞誉，而不是抗拒和诋毁，结合辖区“六熟悉”训练采取更多惠民生、暖民心的消防工作举措。着力解决好人民群众对消防安全的期盼问题，让人民群众更加信任支持消防救援队伍，也让消防指战员切身体会到消防救援事业的光荣与神圣，激发更高昂的训练热情。全体消防指战员要充分认清当前极其严峻的火灾形势和变化多端的抢险救援实际，充分认清做好辖区“六熟悉”训练就是打有准备之仗的重大意义和现实考量，牢固树立“一盘棋”“一条心”思想，坚决摈弃“旁观者”和“看客”心态。全面准确理解把握辖区“六熟悉”训练要求，推动训练工作向中心主业聚焦、向实战倾斜，引导消防救援队伍以最高标准、最严要求投入到火灾防范和灭火救援中去，切实把“时时放心不下”的责任感转化为“事事心中有底”的行动力，坚决履行好维护人民群众生命财产安全，维护社会稳定的职责使命。

参考文献

[1] 王硕．浅析如何开展辖区“六熟悉”工作［J］．科技视界，2014（14）：306．

[2] 刘博．关于消防辖区“六熟悉”工作的几点思考［J］．科技创新与应用，2013（11）：288．

[3] 公安部消防局．中国消防手册．第十卷，火灾扑救［M］．上海：上海科学技术出版社，2006．

[4] 公安部消防局．中国消防手册．第十一卷，抢险救援［M］．上海：上海科学技术出版社，2007．

[5] 公安部消防局．消防灭火救援，灭火救援基础工作［M］．北京：中国人民公安大学出版社，2003．

[6] 公安部消防局．战训工作文件汇编，战备工作［M］．北京：中国人民公安大学出版社，2009．

应急救援指挥体系优化与效能提升研究

梁　旭　赵林涛

（中国人民警察大学研究生院，河北　廊坊）

摘　要　科学合理的应急救援指挥体系，对于提高应急救援指挥效能和协调各个部门工作从而应对各种应急情况具有十分重要的作用，因此，加强应急救援指挥体系的研究，不断完善应急救援指挥体系，是消防指挥理论和提高消防救援队伍应对突发公共事件能力的重要任务。本研究旨在探讨应急救援指挥体系的优化和效能提升，以应对日益复杂多变的紧急情况和灾害事件。通过分析案例提出应急救援指挥体系存在的问题，并提出改进建议，以实现更有效的救援行动。研究发现，信息通信技术、大数据分析、协同机制和培训等领域的进步可以显著改善指挥体系的性能。为进一步优化指挥体系，提高救援响应的效能提出相关建议。

关键词　消防　应急救援　指挥体系　效能提升　突发事件

1　引言

应急救援指挥体系是指指挥机构设置、职权区分、指挥关系等方面所确定的特殊组织制度[1]。随着信息技术的发展，新时代指挥体系正伴随着5G、物联网发生了深刻的变革[2]。例如贺叶舟探究了如何在“扁平化”消防指挥体系的基础上构建和完善应急救援指挥体系[3]。段正波对全灾种任务下如何构建高效的应急救援指挥体系和运行机制进行了对策研究[4]。刘兴川结合应急救援指挥系统的应用需求和物联网技术特点，提出了基于物联网的应急救援指挥系统通用体系架构，并应用云计算、SOA等技术进行设计[5]。通过对近几年研究文献的研读并运用citespace软件对其进行可视化分析，如图1所示。

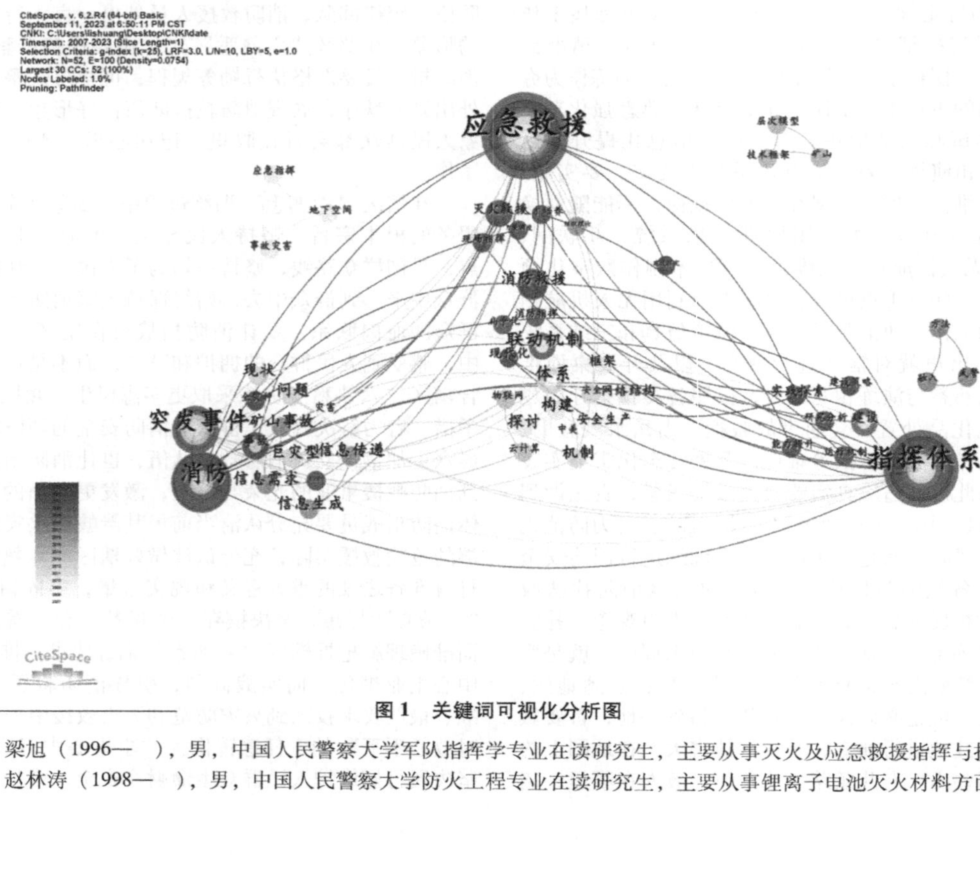

图1　关键词可视化分析图

作者简介：梁旭（1996—　），男，中国人民警察大学军队指挥学专业在读研究生，主要从事灭火及应急救援指挥与技术方面的研究。
赵林涛（1998—　），男，中国人民警察大学防火工程专业在读研究生，主要从事锂离子电池灭火材料方面的研发。

由图中可以看出近年来应急救援指挥体系的研究重点体现在如下领域：指挥体系建设、联动机制、运行机制、灾害信息、大数据等方面。应急救援指挥体系的研究旨在提高救援效能，通过优化指挥体系，可以更快地响应紧急情况，减少人员伤亡和财产损失。这对于应对自然灾害、事故等突发事件至关重要。因此对于应急救援指挥体系优化与效能提升研究，具有一定的现实意义和理论意义。

2 我国应急救援指挥体系现状

2.1 国家总体应急管理

建立在国家总体应急管理基础上的应急救援指挥体系，旨在应对各种突发事件，整合各类资源，为各类救援、抢险、灭火行动提供有力支持。我国目前正处于社会转型期，各类突发公共事件频繁发生，因此构建一个完善有效的应急救援指挥系统显得尤为重要。国家的综合应急管理涵盖了预防、准备、应对和恢复四个方面，而在这些方面中，指挥扮演着至关重要的角色[6]。

2.2 指挥体系的层级和组成

我国应急救援指挥体系由国家应急指挥中心、区域应急管理中心和重点单位应急管理中心组成。这一体系可快速响应各类机构请求，支持和管理应急救援行动。应急救援指挥体系的组成如图 2 所示。

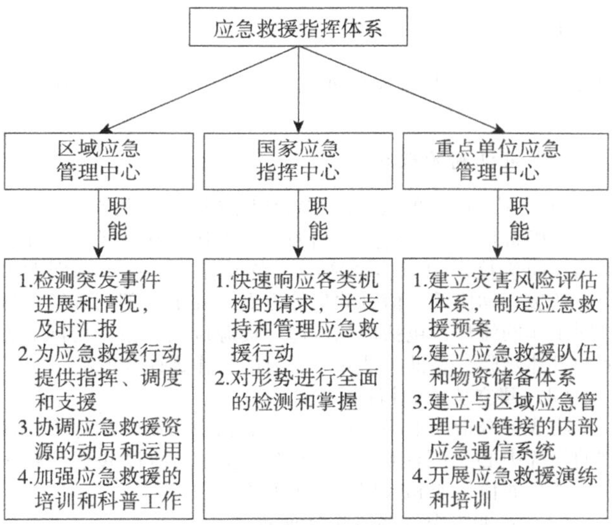

图 2 应急救援指挥体系组成图

3 案例分析及存在的问题

以下案列为近些年来具有代表性的案列，因为它们反映了应急救援指挥体系在不同情境下面临的一些普遍问题。

3.1 案例分析

（1）2021 年云南地震灾害中，由于地震震源较深，地震信息传递受到了一定限制。一些受灾区域的信息传递存在滞后，导致了救援响应速度的下降。例如，一些地方政府难以及时了解到灾情的真实情况，这可能影响了对受灾人员的紧急救援。

（2）2021 年山西煤矿事故中，由于地理位置和救援资源分布的差异，导致了一些矿区救援资源相对充裕，而另一些矿区则资源有限。这种不均衡的资源调配可能导致部分受灾区域得到了更多的支援，而其他地区则受到了限制，影响了救援工作的统一部署和协调。

（3）2020 年汛期洪涝灾害中，各级部门和救援力量的协同合作有时受到信息沟通不畅和指挥链条不清晰的影响。例如，一些地方政府和救援队伍之间的通信不及时，导致救援工作难以协调。此外，不同部门的职责分工和行动计划的不统一也可能导致协同合作不畅。

（4）2020 年广东台风“黑格比”来袭时，一些地区在应对极端强台风的预案制定上存在不足。例如，一些地方政府未充分考虑到可能的台风带来的大风、强降雨和风暴潮，导致了应急响应的滞后和不足。这可能导致了灾害影响的扩大和应对不力。

3.2 存在的问题

通过以上案列的分析出我国应急救援指挥体系存在的问题，包括指挥体系分散性、信息不畅通、资源调配不均衡、协同机制不完善和应急预案不完备等方面。具体内容如表 1 所示。

表 1 问题及具体方面表

信息不畅通	资源调配不均衡	协同机制不完善	应急预案不完备
信息传递不及时 信息不准确 信息传递链条复杂	不同地区资源分布差异 优势地区资源过剩 不均衡的资源调配	协同合作机制不灵活 缺乏统一指挥协调规范 指挥链条不清晰	预案缺乏详细规定 预案制定滞后 预案执行不力

在信息不畅通方面，信息传递不及时，导致信息滞后或不准确，影响救援响应速度。不同部门和地区的信息系统不兼容，难以实现信息共享。信息传递链条复杂，可能导致信息丢失或延迟，使决策基于过时信息。

在资源调配不均衡方面，不同地区资源分布差异，一些地区拥有丰富的救援资源，而其他地区资源有限。优势地区可能资源过剩，导致资源浪费，而其他地区未能得到足够支持。资源调配不均衡可能导致支援不足和资源浪费。

在协同机制不完善方面，不同部门之间协同合作机制不够灵活，可能受限于程序和规定。缺乏统一指挥协调规范，可能导致行动不协调，指挥关系和责任分工不明确。指挥链条不清晰，可能导致信息滞后和指挥混乱，影响协同合作。

在应急预案不完备方面，预案缺乏详细规定，部分地方政府和单位的应急预案可能不全面。预案制定滞后，未能及时应对新的突发事件，可能需要充分的演练和更新。预案执行不力，即使有预案，也可能因执行不力而未能有效应对紧急情况，需要培训和执行力度。

4 优化策略和措施

以上内容分析突显了我国应急救援指挥体系存在的问题。这些问题影响了灾害响应的效率和效能，因此需要采取措施来加强体系建设以提高我国应急救援体系的应对能力和效率。主要可以从以下几个方面进行优化，优化策略如图 3 所示。

4.1 信息通信技术的优化

（1）建立统一的国家级应急信息平台

集成各级指挥中心：在国家级层面建立一个统一的应急信息平台，可以集成各级指挥中心的数据和信息。这一平台的核心功能是实时信息共享。不同层级的指挥中心可以通过这个平台共享关键信息，包括灾情报告、资源需求、救援进

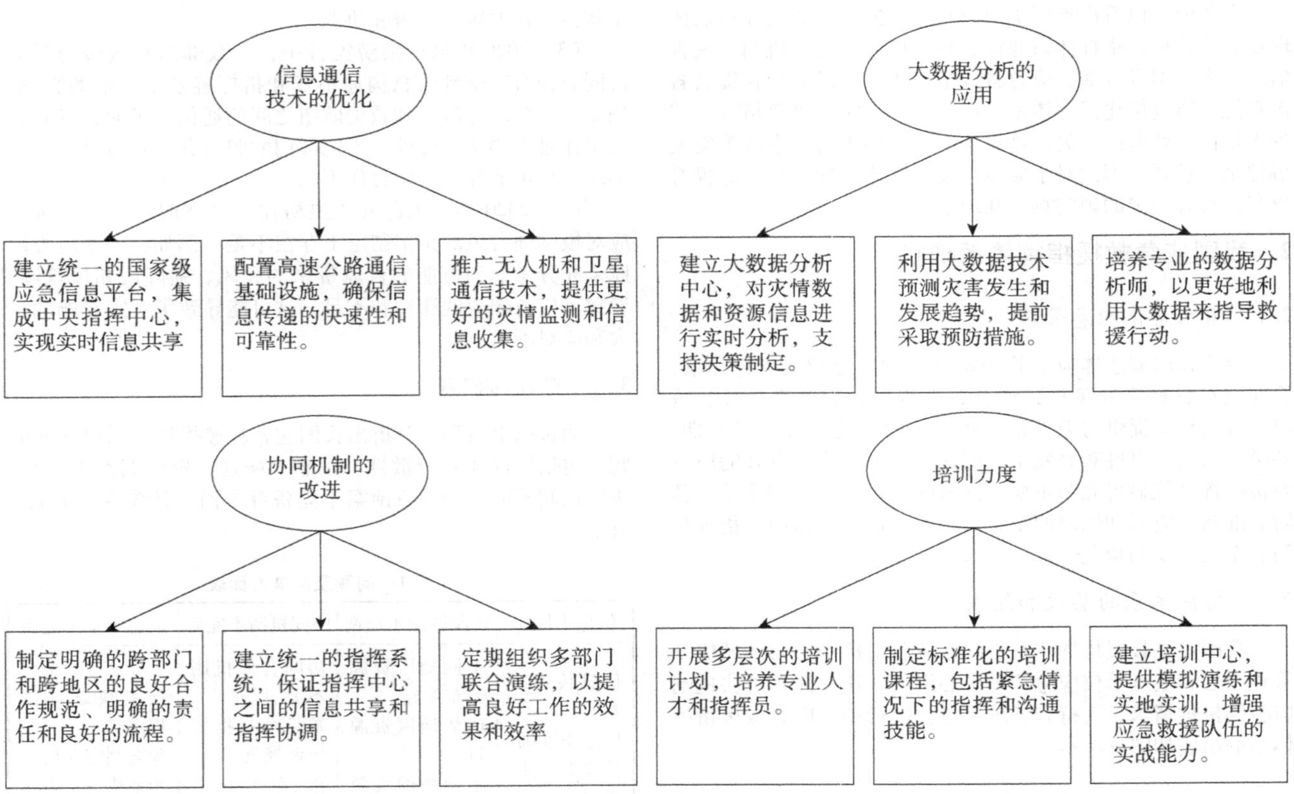

图 3　优化策略图

展等。这种实时信息共享能够帮助决策者做出及时的决策，协调资源，快速响应灾害。

（2）部署高速宽带通信基础设施

确保信息传递的可靠性：升级宽带通信基础设施，确保信息的传递速度更快。高速互联网连接可以帮助指挥中心实时接收大量数据，例如视频流、图像和地理信息系统（GIS）数据。建立备用通信通道，以确保在主要通信通道出现故障时仍然能够维持通信，可以通过使用多种通信技术，如光纤、卫星通信、微波通信等来实现。

（3）推广无人机和卫星通信技术

灾情监测和信息收集：无人机技术可以用于灾情监测和信息收集。无人机能够飞越受灾区域，捕捉高清图像和视频，快速获取实时数据，帮助指挥中心了解灾情。卫星通信技术可以支持远程地区的通信需求，确保信息能够及时传递到中心指挥部。在灾情严重、通信基础设施受损的情况下，卫星通信技术能够提供可靠的通信渠道。它可以支持紧急呼叫、短信、数据传输等通信需求，确保救援人员和受灾者之间的联系。

4.2　大数据分析的应用

（1）建立大数据分析中心

实时数据分析：大数据分析中心可以整合来自各级指挥中心的实时数据，包括灾情报告、资源分布、救援进展等。通过对这些数据进行实时分析，可以帮助决策者及时了解灾情动态，做出准确的决策。借助大数据技术，分析中心可以对各类资源的分布、数量和状态进行实时监测和分析。通过比对需求与资源的匹配情况，优化资源调度，确保救援行动的高效进行。

（2）利用大数据技术预测灾害发生和发展趋势

数据模型建立：基于历史数据和实时数据，利用大数据技术构建预测模型，分析灾害的可能发生时间、地点和规模。借助大数据分析，可以对不同地区的灾害风险进行评估和排查，给提供决策者有价值的信息，帮助他们做出预防措施。

4.3　协同机制的改进

（1）制定明确的跨部门和跨地区协同合作规范

明确责任分工：制定明确的协同工作责任分工，确保各部门在应急救援中承担合适的角色和任务。这包括资源调度、救援行动协调、信息共享等方面。确定跨部门和跨地区协同工作的流程，包括信息传递、资源调度、指挥协同等方面的具体步骤。有助于消除不必要的工作延误和混乱。

（2）建立统一的指挥系统

集成各级指挥中心：建立统一的指挥系统，确保不同级别的指挥中心之间能够无缝衔接。这可以通过共享信息平台、统一通信标准和数据格式等方式实现。

（3）定期组织多部门联合演练

模拟复杂情境：演练应涵盖各种复杂的紧急情境，包括自然灾害、恐怖袭击、公共卫生危机等。这有助于不同部门之间更好地协同工作，了解各自职责和协作方式。评估和改进：每次演练后，进行全面的评估和反馈，识别问题和改进空间。

5　实证案例及建议

5.1　实证案例

（1）信息通信技术的优化

案例：韩国国家灾害管理中心

韩国国家灾害管理中心采用了现代信息通信技术，建立了一个集成的国家级应急信息平台。该平台汇集了各级指挥中心的信息，实现了实时信息共享。在 2019 年韩国林火爆发期间，这个系统发挥了关键作用。各级指挥中心可以实时获取火灾信息和气象预报，以制定最佳的灭火策略。这一信息通信技术的优化显著提高了灾害响应的效率。

（2）大数据分析的应用

案例：美国国家飓风中心

美国国家飓风中心运用大数据分析来预测和监测飓风和风暴。他们收集大量气象数据、海洋数据和历史风暴数据，并使用高级分析工具来预测风暴路径和强度。这些预测结果可用于制定疏散计划和资源调度。在2017年飓风哈维袭击得克萨斯州期间，这一系统帮助政府和救援机构更准确地应对风暴，减少了潜在的损失。

（3）协同机制的改进

案例：欧洲联盟的跨国协同

欧洲联盟通过建立跨国协同机制来应对自然灾害。成员国之间签订协议，承诺在紧急情况下相互支持和共享资源。在2019年的荷兰、比利时和德国的洪水灾害中，这一协同机制得到了充分利用。国家之间迅速调派救援队伍、提供物资，并共享情报，以应对跨国性的洪水灾害。

5.2 建议

提升应急救援指挥体系的建议见表2。

表2 提升应急救援指挥体系的建议表

建议	具体措施
信息通信技术的优化	继续投资于信息通信技术的升级和维护。强化网络安全措施，包括防火墙、数据加密和入侵检测系统。定期更新硬件和软件。提供持续的培训和教育。
大数据分析的应用	建立大数据分析中心。制定数据隐私政策。不断改进大数据分析算法和模型。促进跨部门合作和研究。
协同机制的改进	制定协同工作流程和标准化协议。建立统一的指挥系统。定期联合演练和跨部门培训。鼓励政府和非政府组织协同合作。

6 结论

本论文旨在研究我国应急救援指挥体系的优化与效能提升，通过深入分析现存问题、提出优化策略和实证案例分析，得出以下结论。

我国应急救援指挥体系在应对突发事件方面发挥了关键作用。然而，现存问题如信息共享不畅、资源调配不均等，仍然存在，需要得到有效解决。本文提出了一系列优化策略和措施，包括信息通信技术的升级、大数据分析的应用、协同机制的改进等。这些策略和措施旨在提高应急救援指挥体系的智能化、协同化、快速化和实战能力。通过实证研究和案例分析，研究证明了这些优化策略和措施的有效性。最后，为进一步优化指挥体系，提高救援响应的效能提出相关建议。

综上所述，本研究强调了应急救援指挥体系的重要性，提出了一系列优化措施，通过科学合理的改进，可以提高救援效能，更好地应对日益复杂的突发事件和灾害情况。对保障公众生命安全和社会稳定具有重要意义。

参考文献

［1］商靠定．灭火救援指挥［M］．北京：中国人民公安大学出版社，2015.

［2］陆军．对构建应急救援现代化指挥体系的思考与探索［J］．消防科学与技术，2023，42（05）：594-597.

［3］贺叶舟，贺俊华．完善“扁平化”消防应急救援指挥体系 提升高效快速救援能力［J］．湖北应急管理，2021（10）：64-67.

［4］段正波．全灾种任务下消防救援队伍指挥体系建设及应急救援能力提升对策研究［J］．消防界（电子版），2023，9（03）：37-39.

［5］刘兴川，李毅，吴振峰．基于物联网的应急救援指挥系统研究［C］//中国指挥与控制学会．2014第二届中国指挥控制大会论文集（下）．［出版者不详］．2014：295-299.

［6］刘强，邹志涛．我国消防应急救援指挥体系建设现状及存在问题［J］．中国应急救援，2012（6）：3.

［7］许晓健，朱青欣，单天翔等．我国消防应急救援指挥体系建设研究［J］．消防界（电子版），2022，8（15）：38-40.

［8］龙小明．我国消防应急救援指挥体系建设现状与问题［J］．今日消防，2020，5（05）：32-33.

消防车的一键出水系统设计研究

程　杰

（江苏紫琅汽车集团，江苏　南通）

摘　要　消防车的一键出水系统是为了提高消防车的出水效率和响应速度而设计的一种新型系统。本论文旨在研究和设计消防车的一键出水系统，以便在紧急情况下快速响应并提供有效的灭火和救援支持。该系统主要工控屏模块、24V供电模块、传感器、CAN通信模块和5G通信模块等组成。工控屏作为核心设备，用于操作和控制整个系统。CAN通信作为内部通信方式，用于实现系统内部各个部件之间的数据传输和信息交换。而5G通信作为外部通信方式，则可实现消防车与指挥中心之间的实时通信和数据传输，提高了信息的传递速度和稳定性。在研究中，我们首先对消防车的灭火水源进行了分析，并确定了一种高效的水泵系统以及相应的出水管路。接着，我们设计了一种基于工控屏的操作界面，使消防员只需一键操作即可实现快速出水。通过CAN通信技术，我们实现了工控屏与各个部件的数据传输和控制，确保了系统的稳定性和可靠性。同时，利用5G通信技术，我们实现了消防车与指挥中心之间的实时通信，并能够向指挥中心发送各种关键信息，以便指挥中心能够及时做出响应和安排，同时指挥中心也可以暂时接管车辆控制权，以减轻现场人员压力。

作者简介：程杰，男，江苏紫琅汽车集团股份有限公司电气工程师。

该系统的设计不仅提高了消防车的出水效率和响应速度，还提高了消防员的工作效率并减少了人为操作的错误。此外，该系统还具有广泛的应用价值，在现实生活中能够提高灭火和救援的效果，并有效保护人民财产的安全。

关键词 消防车一键出水 工控屏 CAN 通信 5G 通信

1 引言

随着我国工业化、城市化的深入发展，火灾事故频频发生，灭火救援的工作量随之增加，灾害救援问题日益突出。消防车作为消防装备的重要组成部分，在消防灭火作业中扮演着举足轻重的角色。在消防车电气控制设计过程中，如何避免消防车辆发生不规范操作问题，成为设计的难点。目前消防车辆操作规程大都来源于消防车生产厂家的使用说明和老队员的实践经验，但是，不同的车型和不同企业生产的消防车辆在实际使用中的操作规程各并不相同，这也使消防车操作人员基本上都是固定的，间接导致救援成本的增加和人力资源的浪费。

当前的消防装备普遍存在一些局限性。传统消防车的出水操作复杂，需要多名消防员配合操作，操作步骤繁琐，消耗时间。而且，现场人员不够的情况下可能无法同时派出多辆消防车，导致火灾扑救时间延长。因此，为了提高消防救援效率，研究设计一款在基于工控屏的消防车一键出水系统显得尤为重要。这款一键出水系统的设计旨在实现消防车消防员只需要一个人进行操作，即可快速启动消防车的水源，解决了传统消防车复杂的出水操作问题。通过引入工控屏模块、24V 供电模块、传感器、CAN 通信模块和 5G 通信模块等多个模块，实现了一键出水的自动化操作。消防员只需要通过上位机系统进行简单的操作，就可以快速启动消防车水源。

2 消防车一键出水系统的应用

一键出水系统作为一种新型的消防车出水系统，具有许多优势和广泛的应用潜力。本节将详细探讨这些方面，并对其在消防车的灭火和救援工作中的应用进行分析。

首先，一键出水系统的最大优势是提高了消防车的出水效率和响应速度。传统的消防车出水系统通常需要消防员通过多个步骤进行操作，包括启动水泵、调节出水量等，这会消耗宝贵的时间。而一键出水系统通过工控屏的操作界面，使消防员只需一键操作即可实现快速出水。这种简化的操作流程大大提高了出水效率，消防员能够更快地响应紧急情况，灭火和救援效果也会更好。

其次，一键出水系统还提高了消防员的工作效率并减少了人为操作的错误。通过工控屏的界面设计，一键出水系统可以直观地显示各种操作选项和参数设置，消防员只需简单地点击相应的按钮即可完成任务。相比传统的出水系统，这种人机交互方式更加方便和直观，减少了操作的复杂性和错误的可能性。消防员能够更加专注于灭火和救援工作，提高工作效率和准确性。

此外，一键出水系统还具有较高的可靠性和稳定性。系统采用 CAN 通信技术实现内部部件之间的数据传输和信息交换，确保了数据的准确性和实时性。CAN 通信技术具有较强的抗干扰能力和可靠性，能够在恶劣环境下稳定工作。同时，5G 通信技术作为系统的外部通信方式，实现了消防车与指挥中心之间的实时通信和数据传输。指挥中心能够即时接收并处理消防车发送的各种关键信息，提高了指挥调度的准确性和效率。

同时，一键出水系统还具有广泛的应用潜力。除了在消防车中的应用，一键出水系统还可以应用于其他紧急救援领域，如工业事故、自然灾害等。通过简化操作流程和提高响应速度，一键出水系统能够在各种紧急情况下快速响应并提供有效的救援支持。同时，可以根据实际需求进行系统的定制，满足不同领域的需求，提高救援效果的同时减少人力和时间成本。

综上所述，一键出水系统作为一种新型消防车出水系统，具有提高出水效率和响应速度、提高工作效率和减少错误、具备较高的可靠性和稳定性以及广泛的应用潜力等优势。通过进一步的研究和创新，一键出水系统在消防和救援领域的应用前景必将更加广阔。随着技术的不断进步和发展，一键出水系统将更加智能化、高效化，并为紧急救援工作提供更加可靠和高效的支持。不仅能够保护人民的财产和生命安全，还将在实际应用中发挥越来越重要的作用。

3 消防车一键出水系统的硬件设计

系统的总体架构设计是一键出水系统设计的第一步。其目的是确定系统的整体结构和各个模块之间的关系。在系统的总体架构设计中，我们将主要考虑以下几个方面：工控屏模块、24V 供电模块、传感器模块、CAN 通信模块和 5G 通信模块。

工控屏模块是一键出水系统的核心设备，负责系统的操作和控制。它被设计成一个用户友好的界面，消防员只需通过触摸屏幕进行简单的操作，就能够实现快速出水。工控屏模块还需要具备一定的计算和存储能力，以满足系统对数据处理和信息储存的需求[1]。

24V 供电模块是一键出水系统中的重要组成部分，它负责为各个模块提供稳定和可靠的电源供应。在设计 24V 供电模块时，我们需要考虑到系统的功耗和安全性等因素，确保系统能够正常运行且不会受到电源问题的影响。

传感器模块是一键出水系统中的关键部件，负责采集系统所需的各种数据。这些数据包括水泵的工作状态、流量、水压等信息，以及其他与消防车出水相关的数据。传感器模块的设计需要考虑到数据采集的准确性和稳定性，以确保系统能够根据实际情况做出准确的出水判断。

CAN 通信模块是一键出水系统中不同模块之间进行数据传输和信息交换的重要手段。它通过 CAN 总线连接各个模块，实现数据的高速和可靠传输。在设计 CAN 通信模块时，我们需要考虑到系统的通信协议和数据交换机制，以确保系统能够实现各个模块之间的有效通信[2]。

5G 通信模块是一键出水系统与指挥中心进行实时通信和数据传输的关键组件。它通过 5G 网络连接消防车和指挥中心，实现双向的数据传输和信息交换。在设计 5G 通信模块时，我们需要考虑到网络的稳定性和传输速度，以确保系统能够实时地向指挥中心发送各种关键信息，并接收指挥中心的指令[3]。

通过上述模块的设计，一键出水系统可以实现系统的稳定运行和高效出水。工控屏模块作为核心设备，提供了简单易用的操作界面，消防员只需一键操作即可实现快速出水。CAN 通信模块实现了各个模块之间的数据传输和信息交换，确保了系统的稳定性和可靠性。5G 通信模块实现了消防车与指挥中心的实时通信，提高了信息的传递速度和稳定性。

4 消防车一键出水系统的控制逻辑设计

4.1 罐出水模式下的逻辑设计

在选择罐出水模式下，启动一键出水开关后，工控屏首先读取水罐的液位数据，当液位数值低于后台设定的下限值后（意味着水罐里面没有水），系统停止工作，工控屏显示液位不足提示，当符合设定下限值时，工控屏给出信号，打开罐出水阀门，打开后，延时 3s 后，工控屏启动水泵，启动后，工控屏对液位数据监控，低于设定值后停止工作，并且提示液位不足，工控屏读取出水口压力流量数据，当出水口流量和压力数据没有反馈时，停止工作，提示故障检查，当出水口压力数据有回馈，无出水口流量数据回馈时，提示打开出水口，压力达到设定值，系统停止，进入保护状态，当出水口流量和压力数据均有反馈时，工控屏给出水泵加速信号 CAN，压力数据达到设定值，工控屏停止发出加速信号 CAN。（如图 4-1 所示）

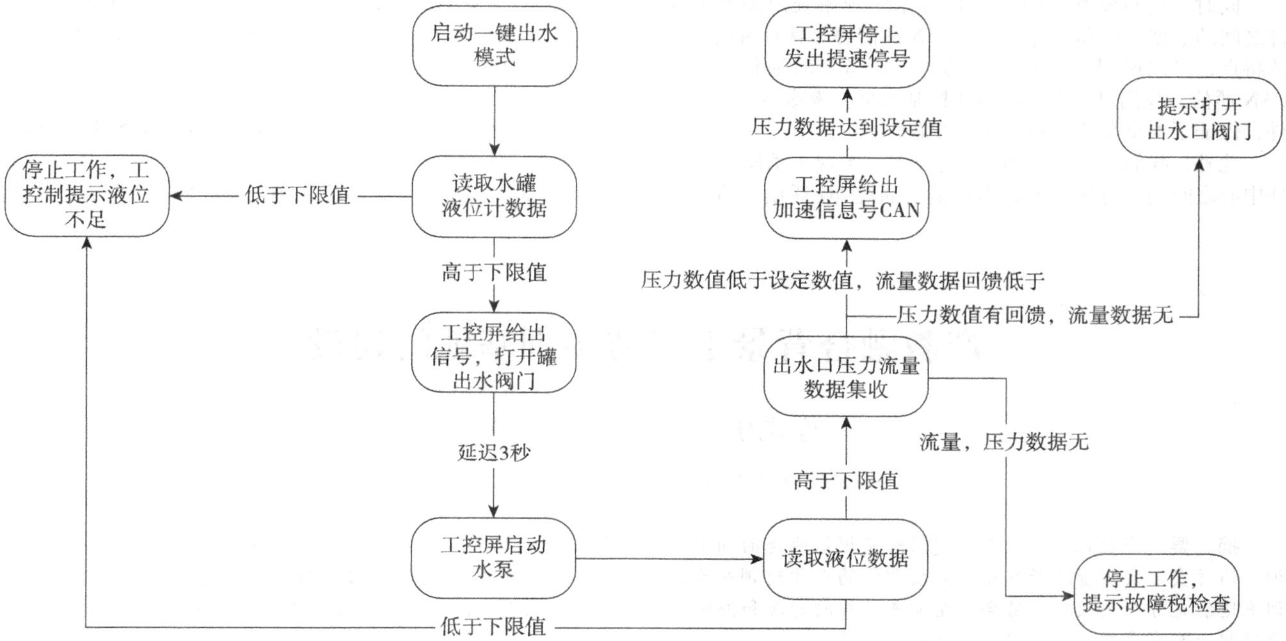

图 4-1

4.2　外进水模式下的逻辑设计

在选择外进水模式下，启动一键出水开关后，工控屏首先启动真空泵，当真空泵排水口持续有流量输出的时候，工控屏停止真空泵，启动水泵，出水口流量收集，工控屏读取出水口压力流量数据，当出水口流量和压力数据没有反馈时，停止工作，提示故障检查，当出水口压力数据有回馈，无出水口流量数据回馈时，提示打开出水口，压力带到设定值，系统停止，进入保护状态，当出水口流量和压力数据均有反馈时，工控屏给出水泵加速信号 CAN，压力数据达到设定值，工控屏停止发出加速信号 CAN。（如图 4-2 所示）

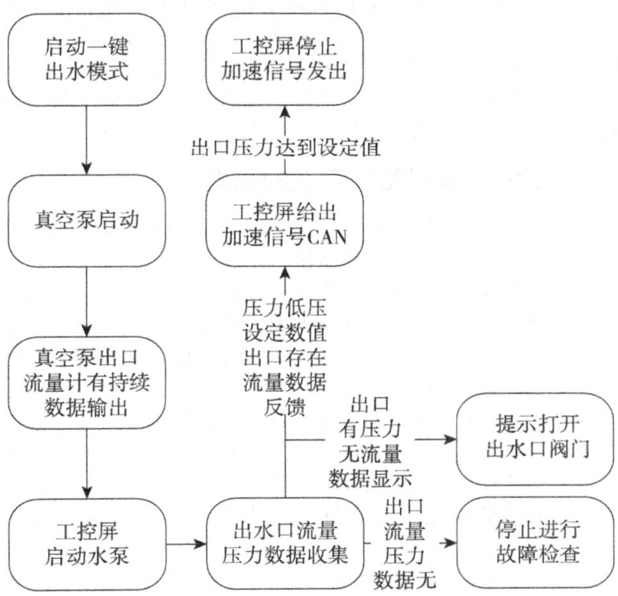

图 4-2

4.3　一键出水关闭的逻辑设计

一键出水开关关闭，工控屏发出减水泵速信号 CAN，直至水泵停止运转，罐出水模式下先执行关闭罐出水阀门，外进水模式下跳过此步骤，打开泵放余水阀门，根据车型大小设定时间变量，到达设定时间后关闭泵放余水阀门，系统停止工作。（如图 4-3 所示）

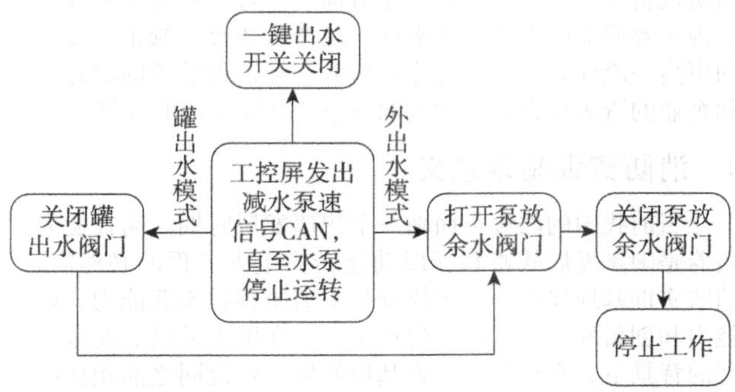

图 4-3

5　小结

在本研究中，我们成功地研究和设计了消防车的一键出水系统，该系统旨在提高消防车的出水效率和响应速度。通过对消防车的水泵系统和出水管路进行优化，并结合工控屏、CAN 通信和 5G 通信等关键技术，我们实现了一个高效、智能的消防车一键出水系统。

首先，在水泵系统和出水管路优化方面，我们选择了高效的水泵系统，以确保系统具有强大的水压和流量，能够快速响应紧急情况。我们还设计了合理的出水管路，确保水流能够迅速到达灭火点，并且能够灵活地调整喷水角度和喷水方式，提高灭火效果。

其次，我们设计了基于工控屏的操作界面，使消防员可以通过一键操作快速出水。该界面简洁直观，操作简单便捷。消防员只需按下相应按钮，系统便能自动完成出水操作，大大提高了消防员的工作效率。

同时，我们采用了 CAN 通信技术实现系统内部各个部件之间的数据传输和信息交换。CAN 通信协议具有高速稳定的特点，可以确保消防车内部的各个设备实时通信。通过 CAN 通信，我们可以有效监测和控制水泵、传感器等关键部件，保证了整个系统的稳定性和可靠性。

此外，我们还引入了 5G 通信技术，实现了消防车与指挥中心之间的实时通信和数据传输。通过 5G 通信，消防车可以将关键信息传送给指挥中心，指挥中心可以及时做出响应和安排。5G 通信的高速传输和低延迟特性，确保了信息的快速传递和稳定性。同时，指挥中心也可以暂时接管消防车的控制权，以减轻现场人员的压力，提高指挥效率。

参考文献

［1］马凯，鲍颢之，哈欣怡，等．基于 STM32 的城市消防车监测及智能调度系统［J］．微处理机，2022，43（06）：48-52.

［2］仝瑶瑶，张静宇，张玉凤．防车控制参数保护系统的设计与研究［J］．自动化应用，2021（06）：155-157+161.

［3］贾卓航，薛文凯，孙健．基于交互理念的消防车优化设计［J］．工业设计，2023（06）：52-54.

产教融合背景下消防实训基地的建设

宫晓宁　秦　帅　苏　峰

（日照航海工程职业学院，山东　日照）

摘　要　产教融合、校企共建消防实训基地是面向消防工程相关的行业，以开展学生消防设备设施实训、消防技能培训、消防实习实训资源开发等为主要职能的人才培训平台，是产教融合、校企深度合作的更高一级模式。校企共建消防实训基地能充分利用政府、协会、企业或学校的资源和条件，充分优化学校教育，多方联动合作办学，有利于发挥各方优势，推动职业教育产教融合，提高人才培养质量。

关键词　消防　实训基地　产教融合　探索

1　引言

校企合作、产教融合，是国家教育部提出的人才培养理念，目的是将教育与产业需求有效结合，使学生在校学习时能获得职业技能，提高学生的综合能力和就业竞争力。校企共建消防实训基地是面向消防工程相关的行业，以开展学生消防设备设施实训、消防技能培训、消防实习实训资源开发等为主要职能的人才培训平台，是产教融合、校企深度合作的更高一级模式。校企合作可优势互补，将学校的教育资源和企业的资源整合，达到资源共享、共同发展的效果。

2　消防实训基地意义

当前我国的教育正面临一个快速发展时期，高技能人才培养是国家发展战略和新旧动能转换重大工程的必然需求。消防实训基地建设，对于提升学生消防领域实践能力、职业能力和创新能力具有重要的意义[1]。在国家鼓励职业教育发展的背景下，高校校内实训基地的发展建设同之前相比已具有一定的规模，为学生教学实践提供健全优良的场所，完善的实训基地是提高高技能人才素质的基本条件[2]。

高校的实训基地兼有社会属性和学校属性，企业属性顺应当下企业规律，学校属性遵循教育规律。消防专业实训基地理应充分反映消防企业属性，尽量同消防维保和服务的第一线工作相一致，创设逼真的职业环境，才能使自身优势得到充分发挥[3]。

国外在培养高技能人才过程中特别强调学生实践能力的培养，培训基地建设得到政府、企业和行业的大力支持。在消防领域，各国更是出台一系列的措施，保障消防培训基地建设与消防人员实操能力的培养。在消防实训基地建设方面，德国 16 个市、州都建有职业消防实训基地，加强消防专业学生消防技能实操培训，并规定要成为专业的消防技术人员或者管理人员，必须参加相应时长的消防技能实训；澳大利亚除了两所高等消防学院外，在各省和较大城市的职业院校均设有消防专业，并配备相应的消防实训基地；美国注重实训基地建设与管理，在美国的每个州都有相当于本科、高职、中职的消防实训基地；日本消防教育注重实训基地建设，学校具有完备的消防实训中心，并按照实际建筑模式设置，设有现代化的声光、音响、蒸汽设备，完全模拟真实火场，以提高消防专业学生的实操能力；英国在全国各地职业院校开设大量中小规模消防实训基地，并根据各层次人员的要求，设立相应的专业培训项目，满足培训人员的消防实操训练。纵观世界各国消防实训模式成功实践，表明消防实操能力的培养必须突出实践教学、注重实训基地建设。

3　传统消防实训基地存在的问题

当前，高校消防工程专业起步较晚、消防实训室建设成本较高、大型消防设备价格高昂、建设施工技术难度较大等原因导致消防实训室建设尚不完善。大多数学校在开展消防实训时仍以虚拟仿真软件模拟为主，缺乏针对性，缺乏实践性，指导师资力量不足等，这些问题的存在严重影响了消防实训基地的管理与运行[4]。

随着高校实训基地教学条件的改善，国内出现了一批在管理模式上科学、合理，在管理方式上各具特色校内实训基地，这些实训基地的建设及管理等方法及模式对其他高职院校发展实训基地提供了较好的参考依据和良好的示范作

作者简介：宫晓宁，女，硕士研究生，日照航海工程职业学院，副教授，主要研究建筑消防系统、建筑防火技术、化学工程与技术等领域。

用[5]。但随着消防培训基地规模的不断扩大，包括引进国内外先进的消防设施教学设备、先进的实际应用，消防实训基地管理日趋复杂，对管理水平的要求也越来越高。传统的消防培训基地管理模式已难以适应培训基地的快速发展，培训基地管理系统的实施和培训基地运行效率的提高，对实训基地的质量控制、管理人员的稳定和能力的提高提出了更高的要求。刘淑芳[6]通过调查国内高职实训基地的研究，指出到目前为止，主要是在建设和管理培训基地存在很多问题。消防实训基地因其行业的特殊性，同样存在此类问题，主要包括消防实训基地建设、消防专业师资队伍建设、学校与企业合作深度、消防实训基地管理体制、基地服务能力等。另外由于在校时学生对火灾自动报警系统、自动灭火系统、防排烟系统等常用的消防系统实践操作不足、与社会接轨度不高，导致部分学生学无所用，毕业后就业率不高。总之，消防实训基地当前有以下问题：

3.1 体制机制问题

目前，校企合作中办学事务性工作开展得多，各方责权不清晰，具有消防相关行业特色的具体实施方面的研究不足，相应的制度建设滞后，导致校企之间的合作关系对接点不多，无法形成一个有利于各方利益及提高消防专业教学质量为目的的有机整体。

3.2 真实工程项目的选择问题

从理论到实践，以消防实训基地建设为基础，以真实的工程项目为载体，将消防专业理论知识与专业知识和技能有机融合，培养学生的消防实践能力和职业能力。针对消防岗位不同要求和不同层次的学生需要不同的项目来培养，真实工程项目的选择问题是提高学生能力培养的关键问题。

3.3 消防实训基地的跨学科问题

消防工程专业是一个集多学科于一体的跨学科专业，如消防、建筑、化工、电气和物联网等。消防实训基地建设不仅需要吸收跨学科、跨专业的专业人员，还需要吸收来自消防行业的消防专家、技能人才及管理人才。如何做到汇集各方资源，发挥 1+1>2 的整体效应，是消防实训基地建设，实现产教融合、校企有效合作的又一问题。

4 探索解决方案

高校是培养大批专业人才的主要场所，通过培养高技能人才来促进社会的发展[7]。在实现消防实训基地基本的实训功能的基础上，发挥生产、科研、技术服务、示范辐射等功能[8]。如何采取有效的手段建设消防实训基地，有效发挥消防实训基地的基本功能，体现消防专业特色、提高学生素质，是高校教育发展亟待解决的重要问题。因此，探索消防实训基地的建设及管理问题至关重要[9]。

4.1 消防培训基地实践教学体系建设

以消防实训基地建设为基础，根据学生的实践能力培养规律构建消防专业实践教学体系，实现教学过程与实际工作相结合，培训内容与消防岗位要求相结合，比如火灾自动报警系统、自动灭火系统、防排烟系统等常用的消防系统方面的内容。以消防行业真实项目为载体，对接社会需求，在项目驱动中“学习—训练—提升—创新”，实现消防专业实践能力和职业能力提升。

4.1.1 基本实践能力培养

通过消防专业课程实验，课程设计、单项训练、毕业设计、毕业实习、岗位锻炼，使学生掌握基本消防操作技能和专业实践技能，培养学生对消防专业知识的应用能力和基本实践能力。

4.1.2 综合实践能力培养

产教融合，根据消防产业技术发展趋势，规划校企共建消防实训基地实践项目建设，提升消防实训资源和实训设备装备水平，加强消防设备虚拟仿真实训系统研发，开发消防专业实习实训项目和资源，推行线上线下混合教学模式，培养学生综合实践能力。

4.1.3 创新实践能力培养

服务消防企业技术进步和转型升级，围绕消防行业新技术、新产业、新岗位要求，发挥技能名师和消防行业企业技术专家技术技能领军作用，发挥团队作用，开展消防技术创新和技能培训，实施消防新技术技能传帮带，提升学生创新实践能力。

4.2 体制机制建设

首先，要利用好消防实训场地资源，延展技术服务，以消防领域社会合作项目为基础，提高消防专业教师的专业教学水平。建立基地教师管理制度，健全加强师德建设长效机制。组建由技能名师、骨干教师和消防行业企业技术专家为主的结构化教师团队，充分发挥技能名师和消防行业企业技术专家、技能大师的传帮带作用，建成一支结构合理、梯次有序、理论知识扎实、技术技能过硬的结构化消防专业教师团队。

其次，在合作项目中，结合教学、培训和技术开发，建立校企合作的利益共享机制，充分加强学校消防专业教师与企业教师的双向沟通[10]。加强产教融合、校企合作的办学模式，健全消防协会、消防企业参与消防实训基地建设的混合所有制体制机制，支持消防行业企业参与人才培养全过程，构建“人才共育、过程共管、成果共享、责任共担”的多元协同育人机制。

再次，要以社会项目为中心，提高消防专业教师业务水平和消防实践教学能力。在主动服务校外消防企业、服务社会经济和技术研发的基础上，将消防服务项目作为优势资源加以吸收利用，把过程中遇到的问题和经验整合为消防专业相关教材，进行消防理论课程和实践课程的讲授，推进项目化教学的开展。校企互利共赢，形成社会服务长效机制，创新创业平台发挥人力资源优势，以服务消防企业换取相关企业支持，在合作过程中消防教师和学生能力不断提高，有效促进校企合作的深度融合和稳定发展，为校企紧密合作长效机制的建立提供动力支持。

最后，要积极推进“组合”工程模板，对教师进行消防专业培训，实行基于“理解-消化-吸收”的典型教师教学案例，利用该项目提高消防专业资源利用效率。

5 小结

加大消防培训基地建设研究，改变传统仅课堂教学模式，加强对消防人员实践能力和操作水平培训，提高学生实践能力和职业能力，满足社会发展对消防人员的职业要求，培养消防高技能人才显得尤其重要。校企共建消防实训基地，采用多方联动合作办学体制机制，有利于发挥各方优势，推动消防专业产教融合，提高人才培养质量。

参考文献

[1] 刘晓霞. 基于创新创业能力培养的建筑消防技术专业课程体系建设［J］. 消防界（电子版），2022，8（11）：116-118.

[2] 宋佳. 高职院校校内生产性实训基地建设研究

[D]. 江西科技师范大学，2012.

[3] 申浩．高职实训基地管理模式研究 [J]. 黄河水利职业技术学院学报，2016（02）：59-61.

[4] 马成荣．校企合作模式研究 [J]. 教育与职业，2007（23），8-10.

[5] 周晓俐．澳大利亚 TAFE 学院校企合作给我国的启示 [J]. 职业通讯，2012（09），39-44.

[6] 刘淑芳，周明星．应用型研究生培养模式的转型与学科创新——天津工程师范学院"双基地、双导师、双证书模式 [J]. 职教通讯，2010（04），19-24.

[7] 林奕水，高俊文．探索示范性高等职业院校校内实训基地管理 [J]. 实验科学与技术．2015（03）：133-136.

[8] 周立国．高职院校教学管理的改革创新 [J]. 辽宁高职学报．2016，18（3）：14-16.

[9] 荣新艳．高职院校校内生产性实训基地管理评价研究 [D]. 燕山大学，2012.

[10] 戴素江，马广等．基于校企双赢的"互换式"人才培养模式创新与实践 [J]. 现代教育科学．2009（07）：54-56.

论消防法学的概念、研究对象及方法*

周培桂

（中国消防救援学院，北京）

摘　要　消防法学基础理论研究日益成为中国特色法学学科体系、学术体系和话语体系的重要内容之一。消防法学是研究消防法律规范、法律实践、法律现象及其内在发展规律的人文社会科学，是关于消防法律问题的知识和理论体系。消防法学的研究对象包含消防法相关制度规范、与消防法治有关的法的现象、消防法治基础理论问题三个基本范畴。通过历史考察、系统论、案例分析和比较研究等研究方法，全面分析消防法治重点、难点与热点，为消防法学学科发展提供科学的理论支持。

关键词　消防法学　基础理论　研究对象　研究方法

1　引言

法学，简言之，就是以法这一社会现象为其研究对象的一门科学[1]。法学是在社会发展到一定阶段，出现了法和较为完整的法律规范体系，尤其当成文法的出现加快了法学的形成与发展。恩格斯曾经指出："随着立法发展为复杂和广泛的整体，出现了新的社会分工的必要性：一个职业法学者阶段形成起来了，同时也就产生了法学"[2]。消防法学亦是如此。近年来，与应急学界陆续提出的"应急学"[3]"应急社会学"[4]"应急法学"[5-6]等新生学科范畴相比，消防法治工作者也相继提出设立"消防行政法学"[7]"消防法学"[8-10]等学科建议，相关成果也陆续涌现。早在 20 世纪 90 年代，我国已经提出"消防法学"的概念，初步界定"消防法学"是指研究消防法规的科学，并指出：我国从商周奴隶制社会就已经开始产生并实施消防法规，后成为历代刑法中的重要组成部分，但作为独立的消防法学尚在创立中[11]。随着消防法产生与发展，立法与执法等基础理论与实践探索不断深入，学界与实务工作者对消防法治的研究日益增多，寻求法理真知，叩问破题之道，逐渐形成以消防法律体系、执法规范化、法律适用、法律解释、责任制度等为中心内容的消防法学。

2　消防法学的概念

2023 年 2 月，中共中央办公厅、国务院办公厅印发《关于加强新时代法学教育和法学理论研究的意见》，指出"提高法治人才培养质量，加强中国特色社会主义法治理论研究，提升法学研究能力和水平，加快构建中国特色法学学科体系、学术体系、话语体系。"[12] 消防法学基础理论研究日益成为中国特色法学学科体系、学术体系和话语体系的重要内容之一。

经济基础决定上层建筑，法与法学均属于上层建筑范畴，前者属于上层建筑中的政治法律制度部分，后者属于思想文化部分[6]。在我国，消防法概念有广义与狭义之门，狭义的特指《中华人民共和国消防法》，涵盖我国消防工作中火灾预防、消防组织、灭火救援、监督检查及法律责任等五个核心内容，广义上泛指消防法律法规体系。而消防法学概念虽与消防法紧密相关，但也有显著区别，具体而言，体现以下几个方面：第一，性质不同。消防法是国家法律体系中的一部分，具有国家强制性及官方权威性，是消防安全实践中必须遵守的基本法律依据，属于法律文本范畴；消防法学是研究消防法治理论与实践的人文社会学科，属于学术研究范畴。第二，目的不同。消防法的目的是规范消防行为，预防和减少火灾危害；消防法学旨在通过对消防法相关规范的深入分析和研究，为消防政策法规的制定及实施提供较好的理论与实践支撑。第三，研究内容不同。消防法关注的是具体的法律规定和要求；消防法学则更侧重于法律理论、制度分析、实践应用等。第四，应用范围不同。消防法广泛适用于消防安全管理活动；消防法学侧重法学教育、法律研究和法律实务指导等领域。总体而言，消防法是消防法学研究的基础和对象，而消防法学则是对消防法相关规范理论与实践进行深入分析和研究的学科，两者相辅相成，共同推动消防法治体系的发展和完善。

关于消防法学的概念，学界观点主要有：在创设"消防行政法"概念上提出"消防行政法学"的研究体系（黎振，

* 基金项目：公安部公安理论及软科学研究计划"涉火案件现场勘查规范性研究"（2021LL47）；中国消防救援学院 2023 年度教育教学改革项目"基于实践能力培养的消防本科专业法学课程体系改革研究"（2023KCJS05）、2024 年度教育教学改革项目"《消防法治概论》课程思政教学论纲与实践研究"（2024KCSZ02）阶段性成果。

2002)[7]；消防法学是行政法学细小分支（蒋远才，2017）[8]；消防法学是我国消防科学与法学融合发展的交叉学科（周培桂等，2024）[10]等，不同学者在优化开放理念、厘定方法、重视储量和完善体系方面对消防法学作出了较好的力量贡献，但对消防法学的概念尚缺乏明确定义。笔者立足基础理论与法治实践，借助法理方法和技术，在前人基础上加以完善，初步提出如下概念：消防法学是研究消防法律规范、法律实践、法律现象及其内在发展规律的人文社会科学，是关于消防法律问题的知识和理论体系。

3 消防法学的研究对象

相比较而言，法社会现象极其复杂，其研究需结合经济、政治、道德等其他知识领域，从而更好理解法律条文的真正含义。人们易将法学简单理解为专门研究各种法律文本及条文，遗漏了法的本质、特征、形式和作用、法的实施及相关社会现象的研究等。因此，对消防法学研究对象的有效研究，应做到有的放矢、全面精准。

一是消防法相关制度规范。包括相关概念，如消防安全责任制、消防组织、消防救援、火灾隐患、火灾预防与管理、火灾调查等专业术语；消防监督管理、消防行政法治、森林草原防灭火法治、火灾违法犯罪等法律制度；灭火救援行动中的权利义务及法律责任，比如消防救援部门与应急、公安、住建、农业农村等部门及物业企业和个人的责任划分、刑事与民事诉讼等内容。

二是与消防法治有关的法的现象。根据当前与今后防灭火、应急救援、社会救助、紧急救护等实际突出难题推进各层级消防立法的完善，如电动自行车火灾亡人事故、城市危险品隐患查处、责任倒追机制的完善、家庭火灾保险制度的试点、消防涉诉应诉工作等，积极回应实践热点和难点问题。

三是消防法治基础理论问题。不仅研究消防法治的形式、内容和原理，更需深入剖析消防法治的调整对象、特征效能、基本原则和体系架构，还要研究我国消防法的产生与历史发展。同时吸收中华优秀法治文化精髓，研究消防法与其他相关法的关系、融通及应用，总结主要国家和地区消防法治理论与实践，学习域外消防法治有益经验，为中国特色消防法学研究和新时代消防救援事业高质量发展服务。

4 消防法学的研究方法

在中国，传统上“法学方法”主要指的是法学研究的方法，也就是研究法律和法律应用的方法，比如分析方法、批判方法、综合方法、诠释方法、建构方法等[13]。而对于“法学方法论”中所谓的“法学”，学界有着相对一致的共识，即认为它指的就是“法教义学”[14]。对一个法律问题，如果能够结合多个不同的研究方法来加以分析，可能比单一的研究方法使用会有更好的研究效果[15]。对于科学研究来说，用于研究的方法本身是否科学和正确，是决定研究活动成败得失的关键因素。

法学研究方法可分为方法论原则和基本方法两个层面。方法论原则是认识问题、解决问题的基本出发点和基本思路，也是关于如何运用具体方法的一种根本方法。基本方法比较丰富，最高层次的有马克思主义哲学方法、一般层次的有社会调查、历史考察、系统论、分析比较等方法[16]，常用的如阶级分析方法、价值分析方法和实证分析方法[17]，此外，法学知识体系的建构和对法学问题的认识，也有法律解释、开发技术、法律推理、法律论证、法典编撰等专门技术和方法。这些方法在消防法学研究中可以单独使用，也可以相互结合，以适应不同的研究目的和需求。通过综合运用这些方法，研究者可以全面、深入地分析消防法律问题，为消防法律的完善和发展提供科学的理论支持。

第一，历史考察方法。作为法学实证分析的重要内容，历史考察方法展现时间与历史方位的优势，通过观察和分析不同时间段经验事实，如立法与执法等社会事实，从而验证各种理论命题的真伪。历史考察方法运用唯物辩证法的观点，分析、考察消防法治和经济、政治、文化等各种条件相互作用的历史，批判继承古今中外消防法学研究成果，推动消防法学理论与实践发展，关注消防法律制度的发展历程，通过研究消防法律的历史背景、演变过程以及与社会发展的关系，可以更好地理解现行消防法律制度的形成和特点，为未来的消防法治改革提供历史依据。通过历史考察，可以更容易发现消防法律关系和社会关系的真面目，正确理解消防法的价值、发展趋势以及判断相关消防法制的运行奠定重要基础，加深对消防法治背后过程的理解，因为消防法律规范是历史经验的宝贵积累，有些甚至是血淋淋的历史教训。

第二，系统论方法。系统论方法针对消防法律规范体系的多成分与多层次，将其作为一种具有特殊调解功能的社会调整系统，研究其制度运行及与社会其他系统的关系或规律。如：可以研究社会对消防法制的要求、消防法制作用于社会生活的实际效果及反馈机制，进而作出新的法律决策，如人工智能技术与消防治理法治化的融合，以达到数字消防领域的最佳法律调整。

第三，案例分析方法。案例分析方法侧重于通过观察、实验和调查等手段收集案例数据，以验证消防法律规则和制度的实际效果，这种方法可以揭示消防法律在现实世界中的运作情况，为法律改革和政策制定提供基于事实的依据。案例分析是实证分析的另一种常见形式。事故（灾害）推动立法的特征非常明显[6]。通过研究实际消防法治案例，尤其深入剖析事故背后的制度设计短板等，对于发现真正问题，进而推动消防立法进步意义重大。例如，2021 年 12 月 21 日，全国人民代表大会常务委员会通过了关于检查《中华人民共和国消防法》实施情况的报告[18]，对如消防设施等历史欠账与短板、电动自行车火灾等新兴风险挑战提出了翔实分析；2024 年 2 月 27 日，人民法院案例库正式上线并对公众开放查阅，涉及安全类的刑事案例、民事案例具有较高学习研究价值。

第四，比较研究方法。比较法学的方法有助于从更广阔的视角审视消防法律问题，促进法律制度的国际化和本土化相结合，以法学的比较分析可突破狭隘的国情与社会背景视野，更好的结合体机制深化改革研究。消防政策法规的发展呈现相互学习借鉴的良性态势，我国相关部门法在完善过程中注重法治文化土壤的培育，也重视法律移植过程中对先进理念、先进制度、先进举措的审视学习。国内学者系统分析世界主要国家和地区消防体制、机制和法制，结合美国、俄罗斯、日本、韩国、新加坡等国家的消防职业化进程，着重在运行模式[19]、政策法规[20-22]、标准规范[23-24]、待遇保障[25]等方面进行比较，形成了系列学术成果[26]。通过比较不同国家和地区的消防法律制度，可以发现各自的优势和不足，从而为我国消防法律的改进和完善提供参考。

5 结论

伴随消防救援体制变革，如何以“良法”服务“善治”？是当前消防法学研究的重要命题。消防法学是研究消防法律规范、法律实践、法律现象及其内在发展规律的人文社会科学，是关于消防法律问题的知识和理论体系。消防法学的研究对象包含消防法相关制度规范、与消防法治有关的法的现象、消防法治基础理论问题三个基本范畴。通过历史考察、系统论、案例分析和比较研究等研究方法，全面分析消防法治重点、难点与热点，为消防法学学科发展提供科学的理论支持。笔者认为，提高理论研究的系统性和前瞻性，加强跨学科研究，注重实证和新生态研究，搭建法治人才培养平台、加强法治人才精细化管理[27]是深耕消防法学基础理论的重点与前沿，也是消防与法学学界同人不吝笔耕的时代使命。

参考文献

［1］吴祖谋，李双元．法学概论（13版）［M］．北京：法律出版社，2019.

［2］马克思，恩格斯．马克思恩格斯选集（第2卷）［M］．北京：人民出版社，1972.

［3］王大伟，徐锡伟，曾俊，等．应急学及其学科特征研究［J］．城市与减灾，2022（03）：13-17.

［4］颜烨．应急社会学学科知识体系构建的再思考［J］．华北科技学院学报，2021，18（05）：1-7.

［5］应急法学研究的开拓者——记戚建刚教授［J］．湖北社会科学，2013（07）：199.

［6］代海军．应急法要义［M］．北京：中国法制出版社，2023.

［7］黎振．我国消防行政法学初探［D］．华中师范大学，2002.

［8］蒋远才．浅谈如何构建我国消防法学体系［J］．消防界（电子版），2017（03）：98.

［9］李晨光．论消防安全风险的行政法规制［D］．中国人民公安大学，2019.

［10］周培桂，郭其云．诉求与回应：构建消防法学学科的若干思考［J］．中国人民警察大学学报，2024，40（02）：86-91.

［11］宋辉．中国消防辞典［M］．沈阳：辽宁人民出版社，1992.

［12］中国政府网．中共中央办公厅国务院办公厅印发《关于加强新时代法学教育和法学理论研究的意见》［EB/OL］．https：//www.gov.cn/zhengce/2023-02/26/content_5743383.htm.

［13］雷磊．法学方法论研究在中国：观察与反思［J］．社会科学，2023（08）：5-16.

［14］卡尔·拉伦茨．法学方法论［M］．黄家镇译．北京：商务印书馆．2020.

［15］胡玉鸿．法学方法论的属性定位、发生契机与体系构造［J］．学术月刊，2023，55（04）：17-32.

［16］孙国华，朱景文．法理学（5版）［M］．北京：中国人民大学出版社，2021.

［17］《法理学》编写组．法理学（2版）［M］．北京：人民出版社，2020.

［18］中国人大网．全国人民代表大会常务委员会执法检查组关于检查《中华人民共和国消防法》实施情况的报告［EB/OL］．http：//www.npc.gov.cn/npc//c2/c30834/202112/t20211224_315562.html.

［19］肖磊．国外消防救援体制与体系研究［M］．北京：中国计划出版社，2021.

［20］程超，何欢．中外消防法比较研究［J］．消防科学与技术，2006（04）：548-551.

［21］孙立忠．中外消防法律法规比较［J］．城市与减灾，2008（05）：17-20.

［22］周培桂．韩国消防立法经验与启示——以中韩消防法文本比较为视角［J］．消防救援学术研究，2023（04）：113-122.

［23］高伟．世界各国的阻燃法规及相关管理规定［J］．中国消防，2019（04）：70-71.

［24］彭程，苏铃筑，马烨红，等．粤港澳大湾区建筑消防规范的差异化分析［J］．广东土木与建筑，2020，27（12）：1-6.

［25］司戈．国外职业制消防救援人员工作时间和倒班制度研究［J］．中国人民警察大学学报，2023，39（02）：57-62.

［26］应急管理部消防救援局．部分国家和地区消防法律法规概况［M］．北京：中国质检出版社，2018.

［27］周培桂．试论消防救援法治人才培养困境与进路［J］．中国应急管理，2024（01）：49-53.

雪崩事故救援处置探析

何　锋[1]　蒋　波[2]

（1. 新疆乌鲁木齐市消防救援支队，新疆　乌鲁木齐；2. 新疆阿勒泰地区消防救援支队，新疆　阿勒泰）

摘　要　本文在探讨雪崩事故救援的流程、技术手段以及实践探索和经验总结，以认识雪崩事故的成因和特点，为救援人员提供适宜的处置措施和方法。通过文献调研和实地调查收集相关数据，分析雪崩事故的成因及特点，总结雪崩事故救援的流程、技术手段以及实践探索和经验总结，探讨救援过程中存在的问题和解决方案。本文通过对雪崩事故救援处置措施的研究，得出了以下结论：一是雪崩事故救援工作需要高度的组织性和协调性，各救援单位需要密切合作，切实做好预防和应对工作。二是雪崩事故救援的技术手段越来越多元化和高效化。三是救援人员需要拥有一定的专业知识和经验，提高应对突发灾害的能力，同时需考虑到自身安全，保证救援工作正常进行。

关键词　雪崩事故　救援　处置　风险评估　地形分析

作者简介：何锋（1989—　），男，工程师，硕士研究生，乌鲁木齐市消防救援支队中级专业技术职务，主要研究方向为灭火与应急救援、消防员心理健康。

1 绪论

雪崩事故在滑雪、登山等户外运动中时有发生，给人们的生命财产安全带来了极大的威胁。雪崩事故救援工作的时效性和科学性是关键，因此必须组建专业救援队伍并进行专业培训和实地演练以提高救援效率和安全性。然而，现有的救援措施存在诸多问题，如救援队伍的专业性参差不齐、救援设备滞后、救援组织协调不力等，这些问题制约了雪崩事故救援的质量和效率，因此亟需进行深入研究和探索。

在研究方法方面，本文将采用文献研究和案例分析相结合的方式，梳理和总结现有的雪崩事故救援处置措施，并结合实际案例分析救援措施的可行性和有效性。同时，还将对现有的救援队伍、救援设备和救援组织等方面进行评估和分析，为进一步改进和完善雪崩事故救援工作提供有益的参考和借鉴。

2 雪崩事故案例

2012 年 3 月 3 日，20 名滑雪爱好者前往黑龙江五常市大秃顶子山滑雪，意外遭遇雪崩，导致 1 人死亡。2014 年 4 月 19 日，在珠穆朗玛峰的南坡 5800m 处，一些夏尔巴族在此地为登山者铺设绳索，正值太阳照射时，冰川融化并发生雪崩，导致 15 人死亡。2019 年 4 月 9 日，乌鲁木齐一山区发生雪崩，有 10 名旅游者被困，其中两人受伤，无人员死亡。2021 年 4 月 1 日，位于米林县派镇至墨脱公路多雄隧道下方发生雪崩，导致 4 人死亡，道路被堵. 2023 年 1 月 17 日 19 时 50 分左右，因高海拔地区降水较多，引发西藏林芝市派墨公路沿线多处发生雪崩灾害，导致 20 人死亡，整理如表 1 所示。

表 1 雪崩事故案例汇总

时间	2012 年 3 月 3 日	2014 年 4 月 19 日	2019 年 4 月 9 日	2021 年 4 月 1 日	2023 年 1 月 17 日
地点	黑龙江五常市 大秃顶子山	珠穆朗玛峰的 南坡 5800m 处，	乌鲁木齐一山区	米林县派镇至墨脱公路 多雄隧道下方	西藏林芝市派墨公路沿线
亡人数	1 人	15 人	2 人受伤	4 人	20 人

3 雪崩事故的成因及特点

3.1 雪崩的成因

雪崩是由于高山积雪层脆弱、不稳定而在外力作用下突然移动形成的一种自然灾害。在高山山脉中，气候、地形和积雪等因素交互作用，常常导致雪崩事故的发生。关于雪崩的成因，现有学界研究的主要包括气候条件、地形条件和积雪条件等方面。

1. 气候条件。气候条件是影响雪崩形成的主要因素之一。气温、降雪量、风力、太阳辐射和大气湿度等因素对雪崩的形成都具有影响。气温变化导致积雪层状态的变化，而经过一段时间的积累，这种扰动就可引发雪崩。降雪量少而大风导致雪崩的概率较大。冰雪压力、雪岩交界、积雪覆盖度也与气候条件有关。

2. 地形条件。地形条件是形成雪崩的基础，地形条件的关键特征有斜坡角度、海拔高度和谷底特征。斜坡角度大于 30°的是雪崩产生的主要区域，斜坡过平或过陡均不利于雪崩的形成。在海拔高度 800m 至 2800m 之间，雪崩事故发生频率最高。谷底的堆积物越少、储雪性越差，发生雪崩的可能性也就越大。

3. 积雪条件。积雪条件更是雪崩的核心条件，其影响因素涵盖了雪层的分布、类型、结构和状态等各个方面。雪层分布情况与涉及雪坡地形、坡面方位等因素有关，积雪层中的纹理特征对雪崩的发生也有很大的影响，雪层的结构稳定则雪崩发生的概率较小，反之则雪崩发生的可能性也较大。

3.2 雪崩事故的特点

雪崩事故是一种严重的自然灾害，其特点包括多发性、突发性、危险性和不可预测性等。其中，多发性是其最显著的特点之一。根据相关统计数据，每年全球都会发生数百起雪崩事故，不同规模的雪崩事故所导致的人员伤亡和经济损失也不容小觑。

1. 雪崩事故具有突发性。由于雪崩发生的时间和地点难以准确预测，因此当雪崩发生时，将会造成很大的惊吓和恐慌。此外，由于雪崩通常持续的时间较短，所以救援措施必须随时随地做好准备，以应对可能出现的突发情况。

2. 雪崩事故具有危险性。由于雪崩在冲击过程中所释放的能量极其巨大，一旦被困在雪崩里，人们将会面临严重的身体伤害和甚至生命危险。再加上雪崩往往发生在高山、峡谷等边远地区，因此救援过程十分困难，一旦出现救援漏洞，将会给被困人员带来巨大的灾难。

3. 雪崩事故具有不可预测性。由于雪崩发生的与多种因素有关，如雪层结构、气温、风力等等，因此即使在相同的区域、相同的环境下，也难以准确预测雪崩的发生时间和位置，因此在雪崩灾害的应急救援中，需要提前做好相应的防范和应对准备。

4 雪崩事故救援流程

4.1 雪崩事故救援的基本流程

雪崩事故是一种突发性较强的自然灾害，对于这类事故的救援工作，必须要有科学、规范并高效的救援手段。

1. 勘查。消防救援人员需要在事发地点进行全面而细致的现场勘查，以了解事故的具体情况。组成三人搜索组收集现场气象、地理、环境等方面的信息，以及搜寻受伤人员和被困人员。在这个阶段，应该采用专业的救援设备，如探棒、探头和探测器等，以便尽早找到被困人员。

2. 评估。指挥员需要尽快评估事故场景，并制定救援方案。他们需要分析现场的情况，包括岩层的稳定性、雪层的结构、受伤人员和被困人员的状态等等，以便有针对性地采取应对措施。此外，他们还需要对指挥中心实时汇报救援进度，向指挥中心申请支援和协助。

3. 行动。救援人员需要迅速切入救援行动。他们需要根据事故现场的实际情况，合理安排救援顺序和方案，及时救助受伤人员、解救被困人员。在这一过程中，应该确保救援人员的安全，并为现场人员提供必要的协助和支持。同时，应该尽快将受伤人员和被困人员转移到安全地带，交予 120 医疗人员。

4. 评估。在救援行动结束后，指挥员需要对整个救援过程进行全面评估，并做好人员器材装备清点工作，总结讲评，分析事故原因，总结经验和教训，以便在今后救援工作中获得更好的应对效果。

4.2 雪崩事故救援的困难与挑战

针对雪崩事故救援，其困难与挑战主要表现在以下几个方面。

其一，雪崩事故的发生通常在高山峻岭、崎岖不平的地形中，消防救援站人员往往需要面临极端困难的道路条件和恶劣的气候环境，例如高山缺氧、低温冰冻和大风暴雪等。这些自然环境的挑战给救援工作带来了极大的不确定性和危险性。

其二，雪崩事故的救援对象通常被压埋在深厚的雪层中，无法直接确定其位置和状态，实施危急救援对于消防救援人员来说难度非常大。即使成功找到被埋压者，由于环境的限制和设备的局限性，消防救援人员也难以迅速进行施救。

其三，雪崩事故的快速、精准预测也是一个难点。在雪崩季节，预测雪崩的发生与范围，为及时进行救援提供重要参考。但是由于气象条件、地形、沉积物质等多方面因素的影响，现有的预测方法的准确性与实用性还有待提高。

针对以上的困难与挑战，消防救援人员需要具有高度的救援技能和丰富的操作经验，同时需要在日常训练中进行多方位的训练和演练，提高自身的应变能力和专业素养。

4.3 雪崩事故救援的应对策略

在雪崩事故救援中，应对策略的制定至关重要。一是要应建立科学合理的救援预案，包括应对资源准备、组织指挥体系以及协作机制等。二是要应加强消防救援人员雪崩事故救援模拟训练，提高应急处置能力和异常情况应对能力。三是要应注意防范和化解事故中可能出现的各种风险和隐患，以保证消防救援人员的安全。四是要在救援行动中，重点关注被困人员的生命安全，采取针对性救援措施，提高救援效率和成功率。五是要应根据救援行动的实际情况及时总结经验和不足，完善救援预案，提高救援的效率和水平。

5 雪崩事故救援的技术手段

5.1 雪崩救援器材

雪崩救援器材是雪崩事故救援不可或缺的技术手段之一。雪崩救援器材主要包括掘雪铲、搜救器、掉进搜救器、雪锤、雪锯、膝盖保护器、头盔、面罩、救援绳索等，这些器材在雪崩现场施救非常有效。

首先，掘雪铲的作用在于将掩埋在雪下的生命挖掘出来，在雪崩现场施救可以快速清理雪堆，创造条件寻找和救援掩埋者。其次，搜救器和掉进搜救器是实现雪崩掩埋者搜救的有效工具，可迅速确定掩埋者的方位。搜救器等器材的使用，能够较快、较准确地锁定掩埋者所在的方位，从而有效提高搜救效率。

此外，由于雪崩事故常常伴随着连续性灾害，例如余波崩塌、再次雪崩等，雪崩救援器材还必须具备越野行走、径流涉水及攀登等技能。掉进搜救器、雪锤、雪锯等经常在山地环境下使用的器材，因其具有轻质、强度高、可以适应复杂环境等特点，而被广泛采纳。

5.2 雪崩探测器

雪崩探测器是一种用来探测下雪崩的装备，也是消防救援队伍中必不可少的一种技术手段。随着科技的不断进步，雪崩探测器也在不断地升级改进。

目前，比较常见的雪崩探测器分为两种，一种是搜救队员手持的探测器，另一种是固定在地面上的虚拟探测器。搜救队员手持的探测器通过感应探测，能够精准地定位被埋葬在雪中的人员；而固定的虚拟探测器，则通过设置感应区域，能够预先探测到可能出现雪崩的风险区域，从而提醒路过该区域的人员提高警惕，采取相应的安全措施。

不同的雪崩探测器在使用时需要注意一些细节问题。例如，在使用手持探测器时，需要持续不断地扫描感应区域，不能急于下蹲和挖掘，否则可能会造成更大的伤害。而虚拟探测器的安装则需要考虑周围环境因素的影响，比如是否有高山、树木等物体挡住了信号传输。

除了上述两种常见的雪崩探测器，还有一些新型探测器在应对雪崩救援中也有着重要的作用。例如包括声呐、图像分析等技术手段，可以有效提高救援效率，为被困人员争取更多的生还时间。

5.3 雪崩搜救犬

雪崩搜救犬是一种在雪崩事故中使用的重要搜救技术手段。雪崩搜救犬通常需要经过严格的训练和考核，才能胜任这项高风险的任务。

在雪崩救援过程中，搜救犬可以利用其高度敏锐的嗅觉，帮助消防救援人员快速找到被埋在雪中的受困者。相比于人工搜索，使用搜救犬可以大大提高搜救效率和成功率，同时也能减少搜救人员的风险。

搜救犬一般分为两类——嗅觉型和视觉型，其中嗅觉型搜救犬是最为常见和有效的。在训练过程中，搜救犬通常需要学习识别人体气味，并能够区分不同的气味。搜救犬需要持续的训练和考核，以保证其在复杂的环境下仍然可以准确地定位到被埋在雪中的受困者。

在雪崩救援过程中，使用搜救犬需要考虑许多因素。例如，搜救犬是否适应当时的气温、湿度以及雪的情况等等。此外，搜救犬的训练和体力状况也需要被考虑到。因此，在搜救犬被使用前，需要进行全面的评估和考虑。

值得注意的是，在雪崩救援中使用搜救犬并不是完美的方案。由于复杂的环境和高度的危险性，搜救犬也可能面临搜救困难和生命危险等问题。因此，在雪崩救援中使用搜救犬需要同时采用其他救援技术手段，并对整个救援过程进行严格的风险评估和安全控制。

5.4 其他救援技术手段

在雪崩事故的救援过程中，还存在一些其他的技术手段，除了雪崩救援器材、雪崩探测器和雪崩搜救犬外。其中，可以采用的一种技术手段是利用遥感技术，通过卫星照片、飞机照片等方式，找寻事故发生现场以及救援中需要的相关信息。这种手段可以大大提高救援效率，缩短搜救时间。

同时，利用热成像技术也是一种不错的选择。在雪崩现场，由于人体体温较高，因此可以通过热成像仪在雪中进行寻找，从而在一定程度上缩短搜救力度和时间。

除此之外，还可以通过声响探测技术来进行救援。在雪崩事故中，被困人员若保持清醒，可能会发出声响，这时就能利用声音探测器等仪器追踪被困人员的位置，从而加强对被困人员的搜救工作。

6 结束语

雪崩事故救援的发展还需要注重专业化与多元化。在救援中，针对不同的救援情况，需要不同类型的消防救援人员进行协同工作，以确保各方面得到充分的保障。同时，还应针对不同的地形、气候等条件，建立相应的救援装备和保障网络，以便于多元化地应对雪崩事故救援工作。因此，未来的雪崩事故救援发展，将进一步注重专业化与多元化，提高救援效率和成功率，保障雪崩事故救援人员的生命安全。

参考文献

[1] 代旭日，赵波．冰上遇险事故特点及救援处置对策[J]．消防科学与技术，2019：3.

[2] 郭再富．提高应急救援处置效能[J]．劳动保护，2017.

[3] 郭再富，赵原．提高应急救援处置效能[J]．劳动保护，2017：28-30.

[4] 王继武．交通事故应急救援中的破拆技术探析[J]．中国设备工程，2017：179-180.

[5] 禹竹蕊．突发事件处置中的紧急救援与国家救助[J]．经济师，2017

[6] 王首立[1]．道路交通事故救援处置程序和安全破拆方法[J]．商业2.0（经济管理），2021：1.

[7] 交通事故救援处理方法[J]．中国安全生产，2018：58-59.

[8] 游雪辉．浅析交通事故救援中破拆技术的应用[J]．越野世界，2021：2（256-257）.

[9] 韩文东．道路交通事故救援处置程序和常规破拆方法[J]．中国应急救援，2017

[10] 樊俊．应急管理部及时处置事故救援保障安全生产[J]．区域治理，2020：6.

[11] 陈如意[1]．高空遇险事故应急救援处置分析[J]．消防界：电子版，2021：2.

[12] 刘昭，赵礽晔，张秀平．寒区公路雪崩灾害处置技术研究[J]．施工技术，2017：1224-1226.

消防救援队伍灭火救援能力评估方法探讨

王昆仑

（石家庄市消防救援支队，河北）

摘　要　本文通过对近几年比武竞赛、拉动演练、能力测评活动进行梳理总结，对消防救援队伍灭火救援能力评估方法进行深入探讨，从情景设计、导调控制、评判方法选择，三个方面对灭火救援队能力的分级判定进行研究，探讨灭火救援能力最优评估方法。

关键词　消防救援　救援演练　评估方法

1　引言

消防救援队伍执勤训练、灭火救援的传统就是“以快制快”，从每年的比武竞赛项目中可以看出，优劣的判定都是以完成固定操作时间长短来决定，消防救援队伍是讲究“快”的队伍。但是随着近年来火灾、洪涝、地震等灾害事件的多发，消防救援队伍面临的救援场景逐渐复杂，发生了很多因救援程序缺失、个人防护不当、技术操作错误等问题导致的消防指战员伤亡案例，有的案例就是因为过于求“快”忽略了必要的程序。笔者反思“以快制快”的传统比武训练评判标准在当前新情况的要求下应该逐渐发生变化，在“快”的前提下，更要“稳”。目前消防救援队伍执勤训练和比武考核中以“稳”为核心的项目与评价体系尚是空白，本文通过探讨绳索救援比赛评判体系和联合国INSARAG地震救援队IEC测评体系，结合全国开展地震及水域救援实装、实地拉动的常用评估办法，探讨各种评判方法的优、缺点，从场景设计、导调控制、评估方法选择等方面给出建议。

2　评估案例

近年有很多竞赛、测评工作采用赋分、要点检查、综合评定等方法进行裁决，以下列举INSARAG地震救援队救援能力测评、绳索救援赛裁判和队消防救援队伍内部组织的地震、水域拉动三种评估办法。

2.1　INSARAG地震救援队救援能力测评方法[1]

INSARAG（International Search And Rescue Advisory Group）是指国际搜索与救援咨询团，旨在组织不同国家、不同文化背景下的救援队开展以营救人员生命为准则的救援行动。成为INSARAG救援队，要通过严格的IEC（Insarag External Classification）测评，其评价方式是以一次演练为情景依据，从预警启动、机动投送、抵达灾区、救援展开、队伍撤离等阶段对队伍管理、搜索、营救、后勤、医疗五大能力进行全面系统的评估。整个测评行动是以演练为依据，根据各个环节中的评估要点，以颜色为评判结果，其中绿色代表超过救援行动的最低标准，黄色代表达到救援行动的最低标准，红色代表未达到救援行动的最低标准。有黄色项出现时代表队伍可以进行优化改进，当有红色项出现时代表队伍必须做出优化改进，且有可能被评定为未通过，只有在规定时间内改正，并由专家组组长审定是否到达救援行动最低水平才可继续开展测评。（表1）

作者简介：王昆仑，男，硕士，石家庄市消防救援支队作战训练处初级专业技术职务。

附录 D IEC/R 核查表

准备阶段								
1	INSARAG联络人	解释说明	轻型队伍	中型队伍	重型队伍	评估方法	备注	颜色代码
1.1	在政府中是否有USAR队伍的INSARAG政策联络人?	政策联络人是INSARAG秘书处与更广泛的INSARAG社区之间的中央联络点。政策联络人授权并/或承认USAR队伍执行国际任务。						
1.2	USAR队伍中是否有INSARAG行动联络人?	行动联络人承担涉及与参测队伍有关的运行操作层面的问题，在INSARAG会议（包括救援队伍长会议和INSARAG区域会议）、研讨会和其他事件中代表参测国家主要负责处理队伍相关事务。同时还负责将团队提出要上载更新至技术资料库的各类信息进行验证。						
1.3	USAR队伍中是否有INSARAG 队伍联络人?	队伍联络人是代表USAR队伍的一个联络节点，目的是确保INSARAG理论方法和考核最低标准，包括应急准备和响应行动（也包括IEC/R）得以实施。						
2	决策制定	解释说明	轻型队伍	中型队伍	重型队伍	评估方法	备注	颜色代码
2.1	USAR 队伍与其主管部门是否建立了有效的沟通机制，以确保及时做出关于部署的决策?	"主管部门"是指部署队伍，提供队伍行动资金的部门。						
2.2	USAR 队伍管理层是否在出队决策部署过程中开展了相关协商咨询?	主管部门、政策联络人是否与 USAR 队伍协商响应的适当性？并考虑下列情况： 1、是否考虑了两国双边要求? 2、是否有来自受灾国的援助请求? 3、是否已经部署了足够的资源? 4、是否考虑了抵达受灾国的距离和时间? 5、是否考虑了当地安全形势? 6、是否考虑了当地极端环境条件?						
2.3	USAR队伍在部署时是否有一套后方保障支持系统来辅助沟通及决策?							
2.4	USAR队伍在部署前是否具备疾病预防能力?							
2.5	USAR队伍是否具有请求许可在受灾国使用药物的程序?	请参考INSARAG官网（www.INSARAG.org)上提供的"USAR队伍使用药物许可"文件						
2.6	USAR队伍部署前，是否与INSARAG国际机构代表、其他响应组织和当地领事机构进行联系?							

表 1　INSARAG 地震救援队 IEC/R 测评表

2.2　绳索救援赛裁判方法

绳索救援技术被广泛应用于地震、城市高角度和山岳救援中，绳索救援装备具备便携性和承重性，在被困人员安全转运、救生通道搭建工作中发挥强大的作用。（图 1）

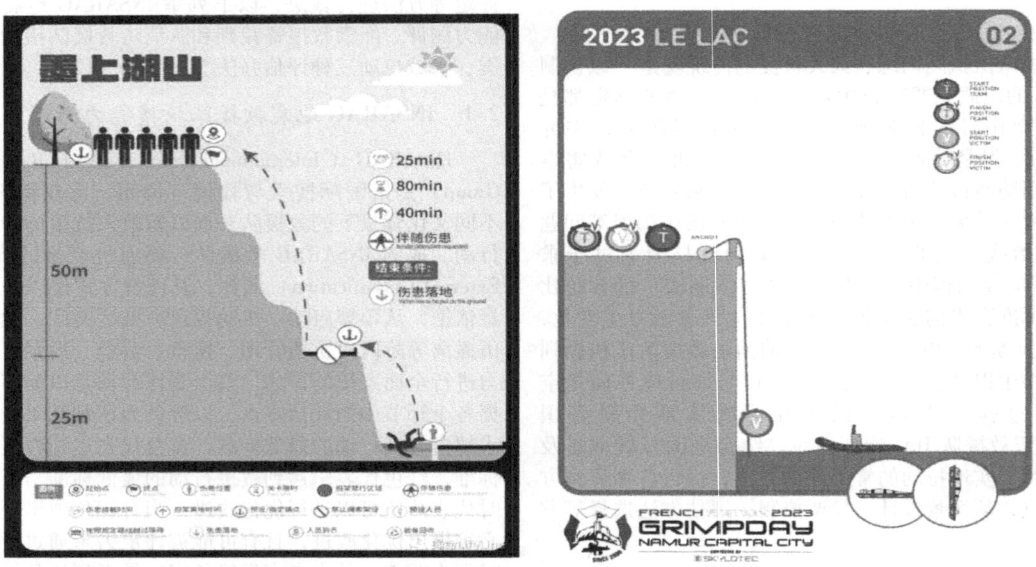

图 1　绳索救援比赛科目示意图

国内的绳命"life-line"、格瑞德、云上论坛等一系列绳索救援邀请赛自 2019 年开始举办，绳索比赛的特点是有固定的人员转运目标，在一定的救援技术原则下，以六名队员为一个团队，所用的器材装备都要符合 EN、NFPA 或国标的相关标准，每个队伍要完成十个左右救援科目，评判点主要从团队管理、安全观念、器材使用、伤员处置、操作时间等多个方面开展，操作时间仅作为总分的一小部分，最终以得分的形式呈现比赛结果。

2.3　水域拉动评估办法

消防救援队伍改革转隶以来针对地震、洪涝灾害的救援行动逐渐增多，以"应急使命"演练为代表的一系列类大型灾害救援拉动逐年增加。演练基本以力量集结、机动投送、野战宿营、行动展开四个流程展开，评估从四项流程中审定关键环节进行评定。为减少评估员个人主观判断，评估往往寻找关节信息进行是、否判断，评估表中的内容尽量做到翔

实，确保评估内容真实有效。（表 2）

行动展开评估表

受评单位：________　　　　评估日期：____年____月____日

序号	评估环节	评估内容	评估要点		要点评估结果	情况备注
2	搜索模块	对搜索区域进行全面评估，掌握被困人员情况，了解搜索区域的地形地貌、水文等情况；确定搜索人员组成，选择搜索装备器材，并制定搜索方案；根据现场情况，规划搜索路径，选择搜索的形式和方法，并对目标进行定位和标记；在搜索过程中，能够针对突发情况采取避障操作或进行现场应急处置。	4.搜索方案中明确搜索区域、行进路径、人员分工、装备器材、搜索方法、联络方式、紧急撤离信号等内容。 方案形式：口头部署□；指挥标板□；纸质材料□；电子材料□；其他：________； 方案要素：搜索区域□；行进路径□；人员分工□；装备器材□；搜索方法□；联络方式□；紧急撤离信号□；其他：________。		合　格□ 不合格□	
			5.在舟艇行驶前，使用无人机、无人艇或当地向导引导等方式规划行进路线，保证舟艇行驶安全。 规划方式：向导引导□；无人机引导□；无人艇引导□；其他：______。		合　格□ 不合格□	
			6.人员舟艇下水前，对该区域进行漏电检测。是□ 否□		合　格□ 不合格□	
			7.根据现场情况，是否能够合理选择搜索装备，并在规定的时间内完成搜索。 （共考核2个科目，舟艇搜索为必考科目，另抽选一个科目）	①使用舟艇搜索时，在面积约为20000㎡的水域内，对目标水域进行编队搜索，并在30分钟内锁定目标物。（必选科目） 编队情况：小组数量______；舟艇数量______；舟艇类别______； 人员分工：驾驶员□；观察员□；其他______； 联络方式：手语□；旗语□；对讲机□；其他______； 技术关键：编队驾驶有序□；明确通信联络□；无盲区死角□； 完成时间：______。	合　格□ 不合格□	
				②使用无人机搜索时，在距操控手200m以外且面积为40000㎡的区域内，对人形目标物进行搜索，20分钟内锁定目标物；（抽考科目） 成像类型：可见光成像□；红外光成像□；其他______； 搜索效果：目标形态清晰□；目标定位准确□； 技术关键：超视距飞行□；飞行高度安全□；无盲区死角□； 无人机型号：______； 完成时间：______。		
				③使用声呐搜索时，在深度为2m以上且面积为100㎡的平静水域，对水底人形目标物进行搜索，30分钟内锁定目标物；（抽考科目） 声呐类型：侧扫声呐□；前视声呐□；其他______； 搜索效果：目标形态清晰□；目标定位准确□； 技术关键：声呐正确组装□；操作配合默契□；扫描速度合理□； 声呐型号：______； 完成时间：______。		
				④使用水下机器人搜索时，在深度为2m且面积为100㎡的平静水域，对水底人形目标物进行搜索，20分钟内锁定目标物。（抽考科目） 成像形式：可见光成像□；声呐成像□； 搜索效果：目标形态清晰□；目标定位准确□； 技术关键：有效定深定位□；方向辨识准确□；行进速度合理□； 机器人型号：______； 完成时间：______。		

表 2　应急使命 2024 行动展开科目评估表

3　评估方法探讨及对比

针对消防站、大队、支队级队伍灭火救援行动的能力评估，目前没有可以直接借鉴的案例和方法，上文列举的三种评判标准旨在针对特定的拉动演练流程中的行动能力和救援能力进行评估。应急使命拉动的评估结果是以评估报告的方式呈现，INSARAG 的测评结果是通过或者不通过，绳索救援比赛结果是以分数的方式进行呈现，总结梳理评估方法分为以下三种：

3.1　分级评定法

以演练中各环节中的评估要点为主要依据，演练评估结果分为合格、基本合格、不合格三级。根据要点的重要性将其分为三种颜色：红色、黄色、蓝色。红色要点涉及演练中安全事项、核心救援能力等关键要素。黄色要点和蓝色要点分别为较为关键和一般关键要素。要点的评估结果分为合格、不合格两级。

假设演练中共有 100 个要点，红色要点 20 个占比 20%、黄色要点 40 个占比 40%、蓝色要点 40 个占比 40%。设置 10%和 25%两个等级，根据三类要点的不合格数量判定最终演练评估结果。（见表 3）

表 3　应急使命分级评估判定表

	红色要点	黄色要点	蓝色要点	评定结果
要点不合格数量	≥2 个（10%）	—	—	不合格
	—	≥12 个（25%）	—	不合格
	—	<12 个（25%）且 ≥5 个（10%）	—	基本合格
	—	—	≥10 个（25%）	基本合格
	其他情况			合格

3.2　赋分法

3.2.1　赋分法一

通过汇总作战训练伤亡战例，梳理救援能力的影响因素，明确评估救援行动中的要点，并将其进行归纳分类[2]。评估过程对每个要点进行打分 Q，满分为 100。赋分评定分为两级，一级分类系数为 k_1，二级分类系数为 k_2，两级系数符合：$\sum_{1}^{n} k_1 = 1$、$\sum_{1}^{n} k_2 = 1$，单位救援能力的最终得分 S 为：

$$S = \sum_{i=1}^{n} T_i \text{ , i=1, 2, 3……}n$$

$$T = \sum k_1 k_2 Q$$

当 $0 \leqslant S < 60$ 时，评估该队伍水域救援能力为差；当 $60 \leqslant S < 75$ 时，评估该队伍水域救援能力为一般；当 $75 \leqslant S < 90$ 时，评估该队伍水域救援能力为良好；当 $90 \leqslant S \leqslant 100$ 时，评估该队伍水域救援能力为优秀[3]。

3.2.2 赋分法二

以演练中的评估要点为主要依据，演练评估结果以得分形式呈现。各环节下的评估要点分为三类即：红色、黄色、蓝色。参演单位的得分=红色要点合格数目*赋分+黄色要点合格数目*赋分+蓝色要点合格数目*赋分，最终换算为换算成百分制即为该单位评估得分。赋分方案如表4所示。

表4 应急使命赋分评估打分计算表

要点等级	赋分方案1	赋分方案2
红色要点得分	A*5	A*3
黄色要点得分	B*2	B*1
蓝色要点得分	C*1	C*0.5
总分	Q=A*5+B*2+C*1	Q=A*3+B*1+C*0.5
最终得分	（Q/215）*100	（Q/116.5）*100

3.3 评定方法对比

3.3.1 INSARAG的救援能力测评

IEC测评拉动演练流程中，只要有红色项目出现，即未达到救援行动的最低标准，就可能停止测评。受评队伍整改完毕并提交申请后，才能再次进入评估程序继续进行评估。这种评估方法对评估专家能力要求较高，专家根据以往经验和实际情况进行综合评定给出评估结果。且前期筹备时间较长，需要指定教练对受评救援队伍进行有针对性的训练。

3.3.2 分级评定法

分级评定法根据拉动演练的全过程细化环节和要点，根据要点的重要性进行分级，通过合格要点的比例来最终判定评估结果。分级评定法需要明确列出每个评估要点的考核细节，找到明显的评判内容，尽量减少考评员的主观判断。评估前只需通过简单的培训，考评员就可以具备一定的评估能力。同时评估结果能保持基本一致，这种方式便于多支队伍同时评估，且评估结果相对公平，通过横向对比可以发现不足。但问题在于评估过于死板，仅依靠评估表中的具体内容进行评定，不能激发队伍的主观性和创造性。

3.3.3 赋分评定法

赋分评定由于具体的权重系数不同，需要在制作评估办法时对每一个评估环节和要点比重进行分配，对于方案制定者要求较高，需要对每个要点都具备的实践操作经理，并经过深入思考才能科学合理地制定权重系数。赋分评定的优点是可以评估出队伍的具体细节，同时可以精准地区分队伍能力水平，应用在受评单位多且需要排名的评估工作中。

4 评估方案设计探讨

任何救援能力的评估方案都是基于某种灭火救援环境所制定的，在制作方案前首先要确定评估对象和评估重点。只有确定好前提条件才能在场景设计、导调控制、评估方法选择方面制定最优方案，做到精准评估。

4.1 场景设计

场景设计也叫灾情假设，是设计方案的第一步，为了贴近实战首先要对评估对象参加过的救援行动进行分析，制定符合实际的灾情假设。灾情设置要符合实际，且应具有代表性。演练场景应当尽可能模拟“真实”情景，并且能够使受评队伍展示出与其救援能力相当的专业知识、操作技能和装备水平。在考核前要尽量避免向受评单位泄露场景细节和具体进程。同时要对模拟场地的烟点、火点、炸点、不稳定结构进行充分论证，确保安全风险在可控范围内，严防安全事故发生。

4.2 演练控制

演练控制的核心是导调工作，导调贯穿演练全过程，是组织计划、协调控制圆满完成演练的关键和先决条件，只有精准、有效的导调控制才能真正检验救援队伍应对突发灾害事故的处置能力。场景设计从宏观和全局上对评估行动进行了设定，演练过程中导调员在微观和局部上实施调节和梳理。同时导调员本身要有丰富的实战经验，能够全面把握演练重点，尽可能减少导调痕迹使演练更加贴近实战。在关键节点如果救援队伍行动出现较大失误，可采取诱导、干预，但绝不能替代指挥。

4.3 评判方法选择

本文论述的三种评判方法各有优劣，但都需要裁判或评估人员具有一定的救援经验，且要全面掌握评估对象和评估重点。根据评判方法的优缺点列举以下3个场景的评判方法最优选择。

4.3.1 当仅对少数救援队伍进行评估时，按照救援行动的全流程，制定关键点演练控制，为救援队伍预留足够的发挥空间，以救援效果作为判定结果，可参考INSARAG测评方法，可以从裁判的角度给救援队伍提出切实可行的指导意见。

4.3.2 当对大量救援队伍同时进行评估时，需要裁判或评估人员数量较多，建议采用分级评定法。评估前要对环节和要点进行细化，减少主观判断空间。评估前将评判细则下发各受评单位，以示范性、程序性的传统科目为主要评判依据，兼顾救援程序和基础训练，在保障基本救援行动的前提下查找漏洞与不足，最后按评估等级给出评估结果。

4.3.3 对于赋分评定方法，建议省级单位内部统一开展，因为不同区域面临的灾害特点不同，辖区内灾害类型也有所区分，只有对救援任务大体相似、装备水平基本相当时才有横向可比性，评估结果以得分形式体现，可以进行单位排名。

5 结束语

消防救援队伍每天都在实战中开展灭火救援行动，随着时代的发展，队伍面临的灾情复杂程度大幅度地增加，对每一名消防指战员的要求更加严格。电视节目上少林寺武僧要通过十八铜人阵的考验才能取得实战资格，消防救援队伍目前需要一套完整的评价体系，多维度地评判消防站级、大队级、支队级和专业救援队级的救援能力评估方法，通过标准、统一的评估，精准发现队伍在救援能力上的不足与缺陷，才能有针对性地提高短板与弱项，真正提升灭火救援实战能力。

参考文献

［1］中国地震局震灾救援司.INSARAG国际搜索与救援指南［M］.北京：科学出版社，2017.

［2］李文艳，郭裴裴.消防应急救援人员能力评估模型研究［J］.武警学院学报，2019，35（6）：6.

［3］沈伟.水域救援专业队救援能力评价体系［J］.消防科学与技术，2022（41）：1034-1035.

新时代消防救援队伍水域救援能力提升策略研究

郭　欢

（河南消防救援总队郑州市高新区技术产业开发区消防大队雪松路消防救援站）

摘　要　近年来，随着各行业的蓬勃发展和全面进步，我国在社会经济领域取得了显著成就，但也伴随着许多风险隐患，尤其是在厄尔尼诺、全球暖化等因素的作用下，多地区发生大型洪涝灾害，消防应急救援的任务量不断攀升，部分城市已经占到了总任务量的50%至70%，水域救援的任务需求也逐渐日益凸显，加大了水域救援工作的难度，再加上水域救援工作的专业性强、应急救援难度大、点多面广、风险系数高等特点，对消防救援队伍的水域救援能力提出了更高的新要求。本文着重讨论加强消防救援队伍水域救援能力建设的重要意义，并对如何提高消防救援队伍水域救援能力提升的具体策略，以期更好地发挥水域救援专业队作用。

关键词　消防救援队伍　水域救援　现实困境　策略

1　引言

随着城市化进程的不断推进，城市各个区域的人口密度越来越大，而季节性和区域性的城市积水灾害，已经开始给人民群众的生命和财产安全带来了更大的危害。因此，如何切实提高消防救援队伍的水域救援能力，是我国构建水域救援能力亟待解决的问题。同时，水域救援是目前我国消防救援队伍执行的重点应急项目，在发生频率、事故类型、救援难度和区域分布上，水域救援工作存在着处置困难、风险系数高的特征，对消防救援人员在水域的救援能力提出了很高的要求，只有这样，才能减少人员伤亡，准确地抓住宝贵的救援机会。因此，加强消防救援队伍水域救援能力的研究具有重要的现实意义。

2　提升消防救援队伍水域救援能力的重要性

受各种突发天气因素的影响，我国水域灾害事故连年发生，水域救援工作难度也在持续攀升，使得消防救援队伍承受着前所未有的水域救援压力，加之水域救援任务本身就存在诸多不确定因素，安全风险系数相对较高，稍有不慎就会给消防救援人员的人身安全构成极大威胁，甚至会出现消防救援人员伤亡的情况。因此，不断提升消防救援队伍水域救援能力尤为重要。

提高水域救援能力能够显著降低人员伤亡。水域救援往往面临着环境复杂、救援难度大等挑战。专业的消防救援队伍通过系统的培训和实战演练，能够掌握先进的救援技术和设备，如潜水救援、冲锋舟操作等，从而在面对紧急情况时，更加迅速、准确地实施救援，减少人员伤亡。

对于水域灾害事故的救援任务而言，消防救援队伍的专业化建设以及救援能力提升是保证水域救援工作质量的关键所在。只有保证消防救援队伍具有丰富的水域救援专业技能和实践经验，才能更好推动水域救援工作规范、有效落实，进而从根本上降低水域灾害事故造成的经济损失及负面影响。

3　当前消防救援队伍水域救援中面临的现实困境

3.1　水域救援应急预案编制不够科学

当前，尽管我国相关部门已经逐步认识到加强消防救援队伍水域救援能力的重要性和必要性，并且对消防救援队伍的建设做出了许多规定，其中，明确指出，各地要根据本地区的具体情况，根据不同水域灾害事故的危害程度和老弱病残儿童的自我保护能力，对其进行科学的规划，建立起贯通辖区水域的水域搜救机制和警情联动救援中心，以便在接到水域灾害事故警情后的第一时间迅速出动全部救援力量。然而，在实践中，许多地方在开展水域救援时，并没有建立起专门的物流联动机制，也没有制定出一套有效的水域救援应急方案，相关的应急演练不能满足水域救援的实际需求，再加上洪水发生后，老弱病残的自救能力受限，因此即使水域救援队伍能够快速应对，也可能会因多处报警求救而发生救援力量分布不均、救援时机延误等不利局面。

3.2　水域救援基础设备装备配置不足

由于水域搜救工作的特殊性，无论在抢险作战还是在平时的训练中，都要有相当数量的基础装备，为水域搜救工作提供基本保障。但是，就当前而言，许多地方在水域救援方面的基础设施设备配置还不够充分，已有的应急救援设备以消防救援为主，在水域救援装备上的投资比较少，特别是那些小型的基层消防站，装备主要是个人防护设备、橡皮艇、潜水装备，在大型潜水救援设备、水下通信设备、无人机、水下智能机器人、水下供气式潜艇等相关安全防护装备的建设，而且也没有引入水域专用消防车、水陆两用气垫船等相关的安全防护装备，而且由于通信设备不够完备，导致消防救援团队与指挥中心失联，对消防救援人员的生命安全造成了极大的威胁。

每个支队应培养达到IRIA标准中IRB、R2、R1能力的一线救援人员10名，并在现有达到IRIA标准中R4级别能力的救援人员中培养5名教练，以此逐渐形成一支专业的水域救援队伍。水域专业救援队伍建设规范如表1所示。

表1　水域专业救援队伍建设规范

名称	人员设置/人	要求	级别
指挥员	2	负责指挥救援行动和对外联络工作，潜水次数>30	5级以上
安全员	4	理论培训120学时/年 实践演练160学时/年	5级以上
救生员	21	1次/水域救援、1次/实战演习	5级以上
舟艇驾驶员	3	负责轮换操作冲锋舟或橡皮艇，1次/水域救援、1次/实战演习	5级以上

3.3　水域消防救援日常训练脱离实战

区别于其他形式的救援任务，水域救援任务面临着更加复杂的环境，具有很强的不可预知性、不确定性和危险性，因此，相应的救援行动对消防救援人员的实战经验以及在水域中的专业救援技术提出了更高的要求。有些基层的消防救援组织没有建立比较完备的水域救援训练场地，也没有专门的水域救援模拟训练场地，加之在自然水域进行训练存在着一定的危险性，所以大部分的水域救援训练都是在静止的水域进行的，并且训练的内容主要是舟艇、抛投器、游泳、绳索营救等科目，如果在救援行动中遇到波浪、急流、暗流、涡流、沉船等突发事件，或是在狭小寒冷的空间内进行救援，有些消防救援人员由于缺乏实战救援经验和自身素质能力的欠缺，难以做出有效的反应，从而使水域救援行动达不到预期的效果。

3.4 水域消防救援队伍专业素养不足

从全国各地的消防救援队伍的总体建设来看，其在水域救援的装备配备、救援指挥和技能训练等方面都还处在初级阶段，相应的认证标准还没有形成一个完整、系统的体系，水域救援的体系也还没有形成规模，而且还没有针对水域救援的有关知识进行系统的科普和实战演练，也没有针对不同区域的实际制定出科学的水域救援专业培训计划，造成了当前消防救援队伍的建设不够完善，相关救援人员的专业素质也不够高，从而造成了水域救援的伤亡和危害程度比较高。因此，在新的形势下，如何切实提高消防救援队伍的水域救援能力，已经是一个需要认真思考并迫切需要解决的重要问题。

4 消防救援队伍水域救援能力提升的具体策略

4.1 科学编制水域救援训练计划及应急预案

只有对已有的水域搜救工作的薄弱环节和实际经验进行综合分析，才能使我国消防救援队伍的水域救援能力不断提高。首先，为有效防范和控制水域灾害事故，应当基于海绵城市建设要求将城市排涝、抗洪等功能纳入城市规划中，促进相关部门对“供配电设施”“城市布局”“隧道”“地铁”等防洪防涝技术标准进行科学修订，对城市道路、低洼易涝地区、城市雨污窨井等进行统一部署，并利用现代化信息技术建立洪水期水位监测及信息反馈系统，以提升防汛减灾的准确性，并在此基础上，提出应对极端天气条件下的抗洪排涝预案，最大限度地降低城市内涝灾害的风险。其次，消防救援队伍要定期开展城市公路高淹区、地下车库、隧道、地铁等地下空间受灾情况以及江河决堤、山洪暴发等灾害的现场调查，了解水体灾害的诱发因素、形成过程、危害程度以及相应的对策，从而对水域灾害的应急方案进行进一步的优化和改进，使之能够在发生水域灾害的时候能够快速、有效地开展相应的救灾工作。

4.2 进一步完善水域救援基础设备装备配置

针对水域搜救工作的危险性、不确定性和专业性，要使消防救援队伍的水域救援能力得到有效提高，切实保障水域搜救工作的质量，就必须针对不同区域的具体情况和内涝灾害的影响，坚持“一专多能、专常兼备”的原则，结合我国有关抢险救灾的需求，对水域救援方面的基础设施装备进行改进，优先选用满足水域救援需要的高性能电动机动排涝设备、水域水下救助设备、电动浮艇泵、水下智能机器人等设备，不断加强各类应急设备的救援功能，以便更好完成极端气候下的灾情救援任务。同时，为进一步提升水域搜救的能力，还必须对后勤保障体系进行必要的加强，在搜救设备的基础上，建立一套较为完备的评价体系，并将当地的水域灾害事故警情、危险程度和种类等情况，对各项基础设施和设备进行改善和优化，使其发挥出最大的作用，更好地适应实战训练和水域搜救的实际需求。

4.3 组织开展水域消防应急救援实战化训练

为进一步提高消防救援队伍在水域搜救中的能力，需要对多发于水域的灾害事件进行全面地分析，并有针对性地进行实战演练。一方面，消防救援机构可以根据积水、孤岛、溺水、洪水等不同救援案例，在江河湖海、急流等水域进行实战演练，培养消防救援队伍的救援战斗和紧急处置能力，让他们更好地完成水域救援工作。另一方面，在组织进行实战训练时，可以利用基本的仿真训练设备，来营造出与水域灾难事故相似的水域搜救环境。让救援人员能够对基本的水流力量表（如表 2 所示）、不同水流救援方法（如表 3 所示）等内容进行学习，

表 2 水流力量表

水流速度/km/h	腿部平均水流力量/kg	人体平均水流力量/kg	船艇平均水流力量/kg
19.2	121.05	242.1	1209.6
14.4	67.95	135.9	680.4
9.6	30.24	60.3	302.4
4.8	7.56	15.12	75.6

表 3 不同水流种类救援方法

水流种类	形状	距离/角度/方式	驾驶法/救援法
微笑流	由中间向两侧分散	上游>10m 处救援	Z 型
皱眉流	由外侧向中间汇集	上游>10m 处救援	Z 型
翻滚流	顺流而下的强水流	下游>10m 处救援	抛绳救援
V 型流	水流冲击障碍形成	上游 10~20m 处救援	定位障碍切断水源
倒 V 流	水流过两个障碍物	无障碍物通过	避开障碍物
漩涡流	水流绕岸边转弯	头部呈 45°角游离	朝主流方向游离
回流区	水流经障碍物形成	救援观察、休息区	延缓被冲往下游
沸腾线	人工建筑沙坝	头朝下 45°角游离	游出水流区域

4.4 加强专业化水域消防救援队伍建设力度

水域救援者的水性要符合潜水者的要求，同时有关单位应对消防救援队伍进行定期的业务培训、考核，并依据考核结果，结合实际搜救水平，对各项工作任务进行分派。比如，把一些水性较好、素质较高的消防救援人员安排到任务较重、水域灾害发生频率较高的部门，在进入队伍后，要让他们按照自己的岗位接受相应的培训，尽快地掌握适合自己岗位的各类救援技能。其次，要主动引入国际上最先进的水域救护训练制度，健全水域救护训练机制；目前，国内尚无一套完整的水域救护训练制度，亦无国际公认之潜水训练组织。所以，要发挥优势，积极引入国际上公认的水域营救训练课程与先进的制度，让国内的消防救援队伍接受先进的训

练课程，取得相关的资质，从而提升我国消防救援队伍的水域救援能力。此外还应在培训期间，组织有关水域的理论和实践讲座。

5 结语

综上所述，全面提高消防救援队伍的水域救援能力极具现实意义，是当下保证消防救援人员生命健康安全和构筑人民生命安全防线的关键举措。因此，我国各地区消防救援队伍必须高度重视水域救援方面的教育培训，深度剖析当前消防救援队伍在水域救援工作中面临的现实困境，通过科学编制水域救援训练计划及应急预案、进一步完善水域救援基础设备装备配置、组织开展水域消防应急救援实战化训练、加强专业化水域消防救援队伍建设力度等策略，不断优化现有的消防救援队伍组织架构，提高消防救援队伍的水域救援能力，使其更好满足现代水域救援工作的个性化、多样化需求，从而为切实保障广大人民群众的生命财产安全及国家消防安全贡献力量。

参考文献

[1] 武毅哲．加强山区消防水域救援能力建设的思考——以安徽省池州市水域救援能力建设为视角［J］．中国应急救援，2024（01）：82-87+81.

[2] 宋文武．水域救援中指战员伤亡原因分析及防范措施［J］．水域安全，2023（08）：106-108.

[3] 王欢．提升消防救援队水域救援能力的思考研究［J］．水域安全，2023（07）：116-118.

[4] 吴志鹏．简述加强消防队伍水域救援安全防范的路径［J］．水域安全，2023（06）：76-78.

[5] 邓保根．内河急流水域消防救援技术分析［J］．水域安全，2023（05）：131-133.

[6] 马锦琨．消防救援队伍面向水域救援的效能提升策略［J］．水域安全，2023（02）：125-127.

[7] 王超．消防救援队伍水域救援能力提升策略研究［J］．今日消防，2023，8（02）：115-117.

[8] 沈伟．水域救援专业队救援能力评价体系［J］．消防科学与技术，2022，41（09）：1304-1307.

R290 制冷剂泄漏影响因素和安全防护研究进展

郭保麟 刘 辉[2] 樊笑笑[1]

（1. 中国人民警察大学研究生院，河北 廊坊；2. 河南省郑州市消防救援支队特勤大队，河南 郑州）

摘 要 R290 作为环保型制冷剂虽然降低了环境影响，但由于自身易燃易爆的性质也产生一定的安全隐患。本文从 R290 制冷剂的泄漏角度出发，综述 R290 制冷剂充注量、泄漏孔直径与位置和提高制冷设备安全性的研究现状，分析不同内部因素对 R290 泄漏时扩散规律的影响，指出与新型不可燃制冷剂形成混合工质所遇到的问题。最后对未来研究中重点关注方向进行展望，以期为 R290 制冷剂的安全使用提供有益的参考。

关键词 R290 可燃制冷剂 制冷剂泄漏 泄漏检测与防护

1 引言

R290 制冷剂虽然是新型环保制冷剂，但其具有易燃易爆的性质，在使用、储运等过程中一旦泄漏且再遇到火源，存在着发生爆炸事故的可能，这无疑带来了一定的安全隐患。因此，对 R290 制冷剂泄漏后的浓度分布及降低爆炸性的安全措施进行深入研究，成为了确保 R290 制冷剂安全使用的至关重要的研究课题。基于此，本文从 R290 制冷剂的泄漏情况切入，通过文献调研，综述了在发生泄漏时，泄漏点的不同位置、孔径大小及制冷剂充注量等因素，对泄漏后形成的燃爆区域和浓度扩散规律的影响；探究了在空调器内充注混合工质、安装电检测装置等提高使用安全性的方式。

2 R290 制冷剂泄漏的影响因素

2.1 泄漏原因及频发部位

R290 制冷剂在有限空间内发生泄漏时，更容易出现积聚现象，一旦制冷剂浓度达到爆炸极限时遇火源会发生事故，产生的压力波和火焰会对周围的物品及人员造成严重威胁。为从根源上预防和控制此类事故的发生，国内外众多研究学者对制冷剂泄漏的原因及频发部位进行探究。Goetzler 等人[1]对 343 份制冷剂泄漏报告进行统计分析，结果表明，机械磨损是导致泄漏发生的最主要原因。Li 等人[2]对 6000 万台空调器泄漏的原因进行研究，结果显示，泄漏主要发生在热交换器回流管或内外机组的管道连接处。Francis 等人[3]对 1464 个制冷器泄漏的故障信息进行汇总，结果发现，最易发生泄漏的地方在管道或接头处。

制冷系统在长期运行过程中易受机械振动、外力冲击、部件老化等影响，使得管道、阀门及接头处等关键部位产生松动或密封性降低，进而引发制冷剂的泄漏。因此为有效预防制冷剂泄漏，应定期对制冷系统进行细致的检查与维护，及时发现并妥善处理潜在的磨损和泄漏隐患。同时，在选择制冷设备的部件时，应充分考虑其耐磨性和耐用性，以确保制冷系统的长期稳定运行。

2.2 R290 制冷剂充注量

对于易燃的 R290 制冷剂而言，其充注量的控制尤为重要。过高的充注量一旦泄漏，遇到明火或高温环境，很容易

作者简介：郭保麟（2000— ），男，中国人民警察大学研究生。

刘辉，男，河南省郑州市消防救援支队特勤大队副大队长。

引发爆炸或火灾；而过低的充注量则可能导致制冷系统无法正常运行。因此，精确控制 R290 制冷剂的充注量，是确保制冷系统安全运行的关键环节。

吴曦等人[4]对可燃制冷剂的最大允许充注量进行研究，通过引入修正系数，综合考虑最低可燃下限、最小点火能、火焰传播速度、燃烧热和燃烧产物等多个因素，成功计算出部分可燃制冷剂的总修正系数，为制冷剂充注量的控制提供了重要的理论依据。Qiu 等人[5],[6]探究管道参数对 R290 充注量的影响，研究管道的不同直径和倾斜角度与制冷剂充注量之间的关系，为制冷系统的设计和优化提供了指导。Ghoubali 等人[7]提出减少冷凝管出口管长度和直径的优化方案，旨在减少 R290 的充注量降低潜在风险。唐唯尔[8]研究不同 R290 充注量与泄漏后形成的可燃区域以及留存时间之间的联系。李笑等人[9]分析不同灌注量对初始泄漏阶段持续时间和泄漏时长的影响，结果表明：在相同泄漏位置下，灌注量越大，初始泄漏阶段持续时间越短，而泄漏时长则越长。

2.3 泄漏孔位置与孔径

泄漏孔的位置和孔径也是 R290 制冷剂在泄漏发生的影响要素之一。泄漏孔的具体位置，直接决定了 R290 泄漏的流向与范围，进而影响 R290 与潜在火源接触的可能性与程度。一旦制冷剂泄漏后滞留于易燃物附近或点火源易发区域，火灾风险便会骤然上升。同时，泄漏孔的孔径也对泄漏速率产生直接影响。大孔径的泄漏孔会导致制冷剂在短时间内迅速流失，而小孔径虽然泄漏速度较慢，但长时间累积仍可能形成不容忽视的泄漏量。

Li[2]对 R290 家用分体式空调泄漏位置进行了深入研究，结果显示，在泄漏孔的正下方区域存在着显著的爆炸风险。张网等人[10]对 R290 室内机的蒸发器和连接头在不同方向下泄漏的情况进行了研究，发现仅室内机附近区域才能达到爆炸浓度，且连接头泄漏时形成的可燃范围相对有限。郭春辉等人[11]通过模拟不同直径的泄漏管情况，发现泄漏开始的前 1min 内泄漏率最高，并计算出在 2.8m 的安装高度下，壁挂式空调器正下方能够触发爆炸极限的最小泄漏孔直径为 1mm。张利等人[12]利用 CFD 软件模拟分析，不同泄漏孔直径和位置对爆炸极限空间范围的影响。当泄漏孔位于空调正面时，R290 以烟羽状向房间内扩散；当泄漏孔位于侧面时，制冷剂则主要积聚在泄漏孔附近的墙角与房顶处。

3 R290 制冷剂安全防护措施

对于 R290 制冷剂而言，及时发现并应对泄漏情况是提升其使用安全性的关键所在。在本节中，探讨了不同参数设定的泄漏检测方法，同时介绍充入其他不可燃制冷剂以形成混合工质，以及安装电磁阀、止回阀等安全措施，以此有效预防潜在的火灾风险。

3.1 泄漏检测参数设定

目前，制冷剂的泄漏检测主要分为两种方法：直接检测的传感系统[13]和间接检测运行性能的测试装置[14,15,16]。直接检测的传感系统在应对快速泄漏时展现出其高效与准确，然而在应对那些难以察觉的微小泄漏时，间接检测方法则凭借其出色的性能脱颖而出，通过敏锐捕捉内部温度、压力等参数的变化，从而实现对泄漏的精准定位与识别[14]。但间接检测方法的设定的难点在于构建精确可靠的算法模型[18,19]，以及如何选择具有代表性的特征参数[20]。本小节列举了三种依靠不同的设定参数研发的制冷剂泄漏检测方法，即蒸发器入口的温度差值变化、制冷剂储液罐不同时刻的液位值变化及压缩机排气电流值的变化。

（1）温度差值

沈昱等人[15]根据蒸发器入口的温度差值变化，针对充注 R290 制冷剂的热泵干衣机设计泄漏与保护的运行程序。在压缩机启动时记录蒸发器入口初始温度，随后在压缩机运行三分钟后再次记录温度变化中的最小值，以两个温度的差值作为程序检测的关键指标，判断是否发生泄漏。一旦检测到泄漏发生，系统将立即启动保护措施：停止压缩机工作，并利用滚筒的运行将 R290 制冷剂浓度降至安全范围内。

（2）液位变化

牛金洲[16]通过以时间顺序为单位，获取不同时刻的液位值，并利用线性回归方程的直线斜率判断是否发生泄漏，若斜率小于 0 则判断制冷剂发生泄漏。

（3）电流比值

邓安哲等人[17]在空调器内设置电流检测装置，用于检测压缩机排气电流值的变化，通过实测电流值和干扰电流值，与预存在空调器内的电流值进行比值计算，一旦计算结果满足预设的泄漏条件，则发出报警提示。

3.2 充注混合工质

为提高 R290 的使用安全性，将易燃易爆的 R290 制冷剂与其他一种或多种制冷剂进行混合，在保证空调器正常运行的情况下，能有效降低或消除 R290 制冷剂的火灾危险性，增强泄漏事故发生后空间内的安全性。Cai 等人[21]对 R290 与 R134a、R600a 的混合物的爆炸极限进行测定，结果表明与 R134a 混合的阻燃效果优于 R600a。纪佳欣等人[22]通过在 R290 制冷剂中加入 R13I1 和 CO_2 两种抑制剂，对两种混合物的爆炸极限、最大压力值、压力上升速率、爆炸指数进行测定，结果显示 R13I1 的抑制效果和阻燃效果优于 CO_2，并根据实验结果推导出 R290 制冷剂化学抑制剂的最小惰化体积分数的修正公式。

尽管 R290 制冷剂的混合工质取得了一定的进展，但混合工质的研究仍存在诸多不足。其中，最为突出的问题是对于 R290 制冷剂与新型不可燃制冷剂的混合工质的燃烧特性、爆炸极限以及泄漏后的浓度分布等方面的了解尚不深入。其次，如何在保证安全性、经济性的前提下，充入一定量的新型不可燃制冷剂仍缺乏一定的研究。

3.3 其他措施

安装制冷剂泄漏检测装置的优势在于，通过高精度传感器和算法迅速识别制冷剂是否泄漏，但该检测装置在成本上较高，同时需要操作者具备相应的技术知识储备。Tang 等人[23]提出一种在空调器毛细管附近安装电磁阀的创新方法；并利用充注 R290 制冷剂的空调器进行了试验，结果表明，安装电磁阀可以有效地减少制冷剂的泄漏量。Qian 等人[24]探讨了在气液分离器附近安装止回阀的方式，防止制冷剂从冷凝器转移到蒸发器，有效降低 R290 制冷剂带来的火灾隐患。李笑等人[9]研究出在热水箱顶部打孔的方式，以缩短扩散时间提高 R290 热泵热水器的安全性。这些方法不仅能够在泄漏发生时迅速采取应对措施，还能有效防止泄漏问题进一步恶化。

4 结论与展望

（1）充注量、泄漏孔位置和直径等内部因素在 R290 制冷剂泄漏事件中起着至关重要的作用。这些因素不仅影响着泄漏的时长和速率，更决定了 R290 气体的泄漏流向和扩散范围。研究发现泄漏孔周边空间因其高浓度的泄漏气体和快速的扩散速度，成为危险性最大的区域，且随着泄漏时间的延长，虽然R290制冷剂会逐渐扩散至更远处，但泄漏孔周边的浓度仍然保持在较高水平。此外，泄漏孔的位置决定了制冷剂扩散的主要方向，而泄漏孔的直径则直接决定了泄漏速率的快慢，大直径的泄漏孔会在短时间内释放大量R290制冷剂，显著增加了事故风险。

（2）对于R290制冷剂泄漏的研究，国内外研究学者更多的是注重内部影响因素，而对于外部影响因素研究过少。例如房间内的面积大小、通风情况、环境温度等，这些因素都会影响泄漏后的扩散分布，对空间内能否达到R290的爆炸极限有着重要的作用。因此，在未来的研究中需要探讨不同的外部因素对R290制冷剂扩散分布的影响。

（3）混合工质可以提高R290制冷剂的安全性，但是对新型不可燃制冷剂混合物的燃烧特性、爆炸极限、泄漏后的浓度分布以及浓度配比等方面研究仍有不足。因此，在未来的研究中需要更深入地探讨混合工质的燃烧特性，建立更加准确的预测模型，以评估不同混合比例下的安全性能；其次还需要加强对泄漏后浓度分布的研究，以便更好地了解混合工质在泄漏情况下的安全状况。同时对于新型的不可燃制冷剂如何在保证安全性、经济性的前提下，与R290制冷剂进行混合配比的研究仍需深入。

参考文献

［1］W. Goetzler, J. Burgos, P. J. Loftus, Study of input parameters for risk assessment of 2L flammable refrigerants in residential air-conditioning and commercial refrigeration applications［J］. ASHRAE Trans. 120（1）（2014）437.

［2］Li, Tingxun. Indoor leakage test for safety of R-290 split type room air conditioner［J］. International Journal of Refrigeration, 2014, 40: 380-389.

［3］C. Francis, G. Maidment, G. Davies, An investigation of refrigerant leakage in commercial refrigeration［J］. Int. J. Refrig. 74（2017）12-21.

［4］吴曦，杨昭，史永征．基于燃烧特性的制冷剂最大允许充注量新预测［J］. 工程热物理学报，2013，34（11）：2011-2014.

［5］QiuG, Li M, Cai W. The condensation heat transfer, frictional pressure drop and refrigerant charge characteristics of R290 in minichannels with different diameters［J］. International Journal of Heat and Mass Transfer, 2020, 158: 119966.

［6］QiuG, Li M, Cai W. The effect of inclined angle on flow, heat transfer and refrigerant charge of R290 condensation in a minichannel［J］. International Journal of Heat and Mass Transfer, 2020, 154: 119652.

［7］RedouaneGhoubali, Paul Byrne, Frédéric Bazantay. Refrigerant charge optimisation for propane heat pump water heaters［J］. International Journal of Refrigeration, 2017, 76: 230-244.

［8］唐唯尔．R290在房间空调器和热泵系统中应用的安全性研究［D］. 华中科技大学，2019.

［9］李笑，何国庚，宁前等．外盘管式R290热泵热水器制冷剂泄漏安全性研究［C］//中国家用电器协会．2022年中国家用电器技术大会论文集．《电器》杂志社，2023：10.

［10］张网，杨昭，王婕等．分体式空调器使用R290作为制冷剂的泄漏研究［J］. 制冷学报，2013，34（06）：42-47.

［11］郭春辉，刘知新，徐永恩．泄漏管直径对R290空调器使用安全性的影响［J］. 制冷与空调，2014，14（12）：66-68+137.

［12］张利，黄小龙．R290空调系统泄漏仿真分析［J］. 家电科技，2017（02）：50-52.

［13］王俊，王团，等．一种检测空调器制冷剂泄漏的全方位检测装置及空调器［Z］. 中国专利 CN201922383514.0. 2019-12-26.

［14］Yoo JW, Hong S B, Kim M S. Refrigerant leakage detection in residential air conditioner with limited sensor installations［J］. International Journal of Refrigeration, 2017, 78: 157-165.

［15］沈昱，邱兴广，张小平，夏旺民．热泵型干衣机制冷剂泄漏检测与保护程序研究［A］. 中国家用电器协会，2022年中国家用电器技术大会论文集［C］. 苏州三星电子有限公司，2023：1228-1232.

［16］宁夏万仕隆冷冻科技股份有限公司．制冷系统中制冷剂泄漏检测方法及制冷剂泄漏检测装置：CN202310552532.5［P］. 2023-08-01.

［17］海信（广东）空调有限公司．空调器及其制冷剂泄漏检测方法：CN202111322404.9［P］. 2022-03-25.

［18］YanfengZhao, Zhao Yang, et al. Research on the dynamic characterization and detection of refrigerant leakage in multi-connected air-conditioning system［J］. Energy and Buildings, 2024（Apr. 15）: 309.

［19］Zhang S, Chen G, Li Z, et al. Computational fluid dynamics analysis of flammable refrigerant leakage through a microcrack［J］. International Journal of Refrigeration, 2022（134-）: 134.

［20］俞阳涛，雷一鸣，李小燕，等．R290空调器制冷剂泄漏判断特征参数选取与分析［J］. 家电科技，2022（002）：002.

［21］Cai D, Hao Z, Xu H, et al. Research on flammability of R290/R134a, R600a/R134a and R600a/R290 refrigerant mixtures［J］. International Journal of Refrigeration, 2022（137-）: 137.

［22］纪佳欣，汪皖宁，梁栋．制冷剂R290及其混合物燃爆特性与安全性研究［J］. 消防科学与技术，2021，40（12）：1804-1808.

［23］W. Tang, G. He, D. Cai, Y. Zhu, A. Zhang, Q. Tian, The experimental investigation of refrigerant distribution and leaking characteristics of R290 in split type household air conditioner［J］. Appl. Therm. Eng. 115（2017）72-80.

［24］N. Qian, G. He, W. R290 leakage hazards assessment of a 1 HP split-type household air conditioner by concentration detection and ignition experiment［J］. International Journal of Refrigeration, 2022, 139: 70-83.

大型商业综合体消防安全法规制度综述

刘吉余

（山东省滨州市惠民县消防救援大队，山东　滨州）

摘　要　本文综述了大型商业综合体消防安全法规制度的现状与发展，分析了其存在的问题与挑战，并提出了相应的完善建议，旨在为提升大型商业综合体消防安全水平提供理论支持和实践指导。

关键词　大型商业综合体　消防安全　法规制度　理论综述

1　引言

随着城市化进程的加快，大型商业综合体作为集购物、餐饮、娱乐等多功能于一体的现代化建筑群体，在城市经济和社会生活中扮演着越来越重要的角色。然而，这些综合体在消防安全方面面临着诸多挑战，一旦发生火灾，后果往往不堪设想。因此，本研究旨在建立一套科学、有效的消防安全评价体系和管理体系，以提高大型商业综合体的消防安全水平，保障人民生命财产安全。

大型商业综合体作为现代城市的重要组成部分，集购物、餐饮、娱乐等多功能于一体，具有人流密集、结构复杂、火灾风险高等特点。因此，开展消防安全评价与管理体系研究，旨在达到以下几个目的：

1. 识别火灾风险：通过系统的评价方法，全面识别大型商业综合体中潜在的火灾风险因素，包括建筑结构、消防设施、人员行为等多个方面。

2. 提升防控能力：基于评价结果，提出针对性的消防安全改进措施，加强火灾预防和应对能力，降低火灾发生的可能性和影响程度。

3. 完善管理体系：构建科学、高效的消防安全管理体系，明确各方责任，优化资源配置，实现消防安全工作的规范化、系统化。

2　国内外研究对比分析

国内外学者在大型商业综合体消防安全领域进行了广泛而深入的研究。国外研究主要集中在消防安全评价模型的构建、火灾风险评估及预防措施等方面，形成了较为完善的理论体系。国内研究则更加注重消防安全管理的实践应用，如应急预案的制定、消防设施的维护与管理等。然而，目前的研究仍存在一定的不足，如评价体系不够全面、管理体系缺乏针对性等。因此，本研究将在借鉴国内外研究成果的基础上，结合我国实际情况，进行深入探索和创新。

2.1　国外研究情况

国外研究致力于理解火灾发生的机理和火灾行为，以及采取适当的预防和控制措施。一方面，消防安全评价模型的构建是这一领域的关键之一。国外研究者们通过建立数学模型和仿真工具，对火灾发生后的烟气充填过程、热量传递以及建筑结构的破坏情况进行模拟和分析，帮助设计师和消防工程师评估建筑物的火灾安全性能，并提供改进建议；另一方面，火灾风险评估也是重要的研究方向。通过对建筑物结构、材料、设备以及人员密集程度等因素进行系统评估，研究者可以量化火灾发生的可能性和对建筑物及其使用者的影响程度，有助于制定针对性的火灾预防策略和紧急应对计划。

在得到实际的结论后，研究人员更倾向于针对相关因素制定措施，关注于建筑物的设计和管理，提出了一系列的建议，包括采用阻燃材料、设置自动灭火系统、合理规划疏散通道等，以最大程度地减少火灾发生的可能性和最小化火灾造成的损失。

例如，Ghasan 和 Munther 等人（2023）的研究主要集中在开发针对大型商业综合体的消防安全评价模型上。他们通过综合考虑建筑结构、消防系统和人员行为等因素，提出了一种定量评估火灾风险的模型，并给出了改善建议，旨在提高火灾安全水平；Tiago（2023）的文章则对商业综合体火灾的风险评估技术进行了广泛回顾，总结了各种定量和定性评估方法，如概率分析、风险矩阵和案例研究，并探讨了这些方法在实际应用中的优缺点，为火灾风险评估提供了更多的选择和参考；Hassanain（2022）的研究则通过案例研究的方式，探讨了大型商业综合体火灾的预防措施。他们分析了多个实际火灾事件，并总结了一系列有效的预防措施，如合适的建筑材料选择、消防设备配置和人员培训等，为提高商业综合体火灾的预防能力提供了实践经验和建议。

上述文献通过综合考虑建筑结构、消防设施以及人员疏散等因素，构建了一套综合性的评估模型，对大型商业综合体的火灾风险评估及预防措施进行了系统回顾。研究着重探讨了各种可能导致火灾的因素，并提出了一系列针对性的预防措施，以降低火灾发生的可能性，提高商业综合体的火灾安全水平。

2.2　国内研究情况

区别于国外论文更多关注大型商业综合体的消防安全评估模型的发展，国内研究聚焦于应急预案在大型商业综合体消防安全管理中的应用。作者通常借助案例分析和调研实践，总结应急预案在应对火灾事件中的作用和效果，并提出一些改进建议，关注点在于大型商业综合体消防设施的维护与管理；抑或通过实地调研和数据分析，提出针对商业综合体消防设施管理的一些具体措施和优化方案，以确保设施的可靠性和有效性。

例如，在消防安全评价体系研究方面，《大型商业综合体消防安全管理体系建设研究》作者贾镜炜从当前社会快速发展的背景出发，指出大型商业综合体的建设带来了物质和娱乐需求的满足，但也带来了消防安全管理不到位的问题，进而通过策略性分析和具体措施的总结，强调了加强消防安全管理工作的紧迫性和可行性；《唐山市大型综合体建筑消防管理能力研究——以某大型商业综合体为例》作者李威以

作者简介：刘吉余，男，山东省滨州市惠民县消防救援大队，政治教导员（支队级副职），专业技术9级，研究生学历。

某大型商业综合体为例，探讨了城市商业综合体火灾荷载量大、安全隐患多等问题，并通过模糊评价法对其消防管理能力进行评价，提出了改进建议，包括提高自主管理能力、增强责任主体意识等；《消防安全评价体系为大型商业综合体筑牢消防安全屏障》一文以ISO 9001质量管理为基础，制定了大型商业综合体的消防安全管理能力评价体系，并提出了可行性对策，作者徐军和郝晓琳强调了企业管理者提高消防安全管理水平的重要性，以及借鉴ISO 9000系列标准的成功经验的必要性。

在消防安全管理体系研究方面，《大型商业综合体消防监督管理标准体系的完善措施》作者潘晨分析了大型商业综合体的建筑特征和火灾特征，并探讨了消防安全监管中存在的问题与不足。他提出了相应的完善措施，以确保消防安全监管效果，降低人民生命及财产损失；《大型商业综合体消防安全问题及应对措施》作者安志恒在分析大型商业综合体火灾危险性的基础上，从建筑、消防设施、人员角度综合分析了消防管理中存在的问题，并提出了具体的对策，旨在降低火灾发生概率，提高消防安全水平。

以上差异可能源于不同地区对消防安全的理解和需求的差异。国外可能更注重科学评估模型的发展，因为其商业综合体可能更大、更复杂，需要更系统的方法来评估和管理消防安全。国内因为在实践中应急预案的有效性对于减少火灾损失至关重要，所以侧重点有所不同，对消防设施维护与管理的重视也可能是一些地区的建筑年代较久，消防设施的老化和维护问题更为突出。

3 消防安全理论及法规制度概述

大型商业综合体通常人员密集，涉及多种业态，一旦发生火灾，后果将不堪设想。基于消防安全理论、法规、建筑法规、消防技术标准和火灾事故案例等多方面的基础和依据，才能确保消防安全工作的科学性和有效性。大型商业综合体是一个复杂的建筑系统，因此需要遵循建筑法规和规范，确保建筑设计、施工和使用符合相应的标准，提高消防安全性能。

在研究大型商业综合体消防安全时，需要遵守《中华人民共和国消防法》等基本的消防法规，对大型商业综合体的消防安全标准、管理要求和责任分工提供依据，深入理解消防安全的基本理论，包括火灾的发生原因、蔓延规律、灭火方法等，才能有针对性地制定消防安全措施。本文的主要目标是建立一套适用于大型商业综合体的消防安全评价体系和管理体系，包括评价指标的选择、评价模型的构建、管理体系的框架设计等内容，梳理大型商业综合体消防安全的相关理论和法规，明确研究的基础和依据。同时，分析大型商业综合体消防安全现状，识别存在的主要问题和风险。

《大型商业综合体消防安全管理规则（试行）》依据《中华人民共和国消防法》《消防安全责任制实施办法》《机关、团体、企业、事业单位消防安全管理规定》等相关法律法规制定，包含消防安全责任、建筑消防设施管理等14项内容，为大型商业综合体消防安全管理提供了规范化依据，让企业消防安全管理有章可循。

4 大型商业综合体消防安全理论指导

自消防救援队伍改革转隶以来，国务院安委会办公室多次下发大型商业综合体的相关整治文件。2018年7月3日，在《大型商业综合体消防安全专项整治方案》当中要求，“组织开展大型商业综合体消防安全专项整治，及时化解安全风险、消除安全隐患，推动消防安全防范责任措施落实，不断提升消防安全管理水平，有效防范和坚决遏制重特大火灾事故发生”；同年11月8日，在《关于进一步加强当前安全生产工作的紧急通知》中强调，“消防方面要深化大型商业综合体等专项整治”；同年12月24日，在联合应急管理部下发的《关于做好岁末年初安全防范工作的通知》中再次强调，“加大对大型商业综合体等人员密集场所的安全隐患排查治理”。

2019年，国家减灾委员会《关于做好2019年全国防灾减灾日有关工作的通知》、国务院安委会办公室联合应急管理部下发的《关于开展危险化学品等重点行业领域安全生产专项执法检查的通知》，强调“要针对大型商业综合体等人员密集场所，重点检查各类影响应急疏散和救援的突出问题”，同时要求“以大型商业综合体等为重点，采取行业督查、网格排查、单位自查、专业抽查等方式，集中开展专项整治”。年底开展的大型商业综合体消防安全专项整治“回头看”相关文件中要求，“以‘回头看’工作为抓手，进一步健全完善大型商业综合体消防安全管理长效机制”。

2020年1月22日，应急管理部发布2020年第2号公告，对2019年政府信息公开工作报告予以公布，其中“开展大型商业综合体消防安全专项整治‘回头看’工作”被列为“大力推进安全生产监督检查情况公开”的一项重要内容。这一工作要求在国务院安委会办公室2019年10月31日发布的《关于近期典型事故情况的通报》，以及同年11月11日《关于加强冬春火灾防控工作的通知》均有提到，要求是“深化整治突出隐患，开展达标创建，健全长效管理机制”。

2020年4月28日，国务院安委会在印发《全国安全生产专项整治三年行动计划》的基础上，通过新闻发布的形式，归纳了全国安全生产专项整治三年行动11个实施方案主要内容，其中第六板块“消防安全整治”第二专题“集中开展四类场所消防安全治理”中将“大型商业综合体消防管理水平提升”单独拿出讲述，提出“严格落实大型商业综合体消防安全管理规范要求，对于内部的功能分区，以店铺为单元推行网格化消防管理制度，实行消防设施、餐饮场所、重点单位每季度消防安全检查评估制度，建立全员消防培训制度，分区域建立应急处置快速响应机制”等要求。

2020年9月14日，国务院安委会办公室《关于印发〈国家安全发展示范城市建设指导手册〉的通知》，在2.1.3城市各类设施安全管理办法中要求“各地根据行业或地方特点，制定修订大型商业综合体等城市设施安全管理办法（含地方性法规、行政规章和规范性文件）”。

通过专项整治和持续的安全隐患排查治理，大型商业综合体安全隐患得到有效消除，提升了整体安全水平，同时推动责任措施落实已经成为重点，加强管理层对消防安全工作的重视取得了一定的实效。

5 大型商业综合体地方性法规制度

各地修订相关法规和文件，逐步完善大型商业综合体的安全管理办法，也为消防安全工作提供更加有力的法律支持。

2020年6月，山西省发布地方标准《大型商业综合体消防安全管理规范》，规定了大型商业综合体的消防安全管理要求和措施，这是国内最早的专门针对大型商业综合体的规范性标准；11月，安徽省发布同类规范；2021年年初，河北省发布地方标准《大型商业综合体消防安全评估导则》，标志着在安全评估方面大型商业综合体地方性法规制度的初步建立。

2021年末，西安市发布地方标准《超高层建筑及大型商业综合体消防安全评价规范》，规定了超高层建筑及大型商业综合体消防安全评价的基本要求、评价内容、评价程序、评分及结果判定的要求，完善了大型商业综合体消防安全评价机制。

2022年，廊坊市发布地方标准《大型商业综合体消防安全管理达标建设工作导则》，适用于市内已经建成并投入使用的建筑面积5万 m^2 以上（含本数，不包括住宅和写字楼部分的建筑面积）的大型商业综合体开展消防安全管理达标建设工作；2022年末，南充市发布地方标准《大型商业综合体建筑灭火救援预案编制指南》《大型商业综合体建筑火灾排烟行动指南》，唐山市发布的地方标准《大型商业综合体消防安全管理规范》规定了大型商业综合体消防安全管理的消防安全基本要求、消防安全管理、灭火准备与处置、智慧消防等。

2023年发布的北京市地方标准《社会单位和重点场所消防安全管理规范》第4部分“大型商业综合体”提出了涉及大型商业综合体消防安全管理的原则性要求的细化；杭州市地方标准《大型商业综合体消防安全管理规范》规定了大型商业综合体消防安全管理相关的总则、消防安全责任、消防安全制度与管理、重点场所管控、灭火和应急疏散预案编制与演练、火灾事故处置与善后的要求；南京市地方标准《城市大型商业综合体安全管理规范》规定了城市大型商业综合体安全管理的总则、基础管理、建筑物及设备设施管理、重点场所安全管理、作业安全管理等内容。

同时，还有其他地区发布的类似标准，如扬州、天津等地的相关标准，都致力于提高大型商业综合体的安全管理水平，保障人员生命财产安全。

6 结语

针对自消防救援队伍改革转隶以来相关单位下发的大型商业综合体整治文件，可以预见随着工作的深入推进，大型商业综合体的经营者和员工将逐渐增强消防安全意识，加强火灾防范和应急处置能力。

参考文献

[1] Alfalah, G, Al-Shalwi, M. Development of Fire Safety Assessment Model for Buildings Using Analytic Hierarchy Process [J]. Appl. Sci, 2023, 13 (13): 7740.

[2] Ferreira, T. M. Current Advances on the Assessment and Mitigation of Fire Risk in Buildings and Urban Areas—First Edition. Fire, 2023, 6 (12): 454.

[3] Hassanain MA, Al-Harogi M. Fire Safety Risk Assessment of Workplace Facilities: A Case Study. Front. Built Environ, 2022, 8: 861662.

[4] 贾镜炜．大型商业综合体消防安全管理体系建设研究 [J]. 消防界（电子版），2022，8（10）：113-115.

[5] 徐军，郝晓琳．消防安全评价体系为大型商业综合体筑牢消防安全屏障 [J]. 质量与认证，2023（05）：40-41.

[6] 潘晨．大型商业综合体消防监督管理标准体系的完善措施 [J]. 大众标准化，2022（18）：19-21.

[7] 安志恒．大型商业综合体消防安全问题及应对措施 [J]. 四川建筑，2017，37（03）：207-208.

[8] 李威．唐山市大型综合体建筑消防管理能力研究 [D]. 华北理工大学，2020.

[9] 张燕．大型商业综合体易被忽视的消防安全问题及改进措施 [J]. 今日消防，2023，8（05）：100-102.

[10] 余传雄．大型商业综合体消防安全问题及应对措施 [J]. 消防界（电子版），2022，8（04）：121-122+124.

[11] 孙世勇．关于大型商业综合体的消防管理措施论述 [J]. 今日消防，2021，6（01）：86-87.